实战012 设置舞台显示颜色
▶视频位置：光盘\视频\第1章\实战012.mp4
▶技术掌握：掌握设置舞台显示颜色的方法

实战044 撤销操作
▶视频位置：光盘\视频\第2章\实战044.mp4
▶技术掌握：掌握撤销操作技巧

实战045 重做操作
▶视频位置：光盘\视频\第2章\实战045.mp4
▶技术掌握：掌握重做的方法

实战046 重复操作
▶视频位置：光盘\视频\第2章\实战046.mp4
▶技术掌握：掌握“重复直接复制”命令的应用

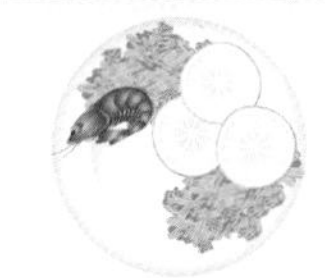

实战060 通过命令显示标尺
▶视频位置：光盘\视频\第3章\实战060.mp4
▶技术掌握：掌握“标尺”命令的应用

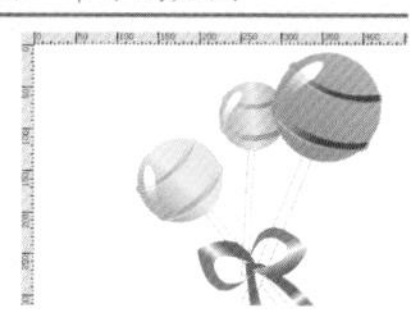

实战061 通过选项显示标尺
▶视频位置：光盘\视频\第3章\实战061.mp4
▶技术掌握：掌握“标尺”选项的应用

实战064 通过命令显示网格
▶视频位置：光盘\视频\第3章\实战064.mp4
▶技术掌握：掌握“显示网格”命令的应用

实战065 通过选项显示网格
▶视频位置：光盘\视频\第3章\实战065 .mp4
▶技术掌握：掌握“显示网格”选项的应用

实战066 通过命令隐藏网格
▶视频位置：光盘\视频\第3章\实战066.mp4
▶技术掌握：掌握取消“显示网格”命令的方法

实战067 通过选项隐藏网格
▶视频位置：光盘\视频文件\第3章\实战067.mp4
▶技术掌握：掌握取消“显示网格”选项的方法

实战068 在对象上方显示网格
▶视频位置：光盘\视频\第3章\实战068.mp4
▶技术掌握：掌握在图形上显示网格的方法

实战069 更改网格显示颜色
▶视频位置：光盘\视频\第3章\实战069.mp4
▶技术掌握：掌握更改网格显示颜色的方法

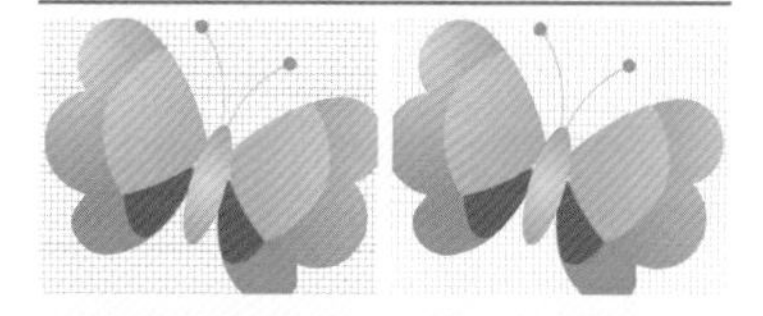

实战070 更改网格比例大小
▶视频位置：光盘\视频\第3章\实战070.mp4
▶技术掌握：掌握修改网格大小的方法

实战074 手动创建辅助线
▶视频位置：光盘\视频\第3章\实战074.mp4
▶技术掌握：掌握创建辅助线的方法

实战075 通过命令隐藏辅助线
▶视频位置：光盘\视频\第3章\实战075.mp4
▶技术掌握：掌握取消“显示辅助线”命令的方法

实战076 通过选项隐藏辅助线
▶视频位置：光盘\视频\第3章\实战076.mp4
▶技术掌握：掌握取消“显示辅助线”选项的应用

实战077 快速显示辅助线对象
▶视频位置：光盘\视频\第3章\实战077.mp4
▶技术掌握：掌握显示辅助线的方法

实战078 移动辅助线的位置
▶视频位置：光盘\视频\第3章\实战078.mp4
▶技术掌握：掌握移动辅助线的方法

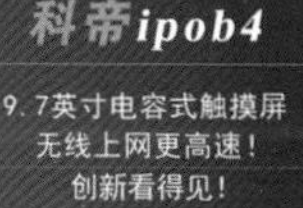

实战079 贴紧辅助线操作
▶视频位置：光盘\视频\第3章\实战079.mp4
▶技术掌握：掌握“贴紧至辅助线”复选框的应用

实战080 通过命令清除辅助线
▶视频位置：光盘\视频\第3章\实战080.mp4
▶技术掌握：掌握“清除辅助线”命令的应用

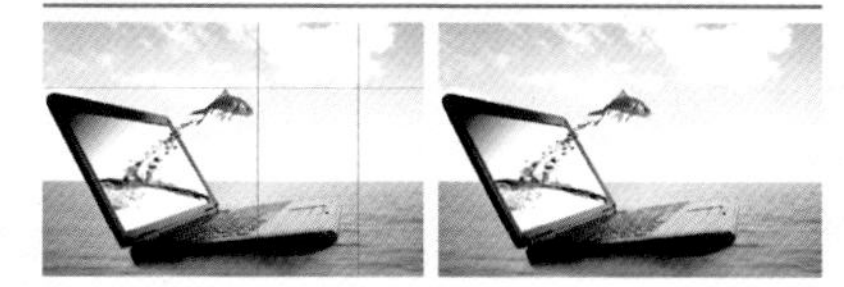

实战081 通过选项清除辅助线
▶视频位置：光盘\视频\第3章\实战081.mp4
▶技术掌握：掌握“清除辅助线”选项的应用

实战082 设置辅助线颜色

▶视频位置：光盘\视频\第3章\实战082.mp4
▶技术掌握：掌握设置辅助线颜色的技巧

实战083 锁定辅助线对象

▶视频位置：光盘\视频\第3章\实战083.mp4
▶技术掌握：掌握锁定辅助线的方法

实战084 转到第一个场景视图

▶视频位置：光盘\视频\第3章\实战084.mp4
▶技术掌握：掌握转到第一个场景的技巧

实战085 转到前一个场景视图

▶视频位置：光盘\视频\第3章\实战085.mp4
▶技术掌握：掌握转到前一个场景的技巧

实战086 转到下一个场景视图

▶视频位置：光盘\视频\第3章\实战086.mp4
▶技术掌握：掌握转到下一个场景的技巧

实战087 转到最后一个场景视图

▶视频位置：光盘\视频\第3章\实战087.mp4
▶技术掌握：掌握转到最后一个场景的技巧

实战092 隐藏边缘操作

▶视频位置：光盘\视频\第3章\实战92.mp4
▶技术掌握：掌握隐藏边缘的方法

实战093 放大舞台显示区域

▶视频位置：光盘\视频\第3章\实战093.mp4
▶技术掌握：掌握“放大”命令的应用

实战094 缩小舞台显示区域

▶视频位置：光盘\视频\第3章\实战094.mp4
▶技术掌握：掌握“缩小”命令的应用

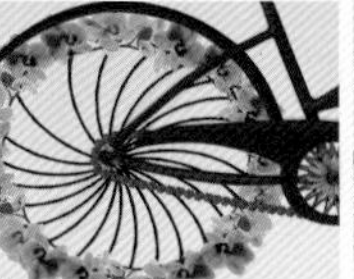

实战095 符合窗口大小

▶视频位置：光盘\视频\第3章\实战095.mp4
▶技术掌握：掌握“符合窗口大小”命令的应用

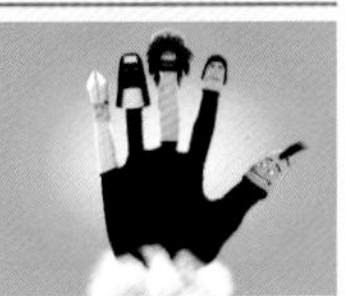

实战102 部分选取工具

▶视频位置：光盘\视频\第4章\实战102.mp4
▶技术掌握：掌握部分选取工具的应用

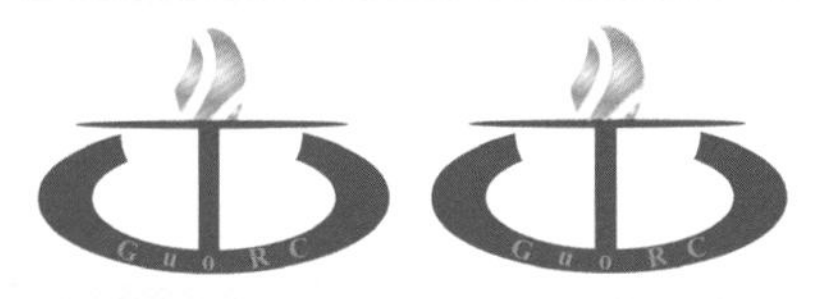

实战103 套索工具

▶视频位置：光盘\视频\第4章\实战103.mp4
▶技术掌握：掌握套索工具的应用

实战106 任意变形工具

▶视频位置：光盘\视频\第4章\实战106.mp4
▶技术掌握：掌握任意变形工具的应用

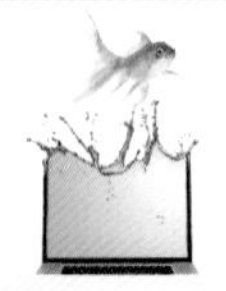

实战107 铅笔工具

▶视频位置：光盘\视频\第4章\实战107.mp4
▶技术掌握：掌握铅笔工具的应用

实战108 钢笔工具

▶视频位置：光盘\视频\第4章\实战108.mp4
▶技术掌握：掌握钢笔工具的应用

实战109 线条工具

▶视频位置：光盘\视频\第4章\实战109.mp4
▶技术掌握：掌握线条工具的应用

实战110 椭圆工具

▶视频位置：光盘\视频\第4章\实战110.mp4
▶技术掌握：掌握椭圆工具的应用

实战111 矩形工具

▶视频位置：光盘\视频\第4章\实战111.mp4
▶技术掌握：掌握矩形工具的应用

实战112 多边形工具

▶视频位置：光盘\视频\第4章\实战112.mp4
▶技术掌握：掌握多边形工具的应用

实战113 运用刷子工具

▶视频位置：光盘\视频\第4章\实战113.mp4
▶技术掌握：掌握刷子工具的应用

实战114 墨水瓶工具

▶视频位置：光盘\视频\第4章\实战114.mp4
▶技术掌握：掌握墨水瓶工具的应用

实战115 颜料桶工具

▶视频位置：光盘\视频\第4章\实战115.mp4
▶技术掌握：掌握颜料桶工具的应用

实战116 滴管工具

▶视频位置：光盘\视频\第4章\实战116.mp4
▶技术掌握：掌握滴管工具的应用

实战117 渐变变形工具

▶视频位置：光盘\视频\第4章\实战117.mp4
▶技术掌握：掌握渐变变形工具的应用

实战118 自由变换对象

▶视频位置：光盘\视频\第4章\实战118.mp4
▶技术掌握：掌握自由变换对象的操作

实战119 扭曲对象

▶视频位置：光盘\视频\第4章\实战119.mp4
▶技术掌握：掌握扭曲对象的操作

实战120 缩放对象

▶视频位置：光盘\视频\第4章\实战120.mp4
▶技术掌握：掌握缩放对象的技巧

实战122 旋转对象

▶视频位置：光盘\视频\第4章\实战122.mp4
▶技术掌握：掌握旋转对象的操作

实战123 水平翻转对象

▶视频位置：光盘\视频\第4章\实战123.mp4
▶技术掌握：掌握水平翻转对象的方法

实战124 垂直翻转对象

▶视频位置：光盘\视频\第4章\实战124.mp4
▶技术掌握：掌握垂直翻转对象的方法

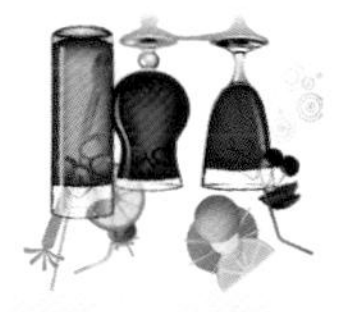

实战125 在“标准绘画”模式下绘画

▶视频位置：光盘\视频\第4章\实战125.mp4
▶技术掌握：掌握标准绘画的技巧

实战126 在“颜料填充”模式下绘画

▶视频位置：光盘\视频\第4章\实战126.mp4
▶技术掌握：掌握颜料填充的技巧

实战127 在“后面绘画”模式下绘画

▶视频位置：光盘\视频\第4章\实战127.mp4
▶技术掌握：掌握后面绘画的技巧

实战129 在“标准擦除”模式下绘画

▶视频位置：光盘\视频\第4章\实战129.mp4
▶技术掌握：掌握标准擦除的技巧

实战130 在“擦除填色”模式下擦除图形

▶视频位置：光盘\视频\第4章\实战130.mp4
▶技术掌握：掌握擦除填色的技巧

实战131 在“擦除线条”模式下擦除图形

▶视频位置：光盘\视频\第4章\实战131.mp4
▶技术掌握：掌握擦除线条的技巧

实战132 在“擦除所选填充”模式下擦除图形

▶视频位置：光盘\视频\第4章\实战132.mp4
▶技术掌握：掌握擦除所选填充的技巧

实战133 在“内部擦除”模式下擦除图形

▶视频位置：光盘\视频\第4章\实战133.mp4
▶技术掌握：掌握内部擦除的技巧

实战134 在“水龙头”模式下擦除图形

▶视频位置：光盘\视频\第4章\实战134.mp4
▶技术掌握：掌握水龙头擦除图形的技巧

实战140 选择线条中的锚点

▶视频位置：光盘\视频\第5章\实战140.mp4
▶技术掌握：掌握锚点的选择技巧

实战141 在线条中添加锚点

▶视频位置：光盘\视频\第5章\实战141.mp4
▶技术掌握：掌握锚点的添加技巧

实战142 在线条中减少锚点

▶视频位置：光盘\视频\第5章\实战142.mp4
▶技术掌握：掌握减少锚点的方法

实战143 在线条中移动锚点

▶ 视频位置：光盘\视频\第5章\实战143.mp4
▶ 技术掌握：掌握移动锚点的方法

实战144 在线条中尖突锚点

▶ 视频位置：光盘\视频\第5章\实战144.mp4
▶ 技术掌握：掌握尖突锚点的方法

实战145 在线条中平滑锚点

▶ 视频位置：光盘\视频\第5章\实战145.mp4
▶ 技术掌握：掌握平滑锚点的技巧

实战146 在线条中调节锚点

▶ 视频位置：光盘\视频\第5章\实战146.mp4
▶ 技术掌握：掌握调节锚点的方法

实战147 设置笔触颜色

▶ 视频位置：光盘\视频\第5章\实战147.mp4
▶ 技术掌握：掌握设置笔触颜色的方法

实战148 设置笔触大小

▶ 视频位置：光盘\视频\第5章\实战148.mp4
▶ 技术掌握：掌握设置笔触大小的方法

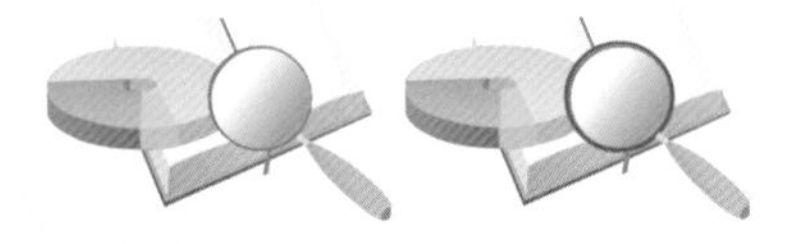

实战149 设置笔触虚线样式

▶ 视频位置：光盘\视频\第5章\实战149.mp4
▶ 技术掌握：掌握设置笔触虚线样式的方法

实战150 设置笔触实线样式

▶ 视频位置：光盘\视频\第5章\实战150.mp4
▶ 技术掌握：掌握笔触实线样式的设置方法

实战151 设置笔触点刻线样式

▶ 视频位置：光盘\视频\第5章\实战151.mp4
▶ 技术掌握：掌握设置笔触点刻线样式的方法

实战153 设置填充颜色

▶ 视频位置：光盘\视频\第5章\实战153.mp4
▶ 技术掌握：掌握设置填充颜色的方法

实战154 删除矢量线条

▶ 视频位置：光盘\视频\第5章\实战154.mp4
▶ 技术掌握：掌握删除矢量线条的方法

实战155 分割矢量线条

▶ 视频位置：光盘\视频\第5章\实战155.mp4
▶ 技术掌握：掌握分割矢量线条的方法

实战156 扭曲矢量线条

▶ 视频位置：光盘\视频\第5章\实战156.mp4
▶ 技术掌握：掌握扭曲矢量线条的方法

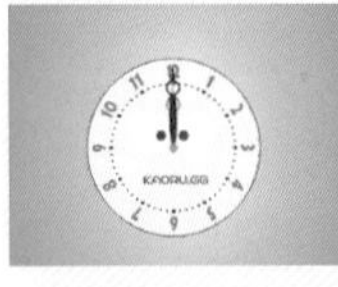
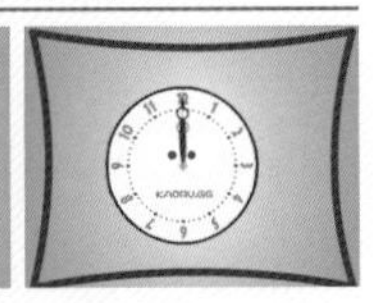

实战157 通过工具平滑曲线

▶ 视频位置：光盘\视频\第5章\实战157.mp4
▶ 技术掌握：掌握平滑工具的应用

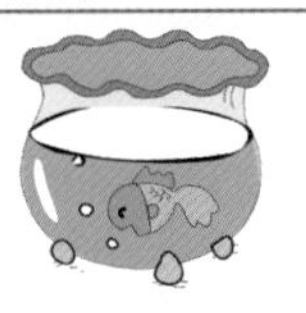

实战158 通过命令平滑曲线

▶ 视频位置：光盘\视频\第5章\实战158.mp4
▶ 技术掌握：掌握“平滑”命令的应用

实战159 通过工具伸直曲线

▶ 视频位置：光盘\视频\第5章\实战096.mp4
▶ 技术掌握：掌握伸直曲线的技巧

实战160 通过命令伸直曲线

▶ 视频位置：光盘\视频\第5章\实战160.mp4
▶ 技术掌握：掌握“伸直”命令的应用

实战161 高级平滑曲线

▶ 视频位置：光盘\视频\第5章\实战161.mp4
▶ 技术掌握：掌握“高级平滑”命令的应用

实战162 高级伸直曲线

▶ 视频位置：光盘\视频\第5章\实战162.mp4
▶ 技术掌握：掌握伸直曲线的方法

实战164 将线条转换为填充

▶ 视频位置：光盘\视频\第5章\实战164.mp4
▶ 技术掌握：掌握转换线条属性的方法

实战165 添加形状提示

▶ 视频位置：光盘\视频\第5章\实战165.mp4
▶ 技术掌握：掌握添加形状提示的技巧

实战166 删除形状提示
▶ 视频位置：光盘\视频\第5章\实战166.mp4
▶ 技术掌握：掌握删除形状提示的技巧

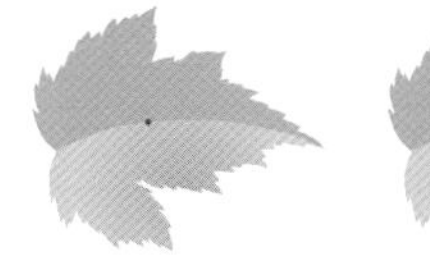

实战167 扩展填充图形
▶ 视频位置：光盘\视频\第5章\实战167.mp4
▶ 技术掌握：掌握扩展填充图形的方法

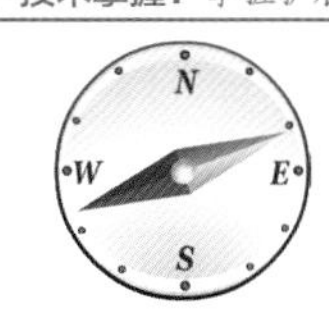

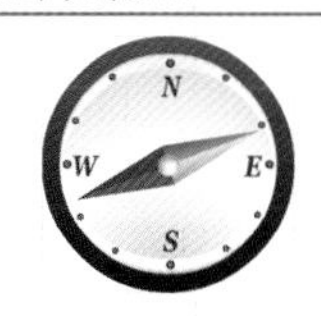

实战168 缩小填充图形
▶ 视频位置：光盘\视频\第5章\实战168.mp4
▶ 技术掌握：掌握缩小填充图形的方法

实战169 柔化填充边缘图形
▶ 视频位置：光盘\视频\第5章\实战169.mp4
▶ 技术掌握：掌握柔化填充边缘图形的方法

实战170 擦除图形对象
▶ 视频位置：光盘\视频\第5章\实战170.mp4
▶ 技术掌握：掌握橡皮擦工具的应用

实战191 纯色填充图形
▶ 视频位置：光盘\视频\第6章\实战191.mp4
▶ 技术掌握：掌握纯色填充图形的方法

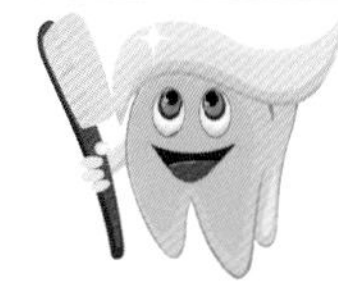
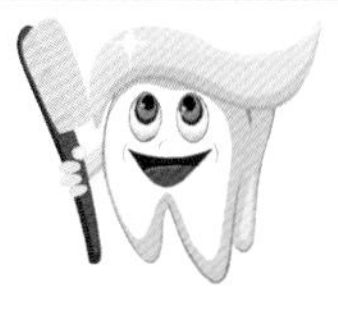

实战192 线性渐变填充图形
▶ 视频位置：光盘\视频\第6章\实战192.mp4
▶ 技术掌握：掌握线性渐变填充图形的方法

实战193 径向渐变填充图形
▶ 视频位置：光盘\视频\第6章\实战193.mp4
▶ 技术掌握：掌握径向渐变填充图形的方法

实战194 位图填充图形
▶ 视频位置：光盘\视频\第6章\实战194.mp4
▶ 技术掌握：掌握位图填充图形的技巧

实战195 Alpha值填充图形
▶ 视频位置：光盘\视频\第6章\实战195.mp4
▶ 技术掌握：掌握Alpha值填充图形的方法

实战196 使用“属性”面板填充颜色
▶ 视频位置：光盘\视频\第6章\实战196.mp4
▶ 技术掌握：掌握“属性”面板的应用

实战197 使用“颜色”面板填充颜色
▶ 视频位置：光盘\视频\第6章\实战197.mp4
▶ 技术掌握：掌握“颜色”面板的应用

实战198 使用“样本”面板填充颜色
▶ 视频位置：光盘\视频\第6章\实战198.mp4
▶ 技术掌握：掌握“样本”面板的应用

实战199 使用“笔触颜色”按钮填充
▶ 视频位置：光盘\视频\第6章\实战199.mp4
▶ 技术掌握：掌握“笔触颜色”按钮的应用

实战200 使用“填充颜色”按钮填充
▶ 视频位置：光盘\视频\第6章\实战200.mp4
▶ 技术掌握：掌握“填充颜色”按钮的应用

实战201 使用“黑白”按钮填充颜色
▶ 视频位置：光盘\视频\第6章\实战201.mp4
▶ 技术掌握：掌握“黑白”按钮的应用

实战202 使用“没有颜色”按钮填充颜色
▶ 视频位置：光盘\视频\第6章\实战202.mp4
▶ 技术掌握：掌握“没有颜色”按钮的应用

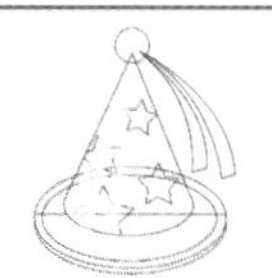

实战203 轮廓预览图形对象
▶ 视频位置：光盘\视频\第7章\实战203.mp4
▶ 技术掌握：掌握轮廓预览图形的方法

实战204 高速显示图形对象
▶ 视频位置：光盘\视频\第7章\实战204.mp4
▶ 技术掌握：掌握“高速显示”命令的应用

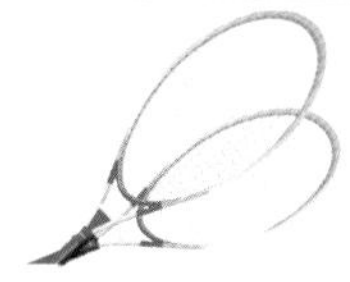

实战206 消除文字锯齿
▶ 视频位置：光盘\视频\第7章\实战206.mp4
▶ 技术掌握：掌握消除文字锯齿的方法

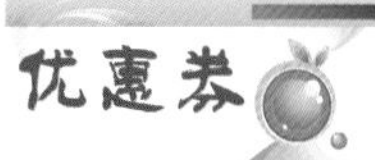

实战207 显示整个动画图形
▶ 视频位置：光盘\视频\第7章\实战207.mp4
▶ 技术掌握：掌握显示整个动画图形的方法

实战209 使用时间轴选择对象
- 视频位置：光盘\视频\第7章\实战209.mp4
- 技术掌握：掌握选择图形对象的方法

实战210 添加图形选择区域
- 视频位置：光盘\视频\第7章\实战210.mp4
- 技术掌握：掌握选择多个图形的方法

实战211 修改图形选择区域
- 视频位置：光盘\视频\第7章\实战211.mp4
- 技术掌握：掌握修改选择区域的技巧

实战212 使用选择工具移动对象
- 视频位置：光盘\视频\第7章\实战212.mp4
- 技术掌握：掌握使用选择工具移动对象的技巧

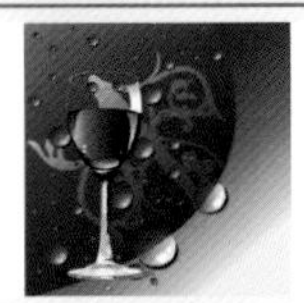

实战213 使用键盘方向键移动对象
- 视频位置：光盘\视频\第7章\实战213.mp4
- 技术掌握：掌握键盘方向键的应用

实战214 使用“属性”面板移动对象
- 视频位置：光盘\视频\第7章\实战214.mp4
- 技术掌握：掌握“属性”面板的应用

实战215 使用“信息”面板移动对象
- 视频位置：光盘\视频\第7章\实战215.mp4
- 技术掌握：掌握“信息”面板的应用

实战216 剪切对象
- 视频位置：光盘\视频\第7章\实战216.mp4
- 技术掌握：掌握剪切对象的技巧

实战217 删除对象
- 视频位置：光盘\视频\第7章\实战217.mp4
- 技术掌握：掌握“清除”命令的应用

实战218 复制对象
- 视频位置：光盘\视频\第7章\实战128.mp4
- 技术掌握：掌握复制对象的技巧

实战219 再制对象
- 视频位置：光盘\视频\第7章\实战219.mp4
- 技术掌握：掌握再制对象的技巧

实战220 粘贴对象到当前位置
- 视频位置：光盘\视频\第7章\实战220.mp4
- 技术掌握：掌握粘贴对象到当前位置的技巧

实战221 选择性粘贴对象
- 视频位置：光盘\视频\第7章\实战221.mp4
- 技术掌握：掌握选择性粘贴对象的技巧

实战222 组合对象
- 视频位置：光盘\视频\第7章\实战222.mp4
- 技术掌握：掌握“组合”命令的应用

实战223 取消组合对象
- 视频位置：光盘\视频\第7章\实战223.mp4
- 技术掌握：掌握“取消组合”命令的应用

实战224 分离图形对象
- 视频位置：光盘\视频\第7章\实战224.mp4
- 技术掌握：掌握“分离”命令的应用

实战225 分离文本对象
- 视频位置：光盘\视频\第7章\实战225.mp4
- 技术掌握：掌握“分离”命令的应用

实战226 切割图形对象
- 视频位置：光盘\视频\第7章\实战226.mp4
- 技术掌握：掌握切割图形的技巧

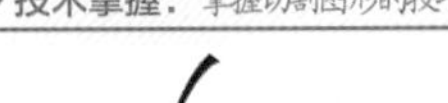

实战227 封套对象
- 视频位置：光盘\视频\第7章\实战227.mp4
- 技术掌握：掌握封套对象的技巧

实战228 缩放和旋转对象
- 视频位置：光盘\视频\第7章\实战228.mp4
- 技术掌握：掌握“缩放和旋转”命令的应用

实战229 旋转和倾斜对象
- 视频位置：光盘\视频\第7章\实战229.mp4
- 技术掌握：掌握“旋转与倾斜”命令的应用

实战230 缩放对象

▶视频位置：光盘\视频\第7章\实战230.mp4

▶技术掌握：掌握"缩放"命令的应用

实战231 顺时针旋转90度

▶视频位置：光盘\视频\第7章\实战231.mp4

▶技术掌握：掌握顺时针旋转图形的方法

实战232 逆时针旋转90度

▶视频位置：光盘\视频\第7章\实战232.mp4

▶技术掌握：掌握逆时针旋转图形的方法

实战233 任意改变对象大小与形状

▶视频位置：光盘\视频\第7章\实战233.mp4

▶技术掌握：掌握变形图形形状的方法

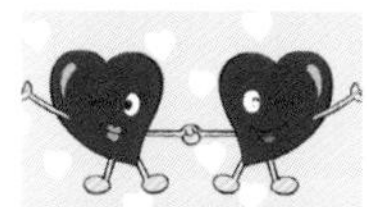

实战234 使用"变形"面板编辑对象

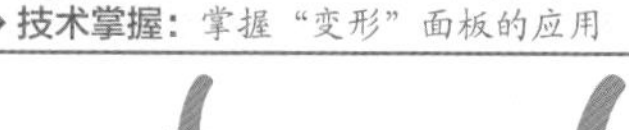

▶视频位置：光盘\视频\第7章\实战234.mp4

▶技术掌握：掌握"变形"面板的应用

实战235 使用"信息"面板编辑对象

▶视频位置：光盘\视频\第7章\实战235.mp4

▶技术掌握：掌握"信息"面板的应用

实战236 相对于舞台对齐对象

▶视频位置：光盘\视频\第7章\实战236.mp4

▶技术掌握：掌握"与舞台对齐"复选框的应用

实战237 分布对象

▶视频位置：光盘\视频\第7章\实战237.mp4

▶技术掌握：掌握"顶部分布"按钮的应用

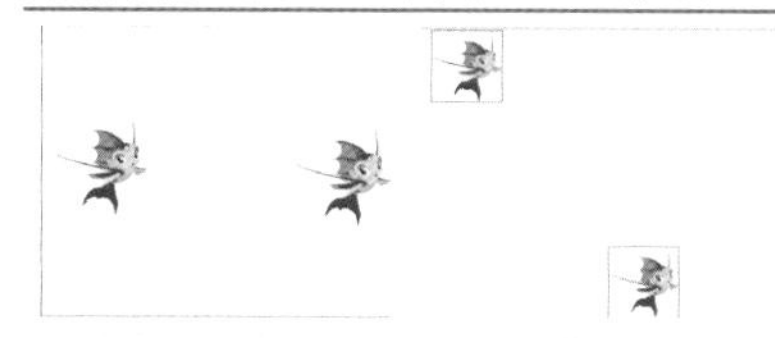

实战238 匹配对象

▶视频位置：光盘\视频\第7章\实战238.mp4

▶技术掌握：掌握"匹配宽度"按钮的应用

实战239 左对齐图形

▶视频位置：光盘\视频\第7章\实战239.mp4

▶技术掌握：掌握"左对齐"命令的应用

实战240 水平居中对齐图形

▶视频位置：光盘\视频\第7章\实战240.mp4

▶技术掌握：掌握"水平居中"命令的应用

实战241 右对齐图形

▶视频位置：光盘\视频\第7章\实战241.mp4

▶技术掌握：掌握"右对齐"命令的应用

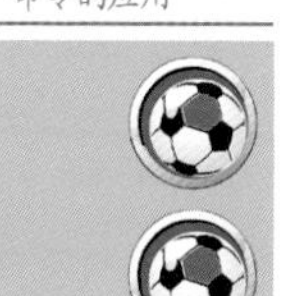

实战242 顶对齐图形

▶视频位置：光盘\视频\第7章\实战242.mp4

▶技术掌握：掌握"顶对齐"命令的应用

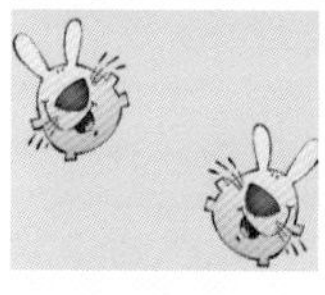

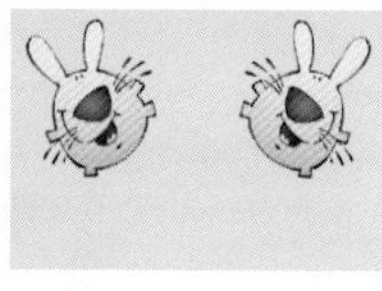

实战243 垂直居中对齐图形

▶视频位置：光盘\视频\第7章\实战243.mp4

▶技术掌握：掌握"垂直居中"命令的应用

实战244 底对齐图形

▶视频位置：光盘\视频\第7章\实战244.mp4

▶技术掌握：掌握"底对齐"命令的应用

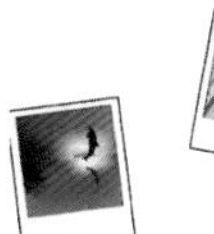

实战245 按宽度均匀分布

▶视频位置：光盘\视频\第7章\实战245.mp4

▶技术掌握：掌握按宽度均匀分布图形的技巧

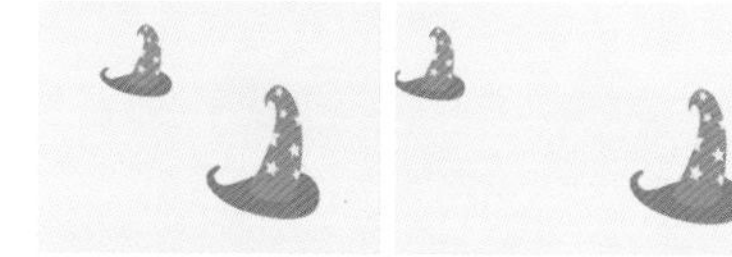

实战246 按高度均匀分布

▶视频位置：光盘\视频\第7章\实战246.mp4

▶技术掌握：掌握按高度均匀分布图形的技巧

实战247 设为相同宽度

▶视频位置：光盘\视频\第7章\实战247.mp4

▶技术掌握：掌握"设为相同宽度"命令的应用

实战248 设为相同高度

▶视频位置：光盘\视频\第7章\实战248.mp4

▶技术掌握：掌握"设为相同高度"命令的应用

实战249 将图形移至顶层

▶视频位置：光盘\视频\第7章\实战249.mp4

▶技术掌握：掌握"移至顶层"命令的应用

实战250 将图形上移一层

▶视频位置：光盘\视频\第7章\实战250.mp4

▶技术掌握：掌握"上移一层"命令的应用

实战251 将图形下移一层
- 视频位置：光盘\视频\第7章\实战251.mp4
- 技术掌握：掌握“下移一层”命令的应用

实战252 将图形移至底层
- 视频位置：光盘\视频\第7章\实战252.mp4
- 技术掌握：掌握“移至底层”命令的应用

实战253 锁定图形对象
- 视频位置：光盘\视频\第7章\实战253.mp4
- 技术掌握：掌握锁定图形的方法

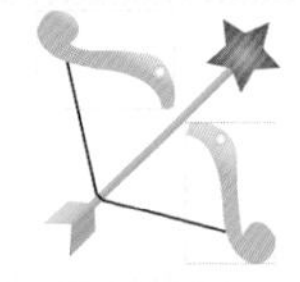
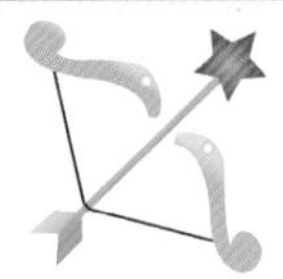

实战254 解锁图形对象
- 视频位置：光盘\视频\第7章\实战254.mp4
- 技术掌握：掌握解锁图形的方法

实战255 联合图形对象
- 视频位置：光盘\视频\第7章\实战255.mp4
- 技术掌握：掌握联合图形的方法

实战256 交集图形对象
- 视频位置：光盘\视频\第7章\实战256.mp4
- 技术掌握：掌握交集图形的方法

实战257 打孔图形对象
- 视频位置：光盘\视频\第7章\实战257.mp4
- 技术掌握：掌握打孔图形的方法

实战258 裁切图形对象
- 视频位置：光盘\视频\第7章\实战258.mp4
- 技术掌握：掌握裁切图形的方法

实战261 导入PNG文件
- 视频位置：光盘\视频\第8章\实战261.mp4
- 技术掌握：掌握导入PNG文件的方法

实战262 导入GIF文件
- 视频位置：光盘\视频\第8章\实战262.mp4
- 技术掌握：掌握导入GIF文件的方法

实战267 将位图转换为矢量图
- 视频位置：光盘\视频\第8章\实战267.mp4
- 技术掌握：掌握将位图转换为矢量图的方法

实战269 去除位图背景
- 视频位置：光盘\视频\第8章\实战269.mp4
- 技术掌握：掌握去除位图背景的方法

实战270 修改位图的颜色
- 视频位置：光盘\视频\第8章\实战270.mp4
- 技术掌握：掌握修改位图颜色的方法

实战271 运用外部编辑器
- 视频位置：光盘\视频\第8章\实战271.mp4
- 技术掌握：掌握外部编辑工具的应用

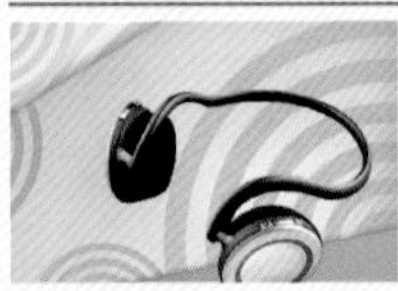

实战272 旋转位图
- 视频位置：光盘\视频\第8章\实战272.mp4
- 技术掌握：掌握旋转位图的方法

实战273 变形位图
- 视频位置：光盘\视频\第8章\实战273.mp4
- 技术掌握：掌握变形位图的方法

实战274 分离位图
- 视频位置：光盘\视频\第8章\实战274.mp4
- 技术掌握：掌握分离位图的方法

实战275 裁切位图
- 视频位置：光盘\视频\第8章\实战275.mp4
- 技术掌握：掌握裁切位图的方法

实战277 交换图像
- 视频位置：光盘\视频\第8章\实战277.mp4
- 技术掌握：掌握交换位图的方法

实战279 导入为嵌入文件
- 视频位置：光盘\视频\第9章\实战279.mp4
- 技术掌握：掌握导入嵌入视频的方法

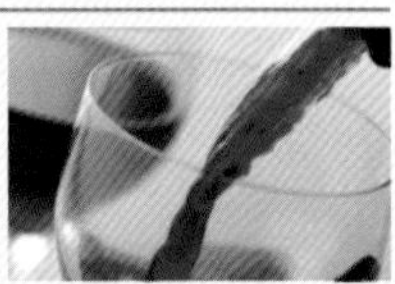

实战280 查看视频属性
- 视频位置：光盘\视频\第9章\实战280.mp4
- 技术掌握：掌握查看视频属性的方法

实战283 删除视频文件

▶ 视频位置：光盘\视频\第9章\实战283.mp4
▶ 技术掌握：掌握“删除”选项的应用

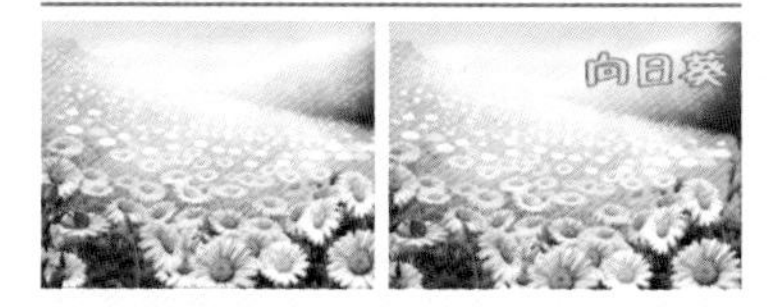

实战288 为影片加入声音

▶ 视频位置：光盘\视频\第9章\实战288.mp4
▶ 技术掌握：掌握添加声音的方法

实战302 选择图层

▶ 视频位置：光盘\视频\第10章\实战302.mp4
▶ 技术掌握：掌握选择图层的方法

实战303 移动图层

▶ 视频位置：光盘\视频\第10章\实战303.mp4
▶ 技术掌握：掌握移动图层的方法

实战307 显示图层

▶ 视频位置：光盘\视频\第10章\实战307.mp4
▶ 技术掌握：掌握显示图层对象的方法

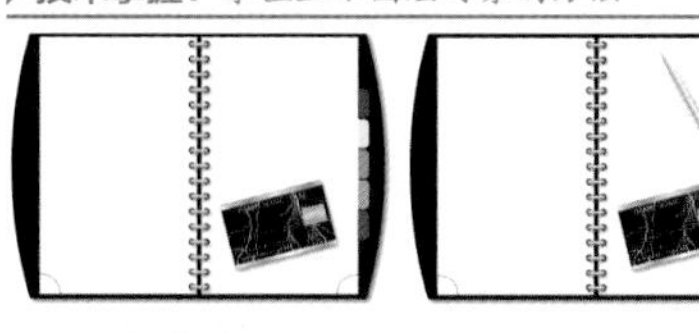

实战309 删除图层

▶ 视频位置：光盘\视频\第10章\实战309.mp4
▶ 技术掌握：掌握删除图层的方法

实战310 复制图层

▶ 视频位置：光盘\视频\第10章\实战310.mp4
▶ 技术掌握：掌握复制图层的方法

实战312 删除图层文件夹

▶ 视频位置：光盘\视频\第10章\实战312.mp4
▶ 技术掌握：掌握删除图层文件夹的方法

实战314 创建遮罩层

▶ 视频位置：光盘\视频\第10章\实战314.mp4
▶ 技术掌握：掌握创建遮罩层的方法

实战315 创建遮罩动画

▶ 视频位置：光盘\视频\第10章\实战315.mp4
▶ 技术掌握：掌握创建遮罩动画的方法

实战319 应用引导层制作动画

▶ 视频位置：光盘\视频\第10章\实战319.mp4
▶ 技术掌握：掌握创建引导动画的方法

实战322 创建文本

▶ 视频位置：光盘\视频\第11章\实战322.mp4
▶ 技术掌握：掌握创建文本的方法

实战323 创建段落文本

▶ 视频位置：光盘\视频\第11章\实战323.mp4
▶ 技术掌握：掌握段落文本的创建方法

实战324 设置文本字号

▶ 视频位置：光盘\视频\第11章\实战324.mp4
▶ 技术掌握：掌握设置文本字号的方法

实战325 创建静态文本

▶ 视频位置：光盘\视频\第11章\实战325.mp4
▶ 技术掌握：掌握静态文本的创建方法

实战326 创建动态文本

▶ 视频位置：光盘\视频\第11章\实战326.mp4
▶ 技术掌握：掌握动态文本的创建方法

实战327 创建输入文本

▶ 视频位置：光盘\视频\第11章\实战327.mp4
▶ 技术掌握：掌握输入文本的创建方法

实战328 复制与粘贴文本

▶ 视频位置：光盘\视频\第11章\实战328.mp4
▶ 技术掌握：掌握复制与粘贴文本的方法

实战329 移动文本

▶ 视频位置：光盘\视频\第11章\实战329.mp4
▶ 技术掌握：掌握移动文本的方法

实战330 设置文本样式

▶ 视频位置：光盘\视频\第11章\实战330.mp4
▶ 技术掌握：掌握设置文本样式的方法

实战331 设置文本颜色

▶ 视频位置：光盘\视频\第11章\实战331.mp4
▶ 技术掌握：掌握设置文本颜色的方法

实战332 设置文本上标或下标
- 视频位置：光盘\视频\第11章\实战332.mp4
- 技术掌握：掌握设置文本上标或下标的方法

实战333 设置文本边距
- 视频位置：光盘\视频\第11章\实战333.mp4
- 技术掌握：掌握设置文本边距的方法

实战334 设置段落文本属性
- 视频位置：光盘\视频\第11章\实战334.mp4
- 技术掌握：掌握设置段落文本属性的方法

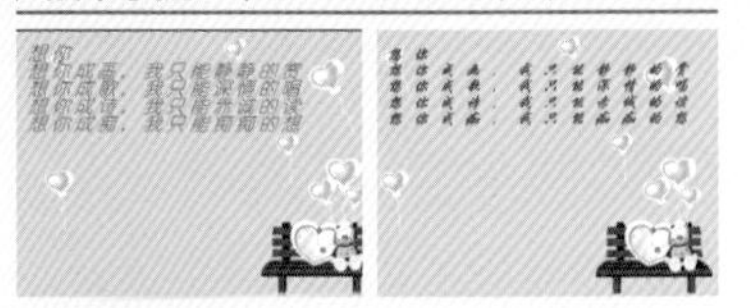

实战335 左对齐文本
- 视频位置：光盘\视频\第11章\实战335.mp4
- 技术掌握：掌握"左对齐"命令的应用

实战336 居中对齐文本
- 视频位置：光盘\视频\第11章\实战336.mp4
- 技术掌握：掌握"居中对齐"命令的应用

实战337 右对齐文本
- 视频位置：光盘\视频\第11章\实战337.mp4
- 技术掌握：掌握"右对齐"命令的应用

实战338 两端对齐文本
- 视频位置：光盘\视频\第11章\实战338.mp4
- 技术掌握：掌握"两端对齐"命令的应用

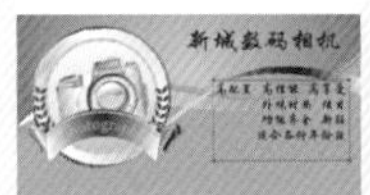

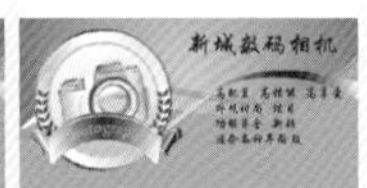

实战339 缩放文本
- 视频位置：光盘\视频\第11章\实战339.mp4
- 技术掌握：掌握缩放文本的技巧

实战340 旋转文本
- 视频位置：光盘\视频\第11章\实战340.mp4
- 技术掌握：掌握旋转文本的技巧

实战341 倾斜文本
- 视频位置：光盘\视频\第11章\实战341.mp4
- 技术掌握：掌握倾斜文本的技巧

实战342 任意变形文本
- 视频位置：光盘\视频\第11章\实战342.mp4
- 技术掌握：掌握"任意变形"命令的应用

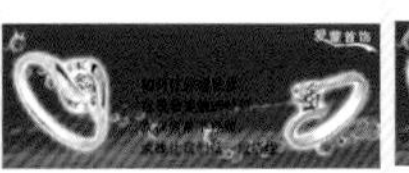

实战343 填充打散的文本
- 视频位置：光盘\视频\第11章\实战343.mp4
- 技术掌握：掌握填充打散的文本的方法

实战344 制作点线文字
- 视频位置：光盘\视频\第11章\实战344.mp4
- 技术掌握：掌握制作点线文字的技巧

实战345 制作描边文字
- 视频位置：光盘\视频\第11章\实战345.mp4
- 技术掌握：掌握描边文字的制作方法

实战346 制作空心字
- 视频位置：光盘\视频\第11章\实战346.mp4
- 技术掌握：掌握空心字的制作方法

实战347 制作浮雕字
- 视频位置：光盘\视频\第11章\实战347.mp4
- 技术掌握：掌握浮雕字的制作方法

实战348 添加滤镜效果
- 视频位置：光盘\视频\第11章\实战348.mp4
- 技术掌握：掌握文字滤镜的应用技巧

实战350 查看多帧
- 视频位置：光盘\视频\第12章\实战350.mp4
- 技术掌握：掌握"绘图纸外观"按钮的应用

实战351 编辑多帧
- 视频位置：光盘\视频\第12章\实战351.mp4
- 技术掌握：掌握编辑多个帧的方法

实战354 通过命令创建普通帧
- 视频位置：光盘\视频\第12章\实战354.mp4
- 技术掌握：掌握普通帧的创建方法

实战360 选择帧
- 视频位置：光盘\视频\第12章\实战360.mp4
- 技术掌握：掌握选择帧对象的方法

实战362 移动帧

▶ 视频位置：光盘\视频\第12章\实战362.mp4

▶ 技术掌握：掌握移动帧对象的方法

实战363 翻转帧

▶ 视频位置：光盘\视频\第12章\实战363.mp4

▶ 技术掌握：掌握“翻转帧”命令的应用

实战371 扩展关键帧

▶ 视频位置：光盘\视频\第12章\实战371.mp4

▶ 技术掌握：掌握扩展关键帧的技巧

实战380 转到第一帧

▶ 视频位置：光盘\视频\第12章\实战380.mp4

▶ 技术掌握：掌握“转到第一帧”按钮的应用

实战381 转到最后一帧

▶ 视频位置：光盘\视频\第12章\实战381.mp4

▶ 技术掌握：掌握转到最后一帧的技巧

实战382 复制与粘贴帧动画

▶ 视频位置：光盘\视频\第12章\实战382.mp4

▶ 技术掌握：掌握复制与粘贴帧动画的技巧

实战383 选择性粘贴帧动画

▶ 视频位置：光盘\视频\第12章\实战383.mp4

▶ 技术掌握：掌握选择性粘贴帧动画的技巧

实战386 创建影片剪辑元件

▶ 视频位置：光盘\视频\第13章\实战386.mp4

▶ 技术掌握：掌握影片剪辑元件的创建方法

实战387 转换为影片剪辑元件

▶ 视频位置：光盘\视频\第13章\实战387.mp4

▶ 技术掌握：掌握影片剪辑元件的转换技巧

实战389 使用按钮元件

▶ 视频位置：光盘\视频\第13章\实战389.mp4

▶ 技术掌握：掌握按钮元件的使用方法

实战390 移动按钮元件

▶ 视频位置：光盘\视频\第13章\实战390.mp4

▶ 技术掌握：掌握移动按钮元件的方法

实战391 删除元件

▶ 视频位置：光盘\视频\第13章\实战391.mp4

▶ 技术掌握：掌握删除元件的方法

实战393 直接复制元件

▶ 视频位置：光盘\视频\第13章\实战393.mp4

▶ 技术掌握：掌握“直接复制”命令的应用

实战394 用快捷键复制元件

▶ 视频位置：光盘\视频\第13章\实战394.mp4

▶ 技术掌握：掌握用快捷键复制元件的方法

实战395 用“库”面板复制元件

▶ 视频位置：光盘\视频\第13章\实战395.mp4

▶ 技术掌握：掌握“直接复制”选项的应用

实战398 在当前位置编辑元件

▶ 视频位置：光盘\视频\第13章\实战398.mp4

▶ 技术掌握：掌握在当前位置编辑元件的方法

实战399 在新窗口中编辑元件

▶ 视频位置：光盘\视频\第13章\实战399.mp4

▶ 技术掌握：掌握在新窗口中编辑元件的方法

实战400 在元件编辑模式下编辑元件

▶ 视频位置：光盘\视频\第13章\实战400.mp4

▶ 技术掌握：掌握编辑元件的方法

实战401 创建实例

▶ 视频位置：光盘\视频\第13章\实战401.mp4

▶ 技术掌握：掌握实例的创建方法

实战402 分离实例

▶ 视频位置：光盘\视频\第13章\实战402.mp4

▶ 技术掌握：掌握分离实例对象的方法

实战404 改变实例的颜色

▶ 视频位置：光盘\视频\第13章\实战404.mp4

▶ 技术掌握：掌握改变实例颜色的方法

实战405 改变实例的亮度

▶视频位置：光盘\视频\第13章\实战405.mp4

▶技术掌握：掌握改变实例的亮度的技巧

实战406 改变实例高级色调

▶视频位置：光盘\视频\第13章\实战406.mp4

▶技术掌握：掌握改变实例色调的方法

实战407 改变实例的透明度

▶视频位置：光盘\视频\第13章\实战407.mp4

▶技术掌握：掌握改变实例透明度的方法

实战408 为实例交换元件

▶视频位置：光盘\视频\第13章\实战408.mp4

▶技术掌握：掌握“交换”按钮的应用

实战411 删除库元件

▶视频位置：光盘\视频\第14章\实战411.mp4

▶技术掌握：掌握删除库元件的方法

实战415 调用其他库元件

▶视频位置：光盘\视频\第14章\实战415.mp4

▶技术掌握：掌握调用其他库元件的方法

实战418 编辑元件

▶视频位置：光盘\视频\第14章\实战418.mp4

▶技术掌握：掌握在库中编辑元件的方法

实战424 导入JPG逐帧动画

▶视频位置：光盘\视频\第15章\实战424.mp4

▶技术掌握：掌握JPG逐帧动画的应用

实战425 导入GIF逐帧动画

▶视频位置：光盘\视频\第15章\实战425.mp4

▶技术掌握：掌握GIF逐帧动画的应用

实战426 手动创建逐帧动画

▶视频位置：光盘\视频\第15章\实战426.mp4

▶技术掌握：掌握逐帧动画的制作方法

实战427 创建形状渐变动画

▶视频位置：光盘\视频\第15章\实例427.mp4

▶技术掌握：掌握形状渐变动画的制作方法

实战428 创建颜色渐变动画

▶视频位置：光盘\视频\第15章\实战428.mp4

▶技术掌握：掌握颜色渐变动画的制作方法

实战429 创建位移动画

▶视频位置：光盘\视频\第15章\实战429.mp4

▶技术掌握：掌握位移动画的制作方法

实战430 创建旋转动画

▶视频位置：光盘\视频\第15章\实战430.mp4

▶技术掌握：掌握旋转动画的制作方法

实战431 创建单个引导动画

▶视频位置：光盘\视频\第15章\实战431.mp4

▶技术掌握：掌握单个引导动画的制作方法

实战432 创建多个引导动画

▶视频位置：光盘\视频\第15章\实战432.mp4

▶技术掌握：掌握多个引导动画的制作方法

实战433 运用预设动画

▶视频位置：光盘\视频\第15章\实战433.mp4

▶技术掌握：掌握运用预设动画的方法

实战434 创建遮罩层动画

▶视频位置：光盘\视频\第15章\实战434.mp4

▶技术掌握：掌握遮罩层动画的制作方法

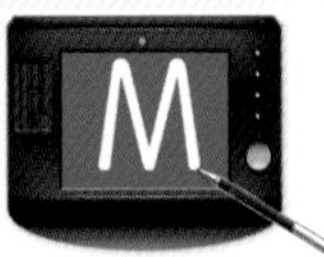

实战435 创造被遮罩层动画

▶视频位置：光盘\视频\第15章\实战435.mp4

▶技术掌握：掌握被遮罩层动画的制作方法

实战436 几何组合法

▶视频位置：光盘\视频\第16章\实战436.mp4

▶技术掌握：掌握几何组合法的应用

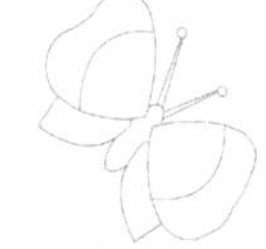

实战437 先分后总法

▶视频位置：光盘\视频\第16章\实战437.mp4

▶技术掌握：掌握先分后总法的应用

实战438 上色调整法
▶ 视频位置：光盘\视频\第16章\实战438.mp4
▶ 技术掌握：掌握上色调整法的应用

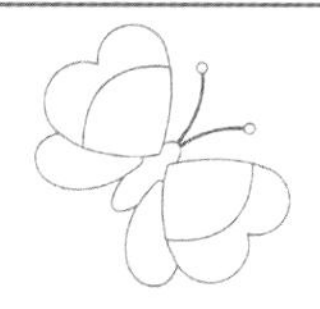

实战439 绘制树木
▶ 视频位置：光盘\视频\第16章\实战439.mp4
▶ 技术掌握：掌握绘制树木的方法

实战440 绘制玫瑰花
▶ 视频位置：光盘\视频\第16章\实战440.mp4
▶ 技术掌握：掌握玫瑰花的绘制技巧

实战441 绘制圣诞树
▶ 视频位置：光盘\视频\第16章\实战441.mp4
▶ 技术掌握：掌握绘制圣诞树的方法

实战443 绘制嘴
▶ 视频位置：光盘\视频\第16章\实战443.mp4
▶ 技术掌握：掌握绘制嘴的方法

实战445 添加按钮组件
▶ 视频位置：光盘\视频\第17章\实战445.mp4
▶ 技术掌握：掌握添加按钮组件的方法

实战446 添加列表框组件
▶ 视频位置：光盘\视频\第17章\实战446.mp4
▶ 技术掌握：掌握添加列表框组件的方法

实战447 添加下拉列表框组件
▶ 视频位置：光盘\视频\第17章\实战447.mp4
▶ 技术掌握：掌握添加下拉列表框组件的方法

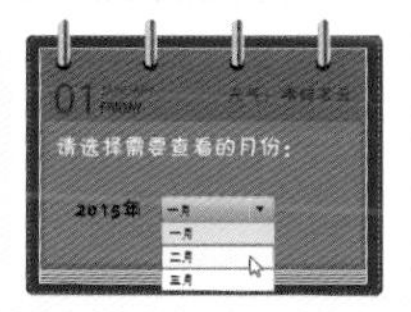

实战448 添加复选框组件
▶ 视频位置：光盘\视频\第17章\实战448.mp4
▶ 技术掌握：掌握添加复选框组件的方法

实战449 添加单选按钮组件
▶ 视频位置：光盘\视频\第17章\实战449.mp4
▶ 技术掌握：掌握添加单选按钮组件的方法

实战450 添加文本组件
▶ 视频位置：光盘\视频\第17章\实战450.mp4
▶ 技术掌握：掌握添加文本组件的方法

实战452 添加文本域组件
▶ 视频位置：光盘\视频\第17章\实战452.mp4
▶ 技术掌握：掌握添加文本域组件的方法

实战453 添加数值框组件
▶ 视频位置：光盘\视频\第17章\实战453.mp4
▶ 技术掌握：掌握添加数值框组件的方法

实战454 添加输入框组件
▶ 视频位置：光盘\视频\第17章\实战454.mp4
▶ 技术掌握：掌握添加输入框组件的方法

实战456 添加TileList组件
▶ 视频位置：光盘\视频\第17章\实战456.mp4
▶ 技术掌握：掌握添加TileList组件的方法

实战457 设置组件参数
▶ 视频位置：光盘\视频\第17章\实战457.mp4
▶ 技术掌握：掌握设置组件参数的方法

实战458 在舞台中删除组件
▶ 视频位置：光盘\视频\第17章\实战458.mp4
▶ 技术掌握：掌握在舞台中删除组件的方法

实战459 在库中删除组件
▶ 视频位置：光盘\视频\第17章\实战459.mp4
▶ 技术掌握：掌握在库中删除组件的方法

实战474 为动画关键帧添加脚本
▶ 视频位置：光盘\视频\第18章\实战474.mp4
▶ 技术掌握：掌握添加关键帧脚本的方法

实战482 设置对象坐标
▶ 视频位置：光盘\视频\第18章\实战482.mp4
▶ 技术掌握：掌握设置对象坐标代码的编写方法

实战483 设置对象透明度
▶ 视频位置：光盘\视频\第18章\实战483.mp4
▶ 技术掌握：掌握设置透明度代码的编写方法

实战484 设置对象宽高属性

▶视频位置：光盘\视频\第18章\实战484.mp4

▶技术掌握：掌握设置宽度属性代码的编写方法

实战485 停止影片

▶视频位置：光盘\视频\第18章\实战485.mp4

▶技术掌握：掌握停止影片的代码编写方法

实战486 播放影片

▶视频位置：光盘\视频\第18章\实战486.mp4

▶技术掌握：掌握播放影片的代码编写方法

实战488 跳转至场景或帧

▶视频位置：光盘\视频\第18章\实战488.mp4

▶技术掌握：掌握跳转至场景或帧代码的编写方法

实战489 快进播放

▶视频位置：光盘\视频\第18章\实战489.mp4

▶技术掌握：掌握快进播放的方法

实战492 优化影片文件

▶视频位置：光盘\视频\第19章\实战492.mp4

▶技术掌握：掌握优化影片文件的方法

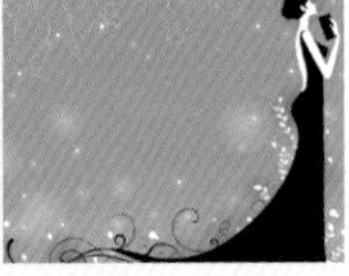

实战494 优化文本元素

▶视频位置：光盘\视频\第19章\实战494.mp4

▶技术掌握：掌握优化文本元素的技巧

实战497 直接测试影片

▶视频位置：光盘\视频\第19章\实战497.mp4

▶技术掌握：掌握直接测试影片的技巧

实战498 在Flash中测试影片

▶视频位置：光盘\视频\第19章\实战498.mp4

▶技术掌握：掌握在Flash中测试影片的技巧

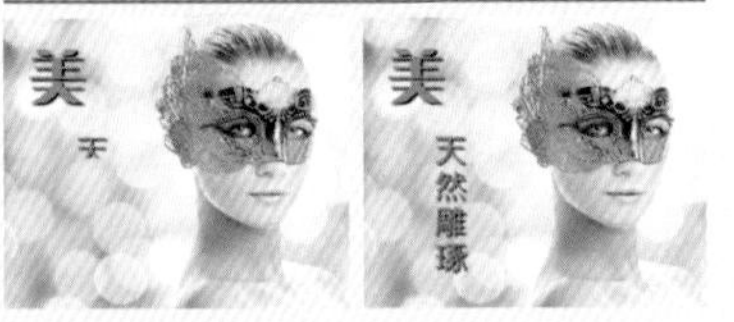

实战499 在浏览器中测试影片

▶视频位置：光盘\视频\第19章\实战499.mp4

▶技术掌握：掌握在浏览器中测试影片的方法

实战500 直接调试影片

▶视频位置：光盘\视频\第19章\实战500.mp4

▶技术掌握：掌握直接调试影片的方法

实战501 在Flash中调试影片

▶视频位置：光盘\视频\第19章\实战501.mp4

▶技术掌握：掌握在Flash中调试影片的方法

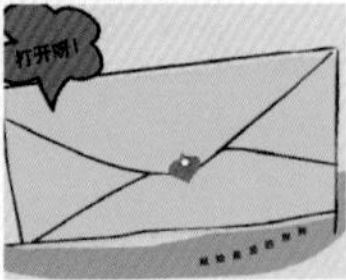

实战503 清除发布缓存并测试影片

▶视频位置：光盘\视频\第19章\实战503.mp4

▶技术掌握：掌握清除发布缓存并测试影片的技巧

实战507 导出为SWF影片

▶视频位置：光盘\视频\第19章\实战507.mp4

▶技术掌握：掌握导出为SWF影片的方法

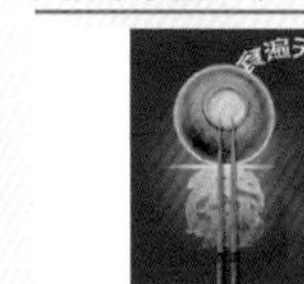

实战514 发布为Flash文件

▶视频位置：光盘\视频\第19章\实战514.mp4

▶技术掌握：掌握发布Flash文件的方法

20.1 人物类图形——女孩变脸

▶视频位置：光盘\视频\第20章\实战521~实战524.mp4

▶技术掌握：掌握人物类图形的制作方法

20.3 礼品类图形——圣诞送礼

▶视频位置：光盘\视频\第20章\实战530~实战534.mp4

▶技术掌握：掌握礼品类图形动画的制作方法

21.2 切换式动画——美食宣传

▶视频位置：光盘\视频\第21章\实战539~实战543.mp4

▶技术掌握：掌握切换式图像动画的制作方法

20.2 动物类图形——小猪游湖

▶视频位置：光盘\视频\第20章\实战525~实战529.mp4

▶技术掌握：掌握动物类图形动画的制作方法

21.1 浏览式动画——风景欣赏

▶ 视频位置：光盘\视频\第21章\实战535～实战538.mp4
▶ 技术掌握：掌握浏览式图像动画的制作方法

21.3 移动式动画——馨园房产

▶ 视频位置：光盘\视频\第21章\实战544～实战547.mp4
▶ 技术掌握：掌握移动式图像动画的制作方法

22.1 倒影式动画——清凉夏日

▶ 视频位置：光盘\视频\第22章\实战548～实战551.mp4
▶ 技术掌握：掌握倒影式文字动画的制作方法

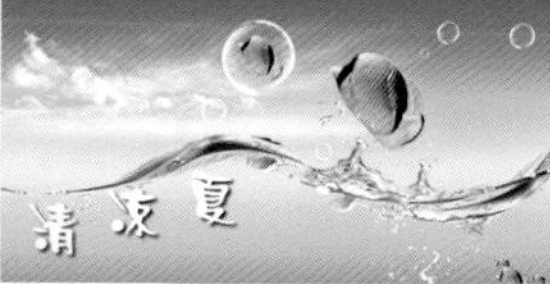

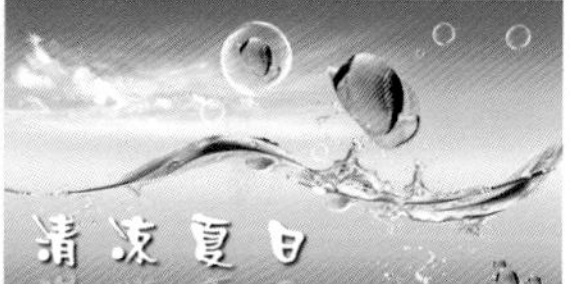

22.2 滚屏式动画——店内公告

▶ 视频位置：光盘\视频\第22章\实战552～实战556.mp4
▶ 技术掌握：掌握滚屏式文字动画的制作方法

22.3 多样式动画——天舟电脑

▶ 视频位置：光盘\视频\第22章\实战557～实战561.mp4
▶ 技术掌握：掌握多样式文字动画的制作方法

23.1 儿童节贺卡——快乐童年

▶ 视频位置：光盘\视频\第23章\实战562～实战566.mp4
▶ 技术掌握：掌握儿童节贺卡的制作方法

23.2 教师节贺卡——感恩回报

▶ 视频位置：光盘\视频\第23章\实战567～实战570.mp4
▶ 技术掌握：掌握教师节贺卡的制作方法

23.3 情人节贺卡——浪漫情人节

▶视频位置：光盘\视频\第23章\实战571～实战575.mp4
▶技术掌握：掌握情人节贺卡的制作方法

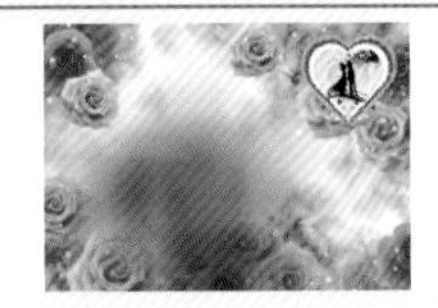

24.1 城市类动画——都市花香

▶视频位置：光盘\视频\第24章\实战576～实战579.mp4
▶技术掌握：掌握城市商业类Banner动画的制作方法

24.2 广告类动画——手机广告

▶视频位置：光盘\视频\第24章\实战580～实战583.mp4
▶技术掌握：掌握手机广告类Banner动画的制作方法

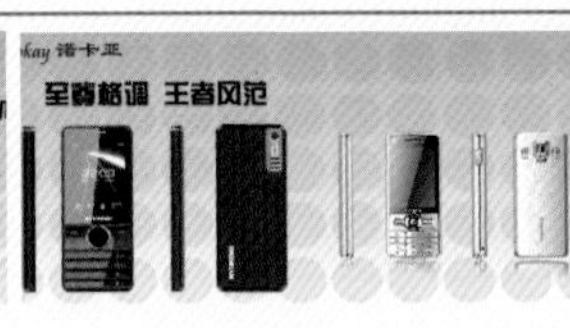

24.3 商业类动画——铃声下载

▶视频位置：光盘\视频\第24章\实战584～实战588.mp4
▶技术掌握：掌握商业类铃声Banner动画的制作方法

25.1 汽车类广告——凯瑞汽车

▶视频位置：光盘\视频\第25章\实战589～实战592.mp4
▶技术掌握：掌握商业类汽车广告动画的制作方法

25.2 电子类广告——数码相机

▶视频位置：光盘\视频\第25章\实战593～实战596.mp4
▶技术掌握：掌握电子类数码相机广告动画的制作方法

25.3 珠宝类广告——宝莱蒂珠宝

▶视频位置：光盘\视频\第25章\实战597～实战600.mp4
▶技术掌握：掌握珠宝类商业广告的制作方法

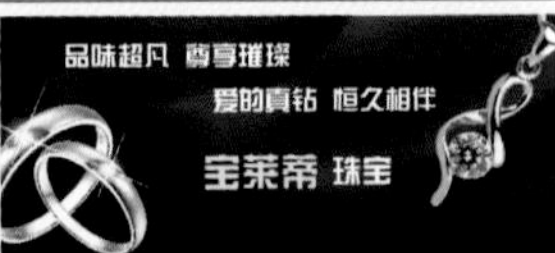

全视频600例！

Adobe

中文版Flash CC 实战大全

华天印象 编著

人 民 邮 电 出 版 社
北 京

图书在版编目（CIP）数据

全视频600例！中文版Flash CC实战大全 / 华天印象编著. -- 北京 : 人民邮电出版社, 2015.5
ISBN 978-7-115-38254-2

Ⅰ. ①全… Ⅱ. ①华… Ⅲ. ①动画制作软件 Ⅳ. ①TP391.41

中国版本图书馆CIP数据核字(2015)第009424号

内容提要

本书通过600个实例介绍中文版Flash CC的应用方法，具体内容包括全新体验Flash CC、熟悉Flash CC基本操作、应用Flash CC辅助工具、应用Flash CC基本工具、简单编辑矢量图形、填充动画图形颜色、简单操作图形对象、使用外部图像文件、使用外部媒体文件、创建和应用图层、创建与编辑文本、应用时间轴和帧、应用元件和实例、使用库对象、制作Flash简单动画、矢量图绘制技巧、应用Flash动画组件、应用ActionScript脚本、测试与导出动画文件、图形动画、图像动画、文字动画、电子贺卡、Banner动画、商业广告动画等。读者学习后可以融会贯通、举一反三，制作出更多精彩、完美的Flash动画效果。

本书结构清晰、内容丰富，随书光盘提供了全部600个案例的素材文件和效果文件，以及所有实战的视频操作演示讲解。本书适合Flash初、中级读者阅读，包括广告片头制作人员、Flash课件制作人员、游戏制作人员及大型网站动画设计人员等，同时也可以作为各类计算机培训中心、中等职业学校、中等专业学校、职业高中和技工学校的辅导教材。

◆ 编　　著　华天印象
　责任编辑　张丹阳
　责任印制　程彦红
◆ 人民邮电出版社出版发行　　北京市丰台区成寿寺路11号
　邮编　100164　　电子邮件　315@ptpress.com.cn
　网址　http://www.ptpress.com.cn
　北京艺辉印刷有限公司印刷
◆ 开本：787×1092　1/16
　印张：48　　　　彩插：8
　字数：1653千字　　2015年5月第1版
　印数：1－3 000册　　2015年5月北京第1次印刷

定价：89.00元（附光盘）

读者服务热线：(010)81055410　印装质量热线：(010)81055316
反盗版热线：(010)81055315
广告经营许可证：京崇工商广字第0021号

前言

软件简介

Flash CC是由美国Adobe公司推出的一款矢量图形编辑和动画制作软件，具有界面友好、功能强大、易于掌握、使用方便和体系结构开放等特点，广泛应用于卡通动画、片头动画、游戏动画、广告动画和教学课件等领域，深受广大动漫制作和动画设计人员青睐。

本书特色

特色1：全实战！铺就新手成为高手之路：本书为读者奉献一本全操作性的实用图书，共计600个案例！采用“庖丁解牛”的写作思路，步步深入、讲解，直达软件核心、精髓，帮助新手在大量的案例演练中逐步掌握软件的各项技能、核心技术和商业行用，成为超级熟练的软件应用达人、作品设计高手！

特色2：全视频！全程重现所有实例的过程：书中600个技能实例，全部录制了带语音讲解的高清教学视频，共计600段，时间长达700分钟，全程重现书中所有技能实例的操作，读者可以结合书本，也可以独立在电脑、手机或平板中观看高清语音视频演示，轻松、高效学习！

特色3：随时学！开创手机/平板学习模式：随书光盘提供高清视频（MP4格式）可供读者拷入手机、平板电脑中观看，随时随地，运用平常的点滴、休闲、等待、坐车等零散时间，可以观看视频，如同在外用平常手机看新闻、视频一样，利用碎片化的闲暇时间，轻松、愉快进行学习。

本书内容

本书共分为5篇：软件入门篇、进阶提高篇、核心攻略篇、高手终极篇以及实战案例篇，具体章节内容如下。

软件入门篇：第1～4章，讲解了全新体验Flash CC软件、熟悉Flash CC基本操作、应用Flash CC辅助工具、应用Flash CC基本工具等内容。

进阶提高篇：第5～9章，讲解了简单编辑矢量图形、填充动画图形颜色、简单操作对象、使用外部图像文件、使用外部媒体文件等内容。

核心攻略篇：第10～14章，讲解了创建和应用图层、创建与编辑文本、应用时间轴和帧、应用元件和实例、应用库对象等内容。

高手终极篇：第15～19章，讲解了制作Flash简单动画、矢量图绘制技巧、应用Flash动画组件、应用ActionScript脚本、测试与导出动画文件等内容。

实战案例篇：第20～25章，讲解了综合实例的制作，如图形动画、图像动画、文字动画、电子贺卡、Banner动画、商业广告动画等内容。

读者售后

本书由华天印象编著，由于作者水平有限，加上时间仓促，书中难免存在疏漏与不妥之处，欢迎广大读者来信咨询和指正，联系邮箱：itsir@qq.com。

编 者

目录

软件入门篇

第1章 全新体验Flash CC

第2章 熟悉Flash CC基本操作

第3章 应用Flash CC辅助工具

第4章 应用Flash CC基本工具

进阶提高篇

第5章 简单编辑矢量图形

第6章 填充动画图形颜色

第7章 简单操作图形对象

第8章 使用外部图像文件

第9章 使用外部媒体文件

核心攻略篇

第10章 创建和应用图层

第11章 创建与编辑文本

第12章 应用时间轴和帧

第13章 应用元件和实例

第14章 使用库对象

高手终极篇

第15章 制作Flash简单动画

第16章 矢量图绘制技巧

第17章 应用Flash动画组件

第18章 应用ActionScript脚本

第19章 测试与导出动画文件

实战案例篇

第20章 实战案例——图形动画

第21章 实战案例——图像动画

第22章 实战案例——文字动画

第23章 实战案例——电子贺卡

第24章 实战案例——Banner动画

第25章 实战案例——商业动画

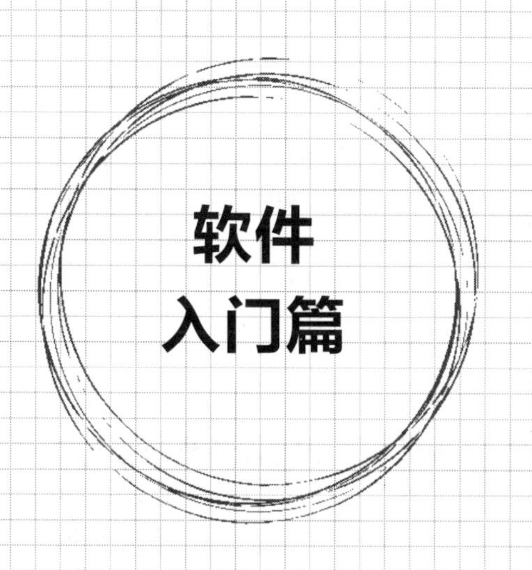

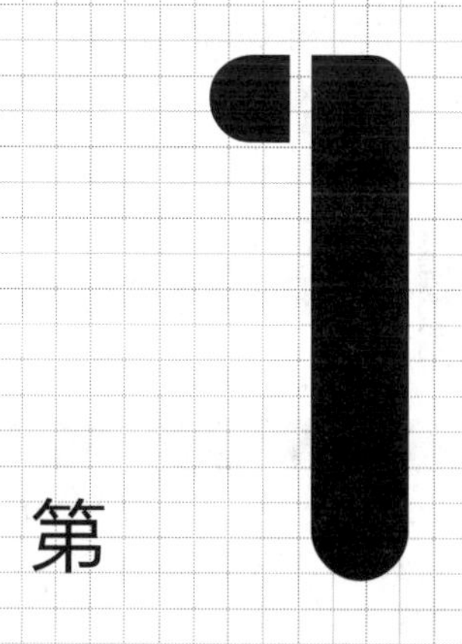

第 1 章

全新体验Flash CC

本章导读

Flash CC是一款集多种功能于一体的多媒体制作软件，主要用于创建基于网络流媒体技术的带有交互功能的矢量动画。Flash的应用领域非常广泛，如制作MTV、动态网页广告和游戏动画等。

本章主要介绍该软件的一些基本操作，包括安装、启动与退出Flash CC、设置动画文档属性、使用键盘快捷键、设置系统首选项参数以及使用帮助系统等内容。

要点索引

- 安装与卸载Flash CC
- 启动与退出Flash CC
- 设置动画文档属性
- 使用键盘快捷键
- 切换多种工作界面
- 掌握工作区基本操作
- 巧用Flash CC帮助系统

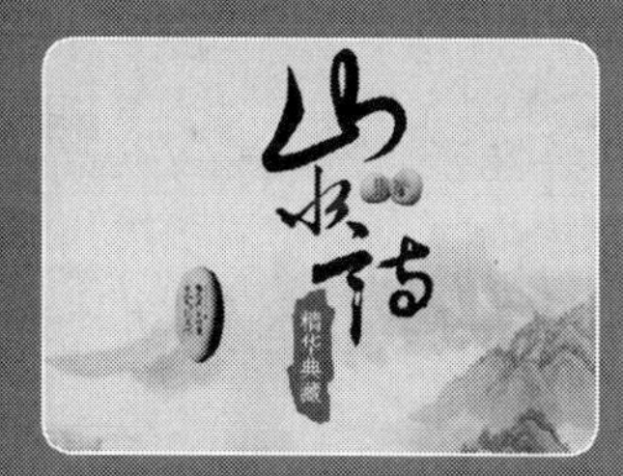

1.1 安装与卸载Flash CC

用户要使用Flash CC进行动画制作之前，首先需要在电脑中安装Flash CC应用软件。用户可以从网上下载Flash CC应用软件，也可以购买Flash CC软件的安装光盘。下面向读者介绍安装与卸载Flash CC的操作方法，希望读者熟练掌握本节内容。

实战001 安装Flash CC软件

▶实例位置：无
▶素材位置：无
▶视频位置：光盘\视频\第1章\实战001.mp4

• 实例介绍 •

安装Flash CC之前，用户需要检查一下计算机是否装有低版本的Flash CC程序，如果存在，需要将其卸载后再安装新的版本。另外，在安装Flash CC之前，必须先关闭其他所有应用程序，如果其他程序仍在运行，则会影响到Flash CC的正常安装。

• 操作步骤 •

STEP 01 将Flash CC安装程序复制到电脑中，进入Flash CC安装文件夹，如图1-1所示。

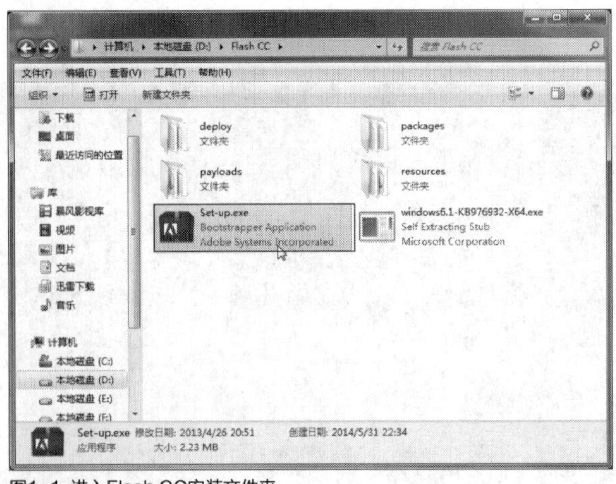

图1-1 进入Flash CC安装文件夹

STEP 02 选择Flash CC安装程序，在安装程序上，单击鼠标右键，在弹出的快捷菜单中选择“打开”选项，如图1-2所示。

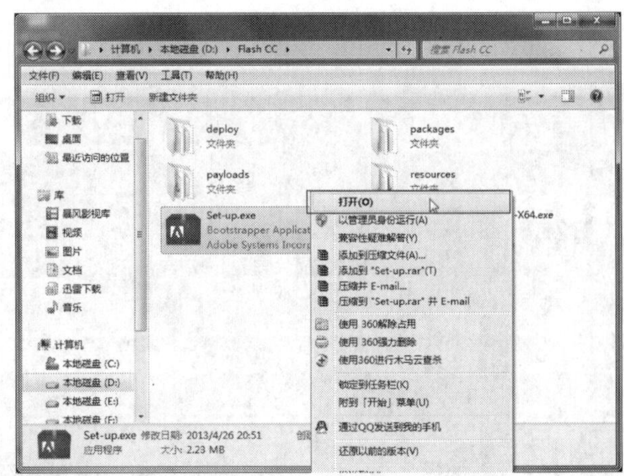

图1-2 选择“打开”选项

STEP 03 执行操作后，弹出“Adobe安装程序”对话框，提示用户安装软件过程中遇到的相关问题，单击“忽略”按钮，如图1-3所示。

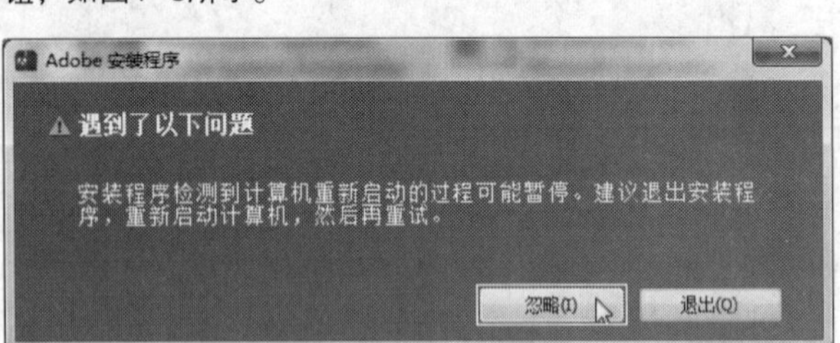

图1-3 单击“忽略”按钮

STEP 04 此时，系统提示正在初始化安装程序，并显示初始化安装进度，如图1-4所示。

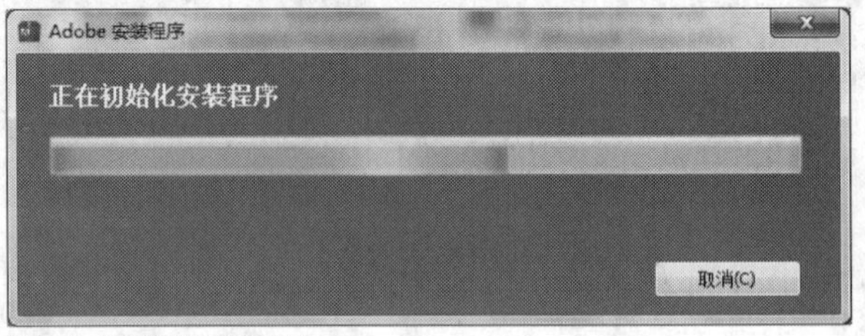

图1-4 显示初始化安装进度

STEP 05 待程序初始化完成后，进入“欢迎”界面，在下方单击“试用”按钮，如图1-5所示。

STEP 06 执行操作后，进入“需要登录”界面，单击“登录”按钮，如图1-6所示。

图1-5 单击“试用”按钮

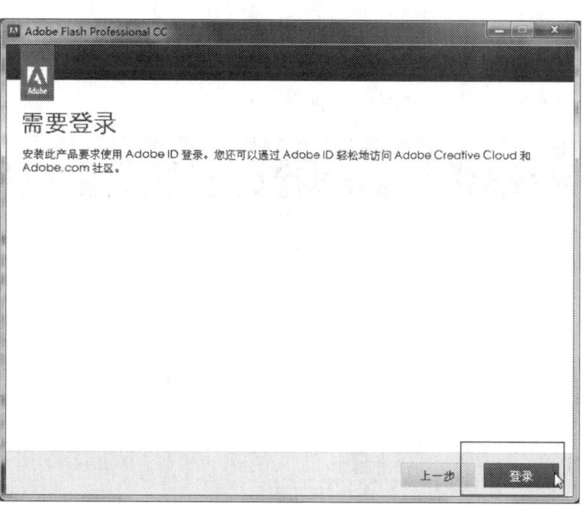

图1-6 单击“登录”按钮

STEP 07 此时，界面中提示无法连接到Internet，单击界面下方的“以后登录”按钮，如图1-7所示。

STEP 08 稍后进入“Adobe软件许可协议”界面，请用户仔细阅读许可协议条款的内容，然后单击“接受”按钮，如图1-8所示。

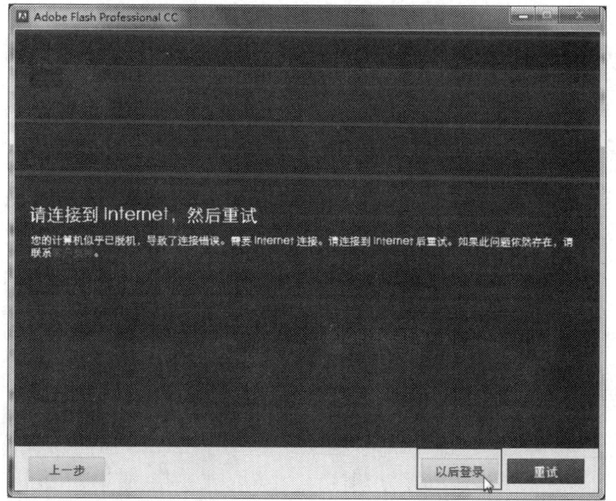

图1-7 单击“以后登录”按钮

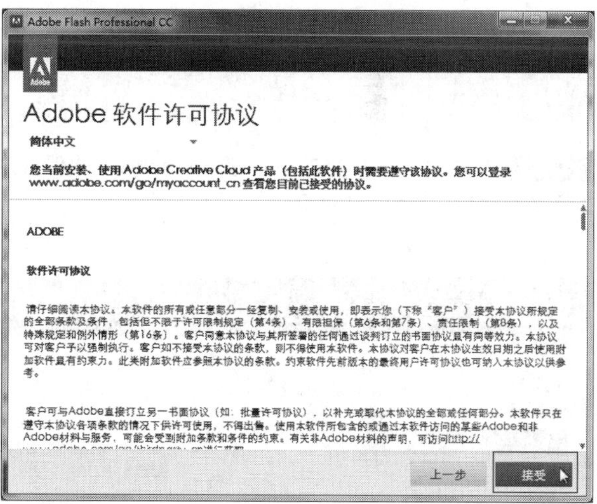

图1-8 单击“接受”按钮

STEP 09 进入“选项”界面，在上方面板中选中需要安装的软件复选框，如图1-9所示。

STEP 10 在界面下方，单击“位置”右侧的按钮，如图1-10所示。

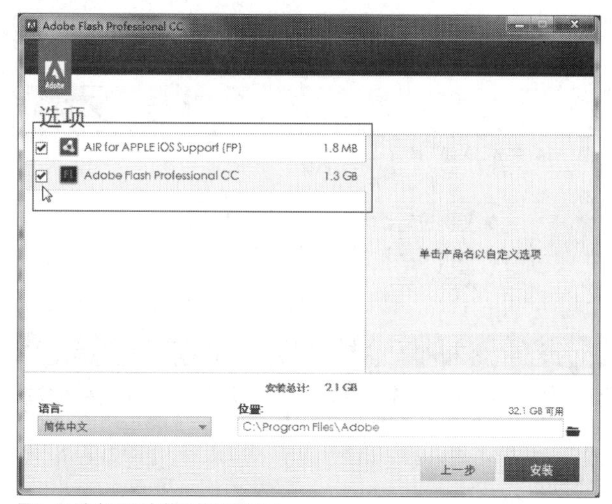

图1-9 选中需要安装的软件复选框

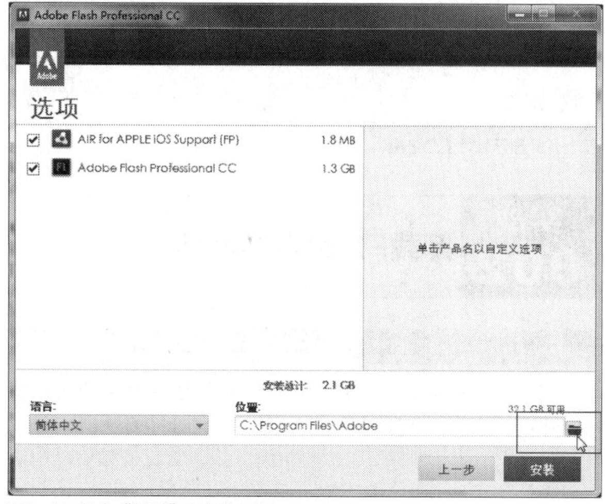

图1-10 单击“位置”右侧的按钮

STEP 11 执行操作后，弹出“浏览文件夹”对话框，在其中选择Flash CC软件需要安装的位置。设置完成后，单击“确定”按钮，如图1-11所示。

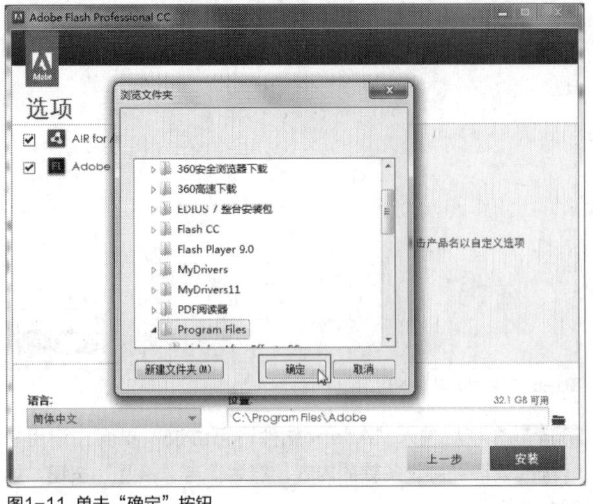

图1-11 单击“确定”按钮

STEP 12 返回“选项”界面，在“位置”下方显示了刚设置的软件安装位置，如图1-12所示。

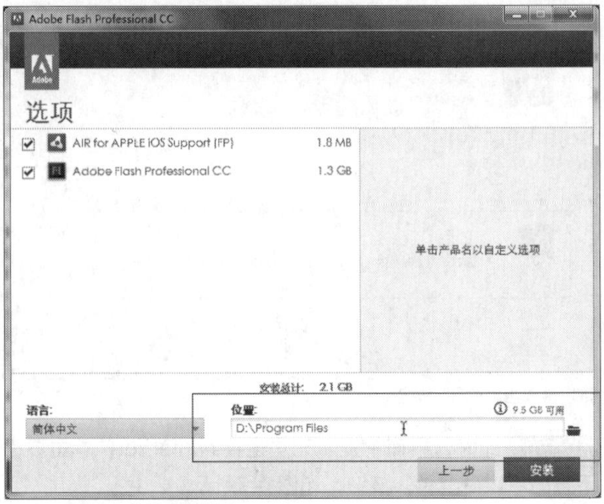

图1-12 显示了软件安装位置

知识拓展

用户在安装Flash CC软件的过程中，建议不要将软件安装在C盘，这样会影响电脑的运行速度，可以选择其他磁盘安装Flash CC软件。

STEP 13 单击“安装”按钮，开始安装Flash CC软件，并显示安装进度，如图1-13所示。

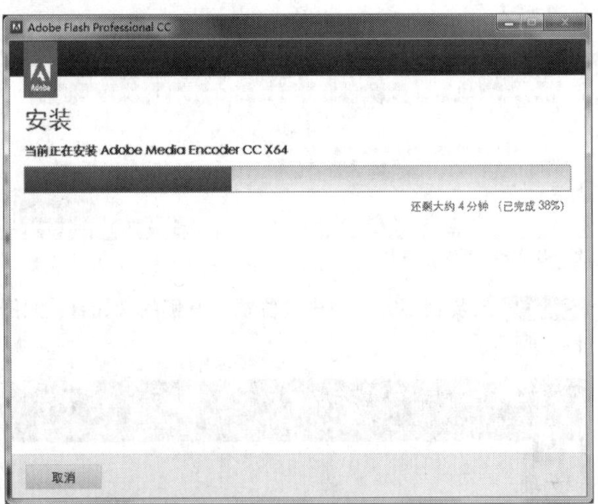

图1-13 显示软件安装进度

STEP 14 稍等片刻，待软件安装完成后，进入“安装完成”界面，单击“关闭”按钮，即可完成Flash CC软件的安装操作，如图1-14所示。

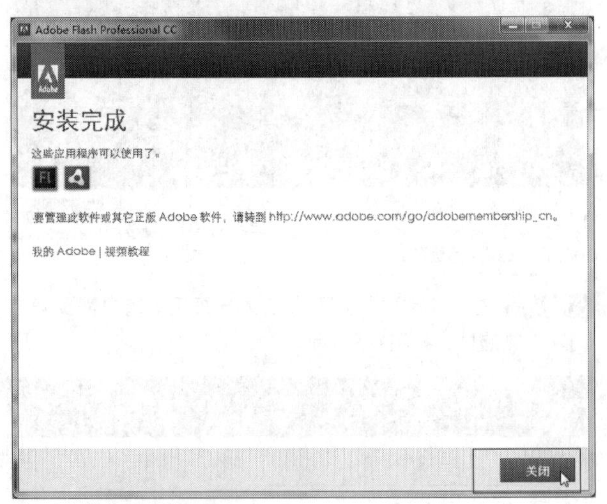

图1-14 单击“关闭”按钮

实战 002 卸载Flash CC软件

- 实例位置：无
- 素材位置：无
- 视频位置：光盘\视频\第1章\实战002.mp4

• 实例介绍 •

当用户不再需要使用Flash CC应用程序时，即可以将该软件从电脑中卸载，提高电脑的运行速度，下面向读者介绍卸载Flash CC软件的操作方法。

• 操作步骤 •

STEP 01 在计算机桌面上，选择“360软件管家”程序图标，如图1–15所示。

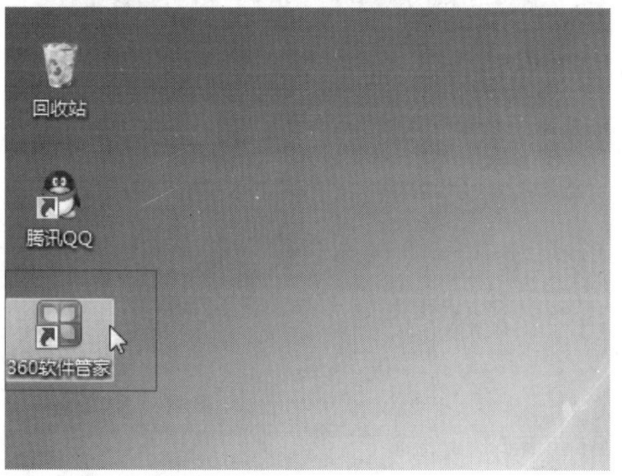

图1–15 选择“360软件管家”图标

STEP 02 在该程序图标上，单击鼠标右键，在弹出的快捷菜单中选择“打开”选项，如图1–16所示。

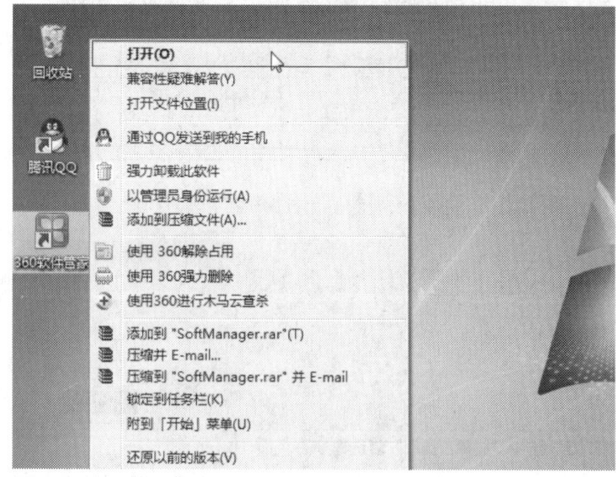

图1–16 选择“打开”选项

STEP 03 执行操作后，打开“360软件管家”工作界面，在界面的上方单击“软件卸载”图标，如图1–17所示。

图1–17 单击“软件卸载”图标

STEP 04 进入“软件卸载”界面，找到Adobe Flash Professional CC应用程序，单击右侧的“卸载”按钮，如图1–18所示。

图1–18 单击“卸载”按钮

STEP 05 此时，界面中提示正在卸载软件，如图1–19所示。

图1–19 提示正在卸载软件

STEP 06 稍等片刻，在“卸载选项”界面中，选中需要卸载的软件复选框，如图1–20所示。

图1–20 选中需要卸载的软件复选框

STEP 07 在界面右侧，选中“删除首选项”复选框，如图1-21所示。

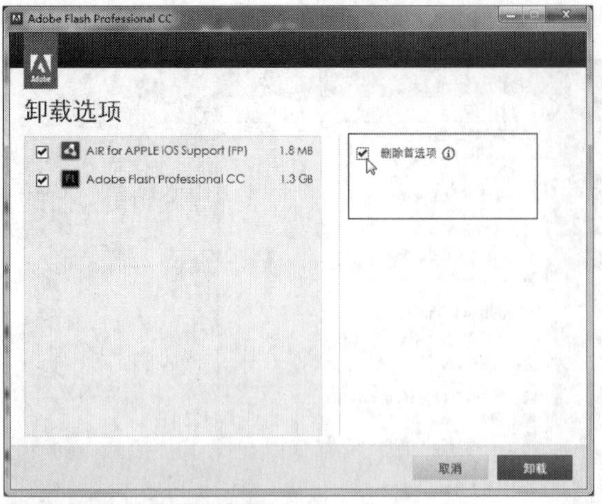

图1-21 选中“删除首选项”复选框

STEP 08 在界面的下方，单击“卸载”按钮，如图1-22所示。

图1-22 单击“卸载”按钮

STEP 09 执行操作后，开始卸载Flash CC应用软件，并显示卸载进度，如图1-23所示。

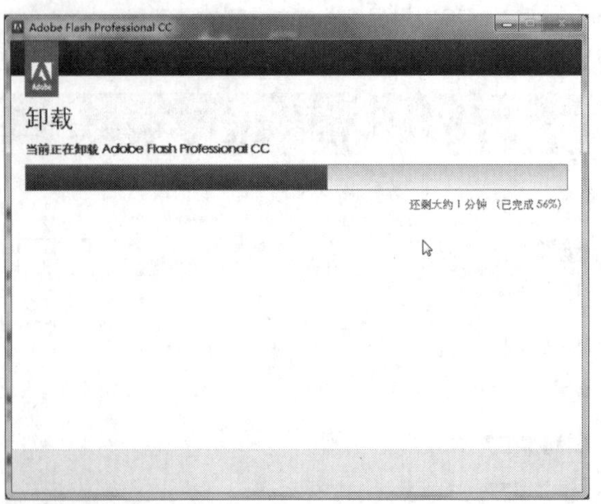

图1-23 显示卸载进度

STEP 10 稍等片刻，进入“卸载完成”界面，提示软件已经卸载完成，单击“关闭”按钮，如图1-24所示。

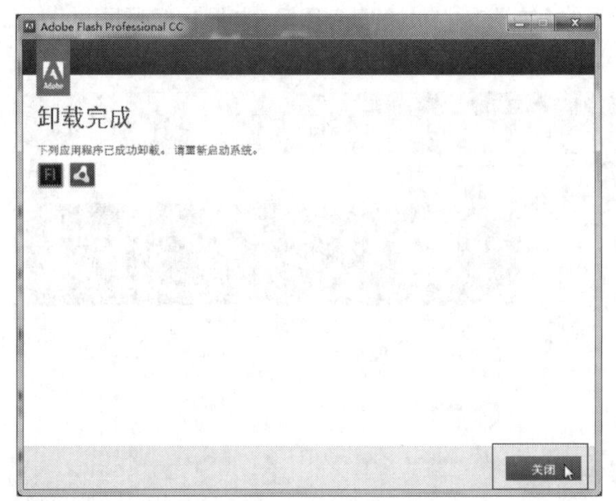

图1-24 单击“关闭”按钮

STEP 11 返回“360软件管家”工作界面，单击Adobe Flash Professional CC右侧的“强力清扫”按钮，如图1-25所示。

图1-25 单击“强力清扫”按钮

STEP 12 弹出“360软件管家-强力清扫”对话框，单击下方的“删除所选项目”按钮，如图1-26所示。

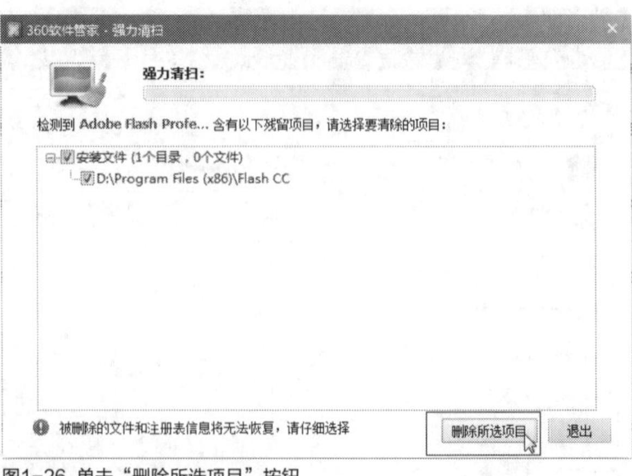

图1-26 单击“删除所选项目”按钮

STEP 13 执行操作后，此时Adobe Flash Professional CC右侧将显示软件已经卸载完成，如图1-27所示。至此完成Flash CC软件的卸载操作。

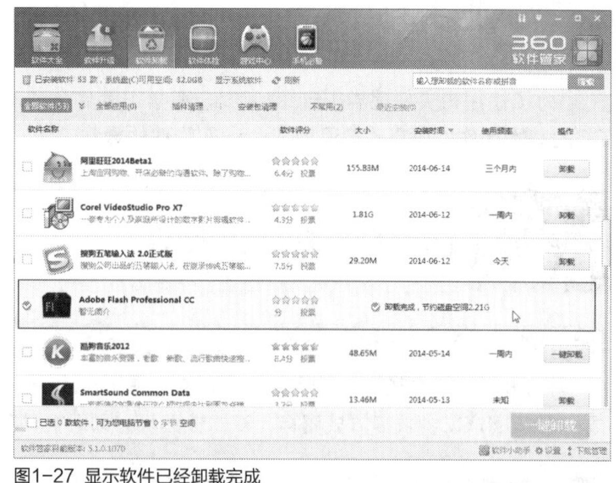

图1-27 显示软件已经卸载完成

知识拓展

1. Flash的优势

在动画领域中，Flash只是众多产品中的一种。和其他同类型产品相比，Flash有着明显的优势，除了简单易学和各元素都是矢量外，Flash的优势还有以下6个方面。

➢ 在Flash CC中，可以导入Photoshop中生成的PSD文件，被导入的文件不仅保留了源文件的结构，而且连PSD文件中的图层名称都不会发生改变。

➢ 可以更完美地导入Illustrator矢量图形文件，并保留其所有特性，包括精确的颜色、形状、路径和样式等。

➢ 使用Adobe Illustrator所倡导的钢笔工具，可以使用户在绘制图形时更加得心应手地控制图形元素。

➢ 使用Flash Player中的高级视频On2 VP6编解码器，可以在保持文件较小容量的同时，制作出可与当今最佳视频编解码器相媲美的视频。

➢ 通过使用内置的滤镜效果（如阴影、模糊、高光、斜面、渐变斜面和颜色调整等效果），可以创造出更具吸引力的作品。

➢ 使用功能强大的形状绘制工具处理矢量图形，能以自然、直观的方式轻松弯曲、擦除、扭曲、斜切和组合矢量图形。

2. Flash的特点

作为一款二维动画制作软件，Flash CC继承了Flash早期版本的各种优点，并且在此基础上进行了改进。它的一些新的特点极大地完善了Flash的功能，并且其交互性和灵活性也得到了很大的提高。除此之外，Flash CC还提供了功能强大的动作脚本，并且增加了对组件的支持。Flash CC的特点主要集中在以下6个方面。

➢ 强大的交互功能：Flash动画与其他动画最大区别就是具有交互性。所谓交互，就是指用户通过键盘、鼠标等输入工具，实现作品的各个部分自由跳转从而控制动画的播放。Flash的交互功能是通过用户的ActionScript脚本语言实现的。使用ActionScript可以控制Flash中的对象、创建导航和交互元素，从而制作出具有魅力的作品。用户即使不懂编程知识，也可以利用Flash提供的复选框、下拉菜单和滚动条等交互组件实现交互操作。

➢ 友好的用户界面：尽管Flash CC的功能非常强大，但它合理的布局、友好的用户界面，使得初学者也可以在很短的时间内制作出漂亮的作品。同时软件附带了详细的帮助文件和教程，并附有详细文件供用户研究学习，设计得非常贴心。

➢ 流式播放技术：在Flash中采用流式工作方式观看动画时，无须等到动画文件全部下载到本地后再观看，而是在动画下载传输过程中即可播放，这样就可以大大地减少浏览器等待的时间，所以Flash动画非常适合于网络传输。

➢ 文档格式的多样化：在Flash CC中，可以引用多种类型的文件，包括图形、图像、音乐和视频文件，使动画能够灵活适应不同的领域。

➢ 可重复使用的元件：对于经常使用的图形或动画片段，可以在Flash CC中定义成元件，即使频繁使用，也不会导致动画文件的体积增大。Flash CC提供了大量的封装组件，供用户充分使用及共享文件。Flash CC还可以使用“复制和粘贴动画”功能复制补间动画，并将帧、补间和元件信息应用到其他对象上。

➢ 图像质量高：由于矢量图无论放大多少倍，都不会产生失真现象，因此图像不仅可以始终完整显示，而且不会降低其质量。

3. 了解Flash矢量图特点

矢量图形是通过带有方向的直线和曲线来描述的，矢量图形以数学公式表示直线、曲线、颜色和位置，与分辨率无关，因此以任何分辨率都能显示。

Flash的图形系统是基于矢量的，因此在制作动画时，只需要存储少量数据就可以描述一个看起来相当复杂的对象。这样，其占用的存储空间同位图相比具有更明显的优势，使用矢量图形的另一个好处在于不管将其放大多少倍，图像都不会失真，而且动画文件非常小，便于传播。如图1-28所示为矢量图和放大250倍后的矢量图。

图1-28 矢量图和放大250倍后的矢量图

1.2 启动与退出Flash CC

为了让用户更好地学习Flash CC，在学习软件之前对Flash CC的基本操作有一定的了解，下面向读者介绍Flash CC的基本操作，如启动与退出Flash CC软件的操作方法。

实战003 通过桌面图标启动软件

▶实例位置：无
▶素材位置：无
▶视频位置：光盘\视频\第1章\实战003.mp4

• 实例介绍 •

使用Flash CC制作动画特效之前，首先需要启动Flash CC软件，将Flash CC安装至计算机中后，在桌面会自动生成一个Flash CC的快捷方式图标，双击该图标，即可启动Flash CC应用软件。

• 操作步骤 •

STEP 01 在计算机桌面，选择Adobe Flash Professional CC程序图标，如图1-29所示。

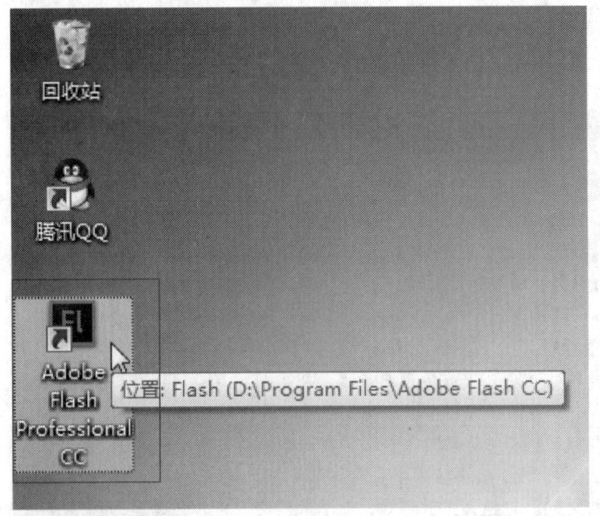

图1-29 选择程序图标

STEP 02 在该图标上，单击鼠标右键，在弹出的快捷菜单中选择“打开”选项，如图1-30所示。

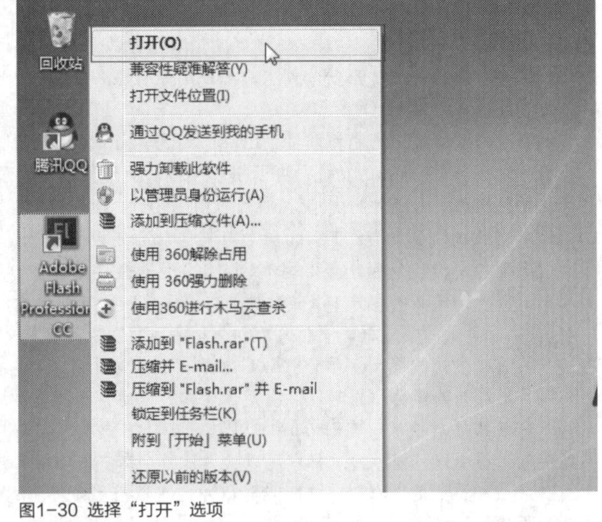

图1-30 选择“打开”选项

STEP 03 执行操作后，即可启动Flash CC应用程序，并进入Flash CC启动界面，如图1-31所示。

图1-31 进入Flash CC启动界面

STEP 04 稍等片刻，即可进入Flash CC工作界面，如图1-32所示。

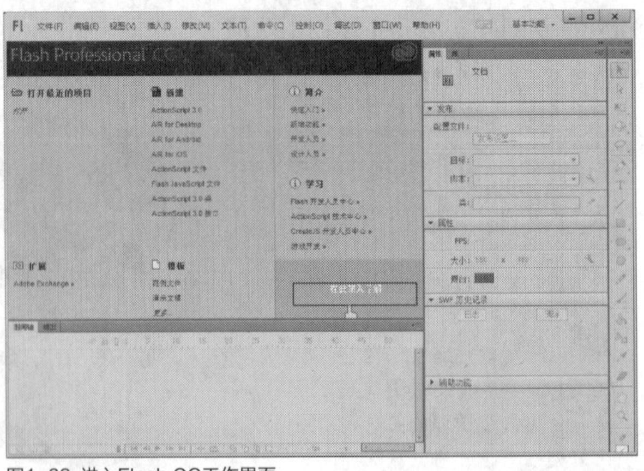

图1-32 进入Flash CC工作界面

实战 004 通过开始菜单启动软件

▶实例位置：无
▶素材位置：无
▶视频位置：光盘\视频\第1章\实战004.mp4

• 实例介绍 •

当用户安装好Flash CC应用软件之后，该软件的程序会存在于用户计算机的“开始”菜单中，此时用户可以通过“开始”菜单来启动Flash CC。

• 操作步骤 •

STEP 01 在Windows 7系统桌面上，单击“开始”按钮，如图1-33所示。

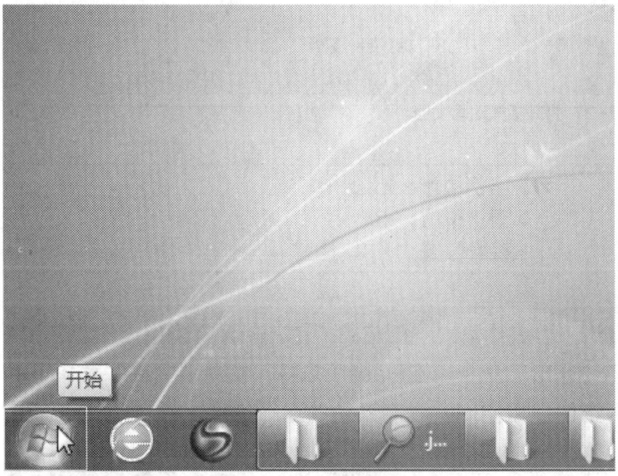

图1-33 单击“开始”按钮

STEP 02 在弹出的“开始”菜单列表中，单击Adobe Flash Professional CC命令，如图1-34所示。执行操作后，即可启动Flash CC应用软件，进入Flash CC软件工作界面。

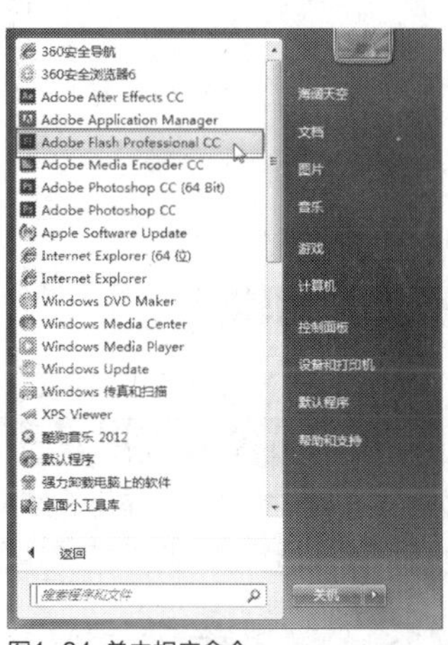

图1-34 单击相应命令

实战 005 双击.fla格式启动软件

▶实例位置：无
▶素材位置：无
▶视频位置：光盘\视频\第1章\实战005.mp4

• 实例介绍 •

.fla格式是Flash CC软件存储时的源文件格式，双击该源文件格式，即可启动Flash CC应用软件。下面向读者介绍其操作方法。

• 操作步骤 •

STEP 01 打开相应文件夹，在其中选择.fla格式的源文件，如图1-35所示。

图1-35 选择.fla格式的源文件

STEP 02 在该源文件格式上，单击鼠标右键，在弹出的快捷菜单中选择“打开”选项，如图1-36所示。

图1-36 选择“打开”选项

技巧点拨

在计算机中的.fla格式的源文件上，双击鼠标左键，也可以快速启动Flash CC应用程序，并打开相关的动画文档。

STEP 03 执行操作后，即可启动Flash CC应用程序，并打开相关动画文档，如图1-37所示。

图1-37 打开相关动画文档

实战006 通过命令退出应用软件

▶实例位置：无
▶素材位置：光盘\素材\第1章\北极星.fla
▶视频位置：光盘\视频\第1章\实战006.mp4

• 实例介绍 •

一般情况下，在应用软件界面的“文件”菜单下，都提供了“退出”命令。在Flash CC中，使用“文件”菜单下的“退出”命令，可以退出Flash CC应用软件，以节约操作系统内存的使用空间，提高系统的运行速度。

• 操作步骤 •

STEP 01 单击“文件”|“打开”命令，打开一个素材，如图1-38所示。

图1-38 打开一个素材文件

STEP 02 在菜单栏中，单击“文件”|“退出”命令，如图1-39所示，即可退出Flash软件。

图1-39 单击“退出”命令

技巧点拨

在Flash CC工作界面中，用户还可以通过以下3种快捷键退出Flash CC软件。

- 在工作界面中，按【Ctrl+Q】组合键。
- 在工作界面中，按【Alt+F4】组合键。
- 在“文件”菜单列表中，按【X】键。

实战007 通过选项退出应用软件

▶实例位置：无
▶素材位置：无
▶视频位置：光盘\视频\第1章\实战007.mp4

• 实例介绍 •

在Flash CC工作界面中，通过“关闭”选项，也可以退出Flash应用软件。

• 操作步骤 •

STEP 01 在Flash CC工作界面左上角的程序图标上Fl，单击鼠标左键，如图1-40所示。

图1-40 在Fl上单击鼠标左键

STEP 02 执行操作后，即可弹出列表框，在其中选择“关闭”选项，也可以快速退出Flash应用软件，如图1-41所示。

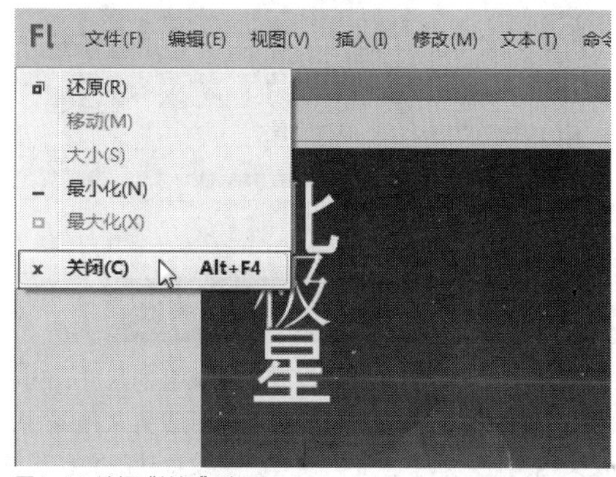

图1-41 选择“关闭”选项

知识拓展

在图1-41所示的列表框中，用户按【C】键，也可以快速退出Flash应用软件。另外，列表框中其他各选项含义如下。

- “还原”选项：选择该选项，可以还原Flash工作界面的显示状态。
- “移动”选项：选择该选项，可以随便移动Flash界面在显示器上的显示位置。
- “大小”选项：选择该选项，可以改变Flash工作界面的大小。
- “最小化”选项：选择该选项，可以最小化Flash工作界面至任务栏中。
- “最大化”选项：选择该选项，可以最大化Flash工作界面至任务栏中。

实战008 通过按钮退出应用软件

▶实例位置：光盘\效果\第1章\卡通图像.fla
▶素材位置：光盘\素材\第1章\卡通图像.fla
▶视频位置：光盘\视频\第1章\实战008.mp4

• 实例介绍 •

在Flash CC工作界面中，用户编辑完动画文件后，一般都会采用“关闭”按钮的方法退出Flash CC应用程序，因为该方法是最简单、最方便的。

• 操作步骤 •

STEP 01 单击“文件”|“打开”命令，打开一个素材文件，如图1-42所示。

图1-42 打开一个素材文件

STEP 02 在舞台区域，对素材文件进行相关的编辑操作，如图1-43所示。

图1-43 进行相关的编辑操作

STEP 03 在Flash工作界面的右上角位置，单击“关闭”按钮，如图1-44所示。

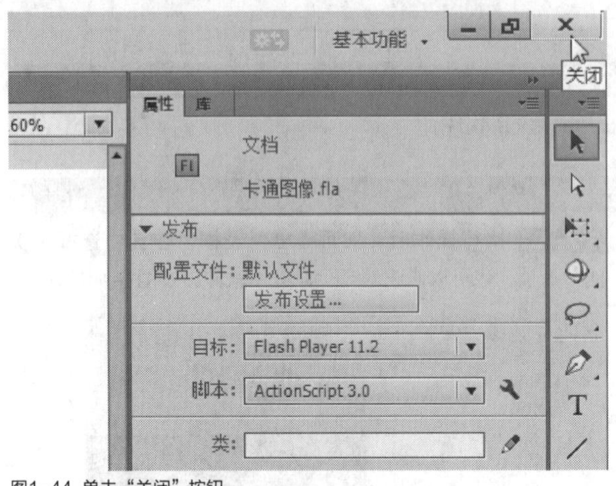

图1-44 单击“关闭”按钮

STEP 04 执行操作后，即可弹出“保存文档”对话框，如图1-45所示。单击“是”按钮，即可保存并退出界面；单击“否”按钮，不保存文档并退出界面；单击“取消”按钮，将取消界面的退出操作。这里单击“是”按钮，退出Flash CC工作界面。

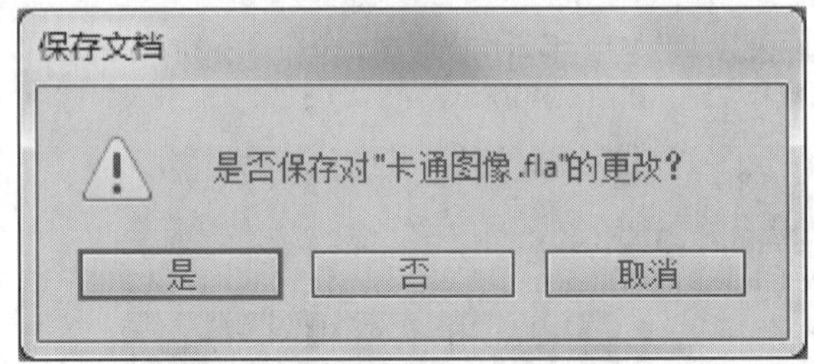

图1-45 弹出“保存文档”对话框

1.3 设置动画文档属性

在制作动画之前，首先应该设定动画文档的尺寸、内容比例、背景颜色和其他属性等。在Flash CC中，设置文档属性的方法有3种，第1种是使用“属性”面板设置文档属性，第2种是使用菜单命令设置文档属性，第3种是通过舞台右键菜单设置文档属性。本节主要向读者介绍设置动画文档属性的操作方法。

实战009 选择文档单位

▶实例位置：光盘\效果\第1章\美味菜肴.fla
▶素材位置：光盘\素材\第1章\美味菜肴.fla
▶视频位置：光盘\视频\第1章\实战009.mp4

• 实例介绍 •

在Flash CC工作界面中，设置舞台大小的单位包括5种，如“英寸”、“英寸（十进制）”、“点”、“厘米”、“毫米”以及“像素”。下面介绍选择文档单位大小的方法。

• 操作步骤 •

STEP 01 单击“文件”|“打开”命令，打开一个素材文件，如图1-46所示。

图1-46 打开一个素材文件

STEP 02 在菜单栏中，单击“修改”菜单，在弹出的菜单列表中单击“文档”命令，如图1-47所示。

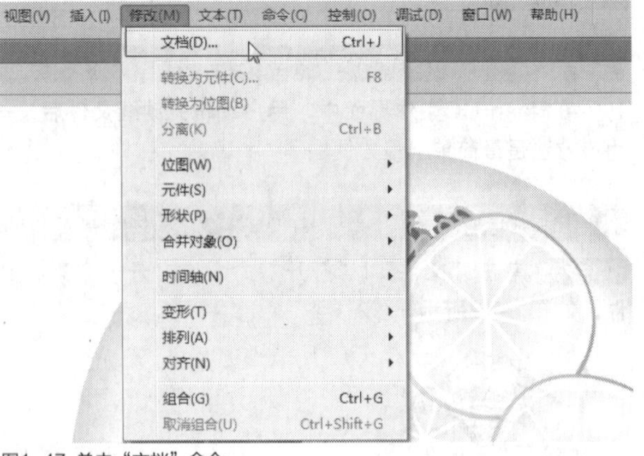

图1-47 单击“文档”命令

STEP 03 执行操作后，即可弹出“文档设置”对话框，如图1-48所示。

STEP 04 在对话框中，单击“单位”右侧的下三角按钮，在弹出的列表框中选择“厘米”选项，如图1-49所示，即可设置文档的单位尺寸为“厘米”，完成单位的选择操作。

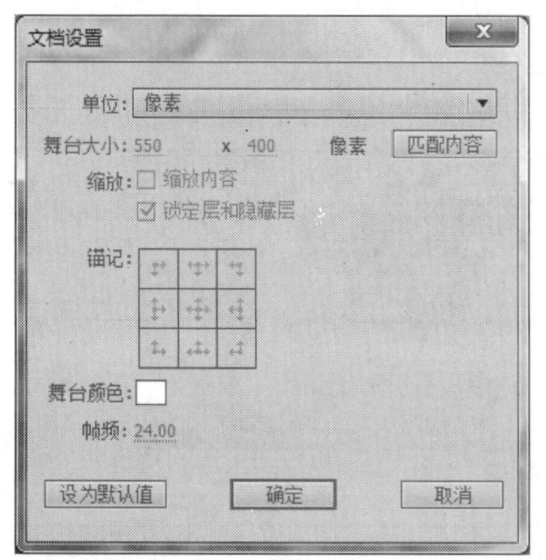

图1-48 弹出“文档设置”对话框

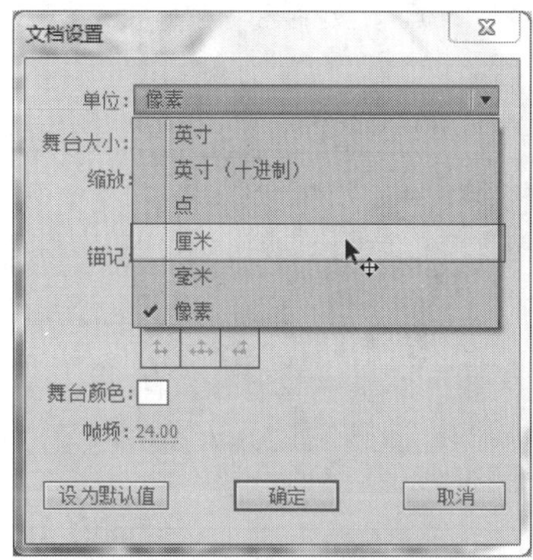

图1-49 选择“厘米”选项

实战 010 设置舞台大小

▶ 实例位置：光盘\效果\第1章\梦幻的花.fla
▶ 素材位置：光盘\素材\第1章\梦幻的花.fla
▶ 视频位置：光盘\视频\第1章\实战010.mp4

● 实例介绍 ●

在Flash CC工作界面中，如果用户制作的动画内容与舞台大小不协调，就需要更改舞台的尺寸和大小，使制作的动画文件更加符合用户的要求。

● 操作步骤 ●

STEP 01 单击“文件”|“打开”命令，打开一个素材文件，如图1-50所示。

STEP 02 打开“属性”面板，在其中展开“属性”选项，单击“像素”右侧的“编辑文档属性”按钮，如图1-51所示。

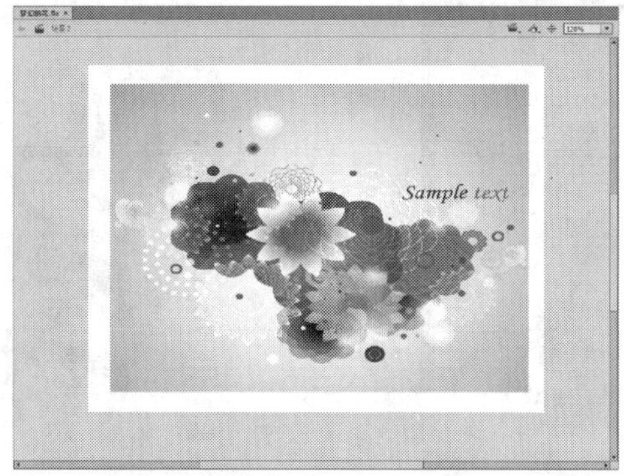

图1-50 打开一个素材文件

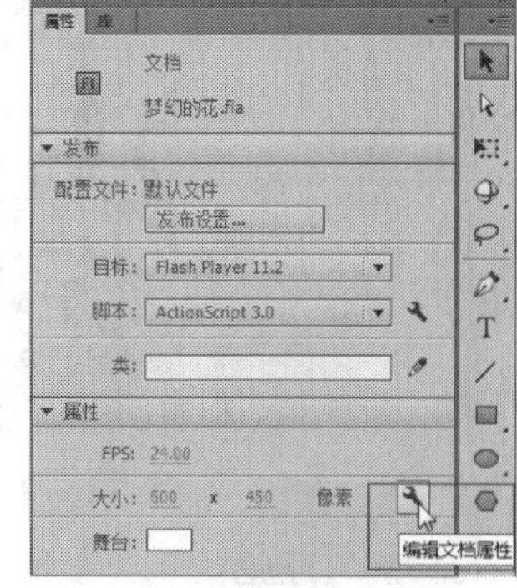

图1-51 单击“编辑文档属性”按钮

STEP 03 执行操作后，弹出“文档设置”对话框，在其中可以查看现有的文档属性信息，如图1-52所示。

STEP 04 在对话框中，更改“舞台大小”的尺寸为550×400，如图1-53所示。

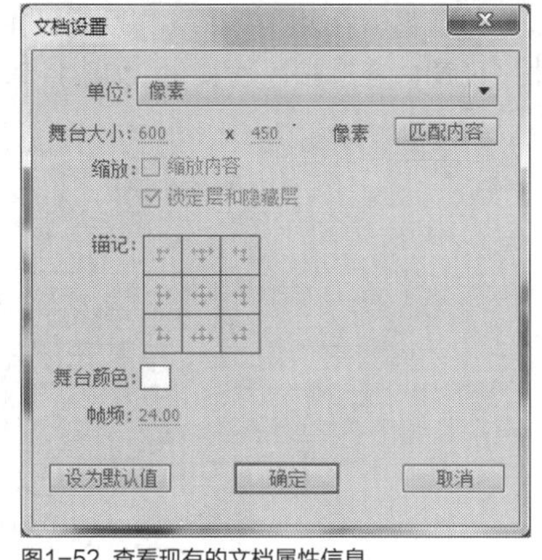

图1-52 查看现有的文档属性信息

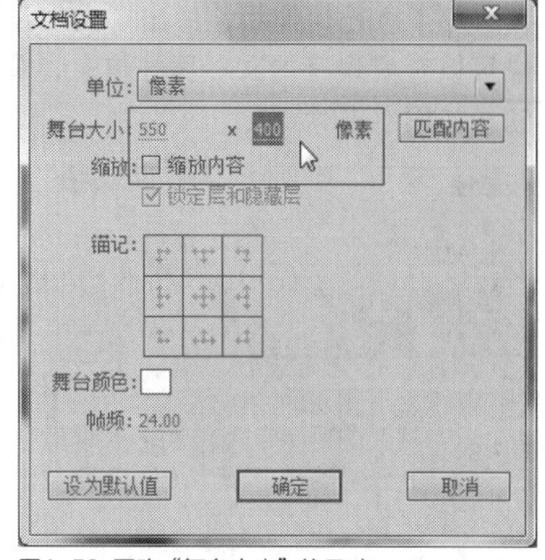

图1-53 更改“舞台大小”的尺寸

STEP 05 设置完成后，单击“确定”按钮，返回Flash工作界面，在其中可以查看设置后的舞台大小，舞台背景以白色显示，如图1-54所示。

STEP 06 使用选择工具，移动图像的位置，使其刚好显示在舞台中心，完成舞台大小尺寸的设置，如图1-55所示。

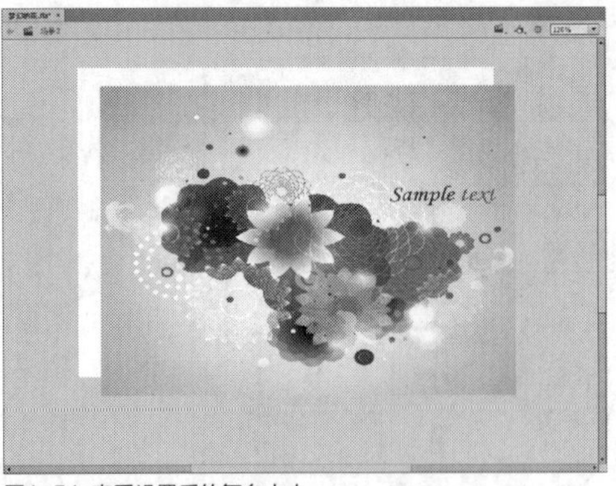

图1-54 查看设置后的舞台大小

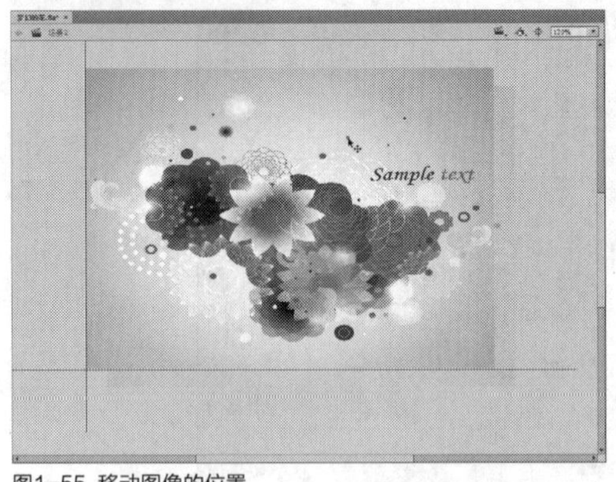

图1-55 移动图像的位置

实战011 使用匹配内容比例

▶实例位置：光盘\效果\第1章\山水云南.fla
▶素材位置：光盘\素材\第1章\山水云南.fla
▶视频位置：光盘\视频\第1章\实战011.mp4

• 实例介绍 •

在Flash CC工作界面中，当用户设置动画文档属性时，还可以以动画内容为舞台尺寸的匹配对象，使舞台大小刚好为动画内容的尺寸大小。

• 操作步骤 •

STEP 01 单击“文件”|“打开”命令，打开一个素材文件，如图1-56所示。

图1-56 打开一个素材文件

STEP 02 将鼠标移至舞台中的空白位置上，单击鼠标右键，在弹出的快捷菜单中选择“文档”选项，如图1-57所示。

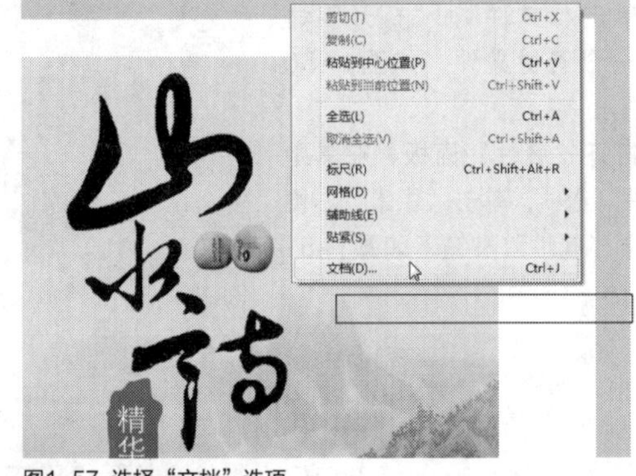

图1-57 选择“文档”选项

STEP 03 执行操作后，弹出“文档设置”对话框，在其中可以查看现有的文档属性信息，单击“匹配内容”按钮，如图1-58所示。

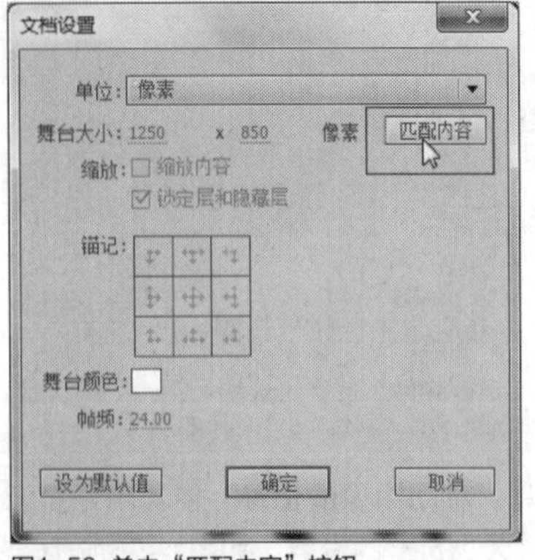

图1-58 单击“匹配内容”按钮

STEP 04 执行操作后，此时“舞台大小”的尺寸参数将发生变化，如图1-59所示。

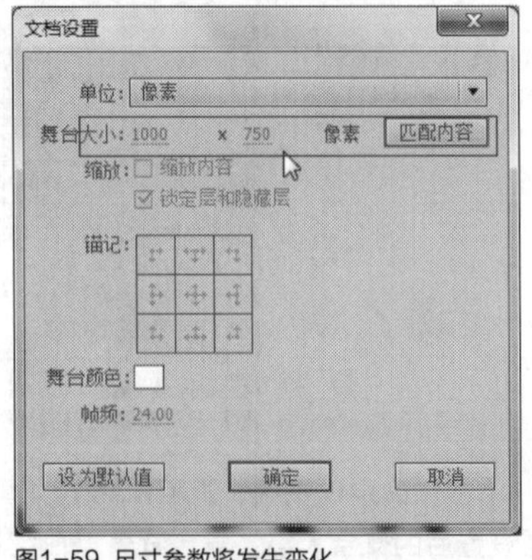

图1-59 尺寸参数将发生变化

STEP 05 单击“确定”按钮，此时舞台中多余的白色背景将不存在，舞台的尺寸大小已经与动画内容相匹配，如图1-60所示。

图1-60 舞台与动画内容相匹配

STEP 06 按【Ctrl+Enter】组合键，测试影片，预览动画效果，如图1-61所示。

图1-61 预览动画效果

知识拓展

在Flash CC工作界面中，当用户需要制作多个相同尺寸大小的动画文件时，在“文档设置”对话框中设置好舞台的大小尺寸后，单击对话框下方的“设为默认值”按钮，当用户下一次再创建新的动画文档时，将以这次设置的默认值为准。

实战012 设置舞台显示颜色

▶实例位置：光盘\效果\第1章\鸟儿.fla
▶素材位置：光盘\素材\第1章\鸟儿.fla
▶视频位置：光盘\视频\第1章\实战012.mp4

• 实例介绍 •

在Flash CC工作界面中，默认情况下，舞台的显示颜色为白色，用户也可以根据需要修改舞台的背景颜色，使其与动画效果相协调。下面向读者介绍设置舞台显示颜色的操作方法。

• 操作步骤 •

STEP 01 单击“文件”|“打开”命令，打开一个素材文件，如图1-62所示。

STEP 02 将鼠标移至舞台中的空白位置上，单击鼠标右键，在弹出的快捷菜单中选择“文档”选项，如图1-63所示。

图1-62 打开一个素材文件

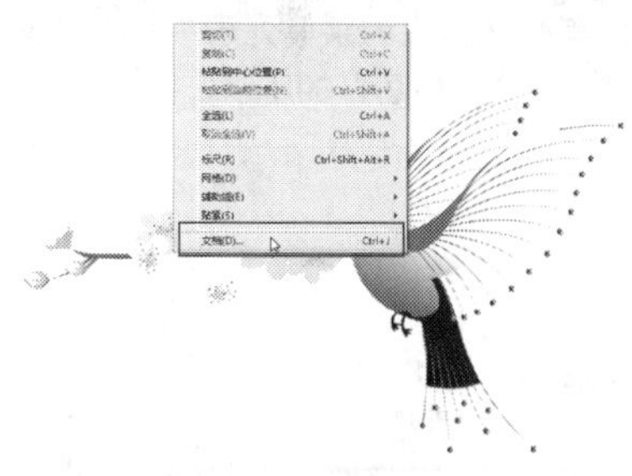

图1-63 选择“文档”选项

STEP 03 弹出“文档设置”对话框，单击“舞台颜色”右侧的白色色块，如图1-64所示。

STEP 04 弹出颜色面板，在其中选择青色（#00FFFF），如图1-65所示。

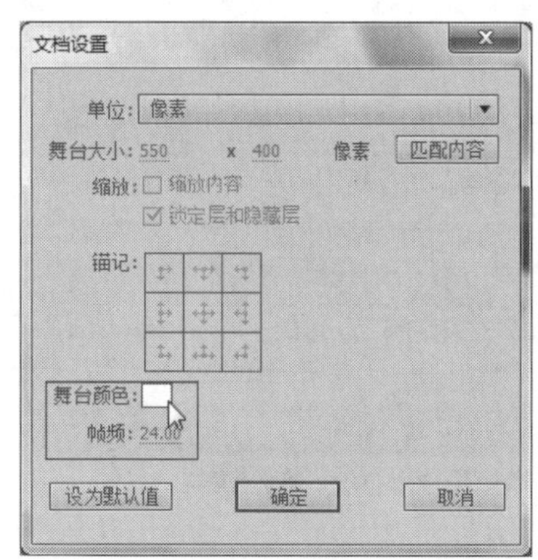

图1-64 单击白色色块

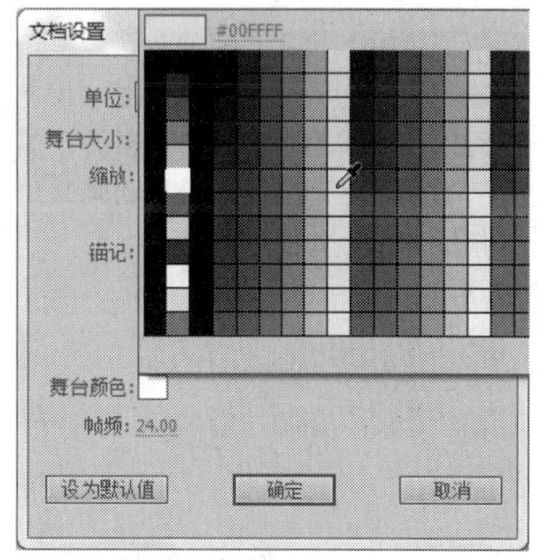

图1-65 选择青色（#00FFFF）

STEP 05 单击“确定”按钮，即可更改舞台的显示颜色，如图1-66所示。

图1-66 更改舞台的显示颜色

STEP 06 按【Ctrl＋Enter】组合键，测试影片，预览动画效果，如图1-67所示。

图1-67 预览动画效果

实战013 设置帧频大小

▶实例位置：光盘\效果\第1章\手机广告.fla
▶素材位置：光盘\素材\第1章\手机广告.fla
▶视频位置：光盘\视频\第1章\实战013.mp4

• 实例介绍 •

在Flash CC工作界面中，帧频就是动画在播放时，帧播放的速度。系统默认的帧频为24fps（帧/秒），也就是每秒播放的动画的帧数，用户也可以根据需要对帧频进行相关设置。

• 操作步骤 •

STEP 01 单击“文件”|“打开”命令，打开一个素材文件，如图1-68所示。

STEP 02 在菜单栏中，单击“修改”菜单，在弹出的菜单列表中单击“文档”命令，如图1-69所示。

图1-68 打开一个素材文件

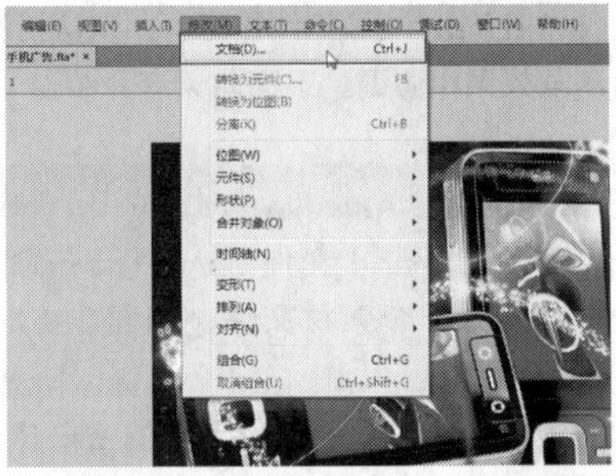

图1-69 单击“文档”命令

STEP 03 执行操作后，弹出“文档设置”对话框，单击“帧频”右侧的参数，使其呈输入状态，如图1-70所示。

STEP 04 输入相应的帧频参数，单击“确定”按钮，即可完成设置。用户还可以在“属性”面板中，展开“属性”选项，在FPS右侧设置动画文档的帧频参数，如图1-71所示。

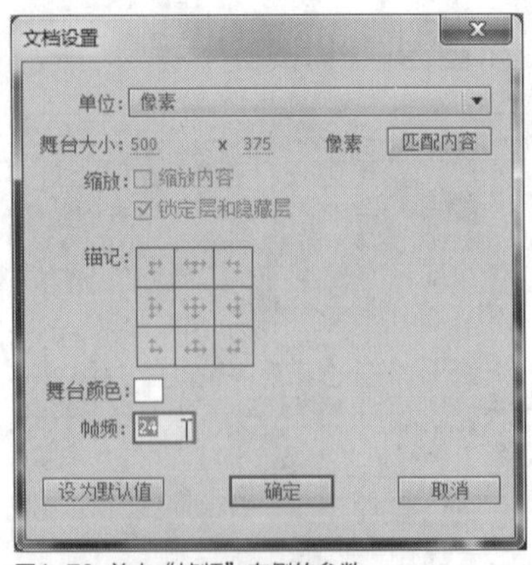

图1-70 单击“帧频”右侧的参数

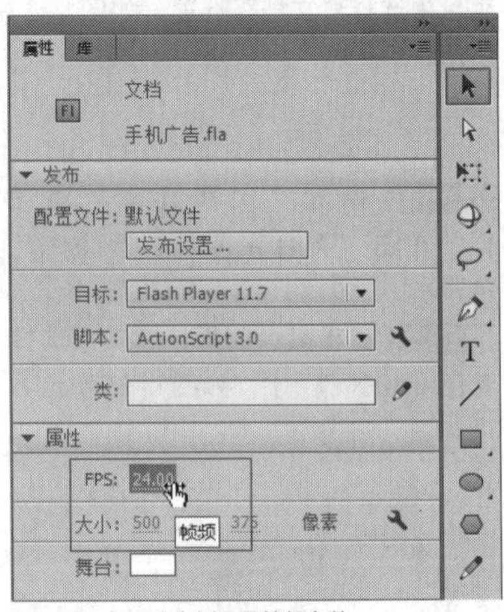

图1-71 在FPS右侧设置帧频参数

1.4 使用键盘快捷键

键盘快捷键命令可以模拟用户日常操作键盘的行为，操作键盘的动作分为三类：按下、弹起以及按下并弹起；键盘控制命令可以在脚本执行过程中通过键盘控制脚本行为。本节将详细介绍搜索键盘快捷键、添加键盘快捷键、删除键盘快捷键以及复制键盘快捷键等操作方法。

实战014 搜索键盘快捷键

▶ 实例位置：无
▶ 素材位置：无
▶ 视频位置：光盘\视频\第1章\实战014.mp4

• 实例介绍 •

在Flash CC软件中的“键盘快捷键”对话框中，可以通过“搜索”功能搜索出键盘命令。下面向读者介绍通过Flash CC搜索键盘快捷键的操作方法。

• 操作步骤 •

STEP 01 进入Flash CC工作界面，在菜单栏中单击“编辑”|“快捷键”命令，如图1-72所示。

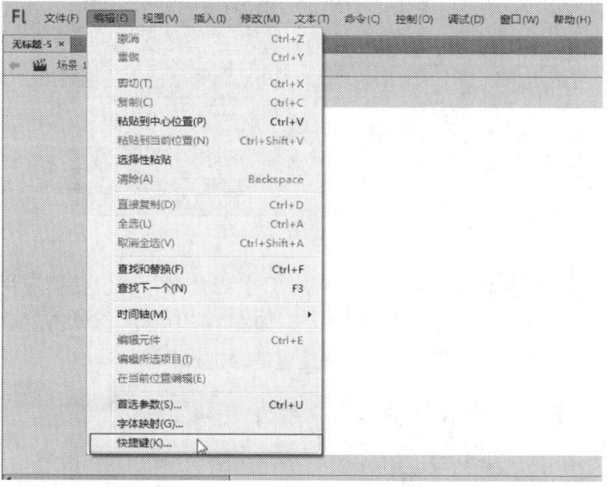

图1-72 单击“快捷键”命令

STEP 02 弹出“键盘快捷键”对话框，将鼠标定位于“搜索”文本框中，如图1-73所示。

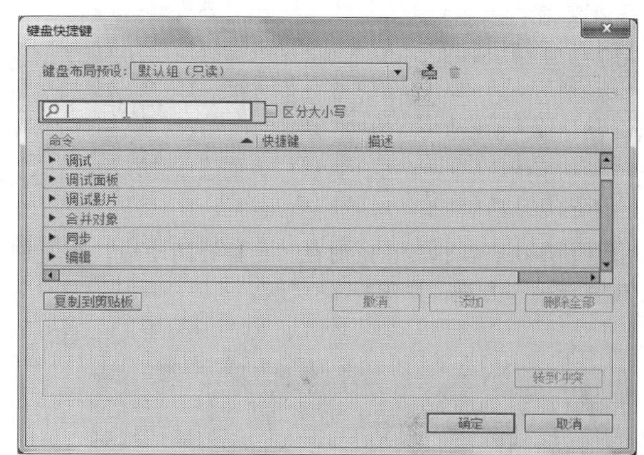

图1-73 定位于“搜索”文本框

STEP 03 选择一种合适的输入法，输入需要搜索的内容，这里输入“关键帧”，如图1-74所示。

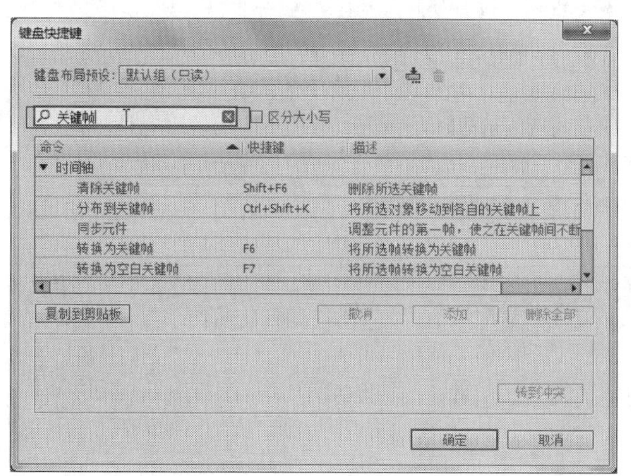

图1-74 输入需要搜索的内容

STEP 04 稍等片刻，此时在下方即可显示搜索到的“关键帧”相关快捷键信息，如图1-75所示。

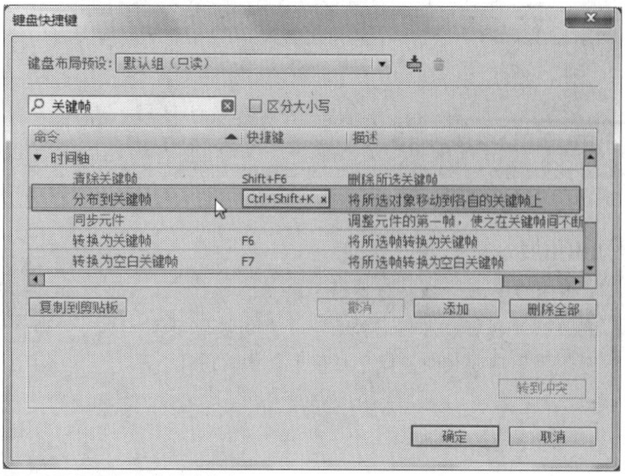

图1-75 显示相关快捷键信息

实战015 添加键盘快捷键

▶实例位置：无
▶素材位置：无
▶视频位置：光盘\视频\第1章\实战015.mp4

• 实例介绍 •

在Flash CC软件中，用户可以对没有设置快捷键的命令，为其添加新的快捷键。下面向读者介绍添加键盘快捷键的操作方法。

• 操作步骤 •

STEP 01 打开“键盘快捷键”对话框，在“搜索”文本框中输入“补间动画”，如图1-76所示。

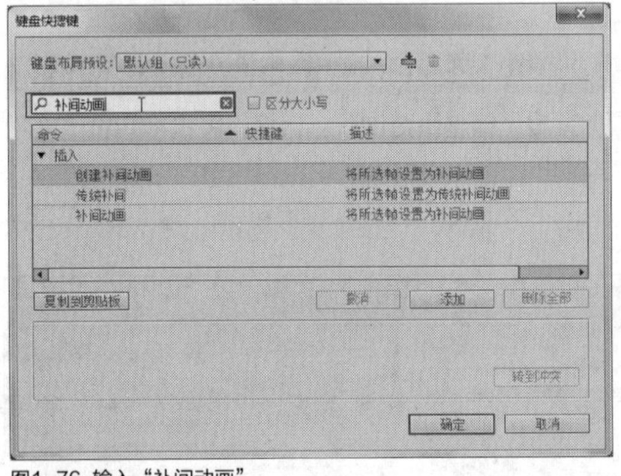

图1-76 输入“补间动画”

STEP 02 在下方即可搜索出“补间动画”的相关信息，选择“创建补间动画”选项，然后单击“添加”按钮，如图1-77所示。

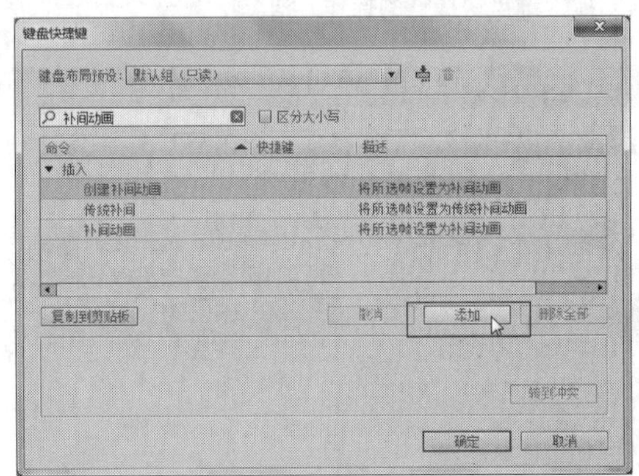

图1-77 单击“添加”按钮

STEP 03 执行操作后，此时在“创建补间动画”选项右侧显示一个方框，如图1-78所示。

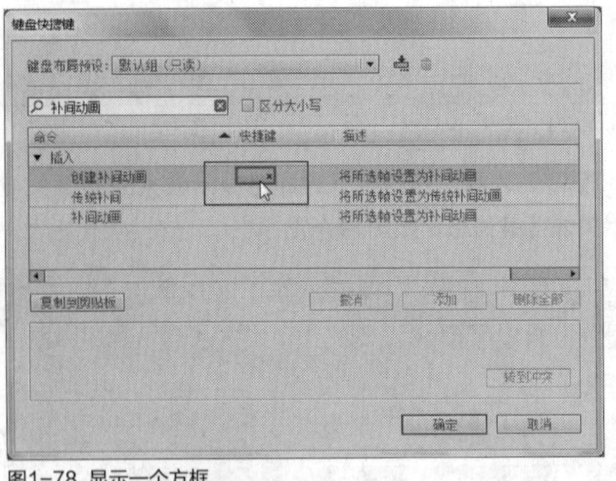

图1-78 显示一个方框

STEP 04 此时，直接按【Alt+O】组合键，将快捷键应用于“创建补间动画”选项上，如图1-79所示。单击“确定”按钮，即可完成键盘快捷键的添加操作。

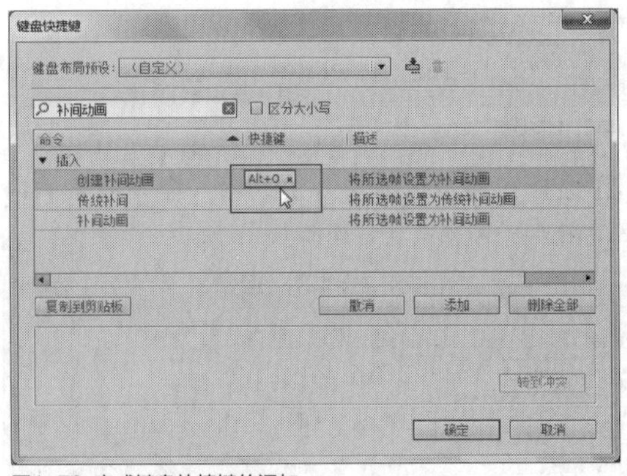

图1-79 完成键盘快捷键的添加

知识拓展

当用户在“键盘快捷键”对话框中，为相应功能命令添加键盘快捷键时，如果添加的快捷键在其他功能命令上已经被使用了，此时对话框下方会显示相关提示信息，提示用户该快捷键已被使用，如图1-80所示。

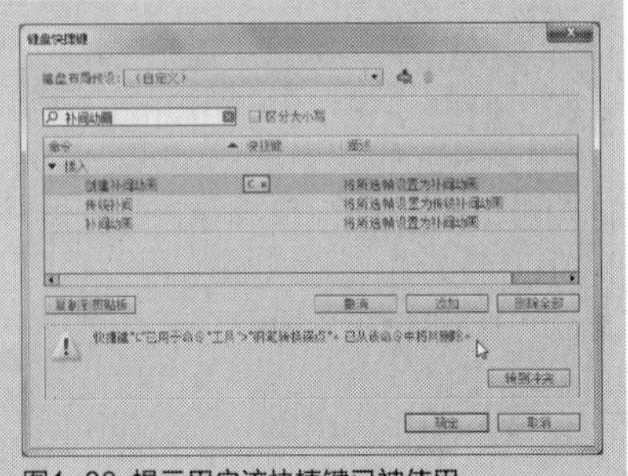

图1-80 提示用户该快捷键已被使用

实战016 撤销键盘快捷键

▶ 实例位置：无
▶ 素材位置：无
▶ 视频位置：光盘\视频\第1章\实战016.mp4

• 实例介绍 •

在Flash CC软件中，当用户对已经添加的键盘快捷键不满意时，可以对添加的键盘快捷键进行撤销操作。下面向读者介绍撤销键盘快捷键的操作方法。

• 操作步骤 •

STEP 01 在“键盘快捷键”对话框中，当用户添加了相关键盘快捷键后，如果不满意，此时可以单击下方的“撤销”按钮，如图1-81所示。

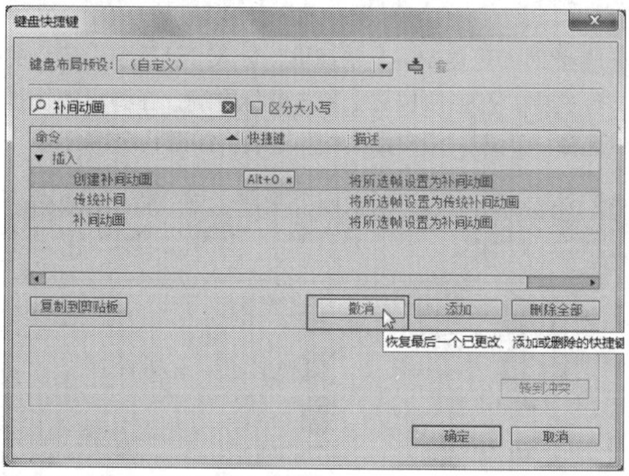

图1-81 单击下方的“撤销”按钮

STEP 02 执行操作后，即可撤销键盘快捷键的添加操作，“创建补间动画”选项右侧将不显示任何快捷键信息，如图1-82所示。

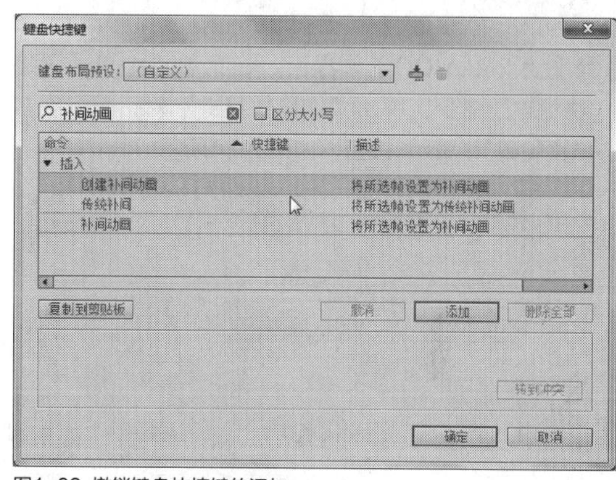

图1-82 撤销键盘快捷键的添加

实战017 删除键盘快捷键

▶ 实例位置：无
▶ 素材位置：无
▶ 视频位置：光盘\视频\第1章\实战017.mp4

• 实例介绍 •

在“键盘快捷键”对话框中，用户可以对于自定义的快捷键进行删除操作。下面向读者介绍删除键盘快捷键的操作方法。

• 操作步骤 •

STEP 01 在“键盘快捷键”对话框中，选择“创建补间动画”选项，然后单击下方的“删除全部”按钮，如图1-83所示。

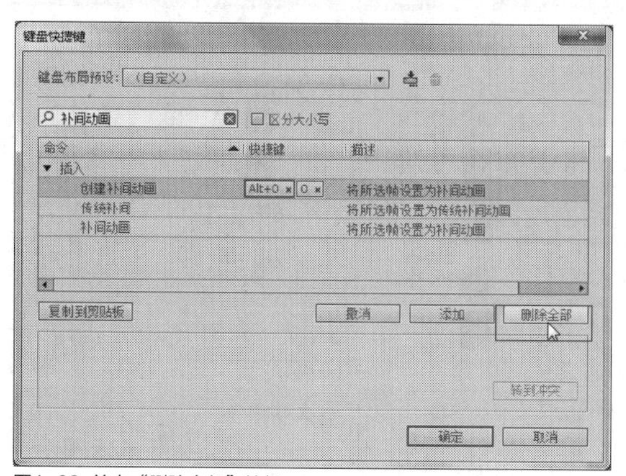

图1-83 单击“删除全部”按钮

STEP 02 执行操作后，即可将“创建补间动画”选项右侧所有的快捷键全部删除，如图1-84所示。单击“确定”按钮，即可完成操作。

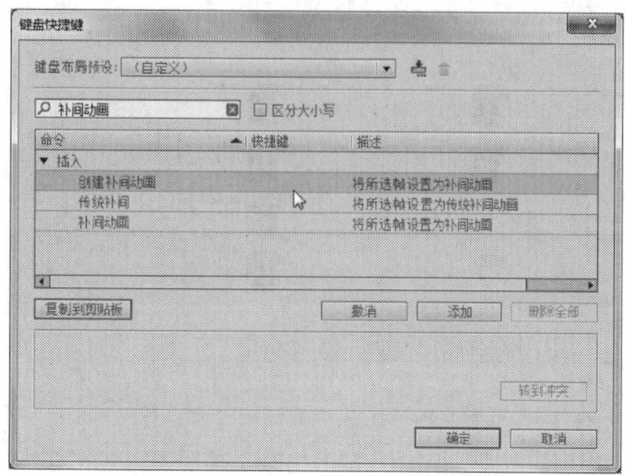

图1-84 所有的快捷键已全部删除

知识拓展

在Flash CC“键盘快捷键”对话框中，当用户单击“删除全部”按钮后，只能删除当前选择命令的所有快捷键，而不能一次性删除所有命令中添加的快捷键。

实战018 复制键盘快捷键

▶实例位置：光盘\效果\第1章\键盘快捷键.txt
▶素材位置：无
▶视频位置：光盘\视频\第1章\实战018.mp4

• 实例介绍 •

在Flash CC中，用户可以将软件中的快捷键复制到记事本中，方便以后查阅和学习。下面向读者介绍复制键盘快捷键到剪贴板的操作方法。

• 操作步骤 •

STEP 01 进入Flash CC工作界面，在菜单栏中单击“编辑”|“快捷键”命令，弹出“键盘快捷键”对话框，在其中单击“复制到剪贴板”按钮，如图1-85所示。

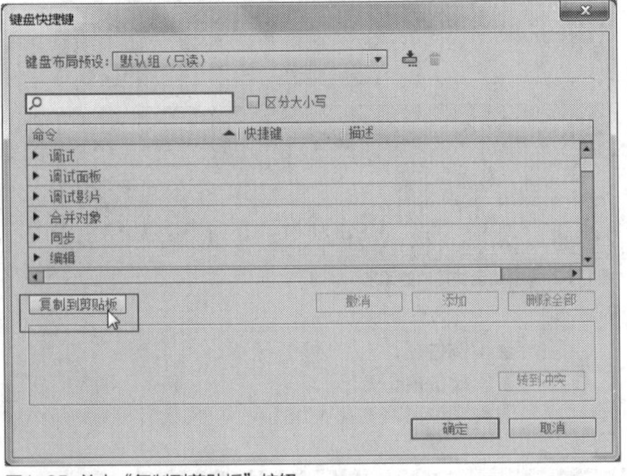

图1-85 单击“复制到剪贴板”按钮

STEP 02 此时即可复制键盘快捷键，进入“计算机”窗口的相应文件夹中，在空白位置上单击鼠标右键，在弹出的快捷菜单中选择“新建”|“文本文档”选项，如图1-86所示。

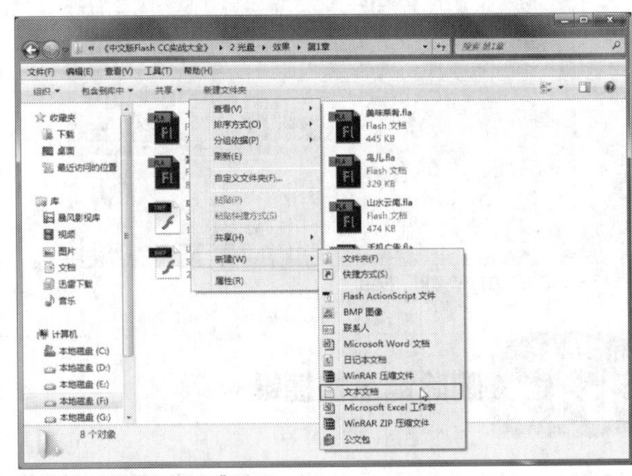

图1-86 选择“文本文档”选项

技巧点拨

在“计算机”窗口的相应文件夹中，用户还可以在窗口上方的菜单栏中，单击“文件”|“新建”|“文本文档”命令，也可以快速新建一个文本文档。

STEP 03 执行操作后，即可新建一个文本文档，如图1-87所示。

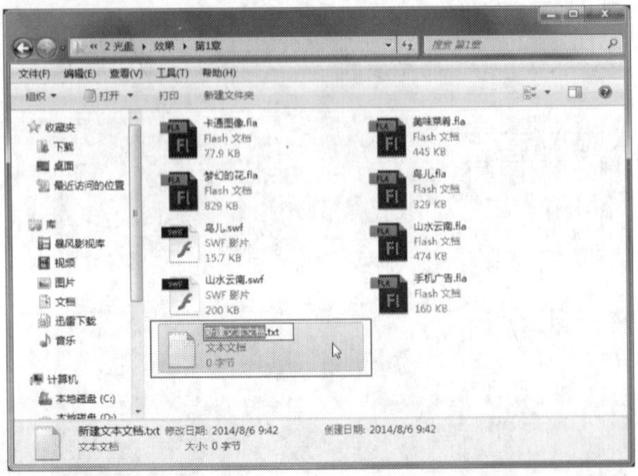

图1-87 新建一个文本文档

STEP 04 选择一种输入法，将文本文档的名称更改为“键盘快捷键”，如图1-88所示。

图1-88 更改文档名称为“键盘快捷键”

STEP 05 打开新建的文本文档，单击“编辑”|“粘贴”命令，如图1-89所示。

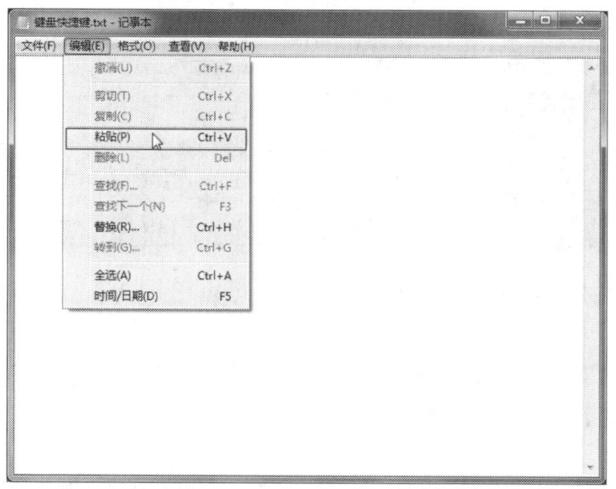

图1-89 单击“粘贴”命令

STEP 06 执行操作后，即可粘贴键盘快捷键，如图1-90所示。

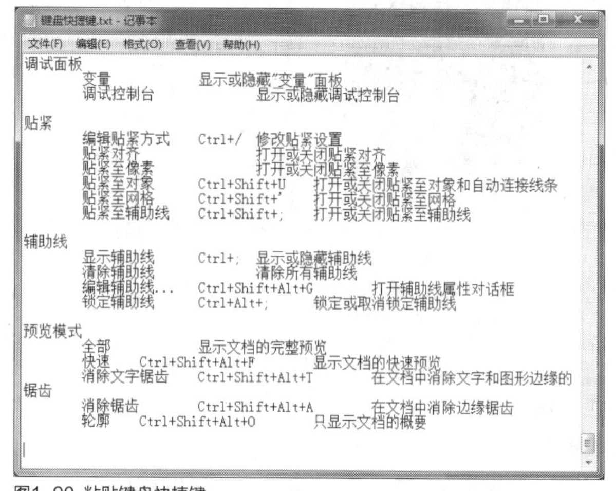

图1-90 粘贴键盘快捷键

STEP 07 在菜单栏中，单击“文件”|“保存”命令，如图1-91所示。或者按【Ctrl＋S】组合键，对文本文档进行保存操作，即可完成快捷键的复制操作。

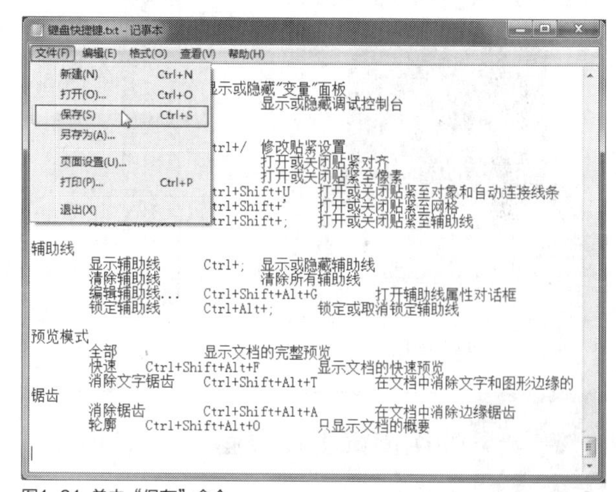

图1-91 单击“保存”命令

1.5 切换多种工作界面

在Flash CC工作界面中，提供了多种工作界面的布局样式，用户可根据需要随意切换Flash软件的界面布局。本节主要向读者介绍切换多种工作界面的操作方法。

实战019 使用动画工作界面

▶实例位置：无
▶素材位置：光盘\素材\第1章\电脑画面.fla
▶视频位置：光盘\视频\第1章\实战019.mp4

• 实例介绍 •

在Flash CC工作界面中，“动画”界面布局是专门为制作动画的工作人员设计的界面布局。在该界面布局下，制作动画效果时会更加方便。下面向读者介绍使用“动画”工作界面的方法。

• 操作步骤 •

STEP 01 单击“文件”|“打开”命令，打开一个素材文件，在其中可以查看现有工作界面布局样式，如图1-92所示。

STEP 02 在工作界面的右上角位置，单击“基本功能”右侧的下三角按钮，在弹出的列表框中选择“动画”选项，如图1-93所示。

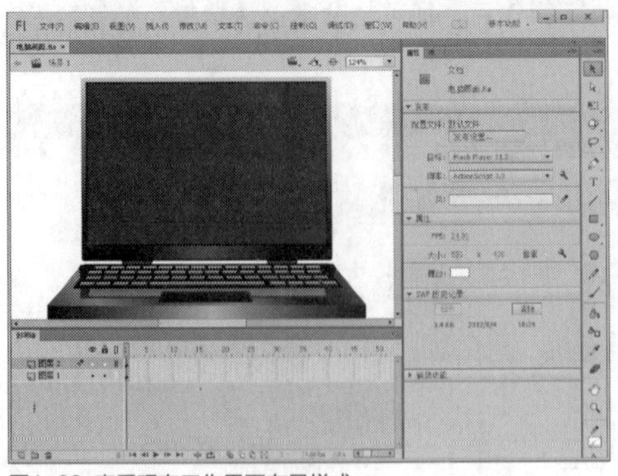

图1-92 查看现有工作界面布局样式

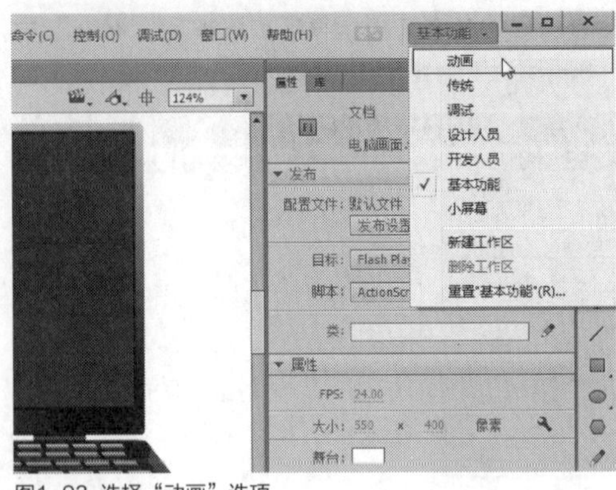

图1-93 选择“动画”选项

STEP 03 用户还可以在菜单栏中，单击“窗口”菜单，在弹出的菜单列表中单击“工作区”|“动画”命令，如图1-94所示。

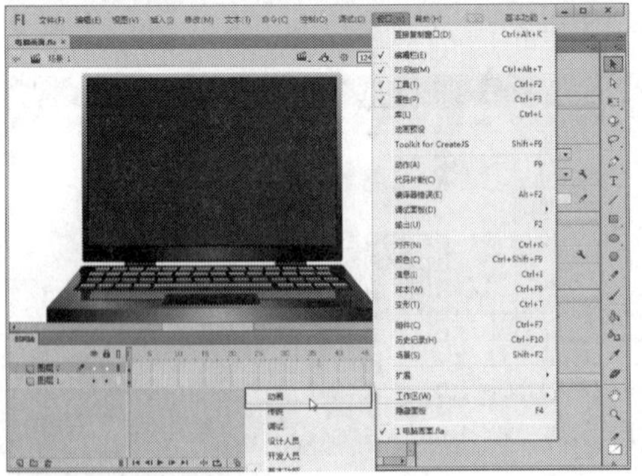

图1-94 单击“动画”命令

STEP 04 执行操作后，即可快速切换至“动画”界面布局样式，如图1-95所示。

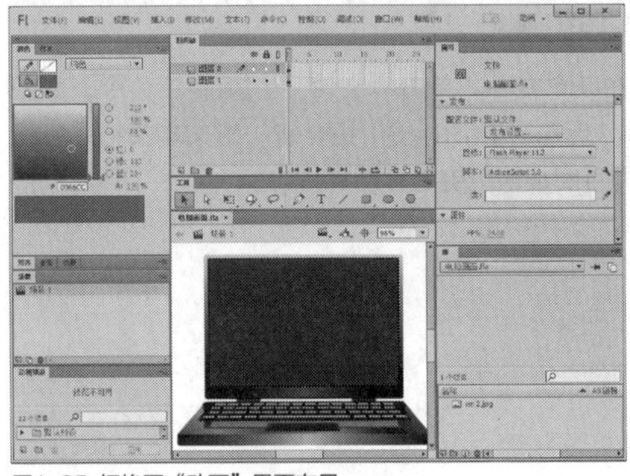

图1-95 切换至“动画”界面布局

实战020 使用传统工作界面

▶实例位置：无
▶素材位置：光盘\素材\第1章\动物.fla
▶视频位置：光盘\视频\第1章\实战020.mp4

• 实例介绍 •

在Flash CC工作界面中，“传统”界面布局样式中显示着Flash的一些基本功能，左侧显示的是工具箱，上方显示的是时间轴面板，下方显示的是舞台工作区，右侧显示的是属性面板。下面向读者介绍使用“传统”工作界面的操作方法。

• 操作步骤 •

STEP 01 单击“文件”|“打开”命令，打开一个素材文件，如图1-96所示。

图1-96 打开一个素材文件

STEP 02 在Flash CC工作界面中，可以查看现有工作界面布局样式，如图1-97所示。

图1-97 查看现有工作界面布局

STEP 03 在工作界面的右上角位置，单击界面模式右侧的下三角按钮，在弹出的列表框中选择“传统”选项，如图1-98所示。

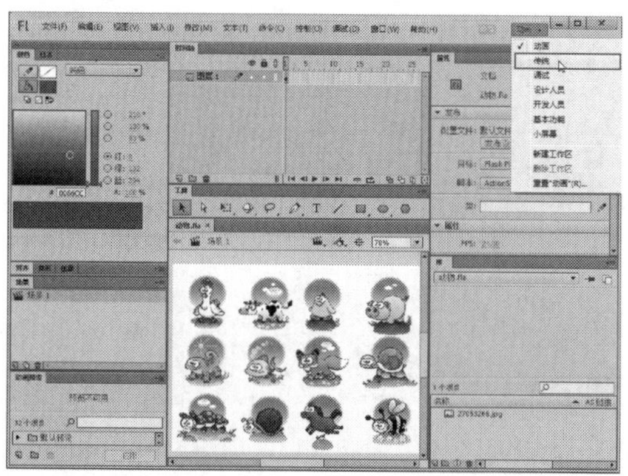

图1-98 选择“传统”选项

STEP 04 用户还可以在菜单栏中，单击“窗口”菜单，在弹出的菜单列表中单击“工作区”|“传统”命令，如图1-99所示。

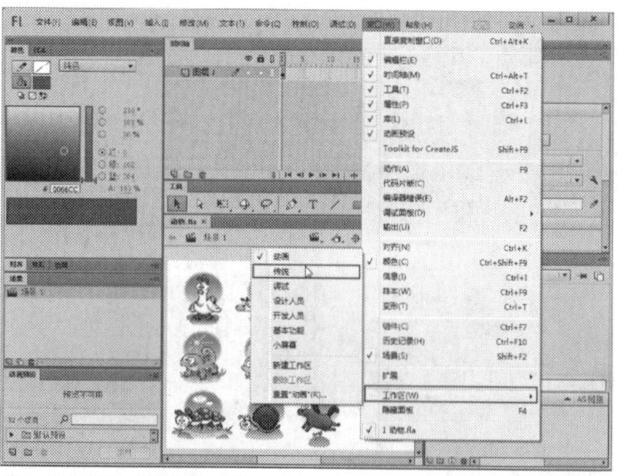

图1-99 单击“传统”命令

STEP 05 执行操作后，即可快速切换至“传统”界面布局样式，如图1-100所示。

图1-100 切换至“传统”界面布局

实战021 使用调试工作界面

▶实例位置：无
▶素材位置：光盘\素材\第1章\飞机.fla
▶视频位置：光盘\视频\第1章\实战021.mp4

• 实例介绍 •

在Flash CC工作界面中，“调试”界面布局样式中主要显示有关调试的功能，左侧显示的是“调试控制台”面板，上方显示的是舞台，下方显示的是“输出”面板。在该界面布局样式下，不会显示工具箱与“属性”面板等。

• 操作步骤 •

STEP 01 单击“文件”|“打开”命令，打开一个素材文件，如图1-101所示。

图1-101 打开一个素材文件

STEP 02 在Flash CC工作界面中，可以查看现有工作界面布局样式，如图1-102所示。

图1-102 查看现有工作界面布局

STEP 03 在工作界面的右上角位置，单击界面模式右侧的下三角按钮，在弹出的列表框中选择“调试”选项，如图1-103所示。

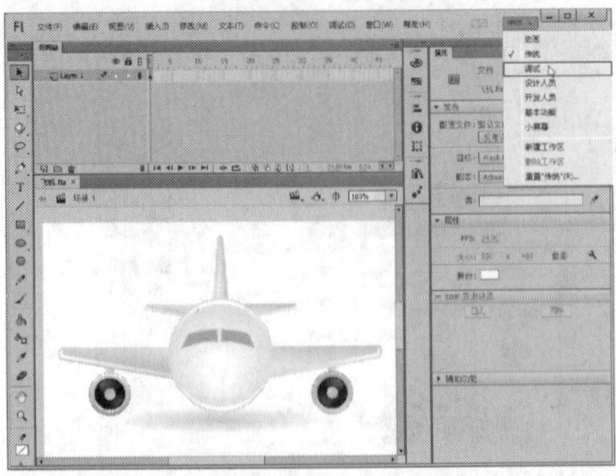
图1-103 选择“调试”选项

STEP 04 用户还可以在菜单栏中，单击“窗口”菜单，在弹出的菜单列表中单击“工作区”|“调试”命令，如图1-104所示。

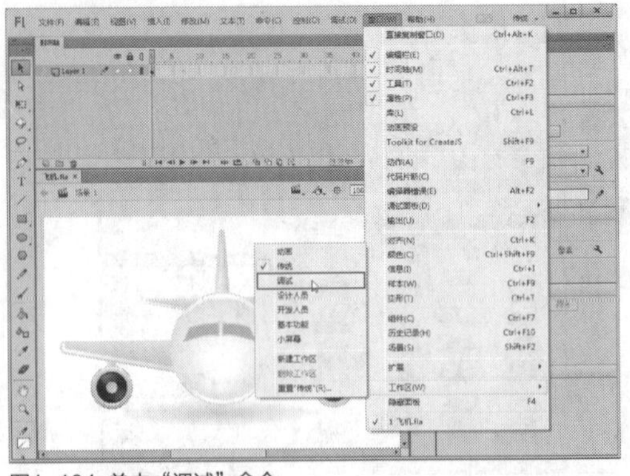
图1-104 单击“调试”命令

STEP 05 执行操作后，即可快速切换至“调试”界面布局，如图1-105所示。

图1-105 切换至“调试”界面布局

实战 022 使用设计人员工作界面

▶实例位置：无
▶素材位置：光盘\素材\第1章\动物聚会.fla
▶视频位置：光盘\视频\第1章\实战022.mp4

• 实例介绍 •

在Flash CC工作界面中，“设计人员”界面布局样式适合于设计动画类的工作人员使用。在该界面布局下，有关设计的功能非常全面，如工具箱、“属性”面板。“发布”面板、“时间轴”面板、“颜色”面板以及“库”面板的显示都非常完整，非常适合Flash设计人员。

• 操作步骤 •

STEP 01 单击“文件”|“打开”命令，打开一个素材文件，如图1-106所示。

图1-106 打开一个素材文件

STEP 02 在Flash CC工作界面中，可以查看现有工作界面布局样式，如图1-107所示。

图1-107 查看现有工作界面布局

STEP 03 在工作界面的右上角位置，单击界面模式右侧的下三角按钮，在弹出的列表框中选择“设计人员”选项，如图1-108所示。

图1-108 选择“设计人员”选项

STEP 04 用户还可以在菜单栏中，单击“窗口”菜单，在弹出的菜单列表中单击“工作区”|“设计人员”命令，如图1-109所示。

图1-109 单击“设计人员”命令

STEP 05 执行操作后，即可快速切换至“设计人员”界面布局，如图1-110所示。

图1-110 切换至“设计人员”界面布局

实战 023 使用开发人员工作界面

▶实例位置：无

▶素材位置：光盘\素材\第1章\美味咖啡.fla

▶视频位置：光盘\视频\第1章\实战023.mp4

• 实例介绍 •

在Flash CC工作界面中，“开发人员”界面布局样式适合于开发代码制作类的工作人员使用。在该界面布局下，显示了“库”面板、“组件”面板、工具箱、“编译器错误”面板以及“输出”面板等。下面向读者介绍使用“开发人员”工作界面的操作方法。

• 操作步骤 •

STEP 01 单击“文件”|“打开”命令，打开一个素材文件，如图1-111所示。

图1-111 打开一个素材文件

STEP 02 在Flash CC工作界面中，可以查看现有工作界面布局样式，如图1-112所示。

图1-112 查看现有工作界面布局

STEP 03 在工作界面的右上角位置，单击界面模式右侧的下三角按钮，在弹出的列表框中选择“开发人员”选项，如图1-113所示。

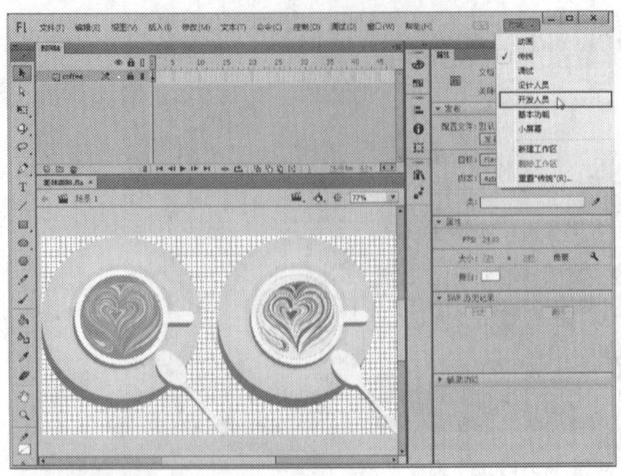

图1-113 选择“开发人员”选项

STEP 04 用户还可以在菜单栏中，单击“窗口”菜单，在弹出的菜单列表中单击“工作区”|“开发人员”命令，如图1-114所示。

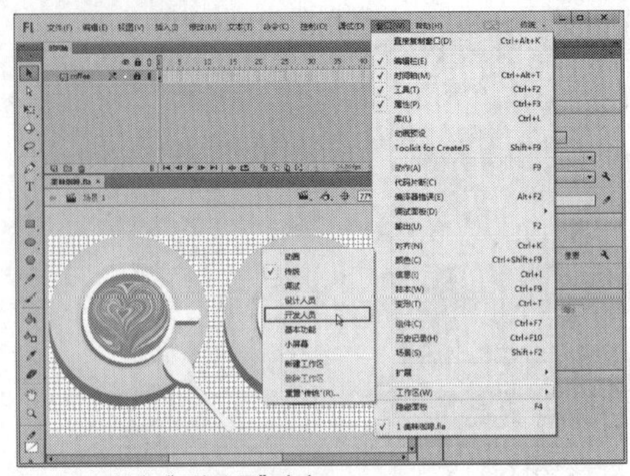

图1-114 单击“开发人员”命令

STEP 05 执行操作后，即可快速切换至“开发人员”界面布局，如图1-115所示。

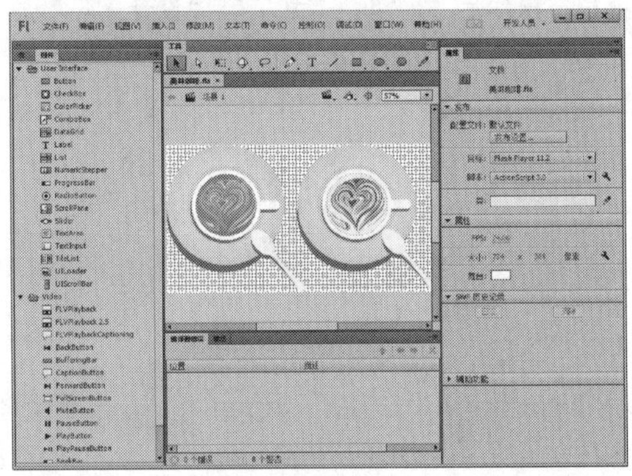

图1-115 切换至“开发人员”界面布局

实战024 使用基本功能工作界面

▶实例位置：无
▶素材位置：光盘\素材\第1章\小小闹钟.fla
▶视频位置：光盘\视频\第1章\实战024.mp4

• 实例介绍 •

在Flash CC工作界面中，“基本功能”界面布局样式适合于一般使用Flash软件的大众群体使用。在该界面布局下显示了Flash软件的常规功能，如舞台、“时间轴”面板、“属性”面板、“库”面板以及工具箱等。

• 操作步骤 •

STEP 01 单击“文件”|“打开”命令，打开一个素材文件，如图1-116所示。

图1-116 打开一个素材文件

STEP 02 在Flash CC工作界面中，可以查看现有工作界面布局样式，如图1-117所示。

图1-117 查看现有工作界面布局

STEP 03 在工作界面的右上角位置，单击界面模式右侧的下三角按钮，在弹出的列表框中选择“基本功能”选项，如图1-118所示。

STEP 04 用户还可以在菜单栏中，单击“窗口”菜单，在弹出的菜单列表中单击“工作区”|“基本功能”命令，如图1-119所示。

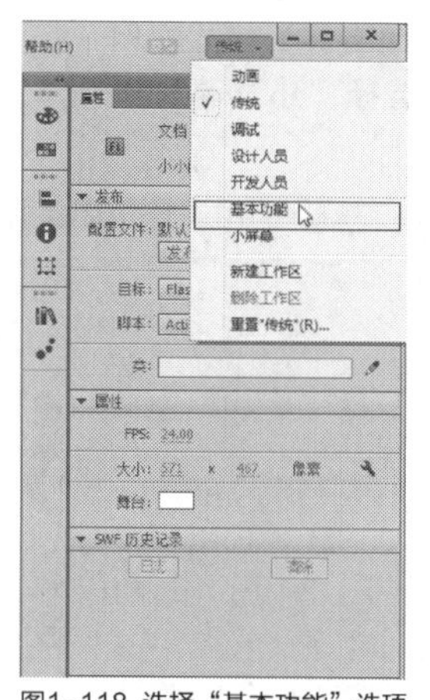
图1-118 选择“基本功能”选项

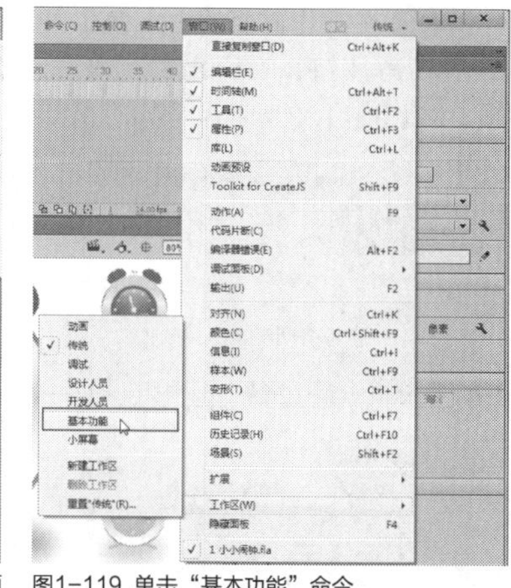
图1-119 单击“基本功能”命令

STEP 05 执行操作后，即可快速切换至“基本功能”界面布局，如图1-120所示。

图1-120 切换至“基本功能”界面布局

实战 025 使用小屏幕工作界面

▶实例位置：无
▶素材位置：光盘\素材\第1章\小黑猫.fla
▶视频位置：光盘\视频\第1章\实战025.mp4

• 实例介绍 •

在Flash CC工作界面中，“小屏幕”界面布局样式与“基本功能”界面布局样式类似，是在“基本功能”界面布局样式下简化的一种界面布局。

• 操作步骤 •

STEP 01 单击“文件”|“打开”命令，打开一个素材文件，如图1-121所示。

图1-121 打开一个素材文件

STEP 02 在Flash CC工作界面中，可以查看现有工作界面布局样式，如图1-122所示。

图1-122 查看现有工作界面布局

STEP 03 在工作界面的右上角位置，单击界面模式右侧的下三角按钮，在弹出的列表框中选择“小屏幕”选项，如图1-123所示。

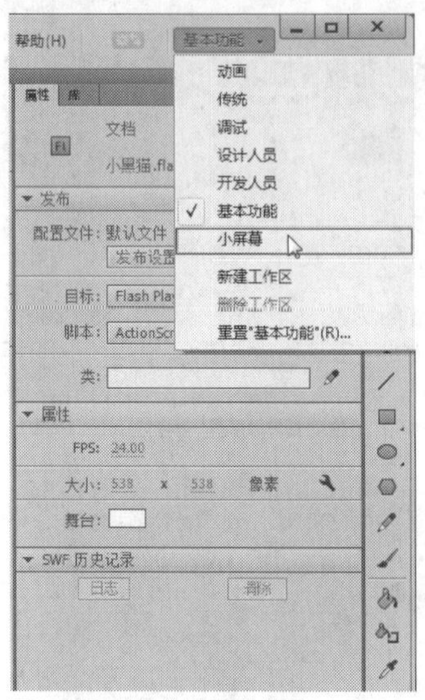

图1-123 选择“小屏幕”选项

STEP 04 用户还可以在菜单栏中，单击“窗口”菜单，在弹出的菜单列表中单击“工作区”|“小屏幕”命令，如图1-124所示。

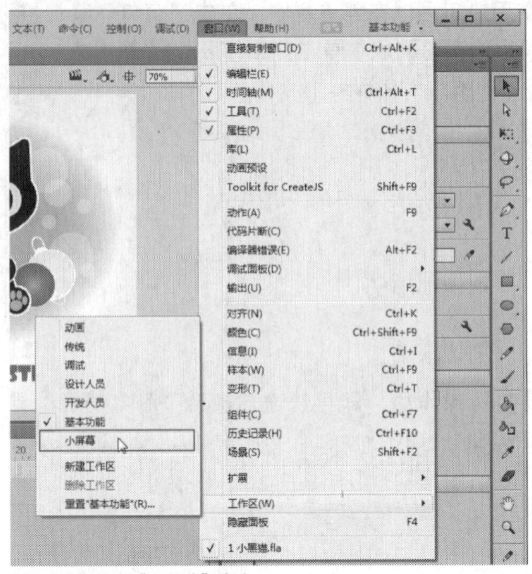

图1-124 单击“小屏幕”命令

STEP 05 执行操作后，即可快速切换至“小屏幕”界面布局，如图1-125所示。

图1-125 切换至“小屏幕”界面布局

1.6 掌握工作区基本操作

工作区是指用来编辑动画文件的区域，只有在工作区中才能完成动画的制作和编辑操作。本节将详细向读者介绍新建工作区和删除工作区的操作方法。

实战026 通过选项新建工作区

▶实例位置：光盘\效果\第1章\小破孩.fla
▶素材位置：光盘\素材\第1章\小破孩.fla
▶视频位置：光盘\视频\第1章\实战026.mp4

• 实例介绍 •

在Flash CC工作界面中，如果软件本身的多种工作界面布局无法满足用户的需求或者操作习惯，此时用户可以通过“新建工作区”选项来新建相关工作区。

• 操作步骤 •

STEP 01 单击“文件”|“打开”命令，打开一个素材文件，如图1-126所示。

STEP 02 在Flash CC工作界面中，可以查看现有工作界面布局样式，如图1-127所示。

图1-126 打开一个素材文件

图1-127 查看现有工作界面布局

STEP 03 通过手动拖曳的方式，调整现有工作界面的布局样式，并关闭“时间轴”面板，如图1-128所示。

STEP 04 在工作界面的右上角位置，单击“基本功能”右侧的下三角按钮，在弹出的列表框中选择“新建工作区”选项，如图1-129所示。

图1-128 调整现有工作界面的布局样式

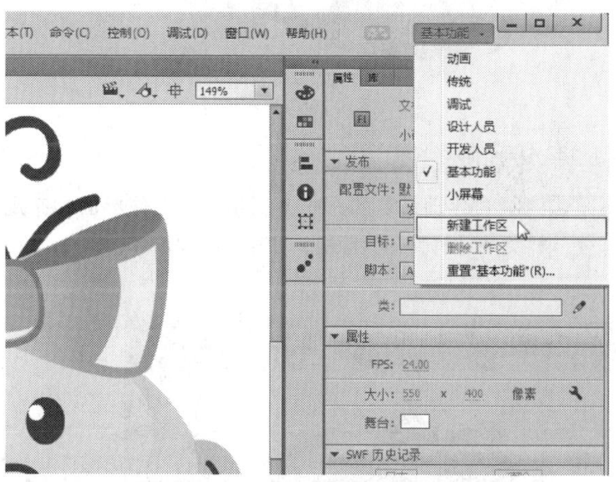

图1-129 选择“新建工作区”选项

STEP 05 执行操作后，弹出“新建工作区”对话框，在其中设置“名称”为“矢量绘图区”，如图1-130所示。

STEP 06 单击“确定”按钮，即可新建“矢量绘图区”工作界面，在右上角位置将显示新建的工作区名称，如图1-131所示。

图1-130 设置工作区的“名称”

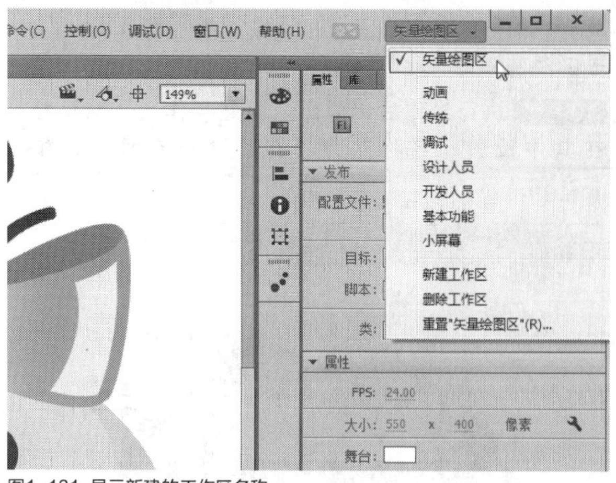

图1-131 显示新建的工作区名称

实战027 通过命令新建工作区

▶实例位置：光盘\效果\第1章\一双鞋子.fla
▶素材位置：光盘\素材\第1章\一双鞋子.fla
▶视频位置：光盘\视频\第1章\实战027.mp4

• 实例介绍 •

在Flash CC工作界面中，用户还可以通过“窗口”菜单下的“新建工作区”命令，来创建新的工作区。

• 操作步骤 •

STEP 01 单击“文件”|“打开”命令，打开一个素材文件，如图1-132所示。

图1-132 打开一个素材文件

STEP 02 在Flash CC工作界面中，可以查看现有工作界面布局样式，如图1-133所示。

图1-133 查看现有工作界面布局

STEP 03 通过手动拖曳的方式，调整现有工作界面的布局样式，并关闭“时间轴”面板，如图1-134所示。

图1-134 关闭“时间轴”面板

STEP 04 在菜单栏中单击“窗口”菜单，在弹出的菜单列表中单击“工作区”|“新建工作区”命令，如图1-135所示。

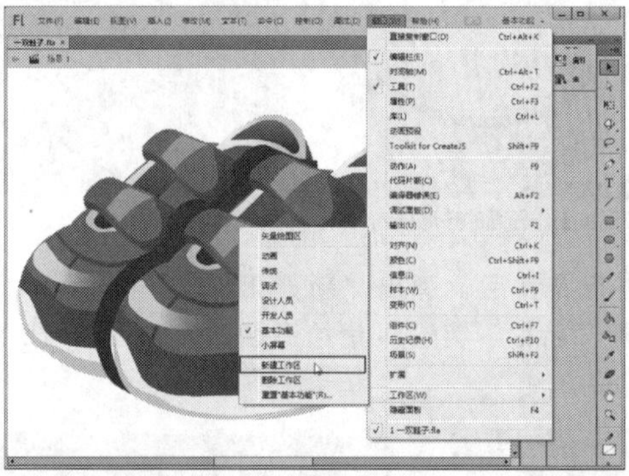

图1-135 单击“新建工作区”命令

STEP 05 执行操作后，弹出“新建工作区”对话框，在其中设置“名称”为“鞋子绘图界面”，如图1-136所示。

图1-136 弹出“新建工作区”对话框

STEP 06 单击“确定”按钮，即可新建“鞋子绘图界面”工作界面，在右上角位置将显示新建的工作区名称，如图1-137所示。

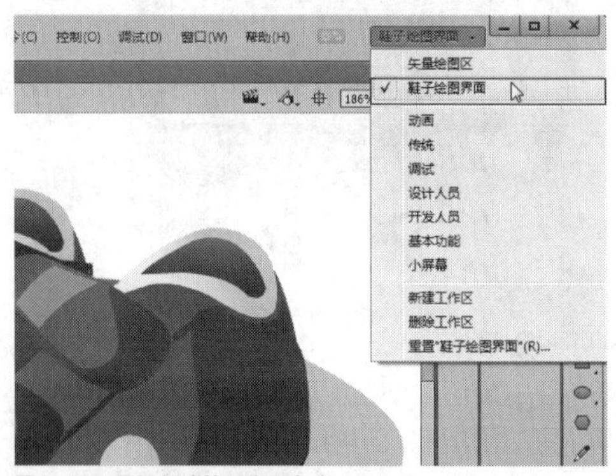

图1-137 显示新建的工作区名称

实战028 通过选项删除工作区

▶实例位置：光盘\效果\第1章\爱心小屋.fla
▶素材位置：光盘\素材\第1章\爱心小屋.fla
▶视频位置：光盘\视频\第1章\实战028.mp4

• 实例介绍 •

在Flash CC工作界面中，如果用户对于新建的工作区不满意，此时可以对新建的工作区进行删除操作。下面向读者介绍删除工作区的操作方法。

• 操作步骤 •

STEP 01 单击“文件”|“打开”命令，打开一个素材文件，如图1-138所示。

图1-138 打开一个素材文件

STEP 02 在工作界面的右上角位置，单击“基本功能”右侧的下三角按钮，在弹出的列表框中选择“删除工作区”选项，如图1-139所示。

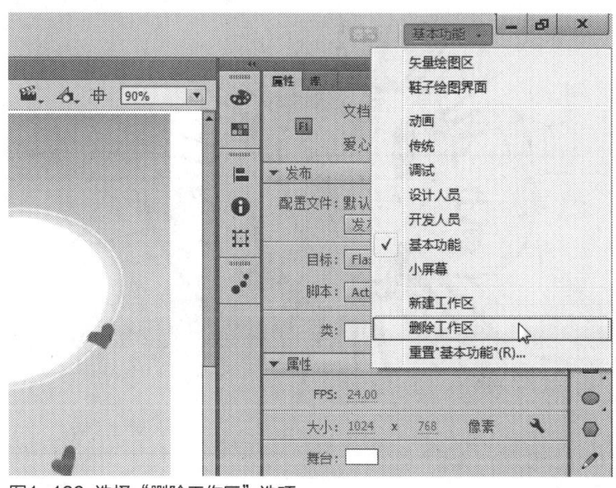

图1-139 选择“删除工作区”选项

STEP 03 执行操作后，弹出“删除工作区”对话框，在“名称”列表框中选择需要删除的工作区名称。这里选择“鞋子绘图界面”选项，如图1-140所示。

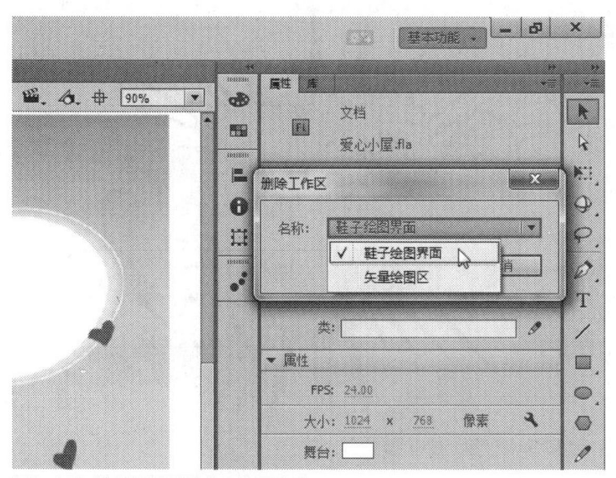

图1-140 选择需要删除的工作区名称

STEP 04 单击“确定”按钮，弹出“删除工作区”对话框，提示用户是否确认删除操作，单击“是”按钮，如图1-141所示。

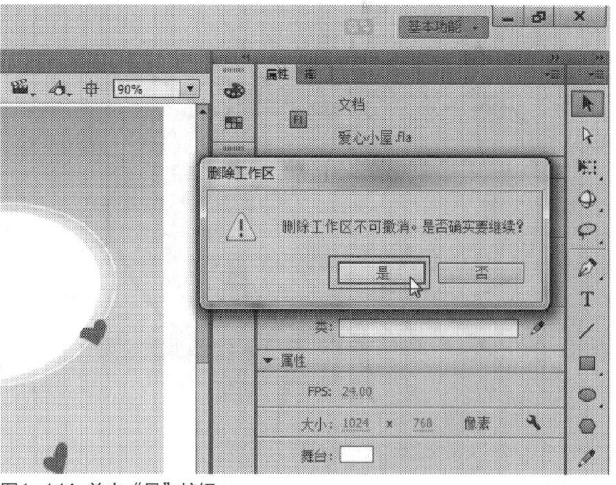

图1-141 单击“是”按钮

STEP 05 执行操作后，即可删除选择的工作区，此时在“基本功能”列表框中，将不再显示“鞋子绘图界面”工作区，如图1-142所示。

图1-142 删除选择的工作区

实战029 通过命令删除工作区

▶实例位置：光盘\效果\第1章\ BOOM.fla
▶素材位置：光盘\素材\第1章\ BOOM.fla
▶视频位置：光盘\视频\第1章\实战029.mp4

• 实例介绍 •

在Flash CC工作界面中，用户还可以通过“窗口”菜单下的“删除工作区”命令，来删除不需要的工作区。

• 操作步骤 •

STEP 01 单击“文件”|“打开”命令，打开一个素材文件，如图1-143所示。

图1-143 打开一个素材文件

STEP 02 在菜单栏中，单击“窗口”菜单，在弹出的菜单列表中单击“工作区”|“删除工作区”命令，如图1-144所示。

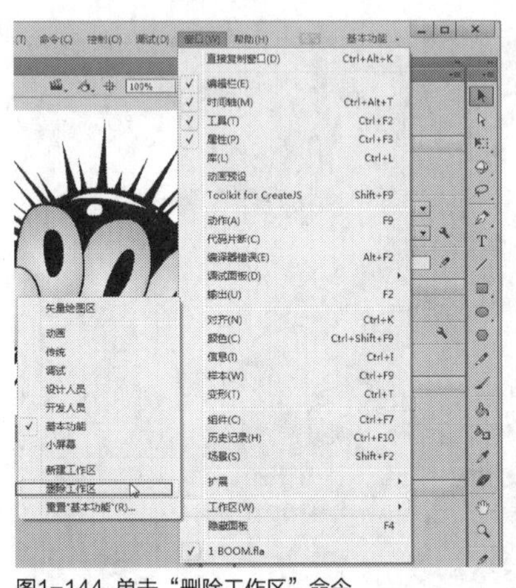

图1-144 单击“删除工作区”命令

STEP 03 执行操作后，弹出“删除工作区”对话框，在“名称”列表框中选择需要删除的工作区名称。这里选择“矢量绘图区”选项，如图1-145所示。

图1-145 选择“矢量绘图区”选项

STEP 04 单击“确定”按钮，弹出“删除工作区”对话框，提示用户是否确认删除操作，单击“是”按钮，如图1-146所示。

图1-146 单击“是”按钮

STEP 05 执行操作后，即可删除选择的工作区，此时在“基本功能”列表框中，将不再显示“矢量绘图区”工作区，如图1-147所示。

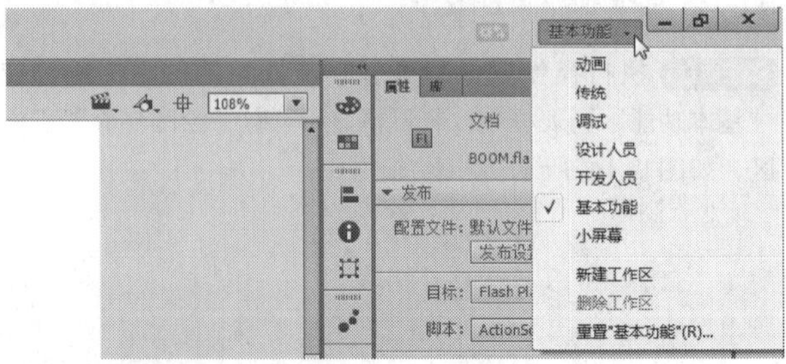

图1-147 删除选择的工作区

1.7 巧用Flash CC帮助系统

在Flash CC软件中，如果用户对软件的某些操作不太熟悉，或者不知道其作用，此时可以通过Flash CC软件的帮助系统来解决难题。本节主要向读者介绍打开与使用Flash CC帮助系统的操作方法，希望读者熟练掌握本节内容。

实战030 打开Flash CC帮助系统

▶实例位置：无
▶素材位置：无
▶视频位置：光盘\视频\第1章\实战030.mp4

• 实例介绍 •

在Flash CC工作界面中，用户可以通过“帮助”菜单下的“Flash帮助”命令，来打开Flash CC软件的帮助系统。

• 操作步骤 •

STEP 01 启动Flash CC应用软件，进入Flash CC工作界面，在菜单栏中单击“帮助”|“Flash帮助”命令，如图1-148所示。

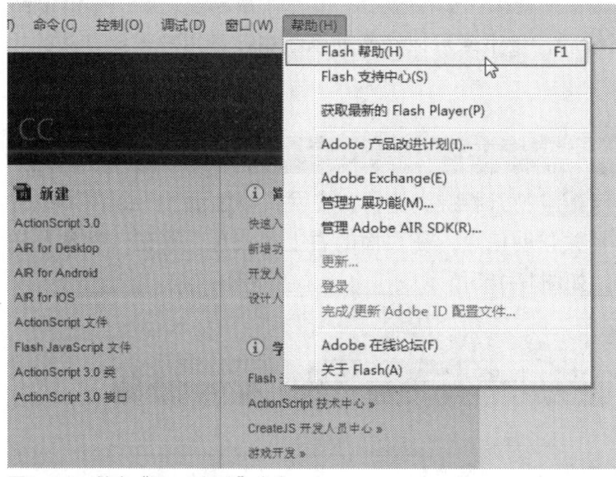

图1-148 单击“Flash帮助”命令

STEP 02 打开相应浏览器，在网页中显示了Flash CC软件的相关帮助信息，如图1-149所示。

图1-149 显示了Flash CC帮助信息

STEP 03 在网页页面中，单击“新增功能”文字超链接，如图1-150所示。

图1-150 单击“新增功能”文字超链接

STEP 04 执行操作后，即可打开Flash CC软件的新增功能版块，在其中单击“新增功能概述”文字超链接，如图1-151所示。

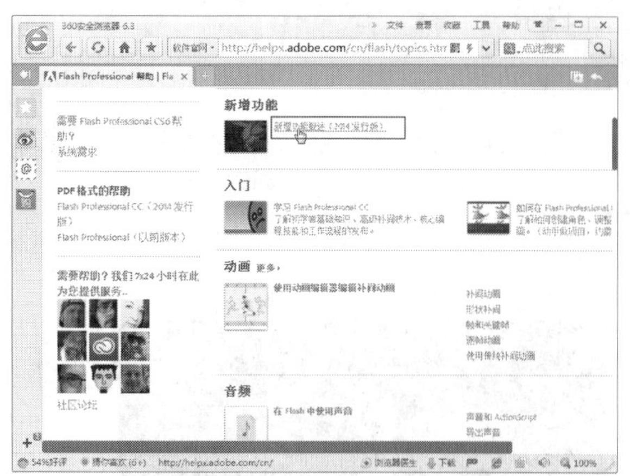

图1-151 单击“新增功能概述”文字超链接

STEP 05 打开“新增功能概述”页面，在下方单击“经过改进的新动画编辑器”文字超链接，如图1-152所示。

STEP 06 执行操作后，即可打开“经过改进的新动画编辑器”相关新增功能知识介绍，用户可以在其中查阅新增功能的相关信息，如图1-153所示。

图1-152 单击相应文字超链接

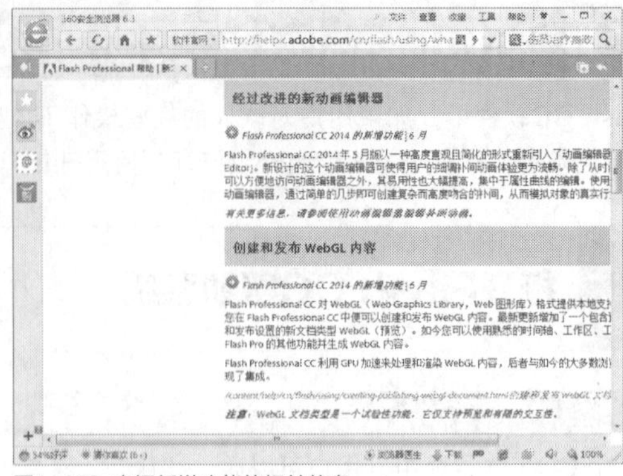
图1-153 查阅新增功能的相关信息

实战031 搜索Flash CC帮助信息

▶实例位置：无
▶素材位置：无
▶视频位置：光盘\视频\第1章\实战031.mp4

• 实例介绍 •

在Flash CC工作界面中，当用户打开了Flash CC的帮助系统后，接下来可以在帮助系统中搜索用户需要查阅的相关信息。下面向读者介绍搜索Flash CC帮助信息的操作方法。

• 操作步骤 •

STEP 01 启动Flash CC应用软件，进入Flash CC工作界面。在菜单栏中单击“帮助”|“Flash帮助”命令，如图1-154所示。

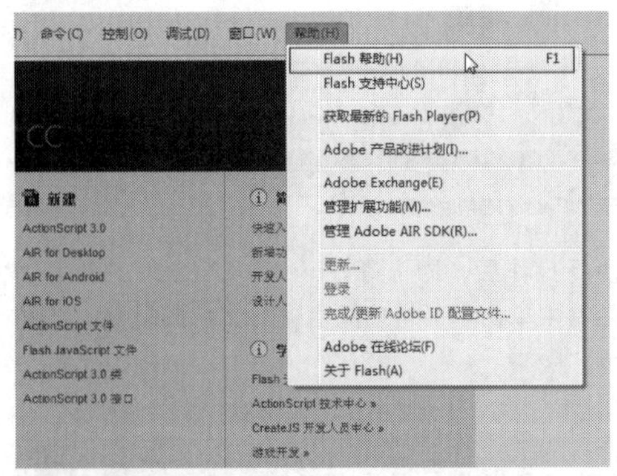
图1-154 单击“Flash帮助”命令

STEP 02 打开相应浏览器，在网页中显示了Flash CC软件的相关帮助信息，在页面的右上角位置，单击“搜索”按钮，如图1-155所示。

图1-155 单击“搜索”按钮

STEP 03 执行操作后，弹出搜索面板，在其中输入需要搜索的内容。这里输入“补间动画”，如图1-156所示。

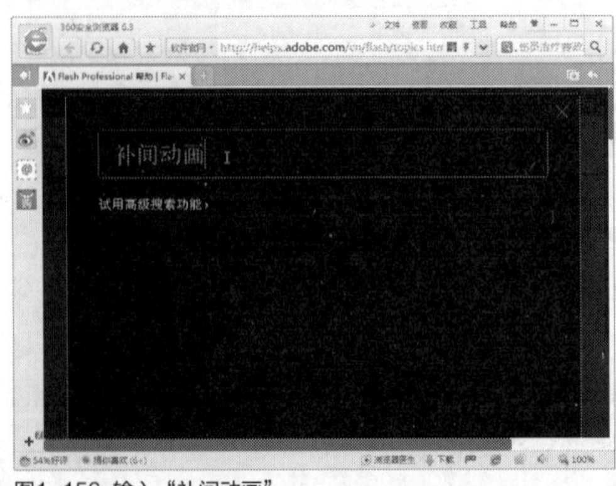
图1-156 输入“补间动画”

STEP 04 输入完成后，按【Enter】键确认，即可进入相应网页，在页面的下方显示了搜索出来的相关补间动画信息，单击第1条文字超链接，如图1-157所示。

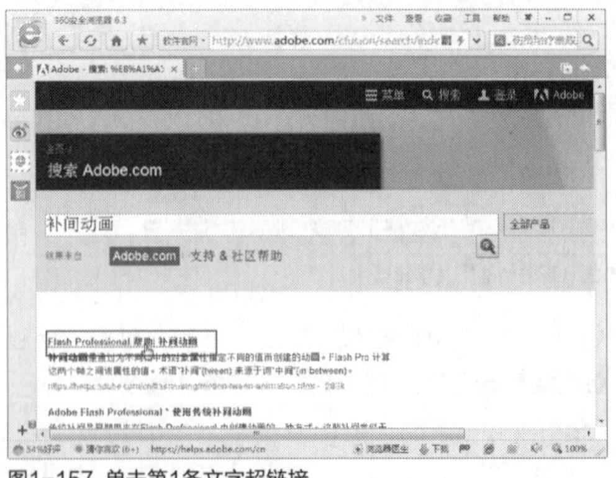
图1-157 单击第1条文字超链接

STEP 05 进入相应页面，在中间单击“创建补间动画”文字超链接，如图1-158所示。

STEP 06 进入“创建补间动画”页面，如图1-159所示，其中显示了补间动画的创建方法，用户可以根据搜索到的帮助信息，学习补间动画的制作技巧。

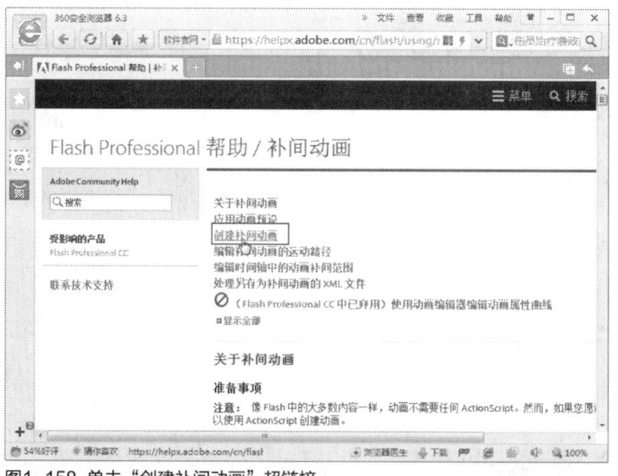

图1-158 单击“创建补间动画”超链接

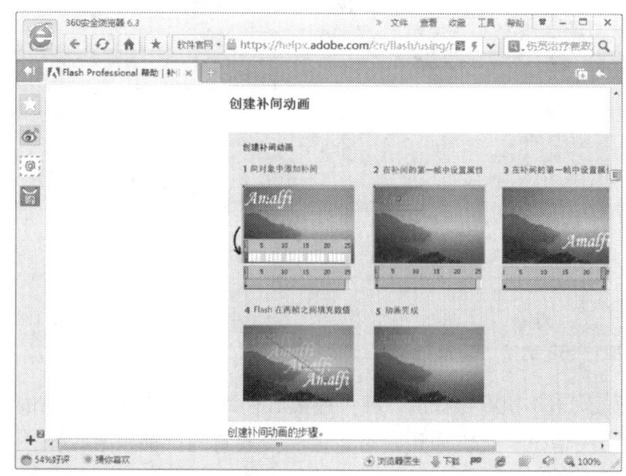

图1-159 显示了补间动画的创建方法

技巧点拨

通常每一个应用软件都会有其使用方法的帮助系统，且打开帮助系统的快捷键一般都是【F1】键，在Flash CC软件中也可以使用【F1】键打开帮助系统。

实战032 使用Flash CC支持中心

- 实例位置：无
- 素材位置：无
- 视频位置：光盘\视频\第1章\实战032.mp4

• 实例介绍 •

在Flash CC的支持中心包含了Flash的相关资源信息，如用户指南、组件和扩展信息以及一些其他的内容。下面向读者介绍使用Flash支持中心的操作方法。

• 操作步骤 •

STEP 01 启动Flash CC应用软件，进入Flash CC工作界面，在菜单栏中单击“帮助”|“Flash支持中心”命令，如图1-160所示。

STEP 02 执行操作后，即可打开相应浏览器，在网页中显示了Flash软件的相关资源，如图1-161所示。

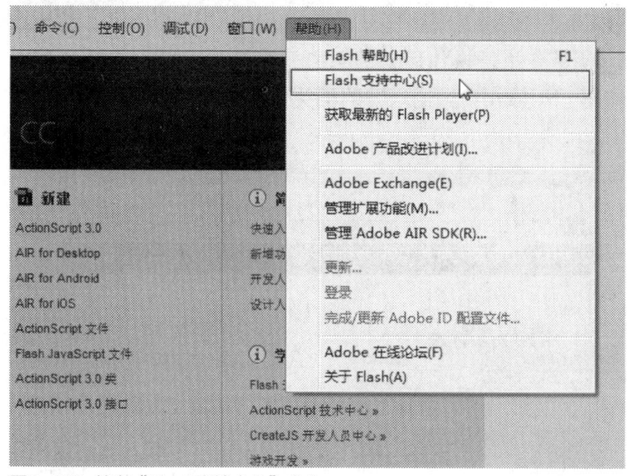

图1-160 单击“Flash支持中心”命令

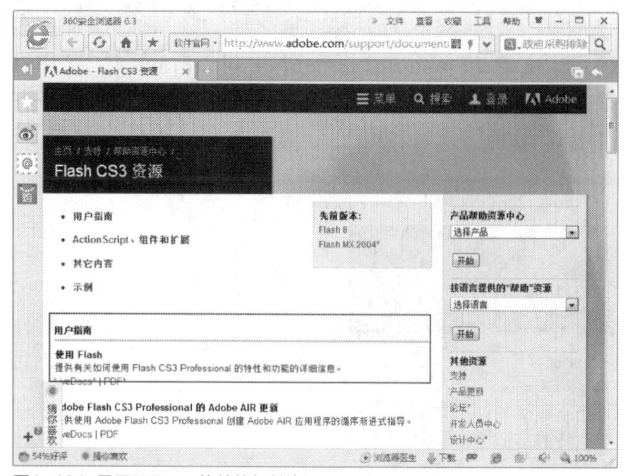

图1-161 显示了Flash软件的相关资源

STEP 03 在网页中，单击“产品帮助资源中心”右侧的下三角按钮，在弹出的列表框中选择“Flash Player”选项，如图1-162所示。

STEP 04 选择相应选项后，单击下方的“开始”按钮，如图1-163所示。

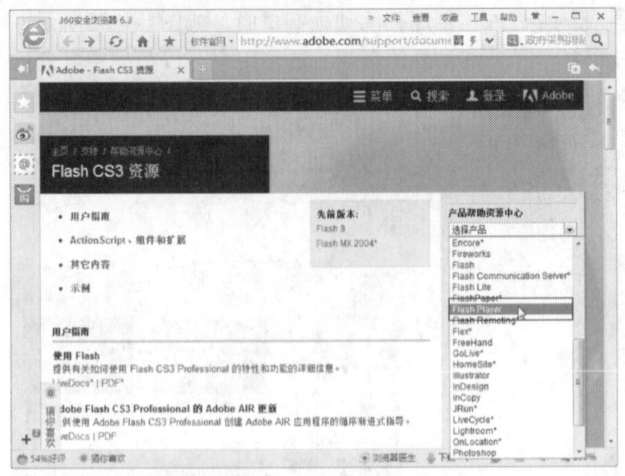

图1-162 选择“Flash Player”选项

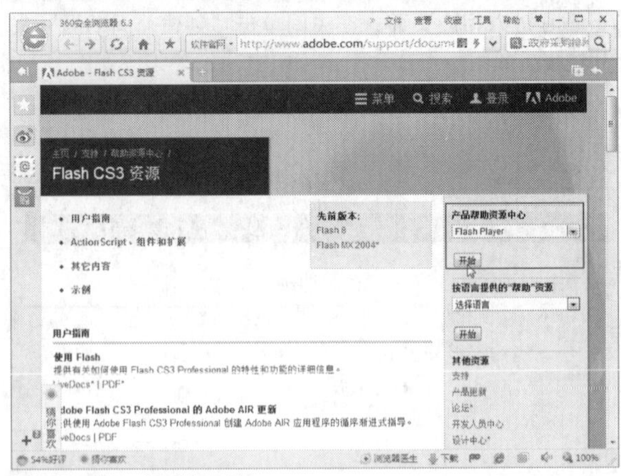

图1-163 单击“开始”按钮

STEP 05 执行操作后，即可搜索出有关Flash Player产品的相关信息，在其中用户可以查阅搜索到的产品信息，如图1-164所示。

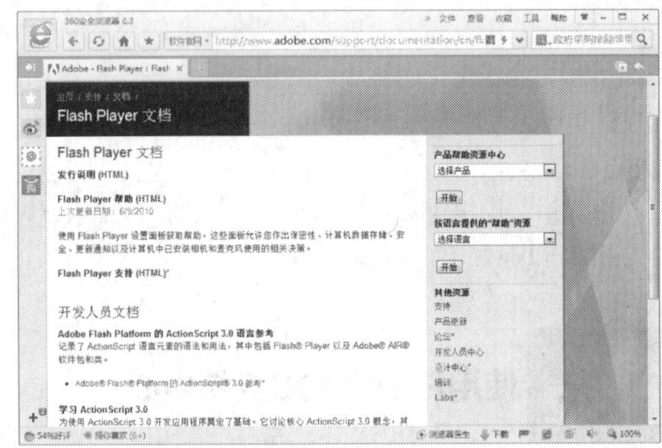

图1-164 查阅搜索到的产品信息

实战 033 打开Adobe在线论坛

▶实例位置：无
▶素材位置：无
▶视频位置：光盘\视频\第1章\实战033.mp4

• 实例介绍 •

在Flash CC软件中，用户还可以通过“帮助”菜单下的“Adobe在线论坛”命令，打开Adobe官方网站的相关论坛页面。

• 操作步骤 •

STEP 01 启动Flash CC应用软件，进入Flash CC工作界面，在菜单栏中单击“帮助”|“Adobe在线论坛”命令，如图1-165所示。

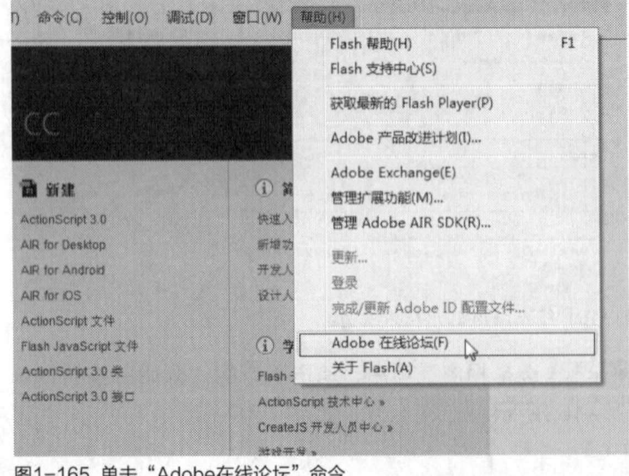

图1-165 单击“Adobe在线论坛”命令

STEP 02 执行操作后，即可打开相应浏览器，在其中可以查看“Adobe在线论坛”的相关信息，如图1-166所示。

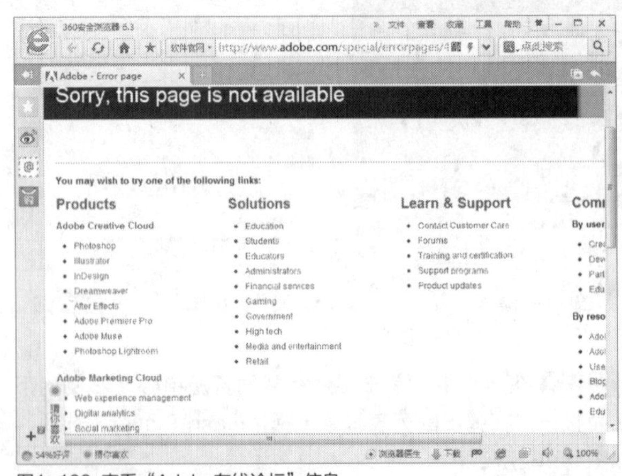

图1-166 查看“Adobe在线论坛”信息

实战 034 查看Flash相关信息

▶ 实例位置：无
▶ 素材位置：无
▶ 视频位置：光盘\视频\第1章\实战034.mp4

• 实例介绍 •

在Flash CC软件中，用户可以通过“帮助”菜单下的“关于Flash”命令，查看Flash软件制作团队的相关信息。

• 操作步骤 •

STEP 01 启动Flash CC应用软件，进入Flash CC工作界面，在菜单栏中单击“帮助”|“关于Flash”命令，如图1-167所示。

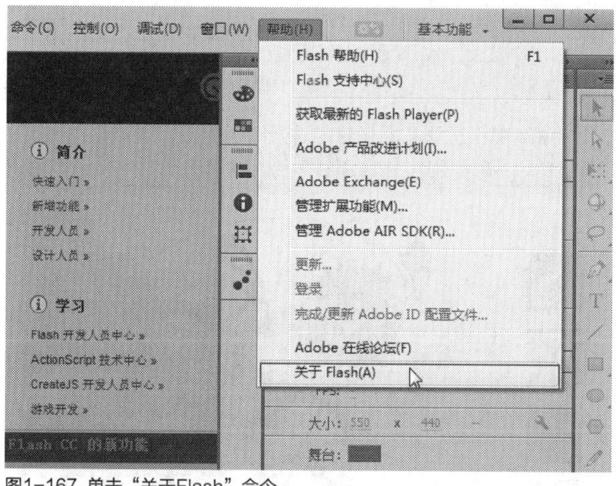

图1-167 单击“关于Flash”命令

STEP 02 执行操作后，即可弹出相应窗口，在其中可以查看Flash的相关信息，如图1-168所示。

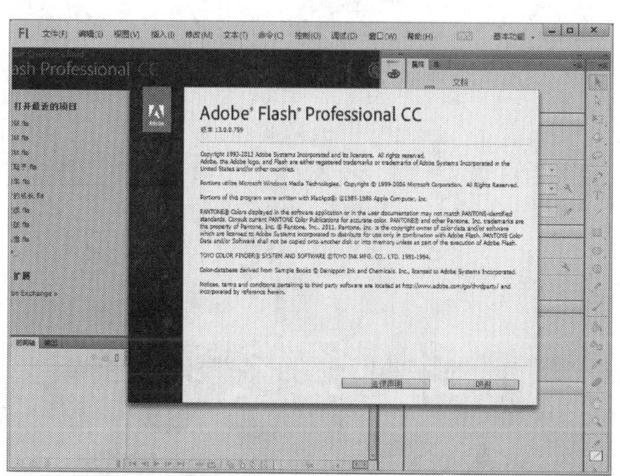

图1-168 查看Flash的相关信息

知识拓展

前面向读者讲解了这么多，还没有讲解Flash的应用领域。运用Flash CC可以制作出各种风格不同的动画作品。另外，可以将Flash的应用领域归纳为教学课件、卡通动漫、游戏动画、广告动画、电子贺卡、MTV动画以及片头动画等，下面向用户进行简单介绍。

1. 教学课件

随着科技的发展，现在的教育方式不再只是古板的书本教育，为了能让学生在轻松愉快的氛围中学到知识，大部分学校都采用了多媒体教学的方式。而Flash动画课件在多媒体教学中占据了非常重要的位置。如图1-169所示为运用Flash制作的教学课件。

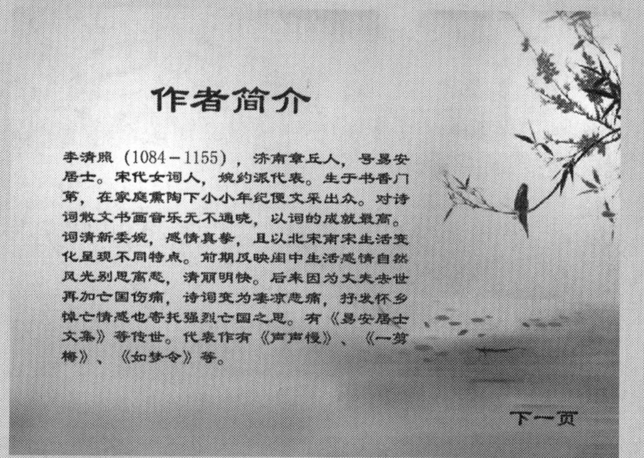

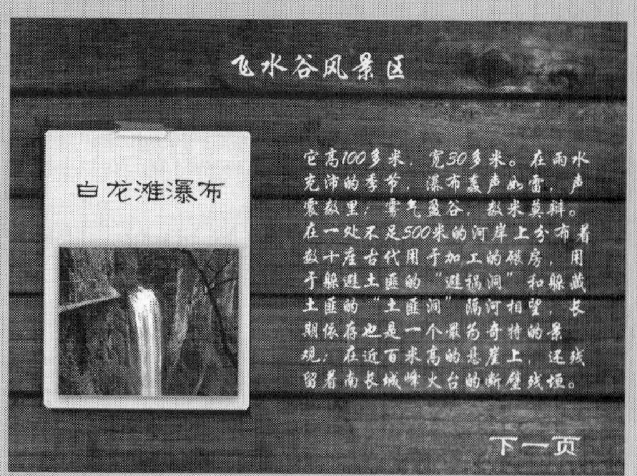

图1-169 运用Flash制作的教学课件

2. 卡通动漫

随着卡通漫画的盛行，网络上的卡漫动画也随之升温。卡通动漫的制作是创建Flash作品中最重要的一步，卡通动漫部分的制作效果将直接决定Flash作品的成功与否。如图1-170所示为运用Flash制作的卡通动漫。

图1-170 运用Flash制作的卡通动漫

3. 游戏动画

Flash CS5具备丰富的多媒体和强大的交互性功能，使用户可以轻松地制作出漂亮且好玩的游戏动画作品。这类游戏由于操作简单、画面精美并且可玩性强，得到了众多游戏玩家的青睐。如图1-171所示为运用Flash制作的游戏动画。

图1-171 运用Flash制作的游戏动画

4. 广告动画

Flash强大的二维动画制作功能让广告制作公司开始用Flash来制作广告动画，采用Flash制作的广告动画具有画面表现力强、成本低、周期短和改动方便的优点。如图1-172所示为运用Flash制作的广告动画。

图1-172 运用Flash制作的广告动画

5. 电子贺卡

随着网络的普及，人们喜欢通过发E-mail的方式来向对方表示祝福，但是E-mail的文字信息看起来比较单调，于是产生了电子贺卡且被大多数人所喜爱。如图1-173所示为运用Flash制作的电子贺卡。

图1-173 运用Flash制作的电子贺卡

6. MTV动画

运用Flash对歌曲进行动画创作，是现在最流行的MTV动画制作，大多数人都可以对自己喜欢的音乐作品进行诠释，抒发心情。如图1-174所示为运用Flash制作的MTV动画。

图1-174 运用Flash制作的MTV动画

7. 片头动画

随着动画行业的发展，越来越多的网络传媒片头设计开始向片头动画发展，运用Flash便于用户高效地制作出具有视觉冲击力的作品。如图1-175所示为运用Flash制作的片头动画。

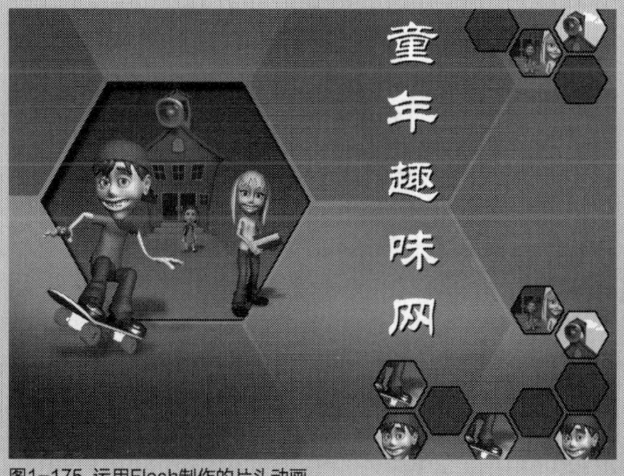

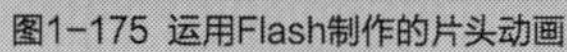
图1-175 运用Flash制作的片头动画

第2章 熟悉Flash CC基本操作

本章导读

为了让读者更好地掌握Flash CC应用程序，在学习动画制作之前应该对Flash CC的基础操作有一定的了解，本章主要向读者介绍新建动画文档、保存动画文件、打开和关闭文件以及动画文档的操作等，通过对本章的学习，读者可以对Flash CC的操作方法有一定的了解与认识，并且能够掌握与运用Flash CC的一些基本操作知识，为后面深入的学习奠定基础。

要点索引

- 新建动画文档
- 保存动画文件
- 打开和关闭文件
- 动画文档的操作
- 编辑工作窗口
- 场景基本操作

2.1 新建动画文档

制作Flash CC动画之前，必须新建一个Flash CC文件。新建文件的方法有多种，本节分别进行介绍。

实战035 通过菜单命令创建文档

▶实例位置：无
▶素材位置：无
▶视频位置：光盘\视频\第2章\实战035.mp4

• 实例介绍 •

在Flash CC工作界面中，用户通过“新建”命令，可以创建Flash空白文档。

• 操作步骤 •

STEP 01 启动Flash CC程序，单击“文件”|“新建”命令，如图2-1所示。

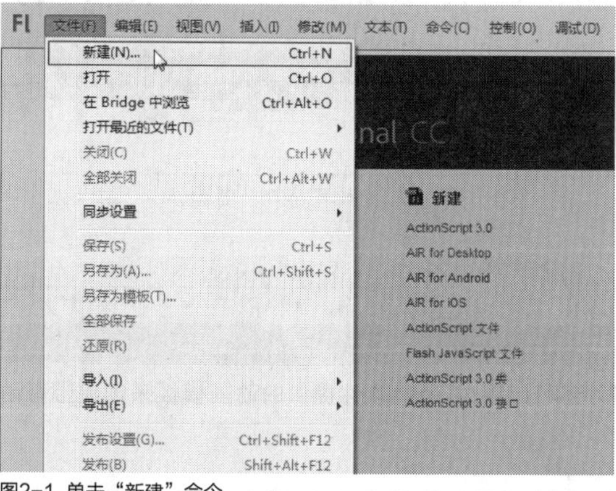

图2-1 单击“新建”命令

STEP 02 弹出“新建文档”对话框，如图2-2所示。

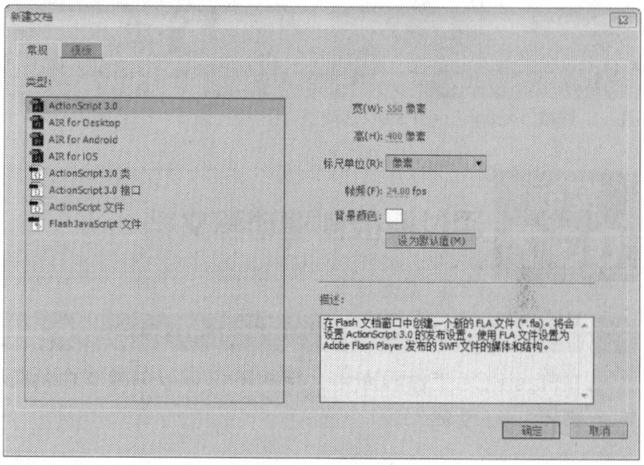

图2-2 弹出“新建文档”对话框

STEP 03 在“常规”选项卡的“类型”列表框中，选择“ActionScript 3.0”选项，设置“高”为500像素，如图2-3所示。

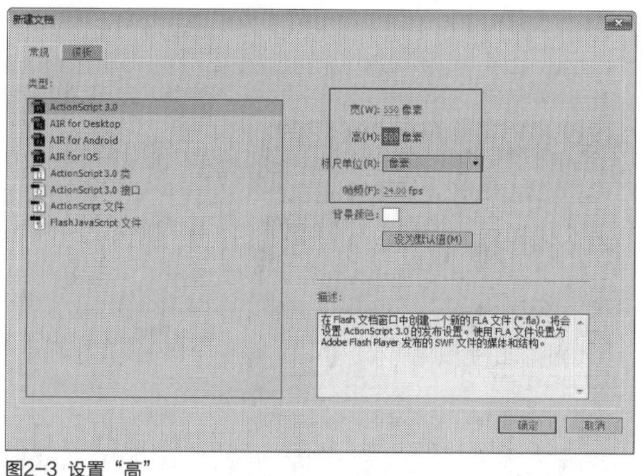

图2-3 设置“高”

STEP 04 单击“确定”按钮，即可创建一个文件类型为ActionScript 3.0的空白文件，如图2-4所示。

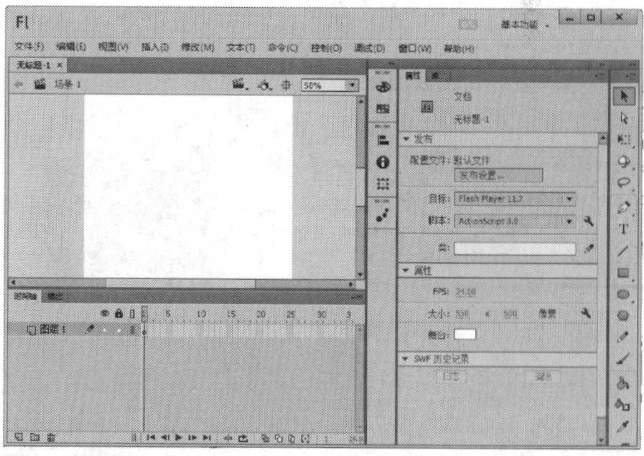

图2-4 创建空白文件

实战036 通过欢迎界面创建文档

▶实例位置：无
▶素材位置：无
▶视频位置：光盘\视频\第2章\实战036.mp4

• 实例介绍 •

在Flash CC工作界面中，用户还可以通过欢迎界面创建空白的Flash文档。下面向读者介绍通过欢迎界面创建空白文档的操作方法。

• 操作步骤 •

STEP 01 进入Flash CC工作界面，在欢迎界面中选择“ActionScript 3.0”选项，如图2–5所示。

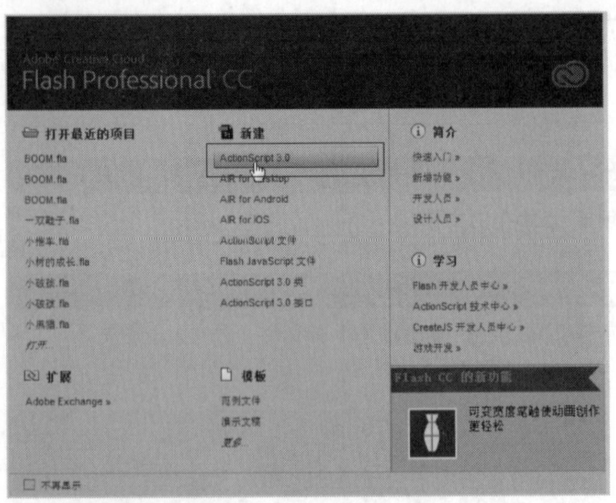

图2–5 选择“ActionScript 3.0”选项

STEP 02 执行操作后，即可通过欢迎界面创建一个空白的ActionScript 3.0 Flash文档，如图2–6所示。

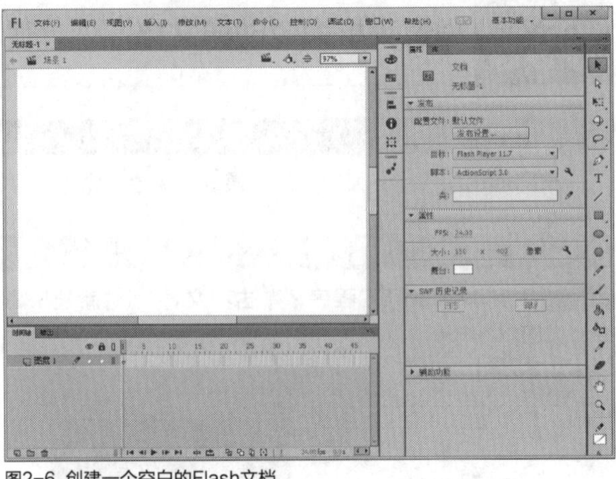

图2–6 创建一个空白的Flash文档

实战 037 通过模板创建动画文档

▶ 实例位置：光盘\效果\第2章\遮罩动画文档.fla
▶ 素材位置：无
▶ 视频位置：光盘\视频\第2章\实战037.mp4

• 实例介绍 •

在Flash CC工作界面中，用户不仅可以创建空白的Flash文档，还可以通过Flash软件提供的动画模板来创建带有动画效果的Flash文档。

• 操作步骤 •

STEP 01 在菜单栏中，单击“文件”|“新建”命令，在弹出的“新建文档”对话框中，单击“模板”选项卡，在“类别”列表框中选择“动画”选项，在“模板”列表框中选择“补间形状的动画遮罩层”选项，如图2–7所示。

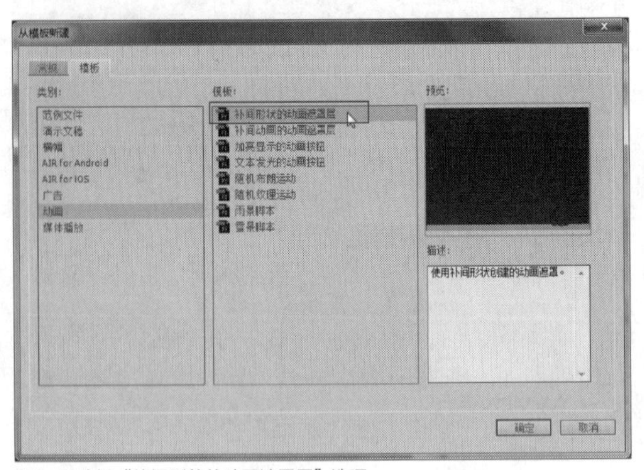

图2–7 选择“补间形状的动画遮罩层”选项

STEP 02 单击“确定”按钮，即可创建一个模板文件，如图2–8所示。

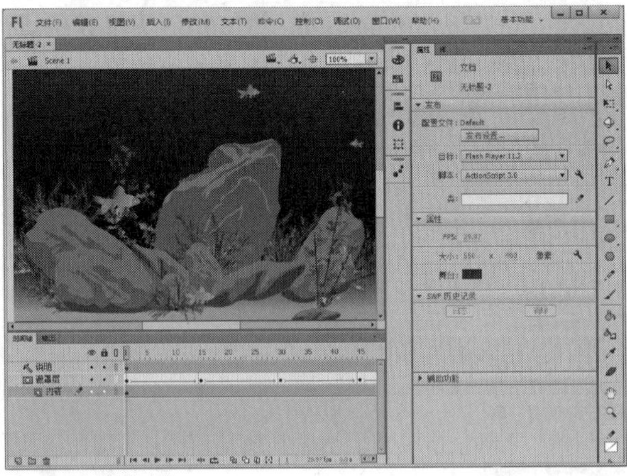

图2–8 创建模板文件

STEP 03 按【Ctrl＋Enter】组合键，测试创建的模板动画效果，如图2–9所示。

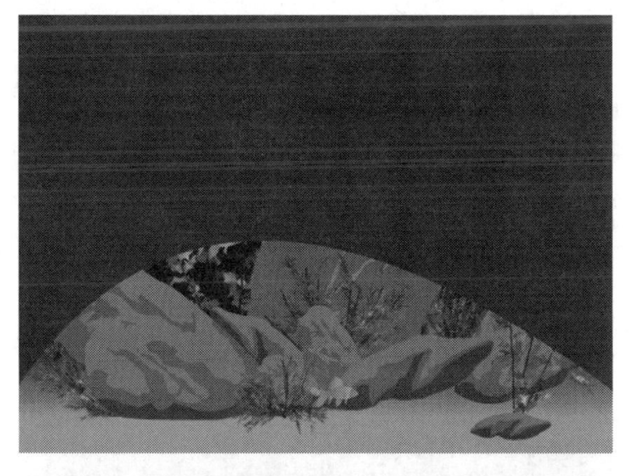

图2-9 测试创建的模板动画效果

实战 038 通过模板创建演示文稿

▶ 实例位置：光盘\效果\第2章\演示文稿画面.fla
▶ 素材位置：无
▶ 视频位置：光盘\视频\第2章\实战038.mp4

• 实例介绍 •

在Flash CC工作界面中，用户不仅可以通过Flash模板创建相应的动画效果，还可以创建演示文稿对象。下面向读者介绍通过模板创建演示文稿的操作方法。

• 操作步骤 •

STEP 01 在菜单栏中，单击“文件”|“新建”命令，在弹出的“新建文档”对话框中，单击“模板”选项卡，在“类别”列表框中选择“演示文稿”选项，在“模板”列表框中选择“高级演示文稿”选项，如图2-10所示。

图2-10 选择“高级演示文稿”选项

STEP 02 单击“确定”按钮，即可创建一个演示文稿模板文件，如图2-11所示。

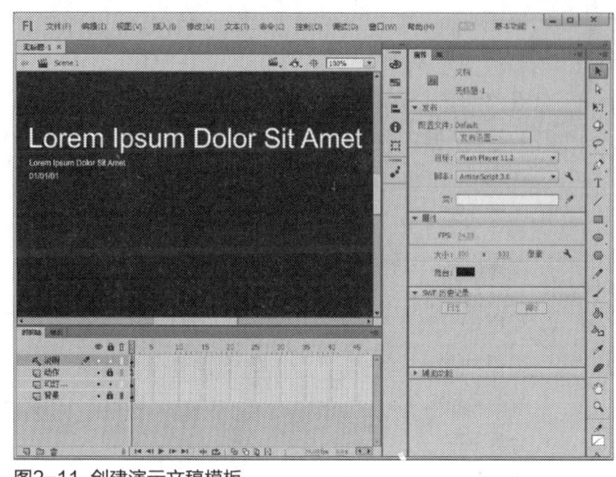

图2-11 创建演示文稿模板

2.2 保存动画文件

在处理文档的过程中，为了保证文档的安全和避免编辑的内容丢失，必须及时将其存储到计算机中，以便日后查看或编辑使用。在Flash CC中，保存文件的方式有3种，即保存新建文件、另存为文件和另存为模板，下面分别进行介绍。

实战039 直接保存文件

▶实例位置：光盘\效果\第2章\金发美女.fla
▶素材位置：光盘\素材\第2章\金发美女.jpg
▶视频位置：光盘\视频\第2章\实战039.mp4

• 实例介绍 •

在完成动画的制作后，需要保存新建文件，用户可通过菜单命令实现。

• 操作步骤 •

STEP 01 新建一个动画文档，单击“文件”|“导入”|“导入到舞台”命令，在弹出的“导入”对话框中，选择要导入的素材文件，如图2-12所示。

STEP 02 单击“打开”按钮，即可将素材文件导入舞台区，如图2-13所示。

知识拓展

Macromedia公司成立于1992年，它在1998年收购了一家开发制作Director网络发布插件Future Splash的小公司，并且继续发展了Future Splash，这就是后来流行的Flash系列。在公司成立10周年之际发布了Flash系列软件的MX版本，Flash MX是这个家族的第一款产品，它不仅在制作独立的多媒体内容方面有新的突破，更和全套的MX系列软件有着强大的整合能力。2005年Macromedia公司在以前版本的基础上，推出了功能更为完善的Flash Professional 8即Flash 8，但Flash 8的绘图功能并不是很完善。Adobe公司于2005年12月3日完成了对Macromedia的收购，将享有盛名的Macromedia Flash更名为Adobe Flash，并于2013年推出了Adobe Flash CC。

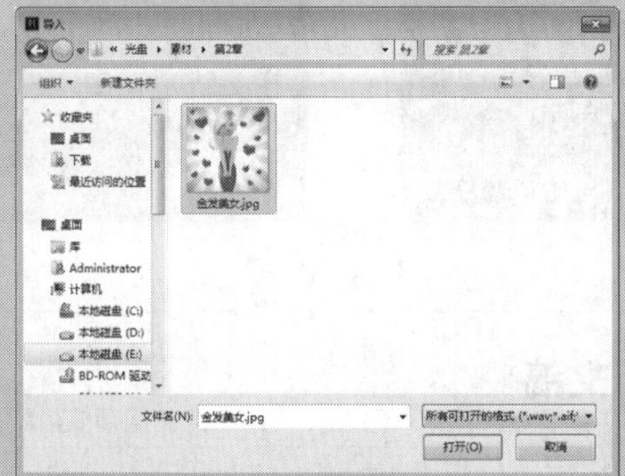
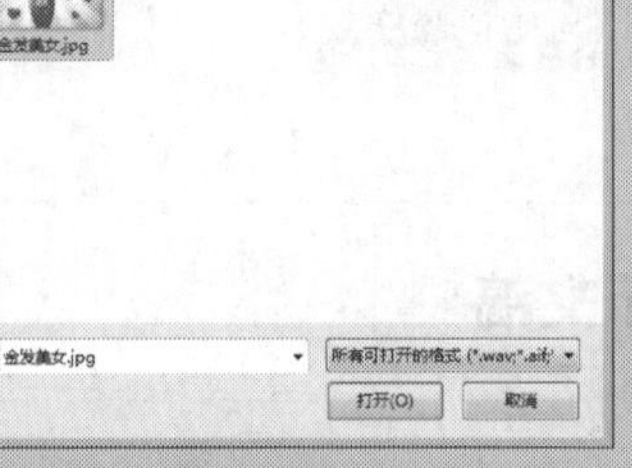

图2-12 素材文件

图2-13 导入素材文件

STEP 03 在菜单栏上，单击“文件”|“保存”命令，如图2-14所示。

STEP 04 弹出“另存为”对话框，在“保存在”下拉列表框中选择保存动画文档的位置，在“文件名”文本框中输入“金发美女”文本，如图2-15所示。

图2-14 单击“保存”命令

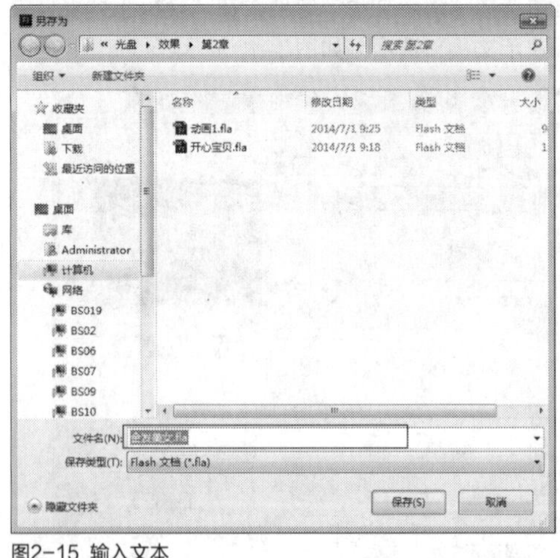

图2-15 输入文本

STEP 05 单击“保存”按钮，即可直接保存该文件。

技巧点拨

直接按【Ctrl+S】组合键，也可以保存当前文档。

实战 040 另存为文件

▶实例位置：光盘\效果\第2章\书写.fla
▶素材位置：光盘\素材\第2章\书写.fla
▶视频位置：光盘\视频\第2章\实战040.mp4

• 实例介绍 •

如果用户需要将修改的文档另存在指定的位置，可运用“另存为”命令将文档另存为。

• 操作步骤 •

STEP 01 单击“文件”|“打开”命令，打开一个素材文件，如图2-16所示。

STEP 02 单击“文件”|“另存为”命令，如图2-17所示。

图2-16 打开一个素材文件

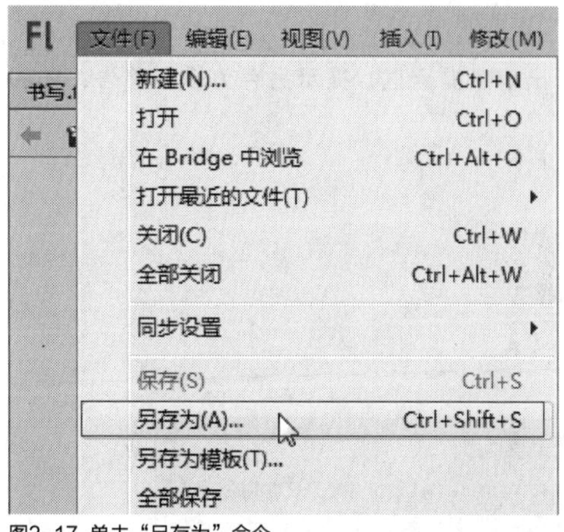

图2-17 单击“另存为”命令

STEP 03 弹出“另存为”对话框，在“保存在”下拉列表框中选择保存动画文档的位置，在“文件名”文本框中输入“书写”文本，如图2-18所示。

STEP 04 单击“保存”按钮，即可将当前文档另存为一个动画文档。

技巧点拨

按【Ctrl+Shift+S】组合键也可将当前文件另存，为了保证文件的安全并避免所编辑的内容丢失，用户在使用Flash CC制作动画过程中，应该多另存几个文件，这样会更加保险。

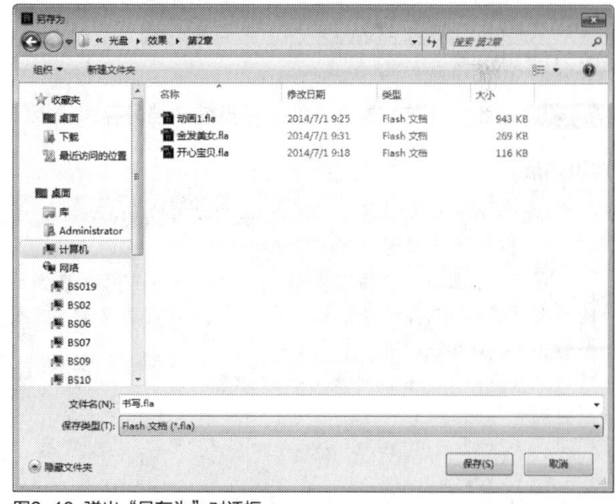

图2-18 弹出“另存为”对话框

实战 041 另存为模板

▶实例位置：光盘\效果\第2章\显示器.fla
▶素材位置：光盘\素材\第2章\显示器.fla
▶视频位置：光盘\视频\第2章\实战041.mp4

• 实例介绍 •

将文件另存为模板的目的是将该模板中的格式直接应用到其他文件上，这样可以统一各个文件的格式。在Flash CC中，保存的模板类型多种多样，用户可根据需要进行选择。

• 操作步骤 •

STEP 01 单击“文件”|“打开”命令，打开一个素材文件，如图2-19所示。

图2-19 打开一个素材文件

STEP 02 单击“文件”|“另存为模板”命令，如图2-20所示。

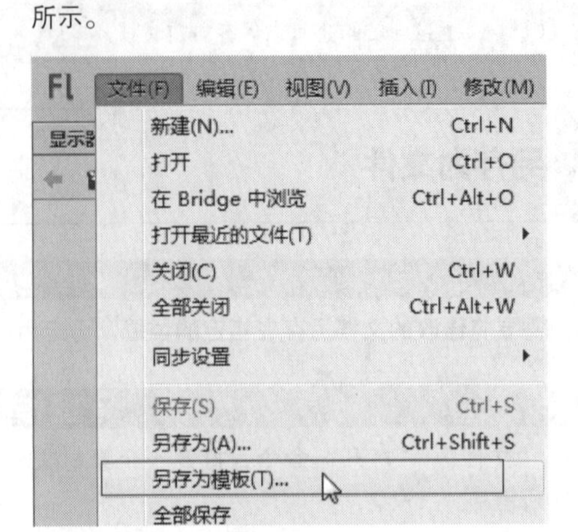

图2-20 单击“另存为模板”命令

STEP 03 弹出信息提示框，提示另存为模板警告，如图2-21所示。

另存为模板警告

如果保存为模板，则 SWF 历史记录数据将被清除。

不再显示。

另存为模板　取消

图2-21 信息提示框

STEP 04 单击“另存为模板”按钮，弹出“另存为模板”对话框，设置“名称”为“显示器”、“类别”为“广告”、“描述”为“绿色屏幕的显示器”，如图2-22所示。

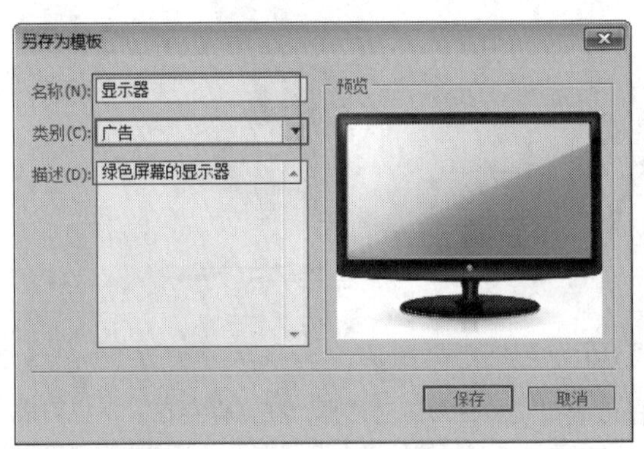

图2-22 设置各选项

STEP 05 单击“保存”按钮，即可将当前文档另存为模板文件。

知识拓展

在“另存为模板”对话框中，各选项的含义如下。

➢ 名称：即所要另存为的模板的名称。

➢ 类别：单击“类别”列表框右侧的下拉按钮，在弹出的列表框中可以选择已经存在的模板类型，也可直接输入模板类型文本，如图2-23所示。

➢ 描述：用来描述所要另存为的模板信息，以免和其他模板混淆。

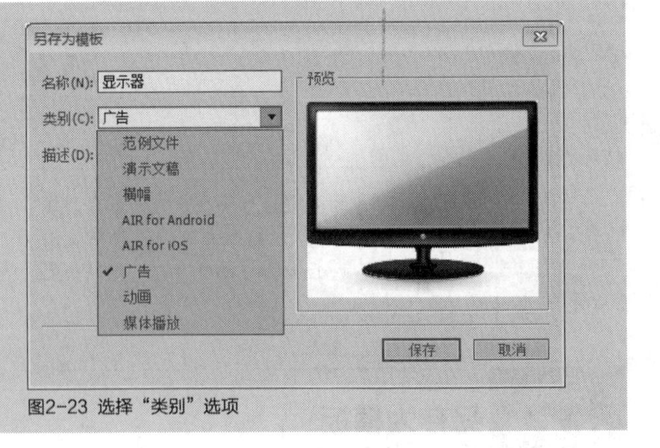

图2-23 选择“类别”选项

2.3 打开和关闭文件

要想更好地了解和学习Flash CC，首先应该对Flash CC的常用操作进行了解。本节主要向读者介绍Flash CC的常用操作，如打开、关闭文档等。

实战042 打开文件

▶实例位置：光盘\效果\第2章\动画2.fla
▶素材位置：光盘\素材\第2章\动画2.fla
▶视频位置：光盘\视频\第2章\实战042.mp4

• 实例介绍 •

要想编辑Flash CC的动画文件，必须先打开该动画文件。这里说的文件指的是Flash源文件，即可编辑的“*.FLA”，而不是“*.SWF”格式的动画文件。

• 操作步骤 •

STEP 01 单击“文件”|“打开”命令，如图2-24所示。

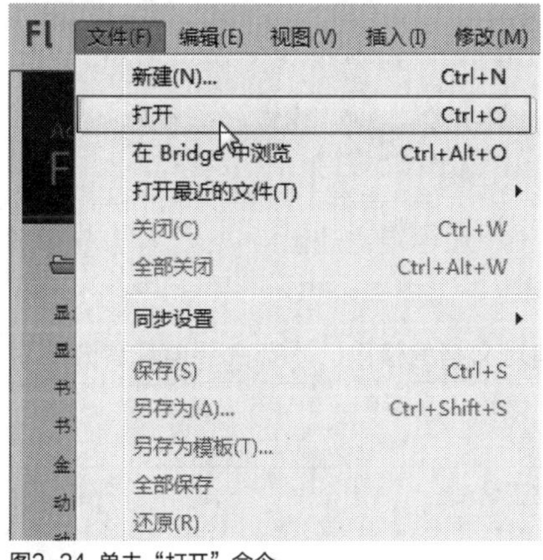

图2-24 单击“打开”命令

STEP 02 弹出“打开”对话框，在其中选择需要打开的文件，如图2-25所示。

图2-25 选择文件

STEP 03 单击“打开”按钮，即可打开所选文件，如图2-26所示。

图2-26 打开文件

技巧点拨

在Flash CC中，打开动画文件的方法有3种，分别如下。

- 命令：单击“文件”|“打开”命令。
- 快捷键1：按【Ctrl+O】组合键。
- 快捷键2：依次按【Alt】、【F】、【O】键。

实战043 关闭文件

▶实例位置：光盘\效果\第2章\麦子.fla
▶素材位置：光盘\素材\第2章\麦子.fla
▶视频位置：光盘\视频\第2章\实战043.mp4

• 实例介绍 •

关闭文档与关闭应用程序窗口的操作方法有相同之处，但关闭文档并不一定要退出应用程序。

• 操作步骤 •

STEP 01 单击“文件”|“打开”命令，打开一个素材文件，如图2-27所示。

STEP 02 单击“文件”|“关闭”命令，如图2-28所示，操作完成后，即可关闭文件。

图2-27 打开一个素材文件

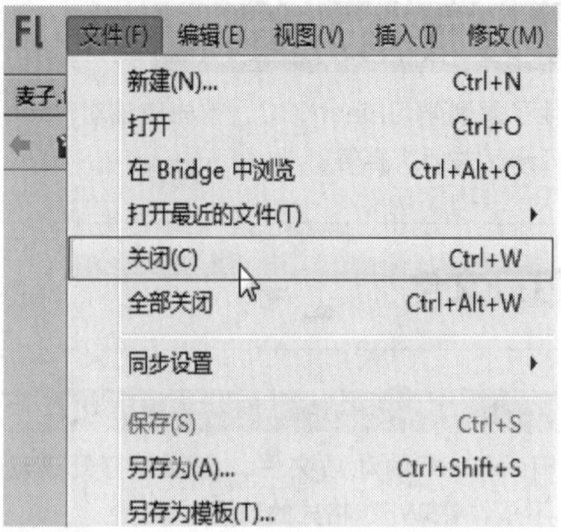

Fl 文件(F) 编辑(E) 视图(V) 插入(I) 修改(M)
麦子.
新建(N)... Ctrl+N
打开 Ctrl+O
在 Bridge 中浏览 Ctrl+Alt+O
打开最近的文件(T)
关闭(C) Ctrl+W
全部关闭 Ctrl+Alt+W
同步设置
保存(S) Ctrl+S
另存为(A)... Ctrl+Shift+S
另存为模板(T)...

图2-28 单击“关闭”命令

技巧点拨

在Flash CC中，关闭文档的方法有5种，分别如下。

- 命令：单击“文件”|“关闭”命令。
- 按钮：单击标题栏右侧的“关闭”按钮 。
- 快捷键1：按【Ctrl＋W】组合键。
- 快捷键2：依次按【Alt】、【F】、【C】键。
- 快捷键3：按【Ctrl＋F4】组合键。

2.4 动画文档的操作

在Flash中如果进行了对文件的失误操作，可以运用“撤销”命令，撤销对文档的修改。本节主要向读者介绍对文档的撤销操作。

实战044 撤销操作

- 实例位置：无
- 素材位置：光盘\素材\第2章\小蜜蜂.fla
- 视频位置：光盘\视频\第2章\实战044.mp4

• 实例介绍 •

在Flash CC中制作动画时，如果用户不小心将图形删除，此时可以执行撤销操作，还原删除的图形。

• 操作步骤 •

STEP 01 单击“文件”|“打开”命令，打开一个素材文件，如图2-29所示。

STEP 02 选取工具箱中的选择工具，选择舞台中的两个蜜蜂图形对象，如图2-30所示。

图2-29 打开一个素材文件

图2-30 选择图形对象

STEP 03 按【Delete】键，将其删除，如图2-31所示。

图2-31 删除图形对象

STEP 04 单击“编辑”|“撤销删除”命令，即可撤销上一步的操作，效果如图2-32所示。

图2-32 撤销操作

技巧点拨

除了运用上述方法撤销操作外，还有以下两种方法：

➢ 快捷键：按【Ctrl＋Z】组合键也可撤销上步操作。

➢ “历史记录”面板：单击“窗口”|“其他面板”|“历史记录”命令，弹出“历史记录”面板，若只撤销上一个步骤，将“历史记录”面板左侧的滑块在列表中向上拖曳一个步骤即可，如图2-33所示；若要撤销多个步骤，可拖曳滑块以指向任意步骤，或在某个步骤左侧的滑块路径上单击鼠标左键，滑块会自动移至该步骤，并同时撤销其后面的所有步骤。

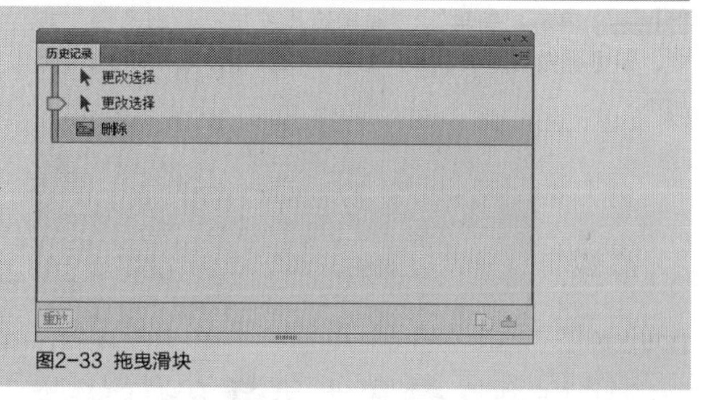

图2-33 拖曳滑块

实战 045 重做操作

▶实例位置：光盘\效果\第2章\香草味.fla
▶素材位置：光盘\素材\第2章\香草味.fla
▶视频位置：光盘\视频\第2章\实战045.mp4

• 实例介绍 •

在Flash CC中制作动画时，如果用户对制作的效果不满意，此时可以执行重做操作，重新制作动画效果。

• 操作步骤 •

STEP 01 单击“文件”|“打开”命令，打开一个素材文件，如图2-34所示。

图2-34 打开一个素材文件

STEP 02 单击“窗口”|“库”命令，展开“库”面板，选择“七色”图形元件，如图2-35所示。

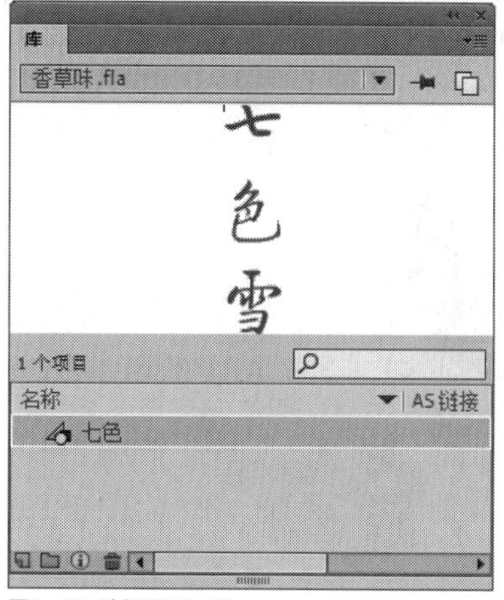

图2-35 选择图形元件

STEP 03 单击鼠标左键并拖曳，至舞台适当位置后释放鼠标左键，即可创建图形元件，如图2-36所示。

图2-36 创建图形元件

STEP 04 单击“编辑”|“撤销将库项目添加到文档”命令，即可撤销将库项目添加到文档的操作，如图2-37所示。

图2-37 撤销操作

STEP 05 单击“编辑”|“重做将库项目添加到文档”命令，即可重做将库项目添加到文档的操作，效果如图2-38所示。

图2-38 重做操作

技巧点拨

在Flash CC中，重做操作的快捷键为【Ctrl+Y】组合键。

实战046 重复操作

▶实例位置：光盘\效果\第2章\美食.fla
▶素材位置：光盘\素材\第2章\美食.fla
▶视频位置：光盘\视频\第2章\实战046.mp4

• 实例介绍 •

在Flash CC中制作动画时，在舞台中选择需要重复操作的对象，进行相应的操作之后，即可运用“重复”命令重复操作。

• 操作步骤 •

STEP 01 单击“文件”|“打开”命令，打开一个素材文件，如图2-39所示。

图2-39 打开一个素材文件

STEP 02 选取工具箱中的选择工具，选择舞台中的图形对象，按住【Alt】键的同时单击鼠标左键并拖曳，复制一个图形对象，如图2-40所示。

图2-40 复制一个图形对象

STEP 03 单击“编辑”|“重复直接复制”命令，如图2-41所示。

编辑(E)　视图(V)　插入(I)　修改(M)　文本(
撤消直接复制　Ctrl+Z
重复直接复制　Ctrl+Y
剪切(T)　Ctrl+X
复制(C)　Ctrl+C
粘贴到中心位置(P)　Ctrl+V
粘贴到当前位置(N)　Ctrl+Shift+V
选择性粘贴
清除(A)　Backspace
直接复制(D)　Ctrl+D
全选(L)　Ctrl+A

图2-41 单击“重复直接复制”命令

STEP 04 操作完成后，即可直接复制图形对象，多次执行此操作，并适当调整复制的图形对象的位置，效果如图2-42所示。

图2-42 复制效果

2.5 编辑工作窗口

启动Flash CC应用程序后，进入欢迎界面，在其中可以编辑工作窗口。

实战 047 使用欢迎界面

▶ 实例位置：无
▶ 素材位置：无
▶ 视频位置：光盘\视频\第2章\实战047.mp4

• 实例介绍 •

启动Flash CC应用程序后，进入欢迎界面，在其中用户可以运用模板新建多个动画文档。下面向读者介绍使用欢迎界面的操作方法。

• 操作步骤 •

STEP 01 启动Flash CC应用程序，进入Flash CC欢迎界面，在“模板”选项区中选择“更多”选项，如图2-43所示。

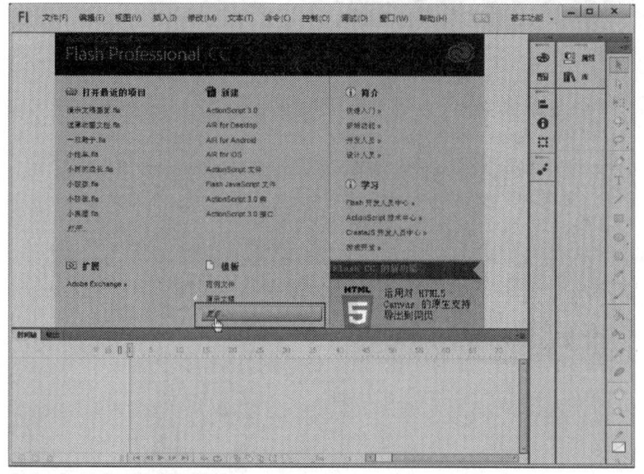

图2-43 选择“更多”选项

STEP 02 执行操作后，即可弹出“从模板新建”对话框，如图2-44所示。

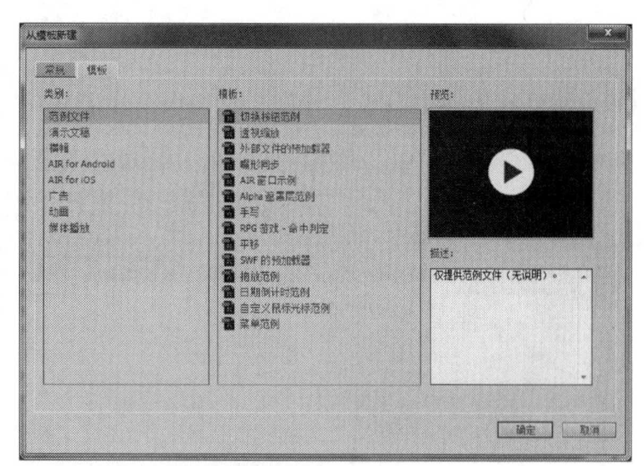

图2-44 弹出“从模板新建”对话框

STEP 03 在“类别”选项区中，选择“媒体播放”选项；在“模板”选项区中，选择“高级相册”选项，如图2-45所示。

STEP 04 单击“确定”按钮，即可通过欢迎界面创建一个高级相册模板，效果如图2-46所示。

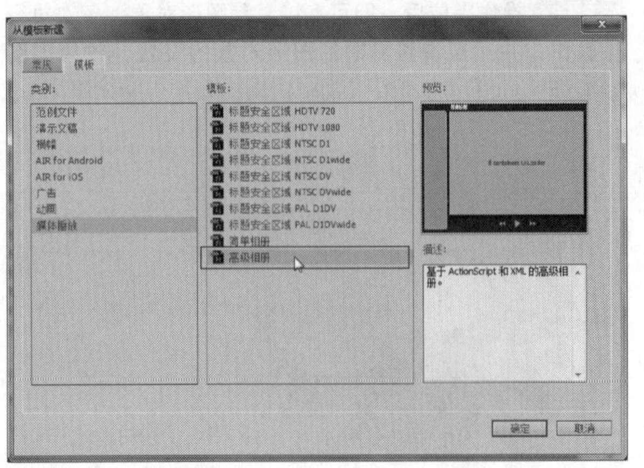

图2-45 选择“高级相册”选项

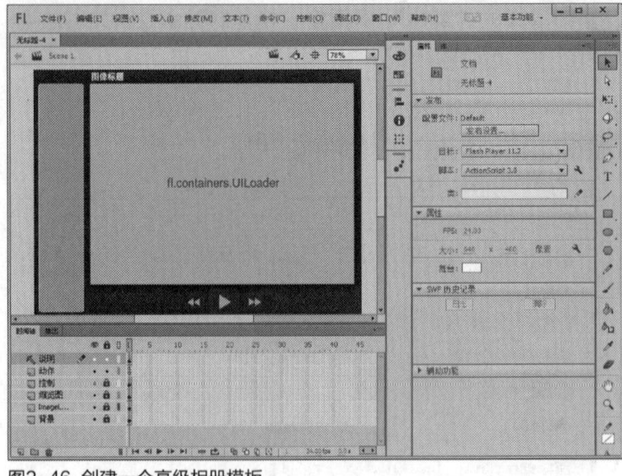

图2-46 创建一个高级相册模板

技巧点拨

进入“从模板创建”选项区中，单击“广告”链接，然后根据需要进行相应操作，即可创建一个广告动画文档。

实战048 编辑欢迎界面

▶实例位置：无
▶素材位置：无
▶视频位置：光盘\视频\第2章\实战048.mp4

• 实例介绍 •

熟悉Flash CC欢迎界面的操作后，用户可以对欢迎界面进行隐藏或显示操作。下面向读者介绍编辑Flash CC欢迎界面的操作方法。首选参数中的“重置所有警告对话框”，能解除所有警告信息。

• 操作步骤 •

STEP 01 在欢迎界面中选中“不再显示”复选框，弹出信息提示框，输出框提示“发生 JavaScript 错误。SyntaxError: missing) after argument list”的错误信息，如图2-47所示。

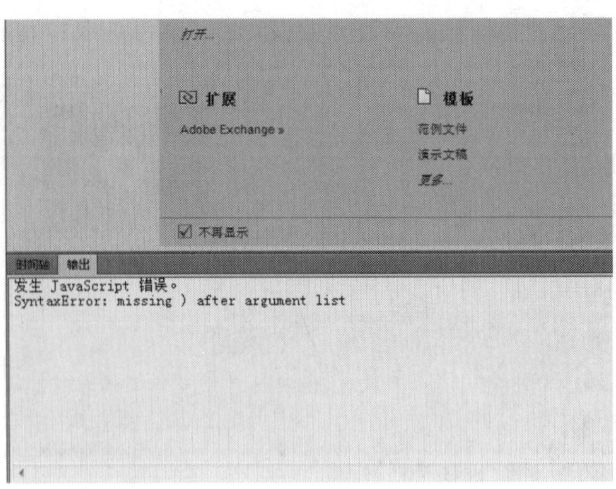

图2-47 提示错误信息

STEP 02 重新打开Flash CC，欢迎界面不显示，如图2-48所示。

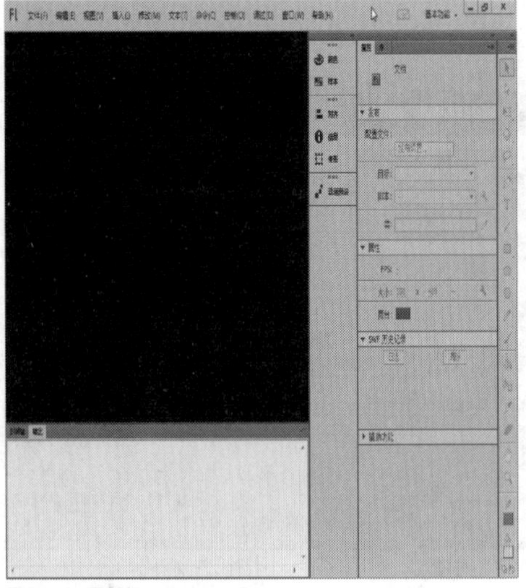

图2-48 重新打开Flash CC

STEP 03 单击菜单栏上的“编辑”|“首选参数”命令，如图2-49所示。

STEP 04 弹出“首选参数”对话框，在“类别”列表框中选择“常规”选项，然后选中“重置所有警告对话框”复选框，如图2-50所示。

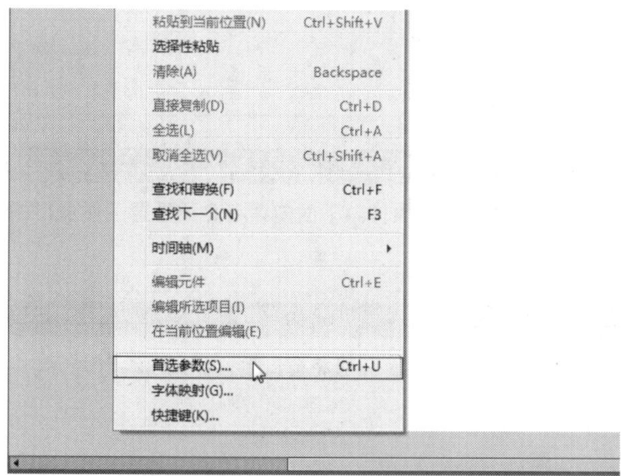

图2-49 单击“首选参数”命令

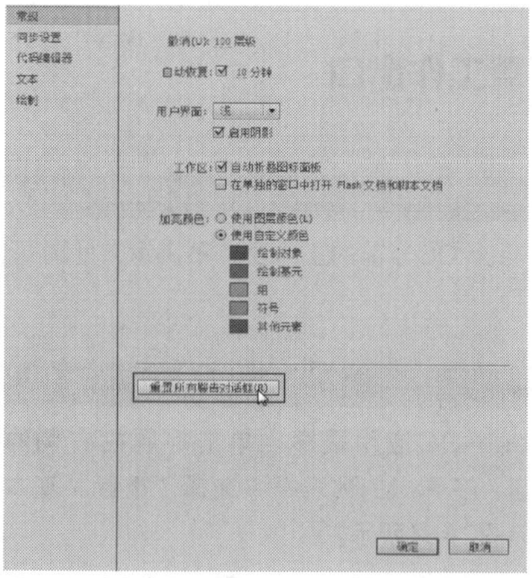

图2-50 选中“重置所有警告对话框”复选框

STEP 05 重启Flash CC，即可再次显示欢迎界面。

技巧点拨

在Flash CC中，按【Ctrl+U】组合键也可以弹出“首选参数”对话框。

实战 049 控制窗口大小

- 实例位置：无
- 素材位置：无
- 视频位置：光盘\视频\第2章\实战049.mp4

• 实例介绍 •

在Flash CC应用程序中，用户可以对Flash CC的工作界面进行放大或缩小操作。下面向读者介绍控制窗口大小的操作方法。

• 操作步骤 •

STEP 01 进入Flash CC工作界面，将鼠标移至标题栏右侧的“恢复”按钮上，如图2-51所示。

STEP 02 单击鼠标左键，即可将窗口恢复，将鼠标移至标题栏右侧的“最大化”按钮上，如图2-52所示。单击鼠标左键，即可最大化窗口。

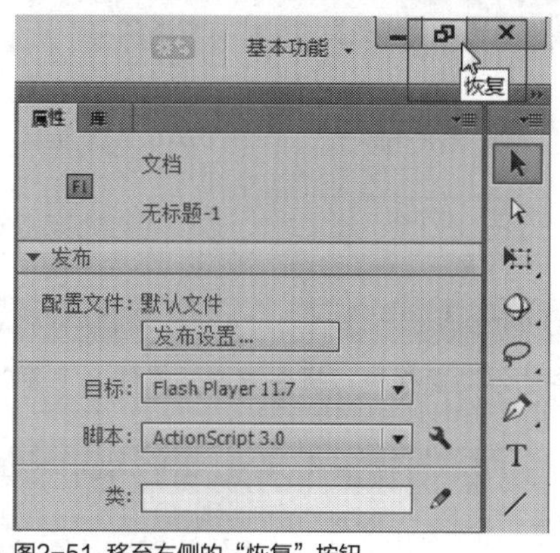

图2-51 移至右侧的“恢复”按钮

图2-52 移至右侧的“最大化”按钮

STEP 03 将鼠标移至标题栏右侧的“最小化”按钮上，如图2-53所示。单击鼠标左键，即可最小化窗口，此时只在任务栏中显示该程序的图标。

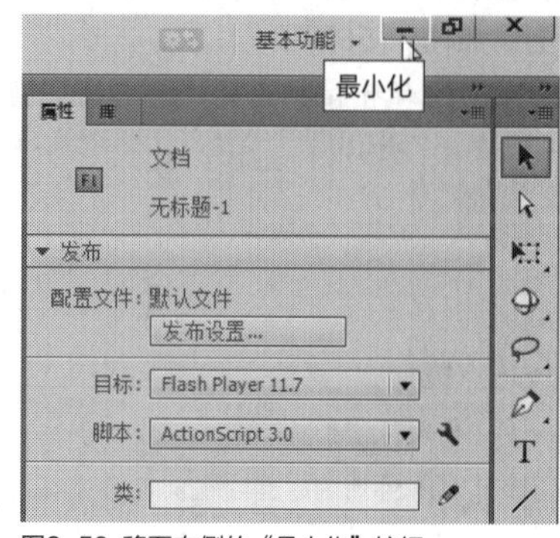

图2-53 移至右侧的“最小化”按钮

知识拓展

将窗口最大化后，Flash CC应用程序的界面将铺满整个桌面，这时不能再移动或缩放窗口。

实战050 重置工作窗口

▶实例位置：无
▶素材位置：无
▶视频位置：光盘\视频\第2章\实战050.mp4

• 实例介绍 •

如果用户对Flash CC当前的工作窗口不满意，此时可以对工作窗口进行重置操作。下面向读者介绍重置工作窗口的操作方法。

• 操作步骤 •

STEP 01 启动Flash CC应用程序，单击标题栏右侧的“基本功能”按钮，在弹出的列表框中选择“重置‘基本功能’”选项，如图2-54所示。

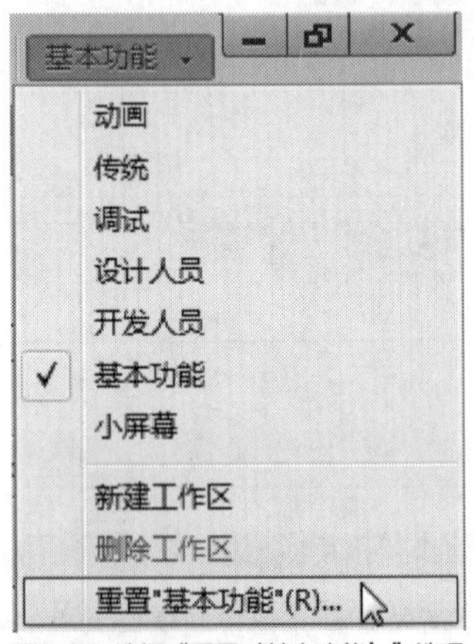

图2-54 选择“重置‘基本功能’”选项

STEP 02 操作完成后，即可将窗口重置，如图2-55所示。

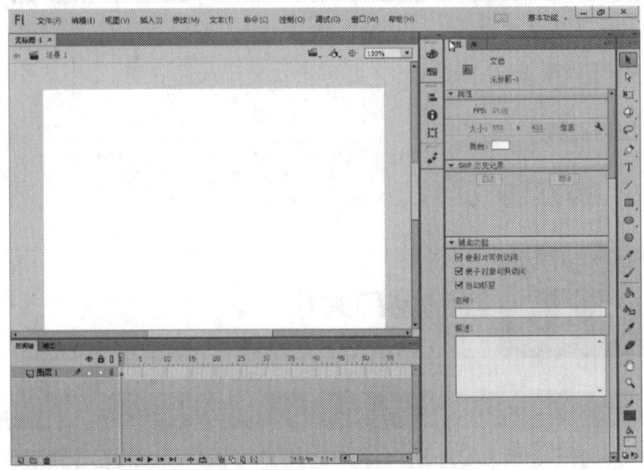
图2-55 重置窗口

知识拓展

在Flash CC“基本功能”列表框中还有“动画”、“传统”、“调试”等选项，这些选项都是为了让用户更加方便地操作软件而内置的面板布局模式，用户可以根据自己的爱好选择相应的布局选项。

实战051 折叠与展开面板

▶实例位置：无
▶素材位置：无
▶视频位置：光盘\视频\第2章\实战051.mp4

• 实例介绍 •

在Flash CC中，用户可以对软件中的浮动面板进行折叠或展开操作。下面向读者介绍折叠与展开面板的操作方法。

• 操作步骤 •

STEP 01 启动Flash CC应用程序，新建一个Flash文件，将鼠标移至“属性”面板右侧的“折叠为图标”按钮上，如图2-56所示。

STEP 02 单击鼠标左键，即可将“属性”面板折叠起来，如图2-57所示。

技巧点拨

在舞台区制作Flash时，用户可以把面板折叠起来，这样可以腾出更多的舞台空间。

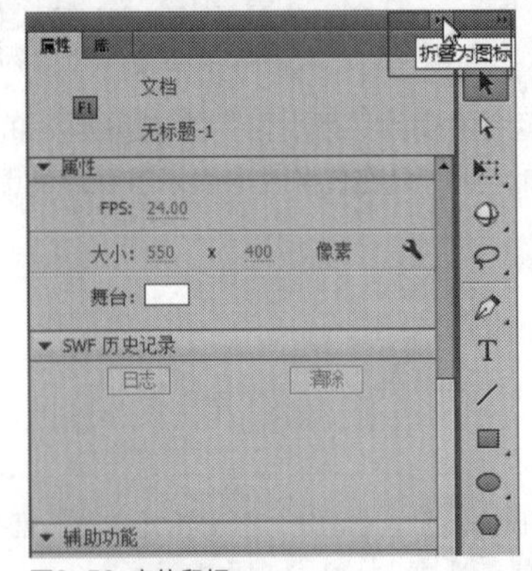

图2-56 定位鼠标

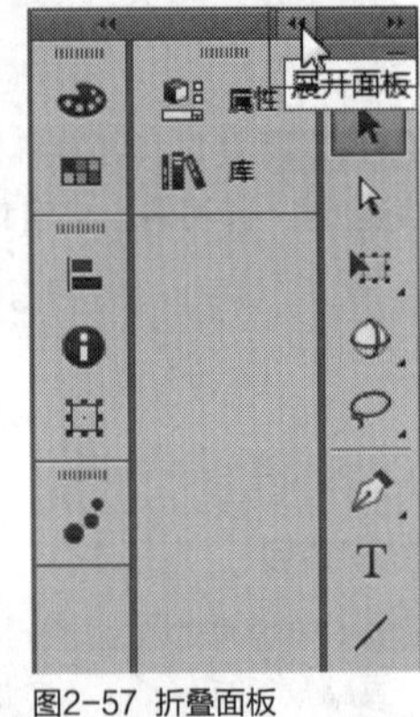

图2-57 折叠面板

STEP 03 将鼠标移至“属性”面板右侧的“展开面板”按钮上，如图2-58所示。

STEP 04 单击鼠标左键，即可将“属性”面板展开，如图2-59所示。

技巧点拨

在Flash CC应用程序中，面板上方都有灰色区域，通过双击该灰色区域，可对面板执行展开或折叠操作。

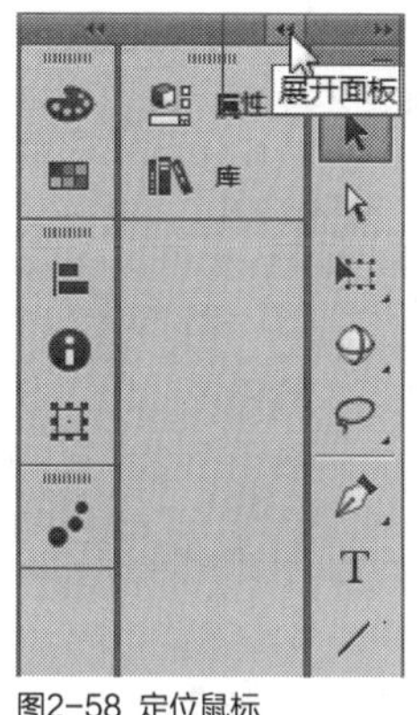

图2-58 定位鼠标

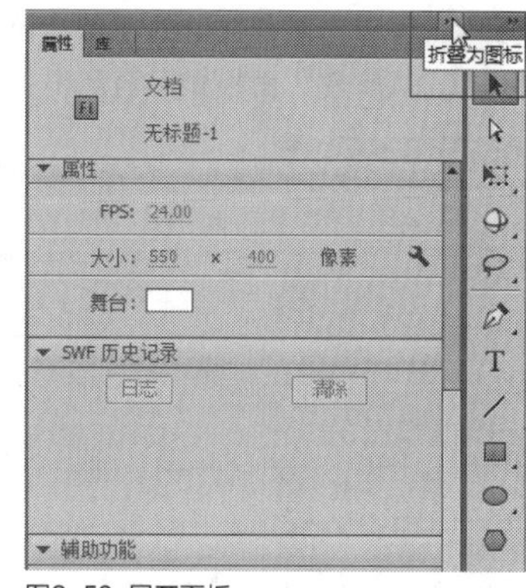

图2-59 展开面板

实战052 移动与组合面板

▶实例位置：无
▶素材位置：无
▶视频位置：光盘\视频\第2章\实战052.mp4

• 实例介绍 •

在Flash CC中，用户可以对窗口中的浮动面板进行随意组合操作，调整至用户习惯的操作界面。下面向读者介绍移动与组合面板的方法。

• 操作步骤 •

STEP 01 将鼠标移至“属性”面板顶端的黑色区域上，如图2-60所示。

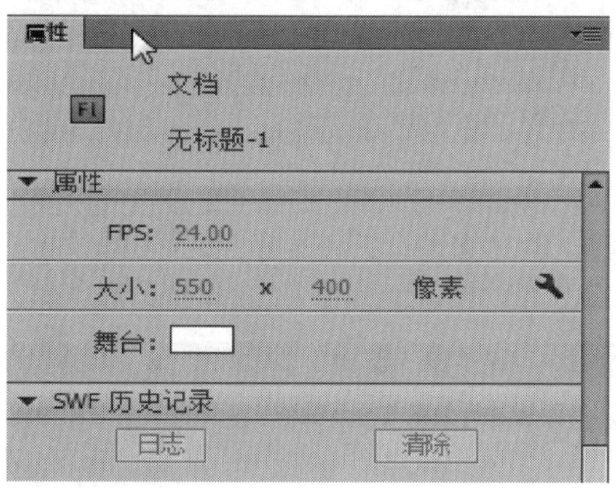

图2-60 定位鼠标

STEP 02 单击鼠标左键并拖曳，面板以半透明方式显示，如图2-61所示。

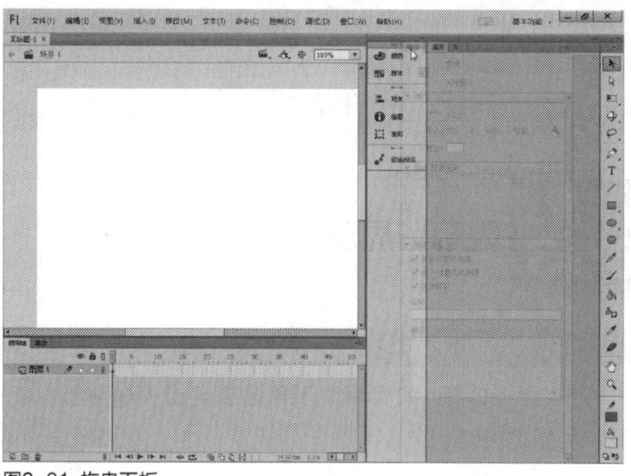

图2-61 拖曳面板

STEP 03 拖曳至合适的位置后释放鼠标，即可移动面板，如图2-62所示。

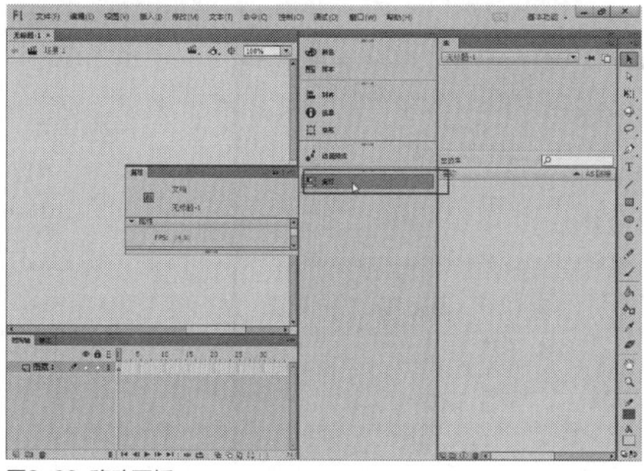

图2-62 移动面板

STEP 04 将鼠标移至工具箱上方的灰色区域，如图2-63所示。

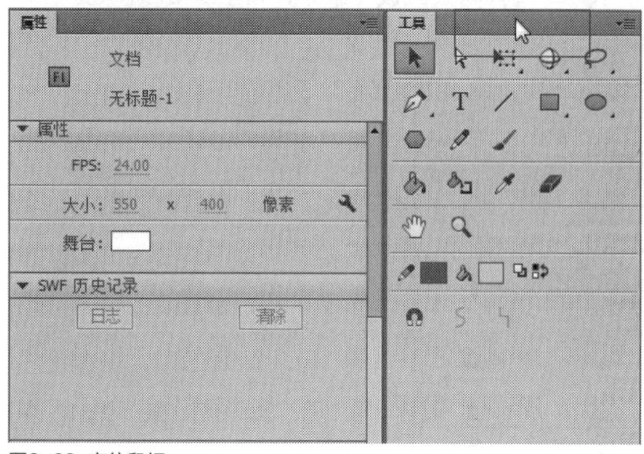

图2-63 定位鼠标

STEP 05 单击鼠标左键并将其拖曳至“属性”面板的灰色区域，“属性”面板显示蓝色框，如图2-64所示。

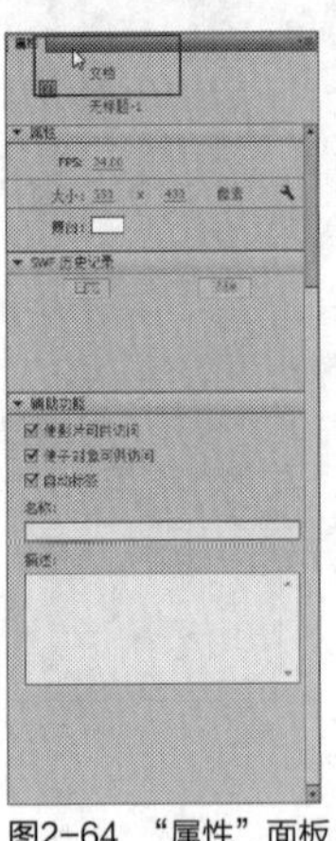

图2-64 “属性”面板

STEP 06 释放鼠标左键，即可将面板进行组合，如图2-65所示。

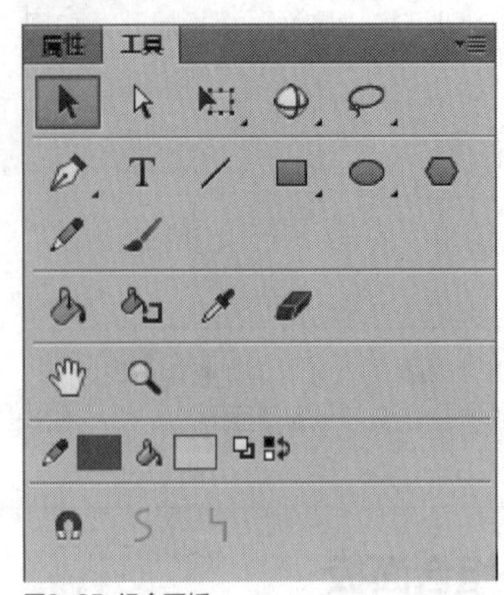

图2-65 组合面板

技巧点拨

当界面中存在多个浮动面板时，会占用很大的空间，不利于舞台区的操作，此时就可以将几个面板组合成一个面板，如图2-66所示。

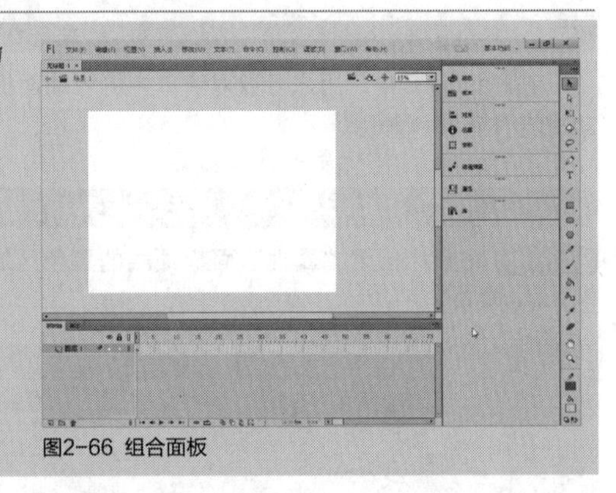

图2-66 组合面板

实战 053 隐藏和显示面板

▶实例位置：无
▶素材位置：无
▶视频位置：光盘\视频\第2章\实战053.mp4

• 实例介绍 •

在Flash CC中，如果用户不再需要窗口中的面板，此时可以对浮动面板进行隐藏与显示操作。下面向读者介绍隐藏与显示面板的方法。

• 操作步骤 •

STEP 01 启动Flash CC应用程序，新建一个Flash文件，单击“窗口”|“隐藏面板”命令，如图2-67所示。

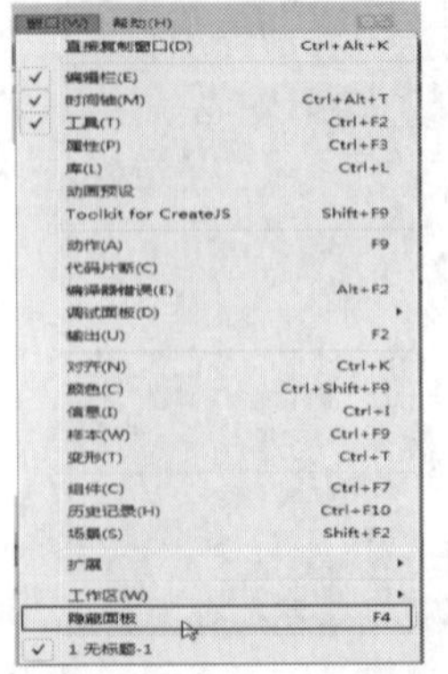

图2-67 单击“隐藏面板”命令

STEP 02 所有面板都将被隐藏，如图2-68所示。

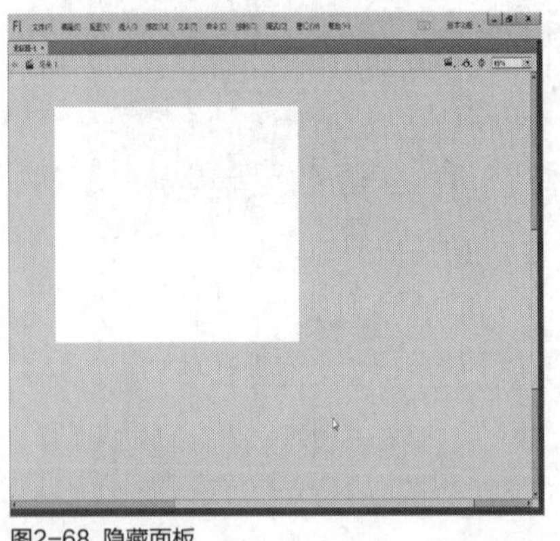

图2-68 隐藏面板

STEP 03 单击“窗口”|“显示面板”命令，如图2-69所示。

窗口(W)　帮助(H)
直接复制窗口(D)　Ctrl+Alt+K
✓ 编辑栏(E)
时间轴(M)　Ctrl+Alt+T
工具(T)　Ctrl+F2
属性(P)　Ctrl+F3
库(L)　Ctrl+L
动画预设
Toolkit for CreateJS　Shift+F9
动作(A)　F9
代码片断(C)
编译器错误(E)　Alt+F2
调试面板(D)
输出(U)　F2
对齐(N)　Ctrl+K
颜色(C)　Ctrl+Shift+F9
信息(I)　Ctrl+I
样本(W)　Ctrl+F9
变形(T)　Ctrl+T
组件(C)　Ctrl+F7
历史记录(H)　Ctrl+F10
场景(S)　Shift+F2
扩展
工作区(W)
显示面板　F4
✓ 1 无标题-1

图2-69 单击“显示面板”命令

STEP 04 被隐藏的面板即被显示出来，如图2-70所示。

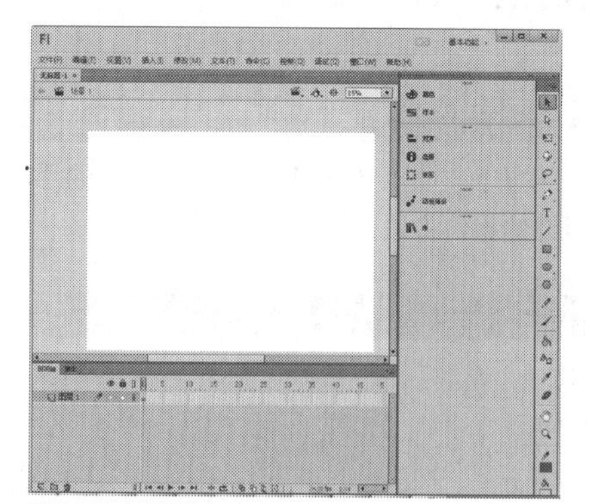

图2-70 显示面板

实战 054 关闭单个浮动面板

▶实例位置：无
▶素材位置：光盘\素材\第2章\奔跑.fla
▶视频位置：光盘\视频\第2章\实战054.mp4

• 实例介绍 •

在Flash CC工作界面中，用户可以根据自己的操作习惯，关闭单个不需要的浮动面板，使编辑动画文件时效率更高。

• 操作步骤 •

STEP 01 单击“文件”|“打开”命令，打开一个素材文件，如图2-71所示。

图2-71 打开一个素材文件

STEP 02 在工作界面右侧的“库”面板名称上，单击鼠标右键，在弹出的快捷菜单中选择“关闭”选项，如图2-72所示。

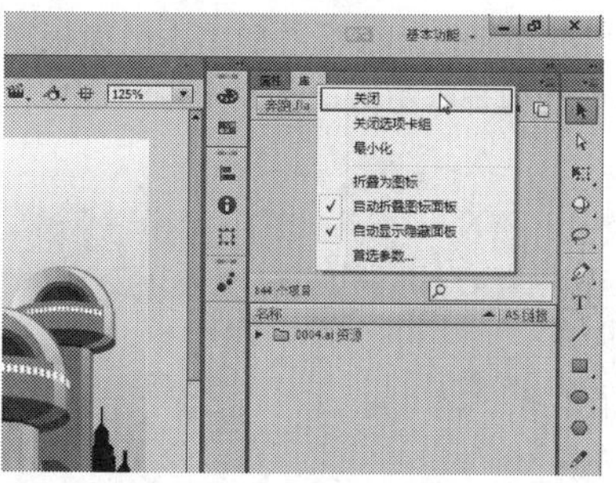

图2-72 选择“关闭”选项

STEP 03 用户还可以在“库”面板右侧单击“面板属性”按钮，在弹出的列表框中选择“关闭”选项，如图2-73所示。

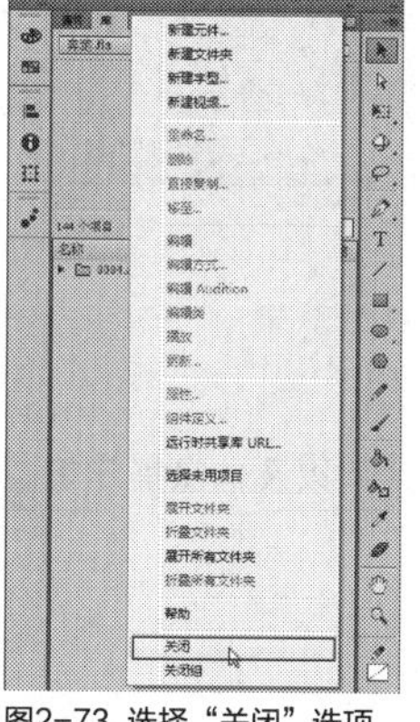

图2-73 选择“关闭”选项

STEP 04 执行操作后，即可将“库”面板进行关闭操作，此时在工作界面的右侧将不再显示“库”面板，如图2-74所示。

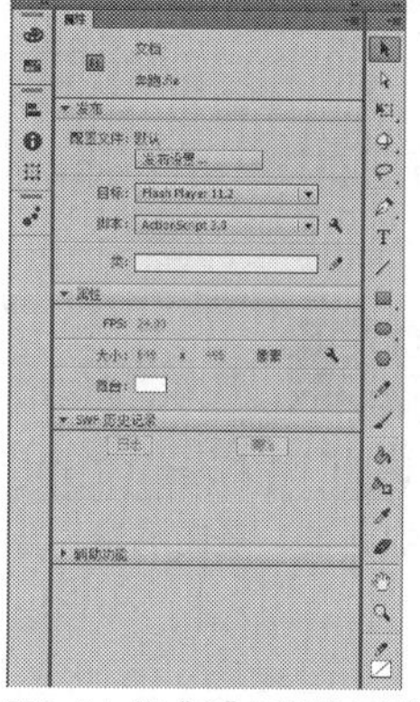

图2-74 将“库”面板进行关闭操作

实战 055 关闭整个面板组

▶实例位置：无
▶素材位置：光盘\素材\第2章\炫色娇点.fla
▶视频位置：光盘\视频\第2章\实战055.mp4

• 实例介绍 •

在Flash CC工作界面中，用户不仅可以关闭单个的浮动面板对象，还可以对整个面板组进行关闭操作。下面向读者介绍关闭整个面板组的操作方法。

• 操作步骤 •

STEP 01 单击“文件”|“打开”命令，打开一个素材文件，如图2-75所示。

图2-75 打开一个素材文件

STEP 02 在工作界面右侧的“属性”面板名称上，单击鼠标右键，在弹出的快捷菜单中选择“关闭选项卡组”选项，如图2-76所示。

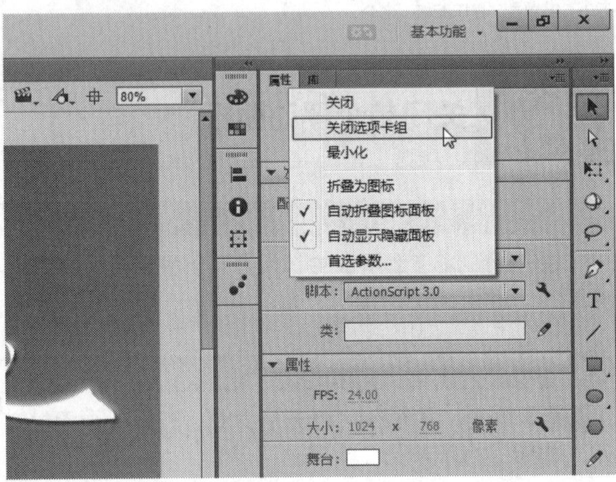

图2-76 选择“关闭选项卡组”选项

STEP 03 用户还可以在“属性”面板右侧单击“面板属性”按钮，在弹出的列表框中选择“关闭组”选项，如图2-77所示。

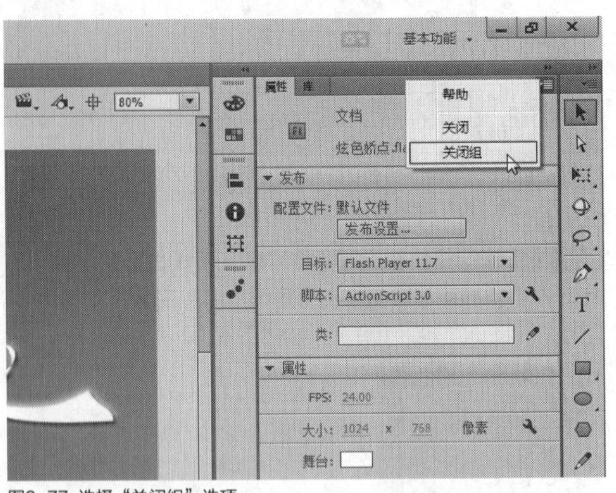

图2-77 选择“关闭组”选项

STEP 04 执行操作后，即可将整个面板组进行关闭操作，如图2-78所示。

图2-78 将整个面板组关闭

2.6 场景基本操作

要按主题组织文件，可以使用场景。在Flash CC中，可以使用单独的场景制作简介、片头片尾以及信息提示等。本节主要向读者介绍设置场景、添加场景、复制场景、删除场景以及重命名场景的操作方法。

实战 056 添加场景

▶ 实例位置：光盘\效果\第2章\极限运动.fla
▶ 素材位置：光盘\素材\第2章\极限运动.fla
▶ 视频位置：光盘\视频\第2章\实战056.mp4

• 实例介绍 •

在Flash CC中制作动画时，如果制作的动画比较大而且很复杂，在制作时可以考虑添加多个场景，将复杂的动画分场景制作。

• 操作步骤 •

STEP 01 单击“文件”|“打开”命令，打开一个素材文件，如图2-79所示。

图2-79 打开一个素材文件

STEP 02 单击“窗口”|“场景”命令，如图2-80所示。

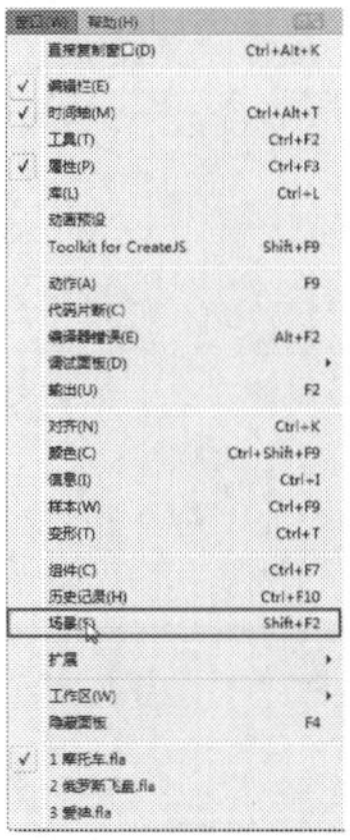

图2-80 单击“场景”命令

STEP 03 弹出“场景”面板，单击“添加场景”按钮，如图2-81所示。

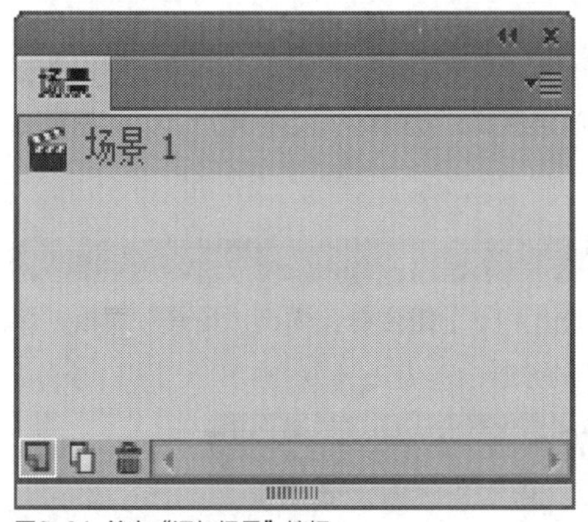

图2-81 单击“添加场景”按钮

STEP 04 执行操作后，即可添加“场景2”场景，如图2-82所示。

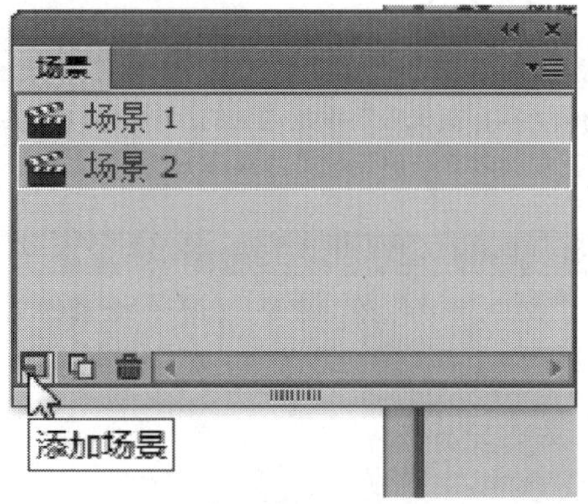

图2-82 添加“场景2”场景

实战 057 复制场景

▶ 实例位置：光盘\效果\第2章\爱神.fla
▶ 素材位置：光盘\素材\第2章\爱神.fla
▶ 视频位置：光盘\视频\第2章\实战057.mp4

• 实例介绍 •

复制的场景可以说是所选择场景的一个副本，所选择场景中的帧、图层和动画等都得到复制，并形成一个新场景。复制场景主要用于编辑某些类似的场景。下面向读者介绍复制场景的操作方法。

• 操作步骤 •

STEP 01 单击“文件”|“打开”命令，打开一个素材文件，如图2-83所示。

STEP 02 单击“窗口”|“场景”命令，如图2-84所示。

图2-83 打开一个素材文件

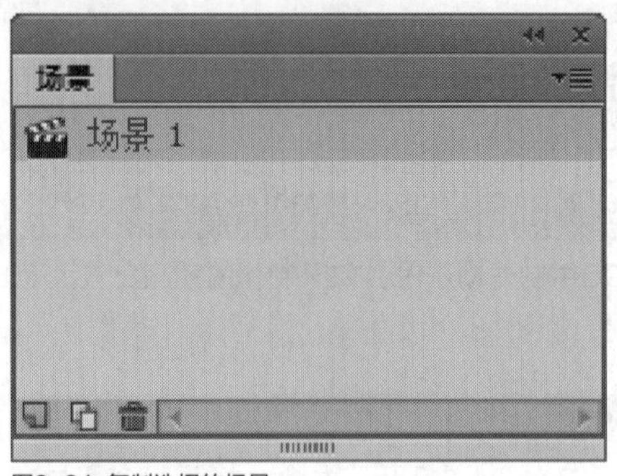

图2-84 复制选择的场景

STEP 03 在“场景”面板中选择“场景1”选项，单击“重制场景”按钮，如图2-85所示。

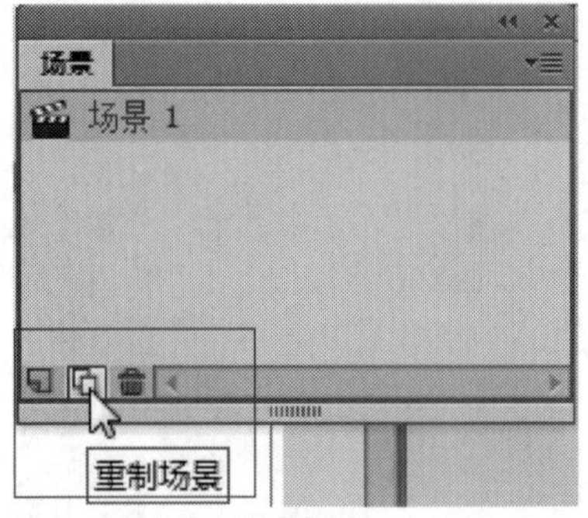

图2-85 单击“重制场景”按钮

STEP 04 执行操作后，即复制“场景1”选择的场景，如图2-86所示。

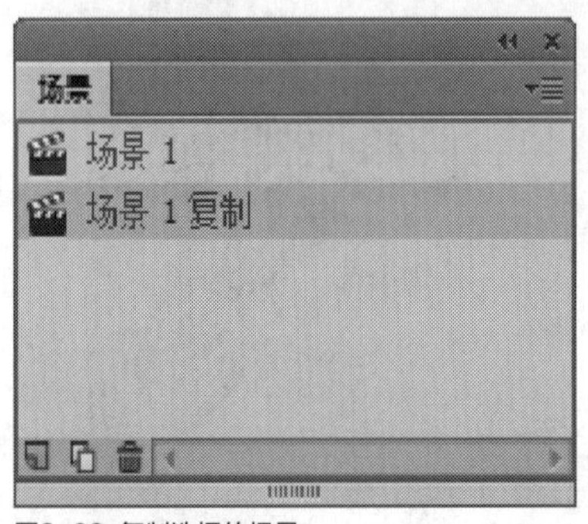

图2-86 复制选择的场景

实战 058 删除场景

▶实例位置：光盘\效果\第2章\梦幻的花.fla
▶素材位置：光盘\素材\第2章\梦幻的花.fla
▶视频位置：光盘\视频\第2章\实战058.mp4

• 实例介绍 •

在制作动画之前，首先应该设定动画的尺寸、播放速度、背景颜色和其他属性等。在Flash CC中用户可以根据需要删除场景，下面向读者介绍删除场景的操作方法。

• 操作步骤 •

STEP 01 单击“文件”|“打开”命令，打开一个素材文件，如图2-87所示。

图2-87 打开一个素材文件

STEP 02 按【Shift+F2】组合键，弹出“场景”面板，如图2-88所示。

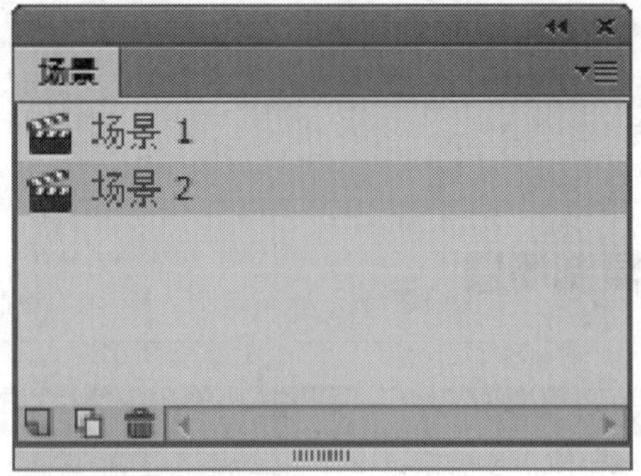

图2-88 弹出“场景”面板

STEP 03 在其中选择“场景1”选项，单击“删除场景”按钮，如图2-89所示。

STEP 04 弹出提示信息框，提示用户是否删除所选场景，如图2-90所示，单击“确定”按钮。

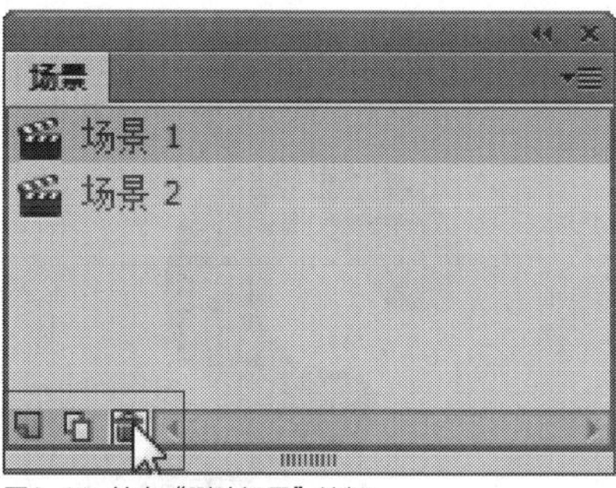

图2-89 单击“删除场景”按钮

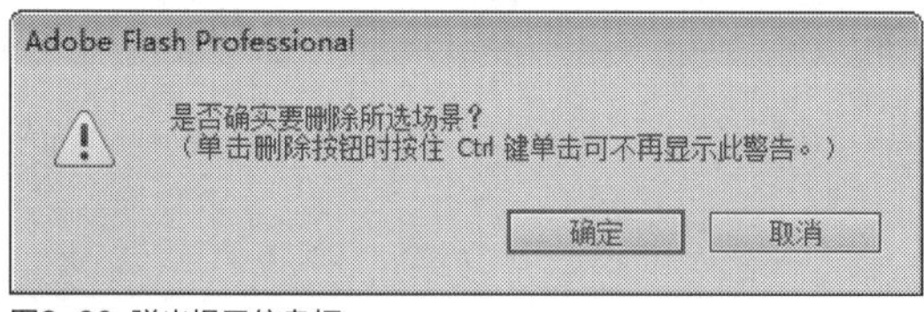

图2-90 弹出提示信息框

STEP 05 执行操作后，即可将选择的场景删除，如图2-91所示。

STEP 06 此时，舞台中的画面效果如图2-92所示。

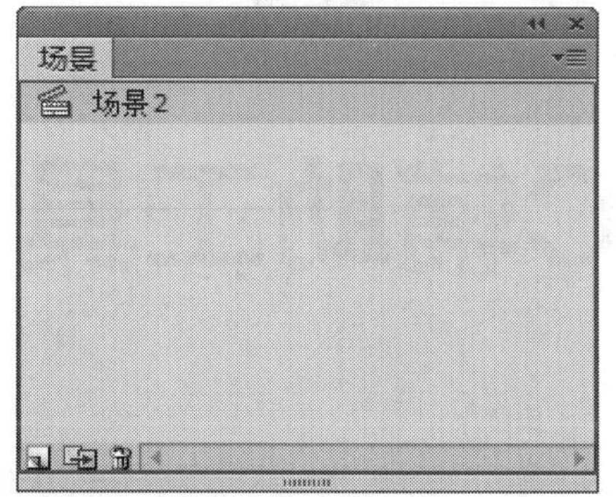

图2-91 将选择的场景删除

图2-92 舞台中的画面效果

实战059 重命名场景

▶ 实例位置：光盘\效果\第2章\梦幻的花1.fla
▶ 素材位置：光盘\素材\第2章\梦幻的花1.fla
▶ 视频位置：光盘\视频\第2章\实战059.mp4

• 实例介绍 •

在Flash CC工作界面中，用户可以将场景重新命名，以便区分多个场景。下面向读者介绍重命名场景的操作方法。

• 操作步骤 •

STEP 01 单击“文件”|“打开”命令，打开一个素材文件，如图2-93所示。

STEP 02 按【Shift+F2】组合键，弹出“场景”面板，如图2-94所示。

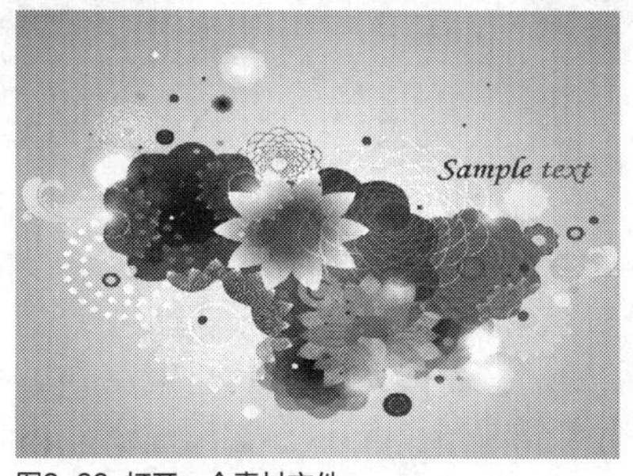

图2-93 打开一个素材文件

图2-94 弹出“场景”面板

STEP 03 在“场景”面板中双击“场景1”名称，此时文本呈激活状态，如图2-95所示。

STEP 04 选择一种合适的输入法，在其中直接输入“漂亮花朵”文本，按【Enter】键确认，即可重命名场景，如图2-96所示。

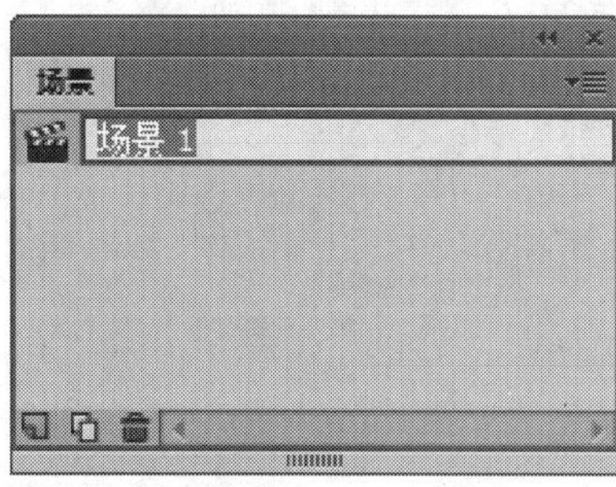

图2-95 文本呈激活状态

图2-96 重命名场景

第 3 章

应用Flash CC辅助工具

本章导读

在Flash CC中，用户可以根据需要运用辅助绘图工具对图形进行编辑，常用的辅助绘图工具有标尺、网格以及辅助线等。

本章主要向读者介绍显示与隐藏标尺、显示与隐藏网格、创建与隐藏辅助线以及控制舞台显示比例等内容，希望读者熟练掌握本章内容，为后面的学习奠定良好的基础。

要点索引

- 应用标尺
- 应用网格
- 应用辅助线
- 转换场景视图
- 掌握对象贴紧操作
- 控制舞台显示比例

3.1 应用标尺

标尺主要用于帮助用户在工作区中对图形对象进行定位，默认情况下，系统不会显示标尺。当显示标尺时，它们将显示在文档的左沿和上沿，用户可以更改标尺的度量单位，将其默认的单位更改为其他单位。本节主要向读者介绍显示与隐藏标尺的操作方法。

实战 060 通过命令显示标尺

▶实例位置：光盘\效果\第3章\棒棒糖.fla
▶素材位置：光盘\素材\第3章\棒棒糖.fla
▶视频位置：光盘\视频\第3章\实战060.mp4

• 实例介绍 •

在Flash CC工作界面中制作动画文件时，标尺起着精确定位图形的功能。下面向读者介绍通过“标尺”命令显示标尺对象的操作方法。

• 操作步骤 •

STEP 01 单击“文件”|“打开”命令，打开一个素材文件，如图3-1所示。

图3-1 打开一个素材文件

STEP 02 在舞台中，可以查看未添加标尺的状态，如图3-2所示。

图3-2 查看未添加标尺的状态

STEP 03 在菜单栏中，单击“视图”|“标尺”命令，如图3-3所示。

图3-3 单击“标尺”命令

STEP 04 执行操作后，即可在舞台区的左侧和上方显示标尺对象，如图3-4所示。

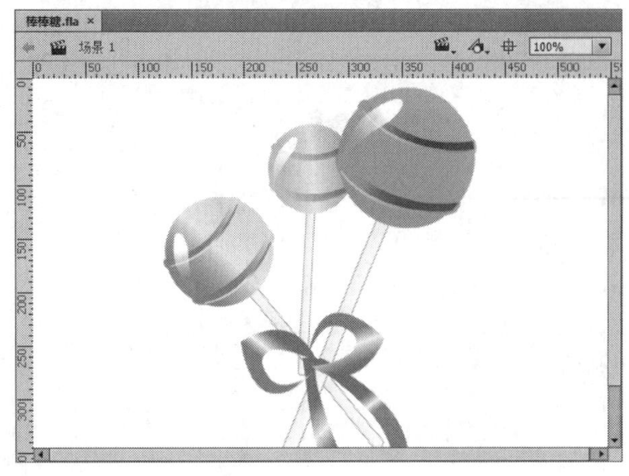

图3-4 显示标尺对象

知识拓展

在Flash CC工作界面中，按【Ctrl＋Shift＋Alt＋R】组合键，也可以快速将标尺对象进行显示或隐藏。

实战061 通过选项显示标尺

▶实例位置：光盘\效果\第3章\安静待坐.fla
▶素材位置：光盘\素材\第3章\安静待坐.fla
▶视频位置：光盘\视频\第3章\实战061.mp4

• 实例介绍 •

在Flash CC工作界面中，用户还可以使用舞台工作区右键菜单中的“标尺”选项，来快速显示标尺对象。

• 操作步骤 •

STEP 01 单击“文件”|“打开”命令，打开一个素材文件，如图3-5所示。

图3-5 打开一个素材文件

STEP 02 在舞台中，可以查看未添加标尺的状态，如图3-6所示。

图3-6 查看未添加标尺的状态

STEP 03 在舞台编辑区的灰色空白位置上，单击鼠标右键，在弹出的快捷菜单中选择“标尺”选项，如图3-7所示。

STEP 04 执行操作后，即可在舞台区的左侧和上方显示标尺对象，如图3-8所示。

知识拓展

在舞台编辑区的右键菜单中，有关素材编辑的部分选项含义如下。

- 剪切：选择该选项，可以对动画素材进行剪切操作。
- 复制：选择该选项，可以对动画素材进行复制操作。
- 粘贴到中心位置：选择该选项，可以将动画素材复制到文档的中心位置。
- 粘贴到当前位置：选择该选项，可以将动画素材复制到文档的当前位置。
- 全选：选择该选项，可以全选舞台区中的所有动画素材。
- 取消全选：选择该选项，可以取消全选舞台区中选择的动画素材。

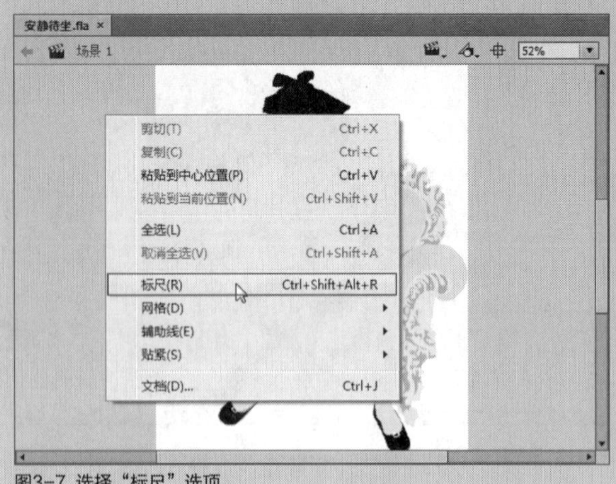

图3-7 选择“标尺”选项

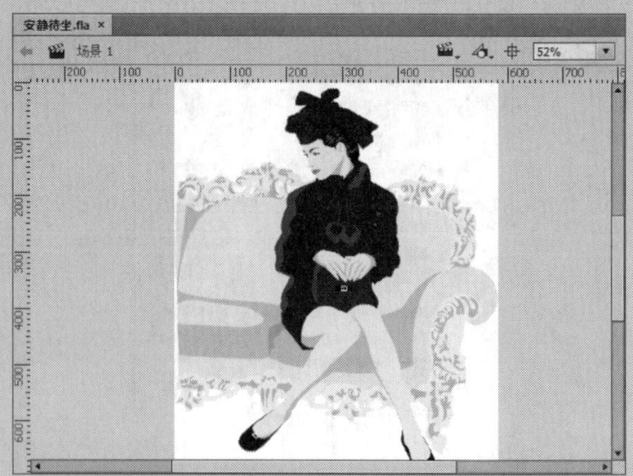

图3-8 显示标尺对象

实战062 通过命令隐藏标尺

▶ 实例位置：光盘\效果\第3章\比赛项目.fla
▶ 素材位置：光盘\素材\第3章\比赛项目.fla
▶ 视频位置：光盘\视频\第3章\实战062.mp4

• 实例介绍 •

在Flash CC工作界面中，如果用户不需要再使用标尺制作动画文件，此时为了更好地预览动画文件可以将标尺对象进行隐藏。

• 操作步骤 •

STEP 01 单击“文件”|“打开”命令，打开一个素材文件，如图3-9所示。

图3-9 打开一个素材文件

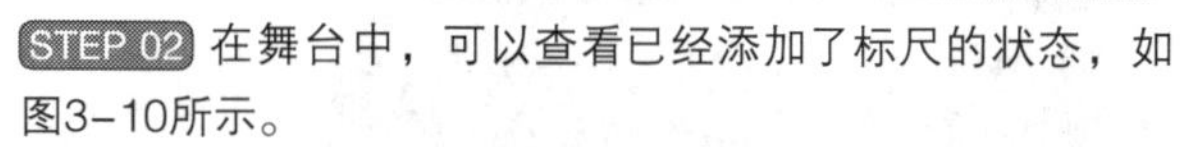

STEP 02 在舞台中，可以查看已经添加了标尺的状态，如图3-10所示。

图3-10 查看已经添加了标尺的状态

技巧点拨

在Flash CC工作界面中，单击“视图”菜单，在弹出的菜单列表中按【R】键，也可以快速执行“标尺”命令。

STEP 03 在菜单栏中，单击“视图”菜单，在弹出的菜单列表中单击“标尺”命令，如图3-11所示。

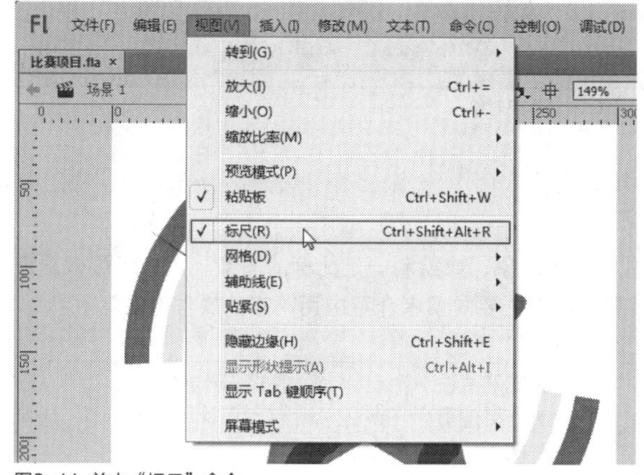

图3-11 单击“标尺”命令

STEP 04 执行操作后，即可将舞台区中左侧和上方的标尺对象进行隐藏，如图3-12所示。

图3-12 隐藏标尺对象

实战063 通过选项隐藏标尺

▶ 实例位置：光盘\效果\第3章\保护牙齿.fla
▶ 素材位置：光盘\素材\第3章\保护牙齿.fla
▶ 视频位置：光盘\视频\第3章\实战063.mp4

• 实例介绍 •

在Flash CC工作界面中，用户还可以使用舞台工作区右键菜单中的“标尺”选项，来快速隐藏标尺对象。显示与隐藏标尺是同一个“标尺”命令。

• 操作步骤 •

STEP 01 单击“文件”|“打开”命令，打开一个素材文件，如图3-13所示。

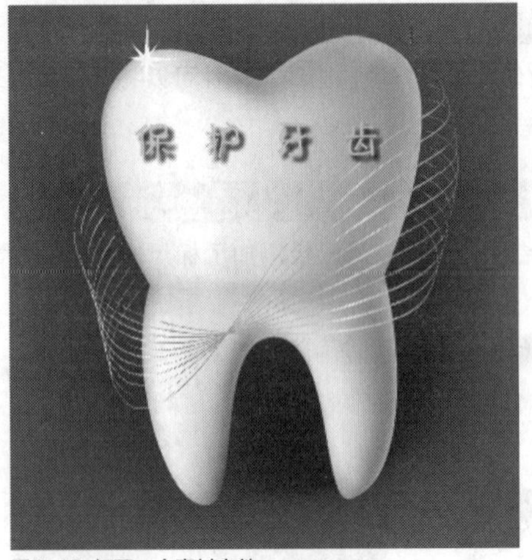

图3-13 打开一个素材文件

STEP 02 在舞台中，可以查看已经添加了标尺的状态，如图3-14所示。

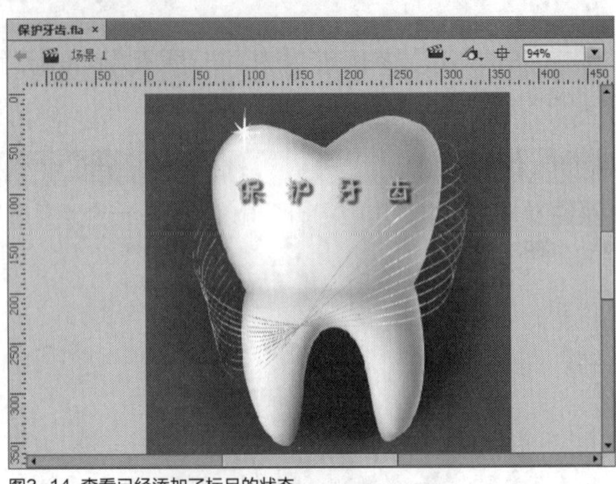

图3-14 查看已经添加了标尺的状态

STEP 03 在舞台编辑区的灰色空白位置上，单击鼠标右键，在弹出的快捷菜单中选择“标尺”选项，如图3-15所示。

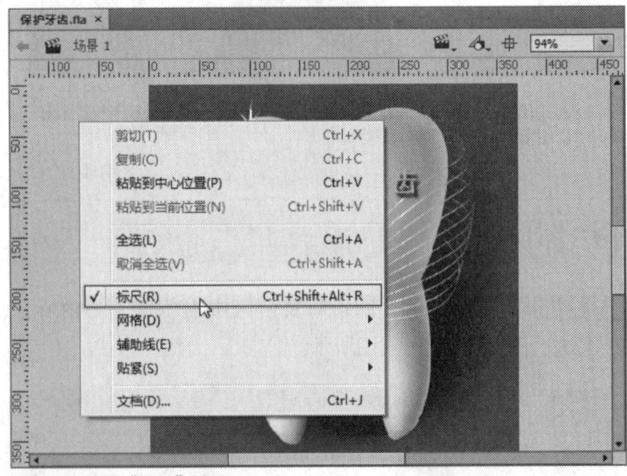

图3-15 选择“标尺”选项

STEP 04 执行操作后，即可将舞台区中左侧和上方的标尺对象进行隐藏，如图3-16所示。

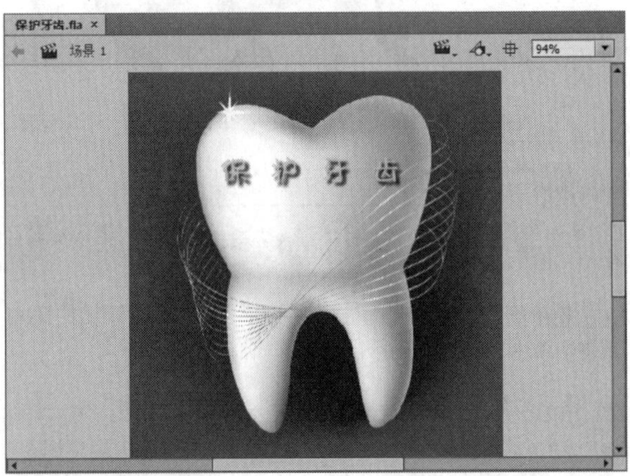

图3-16 隐藏标尺对象

3.2 应用网格

在Flash CC中，网格对于绘图同样重要。使用网格能够可视地排齐对象，或绘制一定比例的图像。用户还可根据需要对网格的颜色、间距等参数进行设置，以满足不同情况下的需要。本节主要向读者介绍应用网格的操作方法。

实战064 通过命令显示网格

▶实例位置：光盘\效果\第3章\冰激凌.fla
▶素材位置：光盘\素材\第3章\冰激凌.fla
▶视频位置：光盘\视频\第3章\实战064.mp4

• 实例介绍 •

在Flash CC工作界面中，网格是在文档的所有场景中显示的一系列水平和垂直的直线，其作用类似于标尺，主要用于定位舞台中的图形对象。下面向读者介绍通过“网格”命令显示网格对象的操作方法。

• 操作步骤 •

STEP 01 单击“文件”|“打开”命令，打开一个素材文件，如图3-17所示。

STEP 02 在舞台中，可以查看未添加网格时的图形状态，如图3-18所示。

图3-17 打开一个素材文件

图3-18 查看未添加网格时的图形状态

STEP 03 在菜单栏中，单击“视图”菜单，在弹出的菜单列表中单击“网格”|“显示网格”命令，如图3-19所示。

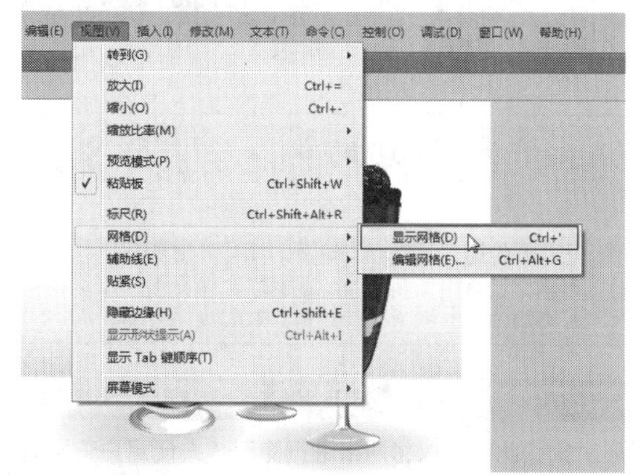

图3-19 单击“显示网格”命令

STEP 04 执行操作后，即可在舞台中显示网格对象，如图3-20所示。

图3-20 在舞台中显示网格对象

实战065 通过选项显示网格

▶ 实例位置：光盘\效果\第3章\保护环境.fla
▶ 素材位置：光盘\素材\第3章\保护环境.fla
▶ 视频位置：光盘\视频\第3章\实战065.mp4

• 实例介绍 •

在Flash CC工作界面中，用户还可以使用舞台工作区右键菜单中的“显示网格”选项，来快速显示网格对象。

• 操作步骤 •

STEP 01 单击“文件”|“打开”命令，打开一个素材文件，如图3-21所示。

图3-21 打开一个素材文件

STEP 02 在舞台中，可以查看未添加网格时的图形状态，如图3-22所示。

图3-22 查看未添加网格时的图形状态

STEP 03 在舞台编辑区的灰色空白位置上，单击鼠标右键，在弹出的快捷菜单中选择“网格”|“显示网格”选项，如图3-23所示。

图3-23 选择“显示网格”选项

STEP 04 执行操作后，即可在舞台中显示网格对象，如图3-24所示。

图3-24 在舞台中显示网格对象

技巧点拨

在Flash CC工作界面中，按【Ctrl + /】组合键，也可以快速对网格对象进行显示或隐藏操作。

实战 066 通过命令隐藏网格

- 实例位置：光盘\效果\第3章\彩球图形.fla
- 素材位置：光盘\素材\第3章\彩球图形.fla
- 视频位置：光盘\视频\第3章\实战066.mp4

• 实例介绍 •

在Flash CC工作界面中，如果用户不需要再使用网格来编辑图形对象，此时可以将网格进行隐藏，方便用户查看动画图形。下面向读者介绍通过命令隐藏网格的操作方法。

• 操作步骤 •

STEP 01 单击“文件”|“打开”命令，打开一个素材文件，如图3-25所示。

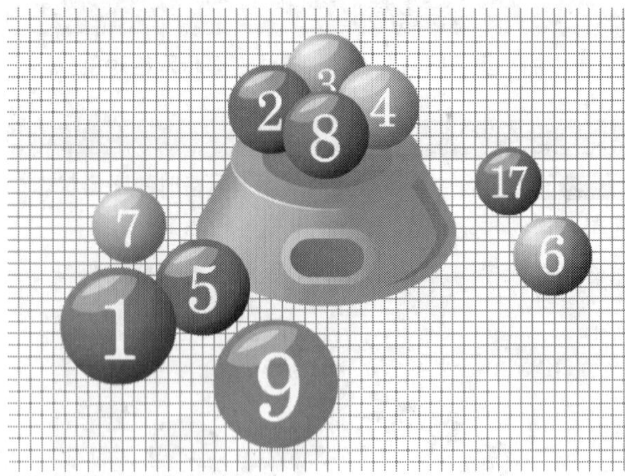
图3-25 打开一个素材文件

STEP 02 在舞台中，可以查看已经添加了网格的显示状态，如图3-26所示。

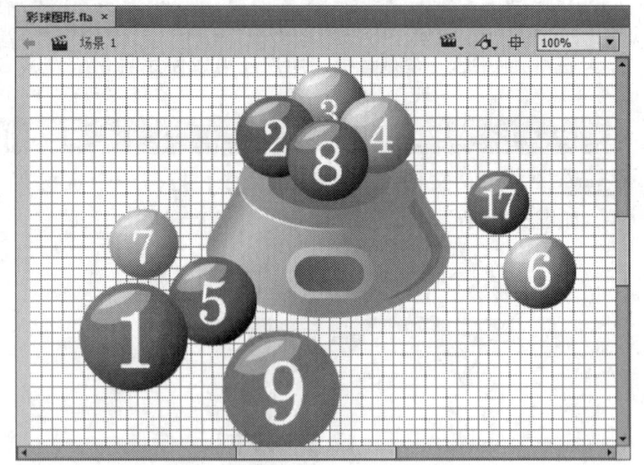

图3-26 查看已经添加了网格的显示状态

STEP 03 在菜单栏中，单击“视图”菜单，在弹出的菜单列表中单击“网格”|“显示网格”命令，如图3-27所示。

STEP 04 此时，“显示网格”命令前的对勾符号将被取消，舞台中的网格对象也被隐藏起来了，如图3-28所示。

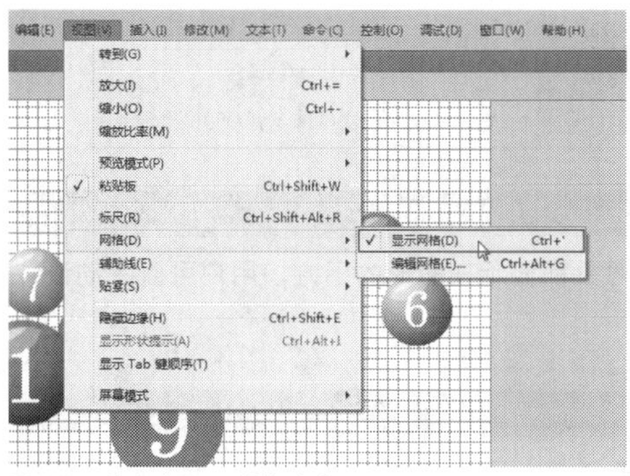

图3-27 单击“显示网格”命令

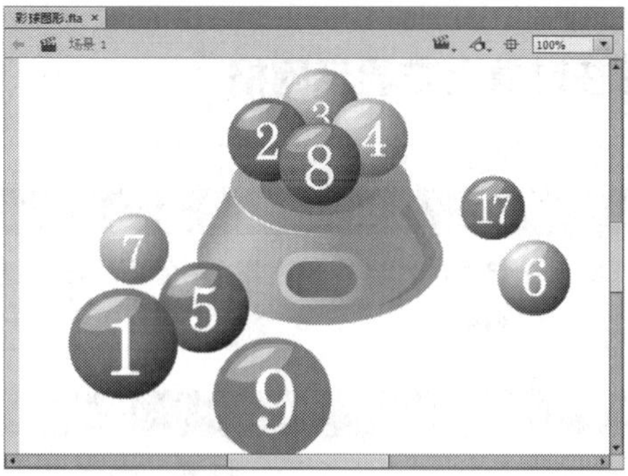

图3-28 隐藏网格对象

技巧点拨

在Flash CC工作界面中，用户单击“视图”菜单，在弹出的菜单列表中依次按【D】、【D】键，也可以快速显示或隐藏网格对象。

实战 067 通过选项隐藏网格

▶ 实例位置：光盘\效果\第3章\地球仪.fla
▶ 素材位置：光盘\素材\第3章\地球仪.fla
▶ 视频位置：光盘\视频\第3章\实战067.mp4

• 实例介绍 •

在Flash CC工作界面中，用户还可以使用舞台工作区右键菜单中的“显示网格”选项，来快速隐藏网格对象。

• 操作步骤 •

STEP 01 单击“文件”|“打开”命令，打开一个素材文件，如图3-29所示。

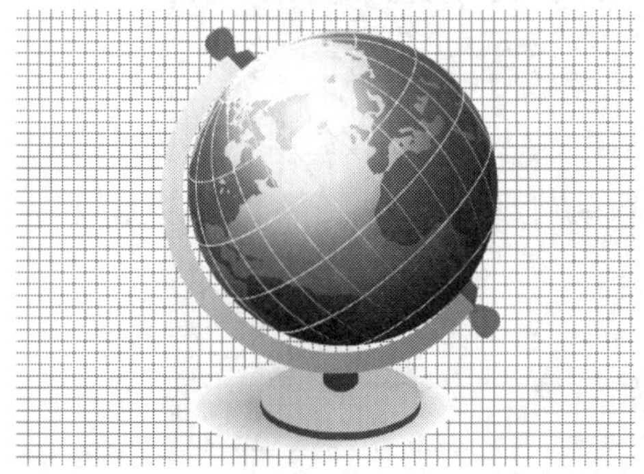

图3-29 打开一个素材文件

STEP 02 在舞台中，可以查看已经添加了网格的显示状态，如图3-30所示。

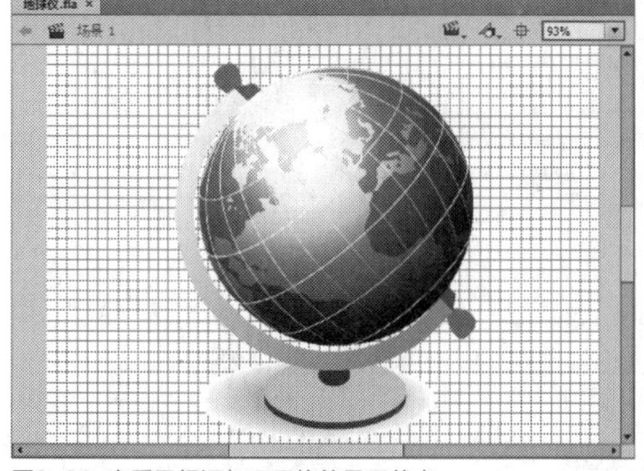

图3-30 查看已经添加了网格的显示状态

STEP 03 在舞台编辑区的灰色空白位置上，单击鼠标右键，在弹出的快捷菜单中选择“网格”|“显示网格”选项，如图3-31所示。

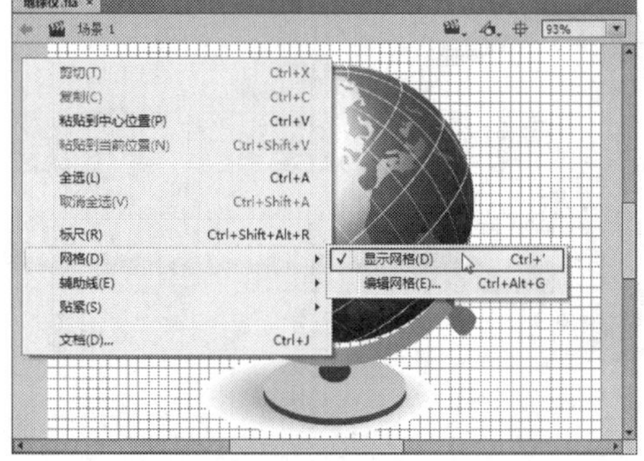

图3-31 选择“显示网格”选项

STEP 04 此时，“显示网格”选项前的对勾符号将被取消，舞台中的网格对象也被隐藏起来了，如图3-32所示。

图3-32 隐藏网格对象

实战 068 在对象上方显示网格

▶**实例位置：** 光盘\效果\第3章\卡通人物.fla
▶**素材位置：** 光盘\素材\第3章\卡通人物.fla
▶**视频位置：** 光盘\视频\第3章\实战068.mp4

• 实例介绍 •

在Flash CC工作界面中，当用户在舞台中显示网格对象后，一般网格对象都显示在图形的下方，用户可以手动设置在图形对象上方显示网格。

• 操作步骤 •

STEP 01 单击“文件”|“打开”命令，打开一个素材文件，如图3-33所示。

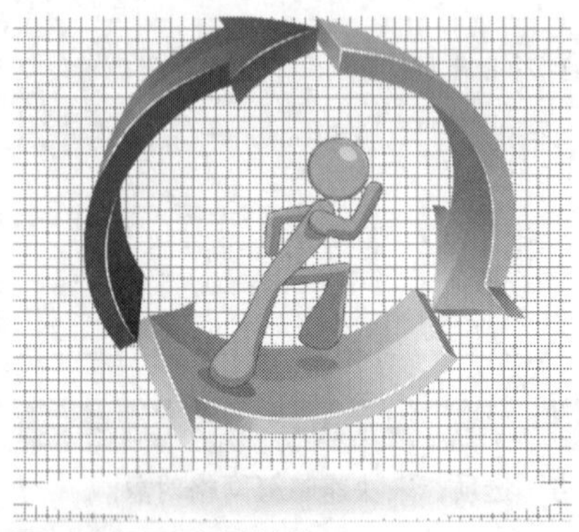

图3-33 打开一个素材文件

STEP 02 在舞台中，可以查看已经添加了网格的显示状态，如图3-34所示。

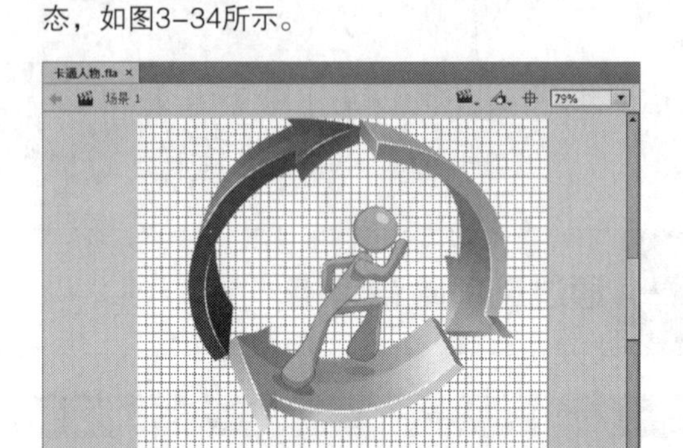

图3-34 查看已经添加了网格的显示状态

STEP 03 在菜单栏中，单击“视图”菜单，在弹出的菜单列表中单击“网格”|“编辑网格”命令，如图3-35所示。

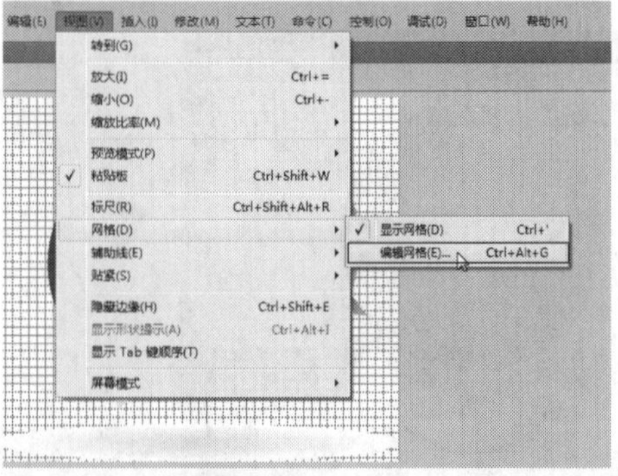

图3-35 单击“编辑网格”命令

STEP 04 执行操作后，弹出“网格”对话框，在其中选中“在对象上方显示”复选框，如图3-36所示。

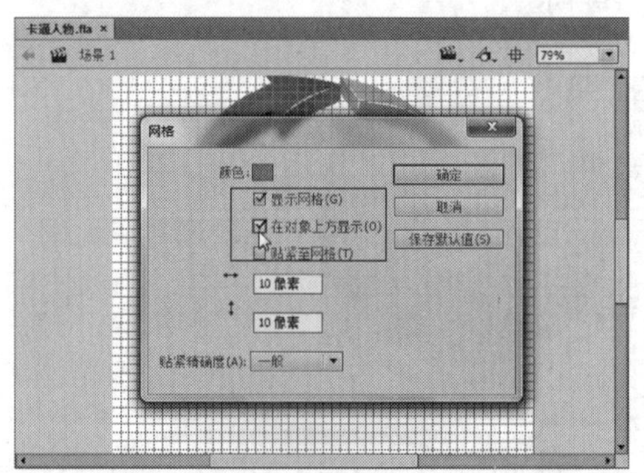

图3-36 选中“在对象上方显示”复选框

STEP 05 网格设置完成后，单击“确定”按钮，即可在舞台中图形对象的上方显示网格对象，如图3-37所示。

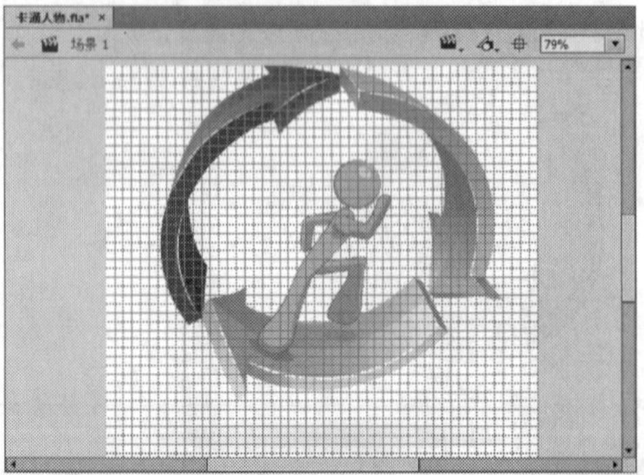

图3-37 在图形对象的上方显示网格对象

STEP 06 按【Ctrl＋Enter】组合键，测试影片，网格对象只在舞台中显示，不会被输出，因此swf文件中将不会显示网格对象，如图3-38所示。

图3-38 测试影片动画效果

实战069 更改网格显示颜色

▶ 实例位置：光盘\效果\第3章\粉色蝴蝶.fla
▶ 素材位置：光盘\素材\第3章\粉色蝴蝶.fla
▶ 视频位置：光盘\视频\第3章\实战069.mp4

• 实例介绍 •

在Flash CC工作界面中，网格默认情况下的显示颜色为灰色。用户在编辑动画图形的过程中，可以通过动画图形的颜色来更改网格的显示颜色，方便对图形进行编辑操作。

• 操作步骤 •

STEP 01 单击“文件”|“打开”命令，打开一个素材文件，如图3-39所示。

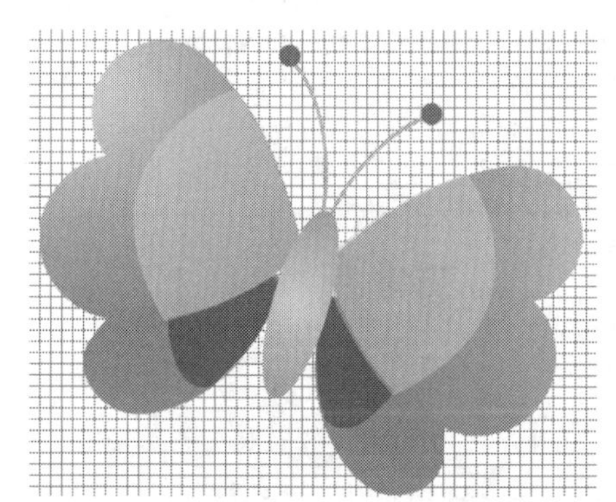

图3-39 打开一个素材文件

STEP 02 在舞台区中的灰色空白处，单击鼠标右键，在弹出的快捷菜单中选择“网格”|“编辑网格”选项，如图3-40所示。

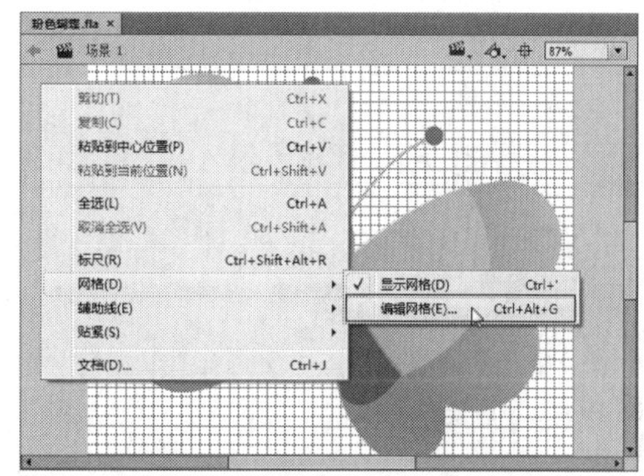

图3-40 选择“编辑网格”选项

STEP 03 弹出“网格”对话框，在其中可以查看现有的网格颜色为灰色，如图3-41所示。

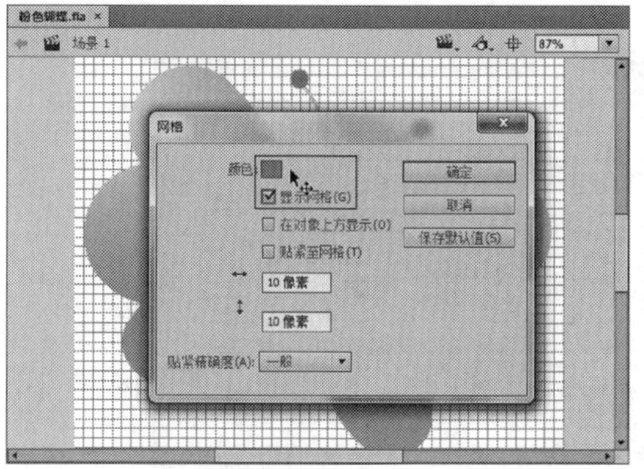

图3-41 查看现有的网格颜色为灰色

STEP 04 单击灰色色块，在弹出的颜色面板中设置颜色为绿色（#66FF00），如图3-42所示。

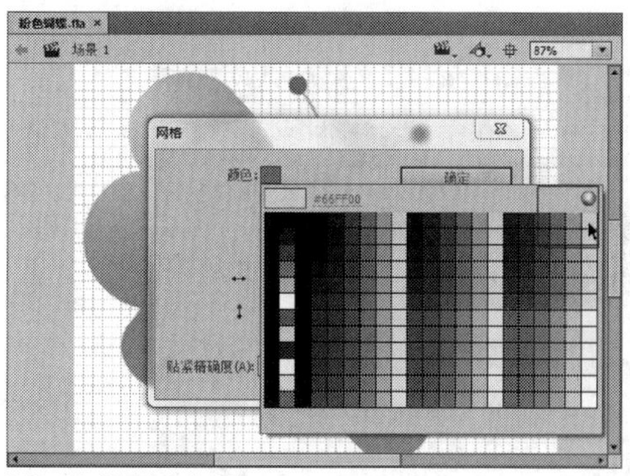

图3-42 设置颜色为绿色

STEP 05 网格颜色设置完成后，单击“确定”按钮，如图3-43所示。

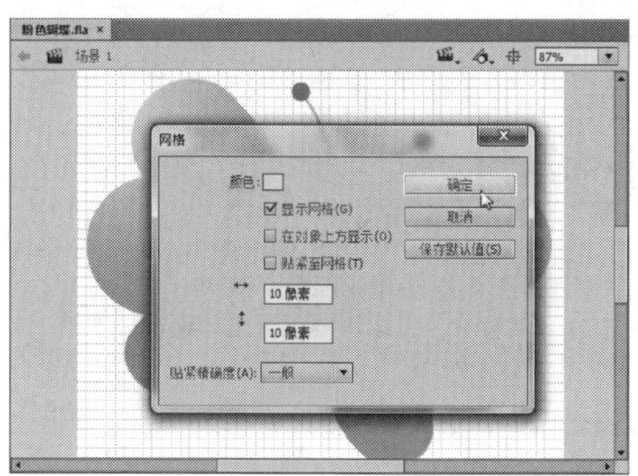

图3-43 单击“确定”按钮

STEP 06 执行操作后，即可将舞台区中的网格颜色更改为绿色显示，如图3-44所示。

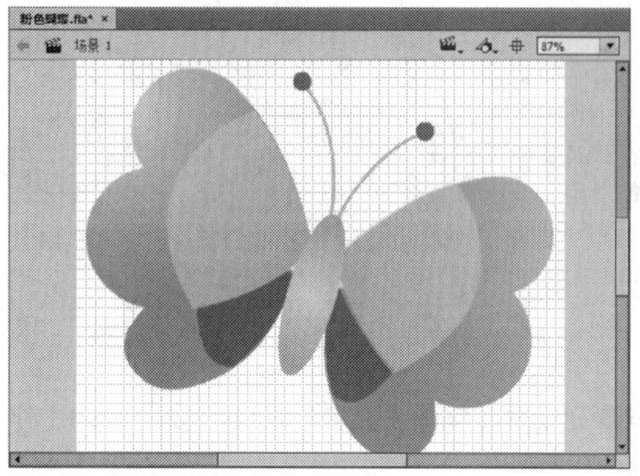

图3-44 将网格颜色更改为绿色显示

实战070 更改网格比例大小

▶ 实例位置：光盘\效果\第3章\开心女孩.fla
▶ 素材位置：光盘\素材\第3章\开心女孩.fla
▶ 视频位置：光盘\视频\第3章\实战070.mp4

• 实例介绍 •

在Flash CC工作界面中，网格默认情况下的显示比例为10像素，用户可根据需要修改网格显示的比例大小，使其符合用户操作的需要。

• 操作步骤 •

STEP 01 单击“文件”|“打开”命令，打开一个素材文件，如图3-45所示。

图3-45 打开一个素材文件

STEP 02 在舞台区中的灰色空白处，单击鼠标右键，在弹出的快捷菜单中选择“网格”|“编辑网格”选项，如图3-46所示。

图3-46 选择“编辑网格”选项

STEP 03 执行操作后，弹出“网格”对话框，在其中可以查看现有的网格大小均为“10像素”，如图3-47所示。

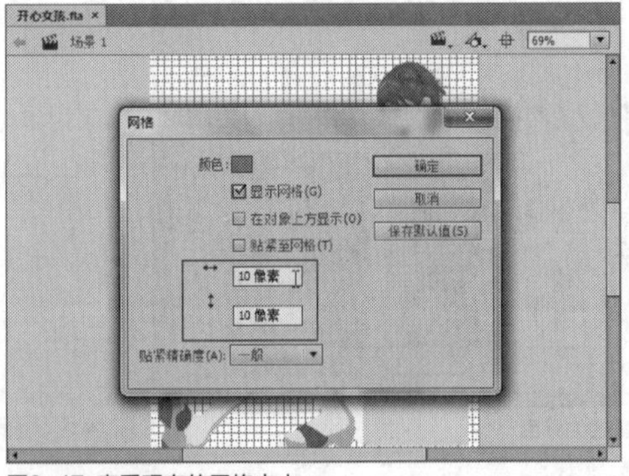

图3-47 查看现有的网格大小

STEP 04 在“宽度”和“高度”文本框中，分别输入“50像素”，是指更改舞台中网格大小的显示为50像素，如图3-48所示。

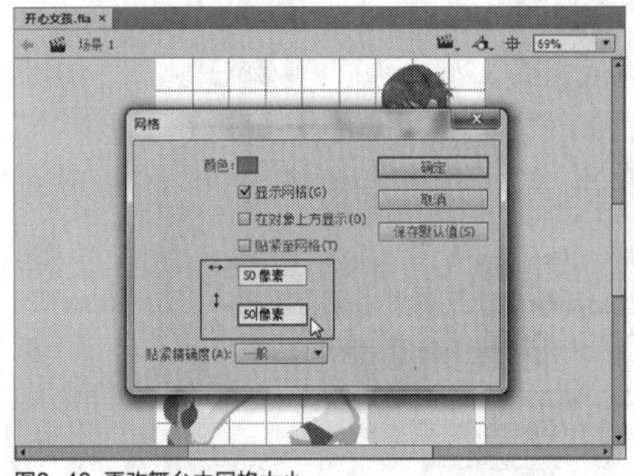

图3-48 更改舞台中网格大小

知识拓展

在“网格”对话框中，各选项含义如下。

- “颜色”色块：单击该色块，可以调出用户所需要的“颜色”面板，利用该面板可以设置网格线的颜色。
- “显示网格”复选框：选中该复选框，可显示网格。
- “在对象上显示网格”复选框：选中该复选框，可以在图形对象上显示网格。
- “贴紧至网格”复选框：选中该复选框，会在用鼠标拖曳对象时，使对象自动贴紧网格线。
- “↔”文本框：在其中可输入网格的宽度，单位为像素。
- “↕”文本框：在其中可输入网格的高度，单位为像素。
- “贴紧精确度”列表框：该列表框内的各选项是用来配合“对齐网格”复选框使用的，以确定对齐网格的程度。

STEP 05 设置完成后，单击“确定”按钮，返回Flash工作界面，如图3-49所示。

STEP 06 在舞台区中，放大查看更改网格大小后的显示效果，如图3-50所示。

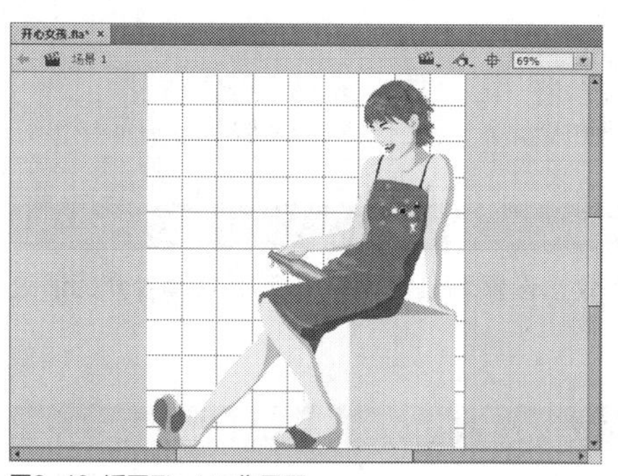
图3-49 返回Flash工作界面

图3-50 放大查看网格效果

技巧点拨

在Flash CC工作界面中，用户按【Ctrl＋Alt＋G】组合键，也可以快速弹出“网格”对话框。

实战071 设置贴紧至网格

▶ 实例位置：光盘\效果\第3章\救生圈.fla
▶ 素材位置：光盘\素材\第3章\救生圈.fla
▶ 视频位置：光盘\视频\第3章\实战071.mp4

• 实例介绍 •

在Flash CC工作界面中，当用户使用鼠标拖曳对象时，使用“贴紧至网格”功能，可使对象自动贴紧网格线，这样有利于对齐要绘制和移动的图形等对象。下面向读者介绍在舞台区中设置贴紧至网格的操作方法。

• 操作步骤 •

STEP 01 单击“文件”|“打开”命令，打开一个素材文件，如图3-51所示。

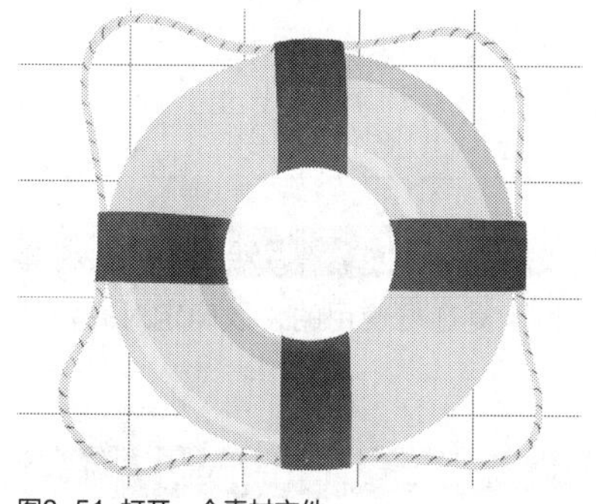
图3-51 打开一个素材文件

STEP 02 在舞台区中的灰色空白处，单击鼠标右键，在弹出的快捷菜单中选择“网格”|“编辑网格”选项，如图3-52所示。

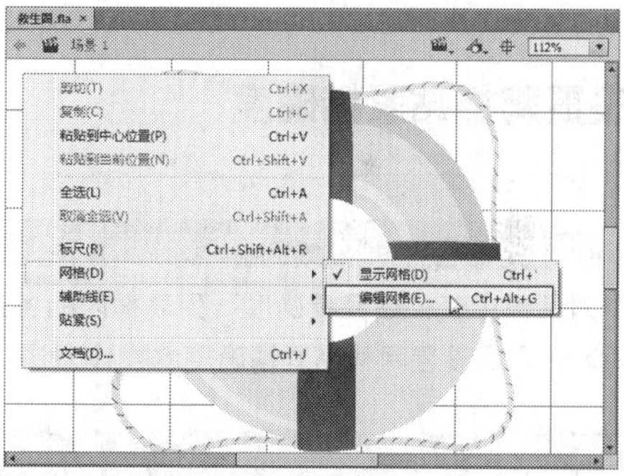

图3-52 选择“编辑网格”选项

STEP 03 执行操作后，即可弹出“网格”对话框，在其中选中“贴紧至网格”复选框，如图3-53所示。

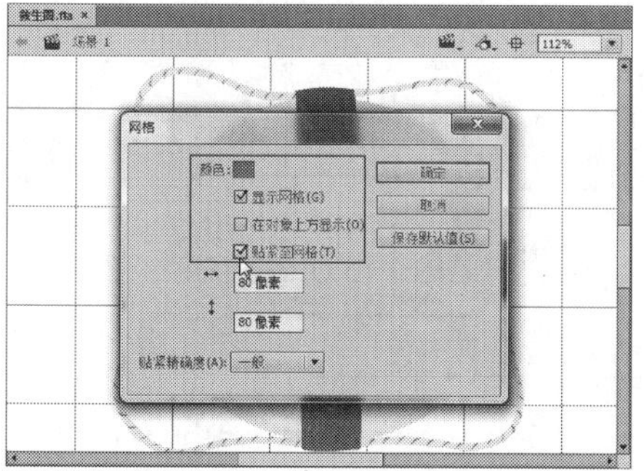

图3-53 选中“贴紧至网格”复选框

STEP 04 设置完成后，单击“确定”按钮，返回Flash工作界面。当用户使用移动工具移动舞台中的图形对象时，图形对象将自动靠近网格线，如图3-54所示。

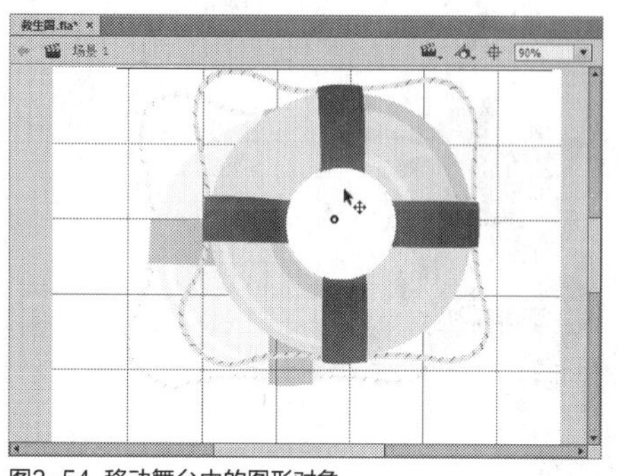
图3-54 移动舞台中的图形对象

实战072 通过命令贴紧至网格

▶实例位置：无
▶素材位置：光盘\素材\第3章\救生圈.fla
▶视频位置：光盘\视频\第3章\实战072.mp4

• 实例介绍 •

在Flash CC工作界面中，用户还可以通过“视图”菜单下的“贴紧”命令，设置贴紧至网格。下面向读者介绍通过命令贴紧至网格的操作方法。

• 操作步骤 •

STEP 01 单击“文件”|“打开”命令，打开上一例的素材文件，如图3-55所示。

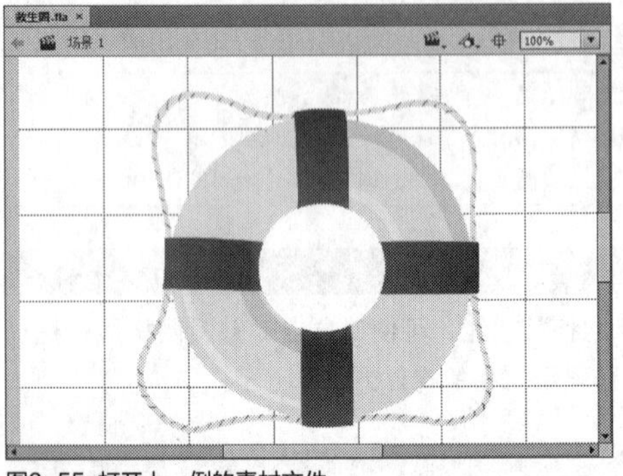

图3-55 打开上一例的素材文件

STEP 02 在菜单栏中，单击“视图”菜单，在弹出的菜单列表中单击“贴紧”|“贴紧至网格”命令，如图3-56所示。执行操作后，也可以启用“贴紧至网格”功能。

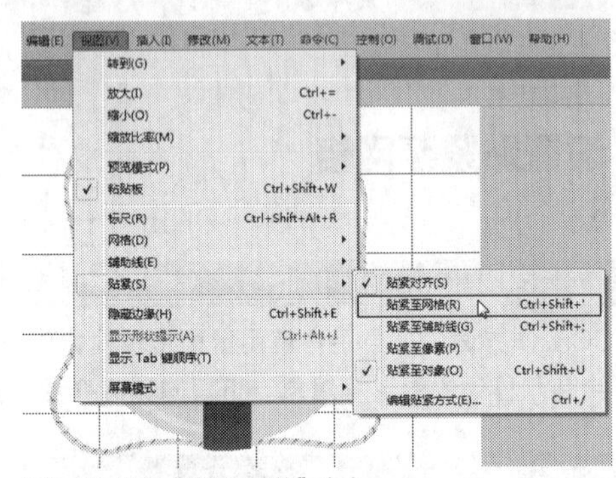

图3-56 单击“贴紧至网格”命令

知识拓展

在Flash CC工作界面中，用户还可以按【Ctrl+Shift+/】组合键，设置贴紧至网格或取消贴紧至网格。

实战073 设置网格贴紧精确度

▶实例位置：光盘\效果\第3章\魔方盒子.fla
▶素材位置：光盘\素材\第3章\魔方盒子.fla
▶视频位置：光盘\视频\第3章\实战073.mp4

• 实例介绍 •

在“网格”对话框中，“贴紧精确度”列表框内的各选项是用来配合“对齐网格”复选框使用的，以确定对齐网格的程度。下面向读者介绍设置网格贴紧精确度的操作方法。

• 操作步骤 •

STEP 01 单击“文件”|“打开”命令，打开一个素材文件，如图3-57所示。

图3-57 打开一个素材文件

STEP 02 在舞台区中的灰色空白处，单击鼠标右键，在弹出的快捷菜单中选择“网格”|“编辑网格”选项，如图3-58所示。

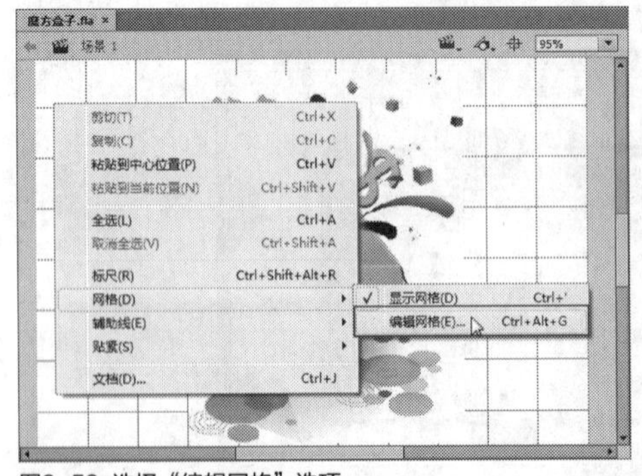

图3-58 选择“编辑网格”选项

STEP 03 执行操作后，弹出“网格”对话框，在其中单击“贴紧精确度”右侧的下三角按钮，在弹出的列表框中选择“总是贴紧”选项，如图3-59所示。

图3-59 选择“总是贴紧”选项

STEP 04 设置完成后，单击“确定”按钮，如图3-60所示，即可设置网格贴紧精确度。

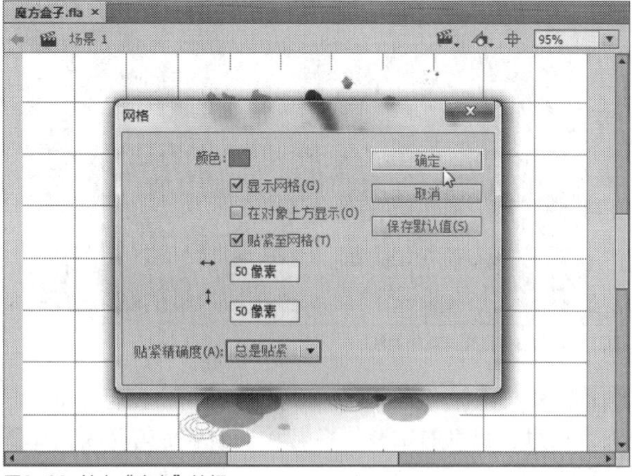

图3-60 单击“确定”按钮

3.3 应用辅助线

辅助线的作用与网格的作用基本相同，都能够帮助设计者更精确地调整图形图像的大小、对齐位置，或精确控制所执行的变换操作流程。但要显示辅助线，必须首先在页面标尺显示的情况下，创建辅助线。本节主要向读者介绍应用辅助线的操作方法。

实战 074 手动创建辅助线

▶实例位置：光盘\效果\第3章\情人节.fla
▶素材位置：光盘\素材\第3章\情人节.fla
▶视频位置：光盘\视频\第3章\实战074.mp4

• 实例介绍 •

在显示标尺的情况下，在水平标尺或垂直标尺上单击鼠标左键并向舞台上移动，即可绘制出水平或垂直的辅助线。下面向读者介绍创建辅助线的操作方法。

• 操作步骤 •

STEP 01 单击“文件”|“打开”命令，打开一个素材文件，如图3-61所示。

图3-61 打开一个素材文件

STEP 02 在菜单栏中，单击“视图”|“标尺”命令，在舞台区中的左侧和上方位置显示标尺，如图3-62所示。

图3-62 在舞台区中显示标尺

STEP 03 将鼠标移至左侧的标尺位置，单击鼠标左键并向右侧拖曳，拖曳的位置处将显示一条垂直辅助线，如图3-63所示。

STEP 04 向右拖曳至合适位置后，释放鼠标左键，即可创建一条垂直辅助线，如图3-64所示。

图3-63 向右侧拖曳垂直辅助线

图3-64 创建一条垂直辅助线

STEP 05 将鼠标移至上方的标尺位置，单击鼠标左键并向下方拖曳，拖曳的位置处将显示一条水平辅助线，如图3-65所示。

STEP 06 向下拖曳至合适位置后，释放鼠标左键，即可创建一条水平辅助线，如图3-66所示。

图3-65 向下方拖曳水平辅助线

图3-66 创建一条水平辅助线

STEP 07 用与上同样的方法，在舞台区中的图形上方，再次创建多条垂直或水平辅助线，如图3-67所示，完成辅助线的创建操作。

图3-67 再次创建多条垂直或水平辅助线

实战 075 通过命令隐藏辅助线

▶实例位置：光盘\效果\第3章\周年庆典.fla
▶素材位置：光盘\素材\第3章\周年庆典.fla
▶视频位置：光盘\视频\第3章\实战075.mp4

• 实例介绍 •

在Flash CC工作界面中，当用户使用辅助线编辑完图形对象后，接下来可以将辅助线进行隐藏操作。下面向读者介绍隐藏辅助线的操作方法。

• 操作步骤 •

STEP 01 单击“文件”|“打开”命令，打开一个素材文件，在舞台中可以看到添加了辅助线的画面，如图3-68所示。

图3-68 查看添加了辅助线的画面

STEP 02 在菜单栏中，单击“视图”菜单，在弹出的菜单列表中单击“辅助线”|“显示辅助线”命令，如图3-69所示。

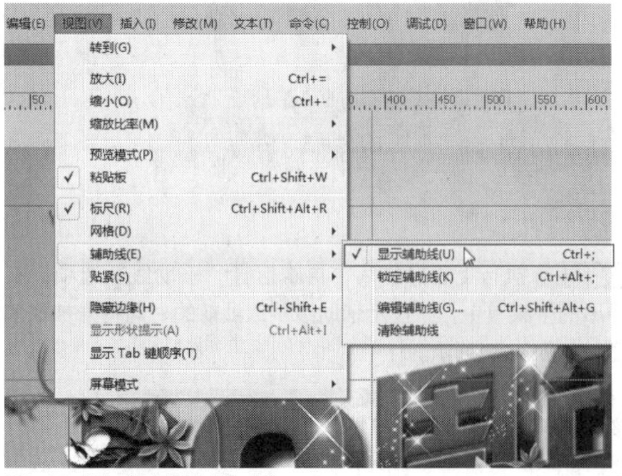

图3-69 单击“显示辅助线”命令

STEP 03 执行上述操作后，再次单击“视图”|“辅助线”命令，在弹出的子菜单中，“显示辅助线”命令前的对勾符号被取消了，如图3-70所示。

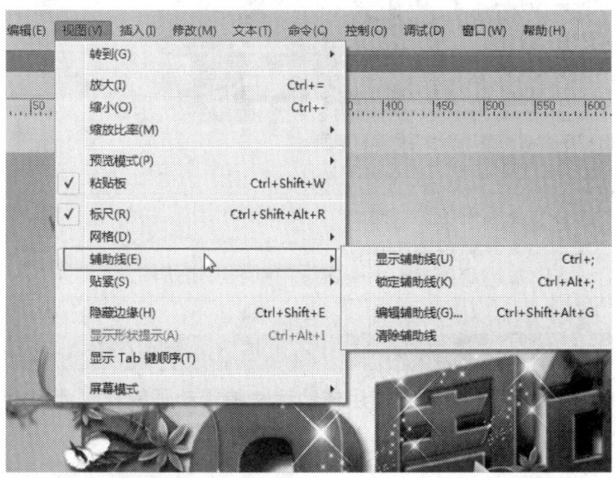

图3-70 对勾符号被取消了

STEP 04 此时，在舞台中即可查看隐藏辅助线后的素材画面效果，如图3-71所示。

图3-71 查看隐藏辅助线后的素材画面

技巧点拨

在Flash CC工作界面中，用户按【Ctrl+;】组合键，也可以快速显示或隐藏辅助线。

实战076 通过选项隐藏辅助线

- 实例位置：光盘\效果\第3章\花儿绽放.fla
- 素材位置：光盘\素材\第3章\花儿绽放.fla
- 视频位置：光盘\视频\第3章\实战076.mp4

• 实例介绍 •

在Flash CC工作界面中，用户还可以使用舞台工作区右键菜单中的“显示辅助线”选项，取消该选项前的对勾符号，来快速隐藏辅助线对象。

• 操作步骤 •

STEP 01 单击“文件”|“打开”命令，打开一个素材文件，在舞台中可以看到添加了辅助线的画面，如图3-72所示。

STEP 02 在舞台编辑区的灰色空白位置上，单击鼠标右键，在弹出的快捷菜单中选择“辅助线”|“显示辅助线”选项，如图3-73所示。

图3-72 打开一个素材文件

图3-73 选择“显示辅助线”选项

STEP 03 执行上述操作后，再次选择“辅助线”选项，在弹出的子菜单中，“显示辅助线”选项前的对勾符号被取消了，如图3-74所示。

图3-74 对勾符号被取消了

STEP 04 此时，在舞台中即可查看隐藏辅助线后的素材画面效果，如图3-75所示。

图3-75 查看隐藏辅助线后的素材画面

实战077 快速显示辅助线对象

▶实例位置：光盘\效果\第3章\折扣广告.fla
▶素材位置：光盘\素材\第3章\折扣广告.fla
▶视频位置：光盘\视频\第3章\实战077.mp4

• 实例介绍 •

在Flash CC工作界面中，当用户将舞台中的辅助线进行隐藏后，如果需要再次使用辅助线来编辑动画素材，此时就需要对辅助线进行显示操作。下面向读者介绍显示辅助线的操作方法。

• 操作步骤 •

STEP 01 单击“文件”|“打开”命令，打开一个素材文件，如图3-76所示。

图3-76 打开一个素材文件

STEP 02 在菜单栏中，单击“视图”菜单，在弹出的菜单列表中单击“辅助线”|“显示辅助线”命令，该选项前没有显示对勾符号，如图3-77所示。

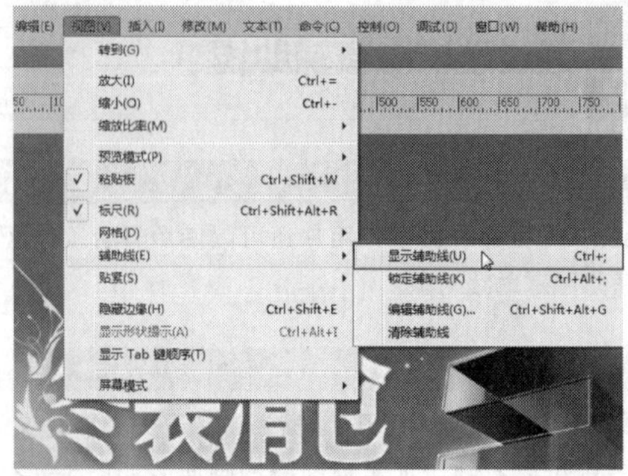

图3-77 单击“显示辅助线”命令

STEP 03 单击该命令后，此时“显示辅助线”命令前将会显示对勾符号，表示舞台中已经显示了辅助线对象，如图3-78所示。

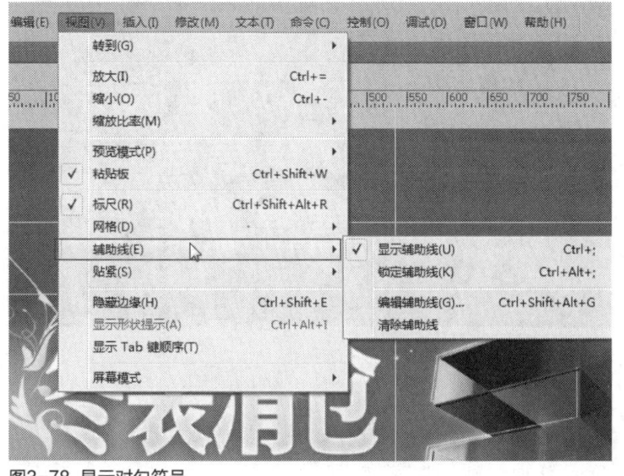

图3-78 显示对勾符号

STEP 04 在舞台中，可以查看显示辅助线后的素材画面效果，如图3-79所示。

图3-79 查看显示辅助线后的素材画面

技巧点拨

在Flash CC工作界面中，用户单击“视图”菜单，在弹出的菜单列表中依次按【E】、【U】键，也可以快速显示或隐藏辅助线对象。

实战 078 移动辅助线的位置

▶实例位置：光盘\效果\第3章\数码广告.fla
▶素材位置：光盘\素材\第3章\数码广告.fla
▶视频位置：光盘\视频\第3章\实战078.mp4

• 实例介绍 •

在Flash CC工作界面中，当用户对舞台中创建的辅助线位置不满意时，可以移动辅助线的位置，使用户能更好地绘制动画图形。下面向读者介绍移动辅助线位置的操作方法。

• 操作步骤 •

STEP 01 单击“文件”|“打开”命令，打开一个素材文件，如图3-80所示。

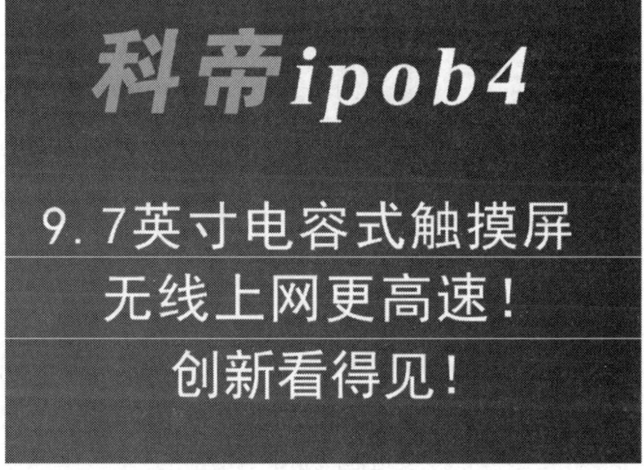

图3-80 打开一个素材文件

STEP 02 将鼠标移至舞台区中的第1条水平辅助线上，此时鼠标指针右下角将显示小三角形，如图3-81所示。

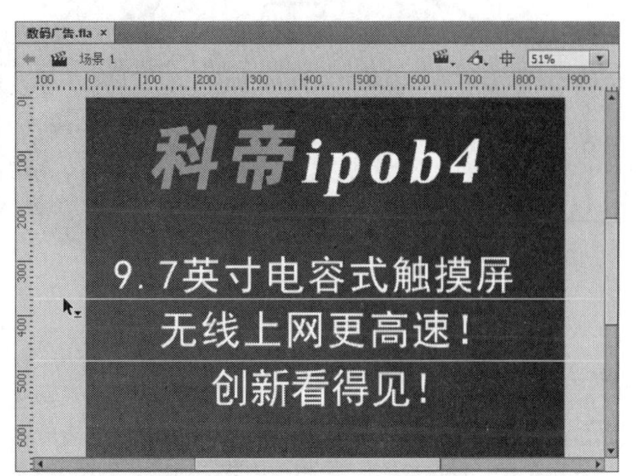

图3-81 移动鼠标至辅助线上

STEP 03 向上拖曳水平辅助线，辅助线被拖曳时将显示为黑色，如图3-82所示。

STEP 04 将水平辅助线向上拖曳至合适位置后，释放鼠标左键，即可移动辅助线的显示位置，效果如图3-83所示。

数码广告.fla
场景 1
51%
科帝ipob4
9.7英寸电容式触摸屏
无线上网更高速！
创新看得见！

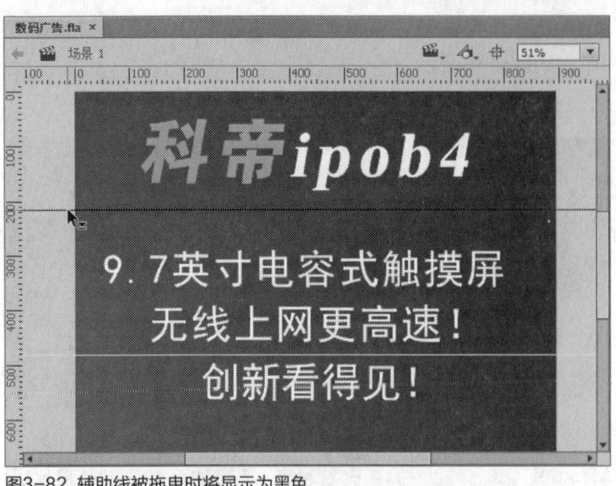

图3-82 辅助线被拖曳时将显示为黑色

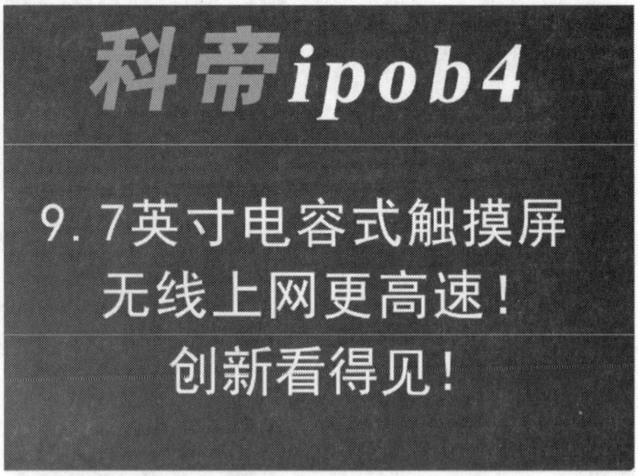

科帝ipob4
9.7英寸电容式触摸屏
无线上网更高速！
创新看得见！

图3-83 移动辅助线的显示位置

技巧点拨

在Flash CC工作界面中，用户通过移动辅助线可以查看舞台内的多个对象是否对齐，可以很精确地排列各个对象。

实战079 贴紧辅助线操作

▶实例位置：光盘\效果\第3章\钱袋.fla
▶素材位置：光盘\素材\第3章\钱袋.fla
▶视频位置：光盘\视频\第3章\实战079.mp4

• 实例介绍 •

在Flash CC工作界面中，当用户执行“贴紧至辅助线”功能时，可以设置辅助线的对齐精确度。下面向读者介绍贴紧辅助线的操作方法。

• 操作步骤 •

STEP 01 单击“文件”|“打开”命令，打开一个素材文件，如图3-84所示。

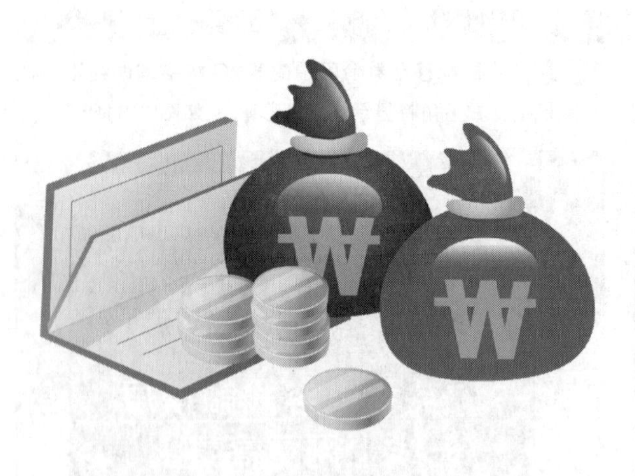

图3-84 打开一个素材文件

STEP 02 在菜单栏中，单击“视图”菜单，在弹出的菜单列表中单击“辅助线”|“显示辅助线”命令，显示舞台区中的辅助线对象，如图3-85所示。

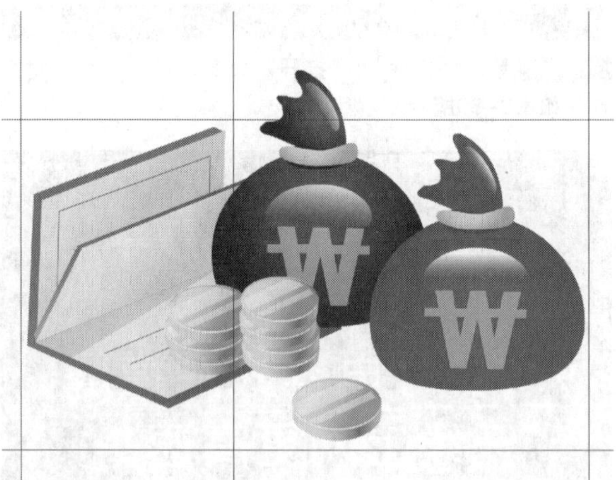

图3-85 显示舞台区中的辅助线对象

STEP 03 在菜单栏中，单击“视图”菜单，在弹出的菜单列表中单击“辅助线”|“编辑辅助线”命令，如图3-86所示。

STEP 04 执行操作后，弹出“辅助线”对话框，在其中选中“贴紧至辅助线”复选框，如图3-87所示。

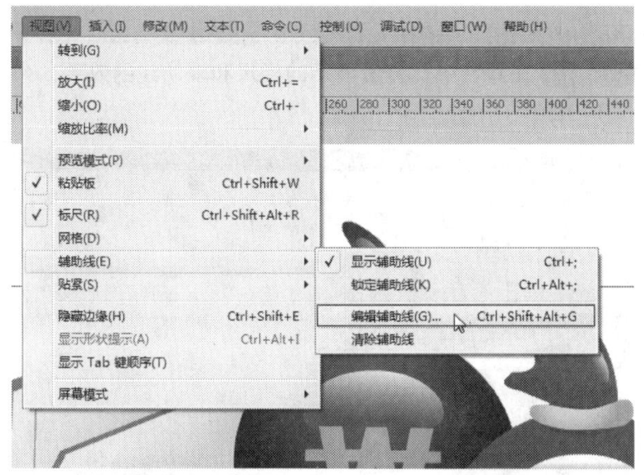

图3-86 单击“编辑辅助线”命令

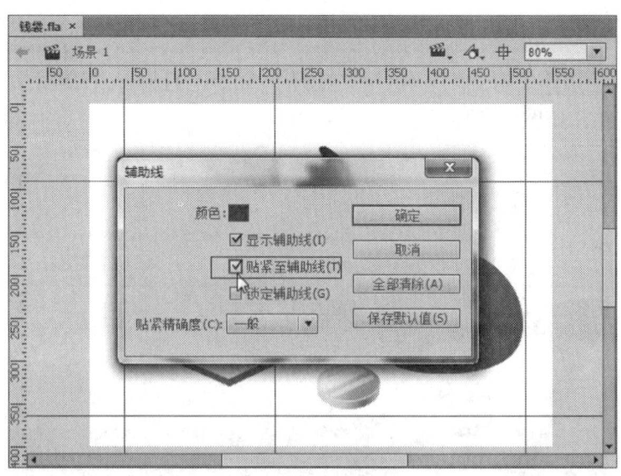

图3-87 选中“贴紧至辅助线”复选框

STEP 05 在对话框的下方，单击“贴紧精确度”右侧的下三角按钮，在弹出的列表框中选择“必须接近”选项，如图3-88所示。

图3-88 选择“必须接近”选项

STEP 06 设置完成后，单击“确定”按钮，如图3-89所示，即可执行辅助线的贴紧操作。

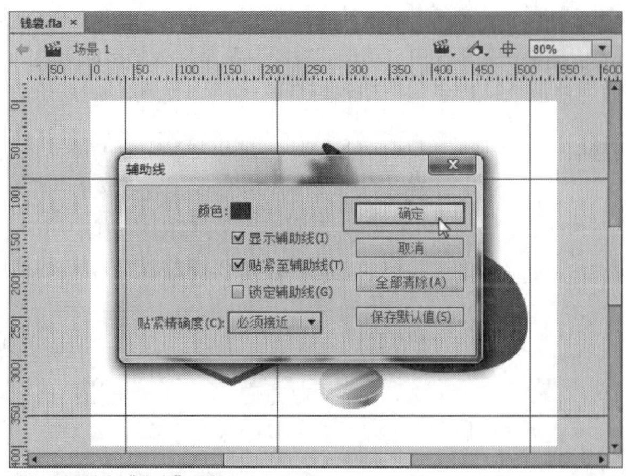

图3-89 单击“确定”按钮

STEP 07 用户在菜单栏中，单击“视图”菜单，在弹出的菜单列表中单击“贴紧”|“贴紧至辅助线”命令，如图3-90所示，也可以快速设置贴紧至辅助线的操作。

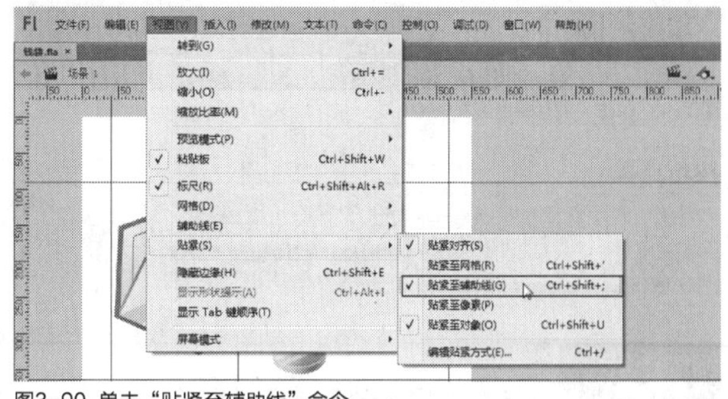

图3-90 单击“贴紧至辅助线”命令

技巧点拨

在Flash CC工作界面中，用户按【Ctrl+Shift+;】组合键，也可以快速执行“贴紧至辅助线”命令。

实战 080 通过命令清除辅助线

▶ 实例位置：光盘\效果\第3章\笔记本广告.fla
▶ 素材位置：光盘\素材\第3章\笔记本广告.fla
▶ 视频位置：光盘\视频\第3章\实战080.mp4

• 实例介绍 •

在Flash CC工作界面中，当用户不需要使用辅助线进行绘图时，可以对辅助线进行清除操作。下面向读者介绍通过“清除辅助线”命令来清除辅助线的操作方法。

• 操作步骤 •

STEP 01 单击“文件”|“打开”命令，打开一个素材文件，如图3-91所示。

图3-91 打开一个素材文件

STEP 02 在舞台中，查看显示的标尺和辅助线的效果，如图3-92所示。

图3-92 查看显示的标尺和辅助线的效果

STEP 03 在菜单栏中，单击“视图”菜单，在弹出的菜单列表中单击“辅助线”|“清除辅助线”命令，如图3-93所示。

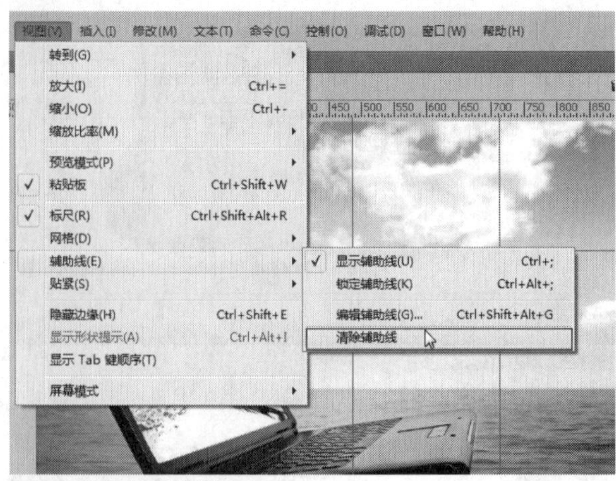

图3-93 单击“清除辅助线”命令

STEP 04 执行操作后，即可清除舞台中的所有辅助线对象，如图3-94所示。

图3-94 清除舞台中的所有辅助线对象

技巧点拨

在Flash CC工作界面中，如果用户只想清除舞台区中的某一条辅助线，此时可以将鼠标移至该辅助线上，单击鼠标左键并向左侧标尺位置或上方标尺位置拖曳辅助线，然后释放鼠标左键来实现。

实战 081 通过选项清除辅助线

▶实例位置：光盘\效果\第3章\Kids.fla
▶素材位置：光盘\素材\第3章\Kids.fla
▶视频位置：光盘\视频\第3章\实战081.mp4

• 实例介绍 •

在Flash CC工作界面中，用户还可以使用舞台工作区右键菜单中的“清除辅助线”选项，清除舞台区中的所有辅助线对象。

• 操作步骤 •

STEP 01 单击“文件”|“打开”命令，打开一个素材文件，如图3-95所示。

STEP 02 在舞台中，查看显示的标尺和辅助线的效果，如图3-96所示。

图3-95 打开一个素材文件

图3-96 查看显示的标尺和辅助线的效果

STEP 03 在舞台编辑区的灰色空白位置上，单击鼠标右键，在弹出的快捷菜单中选择“辅助线”|“清除辅助线”选项，如图3-97所示。

STEP 04 执行操作后，即可清除舞台中的所有辅助线对象，如图3-98所示。

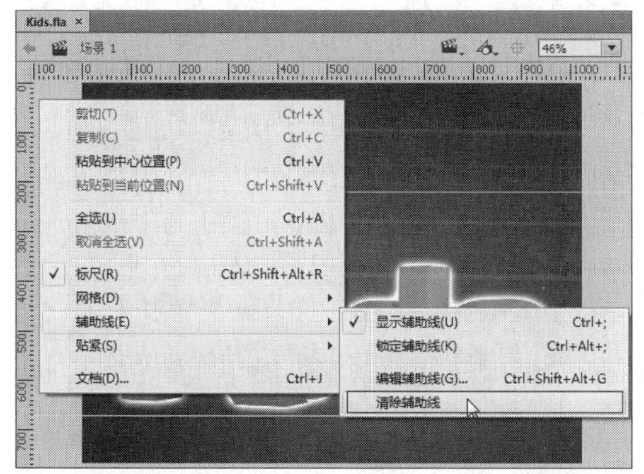

图3-97 选择“清除辅助线”选项

图3-98 清除舞台中的所有辅助线对象

知识拓展

在图3-97的舞台区右键菜单中，“辅助线”子菜单中各选项含义如下。

- “显示辅助线”选项：选择该选项，可以显示舞台区中创建的辅助线对象。
- “锁定辅助线”选项：选择该选项，可以锁定舞台区中创建的辅助线对象。
- “编辑辅助线”选项：选择该选项，可以编辑舞台区中创建的辅助线对象。
- “清除辅助线”选项：选择该选项，可以清除舞台区中创建的辅助线对象。

实战 082 设置辅助线颜色

- 实例位置：光盘\效果\第3章\母亲节.fla
- 素材位置：光盘\素材\第3章\母亲节.fla
- 视频位置：光盘\视频\第3章\实战082.mp4

• 实例介绍 •

在Flash CC工作界面中，用户还可以使用舞台工作区右键菜单中的“清除辅助线”选项，清除舞台区中的所有辅助线对象。

• 操作步骤 •

STEP 01 单击“文件”|“打开”命令，打开一个素材文件，如图3-99所示。

STEP 02 在舞台中，查看显示的标尺和辅助线的效果，如图3-100所示。

图3-99 打开一个素材文件

图3-100 查看显示的标尺和辅助线的效果

STEP 03 在舞台编辑区的灰色空白位置上，单击鼠标右键，在弹出的快捷菜单中选择“辅助线”|“编辑辅助线”选项，如图3-101所示。

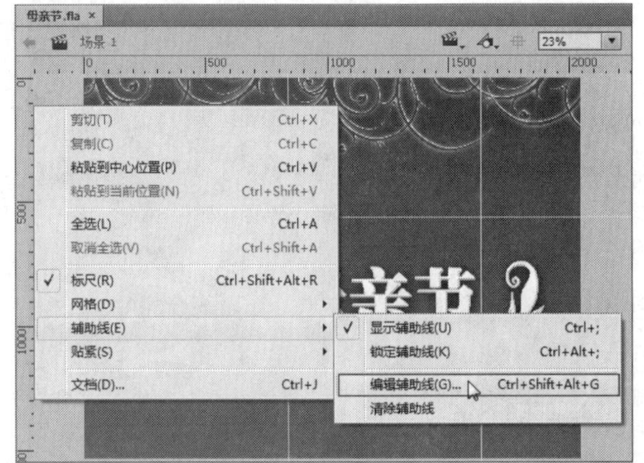

图3-101 选择“编辑辅助线”选项

STEP 04 弹出“辅助线”对话框，在其中单击“颜色”右侧的色块，如图3-102所示。

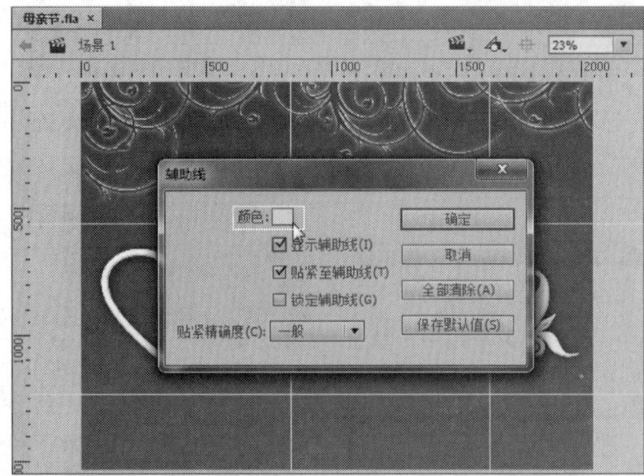

图3-102 单击“颜色”右侧的色块

STEP 05 执行操作后，在弹出的颜色面板中选择黄色（#FFFF00），如图3-103所示。

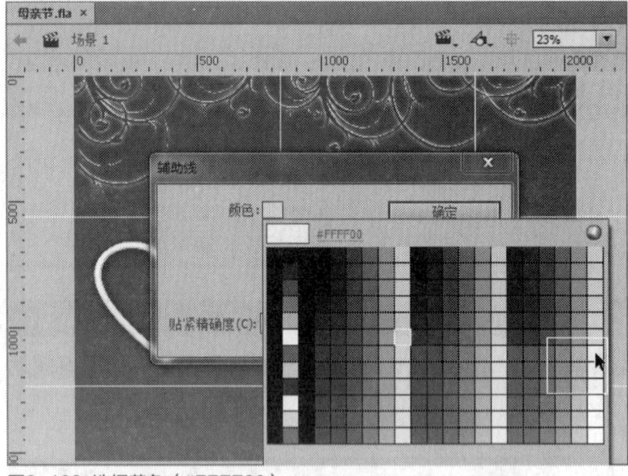

图3-103 选择黄色（#FFFF00）

STEP 06 在“辅助线”对话框中，修改辅助线的颜色后，单击“确定”按钮，返回Flash工作界面，在舞台区中可以查看更改颜色后的辅助线效果，如图3-104所示。

图3-104 查看更改颜色后的辅助线效果

技巧点拨

在Flash CC工作界面中，用户按【Ctrl＋Shift＋Alt＋G】组合键，也可以快速执行“编辑辅助线”命令，快速弹出“辅助线”对话框。

实战083 锁定辅助线对象

▶实例位置：光盘\效果\第3章\恭贺新年.fla
▶素材位置：光盘\素材\第3章\恭贺新年.fla
▶视频位置：光盘\视频\第3章\实战083.mp4

• 实例介绍 •

在Flash CC工作界面中，当用户锁定辅助线之后，辅助线就不可以再随便移动。下面向读者介绍锁定辅助线的操作方法。

• 操作步骤 •

STEP 01 单击“文件”|“打开”命令，打开一个素材文件，如图3-105所示。

图3-105 打开一个素材文件

STEP 02 在舞台区中，显示标尺对象，然后显示创建的多条辅助线，如图3-106所示。

图3-106 显示创建的多条辅助线

STEP 03 在菜单栏中，单击“视图”菜单，在弹出的菜单列表中单击“辅助线”|“锁定辅助线”命令，如图3-107所示，即可快速锁定辅助线对象。

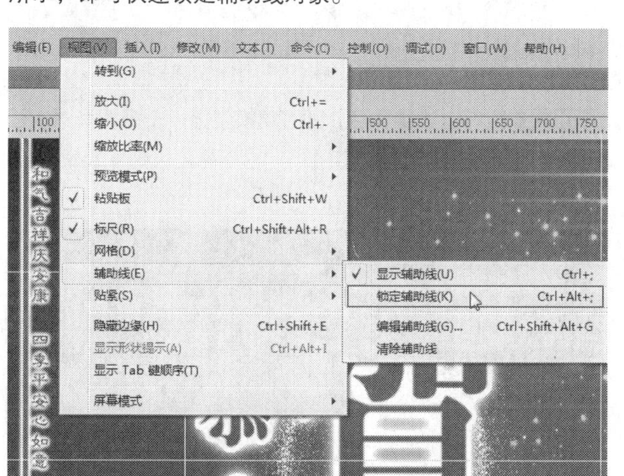

图3-107 单击“锁定辅助线”命令

STEP 04 用户也可以在舞台编辑区的灰色空白位置上，单击鼠标右键，在弹出的快捷菜单中选择“辅助线”|“锁定辅助线”选项，如图3-108所示，也可以快速锁定辅助线对象。

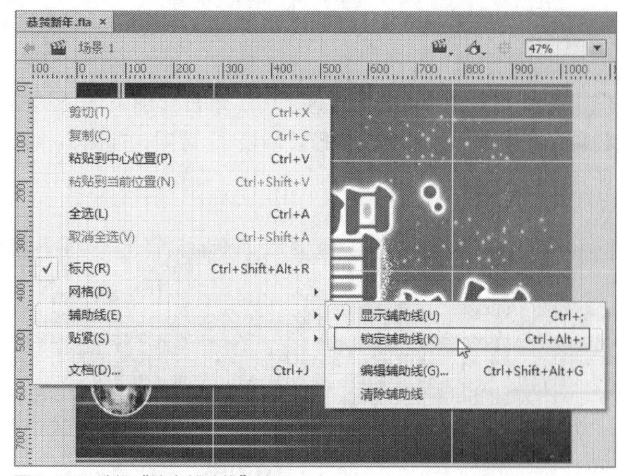

图3-108 选择“锁定辅助线”选项

技巧点拨

在Flash CC工作界面中，用户按【Ctrl+Alt+;】组合键，也可以快速执行“锁定辅助线”命令，锁定后的辅助线将不可以进行任何编辑操作。

3.4 转换场景视图

在Flash CC工作界面中，当用户在舞台区中创建了多个动画场景对象后，就可以根据需要对场景视图进行转换操作，方便用户在各场景中编辑动画文件。本节主要向读者介绍转换场景视图的操作方法。

实战084 转到第一个场景视图

▶实例位置：光盘\效果\第3章\周年盛典.fla
▶素材位置：光盘\素材\第3章\周年盛典.fla
▶视频位置：光盘\视频\第3章\实战084.mp4

• 实例介绍 •

在Flash CC工作界面中，当用户需要编辑第一个场景视图时，可以将舞台区转换至第一个场景动画编辑界面。下面向读者介绍转到第一个场景视图的操作方法。

• 操作步骤 •

STEP 01 单击“文件”|“打开”命令，打开一个素材文件，如图3-109所示。

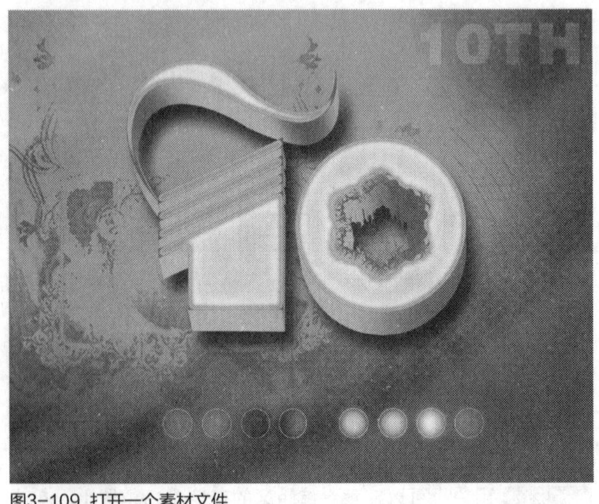

图3-109 打开一个素材文件

STEP 02 在菜单栏中，单击“视图”菜单，在弹出的菜单列表中单击“转到”|“第一个”命令，如图3-110所示。

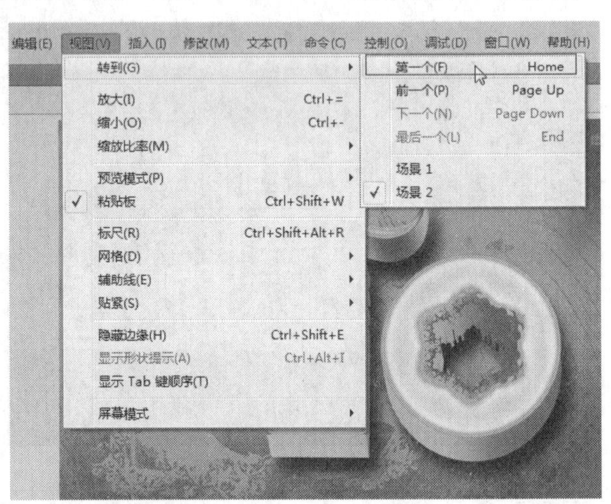

图3-110 单击“第一个”命令

技巧点拨

在Flash CC工作界面中，用户按【Home】键，也可以快速执行“转到”|“第一个”命令，快速将视图切换至第一个场景视图。

STEP 03 用户还可以在舞台区上方，单击“编辑场景”按钮，在弹出的列表框中选择“场景1”选项，如图3-111所示。

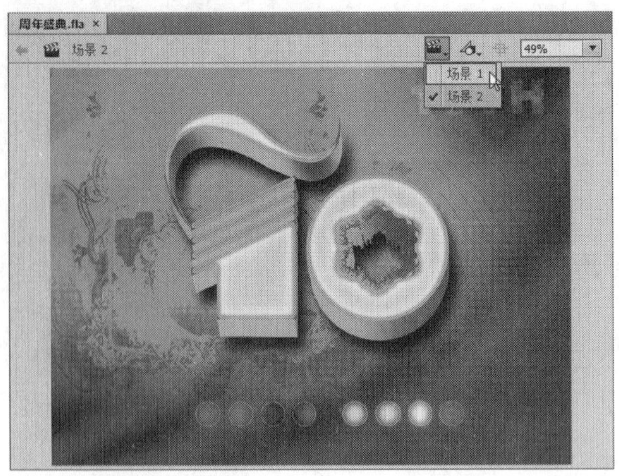

图3-111 选择“场景1”选项

STEP 04 执行上述操作后，即可切换至第一个视图场景，画面效果如图3-112所示。

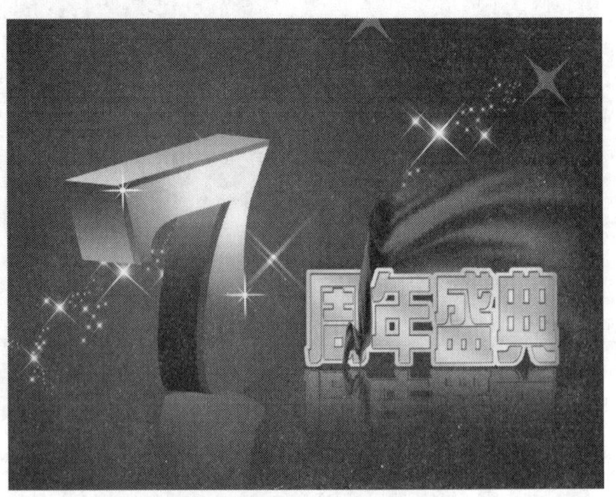

图3-112 切换至第一个视图场景

实战 085 转到前一个场景视图

▶ 实例位置：光盘\效果\第3章\可爱动物.fla
▶ 素材位置：光盘\素材\第3章\可爱动物.fla
▶ 视频位置：光盘\视频\第3章\实战085.mp4

• 实例介绍 •

在Flash CC工作界面中，用户还可以根据编辑需要，转到前一个场景视图。下面向读者介绍转到前一个场景视图的操作方法。

• 操作步骤 •

STEP 01 单击“文件”|“打开”命令，打开一个素材文件，如图3-113所示。

图3-113 打开一个素材文件

STEP 02 在舞台区中，显示了“场景3”，说明当前的动画视图是在第3个场景视图模式下，如图3-114所示。

图3-114 显示了“场景3”

技巧点拨

在Flash CC工作界面中，用户按【Page Up】键，也可以快速执行“转到”|“前一个”命令，快速将视图切换至第一个场景视图。

STEP 03 在菜单栏中，单击“视图”菜单，在弹出的菜单列表中单击“转到”|“前一个”命令，如图3-115所示。

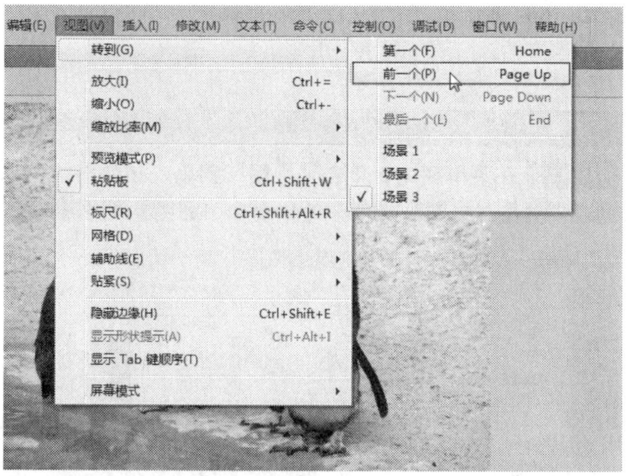

图3-115 单击“前一个”命令

STEP 04 用户还可以在舞台区上方，单击“编辑场景”按钮，在弹出的列表框中选择“场景2”选项，如图3-116所示。

图3-116 选择“场景2”选项

STEP 05 执行上述操作后，即可转到前一个场景“场景2”视图中，在其中可以查看舞台区中的动画图形，如图3-117所示。

STEP 06 再次单击“视图”菜单，在弹出的菜单列表中单击“前一个”命令，转到“场景1”视图中，如图3-118所示。

图3-117 转到前一个场景中

图3-118 转到“场景1”视图中

STEP 07 用户还可以单击“窗口”|“场景”命令，打开“场景”面板，在其中选择“场景2”选项，即可快速转到“场景2”视图中，如图3-119所示。

图3-119 转到“场景2”视图中

STEP 08 在“场景”面板中，选择“场景3”选项，即可快速转到“场景3”视图中，如图3-120所示，完成场景视图的转换操作。

图3-120 转到“场景3”视图中

实战086 转到下一个场景视图

▶实例位置：光盘\效果\第3章\花儿赏析.fla
▶素材位置：光盘\素材\第3章\花儿赏析.fla
▶视频位置：光盘\视频\第3章\实战086.mp4

• 实例介绍 •

在Flash CC工作界面中，用户还可以根据编辑需要，转到下一个场景视图。下面向读者介绍转到下一个场景视图的操作方法。

• 操作步骤 •

STEP 01 单击“文件”|“打开”命令，打开一个素材文件，如图3-121所示。

图3-121 打开一个素材文件

STEP 02 在菜单栏中，单击“视图”菜单，在弹出的菜单列表中单击“转到”|“下一个”命令，如图3-122所示。

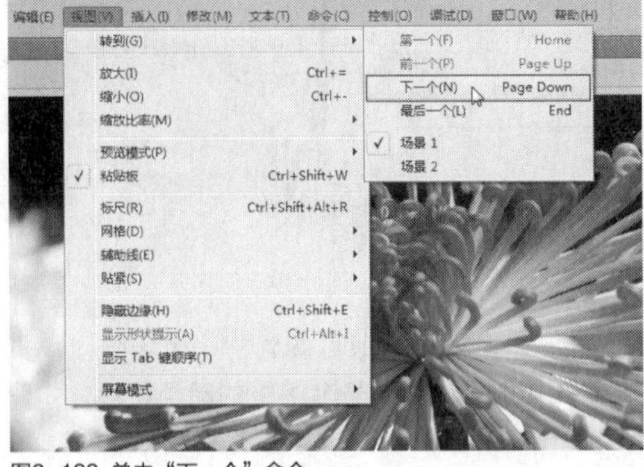

图3-122 单击“下一个”命令

技巧点拨

在Flash CC工作界面中，用户按【Page Down】键，也可以快速执行“转到”|“下一个”命令，快速将视图切换至下一个场景视图。

STEP 03 用户还可以在舞台区上方，单击“编辑场景”按钮，在弹出的列表框中选择“场景2”选项，如图3-123所示。

图3-123 选择“场景2”选项

STEP 04 执行上述操作后，即可切换至下一个视图场景，画面效果如图3-124所示。

图3-124 切换至下一个视图场景

实战 087 转到最后一个场景视图

▶ 实例位置：光盘\效果\第3章\食品广告.fla
▶ 素材位置：光盘\素材\第3章\食品广告.fla
▶ 视频位置：光盘\视频\第3章\实战087.mp4

• 实例介绍 •

在Flash CC工作界面中，用户还可以根据编辑需要，转到最后一个场景视图。下面向读者介绍转到最后一个场景视图的操作方法。

• 操作步骤 •

STEP 01 单击“文件”|“打开”命令，打开一个素材文件，如图3-125所示。

图3-125 打开一个素材文件

STEP 02 在菜单栏中，单击“视图”菜单，在弹出的菜单列表中单击“转到”|“最后一个”命令，如图3-126所示。

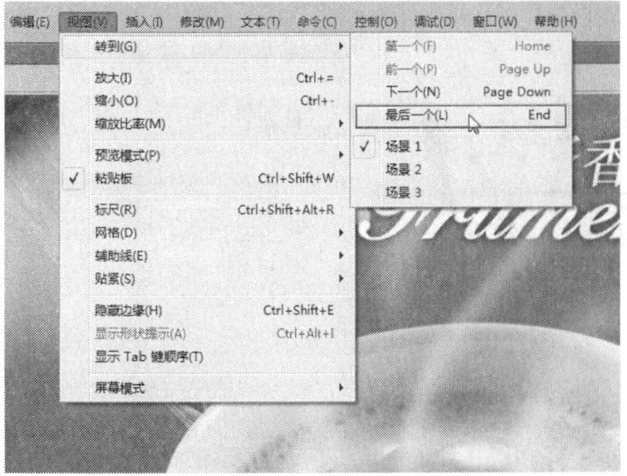

图3-126 单击“最后一个”命令

技巧点拨

在Flash CC工作界面中，用户按【End】键，也可以快速执行“转到”|“最后一个”命令，快速将视图切换至最后一个场景视图。

STEP 03 用户还可以在舞台区上方，单击“编辑场景”按钮，在弹出的列表框中选择“场景3”选项，如图3-127所示。

图3-127 选择“场景3”选项

STEP 04 执行上述操作后，即可切换至最后一个视图场景，画面效果如图3-128所示。

图3-128 切换至最后一个视图场景

3.5 掌握对象贴紧操作

在Flash CC工作界面中，使用“贴紧”功能，可以更加方便用户对动画图形进行绘制与编辑操作，使动画图形在舞台中的位置更加精确。本节主要向读者介绍使用“贴紧”功能的各种操作方法，希望读者熟练掌握本节内容。

实战088 贴紧对齐操作

- 实例位置：光盘\效果\第3章\记事贴.fla
- 素材位置：光盘\素材\第3章\记事贴.fla
- 视频位置：光盘\视频\第3章\实战088.mp4

• 实例介绍 •

在Flash CC工作界面中，贴紧对齐功能可以按照指定的贴紧对齐容差，即对象与其他对象之间或对象与舞台边缘之间的预设边界对齐对象。下面向读者介绍贴紧对齐的操作方法。

• 操作步骤 •

STEP 01 单击“文件”|“打开”命令，打开一个素材文件，如图3-129所示。

图3-129 打开一个素材文件

STEP 02 在舞台区中，选择需要进行贴紧对齐操作的对象，如图3-130所示。

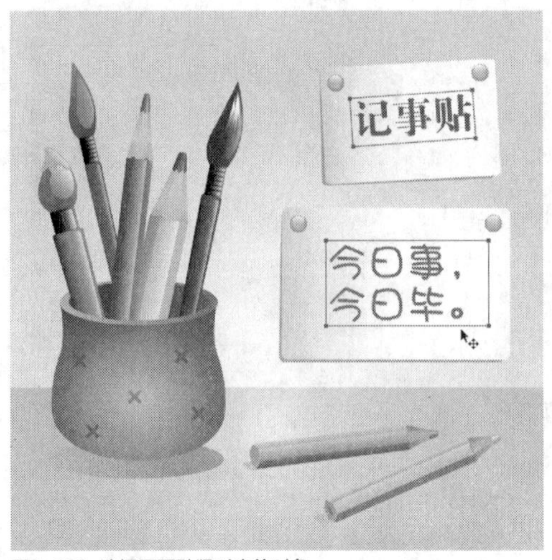

图3-130 选择需要贴紧对齐的对象

STEP 03 单击“视图”|“贴紧”|“贴紧对齐”命令，如图3-131所示，即可紧贴对齐对象。

技巧点拨

在Flash CC工作界面中，用户单击“视图”菜单，在弹出的菜单列表中依次按【S】、【S】键，也可以快速执行“贴紧对齐”命令。

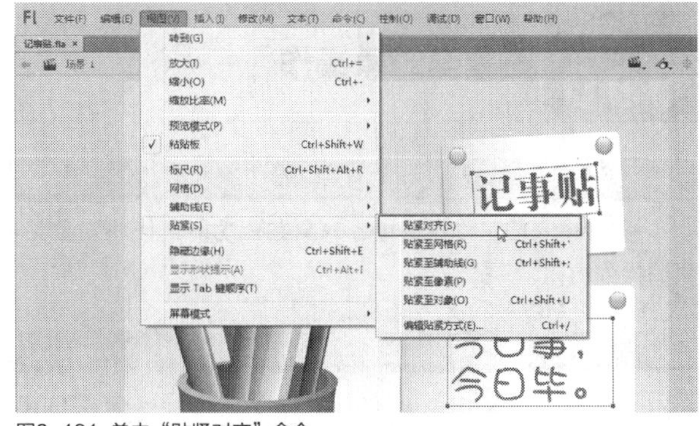

图3-131 单击“贴紧对齐”命令

实战 089 贴紧至像素操作

▶ 实例位置：光盘\效果\第3章\开心每一天.fla
▶ 素材位置：光盘\素材\第3章\开心每一天.fla
▶ 视频位置：光盘\视频\第3章\实战089.mp4

• 实例介绍 •

在Flash CC工作界面中，像素贴紧功能可以在舞台上将对象直接与单独的像素或像素的线条贴紧。下面向读者介绍贴紧至像素的操作方法。

• 操作步骤 •

STEP 01 单击“文件”|“打开”命令，打开一个素材文件，如图3-132所示。

STEP 02 在舞台区中，选择需要贴紧至像素的对象，如图3-133所示。

图3-132 打开一个素材文件

图3-133 选择需要贴紧至像素的对象

STEP 03 在菜单栏中，单击“视图”菜单，在弹出的菜单列表中单击“贴紧”|“贴紧至像素”命令，如图3-134所示，即可将对象贴紧至像素。

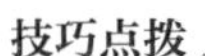

技巧点拨

在Flash CC工作界面中，用户单击“视图”菜单，在弹出的菜单列表中依次按【S】、【P】键，也可以快速执行“贴紧至像素”命令。

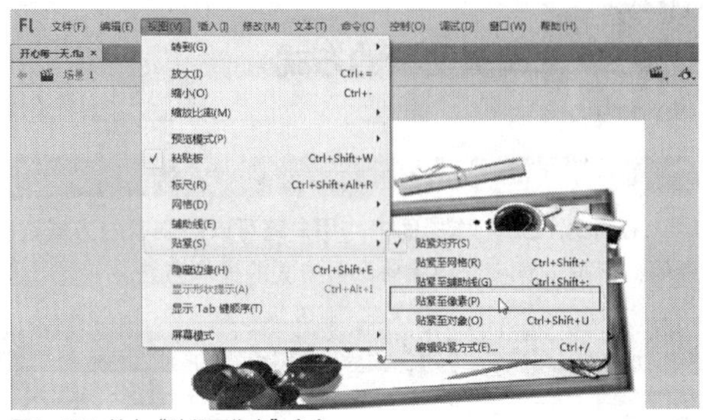

图3-134 单击“贴紧至像素”命令

实战090 贴紧至对象操作

▶实例位置：光盘\效果\第3章\看星星.fla
▶素材位置：光盘\素材\第3章\看星星.fla
▶视频位置：光盘\视频\第3章\实战090.mp4

• 实例介绍 •

在Flash CC工作界面中，对象贴紧功能可以将对象沿着其他对象的边缘直接与它们对齐。下面向读者介绍贴紧至对象的操作方法。

• 操作步骤 •

STEP 01 单击“文件”|“打开”命令，打开一个素材文件，如图3-135所示。

图3-135 打开一个素材文件

STEP 02 在舞台区中，选择需要贴紧至对象的对象，如图3-136所示。

图3-136 选择需要贴紧至对象的对象

STEP 03 在菜单栏中，单击“视图”菜单，在弹出的菜单列表中单击“贴紧”|“贴紧至对象”命令，如图3-137所示。执行操作后，即可执行贴紧至对象操作。

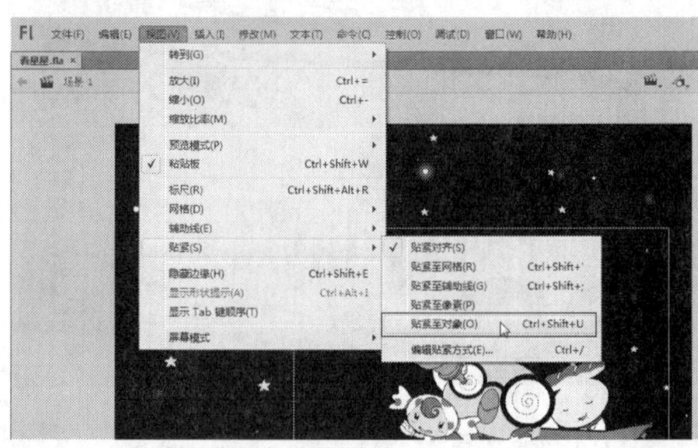

图3-137 单击“贴紧至对象”命令

技巧点拨

在Flash CC工作界面中，用户按【Ctrl+Shift+U】组合键，也可以快速执行“贴紧至对象”命令，快速贴紧至对象操作。

实战091 编辑贴紧的方式

▶实例位置：光盘\效果\第3章\溜冰鞋.fla
▶素材位置：光盘\素材\第3章\溜冰鞋.fla
▶视频位置：光盘\视频\第3章\实战091.mp4

• 实例介绍 •

在Flash CC工作界面中，用户还可以对贴紧的方式进行相关设置，如贴紧对齐设置、对象间距设置以及居中对齐设置等。下面向读者介绍编辑贴紧方式的操作方法。

• 操作步骤 •

STEP 01 单击“文件”|“打开”命令，打开一个素材文件，如图3-138所示。

STEP 02 在舞台区中，选择需要设置贴紧方式的对象，如图3-139所示。

图3-138 打开一个素材文件

图3-139 选择需要设置贴紧方式的对象

STEP 03 在菜单栏中，单击“视图”菜单，在弹出的菜单列表中单击“贴紧”|“编辑贴紧方式”命令，如图3-140所示。

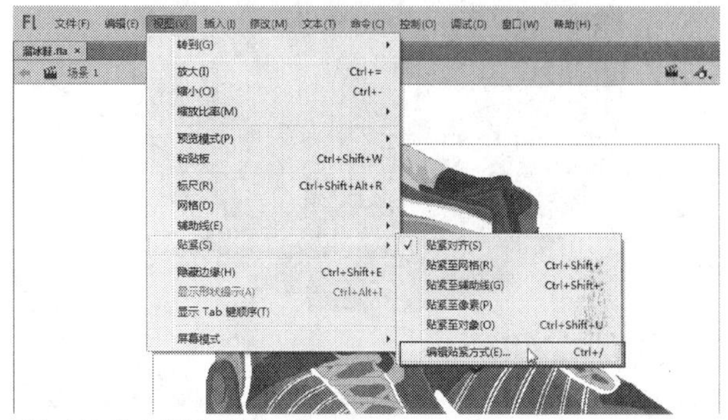

图3-140 单击“编辑贴紧方式”命令

STEP 04 弹出“编辑贴紧方式”对话框，在其中单击“高级”按钮，如图3-141所示。

STEP 05 展开对话框中的高级选项，在下方设置“舞台边界”为“10像素”，“水平”和“垂直”均为“5像素”，如图3-142所示。设置完成后，单击“确定”按钮，即可完成贴紧方式的设置。

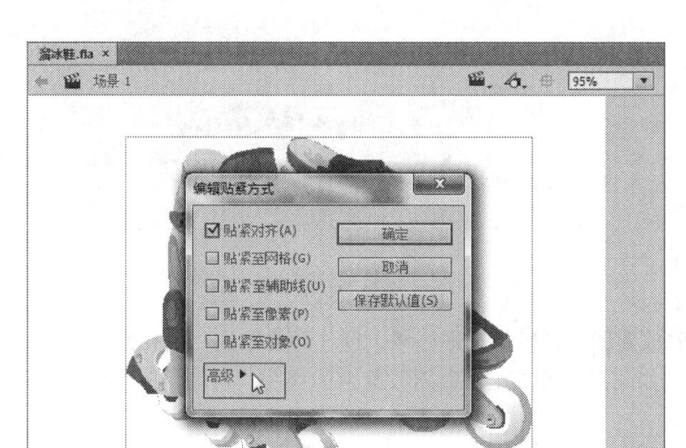

图3-141 单击“高级”按钮

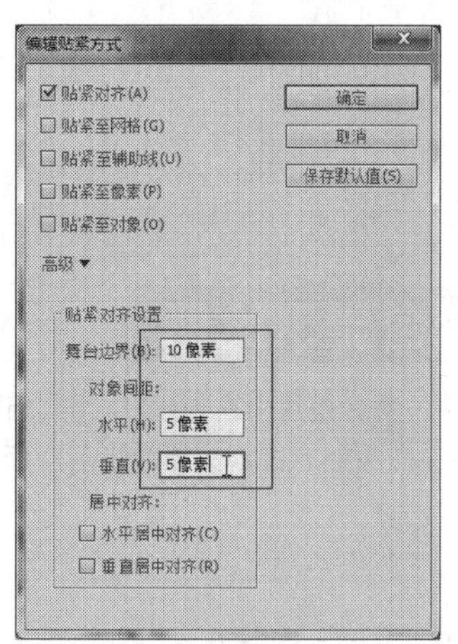

图3-142 设置各参数值

技巧点拨

在Flash CC工作界面中，用户按【Ctrl+/】组合键，也可以快速执行“编辑贴紧方式”命令，弹出“编辑贴紧方式”对话框。

实战092 隐藏边缘操作

▶实例位置：光盘\效果\第3章\瓶盖.fla
▶素材位置：光盘\素材\第3章\瓶盖.fla
▶视频位置：光盘\视频\第3章\实战092.mp4

• 实例介绍 •

在Flash CC工作界面中选择和编辑对象时，隐藏边缘加亮显示能够让用户更好地看到插图的最终显示效果。下面向读者介绍隐藏边缘的操作方法。

• 操作步骤 •

STEP 01 单击“文件”|“打开”命令，打开一个素材文件，如图3-143所示。

图3-143 打开一个素材文件

STEP 02 在菜单栏中，单击“视图”菜单，在弹出的菜单列表中单击“隐藏边缘”命令，如图3-144所示。执行操作后，即可隐藏图形的边缘，使用户能够更好地观察图形效果。

图3-144 单击“隐藏边缘”命令

3.6 控制舞台显示比例

在Flash CC工作界面中，舞台是用户在创建Flash文档时放置图形内容的矩形区域，创作环境中的舞台相当于Flash Player或Web浏览器窗口中在回放期间显示文档的矩形空间。如果用户要在工作时更改舞台的视图，请使用Flash CC提供的放大或缩小功能。

实战093 放大舞台显示区域

▶实例位置：无
▶素材位置：光盘\素材\第3章\音乐频道.fla
▶视频位置：光盘\视频\第3章\实战093.mp4

• 实例介绍 •

在Flash CC工作界面中，用户可以根据需要查看整个舞台，也可以在绘图时根据需要放大舞台中的图形显示比例。下面向读者介绍放大舞台显示区域的操作方法。

• 操作步骤 •

STEP 01 单击“文件”|“打开”命令，打开一个素材文件，如图3-145所示。

图3-145 打开一个素材文件

STEP 02 在舞台区中，可以查看目前舞台的显示比例，如图3-146所示。

图3-146 查看目前舞台的显示比例

STEP 03 在菜单栏中，单击“视图”|“放大”命令，如图3-147所示。

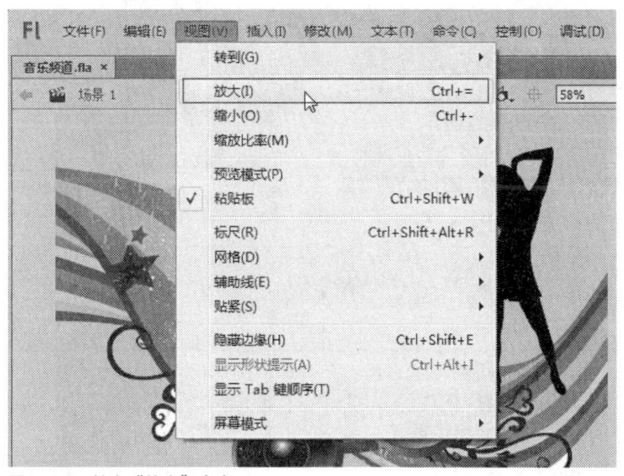

图3-147 单击“放大”命令

STEP 04 执行操作后，即可放大舞台区中的图形对象，如图3-148所示。

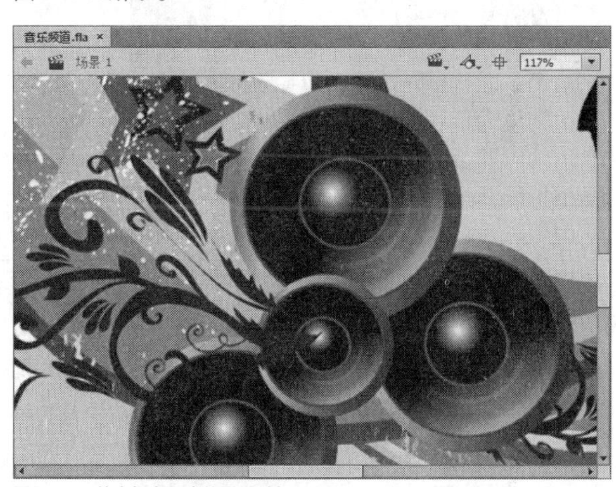

图3-148 放大舞台区中的图形对象

技巧点拨

在Flash CC工作界面中，用户按【Ctrl + =】组合键，也可以快速执行“放大”命令，快速放大舞台区中的图形对象。

实战 094 缩小舞台显示区域

▶ 实例位置：无
▶ 素材位置：光盘\素材\第3章\绿色出行.fla
▶ 视频位置：光盘\视频\第3章\实战094.mp4

• 实例介绍 •

在Flash CC工作界面中，用户也可以在绘图时根据需要缩小舞台中的图形显示比例。下面向读者介绍缩小舞台显示区域的操作方法。

• 操作步骤 •

STEP 01 单击“文件”|“打开”命令，打开一个素材文件，如图3-149所示。

STEP 02 在舞台区中，可以查看目前舞台的显示比例，如图3-150所示。

图3-149 打开一个素材文件

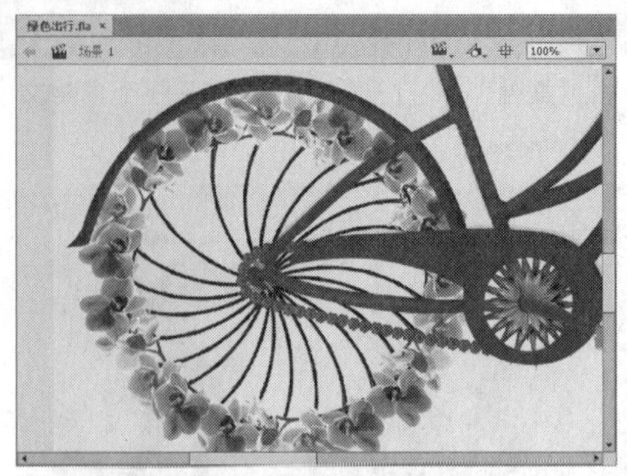

图3-150 查看目前舞台的显示比例

STEP 03 在菜单栏中，单击“视图”菜单，在弹出的菜单列表中单击“缩小”命令，如图3-151所示。

STEP 04 执行操作后，即可缩小舞台区中的图形对象，如图3-152所示。

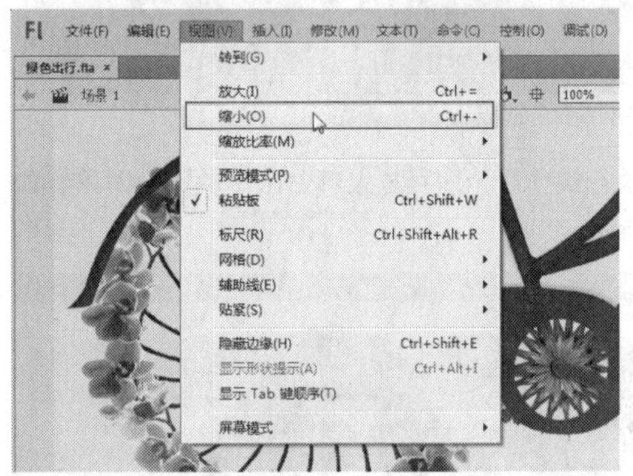

图3-151 单击“缩小”命令

图3-152 缩小舞台区中的图形对象

技巧点拨

在Flash CC工作界面中，用户按【Ctrl + -】组合键，也可以快速执行“缩小”命令，快速缩小舞台区中的图形对象。

实战095 符合窗口大小

▶实例位置：无
▶素材位置：光盘\素材\第3章\创意手掌.fla
▶视频位置：光盘\视频\第3章\实战095.mp4

• 实例介绍 •

在Flash CC工作界面中，用户通过“符合窗口大小”命令，可以将舞台区中的图形对象以符合窗口大小的方式显示出来。

• 操作步骤 •

STEP 01 单击“文件”|“打开”命令，打开一个素材文件，如图3-153所示。

STEP 02 在舞台区中，可以查看目前舞台的显示比例，如图3-154所示。

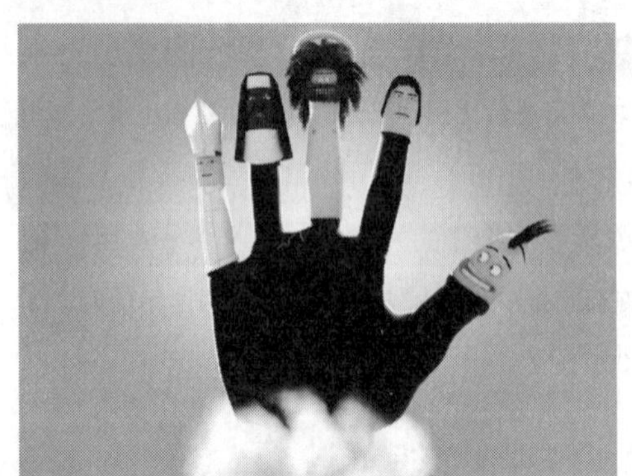

图3-153 打开一个素材文件

图3-154 查看目前舞台的显示比例

技巧点拨

在Flash CC工作界面中，用户单击“视图”菜单，在弹出的菜单列表中依次按【M】键、【W】键，也可以快速执行“符合窗口大小”命令。

STEP 03 在菜单栏中，单击“视图”菜单，在弹出的菜单列表中单击“缩放比率”|“符合窗口大小”命令，如图3-155所示。

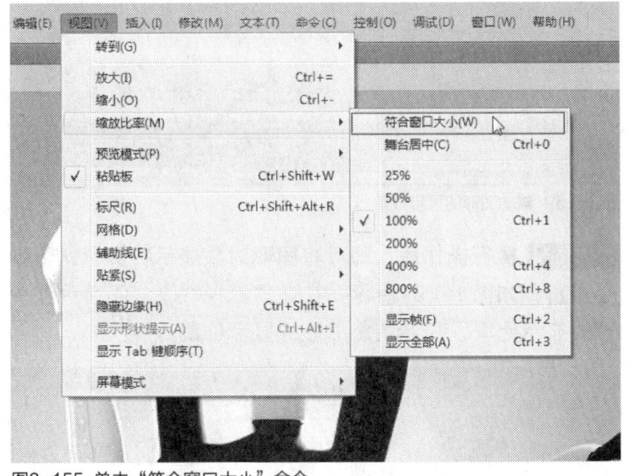

图3-155 单击“符合窗口大小”命令

STEP 04 执行操作后，即可将舞台区中的图形对象以符合窗口大小的方式显示出来，如图3-156所示。

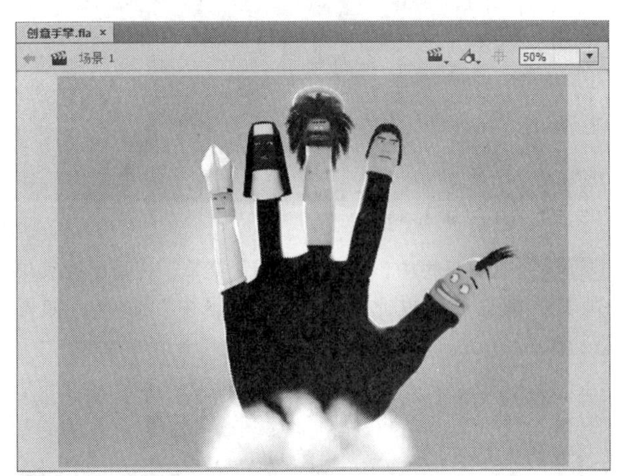

图3-156 符合窗口大小显示图形

技巧点拨

在Flash CC工作界面中，用户在舞台区的上方，单击右上角位置的“缩放比率”列表框下拉按钮，在弹出的列表框中选择“符合窗口大小”选项，如图3-157所示，也可以将舞台区中的图形对象以符合窗口大小的方式显示出来。

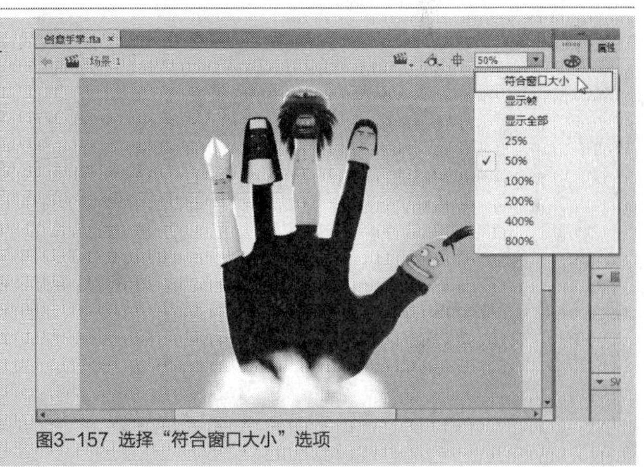

图3-157 选择“符合窗口大小”选项

实战096 设置舞台内容居中显示

▶ 实例位置：无
▶ 素材位置：光盘\素材\第3章\心形.fla
▶ 视频位置：光盘\视频\第3章\实战096.mp4

• 实例介绍 •

在Flash CC工作界面中，用户通过“舞台居中”命令，可以将舞台区中的图形对象显示在舞台的最中心位置。下面向读者介绍设置舞台内容居中显示的操作方法。

• 操作步骤 •

STEP 01 单击“文件”|“打开”命令，打开一个素材文件，如图3-158所示。

STEP 02 在舞台区中，使用手形工具移动舞台区中图形的显示位置，如图3-159所示。

图3-158 打开一个素材文件

图3-159 移动图形的显示位置

STEP 03 在菜单栏中，单击“视图”菜单，在弹出的菜单列表中单击“缩放比率”|“舞台居中”命令，如图3-160所示。

STEP 04 执行操作后，即可将图形对象显示在舞台的最中心位置，如图3-161所示。在该预览模式下，不会调整图形的显示比率，只会调整图形的显示位置。

图3-160 单击“舞台居中”命令

图3-161 显示在舞台的最中心位置

技巧点拨

在Flash CC工作界面中，用户在舞台区的上方，单击“舞台居中”按钮⌖，如图3-162所示，也可以将图形对象显示在舞台的最中心位置。

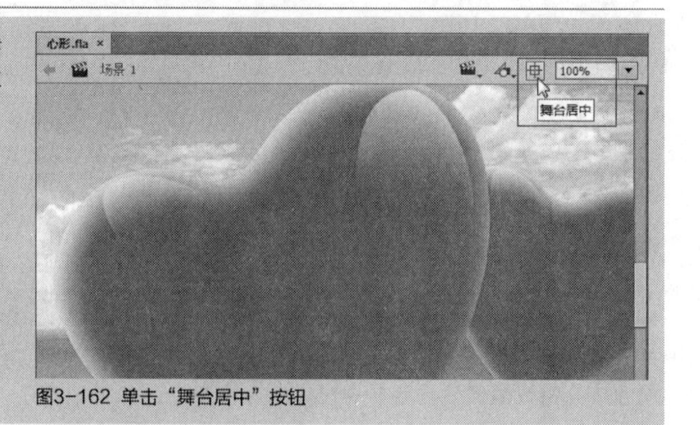

图3-162 单击“舞台居中”按钮

实战 097 显示帧

▶ 实例位置：无
▶ 素材位置：光盘\素材\第3章\高佳鞋场.fla
▶ 视频位置：光盘\视频\第3章\实战097.mp4

• 实例介绍 •

在Flash CC工作界面中，用户通过“显示帧”命令，可以在舞台区中完整地显示出图层中的帧对象。下面向读者介绍显示帧的操作方法。

• 操作步骤 •

STEP 01 单击“文件”|“打开”命令，打开一个素材文件，如图3-163所示。

图3-163 打开一个素材文件

STEP 02 在舞台区中，使用手形工具移动舞台区中图形的显示位置，如图3-164所示。

图3-164 移动图形的显示位置

STEP 03 在“时间轴”面板中，选择“图层2”图层的第1帧，如图3-165所示。

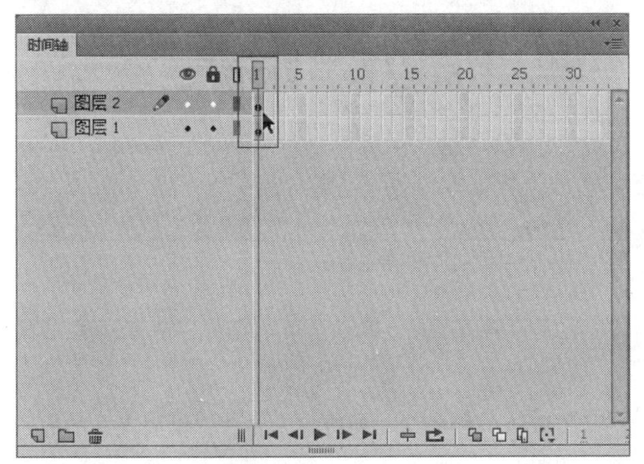

图3-165 选择“图层2”图层的第1帧

STEP 04 在菜单栏中，单击“视图”菜单，在弹出的菜单列表中单击“缩放比率”|“显示帧”命令，如图3-166所示。

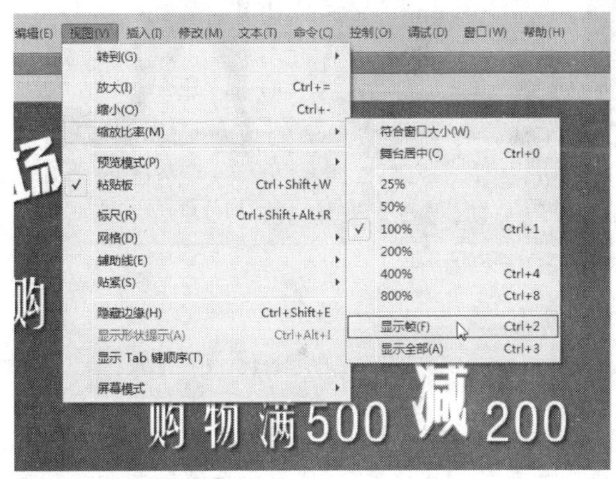

图3-166 单击“显示帧”命令

STEP 05 用户还可以在舞台区的上方，单击右上角位置的“缩放比率”列表框下拉按钮，在弹出的列表框中选择“显示帧”选项，如图3-167所示。

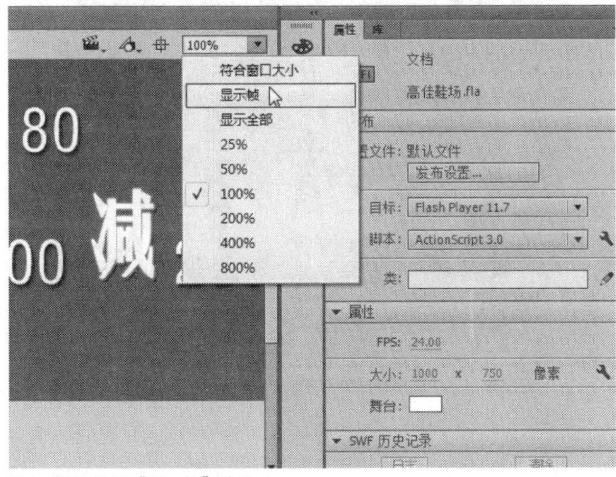

图3-167 选择“显示帧”选项

STEP 06 执行操作后，即可完整地在舞台中显示出图层中的帧对象，舞台中的图形画面效果如图3-168所示。

图3-168 显示图层中的帧对象

技巧点拨

在Flash CC工作界面中，用户按【Ctrl＋2】组合键，也可以快速执行“显示帧”命令，快速显示图层中的帧对象。

实战098 显示全部

▶实例位置：无
▶素材位置：光盘\素材\第3章\电子广告.fla
▶视频位置：光盘\视频\第3章\实战098.mp4

• 实例介绍 •

在Flash CC工作界面中，用户通过“显示全部”命令，可以在舞台区中显示出所有的图形对象。下面向读者介绍显示全部的操作方法。

• 操作步骤 •

STEP 01 单击“文件”|“打开”命令，打开一个素材文件，如图3-169所示。

图3-169 打开一个素材文件

STEP 02 在舞台区中，使用手形工具移动舞台区中图形的显示位置，如图3-170所示。

图3-170 移动图形的显示位置

技巧点拨

在Flash CC工作界面中，用户按【Ctrl＋3】组合键，也可以快速执行“显示全部”命令，快速显示舞台中的所有图形对象。

STEP 03 在菜单栏中，单击“视图”菜单，在弹出的菜单列表中单击“缩放比率”|“显示全部”命令，如图3-171所示。

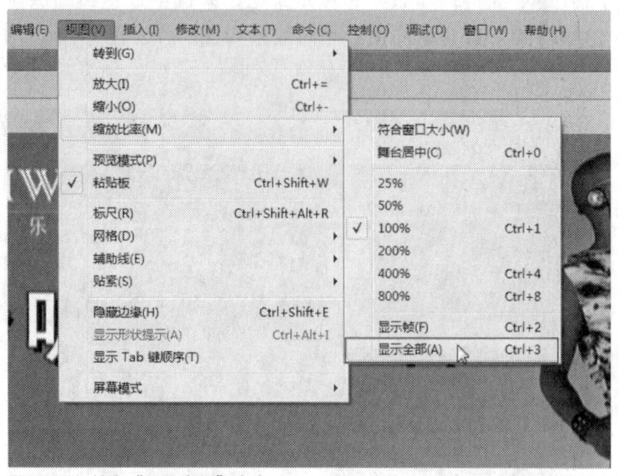

图3-171 单击“显示全部”命令

STEP 04 执行操作后，即可显示舞台区中的所有图形对象，如图3-172所示。

图3-172 显示舞台区中的所有图形对象

技巧点拨

在Flash CC工作界面中，用户在舞台区的上方，单击右上角位置的“缩放比率”列表框下拉按钮，在弹出的列表框中选择“显示全部”选项，如图3-173所示，也可以将舞台区中的图形对象全部显示出来。

图3-173 选择“显示全部”选项

实战 099 通过命令设置舞台比率

▶实例位置：无
▶素材位置：光盘\素材\第3章\商品广告.fla
▶视频位置：光盘\视频\第3章\实战099.mp4

• 实例介绍 •

在Flash CC工作界面中，用户通过“显示比率”子菜单中的相应命令，可以在舞台区中按比率显示出所有的图形对象。下面向读者介绍设置舞台显示比率的操作方法。

• 操作步骤 •

STEP 01 单击“文件”|“打开”命令，打开一个素材文件，如图3-174所示。

图3-174 打开一个素材文件

STEP 02 在舞台区中，可以查看目前舞台的显示比例，如图3-175所示。

图3-175 查看目前舞台的显示比例

STEP 03 在菜单栏中，单击“视图”菜单，在弹出的菜单列表中单击“缩放比率”|“50%”命令，如图3-176所示。

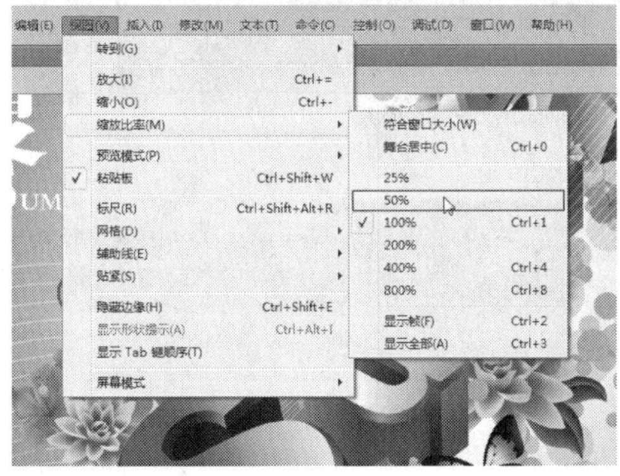

图3-176 单击“50%”命令

STEP 04 执行操作后，即可以50%的显示比率缩放舞台中的图形对象，如图3-177所示。用户还可以根据舞台中图形的实际情况，选择合适的显示比率来缩放图形。

图3-177 以50%的显示比率缩放图形

实战100 通过列表框设置舞台比率

▶实例位置：无
▶素材位置：光盘\素材\第3章\深夜烛光.fla
▶视频位置：光盘\视频\第3章\实战100.mp4

• 实例介绍 •

在Flash CC工作界面中，用户通过舞台区右上角的“显示比率”列表框中的相应比率选项，也可以在舞台区中按比率显示出所有的图形对象。

• 操作步骤 •

STEP 01 单击“文件”|“打开”命令，打开一个素材文件，如图3-178所示。

图3-178 打开一个素材文件

STEP 02 在舞台区中，可以查看目前舞台的显示比例，如图3-179所示。

图3-179 查看目前舞台的显示比例

STEP 03 在舞台区的上方，单击右上角位置的“缩放比率”列表框下拉按钮，在弹出的列表框中选择“100%”选项，如图3-180所示。

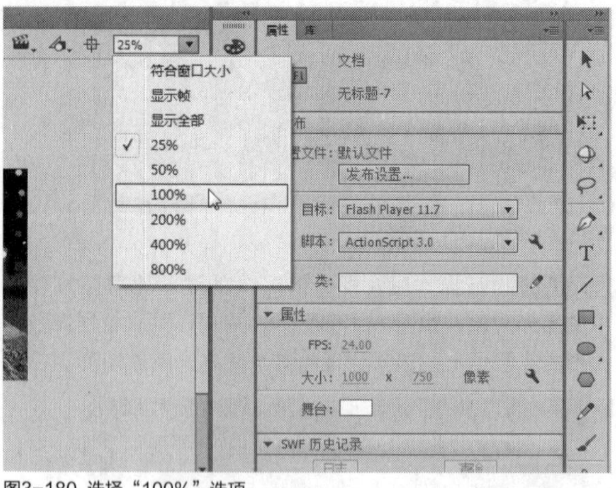

图3-180 选择“100%”选项

STEP 04 执行操作后，即可以100%的显示比率缩放舞台中的图形对象，如图3-181所示。

图3-181 以100%的显示比率缩放图形

技巧点拨

在Flash CC工作界面中，用户按【Ctrl+1】组合键，也可以快速执行“100%”命令，快速以100%的比率显示舞台中的图形对象。

第4章

应用Flash CC基本工具

本章导读

本章主要向用户介绍基本工具的使用。在Flash CC中，工具栏中包含了绘制和编辑矢量图形的各种工具，主要由工具、查看、颜色和选项4个选区构成，用于进行矢量图形绘制和编辑的各种操作。

Flash CC功能十分强大，它本身具有强大的矢量图绘制和编辑功能，任何复杂的动画都是由基本的图形绘制而成的，而绘制基本图形是制作Flash动画的基础。

要点索引

- 辅助图形工具
- 基本图形工具
- 填充图形工具
- 变形图形对象
- 刷子和橡皮擦工具
- 设置绘图环境

4.1 辅助图形工具

在Flash CC中，用户可以根据需要运用辅助绘图工具对图形进行编辑。常用的辅助绘图工具有选择工具、部分选取工具、套索工具、缩放工具、手形工具和任意变形工具等，本书主要对这些工具进行详细的介绍。

实战101 选择工具

▶实例位置：光盘\效果\第4章\书.fla、书.swf
▶素材位置：光盘\素材\第4章\书.fla
▶视频位置：光盘\视频\第4章\实战101.mp4

• 实例介绍 •

在Flash CC中，选择工具主要用来选择和移动对象，还可以改变对象的大小。通过选取工具箱中的选择工具，我们可以选择任意对象，包括矢量、元件和位图。选择对象后，还可以进行移动对象、改变对象的形状等操作。

• 操作步骤 •

STEP 01 单击"文件"|"打开"命令，打开一个素材文件，如图4-1所示。

图4-1 打开素材文件

STEP 02 选取工具箱中的选择工具，将鼠标指针移至需要选择的图形上单击，即可选择图形，如图4-2所示。

图4-2 选择图形

知识拓展

用户对图形进行编辑之前，首先需要运用选择工具选择图形。该工具的功能非常强大，需要用户熟练掌握。

实战102 部分选取工具

▶实例位置：光盘\效果\第4章\logo.fla、logo.swf
▶素材位置：光盘\素材\第4章\logo.fla
▶视频位置：光盘\视频\第4章\实战102.mp4

• 实例介绍 •

在Flash CC中，部分选取工具是修改和调整路径的有效工具，主要用于选择线条、移动线条、编辑节点及调整节点方向等。

• 操作步骤 •

STEP 01 选择"文件"|"打开"命令，打开一个素材文件，如图4-3所示。

图4-3 打开素材文件

STEP 02 选取工具箱中的部分选取工具，将鼠标移至需要选择的图形上，单击鼠标左键，即可选择该图形，如图4-4所示。

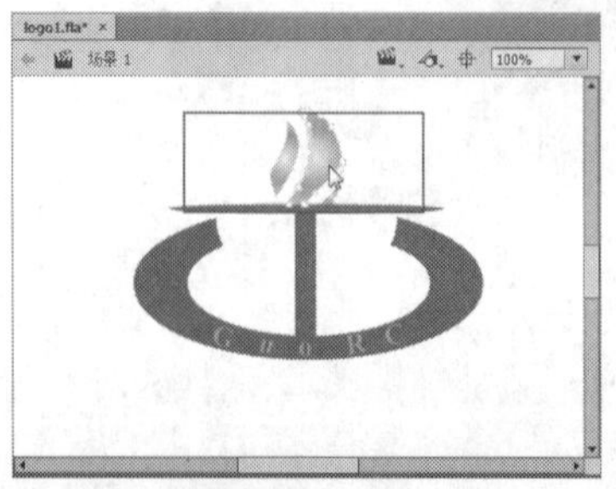

图4-4 选中操作对象

知识拓展

部分选取工具是以贝塞尔曲线的方式进行编辑的，这样能方便地对路径上的控制点进行选取、拖曳、调整路径方向及删除节点等操作，使图形达到理想的效果。

使用部分选取工具时，当鼠标指针的右下角为黑色的实心方框时，可以移动对象；当鼠标指针的右下角为空心方框时，可移动路径上的一个锚点。

实战 103　套索工具

- 实例位置：光盘\效果\第4章\蝴蝶.fla、蝴蝶.swf
- 素材位置：光盘\素材\第4章\蝴蝶.fla
- 视频位置：光盘\视频\第4章\实战103.mp4

• 实例介绍 •

在运用Flash CC中，使用套索工具可以精确地选择不规则图形中的任意部分，多边形工具适合选择有规则的区域，魔术棒用来选择相同色块区域。

在工具箱中选取套索工具，将鼠标移至舞台中，单击鼠标左键并拖曳至适当位置后释放，即可在图形对象中选择需要的范围。选取套索工具后，在工具箱底部显示套索按钮，各按钮的含义如下。

- "魔术棒"按钮：主要用于沿选择对象的轮廓进行大范围的选取，也可以选取色彩范围。
- "魔术棒设置"按钮：在选项区域中单击该按钮，弹出"魔术棒设置"对话框，如图4-5所示。在其中可以设置魔术棒选取的色彩范围。
- "多边形模式"按钮：主要对不规则的图形进行比较精确的选择。

• 操作步骤 •

STEP 01 选择"文件" | "打开"命令，打开一个素材文件，如图4-6所示。

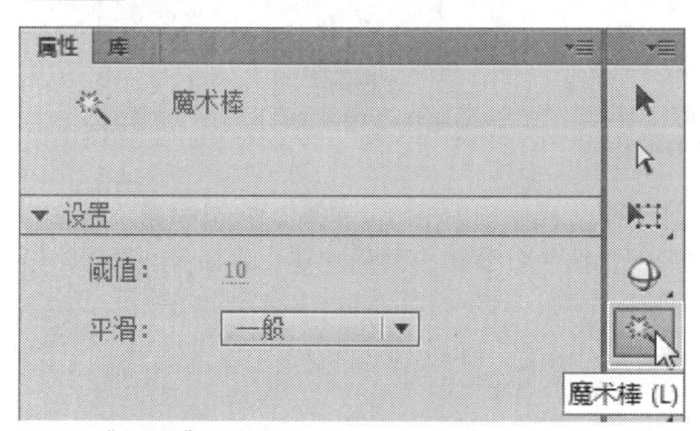

图4-5 "魔术棒"属性设置

图4-6 打开一个素材文件

STEP 02 选取工具箱中的套索工具，将鼠标移至需要选择的图形上，单击鼠标左键并拖曳，至起点位置后释放鼠标左键，效果如图4-7所示。

STEP 03 执行操作后，即可运用套索工具选择图形，如图4-8所示。

图4-7 选择图形区域过程

图4-8 选择图形

知识拓展

操作套索工具，需要先设置属性再进行区域选择，使用默认属性才不需要先进行属性修改操作。选中区域后再点击套索工具，无法修改属性，需要先取消选中的区域。

运用套索工具选择区域时无法选中图片中的局部区域，可先分离图片。

实战104 缩放工具

▶ 实例位置：光盘\效果\第4章\金鱼跳.fla、金鱼跳.swf
▶ 素材位置：光盘\素材\第4章\金鱼跳.fla
▶ 视频位置：光盘\视频\第4章\实战104.mp4

• 实例介绍 •

在Flash CC中，缩放工具用来放大或缩小舞台的显示大小。在处理图形的细微之处时，使用缩放工具可以帮助设计者完成重要的细节设计。选取缩放工具后，在工具箱中会显示“放大”和“缩小”按钮，用户可以根据需要选择相应的按钮。

• 操作步骤 •

STEP 01 单击“文件”|“打开”命令，打开一个素材文件，如图4-9所示。

图4-9 打开一个素材文件

STEP 02 选取工具箱中的缩放工具，将鼠标移至需要放大的图形上并呈形，如图4-10所示。

图4-10 鼠标呈形

STEP 03 单击鼠标左键，即可放大图形，如图4-11所示。

图4-11 放大图形

STEP 04 选取工具箱中的缩放工具，将鼠标移至需要缩小的图形上，按住Alt键单击鼠标左键，即可缩小图形，如图4-12所示。

图4-12 缩小图形

实战105 手形工具

▶ 实例位置：光盘\效果\第4章\热气球.fla、热气球.swf
▶ 素材位置：光盘\素材\第4章\热气球.fla
▶ 视频位置：光盘\视频\第4章\实战105.mp4

• 实例介绍 •

在Flash CC中，在动画尺寸非常大或者舞台放大的情况下，当工作区域中不能完全显示舞台中的内容时，我们可以使用手形工具移动舞台。

• 操作步骤 •

STEP 01 单击“文件”|“打开”命令，打开一个素材文件，如图4-13所示。

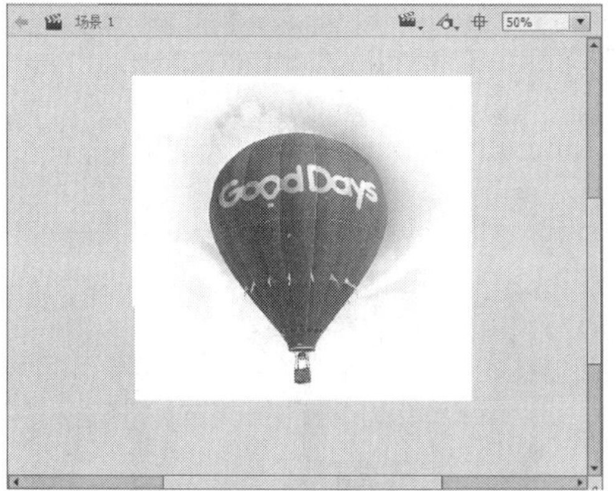

图4-13 打开一个素材文件

STEP 02 选取工具箱中的缩放工具，将图形放大，如图4-14所示。

图4-14 放大图形

STEP 03 选取工具箱中的手形工具，将鼠标移至舞台中，此时鼠标指针呈形状，如图4-15所示。

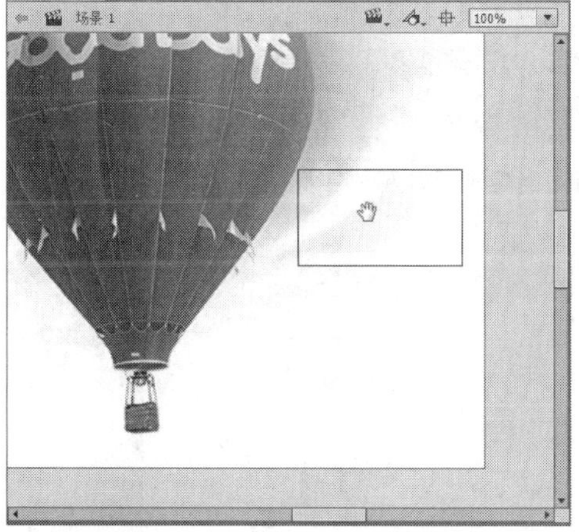

图4-15 定位鼠标

STEP 04 单击鼠标左键并向右拖曳，即可移动舞台，效果如图4-16所示。

图4-16 调整到合适的位置

实战 106 任意变形工具

▶ 实例位置：光盘\效果\第4章\广告.fla、广告.swf
▶ 素材位置：光盘\素材\第4章\广告.fla
▶ 视频位置：光盘\视频\第4章\实战106.mp4

• 实例介绍 •

在Flash CC中，任意变形工具用来改变和调整对象的形状。对象的变形不仅包括缩放、旋转、倾斜和反转等基本变形模式，还包括扭曲及封套等特殊变形形式。各种变形都有其特点，灵活运用可以做出很多特殊效果。

选取工具箱中的任意变形工具后，在工具箱底部出现如图4-17所示的“旋转与倾斜”按钮、“缩放”按钮、“扭曲”按钮和“封套”按钮，各按钮的含义如下。

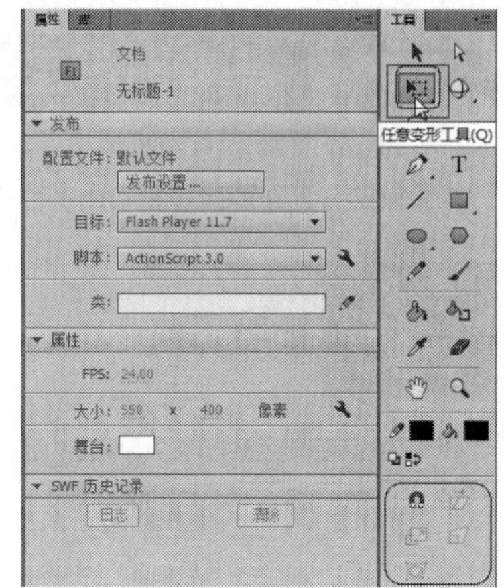

图4-17 变形工具属性

➢ “旋转与倾斜”按钮：单击该按钮，可以对选择的对象进行旋转或倾斜操作。

➢ “缩放”按钮：单击该按钮，可以对选择的对象进行放大或缩小操作。

➢ “扭曲”按钮：单击该按钮，可以对选择的对象进行扭曲操作。该功能只对分离后的对象，即矢量图有效，且对四角的控制点有效。

➢ “封套”按钮：单击该按钮，当前被选择的对象四周就会出现更多的控制点，可以对该对象进行更加精确的变形操作。

• 操作步骤 •

STEP 01 单击“文件”|“打开”命令，打开一个素材文件，如图4-18所示。

图4-18 打开一个素材文件

STEP 02 选取工具箱中的任意变形工具，选择需要变形的图形，如图4-19所示。

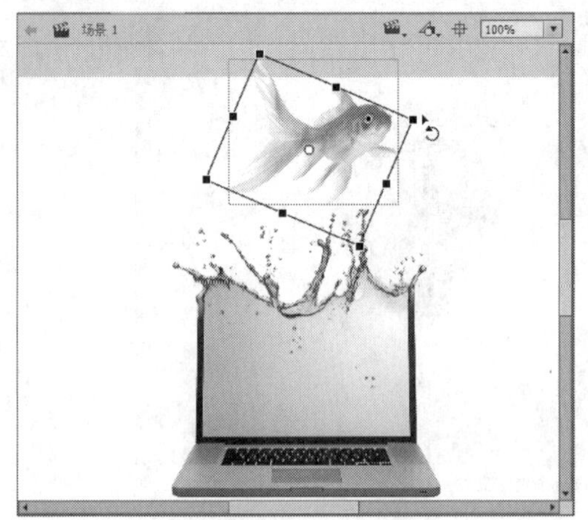

图4-19 选择需要变形的图形

知识拓展

在Flash CC中，使用任意变形工具，可以对图形对象进行自由变换操作，包括旋转、倾斜、缩放和翻转图形对象。当用户选择了需要变形的对象后，选取工具箱中的任意变形工具，即可设置对象的变形方式。若工具窗口中只显示出一列且工具箱底部“旋转与倾斜”按钮、“缩放”按钮、“扭曲”按钮和“封套”按钮没有显现，拉宽工具窗口的宽度即可显现这些按钮。

STEP 03 将鼠标移至右上角的变形控制点上，单击鼠标左键并拖曳，如图4-20所示。

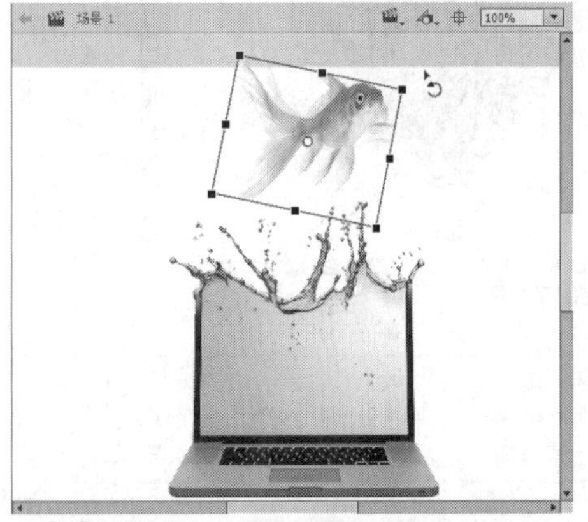

图4-20 转动对象

STEP 04 至适当位置后，释放鼠标左键，即可变形图形，效果如图4-21所示。

图4-21 变形效果

4.2 基本图形工具

在Flash CC中，系统提供了一系列的矢量图形绘制工具。用户使用这些工具，就可以绘制出所需的各种矢量图形，并将绘制的矢量图形应用到动画制作中。本节主要介绍Flash CC基本绘图工具的使用方法。

实战107 铅笔工具

▶ 实例位置：光盘\效果\第4章\漫画.fla、漫画.swf
▶ 素材位置：光盘\素材\第4章\漫画.fla
▶ 视频位置：光盘\视频\第4章\实战107.mp4

• 实例介绍 •

在Flash CC中，使用铅笔工具绘图与使用现实生活中的铅笔绘图非常相似，铅笔工具常用于在指定的场景中绘制线条和图形。

使用铅笔工具不但可以绘制出不封闭的直线、竖线和曲线3种类型，而且还可以绘制出各种规则和不规则的封闭图形。使用铅笔工具所绘制的曲线通常不够精确，但可以通过编辑曲线对其进行修整。

当选取工具箱中的铅笔工具，单击工具箱底部的“铅笔模式”按钮，弹出的绘图列表框，其中有3种绘图模式，各模式的含义如下。

- 伸直：主要进行形状识别，如果绘制出近似的正方形、圆、直线或曲线，Flash将根据它的判断自动调整成相应的规则的几何形状。
- 平滑：对有锯齿的笔触进行平滑处理。
- 墨水：可以随意地绘制出各种线条，并且不会对笔触进行任何修改。

● 操作步骤 ●

STEP 01 单击“文件”|“打开”命令，打开一个素材文件，如图4-22所示。

图4-22 打开一个素材文件

STEP 02 选取工具箱中的铅笔工具，在下方的“铅笔模式”中选择“平滑”，如图4-23所示。

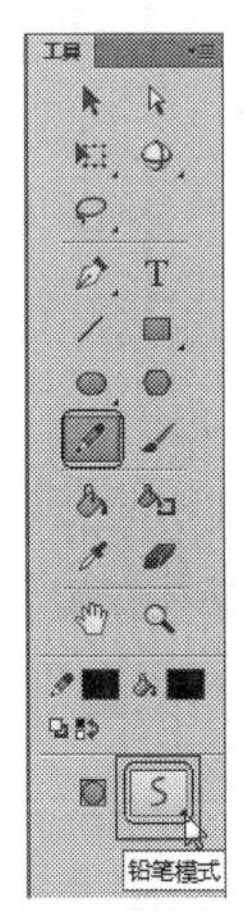

图4-23 选择“平滑”

STEP 03 在“笔触”选项区中设置笔触为“1”，样式为“实线”，笔触颜色为“黑色”，填充颜色为“无”，如图4-24所示。

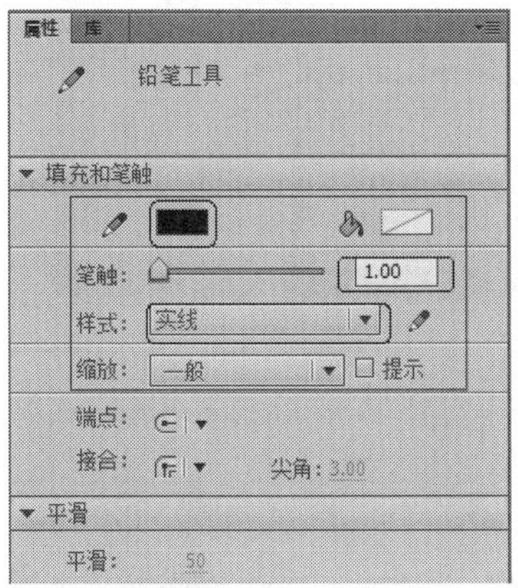

图4-24 铅笔属性设置

STEP 04 将鼠标移至舞台中的适当位置，如图4-25所示。

图4-25 移动鼠标

知识拓展

使用铅笔工具，能选择伸直、平滑和墨水三种绘画模式。
伸直：是将线条修整为一段一段的直线，方便画水平线或垂直线。
平滑：是将所画线条的曲折处做局部平滑处理，适合画平滑的曲线。
墨水：是将起点和终点确定后再做平滑处理。

STEP 05 单击鼠标左键并拖曳Z形，至适当位置后，释放鼠标左键，重复几次，如图4-26所示。

STEP 06 修改铅笔属性“笔触”为“5”，如图4-27所示。

STEP 07 将鼠标移至舞台中的适当位置，单击鼠标左键并拖曳画出“胡须”，至适当位置后，释放鼠标左键，如图4-28所示。

图4-26 拖曳鼠标

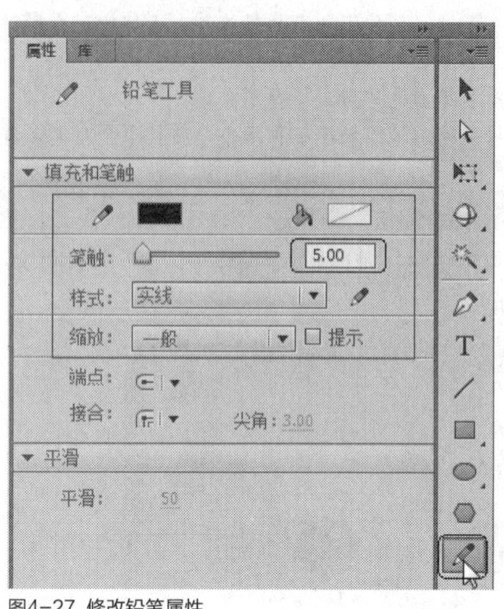

图4-27 修改铅笔属性

STEP 08 将鼠标移至右边适当位置，单击鼠标左键并拖曳画出“胡须”，至适当位置后，释放鼠标左键，重复操作，效果如图4-29所示。

图4-28 画出胡须

图4-29 绘画结果

实战 108 钢笔工具

▶ 实例位置：光盘\效果\第4章\礼物袋2.fla、礼物袋2.swf
▶ 素材位置：光盘\素材\第4章\礼物袋2.fla
▶ 视频位置：光盘\视频\第4章\实战108.mp4

• 实例介绍 •

在Flash CC中，钢笔工具也是用来绘制线条的，不过使用钢笔工具绘制的封闭曲线自动带有填充图形，而使用铅笔工具绘制的封闭曲线不带填充图形。使用钢笔工具可以精确地绘制直线和平滑的曲线，并可以分段绘制曲线的各个部分。

• 操作步骤 •

STEP 01 单击“文件”|“打开”命令，打开一个素材文件，如图4-30所示。

STEP 02 选取工具箱中的钢笔工具，在“属性”面板的“填充和笔触”选项区中，设置“笔触颜色”为棕色（#663300）、“笔触高度”为4，如图4-31所示。

图4-30 打开素材文件

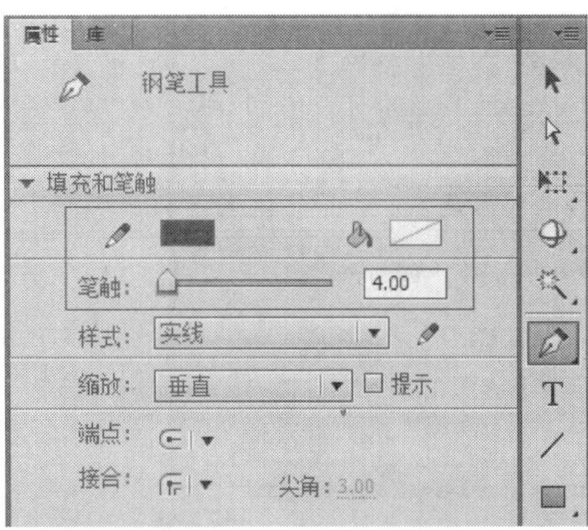

图4-31 设置钢笔属性

STEP 03 将鼠标移至舞台中的适当位置，鼠标指针显示为形，单击鼠标左键并拖曳，如图4-32所示。

STEP 04 至适当位置后，释放鼠标左键，即可绘制手提袋形状，效果如图4-33所示。

图4-32 鼠标指针呈形

图4-33 钢笔绘制结果

技巧点拨

在使用钢笔工具绘制曲线过程中，按住【Shift】键的同时再单击鼠标左键，将绘制出一个与上一个锚点在同一垂直线或水平线上的锚点。

实战 109 线条工具

▶实例位置：光盘\效果\第4章\食谱.fla、食谱.swf
▶素材位置：光盘\素材\第4章\食谱.fla
▶视频位置：光盘\视频\第4章\实战109.mp4

• 实例介绍 •

在Flash CC中绘制图形时，线条作为重要的视觉元素，一直发挥着重要的作用，而且弧线、曲线和不规则线条能表现出轻盈、生动的画面。

运用工具箱中的线条工具可以绘制出不同属性的线条。可以选择绘制的线条，在“属性”面板的“填充和笔触”选项区中对线条的属性进行设置，如图4-34所示。

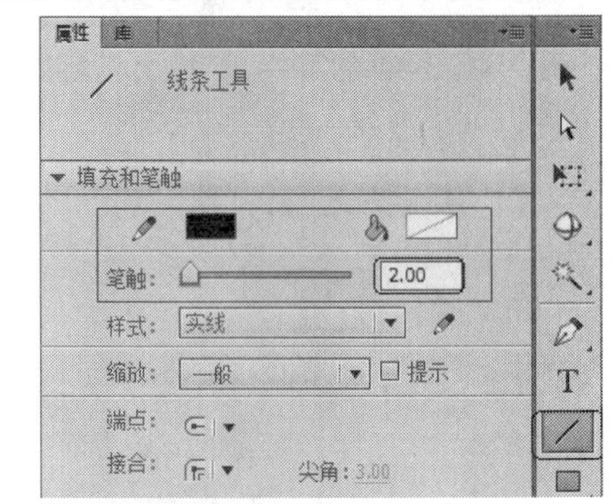

图4-34 设置线条工具属性

在“属性”面板中，各主要选项含义如下。

➢ “笔触颜色”色块：单击色块，在弹出的颜色面板中可以选择相应的颜色，如果预设的颜色不能满足用户的需求，可以通过单击颜色面板右上角按钮，弹出“颜色”对话框，在其中对“笔触颜色”进行详细的设置。

➢ “笔触高度”文本框：用来设置所绘制线条的粗细度，可以直接在文本框中输入笔触的高度值，也可以通过拖曳“笔触”滑块来设置笔触高度。

➢ “样式”列表框：单击“样式”按钮，在弹出的列表框中选择绘制的线条样式。在Flash CC中，系统内置了一些常用的线条类型，如图4-35所示。如果系统提供的样式不能满足需要，则可单击右侧的“编辑笔触样式”按钮，弹出“笔触样式”对话框，如图4-36所示，在其中对选择的线条类型的属性进行相应的设置。

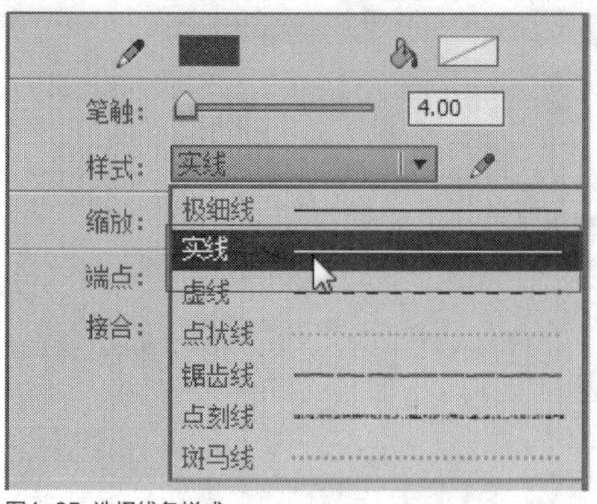

图4-35 选择线条样式

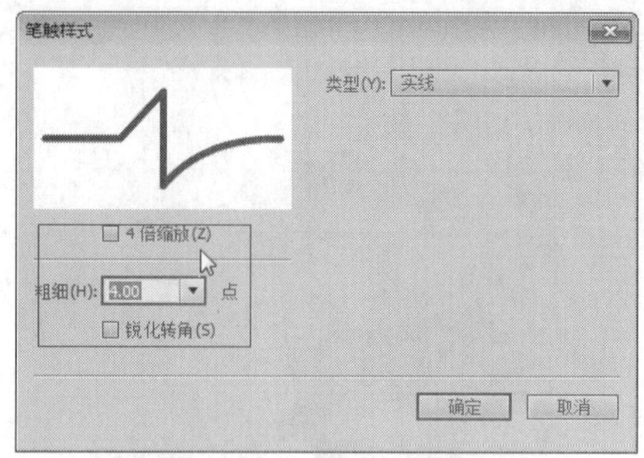

图4-36 设置线条样式属性

• 操作步骤 •

STEP 01 单击“文件”|“打开”命令，打开一个素材文件，如图4-37所示。

STEP 02 选取工具箱中的线条工具，在“属性”面板的“填充和笔触”选项区中，设置“笔触颜色”为土黄色（#CC9900）、“笔触高度”为4、“样式”为“虚线”，如图4-38所示。

技巧点拨

在使用铅笔工具绘制直线过程中，只要注意起点和终点的位置，将绘制出一个锚点与上一个锚点之间的线段。

图4-37 打开素材文件

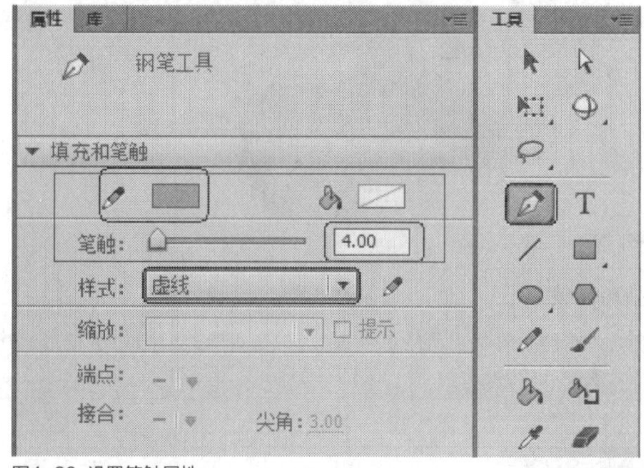

图4-38 设置笔触属性

STEP 03 将鼠标移至舞台中的适当位置，此时鼠标指针呈十形状，效果如图4-39所示。

STEP 04 在舞台中的适当位置单击鼠标左键并拖曳，绘制直线，效果如图4-40所示。

图4-39 鼠标指针呈十形状

图4-40 绘制直线

实战110 椭圆工具

▶ 实例位置：光盘\效果\第4章\灯泡.fla、灯泡.swf
▶ 素材位置：光盘\素材\第4章\灯泡.fla
▶ 视频位置：光盘\视频\第4章\实战110.mp4

• 实例介绍 •

在Flash CC中，选取椭圆工具，在工具箱的“颜色”选项区中会出现矢量边线和内部填充色的属性，其中部分属性的用法如下。

- 如果要绘制无外框线的椭圆，可以单击“笔触颜色”按钮，在颜色区中单击“没有颜色”按钮，取消外部矢量线色彩。
- 如果只想得到椭圆线框的效果，可以单击“填充颜色”按钮，在颜色区中单击“没有颜色”按钮，取消内部色彩填充。

设置好椭圆工具的色彩属性后，移动鼠标至舞台中，指针呈“十”形状，单击鼠标左键并拖曳，即可绘制出需要的椭圆。

• 操作步骤 •

STEP 01 单击“文件”|“打开”命令，打开一个素材文件，如图4-41所示。

图4-41 打开素材文件

STEP 02 选取工具箱中的椭圆工具，在“属性”面板的“填充和笔触”选项区中，设置“填充颜色”为灰色（#CCCCCC），如图4-42所示。

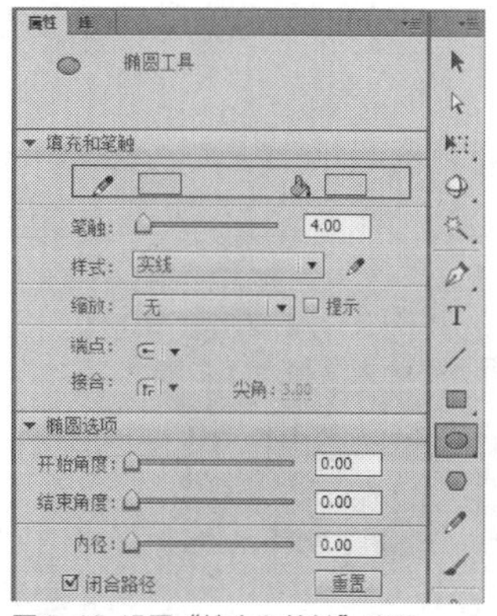

图4-42 设置“填充和笔触”选项

STEP 03 将鼠标移至舞台中的适当位置，鼠标指针呈十形，如图4-43所示。

图4-43 鼠标指针呈十形

STEP 04 单击鼠标左键并拖曳，至适当位置后，释放鼠标左键，即可绘制椭圆，效果如图4-44所示。

图4-44 绘制椭圆

技巧点拨

在Flash CC中绘制矩形时，按住【Shift】键拖曳鼠标可绘制圆，按住【Shift + Alt】键拖曳鼠标可绘制以鼠标拖曳起点为圆心的圆。

椭圆的轮廓色和填充色既可以在工具箱中设置，也可以在“属性”面板中设置，而椭圆轮廓的粗细和椭圆轮廓的类型只能在“属性”面板中设置。

实战111 矩形工具

▶实例位置：光盘\效果\第4章\福莲花.fla、福莲花.swf
▶素材位置：光盘\素材\第4章\福莲花.fla
▶视频位置：光盘\视频\第4章\实战111.mp4

• 实例介绍 •

在Flash CC中，矩形工具是几何形状绘制工具，用于创建矩形和正方形。绘制矩形的方法很简单，只需要在工具箱中选取矩形工具，在舞台上拖曳鼠标，确定矩形的轮廓后，释放鼠标左键即可。用户还可以通过矩形工具对应的“属性”面板设置矩形的边框属性及填充颜色。

• 操作步骤 •

STEP 01 单击“文件”|“打开”命令，打开一个素材文件，如图4-45所示。

图4-45 打开素材文件

STEP 02 选取工具箱中的矩形工具，在“属性”面板的“填充和笔触”选项区中，设置“笔触颜色”为棕色（#660000）、“笔触高度”为0.5，如图4-46所示。

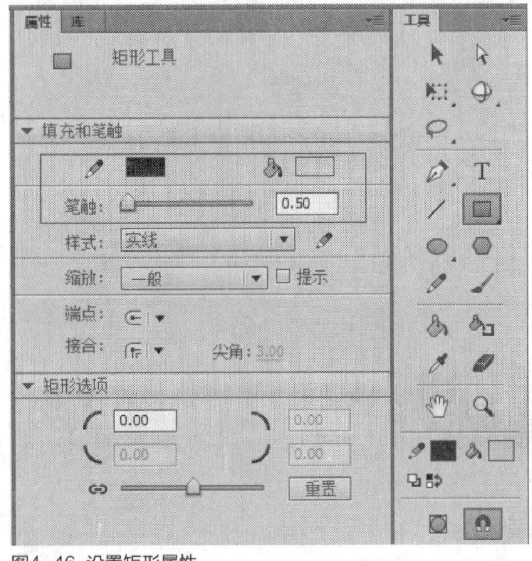

图4-46 设置矩形属性

STEP 03 将鼠标移至舞台区中的适当位置，单击鼠标左键并拖曳，如图4-47所示。

图4-47 拖曳鼠标

STEP 04 至合适位置后，释放鼠标左键，即可在舞台中绘制一个矩形对象，效果如图4-48所示。

图4-48 绘制矩形

技巧点拨

在Flash CC中绘制矩形时，按住【Shift】键拖曳鼠标可绘制正方形。

实战 112　多边形工具

▶实例位置：光盘\效果\第4章\圣诞.fla、圣诞.swf
▶素材位置：光盘\素材\第4章\圣诞.fla
▶视频位置：光盘\视频\第4章\实战112.mp4

• 实例介绍 •

在Flash CC中，多角星形工具用于绘制多边形和星形的多角星形。使用该工具，用户可以根据需要绘制出不同边数和不同大小的多边形和星形。

在默认情况下，绘制出的图形是正五边形。如果要绘制其他形状的多边形，可以单击“属性”面板中的“选项”按钮，弹出“工具设置”对话框，其中各参数的含义如下。

➢ 样式：在“样式”列表框中，用户可以选择需要绘制图形的样式，包括“多边形”和“星形”两个选项，默认的设置为“多边形”。

➢ 边数：在该文本框中，用户可以根据需要输入绘制图形的边数，默认值为5。

➢ 星形顶点大小：在该文本框中，用户可以输入需要绘制图形顶点的大小，默认值为0.5。

• 操作步骤 •

STEP 01 单击“文件”|“打开”命令，打开一个素材文件，如图4-49所示。

图4-49 打开素材文件

STEP 02 选取工具箱中的多角星形工具，在“填充和笔触”选项区中设置“填充颜色”为白色，单击“选项”按钮，如图4-50所示。

笔触：0.50
样式：实线
缩放：一般　提示
端点：
接合：　尖角：3.00
工具设置
选项...

图4-50 单击“选项”按钮

STEP 03 弹出“工具设置”对话框，单击“选项”按钮，在其中设置“样式”为“星形”、“边数”为“6”、“星形顶点大小”为“0.1”，如图4-51所示。

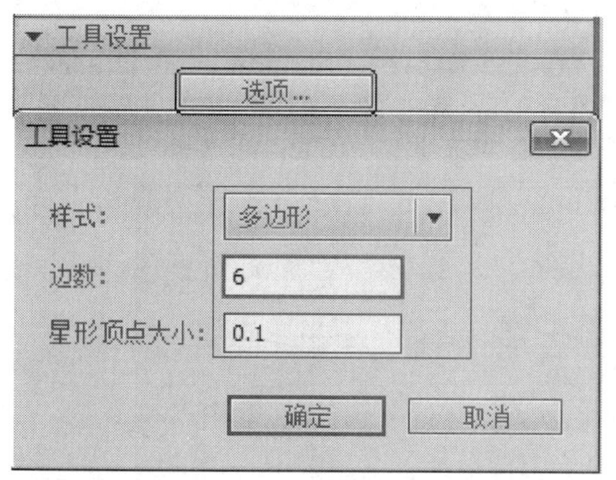

图4-51 设置参数

STEP 04 单击“确定”按钮，将鼠标移至舞台中适当位置，单击鼠标左键并拖曳，绘制一个多角星形，如图4-52所示。

图4-52 绘制多角星形

STEP 05 执行操作后，即可查看绘制的多角星形，如图4-53所示。

STEP 06 用与上同样的方法，绘制其他的多角星形，效果如图4-54所示。

图4-53 查看绘制的多角星形

图4-54 绘制其他的多角星形

知识拓展

单击“文件”|“打开”命令，打开一个素材文件，如图4-55所示。在属性面板中选中“选项”按钮，会打开工具设置面板，修改样式为多边形，边数设置为5，如图4-56所示。

将鼠标移至舞台，拖曳鼠标指针，如图4-57所示。重新选择合适的点，拖曳鼠标指针，重复几次，效果如图4-58所示。

图4-55 打开一个素材文件

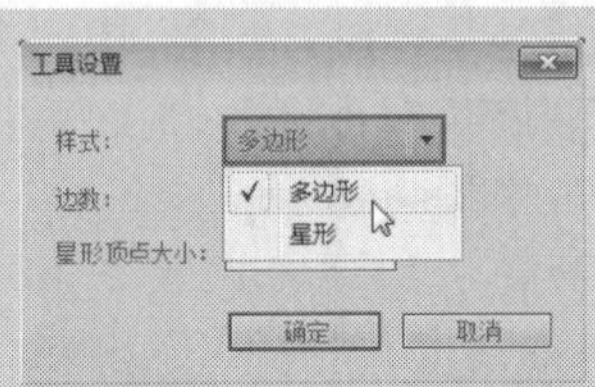

图4-56 设置“选项”

图4-57 拖曳鼠标

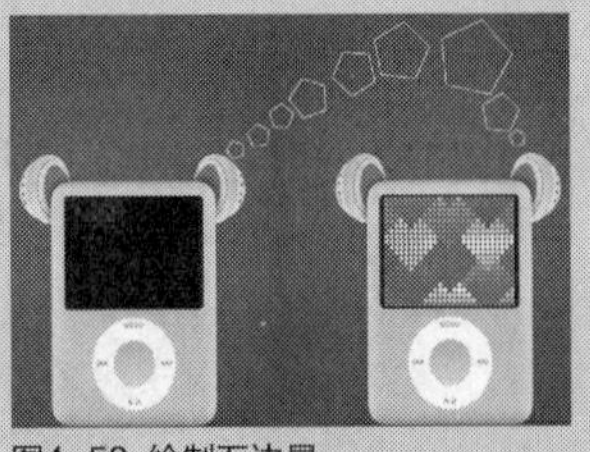

图4-58 绘制五边星

实战 113 运用刷子工具

▶实例位置：光盘\效果\第4章\圣诞老人.fla、圣诞老人.swf
▶素材位置：光盘\素材\第4章\圣诞老人.fla
▶视频位置：光盘\视频\第4章\实战113.mp4

• 实例介绍 •

在Flash CC中，使用刷子工具可以利用画笔的各种形状，为各种物体涂抹颜色。

• 操作步骤 •

STEP 01 单击“文件”|“打开”命令，打开一个素材文件，如图4-59所示。

图4-59 打开一个素材文件

STEP 02 选取工具箱中的刷子工具，在“填充和笔触”选项区中设置“填充颜色”为红色，如图4-60所示。

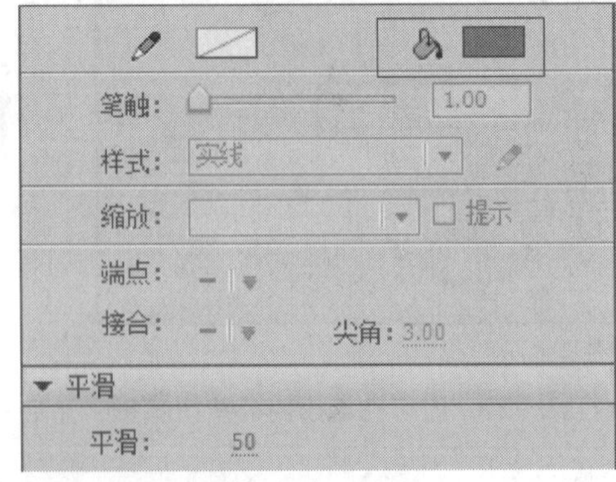

图4-60 将“填充颜色”设置为红色

STEP 03 将鼠标移至舞台中的适当位置，单击鼠标左键并拖曳，绘制一条直线，如图4-61所示。

图4-61 绘制直线

STEP 04 用与上同样的方法，绘制其他的线条，效果如图4-62所示。

图4-62 绘制其他线条

知识拓展

选取刷子工具后，在工具箱下方单击“刷子模式”按钮，可以选择刷子的5种模式，各模式的含义如下。

- “标准绘画”模式：在该模式下，使用刷子工具绘制图形位于所有其他对象之上。
- “颜料填充”模式：在该模式下，使用刷子工具绘制的图形只覆盖填充图形和背景，而不覆盖线条。
- “后面绘画”模式：在该模式下，使用刷子工具绘制的图形只覆盖舞台背景，而不覆盖线条和其他填充。
- “颜料选择”模式：在该模式下，使用刷子工具绘制的图形只覆盖选定的填充。
- “内部绘画”模式：在该模式下，使用刷子工具绘制的图形只作用于下笔处的填充区域，而不覆盖其他任何对象。

4.3 填充图形工具

在Flash CC中，绘制矢量图形的轮廓线条后，通常还需要为图形填充相应的颜色。恰当的颜色填充，不但可以使图形更加精美，同时对于线条中出现的细小失误也具有一定的修补作用。填充与描边工具包括墨水瓶工具、颜料桶工具、滴管工具和渐变变形工具等，本节主要对这些工具进行详细的介绍。

实战 114 墨水瓶工具

▶ 实例位置：光盘\效果\第4章\黑猫.fla、黑猫.swf
▶ 素材位置：光盘\素材\第4章\黑猫.fla
▶ 视频位置：光盘\视频\第4章\实战114.mp4

• 实例介绍 •

在Flash CC中，使用墨水瓶工具可以为绘制好的矢量线段填充颜色，也可以为指定色块加上边框，但墨水瓶工具不能对矢量色块进行填充。

• 操作步骤 •

STEP 01 单击“文件”|“打开”命令，打开一个素材文件，如图4-63所示。

图4-63 打开一个素材文件

STEP 02 选取工具箱中的墨水瓶工具，在“属性”面板的“填充和笔触”选项区中设置“笔触颜色”为白色、“笔触高度”为4，如图4-64所示。

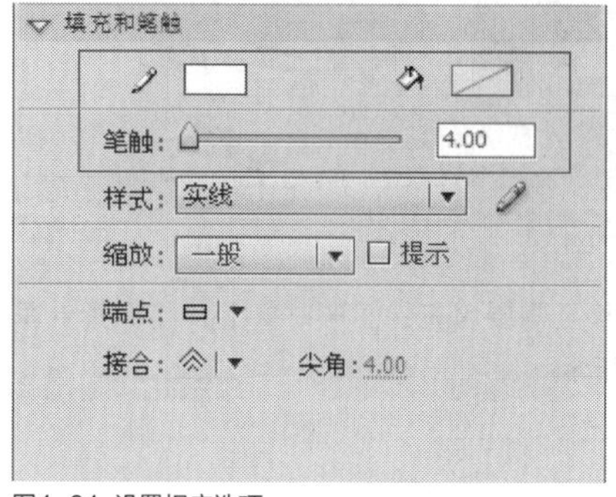

图4-64 设置相应选项

STEP 03 将鼠标移至需要填充轮廓的图形上，单击鼠标左键，即可填充轮廓，如图4-65所示。

图4-65 填充轮廓

STEP 04 用与上同样的方法，填充其他的轮廓效果，如图4-66所示。

图4-66 填充其他轮廓

知识拓展

在Flash CC中，如果单击一个没有轮廓线的区域，那么墨水瓶工具将自动为该区域增加轮廓线。如果该区域有轮廓线，则会将轮廓线改为墨水瓶工具设定的样式。

实战 115 颜料桶工具

- 实例位置：光盘\效果\第4章\喜洋洋.fla、喜洋洋.swf
- 素材位置：光盘\素材\第4章\喜洋洋.fla
- 视频位置：光盘\视频\第4章\实战115.mp4

• 实例介绍 •

在Flash CC中，颜料桶工具可以用颜色填充封闭的区域。它可以填充空的区域，也可以更改已涂色的颜色。用户可以用纯色、渐变填充以及位图填充进行涂色。此外，还可以使用颜料桶工具填充未完全封闭的区域，并且可以指定在使用颜料桶工具时闭合形状轮廓中的间隙。

• 操作步骤 •

STEP 01 单击“文件”|“打开”命令，打开一个素材文件，如图4-67所示。

图4-67 打开一个素材文件

STEP 02 选取工具箱中的颜料桶工具，在“属性”面板的“填充和笔触”选项区中设置“填充颜色”为白色，如图4-68所示。

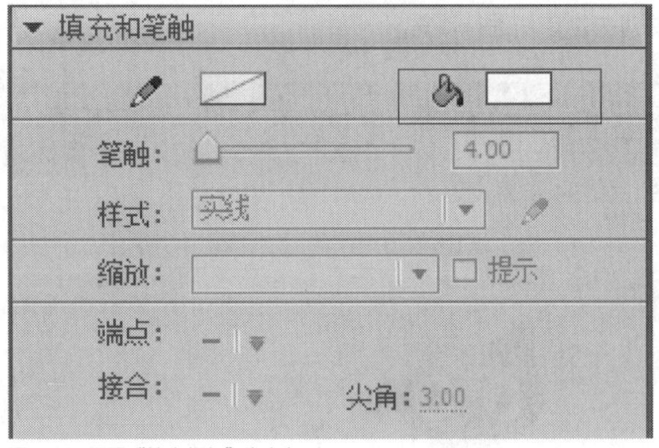

图4-68 设置“填充颜色”为白色

STEP 03 将鼠标移至需要填充的图形对象上，鼠标指针呈形，如图4-69所示。

STEP 04 单击鼠标左键，即可使用颜料桶填充图形对象，如图4-70所示。

图4-69 移动鼠标至需要填充的对象上

图4-70 填充图形

知识拓展

在Flash CC中选择颜料桶工具后，在工具箱下方出现一个“间隔大小”按钮，按钮，弹出列表框，在其中可以设置空隙大小，各模式含义如下。

不封闭空隙：在该模式下，不允许有空隙，只限于封闭空隙。

封闭小空隙：在该模式下，允许有小空隙。

封闭中等空隙：在该模式下，允许有中型空隙。

封闭大空隙：在该模式下，允许有大空隙。

图4-71 单击“间隔大小”按钮

实战116 滴管工具

▶实例位置：光盘\效果\第4章\小小样.fla、小小样.swf
▶素材位置：光盘\素材\第4章\小小样.fla
▶视频位置：光盘\视频\第4章\实战116.mp4

• 实例介绍 •

在Flash CC中，滴管工具可以吸取矢量色块属性、矢量线条属性、位图属性以及文字属性等，并可以将选择的属性应用到其他对象中。

• 操作步骤 •

STEP 01 单击“文件”|“打开”命令，打开一个素材文件，如图4-72所示。

图4-72 打开一个素材文件

STEP 02 选取工具箱中的滴管工具，将鼠标指针移至舞台中小女孩的黑色眼珠上，吸取颜色，如图4-73所示。

图4-73 吸取颜色

STEP 03 将鼠标移至需要填充的图形对象上，如图4-74所示。

图4-74 定位鼠标

STEP 04 单击鼠标左键，即可使用颜料桶填充图形对象，如图4-75所示。

图4-75 填充图形

实战117 渐变变形工具

▶实例位置：光盘\效果\第4章\冰.fla、冰.swf
▶素材位置：光盘\素材\第4章\冰.fla
▶视频位置：光盘\视频\第4章\实战117.mp4

• 实例介绍 •

在Flash CC中，运用渐变变形工具可以对已经存在的填充进行调整，包括线性渐变填充、放射状填充和位图填充。

• 操作步骤 •

STEP 01 单击“文件”|“打开”命令，打开一个素材文件，如图4-76所示。

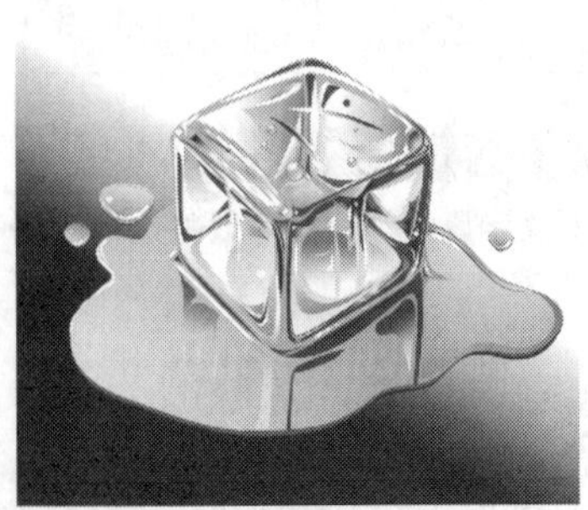

图4-76 打开一个素材文件

STEP 02 选取工具箱中的渐变变形工具，如图4-77所示。

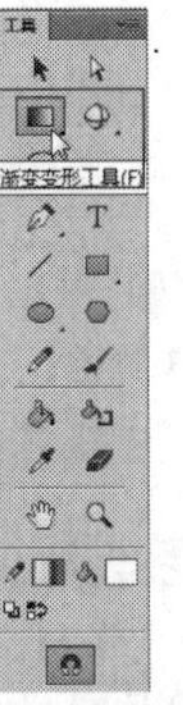

图4-77 选取“渐变变形”工具

STEP 03 选择需要渐变的图形，调出变形框，将鼠标移至控制柄上，单击鼠标左键并拖曳，如图4-78所示。

图4-78 拖曳鼠标

STEP 04 至适当位置后释放鼠标左键，即可调整变形，效果如图4-79所示。

图4-79 调整变形

知识拓展

渐变变形工具主要用于对图形对象的各种填充方式进行变形处理，可对已经存在的渐变填充进行调整。使用渐变变形工具可以方便地对渐变填充效果进行旋转、拉伸、倾斜和缩放等变换操作。

4.4 变形图形对象

在Flash CC中制作动画时，常常需要对绘制的对象或导入的图形进行变形操作。在Flash CC中，用户可以通过任意变形工具对图形对象进行旋转、缩放、倾斜等操作，对动画图形进行各种变形。

实战 118 自由变换对象

▶ 实例位置：光盘\效果\第4章\毛笔.fla、毛笔.swf
▶ 素材位置：光盘\素材\第4章\毛笔.fla
▶ 视频位置：光盘\视频\第4章\实战118.mp4

• 实例介绍 •

在Flash CC中使用“任意变形”命令，可以对图形对象进行自由变换操作，包括旋转、扭曲、封套、翻转图形对象。当用户选择了需要变形的对象后，选取工具箱中的任意变形工具，即可设置对象的变形方式。

选择任意变形对象后，在所选的对象上会出现8个控制点，此时用户可以进行如下操作。

- 将鼠标移至4个角上的控制点处，当鼠标指针呈↘形状时，单击鼠标左键并拖曳，可以同时改变对象的宽度和高度。
- 将鼠标移至控制柄中心的控制点处，当鼠标指针呈↕或⇔形状时，单击鼠标左键并拖曳，可以对对象进行缩放。
- 将鼠标移至4个角上的控制点外，当鼠标指针呈↻形状时，单击鼠标左键并拖曳，可以对对象进行旋转。
- 将鼠标移至边线上，当鼠标指针呈⇌或⇅形状时，单击鼠标左键并拖曳，可以对对象进行倾斜。
- 将鼠标移至对象上，当鼠标指针呈↖形状时，单击鼠标左键并拖曳，可以移动对象。
- 将鼠标移至中心点旁，当鼠标指针呈↖形状时，单击鼠标左键并拖曳，可以改变中心点的位置。

• 操作步骤 •

STEP 01 单击“文件”|“打开”命令，打开一个素材文件，如图4-80所示。

图4-80 打开一个素材文件

STEP 02 选取工具箱中的任意变形工具，选择需要渐变的图形，调出变形框，如图4-81所示。

图4-81 调出变形框

STEP 03 将鼠标移至需要变形的图形上，单击鼠标左键并拖曳指针，如图4-82所示。

图4-82 拖曳鼠标指针

STEP 04 此时即可变形图形对象，如图4-83所示。

图4-83 变形图形

实战119 扭曲对象

▶实例位置：光盘\效果\第4章\碟.fla、碟.swf
▶素材位置：光盘\素材\第4章\碟.fla
▶视频位置：光盘\视频\第4章\实战119.mp4

• 实例介绍 •

在Flash CC中用户不但可以进行简单的变形操作，还可以使图形发生本质的改变，即对对象进行扭曲变形操作。

• 操作步骤 •

STEP 01 单击“文件”|“打开”命令，打开一个素材文件，如图4-84所示。

图4-84 打开一个素材文件

STEP 02 选取工具箱中的任意变形工具，选择需要扭曲的图形，调出变形框，如图4-85所示。

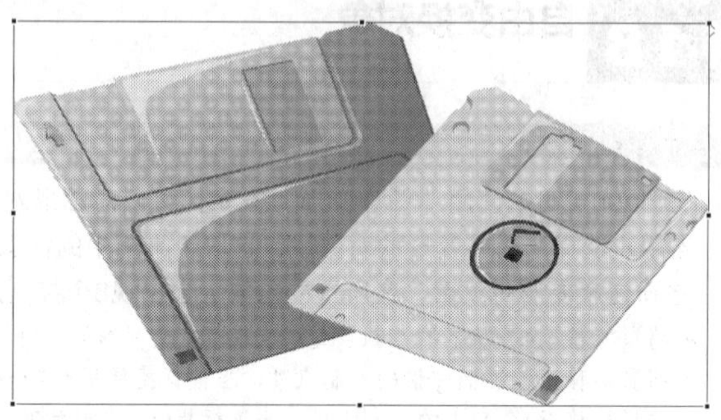

图4-85 调出变形框

STEP 03 在菜单栏中，单击“修改”|“变形”|“扭曲”命令，如图4-86所示。

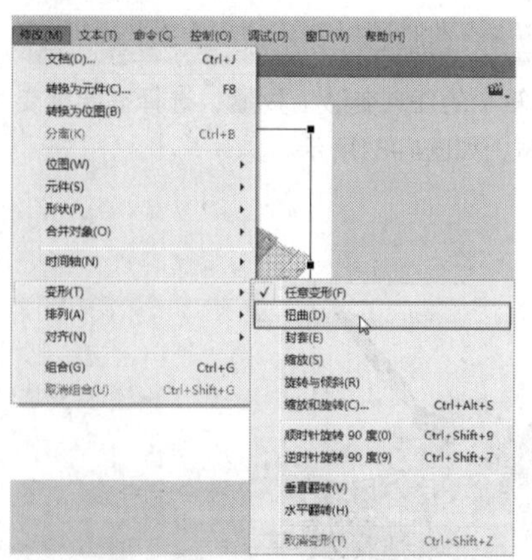

图4-86 单击“扭曲”命令

STEP 04 执行操作后，调出图形扭曲控制柄，如图4-87所示。

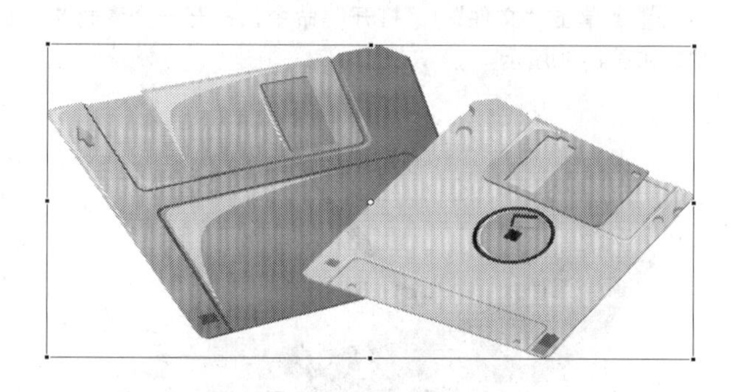

图4-87 调出图形扭曲控制柄

STEP 05 在各控制柄上，单击鼠标左键并拖曳指针，如图4-88所示。

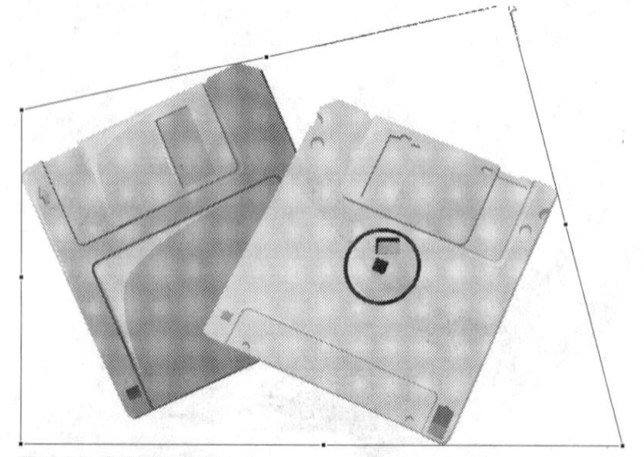

图4-88 拖曳鼠标指针

STEP 06 至适当位置后，释放鼠标左键，即可扭曲对象，如图4-89所示。

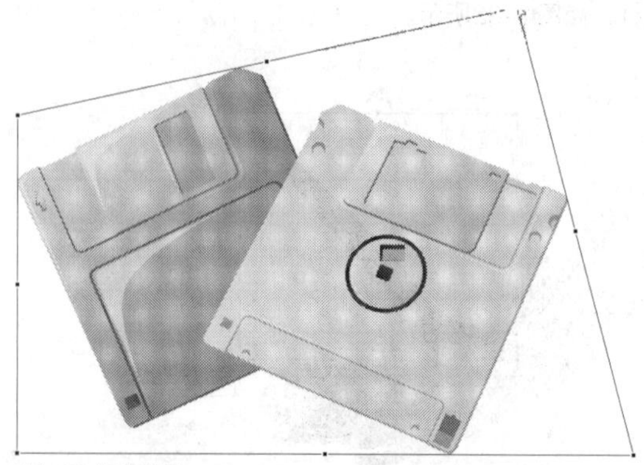

图4-89 扭曲效果

实战120 缩放对象

▶实例位置：光盘\效果\第4章\爱心杯.fla、爱心杯.swf
▶素材位置：光盘\素材\第4章\爱心杯.fla
▶视频位置：光盘\视频\第4章\实战120.mp4

• 实例介绍 •

在Flash CC中，有的图形对象大小不适合整体画面效果，这时可以通过缩放图形对象来改变图形原本的大小。

• 操作步骤 •

STEP 01 单击“文件”|“打开”命令，打开一个素材文件，如图4-90所示。

图4-90 打开一个素材文件

STEP 02 选取工具箱中的任意变形工具，选择需要缩放的图形，如图4-91所示。

图4-91 选择图形

STEP 03 将鼠标移至图形四周的控制柄上，单击鼠标左键并拖曳指针，如图4-92所示。

图4-92 拖曳鼠标指针

STEP 04 执行操作后，即可缩放图形对象，如图4-93所示。

图4-93 缩放图形

技巧点拨

在Flash CC中，选取工具箱中的选择工具，选择需要缩放的图形对象，然后单击“修改”|“变形”|“缩放”命令，也可以调出变形控制框。

实战121 封套对象

▶实例位置：光盘\效果\第4章\金心.fla、金心.swf
▶素材位置：光盘\素材\第4章\金心.fla
▶视频位置：光盘\视频\第4章\实战121.mp4

• 实例介绍 •

在Flash CC中，封套图形对象可以对图形对象进行细微的调整，以弥补扭曲变形无法改变的某些细节部分。

• 操作步骤 •

STEP 01 单击“文件”|“打开”命令，打开一个素材文件，如图4-94所示。

STEP 02 选取工具箱中的任意变形工具，选择需要封套的图形，如图4-95所示。

图4-94 打开一个素材文件

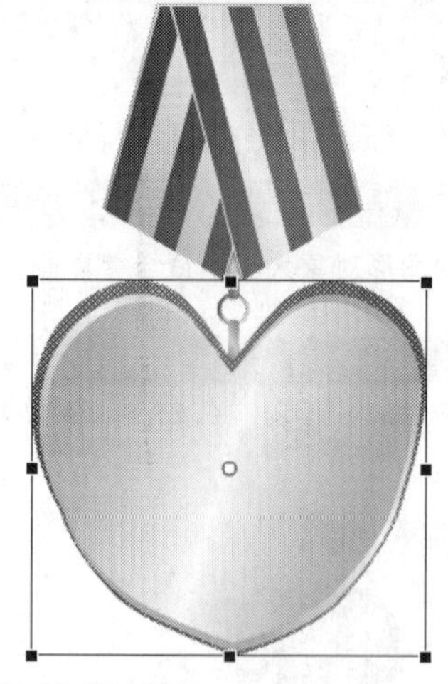
图4-95 选择图形

STEP 03 单击工具箱下的“封套”按钮进行封套，如图4-96所示。

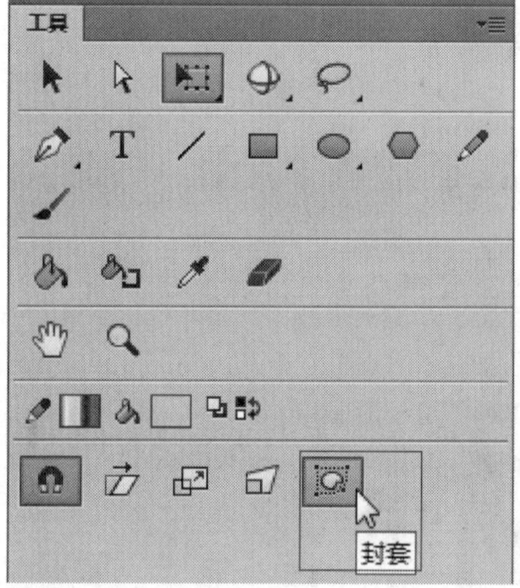

图4-96 单击“封套”命令

STEP 04 执行操作后，弹出封套变形控制框，如图4-97所示。

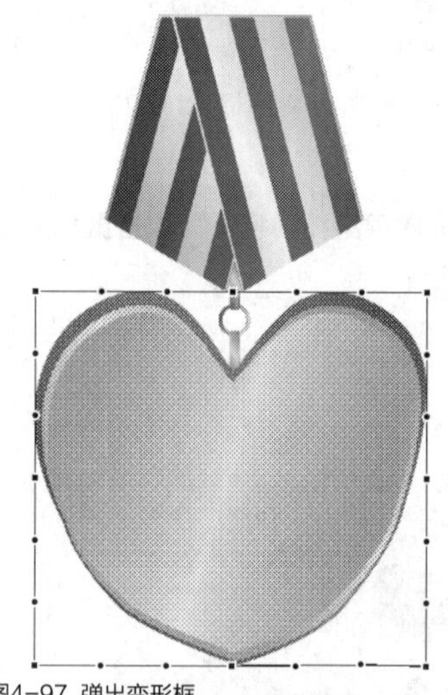
图4-97 弹出变形框

技巧点拨

在Flash CC中，选取工具箱中的选择工具，选择需要缩放的图形对象，然后单击上方菜单中“修改”|“变形”|“封套”命令，也可以调出封套控制框。

实战122 旋转对象

▶实例位置：光盘\效果\第4章\刷子.fla、刷子.swf
▶素材位置：光盘\素材\第4章\刷子.fla
▶视频位置：光盘\视频\第4章\实战122.mp4

• 实例介绍 •

在Flash CC中，旋转图形对象可以将图形对象转动到一定的角度。如果需要旋转某对象，只需选择该对象，然后运用旋转功能对该对象进行旋转操作。

• 操作步骤 •

STEP 01 单击“文件”|“打开”命令，打开一个素材文件，如图4-98所示。

STEP 02 选取工具箱中的任意变形工具，选择需要旋转的图形对象，如图4-99所示，在下方单击“旋转与倾斜”按钮。

图4-98 打开一个素材文件

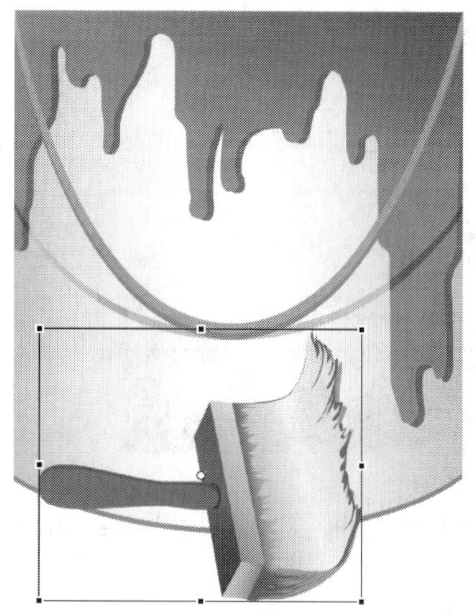
图4-99 选择图形

STEP 03 将鼠标移至中心点位置，单击鼠标左键并拖曳，移动中心点的位置，如图4-100所示。

STEP 04 将鼠标移至右上角的控制点上，单击鼠标左键并拖曳，至适当位置后释放鼠标左键，即可旋转图形，效果如图4-101所示。

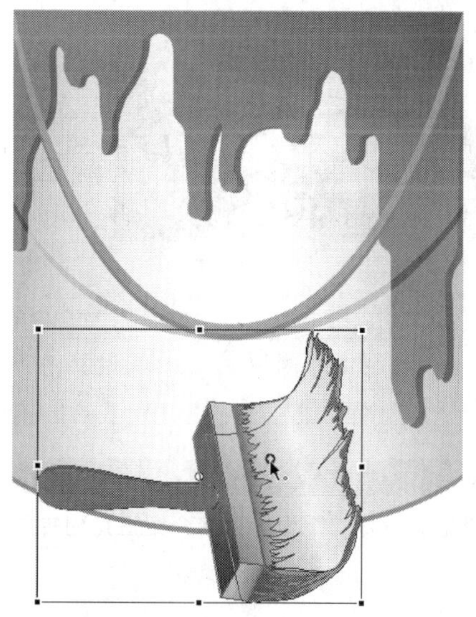
图4-100 移动中心点

图4-101 旋转图形

实战 123 水平翻转对象

▶ 实例位置：光盘\效果\第4章\三轮车.fla、三轮车.swf
▶ 素材位置：光盘\素材\第4章\三轮车.fla
▶ 视频位置：光盘\视频\第4章\实战123.mp4

• 实例介绍 •

在Flash CC中，翻转图形对象可以使图形在水平或垂直方向进行翻转，而不改变图形对象在舞台上的相应位置。下面向读者介绍水平翻转图形对象的操作方法。

• 操作步骤 •

STEP 01 单击“文件”|“打开”命令，打开一个素材文件，如图4-102所示。

STEP 02 选取工具箱中的任意变形工具，选择需要水平翻转的图形，如图4-103所示。

图4-102 打开一个素材文件

图4-103 选择图形

STEP 03 单击“修改”|“变形”|“水平翻转”命令，如图4-104所示。

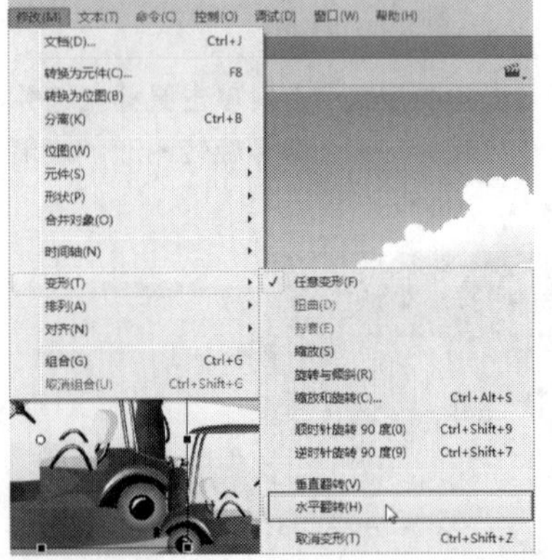

图4-104 单击“水平翻转”命令

STEP 04 执行操作后，即可水平翻转图形，效果如图4-105所示。

图4-105 翻转图形

实战124 垂直翻转对象

▶实例位置：光盘\效果\第4章\鸡尾酒.fla、鸡尾酒.swf
▶素材位置：光盘\素材\第4章\鸡尾酒.fla
▶视频位置：光盘\视频\第4章\实战124.mp4

• 实例介绍 •

在Flash CC中，用户通过“垂直翻转”命令，可以对图形文件进行垂直翻转操作。下面向读者介绍垂直翻转图形对象的操作方法。

• 操作步骤 •

STEP 01 单击“文件”|“打开”命令，打开一个素材文件，如图4-106所示。

图4-106 打开一个素材文件

STEP 02 选取工具箱中的选择工具，选择需要垂直翻转的图形，如图4-107所示。

图4-107 选择图形

STEP 03 单击“修改”|“变形”|“垂直翻转”命令，如图4-108所示。

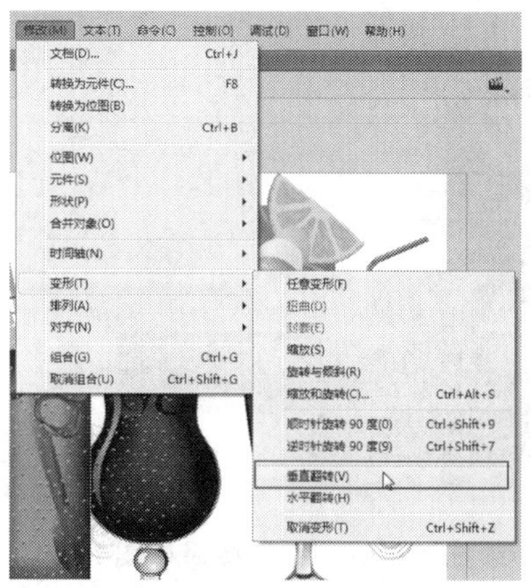

图4-108 单击“垂直翻转”命令

STEP 04 执行操作后，即可垂直翻转图形对象，效果如图4-109所示。

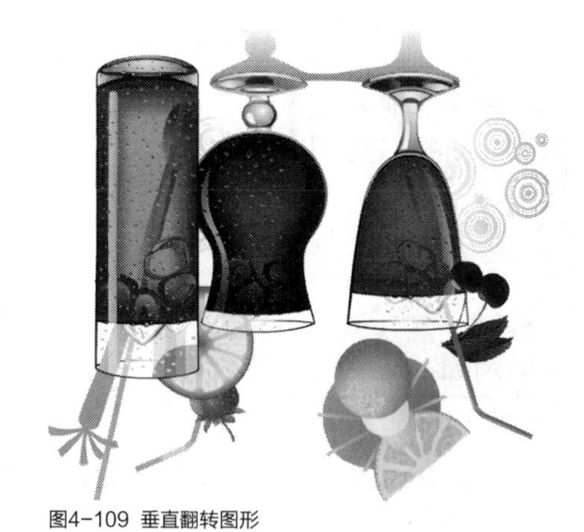
图4-109 垂直翻转图形

4.5 刷子和橡皮擦工具

使用工具箱中的刷子工具，可以绘制出刷子般的笔触效果。使用刷子工具可以绘制任何形状、大小及颜色的填充区域，也可以给已经绘制好的对象填充颜色。选取工具箱中的刷子工具后，将激活工具箱底部的相应按钮，单击相应的按钮可选择相应的填充模式。

使用橡皮擦工具可以对图形中不满意的部分进行擦除，以便重新绘制，可以根据实际情况设置不同的擦除模式获得特殊的图形效果。选择橡皮擦工具后，将激活工具箱下方的相应按钮，单击相应的按钮可为绘画对象选择不同的擦除模式，以达到用户满意的效果。

实战 125 在“标准绘画”模式下绘画

▶ 实例位置：光盘\效果\第4章\油漆.fla、油漆.swf
▶ 素材位置：光盘\素材\第4章\油漆.fla
▶ 视频位置：光盘\视频\第4章\实战125.mp4

• 实例介绍 •

在Flash CC中，绘画模式的默认模式是“标准绘画”。选取“标准绘画”模式，此时在文档中绘制的图形将完全覆盖所经过的矢量图形线段和矢量色块。

• 操作步骤 •

STEP 01 单击“文件”|“打开”命令，打开一个素材文件，如图4-110所示。

图4-110 打开一个素材文件

STEP 02 选取工具箱中的刷子工具，设置笔触颜色和填充颜色为，刷子形状为，如图4-111所示。

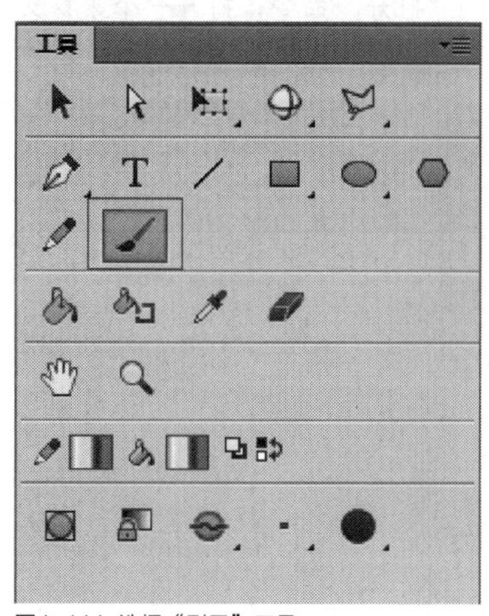

图4-111 选择“刷子”工具

STEP 03 然后单击工具箱下方的“刷子模式”模式右下角的小三角形，弹出模式绘画列表框，在列表框中单击“标准绘画”按钮，如图4-112所示。

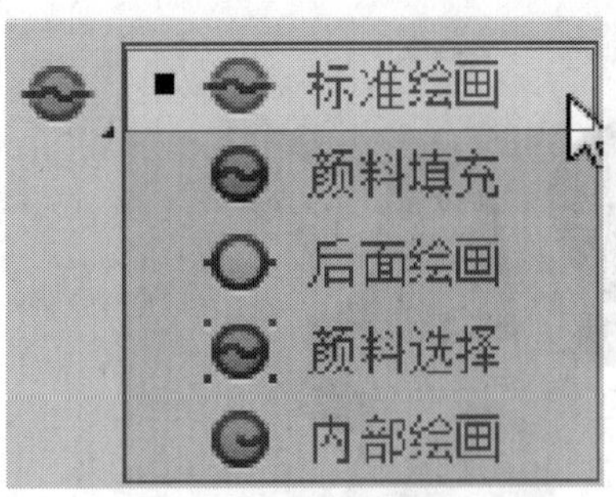

图4-112 单击“标准绘画”按钮

STEP 04 将鼠标移至舞台中，鼠标呈“点”状，如图4-113所示。

图4-113 鼠标呈“点”状

STEP 05 将鼠标放置合适位置开始拖曳指针，至合适位置放开鼠标，如图4-114所示。

图4-114 拖曳鼠标指针

STEP 06 重新选点继续拖曳指针，绘制结果如图4-115所示。

图4-115 绘制结果

实战 126 在“颜料填充”模式下绘画

▶ 实例位置：光盘\效果\第4章\梦幻树.fla、梦幻树.swf
▶ 素材位置：光盘\素材\第4章\梦幻树.fla
▶ 视频位置：光盘\视频\第4章\实战126.mp4

• 实例介绍 •

在Flash CC中，“颜料填充”只能在空白区域和已有矢量色块的填充区域内绘图，并且不会影响矢量线的颜色。

• 操作步骤 •

STEP 01 单击“文件”|“打开”命令，打开一个素材文件，如图4-116所示。

图4-116 打开一个素材文件

STEP 02 选取工具箱中的刷子工具，然后单击工具箱下方的“刷子模式”按钮右下角的小三角形，弹出模式绘画列表框，在列表框中选取“颜料填充”模式，刷子大小修改为，刷子形状修改为，颜色为白色，如图4-117所示。

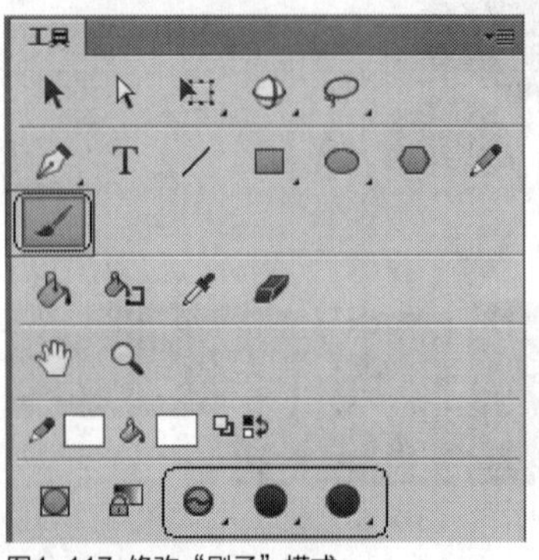

图4-117 修改“刷子”模式

STEP 03 将鼠标移至舞台中央，鼠标呈现一个黑色的圆点，如图4-118所示。

图4-118 鼠标呈黑色的图点

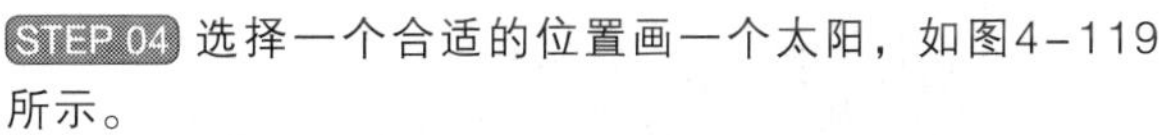

STEP 04 选择一个合适的位置画一个太阳，如图4-119所示。

图4-119 绘制太阳

STEP 05 刷子大小修改为最小，刷子形状修改为，如图4-120所示。

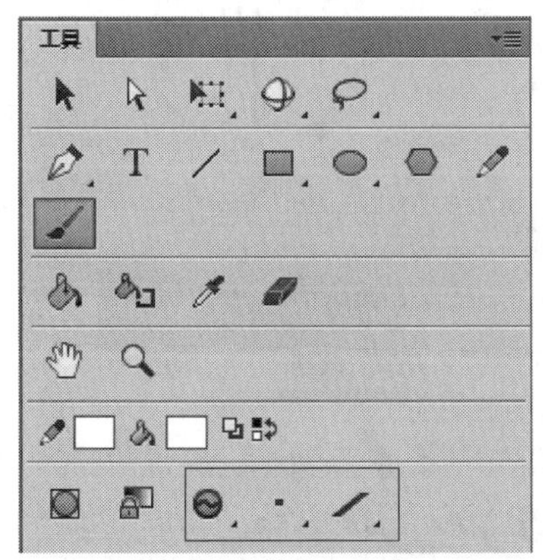

图4-120 修改“刷子”模式

STEP 06 选择一个合适的位置画太阳的光芒，如图4-121所示。

图4-121 绘画结果

知识拓展

在Flash CC中，设置填充颜色可以通过以下两种方法。

工具箱：选择需要填充颜色的图形，在工具箱中单击“填充颜色”色块，在弹出的颜色面板中选择需要的颜色。

“颜色”面板：在“颜色”面板中，单击“填充颜色”色块，在弹出的颜色面板中选择需要的颜色即可。

在“颜料填充”模式下，只能在空白区域和已有矢量色块的填充区域内绘图，并且不会影响矢量线的颜色。

实战 127 在“后面绘画”模式下绘画

▶实例位置：光盘\效果\第4章\樱花.fla、樱花.swf

▶素材位置：光盘\素材\第4章\樱花.fla

▶视频位置：光盘\视频\第4章\实战127.mp4

• 实例介绍 •

在Flash CC中，选取工具箱中的刷子工具，使用刷子工具的“后面绘画”模式绘制的图形将从图形的后面穿过，不会对原矢量图形造成影响。

• 操作步骤 •

STEP 01 单击“文件”|“打开”命令，打开一个素材文件，如图4-122所示。

STEP 02 选取工具箱中的刷子工具，然后单击工具箱下方的“刷子模式”按钮右下角的小三角形，弹出模式绘画列表框，在列表框中选取“后面绘画”模式，刷子大小修改为最大，刷子形状修改为圆，颜色为#4F80FF，如图4-123所示。

图4-122 打开素材文件

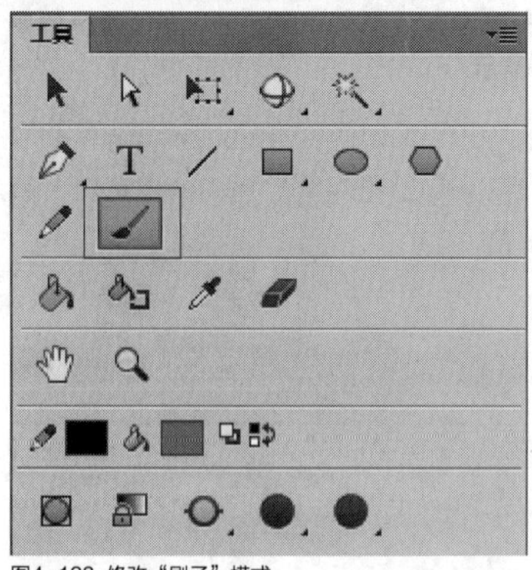

图4-123 修改“刷子”模式

STEP 03 将鼠标移至需要填充轮廓的图形上，鼠标呈现黑色的圆点，如图4-124所示。

图4-124 拖曳鼠标指针

STEP 04 单击鼠标左键，并在需要填充的区域拖曳指针，即可填充颜色，如图4-125所示。

图4-125 填充颜色

STEP 05 在填充的区域继续拖曳指针，绘画蓝天，效果如图4-126所示。

图4-126 绘画蓝天

STEP 06 选取工具箱中的刷子工具，然后单击工具箱下方的“刷子模式”按钮右下角的小三角形，弹出模式绘画列表框，在列表框中选取“后面绘画”模式，刷子大小修改为最大，刷子形状修改为圆，刷子颜色修改为#FDDBFB，如图4-127所示。

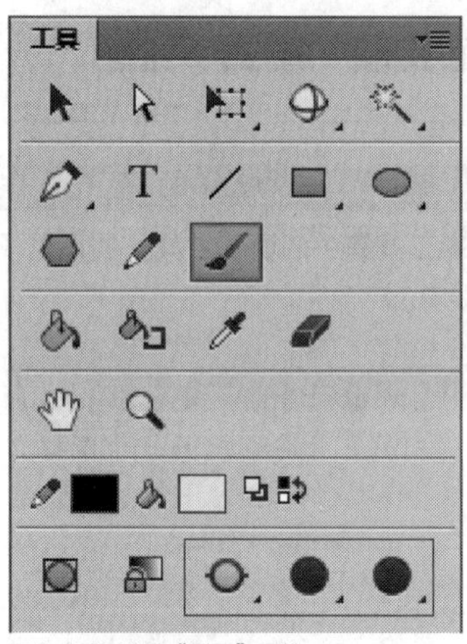

图4-127 设置“刷子”属性

STEP 07 在需要补充背景色的区域，拖曳填充粉色背景，如图4-128所示。

图4-128 拖曳鼠标指针

STEP 08 绘画效果如图4-129所示。

图4-129 绘画效果

实战128 在“内部绘画”模式下绘画

▶实例位置：光盘\效果\第4章\迷失.fla、迷失.swf
▶素材位置：光盘\素材\第4章\迷失.fla
▶视频位置：光盘\视频\第4章\实战128.mp4

• 实例介绍 •

在Flash CC中，该模式下可分为两种情况，一种是当刷子起点位于图形之外的空白区域，在经过图形时，从其背后穿过；另一种是当刷子起点位于图形的内部时，只能在图形的内部绘制图形。

• 操作步骤 •

STEP 01 单击“文件”|“打开”命令，打开一个素材文件，如图4-130所示。

图4-130 打开一个素材文件

STEP 02 选取工具窗口的“魔术棒”，选中图片中的白色区域，如图4-131所示。

图4-131 选中白色区域

STEP 03 按Delete键删掉该区域，用选择工具选中图片，如图4-132所示。

STEP 04 选取工具箱中的刷子工具，然后单击工具箱下方的“刷子模式”按钮右下角的小三角形，弹出模式绘画列表框，在列表框中选取“内部绘画”模式，刷子大小修改为最大，刷子形状修改为圆，颜料填充选择图片，如图4-133所示。

图4-132 选择图片

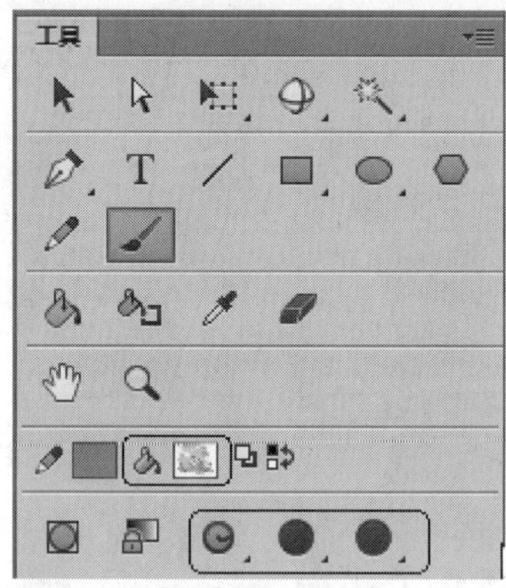

图4-133 修改“刷子”模式

知识拓展

色彩分为黑白和彩色两大系，黑白系有明度的变化，彩色系有明度和纯度的变化，三原色由这两种变化产生上百万种色相。黑白灰是万能色，是最基本和最简单的搭配，可以和任意颜色搭配，也可以帮助两种对立的色彩和谐过渡。

配置动画色彩有3种方法，分别是自定义颜色、色彩推移和色彩并置。为了让读者快速领悟色彩在Flash中的神奇应用，下面对这3种方法进行简单的介绍。

1. 自定义颜色

自定义颜色是一些背景和文本选取的颜色，它们不影响图片或图片背景的颜色，图片一般都以自身的颜色显示。

2. 色彩推移

为了丰富画面的色彩，设计师采用色相、明度、纯度以及综合推移等方式组合色彩。

- 色相推移：选择一组色彩按色相环的顺序，由冷到暖或由暖到冷进行排列组合，可选择纯色系或灰色系进行色相推移。
- 明度推移：选择一组色彩按明度等差级数的顺序由浅到深或由深到浅进行排列组合。
- 纯度推移：选择一组色彩，按纯度等差级数或差数的顺序由纯色到灰色或由灰色到纯色进行排列组合。
- 综合推移：选择一组或多组色彩按色相、明度以及纯度推移顺序进行综合排列组合，由于色彩三要素的同时加入，其效果当然比单项推移复杂和丰富得多。

3. 色彩并置

是选择一些色彩效果好的色彩图片作为色彩采集源。在制图软件中使用吸管等工具吸取色标，取得色彩的RGB数值，然后在网页的安全色中找到相应或相似的数值。

STEP 05 将鼠标指针移至需要填充轮廓的图形上，鼠标指针呈现黑色的圆点，如图4-134所示。

STEP 06 将鼠标指针移至舞台左下角的图形外位置，单击鼠标左键并拖曳指针，至适当位置后释放鼠标左键，即可在图形外绘图，如图4-135所示。

图4-134 定位鼠标

图4-135 拖曳鼠标指针

STEP 07 几次来回涂鸦，释放鼠标，如图4-136所示。

STEP 08 绘画效果如图4-137所示。

图4-136 来回拖曳指针

图4-137 绘画效果

知识拓展

单击“文件”|“打开”命令，打开一个素材文件，如图4-138所示。选取工具箱中的刷子工具，然后单击工具箱下方的“刷子模式”按钮右下角的小三角形，弹出模式绘画列表框，在列表框中选取“内部绘画”模式，刷子大小修改为最小，刷子形状修改为圆，将鼠标移至舞台中，如图4-139所示。

图4-138 打开素材文件

图4-139 将鼠标移至舞台

开始绘画太阳的光芒，用选择工具选中图片，如图4-140所示。释放鼠标，只显示图形内部区域，如图4-141所示。继续拖曳指针，绘画太阳光芒，如图4-142所示。绘制效果如图4-143所示。

图4-140 选中图片

图4-141 只显示内部区域

图4-142 拖曳鼠标指针绘制太阳光芒

图4-143 绘制效果

实战 129 在“标准擦除”模式下绘画

▶ 实例位置：光盘\效果\第4章\金字塔.fla、金字塔.swf
▶ 素材位置：光盘\素材\第4章\金字塔.fla
▶ 视频位置：光盘\视频\第4章\实战129.mp4

• 实例介绍 •

这是系统默认的擦除模式，选择该模式后，鼠标指针呈橡皮擦状，可以擦除矢量图形、线条、分离的位图和文字。

• 操作步骤 •

STEP 01 单击“文件”|“打开”命令，打开一个素材文件，如图4-144所示。

图4-144 打开一个素材文件

STEP 02 选取工具箱中的橡皮擦工具，然后单击工具箱下方的“橡皮擦模式”按钮右下角的小三角形，弹出橡皮擦模式列表框，在列表框中选取“标准擦除”模式，如图4-145所示。

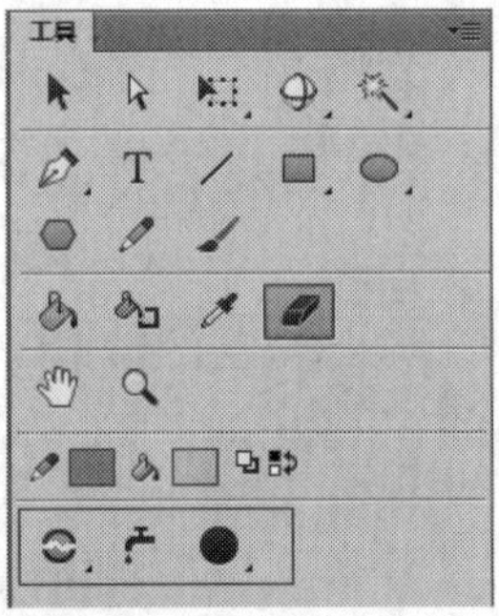

图4-145 选取“标准擦除”模式

STEP 03 将鼠标移至舞台中央，鼠标呈黑色小圆点，如图4-146所示。

图4-146 鼠标呈黑色小圆点

STEP 04 将鼠标放置左上角，单击拖曳，效果如图4-147所示。

图4-147 拖曳鼠标指针

STEP 05 来回拖动，擦除蓝天，如图4-148所示。

图4-148 擦除蓝天

STEP 06 擦除效果如图4-149所示。

图4-149 擦除效果

实战 130 在“擦除填色”模式下擦除图形

▶ 实例位置：光盘\效果\第4章\小红帽.fla、小红帽.swf
▶ 素材位置：光盘\素材\第4章\小红帽.fla
▶ 视频位置：光盘\视频\第4章\实战130.mp4

• 实例介绍 •

在Flash CC中的该模式下，橡皮擦工具只能擦除填充的矢量色块部分。

• 操作步骤 •

STEP 01 单击“文件”|“打开”命令，打开一个素材文件，如图4-150所示。

图4-150 打开一个素材文件

STEP 02 选取工具箱中的橡皮擦工具，然后单击工具箱下方的“橡皮擦模式”按钮右下角的小三角形，弹出橡皮擦模式列表框，在列表框中选取“擦除填色”模式，如图4-151所示。

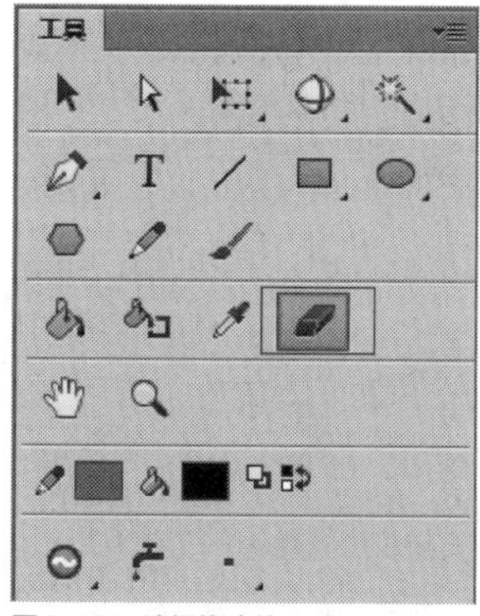

图4-151 选择橡皮擦工具

STEP 03 将鼠标移至舞台中，鼠标呈黑色小圆点，如图4-152所示。

图4-152 鼠标呈黑色小圆点

STEP 04 将鼠标放置小红帽的帽尖，单击鼠标，擦除圈内黑点，效果如图4-153所示。

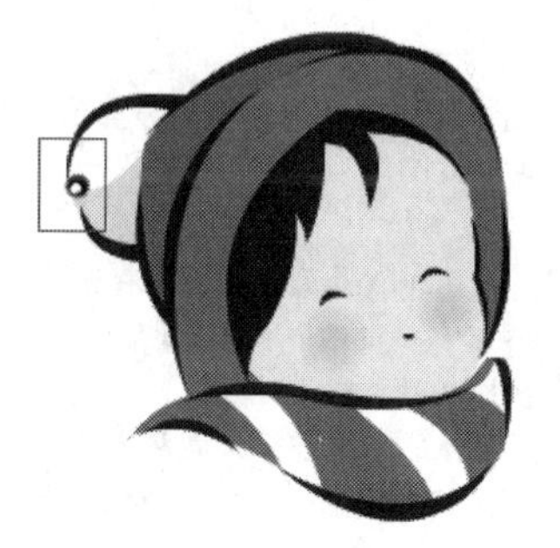

图4-153 擦除效果

实战131 在“擦除线条”模式下擦除图形

▶实例位置：光盘\效果\第4章\童子.fla、童子.swf
▶素材位置：光盘\素材\第4章\童子.fla
▶视频位置：光盘\视频\第4章\实战131.mp4

• 实例介绍 •

在Flash CC中橡皮擦的擦除线条模式下，拖曳鼠标擦除图形时，只会擦除矢量线条，不会擦除矢量色块。

• 操作步骤 •

STEP 01 单击“文件”|“打开”命令，打开一个素材文件，如图4-154所示。

图4-154 打开一个素材文件

STEP 02 选取工具箱中的橡皮擦工具，然后单击工具箱下方的“橡皮擦模式”按钮右下角的小三角形，弹出橡皮擦模式列表框，在列表框中选取“擦除线条”模式，橡皮擦形状选择最大的圆点，如图4-155所示。

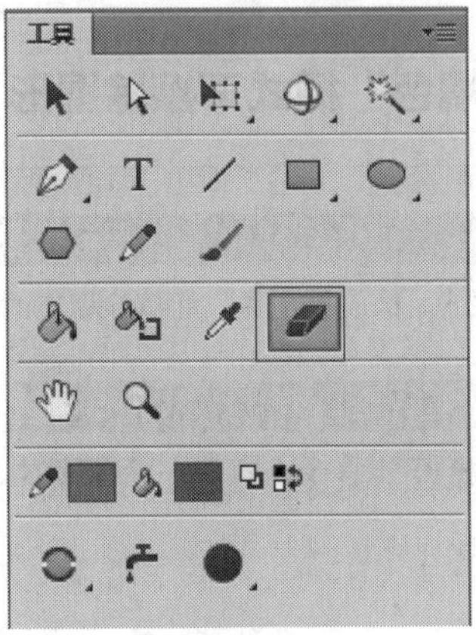

图4-155 选择橡皮擦工具

STEP 03 将鼠标移至舞台中，鼠标呈黑色小圆点，拖曳鼠标指针擦除线条，如图4-156所示。

图4-156 拖曳指针擦除线条

STEP 04 释放鼠标，擦除效果如图4-157所示。

图4-157 擦除效果

知识拓展

在Flash CC中，工具栏中包含了绘制和编辑矢量图形的各种工具，主要由工具、查看、颜色和选项4个选区构成，用于进行矢量图形绘制和编辑的各种操作。

1. 工具区域

工具区域包含了绘图、上色和选择工具，用户在制作动画的过程中，可以根据需要选择相应的工具制作动画，各工具的作用如下。

➢ 选择工具：选择和移动舞台中的对象，以改变对象的大小、位置或形状。
➢ 部分选取工具：对选择的对象进行移动、拖动和变形等处理。
➢ 任意变形工具：对图形进行缩放、扭曲和旋转变形等操作。

- 3D旋转工具：对选择的影片剪辑进行3D旋转或变形。
- 套索工具：在舞台中选择不规则区域或多边形状。
- 钢笔工具：用来绘制更加精确、光滑的曲线，调整曲线的曲率等操作。
- 文本工具：在舞台中绘制文本框，输入文本。
- 线条工具：用来绘制各种长度和角度的直线段。
- 矩形工具：用来绘制矩形，同组的多角星形工具可以绘制多边形或星形。
- 铅笔工具：用来绘制比较柔和的曲线。
- 刷子工具：用来绘制任意形状的色块矢量图形。
- Deco工具：可以根据现有元件来绘制多个相同图形。
- 骨骼工具：用来创建与人体骨骼原理相同的骨骼。
- 颜料桶工具：用来对绘制好的图形上色。
- 吸管工具：用来吸取颜色。
- 橡皮擦工具：用来擦除舞台中所创建的图像。

2. 查看区域

查看区域包含了在应用程序窗口内进行缩放和平移操作的工具，当用户需要移动和缩放窗口时，可以选取查看区域中的工具进行操作。

3. 颜色区域

颜色区域用于设置工具的笔触颜色和填充颜色。在颜色区域中，各工具的作用如下。

- 笔触颜色工具：用来设置图形的轮廓和线条的颜色。
- 填充颜色工具：用来设置所绘制的闭合图形的填充颜色。
- 黑白工具：用来设置笔触颜色和填充颜色的默认颜色。
- 交换颜色工具：用来交换笔触颜色和填充颜色的颜色。

4. 选项区域

选项区域包含当前所选工具的功能设置按钮，选择的工具不同，选项区中相应的按钮也不同。选项区域的按钮主要影响工具的颜色和编辑操作。

实战 132 在“擦除所选填充”模式下擦除图形

- 实例位置：光盘\效果\第4章\睡猫.fla、睡猫.swf
- 素材位置：光盘\素材\第4章\睡猫.fla
- 视频位置：光盘\视频\第4章\实战132.mp4

• 实例介绍 •

在Flash CC中该模式下，拖曳鼠标擦除图形时，只可以擦除被选择的填充色块和分离的文字，不会擦除矢量线。使用这种模式之前，必须先用选择工具或套索工具等选择一块区域，然后进行擦除操作。

• 操作步骤 •

STEP 01 单击“文件”|“打开”命令，打开一个素材文件，如图4-158所示。

图4-158 打开一个素材文件

STEP 02 选取工具箱中的橡皮擦工具，然后单击工具箱下方的“橡皮擦模式”按钮右下角的小三角形，弹出橡皮擦模式列表框，在列表框中选取“擦除所选填充”模式，橡皮擦形状选择最大的圆点，如图4-159所示。

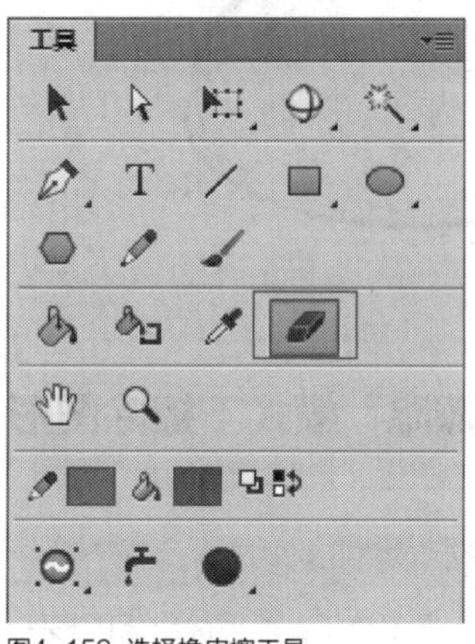

图4-159 选择橡皮擦工具

STEP 03 用选择工具单击鼠标选中要擦除的区域，如图4-160所示。

图4-160 选中擦除区域

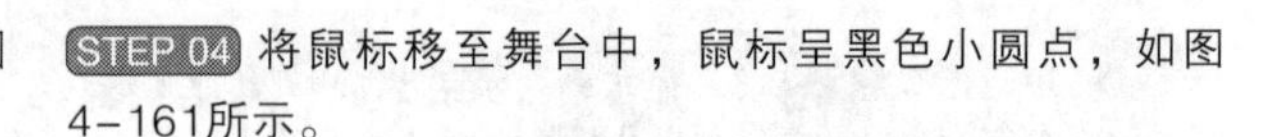

STEP 04 将鼠标移至舞台中，鼠标呈黑色小圆点，如图4-161所示。

图4-161 鼠标呈黑色小圆点

STEP 05 来回拖曳鼠标指针，效果如图4-162所示。

图4-162 来回拖曳鼠标

STEP 06 释放鼠标，擦除效果如图4-163所示。

图4-163 擦除效果

STEP 07 几次来回拖曳指针，把第二步所选的区域全部擦到，如图4-164所示。

图4-164 来回拖曳覆盖选择区域

STEP 08 释放鼠标，擦除效果如图4-165所示。

图4-165 擦除效果

实战133 在“内部擦除”模式下擦除图形

▶实例位置：光盘\效果\第4章\花猫.fla、花猫.swf
▶素材位置：光盘\素材\第4章\花猫.fla
▶视频位置：光盘\视频\第4章\实战133.mp4

• 实例介绍 •

在Flash CC中该模式下，橡皮擦工具能擦除封闭图形区域内的色块，即擦除的起点必须在封闭图形内，否则不能擦除。

• 操作步骤 •

STEP 01 单击“文件”|“打开”命令，打开一个素材文件，如图4-166所示。

图4-166 打开一个素材文件

STEP 02 选取工具箱中的橡皮擦工具，然后单击工具箱下方的“橡皮擦模式”按钮右下角的小三角形，弹出橡皮擦模式列表框，在列表框中选取“内部擦除”模式，橡皮擦形状选择最大的圆点，如图4-167所示。

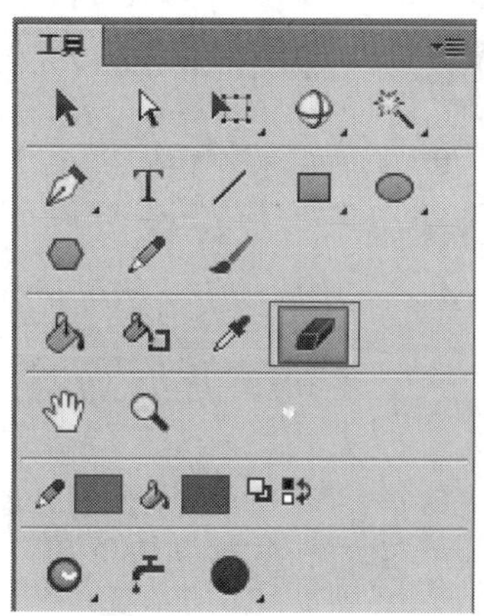

图4-167 选择橡皮擦工具

STEP 03 将鼠标移至舞台中，鼠标呈黑色小圆点，如图4-168所示。

图4-168 鼠标呈黑色小圆点

STEP 04 在多角星内选择一个合适的点，单击鼠标并来回拖曳指针，如图4-169所示。

图4-169 拖曳鼠标指针

STEP 05 释放鼠标，效果如图4-170所示。

图4-170 释放鼠标

STEP 06 继续在多角星内单击拖曳指针，将所有多角星形内部的色块擦除，效果如图4-171所示。

图4-171 擦除效果

知识拓展

单击“文件”|“打开”命令，打开一个素材文件，如图4-172所示。选取工具箱中的橡皮擦工具，然后单击工具箱下方的“橡皮擦模式”按钮右下角的小三角形，弹出橡皮擦模式列表框，在列表框中选取“内部擦除”模式，橡皮擦形状修改为正方形■如图4-173所示。

图4-172 打开素材文件

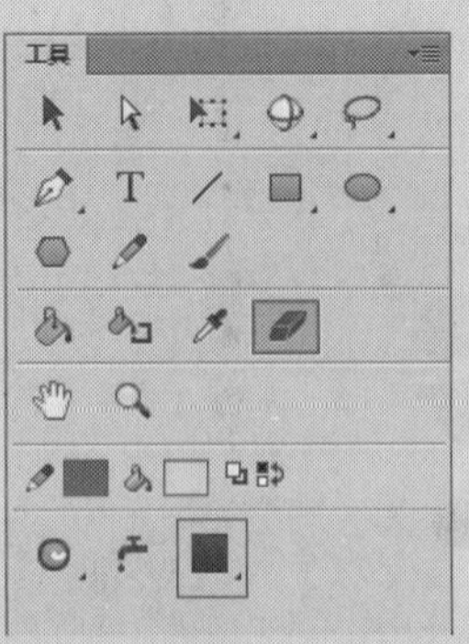

图4-173 橡皮擦属性

将鼠标移至舞台中，鼠标呈正方形，如图4-174所示。在多角星外选择一个合适的点，单击鼠标并来回拖曳，如图4-175所示。释放鼠标，效果如图4-176所示。

图4-174 鼠标呈正方形

图4-175 拖曳鼠标

图4-176 释放鼠标

实战134 在“水龙头”模式下擦除图形

▶实例位置：光盘\效果\第4章\鸡公哈哈.fla、鸡公哈哈.swf
▶素材位置：光盘\素材\第4章\鸡公哈哈.fla
▶视频位置：光盘\视频\第4章\实战134.mp4

• 实例介绍 •

在Flash CC中，如果选取工具箱中的橡皮擦工具，然后单击工具箱下方的“水龙头”按钮，则可以擦除不需要的边线或填充内容。

• 操作步骤 •

STEP 01 选择“文件”|“打开”命令，打开一个素材文件，如图4-177所示。

图4-177 打开素材文件

STEP 02 选取工具箱中的橡皮擦工具，然后单击工具箱下方的“水龙头”按钮，如图4-178所示。

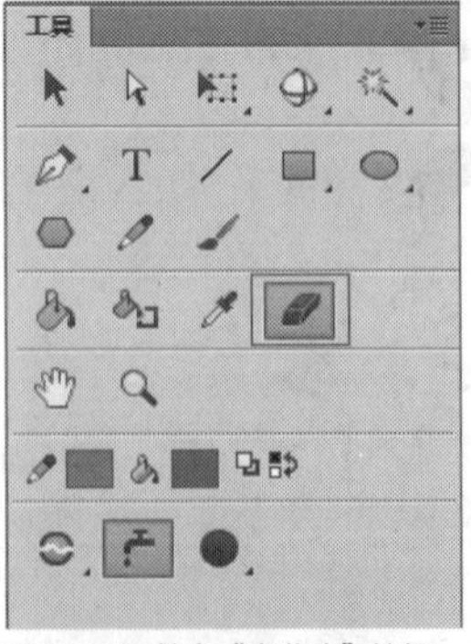

图4-178 单击“水龙头”按钮

STEP 03 将鼠标移至舞台中，鼠标呈形，如图4-179所示。

图4-179 鼠标呈形

STEP 04 在背景"蓝天"处单击鼠标，效果如图4-180所示。

图4-180 单击鼠标

4.6 设置绘图环境

在Flash CC中，用户既可以使用预先设置好的系统参数进行工作，也可以根据需要设置其工作环境，以符合自己的操作习惯。

绘图环境是通过"首选参数"对话框来设置的，用户可以单击"编辑"|"首选参数"命令，或按【Ctrl+U】组合键，弹出"首选参数"对话框，如图4-181所示，在其中根据需要对绘图环境进行相应的设置。

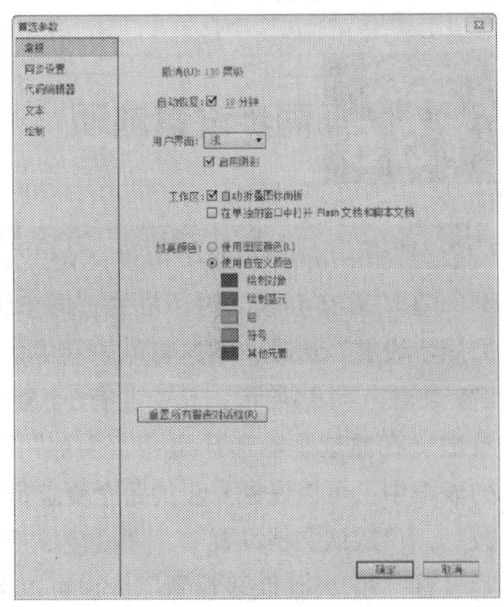

图4-181 弹出"首选参数"对话框

实战 135 常规选项

▶ 实例位置：无
▶ 素材位置：无
▶ 视频位置：光盘\视频\第4章\实战135.mp4

• 实例介绍 •

在"首选参数"对话框的"类别"选项区中，选择"常规"选项，右侧将会显示"常规"选项对应的内容，其中各主要选项含义如下。

➢ 撤销：在该列表框中，用户可以设置文件层级撤销或对象层级撤销，并且可以在"层级"数值框中设置撤销操作的次数，范围是0~300，默认的是100层级。保存撤销指令需要一定的储存容量，使用的撤销级别越多，占用的系统内存也越多。

➢ 自动恢复：该选项中，用户可以设置自动恢复时间，默认为10分钟。点击"自动恢复"复选框取消自动恢复，意思是未保存好的文件在下次打开时不会自动恢复。

➢ 用户界面：在该列表框中，启动阴影会使按钮出现阴影，会有立体效果，系统默认为启动阴影，用户界面的颜色能进行设置，有深浅两种。

➢ 工作区：在该选项区中，用户可选择是否在选项卡中打开自动折叠图标面板，也可选择是否在单独的窗口打开Flash文档和脚本文档。

➢ 加亮颜色：在该选项区中，如果选中第一个单选按钮"使用自定义颜色"，则可以单击该按钮，从弹出的调色板中选择一种颜色；如果选中"使用图层颜色"单选按钮，则可以直接运用当前图层的轮廓线颜色。

• 操作步骤 •

STEP 01 单击"编辑"|"首选参数"命令，如图4-182所示。

STEP 02 弹出"首选参数"对话框，如图4-183所示。

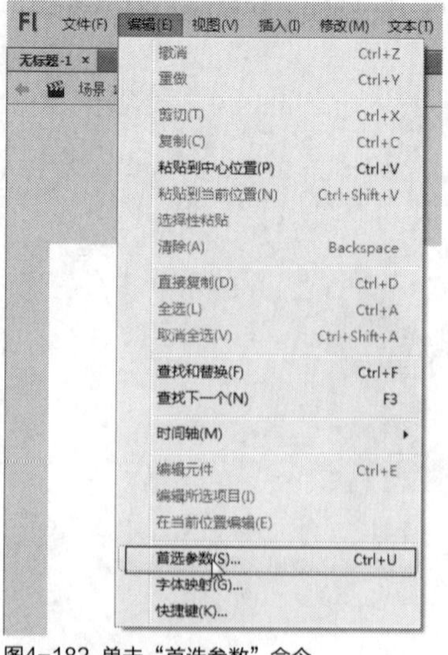
图4-182 单击“首选参数”命令

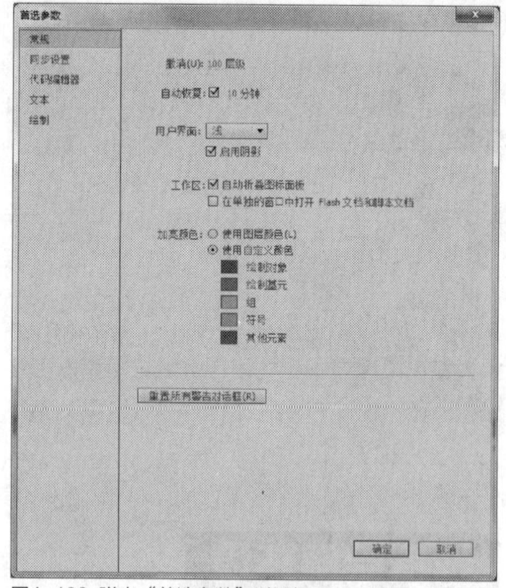
图4-183 弹出“首选参数”对话框

实战136 同步设置选项

▶实例位置：无
▶素材位置：无
▶视频位置：光盘\视频\第4章\实战136.mp4

• 实例介绍 •

在“首选参数”对话框的“同步设置”选项区中，选择“立即同步设置”选项，下方将能显示“立即同步设置”选项对应的内容，如图4-184所示，其中共有5个复选框，主要用于设置同步的参数。在复选框能选择是否“全部”同步，下方的“同步选项”列表框中，可以设置同步的每个复选框所对应的“应用程序首选参数”、“默认文档设置”、“键盘快捷键”、“网格、辅助线和贴紧设置”和“Sprite表设置”，也可以直接选中全部。

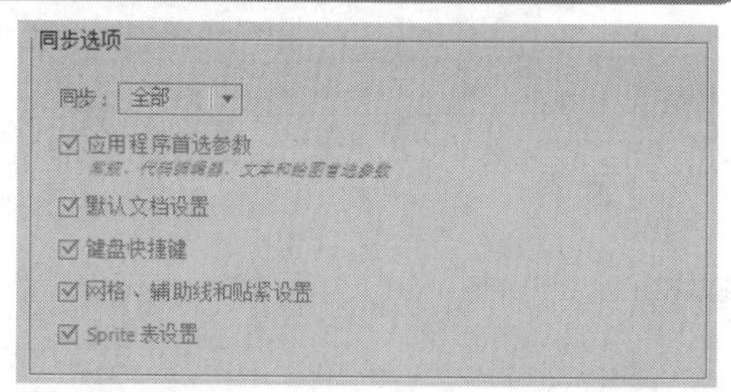

图4-184 同步选项

• 操作步骤 •

STEP 01 单击“编辑”|“首选参数”命令，如图4-185所示。

图4-185 单击“首选参数”命令

STEP 02 弹出“首选参数”对话框，单击“同步设置”标签，切换至“同步设置”选项卡，如图4-186所示。

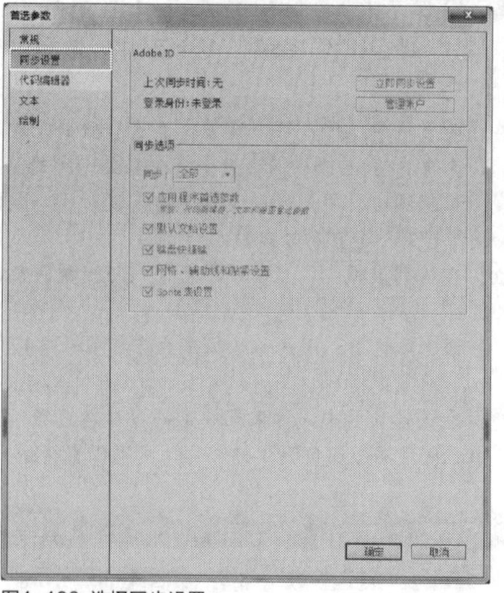
图4-186 选择同步设置

实战 137 代码编译器选项

▶ 实例位置：无
▶ 素材位置：无
▶ 视频位置：光盘\视频\第4章\实战137.mp4

• 实例介绍 •

在Flash的舞台中，当单击“编辑”|“复制”命令，将所绘制的图形复制到剪贴板上时，剪贴板会按照位图格式保存图形，并为其加上标准的Windows图形信息。

该选项区域的设置，将为图形的剪贴副本选择位图格式和分辨率（这些仅限于Windows操作系统）。

在“剪贴板”选项区中，各主要选项含义如下。

➢ 显示项目：能对编译过程的字体、样式进行设置，对前景、背景、注释、标识符、关键字、字符串的颜色进行选择。

➢ 编辑：在该列表框中，可以设置位图复制到剪贴板上是否带自动结尾的括号，是否自动缩进、是否给出代码提示。缓存文件可以设置缓存文件的大小，默认值是800，以及是否进行代码提示。

➢ ActionScript选项：进行脚本的设置。

➢ ActionScript3.0设置：点击ActionScript3.0高级设置能进行ActionScript3.0高级设置，有源路径、库路径、外部库路径等相关的路径设置。

➢ 渐变质量：在该列表框中，可以指定图片文件所采用的渐变色品质。选择较高的品质将增加复制图片所需的时间。在该列表框中包括“无”、“快速”、“一般”和“最佳”4个选项。

FreeHand文本：选中该选项区的“保持为快”复选框，可以使粘贴的FreeHand文件中的文本是可编辑的。

• 操作步骤 •

STEP 01 单击“编辑”|“首选参数”命令，如图4-187所示。

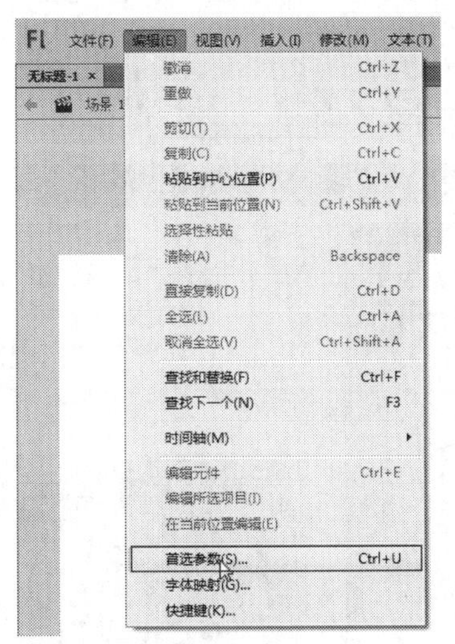

图4-187 单击“首选参数”命令

STEP 02 弹出“首选参数”对话框，单击“代码编译器”标签，切换至“代码编译器”选项卡，如图4-188所示。

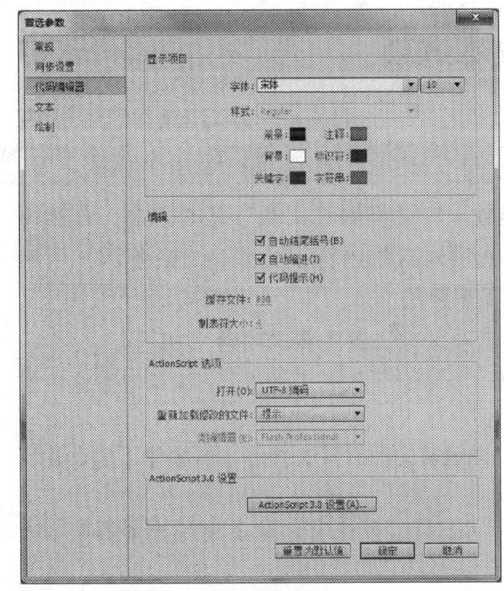

图4-188 选择“代码编译器”选项

实战 138 绘制选项

▶ 实例位置：无
▶ 素材位置：无
▶ 视频位置：光盘\视频\第4章\实战138.mp4

• 实例介绍 •

在“首选参数”对话框的“类别”选项区中，选择“绘制”选项，右侧将会显示“绘制”选项对应的内容，如图2-69所示，在其中可设置绘画的相关选项。

在“绘制”选项区中，各主要选项含义如下。

➢ 连接线条：在该下拉列表框中，可以决定正在绘制的线条终点接近现有线段的程度，包括“必须接近”、“一般”和“可以远离”3个选项。

➢ 平滑曲线：在该下拉列表框中，可以对使用铅笔工具绘制的曲线进行平滑量的设置，包括“关”、“一般”、“粗略”和“平滑”4个选项。

➢ 确认线条：在该下拉列表框中，可以控制Flash中随意绘制的不规则图形，包括“关”、“严谨”、“一般”和“宽松”4个选项。如果在绘制时关闭了“确认线”功能，可以在以后通过选择一条或多条线段，并单击“修改”|“形状”|“伸直”命令，开启此功能。

➢ 确认形状：用来控制绘图的圆形、椭圆形、正方形、矩形、90°和180°弧要达到何种精度，才会被确认为几何形状并精确地重绘。有4个选项可供选择，分别为“关”、“严谨”、“正常”和“宽松”。如果在绘制时关闭了“确认形状”功能，可以在以后通过选择一条或多个形状（如连接的线段），并单击“修改”|“形状”|“伸直”命令来伸直线条。

➢ 单击精确度：在该下拉列表框中，主要用来设置在选择元素时，鼠标指针位置需要达到的准确度，包括“严谨”、“一般”和“宽松”3个选项。

• 操作步骤 •

STEP 01 单击“编辑”|“首选参数”命令，如图4-189所示。

STEP 02 弹出“首选参数”对话框，单击“绘制”标签，切换至“绘制”选项卡，如图4-190所示。

图4-189 单击“首选参数”命令

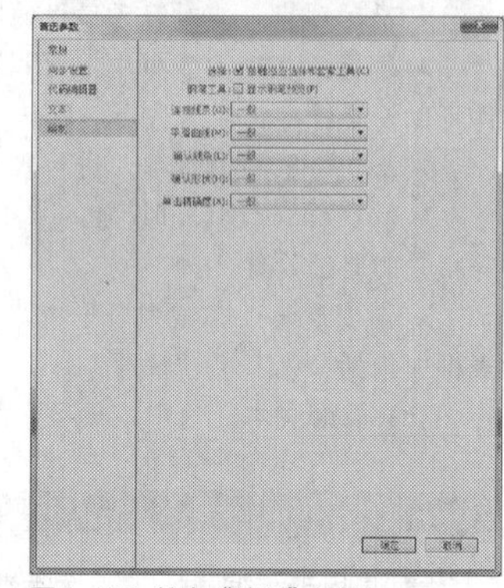

图4-190 单击“绘制”标签

实战139 文本选项

▶实例位置：无
▶素材位置：无
▶视频位置：光盘\视频\第4章\实战139.mp4

• 实例介绍 •

在“首选参数”对话框的“文本”选项区中，右侧将会显示“文本”选项对应的内容，如图4-191所示，用户可以根据需求选择需要的文本。

在“文本”选项区中，各主要选项含义如下。

➢ 默认映射字体：在该下拉列表框中，可以设置系统字体映射时默认的字体。

➢ 字体菜单：能设置是否以英文显示字体名称，是否显示字体预览。

➢ 字体预览大小：有5种选项，从小到巨大如图4-192所示。

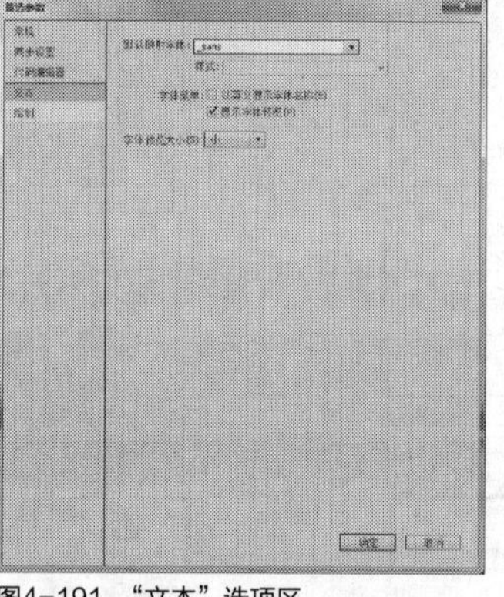

图4-191 “文本”选项区

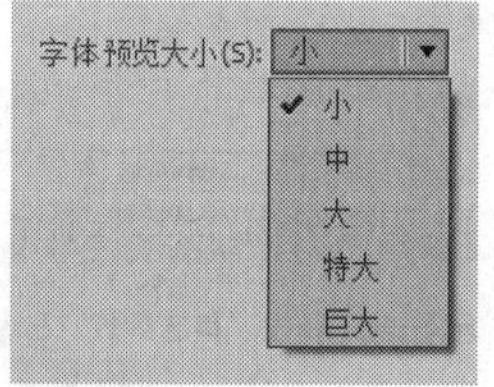

图4-192 字体预览大小

• 操作步骤 •

STEP 01 单击“编辑”|“首选参数”命令，如图4-193所示。

STEP 02 弹出“首选参数”对话框，单击“文本”标签，切换至“文本”选项卡，如图4-194所示。

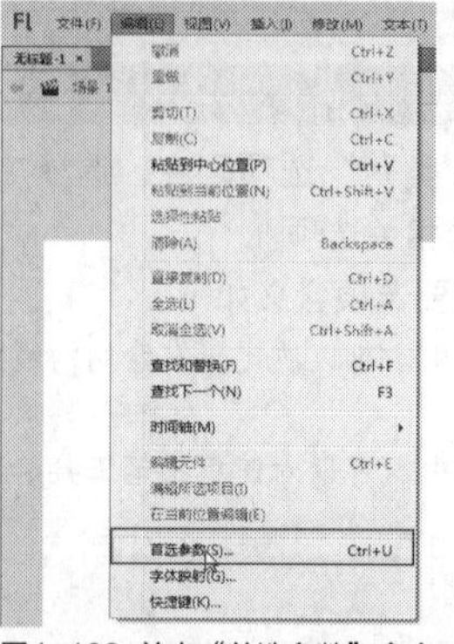

图4-193 单击“首选参数”命令

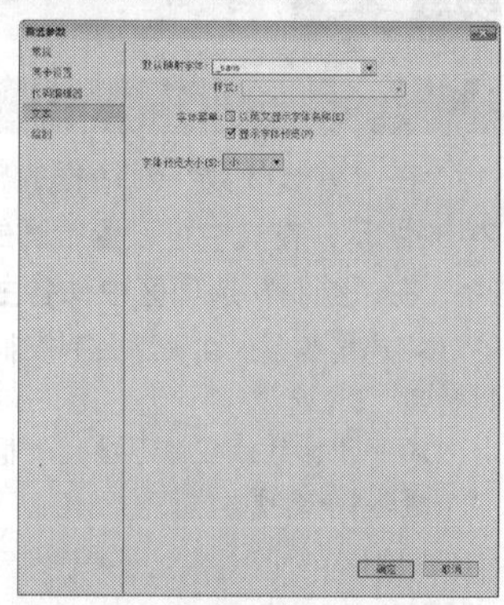

图4-194 单击“文本”标签

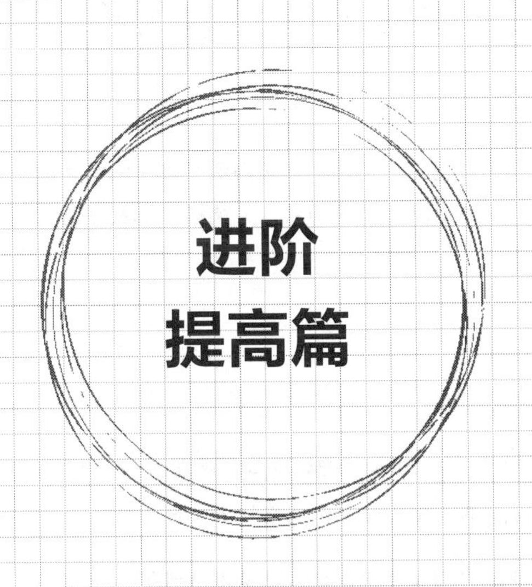

第5章

简单编辑矢量图形

本章导读

在Flash CC中绘制图形时，除了需要使用各种绘图工具外，还需要对编辑动画图形线条的操作进行掌握，这样可以使用户绘制出更加符合需求的动画图形。

本章主要向读者介绍编辑矢量图形与线条的操作方法，主要包括编辑矢量线条锚点、设置矢量线条属性、编辑矢量线条以及修改矢量图形等内容。

要点索引

- 编辑矢量线条锚点
- 设置矢量线条属性
- 编辑矢量线条
- 修改矢量图形

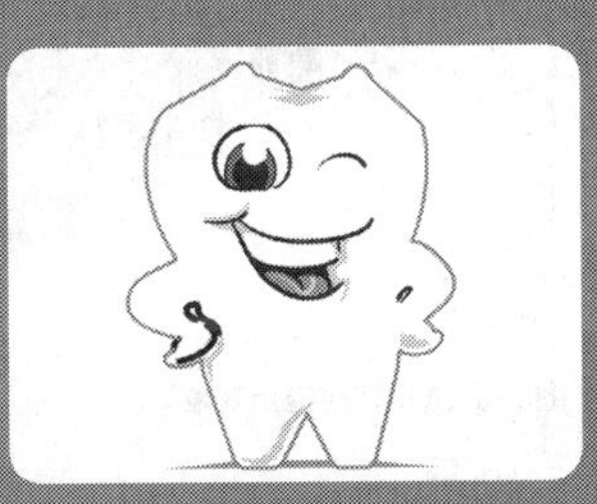

5.1 编辑矢量线条锚点

在Flash CC工作界面中，用户可根据需要编辑矢量线条的锚点，使制作的矢量图形更加符合用户的需求。本节主要向读者介绍编辑矢量线条锚点的各种方法，主要包括选择锚点、添加锚点、减少锚点、移动锚点、尖突锚点以及平滑锚点等。

实战140 选择线条中的锚点

▶实例位置：无
▶素材位置：光盘\素材\第5章\爱心日历.fla
▶视频位置：光盘\视频\第5章\实战140.mp4

• 实例介绍 •

在Flash CC工作界面中，用户要编辑锚点之前，首先需要选择相应锚点。下面向读者介绍选择锚点的操作方法。

• 操作步骤 •

STEP 01 单击“文件”|“打开”命令，打开一个素材文件，如图5-1所示。

图5-1 打开一个素材文件

STEP 02 在工具箱中，选择部分选取工具，如图5-2所示。

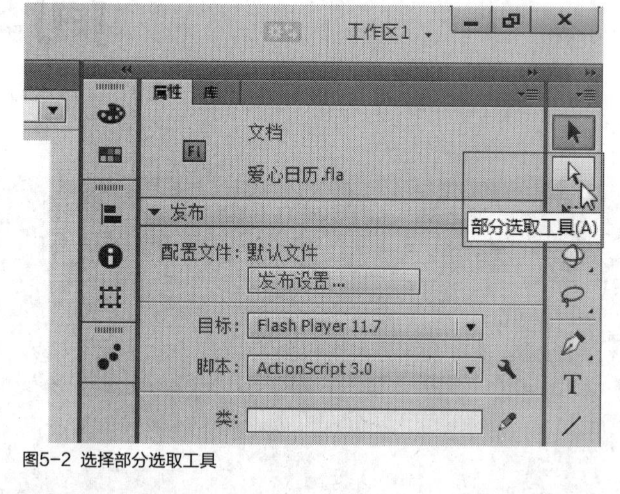

图5-2 选择部分选取工具

STEP 03 运用部分选取工具，在图形的边缘选择背景轮廓线，如图5-3所示。

图5-3 在图形的边缘选择背景轮廓线

STEP 04 在背景轮廓线的相应锚点上，单击鼠标左键，即可选择该锚点，如图5-4所示。

图5-4 选择相应锚点对象

知识拓展

在Flash CC工作界面中，运用部分选取工具选择图形时，如果需要选择单独的线条，必须确定线条和图形对象是分离的，否则将会选择和线条相连的所有图形边线。

实战 141 在线条中添加锚点

▶实例位置：光盘\效果\第5章\音乐音符.fla
▶素材位置：光盘\素材\第5章\音乐音符.fla
▶视频位置：光盘\视频\第5章\实战141.mp4

• 实例介绍 •

在Flash CC工作界面中，用户可以在矢量图形的线条中添加相应的锚点，用来更改矢量图形的整体形状。下面向读者介绍在线条中添加锚点的操作方法。

• 操作步骤 •

STEP 01 单击“文件”|“打开”命令，打开一个素材文件，如图5-5所示。

图5-5 打开一个素材文件

STEP 02 在工具箱中，选择部分选取工具，在图形的边缘选择背景轮廓线，如图5-6所示。

图5-6 选择背景轮廓线

STEP 03 在工具箱中，选取添加锚点工具，如图5-7所示。

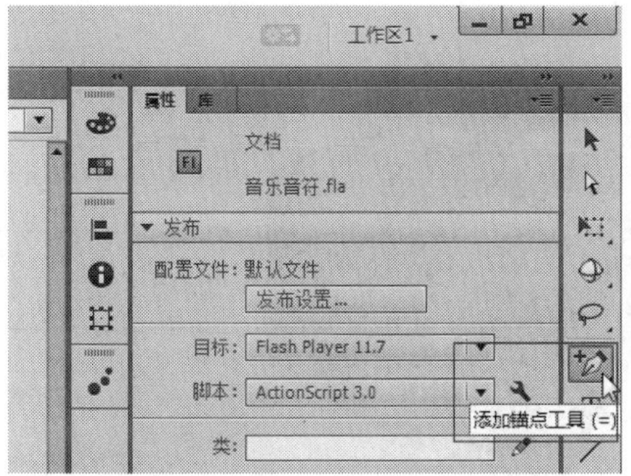

图5-7 选取添加锚点工具

STEP 04 将鼠标移至舞台区需要添加锚点的位置，此时鼠标指针呈带加号的钢笔形状，单击鼠标左键，即可添加一个锚点，如图5-8所示。

图5-8 添加一个锚点

STEP 05 将鼠标移至右侧另一位置，再次单击鼠标左键，即可在图形的轮廓线上添加第2个锚点，如图5-9所示。

图5-9 添加第2个锚点

STEP 06 用与上同样的方法，在图形边缘的轮廓线上添加第3个和第4个锚点，如图5-10所示，完成锚点的添加操作。

图5-10 添加其他锚点对象

实战 142 在线条中减少锚点

▶ 实例位置：光盘\效果\第5章\礼品盒子.fla
▶ 素材位置：光盘\素材\第5章\礼品盒子.fla
▶ 视频位置：光盘\视频\第5章\实战142.mp4

• 实例介绍 •

在Flash CC工作界面中，用户可以在矢量图形的线条中删除相应的锚点，使制作的矢量图形更加符合用户的需求。下面向读者介绍在线条中减少锚点的操作方法。

• 操作步骤 •

STEP 01 单击“文件”|“打开”命令，打开一个素材文件，如图5-11所示。

图5-11 打开一个素材文件

STEP 02 在工具箱中，选择部分选取工具，在图形的边缘选择背景轮廓线，如图5-12所示。

图5-12 选择背景轮廓线

STEP 03 在工具箱中，选取删除锚点工具，如图5-13所示。

图5-13 选取删除锚点工具

STEP 04 将鼠标移至舞台区需要减少锚点的位置，此时鼠标指针呈带减号的钢笔形状，如图5-14所示。

图5-14 移至需要减少锚点的位置

STEP 05 在相应锚点上，单击鼠标左键，即可减少一个锚点，减少锚点后，图形的整体形状将发生变化，如图5-15所示。

图5-15 减少一个锚点

STEP 06 退出锚点编辑状态，在舞台区可以查看图形的最终效果，如图5-16所示。

图5-16 查看图形的最终效果

实战 143　在线条中移动锚点

▶ 实例位置：光盘\效果\第5章\牌子.fla
▶ 素材位置：光盘\素材\第5章\牌子.fla
▶ 视频位置：光盘\视频\第5章\实战143.mp4

• 实例介绍 •

在Flash CC工作界面中，如果矢量图形的整体形状没有达到用户的要求，此时用户可以通过移动锚点的位置来更改矢量图形的整体形状。下面向读者介绍在线条中移动锚点的操作方法，希望读者熟练掌握。

• 操作步骤 •

STEP 01 单击“文件”|“打开”命令，打开一个素材文件，如图5-17所示。

图5-17 打开一个素材文件

STEP 02 在工具箱中，选择部分选取工具，在图形的边缘选择背景轮廓线，然后将鼠标移至需要移动的锚点上，单击鼠标左键，选中该锚点，如图5-18所示。

图5-18 选中锚点

STEP 03 在选中的锚点上，单击鼠标左键并向右侧拖曳，至合适位置后释放鼠标左键，即可移动锚点对象，如图5-19所示。

图5-19 移动锚点对象

STEP 04 退出锚点编辑状态，在舞台区可以查看移动锚点后的图形效果，如图5-20所示。

图5-20 查看移动锚点后的图形效果

STEP 05 用与上同样的方法，再次运用部分选取工具移动舞台区图形下方的锚点对象并向上拖曳，如图5-21所示。

图5-21 移动舞台区图形下方的锚点对象

STEP 06 退出锚点编辑状态，预览移动锚点后的最终图形效果，如图5-22所示。

图5-22 预览移动锚点后的最终图形效果

技巧点拨

在Flash CC工作界面中，还可以使用部分选取工具选择锚点后，按方向键移动锚点。

实战144 在线条中尖突锚点

▶实例位置：光盘\效果\第5章\铅笔笔尖.fla
▶素材位置：光盘\素材\第5章\铅笔笔尖.fla
▶视频位置：光盘\视频\第5章\实战144.mp4

• 实例介绍 •

在Flash CC工作界面中，在动画制作的过程中，用户可以根据需要在图形中尖突相应的锚点。下面向读者介绍在线条中尖突锚点的操作方法。

• 操作步骤 •

STEP 01 单击“文件”|“打开”命令，打开一个素材文件，如图5-23所示。

图5-23 打开一个素材文件

STEP 02 在工具箱中，选择部分选取工具，在图形的边缘选择背景轮廓线，显示出锚点对象，如图5-24所示。

图5-24 选择背景轮廓线

STEP 03 在工具箱中，选取转换锚点工具，如图5-25所示。

图5-25 选取转换锚点工具

STEP 04 将鼠标移至舞台区相应的锚点上，此时鼠标指针呈尖突形状，如图5-26所示。

图5-26 鼠标指针呈尖突形状

技巧点拨

在Flash CC工作界面中，用户按【C】键，可以快速切换至转场锚点工具；按【P】键，可以快速切换至钢笔工具。

STEP 05 在锚点上单击鼠标左键，即可尖突该锚点，如图5-27所示。

STEP 06 退出锚点编辑状态，在舞台区可以查看尖突锚点后的图形效果，如图5-28所示。

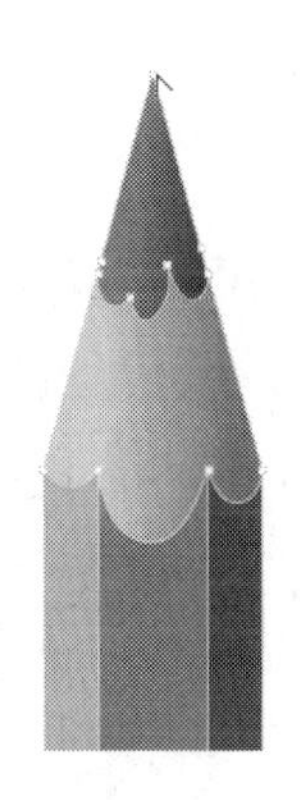
图5-27 尖突该锚点

图5-28 查看尖突锚点后的图形效果

技巧点拨

在Flash CC工作界面中，用户按【A】键，可以快速切换至部分选取工具编辑状态。

实战 145 在线条中平滑锚点

▶实例位置：光盘\效果\第5章\箭头图形.fla
▶素材位置：光盘\素材\第5章\箭头图形.fla
▶视频位置：光盘\视频\第5章\实战145.mp4

• 实例介绍 •

在Flash CC工作界面中，在动画制作的过程中，用户可以根据需要在图形中平滑相应的锚点。下面向读者介绍在线条中平滑锚点的操作方法。

• 操作步骤 •

STEP 01 单击"文件"|"打开"命令，打开一个素材文件，如图5-29所示。

STEP 02 在工具箱中，选择部分选取工具，在图形的边缘选择背景轮廓线，显示出锚点对象，如图5-30所示。

图5-29 打开一个素材文件

图5-30 显示出锚点对象

STEP 03 将鼠标移至矢量图形中需要平滑操作的锚点上，单击该锚点，此时该锚点呈实心显示状态，如图5-31所示。

STEP 04 按住【Alt】键的同时，在选择的锚点上单击鼠标左键并向右侧拖曳，此时曲线线条形状已被修改，如图5-32所示。

图5-31 单击锚点

图5-32 向右侧拖曳锚点

STEP 05 释放鼠标左键，即可平滑锚点对象，如图5-33所示。

图5-33 平滑锚点对象

STEP 06 退出锚点编辑状态，在舞台区可以查看平滑锚点后的图形效果，如图5-34所示。

图5-34 查看平滑锚点后的图形效果

知识拓展

在Flash CC工作界面中，用户还可以选取工具箱中的转换锚点工具，将鼠标移至舞台区，鼠标指针呈尖突形状，将鼠标移至适当的锚点上，如图5-35所示。单击鼠标左键并向右拖曳，如图5-36所示。

图5-35 将鼠标移至适当的锚点上

图5-36 向右拖曳锚点

拖曳至适当位置后释放鼠标左键，即可平滑锚点，如图5-37所示。退出锚点编辑状态，在舞台区可以查看平滑锚点后的图形效果，如图5-38所示。

图5-37 平滑锚点

图5-38 查看图形效果

实战 146 在线条中调节锚点

▶ 实例位置：光盘\效果\第5章\爱心.fla
▶ 素材位置：光盘\素材\第5章\爱心.fla
▶ 视频位置：光盘\视频\第5章\实战146.mp4

• 实例介绍 •

在Flash CC工作界面中，当用户使用转换锚点工具调出锚点的两个调节线时，可以根据需要调整锚点两端调节线的位置，从而修改图形的整体效果。

• 操作步骤 •

STEP 01 单击“文件”|“打开”命令，打开一个素材文件，如图5-39所示。

图5-39 打开一个素材文件

STEP 02 在工具箱中，选择部分选取工具，如图5-40所示。

图5-40 选择部分选取工具

STEP 03 在图形的边缘选择背景轮廓线，显示出锚点对象，如图5-41所示。

图5-41 显示出锚点对象

STEP 04 在需要调节的锚点上，单击鼠标左键，使该锚点呈实心显示状态，并显示出左右两端的调节线，如图5-42所示。

图5-42 显示出左右两端的调节线

STEP 05 将鼠标移至右侧锚点调节线上，如图5-43所示。

图5-43 移至右侧锚点调节线上

STEP 06 按住【Alt】键的同时，单击鼠标左键并向上拖曳，至合适位置后释放鼠标左键，即可调整锚点右侧的线条形状，如图5-44所示。

图5-44 调整锚点右侧的线条形状

STEP 07 用与上同样的方法，将鼠标移至左侧锚点调节线上，按住【Alt】键的同时，单击鼠标左键并向上拖曳，至合适位置后释放鼠标左键，即可调整锚点左侧的线条形状，如图5-45所示。

图5-45 调整锚点左侧的线条形状

STEP 08 退出锚点编辑状态，在舞台区可以查看调节锚点后的图形效果，如图5-46所示。

图5-46 查看图形最终效果

5.2 设置矢量线条属性

在Flash CC中，绘制矢量图形的轮廓线条后，通常还需要为矢量线条设置相应的颜色。适当的颜色填充，不但可以使矢量图形更加精美，同时对于线条中出现的细小失误也具有一定的修补作用。运用工具箱中的相关工具，可以设置矢量图形线条的笔触颜色、笔触大小以及线性样式等。本节主要向读者介绍设置矢量线条属性的操作方法。

实战 147 设置笔触颜色

▶实例位置：光盘\效果\第5章\动物图形.fla
▶素材位置：光盘\素材\第5章\动物图形.fla
▶视频位置：光盘\视频\第5章\实战147.mp4

• 实例介绍 •

在Flash CC工作界面中，系统提供了多种不同的笔触颜色，用户可以根据实际需要设置相应的笔触颜色。下面向读者介绍设置笔触颜色的操作方法。

• 操作步骤 •

STEP 01 单击“文件”|“打开”命令，打开一个素材文件，如图5-47所示。

图5-47 打开一个素材文件

STEP 02 选取工具箱中的选择工具，选择需要设置笔触颜色的图形，如图5-48所示。

图5-48 选择需要设置笔触颜色的图形

STEP 03 在“属性”面板的“填充和笔触”选项区中，单击“笔触颜色”色块，在弹出的颜色面板中选择棕色（#996600），如图5-49所示。

STEP 04 执行操作后，即可将选择图形的“笔触颜色”设置为棕色，如图5-50所示。

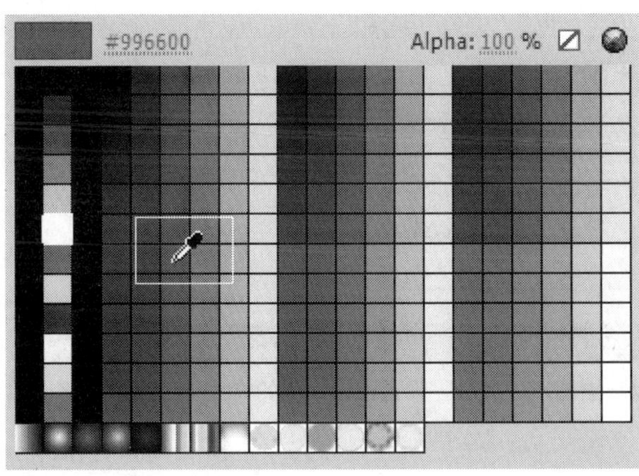

图5-49 在颜色面板中选择棕色

图5-50 设置“笔触颜色”为棕色

实战 148 设置笔触大小

▶实例位置：光盘\效果\第5章\书本.fla
▶素材位置：光盘\素材\第5章\书本.fla
▶视频位置：光盘\视频\第5章\实战148.mp4

• 实例介绍 •

在Flash CC工作界面中，用户不仅可以设置笔触颜色，还可以根据需要来设置笔触大小，通过这样的设置可以让图形达到更好的效果。

• 操作步骤 •

STEP 01 单击“文件”|“打开”命令，打开一个素材文件，如图5-51所示。

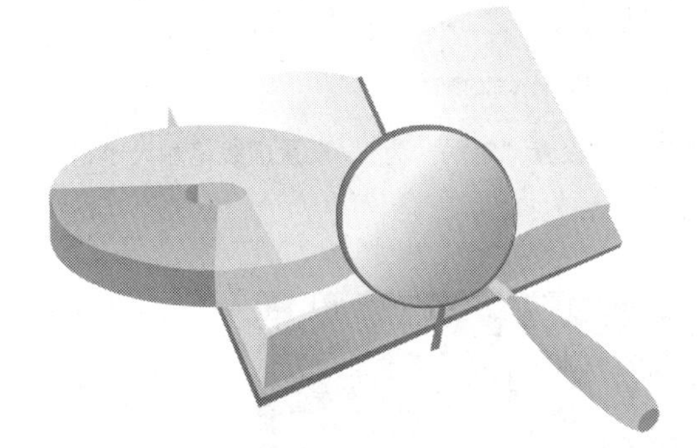

图5-51 打开一个素材文件

STEP 02 选取工具箱中的选择工具，选择需要设置笔触大小的图形，如图5-52所示。

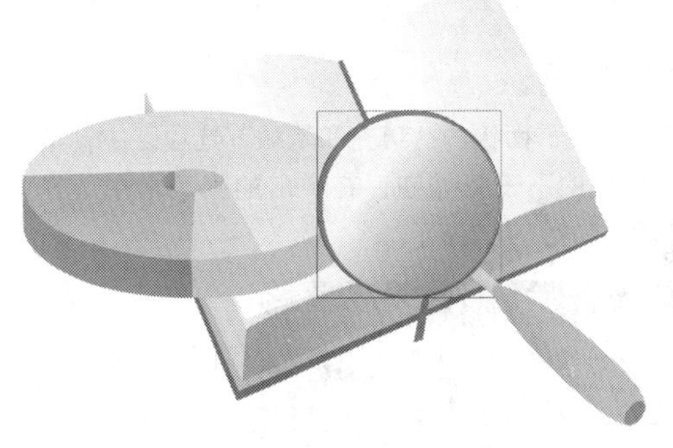

图5-52 选择需要设置笔触大小的图形

STEP 03 在“属性”面板的“填充和笔触”选项区中设置“笔触”为8，如图5-53所示。

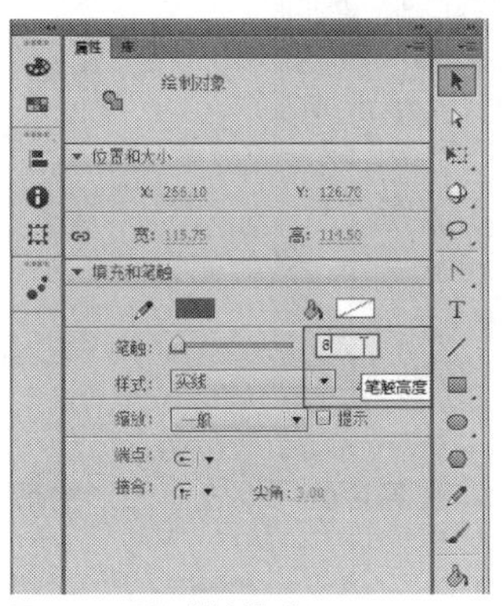

图5-53 设置“笔触”为8

STEP 04 执行操作后，即可设置图形的笔触大小，效果如图5-54所示。

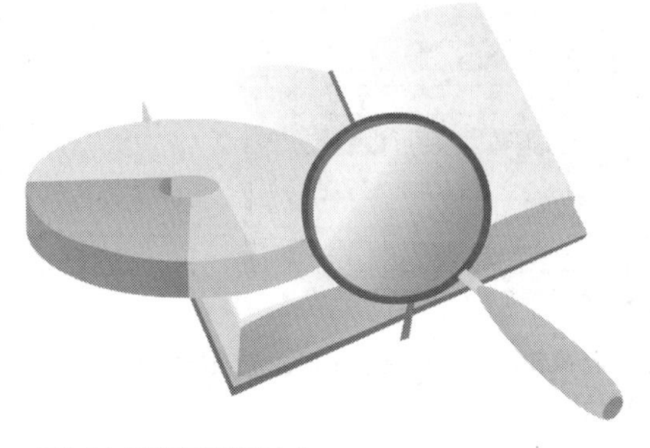

图5-54 设置图形的笔触大小

知识拓展

在Flash CC工作界面中，用户在“属性”面板中设置图形的笔触高度时，除了可以在“笔触”右侧的数值框中输入相应的数值来设置笔触高度外，还可以通过拖曳“笔触”右侧的滑块，向右拖曳至合适位置来设置笔触的高度参数。

实战149 设置笔触虚线样式

▶实例位置：光盘\效果\第5章\企鹅.fla
▶素材位置：光盘\素材\第5章\企鹅.fla
▶视频位置：光盘\视频\第5章\实战149.mp4

• 实例介绍 •

在Flash CC工作界面中，用户在制作图形的过程中，可以根据图形的属性，设置图形线条的样式。下面向读者介绍设置笔触虚线样式的操作方法。

• 操作步骤 •

STEP 01 单击“文件”|“打开”命令，打开一个素材文件，如图5-55所示。

图5-55 打开一个素材文件

STEP 02 选取工具箱中的选择工具，选择需要设置笔触样式的图形，如图5-56所示。

图5-56 选择需要设置笔触样式的图形

STEP 03 在“属性”面板的“填充和笔触”选项区中，单击“样式”右侧的下三角按钮，在弹出的列表框中选择“虚线”选项，如图5-57所示。

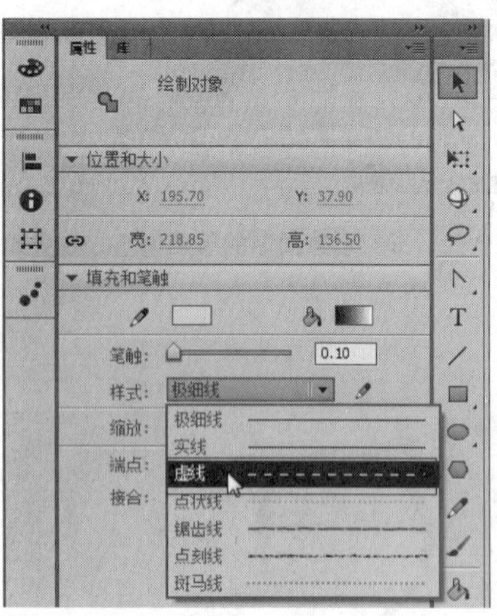

图5-57 选择“虚线”选项

STEP 04 在上方设置“笔触”为7，设置虚线笔触大小，如图5-58所示。

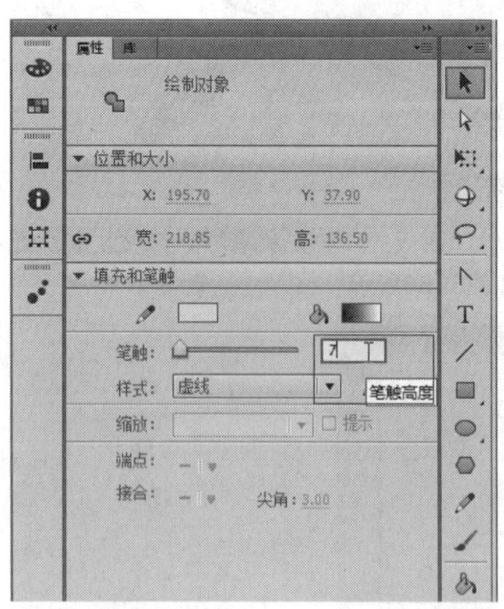

图5-58 设置虚线笔触大小

STEP 05 执行操作后，即可更改图形的笔触样式为虚线，如图5-59所示。

STEP 06 退出图形编辑状态，在舞台区可以查看图形的最终效果，如图5-60所示。

图5-59 更改图形的笔触样式为虚线

图5-60 查看图形的最终效果

实战 150 设置笔触实线样式

▶实例位置：光盘\效果\第5章\可爱小丑.fla
▶素材位置：光盘\素材\第5章\可爱小丑.fla
▶视频位置：光盘\视频\第5章\实战150.mp4

• 实例介绍 •

在Flash CC工作界面中，用户可根据需要将图形的笔触样式设置为实线样式。下面向读者介绍设置笔触为实线样式的操作方法。

• 操作步骤 •

STEP 01 单击“文件”|“打开”命令，打开一个素材文件，如图5-61所示。

图5-61 打开一个素材文件

STEP 02 选取工具箱中的选择工具，选择需要设置笔触样式的图形，如图5-62所示。

图5-62 选择需要设置笔触样式的图形

STEP 03 在“属性”面板的“填充和笔触”选项区中，单击“样式”右侧的下三角按钮，在弹出的列表框中选择“实线”选项，如图5-63所示。

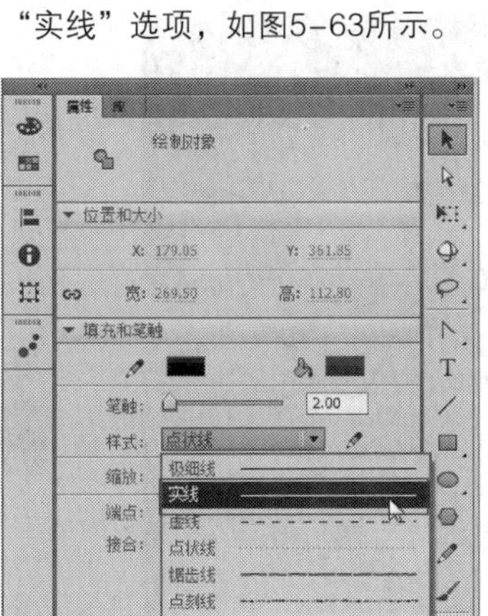

图5-63 选择“实线”选项

STEP 04 单击“样式”列表框右侧的“编辑笔触样式”按钮，如图5-64所示。

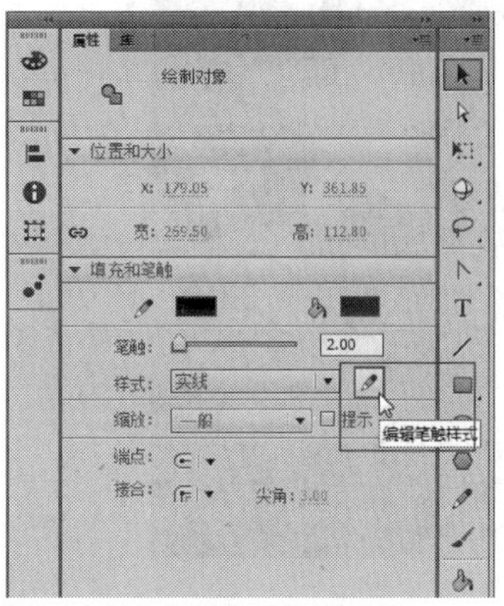

图5-64 单击“编辑笔触样式”按钮

STEP 05 弹出“笔触样式”对话框，在下方设置“粗细”为“3点”，如图5-65所示。

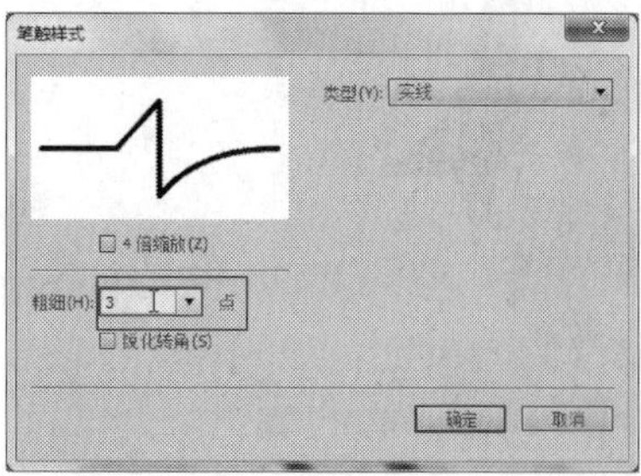

图5-65 设置“粗细”属性

STEP 06 选中“锐化转角”复选框，如图5-66所示。

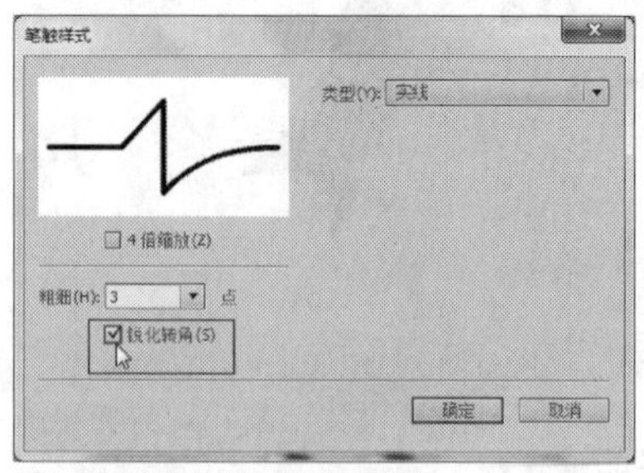

图5-66 选中“锐化转角”复选框

STEP 07 设置完成后，单击“确定”按钮，即可更改图形笔触为实线样式，如图5-67所示。

图5-67 更改图形笔触为实线样式

STEP 08 退出图形编辑状态，在舞台区可以查看图形的最终效果，如图5-68所示。

图5-68 查看图形的最终效果

实战 151 设置笔触点刻线样式

▶实例位置：光盘\效果\第5章\商场图形.fla
▶素材位置：光盘\素材\第5章\商场图形.fla
▶视频位置：光盘\视频\第5章\实战151.mp4

• 实例介绍 •

在Flash CC工作界面中，用户可根据需要将图形的笔触样式设置为点刻线样式。下面向读者介绍设置笔触为点刻线样式的操作方法。

• 操作步骤 •

STEP 01 单击“文件”|“打开”命令，打开一个素材文件，如图5-69所示。

图5-69 打开一个素材文件

STEP 02 选取工具箱中的选择工具，选择需要设置线性样式的图形，如图5-70所示。

图5-70 选择需要设置线性样式的图形

STEP 03 在“属性”面板的“填充和笔触”选项区中，单击“样式”右侧的下三角按钮，在弹出的列表框中选择“点刻线”选项，如图5-71所示。

STEP 04 执行操作后，即可将选择图形的线性样式设置为点刻线，如图5-72所示。

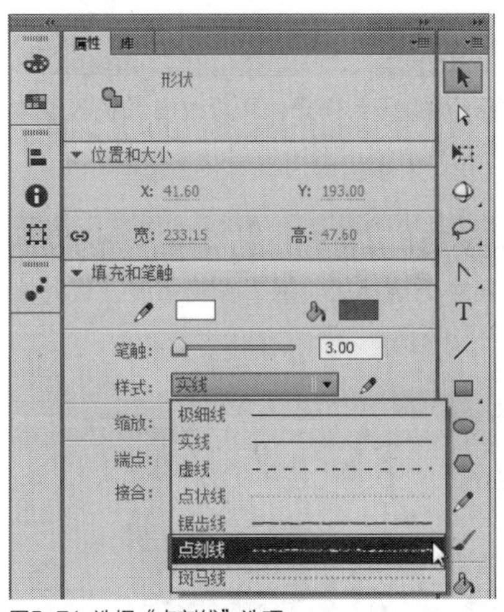

图5-71 选择“点刻线”选项

图5-72 将线性样式设置为点刻线

知识拓展

在Flash CC工作界面中，用户还可以在Flash CC软件中设置图形的其他线性样式。

- 在“样式”列表框中选择“斑马线”选项，即可设置笔触为斑马线样式，如图5-73所示。
- 在“样式”列表框中选择“点状线”选项，即可设置笔触为点状线样式，如图5-74所示。

图5-73 设置笔触为斑马线样式

图5-74 设置笔触为点状线样式

- 在“样式”列表框中选择“锯齿线”选项，即可设置笔触为锯齿线样式，如图5-75所示。
- 在“样式”列表框中选择“极细线”选项，即可设置笔触为极细线样式，如图5-76所示。

图5-75 设置笔触为锯齿线样式

图5-76 设置笔触为极细线样式

实战152 设置线性端点样式

▶实例位置：光盘\效果\第5章\生日快乐.fla
▶素材位置：光盘\素材\第5章\生日快乐.fla
▶视频位置：光盘\视频\第5章\实战152.mp4

• 实例介绍 •

在Flash CC工作界面中，系统提供了圆角和方形两种端点样式，为图形设置不同的端点样式，即可改变线条的整体效果。下面向读者介绍设置线形圆角端点的操作方法。

• 操作步骤 •

STEP 01 单击“文件”|“打开”命令，打开一个素材文件，如图5-77所示。

图5-77 打开一个素材文件

STEP 02 选取工具箱中的选择工具，选择需要设置线性端点的图形，如图5-78所示。

图5-78 选择需要设置线性端点的图形

STEP 03 在“属性”面板的“填充和笔触”选项区中，单击“端点”右侧的下三角按钮，在弹出的列表框中选择“方形”选项，设置线性端点，如图5-79所示。

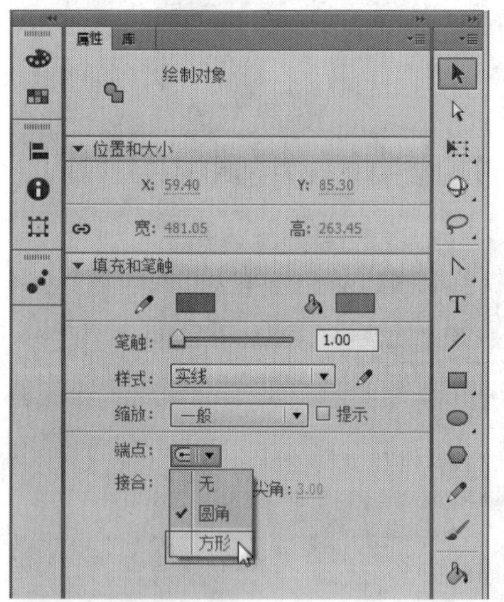

图5-79 设置线性端点

STEP 04 单击“接合”选项右侧的下三角按钮，在弹出的列表框中选择“斜角”选项，设置接合的类型，如图5-80所示，即可完成图形端点的设置。

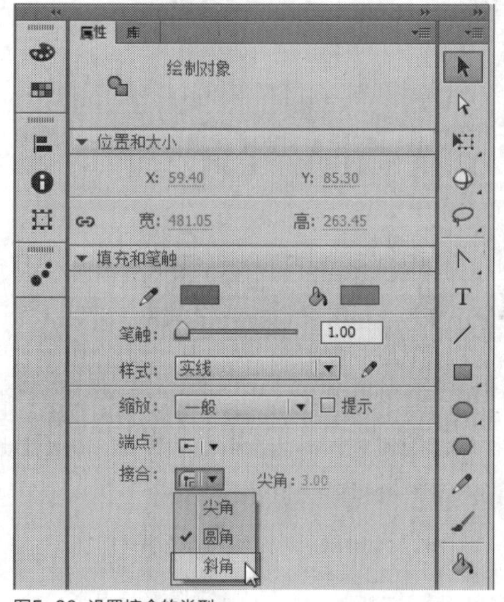

图5-80 设置接合的类型

实战153 设置填充颜色

▶实例位置：光盘\效果\第5章\可爱动物.fla
▶素材位置：光盘\素材\第5章\可爱动物.fla
▶视频位置：光盘\视频\第5章\实战153.mp4

• 实例介绍 •

在Flash CC工作界面中，在动画制作的过程中，常常需要用到填充颜色，用户可以根据自己的需要来选择图形的填充颜色。

• 操作步骤 •

STEP 01 单击“文件”|“打开”命令，打开一个素材文件，如图5-81所示。

图5-81 打开一个素材文件

STEP 02 选取工具箱中的选择工具，选择需要设置填充颜色的图形，如图5-82所示。

图5-82 选择需要设置填充颜色的图形

STEP 03 在“属性”面板的“填充和笔触”选项区中，单击“填充颜色”色块，在弹出的颜色面板中选择黄色（#FFCC00），如图5-83所示。

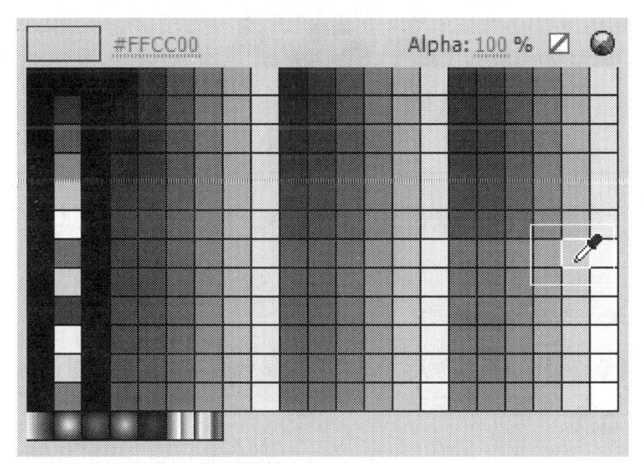

图5-83 在颜色面板中选择黄色

STEP 04 执行操作后，即可为选择的图形填充颜色，如图5-84所示。

图5-84 为选择的图形填充颜色

知识拓展

在Flash CC工作界面中，除了运用以上方法可以设置填充颜色外，还可以通过以下两种方法。

➢ 工具箱：选择需要填充颜色的图形，在工具箱中单击“填充颜色”色块，在弹出的颜色面板中选择需要的颜色，如图5-85所示。

➢ “颜色”面板：在“颜色”面板中，单击“填充颜色”色块，在弹出的颜色面板中选择需要的颜色即可，如图5-86所示。

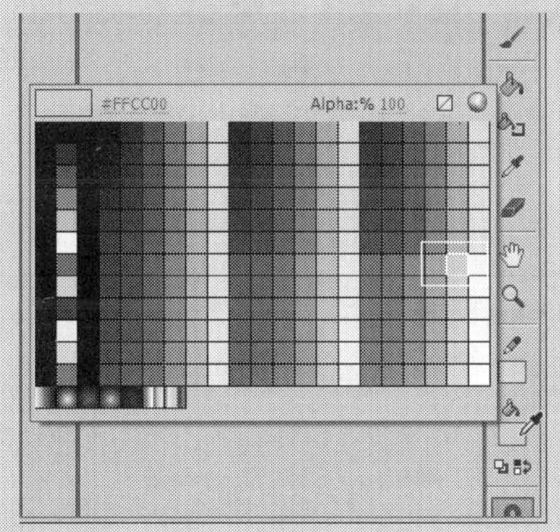

图5-85 工具箱中的“填充颜色”色块

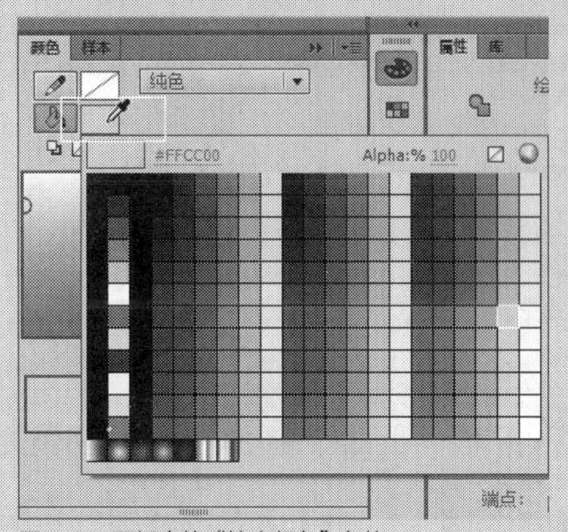

图5-86 面板中的“填充颜色”色块

5.3 编辑矢量线条

在Flash CC工作界面中，除了要掌握基本绘图工具外，还要学会如何编辑各种矢量图形的线条。本节主要向读者介绍在Flash CC软件中，对线条的删除、分割、扭曲和平滑曲线等方法，希望读者熟练掌握本节内容。

实战154 删除矢量线条

▶实例位置：光盘\效果\第5章\蝴蝶结.fla
▶素材位置：光盘\素材\第5章\蝴蝶结.fla
▶视频位置：光盘\视频\第5章\实战154.mp4

• 实例介绍 •

在Flash CC工作界面中，用户在绘制动画图形时，可以根据需要删除已存在的线条。下面向读者介绍删除矢量图形线条的操作方法。

• 操作步骤 •

STEP 01 单击“文件”|“打开”命令，打开一个素材文件，如图5-87所示。

图5-87 打开一个素材文件

STEP 02 选取工具箱中的选择工具，选择需要删除的矢量线条对象，如图5-88所示。

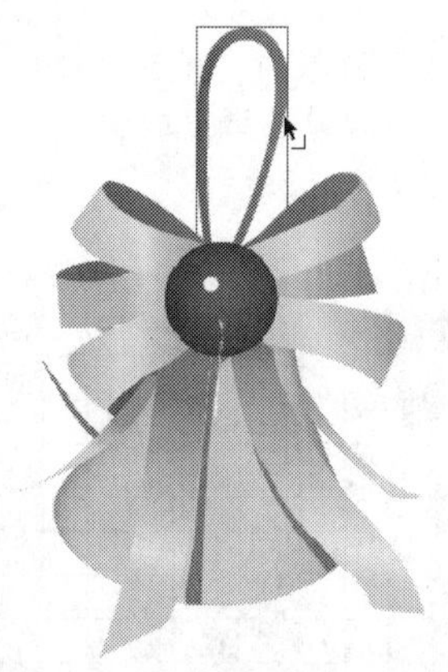

图5-88 选择矢量线条对象

STEP 03 在菜单栏中，单击“编辑”|“清除”命令，如图5-89所示。

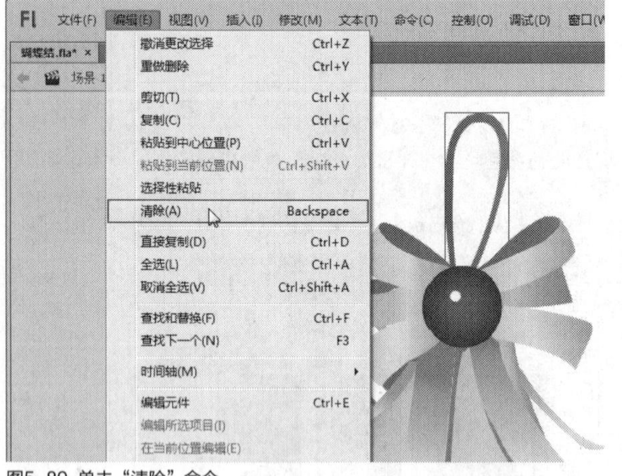

图5-89 单击“清除”命令

STEP 04 执行操作后，即可删除舞台中不需要的矢量图形线条，如图5-90所示。

图5-90 删除不需要的矢量图形线条

技巧点拨

在Flash CC工作界面中，用户还可以通过以下两种方法删除矢量线条。

- 选择需要删除的矢量线条，按【Delete】键。
- 选择需要删除的矢量线条，按【Backspace】键。

实战 155 分割矢量线条

▶ 实例位置：光盘\效果\第5章\杯子.fla
▶ 素材位置：光盘\素材\第5章\杯子.fla
▶ 视频位置：光盘\视频\第5章\实战155.mp4

• 实例介绍 •

在Flash CC工作界面中，分割线条就是将某一线条分割成多个部分。用户可以根据自己的需求来对所绘制对象的线条进行分割处理，以达到所需要的效果。

• 操作步骤 •

STEP 01 单击“文件”|“打开”命令，打开一个素材文件，如图5-91所示。

图5-91 打开一个素材文件

STEP 02 选取工具箱中的矩形工具，在“属性”面板中设置矩形的属性“笔触”为无，填充颜色为“黑色”，如图5-92所示。

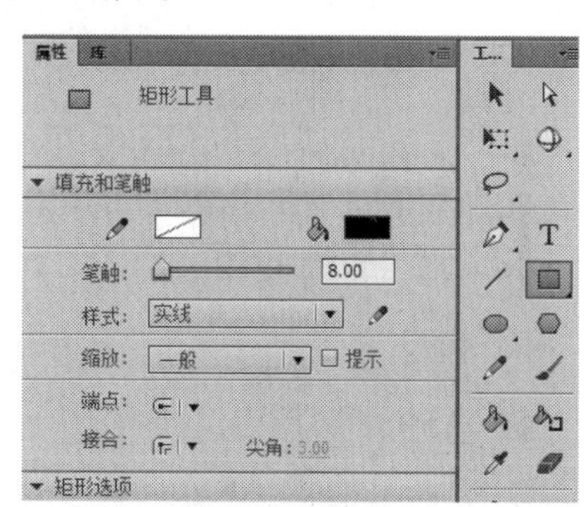

图5-92 设置“矩形”属性

STEP 03 在图形中的适当位置拖曳鼠标，如图5-93所示。

图5-93 拖曳鼠标

STEP 04 绘制相应的矩形，效果如图5-94所示。

图5-94 线条分割的效果

STEP 05 选择绘制的矩形对象，按【Ctrl+B】组合键，将图形打散，在菜单栏中单击“编辑”菜单，在弹出的菜单列表中单击“清除”命令，如图5-95所示。

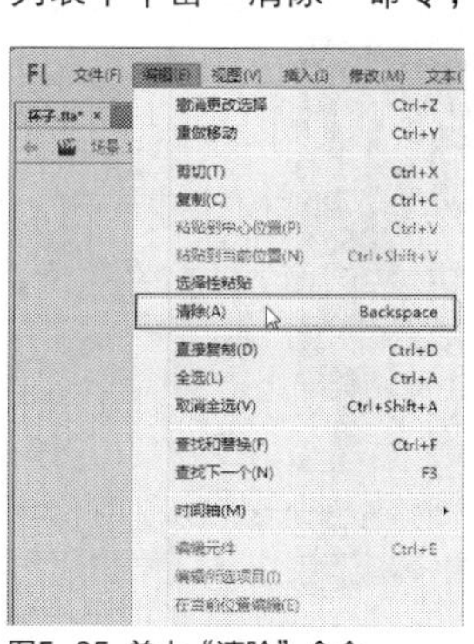

图5-95 单击“清除”命令

STEP 06 执行操作后，即可查看分割线条后的矢量图形，效果如图5-96所示。

图5-96 查看线条分割效果

实战156 扭曲矢量线条

▶实例位置：光盘\效果\第5章\时钟.fla
▶素材位置：光盘\素材\第5章\时钟.fla
▶视频位置：光盘\视频\第5章\实战156.mp4

• 实例介绍 •

在Flash CC工作界面中，扭曲直线是指对直线进行扭曲变形，使其变为曲线。下面向读者介绍使用扭曲矢量图形线条的操作方法。

• 操作步骤 •

STEP 01 单击“文件”|“打开”命令，打开一个素材文件，如图5-97所示。

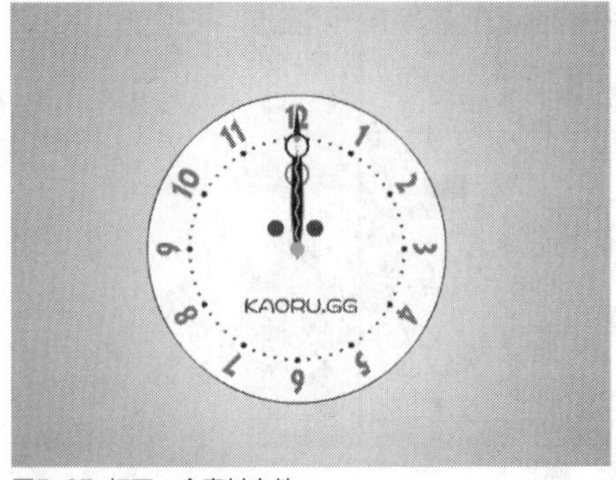

图5-97 打开一个素材文件

STEP 02 选取工具箱中的线条工具，在“属性”面板中，设置相应的“笔触”为10，颜色为“蓝色”，效果如图5-98所示。

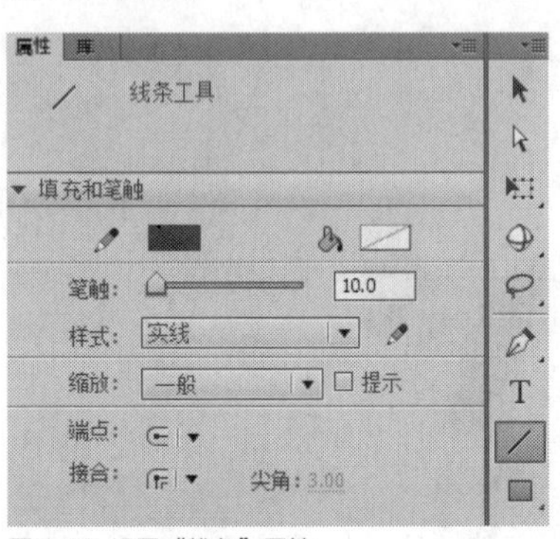

图5-98 设置“线条”属性

STEP 03 在图形的绘制直线鼠标呈+形，如图5-99所示。

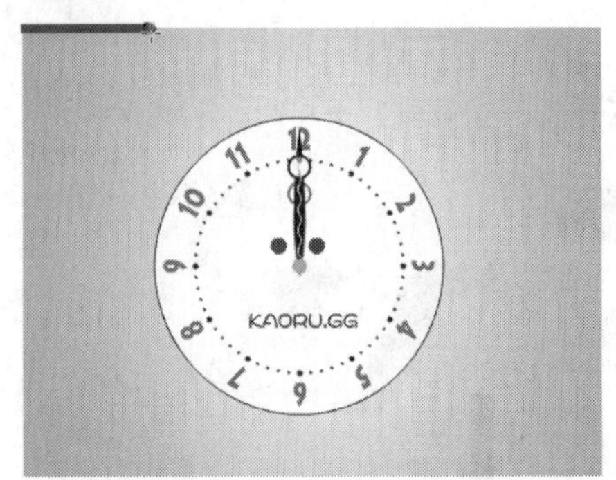

图5-99 鼠标呈+形

STEP 04 绘制效果如图5-100所示。

图5-100 绘制效果

STEP 05 选取工具箱中的选择工具，将鼠标指针移至图形最上方的直线上，鼠标指针将呈形状，单击鼠标左键并拖曳，至适当位置后释放鼠标，改变直线的弧度，效果如图5-101所示。

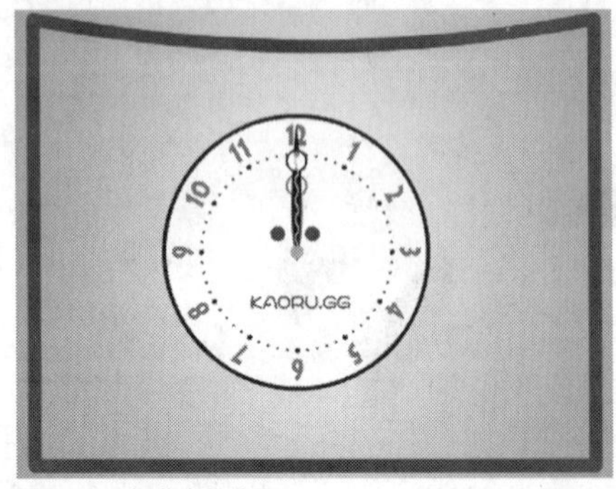

图5-101 扭曲直线效果

STEP 06 用与上同样的方法，将其他的三条线进行扭曲，效果如图5-102所示。

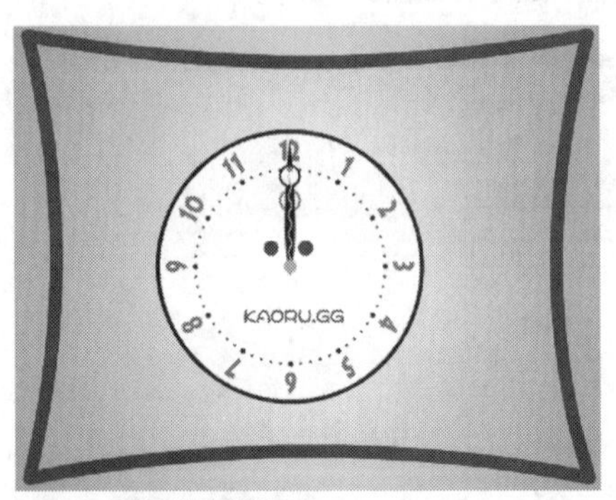

5-102 扭曲其他直线效果

实战 157 通过工具平滑曲线

▶实例位置：光盘\效果\第5章\鱼缸.fla
▶素材位置：光盘\素材\第5章\鱼缸.fla
▶视频位置：光盘\视频\第5章\实战157.mp4

• 实例介绍 •

在Flash CC工作界面中，在制作动画过程中，用户可以对绘制好的曲线进行平滑处理。下面向读者介绍平滑曲线图形的操作方法。

• 操作步骤 •

STEP 01 单击“文件”|“打开”命令，打开一个素材文件，如图5-103所示。

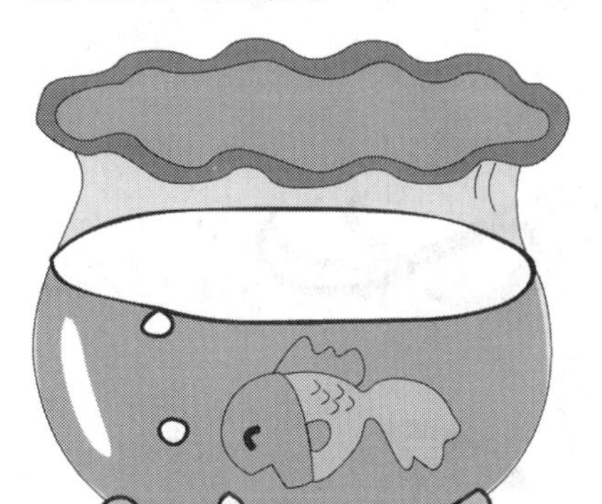

图5-103 打开一个素材文件

STEP 02 选取工具箱中的选择工具，在舞台中选择需要平滑的曲线，如图5-104所示。

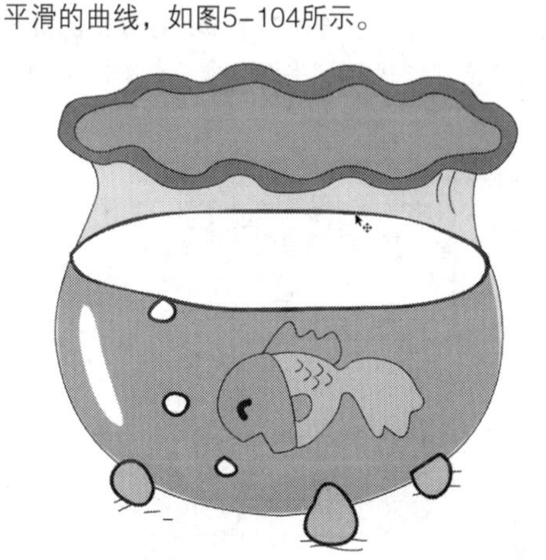

图5-104 选择需要平滑的曲线

STEP 03 在工具箱的底部，多次重复单击“平滑”按钮，如图5-105所示。

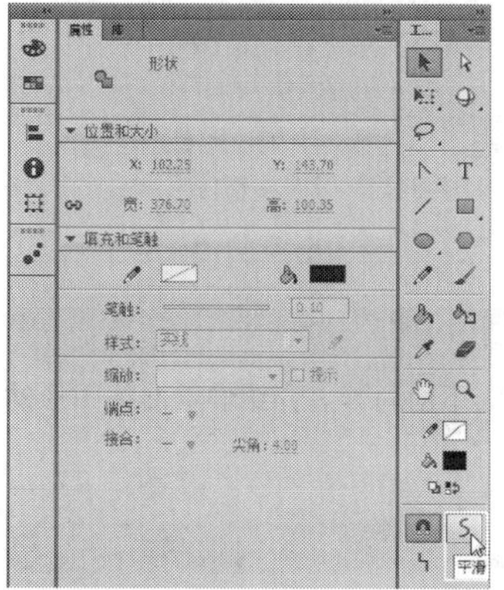

图5-105 单击“平滑”按钮

STEP 04 执行上述操作后，即可平滑所选的线条，如图5-106所示。

图5-106 平滑所选的线条

实战 158 通过命令平滑曲线

▶实例位置：光盘\效果\第5章\球类.fla
▶素材位置：光盘\素材\第5章\球类.fla
▶视频位置：光盘\视频\第5章\实战158.mp4

• 实例介绍 •

在Flash CC工作界面中，在制作动画过程中，用户还可以通过“平滑”命令，对相应的矢量线条进行平滑操作。

• 操作步骤 •

STEP 01 单击“文件”|“打开”命令，打开一个素材文件，如图5-107所示。

STEP 02 选取工具箱中的选择工具，在舞台中选择需要平滑的曲线，如图5-108所示。

图5-107 打开一个素材文件

图5-108 选择需要平滑的曲线

STEP 03 在菜单栏中，单击“修改”菜单，在弹出的菜单列表中多次重复单击“形状”|“平滑”命令，如图5-109所示。

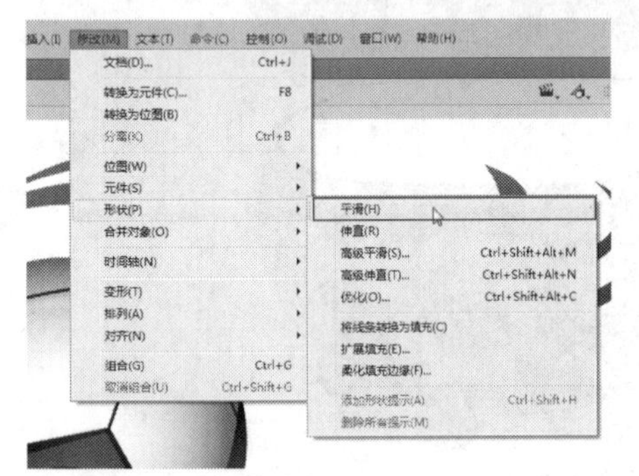

图5-109 单击“平滑”命令

STEP 04 执行上述操作后，即可平滑所选的线条，如图5-110所示。

图5-110 平滑所选的线条

技巧点拨

在Flash CC工作界面中，用户单击“修改”菜单后，在弹出的菜单列表中依次按【P】、【H】键，也可以快速执行“平滑”命令。

实战 159 通过工具伸直曲线

- 实例位置：光盘\效果\第5章\可爱猫咪.fla
- 素材位置：光盘\素材\第5章\可爱猫咪.fla
- 视频位置：光盘\视频\第5章\实战159.mp4

• 实例介绍 •

在Flash CC工作界面中，伸直曲线图形可以使图形中的曲线出现菱角，接近直线。下面向读者介绍伸直曲线图形的操作方法。

• 操作步骤 •

STEP 01 单击“文件”|“打开”命令，打开一个素材文件，如图5-111所示。

图5-111 打开一个素材文件

STEP 02 在“时间轴”面板中，选择“图层2”第1帧，如图5-112所示。

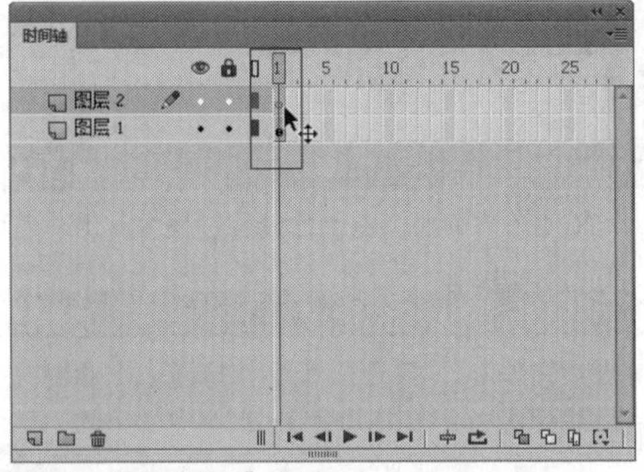

图5-112 选择“图层2”第1帧

STEP 03 在工具箱中，选取铅笔工具，如图5-113所示。

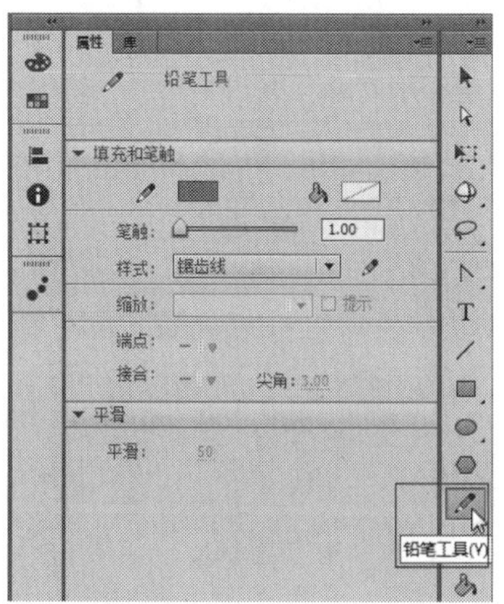

图5-113 选取铅笔工具

STEP 04 在“属性”面板中，设置“笔触颜色”为黑色、“填充颜色”为“无”，如图5-114所示。

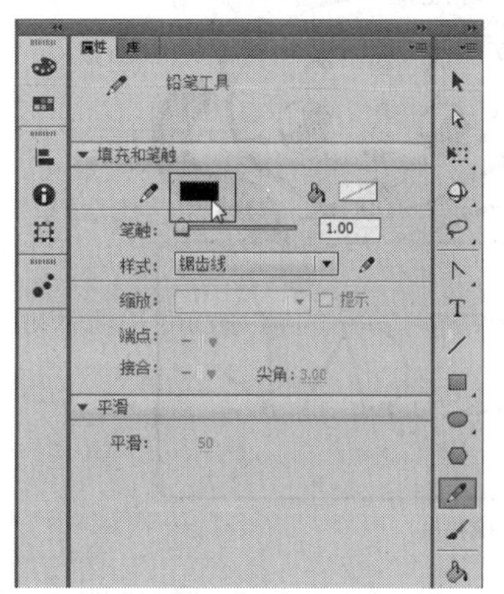

图5-114 设置绘画属性

STEP 05 在“属性”面板中，继续设置“笔触高度”为4，单击“样式”右侧的下三角按钮，在弹出的列表框中选择“实线”选项，如图5-115所示。

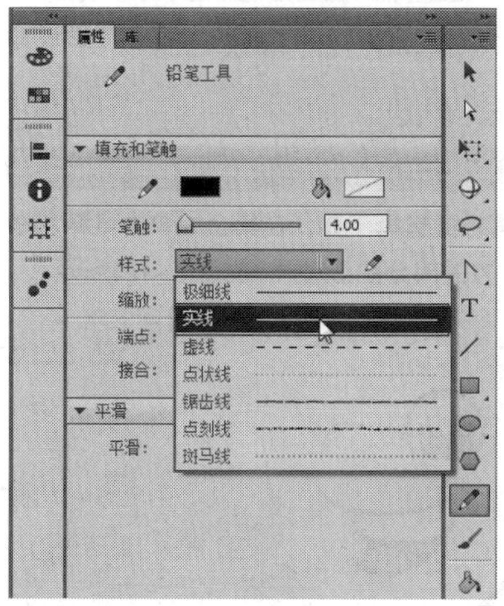

图5-115 选择“实线”选项

STEP 06 将鼠标移至舞台区的适当位置，单击鼠标左键并拖曳，绘制矢量线条，如图5-116所示。

图5-116 绘制矢量线条

STEP 07 选取工具箱中的选择工具，选择刚绘制的矢量线条对象，如图5-117所示。

图5-117 选择绘制的矢量线条对象

STEP 08 在工具箱的底部，多次单击“伸直”按钮，如图5-118所示。

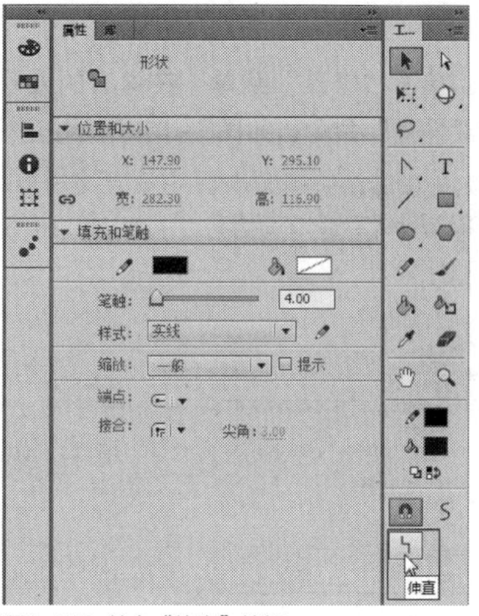

图5-118 单击“伸直”按钮

STEP 09 执行操作后，即可对图形中的线条进行多次伸直操作，效果如图5-119所示。

图5-119 对线条进行多次伸直操作

实战160 通过命令伸直曲线

▶实例位置：光盘\效果\第5章\美白牙齿.fla
▶素材位置：光盘\素材\第5章\美白牙齿.fla
▶视频位置：光盘\视频\第5章\实战160.mp4

• 实例介绍 •

在Flash CC工作界面中，用户还可以通过“伸直”命令，对相应的矢量线条进行伸直操作。下面向读者介绍通过命令伸直曲线的操作方法。

• 操作步骤 •

STEP 01 单击“文件”|“打开”命令，打开一个素材文件，如图5-120所示。

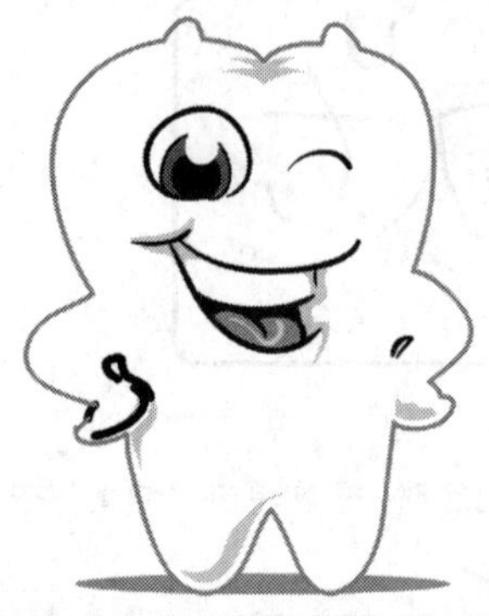

图5-120 打开一个素材文件

STEP 02 选取工具箱中的选择工具，在舞台中单击鼠标左键并拖曳，选取图形下方的部分图形对象，如图5-121所示。

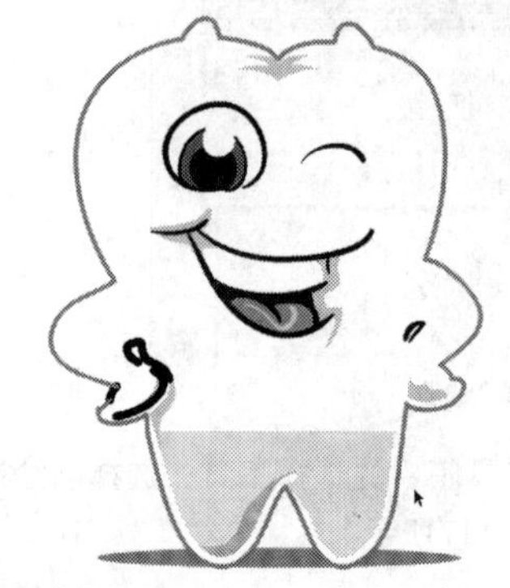

图5-121 选取部分图形对象

STEP 03 在菜单栏中，单击“修改”菜单，在弹出的菜单列表中单击“形状”|“伸直”命令，如图5-122所示。

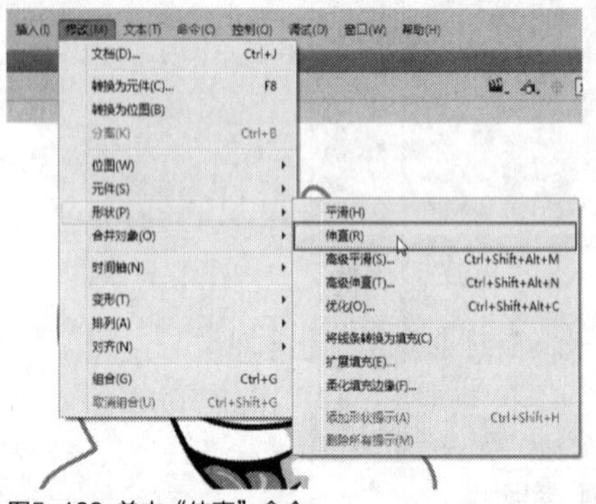

图5-122 单击“伸直”命令

STEP 04 连续单击两次“伸直”命令，即可对图形中的曲线进行伸直处理，如图5-123所示。

图5-123 对曲线进行伸直处理

STEP 05 退出图形编辑状态，在舞台中查看曲线伸直后的效果，如图5-124所示。

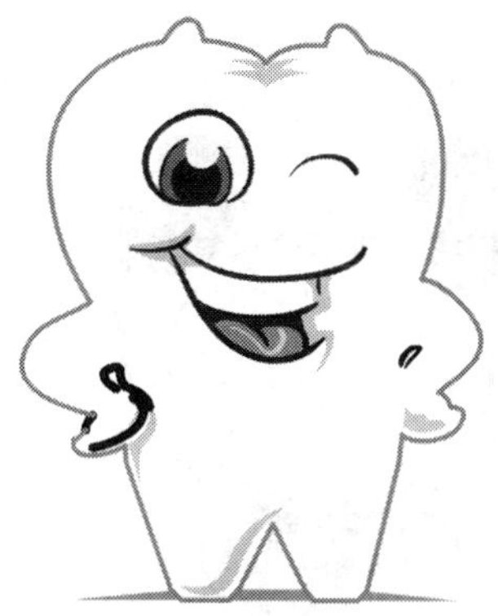

图5-124 查看曲线伸直后的效果

STEP 06 用与上同样的方法，对图形顶部的线条进行伸直处理，最终效果如图5-125所示。

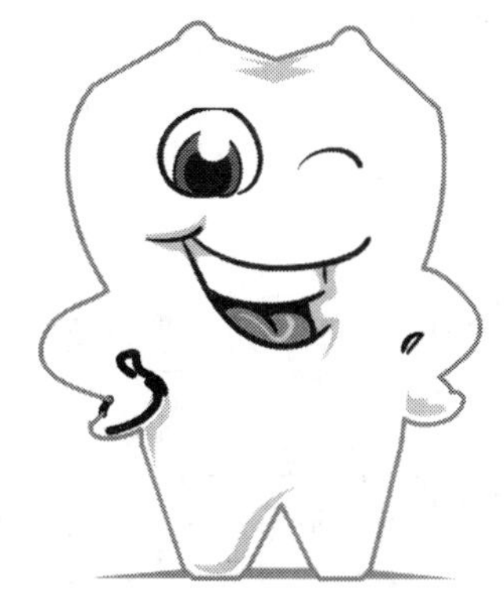

图5-125 最终效果

实战 161 高级平滑曲线

▶实例位置：光盘\效果\第5章\蜜蜂.fla
▶素材位置：光盘\素材\第5章\蜜蜂.fla
▶视频位置：光盘\视频\第5章\实战161.mp4

• 实例介绍 •

在Flash CC工作界面中，通过“高级平滑”功能，用户可以手动设置曲线的平滑参数，一次性达到用户需要的平滑效果。下面向读者介绍对曲线进行高级平滑的操作方法。

• 操作步骤 •

STEP 01 单击“文件”|“打开”命令，打开一个素材文件，如图5-126所示。

图5-126 打开一个素材文件

STEP 02 选取工具箱中的选择工具，在舞台中选择需要平滑的曲线对象，如图5-127所示。

图5-127 选择需要平滑的曲线对象

STEP 03 在菜单栏中，单击“修改”菜单，在弹出的菜单列表中单击“形状”|“高级平滑”命令，如图5-128所示。

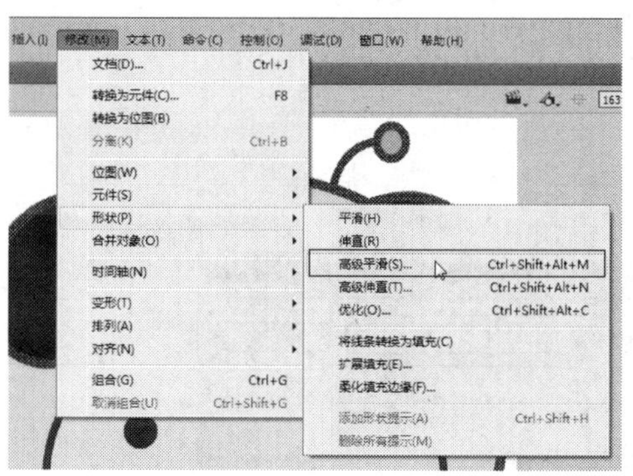

图5-128 单击“高级平滑”命令

STEP 04 执行操作后，弹出“高级平滑”对话框，如图5-129所示。

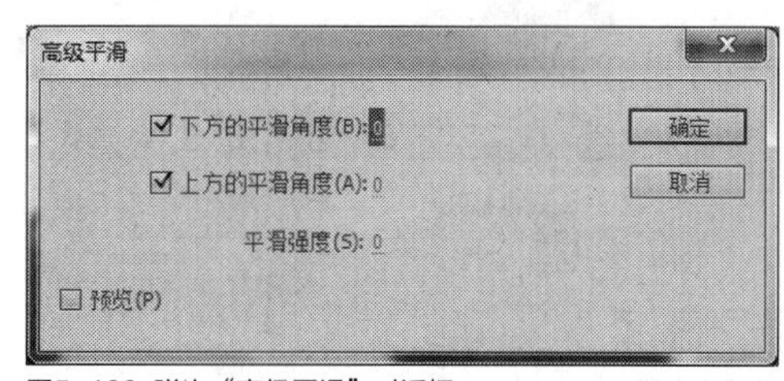

图5-129 弹出“高级平滑”对话框

STEP 05 在对话框中，设置“下方的平滑角度”为180、“上方的平滑角度”为180、“平滑强度”为100，如图5-130所示。

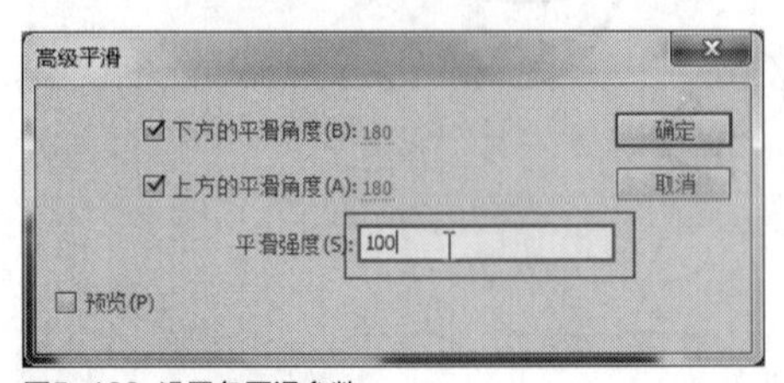

图5-130 设置各平滑参数

STEP 06 设置完成后，单击“确定”按钮，即可平滑曲线，效果如图5-131所示。

图5-131 平滑曲线的效果

实战162 高级伸直曲线

▶实例位置：光盘\效果\第5章\漂亮帽子.fla
▶素材位置：光盘\素材\第5章\漂亮帽子.fla
▶视频位置：光盘\视频\第5章\实战162.mp4

• 实例介绍 •

在Flash CC工作界面中，通过“高级伸直”功能，用户可以手动设置曲线的伸直参数，一次性达到用户需要的伸直效果。下面向读者介绍对曲线进行高级伸直的操作方法。

• 操作步骤 •

STEP 01 单击“文件”|“打开”命令，打开一个素材文件，如图5-132所示。

图5-132 打开一个素材文件

STEP 02 选取工具箱中的选择工具，在舞台中选择需要伸直处理的曲线，如图5-133所示。

图5-133 选择需要伸直处理的曲线

STEP 03 在菜单栏中，单击“修改”菜单，在弹出的菜单列表中单击“形状”|“高级伸直”命令，如图5-134所示。

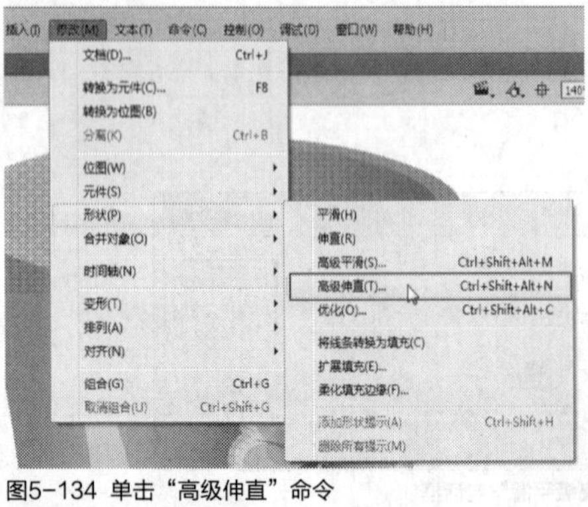

图5-134 单击“高级伸直”命令

STEP 04 执行操作后，弹出“高级伸直”对话框，在其中设置“伸直强度”为100，如图5-135所示。

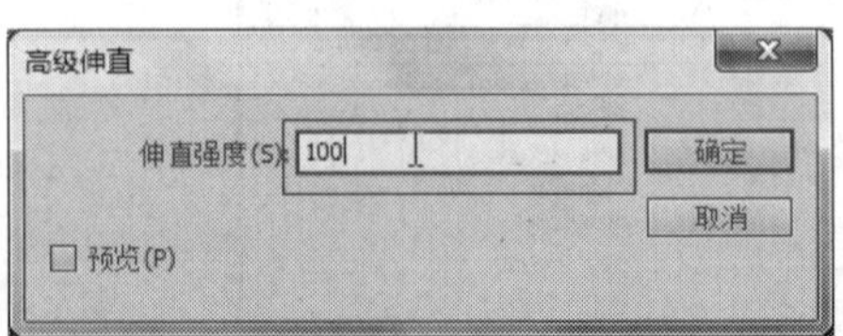

图5-135 设置“伸直强度”为100

STEP 05 设置完成后，单击“确定”按钮，即可伸直曲线，更改图形整体形状，如图5-136所示。

图5-136 更改图形整体形状

STEP 06 退出图形编辑状态，在舞台中查看图形的最终效果，如图5-137所示。

图5-137 查看图形的最终效果

技巧点拨

在Flash CC工作界面中，用户按【Ctrl + Shift + Alt + N】组合键，也可以快速弹出“高级伸直”对话框。

实战 163 优化曲线图形

▶实例位置：光盘\效果\第5章\吉他.fla
▶素材位置：光盘\素材\第5章\吉他.fla
▶视频位置：光盘\视频\第5章\实战163.mp4

• 实例介绍 •

在Flash CC工作界面中，优化曲线的作用是通过减少定义元素的曲线数量来改进曲线和填充轮廓，以达到减小Flash文件大小的目的。

• 操作步骤 •

STEP 01 单击“文件”|“打开”命令，打开一个素材文件，如图5-138所示。

图5-138 打开一个素材文件

STEP 02 选取工具箱中的选择工具，选择舞台上需要优化的图形对象,如图5-139所示。

图5-139 选择需要优化的对象

STEP 03 在菜单栏中，单击“修改”菜单，在弹出的菜单列表中单击“形状”|“优化”命令，如图5-140所示。

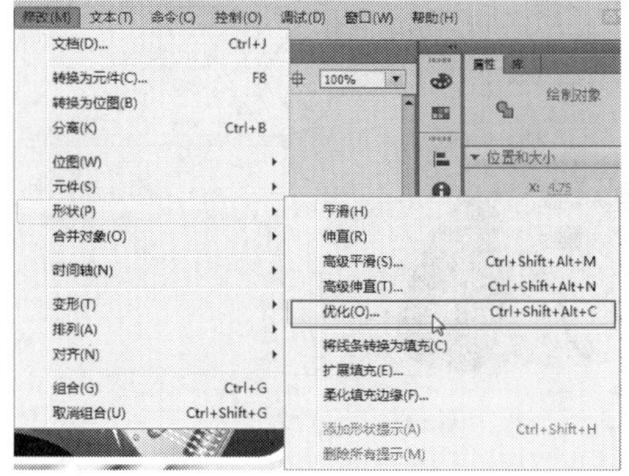

图5-140 单击“优化”命令

STEP 04 执行操作后，弹出“优化曲线”对话框，如图5-141所示。

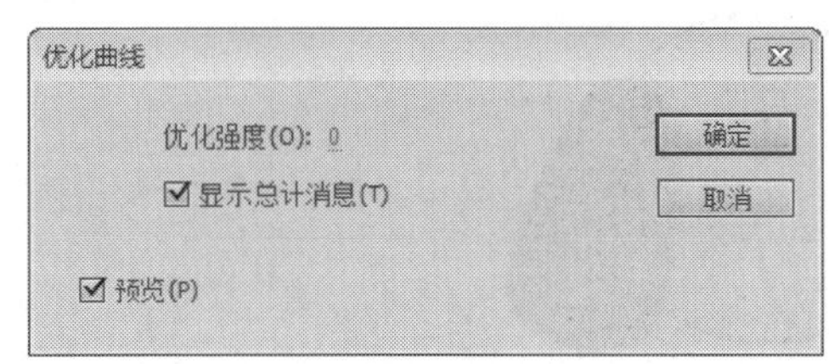

图5-141 弹出“优化曲线”对话框

STEP 05 设置“优化强度”为“100”，如图5-142所示，单击“确定”按钮。

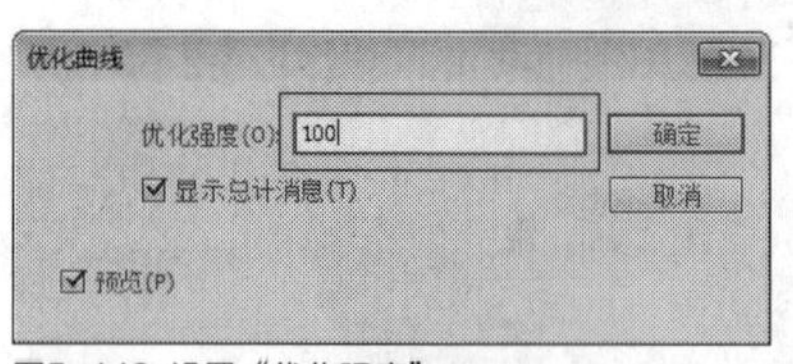

图5-142 设置“优化强度”

STEP 06 执行操作后，弹出提示信息框，如图5-143所示。

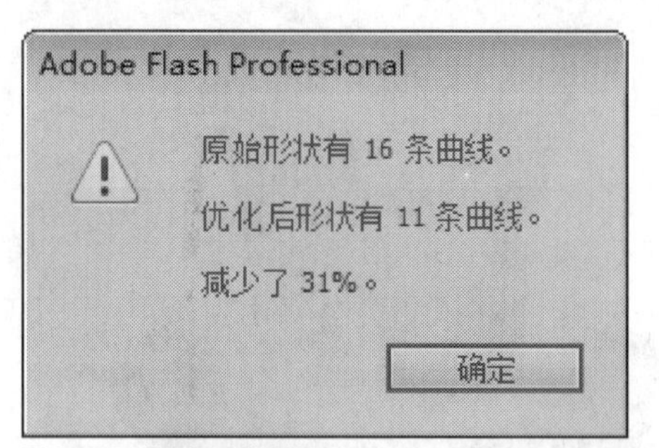

图5-143 弹出提示信息框

STEP 07 单击“确定”按钮，即可优化曲线，如图5-144所示。

图5-144 完成曲线的优化

5.4 修改矢量图形

在Flash CC工作界面中，用户可以对图形的填充属性进行设置，使矢量图形更加符合用户的需求。本节主要向读者介绍修改矢量图形填充属性的操作方法，主要包括将线条转换为填充、添加形状提示、扩展填充、缩小填充以及柔化填充边缘等内容。

实战 164 将线条转换为填充

▶ 实例位置：光盘\效果\第5章\小狗.fla
▶ 素材位置：光盘\素材\第5章\小狗.fla
▶ 视频位置：光盘\视频\第5章\实战164.mp4

• 实例介绍 •

在Flash CC工作界面中，用户常常需要将线条转化为填充，这样可以方便用户更好地编辑矢量图形对象。下面向读者介绍将线条转换为填充的操作方法。

• 操作步骤 •

STEP 01 单击“文件”|“打开”命令，打开一个素材文件，如图5-145所示。

图5-145 打开一个素材文件

STEP 02 用“选取工具”移至舞台中，按住【Shift】键选择图形中需要转换为填充的线条，如图5-146所示。

图5-146 选中线条

STEP 03 在菜单栏中，单击“修改”|“形状”|“将线条转换为填充”命令，如图5-147所示。

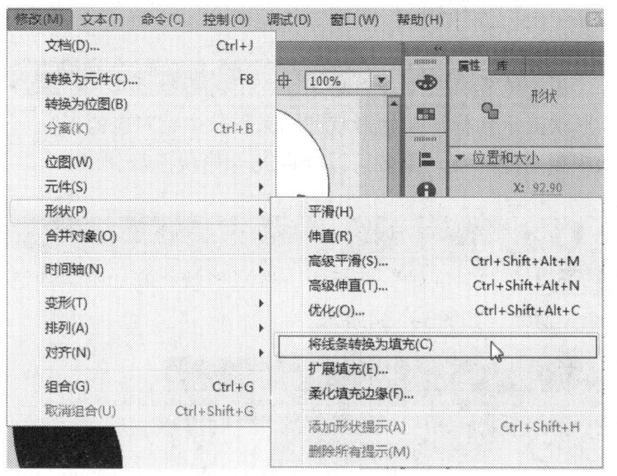

图5-147 单击“将线条转换为填充”命令

STEP 04 执行上述操作后，即可将线条转换为填充，如图5-148所示。

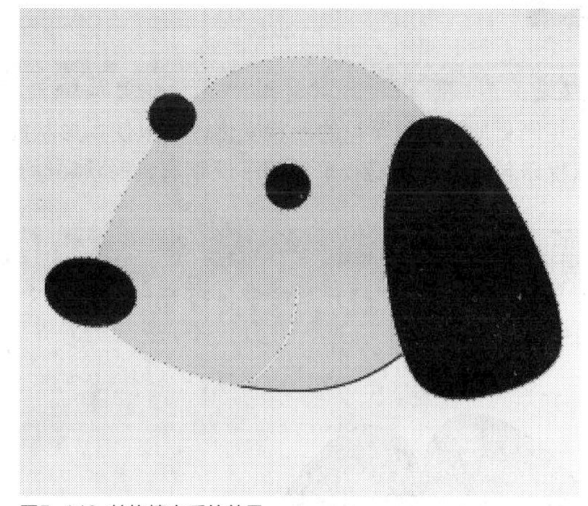

图5-148 转换填充后的效果

STEP 05 选择所有已转换为填充的线条，在“属性”设置“填充颜色”为蓝色（#66CCFF），效果如图5-149所示。

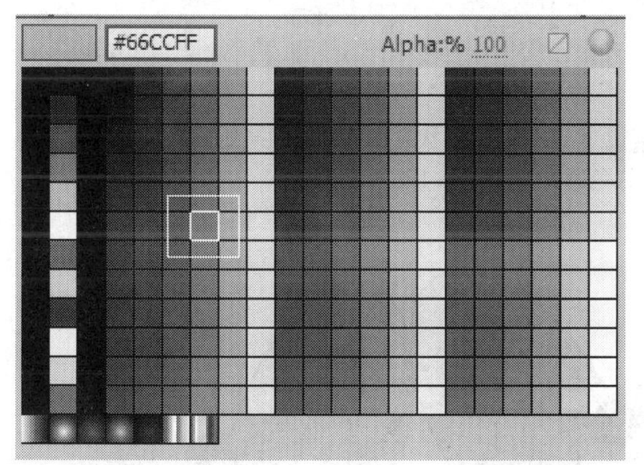

图5-149 设置“属性”

STEP 06 执行上述操作后，即可查看更改颜色后的图形效果，如图5-150所示。

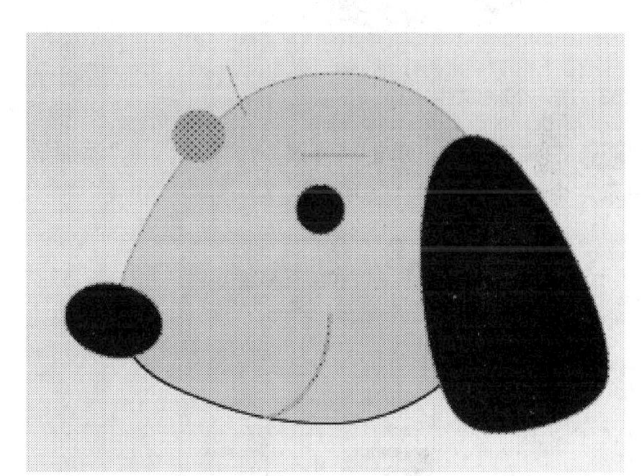

图5-150 查看更改颜色后的效果

STEP 07 选取工具箱中的墨水瓶工具，在“属性”面板中，设置“笔触颜色”为调色板底部的七彩色、“笔触高度”为6，如图5-151所示。

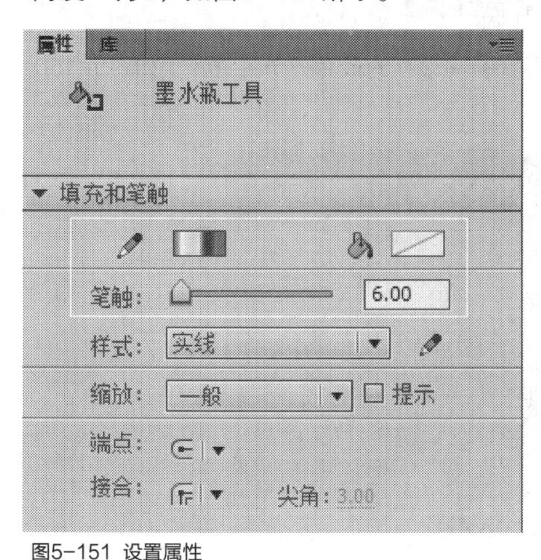

图5-151 设置属性

STEP 08 选中填充的线条并单击，重新对图形进行描边处理，效果如图5-152所示。

图5-152 描边后的图形效果

实战 165 添加形状提示

▶实例位置：光盘\效果\第5章\手套.fla
▶素材位置：光盘\素材\第5章\手套.fla
▶视频位置：光盘\视频\第5章\实战165.mp4

• 实例介绍 •

要想控制更加复杂或罕见的形状变化，可以使用形状提示。形状提示会标识起始形状和结束形状中相对应的点。形状提示包含字母（a到z），用于识别起始形状和结束形状中相对应的点。最多可以使用26个形状提示。

• 操作步骤 •

STEP 01 单击“文件”|“打开”命令，打开一个素材文件，如图5-153所示。

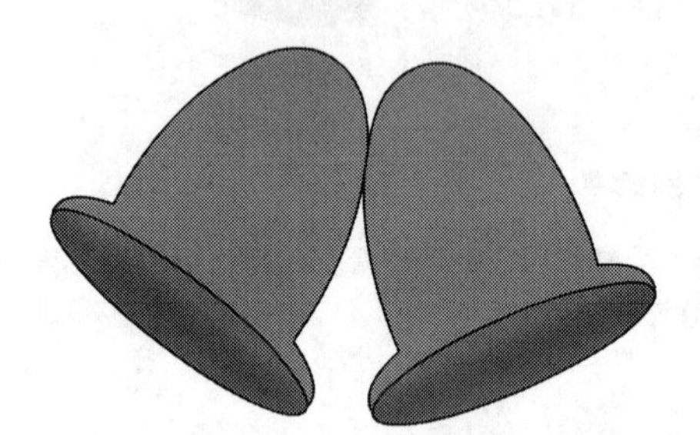

图5-153 打开一个素材文件

STEP 02 在“时间轴”面板中，选择形状补间动画中的第一个关键帧，如图5-154所示。

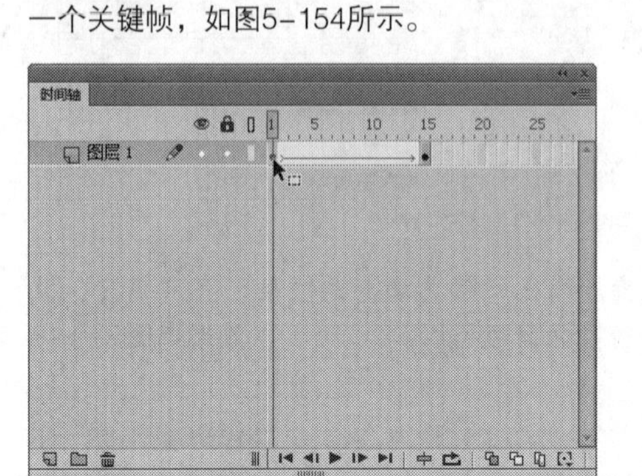

图5-154 选中第一个关键帧

STEP 03 在菜单栏中，单击“修改”|“形状”|“添加形状提示”命令，如图5-155所示。

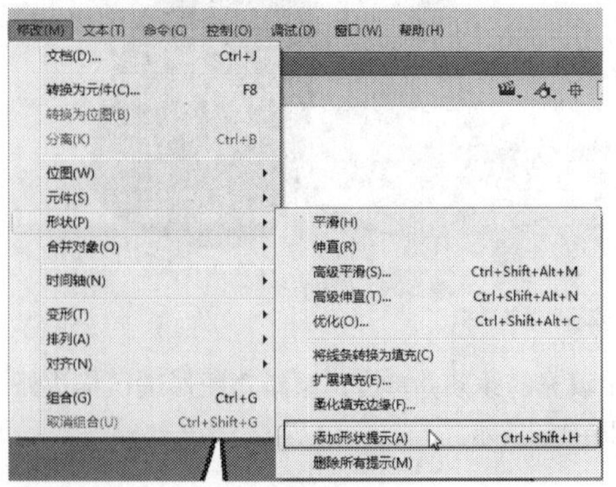

图5-155 单击“添加形状提示”命令

STEP 04 此时起始形状会在该形状的某处显示一个带有字母a的红色圆圈，如图5-156所示。

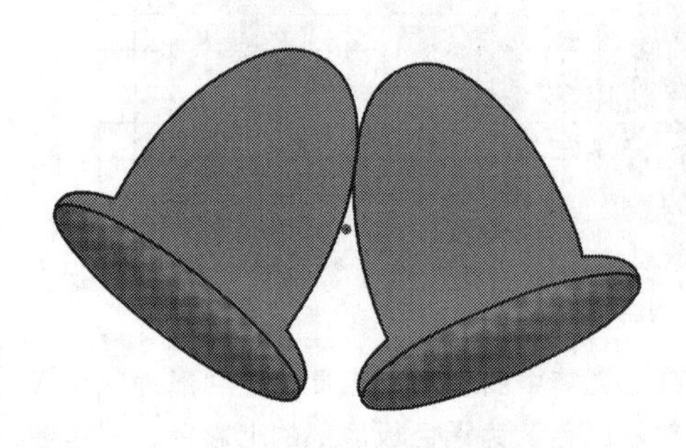

图5-156 图中带“a”的红色圆圈

STEP 05 用户可以选择添加的形状提示，将其移至需要标记的点，如图5-157所示。

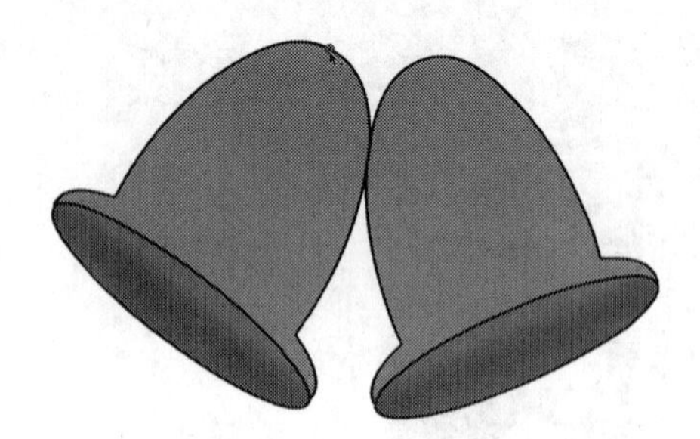

图5-157 移动“a”

STEP 06 选择形状补间动画的最后一个关键帧，如图5-158所示。

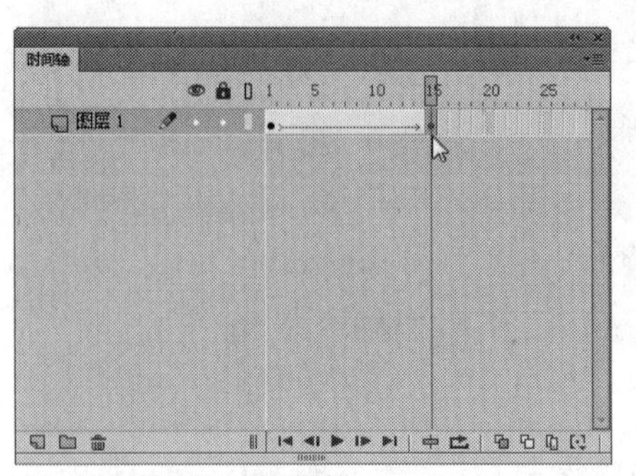

图5-158 选择最后一个关键帧

STEP 07 该帧所对应的图形形状也会显示一个带有字母a的圆圈，如图5-159所示。

STEP 08 将形状提示移到结束形状中与标记的第一点对应的点，如图5-160所示。至此，完成添加形状提示的操作。

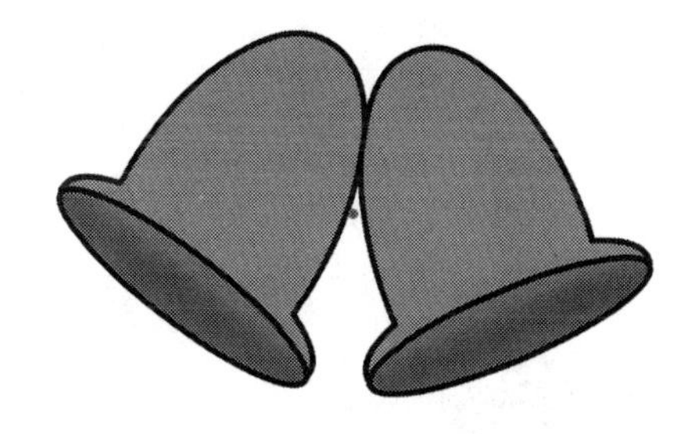

图5-159 最后一帧显示图

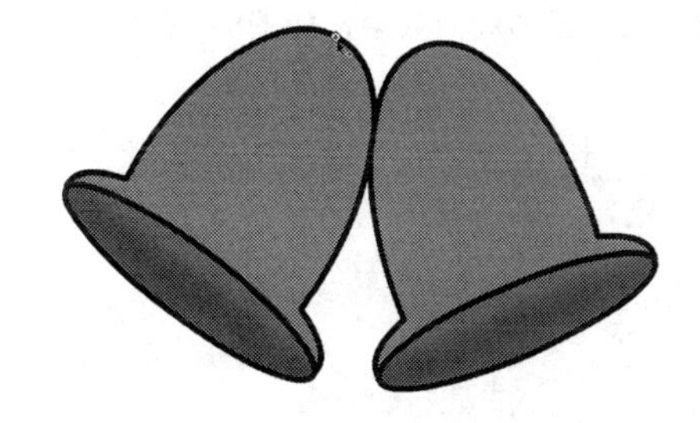

图5-160 移动形状提示

STEP 09 按【Ctrl+Enter】组合键，测试制作的图形动画效果，如图5-161所示。

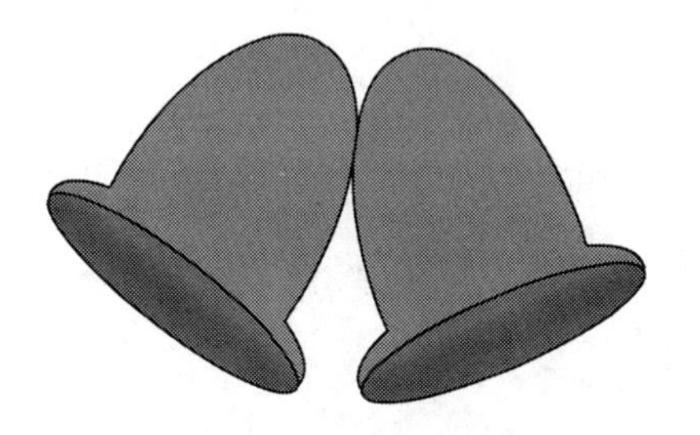

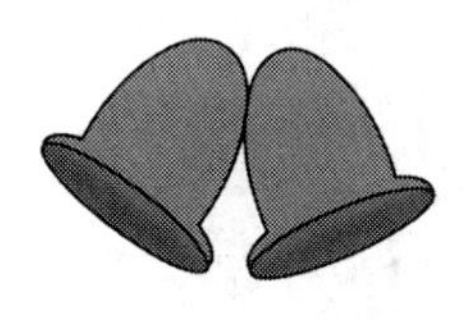

图5-161 测试制作的图形动画效果

技巧点拨

在Flash CC工作界面中，用户按【Ctrl+Shift+H】组合键，也可以快速在舞台中创建的图形对象上添加形状提示。

实战 166 删除形状提示

▶ 实例位置：光盘\效果\第5章\枫叶.fla
▶ 素材位置：光盘\素材\第5章\枫叶.fla
▶ 视频位置：光盘\视频\第5章\实战166.mp4

• 实例介绍 •

在Flash CC工作界面中，当用户不需要在动画图形中添加形状提示时，可以将添加的形状提示进行删除操作。下面向读者介绍删除形状提示的操作方法。

• 操作步骤 •

STEP 01 单击“文件”|“打开”命令，打开一个素材文件，如图5-162所示。

图5-162 打开一个素材文件

STEP 02 在菜单栏中，单击“修改”|“形状”|“删除所有提示”命令，如图5-163所示。

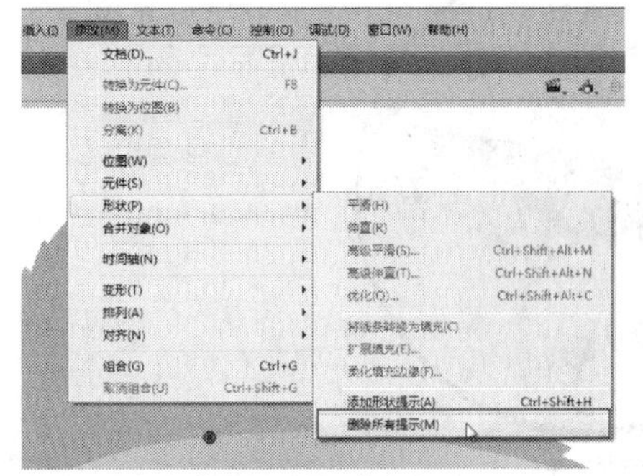

图5-163 单击“删除所有提示”命令

知识拓展

在Flash CC工作界面中，用户单击“修改”菜单后，在弹出的菜单列表中依次按【P】、【M】键，也可以快速执行“删除所有提示”命令。

STEP 03 执行操作后，即可删除图形中的形状提示，此时图形中将不显示“a”提示，按【Ctrl + Enter】组合键，测试删除形状提示后的图形动画效果，如图5-164所示。

图5-164 测试图形动画效果

实战167 扩展填充图形

▶实例位置：光盘\效果\第5章\时钟1.fla
▶素材位置：光盘\素材\第5章\时钟1.fla
▶视频位置：光盘\视频\第5章\实战167.mp4

● 实例介绍 ●

在Flash CC工作界面中，如果需要向外扩展图形，可以使用Flash的扩展填充功能。下面向读者介绍扩展填充图形对象的操作方法。

● 操作步骤 ●

STEP 01 单击“文件”|“打开”命令，打开一个素材文件，如图5-165所示。

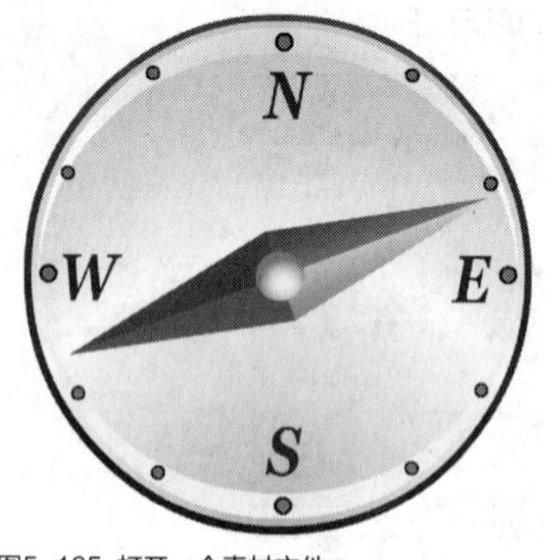

图5-165 打开一个素材文件

STEP 02 选取工具箱中的选择工具，在舞台区选择需要扩展填充的图形对象，如图5-166所示。

图5-166 选择要扩展填充的图形对象

技巧点拨

在Flash CC工作界面中，用户单击“修改”菜单后，在弹出的菜单列表中依次按【P】、【E】键，也可以快速执行“扩展填充”命令。

STEP 03 在菜单栏中，单击“修改”|“形状”|“扩展填充”命令，如图5-167所示。

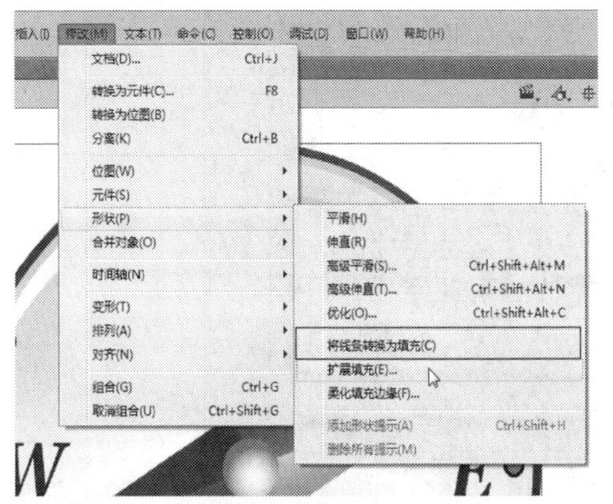

图5-167 单击“扩展填充”命令

STEP 04 执行操作后，弹出“扩展填充”对话框，设置“距离”为“10像素”，如图5-168所示。

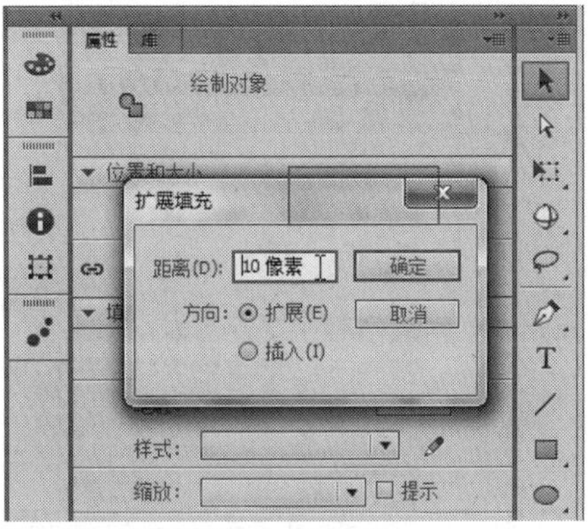

图5-168 设置“距离”为“10像素”

STEP 05 单击“确定”按钮，即可扩展所选图形的填充区域，效果如图5-169所示。

图5-169 扩展所选图形的填充区域

STEP 06 在“属性”面板中，用户还可以根据需要修改图形的填充颜色，效果如图5-170所示。

图5-170 修改图形的填充颜色

实战 168 缩小填充图形

▶ 实例位置：光光盘\效果\第5章\小虫子.fla
▶ 素材位置：光光盘\素材\第5章\小虫子.fla
▶ 视频位置：光光盘\视频\第5章\实战168.mp4

• 实例介绍 •

在Flash CC工作界面中，用户不仅可以扩展填充区域，还可以根据需要缩小填充区域。下面向读者介绍缩小填充图形的操作方法。

• 操作步骤 •

STEP 01 单击“文件”|“打开”命令，打开一个素材文件，如图5-171所示。

图5-171 打开一个素材文件

STEP 02 选取工具箱中的选择工具，选择需要缩小填充的图形对象，如图5-172所示。

图5-172 选择要缩小填充的图形

STEP 03 在菜单栏中，单击“修改”|“形状”|“扩展填充”命令，如图5-173所示。

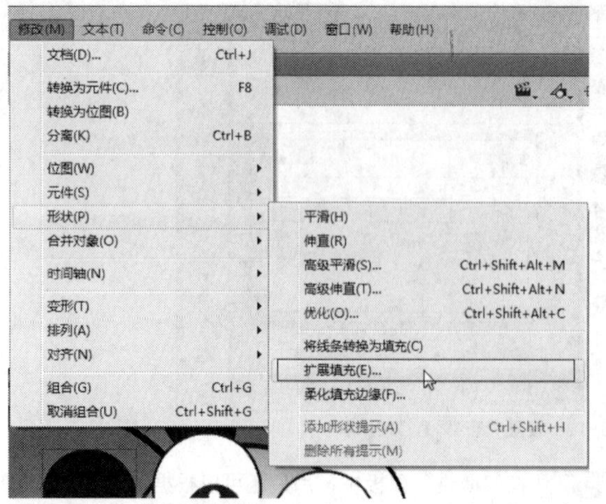

图5-173 单击“扩展填充”命令

STEP 04 弹出“扩展填充”对话框，设置“距离”为“40像素”，选中“插入”单选按钮，如图5-174所示。

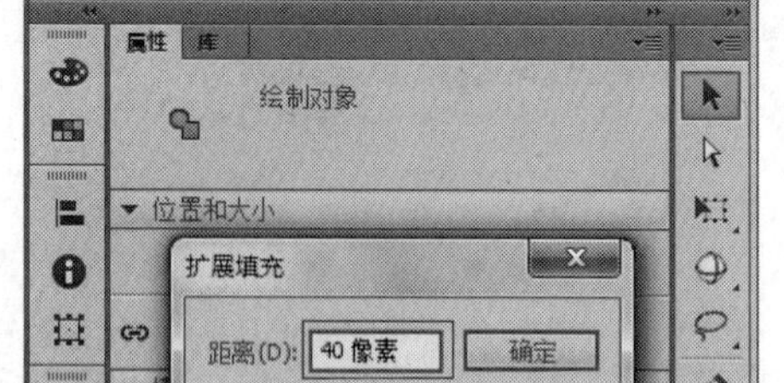

图5-174 选中“插入”单选按钮

STEP 05 设置完成后，单击“确定”按钮，即可缩小填充图形对象，如图5-175所示。

图5-175 缩小填充图形对象

STEP 06 用与上同样的方法，再次对图形进行缩小填充操作，效果如图5-176所示。

图5-176 再次缩小填充图形

实战 169 柔化填充边缘图形

▶ 实例位置：光盘\效果\第5章\红色爱心.fla
▶ 素材位置：光盘\素材\第5章\红色爱心.fla
▶ 视频位置：光盘\视频\第5章\实战169.mp4

• 实例介绍 •

在Flash CC工作界面中，不同于位图软件，如果需要在Flash中获得具有柔化边缘的图形，就需要使用柔化填充边缘的功能。

• 操作步骤 •

STEP 01 单击“文件”|“打开”命令，打开一个素材文件，如图5-177所示。

图5-177 打开一个素材文件

STEP 02 选取工具箱中的选择工具，选择需要柔化填充的图形对象，如图5-178所示。

图5-178 选择要柔化填充的图形

STEP 03 在菜单栏中，单击“修改”菜单，在弹出的菜单列表中单击“形状”|“柔化填充边缘”命令，如图5-179所示。

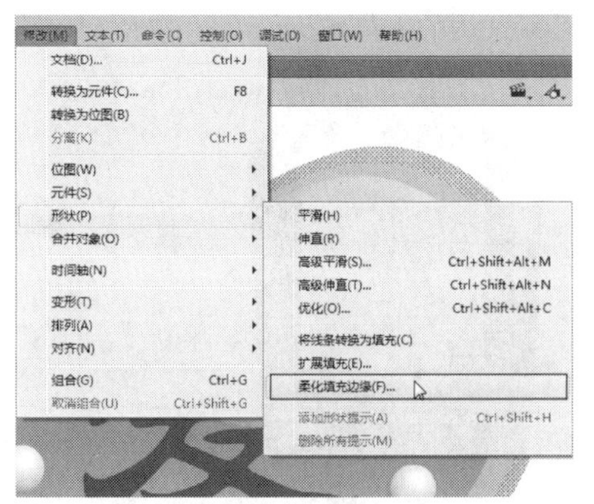

图5-179 单击“柔化填充边缘”命令

STEP 04 执行操作后，弹出“柔化填充边缘”对话框，在其中设置“距离”为“15像素”，选中“扩展”单选按钮，如图5-180所示。

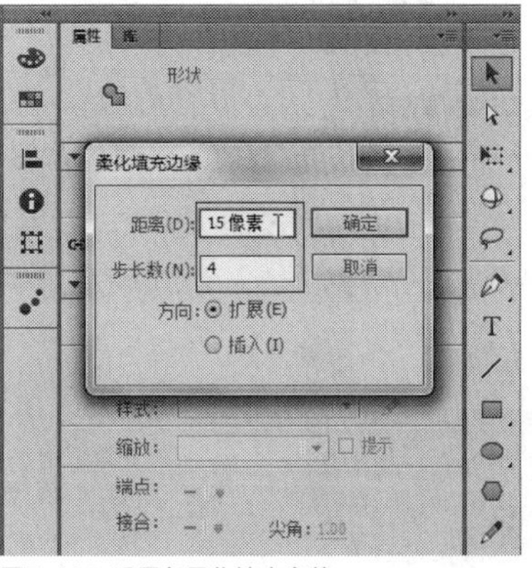

图5-180 设置各柔化填充参数

STEP 05 设置完成后，单击“确定”按钮，即可柔化所选图形的填充边缘，如图5-181所示。

图5-181 柔化所选图形的填充边缘

STEP 06 退出图形编辑状态，在舞台中查看图形对象的柔化边缘效果，如图5-182所示。

图5-182 查看图形对象的柔化边缘

实战170 擦除图形对象

▶实例位置：光盘\效果\第5章\移动手机.fla
▶素材位置：光盘\素材\第5章\移动手机.fla
▶视频位置：光盘\视频\第5章\实战170.mp4

• 实例介绍 •

在Flash CC工作界面中，需要修改有些图形可以使用橡皮擦对图形修改涂擦。下面向读者介绍擦除图形的操作方法。

• 操作步骤 •

STEP 01 单击“文件”|“打开”命令，打开一个素材文件，如图5-183所示。

图5-183 打开一个素材文件

STEP 02 在工具箱中，选取橡皮擦工具，如图5-184所示。

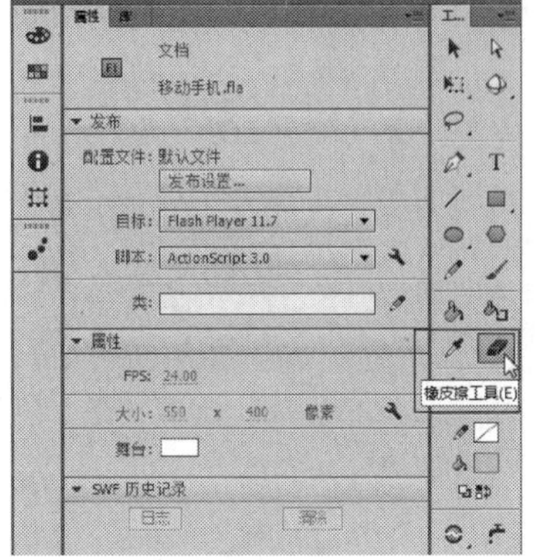

图5-184 选取橡皮擦工具

STEP 03 将鼠标移至需要擦除的图形对象上，此时鼠标指针呈●形状，如图5-185所示。

图5-185 移至需要擦除的图形对象上

STEP 04 单击鼠标左键并拖曳，即可对图形对象进行擦除，如图5-186所示。

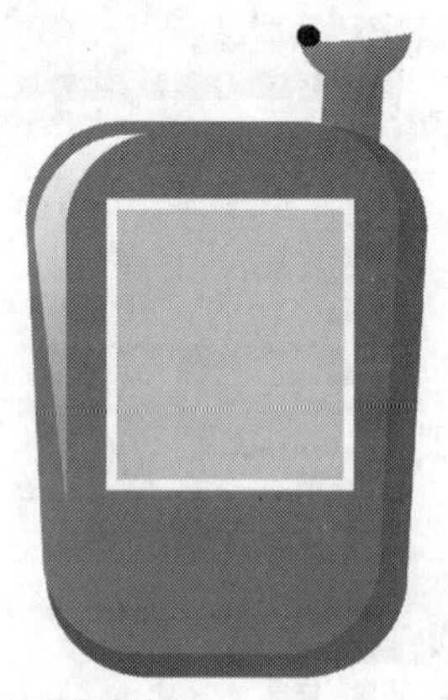

图5-186 将图形对象进行擦除

STEP 05 继续在图形上拖曳鼠标，对图形进行擦除操作，如图5-187所示。

图5-187 对图形进行擦除操作

STEP 06 将不需要的图形擦除完成后，释放鼠标左键，即可预览擦除后的图形最终效果，如图5-188所示。

图5-188 预览擦除后的图形效果

第 6 章

填充动画图形颜色

本章导读

世界是五颜六色、丰富多彩的，颜色可以表达作品的主题思想，给人以视觉冲击力。在Flash CC工作界面中，向读者提供了多种途径填充或描绘动画图形的工具、按钮以及面板，使用这些工具、按钮以及面板可以制作出不同效果的填充与描边效果。

本章主要向读者介绍填充动画图形颜色的各种操作方法，希望读者熟练掌握本章内容。

要点索引

- 应用“颜色”面板
- 应用“样本”面板
- 选取颜色的方法
- 掌握颜色填充类型
- 使用面板填充图形
- 使用按钮填充图形

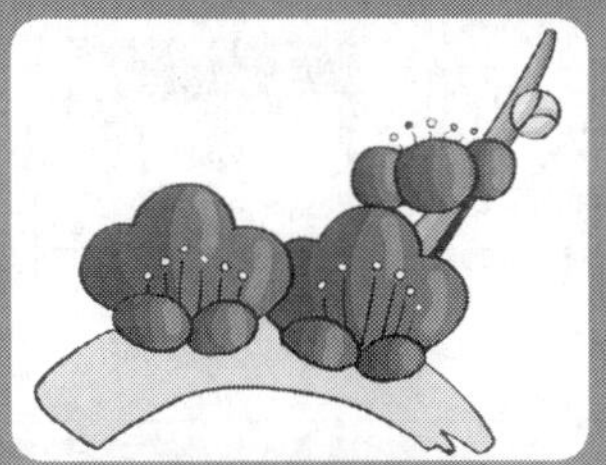

6.1 应用“颜色”面板

完成一个好的动画作品，配色至关重要。统一的画面色彩是增强视觉识别的最活跃因素，在对动画整体风格进行明确定位的前提下，各种色彩因素在相互组合、相互分离中形成有机整体。用户对动画图形进行配色时，首先要掌握“颜色”面板的应用，为后面学习配色操作奠定良好的基础。本节主要向读者介绍应用“颜色”面板的操作方法。

实战171 打开“颜色”面板

▶实例位置：无
▶素材位置：光盘\素材\第6章\财神到.fla
▶视频位置：光盘\视频\第6章\实战171.mp4

• 实例介绍 •

在Flash CC工作界面中，用户使用“颜色”面板填充图形对象前，首先需要打开“颜色”面板。下面向读者介绍打开“颜色”面板的操作方法。

• 操作步骤 •

STEP 01 单击“文件”|“打开”命令，打开一个素材文件，如图6-1所示。

图6-1 打开一个素材文件

STEP 02 在菜单栏中，单击“窗口”|“颜色”命令，如图6-2所示。

图6-2 单击“颜色”命令

STEP 03 执行操作后，打开“颜色”面板。下面为3种不同颜色模式下的面板，如图6-3所示。

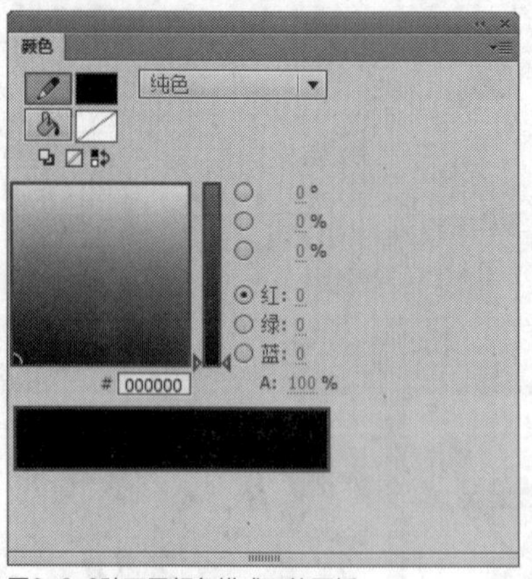

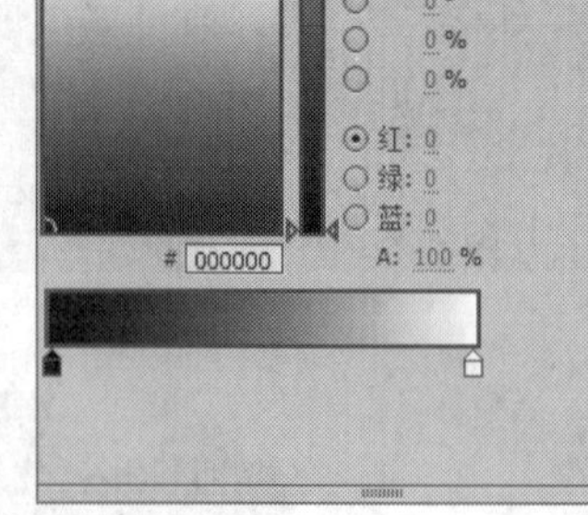

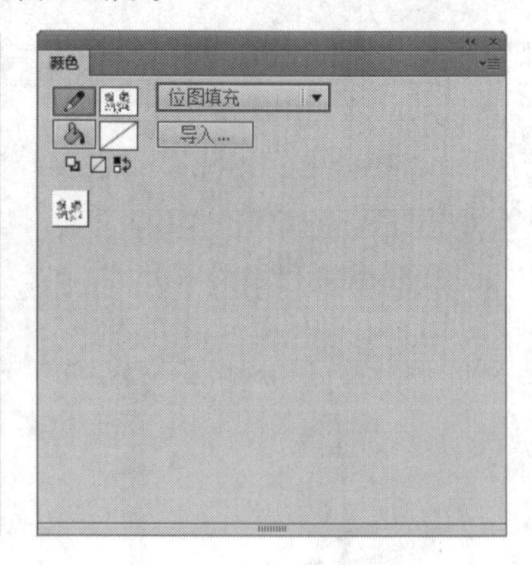

图6-3 3种不同颜色模式下的面板

技巧点拨

在Flash CC工作界面中，用户还可以通过以下两种方法打开“颜色”面板。

- 按【Alt + Shift + F9】组合键，可以打开“颜色”面板。
- 单击“窗口”菜单，在弹出的菜单列表中依次按【C】、【C】、【Enter】键，也可以打开“颜色”面板。

实战 172 使用黑白默认色调

▶实例位置：无
▶素材位置：光盘\素材\第6章\时尚购物.fla
▶视频位置：光盘\视频\第6章\实战172.mp4

• 实例介绍 •

在Flash CC工作界面中，用户在使用颜色面板时，可以将笔触颜色和填充颜色恢复至默认的黑白色调。

• 操作步骤 •

STEP 01 单击“文件”|“打开”命令，打开一个素材文件，如图6-4所示。

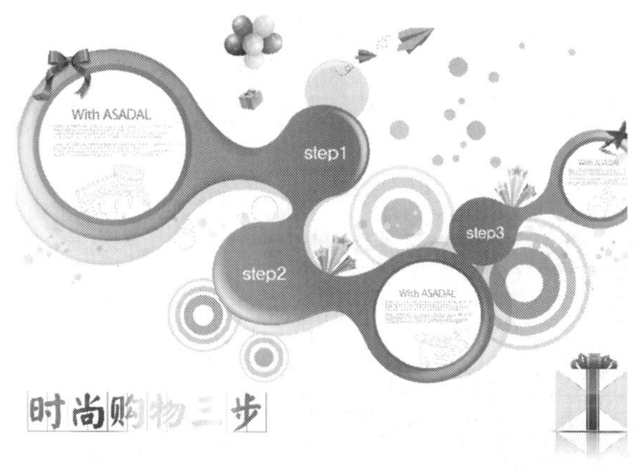

图6-4 打开一个素材文件

STEP 02 在菜单栏中，单击“窗口”|“颜色”命令，如图6-5所示。

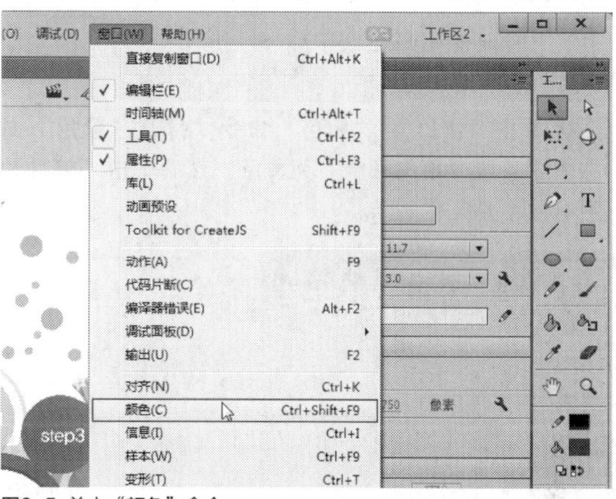

图6-5 单击“颜色”命令

STEP 03 打开“颜色”面板，在下方单击“黑白”按钮，如图6-6所示。

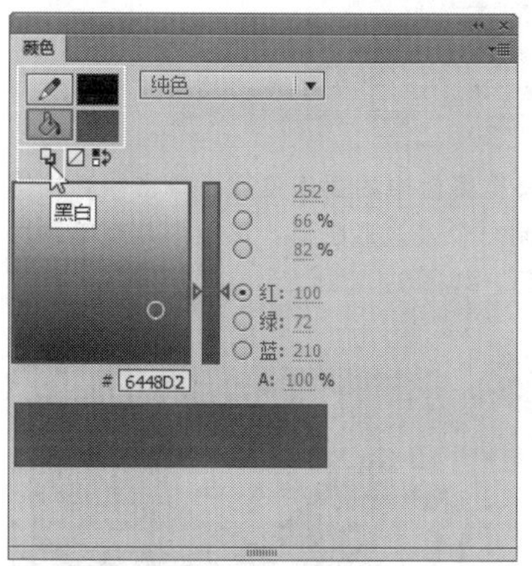

图6-6 单击“黑白”按钮

STEP 04 执行操作后，即可将笔触颜色与填充颜色设置为黑白默认色调，如图6-7所示。

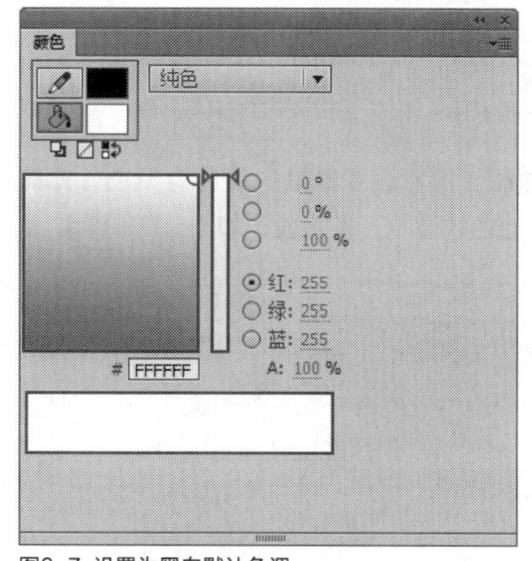

图6-7 设置为黑白默认色调

实战 173 设置无色信息

▶实例位置：光盘\效果\第6章\小小黑板.fla
▶素材位置：光盘\素材\第6章\小小黑板.fla
▶视频位置：光盘\视频\第6章\实战173.mp4

• 实例介绍 •

在Flash CC工作界面中，用户在绘制图形的过程中，有时候需要设置笔触或填充的颜色为无色。下面向读者介绍设置笔触和填充颜色为无色的操作方法。

• 操作步骤 •

STEP 01 单击“文件”|“打开”命令，打开一个素材文件，如图6-8所示。

STEP 02 在工具箱中，选取多角星形工具，如图6-9所示。

图6-8 打开一个素材文件

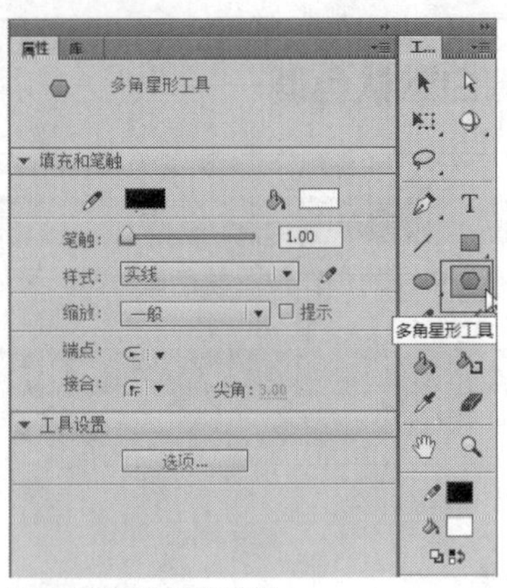

图6-9 选取多角星形工具

STEP 03 单击“窗口”|“颜色”命令，打开“颜色”面板，在其中设置“填充颜色”为黄色，然后单击“笔触颜色”图标，如图6-10所示。

STEP 04 然后在下方单击“无色”按钮，如图6-11所示。

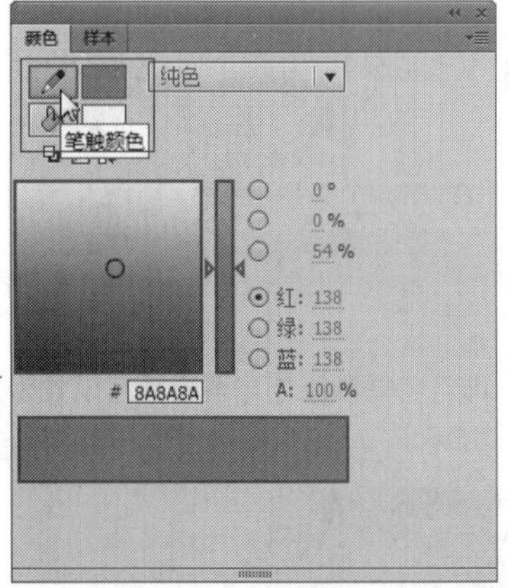

图6-10 单击“笔触颜色”图标

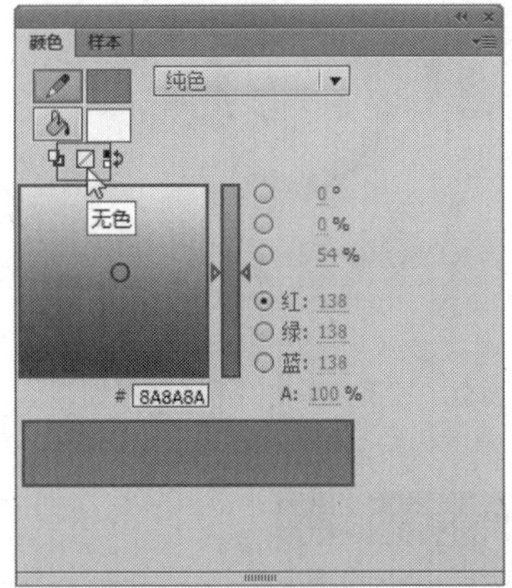

图6-11 单击“无色”按钮

STEP 05 执行操作后，即可设置笔触的颜色为无色，此时“笔触颜色”右侧的色块显示一条斜线，如图6-12所示。

STEP 06 将鼠标移至舞台中的适当位置，单击鼠标左键并拖曳，即可绘制一个多边形图形。该图形没有笔触颜色，只有填充颜色，如图6-13所示。

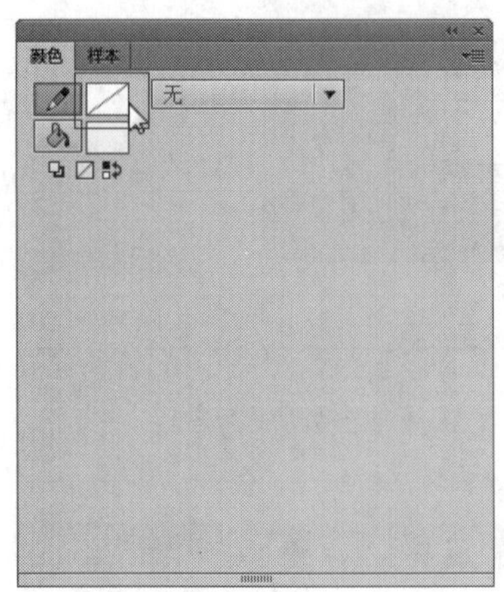

图6-12 设置笔触的颜色为无色

图6-13 绘制一个多边形图形

STEP 07 多边形绘制完成后，退出图形编辑状态，在“颜色”面板中，单击“笔触颜色”右侧的色块，在弹出的颜色面板中选择红色（#FF0000），如图6-14所示。

STEP 08 设置笔触颜色为红色，然后单击“填充颜色”图标，如图6-15所示。

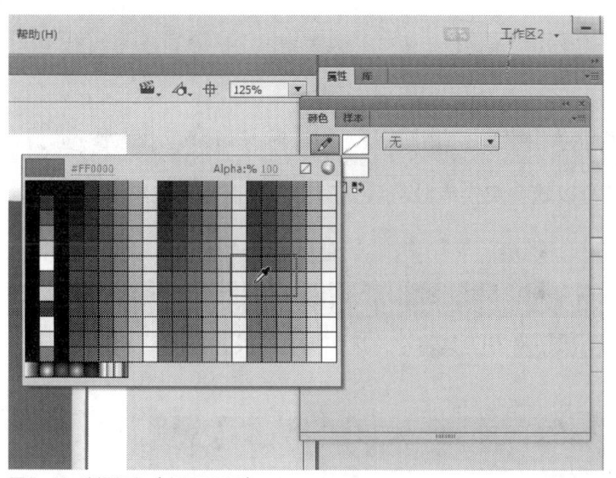

图6-14 选择红色（#FF0000）

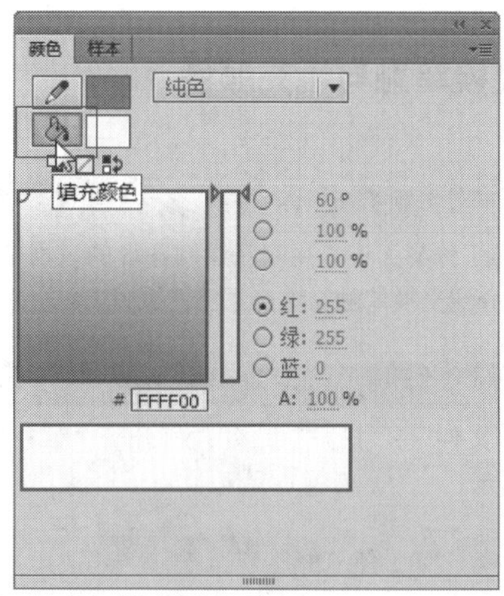

图6-15 单击“填充颜色”图标

STEP 09 在下方单击“无色”按钮，如图6-16所示。

STEP 10 执行操作后，即可设置填充颜色为无色，此时“填充颜色”右侧的色块显示一条斜线，如图6-17所示。

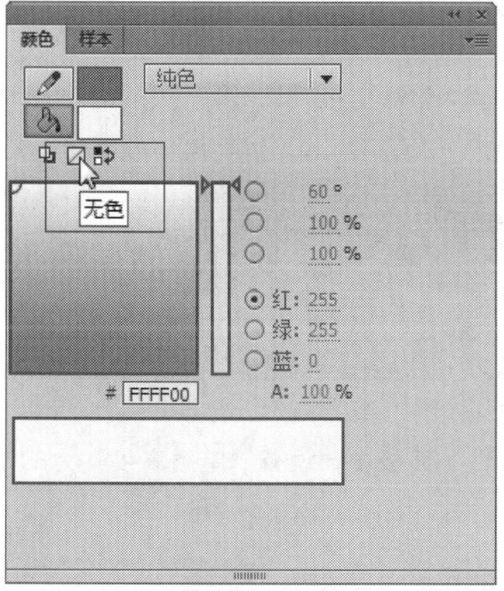

图6-16 单击“无色”按钮

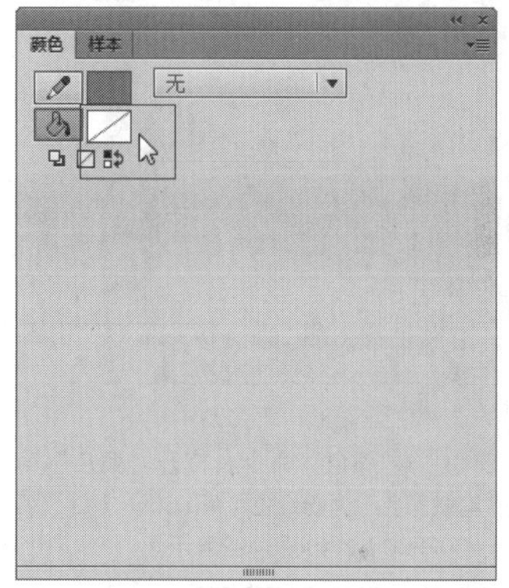

图6-17 设置填充颜色为无色

STEP 11 将鼠标移至舞台中的适当位置，单击鼠标左键并拖曳，再次绘制一个多边形图形，该图形没有填充颜色，只有笔触颜色，如图6-18所示。

STEP 12 用与上同样的方法，在舞台中的其他位置绘制多个多边形图形，效果如图6-19所示。

图6-18 再次绘制一个多边形图形

图6-19 绘制多个多边形图形

交换笔触与填充颜色

▶ 实例位置：光盘\效果\第6章\漂亮边框.fla
▶ 素材位置：光盘\素材\第6章\漂亮边框.fla
▶ 视频位置：光盘\视频\第6章\实战174.mp4

• 实例介绍 •

在Flash CC工作界面中，用户在绘制图形的过程中，还可以随意交换笔触与填充颜色，绘制出颜色丰富的图形效果。下面向读者介绍交换笔触与填充颜色的操作方法。

• 操作步骤 •

STEP 01 单击“文件”|“打开”命令，打开一个素材文件，如图6-20所示。

图6-20 打开一个素材文件

STEP 02 在工具箱中，选取椭圆工具，如图6-21所示。

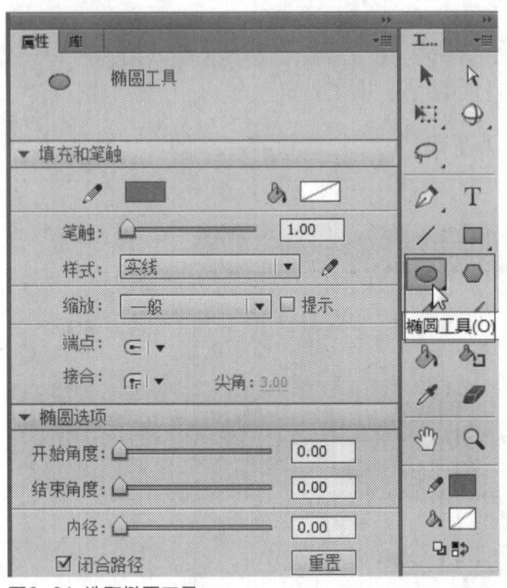

图6-21 选取椭圆工具

STEP 03 单击“窗口”|“颜色”命令，打开“颜色”面板，在其中设置“笔触颜色”为粉红色（#FF66FF）、“填充颜色”为绿色（#00FF00），如图6-22所示。

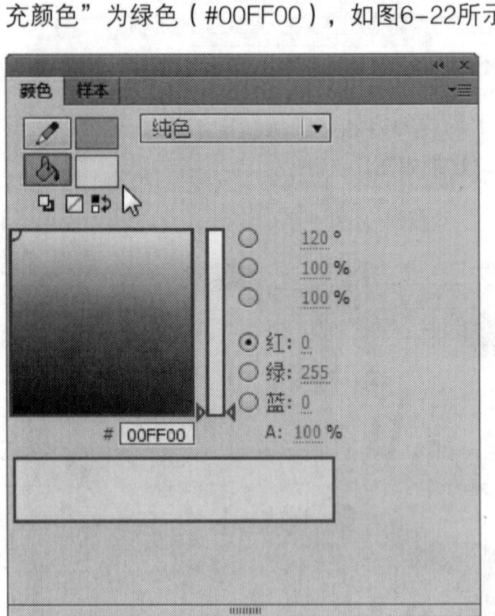

图6-22 设置笔触与填充颜色

STEP 04 在“属性”面板中，设置“笔触高度”为8，如图6-23所示。

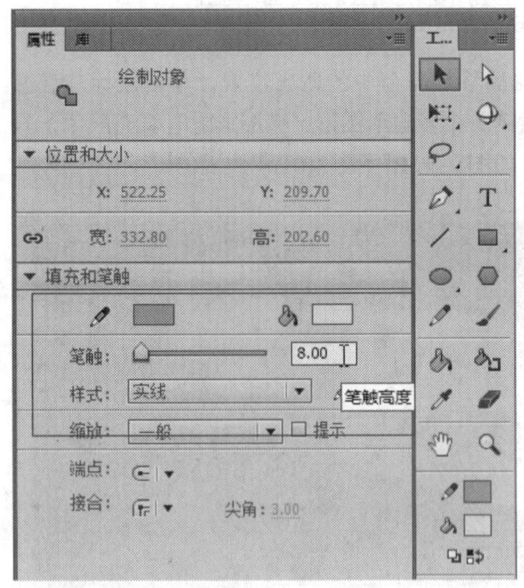

图6-23 设置“笔触高度”为8

STEP 05 将鼠标移至舞台中的适当位置，单击鼠标左键并拖曳，即可绘制一个椭圆图形，如图6-24所示。

STEP 06 在“颜色”面板中，单击“交换颜色”按钮，如图6-25所示。

图6-24 绘制一个椭圆图形

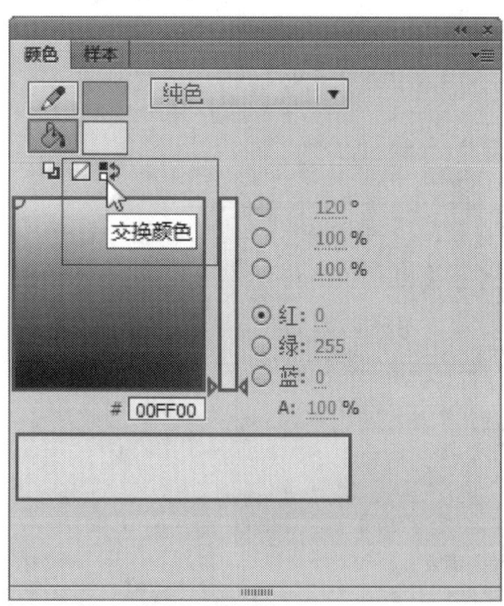

图6-25 单击“交换颜色”按钮

STEP 07 执行操作后，即可交换笔触与填充颜色，如图6-26所示。

STEP 08 再次在舞台中绘制一个椭圆图形，该图形为填充颜色后的效果，如图6-27所示。

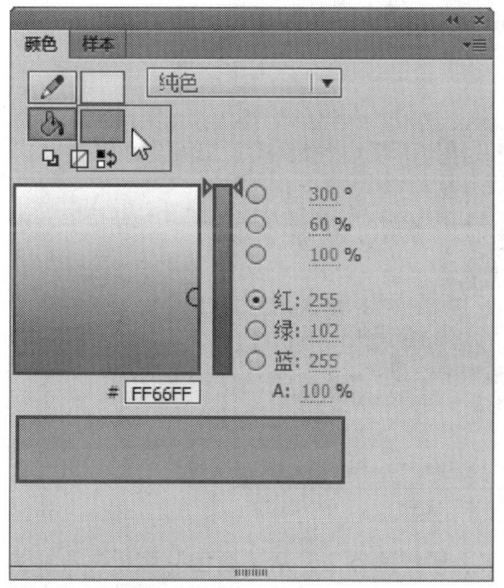

图6-26 交换笔触与填充颜色

图6-27 再次绘制一个椭圆图形

实战 175 添加颜色到“样本”面板

▶实例位置：无
▶素材位置：无
▶视频位置：光盘\视频\第6章\实战175.mp4

• 实例介绍 •

在Flash CC工作界面中，用户可以将“颜色”面板中常用的颜色色块添加到“样本”面板中，方便用户下次使用该颜色参数。下面向读者介绍将颜色添加到“样本”面板的操作方法。

• 操作步骤 •

STEP 01 单击“窗口”|“颜色”命令，打开“颜色”面板，如图6-28所示。

STEP 02 在面板中，选择“填充颜色”图标，在下方设置颜色为蓝色（红为0、绿为0、蓝为255），如图6-29所示。

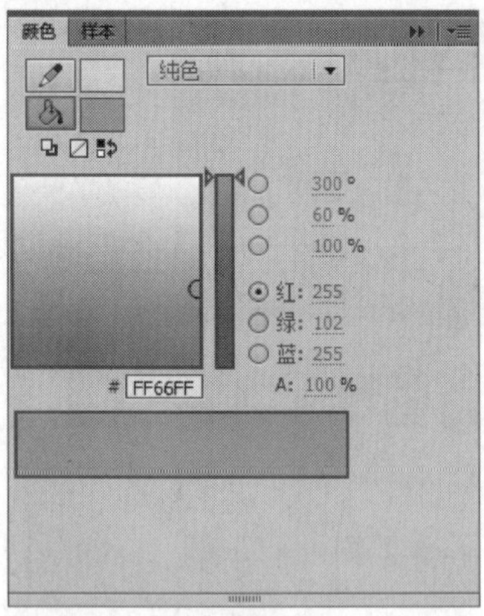

图6-28 打开“颜色”面板

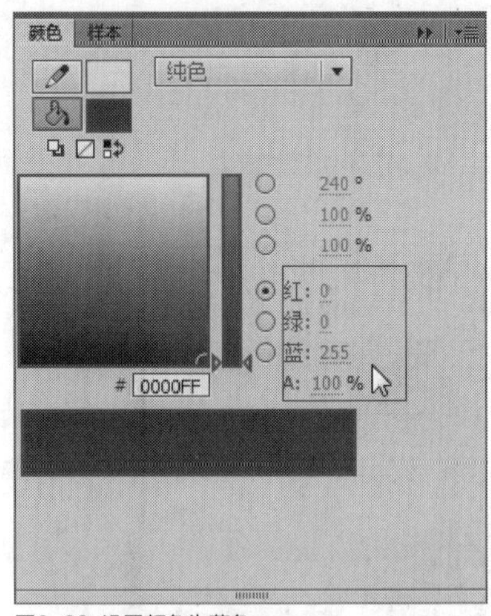

图6-29 设置颜色为蓝色

STEP 03 颜色设置完成后，单击面板右侧的属性按钮，在弹出的列表框中选择“添加样本”选项，如图6-30所示。

STEP 04 此时即可将设置的蓝色添加到“样本”面板中，在上方单击“样本”标签，如图6-31所示。

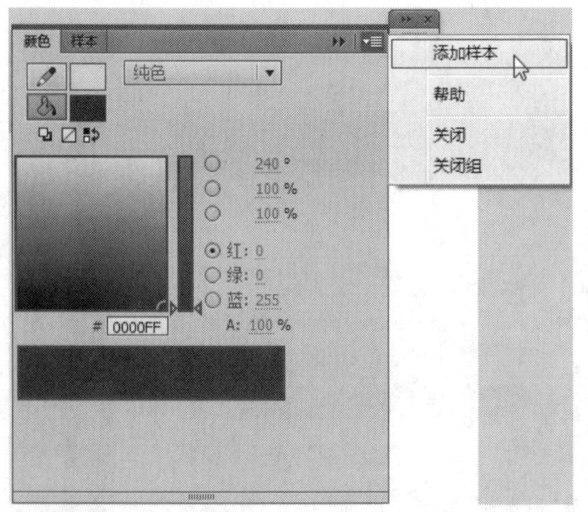

图6-30 选择“添加样本”选项

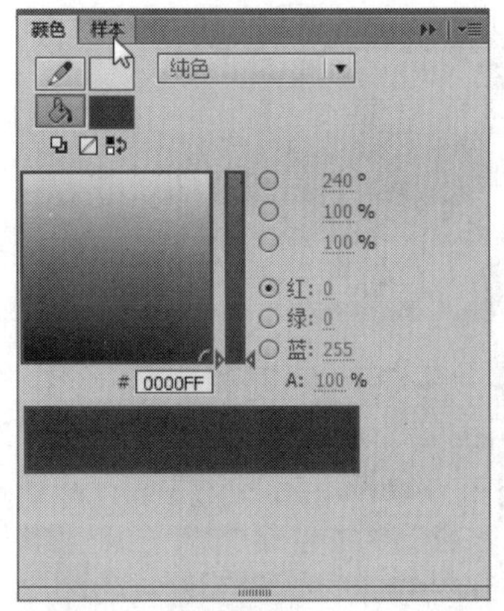

图6-31 单击“样本”标签

STEP 05 执行操作后，即可切换至“样本”面板，在最下方一排显示了刚添加到“样本”面板中的蓝色色块，如图6-32所示。

STEP 06 用与上同样的方法，从“颜色”面板中添加其他色块至“样本”面板中，如图6-33所示，完成颜色的添加操作。

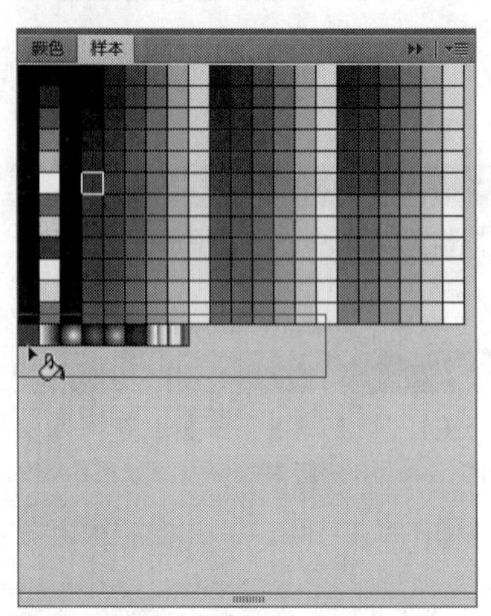

图6-32 查看添加的蓝色色块

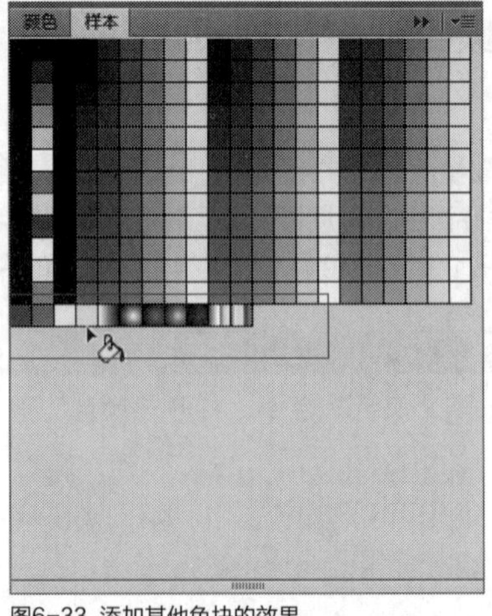

图6-33 添加其他色块的效果

知识拓展

在Flash CC工作界面中，用户在“颜色”面板中设置好相应的颜色参数后，在“样本”面板中将鼠标移至面板下方的空白位置上，此时鼠标指针右下角将显示一个填充图标，如图6-34所示。在该位置上单击鼠标左键，也可以快速将“颜色”面板中设置的填充颜色色块快速添加到“样本”面板中。

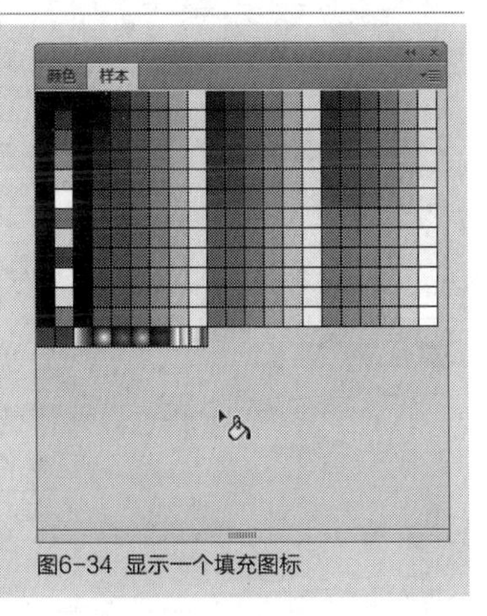

图6-34 显示一个填充图标

6.2 应用“样本”面板

在Flash CC工作界面中，“样本”面板与“颜色”面板不同，在“颜色”面板中用户可以根据需要手动设置不同的颜色参数；而在“样本”面板中，已经存在多种已经设置好的、常用的颜色色块供用户选择。本节主要向读者介绍应用“样本”面板的操作方法。

实战 176 打开“样本”面板

- 实例位置：无
- 素材位置：光盘\素材\第6章\美丽天鹅.fla
- 视频位置：光盘\视频\第6章\实战176.mp4

• 实例介绍 •

在Flash CC工作界面中，用户使用“样本”面板设置图形对象颜色前，首先需要打开“样本”面板。下面向读者介绍打开“样本”面板的操作方法。

• 操作步骤 •

STEP 01 单击“文件”|“打开”命令，打开一个素材文件，如图6-35所示。

图6-35 打开一个素材文件

STEP 02 在菜单栏中，单击“窗口”菜单，在弹出的菜单列表中单击“样本”命令，如图6-36所示。

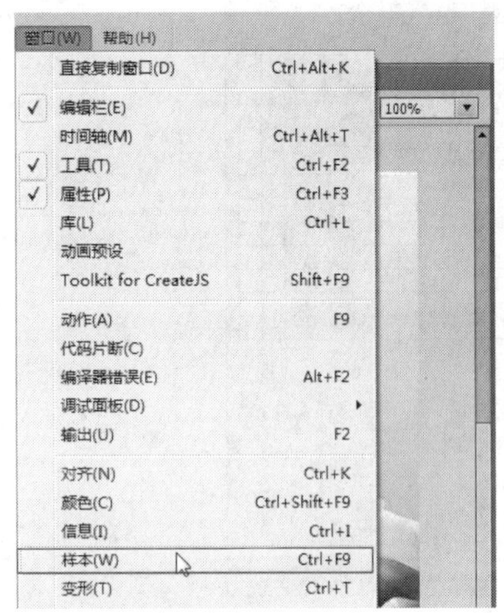

图6-36 单击“样本”命令

STEP 03 执行操作后，即可打开“样本”面板，在其中可以查看已经存在的多种常用的颜色色块，供用户随意挑选，如图6-37所示。

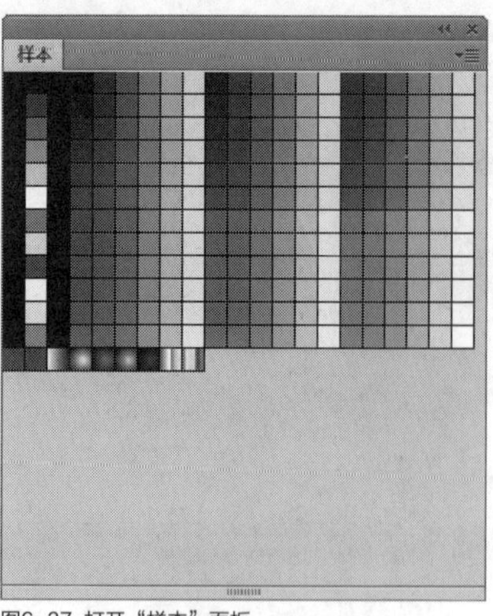

图6-37 打开“样本”面板

技巧点拨

在Flash CC工作界面中，用户还可以通过以下两种方法打开“样本”面板。

- 按【Ctrl+F9】组合键，可以打开“颜色”面板。
- 单击“窗口”菜单，在弹出的菜单列表中依次按【W】、【Enter】键，也可以打开“样本”面板。

实战177 复制样本颜色

- 实例位置：无
- 素材位置：无
- 视频位置：光盘\视频\第6章\实战177.mp4

• 实例介绍 •

在Flash CC工作界面中，运用“样本”面板可以快速在动画文档中复制颜色。下面介绍直接运用“样本”面板复制颜色的方法。

• 操作步骤 •

STEP 01 单击“窗口”|“样本”命令，打开“样本”面板，如图6-38所示。

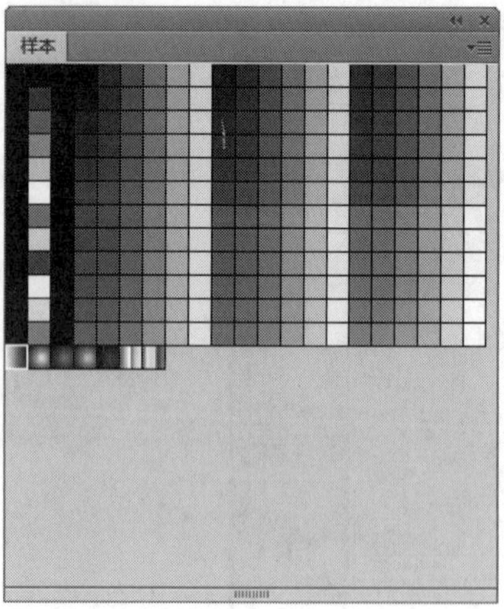

图6-38 打开“样本”面板

STEP 02 在该面板的颜色样本或渐变样本中，选择要复制的颜色色块，如图6-39所示。

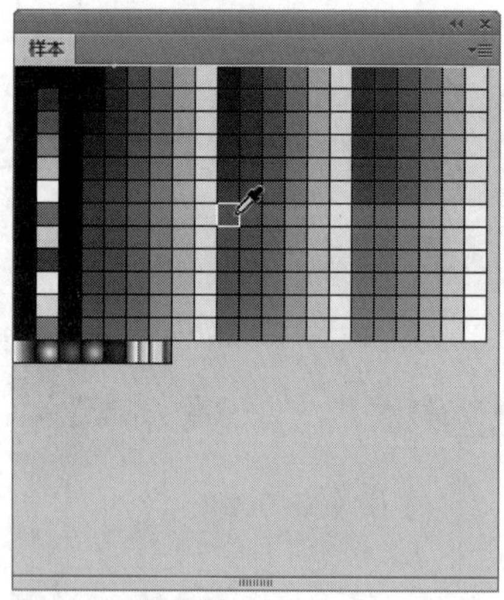

图6-39 选择要复制的颜色色块

STEP 03 单击面板属性按钮，在弹出的列表框中选择“直接复制样本”选项，如图6-40所示。

STEP 04 执行操作后，复制的颜色样本即被添加到面板的最下方一排中，如图6-41所示。

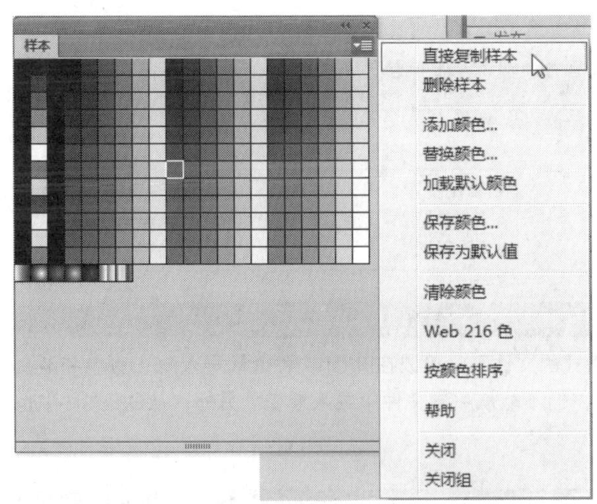

图6-40 选择“直接复制样本”选项

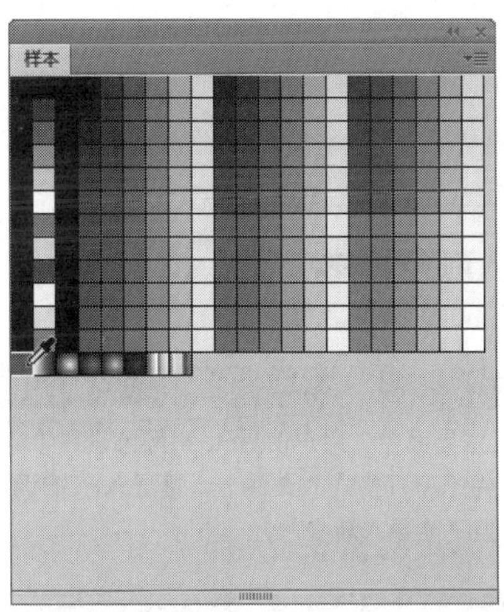

图6-41 复制的颜色样本

实战 178 删除样本颜色

▶实例位置：无
▶素材位置：无
▶视频位置：光盘\视频\第6章\实战178.mp4

• 实例介绍 •

在Flash CC工作界面中，用户可以将“样本”面板中不需要的多余的颜色样本进行删除，使面板保持整洁。下面向读者介绍删除样本颜色的操作方法。

• 操作步骤 •

STEP 01 单击“窗口”|“样本”命令，打开“样本”面板，如图6-42所示。

STEP 02 在该面板的颜色样本或渐变样本中，选择要删除的颜色色块。这里选择左下角的蓝色色块，如图6-43所示。

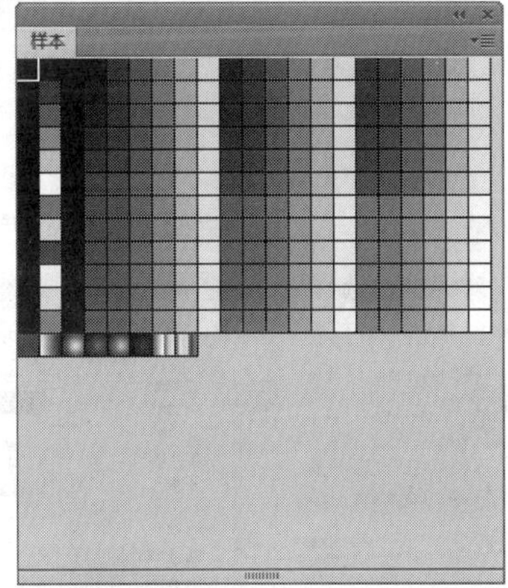

图6-42 打开“样本”面板

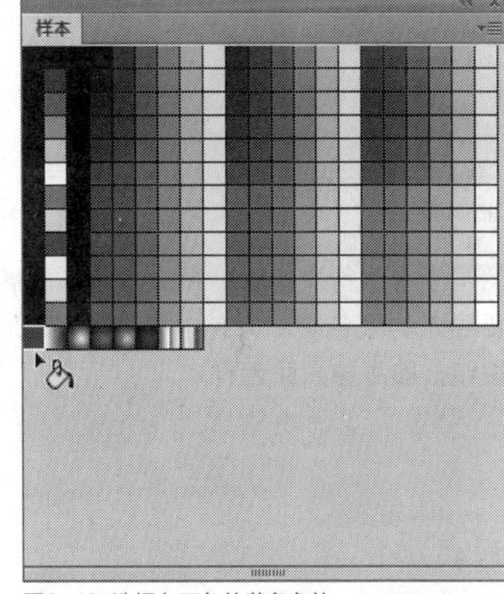

图6-43 选择左下角的蓝色色块

STEP 03 单击“样本”面板右侧的属性按钮，在弹出的列表框中选择“删除样本”选项，如图6-44所示。

STEP 04 执行操作后，即可将选择的蓝色色块样本颜色进行删除，如图6-45所示。

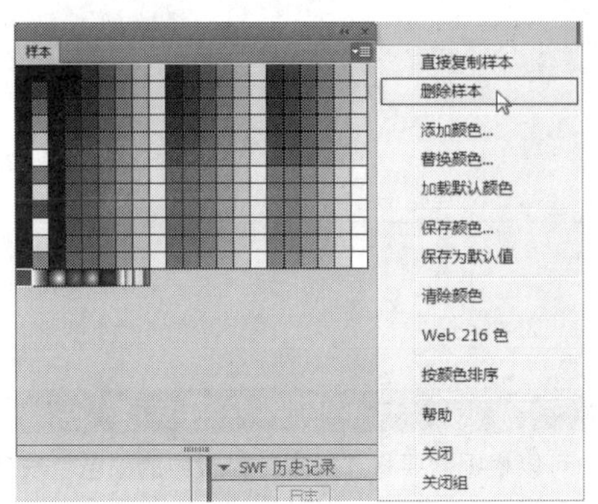

图6-44 选择“删除样本”选项

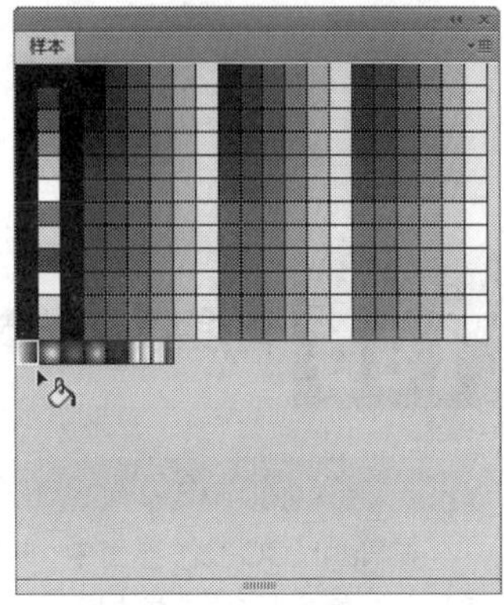

图6-45 将样本颜色进行删除

技巧点拨

在Flash CC工作界面的“样本”面板中，用户可以删除系统自带的颜色，也可以删除自定义添加到“样本”面板中的颜色。

实战179 导入颜色样本

▶实例位置：无
▶素材位置：光盘\视频\第6章\纯色样本颜色.clr
▶视频位置：光盘\视频\第6章\实战179.mp4

• 实例介绍 •

在Flash CC工作界面中，用户使用Flash颜色设置（CLR格式的文件），可以在Flash文件之间导入RGB颜色和渐变色；使用颜色表文件（ACT格式的文件），可导入RGB调色板，但不能从ACT文件中导入渐变。另外，从GIF文件中也可以导入调色板，但不能导入渐变。

• 操作步骤 •

STEP 01 单击“窗口”|“样本”命令，打开“样本”面板，如图6-46所示。

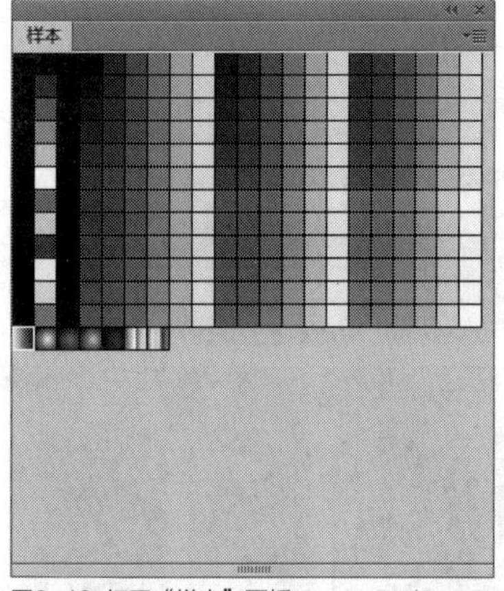

图6-46 打开“样本”面板

STEP 02 单击“样本”面板右侧的属性按钮，在弹出的列表框中选择“添加颜色”选项，如图6-47所示。

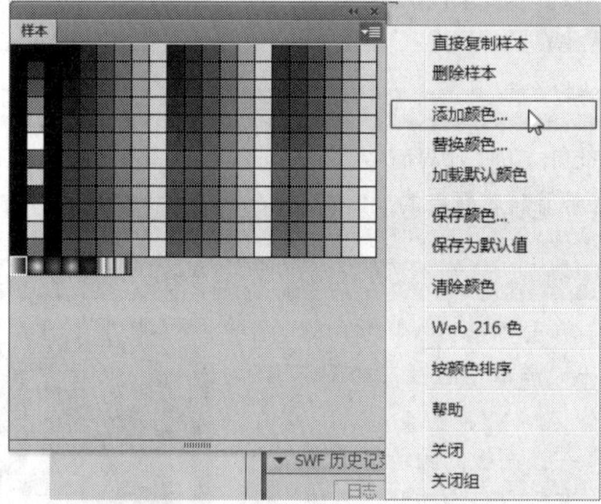

图6-47 选择“添加颜色”选项

STEP 03 执行操作后，弹出“导入色样”对话框，选择需要导入的颜色样本文件，如图6-48所示。单击“打开”按钮，即可导入颜色样本。

图6-48 选择需要导入的颜色样本文件

实战180 替换颜色样本

▶实例位置：无
▶素材位置：光盘\视频\第6章\替换颜色.clr
▶视频位置：光盘\视频\第6章\实战180.mp4

• 实例介绍 •

在Flash CC工作界面中，用户可以根据需要将“样本”面板中的颜色色块替换为用户常用的颜色样本文件。下面向读者介绍替换颜色样本的操作方法。

• 操作步骤 •

STEP 01 单击“窗口”|“样本”命令，打开“样本”面板，如图6-49所示。

STEP 02 单击“样本”面板右侧的属性按钮，在弹出的列表框中选择“替换颜色”选项，如图6-50所示。

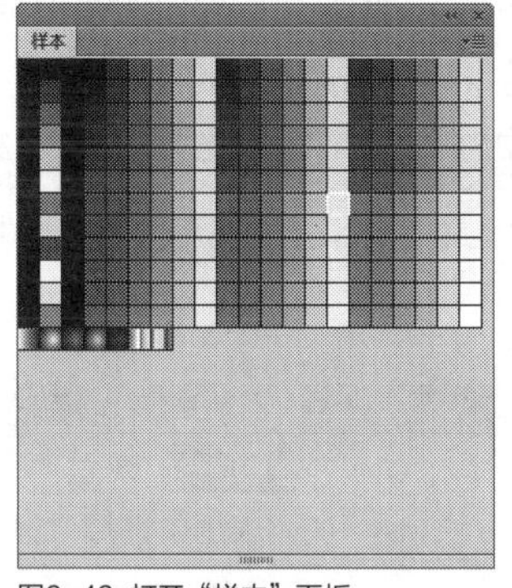

图6-49 打开“样本”面板

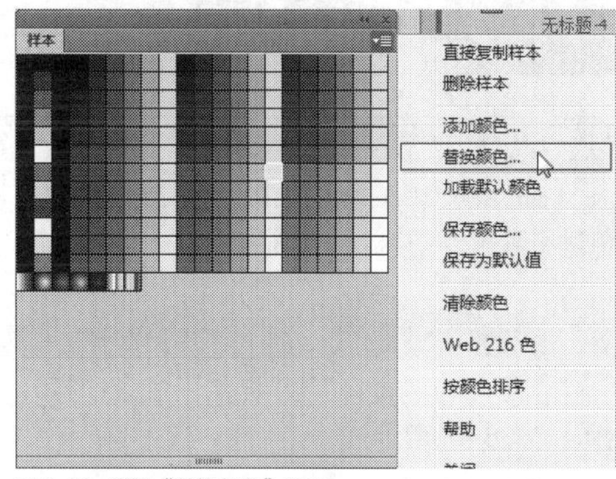

图6-50 选择“替换颜色”选项

STEP 03 执行操作后，弹出“导入色样”对话框，在其中选择需要替换后的颜色文件，如图6-51所示。

STEP 04 单击“打开”按钮，即可替换“样本”面板中原有的颜色色块，如图6-52所示。

图6-51 选择颜色文件

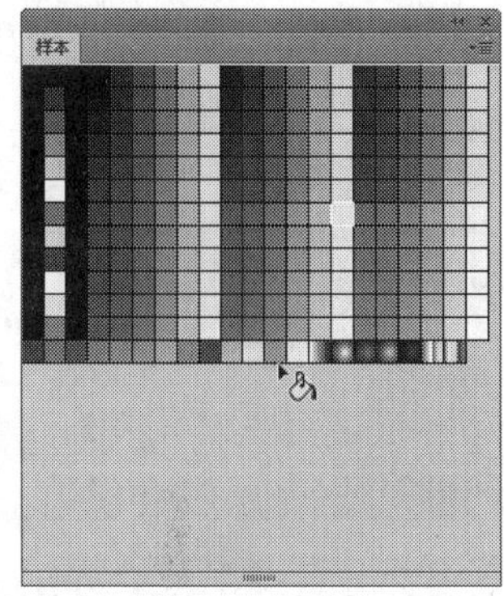

图6-52 替换原有的颜色色块

实战 181 还原面板默认颜色

▶实例位置：无
▶素材位置：无
▶视频位置：光盘\视频\第6章\实战181.mp4

• 实例介绍 •

在Flash CC工作界面中，当用户将“样本”面板中的颜色全部打乱后，如果需要使用面板的默认颜色，此时可以使用“加载默认颜色”选项恢复“样本”面板中的颜色。

• 操作步骤 •

STEP 01 单击“窗口”|“样本”命令，打开“样本”面板，如图6-53所示。

STEP 02 单击“样本”面板右侧的属性按钮，在弹出的列表框中选择“加载默认颜色”选项，如图6-54所示。

STEP 03 执行操作后，即可加载“样本”面板中的默认颜色，此时面板颜色色块将发生变化，如图6-55所示。

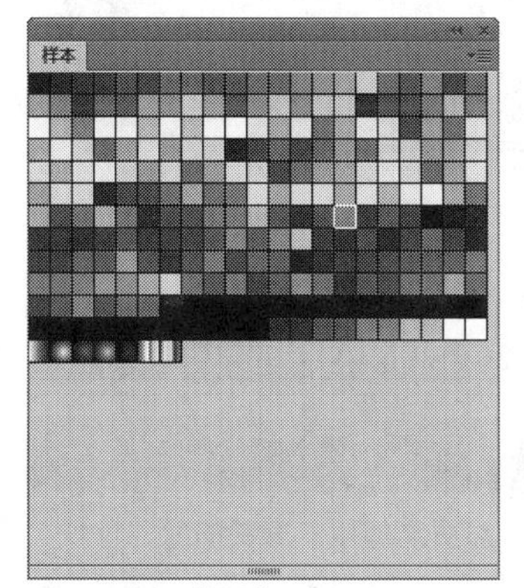

图6-53 打开“样本”面板

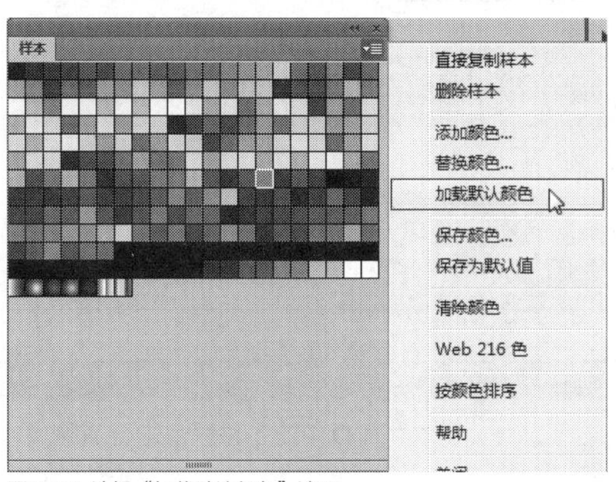

图6-54 选择“加载默认颜色”选项

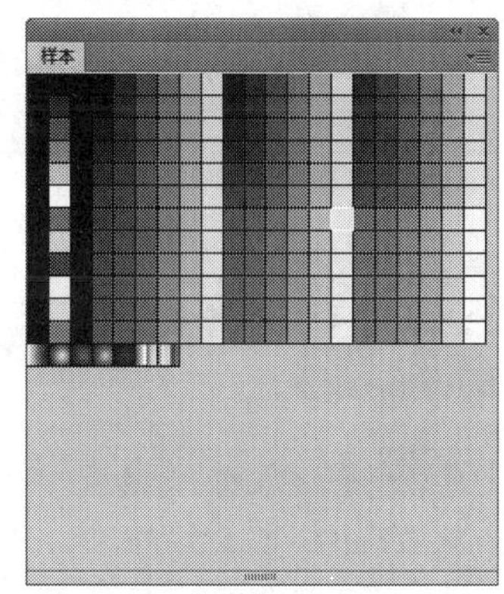

图6-55 加载“样本”面板中的默认颜色

实战 182 导出样本颜色

▶ 实例位置：光盘\效果\第6章\导出颜色.clr
▶ 素材位置：无
▶ 视频位置：光盘\视频\第6章\实战182.mp4

• 实例介绍 •

在Flash CC工作界面中，为了便于用户在其他软件或文档中使用当前文档中的调色板，可以将“样本”面板中的颜色进行导出。

• 操作步骤 •

STEP 01 单击“窗口”|“样本”命令，打开“样本”面板，如图6-56所示。

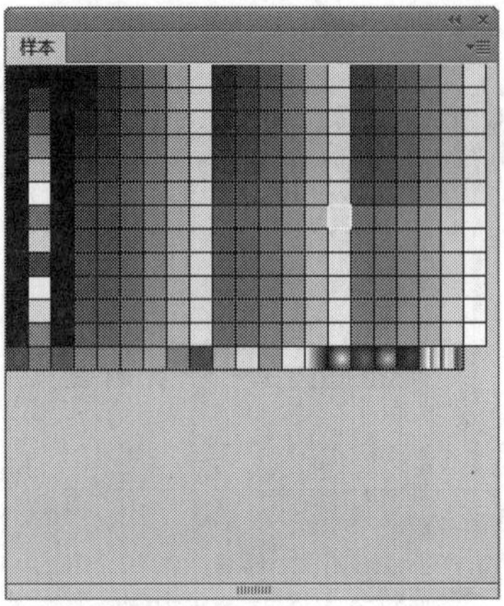

图6-56 打开“样本”面板

STEP 02 单击“样本”面板右侧的属性按钮，在弹出的列表框中选择“保存颜色”选项，如图6-57所示。

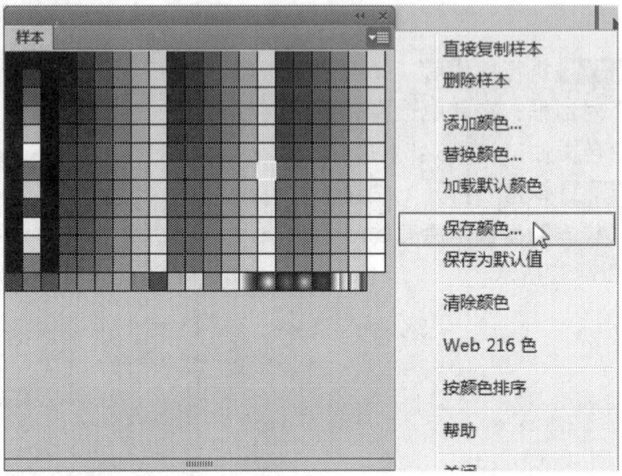

图6-57 选择“保存颜色”选项

STEP 03 执行操作后，弹出“导出色样”对话框，在其中设置色样文件的保存位置与保存名称，如图6-58所示。

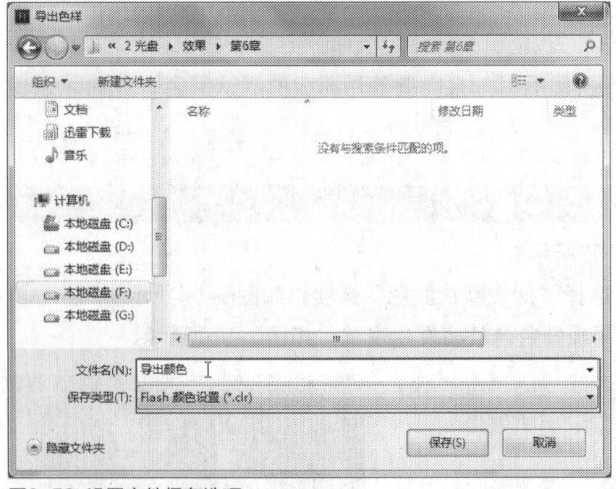

图6-58 设置文件保存选项

STEP 04 单击“保存”按钮，即可对调色板进行导出操作。在“计算机”窗口的相应文件夹中，可以查看导出后的调色板文件，如图6-59所示。

图6-59 查看导出后的调色板文件

实战 183 清除颜色

▶ 实例位置：无
▶ 素材位置：无
▶ 视频位置：光盘\视频\第6章\实战183.mp4

• 实例介绍 •

在Flash CC工作界面中，用户还可以对“样本”面板中的各种颜色进行清除操作，然后添加用户需要的颜色色块。下面向读者介绍清除颜色的操作方法。

• 操作步骤 •

STEP 01 单击“窗口”|“样本”命令，打开“样本”面板，如图6-60所示。

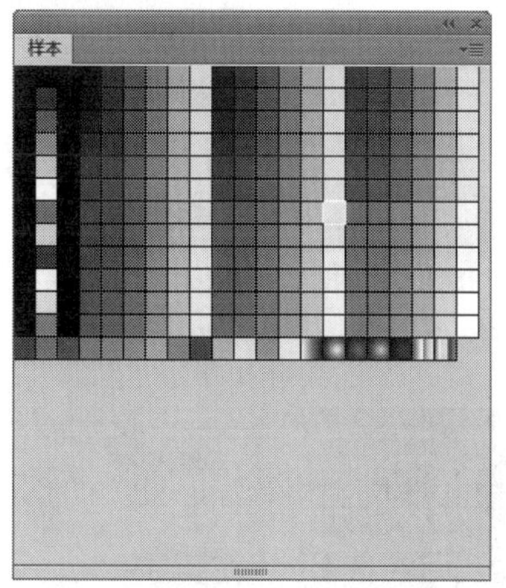

图6-60 打开“样本”面板

STEP 02 单击“样本”面板右侧的属性按钮，在弹出的列表框中选择“清除颜色”选项，如图6-61所示。

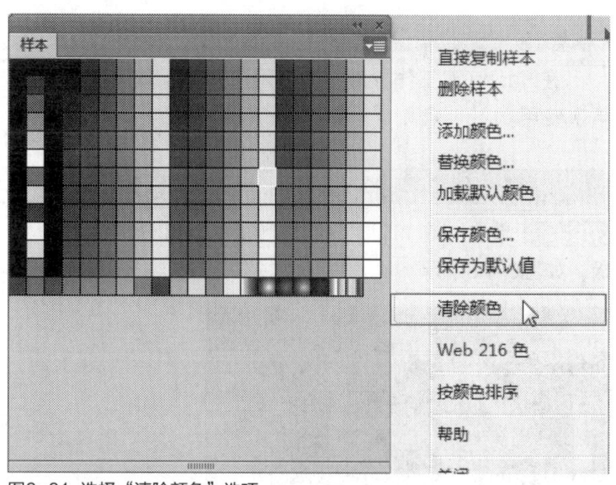

图6-61 选择“清除颜色”选项

STEP 03 执行操作后，即可清除“样本”面板中的各种颜色色块，只留下了3种常用色块，如图6-62所示。

图6-62 清除各种颜色色块

STEP 04 在工具箱中，设置“填充颜色”为红色（#F9313E），如图6-63所示。

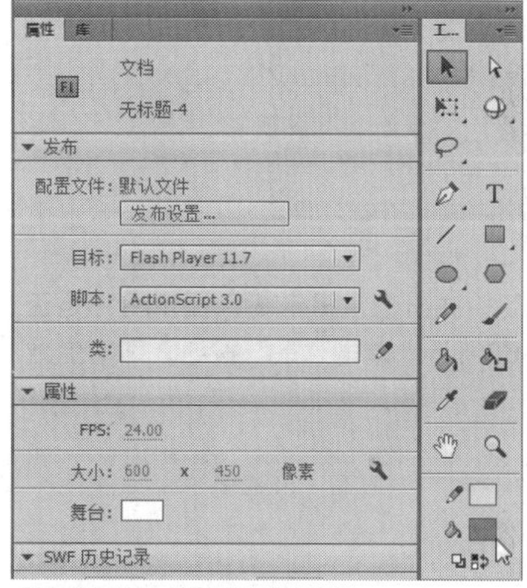

图6-63 设置“填充颜色”为红色

STEP 05 将鼠标指针移至“样本”面板下方的空白位置上，此时鼠标指针右下角将显示一个填充图标，如图6-64所示。

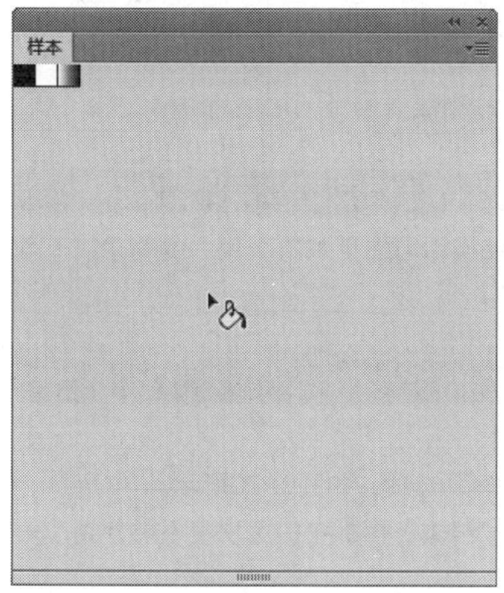

图6-64 显示一个填充图标

STEP 06 在该位置上，单击鼠标左键，即可将工具箱中设置的颜色色块添加到“样本”面板中，如图6-65所示，完成清除颜色板后的个性化设置。

图6-65 添加到“样本”面板中

实战184 保存默认色板

▶ 实例位置：无
▶ 素材位置：无
▶ 视频位置：光盘\视频\第6章\实战184.mp4

• 实例介绍 •

在Flash CC工作界面中，当用户在"样本"面板中修改完颜色样本后，可以将当前调色板保存为默认调色板，方便下次使用。

• 操作步骤 •

STEP 01 单击"窗口"|"样本"命令，打开"样本"面板，如图6-66所示。

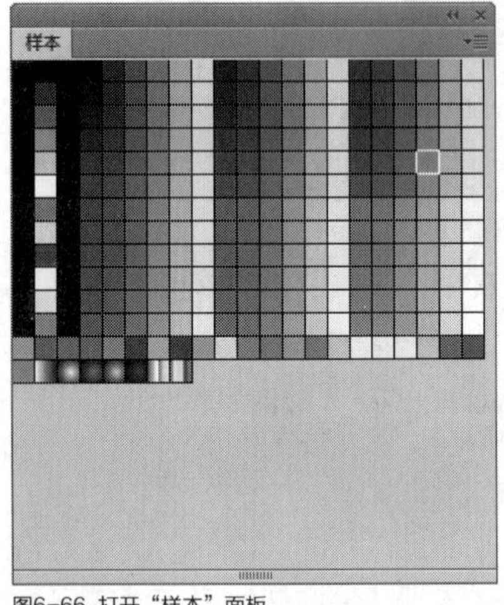

图6-66 打开"样本"面板

STEP 02 单击属性按钮，在弹出的列表框中选择"保存为默认值"选项，如图6-67所示。

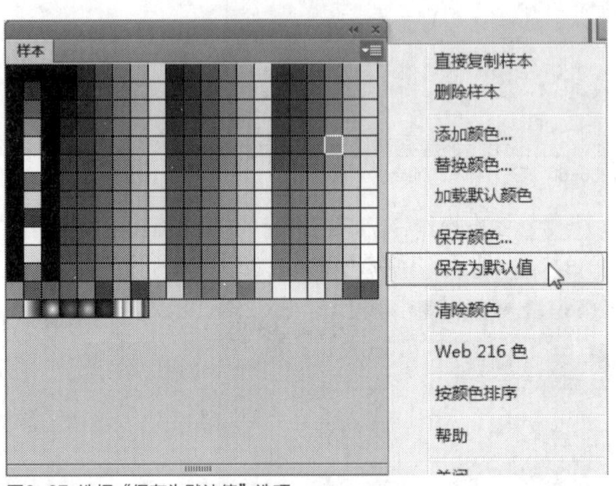

图6-67 选择"保存为默认值"选项

STEP 03 执行操作后，弹出信息提示框，提示用户是否确认操作，如图6-68所示。单击"是"按钮，即可完成操作。

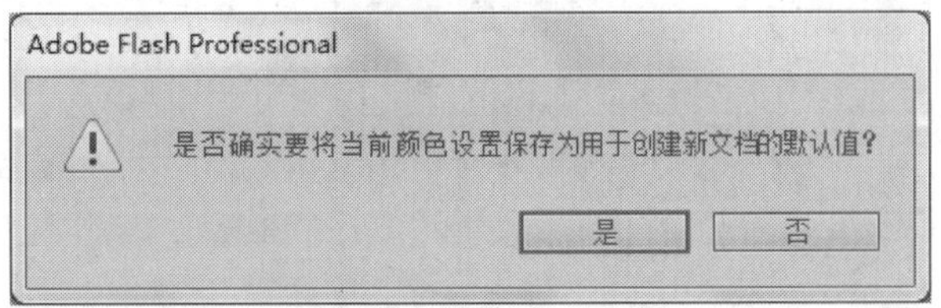

图6-68 提示用户是否确认操作

技巧点拨

在Flash CC工作界面中，单击"样本"面板右侧的属性按钮，在弹出的列表框中选择"帮助"选项，在打开的浏览器网页中，用户可以查看有关"样本"面板的帮助信息。

实战185 按颜色排序操作

▶ 实例位置：无
▶ 素材位置：无
▶ 视频位置：光盘\视频\第6章\实战185.mp4

• 实例介绍 •

在Flash CC工作界面中，用户可以对"样本"面板中的颜色进行排序操作，使操作习惯更加符合用户的需求。下面向读者介绍按颜色排序的操作方法。

• 操作步骤 •

STEP 01 单击"窗口"|"样本"命令，打开"样本"面板，如图6-69所示。

STEP 02 单击"样本"面板右侧的属性按钮，在弹出的列表框中选择"按颜色排序"选项，如图6-70所示。

STEP 03 执行操作后，即可对"样本"面板中的颜色色块进行重新排序，排序后的"样本"面板中的色块将不再分类摆放，而是全部色块拼合在一起，如图6-71所示。

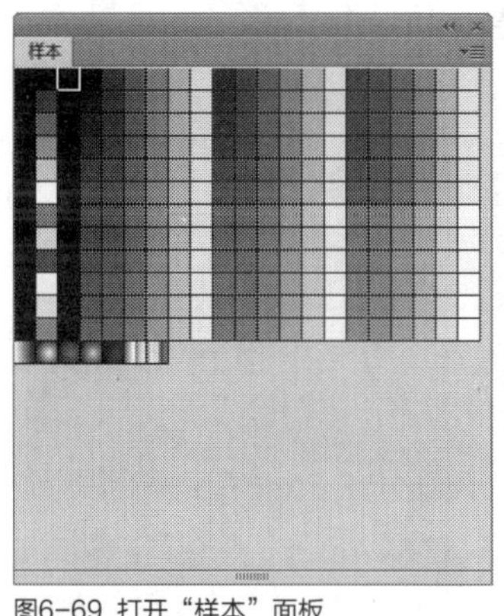

图6-69 打开“样本”面板

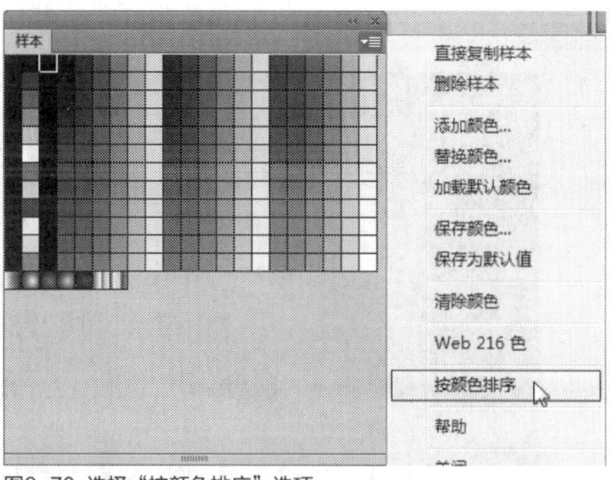

图6-70 选择“按颜色排序”选项

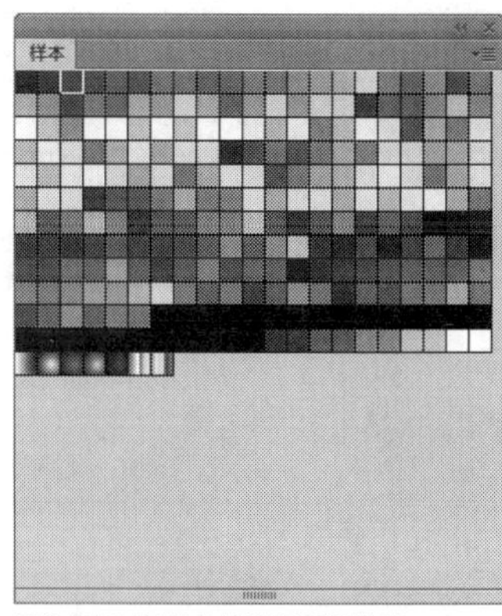

图6-71 对颜色色块进行重新排序

6.3 选取颜色的方法

在Flash CC工作界面中，向用户提供了多种颜色选择的方式，用户可以选择相应的快捷方式来选择自己所需要的颜色，这也为用户节省了不少时间。

实战186 运用笔触颜色按钮选取颜色

▶实例位置：无
▶素材位置：无
▶视频位置：光盘\视频\第6章\实战186.mp4

• 实例介绍 •

在Flash CC工作界面中，用笔触颜色按钮选取颜色，可改变形状的轮廓颜色，方便要改变轮廓的图像颜色进行编辑。

• 操作步骤 •

STEP 01 在工具箱中，单击“笔触颜色”色块，如图6-72所示。

STEP 02 执行操作后，弹出颜色面板，在其中选择紫色（#3300FF），如图6-73所示。

STEP 03 颜色选取完成后，此时“笔触颜色”色块由绿色变成了紫色，如图6-74所示，完成颜色的选取操作。

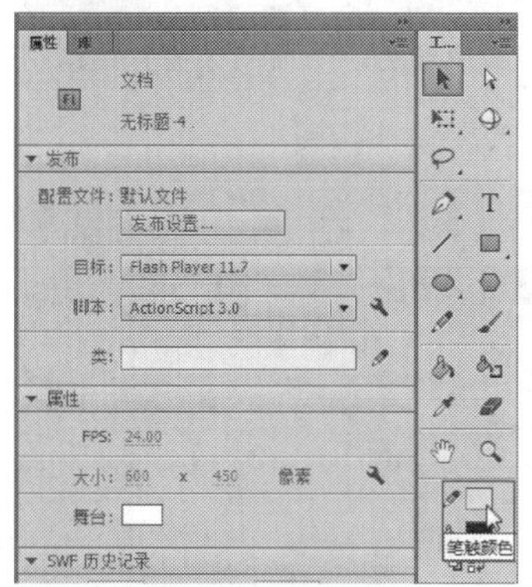

图6-72 单击“笔触颜色”色块

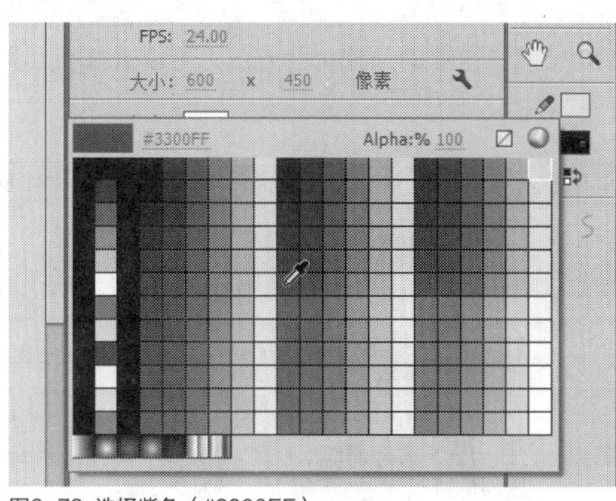

图6-73 选择紫色（#3300FF）

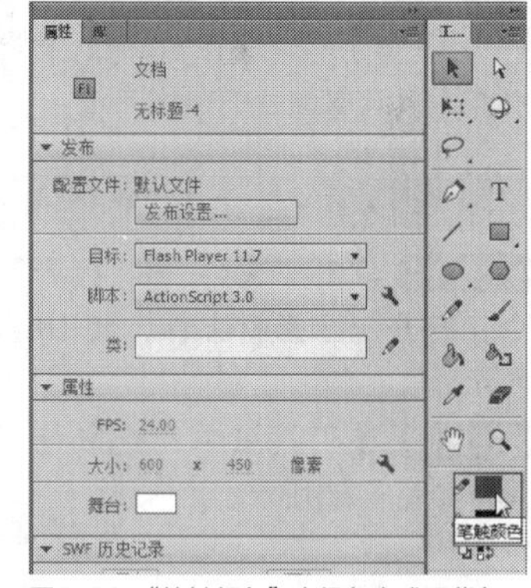

图6-74 “笔触颜色”由绿色变成了紫色

实战187 运用填充颜色按钮选取颜色

▶实例位置：无
▶素材位置：光盘\视频\第6章\红色跑车.fla
▶视频位置：光盘\视频\第6章\实战187.mp4

• 实例介绍 •

在Flash CC工作界面中，“填充颜色”功能方便用户快速、简便地将所选形状进行颜色编辑，“填充颜色”按钮可以快速改变颜色。

• 操作步骤 •

STEP 01 单击“文件”|“打开”命令，打开一个素材文件，如图6-75所示。

STEP 02 在工具箱中，单击“填充颜色”色块，如图6-76所示。

图6-75 打开一个素材文件

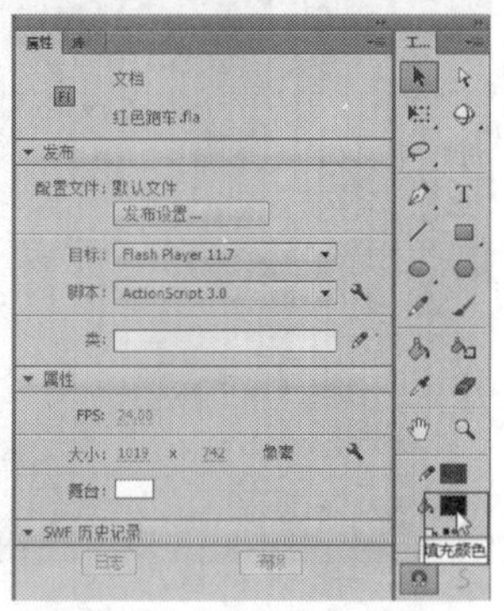

图6-76 单击“填充颜色”色块

STEP 03 弹出颜色面板，鼠标指针呈滴管形状，将鼠标移至舞台区素材画面的适当位置，如图6-77所示。

STEP 04 单击鼠标左键，即可选择鼠标指针处的颜色，在工具箱中的“填充颜色”色块将显示所选颜色，如图6-78所示。

图6-77 移至素材画面的适当位置

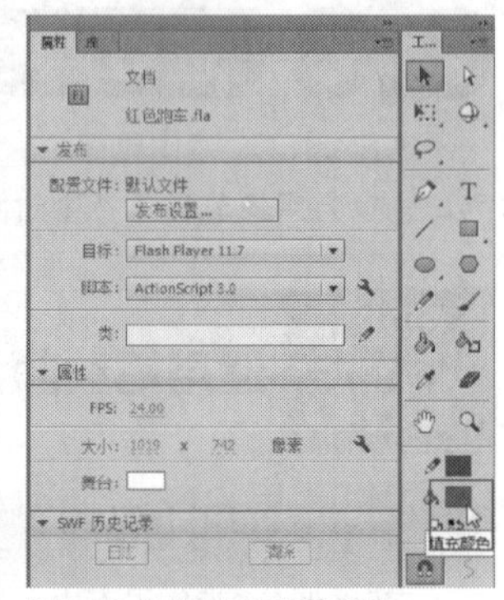

图6-78 色块将显示所选颜色

实战188 运用滴管工具选取颜色

▶ 实例位置：无

▶ 素材位置：光盘\视频\第6章\卡通车.fla

▶ 视频位置：光盘\视频\第6章\实战188.mp4

• 实例介绍 •

在Flash CC工作界面中，滴管工具是比较快捷的一种选色方法，可以直接在元素中吸取颜色。下面向读者介绍运用滴管工具选取颜色的操作方法。

• 操作步骤 •

STEP 01 单击“文件”|“打开”命令，打开一个素材文件，如图6-79所示。

STEP 02 在工具箱中，选取滴管工具，如图6-80所示。

图6-79 打开一个素材文件

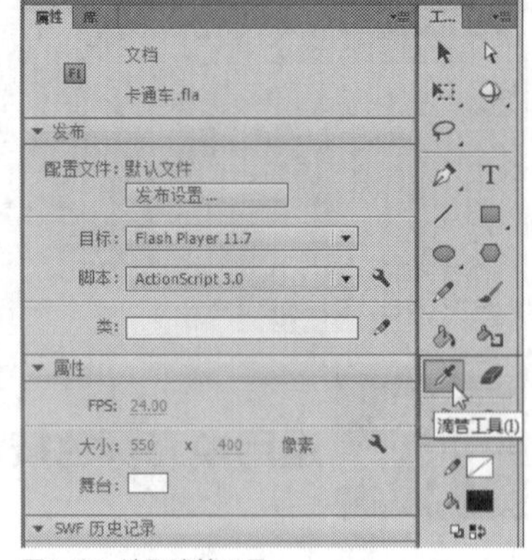

图6-80 选取滴管工具

STEP 03 将鼠标移至舞台区图形的适当位置，鼠标指针呈滴管形状，如图6-81所示。

STEP 04 单击鼠标左键，即可选择鼠标指针处的颜色，在工具箱中的“填充颜色”色块将显示所选颜色，如图6-82所示。

图6-81 鼠标指针呈滴管形状

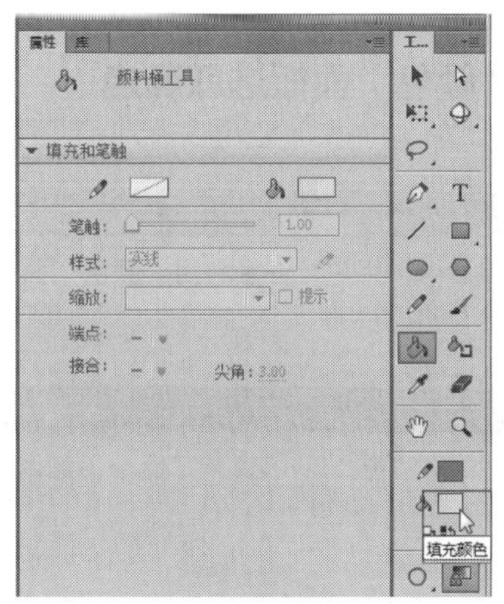

图6-82 色块将显示所选颜色

实战 189 运用“颜色”对话框选取颜色

▶实例位置：无
▶素材位置：光盘\视频\第6章\卡通车.fla
▶视频位置：光盘\视频\第6章\实战189.mp4

• 实例介绍 •

在Flash CC工作界面中，灵活运用“颜色”对话框可以选择自己所需要的颜色。

• 操作步骤 •

STEP 01 单击“填充颜色”按钮，弹出“颜色”面板，单击右上角的按钮，如图6-83所示。

STEP 02 执行操作后，即可弹出“颜色选择器”对话框，如图6-84所示。

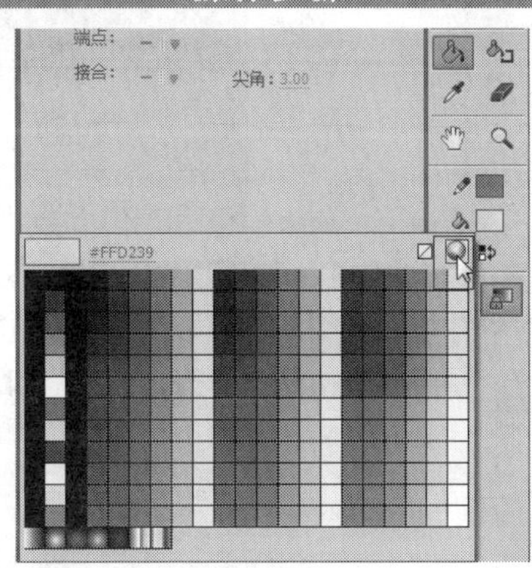

图6-83 单击右上角的按钮

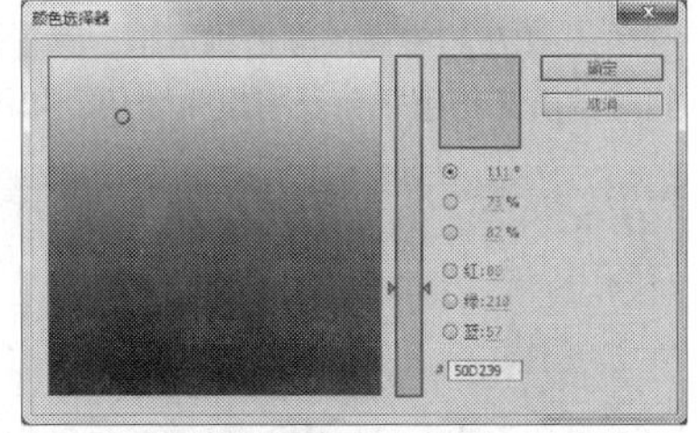

图6-84 弹出“颜色选择器”对话框

STEP 03 在对话框中，重新选择一种颜色，这里选择粉红色（#EB13F1），如图6-85所示。

STEP 04 设置完成后，单击“确定”按钮，即可更改工具箱中“填充颜色”色块的颜色，如图6-86所示。

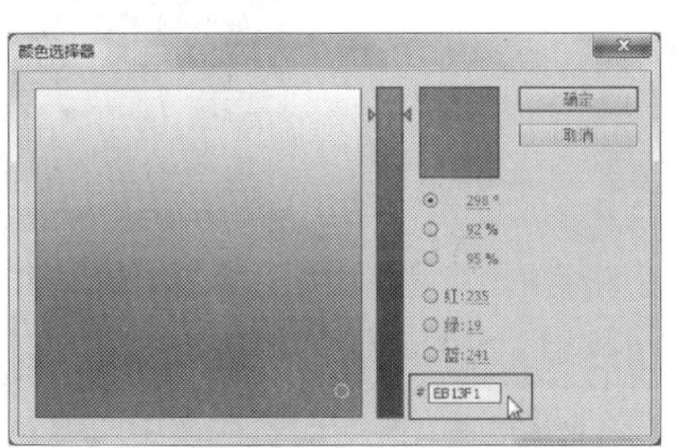

图6-85 选择粉红色

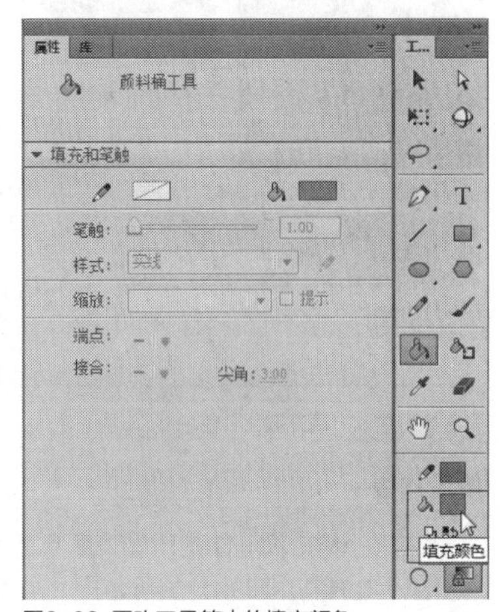

图6-86 更改工具箱中的填充颜色

实战190 运用“颜色”面板选取颜色

▶实例位置：无
▶素材位置：光盘\视频\第6章\卡通车.fla
▶视频位置：光盘\视频\第6章\实战189.mp4

• 实例介绍 •

在Flash CC工作界面中，用户可任意利用“颜色”面板选取自己所需的颜色。下面向读者介绍运用“颜色”面板选取颜色的操作方法。

• 操作步骤 •

STEP 01 在菜单栏中，单击“窗口”|“颜色”命令，如图6-87所示。

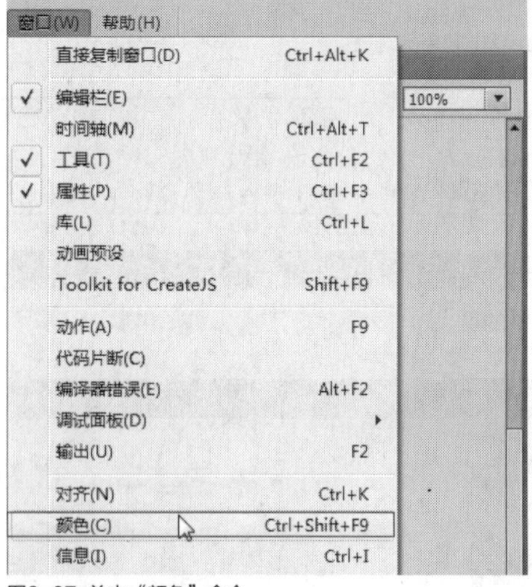

图6-87 单击“颜色”命令

STEP 02 执行操作后，即可打开“颜色”面板，如图6-88所示。

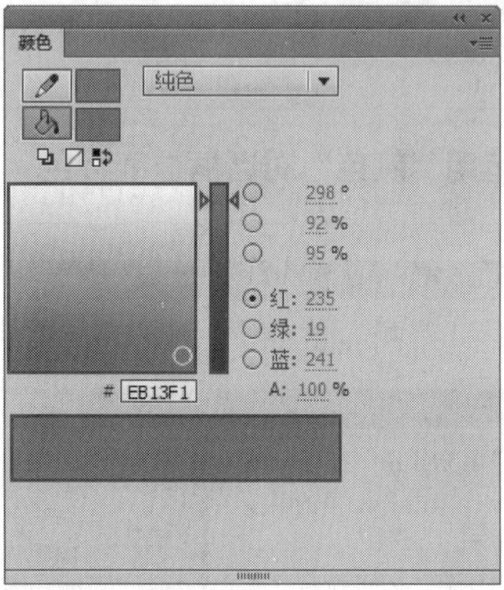

图6-88 打开“颜色”面板

STEP 03 在其中通过颜色预览框，选择蓝色（#1C0BE7），此时“填充颜色”色块将发生变化，如图6-89所示。

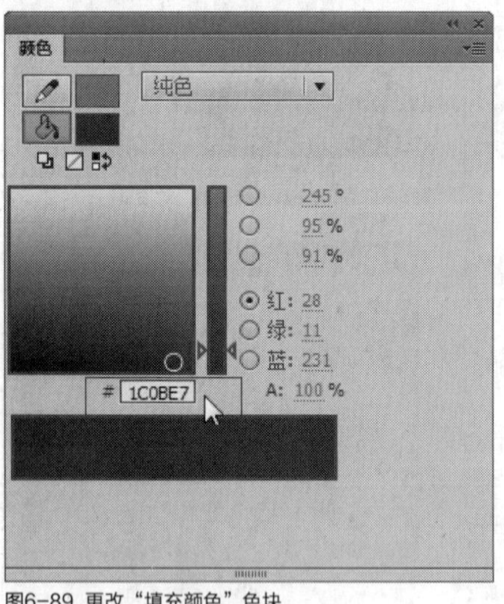

图6-89 更改“填充颜色”色块

STEP 04 用与上同样的方法，在颜色预览框中选择笔触的颜色，更改笔触颜色的色块，面板如图6-90所示。

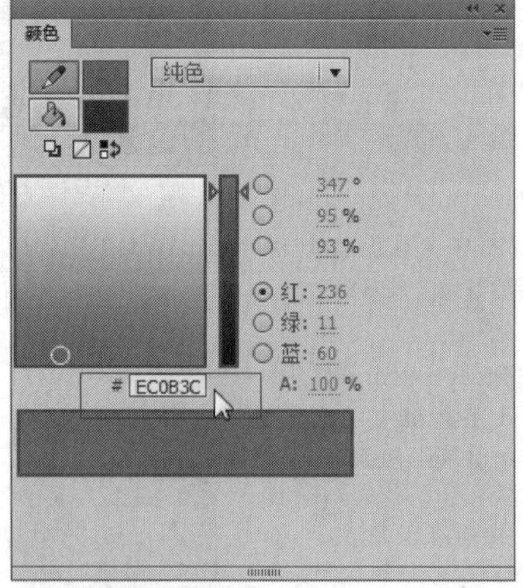

图6-90 更改“笔触颜色”色块

技巧点拨

在Flash CC工作界面的“颜色”面板中，用户除了可以通过颜色预览框中的圆形○图标来选择颜色外，还可以在预览框下方的文本框中，手动输入颜色的参数来设置颜色类型；还可以在面板中的“红”、“绿”、“蓝”数值框中输入相关数值，来设置颜色参数。

6.4 掌握颜色填充类型

在Flash CC工作界面中，打开“颜色”面板，该面板中向用户提供了多种颜色填充类型，如纯色填充、线性渐变填充、径向渐变填充以及位图填充等。本节主要向读者详细介绍运用“颜色”面板填充图形颜色的操作方法。

实战191 纯色填充图形

▶实例位置：光盘\效果\第6章\刷牙.fla
▶素材位置：光盘\素材\第6章\刷牙.fla
▶视频位置：光盘\视频\第6章\实战191.mp4

• 实例介绍 •

在Flash CC工作界面中，使用“颜色”面板可以为要创建对象的笔触颜色或填充指定一种颜色，或对选择对象的笔触或填充颜色进行编辑。

• 操作步骤 •

STEP 01 单击“文件”|“打开”命令，打开一个素材文件，如图6-91所示。

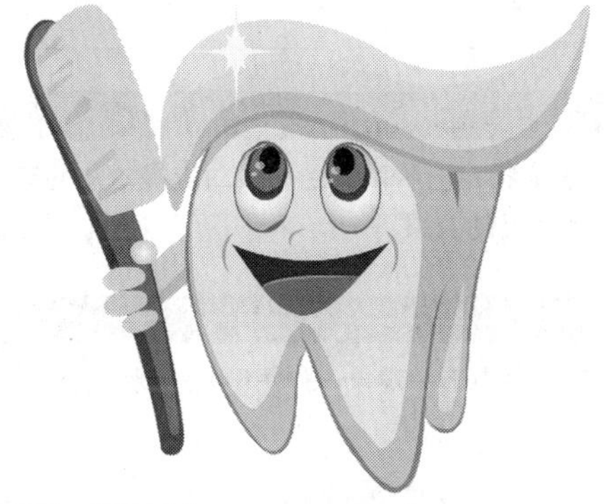

图6-91 打开一个素材文件

STEP 02 在工具箱中选取选择工具，在舞台中选中用户需要更改颜色属性的图形对象，如图6-92所示。

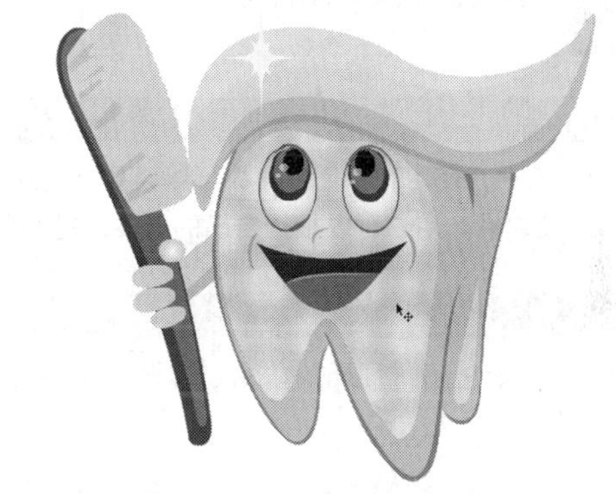

图6-92 选择部分图形对象

STEP 03 单击“窗口”|“颜色”命令，打开“颜色”面板，单击“线性渐变”右侧的下三角按钮，在弹出的列表框中选择“纯色”选项，如图6-93所示。

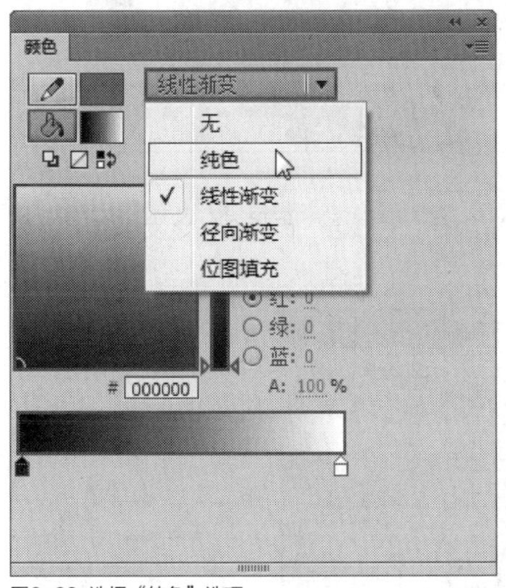

图6-93 选择“纯色”选项

STEP 04 更改填充类型为“纯色”，然后更改“填充颜色”为白色，如图6-94所示。

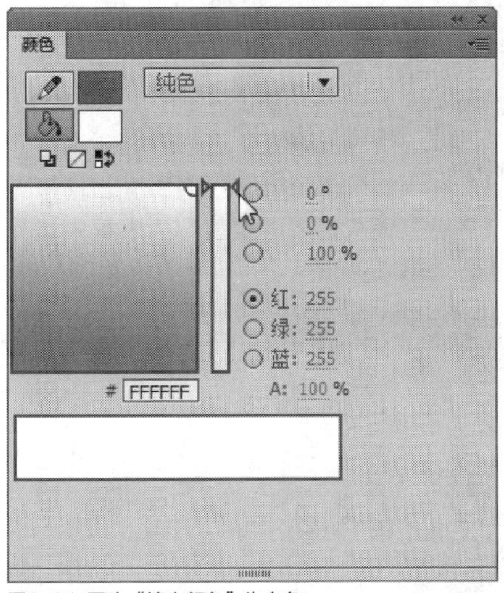

图6-94 更改“填充颜色”为白色

STEP 05 纯色设置完成后，此时舞台中的图形颜色将发生变化，如图6-95所示。

STEP 06 退出图形编辑状态，在舞台中可以查看更改颜色后的图形效果，如图6-96所示。

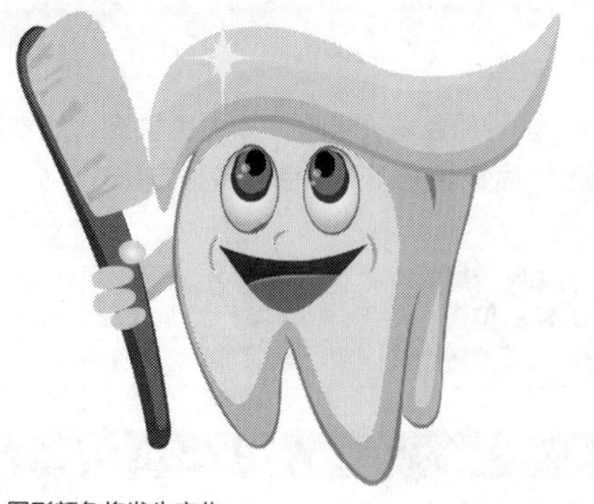

图6-95 图形颜色将发生变化

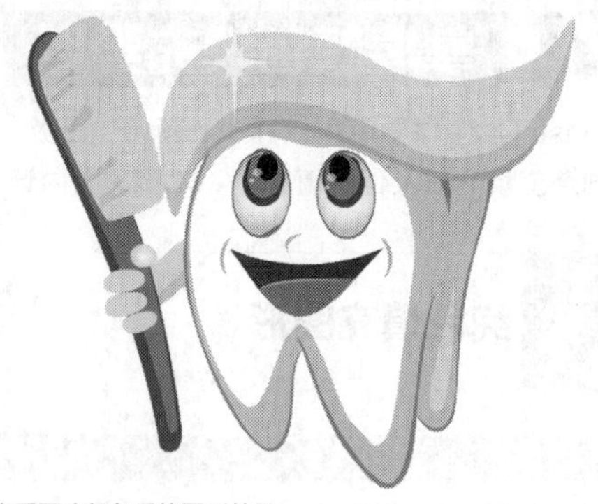

图6-96 查看更改颜色后的图形效果

技巧点拨

在Flash CC软件的“颜色”面板中，“纯色”填充类型是“颜色”面板中的默认填充类型。

实战 192 线性渐变填充图形

▶实例位置：光盘\效果\第6章\学习.fla
▶素材位置：光盘\素材\第6章\学习.fla
▶视频位置：光盘\视频\第6章\实战192.mp4

• 实例介绍 •

在Flash CC中，使用“颜色”面板可以为要创建对象的笔触颜色或填充指定一种渐变色，或对选择对象的笔触或填充颜色进行渐变编辑。用户可以根据自己的需要进行颜色的选择，以达到完美的效果。

• 操作步骤 •

STEP 01 单击“文件”|“打开”命令，打开一个素材文件，如图6-97所示。

图6-97 打开一个素材文件

STEP 02 在舞台中选中对象，如图6-98所示。

图6-98 选中对象

STEP 03 打开“颜色”面板，在“类型”列表框中选择“线性渐变”选项，如图6-99所示。

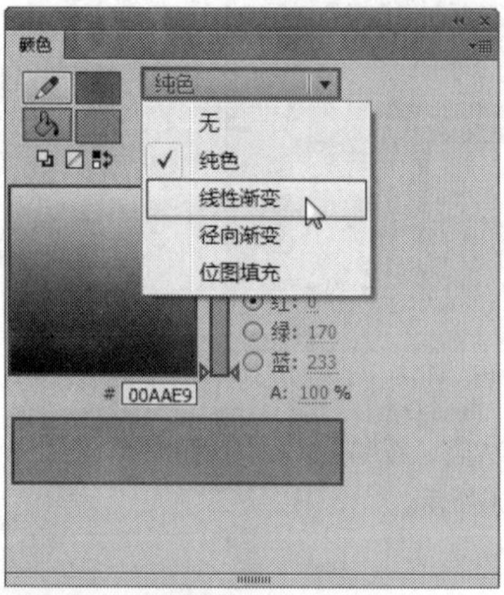

图6-99 选择“线性渐变”选项

STEP 04 执行操作后，“颜色”面板会随之发生变化，如图6-100所示。

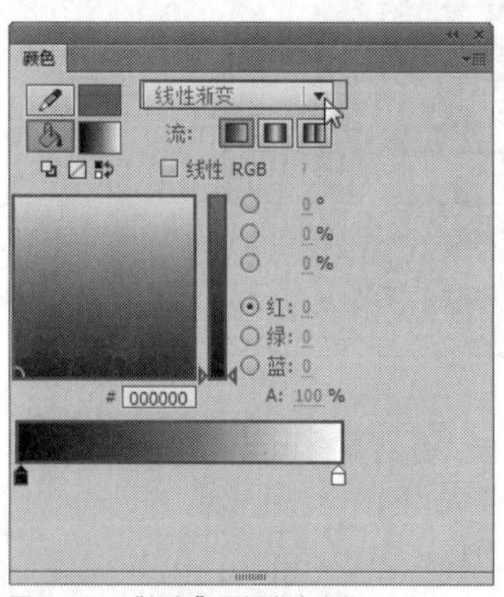

图6-100 “颜色”面板发生变化

STEP 05 在面板中，设置下方第1个色标的颜色为淡蓝色（#02E5F7），如图6-101所示。

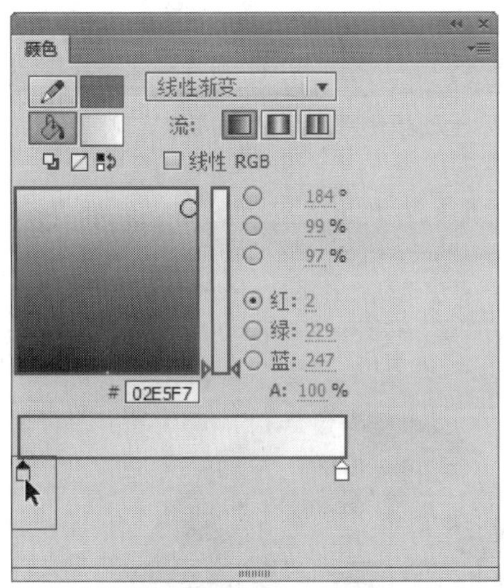

图6-101 设置第1个色标的颜色

STEP 06 在第1个色标的右侧，单击鼠标左键，添加第2个色标，如图6-102所示。

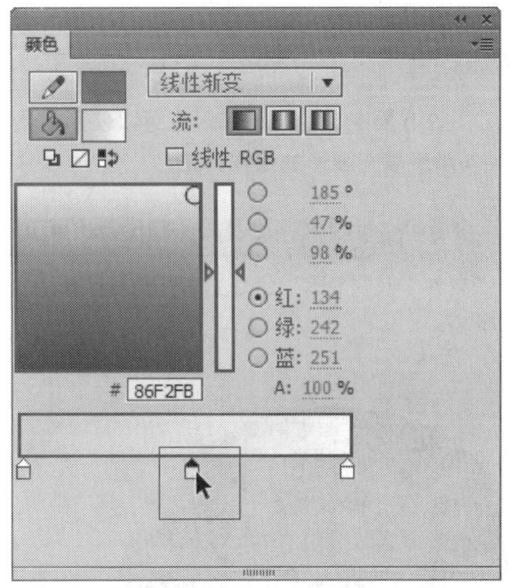

图6-102 添加第2个色标

STEP 07 在颜色预览框中，设置第2个色标的颜色为水蓝色（#0062FF），如图6-103所示。

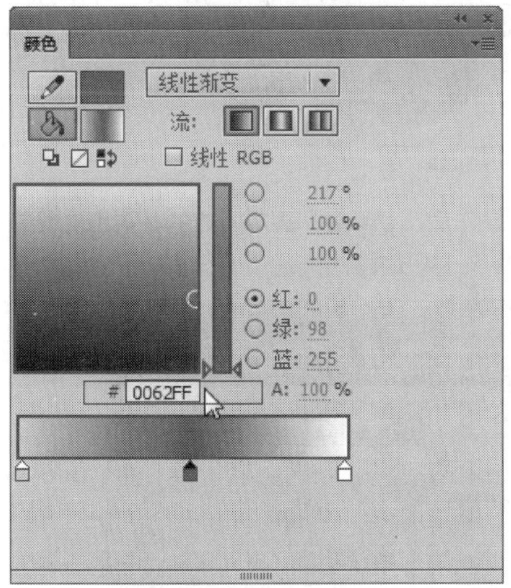

图6-103 设置第2个色标的颜色

STEP 08 在颜色预览框中，设置第3个色标的颜色为淡蓝色（#00FFFF），如图6-104所示。

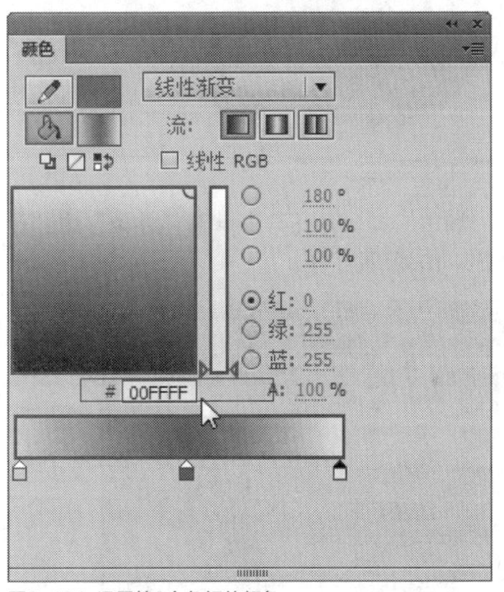

图6-104 设置第3个色标的颜色

STEP 09 面板中的各项设置完成后，在舞台中可以查看更改图形颜色为线性渐变后的效果，如图6-105所示。

图6-105 查看更改为线性渐变后的效果

STEP 10 用与上同样的方法，设置右侧另一只耳朵的颜色为线性渐变色，效果如图6-106所示。

图6-106 设置其他图形为线性渐变色

实战193 径向渐变填充图形

▶实例位置：光盘\效果\第6章\瓢虫.fla
▶素材位置：光盘\素材\第6章\瓢虫.fla
▶视频位置：光盘\视频\第6章\实战193.mp4

• 实例介绍 •

在Flash CC工作界面中，径向渐变填充可以使用工具箱中的按钮和工具，也可以使用“颜色”面板来实现。下面向读者介绍使用径向渐变填充图形的操作方法。

• 操作步骤 •

STEP 01 单击“文件”|“打开”命令，打开一个素材文件，如图6-107所示。

图6-107 打开一个素材文件

STEP 02 在工具箱中选取选择工具，在舞台中选择要进行径向渐变填充的图形，如图6-108所示。

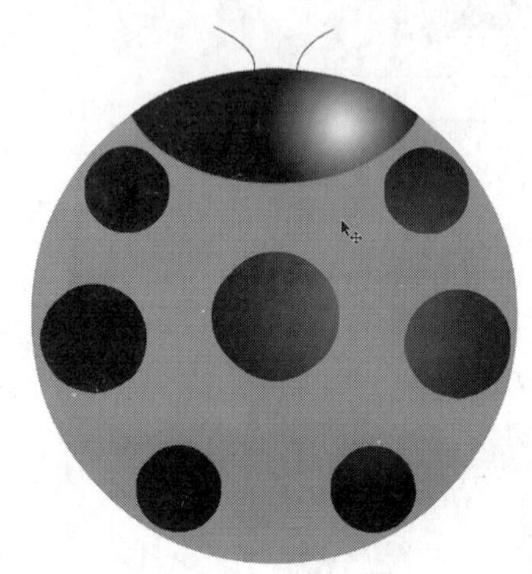

图6-108 选择要填充的图形

STEP 03 打开“颜色”面板，在其中设置“类型”为“径向渐变”，如图6-109所示。

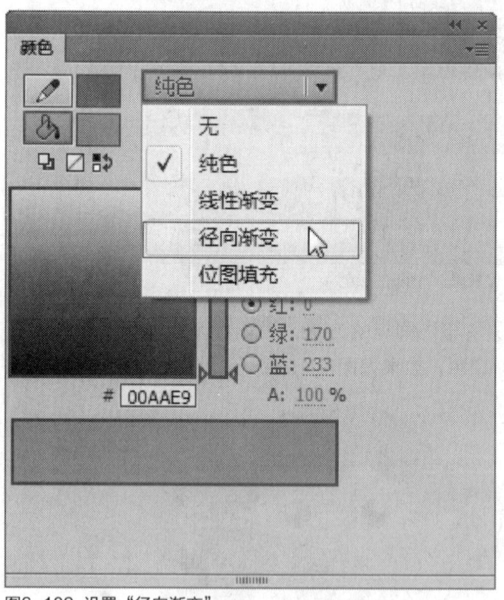

图6-109 设置“径向渐变”

STEP 04 执行操作后，“颜色”面板下方的各调色功能将发生变化，如图6-110所示。

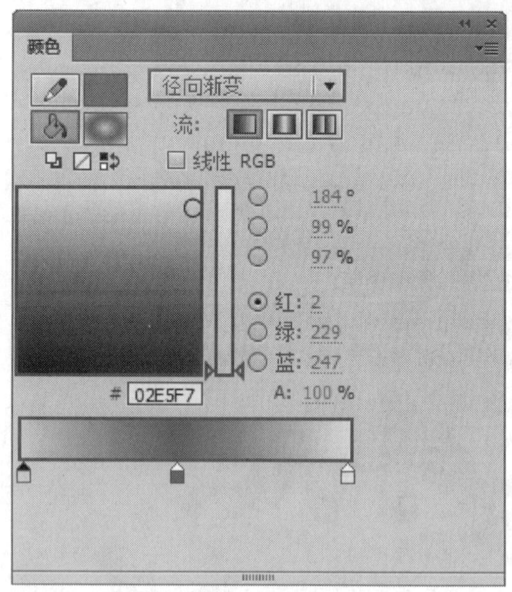

图6-110 调色功能将发生变化

STEP 05 在“颜色”面板中，设置第1个色标的颜色为红色（#FF0000），如图6-111所示。

STEP 06 此时，舞台中的图形填充颜色将发生变化，如图6-112所示。

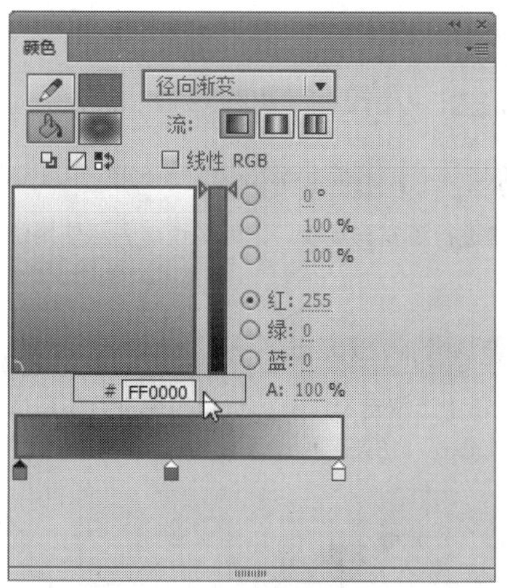

图6-111 设置第1个色标的颜色

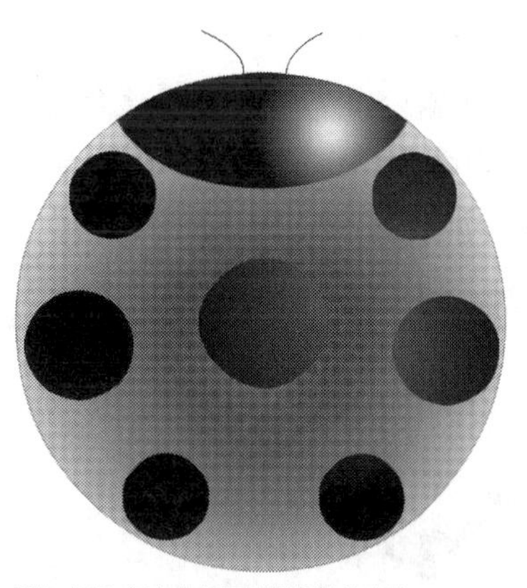

图6-112 舞台中的图形颜色发生变化

STEP 07 在“颜色”面板中，设置第2个色标的颜色为粉红色（#F395E2），如图6-113所示。

STEP 08 此时，在舞台中可以查看更改径向渐变填充后的图形效果，如图6-114所示。

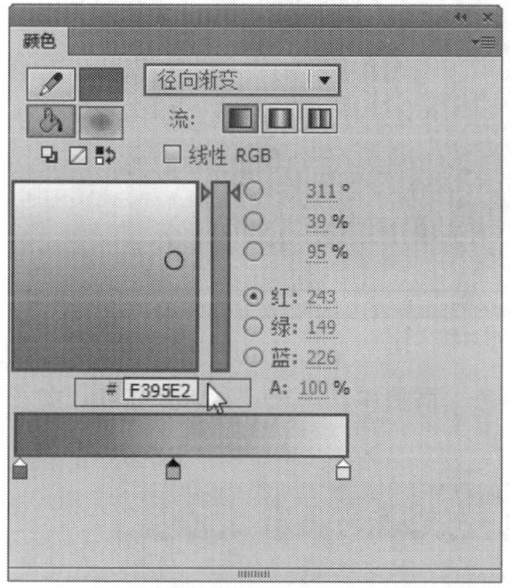

图6-113 设置第2个色标的颜色

图6-114 查看图形效果

STEP 09 在“颜色”面板中，设置第3个色标的颜色为红色（#FF0000），如图6-115所示。

STEP 10 此时，在舞台中可以查看更改径向渐变填充后的图形最终效果，如图6-116所示。

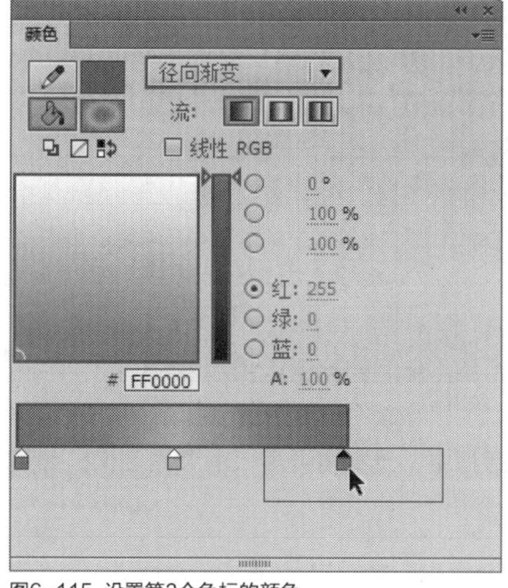

图6-115 设置第3个色标的颜色

图6-116 查看图形最终效果

实战194 位图填充图形

▶ 实例位置：光盘\效果\第6章\卡通版块.fla
▶ 素材位置：光盘\素材\第6章\卡通版块.fla
▶ 视频位置：光盘\视频\第6章\实战194.mp4

• 实例介绍 •

在Flash CC工作界面中，位图填充只能使用“颜色”面板和渐变变形工具进行填充与编辑。下面向读者介绍使用位图填充图形对象的操作方法。

• 操作步骤 •

STEP 01 单击“文件”|“打开”命令，打开一个素材文件，如图6-117所示。

图6-117 打开一个素材文件

STEP 02 在工具箱中选取选择工具，选择需要进行位图填充的图形对象，如图6-118所示。

图6-118 选择相应图形对象

STEP 03 打开“颜色”面板，在其中设置“类型”为“位图填充”，如图6-119所示。

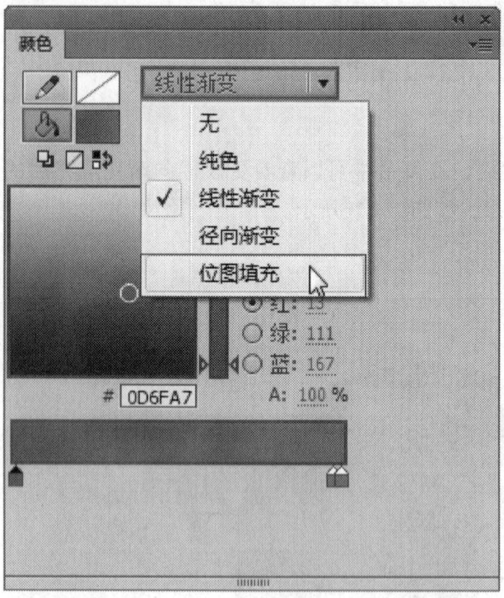

图6-119 设置为“位图填充”

STEP 04 在“颜色”面板中，单击“导入”按钮，如图6-120所示。

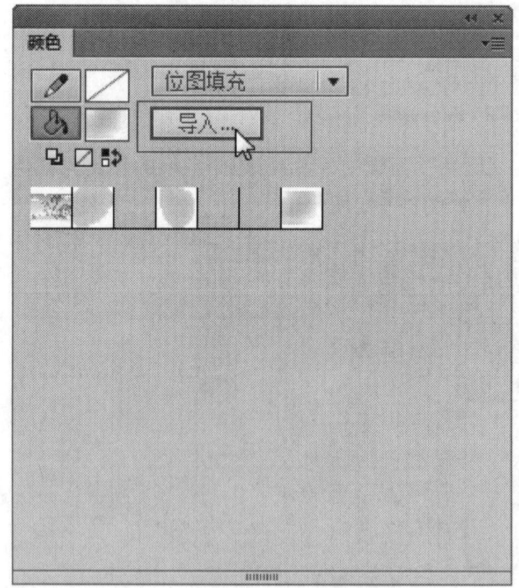

图6-120 单击“导入”按钮

STEP 05 执行操作后，弹出“导入到库”对话框，如图6-121所示。

STEP 06 在该对话框中，选择需要导入的位图图像，如图6-122所示。

图6-121 弹出“导入到库”对话框

图6-122 选择需要导入的位图图像

STEP 07 单击“打开”按钮，即可将选择的位图图像导入“颜色”面板中，如图6-123所示。

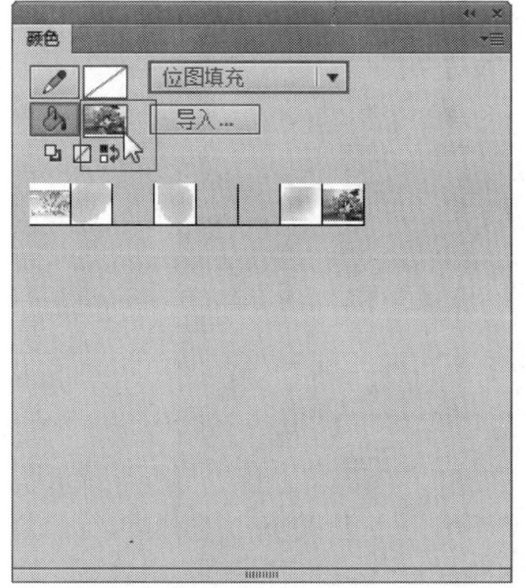

图6-123 导入“颜色”面板中

STEP 08 此时，舞台中的图形对象已经进行了位图填充操作，效果如图6-124所示。

图6-124 位图填充后的效果

技巧点拨

在Flash CC工作界面的“颜色”面板中，要特别注意，若“笔触颜色”按钮处于启动状态，则所选填充类型是专门针对所选图形的轮廓进行填充；若“填充颜色”按钮处于启动状态，则所选填充类型是专门针对所选图形的填充区域进行填充。

另外，用户在使用位图填充图形操作时，还可以先将位图导入“库”面板中，然后通过“颜色”面板选择库文件中的位图进行填充操作。

实战 195 Alpha值填充图形

▶实例位置：光盘\效果\第6章\小船.fla
▶素材位置：光盘\素材\第6章\小船.fla
▶视频位置：光盘\视频\第6章\实战195.mp4

• 实例介绍 •

在Flash CC工作界面中，有时需要改变图形对象的透明度，在“颜色”面板中设置颜色的Alpha值，即可改变图形对象的透明度。

• 操作步骤 •

STEP 01 单击“文件”|“打开”命令，打开一个素材文件，如图6-125所示。

STEP 02 在工具箱中，选取选择工具，选择需要进行Alpha透明度填充的图形对象，如图6-126所示。

图6-125 打开一个素材文件

图6-126 选择相应图形对象

STEP 03 单击“窗口”|“颜色”命令，打开“颜色”面板，在“线性渐变”下方单击左侧第1个色标，使其呈选中状态，如图6-127所示。

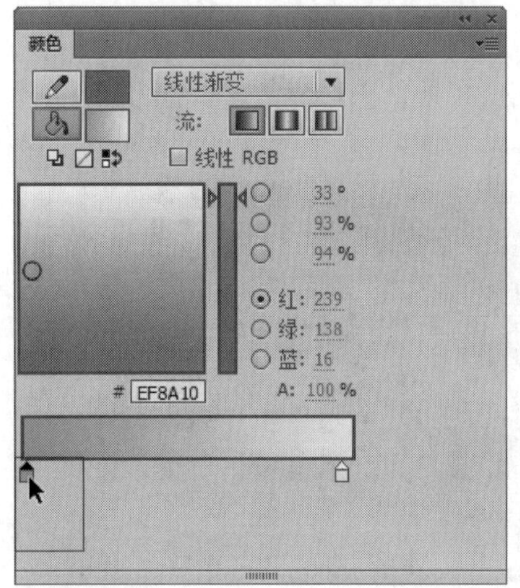

图6-127 单击第1个色标

STEP 04 在面板右侧的A数值框上，单击鼠标左键，使其呈输入状态，然后输入0，如图6-128所示，是指设置第1个色标的图形颜色完全透明。

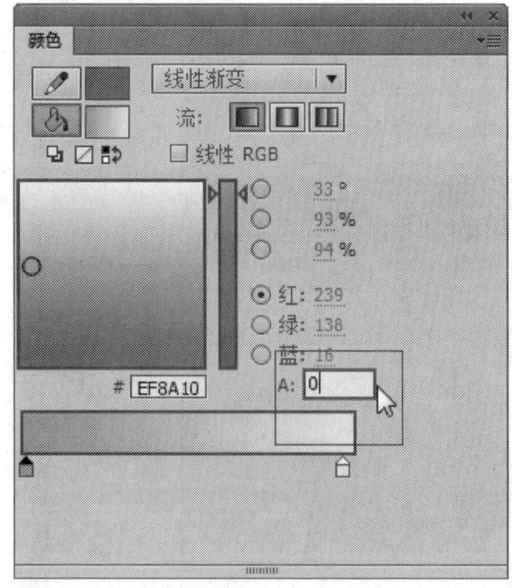

图6-128 在A数值框中输入0

STEP 05 按【Enter】键确认，此时第1个色标的颜色显示为透明状态，色标部分没有任何颜色，如图6-129所示。

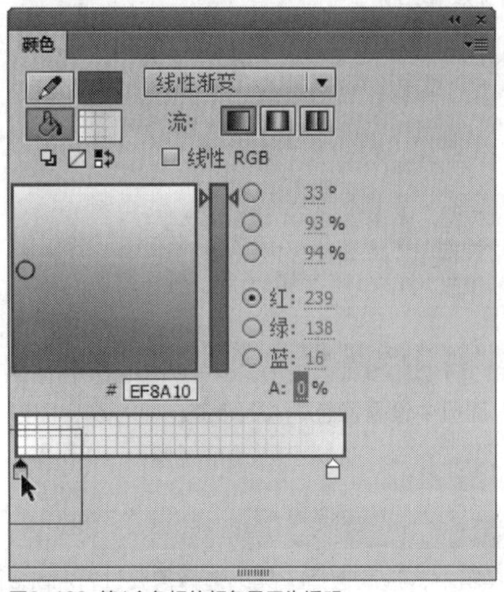

图6-129 第1个色标的颜色显示为透明

STEP 06 执行上述操作后，即可将舞台中选择的图形对象设置为Alpha透明渐变填充，效果如图6-130所示。

图6-130 Alpha透明渐变填充效果

6.5 使用面板填充图形

在Flash CC工作界面中，用户还可以使用不同的面板来填充图形对象，常用的包括“属性”面板填充图形、“颜色”面板填充图形以及“样本”面板填充图形等。本节主要向读者介绍使用面板填充图形的操作方法，希望读者熟练掌握本节内容。

实战 196 使用“属性”面板填充颜色

▶实例位置：光盘\效果\第6章\小太阳.fla
▶素材位置：光盘\素材\第6章\小太阳.fla
▶视频位置：光盘\视频\第6章\实战196.mp4

• 实例介绍 •

在Flash CC工作界面中，使用“属性”面板可以快速填充需要用户的图形颜色。

• 操作步骤 •

STEP 01 单击“文件”|“打开”命令，打开一个素材文件，如图6-131所示。

图6-131 打开一个素材文件

STEP 02 选取工具箱中的选择工具，选择舞台中需要填充颜色的多个图形对象，如图6-132所示。

图6-132 选择多个图形对象

STEP 03 打开“属性”面板，将鼠标移至“填充颜色”色块上，如图6-133所示。

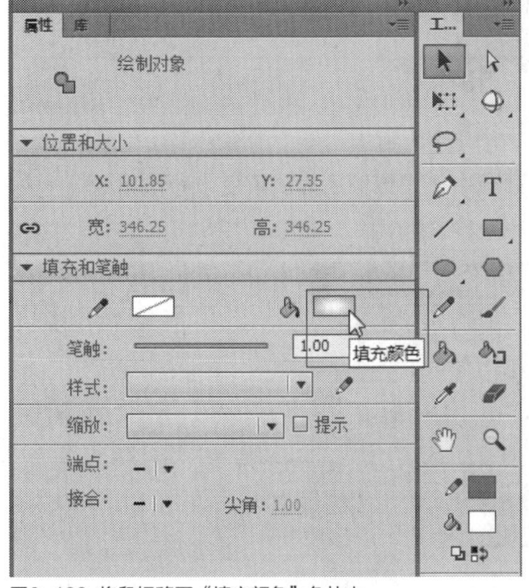

图6-133 将鼠标移至“填充颜色”色块上

STEP 04 单击鼠标左键，在弹出的颜色面板中选择红色（#FF0000），如图6-134所示。

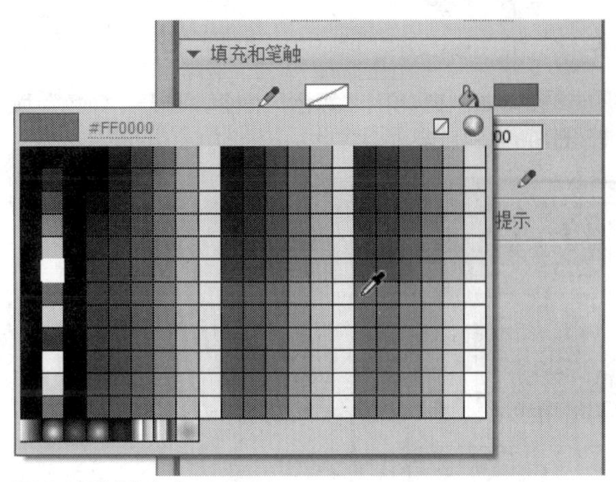

图6-134 选择红色（#FF0000）

STEP 05 执行操作后，即可更改舞台中选择的图形对象的颜色，如图6-135所示。

STEP 06 退出图形编辑状态，在舞台中可以查看图形的最终效果，如图6-136所示。

图6-135 更改图形对象的颜色

图6-136 查看图形的最终效果

实战197 使用“颜色”面板填充颜色

▶实例位置：光盘\效果\第6章\卡通人物.fla
▶素材位置：光盘\素材\第6章\卡通人物.fla
▶视频位置：光盘\视频\第6章\实战197.mp4

• 实例介绍 •

在Flash CC工作界面中，使用“颜色”面板可以手动设置图形的颜色参数，调试出用户需要的颜色效果。下面向读者介绍使用“颜色”面板填充图形颜色的操作方法。

• 操作步骤 •

STEP 01 单击“文件”|“打开”命令，打开一个素材文件，如图6-137所示。

图6-137 打开一个素材文件

STEP 02 选取工具箱中的选择工具，选择舞台中需要填充颜色的图形对象，如图6-138所示。

图6-138 选择图形对象

STEP 03 单击“窗口”|“颜色”命令，打开“颜色”面板，如图6-139所示。

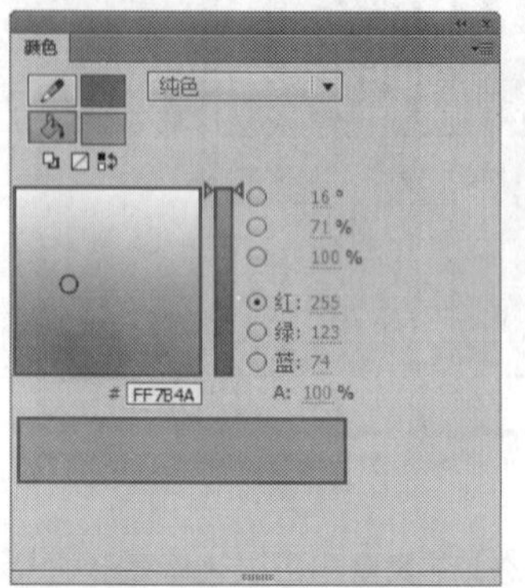

图6-139 打开“颜色”面板

STEP 04 在面板中，设置颜色为淡黄色（#FFDEA8），如图6-140所示。

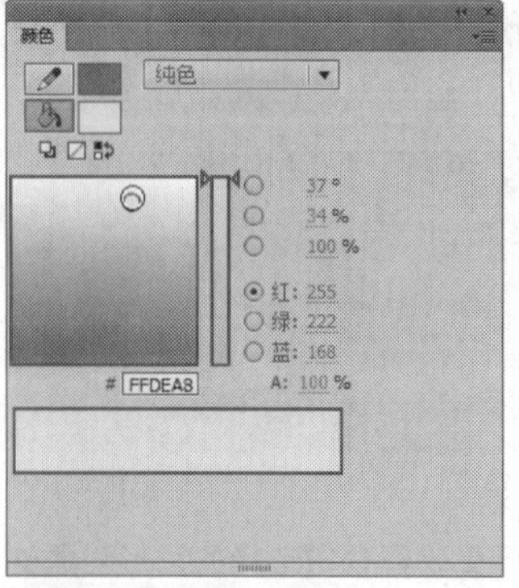

图6-140 设置颜色为淡黄色

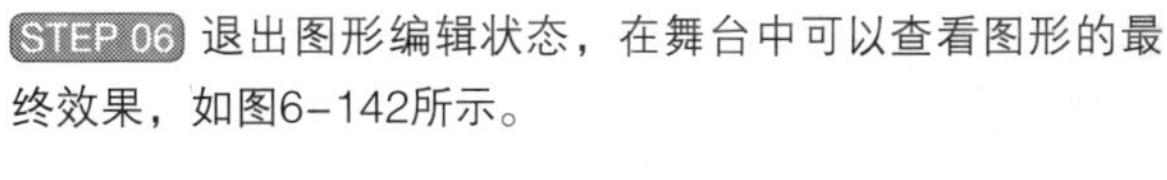

STEP 05 执行操作后，即可更改选择的图形颜色，如图6-141所示。

图6-141 更改选择的图形颜色

STEP 06 退出图形编辑状态，在舞台中可以查看图形的最终效果，如图6-142所示。

图6-142 查看图形的最终效果

实战 198 使用“样本”面板填充颜色

▶实例位置：光盘\效果\第6章\黑发美女.fla
▶素材位置：光盘\素材\第6章\黑发美女.fla
▶视频位置：光盘\视频\第6章\实战198.mp4

• 实例介绍 •

在Flash CC工作界面中，“样本”面板中向用户提供了多种常用的现成颜色色块，选择相应的颜色色块后，即可更改图形的颜色效果。

• 操作步骤 •

STEP 01 单击“文件”|“打开”命令，打开一个素材文件，如图6-143所示。

图6-143 打开一个素材文件

STEP 02 选取工具箱中的选择工具，选择舞台中需要填充颜色的图形对象，如图6-144所示。

图6-144 选择相应图形对象

STEP 03 在菜单栏中，单击“窗口”|“样本”命令，如图6-145所示。

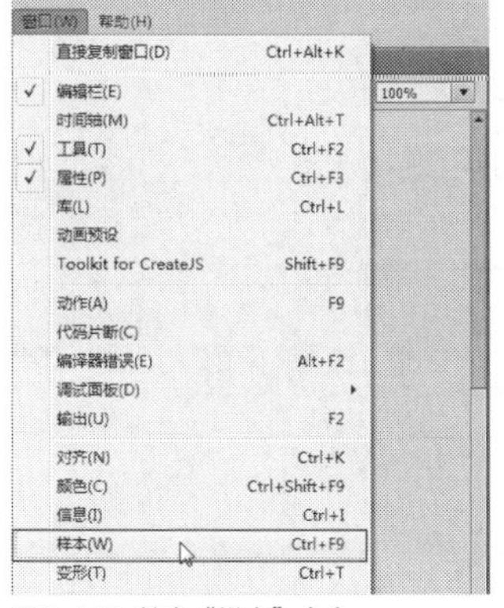

图6-145 单击“样本”命令

STEP 04 打开“样本”面板，在其中选择黑色色块，如图6-146所示。

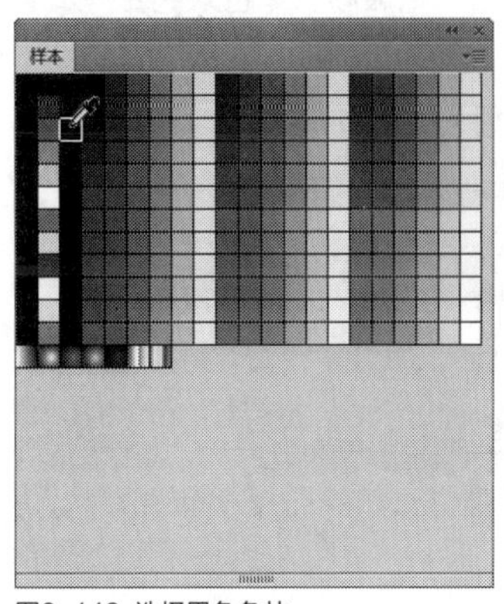

图6-146 选择黑色色块

STEP 05 执行操作后，即可更改选择的图形颜色，如图6-147所示。

图6-147 更改选择的图形颜色

STEP 06 退出图形编辑状态，在舞台中可以查看图形的最终效果，如图6-148所示。

图6-148 查看图形的最终效果

6.6 使用按钮填充图形

在Flash CC工作界面中，用户不仅可以使用各种面板中的功能来填充图形对象，还可以使用各种颜色按钮来填充图形对象。本节主要向读者介绍使用按钮填充图形对象的操作方法，主要包括使用“笔触颜色”按钮、“填充颜色”按钮、“黑白”按钮以及“没有颜色”按钮等。

实战199 使用“笔触颜色”按钮填充

▶实例位置：光盘\效果\第6章\蔬菜.fla
▶素材位置：光盘\素材\第6章\蔬菜.fla
▶视频位置：光盘\视频\第6章\实战199.mp4

• 实例介绍 •

在Flash CC工作界面中，使用“笔触颜色”按钮可以填充图形中的轮廓颜色。

• 操作步骤 •

STEP 01 单击“文件”|“打开”命令，打开一个素材文件，如图6-149所示。

图6-149 打开一个素材文件

STEP 02 选取工具箱中的选择工具，选择舞台中需要填充颜色的图形对象，如图6-150所示。

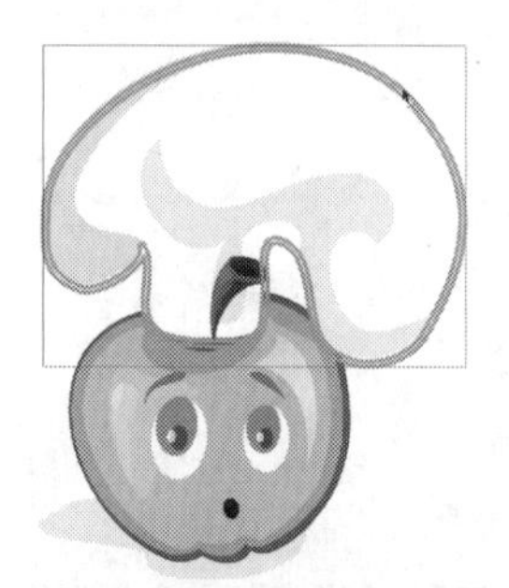

图6-150 选择需要填充颜色的图形

STEP 03 在工具箱中，单击“笔触颜色”色块，如图6-151所示。

图6-151 单击“笔触颜色”色块

STEP 04 执行操作后，弹出颜色面板，在其中选择蓝色（#3399FF），如图6-152所示。

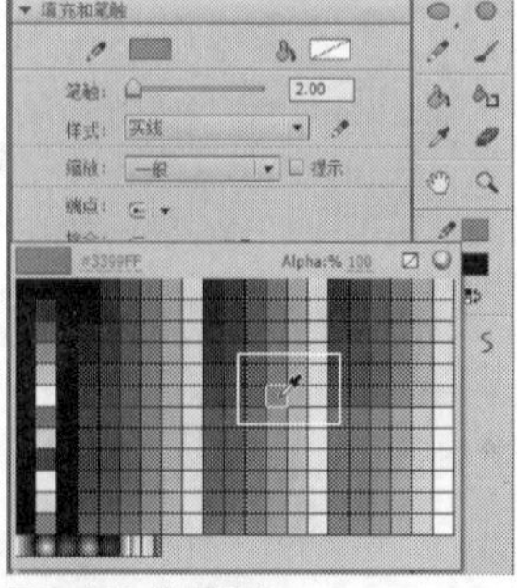

图6-152 选择蓝色

STEP 05 执行操作后，即可更改选择的图形轮廓颜色，如图6–153所示。

STEP 06 退出图形编辑状态，在舞台中可以查看图形的最终效果，如图6–154所示。

技巧点拨

在Flash CC工作界面中，用户可以根据需要设置图形的笔触颜色和填充颜色，来改变或丰富图形的表现方式。

图6–153 更改选择的图形颜色

图6–154 查看图形的最终效果

实战 200 使用“填充颜色”按钮填充

▶实例位置：光盘\效果\第6章\发夹.fla
▶素材位置：光盘\素材\第6章\发夹.fla
▶视频位置：光盘\视频\第6章\实战200.mp4

• 实例介绍 •

在Flash CC工作界面中，使用“填充颜色”按钮可以填充图形的颜色，丰富图形的画面效果，使图形更具有展现力、吸引力。

• 操作步骤 •

STEP 01 单击“文件”|“打开”命令，打开一个素材文件，如图6–155所示。

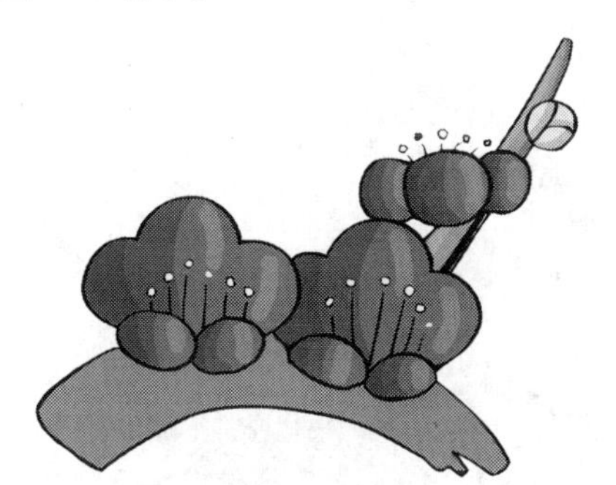

图6–155 打开一个素材文件

STEP 02 选取工具箱中的选择工具，选择舞台中需要填充颜色的图形对象，如图6–156所示。

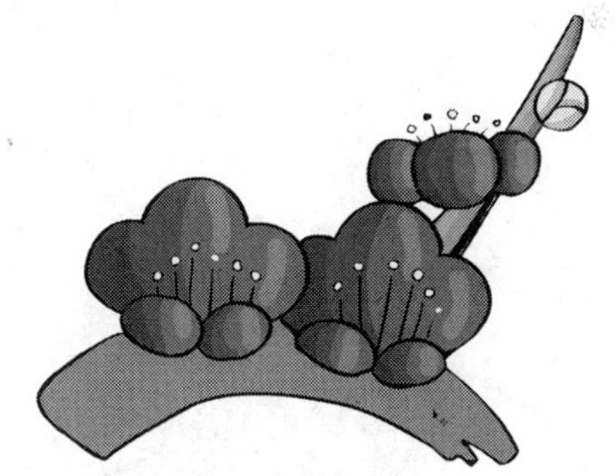

图6–156 选择相应图形对象

STEP 03 在工具箱中，单击“填充颜色”色块，如图6–157所示。

图6–157 单击“填充颜色”色块

STEP 04 执行操作后，弹出颜色面板，在其中选择绿色(#33FF00)，如图6–158所示。

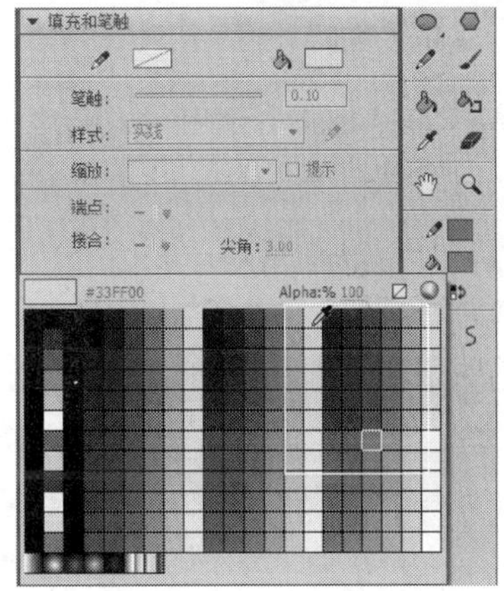

图6–158 选择绿色

STEP 05 执行操作后，即可更改选择的图形填充颜色，如图6–159所示。

STEP 06 退出图形编辑状态，在舞台中可以查看图形的最终效果，如图6–160所示。

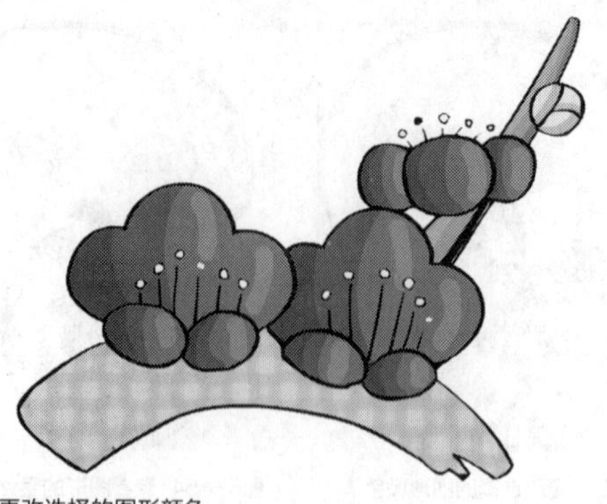

图6-159 更改选择的图形颜色

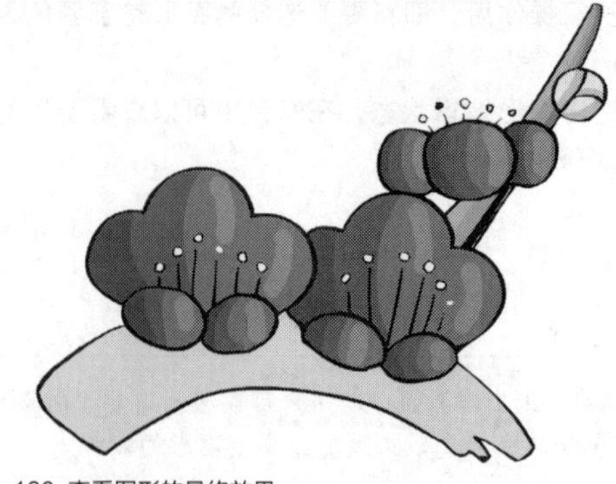

图6-160 查看图形的最终效果

实战 201 使用“黑白”按钮填充颜色

▶实例位置：光盘\效果\第6章\车子.fla
▶素材位置：光盘\素材\第6章\车子.fla
▶视频位置：光盘\视频\第6章\实战201.mp4

• 实例介绍 •

在Flash CC工作界面中，使用“黑白”按钮可以将图形填充为黑白色，制作出画面的黑白效果，使画面更具有艺术风采。

• 操作步骤 •

STEP 01 单击“文件”|“打开”命令，打开一个素材文件，如图6-161所示。

图6-161 打开一个素材文件

STEP 02 选取工具箱中的选择工具，选择舞台中所有的图形对象，如图6-162所示。

图6-162 选择相应图形对象

STEP 03 在工具箱中，单击“黑白”按钮，如图6-163所示。

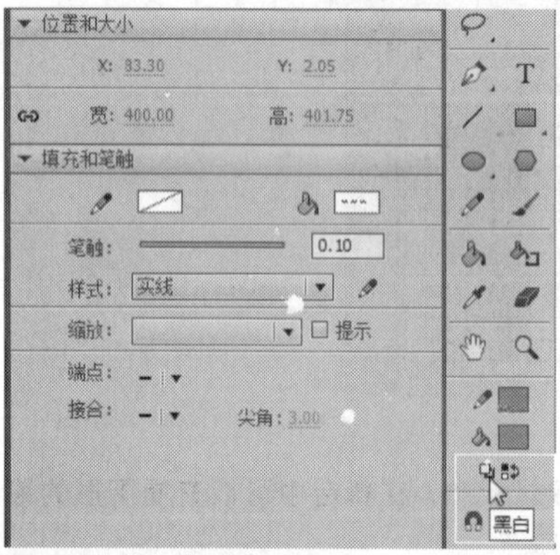

图6-163 单击“黑白”按钮

STEP 04 执行操作后，即可对“笔触颜色”和“填充颜色”设置为黑白色调，如图6-164所示。

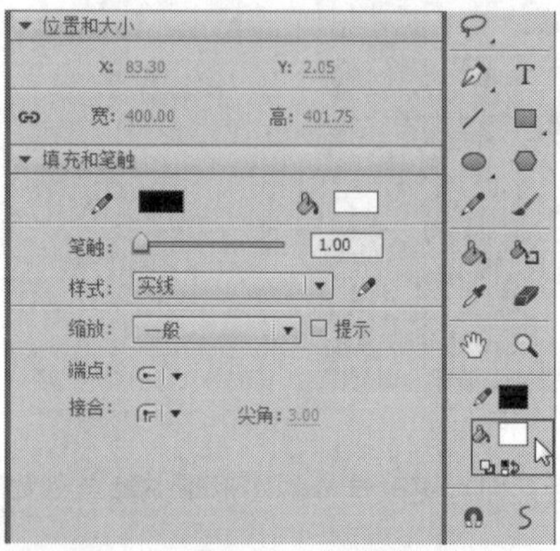

图6-164 “填充和笔触”设置为黑白色调

STEP 05 执行操作后，即可将图形颜色设置为黑白色调，效果如图6-165所示。

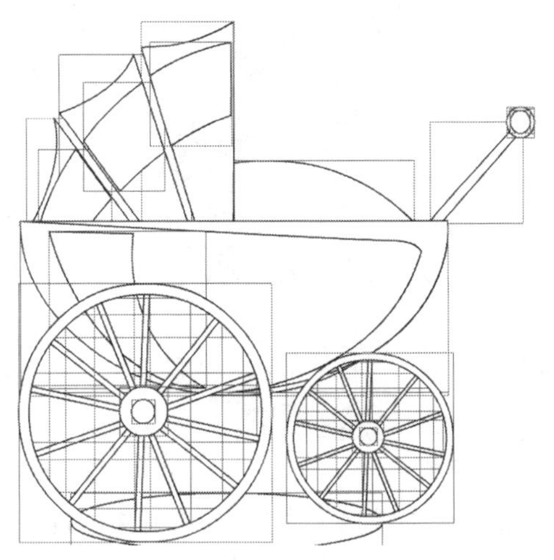

图6-165 更改图形颜色为黑白色调

STEP 06 在“属性”面板中，设置“笔触高度”为5，如图6-166所示。

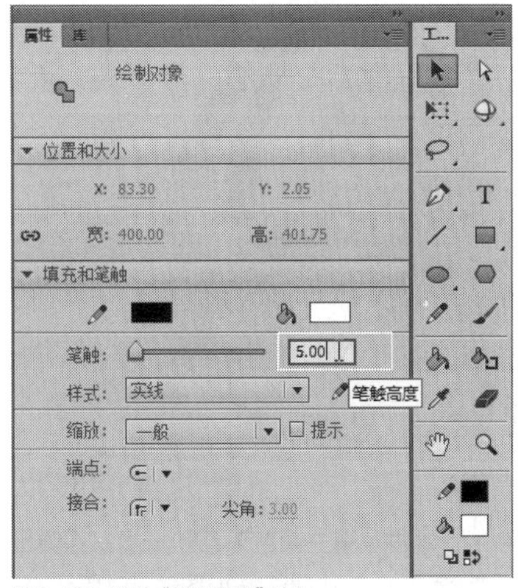

图6-166 设置“笔触高度”为5

STEP 07 按【Enter】键确认，设置黑白图形的笔触高度，增加图形的美观度，如图6-167所示。

图6-167 设置黑白图形的笔触高度

STEP 08 退出图形编辑状态，在舞台中可以查看图形的最终效果，如图6-168所示。

图6-168 查看图形的最终效果

技巧点拨

在Flash CC工作界面中，无论在“笔触颜色”和“填充颜色”按钮中设置了何种颜色，单击“黑白”按钮都可以将“笔触颜色”和“填充颜色”设置为黑色和白色。

实战 202 使用“没有颜色”按钮填充颜色

▶实例位置：光盘\效果\第6章\帽子.fla
▶素材位置：光盘\素材\第6章\帽子.fla
▶视频位置：光盘\视频\第6章\实战202.mp4

• 实例介绍 •

在Flash CC工作界面中，使用“没有颜色”按钮☐可以对图形中现有的填充颜色进行清除操作。

• 操作步骤 •

STEP 01 单击“文件”|“打开”命令，打开一个素材文件，如图6-169所示。

STEP 02 选取工具箱中的选择工具，选择舞台中所有的图形对象，如图6-170所示。

图6-169 打开一个素材文件

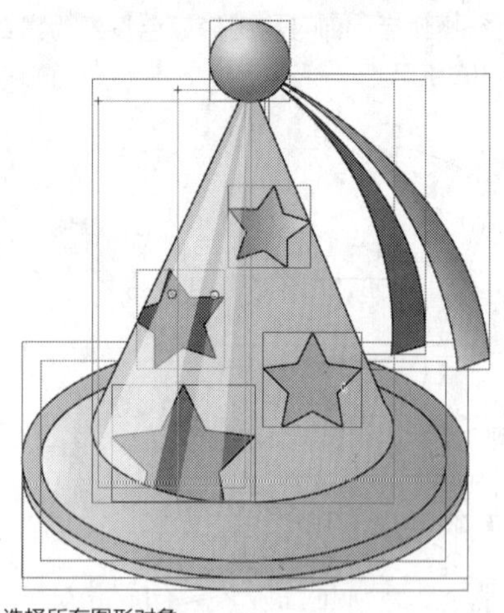

图6-170 选择所有图形对象

STEP 03 在工具箱中，单击“填充颜色”色块，在弹出的颜色面板中单击“没有颜色”按钮，如图6-171所示。

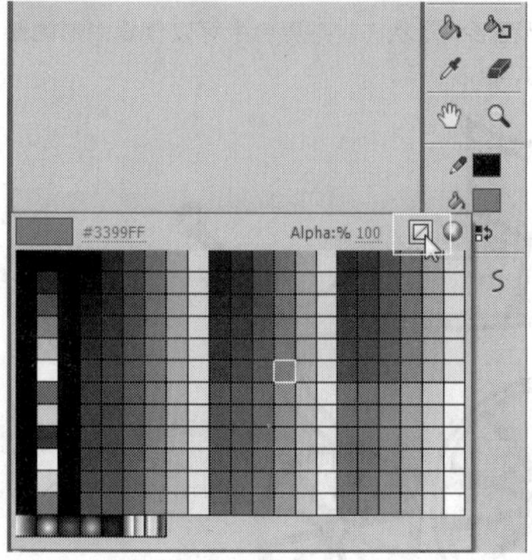

图6-171 单击“没有颜色”按钮

STEP 04 执行操作后，即可清除图形中所有的填充颜色，效果如图6-172所示。

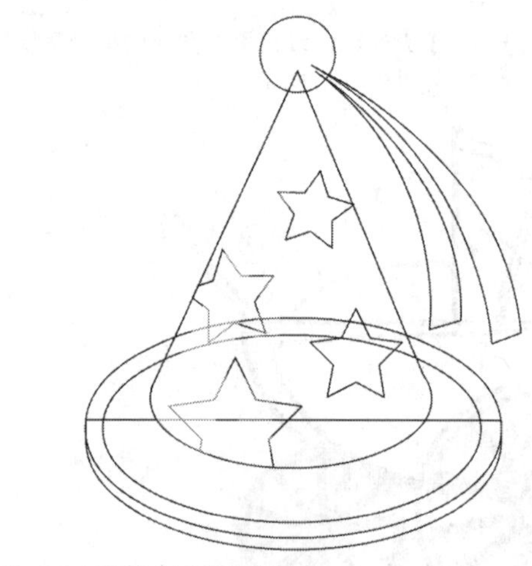

图6-172 清除图形中所有的填充颜色

第7章

简单操作图形对象

本章导读

在Flash CC中，提供了操作对象的各种方法，包括选取对象、排列对象、复制对象和对齐对象等，在实际中可以将单个的对象合成一组，然后作为一个对象来处理。

本章将向读者介绍预览图形对象、图形对象的基本操作和变形图形对象的基本操作等知识，让用户灵活掌握简单操作对象的方法。

要点索引

- 预览图形对象
- 显示整个动画图形
- 图形对象的基本操作
- 变形与编辑图形对象
- 使用“对齐”面板对齐图形
- 使用“对齐”菜单对齐图形
- 排列图形对象
- 合并图形对象

7.1 预览图形对象

在Flash CC中，有5种模式可以预览动画图形对象，分别为轮廓预览图形对象、高速显示图形对象、消除动画图形中的锯齿、消除动画中的文字锯齿和显示整个动画图形对象等，下面进行简单的介绍。

实战203 轮廓预览图形对象

▶实例位置：光盘\效果\第7章\一朵玫瑰花.fla
▶素材位置：光盘\素材\第7章\一朵玫瑰花.fla
▶视频位置：光盘\视频\第7章\实战203.mp4

• 实例介绍 •

在Flash CC中，轮廓预览图形对象是指只显示场景中形状的轮廓，从而使所有线条都显示为细线。这样就更加容易改变图形元素的形状以及快速显示复杂场景。

• 操作步骤 •

STEP 01 单击“文件”|“打开”命令，打开一个素材文件，如图7-1所示。

图7-1 打开一个素材文件

STEP 02 在菜单栏中，单击“视图”菜单，在弹出的菜单列表中单击“预览模式”|“轮廓”命令，如图7-2所示。

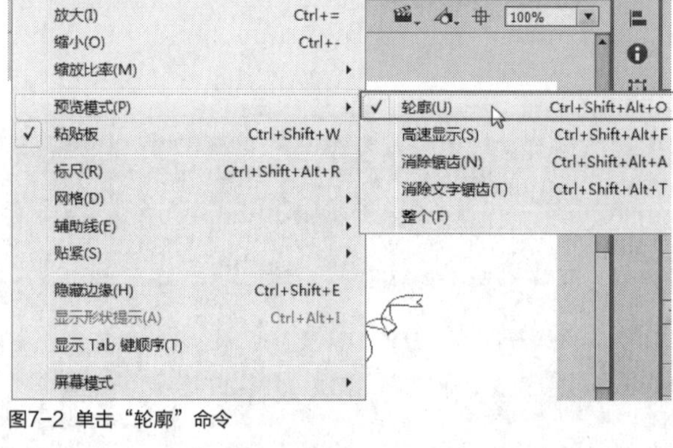

图7-2 单击“轮廓”命令

STEP 03 执行操作后，即可以轮廓的方式显示图形对象的效果，如图7-3所示。

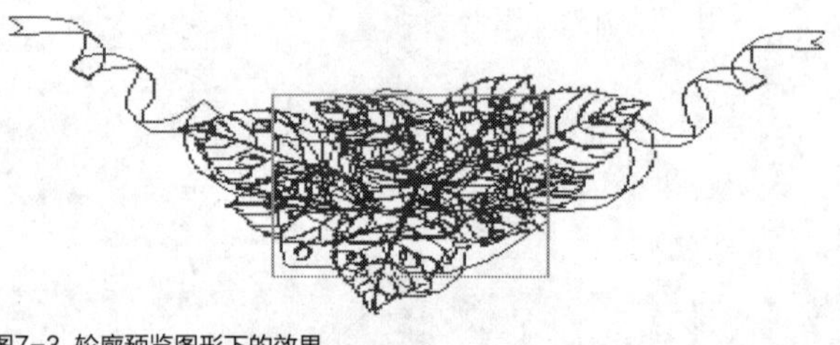

图7-3 轮廓预览图形下的效果

技巧点拨

快捷键：按【Ctrl+Alt+Shift+O】组合键能执行“轮廓”命令，以轮廓的方式预览图形对象。

实战204 高速显示图形对象

▶实例位置：光盘\效果\第7章\羽毛球拍.fla
▶素材位置：光盘\素材\第7章\羽毛球拍.fla
▶视频位置：光盘\视频\第7章\实战204.mp4

• 实例介绍 •

在Flash CC中，高速显示图形对象将关闭消除锯齿功能，并显示绘画的所有颜色和线条样式。

• 操作步骤 •

STEP 01 单击“文件”|“打开”命令，打开一个素材文件，如图7-4所示。

STEP 02 在菜单栏中，单击“视图”菜单，在弹出的菜单列表中单击“预览模式”|“高速显示”命令，如图7-5所示。

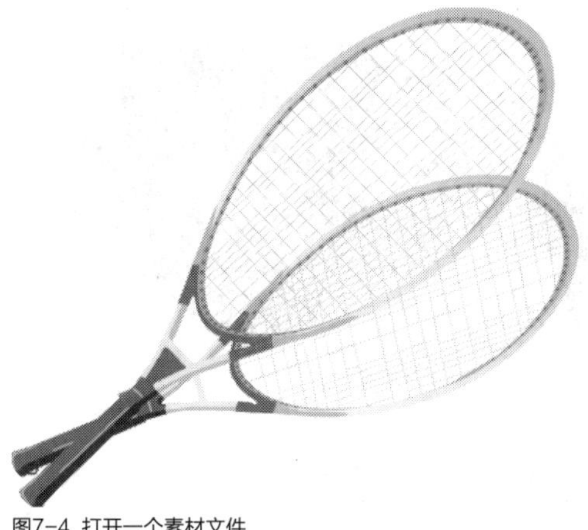

图7-4 打开一个素材文件

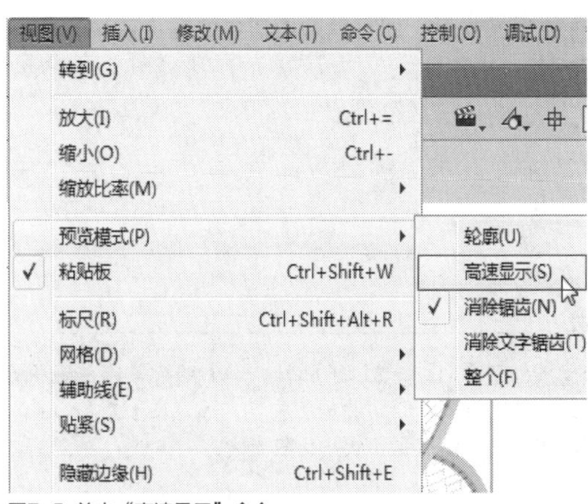

图7-5 单击“高速显示”命令

STEP 03 执行操作后，即可以高速显示方式显示图形对象的效果，如图7-6所示。

图7-6 高速显示预览图形下的效果

技巧点拨

快捷键：按【Ctrl＋Alt＋Shift＋F】组合键方法能执行“高速显示”命令，以高速显示的方式预览图形对象，此时的图形对象边缘有锯齿状，不光滑。

实战 205 消除动画图形锯齿

▶实例位置：光盘\效果\第7章\企鹅.fla
▶素材位置：光盘\素材\第7章\企鹅.fla
▶视频位置：光盘\视频\第7章\实战205.mp4

• 实例介绍 •

在Flash CC中，使用消除锯齿模式预览动画图形，可以将打开的线条、形状和位图的锯齿消除。消除锯齿后形状和线条的边缘在屏幕上显示出来更加平滑，在该模式绘画的速度比在高速显示模式下要慢得多，消除锯齿功能在提供成千上百万种颜色的显卡上处理的效果最好。

• 操作步骤 •

STEP 01 单击“文件”|“打开”命令，打开一个素材文件，如图7-7所示。

图7-7 打开一个素材文件

STEP 02 在菜单栏中，单击“视图”|“预览模式”|“消除锯齿”命令，如图7-8所示。

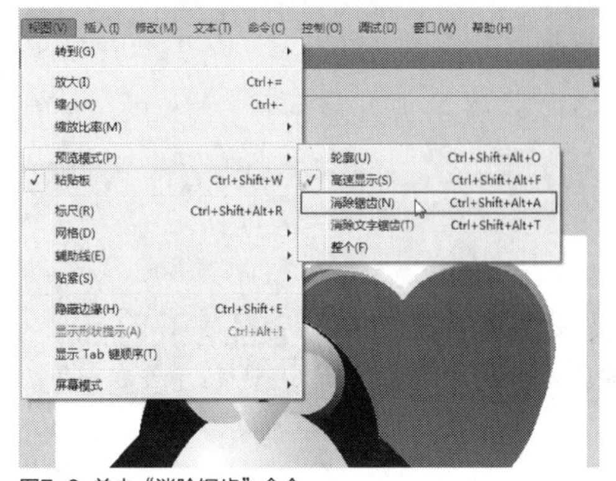

图7-8 单击“消除锯齿”命令

STEP 03 执行操作后，即可消除图形中的锯齿效果，如图7-9所示。

图7-9 消除图形中的锯齿效果

技巧点拨

快捷键：按【Ctrl+Alt+Shift+A】组合键方法能执行“消除锯齿”命令，以消除锯齿的方式预览图形对象，此时的图形对象边缘没有锯齿状，比较光滑。

实战206 消除文字锯齿

▶实例位置：光盘\效果\第7章\优惠券.fla
▶素材位置：光盘\素材\第7章\优惠券.fla
▶视频位置：光盘\视频\第7章\实战206.mp4

• 实例介绍 •

在Flash CC工作界面中，使用消除文字锯齿可以将锯齿明显的文字变得平整和光滑。如果文本数量过多，则软件运行的速度会减慢。

• 操作步骤 •

STEP 01 单击“文件”|“打开”命令，打开一个素材文件，如图7-10所示。

图7-10 打开一个素材文件

STEP 02 在菜单栏中，单击“视图”菜单，在弹出的菜单列表中单击“预览模式”|“消除文字锯齿”命令，如图7-11所示。

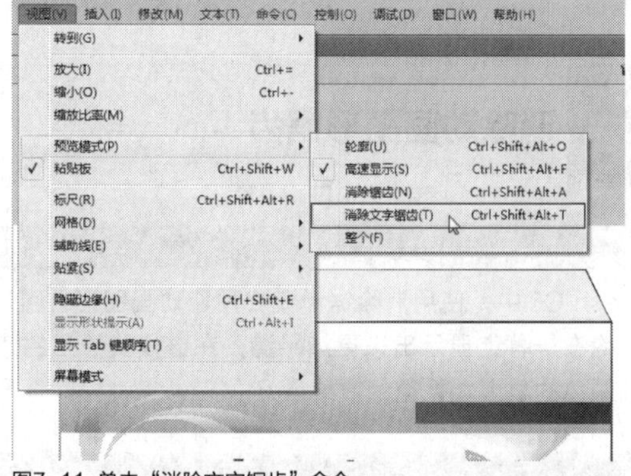

图7-11 单击“消除文字锯齿”命令

STEP 03 执行操作后，即可消除文字中的锯齿，效果如图7-12所示。

图7-12 消除文字中的锯齿

技巧点拨

在Flash CC工作界面中，用户按【Ctrl+Alt+Shift+T】组合键，也可以快速执行“消除文字锯齿”命令。

实战 207 显示整个动画图形

▶ 实例位置：光盘\效果\第7章\小红帽兄弟.fla
▶ 素材位置：光盘\素材\第7章\小红帽兄弟.fla
▶ 视频位置：光盘\视频\第7章\实战207.mp4

• 实例介绍 •

在Flash CC工作界面中，如果当前图形的预览模式是“轮廓”方式，此时使用“预览模式”菜单下的“整个”命令可以显示文档中的整个动画图形。

• 操作步骤 •

STEP 01 单击“文件”|“打开”命令，打开一个素材文件，如图7-13所示。

STEP 02 在菜单栏中，单击“视图”|“预览模式”|“整个”命令，如图7-14所示。

STEP 03 执行操作后，即可快速显示整个图形对象，效果如图7-15所示。

图7-13 打开一个素材文件

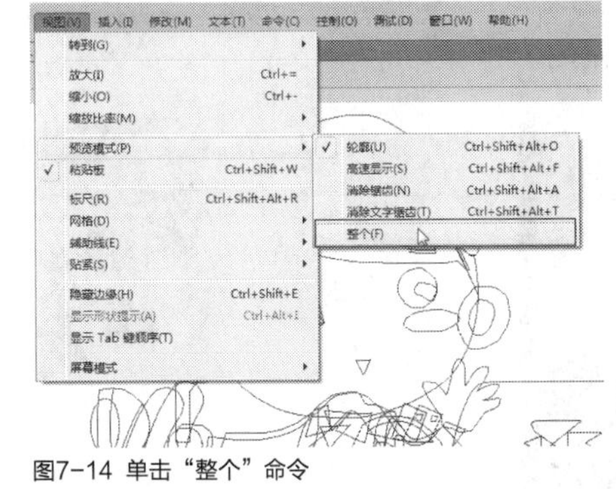

图7-14 单击“整个”命令

图7-15 显示整个图形对象

7.2 选择与移动图形

在Flash CC中，对图形对象的选择操作有多种方法，包括使用时间轴选择对象、选择单一的对象、选择矩形范围内的对象、添加选择区域和修改选择区域等，本节介绍选择与移动图形的方法。

实战 208 直接选择图形对象

▶ 实例位置：光盘\效果\第7章\人物.fla
▶ 素材位置：光盘\素材\第7章\人物.fla
▶ 视频位置：光盘\视频\第7章\实战208.mp4

• 实例介绍 •

在Flash CC中，运用选择工具可以快速在动画文档中选择图形对象，下面介绍直接选择图形对象的操作方法。

• 操作步骤 •

STEP 01 单击“文件”|“打开”命令，打开一个素材文件，如图7-16所示。

图7-16 打开素材文件

STEP 02 选取工具箱中的选择工具，将鼠标移至需要选择的图形对象上，如图7-17所示。

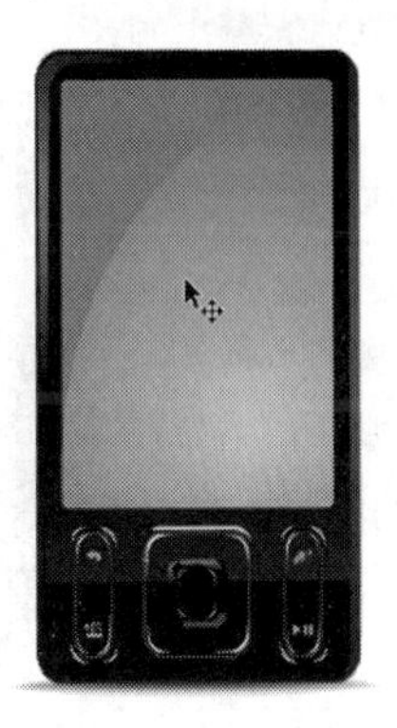

图7-17 移动鼠标的位置

STEP 03 单击鼠标左键，即可选择图形对象，如图7-18所示。

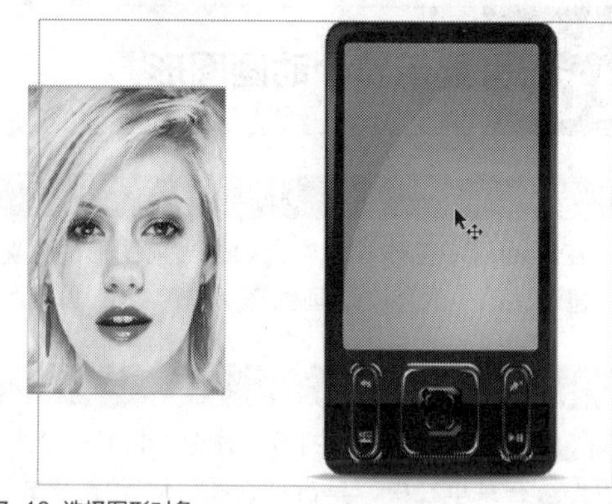
图7-18 选择图形对象

知识拓展

直接选择图形，是选择经过组合的图形，分离过的图形选中的是色块。

通常打开一张非.fla格式的图片是一个完整的图像，所以需要先分离图片再组合图片，组合后再进行选择就能选中你组合过的图像了。下面是这种情况的操作步骤，希望读者能够领悟。

单击“文件”|“打开”命令，打开一个.jpg格式的素材文件，如图7-19所示。选取工具箱中的选择工具，将鼠标移至已选择的图形对象上，单击鼠标左键，即可选择图形对象，如图7-20所示。

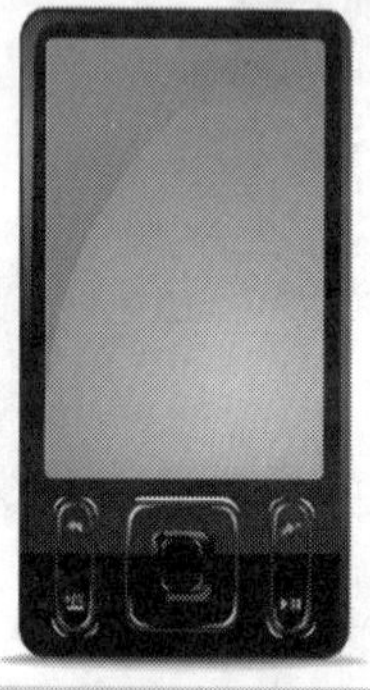
图7-19 打开.jpg格式的素材文件

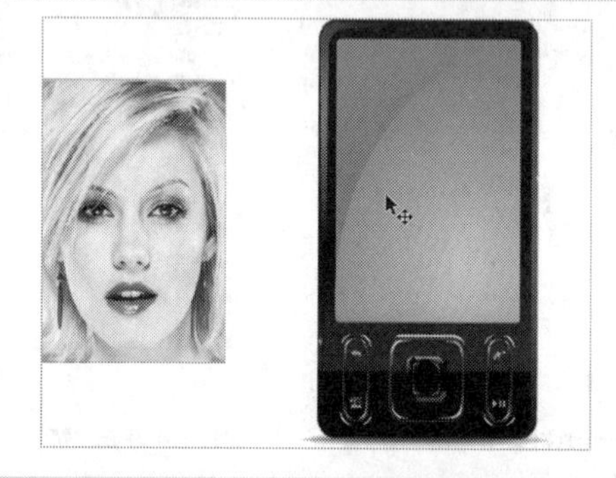
图7-20 选择图形对象

单击右键调出操作图像的对话框，如图7-21所示。鼠标左键选中分离，如图7-22所示。

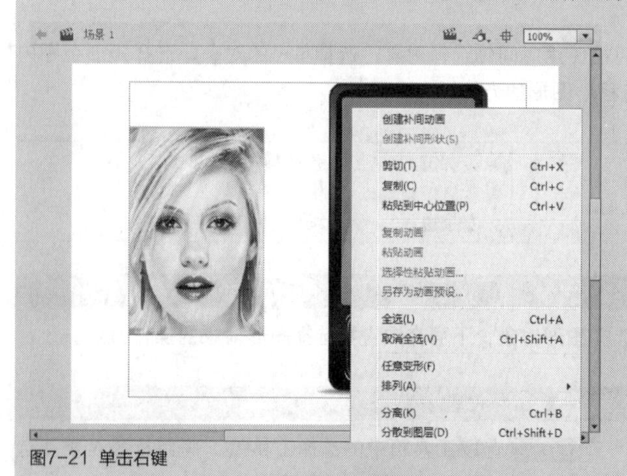
图7-21 单击右键

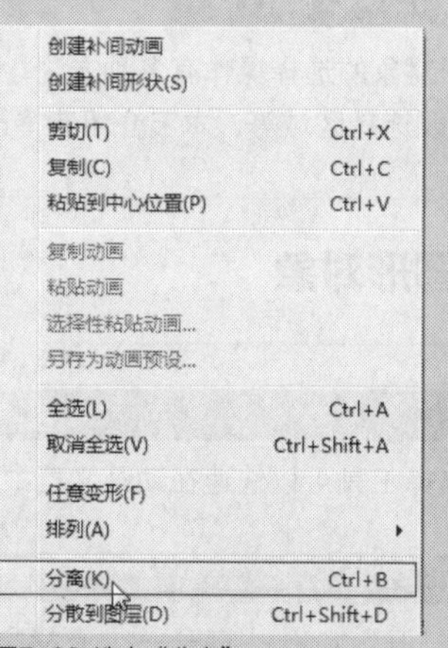

图7-22 选中“分离”

分离后图片显现为色块，如图7-23所示。鼠标左键单击图片外的空白处，如图7-24所示。

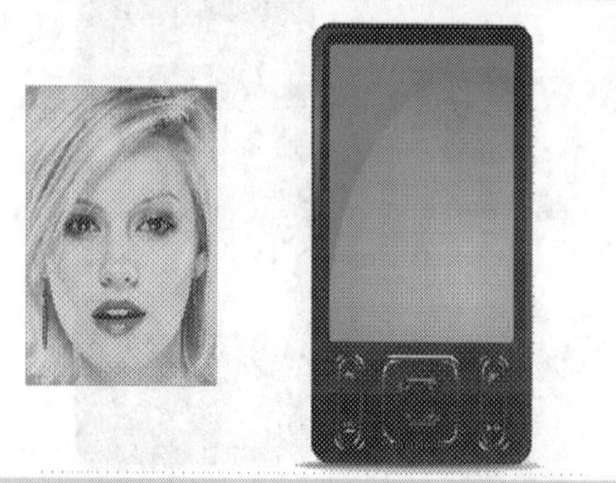
图7-23 图片显现为色块

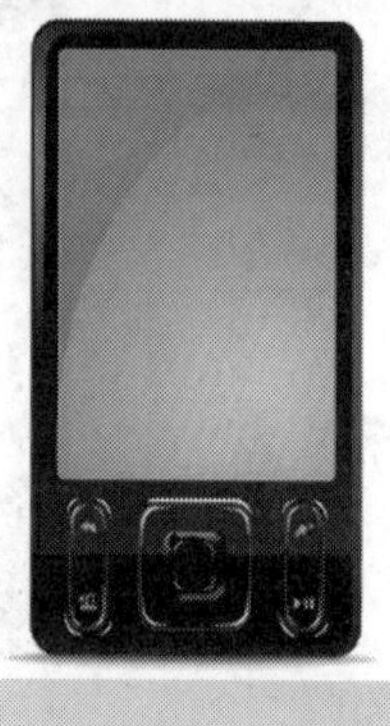
图7-24 单击空白处

选取工具箱中的选择工具，将鼠标移至要选择的图形对象上，单击鼠标左键，即可选择图形对象，即整个色块对象，如图7-25所示。

【Ctrl + G】键组合，将舞台中的所有图形进行组合，即选择组合图形，如图7-26所示。

图7-25 选择图形对象

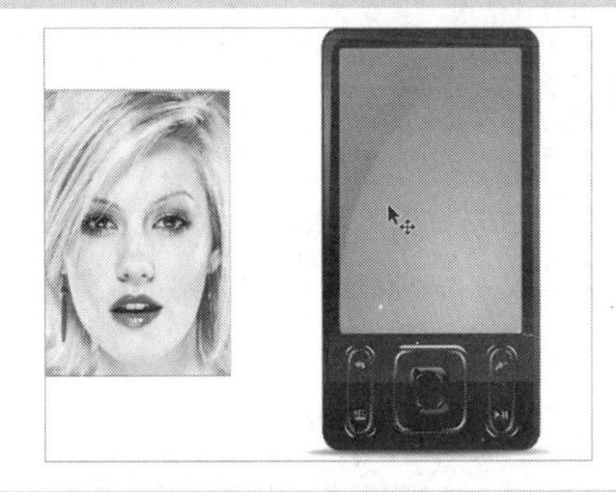

图7-26 组合结果

实战 209 使用时间轴选择对象

▶实例位置：光盘\效果\第7章\秋月.fla
▶素材位置：光盘\素材\第7章\秋月.fla
▶视频位置：光盘\视频\第7章\实战209.mp4

• 实例介绍 •

在Flash CC中，使用时间轴选择对象，可选择当前图层上的所有对象。下面向读者介绍使用时间轴选择对象的操作方法。

• 操作步骤 •

STEP 01 选择“文件”|“打开”命令，打开一个素材文件，如图7-27所示。

图7-27 打开一个素材文件

STEP 02 在“时间轴”面板中，选择“图层2”的第1帧，如图7-28所示。

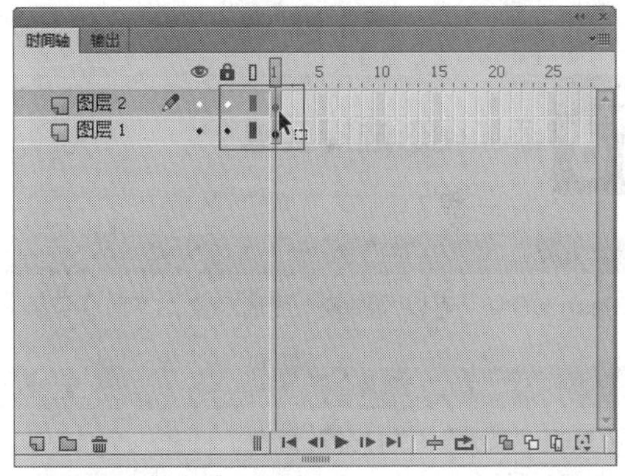

图7-28 选择“图层2”的第1帧

STEP 03 执行操作后，即可选择当前图层第1帧上的所有图形对象，被选中的图形对象周围显示方框，如图7-29所示。

图7-29 选中操作对象

知识拓展

在该实例中，用户也可以在“时间轴”面板中，选择“图层2”图层名称，如图7-30所示。在该图层被选中的情况下，整个图层中的图形对象都将被选中。

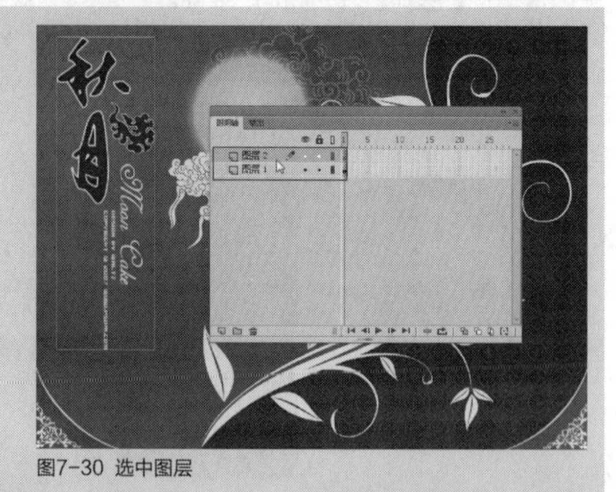

图7-30 选中图层

在舞台中，用户还可以通过拖曳鼠标的方式，框选需要的多个图形对象。只需在图形上单击鼠标左键并拖曳，显示一个矩形框，如图7-31所示。释放鼠标左键，矩形框中的所有图形对象均会被选中，如图7-32所示。

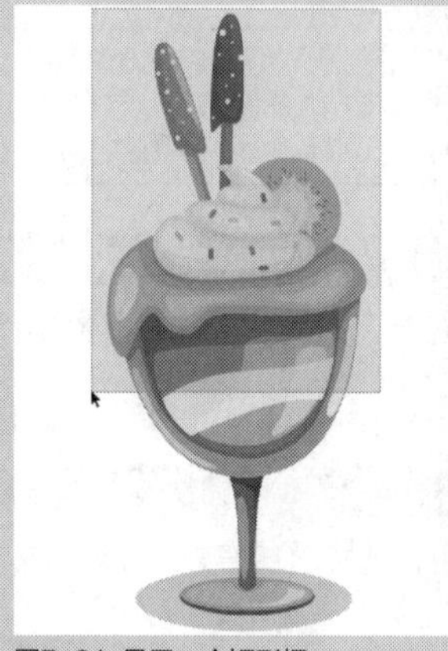

图7-31 显示一个矩形框

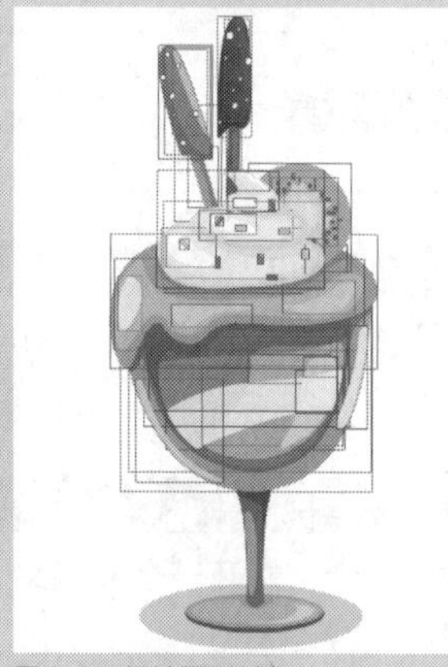

图7-32 框选图形对象

实战 210 添加图形选择区域

▶ 实例位置：光盘\效果\第7章\红樱桃.fla
▶ 素材位置：光盘\素材\第7章\红樱桃.fla
▶ 视频位置：光盘\视频\第7章\实战210.mp4

• 实例介绍 •

在Flash CC中，可以添加多个图形对象，下面介绍添加选择区域的操作方法。

• 操作步骤 •

STEP 01 单击“文件”|“打开”命令，打开一个素材文件，如图7-33所示。

图7-33 打开一个素材文件

STEP 02 选取工具箱中的选择工具，选择舞台中的图形对象，效果如图7-34所示。

图7-34 选择图形对象

STEP 03 按住【Shift】键的同时，运用选择工具在舞台中选择其他的图形对象，即可添加选择区域，如图7-35所示。

STEP 04 在舞台中，查看图形的最终选择效果，如图7-36所示。

图7-35 添加选择区域

图7-36 查看最终选择效果

实战 211 修改图形选择区域

▶实例位置：光盘\效果\第7章\可爱的小鸡.fla
▶素材位置：光盘\素材\第7章\可爱的小鸡.fla
▶视频位置：光盘\视频\第7章\实战211.mp4

• 实例介绍 •

在Flash CC中，可以对于已经选择的区域进行修改，下面介绍修改选择区域的操作方法。

• 操作步骤 •

STEP 01 单击“文件”|“打开”命令，打开一个素材文件，如图7-37所示。

STEP 02 按住【Shift】键的同时，运用选择工具选择需要选择的图形，如图7-38所示。

图7-37 打开一个素材文件

图7-38 选择相应图形

STEP 03 按住【Shift】键的同时，运用选择工具选择不需要选择的图形，即可修改选择区域，如图7-39所示。

STEP 04 最终选择图形结果，如图7-40所示。

图7-39 选择不需要的图形

图7-40 选择图形结果

实战 212 使用选择工具移动对象

▶ 实例位置：光盘\效果\第7章\红酒.fla
▶ 素材位置：光盘\素材\第7章\红酒.fla
▶ 视频位置：光盘\视频\第7章\实战212.mp4

• 实例介绍 •

在Flash CC中，选择工具不仅可以用来选择图形，还可以用来移动图形对象，下面介绍使用选择工具移动图形对象的操作方法。

• 操作步骤 •

STEP 01 单击“文件”|“打开”命令，打开一个素材文件，如图7-41所示。

图7-41 打开一个素材文件

STEP 02 选取工具箱中的选择工具，选择需要移动的图形对象，如图7-42所示。

图7-42 选择图形对象

STEP 03 单击鼠标左键并向右拖曳，至舞台区的适当位置，释放鼠标左键，即可移动对象，效果如图7-43所示。

图7-43 移动对象

STEP 04 调整到合适位置即可，效果如图7-44所示。

图7-44 调整到合适的位置

实战 213 使用键盘方向键移动对象

▶ 实例位置：光盘\效果\第7章\约会.fla
▶ 素材位置：光盘\素材\第7章\约会.fla
▶ 视频位置：光盘\视频\第7章\实战213.mp4

• 实例介绍 •

不仅可以运用鼠标拖曳的方式来移动对象，还可以运用键盘上的方向键来移动对象，下面介绍使用方向键移动对象的操作方法。

• 操作步骤 •

STEP 01 单击“文件”|“打开”命令，打开一个素材文件，如图7-45所示。

STEP 02 选取工具箱中的选择工具，选择需要移动的图形对象，如图7-46所示。

图7-45 打开一个素材文件

图7-46 选择图形对象

STEP 03 多次按键盘上的向左方向键，被选择的图形对象将以像素为单位按照方向键的方向进行移动，如图7-47所示。

STEP 04 移动到合适位置，效果如图7-48所示。

图7-47 移动对象

图7-48 移动到合适位置

实战 214 使用“属性”面板移动对象

▶实例位置：光盘\效果\第7章\太阳.fla
▶素材位置：光盘\素材\第7章\太阳.fla
▶视频位置：光盘\视频\第7章\实战214.mp4

• 实例介绍 •

在Flash CC中，可以使用“属性”面板对图形对象进行移动，下面介绍使用“属性”面板移动对象的操作方法。

• 操作步骤 •

STEP 01 单击“文件”|“打开”命令，打开一个素材文件，如图7-49所示。

STEP 02 选取工具箱中的选择工具，选择需要移动的图形对象，如图7-50所示。

图7-49 打开一个素材文件

图7-50 选择图形对象

STEP 03 在“属性”面板的“位置和大小”选项区中，设置Y为100，按【Enter】键确认，即可移动图形对象，如图7-51所示。

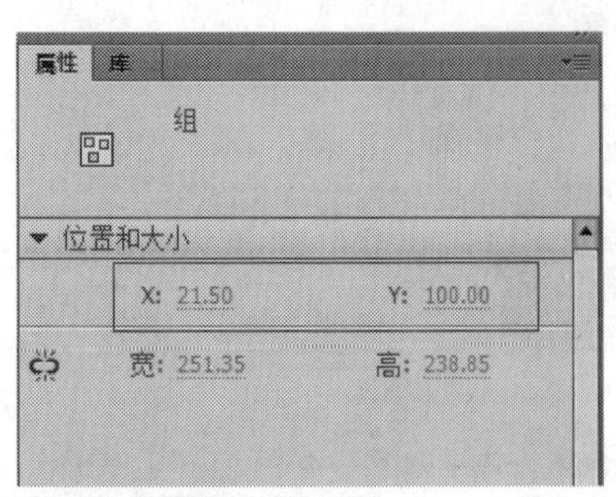

图7-51 设置图形的显示位置

STEP 04 查看移动结果，效果如图7-52所示。

图7-52 查看移动结果

实战215 使用“信息”面板移动对象

▶实例位置：光盘\效果\第7章\圣诞女郎.fla
▶素材位置：光盘\素材\第7章\圣诞女郎.fla
▶视频位置：光盘\视频\第7章\实战215.mp4

• 实例介绍 •

在Flash CC工作界面中，“信息”面板显示的是图像的具体信息、宽高及坐标等。下面向读者介绍使用“信息”面板移动图形对象的操作方法。

• 操作步骤 •

STEP 01 单击“文件”|“打开”命令，打开一个素材文件，如图7-53所示。

图7-53 打开一个素材文件

STEP 02 选取工具箱中的选择工具，选择需要移动的图形对象，如图7-54所示。

图7-54 选择需要移动的图形对象

STEP 03 在菜单栏中，单击“窗口”|“信息”命令，如图7-55所示。

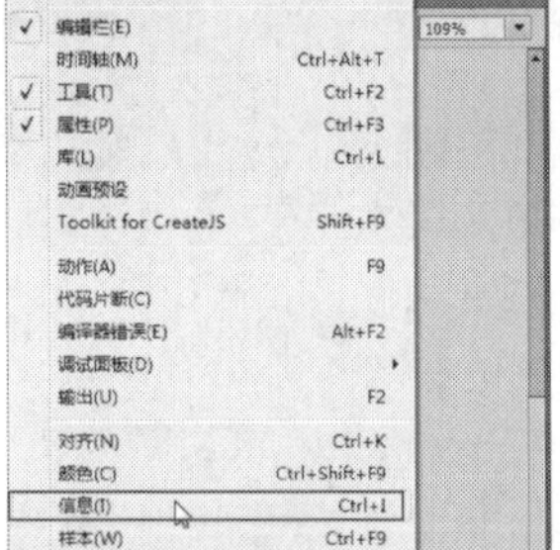

图7-55 单击“信息”命令

STEP 04 打开“信息”面板，在其中设置X为129.6、Y为200.9，如图7-56所示。

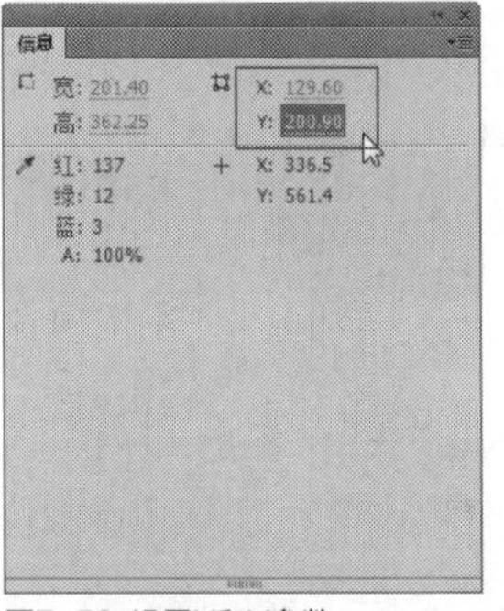

图7-56 设置X和Y参数

STEP 05 执行操作后，即可更改舞台中选择的图形对象的显示位置，如图7-57所示。

图7-57 更改图形显示位置

STEP 06 退出图形编辑状态，在舞台中查看移动图形对象后的效果，如图7-58所示。

图7-58 查看移动图形后的效果

技巧点拨

在Flash CC工作界面中，用户还可以通过以下两种方法打开“信息”面板。

➢ 按【Ctrl＋I】组合键，可以打开“信息”面板。

➢ 单击“窗口”菜单，在弹出的菜单列表中按【I】键，也可以快速打开“信息”面板。

7.3 图形对象的基本操作

在Flash CC工作界面中，提供了多种方法对舞台上的图形对象进行操作，包括剪切对象、删除对象、复制对象、再制对象、粘贴对象、组合对象以及分离对象等。下面分别向读者进行简单的介绍，希望读者熟练掌握本节内容。

实战 216 剪切对象

▶ 实例位置：光盘\效果\第7章\雪人.fla

▶ 素材位置：光盘\素材\第7章\雪人.fla

▶ 视频位置：光盘\视频\第7章\实战216.mp4

• 实例介绍 •

在Flash CC工作界面中制作动画效果时，要复制粘贴对象之前，首先应该剪切相应的对象，才能进行粘贴的操作。运用“剪切对象”功能，还可以将舞台中不需要的图形对象进行间接删除。下面向读者介绍剪切图形对象的操作方法。

• 操作步骤 •

STEP 01 单击“文件”|“打开”命令，打开一个素材文件，如图7-59所示。

图7-59 打开一个素材文件

STEP 02 选取工具箱中的选择工具，在舞台中选择需要剪切的图形对象，这里选择雪人中的树枝，如图7-60所示。

图7-60 选择需要剪切的图形对象

STEP 03 在菜单栏中，单击“编辑”菜单，在弹出的菜单列表中单击“剪切”命令，如图7-61所示。

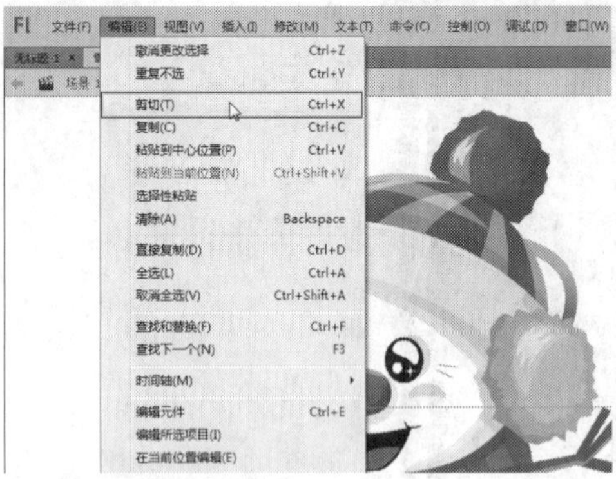

图7-61 单击“剪切”命令

STEP 04 用户还可以在舞台中需要剪切的图形对象上，单击鼠标右键，在弹出的快捷菜单中选择“剪切”选项，如图7-62所示。

图7-62 选择“剪切”选项

STEP 05 执行操作后，即可剪切舞台中选择的图形对象，效果如图7-63所示。

图7-63 剪切选择的图形对象

技巧点拨

在Flash CC工作界面中，用户还可以通过以下两种方法执行“剪切”命令。

➢ 按【Ctrl＋X】组合键，执行“剪切”命令。

➢ 单击“窗口”菜单，在弹出的菜单列表中按【T】键，也可以快速执行“剪切”命令。

实战217 删除对象

▶ 实例位置：光盘\效果\第7章\珠宝箱.fla
▶ 素材位置：光盘\素材\第7章\珠宝箱.fla
▶ 视频位置：光盘\视频\第7章\实战217.mp4

• 实例介绍 •

在Flash CC工作界面中制作动画效果时，用户有时可能需要删除多余的图形对象。下面向读者介绍删除图形的操作方法。

• 操作步骤 •

STEP 01 单击“文件”|“打开”命令，打开一个素材文件，如图7-64所示。

图7-64 打开一个素材文件

STEP 02 选取工具箱中的选择工具，在舞台中选择需要删除的图形对象，如图7-65所示。

图7-65 选择需要删除的图形对象

STEP 03 在菜单栏中，单击“编辑”|“清除”命令，如图7-66所示。

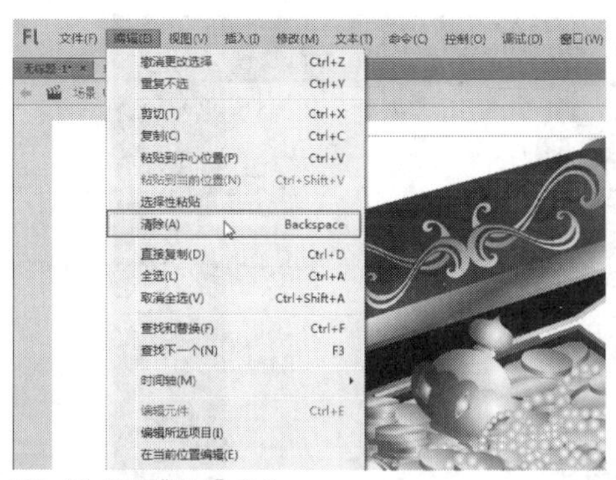

图7-66 单击“清除”命令

STEP 04 用户还可以在时间轴面板中，选择需要删除图形的所在帧，在关键帧上单击鼠标右键，在弹出的快捷菜单中选择“清除帧”选项，如图7-67所示。

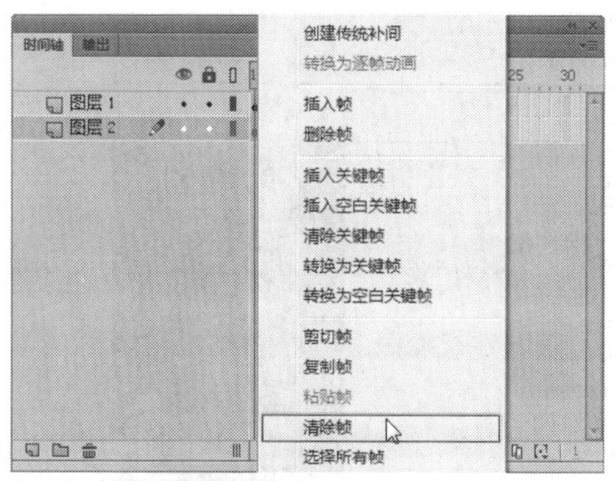

图7-67 选择“清除帧”选项

STEP 05 执行操作后，即可删除选择的图形对象，效果如图7-68所示。

图7-68 删除选择的图形对象效果

实战 218 复制对象

▶实例位置：光盘\效果\第7章\钻石情缘.fla
▶素材位置：光盘\素材\第7章\钻石情缘.fla
▶视频位置：光盘\视频\第7章\实战218.mp4

• 实例介绍 •

在Flash CC工作界面中制作动画效果时，用户有时可能需要用到同样的图形对象，这时就可以通过复制图形来对图形对象进行编辑。

• 操作步骤 •

STEP 01 单击“文件”|“打开”命令，打开一个素材文件，如图7-69所示。

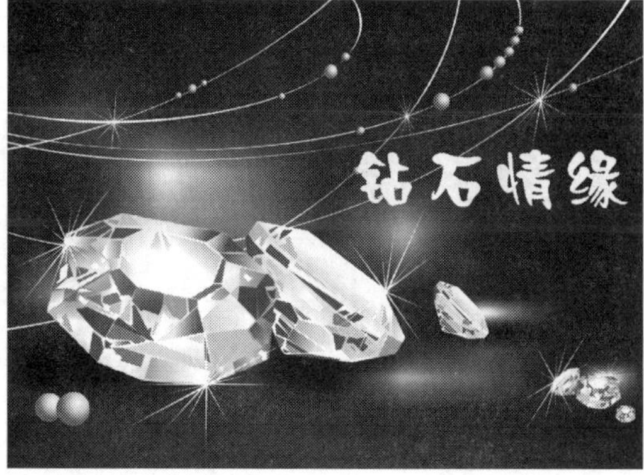

图7-69 打开一个素材文件

STEP 02 选取工具箱中的选择工具，在舞台中选择需要复制的图形对象，这里选择“钻石情缘”图形对象，如图7-70所示。

图7-70 选择需要复制的图形对象

STEP 03 在菜单栏中，单击“编辑”菜单，在弹出的菜单列表中单击“复制”命令，如图7-71所示。

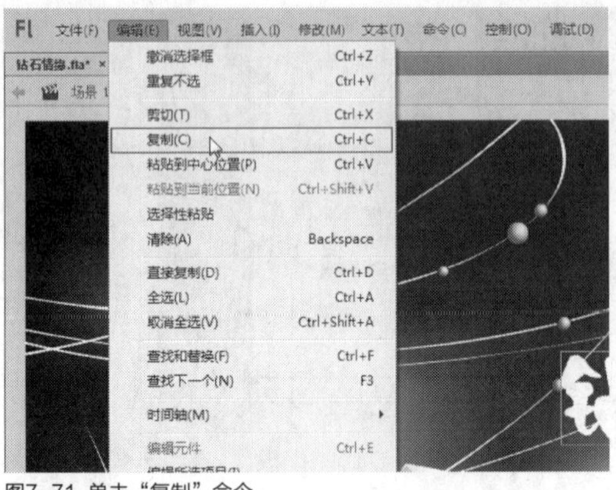

图7-71 单击“复制”命令

STEP 04 用户还可以在舞台中需要复制的图形对象上，单击鼠标右键，在弹出的快捷菜单中选择“复制”选项，如图7-72所示，即可复制图形对象。

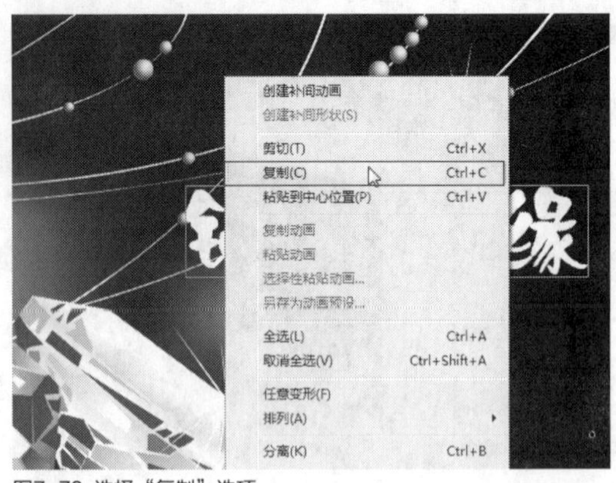

图7-72 选择“复制”选项

STEP 05 在菜单栏中，单击“编辑”菜单，在弹出的菜单列表中单击“粘贴到中心位置”命令，如图7-73所示。

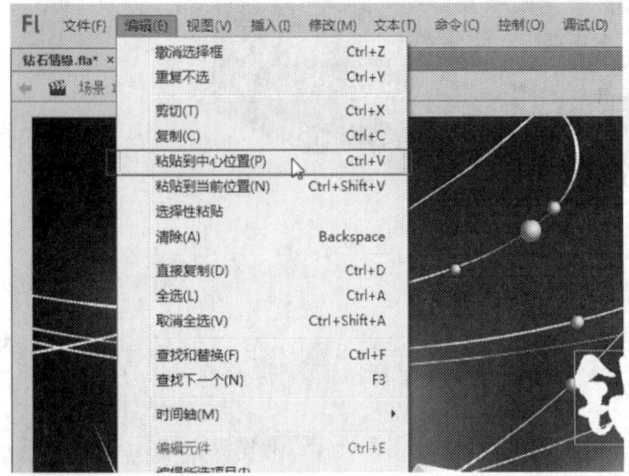

图7-73 单击“粘贴到中心位置”命令

STEP 06 用户还可以在舞台中的空白位置上，单击鼠标右键，在弹出的快捷菜单中选择“粘贴到中心位置”选项，如图7-74所示。

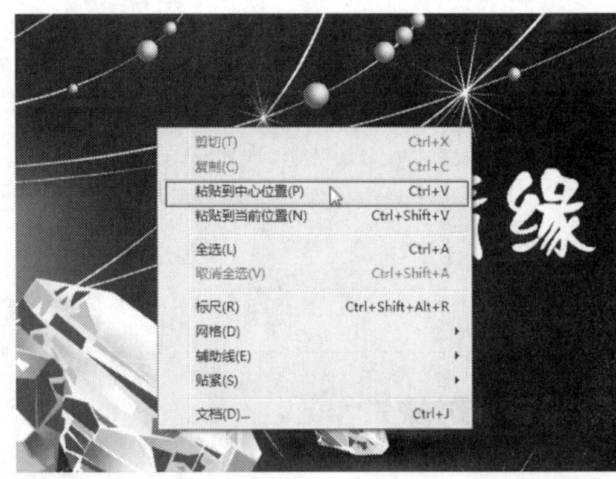

图7-74 选择“粘贴到中心位置”选项

STEP 07 执行操作后，即可将复制的图形对象粘贴到舞台的中心位置，如图7-75所示。

图7-75 粘贴到舞台的中心位置

STEP 08 选取工具箱中的移动工具，将复制的图形对象移至舞台中的右上角位置，效果如图7-76所示。

图7-76 移动图形对象后的效果

技巧点拨

在Flash CC工作界面中，用户还可以通过以下两种方法执行“复制”命令。

- 按【Ctrl＋C】组合键，执行“复制”命令。
- 单击“窗口”菜单，在弹出的菜单列表中按【C】键，也可以快速执行“复制”命令。

技巧点拨

在Flash CC工作界面中，用户还可以通过以下两种方法执行“粘贴到中心位置”命令。

- 按【Ctrl + V】组合键，执行“粘贴到中心位置”命令。
- 单击“窗口”菜单，在弹出的菜单列表中按【P】键，也可以快速执行“粘贴到中心位置”命令。

实战 219 再制对象

- 实例位置：光盘\效果\第7章\足球.fla
- 素材位置：光盘\素材\第7章\足球.fla
- 视频位置：光盘\视频\第7章\实战219.mp4

• 实例介绍 •

在Flash CC工作界面中，通过“直接复制”命令，可以直接对舞台中的图形对象进行再制操作。下面向读者介绍再制图形对象的操作方法。

• 操作步骤 •

STEP 01 单击“文件”|“打开”命令，打开一个素材文件，如图7-77所示。

图7-77 打开一个素材文件

STEP 02 选取工具箱中的选择工具，在舞台中选择需要再制的图形对象，这里选择上方的小足球图形，如图7-78所示。

图7-78 选择需要再制的图形对象

STEP 03 在菜单栏中，单击“编辑”菜单，在弹出的菜单列表中单击“直接复制”命令，如图7-79所示。

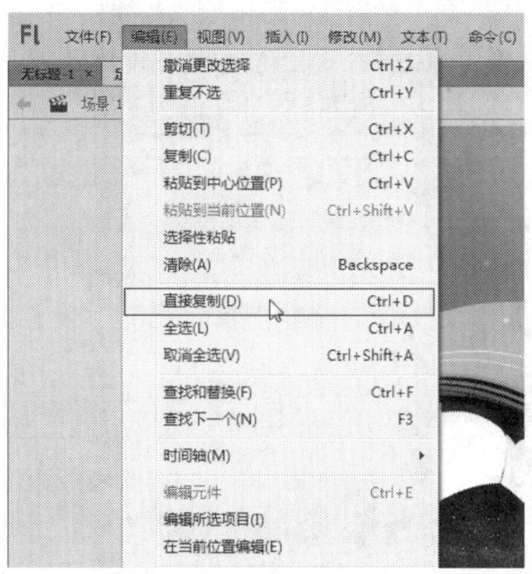

图7-79 单击“直接复制”命令

STEP 04 执行操作后，即可在舞台中对图形对象进行再制操作，如图7-80所示。

图7-80 对图形对象进行再制操作

STEP 05 在Flash中多次执行“直接复制”命令，对图形进行多次再制操作，效果如图7-81所示。

图7-81 对图形进行多次再制操作

技巧点拨

在Flash CC工作界面中，用户还可以通过以下两种方法执行“直接复制”命令。

- 按【Ctrl＋D】组合键，执行“直接复制”命令。
- 单击“窗口”菜单，在弹出的菜单列表中按【D】键，也可以快速执行“直接复制”命令。

实战220 粘贴对象到当前位置

- 实例位置：光盘\效果\第7章\小树.fla
- 素材位置：光盘\素材\第7章\小树.fla
- 视频位置：光盘\视频\第7章\实战220.mp4

• 实例介绍 •

在Flash CC工作界面中，用户在舞台中选择需要粘贴的图形对象后，通过“粘贴到当前位置”命令，也可以快速将对象粘贴到舞台中的当前位置。

• 操作步骤 •

STEP 01 单击“文件”|“打开”命令，打开一个素材文件，如图7-82所示。

STEP 02 选取工具箱中的选择工具，在舞台中选择相应图形对象，如图7-83所示。

图7-82 打开一个素材文件

图7-83 选择相应图形对象

STEP 03 在菜单栏中，单击“编辑”菜单，在弹出的菜单列表中单击“复制”命令，如图7-84所示，复制图形对象。

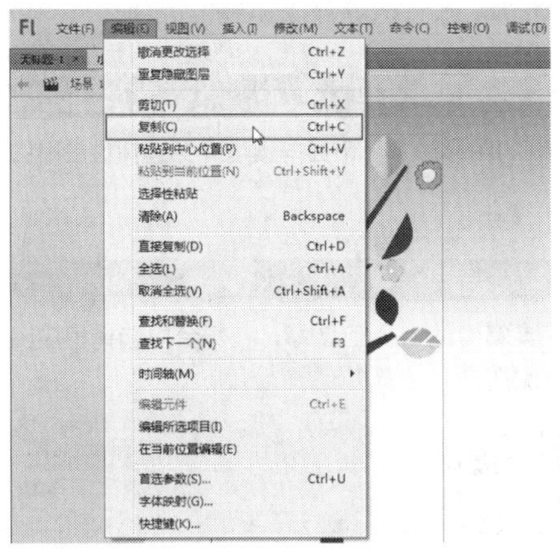

图7-84 单击“复制”命令

STEP 04 在菜单栏中，单击“编辑”菜单，在弹出的菜单列表中单击“粘贴到当前位置”命令，如图7-85所示。

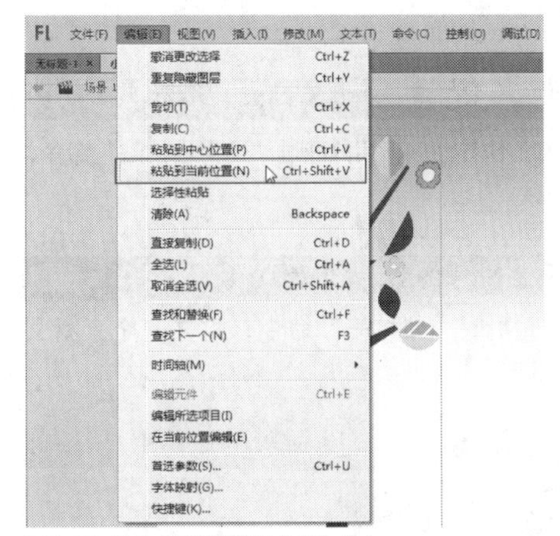

图7-85 单击“粘贴到当前位置”命令

技巧点拨

在Flash CC工作界面中，用户还可以通过以下两种方法执行“粘贴到当前位置”命令。

➢ 按【Ctrl + Shift + V】组合键，执行“粘贴到当前位置”命令。

➢ 单击“窗口”菜单，在弹出的菜单列表中按【N】、【Enter】键，也可以快速执行“粘贴到当前位置”命令。

STEP 05 用户还可以在舞台中的空白位置上，单击鼠标右键，在弹出的快捷菜单中选择“粘贴到当前位置”选项，如图7-86所示。

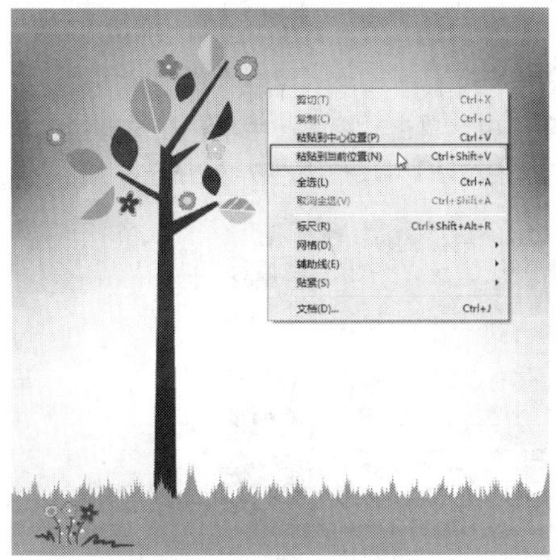

图7-86 选择“粘贴到当前位置”选项

STEP 06 执行操作后，即可将选择的图形对象粘贴至舞台中的当前位置，使用移动工具移动图形的位置，效果如图7-87所示。

图7-87 移动图形的位置

STEP 07 用与上同样的方法，在舞台中通过“粘贴到当前位置”命令复制多个图形对象，并调整其大小和位置，效果如图7-88所示。

图7-88 复制多个图形对象的效果

实战221 选择性粘贴对象

▶实例位置：光盘\效果\第7章\榨汁机.fla
▶素材位置：光盘\素材\第7章\榨汁机.fla
▶视频位置：光盘\视频\第7章\实战221.mp4

• 实例介绍 •

在Flash CC工作界面中，用户通过“选择性粘贴”命令，可以选择性粘贴复制的图形对象。下面向读者介绍选择性粘贴图形对象的操作方法。

• 操作步骤 •

STEP 01 单击“文件”|“打开”命令，打开一个素材文件，如图7-89所示。

图7-89 打开一个素材文件

STEP 02 选取工具箱中的选择工具，在舞台中选择相应图形对象，如图7-90所示。

图7-90 选择相应图形对象

STEP 03 在菜单栏中，单击“编辑”菜单，在弹出的菜单列表中单击“复制”命令，如图7-91所示，复制图形对象。

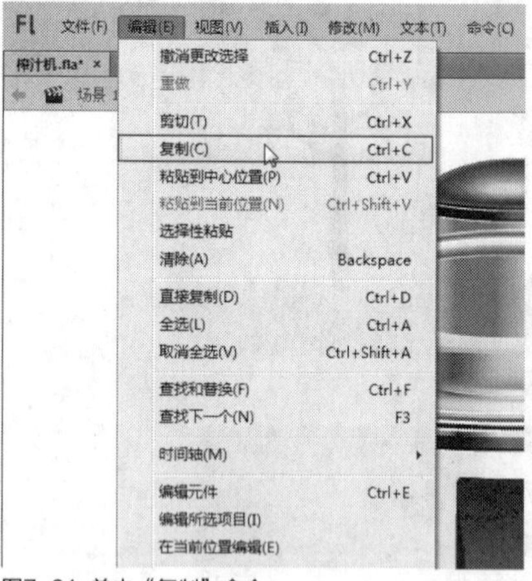

图7-91 单击“复制”命令

STEP 04 在菜单栏中，单击“编辑”菜单，在弹出的菜单列表中单击“选择性粘贴”命令，如图7-92所示。

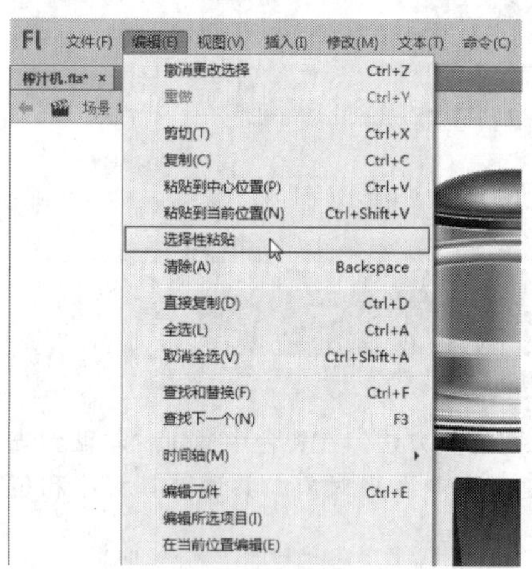

图7-92 单击“选择性粘贴”命令

STEP 05 执行操作后，弹出“选择性粘贴”对话框，在其中选择相应选项，如图7-93所示。

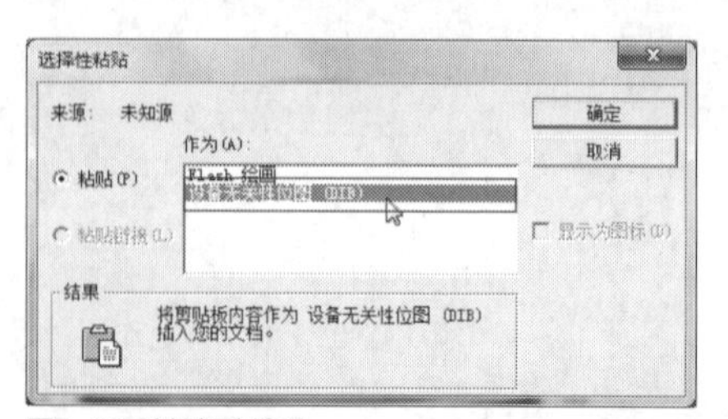

图7-93 选择相应选项

STEP 06 单击“确定”按钮，即可将图形对象粘贴成一幅位图图像，如图7-94所示。

图7-94 粘贴成一幅位图图像

STEP 07 使用移动工具，调整位图图像在舞台中的摆放位置，效果如图7-95所示。

图7-95 调整图像摆放位置

实战 222 组合对象

▶实例位置：光盘\效果\第7章\小鸡仔.fla
▶素材位置：光盘\素材\第7章\小鸡仔.fla
▶视频位置：光盘\视频\第7章\实战222.mp4

• 实例介绍 •

在Flash CC中，用户可以对舞台上的图形对象进行组合。在Flash CC中，用户可以使用以下两种方法组合图形对象。

• 操作步骤 •

STEP 01 单击“文件”|“打开”命令，打开一个素材文件，如图7-96所示。

图7-96 打开一个素材文件

STEP 02 选取工具箱中的选择工具，在舞台中选择需要组合的图形对象，如图7-97所示。

图7-97 选中要组合的图像

STEP 03 在菜单栏中，单击“修改”|“组合”命令，如图7-98所示。

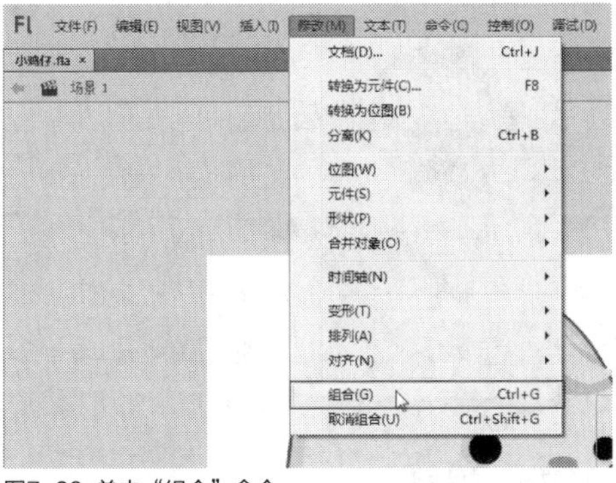

图7-98 单击“组合”命令

STEP 04 执行操作后，即可将选择的图形对象进行组合操作，效果如图7-99所示。

图7-99 组合效果

知识拓展

快捷键：按【Ctrl+G】组合键，可以将选择的图形对象进行组合。如图7-100所示，为组合对象的前后对比效果。

图7-100 组合对象的前后对比效果

需要组合的图形对象可以是矢量图形、其他组合对象、元件实例或文本块等。组合后的图形对象能够被一起移动、复制、缩放和旋转等，这样可以节省编辑的时间。

实战223 取消组合对象

▶实例位置：光盘\效果\第7章\躺椅.fla
▶素材位置：光盘\素材\第7章\躺椅.fla
▶视频位置：光盘\视频\第7章\实战223.mp4

• 实例介绍 •

在Flash CC工作界面中，当用户需要编辑组合中的某个单独图形时，需要对图形进行解组操作。下面向读者介绍取消组合对象的操作方法。

• 操作步骤 •

STEP 01 单击“文件”|“打开”命令，打开一个素材文件，如图7-101所示。

图7-101 打开一个素材文件

STEP 02 选取工具箱中的选择工具，选择舞台中已经组合的图形对象，如图7-102所示。

图7-102 选择已经组合的图形对象

STEP 03 在菜单栏中，单击“修改”菜单，在弹出的菜单列表中单击“取消组合”命令，如图7-103所示。

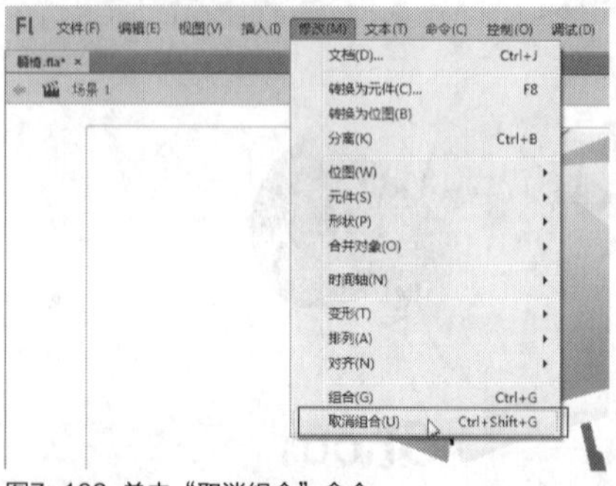

图7-103 单击“取消组合”命令

STEP 04 执行操作后，即可对图形对象进行取消组合操作，被取消组合的图形将变为单个图形对象，如图7-104所示。

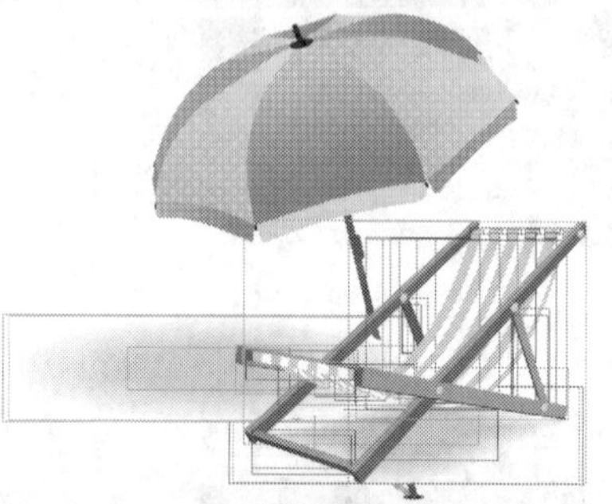

图7-104 对图形对象进行取消组合操作

技巧点拨

在Flash CC工作界面中，用户还可以通过以下两种方法执行“取消组合”命令。

➢ 按【Ctrl＋Shift＋G】组合键，执行“取消组合”命令。

➢ 单击“修改”菜单，在弹出的菜单列表中按【U】键，也可以快速执行“取消组合”命令。

实战 224　分离图形对象

▶ 实例位置：光盘\效果\第7章\礼物.fla

▶ 素材位置：光盘\素材\第7章\礼物.fla

▶ 视频位置：光盘\视频\第7章\实战224.mp4

● 实例介绍 ●

在Flash CC工作界面中，用户将矢量图形添加到文档后，使用“分离”命令，可以对图形进行分离操作。下面向读者介绍分离图形对象的操作方法。

● 操作步骤 ●

STEP 01 单击“文件”|“打开”命令，打开一个素材文件，如图7-105所示。

图7-105 打开一个素材文件

STEP 02 选取工具箱中的选择工具，在舞台工作区中选择需要进行分离操作的图形对象，如图7-106所示。

图7-106 选择需要分离的图形对象

STEP 03 在菜单栏中，单击“修改”菜单，在弹出的菜单列表中单击“分离”命令，如图7-107所示。

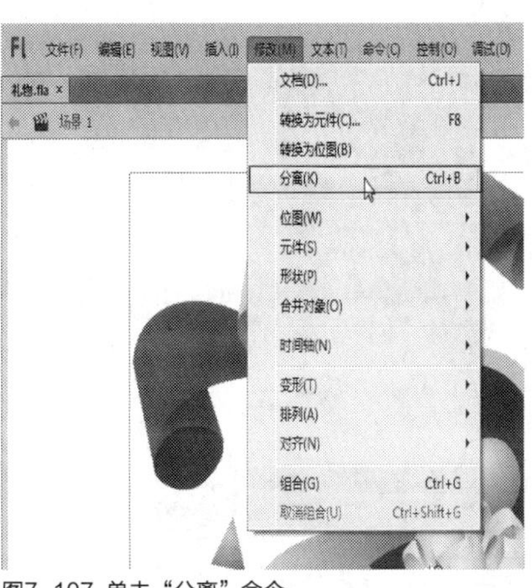

图7-107 单击“分离”命令

STEP 04 用户还可以在舞台中需要分离的图形对象上，单击鼠标右键，在弹出的快捷菜单中选择“分离”选项，如图7-108所示。

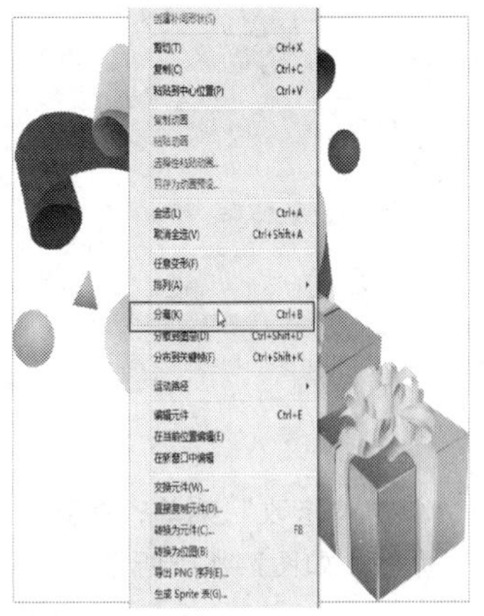

图7-108 选择“分离”选项

技巧点拨

在Flash CC工作界面中，用户还可以通过以下两种方法执行“分离”命令。

➢ 按【Ctrl＋B】组合键，执行“分离”命令。

➢ 单击“修改”菜单，在弹出的菜单列表中按【K】键，也可以快速执行“分离”命令。

STEP 05 对图形对象进行分离操作，被分离的图形将变成色块对象，如图7-109所示。

图7-109 分离图形操作

STEP 06 使用移动工具，可以单独选择舞台中被分离的某一个图形色块，如图7-110所示，完成图形的分离操作。

图7-110 选择分离的图形色块

实战 225 分离文本对象

- ▶实例位置：光盘\效果\第7章\菊花.fla
- ▶素材位置：光盘\素材\第7章\菊花.fla
- ▶视频位置：光盘\视频\第7章\实战225.mp4

• 实例介绍 •

在制作动画时，常常需要分离文本，将每个字符放在一个单独的文本块中，分离之后，即可快速地将文本块分散到各个层中，然后分别制作每个文本块的动画。用户还可以将文本块转换为组成的线条和填充，以执行改变形状、擦除和其他操作。如同其他形状一样，用户可以单独将这些转化后的字符分组，或将其更改为元件并制作为动画。将文本转换为线条填充后，将不能再次编辑。

• 操作步骤 •

STEP 01 单击“文件”|“打开”命令，打开一个素材文件，如图7-111所示。

图7-111 打开一个素材文件

STEP 02 选取工具箱中的选择工具，在舞台工作区中选择需要进行分离操作的文本对象，如图7-112所示。

图7-112 选择文本对象

STEP 03 在菜单栏中，单击“修改”菜单，在弹出的菜单列表中单击“分离”命令，如图7-113所示。

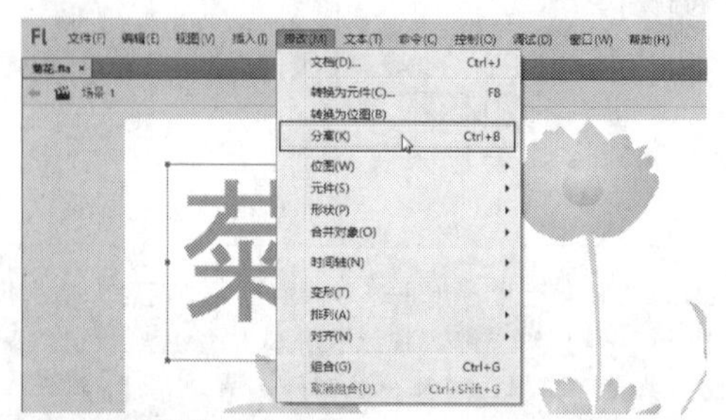

图7-113 单击“分离”命令

技巧点拨

在Flash CC工作界面中，当用户对文本对象进行分离操作后，将不可以再使用文本工具对文本的内容进行修改，因为被完全分离后的文本已经变成了图形对象。

STEP 04 执行操作后，即可对文本对象进行分离操作，显示出单独的文本块，如图7-114所示。

图7-114　显示出单独的文本块

STEP 05 在菜单栏中，再次单击“修改”|“分离”命令，即可将舞台上的文本块转换为形状，效果如图7-115所示。

图7-115　将文本块转换为形状

技巧点拨

在Flash CC工作界面中，对选择的多项文本进行分离操作时，按一次【Ctrl＋B】组合键，只能将文本分离为单独的文本块；按两次【Ctrl＋B】组合键，可将文本块转换为形状，并对其进行图形应有的操作。

实战 226　切割图形对象

▶ 实例位置：光盘\效果\第7章\苹果.fla
▶ 素材位置：光盘\素材\第7章\苹果.fla
▶ 视频位置：光盘\视频\第7章\实战226.mp4

• 实例介绍 •

在Flash CC工作界面中，可以切割的对象有矢量图形、打碎的位图和文字，不包括群组对象。下面向读者介绍切割图形对象的操作方法。

• 操作步骤 •

STEP 01 单击“文件”|“打开”命令，打开一个素材文件，如图7-116所示。

图7-116　打开一个素材文件

STEP 02 在工具箱中，选取矩形工具，如图7-117所示。

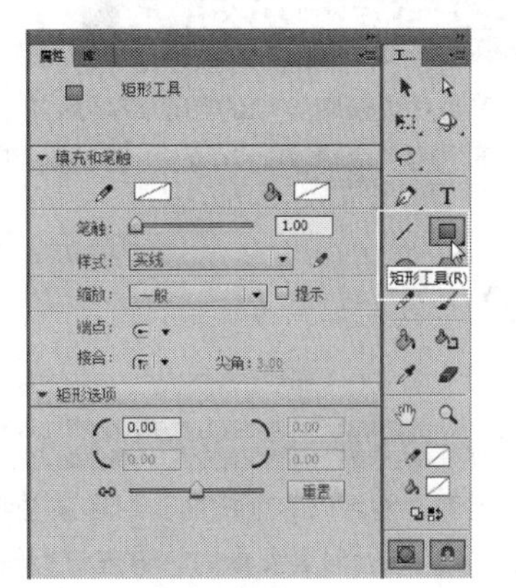

图7-117　选取矩形工具

STEP 03 在“属性”面板中，设置“笔触颜色”为无、“填充颜色”为绿色（#66FF00），如图7-118所示。

STEP 04 将鼠标移至舞台中的适当位置，单击鼠标左键并拖曳，即可绘制一个矩形图形，如图7-119所示。

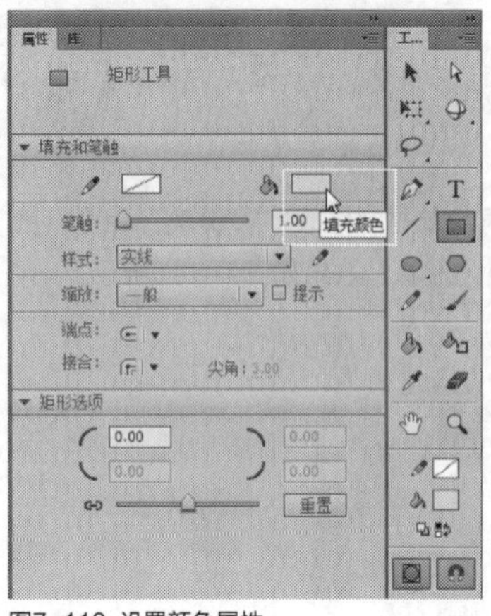

图7-118 设置颜色属性

图7-119 绘制一个矩形图形

STEP 05 选择绘制的矩形图形，单击“修改”|“分离”命令，对图形进行分离操作，如图7-120所示。

STEP 06 选择分离后的矩形图形对象，按【Delete】键进行删除操作，即可分割图形对象，效果如图7-121所示。

图7-120 对图形进行分离操作

图7-121 分割图形对象的效果

知识拓展

在Flash CC工作界面中，分割图形的操作主要是通过图形与图形在一起的叠加显示，用上一层的图形清除下一层的图形，制作出的图形分割效果。

7.4 变形与编辑图形对象

在制作动画时，常常需要对场景中绘制的图形或导入的图像进行各种变形操作。在Flash CC工作界面中，用户可以通过“修改”|“变形”菜单下的相关命令，对对象进行封套、缩放、旋转和倾斜等操作，对动画图形对象进行各种变形。

实战227 封套对象

▶实例位置：光盘\效果\第7章\笑起来.fla
▶素材位置：光盘\素材\第7章\笑起来.fla
▶视频位置：光盘\视频\第7章\实战227.mp4

• 实例介绍 •

在Flash CC中，使用封套功能可以弥补扭曲变形在某些细节部分无法照顾到的缺陷。进行封套变形的对象也是属于填充形式，所以其他形式的对象要进行封套变形时，需先进行转换或打散操作。

使用封套功能可以对对象进行细微的调整，此时将在对象周围出现一个封套变形控制框，通过拖动封套变形控制框上的控制点以及控制手柄，可以改变封套的形状，封套内的对象也随之改变。

● 操作步骤 ●

STEP 01 单击“文件”|“打开”命令，打开一幅已经分离的素材图像，如图7-122所示。

图7-122 打开素材图像

STEP 02 选取工具箱中的选择工具，在舞台中选择要进行封套变形的图形对象，如图7-123所示。

图7-123 选择相应图形对象

STEP 03 在菜单栏中，单击“修改”|“变形”|“封套”命令，如图7-124所示。

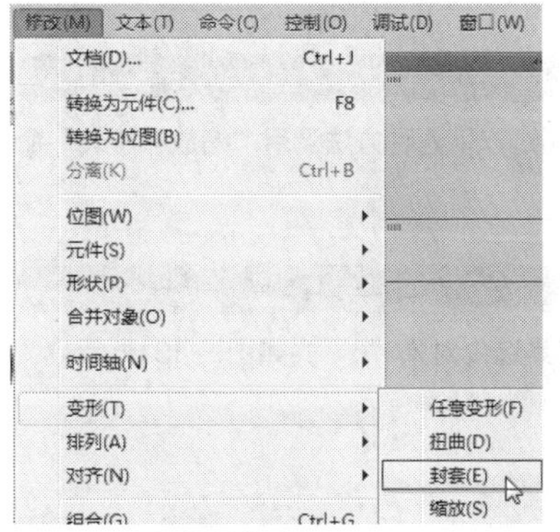

图7-124 单击“封套”命令

STEP 04 执行操作后，即可调出封套变形控制框，如图7-125所示。

图7-125 调出封套变形控制框

STEP 05 将鼠标指针移至圆形控制点处，单击鼠标左键并拖曳，如图7-126所示。

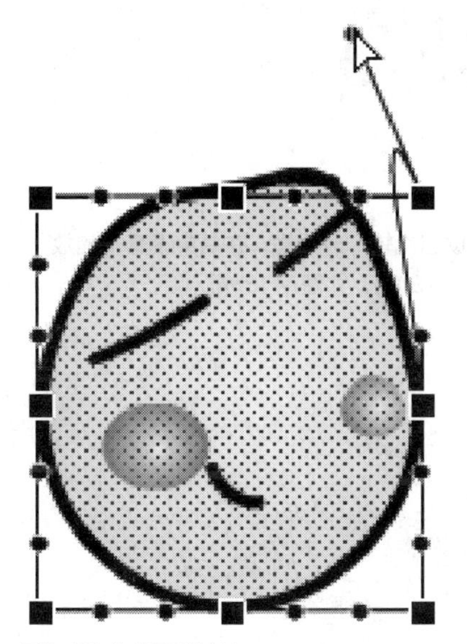

图7-126 拖曳圆形控制点

STEP 06 封套变形控制框呈S形状变形，效果如图7-127所示。

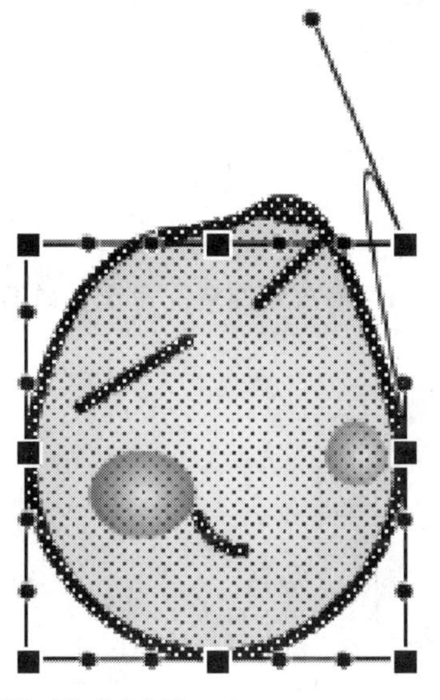

图7-127 拖曳效果

STEP 07 将鼠标移至方形控制点处，单击鼠标左键并拖曳，如图7-128所示。

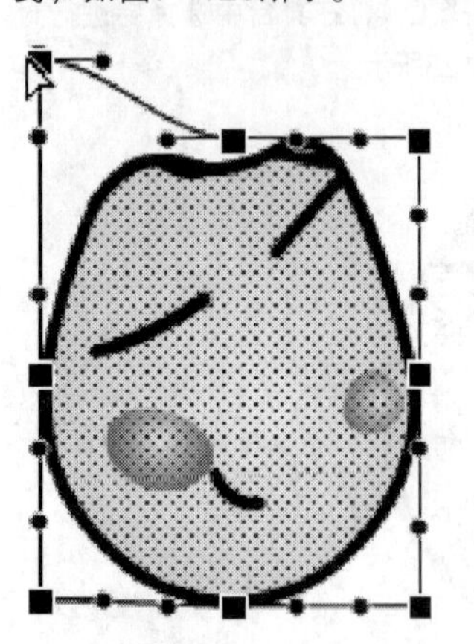

图7-128 拖曳方形控制点

STEP 08 封套变形控制框凹进或凸出，效果如图7-129所示。

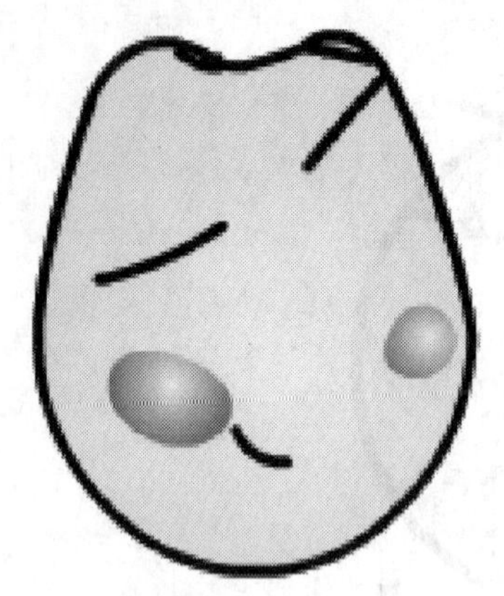

图7-129 拖曳效果

实战228 缩放和旋转对象

▶实例位置：光盘\效果\第7章\彩球.fla
▶素材位置：光盘\素材\第7章\彩球.fla
▶视频位置：光盘\视频\第7章\实战228.mp4

• 实例介绍 •

缩放和旋转对象是将对象放大或缩小以及转动一定的角度。在Flash CC中，可以通过以下两种方法调用“缩放和旋转”命令来变形对象。

• 操作步骤 •

STEP 01 单击“文件”|“打开”命令，打开一个素材文件，如图7-130所示。

图7-130 打开一个素材文件

STEP 02 使用选择工具选中对象“6”，如图7-131所示。

图7-131 选中对象“6”

STEP 03 在菜单栏中，单击“修改”菜单，在弹出的菜单列表中单击“变形”|“缩放和旋转”命令，如图7-132所示。

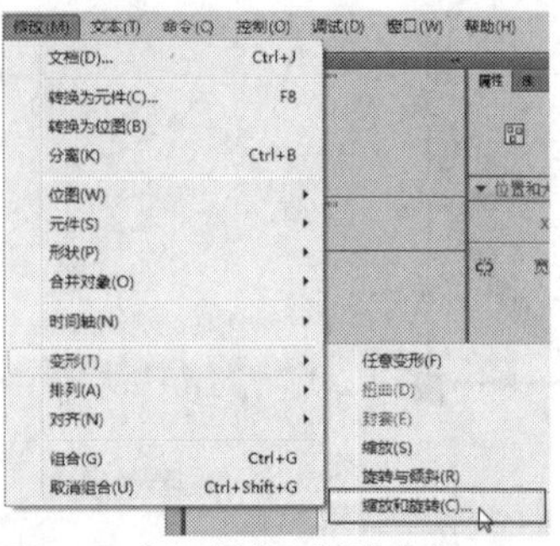

图7-132 执行“缩放和旋转”命令

STEP 04 弹出“缩放和旋转”对话框，在其中设置“缩放”为140%、“旋转”为-30度，如图7-133所示。

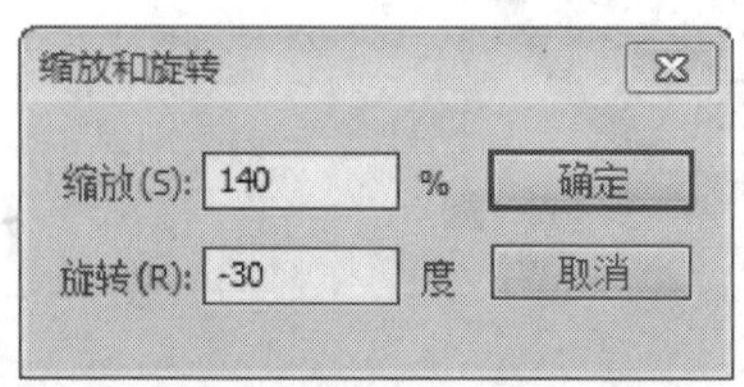

图7-133 弹出“缩放和旋转”对话框

技巧点拨

在Flash CC工作界面中，单击“修改”菜单，在弹出的菜单列表中依次按【T】、【C】键，也可以快速执行“缩放和旋转”命令。

STEP 05 完成设置后，单击“确定”按钮，即可对图形进行缩放和旋转变形操作，再使用任意变形工具对图像进行稍微调整，效果如图7-134所示。

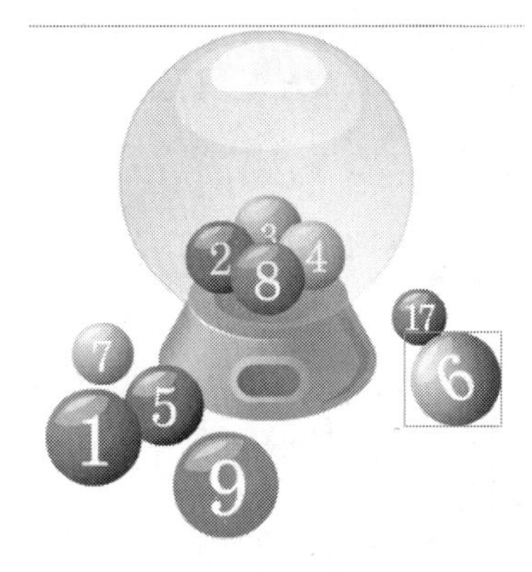

图7-134 缩放和旋转变形后的图像效果

实战 229 旋转和倾斜对象

▶实例位置：光盘\实例\第7章\倾斜.fla
▶素材位置：光盘\素材\第7章\倾斜.fla
▶视频位置：光盘\视频\第7章\实战229.mp4

• 实例介绍 •

旋转就是将对象转动一定的角度，倾斜则是在水平或垂直方向上弯曲对象。

• 操作步骤 •

STEP 01 单击“文件”|“打开”命令，打开一个素材文件，如图7-135所示。

图7-135 打开一个素材文件

STEP 02 使用选择工具选择需要变形的对象，如图7-136所示。

图7-136 选中操作对象

STEP 03 在菜单栏中，单击“修改”菜单，在弹出的菜单列表中单击“变形”|“旋转与倾斜”命令，如图7-137所示。

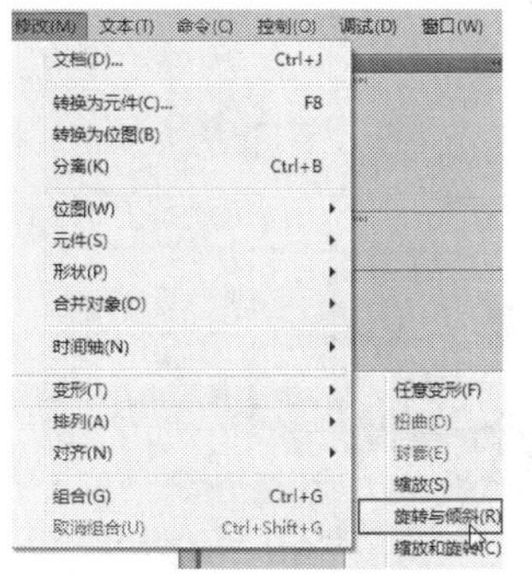

图7-137 单击“旋转与倾斜”命令

STEP 04 执行操作后，即可调出“旋转与倾斜”变形控制框，如图7-138所示。

图7-138 调出“旋转与倾斜”变形控制框

技巧点拨

在Flash CC工作界面中，单击“修改”菜单，在弹出的菜单列表中依次按【T】、【R】键，也可以快速执行“旋转与倾斜”命令。

STEP 05 将鼠标移至变形控制框的上下边或左右边中点的控制点上，单击鼠标左键并拖曳，效果如图7-139所示。

图7-139 拖曳鼠标

STEP 06 执行上述操作，即可倾斜变形选择的对象，效果如图7-140所示。

图7-140 旋转与倾斜对象的效果

实战230 缩放对象

▶实例位置：光盘\实例\第7章\描花的猫.mp4
▶素材位置：光盘\素材\第7章\描花的猫.mp4
▶视频位置：光盘\视频\第7章\实战230.mp4

• 实例介绍 •

在Flash CC中选择对象后，可以单击“修改”|“变形”|“缩放”命令，对图形进行缩放变形操作。执行“缩放”命令，只能对所选择的对象进行水平、垂直或等比例缩放变形操作。

• 操作步骤 •

STEP 01 单击“文件”|“打开”命令，打开一个素材文件，如图7-141所示。

图7-141 打开一个素材文件

STEP 02 使用选择工具选择猫旁边的花，如图7-142所示。

图7-142 选中操作对象

STEP 03 在菜单栏中，单击“修改”菜单，在弹出的菜单列表中单击“变形”|“缩放”命令，如图7-143所示。

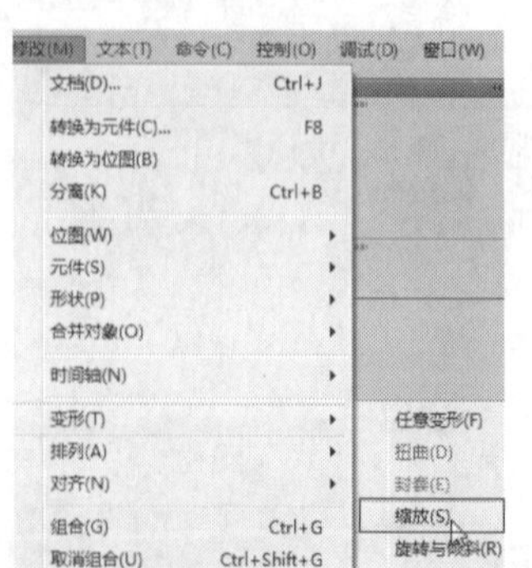

图7-143 单击“缩放”命令

STEP 04 执行操作后，即可调出缩放变形控制框，如图7-144所示。

图7-144 调出缩放变形控制框

技巧点拨

在Flash CC工作界面中，单击“修改”菜单，在弹出的菜单列表中依次按【T】、【S】键，也可以快速执行“缩放”命令。

STEP 05 将鼠标指针移至变形控制框上边的控制点上，当鼠标指针呈↕形状时，单击鼠标左键并拖曳，如图7-145所示。

图7-145 拖曳鼠标

STEP 06 至目标位置后释放鼠标，即可垂直缩放变形图形对象，然后选取工具箱中的选择工具，对图形对象进行稍微调整，效果如图7-146所示。

图7-146 垂直缩放对象的效果

实战 231 顺时针旋转90度

▶ 实例位置：光盘\效果\第7章\书包.fla
▶ 素材位置：光盘\素材\第7章\书包.fla
▶ 视频位置：光盘\视频\第7章\实战231.mp4

• 实例介绍 •

在Flash CC工作界面中制作动画效果时，用户可以对图形对象进行顺时针旋转操作，使制作的动画效果更加符合用户的需求。下面向读者介绍顺时针旋转图形90度的操作方法。

• 操作步骤 •

STEP 01 单击“文件”|“打开”命令，打开一个素材文件，如图7-147所示。

图7-147 打开一个素材文件

STEP 02 选取工具箱中的选择工具，选择舞台中需要顺时针旋转的图形对象，如图7-148所示。

图7-148 选择图形对象

STEP 03 在菜单栏中，单击“修改”菜单，在弹出的菜单列表中单击“变形”|“顺时针旋转90度”命令，如图7-149所示。

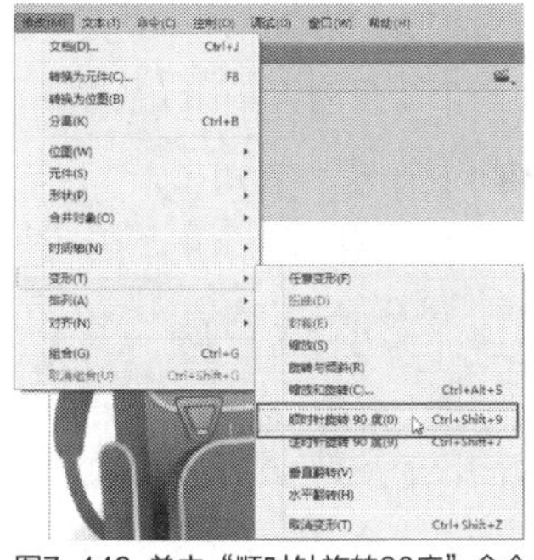

图7-149 单击“顺时针旋转90度”命令

STEP 04 执行操作后，即可对图形对象进行顺时针旋转操作，效果如图7-150所示。

图7-150 对图形对象进行顺时针旋转操作

技巧点拨

在Flash CC工作界面中，用户还可以通过以下两种方法执行“顺时针旋转90度”命令。

➢ 按【Ctrl + Shift + 9】组合键，执行“顺时针旋转90度”命令。

➢ 单击“修改”菜单，在弹出的菜单列表中依次按【T】、【0】键，也可以快速执行“顺时针旋转90度”命令。

实战 232 逆时针旋转90度

▶ **实例位置：** 光盘\效果\第7章\小动物.fla

▶ **素材位置：** 光盘\素材\第7章\小动物.fla

▶ **视频位置：** 光盘\视频\第7章\实战232.mp4

• 实例介绍 •

在Flash CC工作界面中，用户使用“逆时针旋转90度”命令，可以对图形对象进行逆时针旋转操作。

• 操作步骤 •

STEP 01 单击“文件”|“打开”命令，打开一个素材文件，如图7-151所示。

图7-151 打开一个素材文件

STEP 02 选取工具箱中的选择工具，选择舞台中需要逆时针旋转的图形对象，如图7-152所示。

图7-152 选择图形对象

STEP 03 在菜单栏中，单击“修改”菜单，在弹出的菜单列表中单击“变形”|“逆时针旋转90度”命令，如图7-153所示。

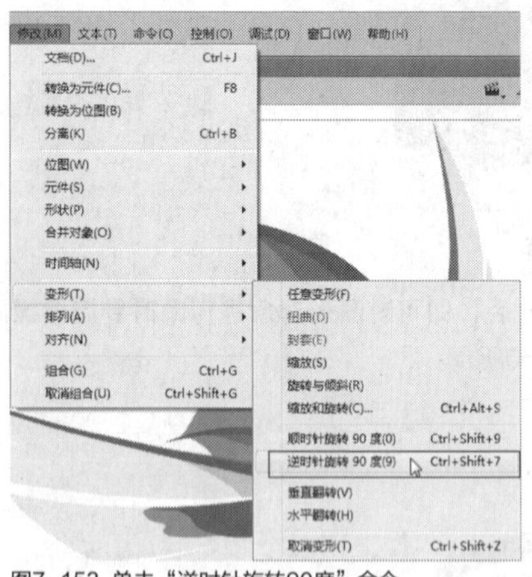

图7-153 单击“逆时针旋转90度”命令

STEP 04 执行操作后，即可对图形对象进行逆时针旋转操作，效果如图7-154所示。

图7-154 对图形对象进行逆时针旋转操作

技巧点拨

在Flash CC工作界面中，用户还可以通过以下两种方法执行“逆时针旋转90度”命令。

➢ 按【Ctrl + Shift + 7】组合键，执行“逆时针旋转90度”命令。

➢ 单击“修改”菜单，在弹出的菜单列表中依次按【T】、【9】键，也可以快速执行“逆时针旋转90度”命令。

实战 233 任意改变对象大小与形状

▶ 实例位置：光盘\效果\第7章\心手相牵.fla
▶ 素材位置：光盘\素材\第7章\心手相牵.fla
▶ 视频位置：光盘\视频\第7章\实战233.mp4

• 实例介绍 •

在Flash CC工作界面中，用户在操作过程中，有时需要调整对象的大小与形状。

• 操作步骤 •

STEP 01 单击“文件”|“打开”命令，打开一个素材文件，如图7-155所示。

图7-155 打开一个素材文件

STEP 02 选取工具箱中的选择工具，单击对象外的舞台工作区，不选中要改变形状与大小的对象，将鼠标指针移至线或轮廓线（不要移到填充物）处，鼠标指针右下角出现一个小弧形（指向线边处时）或小直线（指向线端或折点处时），如图7-156所示。

图7-156 移动鼠标

STEP 03 单击鼠标左键并拖曳，至适当位置后释放鼠标，如图7-157所示。此时，图形发生了大小与形状的变化。

图7-157 释放鼠标左键后图形发生了变化

实战 234 使用“变形”面板编辑对象

▶ 实例位置：光盘\效果\第7章\南瓜.fla
▶ 素材位置：光盘\素材\第7章\南瓜.fla
▶ 视频位置：光盘\视频\第7章\实战234.mp4

• 实例介绍 •

在“变形”面板中，各主要选项含义如下。

- ↔文本框：在其中输入缩放百分比数值，按【Enter】键确认，即可改变选中对象的水平宽度。
- ↕文本框：在其中输入百分比数，按【Enter】键确认，即可改变选中对象的垂直宽度。
- “复制并应用变形”按钮：单击该按钮，即可复制一个改变了水平宽度的选中对象。
- “重置”按钮：单击该按钮，可以使选中的对象恢复变换前的状态。
- “约束”复选框：选中该复选框，可使↔文本框与↕文本框内的数据不一样。

• 操作步骤 •

STEP 01 单击“文件”|“打开”命令，打开一个素材文件，如图7-158所示。

STEP 02 选取工具箱中的选择工具，选择舞台中需要变形的图形对象，如图7-159所示。

图7-158 打开一个素材文件

图7-159 选择图形对象

STEP 03 在菜单栏中，单击“窗口”菜单，在弹出的菜单列表中单击“变形”命令，如图7-160所示。

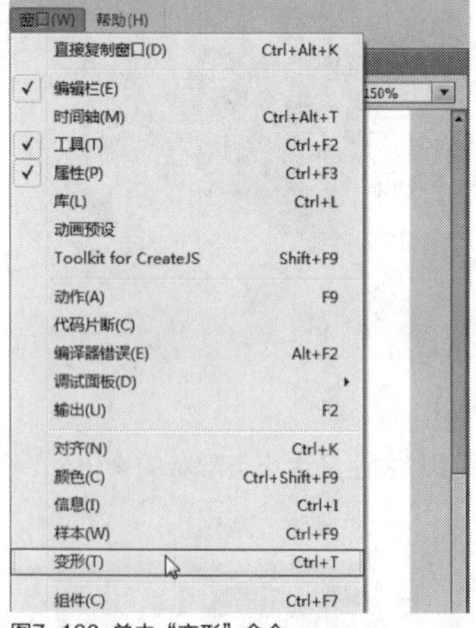

图7-160 单击“变形”命令

STEP 04 执行操作后，即可打开“变形”面板，如图7-161所示。

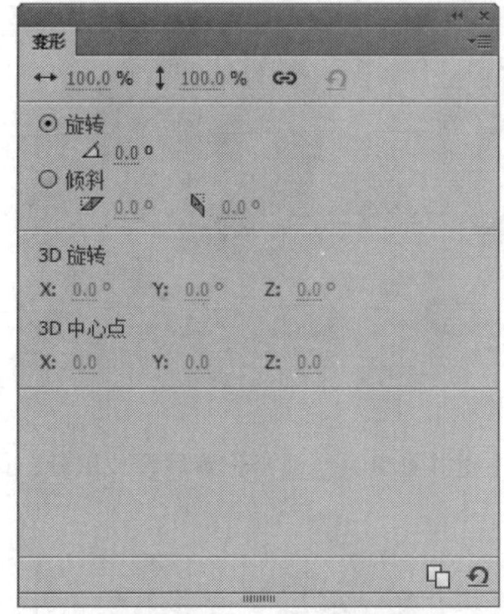

图7-161 打开“变形”面板

STEP 05 在“变形”面板中，设置“缩放宽度”和“缩放高度”均为150%，如图7-162所示。

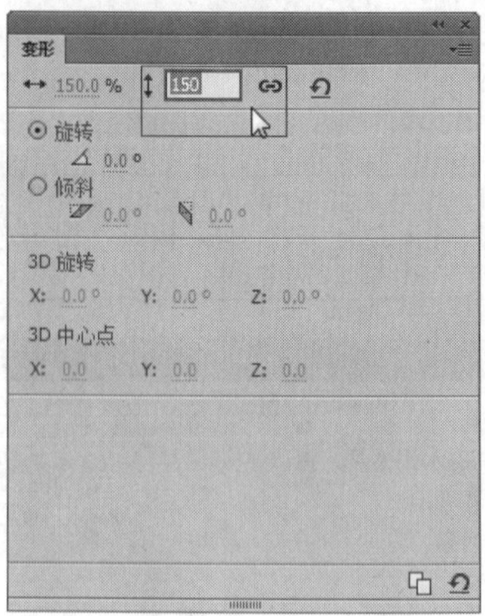

图7-162 设置缩放参数

STEP 06 在面板中的“旋转”数值框中输入5，表示对图形进行旋转操作，如图7-163所示。

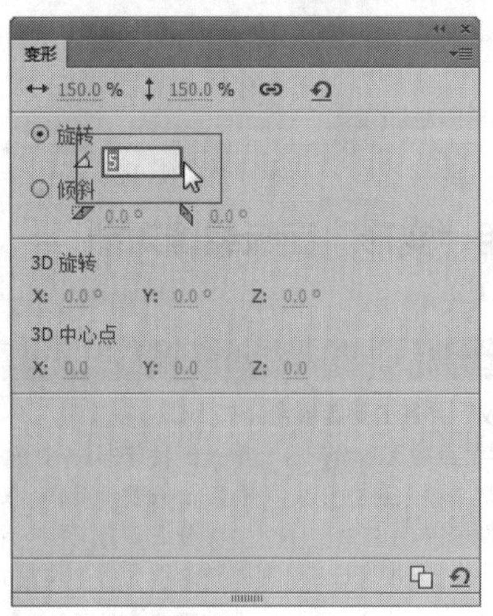

图7-163 设置旋转参数

STEP 07 设置完成后，即可对舞台中选择的图形对象进行变形操作，如图7-164所示。

STEP 08 使用移动工具，调整图形在舞台中的位置，效果如图7-165所示。

图7-164 对图形对象进行变形操作

图7-165 调整图形位置后的效果

知识拓展

使用“变形”面板旋转对象的技巧如下。

旋转对象的方法很简单，只需在“变形”面板中选中“旋转”单选按钮，并在其右侧的数值框内输入旋转的角度，按【Enter】键确认，或单击“复制并应用变形”按钮，即可按指定的角度将选中的对象旋转或复制一个旋转的对象。图7-166所示为将对象旋转45度后的图形效果。

原图

旋转45度后的图形效果

图7-166 对图形进行旋转操作的前后对比效果

使用“变形”面板倾斜对象的技巧如下。

在“变形”面板中，选中“倾斜”单选按钮，并在其右侧的数值框内输入倾斜的角度，按【Enter】键确认，或单击“复制并应用变形”按钮，即可按指定的角度将选中的对象倾斜或复制一个倾斜的对象。选中“倾斜”单选按钮后，其右侧的文本框，表示以底边为准来倾斜对象；文本框，表示以左边为准来倾斜对象。图7-167所示为执行倾斜操作后的图形前后对比效果。

原图

倾斜30度后的图形效果

图7-167 对图形进行倾斜操作的前后对比效果

实战235 使用“信息”面板编辑对象

▶实例位置：光盘\效果\第7章\小羊.fla
▶素材位置：光盘\素材\第7章\小羊.fla
▶视频位置：光盘\视频\第7章\实战235.mp4

● 实例介绍 ●

在Flash CC工作界面中，用户还可以通过“信息”面板对图形对象进行变形操作，调整图形对象的宽高比例。

● 操作步骤 ●

STEP 01 单击“文件”|“打开”命令，打开一个素材文件，如图7-168所示。

图7-168 打开一个素材文件

STEP 02 选取工具箱中的选择工具，选择舞台中需要调整位置的对象，如图7-169所示。

图7-169 选择对象

STEP 03 在菜单栏中，单击“窗口”菜单，在弹出的菜单列表中单击“信息”命令，如图7-170所示。

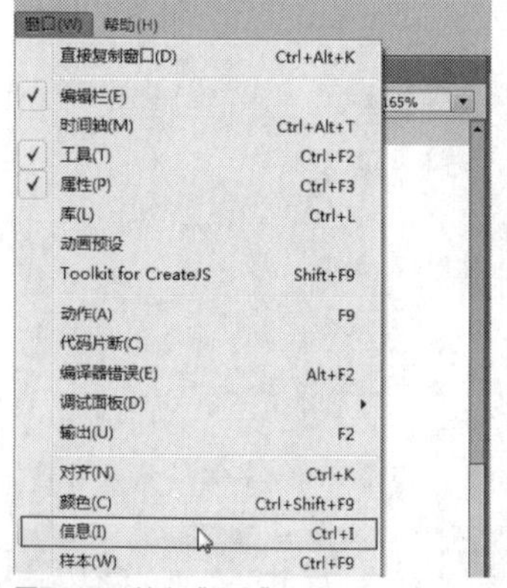

图7-170 单击“信息”命令

STEP 04 执行操作后，即可打开“信息”面板，如图7-171所示。

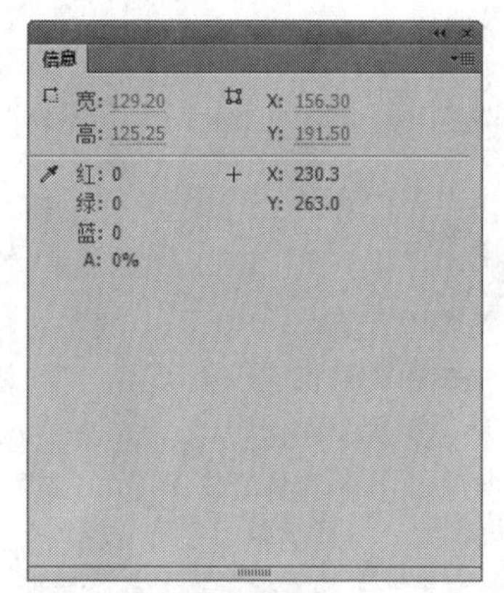

图7-171 打开“信息”面板

STEP 05 在其中的X和Y数值框内显示了选中对象的坐标值（单位为相素），将数值框内的宽设为50，如图7-172所示。

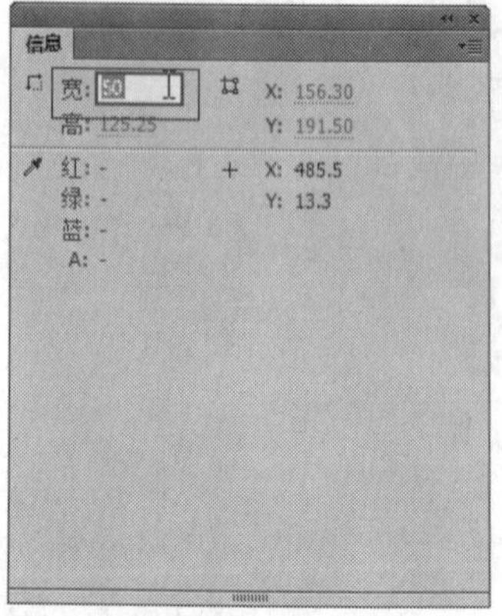

图7-172 修改参数

STEP 06 按【Enter】键确认，可以改变选中对象的形状，如图7-173所示。

图7-173 缩放后的图形效果

知识拓展

使用任意变形工具▣或单击“修改”|“变形”子菜单中的相应命令，即可对对象进行变形。一旦开始变形操作，就可以通过“信息”面板来追踪变形点的位置。

若要在“信息”面板中显示变形点坐标，可单击“信息”面板中的“注册点/变形点”按钮▣。此时，该按钮的右下方会变成一个圆圈，表示已显示注册点坐标。当用户选中中心方框时，“信息”面板中坐标网格右边的X和Y值将显示变形点的X和Y坐标。此外，变形点的X和Y值还会显示在元件的“属性”检查器中。

7.5 使用“对齐”面板对齐图形

“对齐”面板主要是用来对齐对象，可以排列同一个场景中的多个被选定对象的位置，“对齐”面板能够沿水平或垂直轴对齐所选对象，也可以沿选定对象的右边缘、中心或左边缘垂直对齐对象，或者沿选定对象的上边缘、中心或下边缘水平对齐对象。

实战 236 相对于舞台对齐对象

▶实例位置：光盘\效果\第7章\柚子.fla
▶素材位置：光盘\素材\第7章\柚子.fla
▶视频位置：光盘\视频\第7章\实战236.mp4

• 实例介绍 •

在Flash CC中的“对齐”面板内，相对于舞台对齐对象能快速定位对象，选中“与舞台对齐”复选框，此时所有方式的对齐基准都是整个舞台的四条边。

• 操作步骤 •

STEP 01 单击“文件”|“打开”命令，打开一幅动画素材图像，如图7-174所示。

图7-174 打开素材图像

STEP 02 在菜单栏中，单击“窗口”|“对齐”命令，如图7-175所示，调出“对齐”面板。

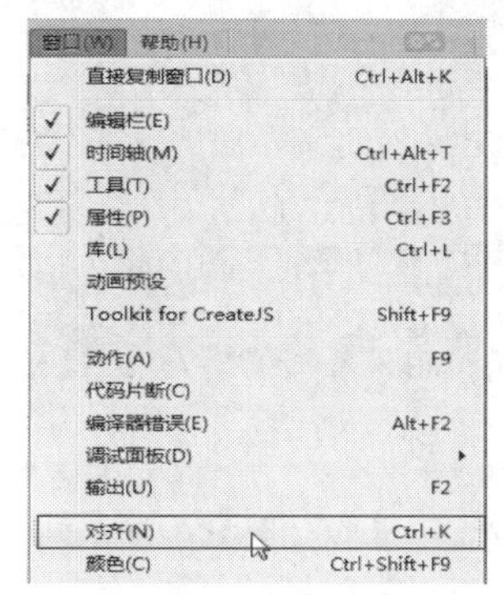

图7-175 单击“对齐”命令

STEP 03 在“对齐”面板中，选中“与舞台对齐”复选框，如图7-176所示。

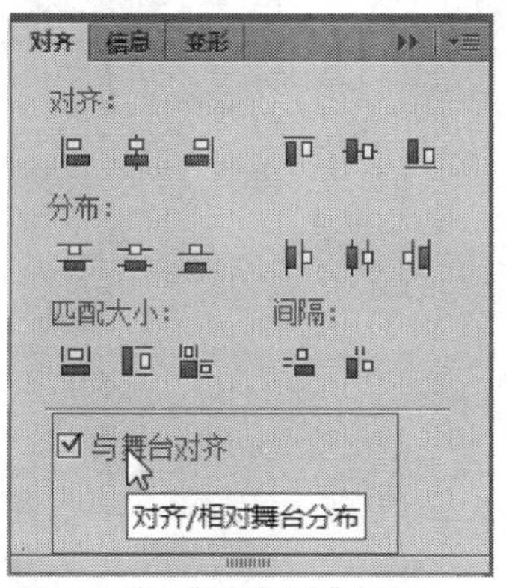

图7-176 选中“与舞台对齐”复选框

STEP 04 在上方“对齐”选项区中，单击“左对齐”按钮，如图7-177所示。

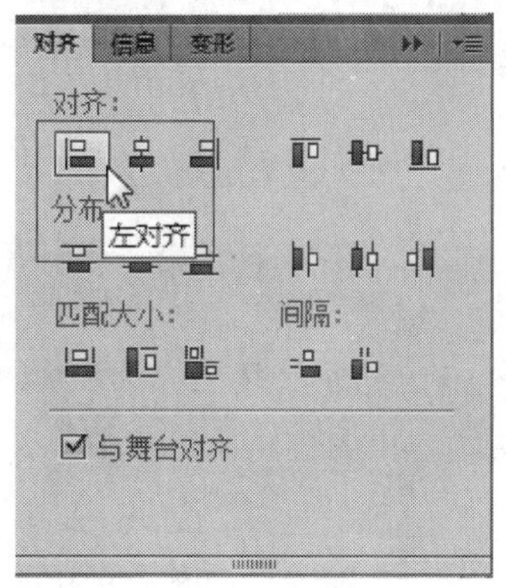

图7-177 单击“左对齐”按钮

STEP 05 执行操作后，即可相对于舞台左对齐对象，效果如图7-178所示。

图7-178 相对于舞台左对齐效果

技巧点拨

在“对齐”面板中，单击“左对齐”按钮，此时在所有的被选状态中，以靠左对象的最左侧为基准向左对齐，效果如图7-179所示。

在“对齐”面板中，单击“右对齐”按钮，在所有的被选状态中，以靠右对象的最右侧为基准向右对齐，效果如图7-180所示。

图7-179 左对齐

图7-180 右对齐

在“对齐”面板中，单击“水平中齐”按钮，按选择对象的中心在水平方向对齐，效果如图7-181所示。

在“对齐”面板中，单击“上对齐”按钮，在所有被选择的对象中，以最上边的对象为参照进行上对齐，效果如图7-182所示。

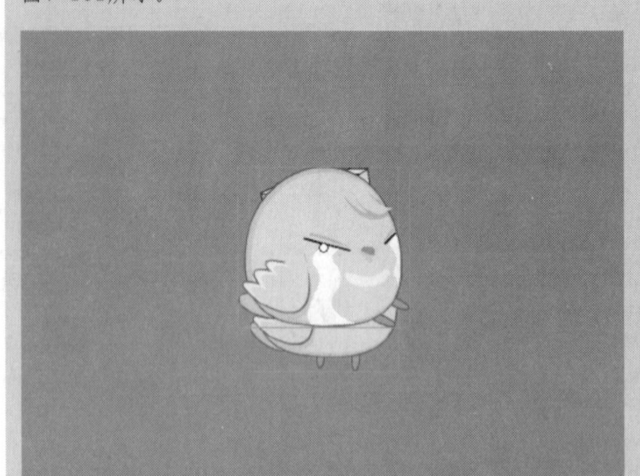
图7-181 水平中齐

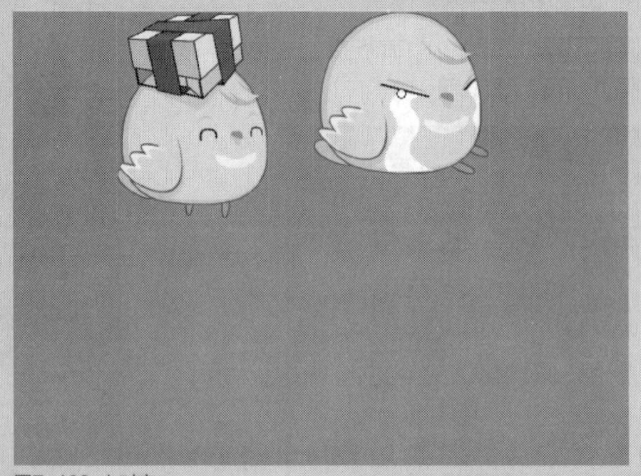
图7-182 上对齐

在“对齐”面板中，单击“垂直中齐”按钮，按选择对象的中心在垂直方向对齐，效果如图7-183所示。

在“对齐”面板中，单击“底对齐”按钮，在所有被选择的对象中，以最下边的对象为参照进行底对齐，效果如图7-184所示。

图7-183 垂直中齐

图7-184 底对齐

实战 237 分布对象

▶实例位置：光盘\效果\第7章\小鲤鱼.fla
▶素材位置：光盘\素材\第7章\小鲤鱼.fla
▶视频位置：光盘\视频\第7章\实战237.mp4

• 实例介绍 •

在“对齐”面板中，可以将上下相邻的两个对象等间距分布。

• 操作步骤 •

STEP 01 单击“文件”|“打开”命令，打开一幅动画素材图像，如图7-185所示。

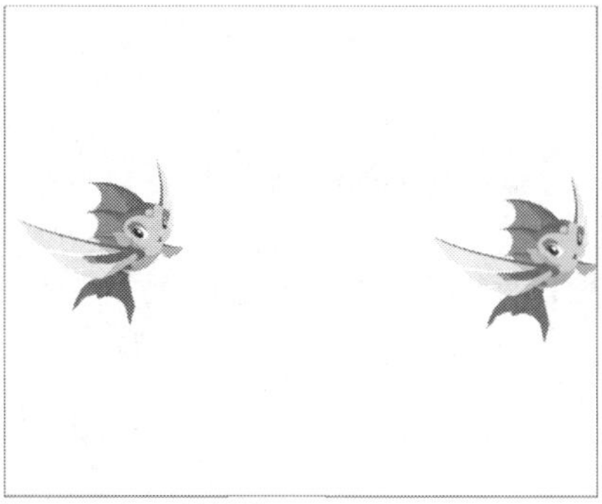

图7-185 打开素材图像

STEP 02 在菜单栏中，单击“窗口”|“对齐”命令，如图7-186所示，调出“对齐”面板。

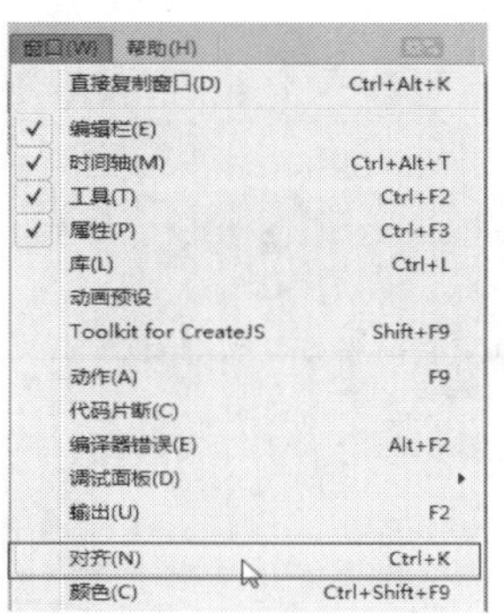

图7-186 单击“对齐”命令

STEP 03 在舞台中，选中操作对象，如图7-187所示。

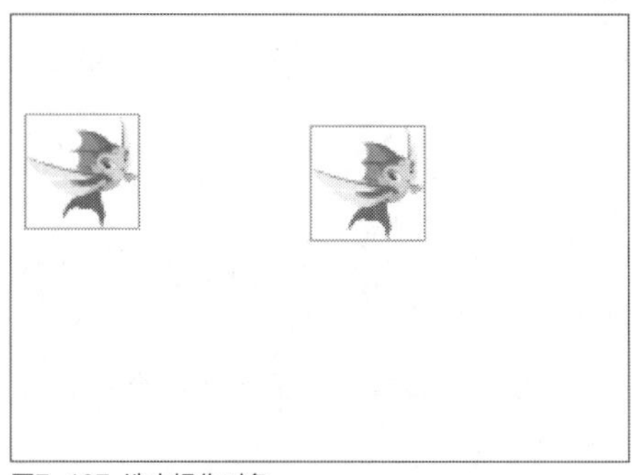
图7-187 选中操作对象

STEP 04 选中“与舞台对齐”复选框，单击“顶部分布”按钮，如图7-188所示。

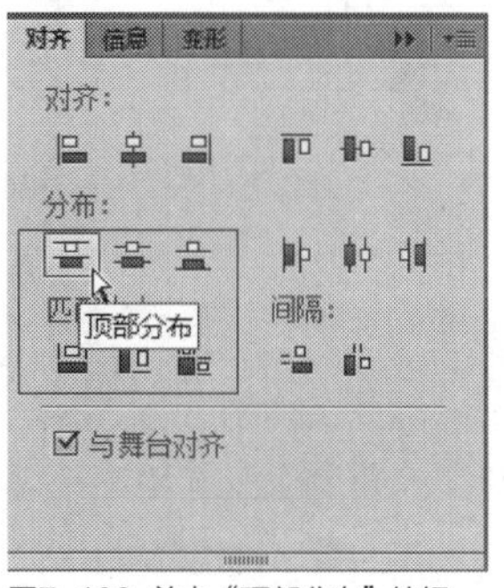

图7-188 单击“顶部分布”按钮

STEP 05 执行操作后，即可将图形进行顶部对齐，效果如图7-189所示。

图7-189 将图形进行顶部对齐

技巧点拨

垂直居中分布对象：

在“对齐”面板中，单击“垂直居中分布”按钮，可以将上下相邻的两个对象的垂直中心等间距分布，效果如图7-190所示。

图7-190 “垂直居中分布”对象

底部分布对象：

在“对齐”面板中，单击“底部分布”按钮，可以将上下相邻的两个对象的下边沿等间距分布，效果如图7-191所示。

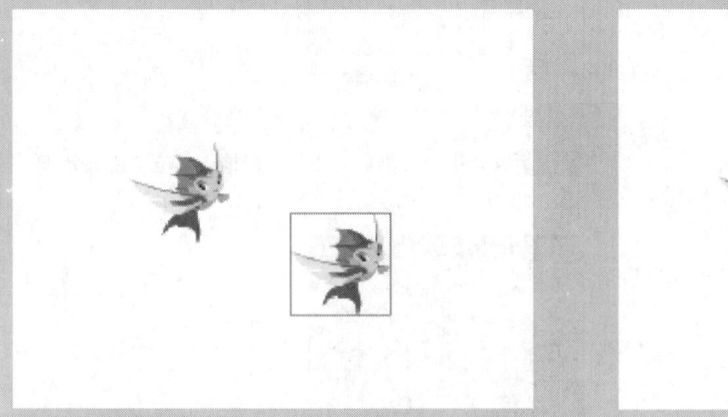

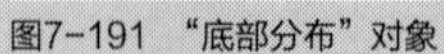

图7-191 “底部分布”对象

左侧分布对象：

在“对齐”面板中，单击“左侧分布”按钮，可以将左右相邻的两个对象的左边沿等间距分布，效果如图7-192所示。

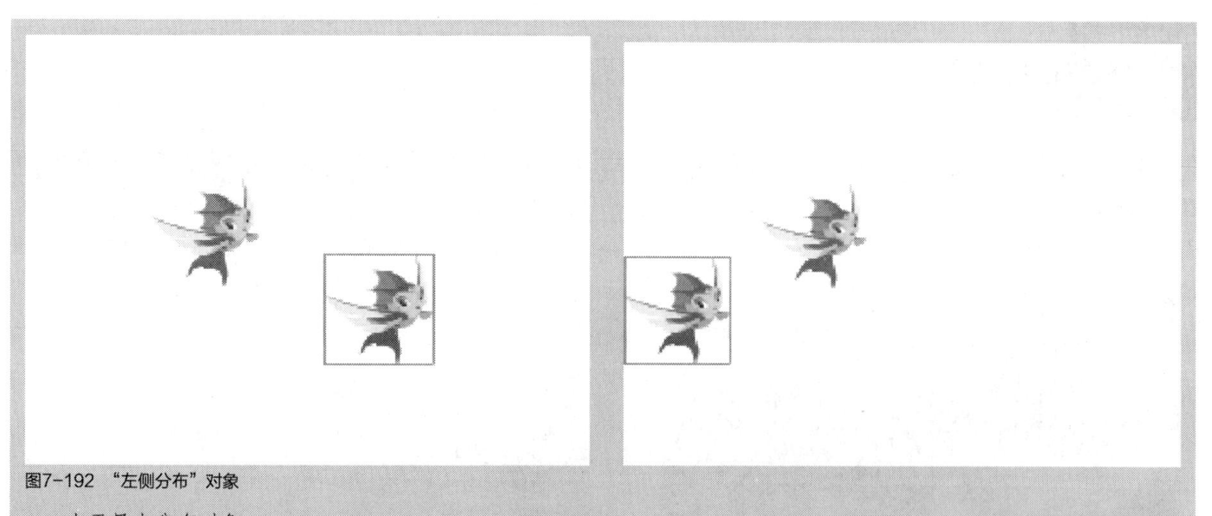
图7-192 “左侧分布”对象

水平居中分布对象：

在“对齐”面板中，单击“水平居中分布”按钮，可以将左右相邻的两个对象的水平中心等间距分布，效果如图7-193所示。

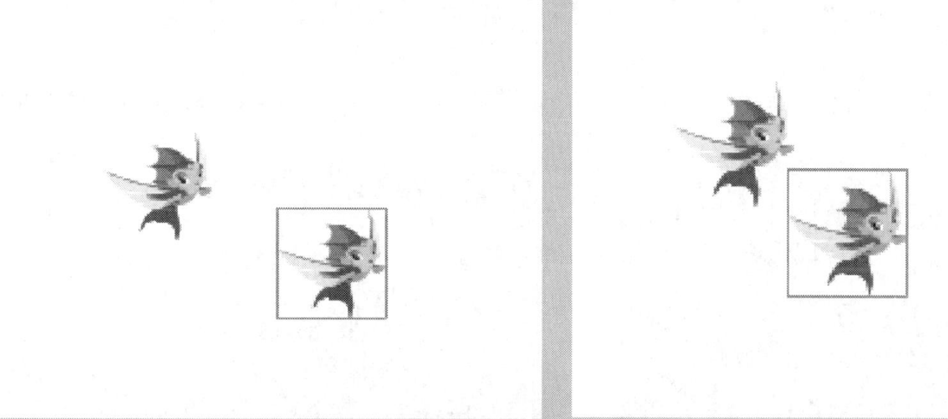
图7-193 “水平居中分布”对象

右侧分布对象：

在“对齐”面板中，单击“右侧分布”按钮，可以将左右相邻的两个对象的右边沿等间距分布，效果如图7-194所示。

图7-194 “右侧分布”对象

实战 238 匹配对象

▶实例位置：光盘\效果\第7章\草莓.fla
▶素材位置：光盘\素材\第7章\草莓.fla
▶视频位置：光盘\视频\第7章\实战238.mp4

• 操作步骤 •

STEP 01 单击“文件”|“打开”命令，打开一幅动画素材图像，如图7-195所示。

图7-195 打开素材图像

STEP 02 在菜单栏中，单击“窗口”|“对齐”命令，如图7-196所示，调出“对齐”面板。

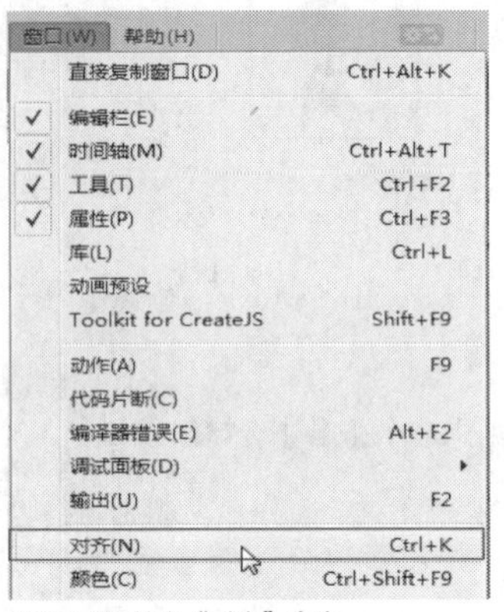

图7-196 单击“对齐”命令

STEP 03 在舞台中，选中操作对象，如图7-197所示。

图7-197 选中操作对象

STEP 04 选中“与舞台对齐”复选框，单击“匹配宽度”按钮，如图7-198所示。

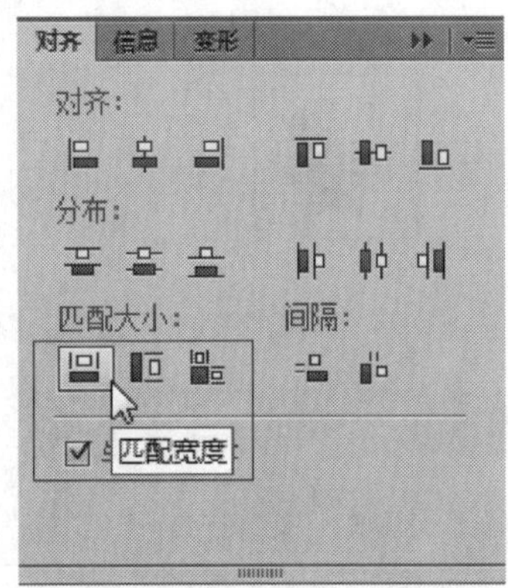

图7-198 单击“匹配宽度”按钮

STEP 05 执行操作后，即可对图形进行“匹配宽度”操作，效果如图7-199所示。

图7-199 “匹配宽度”效果

技巧点拨

“匹配高度”对象：

在“对齐”面板中，单击“匹配高度”按钮，将所有选择的对象调整为高度相等。如图7-200所示为配匹高度分布对齐的效果。

图7-200 “匹配高度”对象

“匹配宽和高”对象：

在“对齐”面板中，单击“匹配宽和高”按钮，可将所有选择的对象调整为宽度和高度相等。如图7-201所示为配匹宽和高分布对齐的效果。

图7-201 “配匹宽和高”对象

“垂直平均间距”对象：

在“对齐”面板中，单击“垂直平均间距”按钮，可以使上下相邻的两个对象的间距相等，如图7-202所示。

图7-202 “垂直平均间距”对象

“水平平均间距”对象：

在“对齐”面板中，单击“水平平均间距”按钮，可以使左右相邻的两个对象的间距相等，如图7-203所示。

图7-203 “水平平均间距”对象

7.6 使用“对齐”菜单对齐图形

在Flash CC工作界面中，用户使用“对齐”菜单下的相关对齐命令，也可以快速对图形对象进行对齐操作。本节主要向读者介绍使用“对齐”菜单对齐图形的操作方法，主要包括左对齐、水平居中对齐、右对齐以及顶对齐等内容。

实战239 左对齐图形

▶实例位置：光盘\效果\第7章\水果.fla
▶素材位置：光盘\素材\第7章\水果.fla
▶视频位置：光盘\视频\第7章\实战239.mp4

• 实例介绍 •

在Flash CC工作界面中，用户使用“左对齐”命令，可以对图形对象进行左对齐操作。

• 操作步骤 •

STEP 01 单击“文件”|“打开”命令，打开一个素材文件，如图7-204所示。

图7-204 打开一个素材文件

STEP 02 选取工具箱中的选择工具，选择舞台中需要左对齐的图形对象，如图7-205所示。

图7-205 选择需要左对齐的图形对象

STEP 03 在菜单栏中，单击“修改”菜单，在弹出的菜单列表中单击“对齐”|“左对齐”命令，如图7-206所示。

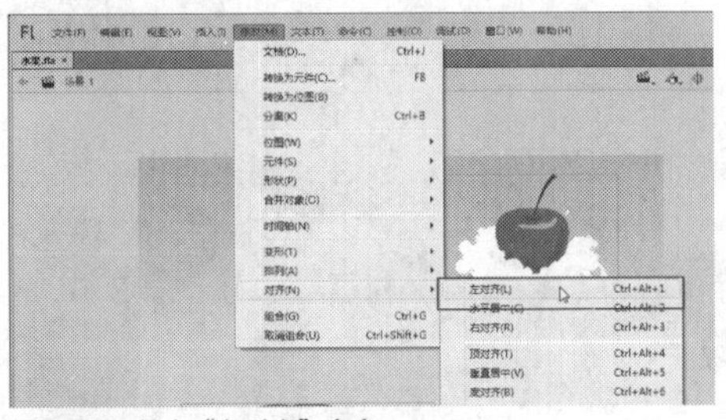

图7-206 单击“左对齐”命令

STEP 04 执行操作后，即可对选择的多个图形对象进行左对齐操作，如图7-207所示。

图7-207 对图形进行左对齐操作

STEP 05 退出图形选择状态，在舞台中可以查看图形的最终效果，如图7-208所示。

图7-208 查看图形的最终效果

技巧点拨

在Flash CC工作界面中，用户还可以通过以下两种方法执行“左对齐”命令。

➢ 按【Ctrl + Alt + 1】组合键，执行“左对齐”命令。

➢ 单击“修改”|“对齐”命令，在弹出的子菜单中按【L】键，也可以快速执行“左对齐”命令。

实战 240 水平居中对齐图形

▶实例位置：光盘\效果\第7章\红花绿叶.fla

▶素材位置：光盘\素材\第7章\红花绿叶.fla

▶视频位置：光盘\视频\第7章\实战240.mp4

• 实例介绍 •

在Flash CC工作界面中，用户使用“水平居中”命令，可以对图形对象进行水平居中对齐操作。

• 操作步骤 •

STEP 01 单击“文件”|“打开”命令，打开一个素材文件，如图7-209所示。

图7-209 打开一个素材文件

STEP 02 选取工具箱中的选择工具，选择舞台中需要居中对齐的图形对象，如图7-210所示。

图7-210 选择需要居中对齐的图形对象

STEP 03 在菜单栏中，单击“修改”菜单，在弹出的菜单列表中单击“对齐”|“水平居中”命令，如图7-211所示。

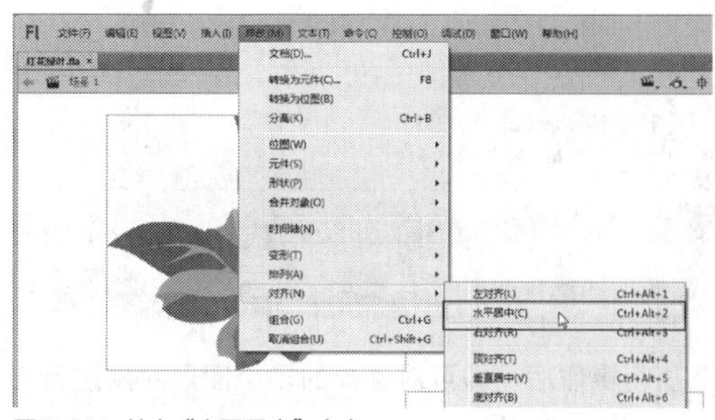

图7-211 单击“水平居中”命令

技巧点拨

在Flash CC工作界面中，用户按【Ctrl + Alt + 2】组合键，也可以快速执行“水平居中”命令。

STEP 04 执行操作后，即可对选择的多个图形对象进行水平居中对齐操作，如图7-212所示。

图7-212 对图形进行居中对齐操作

STEP 05 退出图形选择状态，在舞台中可以查看图形水平居中的最终效果，如图7-213所示。

图7-213 查看图形的最终效果

实战241 右对齐图形

▶实例位置：光盘\效果\第7章\踢球.fla
▶素材位置：光盘\素材\第7章\踢球.fla
▶视频位置：光盘\视频\第7章\实战241.mp4

• 实例介绍 •

在Flash CC工作界面中，用户使用“右对齐”命令，可以对图形对象进行右对齐操作。下面向读者介绍右对齐图形对象的操作方法。

• 操作步骤 •

STEP 01 单击“文件”|“打开”命令，打开一个素材文件，如图7-214所示。

图7-214 打开一个素材文件

STEP 02 选取工具箱中的选择工具，选择舞台中需要右对齐的图形对象，如图7-215所示。

图7-215 选择需要右对齐的图形对象

STEP 03 在菜单栏中，单击“修改”菜单，在弹出的菜单列表中单击“对齐”|“右对齐”命令，如图7-216所示。

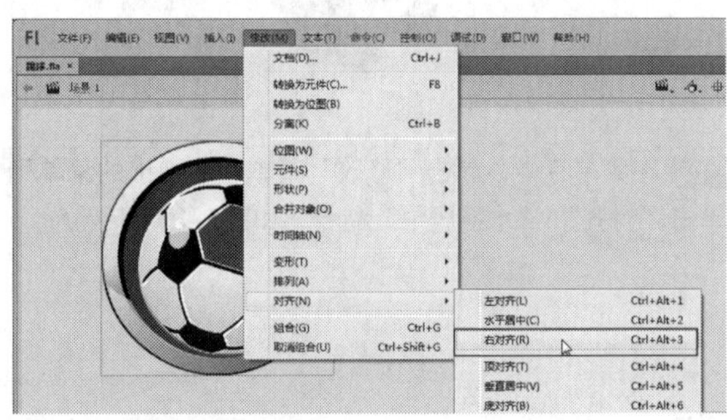

图7-216 单击“右对齐”命令

技巧点拨

在Flash CC工作界面中，用户按【Ctrl＋Alt＋3】组合键，也可以快速执行“右对齐”命令。

STEP 04 执行操作后，即可对选择的多个图形对象进行右对齐操作，如图7-217所示。

图7-217 对图形进行右对齐操作

STEP 05 退出图形选择状态，在舞台中可以查看图形右对齐的最终效果，如图7-218所示。

图7-218 查看图形的最终效果

实战 242 顶对齐图形

▶ 实例位置：光盘\效果\第7章\动物头像.fla
▶ 素材位置：光盘\素材\第7章\动物头像.fla
▶ 视频位置：光盘\视频\第7章\实战242.mp4

• 实例介绍 •

在Flash CC工作界面中，用户使用“顶对齐”命令，可以对图形对象进行顶对齐操作。下面向读者介绍顶对齐图形对象的操作方法。

• 操作步骤 •

STEP 01 单击“文件”|“打开”命令，打开一个素材文件，如图7-219所示。

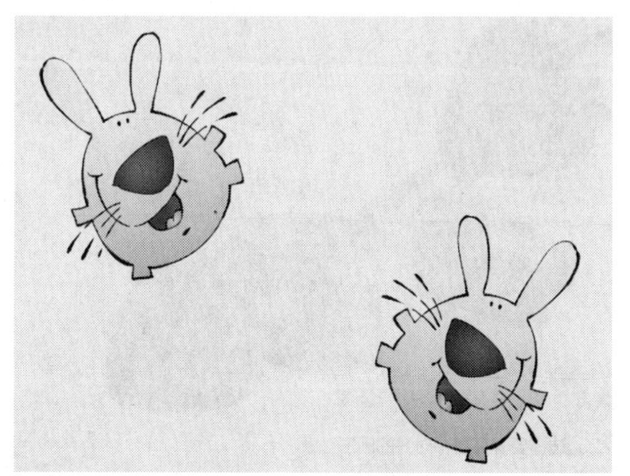

图7-219 打开一个素材文件

STEP 02 选取工具箱中的选择工具，选择舞台中需要顶对齐的图形对象，如图7-220所示。

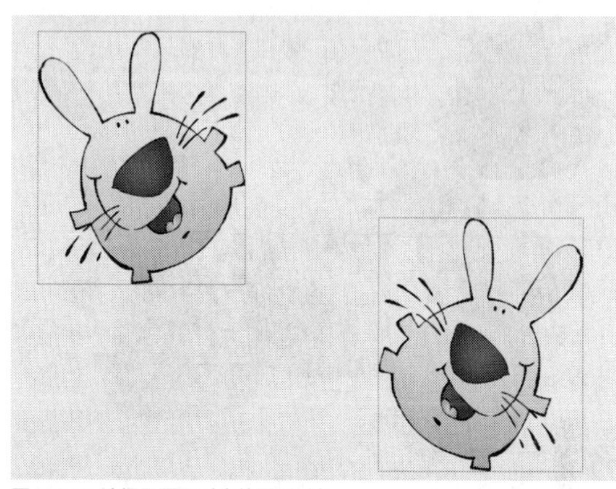

图7-220 选择需要顶对齐的图形对象

STEP 03 在菜单栏中，单击“修改”菜单，在弹出的菜单列表中单击“对齐”|“顶对齐”命令，如图7-221所示。

技巧点拨

在Flash CC工作界面中，用户还可以通过以下两种方法执行“顶对齐”命令。

➤ 按【Ctrl＋Alt＋4】组合键，执行“顶对齐”命令。

➤ 单击“修改”|“对齐”命令，在弹出的子菜单中按【T】键，也可以快速执行“顶对齐”命令。

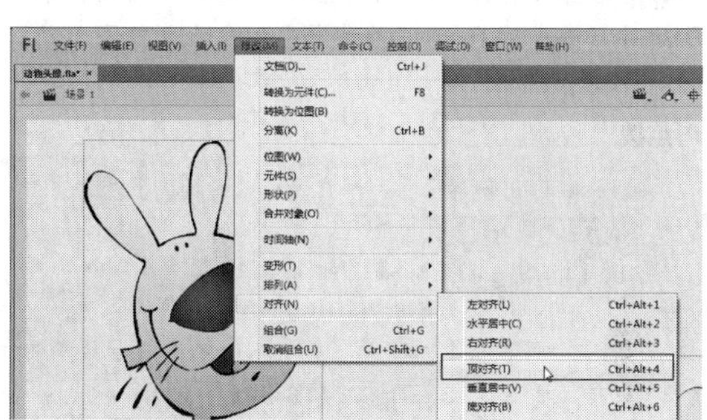

图7-221 单击“顶对齐”命令

STEP 04 执行操作后，即可对选择的多个图形对象进行顶对齐操作，如图7-222所示。

图7-222 对图形进行顶对齐操作

STEP 05 退出图形选择状态，在舞台中可以查看图形顶对齐的最终效果，如图7-223所示。

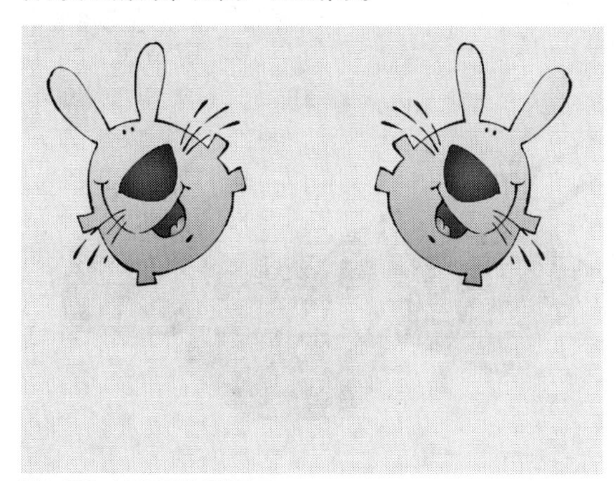

图7-223 查看图形的最终效果

实战 243 垂直居中对齐图形

▶实例位置：光盘\效果\第7章\草莓巧克力.fla
▶素材位置：光盘\素材\第7章\草莓巧克力.fla
▶视频位置：光盘\视频\第7章\实战243.mp4

• 实例介绍 •

在Flash CC工作界面中，用户使用“垂直居中”命令，可以对图形对象进行垂直居中对齐操作。

• 操作步骤 •

STEP 01 单击“文件”|“打开”命令，打开一个素材文件，如图7-224所示。

图7-224 打开一个素材文件

STEP 02 选取工具箱中的选择工具，选择舞台中要垂直居中对齐的图形对象，如图7-225所示。

图7-225 选择要垂直居中对齐的图形对象

STEP 03 在菜单栏中，单击“修改”菜单，在弹出的菜单列表中单击“对齐”|“垂直居中”命令，如图7-226所示。

技巧点拨

在Flash CC工作界面中，用户还可以通过以下两种方法执行“垂直居中”命令。

➢ 按【Ctrl＋Alt＋5】组合键，执行“垂直居中”命令。

➢ 单击“修改”|“对齐”命令，在弹出的子菜单中按【V】键，也可以快速执行“垂直居中”命令。

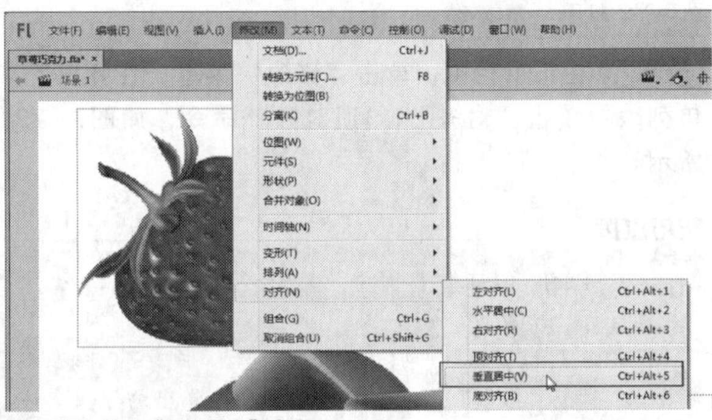

图7-226 单击“垂直居中”命令

STEP 04 执行操作后，即可对选择的多个图形对象进行垂直居中对齐操作，如图7-227所示。

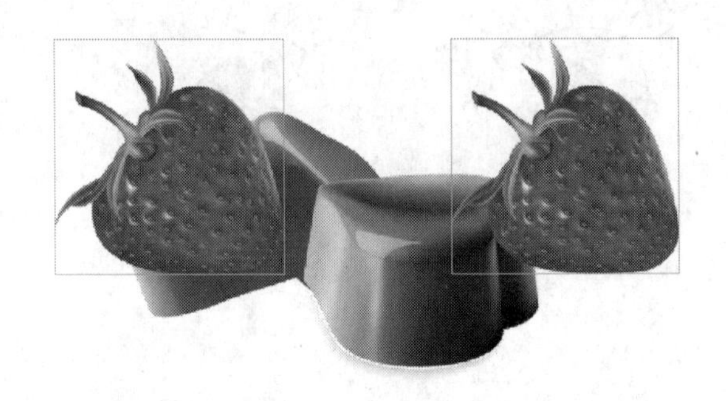

图7-227 对图形进行居中对齐操作

STEP 05 退出图形选择状态，在舞台中可以查看图形垂直居中的最终效果，如图7-228所示。

图7-228 查看图形的最终效果

实战 244 底对齐图形

▶ 实例位置：光盘\效果\第7章\相框.fla
▶ 素材位置：光盘\素材\第7章\相框.fla
▶ 视频位置：光盘\视频\第7章\实战244.mp4

• 实例介绍 •

在Flash CC工作界面中，用户使用“底对齐”命令，可以对图形对象进行底端对齐操作。下面向读者介绍底对齐图形对象的操作方法。

• 操作步骤 •

STEP 01 单击“文件”|“打开”命令，打开一个素材文件，如图7-229所示。

图7-229 打开一个素材文件

STEP 02 选取工具箱中的选择工具，选择舞台中要底对齐的图形对象，如图7-230所示。

图7-230 选择要底对齐的图形对象

STEP 03 在菜单栏中，单击“修改”菜单，在弹出的菜单列表中单击“对齐”|“底对齐”命令，如图7-231所示。

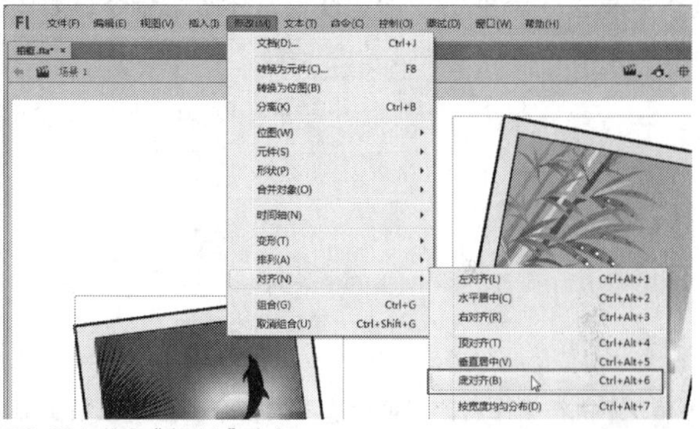

图7-231 单击“底对齐”命令

技巧点拨

在Flash CC工作界面中，用户还可以通过以下两种方法执行“底对齐”命令。

➢ 按【Ctrl+Alt+6】组合键，执行“底对齐”命令。

➢ 单击“修改”|“对齐”命令，在弹出的子菜单中按【B】键，也可以快速执行“底对齐”命令。

STEP 04 执行操作后，即可对选择的多个图形对象进行底对齐操作，如图7-232所示。

图7-232 对图形进行底对齐操作

STEP 05 退出图形选择状态，在舞台中可以查看图形底对齐的最终效果，如图7-233所示。

图7-233 查看图形的最终效果

实战245 按宽度均匀分布

▶实例位置：光盘\效果\第7章\海盗帽子.fla
▶素材位置：光盘\素材\第7章\海盗帽子.fla
▶视频位置：光盘\视频\第7章\实战245.mp4

• 实例介绍 •

在Flash CC工作界面中，用户使用“按宽度均匀分布”命令，可以对图形对象按舞台一定的宽度比例进行均匀的分布。

• 操作步骤 •

STEP 01 单击“文件”|“打开”命令，打开一个素材文件，如图7-234所示。

图7-234 打开一个素材文件

STEP 02 选取工具箱中的选择工具，选择舞台中需要按宽度均匀分布的图形，如图7-235所示。

图7-235 选择要均匀分布的图形对象

STEP 03 在菜单栏中，单击“修改”菜单，在弹出的菜单列表中单击“对齐”|“按宽度均匀分布”命令，如图7-236所示。

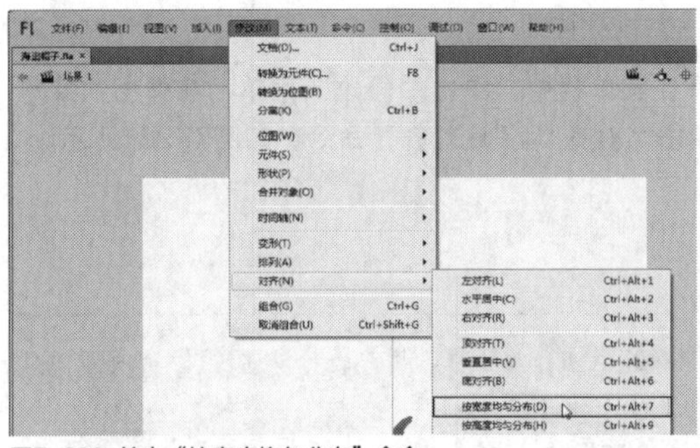

图7-236 单击“按宽度均匀分布”命令

STEP 04 执行操作后，即可对选择的多个图形对象按宽度均匀分布，如图7-237所示。

图7-237 对图形进行均匀分布

STEP 05 退出图形选择状态，在舞台中可以查看图形均匀分布的最终效果，如图7-238所示。

图7-238 查看图形的最终效果

技巧点拨

在Flash CC工作界面中，用户按【Ctrl+Alt+7】组合键，也可以执行“按宽度均匀分布”命令。

实战 246　按高度均匀分布

▶ 实例位置：光盘\效果\第7章\时钟转动.fla
▶ 素材位置：光盘\素材\第7章\时钟转动.fla
▶ 视频位置：光盘\视频\第7章\实战246.mp4

• 实例介绍 •

在Flash CC工作界面中，用户使用“按高度均匀分布”命令，可以对图形对象按舞台一定的高度比例进行均匀的分布。

• 操作步骤 •

STEP 01 单击“文件”|“打开”命令，打开一个素材文件，如图7-239所示。

图7-239 打开一个素材文件

STEP 02 选取工具箱中的选择工具，选择舞台中需要按高度均匀分布的图形，如图7-240所示。

图7-240 选择要均匀分布的图形

STEP 03 在菜单栏中，单击“修改”菜单，在弹出的菜单列表中单击“对齐”|“按高度均匀分布”命令，如图7-241所示。

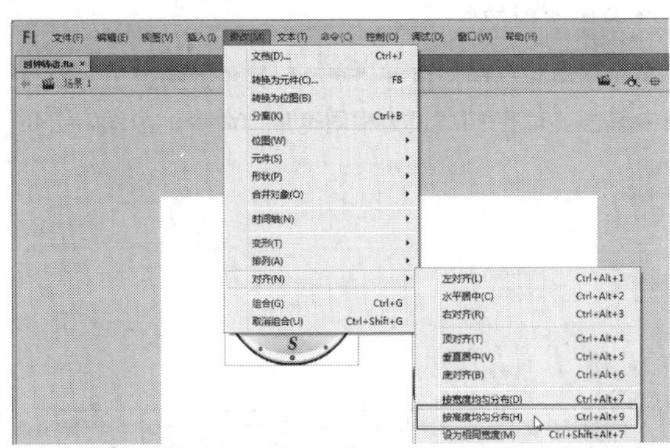

图7-241 单击“按高度均匀分布”命令

技巧点拨

在Flash CC工作界面中，用户按【Ctrl+Alt+9】组合键，也可以执行“按高度均匀分布”命令。

STEP 04 执行操作后，即可将选择的多个图形对象按高度均匀分布，如图7-242所示。

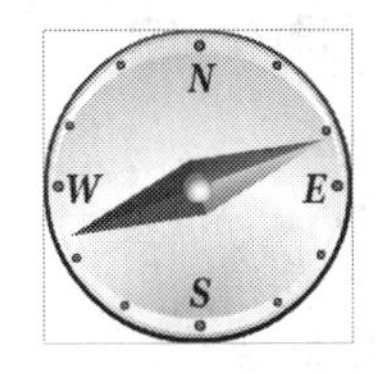
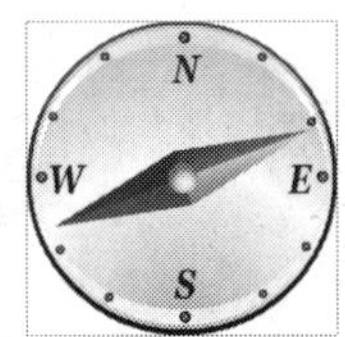
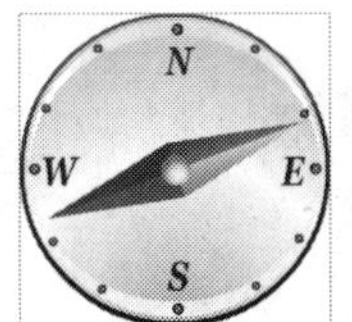

图7-242 将图形均匀分布

STEP 05 退出图形选择状态，在舞台中可以查看图形均匀分布的最终效果，如图7-243所示。

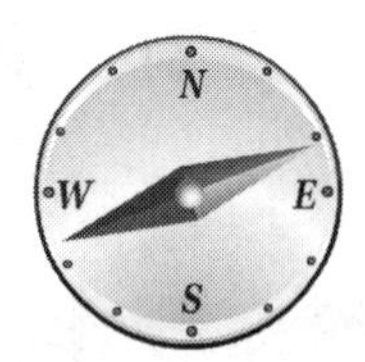

图7-243 查看图形的最终效果

实战 247 设为相同宽度

▶ 实例位置：光盘\效果\第7章\绿色树叶.fla
▶ 素材位置：光盘\素材\第7章\绿色树叶.fla
▶ 视频位置：光盘\视频\第7章\实战247.mp4

• 实例介绍 •

在Flash CC工作界面中，用户使用“设为相同宽度”命令，可以将多个图形对象设置为相同的宽度，达到用户需要的动画效果。下面向读者介绍将图形设为相同宽度的操作方法。

• 操作步骤 •

STEP 01 单击“文件”|“打开”命令，打开一个素材文件，如图7-244所示。

图7-244 打开一个素材文件

STEP 02 选取工具箱中的选择工具，选择舞台中需要设为相同宽度的图形，如图7-245所示。

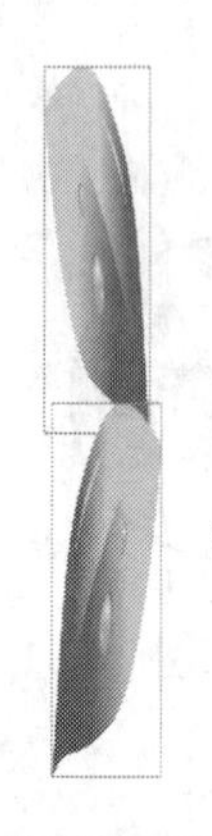

图7-245 选择相应图形对象

STEP 03 在菜单栏中，单击“修改”菜单，在弹出的菜单列表中单击“对齐”|“设为相同宽度”命令，如图7-246所示。

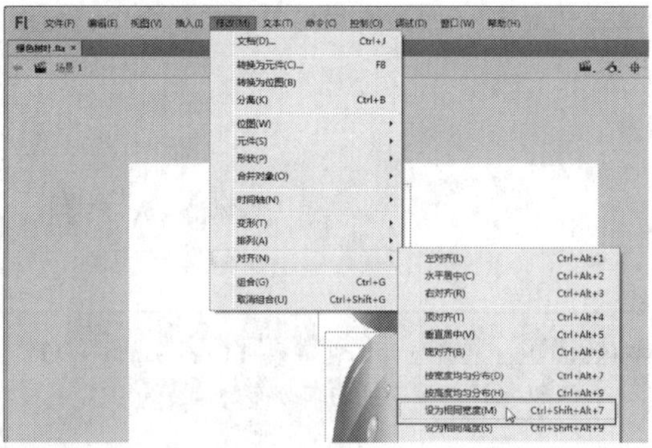

图7-246 单击“设为相同宽度”命令

技巧点拨

在Flash CC工作界面中，用户按【Ctrl+Shift+Alt+7】组合键，也可以快速执行“设为相同宽度”命令。

STEP 04 执行操作后，即可将选择的多个图形对象设为相同宽度，如图7-247所示。

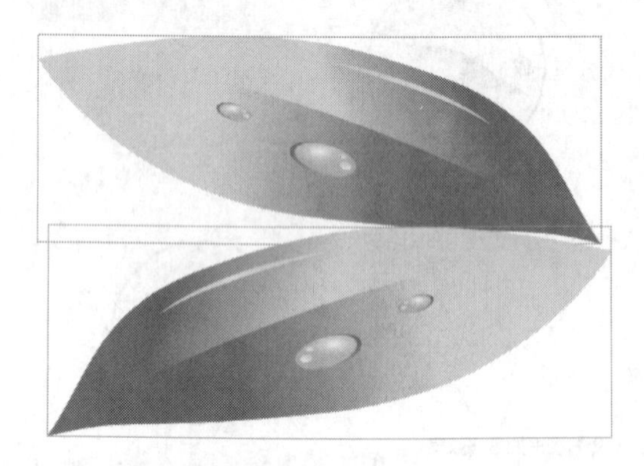

图7-247 将图形对象设为相同宽度

STEP 05 退出图形选择状态，在舞台中用户可以查看将多个图形设为相同宽度的最终效果，如图7-248所示。

图7-248 查看设为相同宽度的效果

实战 248 设为相同高度

▶ 实例位置：光盘\效果\第7章\茶壶.fla
▶ 素材位置：光盘\素材\第7章\茶壶.fla
▶ 视频位置：光盘\视频\第7章\实战248.mp4

• 实例介绍 •

在Flash CC工作界面中，用户使用“设为相同高度”命令，可以将多个图形对象设置为相同的高度。下面向读者介绍将图形设为相同高度的操作方法。

• 操作步骤 •

STEP 01 单击“文件”|“打开”命令，打开一个素材文件，如图7-249所示。

图7-249 打开一个素材文件

STEP 02 选取工具箱中的选择工具，选择舞台中需要设为相同高度的图形，如图7-250所示。

图7-250 选择相应图形对象

STEP 03 在菜单栏中，单击“修改”菜单，在弹出的菜单列表中单击“对齐”|“设为相同高度”命令，如图7-251所示。

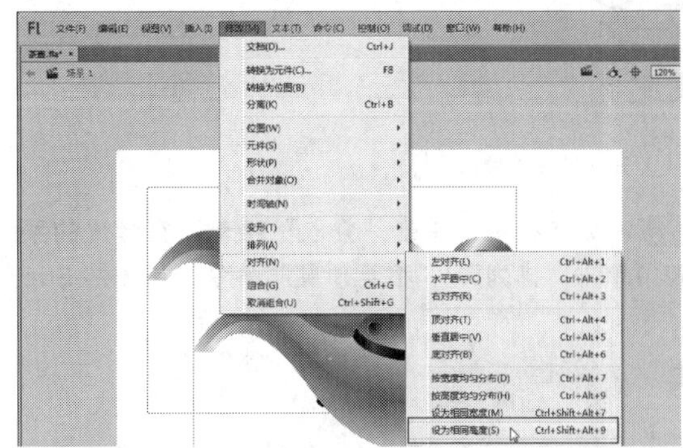

图7-251 单击“设为相同高度”命令

STEP 04 执行操作后，即可将选择的多个图形对象设为相同高度，如图7-252所示。

图7-252 将图形对象设为相同高度

STEP 05 退出图形选择状态，在舞台中用户可以查看将多个图形设为相同高度的最终效果，如图7-253所示。

图7-253 查看设为相同高度的效果

技巧点拨

在Flash CC工作界面中，用户按【Ctrl+Shift+Alt+9】组合键，也可以快速执行“设为相同高度”命令。

7.7 排列图形对象

在制作动画时，同一层上的对象，往往是按照绘制或导入的顺序排列自己的前后位置，最先绘制或导入的对象在底层，最后绘制或导入的对象在顶层。而有的时候必须调整对象的排列顺序以适应设计者的需要。本节主要向读者介绍排列图形对象的操作方法。

实战249 将图形移至顶层

▶实例位置：光盘\效果\第7章\雨伞.fla
▶素材位置：光盘\素材\第7章\雨伞.fla
▶视频位置：光盘\视频\第7章\实战249.mp4

• 实例介绍 •

在Flash CC工作界面中，用户使用“移至顶层”命令，可以将选择的图形对象移至顶层。下面向读者介绍将图形移至顶层的操作方法。

• 操作步骤 •

STEP 01 单击“文件”|“打开”命令，打开一个素材文件，如图7-254所示。

图7-254 打开一个素材文件

STEP 02 选取工具箱中的选择工具，选择舞台中需要移至顶层的图形对象，这里选择雨伞图形，如图7-255所示。

图7-255 选择雨伞图形

STEP 03 在菜单栏中，单击“修改”菜单，在弹出的菜单列表中单击“排列”|“移至顶层”命令，如图7-256所示。

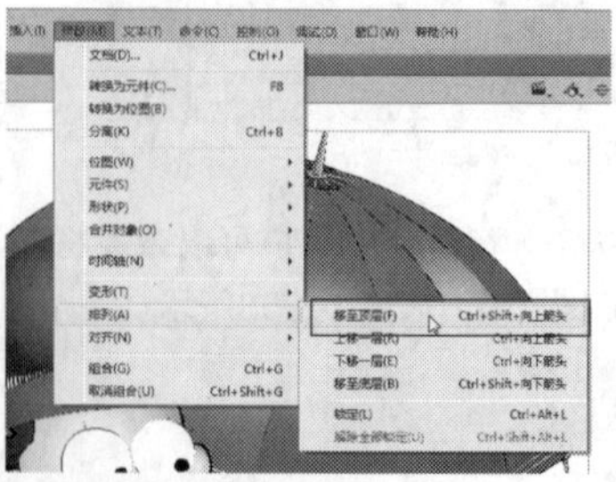

图7-256 单击“移至顶层”命令

STEP 04 用户还可以在舞台中需要移至顶层的图形对象上，单击鼠标右键，在弹出的快捷菜单中选择“移至顶层”选项，如图7-257所示。

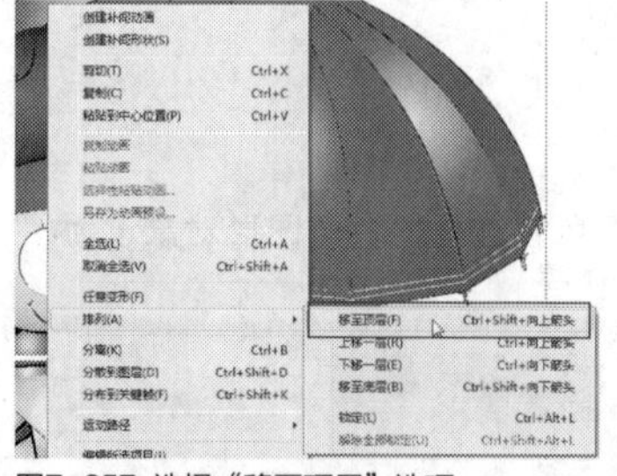

图7-257 选择“移至顶层”选项

STEP 05 执行操作后，即可将图形对象移至顶层，如图7-258所示。

图7-258 将图形对象移至顶层

STEP 06 退出图形选择状态，在舞台中可以查看图形移至顶层后的最终效果，如图7-259所示。

图7-259 移至顶层后的图形效果

技巧点拨

在Flash CC工作界面中，用户还可以通过以下两种方法执行“移至顶层”命令。

➢ 按【Ctrl＋Shift＋向上箭头】组合键，执行“移至顶层”命令。

➢ 单击“修改”菜单，在弹出的菜单列表中依次按【A】、【F】键，也可以快速执行“移至顶层”命令。

实战 250 将图形上移一层

▶实例位置：光盘\效果\第7章\汽车.fla

▶素材位置：光盘\素材\第7章\汽车.fla

▶视频位置：光盘\视频\第7章\实战250.mp4

• 实例介绍 •

在Flash CC工作界面中，用户使用“上移一层”命令，可以将选择的图形对象向上移一层。下面向读者介绍将图形上移一层的操作方法。

• 操作步骤 •

STEP 01 单击“文件”|“打开”命令，打开一个素材文件，如图7-260所示。

图7-260 打开一个素材文件

STEP 02 选取工具箱中的选择工具，选择舞台中需要上移一层的图形对象，这里选择彩虹图形，如图7-261所示。

图7-261 选择彩虹图形

STEP 03 在菜单栏中，单击“修改”菜单，在弹出的菜单列表中单击“排列”|“上移一层”命令，如图7-262所示。

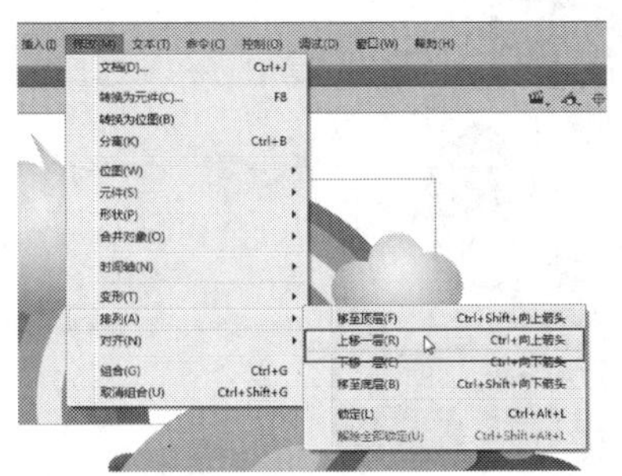

图7-262 单击“上移一层”命令

STEP 04 用户还可以在舞台中需要上移一层的图形对象上，单击鼠标右键，在弹出的快捷菜单中选择“上移一层”选项，如图7-263所示。

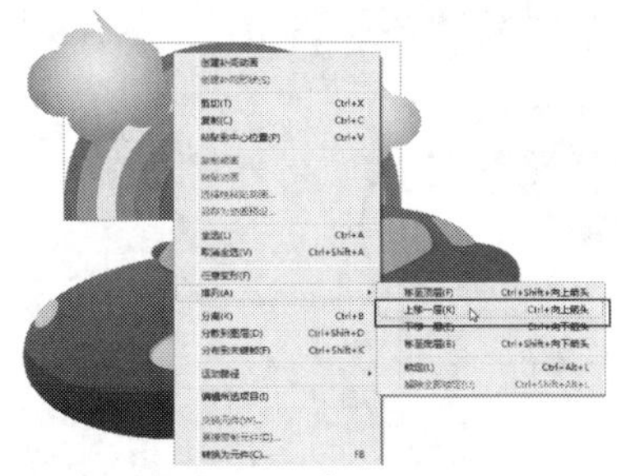

图7-263 选择“上移一层”选项

STEP 05 执行操作后，即可将图形对象向上移一层，如图7-264所示。

图7-264 将图形对象上移一层

STEP 06 退出图形选择状态，在舞台中用户可以查看图形对象上移一层后的最终效果，如图7-265所示。

图7-265 上移一层后的图形效果

技巧点拨

在Flash CC工作界面中，用户按【Ctrl＋向上箭头】组合键，也可以快速执行“上移一层”命令，将图形对象上移一层。

实战251 将图形下移一层

▶实例位置：光盘\效果\第7章\两个小孩.fla
▶素材位置：光盘\素材\第7章\两个小孩.fla
▶视频位置：光盘\视频\第7章\实战251.mp4

• 实例介绍 •

在Flash CC工作界面中，用户使用“下移一层”命令，可以将选择的图形对象向下移一层。下面向读者介绍将图形下移一层的操作方法。

• 操作步骤 •

STEP 01 单击“文件”|“打开”命令，打开一个素材文件，如图7-266所示。

图7-266 打开一个素材文件

STEP 02 选取工具箱中的选择工具，选择舞台中需要下移一层的图形对象，如图7-267所示。

图7-267 选择相应图形

STEP 03 在菜单栏中，单击“修改”菜单，在弹出的菜单列表中单击“排列”|“下移一层”命令，如图7-268所示。

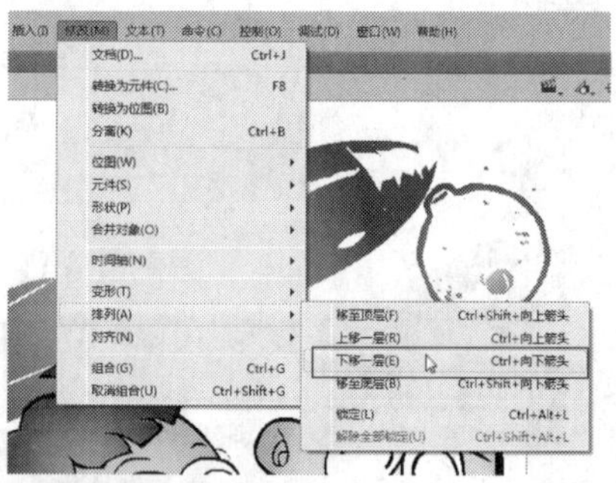

图7-268 单击“下移一层”命令

STEP 04 用户还可以在舞台中需要下移一层的图形对象上，单击鼠标右键，在弹出的快捷菜单中选择“下移一层”选项，如图7-269所示。

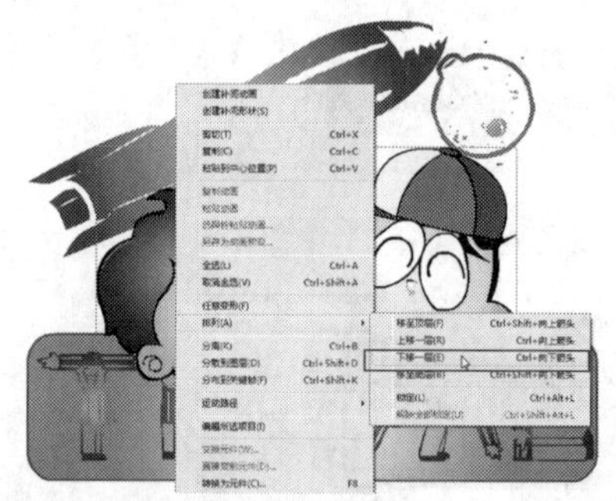

图7-269 选择“下移一层”选项

STEP 05 执行操作后，即可将图形对象向下移一层，如图7-270所示。

图7-270 将图形对象下移一层

STEP 06 用与上同样的方法，再连续单击两次“下移一层”命令，调整图形的排列顺序，效果如图7-271所示。

图7-271 调整图形排列顺序的效果

技巧点拨

在Flash CC工作界面中，用户按【Ctrl＋向下箭头】组合键，也可以快速执行“下移一层”命令，将图形对象下移一层。

实战 252 将图形移至底层

▶实例位置：光盘\效果\第7章\杯中饮料.fla
▶素材位置：光盘\素材\第7章\杯中饮料.fla
▶视频位置：光盘\视频\第7章\实战252.mp4

• 实例介绍 •

在Flash CC工作界面中，用户使用“移至底层”命令，可以将选择的图形对象移至底层。下面向读者介绍将图形移至底层的操作方法。

• 操作步骤 •

STEP 01 单击“文件”|“打开”命令，打开一个素材文件，如图7-272所示。

图7-272 打开一个素材文件

STEP 02 选取工具箱中的选择工具，选择舞台中需要移至底层的图形对象，如图7-273所示。

图7-273 选择相应图形

STEP 03 在菜单栏中，单击“修改”菜单，在弹出的菜单列表中单击“排列”|“移至底层”命令，如图7-274所示。

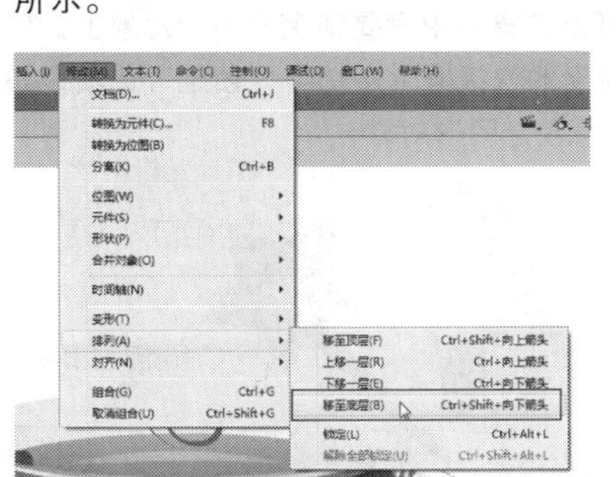

图7-274 单击“移至底层”命令

STEP 04 用户还可以在舞台中需要移至底层的图形对象上，单击鼠标右键，在弹出的快捷菜单中选择“移至底层”选项，如图7-275所示。

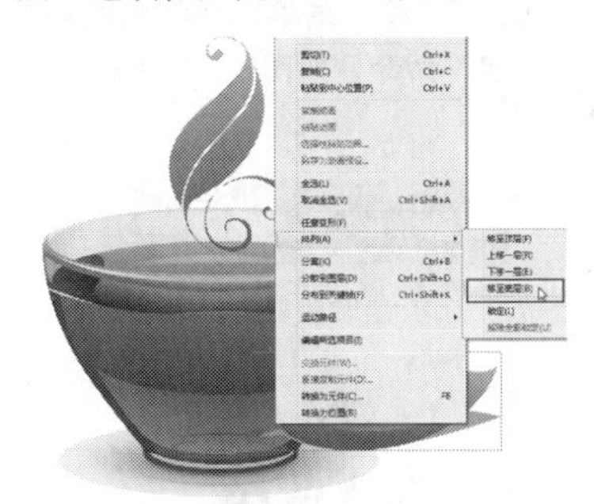

图7-275 选择“移至底层”选项

STEP 05 执行操作后，即可将图形对象移至底层，如图7-276所示。

图7-276 将图形对象移至底层

STEP 06 退出图形选择状态，在舞台中用户可以查看图形对象移至底层后的最终效果，如图7-277所示。

图7-277 调整图形排列顺序的效果

技巧点拨

在Flash CC工作界面中，用户按【Ctrl＋Shift＋向下箭头】组合键，也可以快速执行“移至底层”命令，将图形对象移至底层。

实战253 锁定图形对象

▶实例位置：光盘\效果\第7章\箭头.fla
▶素材位置：光盘\素材\第7章\箭头.fla
▶视频位置：光盘\视频\第7章\实战253.mp4

• 实例介绍 •

在Flash CC工作界面中，用户使用“锁定”命令，可以对选择的图形对象进行锁定操作。下面向读者介绍锁定图形对象的操作方法。

• 操作步骤 •

STEP 01 单击“文件”|“打开”命令，打开一个素材文件，如图7-278所示。

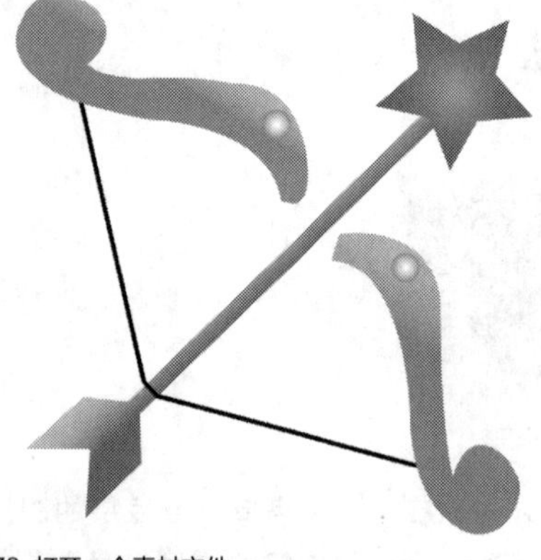

图7-278 打开一个素材文件

STEP 02 选取工具箱中的选择工具，选择舞台中需要锁定的图形对象，如图7-279所示。

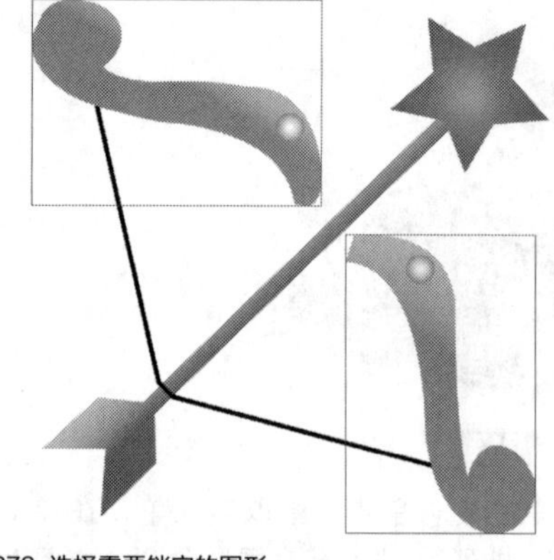

图7-279 选择需要锁定的图形

STEP 03 在菜单栏中，单击“修改”菜单，在弹出的菜单列表中单击“排列”|“锁定”命令，如图7-280所示。

图7-280 单击“锁定”命令

STEP 04 用户还可以在舞台中需要锁定的图形对象上，单击鼠标右键，在弹出的快捷菜单中选择“锁定”选项，如图7-281所示，即可锁定图形对象。

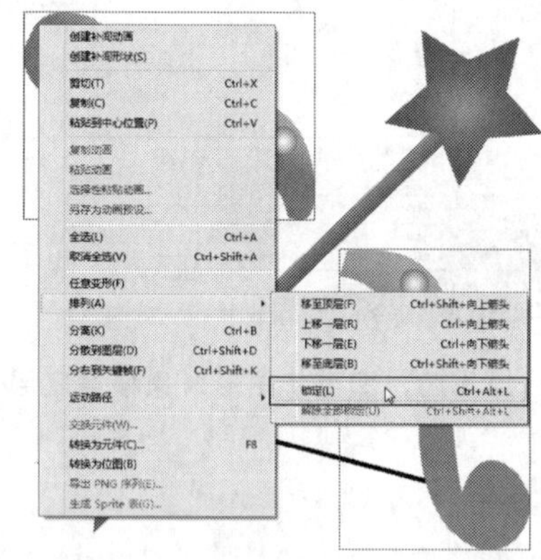

图7-281 选择“锁定”选项

技巧点拨

在Flash CC工作界面中，用户还可以通过以下两种方法执行“锁定”命令。

➢ 按【Ctrl＋Alt＋L】组合键，执行“锁定”命令。
➢ 单击“修改”菜单，在弹出的菜单列表中依次按【A】、【L】键，也可以执行“锁定”命令。

实战 254 解锁图形对象

▶实例位置：光盘\效果\第7章\冰淇淋.fla
▶素材位置：光盘\素材\第7章\冰淇淋.fla
▶视频位置：光盘\视频\第7章\实战254.mp4

• 实例介绍 •

在Flash CC工作界面中，用户使用“解除全部锁定”命令，可以将舞台中的图形对象全部解除锁定操作。下面向读者介绍解锁图形对象的操作方法。

• 操作步骤 •

STEP 01 单击“文件”|“打开”命令，打开一个素材文件，如图7-282所示。

图7-282 打开一个素材文件

STEP 02 在菜单栏中，单击“修改”菜单，在弹出的菜单列表中单击“排列”|“解除全部锁定”命令，如图7-283所示。

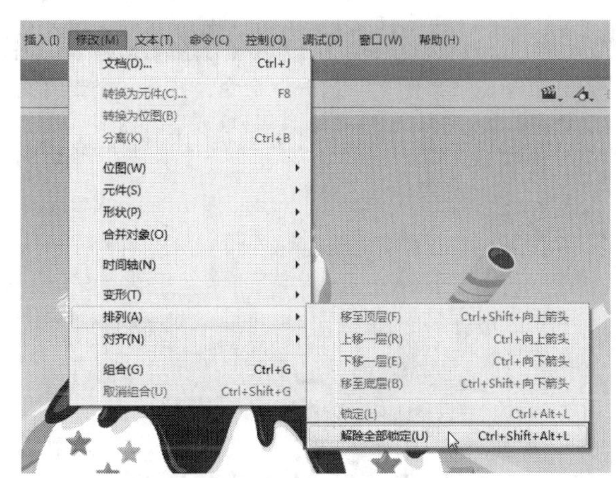

图7-283 单击“解除全部锁定”命令

STEP 03 用户还可以在舞台中的图形上，单击鼠标右键，在弹出的快捷菜单中选择“排列”|“解除全部锁定”选项，如图7-284所示。

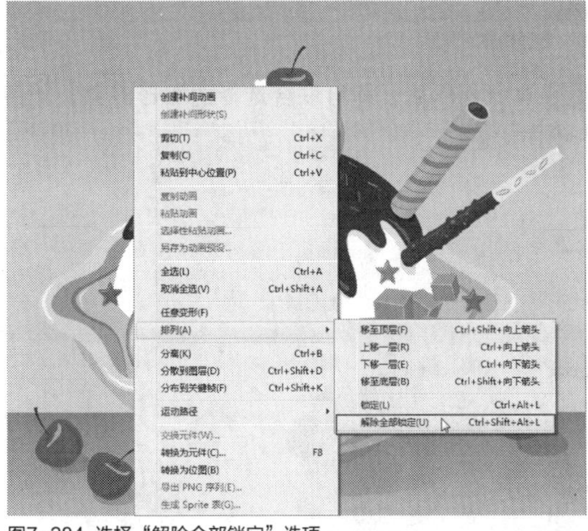

图7-284 选择“解除全部锁定”选项

STEP 04 执行操作后，即可解锁图形对象，效果如图7-285所示。

图7-285 解锁图形对象的效果

技巧点拨

在Flash CC工作界面中，用户还可以通过以下两种方法执行“解除全部锁定”命令。

- 按【Ctrl + Shift + Alt + L】组合键，执行“解除全部锁定”命令。
- 单击“修改”菜单，在弹出的菜单列表中依次按【A】、【U】键，也可以执行“解除全部锁定”命令。

7.8 合并图形对象

在Flash CC中，如果用户需要合并图层对象，可单击“修改”|“合并对象”子菜单中相应的命令，通过合并或改变现有对象来创建新的形状。在有些情况下，所选择的对象的堆叠顺序决定了操作的工作方式。

在Flash CC中，合并对象包括联合、交集、打孔以及裁切4种操作方式，本节主要介绍这4种合并图形对象的方法。

实战255 联合图形对象

▶实例位置：光盘\效果\第7章\骆驼.fla
▶素材位置：光盘\素材\第7章\骆驼.fla
▶视频位置：光盘\视频\第7章\实战255.mp4

• 实例介绍 •

在运用Flash CC制作动画的过程中，如果需要同时对多个对象进行编辑，选择两个或多个形状后，单击“修改”|“合并对象”|“联合”命令，可以将选择的对象合并成单个的形状。

• 操作步骤 •

STEP 01 单击“文件”|“打开”命令，打开一个素材文件，如图7-286所示。

图7-286 打开一个素材文件

STEP 02 在舞台中，选择需要联合的图形对象，如图7-287所示。

图7-287 选择相应的图形

STEP 03 在菜单栏中，单击“修改”菜单，在弹出的菜单列表中单击“合并对象”|“联合”命令，如图7-288所示。

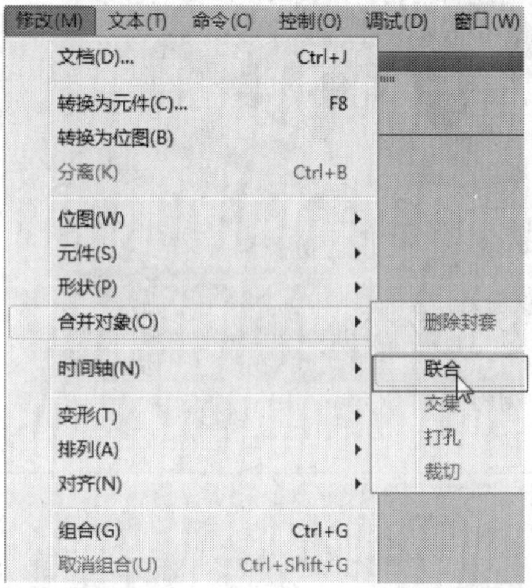

图7-288 单击“联合”命令

STEP 04 执行操作后，即可联合选择的图形对象，如图7-289所示。

图7-289 联合图形对象

实战 256 交集图形对象

▶ 实例位置：光盘\效果\第7章\交集.fla
▶ 素材位置：光盘\素材\第7章\交集.fla
▶ 视频位置：光盘\视频\第7章\实战256.mp4

• 实例介绍 •

在Flash CC中，可以创建两个或多个对象的交集对象，单击“修改”|“合并对象”|“交集”命令，即可通过创建交集对象来改变现有对象，从而创造新的图形形状。

• 操作步骤 •

STEP 01 单击“文件”|“打开”命令，打开一个素材文件，如图7-290所示。

图7-290 打开一个素材文件

STEP 02 选取工具箱中的椭圆工具，在“颜色”面板中设置相应的选项，如图7-291所示。

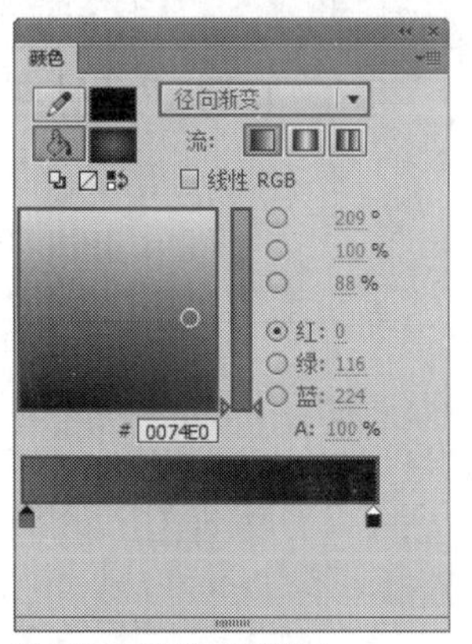

图7-291 设置相应的选项

STEP 03 单击工具箱底部的“对象绘制”按钮，在舞台中的适当位置绘制一个椭圆，如图7-292所示。

图7-292 绘制椭圆

STEP 04 选取工具箱中的选择工具，选择舞台中需要交集的图形对象，如图7-293所示。

图7-293 选择相应的图形

STEP 05 在菜单栏中，单击“修改”菜单，在弹出的菜单列表中单击“合并对象”|“交集”命令，如图7-294所示。

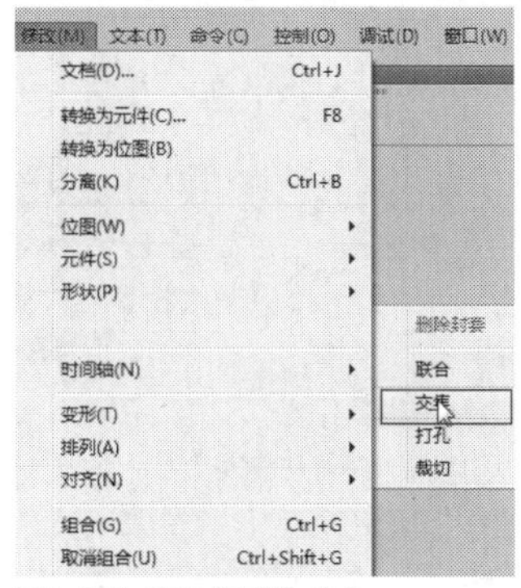

图7-294 单击“交集”命令

STEP 06 执行操作后，即可交集选择的图形对象，如图7-295所示。

图7-295 交集图形对象

知识拓展

在Flash CC中，只有在“对象绘制”模式下绘制的图形，才能进行交集、打孔和裁切等合并图形对象的操作。

实战257 打孔图形对象

▶实例位置：光盘\效果\第7章\打孔.fla
▶素材位置：光盘\素材\第7章\打孔.fla
▶视频位置：光盘\视频\第7章\实战257.mp4

• 实例介绍 •

在Flash CC中，通过单击“修改”|“合并对象”|“打孔”命令，可以删除所选对象最上层的图形，覆盖另一所选对象的部分。

• 操作步骤 •

STEP 01 单击“文件”|“打开”命令，打开一个素材文件，如图7-296所示。

图7-296 打开一个素材文件

STEP 02 选取工具箱中的椭圆工具，在“属性”面板中设置“填充颜色”为黑色，单击工具箱底部的“对象绘制”按钮，在舞台中的适当位置绘制一个椭圆，如图7-297所示。

图7-297 绘制椭圆

STEP 03 用与上同样的方法绘制另一个椭圆，并在“属性”面板中设置其“填充颜色”为黄色，如图7-298所示。

图7-298 绘制另一椭圆

STEP 04 选取工具箱中的选择工具，在舞台中选择绘制的两个椭圆，如图7-299所示。

图7-299 选择两个椭圆

STEP 05 在菜单栏中，单击“修改”菜单，在弹出的菜单列表中单击“合并对象”|“打孔”命令，如图7-300所示。

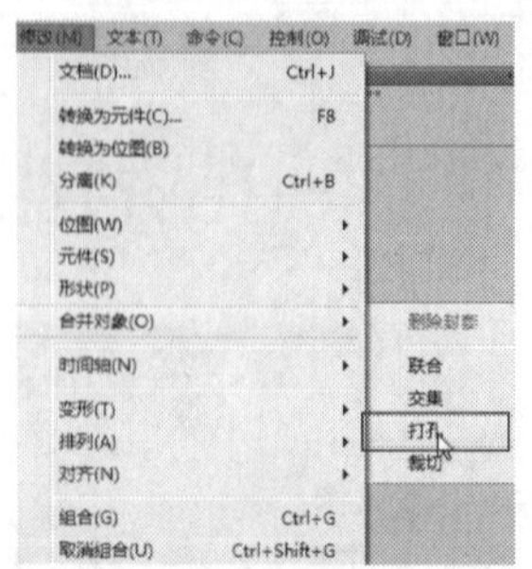

图7-300 单击“打孔”命令

STEP 06 执行操作后，即可打孔图形对象，适当调整其位置，效果如图7-301所示。

图7-301 打孔图形对象

实战 258 裁切图形对象

▶实例位置：光盘\效果\第7章\裁切.fla
▶素材位置：光盘\素材\第7章\裁切.fla
▶视频位置：光盘\视频\第7章\实战258.mp4

• 实例介绍 •

在Flash CC中，裁切图形对象是指使用某一个图形对象的形状裁切另一图形对象，用户可以通过单击“修改”|“合并对象”|“裁切”命令来裁切选择的图形对象。

• 操作步骤 •

STEP 01 单击“文件”|“打开”命令，打开一个素材文件，如图7-302所示。

图7-302 打开一个素材文件

STEP 02 选取工具箱中的矩形工具，在“颜色”面板中设置相应选项，如图7-303所示。

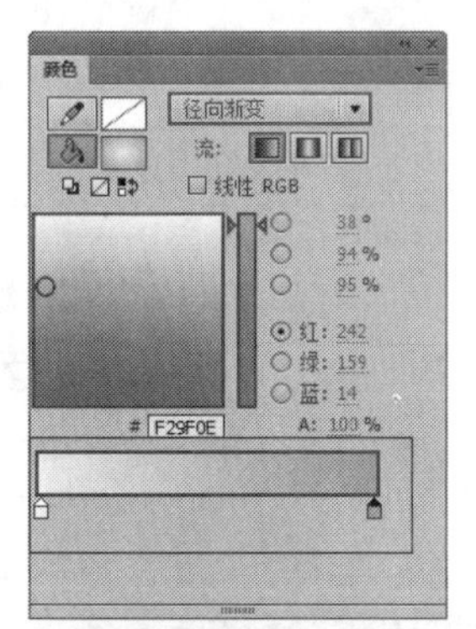

图7-303 设置相应的选项

STEP 03 在舞台中的适当位置绘制一个矩形，如图7-304所示。

图7-304 绘制矩形

STEP 04 用与上同样的方法，在舞台中绘制一个黑色椭圆，如图7-305所示。

图7-305 绘制椭圆

STEP 05 选择绘制的两个图形对象，单击“修改”|“合并对象”|“裁切”命令，即可裁切图形对象，如图7-306所示。

图7-306 单击“裁切”命令

STEP 06 适当地调整裁切图形对象的大小和位置，效果如图7-307所示。

图7-307 裁切效果

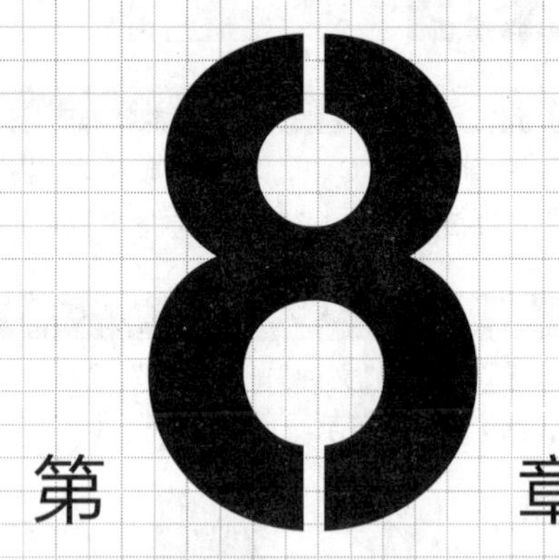

第8章 使用外部图像文件

本章导读

要制作一个复杂的Flash动画，全部用绘制的矢量图形是很浪费时间的，对于制作动画来说外部图像素材获取方便、表现力丰富，隐藏外部图像是必不可少的。在一个精彩的Flash动画中，矢量图形、位图图像、声音和视频都是不可缺少的元素。

本章主要向读者介绍导入图像文件、编辑位图图像、修改位图图像、压缩与交换位图文件的操作方法。

要点索引

- 导入图像文件
- 编辑位图图像
- 修改位图图像
- 压缩与交换位图

8.1 导入图像文件

Flash CC所提供的绘图工具和公用库内容对于制作一个大型的项目而言是不够的，这时需要从外部导入所需的素材文件。本节主要向读者介绍导入外部图像文件的操作方法，主要包括导入JPEG文件、PSD文件、PNG文件、GIF文件、Illustrator文件以及AutoCAD WMF文件等。

实战 259 导入JPEG文件

▶实例位置：光盘\效果\第8章\珠宝广告.fla
▶素材位置：光盘\素材\第8章\珠宝广告.jpg
▶视频位置：光盘\视频\第8章\实战259.mp4

• 实例介绍 •

在Flash CC工作界面中，用户可以将需要使用的JPEG文件素材导入舞台中。下面向读者介绍导入JPEG文件的操作方法。

• 操作步骤 •

STEP 01 在菜单栏中，单击“文件”菜单，在弹出的菜单列表中单击“导入”|“导入到库”命令，如图8-1所示。

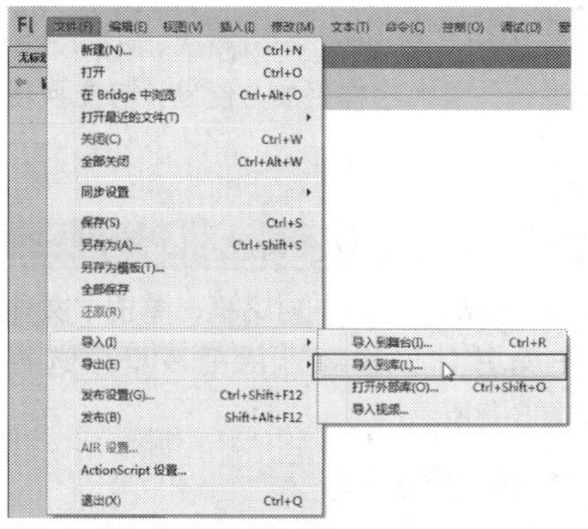

图8-1 单击“导入到库”命令

STEP 02 执行操作后，弹出“导入到库”对话框，单击“文件格式”右侧的下三角按钮，在弹出的列表框中选择“JPEG图像”选项，如图8-2所示。

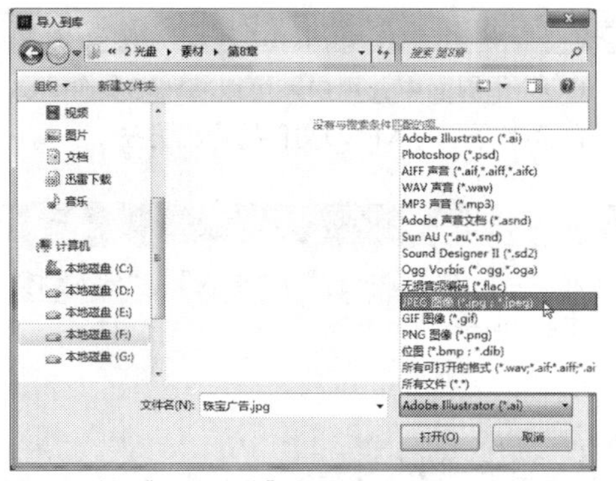

图8-2 选择“JPEG图像”选项

知识拓展

在Flash CC工作界面中，“导入”子菜单中的各命令含义如下。

➢ “导入到舞台”命令：选择该选项，可以将选择的素材文件直接导入舞台中。
➢ “导入到库”命令：选择该选项，可以将选择的素材文件导入“库”面板中。
➢ “打开外部库”命令：选择该选项，可以打开外部的库文件。
➢ “导入视频”命令：选择该选项，可以导入用户需要的视频文件。

STEP 03 此时，在“导入到库”对话框中将显示所有JPEG格式的图像，在其中选择需要导入的JPEG图像文件，如图8-3所示。

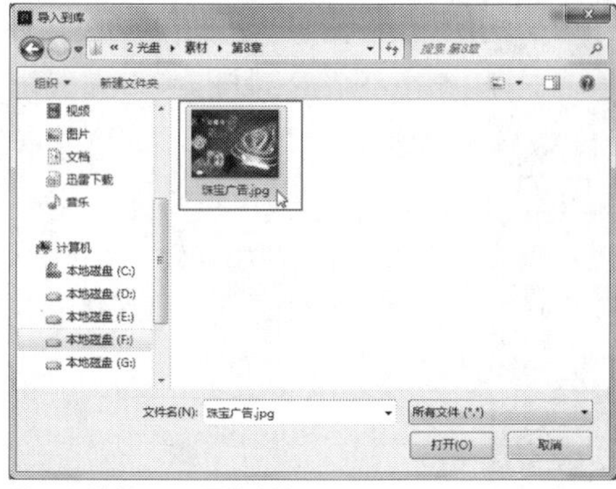

图8-3 选择JPEG图像文件

STEP 04 单击“打开”按钮，即可将选择的JPEG图像文件导入Flash CC软件的“库”面板中，如图8-4所示。

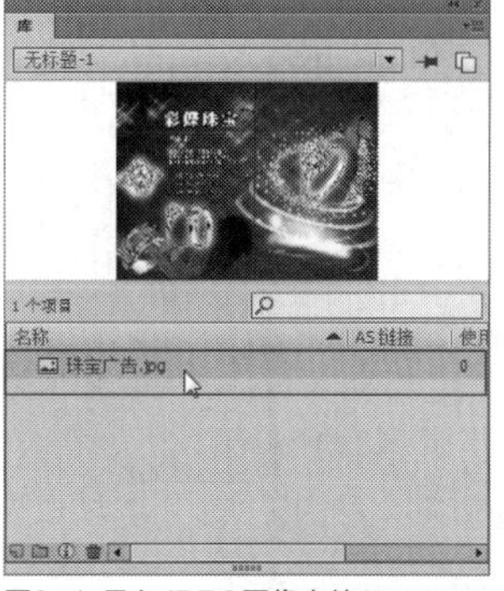

图8-4 导入JPEG图像文件

STEP 05 在“库”面板中，选择导入的JPEG图像文件，单击鼠标左键并拖曳至舞台中的适当位置，将素材添加到舞台中，如图8-5所示。

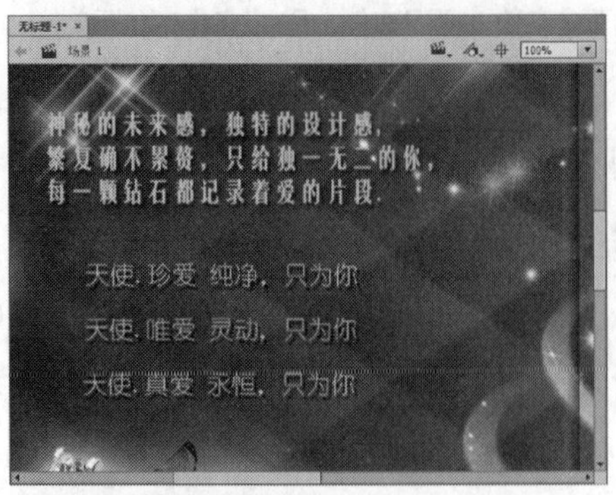

图8-5 将素材添加到舞台中

STEP 06 在菜单栏中，单击“视图”|“缩放比率”|“显示全部”命令，即可显示舞台中的所有图像画面，如图8-6所示。

图8-6 显示舞台中的所有图像画面

实战 260 导入PSD文件

▶实例位置：光盘\效果\第8章\时尚百货.fla
▶素材位置：光盘\素材\第8章\时尚百货.psd
▶视频位置：光盘\视频\第8章\实战260.mp4

• 实例介绍 •

在Flash CC工作界面中，用户还可以将PSD文件导入Flash中使用，并可以进行分层，这样更加方便设计者交换使用素材。下面向读者介绍导入PSD文件的操作方法。

• 操作步骤 •

STEP 01 在菜单栏中，单击“文件”|“导入”|“导入到舞台”命令，如图8-7所示。

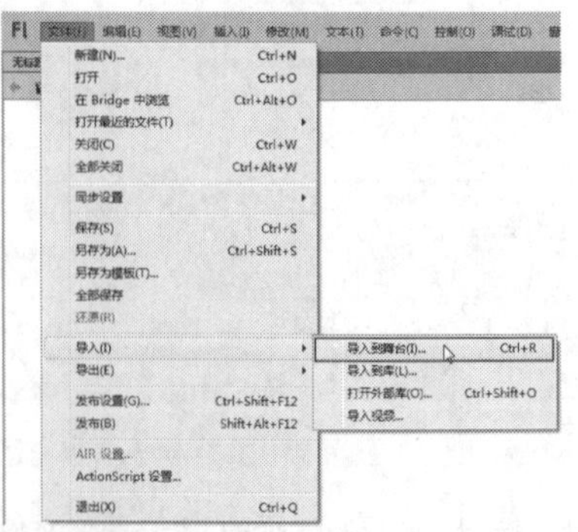

图8-7 单击“导入到舞台”命令

STEP 02 执行操作后，弹出“导入”对话框，单击“文件格式”右侧的下三角按钮，在弹出的列表框中选择Photoshop选项，如图8-8所示。

图8-8 选择“Photoshop”选项

STEP 03 此时，在“导入”对话框中选择需要导入的PSD图像文件，如图8-9所示。

图8-9 选择PSD图像文件

STEP 04 单击“打开”按钮，弹出相应对话框，如图8-10所示，单击“确定”按钮。

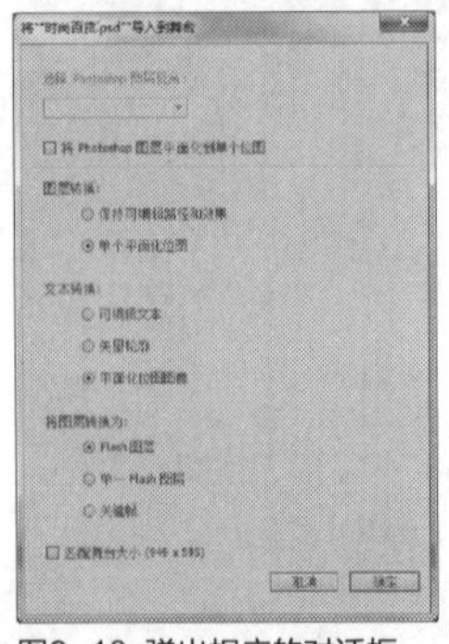

图8-10 弹出相应的对话框

STEP 05 单击“确定”按钮，即可将PSD图像导入舞台中，如图8-11所示。

图8-11 导入PSD图像文件

STEP 06 在舞台中，以合适的显示比例显示导入的PSD图像，效果如图8-12所示。

图8-12 以合适比例显示导入的图像

技巧点拨

在Flash CC工作界面中，当导入的PSD文件只有一个图层时，PSD文件将直接导入Flash文件中，而不会弹出“将xx.psd导入到舞台”对话框。

实战 261 导入PNG文件

▶ 实例位置：光盘\效果\第8章\天空背景.fla
▶ 素材位置：光盘\素材\第8章\天空背景.fla、彩绘.png
▶ 视频位置：光盘\视频\第8章\实战261.mp4

• 实例介绍 •

在Flash CC工作界面中，用户可以将PNG文件导入舞台中，并对导入的PNG素材文件进行相应编辑操作。下面向读者介绍导入PNG图像文件的操作方法。

• 操作步骤 •

STEP 01 单击“文件”|“打开”命令，打开一个素材文件，如图8-13所示。

图8-13 打开一个素材文件

STEP 02 在菜单栏中，单击“文件”|“导入”|“导入到舞台”命令，如图8-14所示。

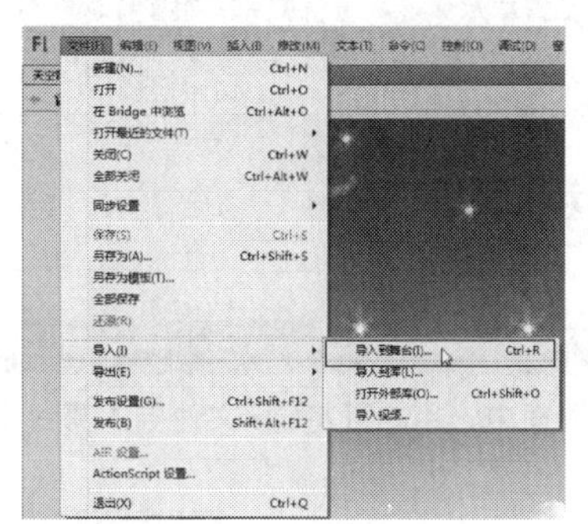

图8-14 单击“导入到舞台”命令

STEP 03 执行操作后，弹出“导入”对话框，单击“文件格式”右侧的下三角按钮，在弹出的列表框中选择“PNG图像”选项，如图8-15所示。

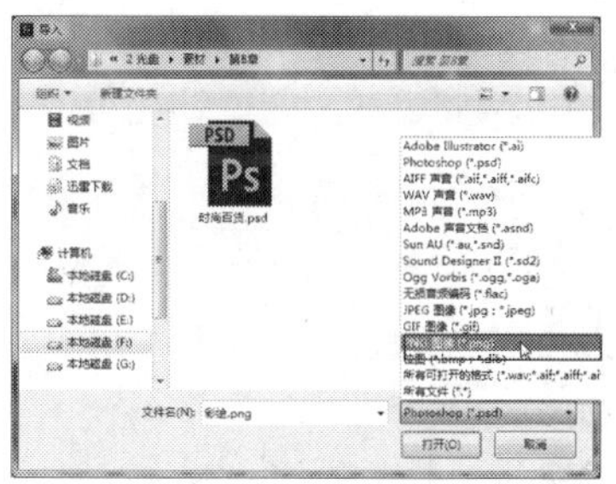

图8-15 选择“PNG图像”选项

STEP 04 此时，在“导入”对话框中选择需要导入的PNG图像文件，如图8-16所示。

图8-16 选择PNG图像文件

STEP 05 单击“打开”按钮，即可将PNG图像导入舞台中，在舞台中可以查看导入的PNG图像效果，如图8-17所示。

图8-17 查看PNG图像效果

STEP 06 在舞台中，以合适的显示比例显示导入的PNG图像，效果如图8-18所示。

图8-18 以合适比例显示导入的图像

知识拓展

PNG图像文件存储格式的目的是试图替代GIF和TIFF文件格式，同时增加一些GIF文件格式所不具备的特性。可移植网络图形格式（Portable Network Graphic Format，PNG）名称来源于非官方的“PNG's Not GIF”，是一种位图文件（bitmap file）存储格式，读成“ping”。

PNG用来存储灰度图像时，灰度图像的深度可多到16位，存储彩色图像时，彩色图像的深度可多到48位，并且还可存储多到16位的通道数据。PNG使用从LZ77派生的无损数据压缩算法。一般应用于JAVA程序中或网页或S60程序中，是因为它压缩比高，生成文件容量小。PNG格式具有许多特性，下面进行简单介绍。

➢ 体积小。网络通信中因受带宽制约，在保证图片清晰、逼真的前提下，网页中不可能大范围地使用文件较大的bmp、jpg格式文件。

➢ 无损压缩。PNG文件采用LZ77算法的派生算法进行压缩，其结果是获得高的压缩比，不损失数据。它利用特殊的编码方法标记重复出现的数据，因而对图像的颜色没有影响，也不可能产生颜色的损失，这样就可以重复保存而不降低图像质量。

➢ 索引彩色模式。PNG-8格式与GIF图像类似，同样采用8位调色板将RGB彩色图像转换为索引彩色图像。图像中保存的不再是各个像素的彩色信息，而是从图像中挑选出来的具有代表性的颜色编号，每一编号对应一种颜色，图像的数据量也因此减少，这对彩色图像的传播非常有利。

➢ 更优化的网络传输显示。PNG图像在浏览器上采用流式浏览，即使经过交错处理的图像会在完全下载之前提供给浏览者一个基本的图像内容，然后逐渐清晰起来。它允许连续读出和写入图像数据，这个特性很适合于在通信过程中显示和生成图像。

➢ 支持透明效果。PNG可以为原图像定义256个透明层次，使得彩色图像的边缘能与任何背景平滑地融合，从而彻底地消除锯齿边缘，这种功能是GIF和JPEG没有的。

➢ PNG同时还支持真彩和灰度级图像的Alpha通道透明度。

实战262 导入GIF文件

▶实例位置：光盘\效果\第8章\乡村美景.fla
▶素材位置：光盘\素材\第8章\乡村美景.gif
▶视频位置：光盘\视频\第8章\实战262.mp4

• 实例介绍 •

在Flash CC工作界面中，用户可将GIF文件导入舞台中，进行动画编辑。下面向读者介绍导入GIF素材文件的操作方法。

• 操作步骤 •

STEP 01 进入Flash CC工作界面，在菜单栏中单击“文件”|“导入”|“导入到库”命令，如图8-19所示。

图8-19 单击“导入到库”命令

STEP 02 执行操作后，弹出“导入到库”对话框，单击“文件格式”右侧的下三角按钮，在弹出的列表框中选择“GIF图像”选项，如图8-20所示。

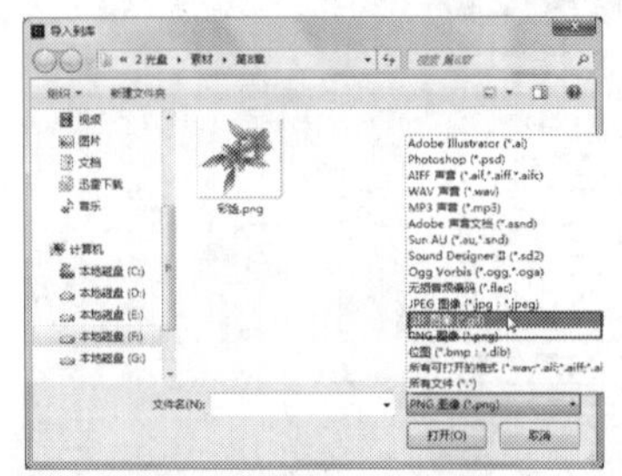
图8-20 选择“GIF图像”选项

STEP 03 此时，在“导入到库”对话框中将显示所有GIF格式的动画文件，在其中选择需要导入的GIF动画文件，如图8-21所示。

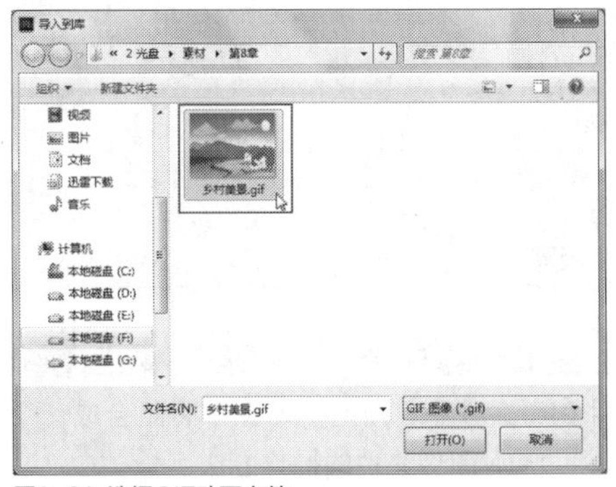

图8-21 选择GIF动画文件

STEP 04 单击“打开”按钮，即可将选择的GIF动画文件导入Flash CC软件的“库”面板中，如图8-22所示。

图8-22 导入GIF动画文件

STEP 05 在“库”面板中，选择“元件1”素材文件，如图8-23所示。

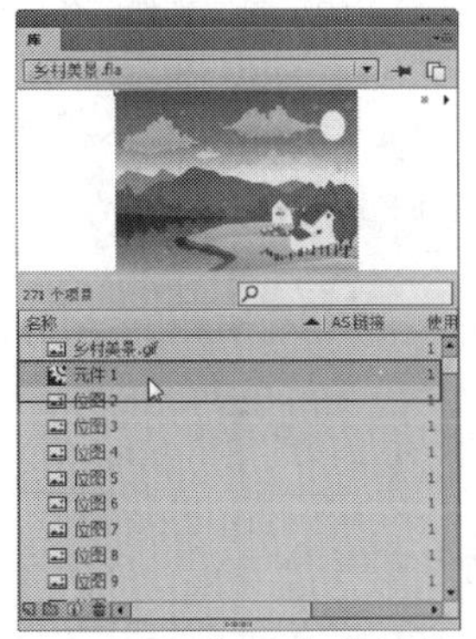

图8-23 选择“元件1”素材文件

STEP 06 在该素材文件上，单击鼠标左键并拖曳至舞台中的适当位置，将GIF动画素材添加到舞台中，如图8-24所示。

图8-24 将动画文件添加至舞台中

STEP 07 按【Ctrl＋Enter】组合键，对舞台中的GIF动画文件进行输出渲染操作，在SWF窗口中可以预览GIF动画效果，如图8-25所示。

图8-25 预览GIF动画效果

知识拓展

GIF（Graphics Interchange Format）的原义是“图像互换格式”，是CompuServe公司在1987年开发的图像文件格式。GIF文件的数据，是一种基于LZW算法的连续色调的无损压缩格式。其压缩率一般在50%左右，不属于任何应用程序。目前几乎所有相关软件都支持它，公共领域有大量的软件在使用GIF图像文件。GIF图像文件的数据是经过压缩的，而且是采用了可变长度等压缩算法。GIF格式的另一个特点是其在一个GIF文件中可以存多幅彩色图像，如果把存于一个文件中的多幅图像数据逐幅读出并显示到屏幕上，就可构成一种最简单的动画。

GIF格式自1987年由CompuServe公司引入后，因其体积小而成像相对清晰，特别适合于初期慢速的互联网，而从此大受欢迎。它采用无损压缩技术，只要图像不多于256色，则可既减少文件的大小，又保持成像的质量（当然，现在也存在一些hack技术，在一定的条件下克服256色的限制，具体参见真彩色）。然而，256色的限制大大局限了GIF文件的应用范围，如彩色相机等。（当然采用无损压缩技术的彩色相机照片亦不适合通过网络传输。）另外，在高彩图片上有着不俗表现的JPG格式却在简单的折线上效果差强人意。因此，GIF格式普遍适用于图表、按钮等只需少量颜色的图像（如黑白照片）。

实战263 导入Illustrator文件

▶实例位置：光盘\效果\第8章\室内装饰.fla
▶素材位置：光盘\素材\第8章\室内装饰.ai
▶视频位置：光盘\视频\第8章\实战263.mp4

• 实例介绍 •

在Flash CC工作界面中，用户可以导入Illustrator文件。在导入的Illustrator文件中，所有的对象都将组合成一个组，如果要对导入的文件进行编辑，将群组打散即可。下面向读者介绍导入Illustrator图像文件的操作方法。

• 操作步骤 •

STEP 01 在菜单栏中单击“文件”|“导入”|“导入到库”命令，弹出“导入到库”对话框，单击“文件格式”右侧的下三角按钮，在弹出的列表框中选择Adobe Illustrator选项，如图8-26所示。

STEP 02 此时，在“导入到库”对话框中，将显示所有AI格式的图像文件，在其中选择需要导入的AI图像文件，如图8-27所示。

图8-26 选择“Adobe Illustrator”选项

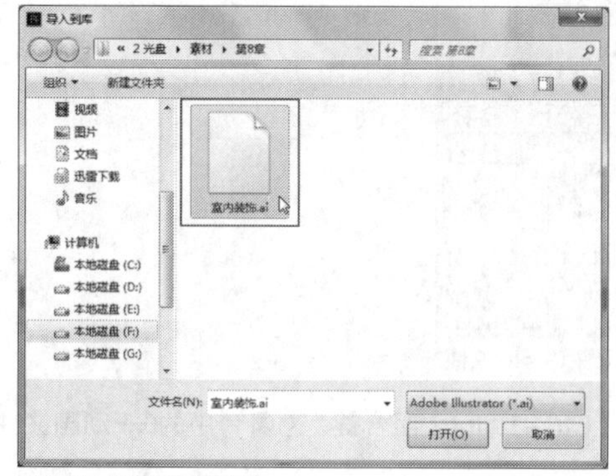

图8-27 选择AI图像文件

STEP 03 单击“打开”按钮，弹出相应对话框，单击“确定”按钮，如图8-28所示。

STEP 04 执行操作后，即可将Illustrator图像导入“库”面板中，如图8-29所示。

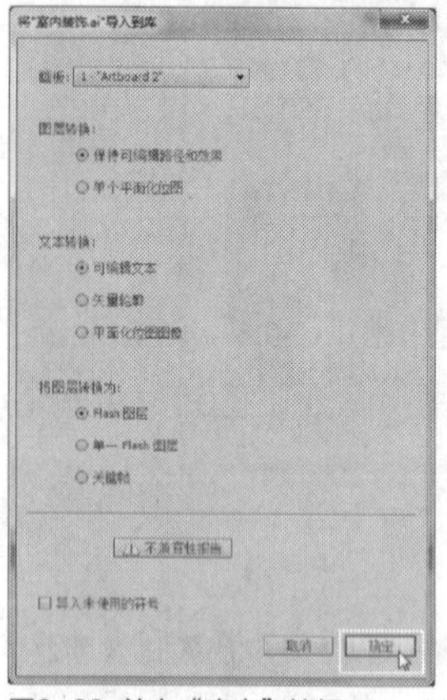
图8-28 单击“确定”按钮

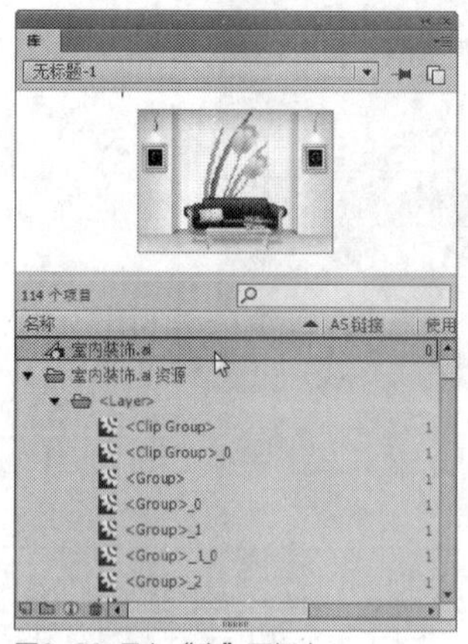

图8-29 导入“库”面板中

STEP 05 在导入的素材文件上，单击鼠标左键并拖曳至舞台中的适当位置，将Illustrator图像素材添加到舞台中，如图8-30所示。

STEP 06 在舞台中，以合适的显示比例显示导入的Illustrator图像，效果如图8-31所示。

图8-30 将图像添加到舞台中

图8-31 以合适的显示比例显示图像

知识拓展

ai格式是Adobe公司发布的矢量软件illustrator的专用文件格式，它的优点是占用硬盘空间小，打开速度快，方便格式转换。

实战 264 导入TIF文件

▶ 实例位置：光盘\效果\第8章\浓情端午.fla
▶ 素材位置：光盘\素材\第8章\浓情端午.tif
▶ 视频位置：光盘\视频\第8章\实战264.mp4

• 实例介绍 •

在Flash CC工作界面中，用户不仅可以导入Illustrator文件，还可以导入TIF格式的图像文件。

• 操作步骤 •

STEP 01 在菜单栏中单击“文件”|“导入”|“导入到库”命令，弹出“导入到库”对话框，单击“文件格式”右侧的下三角按钮，在弹出的列表框中选择“所有文件”选项，如图8-32所示。

STEP 02 此时，在“导入到库”对话框中，选择需要导入的TIF图像文件，如图8-33所示。

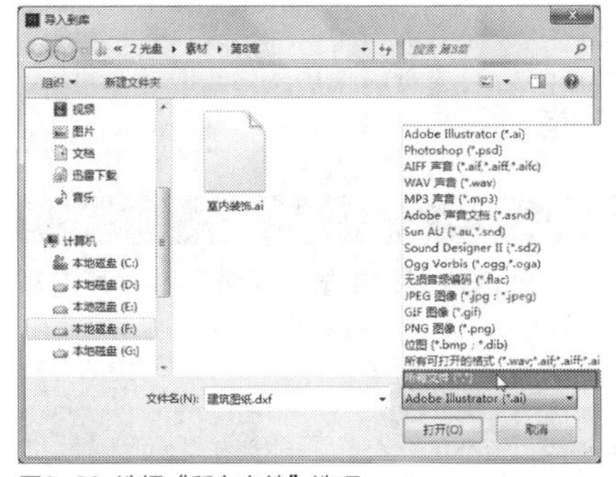
图8-32 选择“所有文件”选项

图8-33 选择TIF图像文件

STEP 03 单击“打开”按钮，即可将TIF图像导入“库”面板中，如图8-34所示。

STEP 04 在导入的素材文件上，单击鼠标左键并拖曳至舞台中的适当位置，将TIF图像素材添加到舞台中，如图8-35所示。

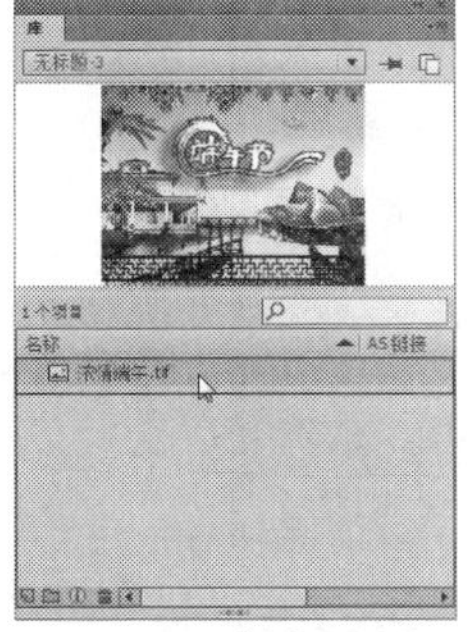
图8-34 导入“库”面板中

图8-35 将素材添加到舞台中

STEP 05 在舞台中，以合适的显示比例显示导入的TIF图像，效果如图8-36所示。

图8-36 以合适的显示比例显示图像

知识拓展

TIF格式为图像文件格式，此图像格式复杂，存储内容多，占用存储空间大，其大小是GIF图像的3倍，是相应的JPEG图像的10倍，最早流行于Macintosh，现在Windows主流的图像应用程序都支持此格式。

TIFF与JPEG和PNG一起成为流行的高位彩色图像格式。TIFF格式在业界得到了广泛的支持，如Adobe公司的Photoshop、Jasc的GIMP、Ulead PhotoImpact和Paint Shop Pro等图像处理应用、QuarkXPress和Adobe InDesign这样的桌面印刷和页面排版应用，扫描、传真、文字处理、光学字符识别和其他一些应用等都支持这种格式。从Aldus获得了PageMaker印刷应用程序的Adobe公司现在控制着TIFF规范。TIFF文件格式适用于在应用程序之间和计算机平台之间的交换文件，它的出现使得图像数据交换变得简单。

TIFF最初的设计目的是20世纪80年代中期桌面扫描仪厂商达成一个公用的统一的扫描图像文件格式，而不是每个厂商使用自己专有的格式。在刚开始的时候，TIFF只是一个二值图像格式，因为当时的桌面扫描仪只能处理这种格式。随着扫描仪的功能越来越强大，并且计算机的磁盘空间越来越大，TIFF逐渐支持灰阶图像和彩色图像。

TIFF是最复杂的一种位图文件格式。TIFF是基于标记的文件格式，它广泛地应用于对图像质量要求较高的图像的存储与转换。由于结构灵活和包容性大，它已成为图像文件格式的一种标准，绝大多数图像系统都支持这种格式。

实战265 打开外部库文件

▶实例位置：光盘\效果\第8章\书本.fla
▶素材位置：光盘\素材\第8章\书本.jpg
▶视频位置：光盘\视频\第8章\实战265.mp4

• 实例介绍 •

在Flash CC工作界面中，用户可以打开外部库文件，作为一个独立的“库”，外部库面板中显示了外部库中所有项目的名称，用户可以随时查看和调用这些元件。

• 操作步骤 •

STEP 01 在菜单栏中单击“文件”|“导入”|“打开外部库”命令，如图8-37所示。

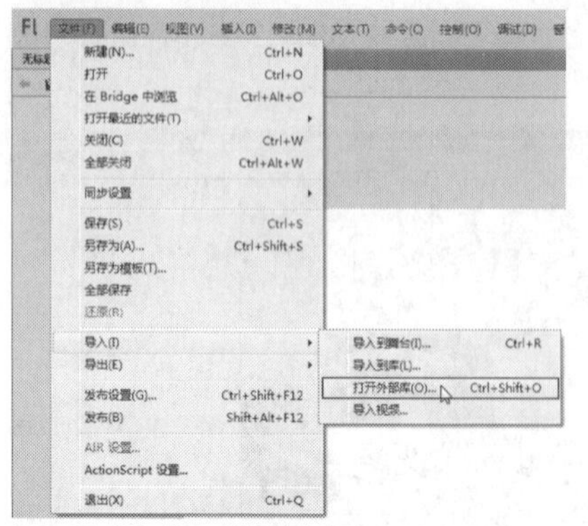

图8-37 单击“打开外部库”命令

STEP 02 执行操作后，弹出“打开”对话框，在其中选择外部库文件，如图8-38所示。

图8-38 选择外部库文件

STEP 03 单击“打开”按钮，即可将选择的外部库文件导入Flash CC新建的动画文件中，在“库”面板中可以查看外部库文件，如图8-39所示。

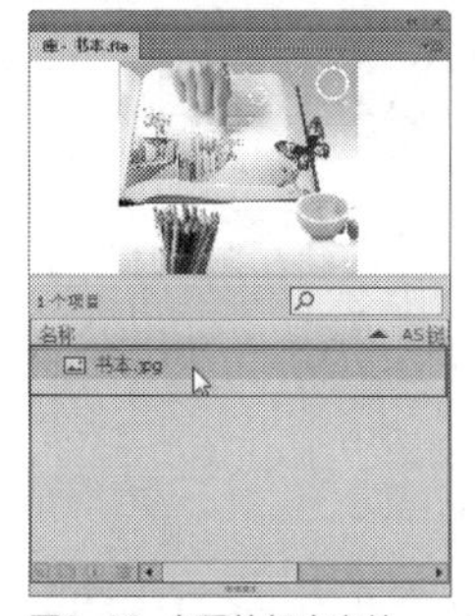

图8-39 查看外部库文件

STEP 04 在导入的素材文件上，单击鼠标左键并拖曳至舞台中的适当位置，如图8-40所示。

图8-40 拖曳至舞台中的适当位置

STEP 05 在舞台中，以合适的显示比例显示导入的TIF图像，效果如图8-41所示。

图8-41 显示导入的TIF图像

8.2 编辑位图图像

在Flash CC工作界面中，用户可根据需要对舞台中的位图图像进行相关编辑操作，主要包括设置位图属性、矢量化位图、去除位图背景、修改位图的颜色以及运用外部编辑器编辑位图等内容。本节主要向读者介绍编辑位图图像的操作方法，希望读者熟练掌握本节内容。

实战266 设置位图属性

▶实例位置：光盘\效果\第8章\情人节快乐.fla
▶素材位置：光盘\素材\第8章\情人节快乐.jpg
▶视频位置：光盘\视频\第8章\实战266.mp4

• 实例介绍 •

在Flash CC工作界面中，用户在编辑图像时，利用“属性”面板即可查看位图的名称、大小以及舞台的位置等，还可以根据需要对这些位图属性进行相应修改操作。

• 操作步骤 •

STEP 01 在菜单栏中，单击“文件”|“导入”|“导入到舞台”命令，如图8-42所示。

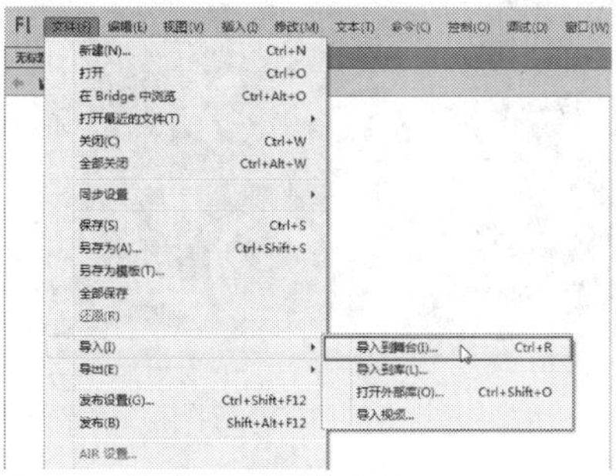

图8-42 单击“导入到舞台”命令

STEP 02 弹出“导入”对话框，在其中选择需要导入的位图图像，如图8-43所示。

图8-43 选择需要导入的位图图像

STEP 03 单击“打开”按钮，即可将位图图像导入舞台中，舞台图像如图8-44所示。

图8-44 将位图图像导入舞台中

STEP 04 在“属性”面板中，可以查看舞台中位图图像的属性参数，如图8-45所示。

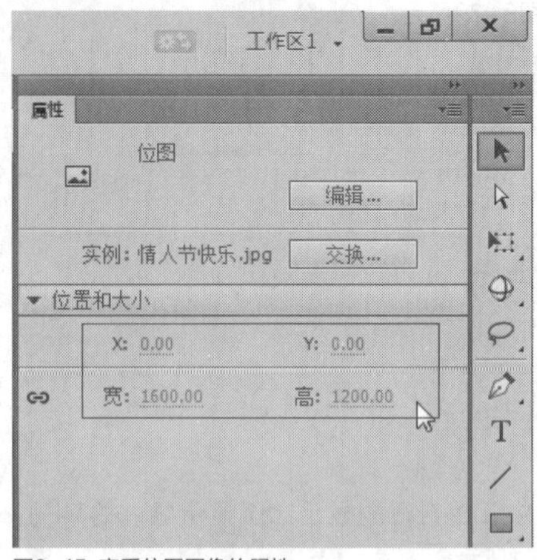

图8-45 查看位图图像的属性

STEP 05 在“属性”面板中，设置位图图像的“宽”为800，如图8-46所示，更改位图的宽度。

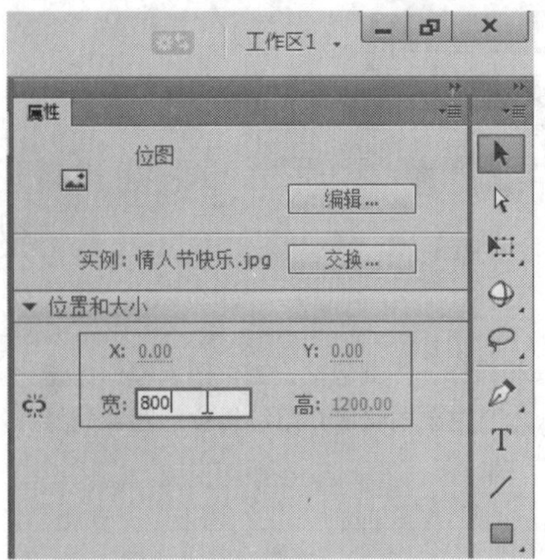

图8-46 设置位图图像的“宽”

STEP 06 在“属性”面板中，设置位图图像的“高”为600，如图8-47所示，更改位图的高度。

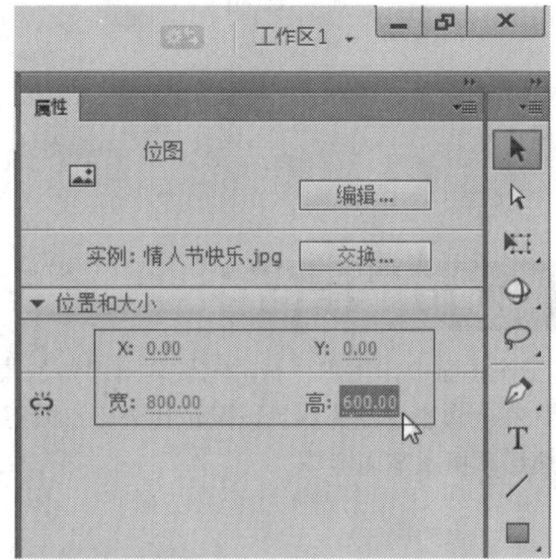

图8-47 设置位图图像的“高”

STEP 07 执行操作后，即可更改位图图像的宽高比例，在舞台中可以查看图像的效果，在右上角的比例列表框中，选择“显示全部”选项，如图8-48所示。

图8-48 选择“显示全部”选项

STEP 08 执行操作后，即可在舞台中查看修改属性后的位图图像效果，如图8-49所示。

图8-49 查看位图图像效果

实战 267 将位图转换为矢量图

▶实例位置：光盘\效果\第8章\城市的脚步.fla
▶素材位置：光盘\素材\第8章\城市的脚步.fla
▶视频位置：光盘\视频\第8章\实战267.mp4

• 实例介绍 •

由于Flash是一个基于矢量图形的软件，有些操作针对位图图像是无法实现的。尽管执行“分离”操作后，位图图像可以运用某些矢量图形的操作，但此时不等同于矢量图形，某些操作依然无法实现，可以使用“转换位图为矢量图”命令将位图图像转换为矢量图形，然后执行相应的操作。下面向读者介绍矢量化位图的操作方法。

• 操作步骤 •

STEP 01 单击“文件”|“打开”命令，打开一个素材文件，如图8-50所示。

STEP 02 在舞台中，选择需要转换为矢量图的位图图像，此时图像四周显示蓝色边框，表示该素材已被选中，如图8-51所示。

图8-50 打开一个素材文件

图8-51 选择舞台中的位图图像

STEP 03 在菜单栏中，单击“修改”菜单，在弹出的菜单列表中单击“位图”|“转换位图为矢量图”命令，如图8-52所示。

STEP 04 执行操作后，弹出“转换位图为矢量图”对话框，如图8-53所示。

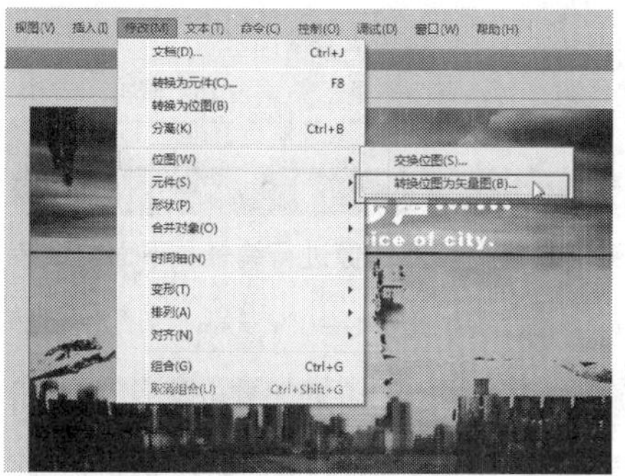

图8-52 单击“转换位图为矢量图”命令

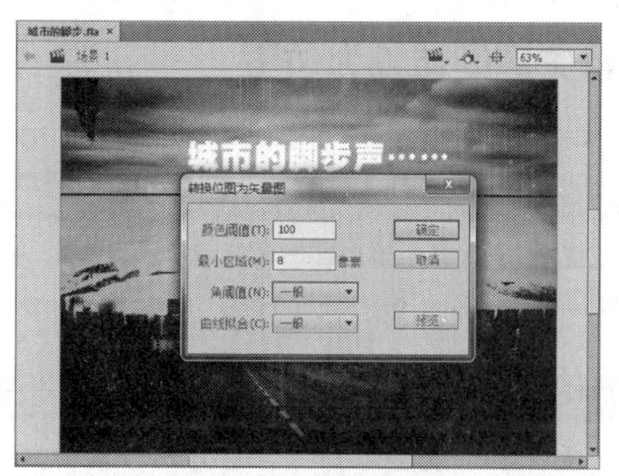

图8-53 弹出“转换位图为矢量图”对话框

STEP 05 单击“角阈值”右侧的下三角按钮，在弹出的列表框中选择“较少转角”选项，如图8-54所示。

STEP 06 单击“曲线拟合”右侧的下三角按钮，在弹出的列表框中选择“非常紧密”选项，如图8-55所示。

图8-54 选择“较少转角”选项

图8-55 选择“非常紧密”选项

知识拓展

在“转换位图为矢量图”对话框中，各选项含义如下。

- “颜色阈值”文本框：在文本框中输入一个数值，可以设置色彩容差值。
- “最小区域”文本框：可设置为某个像素指定颜色时需要考虑的周围像素的数量。
- “角阈值”列表框：选择相应的选项，可确定保留较多转角还是较少转角。
- “曲线拟合”列表框：选择相应的选项，可确定绘制轮廓的平滑程度。
- “预览”按钮：单击该按钮，可以在舞台中预览将位图转换为矢量图的效果。
- “确定”按钮：单击该按钮，可以确定位图图像转换的参数设置。
- “取消”按钮：单击该按钮，可以取消位图的转换操作，返回Flash工作界面。

STEP 07 设置完成后，单击“确定”按钮，即可将位图图像转换为矢量图形，位图图像被打散了一样，如图8-56所示。

图8-56 将位图转换为矢量图形

STEP 08 退出图像编辑状态，在舞台中可以查看转换为矢量图形后的位图画面效果，图像的像素发生了变化，如图8-57所示。

图8-57 查看转换为矢量图形后的效果

技巧点拨

在Flash CC工作界面中，用户按【Ctrl+R】组合键，也可以快速弹出“导入”对话框，将外部素材导入舞台中。

实战268 将矢量图转换为位图

- 实例位置：光盘\效果\第8章\红金鱼.fla
- 素材位置：光盘\素材\第8章\红金鱼.fla
- 视频位置：光盘\视频\第8章\实战268.mp4

• 实例介绍 •

在Flash CC工作界面中，用户在制作动画的过程中，也可以将某些矢量图形转换为位图图像进行编辑。下面向读者介绍将矢量图形转换为位图图像的操作方法。

• 操作步骤 •

STEP 01 单击“文件”|“打开”命令，打开一个素材文件，如图8-58所示。

图8-58 打开一个素材文件

STEP 02 在舞台中，选择需要转换为位图的矢量图形，此时图形四周显示青色边框，表示该矢量图形已被选中，如图8-59所示。

图8-59 选中矢量图形

STEP 03 在菜单栏中，单击“修改”菜单，在弹出的菜单列表中单击“转换为位图”选项，如图8-60所示。

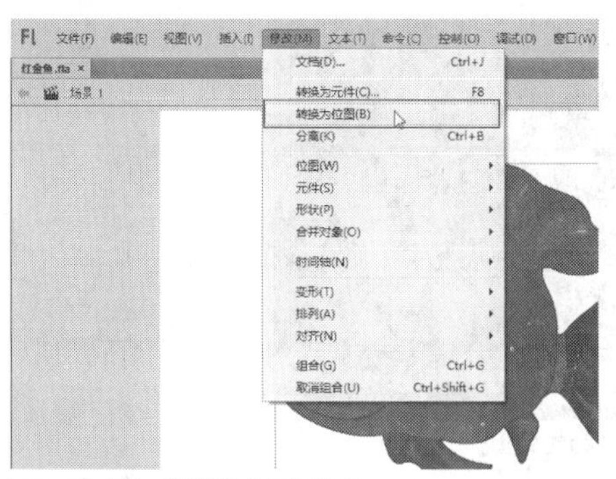

图8-60 单击“转换为位图”选项

STEP 04 将矢量图形转换为位图图像，此时素材四周显示蓝色边框，如图8-61所示。

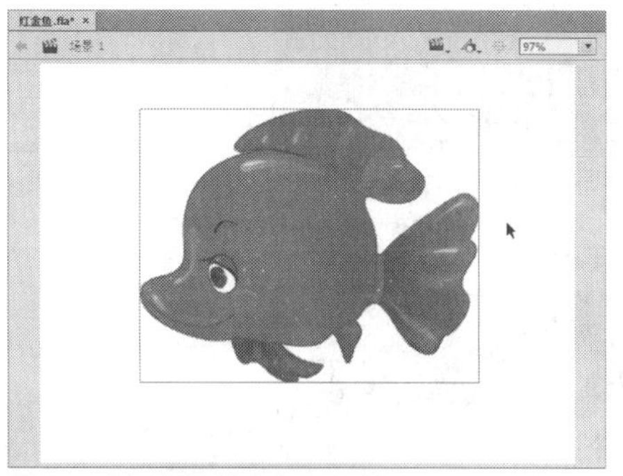

图8-61 将矢量图形转换为位图图像

技巧点拨

在Flash CC工作界面中，用户单击“修改”菜单，在弹出的菜单列表中按【B】键，也可以快速执行“转换为位图”命令。

STEP 05 打开“库”面板，在其中可以查看转换为位图图像后的库文件，如图8-62所示。

图8-62 查看库文件

实战 269 去除位图背景

▶实例位置：光盘\效果\第8章\音乐节目.fla
▶素材位置：光盘\素材\第8章\音乐节目.fla
▶视频位置：光盘\视频\第8章\实战269.mp4

• 实例介绍 •

在Flash CC工作界面中，当位图背景不需要时，用户可以对位图图像的背景进行删除操作。下面向读者介绍去除位图背景的操作方法。

• 操作步骤 •

STEP 01 单击“文件”|“打开”命令，打开一个素材文件，如图8-63所示。

图8-63 打开一个素材文件

STEP 02 在菜单栏中，单击“修改”菜单，在弹出的菜单列表中单击“位图”|“转换位图为矢量图”命令，如图8-64所示。

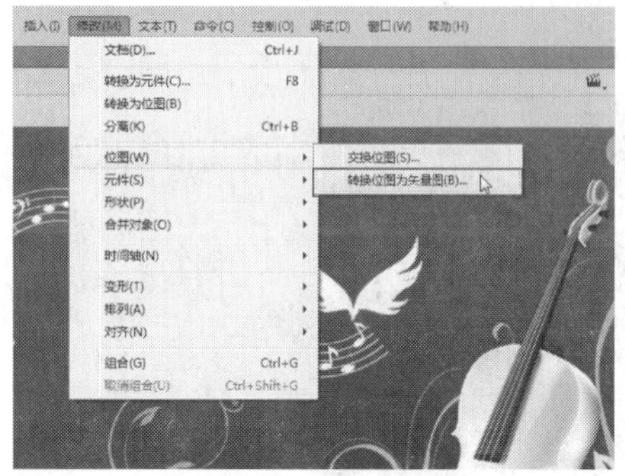

图8-64 单击“转换位图为矢量图”命令

STEP 03 执行操作后，弹出“转换位图为矢量图”对话框，在其中设置各参数，如图8-65所示。

图8-65 设置各参数

STEP 04 单击“确定”按钮，即可将位图图像转换为矢量图形，如图8-66所示。

图8-66 将位图转换为矢量图形

STEP 05 在工具箱中，选取选择工具，选择舞台中的背景颜色块，如图8-67所示。

图8-67 选择舞台中的背景颜色块

STEP 06 按【Delete】键，执行操作后，即可删除选择的位图背景画面，被删除的部分呈白色显示，效果如图8-68所示。

图8-68 删除选择的位图背景画面

技巧点拨

在Flash CC工作界面中，位图被矢量化后，运用选择工具在某个颜色区域上单击，可以在位图中选择与该颜色相同或相近的颜色区域。

实战270 修改位图的颜色

▶实例位置：光盘\效果\第8章\五一活动.fla
▶素材位置：光盘\素材\第8章\五一活动.fla
▶视频位置：光盘\视频\第8章\实战270.mp4

• 实例介绍 •

在Flash CC工作界面中，用户可以直接选择矢量化的位图颜色块，然后对颜色块进行颜色的修改操作。下面向读者介绍修改位图颜色的操作方法。

• 操作步骤 •

STEP 01 单击“文件”|“打开”命令，打开一个素材文件，如图8-69所示。

图8-69 打开一个素材文件

STEP 02 在菜单栏中，单击“修改”菜单，在弹出的菜单列表中单击“位图”|“转换位图为矢量图”命令，如图8-70所示。

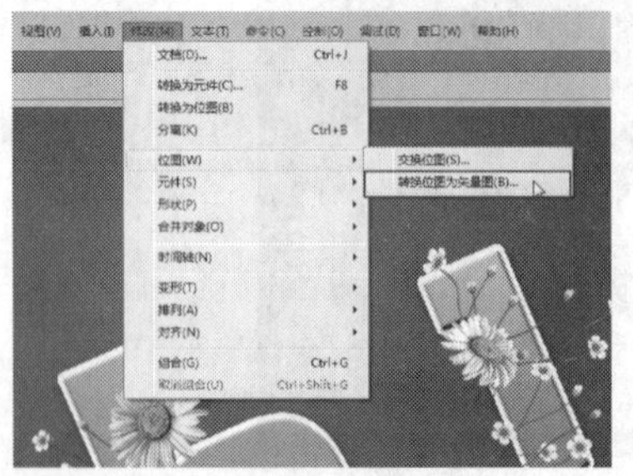

图8-70 单击“转换位图为矢量图”命令

STEP 03 弹出“转换位图为矢量图”对话框，在其中设置各参数，单击“确定”按钮，即可将位图图像转换为矢量图形，如图8-71所示。

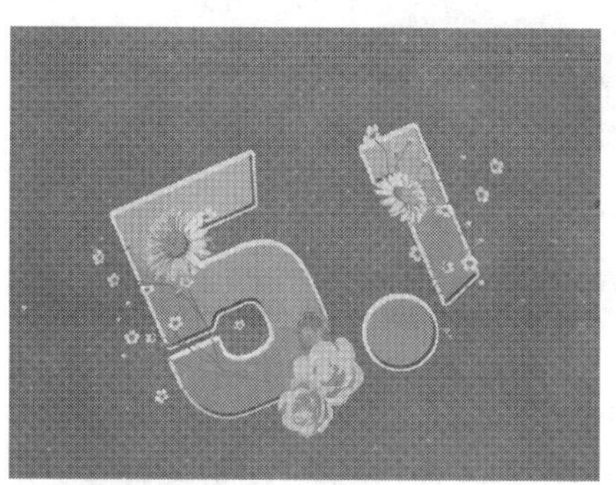

图8-71 将位图图像转换为矢量图形

STEP 04 选取工具箱中的选择工具，在舞台中选择位图图像的红色背景颜色块，使其呈选中状态，如图8-72所示。

图8-72 选择红色背景颜色块

STEP 05 在“属性”面板中，单击“填充颜色”色块，在弹出的颜色面板中，选择紫色（# 6600FF），如图8-73所示。

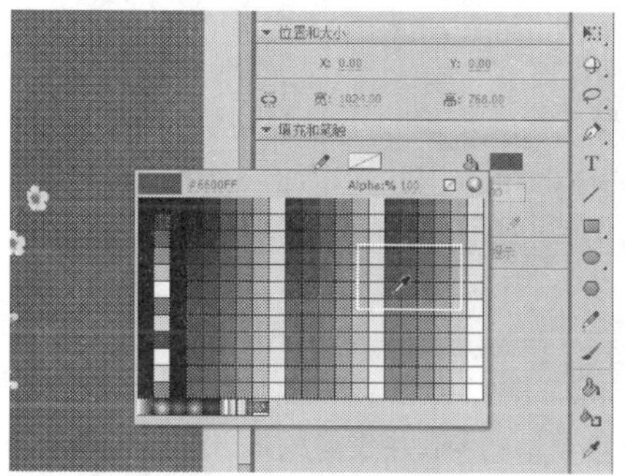

图8-73 选择紫色

STEP 06 执行操作后，即可将舞台中位图图像的红色背景颜色块更改为紫色的背景颜色块，如图8-74所示。

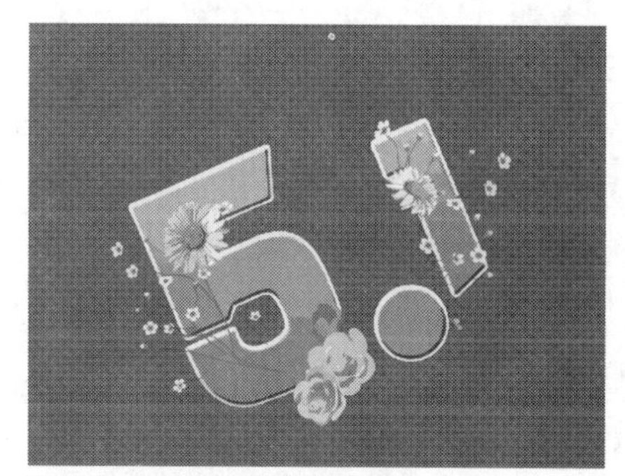

图8-74 更改为紫色的背景颜色块

STEP 07 退出位图编辑状态，在舞台中可以查看位图图像更改背景颜色后的最终画面效果，如图8-75所示。

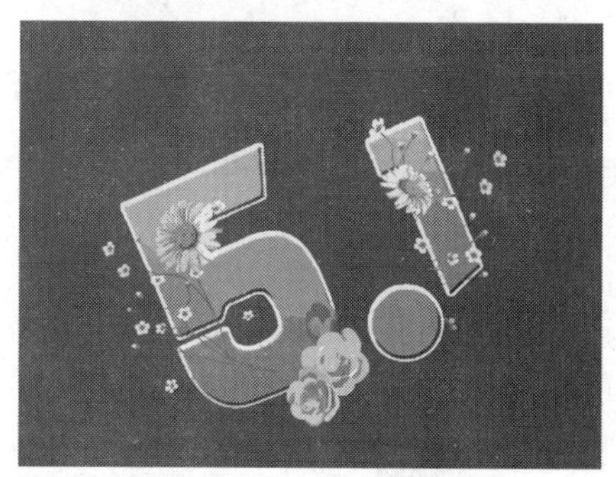

图8-75 查看位图图像更改背景颜色后的效果

实战 271 运用外部编辑器

▶实例位置：光盘\效果\第8章\音乐达人.psd
▶素材位置：光盘\素材\第8章\音乐达人.fla
▶视频位置：光盘\视频\第8章\实战271.mp4

• 实例介绍 •

在Flash CC工作界面中，用户可以运用外部编辑器编辑图像，Flash CC默认的外部编辑器是Photoshop应用软件。下面向读者介绍运用外部编辑器编辑图像的操作方法。

• 操作步骤 •

STEP 01 单击“文件”|“打开”命令，打开一个素材文件，如图8-76所示。

STEP 02 在舞台中，选择需要运用外部编辑器编辑的位图，此时图形四周显示蓝色边框，表示该位图图像已被选中，如图8-77所示。

图8-76 打开一个素材文件

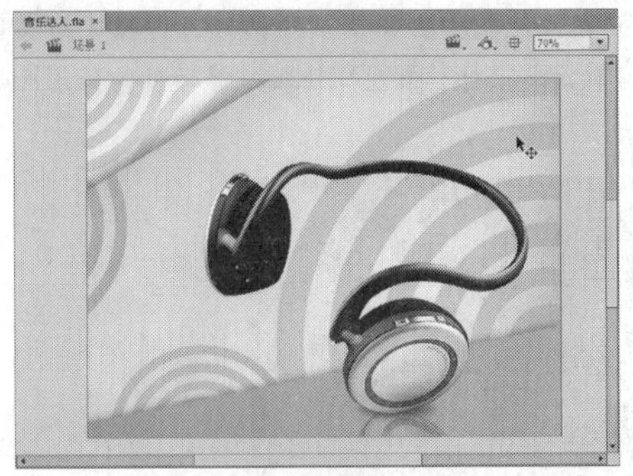

图8-77 选择需要编辑的位图图像

STEP 03 在“属性”面板中，单击“编辑”按钮，如图8-78所示。

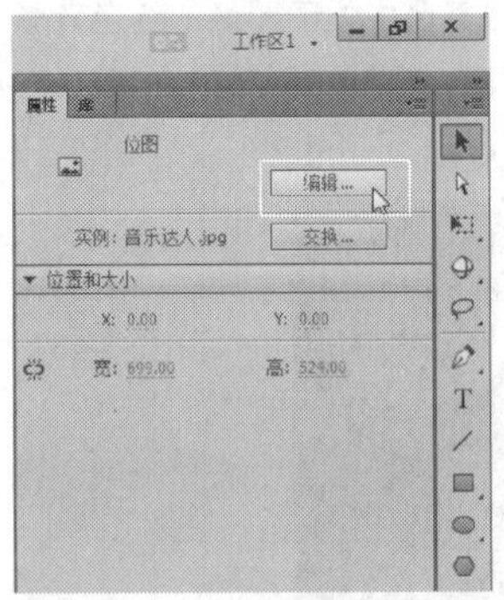

图8-78 单击“编辑”按钮

STEP 04 执行操作后，即可启动Photoshop应用程序，进入Photoshop工作界面，在其中可以查看打开的图像画面，如图8-79所示。

图8-79 查看打开的图像画面

STEP 05 在左侧工具箱中，选取魔棒工具，如图8-80所示。

图8-80 选取魔棒工具

STEP 06 将鼠标移至编辑窗口中图像的适当位置，单击鼠标左键，选中相应的背景颜色块，此时虚线显示的区域为选中状态，如图8-81所示。

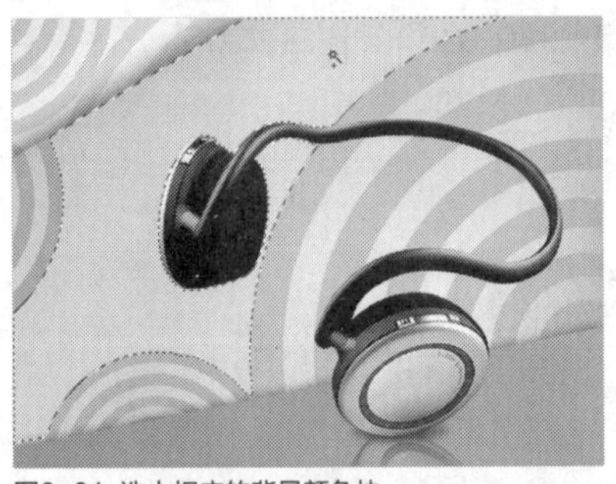

图8-81 选中相应的背景颜色块

STEP 07 在“图层”面板中，新建“图层1”图层，如图8-82所示。

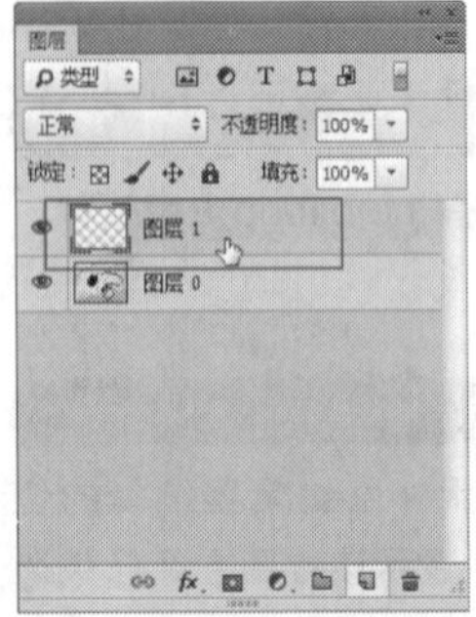

图8-82 新建“图层1”图层

STEP 08 在工具箱中，设置“拾色器（前景色）”为绿色（RGB参数值分别为5、246、23），如图8-83所示。

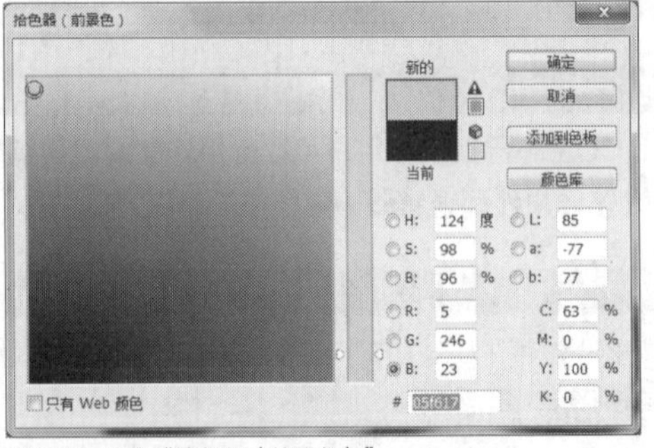

图8-83 设置“拾色器（前景色）”

STEP 09 单击“确定”按钮，返回Photoshop工作界面，按【Alt＋Delete】组合键，将背景选区内的图像颜色填充为绿色，如图8-84所示。

图8-84 将图像颜色填充为绿色

STEP 10 按【Ctrl＋D】组合键，取消选区，在编辑窗口中可以查看编辑后的位图图像效果，如图8-85所示。

图8-85 查看编辑后的位图图像效果

知识拓展

Photoshop是目前最流行的图像处理软件之一，它经过近23年的发展完善，已经成为功能相当强大、应用极其广泛的应用软件，被誉为“神奇的魔术师”。

Photoshop是美国Adobe公司开发的优秀图形图像处理软件，它的理论基础是色彩学，通过对图像中各像素的数字描述，实现了对数字图像的精确调控。Photoshop可以支持多种图像格式和色彩模式，能同时进行多图层处理，它的无所不能的选择工具、图层工具、滤镜工具能使用户得到各种手工处理或其他软件无法得到的美妙图像效果。不但如此，Photoshop还具有开放式结构，能兼容大量的图像输入设备，如扫描仪和数码相机等。

Photoshop是图形处理软件，广泛用于对图片和照片的处理以及对在其他软件中制作的图片做后期效果加工。比如，在Coreldraw，Illustrator中编辑的矢量图像，再输入Photoshop中做后期加工，创建网页上使用的图像文件或创建用于印刷的图像作品。

Photoshop之所以能取得成功，与其准确的定位及其适时的出现有着紧密关系。随着全球电脑的普及，Photoshop逐渐推出多国语言的版本。例如，Adobe公司推出了Photoshop 5.02中文版，并且开通了中文站点，成立了Adobe中国公司，而Photoshop一开始的良好市场定位，亦为其成为行业霸主奠定了良好的基础。

Photoshop涉及多个应用领域，下面进行简单介绍。

1. VI设计

VI（Visual Identidy视觉识别）是CI（Corporate Identity）企业识别中具有传播力和感染力的部分，它将CI的非可视内容转化为静态的视觉识别符号，将企业的精神理想及特色更清晰地表达出来。

2. 广告设计

广告设计是Photoshop应用最为广泛的领域，无论是书籍的封面，还是常见的招贴广告、海报，基本上都需要使用Photoshop对其中的图像进行合成、处理。

3. 网页设计

网页设计是一个比较成熟的行业，网络中每天诞生上百万个网页，这些网页都是使用相关的网页设计与制作软件完成的。Photoshop CC的图像设计功能非常强大，使用其中的绘图工具、文字工具、调色命令以及图层样式等功能可以制作出精美的网页。

4. 包装设计

商品包装具有和广告一样的效果，是企业与消费者进行沟通的桥梁，它也是一个极为重要的宣传媒介。包装设计以是商品的保护、使用和促销为目的，在传递商品信息的同时也给人以美的艺术效果，可以提高商品的附加值和竞争力。

5. 插画绘制

插画是运用图案表现的形象，本着审美与实用相统一的原则，尽量使线条、形态清晰明快，制作方便。插图也是一种世界通用的语言，其设计在商业应用上通常分为人物、动物、商品形象。

现今插画逐渐走向成熟，随着出版及商业设计领域工作的逐渐细分，Photoshop在绘画方面的功能也越来越强大。广告插画、卡通漫画插画、影视游戏插画以及出版物插画等都属于商业插画。

6. 数码后期制作

Photoshop作为比较专业的图形设计处理软件，在数码照片处理方面的能力比起其他的软件处理的效果要更好一些，不仅可以轻松修复旧损照片，清除照片中的瑕疵，还可以模拟光学滤镜的效果，并且能借助强大的图层与通道功能合成模拟照片。所以Photoshop在处理照片的效果上，有“数码暗房”之称。

7. 效果图后期制作

Photoshop在现代设计中的应用已非常广泛，例如热舞、车辆、植物、天空、景观和各种装饰品都可以使用Photoshop添加合成，制作出来的图片不仅逼真，而且画面感十足，还可以节省3D渲染的时间。

Photoshop CC软件是目前最新的Photoshop版本，新软件的变化，最直观的当属用户的工作界面。Photoshop CC采用色调更暗、类似苹果摄影软件Aperture的界面风格，取代目前灰色风格。图8-86所示为Photoshop CC的启动界面。

图8-86 Photoshop CC的启动界面

8.3 修改位图图像

在Flash CC工作界面中，用户可以根据需要对舞台中的位图图像进行一系列的修改操作，主要包括旋转位图、变形位图、分离位图以及裁切位图等。本节主要向读者介绍修改位图图像的操作方法，希望读者熟练掌握本节内容。

实战272 旋转位图

- 实例位置：光盘\效果\第8章\铁路风景.fla
- 素材位置：光盘\素材\第8章\铁路风景.fla
- 视频位置：光盘\视频\第8章\实战272.mp4

• 实例介绍 •

在Flash CC工作界面中，用户可以使用任意变形工具旋转或调整舞台中位图图像的显示效果。下面向读者介绍旋转位图图像的操作方法。

• 操作步骤 •

STEP 01 单击“文件”|“打开”命令，打开一个素材文件，如图8-87所示。

STEP 02 运用选择工具，在舞台中选择需要旋转的位图图像，此时位图图像四周显示蓝色边框，表示该素材已被选中，如图8-88所示。

图8-87 打开一个素材文件

图8-88 选择需要旋转的位图图像

STEP 03 在工具箱中，选取任意变形工具，如图8-89所示。

STEP 04 此时，舞台中选中的图像四周显示8个控制柄，将鼠标移至右上角的控制柄上，此时鼠标指针显示为旋转形状，如图8-90所示。

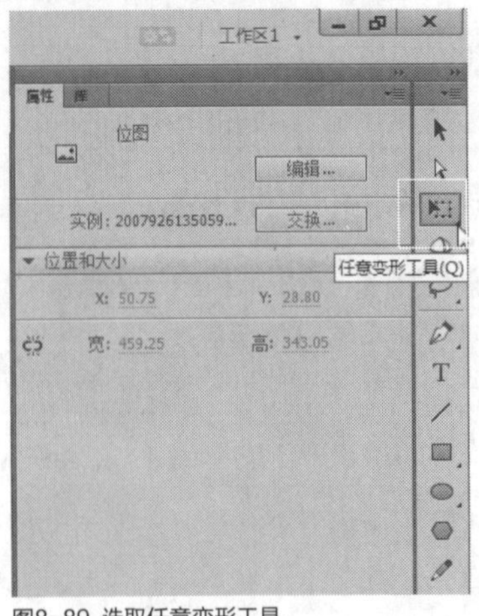

图8-89 选取任意变形工具

图8-90 鼠标指针显示为旋转形状

STEP 05 单击鼠标左键并向下拖曳，即可对位图图像进行旋转操作，如图8-91所示。

图8-91 对位图图像进行旋转操作

STEP 06 退出位图编辑状态，以合适的比例显示舞台中的位图图像，查看旋转位图后的效果，如图8-92所示。

图8-92 查看旋转位图后的效果

实战 273 变形位图

▶实例位置：光盘\效果\第8章\城市炫舞.fla
▶素材位置：光盘\素材\第8章\城市炫舞.fla
▶视频位置：光盘\视频\第8章\实战273.mp4

• 实例介绍 •

在Flash CC工作界面中，运用任意变形工具选择舞台需要编辑的图像，利用鼠标拖曳的方式即可完成图像的变形操作。下面向读者介绍变形位图图像的操作方法。

• 操作步骤 •

STEP 01 单击“文件”|“打开”命令，打开一个素材文件，如图8-93所示。

图8-93 打开一个素材文件

STEP 02 运用选择工具，在舞台中选择需要变形的位图图像，此时位图图像四周显示蓝色边框，表示该素材已被选中，如图8-94所示。

图8-94 选择需要变形的位图图像

技巧点拨

在Flash CC工作界面中，运用任意变形工具可以将位图旋转、缩放和倾斜，但不能扭曲位图，只有将位图矢量化后，才能对其进行扭曲操作。

STEP 03 在菜单栏中，单击“修改”菜单，在弹出的菜单列表中单击“变形”|“旋转与倾斜”命令，如图8-95所示。

STEP 04 此时，舞台中选中的图像四周显示8个控制柄，将鼠标移至顶部中间的控制柄上，此时鼠标指针显示为双向箭头形状⇆，如图8-96所示。

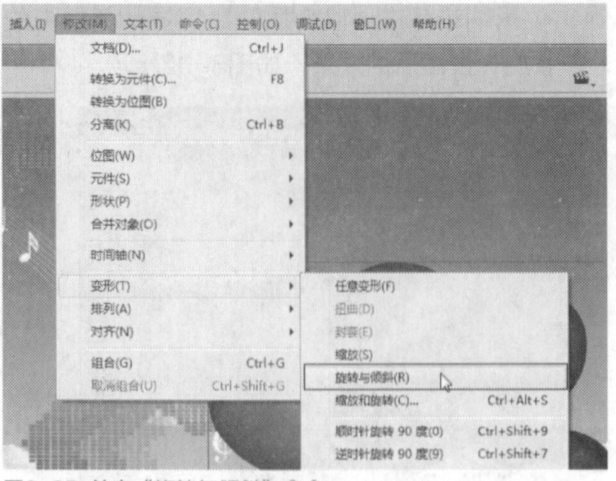

图8-95 单击“旋转与倾斜”命令

图8-96 将鼠标移至顶部中间的控制柄上

STEP 05 单击鼠标左键并向右侧拖曳，即可倾斜变形位图图像，如图8-97所示。

STEP 06 退出位图变形状态，以合适的比例显示舞台中的位图图像，查看变形位图后的效果，如图8-98所示。

图8-97 倾斜变形位图图像

图8-98 查看变形位图后的效果

实战274 分离位图

▶实例位置：光盘\效果\第8章\小花朵.fla
▶素材位置：光盘\素材\第8章\小花朵.fla
▶视频位置：光盘\视频\第8章\实战274.mp4

• 实例介绍 •

在Flash CC工作界面中，位图图像不能够直接编辑，需要分离后才能重新编辑。下面向读者介绍分离位图图像的操作方法。

• 操作步骤 •

STEP 01 单击“文件”|“打开”命令，打开一个素材文件，如图8-99所示。

STEP 02 运用选择工具，在舞台中选择需要分离的位图图像，此时位图图像四周显示蓝色边框，表示该素材已被选中，如图8-100所示。

图8-99 打开一个素材文件

图8-100 选择需要分离的位图图像

STEP 03 在菜单栏中，单击“修改”菜单，在弹出的菜单列表中单击“分离”命令，如图8-101所示。

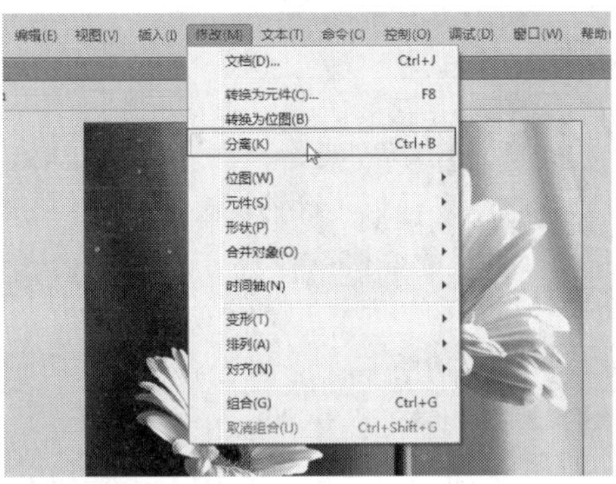

图8-101 单击“分离”命令

STEP 04 用户还可以在舞台中，选择需要分离的位图图像，单击鼠标右键，在弹出的快捷菜单中选择“分离”选项，如图8-102所示。

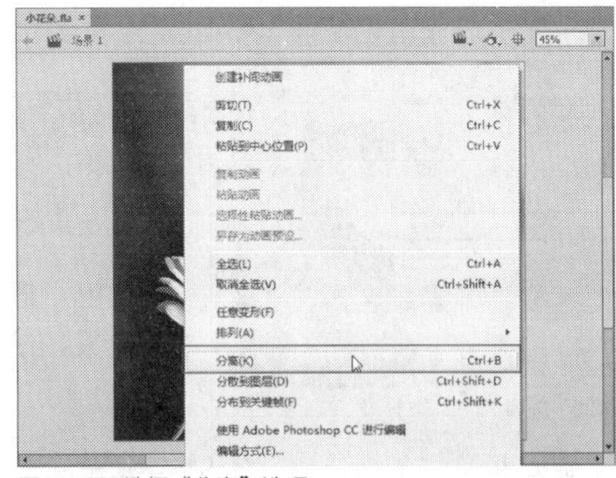

图8-102 选择“分离”选项

STEP 05 执行操作后，即可分离选择的位图图像，效果如图8-103所示。

图8-103 分离选择的位图图像

实战 275 裁切位图

▶实例位置：光盘\效果\第8章\绿色春天.fla
▶素材位置：光盘\素材\第8章\绿色春天.fla
▶视频位置：光盘\视频\第8章\实战275.mp4

• 实例介绍 •

在Flash CC工作界面中，当导入的位图背景影响到画面美观时，用户可以裁切位图的背景，调节画面。下面向读者介绍裁切位图图像的操作方法。

• 操作步骤 •

STEP 01 单击“文件”|“打开”命令，打开一个素材文件，如图8-104所示。

图8-104 打开一个素材文件

STEP 02 运用选择工具，在舞台中选择需要裁切的位图图像，此时位图图像四周显示蓝色边框，表示该素材已被选中，如图8-105所示。

图8-105 选择需要裁切的位图图像

STEP 03 在舞台中的位图图像上，单击鼠标右键，在弹出的快捷菜单中选择“分离”选项，如图8-106所示。

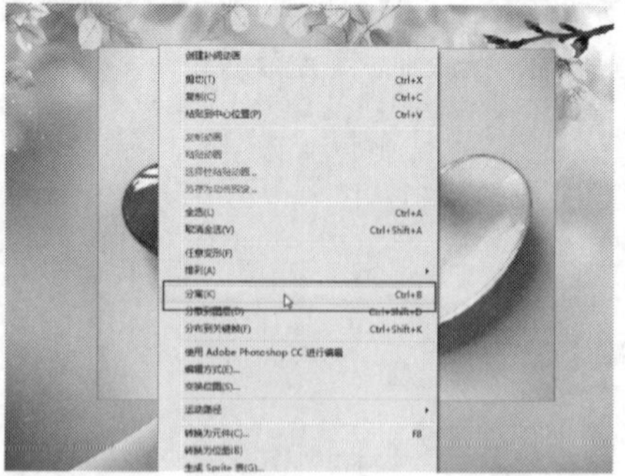

图8-106 选择“分离”选项

STEP 04 执行操作后，即可对选择的位图图像进行分离操作，查看舞台中图像的分离状态，如图8-107所示。

图8-107 查看舞台中图像的分离状态

STEP 05 退出图像选择状态，在工具箱中选取魔术棒工具，如图8-108所示。

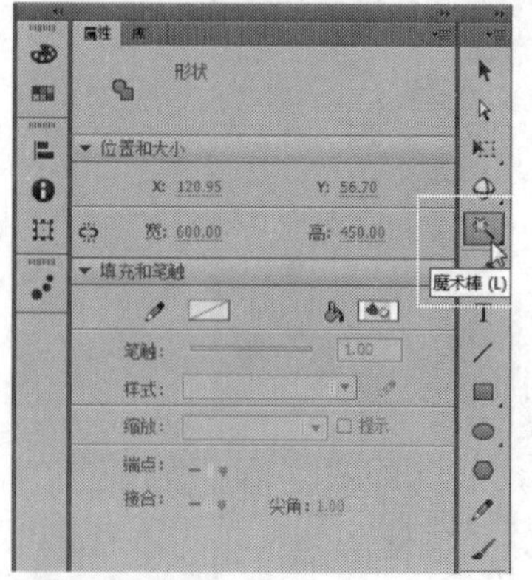

图8-108 选取魔术棒工具

STEP 06 在“属性”面板中，设置“阈值”为30，如图8-109所示。

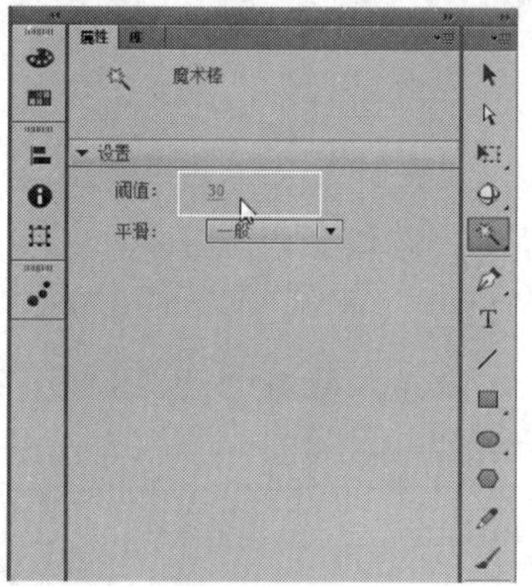

图8-109 设置“阈值”为30

STEP 07 将鼠标移至舞台中已分离的位图白色背景上，单击鼠标左键，选中白色背景块，如图8-110所示。

图8-110 选中白色背景块

STEP 08 按【Delete】键，即可删除位图白色背景块，如图8-111所示。

图8-111 删除位图白色背景块

STEP 09 在工具箱中选取橡皮擦工具，在图像中的适当位置单击鼠标左键并拖曳，擦除图像，预览裁切后的位图最终效果，如图8-112所示。

图8-112 预览裁切后的位图最终效果

8.4 压缩与交换位图

在Flash CC工作界面中，用户可以对舞台中制作好的位图效果进行压缩与交换操作，使制作的动画文件更加符合用户的要求。本节主要向读者介绍压缩与交换文件的操作方法。

实战 276 压缩图像

▶实例位置：光盘\效果\第8章\唇膏广告.fla
▶素材位置：光盘\素材\第8章\唇膏广告.fla
▶视频位置：光盘\视频\第8章\实战276.mp4

• 实例介绍 •

在Flash CC工作界面中，当用户需要减小文档大小时，可以根据自己的需求压缩图像，设置自己所需的品质大小。下面向读者介绍压缩图像的操作方法。

• 操作步骤 •

STEP 01 单击“文件”|“打开”命令，打开一个素材文件，如图8-113所示。

图8-113 打开一个素材文件

STEP 02 打开“库”面板，选择“唇膏广告”库文件，如图8-114所示。

图8-114 选择“唇膏广告”库文件

STEP 03 在库文件上单击鼠标右键，在弹出的快捷菜单中选择“属性”选项，如图8-115所示。

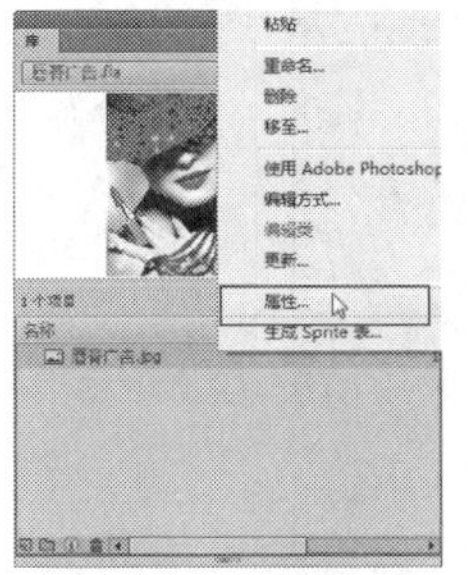

图8-115 选择“属性”选项

STEP 04 执行操作后，弹出“位图属性”对话框，如图8-116所示。

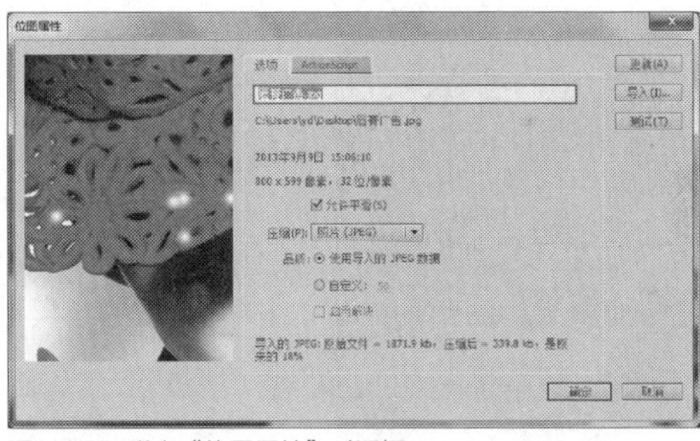

图8-116 弹出“位图属性”对话框

STEP 05 在“品质”选项区中，选中“自定义”单选按钮，在后面的文本框中输入20，再选中“启用解决”复选框，如图8-117所示。

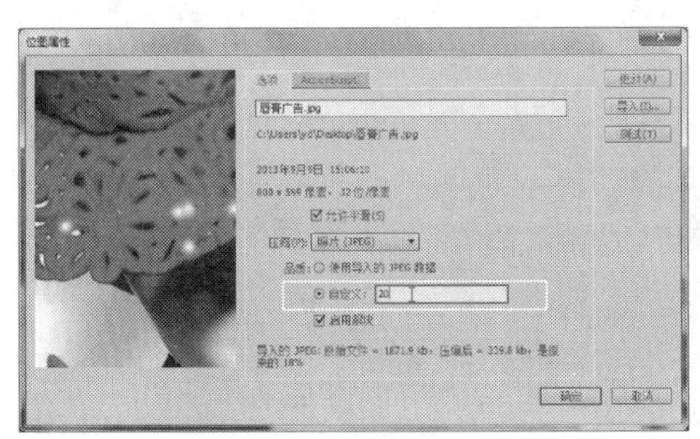

图8-117 设置相应参数

STEP 06 单击“确定”按钮，即可压缩位图图像，图像被压缩后，画面清晰度会下降，如图8-118所示，但可以减小文档的大小。

图8-118 压缩位图图像的清晰度

实战277 交换图像

▶实例位置：光盘\效果\第8章\太阳花框.fla
▶素材位置：光盘\素材\第8章\太阳花框.fla
▶视频位置：光盘\视频\第8章\实战277.mp4

• 实例介绍 •

在Flash CC工作界面中，用户可以运用“交换”按钮执行舞台位图交换库中位图的操作。下面向读者介绍交换图像的操作方法。

• 操作步骤 •

STEP 01 单击“文件”|“打开”命令，打开一个素材文件，如图8-119所示。

图8-119 打开一个素材文件

STEP 02 运用选择工具，在舞台中选择需要交换的位图图像，此时位图图像四周显示蓝色边框，表示该素材已被选中，如图8-120所示。

图8-120 选择需要交换的位图图像

STEP 03 在“属性”面板中，单击“交换”按钮，如图8-121所示。

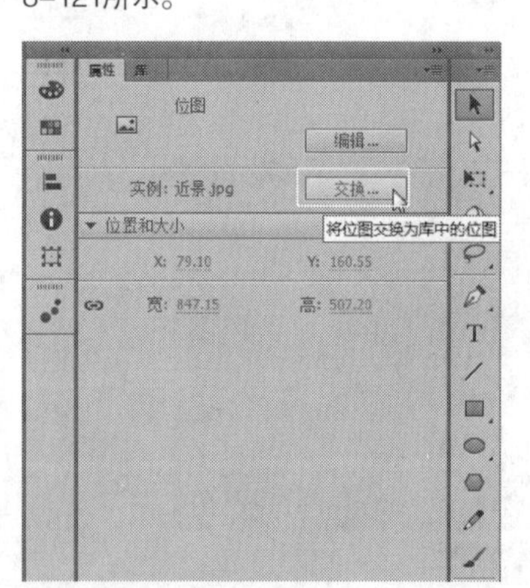

图8-121 单击“交换”按钮

STEP 04 执行操作后，弹出“交换位图”对话框，在列表框中选择需要交换的“远景”素材文件，如图8-122所示。

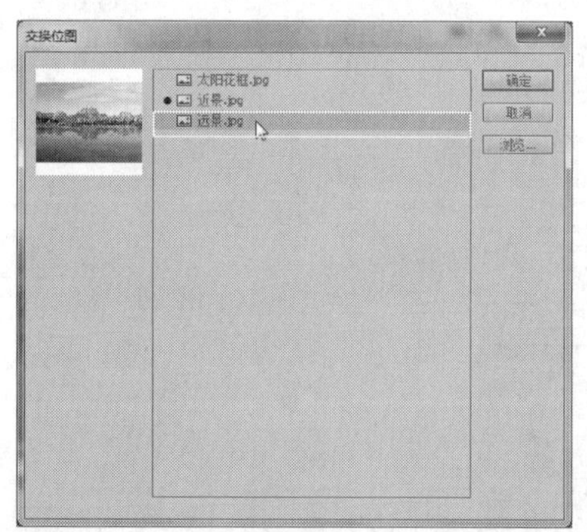

图8-122 选择“远景”素材文件

STEP 05 单击“确定”按钮，即可交换舞台中的位图图像，效果如图8-123所示。

图8-123 交换舞台中的位图图像

第 9 章

使用外部媒体文件

本章导读

Flash CC具有强大的矢量图形绘制功能，但是随着计算机图形技术的不断发展，其自身的绘图功能已不能满足读者的需求，有时需要使用外部资源。Flash CC支持多种格式的音频和视频文件，导入并使用这些外部资源，可以大大丰富Flash CC的创作和表现能力。

本章主要向读者介绍使用外部媒体文件的操作方法，主要包括插入视频文件、编辑视频文件、插入音频文件以及管理声音文件等内容，希望读者可以熟练掌握。

要点索引

- 插入视频文件
- 编辑视频文件
- 插入音频文件
- 管理音频文件

9.1 插入视频文件

在Flash CC工作界面中，允许用户导入视频文件，根据导入视频文件的格式和方法的不同，用户可以将包含视频的影片发布为SWF格式的影片，或者导入FLV格式的视频文件。本节主要向读者介绍导入视频文件、导入视频为嵌入文件的操作方法。

实战278 导入视频文件

▶实例位置：光盘\效果\第9章\把握时间.fla
▶素材位置：光盘\素材\第9章\把握时间.flv
▶视频位置：光盘\视频\第9章\实战278.mp4

• 实例介绍 •

在Flash CC工作界面中，用户可以根据需要将视频文件导入“库”面板中。下面以导入FLV视频文件为例，向读者介绍导入视频文件的操作方法。

• 操作步骤 •

STEP 01 单击“文件”|“新建”命令，新建一个Flash文件（ActionScript 3.0），如图9-1所示。

图9-1 新建一个Flash文件

STEP 02 在菜单栏中，单击“文件”菜单，在弹出的菜单列表中单击“导入”|“导入视频”命令，如图9-2所示。

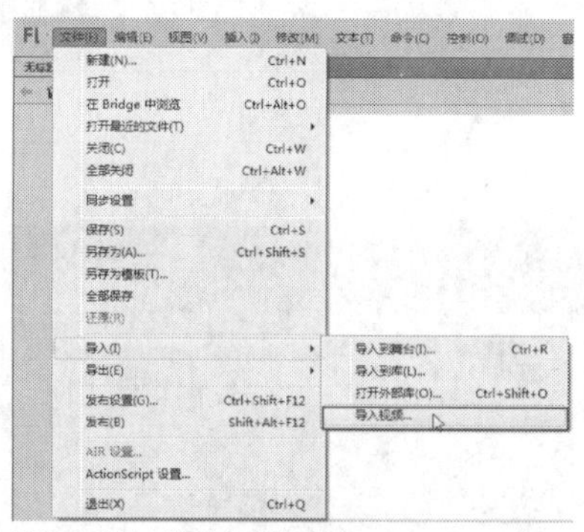

图9-2 单击“导入视频”命令

知识拓展

FLV是FLASHVIDEO的简称，FLV流媒体格式是一种新的视频格式，全称为FlashVideo。由于它形成的文件极小、加载速度极快，使得网络观看视频文件成为可能，它的出现有效地解决了视频文件导入Flash后，使导出的SWF文件体积庞大，不能在网络上很好地使用等缺点。

目前各在线视频网站均采用此视频格式。如新浪播客、土豆、酷6、youtube等，无一例外，FLV已经成为当前视频文件的主流格式。

FLV就是随着FlashMX的推出发展而来的视频格式，是在sorenson公司的压缩算法的基础上开发出来的，目前被众多新一代视频分享网站所采用，是目前增长最快、最为广泛的视频传播格式。FLV格式不仅可以轻松地导入Flash中，速度极快，并且能起到保护版权的作用，可以不通过本地的微软或者REAL播放器播放视频。

STEP 03 执行操作后，弹出“导入视频”对话框，单击“浏览”按钮，如图9-3所示。

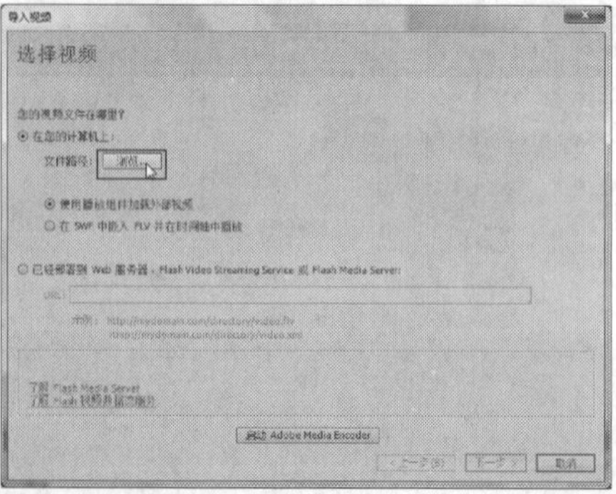

图9-3 单击“浏览”按钮

STEP 04 弹出“打开”对话框，在其中选择需要导入的视频文件，如图9-4所示。

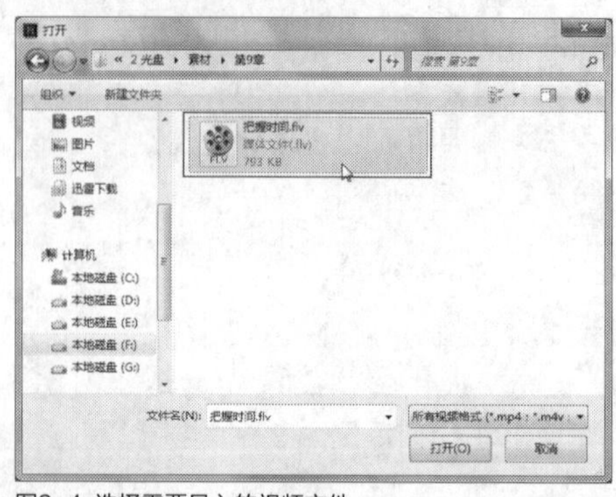

图9-4 选择需要导入的视频文件

STEP 05 单击“打开”按钮，返回“导入视频”对话框，在“浏览”按钮下方将显示视频的导入路径，如图9-5所示。

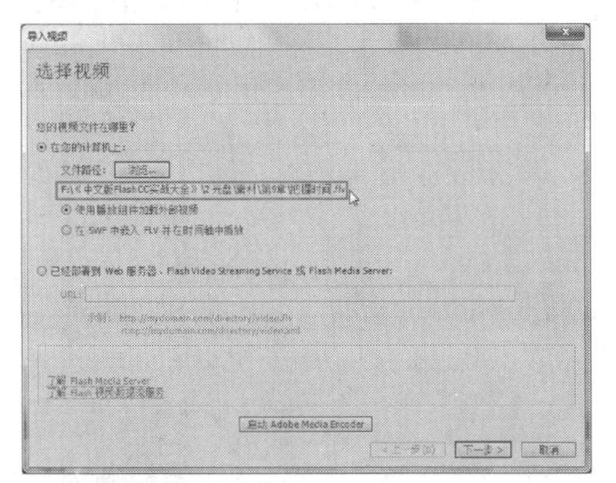

图9-5 显示视频的导入路径

STEP 06 单击“下一步”按钮，进入“设定外观”界面，其中显示了视频文件的外观样式，如图9-6所示。

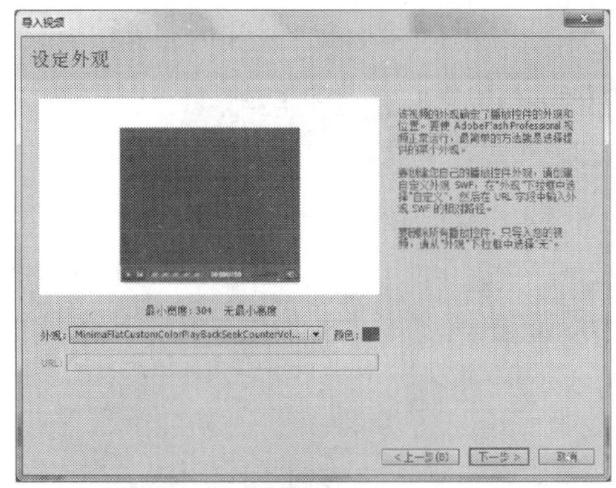

图9-6 显示了视频文件的外观样式

STEP 07 单击“下一步”按钮，进入“完成视频导入”对话框，如图9-7所示。

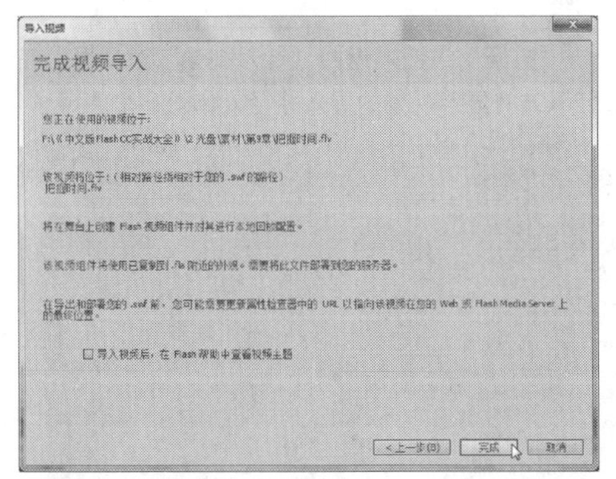

图9-7 进入“完成视频导入”对话框

STEP 08 单击“完成”按钮，返回Flash CC工作界面，在“库”面板中显示了刚导入的视频文件，如图9-8所示。

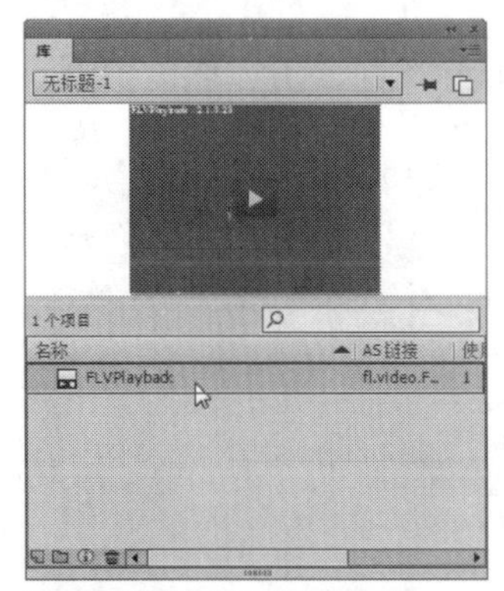

图9-8 显示了刚导入的视频文件

STEP 09 在舞台中，可以查看导入的视频画面效果，如图9-9所示。

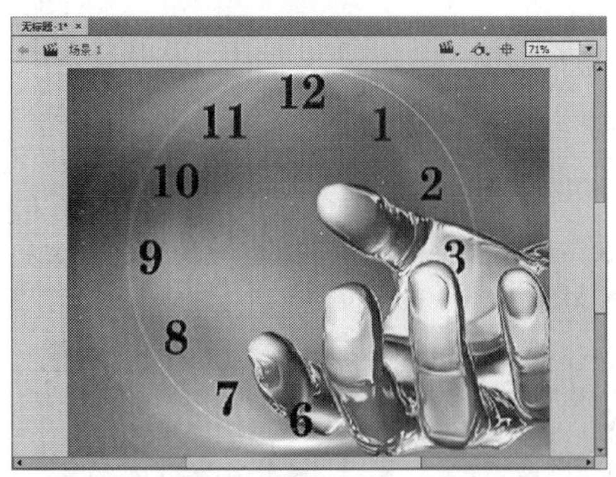

图9-9 查看导入的视频画面效果

实战 279 导入为嵌入文件

▶ 实例位置：光盘\效果\第9章\红酒.fla
▶ 素材位置：光盘\素材\第9章\红酒.flv
▶ 视频位置：光盘\视频\第9章\实战279.mp4

• 实例介绍 •

在Flash CC工作界面中，用户还可以在SWF中嵌入FLV视频文件，并在时间轴中播放视频文件。下面向读者介绍嵌入视频文件的操作方法。

• 操作步骤 •

STEP 01 新建一个Flash文件（ActionScript 3.0），单击“文件”|“导入”|“导入视频”命令，如图9-10所示。

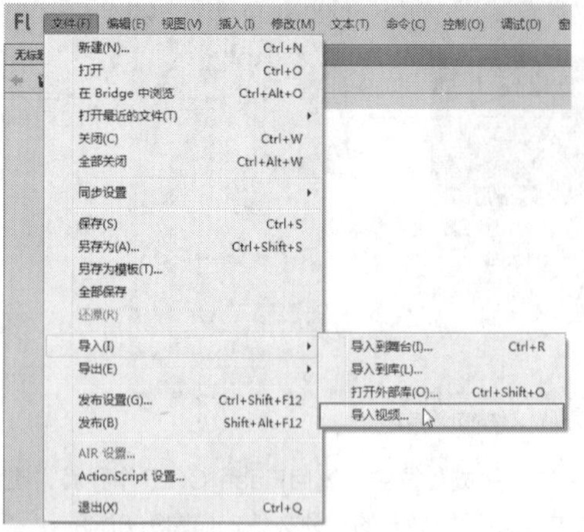

图9-10 单击“导入视频”命令

STEP 02 执行操作后，弹出“导入视频”对话框，单击“浏览”按钮，如图9-11所示。

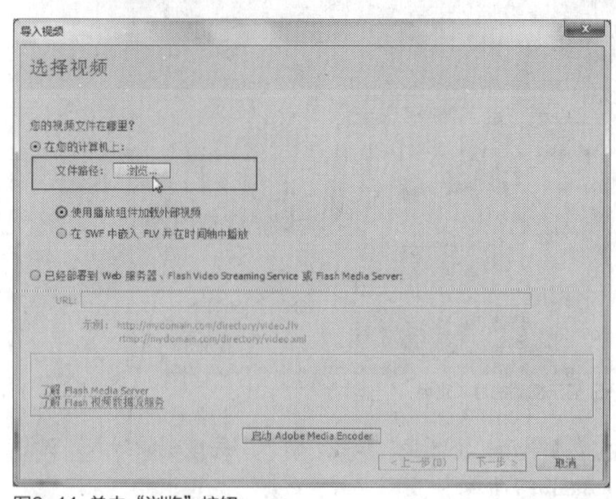

图9-11 单击“浏览”按钮

STEP 03 弹出“打开”对话框，在其中选择需要导入的视频文件，如图9-12所示。

图9-12 选择需要导入的视频文件

STEP 04 单击“打开”按钮，返回“导入视频”对话框，在“浏览”按钮下方将显示视频的导入路径，如图9-13所示。

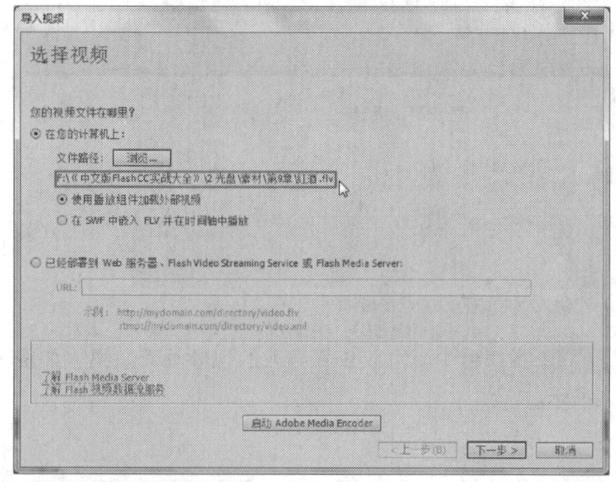

图9-13 显示视频的导入路径

STEP 05 在界面中，选中“在SWF中嵌入FLV并在时间轴中播放”单选按钮，如图9-14所示。

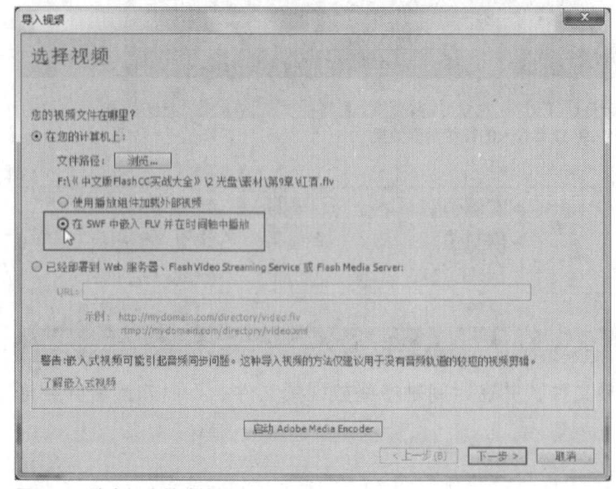

图9-14 选中相应单选按钮

STEP 06 单击“下一步”按钮，进入“嵌入”界面，在其中选中相应复选框，如图9-15所示。

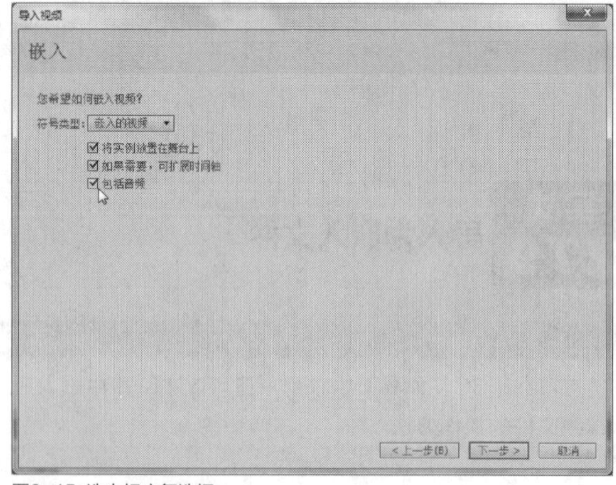

图9-15 选中相应复选框

STEP 07 单击“下一步”按钮，进入“完成视频导入”界面，如图9-16所示。

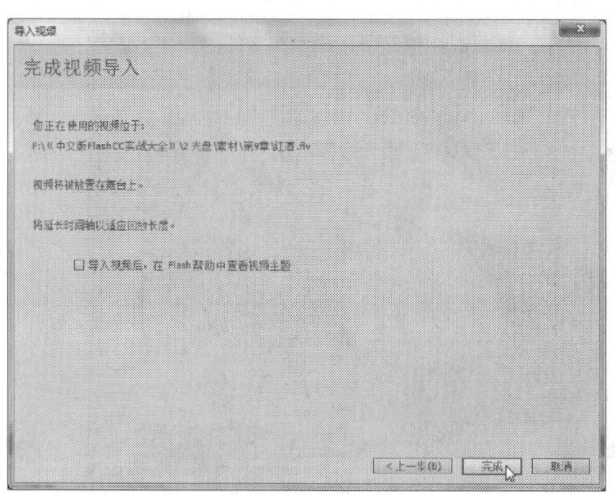

图9-16 进入“完成视频导入”界面

STEP 08 单击“完成”按钮，返回Flash CC工作界面，在“库”面板中显示了刚导入的视频文件，如图9-17所示。

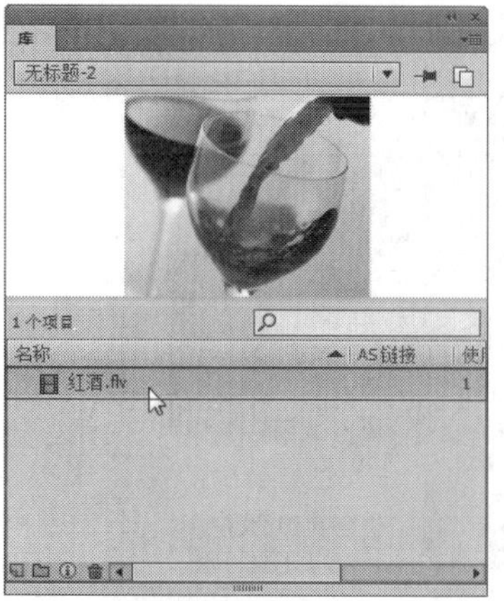

图9-17 显示了刚导入的视频

STEP 09 在“时间轴”面板中，显示了视频文件中时间的帧数量，如图9-18所示。

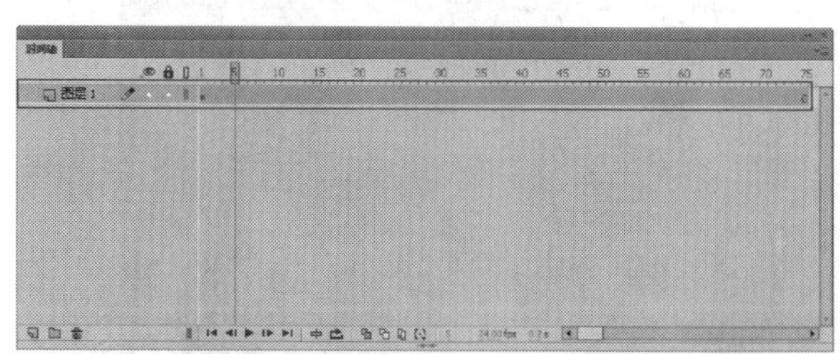

图9-18 显示了视频文件中时间的帧数量

STEP 10 单击“时间轴”面板下方的“播放”按钮，播放导入的视频画面，效果如图9-19所示。

图9-19 播放导入的视频画面

9.2 编辑视频文件

在Flash CC工作界面中，用户将视频文件导入舞台中后，还可以根据需要对视频文件进行相应的编辑操作，使制作的视频文件更加符合用户的要求。本节主要向读者介绍编辑视频文件的操作方法，主要包括查看视频属性、命名视频文件、命名视频实例以及交换视频文件等内容。

实战 280 查看视频属性

- 实例位置：光盘\效果\第9章\美女写真.fla
- 素材位置：光盘\素材\第9章\美女写真.fla
- 视频位置：光盘\视频\第9章\实战280.mp4

• 实例介绍 •

在Flash CC工作界面中，当用户将视频文件导入“库”面板中，可以对视频文件的属性进行查看操作。下面向读者介绍查看视频属性的操作方法。

• 操作步骤 •

STEP 01 单击“文件”|“打开”命令，打开一个素材文件，如图9-20所示。

图9-20 打开一个素材文件

STEP 02 打开“库”面板，在其中选择需要查看其属性的视频文件，如图9-21所示。

STEP 03 在选择的视频文件上，单击鼠标右键，在弹出的快捷菜单中选择“属性”选项，如图9-22所示。

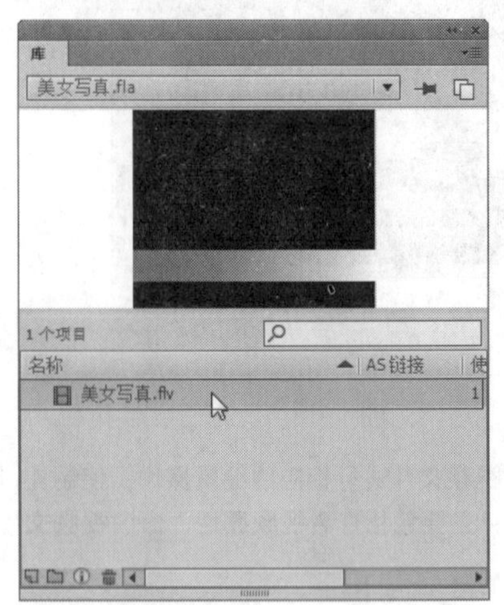

图9-21 选择视频文件

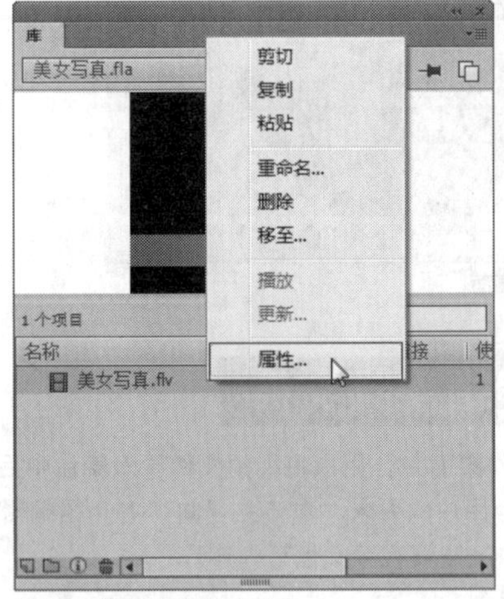

图9-22 选择“属性”选项

知识拓展

在图9-22所示的快捷菜单中，各选项含义如下。

- “剪切”选项：选择该选项，可以对视频文件进行剪切操作。
- “复制”选项：选择该选项，可以对视频文件进行复制操作。
- “粘贴”选项：选择该选项，可以对视频文件进行粘贴操作。

> ➢ “重命名”选项：选择该选项，可以对视频文件进行重命名操作。
> ➢ “删除”选项：选择该选项，可以对视频文件进行删除操作。
> ➢ “移至”选项：选择该选项，可以将视频文件移至“库”面板的其他文件夹中。
> ➢ “播放”选项：选择该选项，可以对视频文件进行播放操作。
> ➢ “更新”选项：选择该选项，可以对视频文件进行更新操作。
> ➢ “属性”选项：选择该选项，在弹出的对话框中可以查看视频文件的相关属性信息。

STEP 04 弹出“视频属性”对话框，在其中即可查看视频文件的相关属性信息，如图9-23所示。

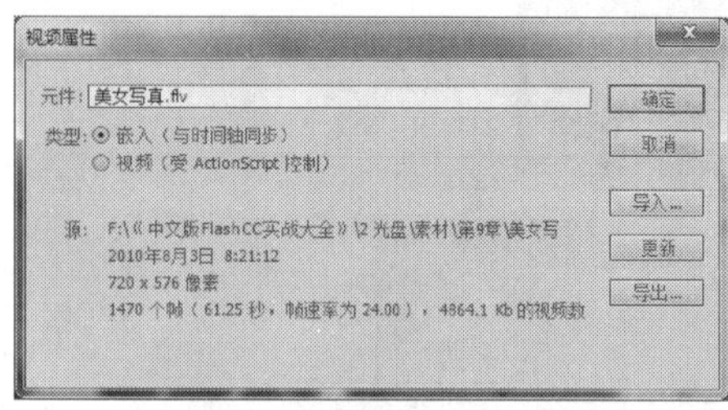

图9-23 查看视频文件的相关属性

实战 281 命名视频文件

▶ 实例位置：光盘\效果\第9章\视频画面.fla
▶ 素材位置：光盘\素材\第9章\视频画面.fla
▶ 视频位置：光盘\视频\第9章\实战281.mp4

• 实例介绍 •

在Flash CC工作界面中，用户可以根据需要为导入的视频文件重新命名，方便对视频进行管理。下面向读者介绍重命名视频文件名称的操作方法。

• 操作步骤 •

STEP 01 单击“文件”|“打开”命令，打开一个素材文件，如图9-24所示。

图9-24 打开一个素材文件

STEP 02 在“库”面板中，选择需要重命名的视频文件，如图9-25所示。

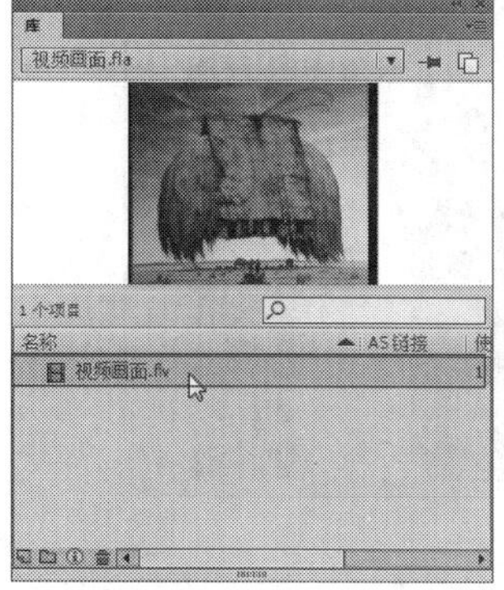

图9-25 选择视频文件

STEP 03 在选择的视频文件上，单击鼠标右键，在弹出的快捷菜单中选择“重命名”选项，如图9-26所示。

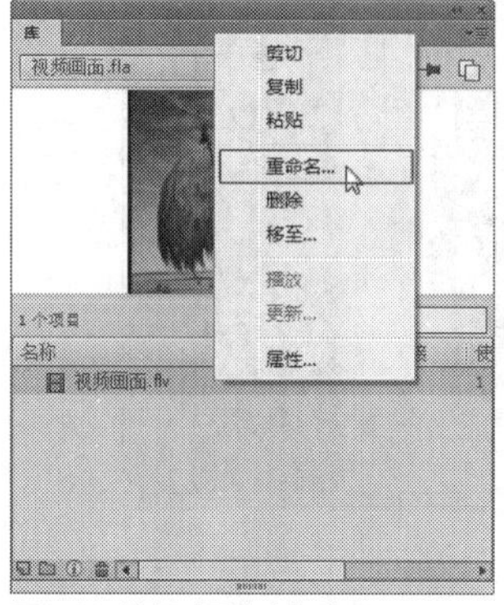

图9-26 选择“重命名”选项

STEP 04 此时，视频名称呈可编辑状态，如图9-27所示。

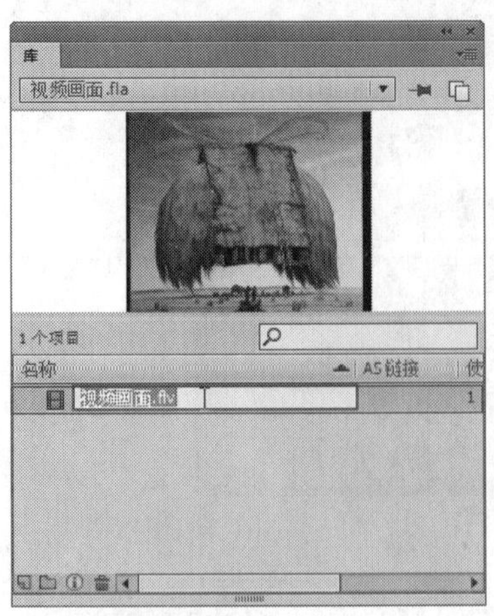

图9-27 视频名称呈可编辑状态

STEP 05 选择一种合适的输入法，在视频名称文本框中输入相应的视频名称，按【Enter】键确认，即可重命名视频文件，如图9-28所示。

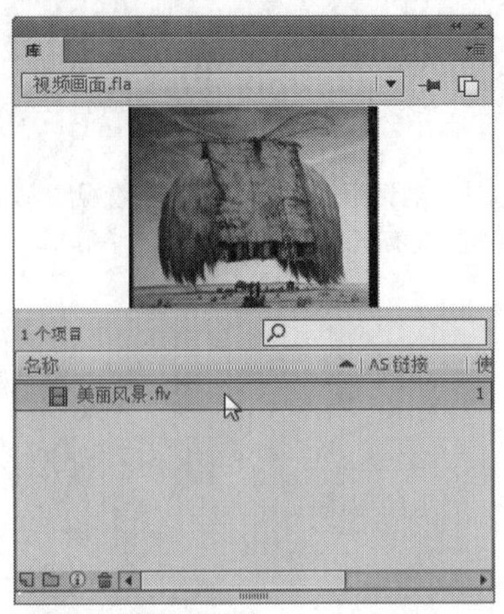

图9-28 重命名视频文件

知识拓展

在“库”面板中的视频文件上，单击鼠标右键，在弹出的快捷菜单中选择“属性”选项，弹出“视频属性”对话框，在“元件1”右侧的文本框中，也可以重命名视频的名称，如图9-29所示。

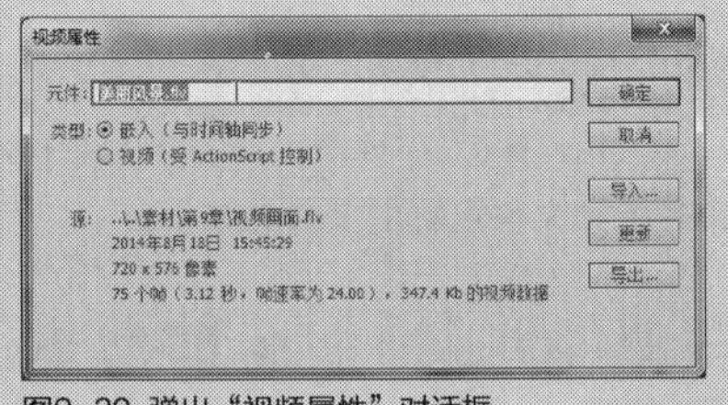

图9-29 弹出“视频属性”对话框

实战282 命名视频实例

▶实例位置：光盘\效果\第9章\鞋子广告.fla
▶素材位置：光盘\素材\第9章\鞋子广告.fla
▶视频位置：光盘\视频\第9章\实战282.mp4

• 实例介绍 •

在Flash CC工作界面中，如果用户需要为某些视频文件制作代码文本，首先需要为视频文件设置实例名称。下面向读者介绍命名视频实例名称的操作方法。

• 操作步骤 •

STEP 01 单击“文件”|“打开”命令，打开一个素材文件，如图9-30所示。

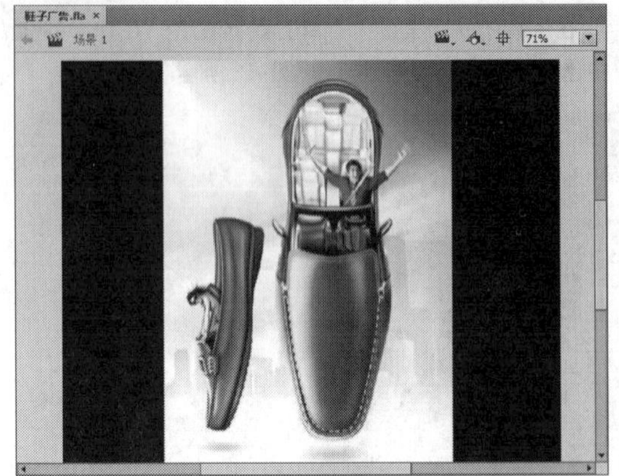

图9-30 打开一个素材文件

STEP 02 在舞台中，选择需要命名的视频文件，在“属性”面板中显示“实例名称”文本框，如图9-31所示。

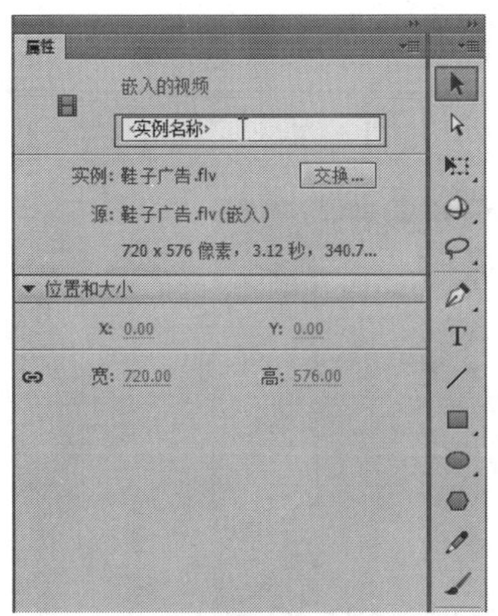

图9-31 显示“实例名称”文本框

STEP 03 切换至英文输入法状态，在“实例名称”文本框中输入视频的实例名称，这里输入xiezi，按【Enter】键确认操作，如图9-32所示。

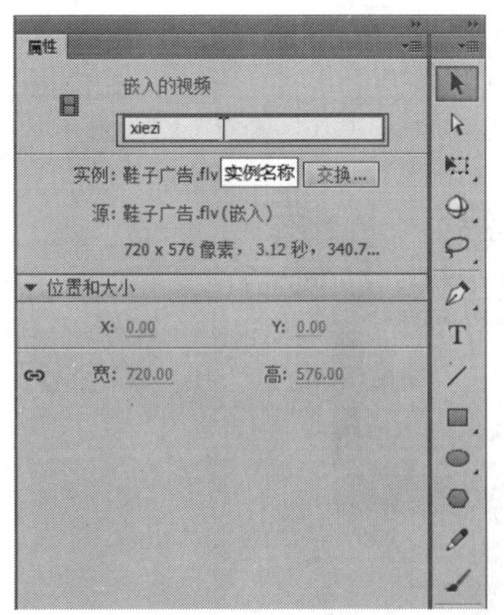

图9-32 输入“xiezi”

知识拓展

在Flash CC工作界面中，当用户设置视频实例的名称时，如果名称中设置有空格，当用户按【Enter】键确认名称设置时，将会弹出提示信息框，提示用户设置的视频名称不是有效的实例名称，如图9-33所示。此时在“实例名称”文本框中删除空格，即可完成实例名称的设置。

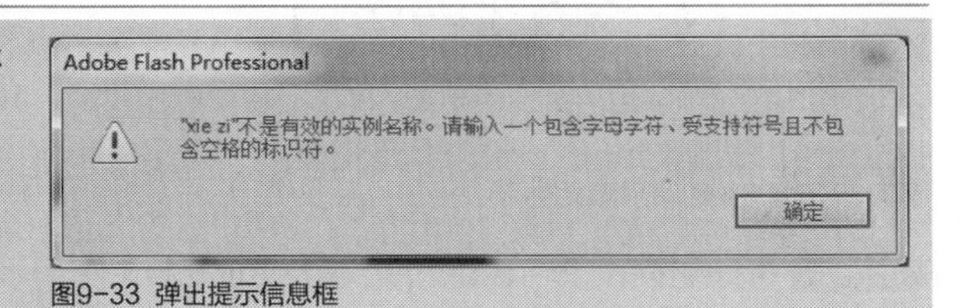

图9-33 弹出提示信息框

实战 283 删除视频文件

▶ 实例位置：光盘\效果\第9章\向日葵视频.fla
▶ 素材位置：光盘\素材\第9章\向日葵视频.fla
▶ 视频位置：光盘\视频\第9章\实战283.mp4

• 实例介绍 •

在Flash CC工作界面中，如果用户对添加的视频文件不满意，此时可以对视频文件进行删除操作。下面向读者介绍删除视频文件的操作方法。

• 操作步骤 •

STEP 01 单击“文件”|“打开”命令，打开一个素材文件，如图9-34所示。

图9-34 打开一个素材文件

STEP 02 在“库”面板中，选择需要删除的视频文件，如图9-35所示。

STEP 03 在选择的视频文件上，单击鼠标右键，在弹出的快捷菜单中选择“删除”选项，如图9-36所示。

技巧点拨

在Flash CC工作界面中，用户还可以通过以下两种方法删除视频文件。

➢ 在“库”面板中，选择需要删除的视频文件，按【Delete】键。

➢ 在“库”面板中，选择需要删除的视频文件，按【Backspace】键。

图9-35 选择需要删除的视频文件

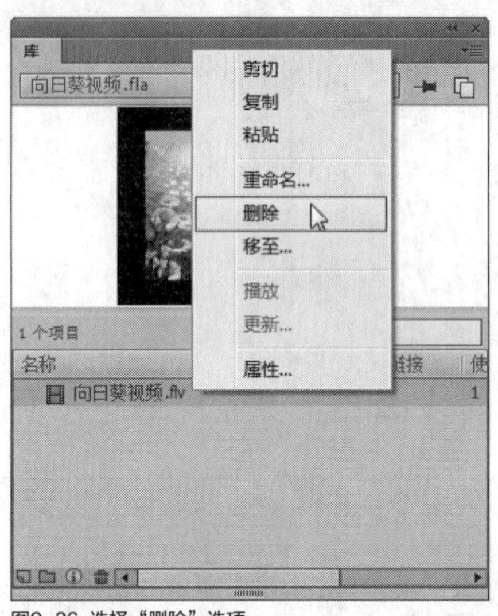

图9-36 选择“删除”选项

STEP 04 执行操作后，即可删除“库”面板中的视频文件，此时“库”面板中显示为空，如图9-37所示。

STEP 05 当用户删除“库”面板中的视频文件后，此时舞台中的视频文件同时也被删除了，如图9-38所示。

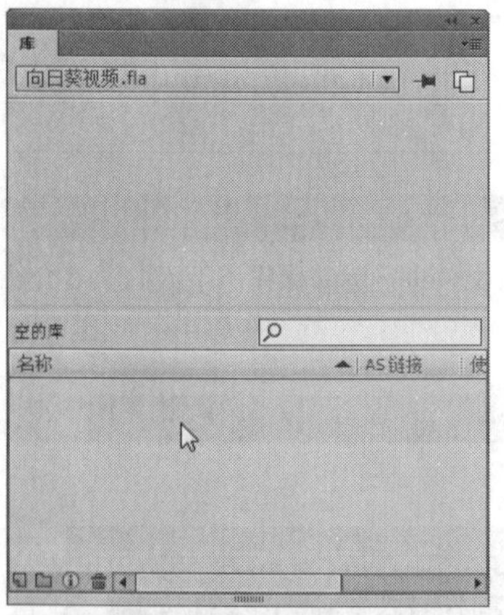

图9-37 “库”面板中显示为空

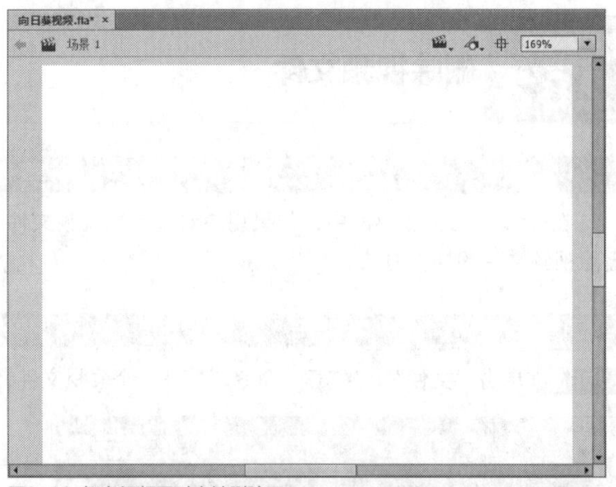

图9-38 舞台视频同时也被删除了

实战284 移动视频文件

▶ 实例位置：光盘\效果\第9章\中西食府.fla
▶ 素材位置：光盘\素材\第9章\中西食府.fla
▶ 视频位置：光盘\视频\第9章\实战284.mp4

• 实例介绍 •

在Flash CC工作界面中，用户可以在“库”面板中将相应的视频文件移至相应的文件夹中。下面向读者介绍移动视频文件的操作方法。

• 操作步骤 •

STEP 01 单击“文件”|“打开”命令，打开一个素材文件，如图9-39所示。

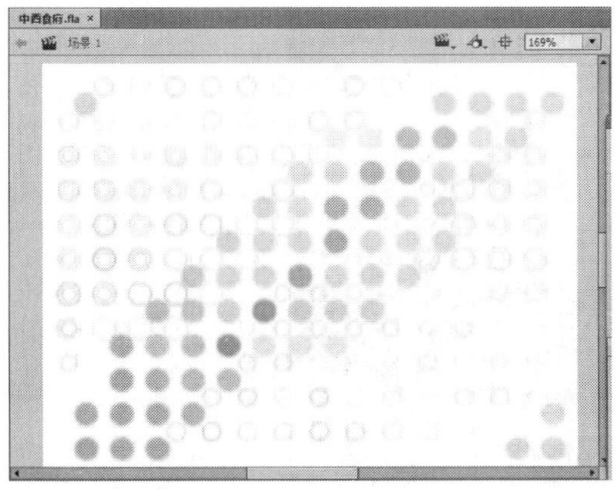

图9-39 打开一个素材文件

STEP 02 在“库”面板中，选择需要移动的视频文件，如图9-40所示。

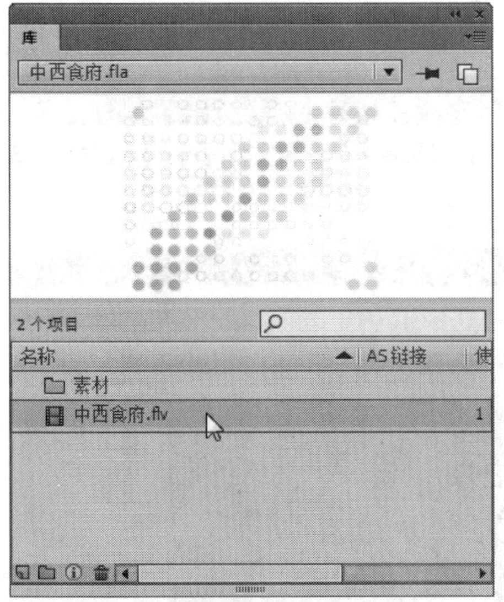

图9-40 选择需要移动的视频文件

STEP 03 在选择的视频文件上，单击鼠标右键，在弹出的快捷菜单中选择“移至”选项，如图9-41所示。

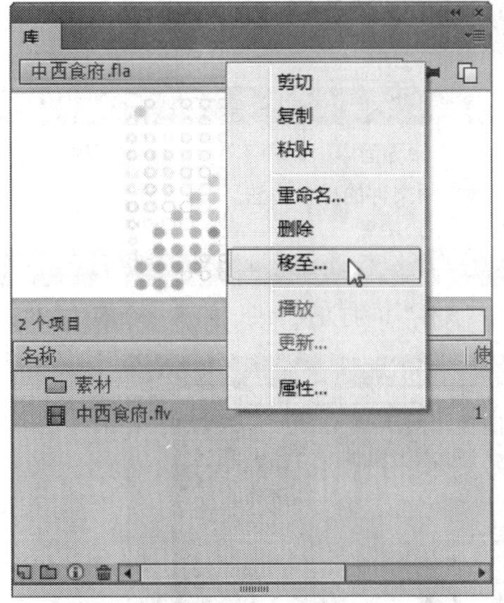

图9-41 选择“移至”选项

STEP 04 执行操作后，弹出“移至文件夹”对话框，如图9-42所示。

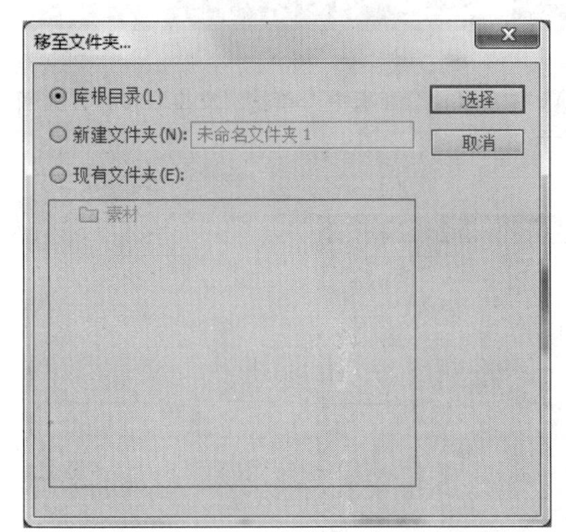

图9-42 弹出“移至文件夹”对话框

STEP 05 在其中选中“现有文件夹”单选按钮，在下方选择“素材”选项，如图9-43所示。

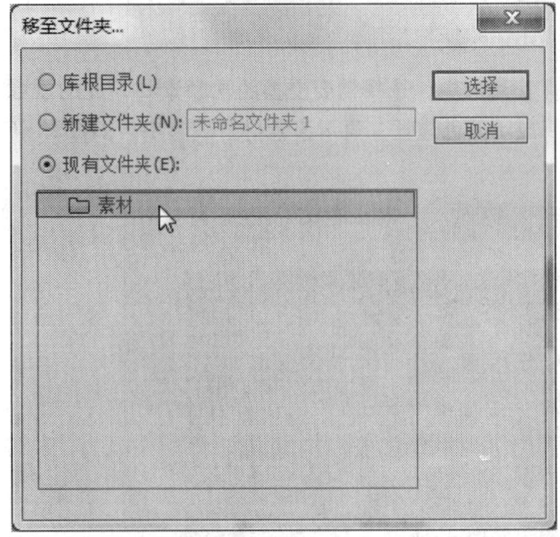

图9-43 选择“素材”选项

STEP 06 单击“选择”按钮，即可将“中西食府”视频文件移至“素材”文件夹中，如图9-44所示，完成视频的移动操作。

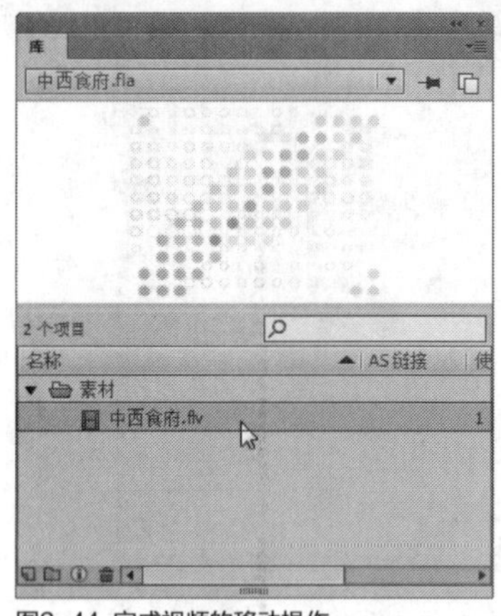

图9-44 完成视频的移动操作

实战285 交换视频文件

▶实例位置：光盘\效果\第9章\多个视频.fla
▶素材位置：光盘\素材\第9章\多个视频.fla
▶视频位置：光盘\视频\第9章\实战285.mp4

• 实例介绍 •

在Flash CC工作界面中，用户不仅可以对位图图像进行交换操作，还可以对舞台中的视频文件进行交换操作。下面向读者介绍交换视频文件的操作方法。

• 操作步骤 •

STEP 01 单击“文件”|“打开”命令，打开一个素材文件，如图9-45所示。

图9-45 打开一个素材文件

STEP 02 在舞台中，选择需要交换的视频素材，此时视频素材四周显示蓝色边框，表示该素材已被选中，如图9-46所示。

STEP 03 在“属性”面板中，单击“交换”按钮，如图9-47所示。

图9-46 选择需要交换的视频素材

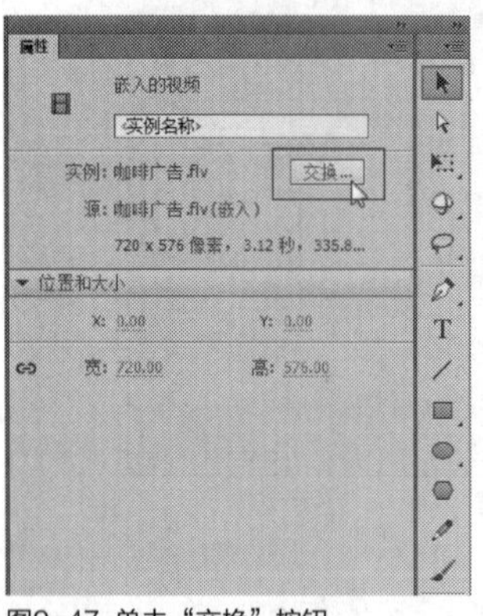

图9-47 单击“交换”按钮

STEP 04 执行操作后，弹出“交换视频”对话框，如图9-48所示。

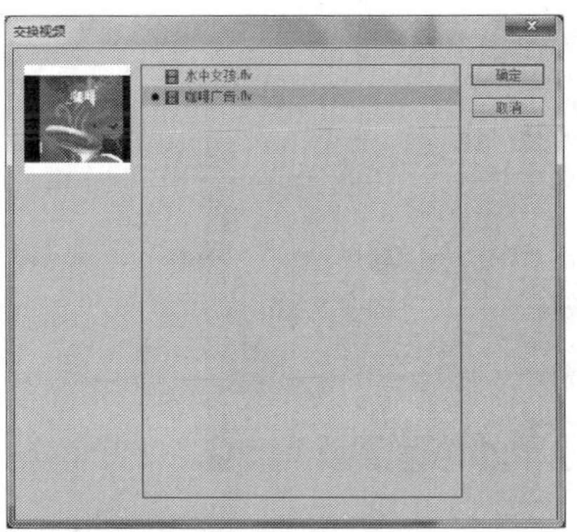

图9-48 弹出“交换视频”对话框

STEP 05 在列表框中，选择需要交换的“水中女孩”视频素材，如图9-49所示。

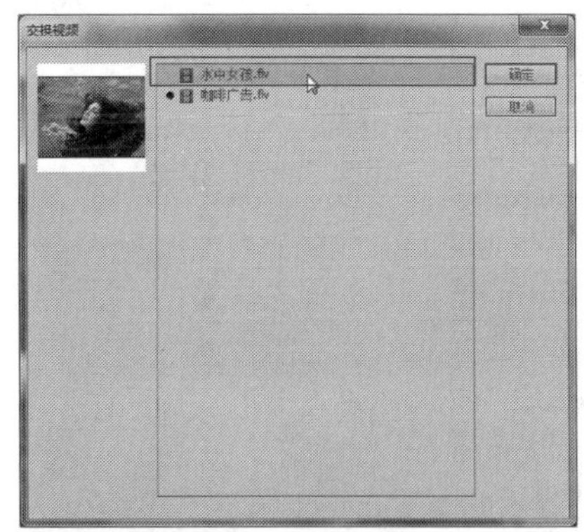

图9-49 选择“水中女孩”视频素材

STEP 06 单击“确定”按钮，即可交换舞台中的视频素材，效果如图9-50所示。

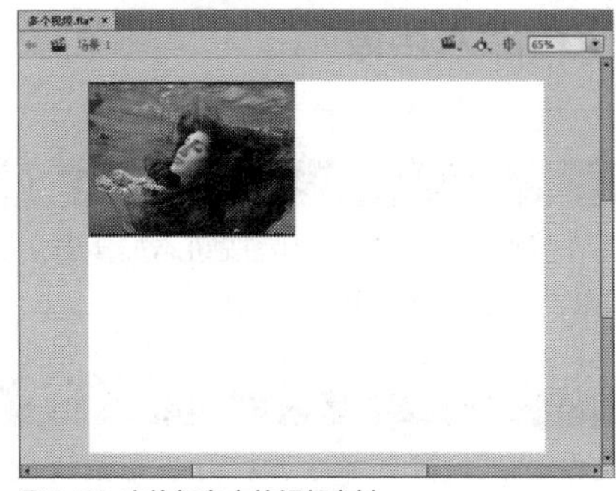

图9-50 交换舞台中的视频素材

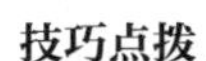

技巧点拨

在Flash CC工作界面中，用户不可以导入MPEG格式的视频文件，需要将其转换为FLV格式，才能导入“库”面板中。

9.3 插入音频文件

Flash影片中的声音是通过对外部声音文件导入而得到的，与导入位图的操作一样，单击“文件”|“导入”|“导入到库”命令，就可以将选择的音频文件导入动画文档中。

实战286 插入音频文件

▶实例位置：光盘\效果\第9章\音乐1.fla
▶素材位置：光盘\素材\第9章\音乐1.mp3
▶视频位置：光盘\视频\第9章\实战286.mp4

• 实例介绍 •

在Flash CC工作界面中，导入的音频文件作为一个独立的元件存在于“库”面板中。

• 操作步骤 •

STEP 01 在菜单栏中，单击“文件”|“导入”|“导入到库”命令，如图9-51所示。

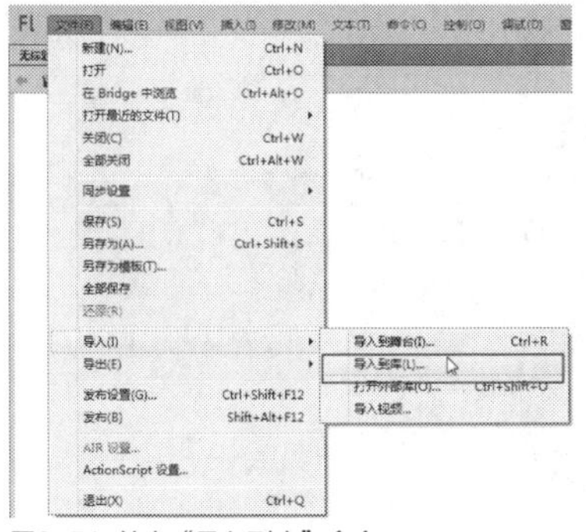

图9-51 单击“导入到库”命令

STEP 02 弹出“导入到库”对话框，在其中选择需要导入的音频文件，如图9-52所示。

图9-52 选择需要导入的音频文件

STEP 03 单击“打开”按钮，即可将音频文件导入“库”面板中，如图9-53所示。

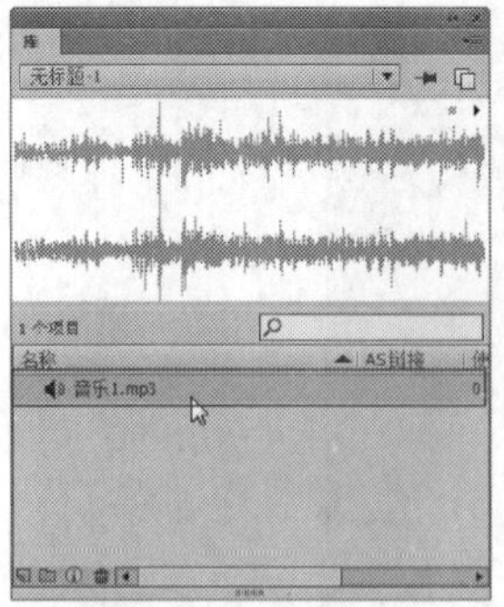

图9-53 导入“库”面板中

STEP 04 将音频文件拖曳至舞台中，“图层1”第1帧上将显示音频的音波，如图9-54所示。

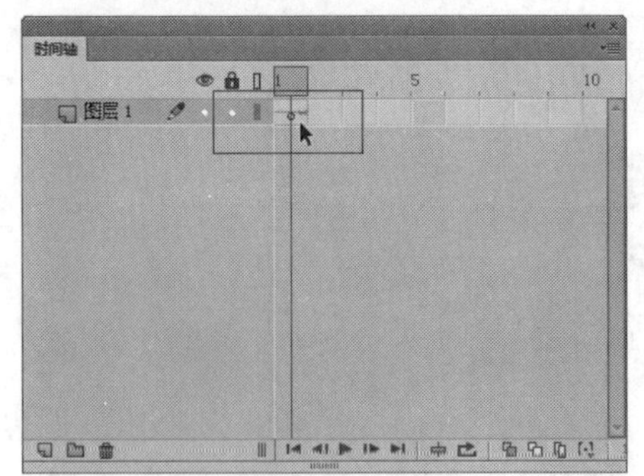

图9-54 第1帧上显示音频的音波

实战 287 为按钮加入声音

▶ 实例位置：光盘\效果\第9章\排行榜.fla
▶ 素材位置：光盘\素材\第9章\排行榜.fla
▶ 视频位置：光盘\视频\第9章\实战287.mp4

• 实例介绍 •

在Flash CC工作界面中，用户可以为按钮添加声音。为按钮添加声音后，该元件的所有实例都将具有声音。下面向读者介绍为按钮加入声音的操作方法。

• 操作步骤 •

STEP 01 单击“文件”|“打开”命令，打开一个素材文件，如图9-55所示。

图9-55 打开一个素材文件

STEP 02 在舞台中，选择“女歌手”按钮元件实例，如图9-56所示。

图9-56 选择按钮元件实例

STEP 03 双击鼠标左键，进入按钮编辑模式，此时“时间轴”面板如图9-57所示。

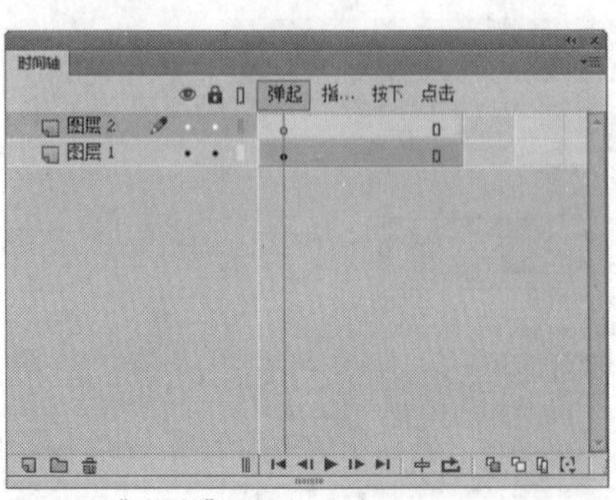

图9-57 “时间轴”面板

STEP 04 选择“图层2”图层的“指针经过”帧，单击鼠标右键，在弹出的快捷菜单中选择“插入空白关键帧”选项，如图9-58所示。

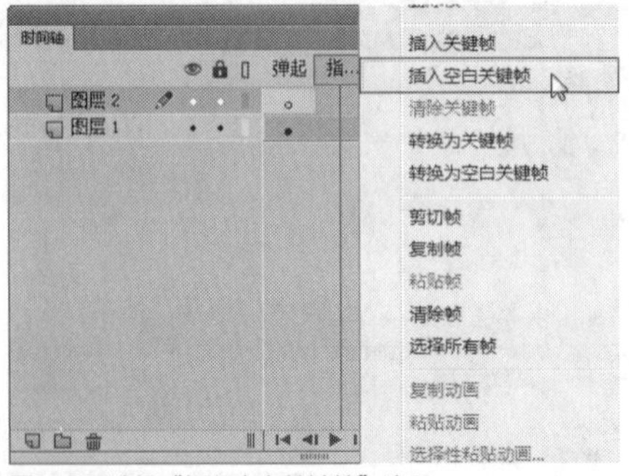

图9-58 选择“插入空白关键帧”选项

STEP 05 执行操作后，即可在“指针经过”帧上插入空白关键帧，如图9-59所示。

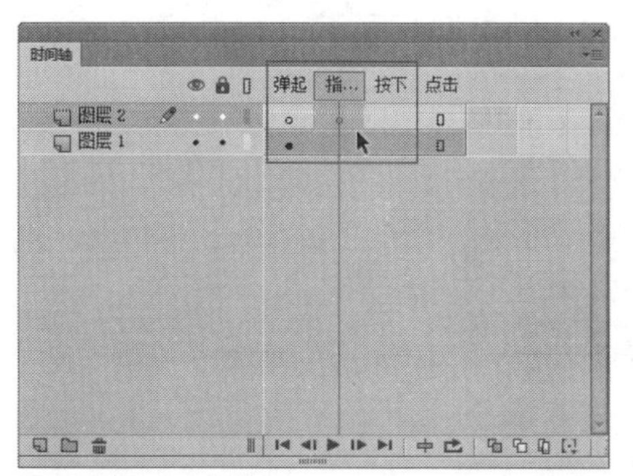

图9-59 插入空白关键帧1

STEP 06 用与上同样的方法，在“按下”帧上插入空白关键帧，如图9-60所示。

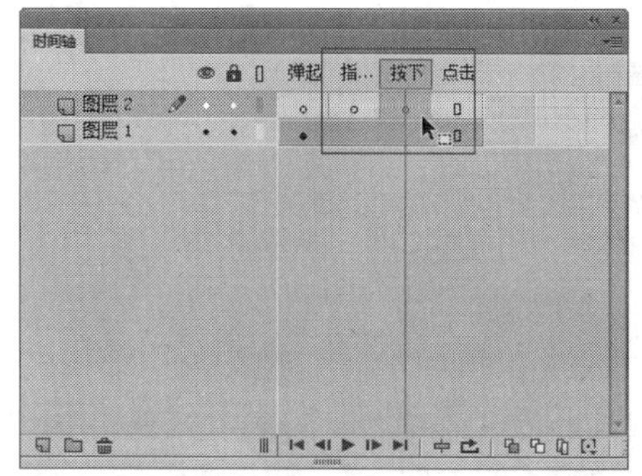

图9-60 插入空白关键帧2

STEP 07 选择“指针经过”帧，在“属性”面板的“声音”选项区中，单击“名称”右侧的下三角按钮，在弹出的列表框中选择“click.WAV”选项，如图9-61所示。

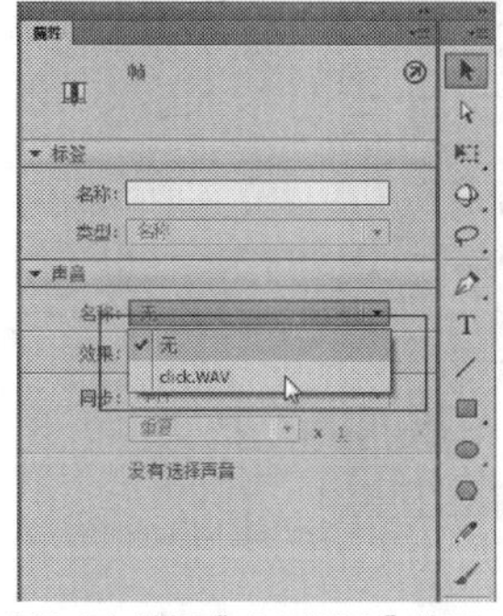

图9-61 选择“click.WAV”选项

STEP 08 执行操作后，即可为“指针经过”帧添加声音文件，在帧上显示了音频的音波，如图9-62所示，完成为按钮添加声音的操作。

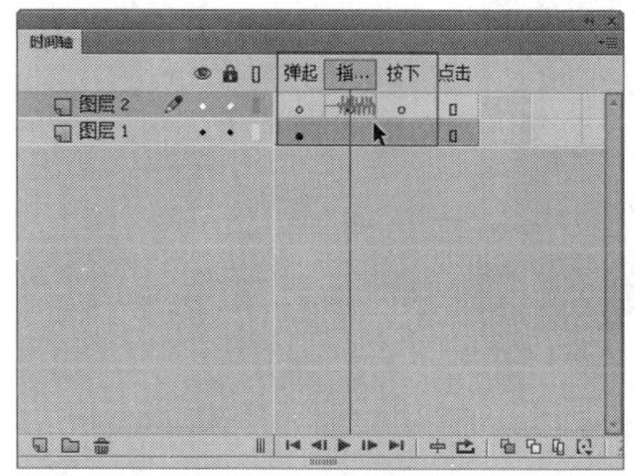

图9-62 为“指针经过”帧添加声音

实战 288 为影片加入声音

▶实例位置：光盘\效果\第9章\窗外风景.fla
▶素材位置：光盘\素材\第9章\窗外风景.fla
▶视频位置：光盘\视频\第9章\实战288.mp4

• 实例介绍 •

在Flash CC工作界面中，为了使动画更加形象，更加有声有色，需要在动画中添加声音，从而制作出有声音的动画效果。下面向读者介绍为影片加入声音的操作方法。

• 操作步骤 •

STEP 01 单击“文件”|“打开”命令，打开一个素材文件，如图9-63所示。

图9-63 打开一个素材文件

STEP 02 在“时间轴”面板中，选择“music”图层的第1帧，如图9-64所示。

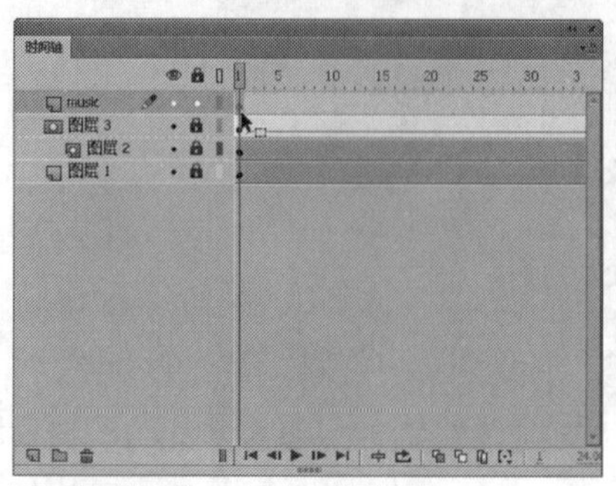
图9-64 选择“music”图层的第1帧

STEP 03 在“属性”面板的“声音”选项区中，单击“名称”选项右侧的下拉按钮，在弹出的列表框中，选择“背景音乐.WAV”选项，如图9-65所示。

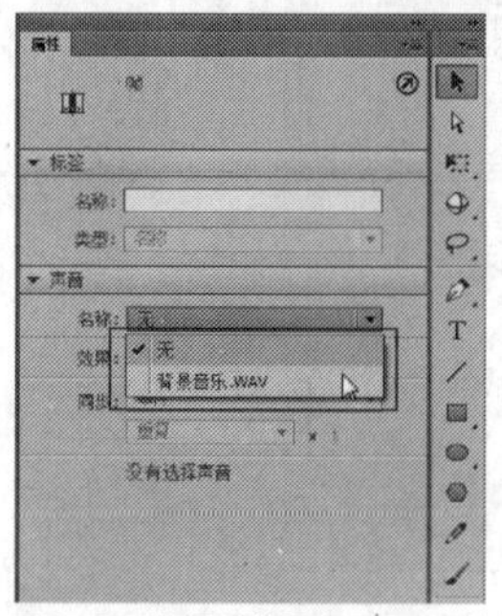
图9-65 选择“背景音乐.WAV”选项

STEP 04 此时即可为影片加入声音，在“声音”选项区中可以查看声音属性，如图9-66所示。

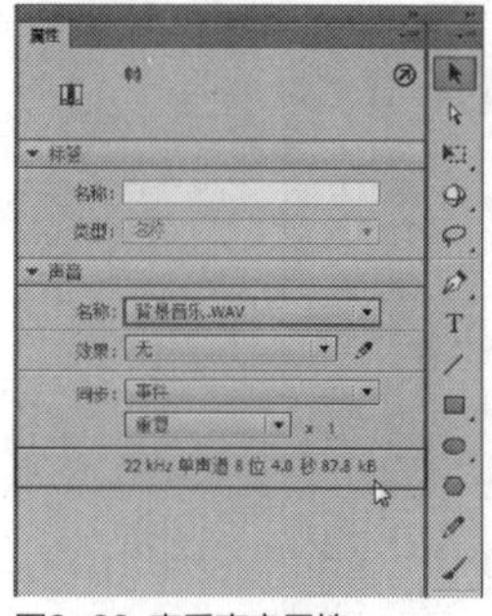
图9-66 查看声音属性

STEP 05 在“时间轴”面板的music图层中，显示了音频的音波效果，如图9-67所示。

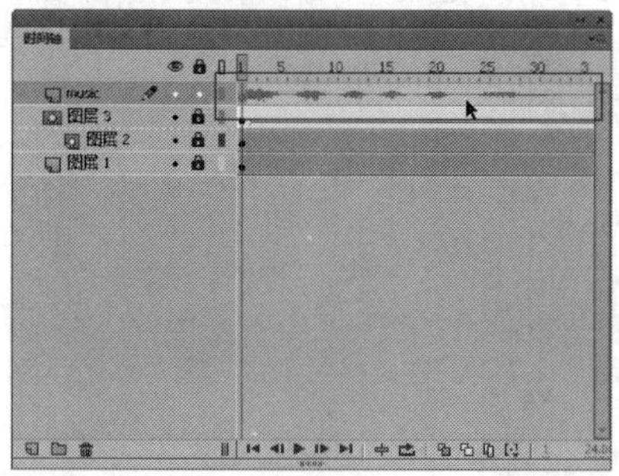
图9-67 显示了音频的音波效果

技巧点拨

在Flash CC工作界面中，用户可以根据需要在影片的任意位置添加声音文件，背景音乐在影片中可以起到锦上添花的作用。

实战289 重复播放声音

▶ 实例位置：光盘\效果\第9章\庆祝元旦.fla
▶ 素材位置：光盘\素材\第9章\庆祝元旦.fla
▶ 视频位置：光盘\视频\第9章\实战289.mp4

• 实例介绍 •

在Flash CC工作界面中，用户可以根据影片的特点，设置音频文件的播放方式。下面向读者介绍重复播放声音文件的操作方法。

• 操作步骤 •

STEP 01 单击“文件”|“打开”命令，打开一个素材文件，如图9-68所示。

图9-68 打开一个素材文件

STEP 02 在“时间轴”面板中，选择“图层2”的第1帧，如图9-69所示。

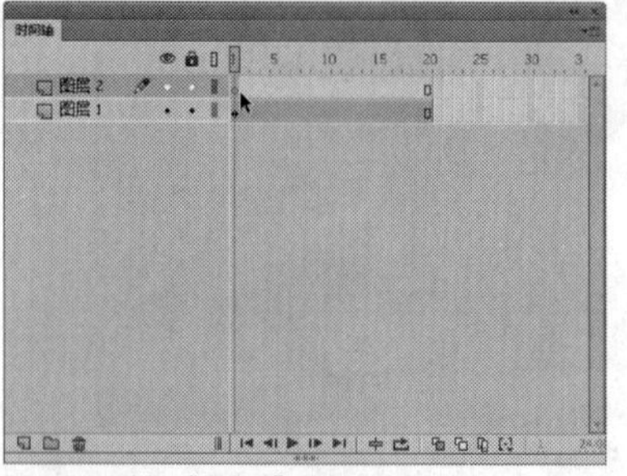
图9-69 选择“图层2”的第1帧

STEP 03 在“属性”面板的“声音”选项区中，单击“名称”选项右侧的下拉按钮，在弹出的列表框中，选择“元旦快乐.mp3”选项，如图9-70所示。

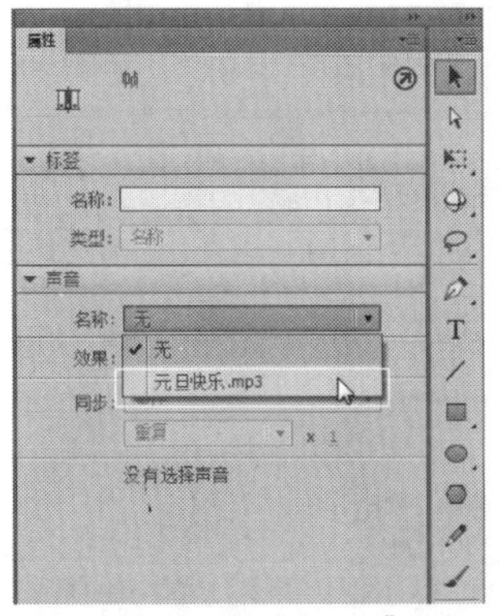

图9-70 选择“元旦快乐.mp3”选项

STEP 04 单击“同步”选项下方的按钮，弹出列表框，选择“重复”选项，如图9-71所示。

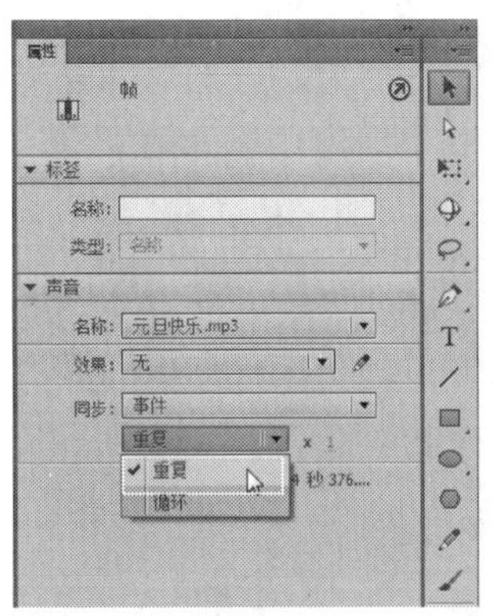

图9-71 选择“重复”选项

技巧点拨

在“属性”面板的“同步”列表框中，若用户选择“循环”选项，则可以设置音频文件为循环播放方式。

STEP 05 执行操作后，即可设置声音的播放方式为重复播放，在“时间轴”面板中可以查看“图层2”中的音波效果，如图9-72所示。

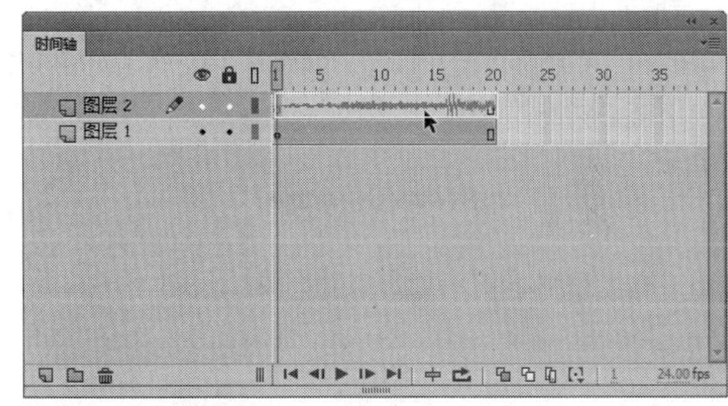

图9-72 查看音波效果

实战 290 编辑音频文件

▶实例位置：光盘\效果\第9章\清明踏青.fla
▶素材位置：光盘\素材\第9章\清明踏青.fla
▶视频位置：光盘\视频\第9章\实战290.mp4

• 实例介绍 •

在Flash CC工作界面中，用户可以根据需要来编辑音频文件，将声音导入场景编辑窗口中，选择声音的相应帧后，可以编辑声音的效果。

• 操作步骤 •

STEP 01 单击“文件”|“打开”命令，打开一个素材文件，如图9-73所示。

图9-73 打开一个素材文件

STEP 02 在“时间轴”面板中，选择“图层2”的第1帧，如图9-74所示。

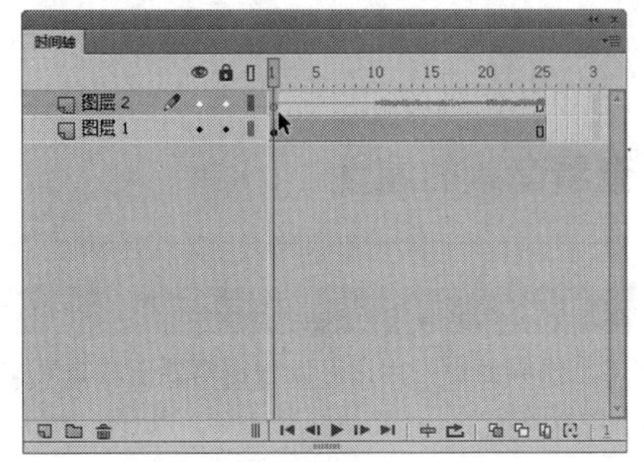

图9-74 选择“图层2”的第1帧

STEP 03 在“属性”面板的“声音”选项区中，单击“效果”右侧的“编辑声音封套”按钮，如图9-75所示。

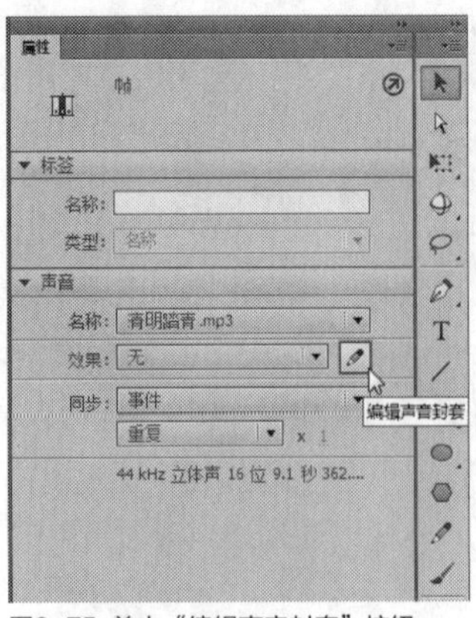

图9-75 单击“编辑声音封套”按钮

STEP 04 执行操作后，弹出“编辑封套”对话框，单击“效果”右侧的下三角按钮，在弹出的列表框中选择“淡入”选项，如图9-76所示。

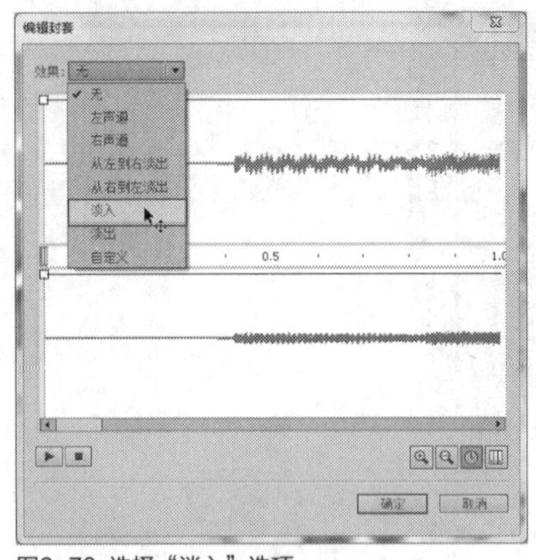

图9-76 选择“淡入”选项

STEP 05 执行操作后，即可设置音频的声音效果为“淡入”方式，在对话框下方可以查看淡入的关键帧设置，如图9-77所示。

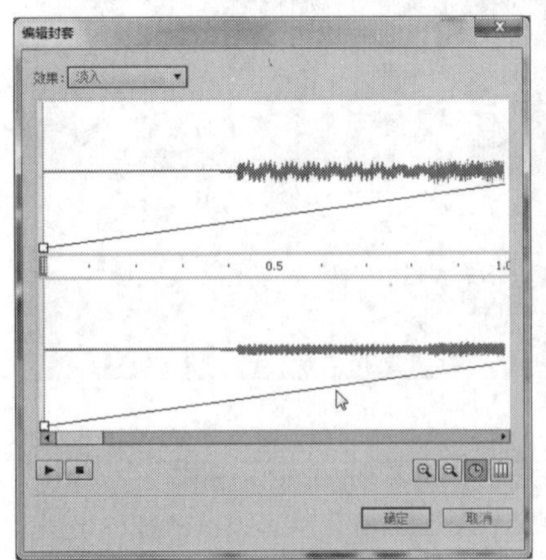

图9-77 查看淡入的关键帧设置

STEP 06 设置完成后，单击“确定”按钮，返回Flash工作界面，在“属性”面板的“效果”列表框中，用户也可以直接选择声音的效果方式，如图9-78所示。

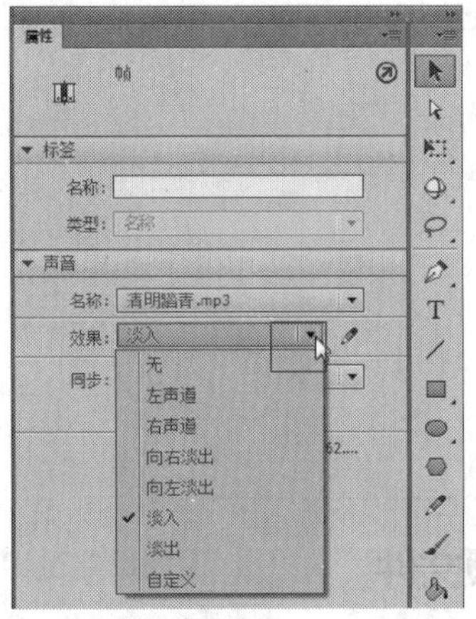

图9-78 “效果”列表框

知识拓展

在“属性”面板的“效果”列表框中，各选项的含义如下。

- 左声道：只使用左声道播放声音。
- 右声道：只使用右声道播放声音。
- 从左到右淡出：产生从左声道到右声道的渐变音效。
- 从右到左淡出：产生从右声道到左声道的渐变音效。
- 淡入：用于制造淡入的音效。
- 淡出：用于制造淡出的音效。
- 自定义：选择该选项后，会弹出“编辑封套”对话框，用户可以对声音进行手动的调整。

实战 291 查看音频的属性

- 实例位置：光盘\效果\第9章\雪糕广告.fla
- 素材位置：光盘\素材\第9章\雪糕广告.fla
- 视频位置：光盘\视频\第9章\实战291.mp4

• 实例介绍 •

在Flash CC工作界面中，用户可以根据需要查看音频文件的相关属性，以便能更好地编辑音频文件。下面向读者介绍查看音频属性的操作方法。

• 操作步骤 •

STEP 01 单击“文件”|“打开”命令，打开一个素材文件，如图9-79所示。

图9-79 打开一个素材文件

STEP 02 在“时间轴”面板中，查看“图层2”中已添加的音频文件，如图9-80所示。

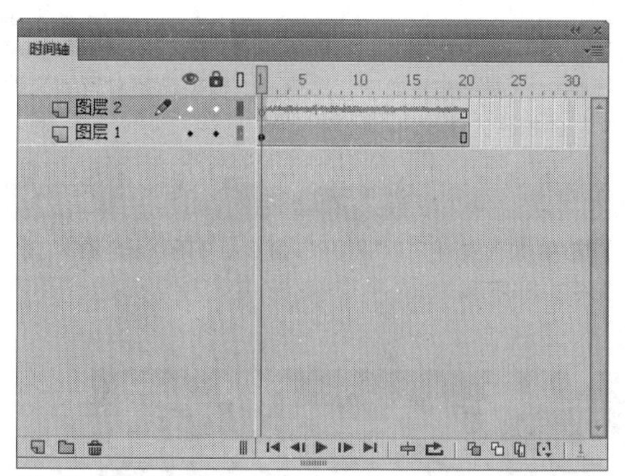

图9-80 查看已添加的音频文件

STEP 03 在“库”面板中，选择需要查看属性的音频文件，如图9-81所示。

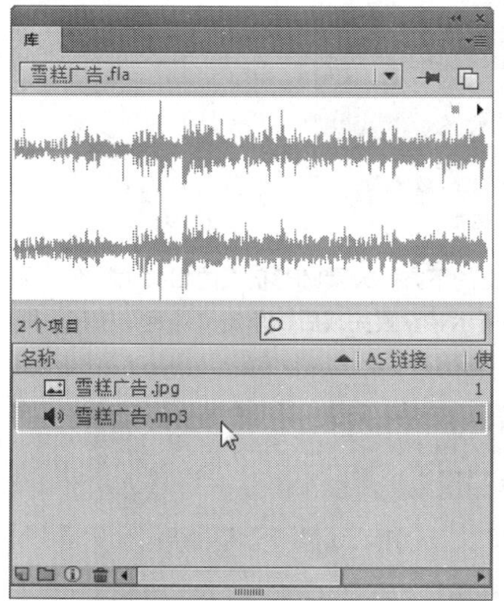

图9-81 选择需要查看属性的音频文件

STEP 04 在选择的音频文件上，单击鼠标右键，在弹出的快捷菜单中选择“属性”选项，如图9-82所示。

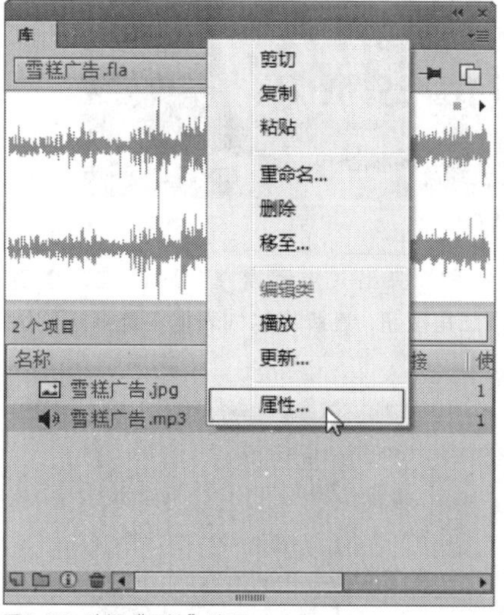

图9-82 选择“属性”选项

STEP 05 执行操作后，弹出“声音属性”对话框，在“选项”选项卡中可以查看音频的属性，如音频的声道、帧参数以及修改时间等信息，如图9-83所示。

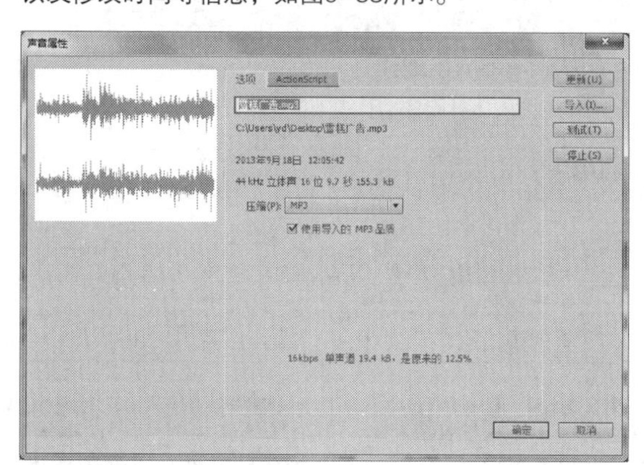

图9-83 查看音频的属性

STEP 06 单击ActionScript标签，切换至ActionScript选项卡，在其中用户可以对音频的共享进行相关操作，如图9-84所示。

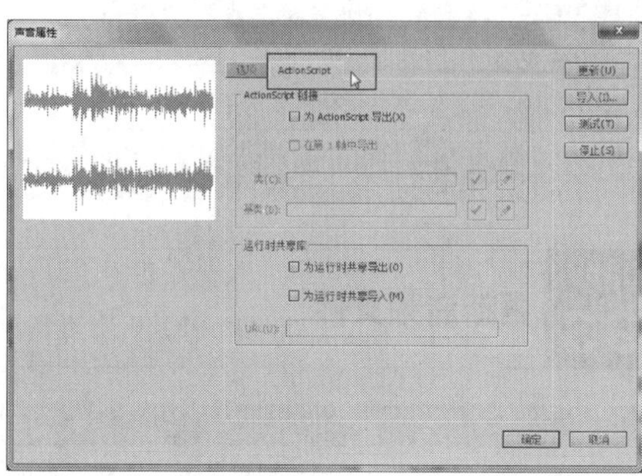

图9-84 对音频的共享进行相关操作

实战 292 压缩音频文件

▶实例位置：光盘\效果\第9章\圣诞快乐.fla
▶素材位置：光盘\素材\第9章\圣诞快乐.fla
▶视频位置：光盘\视频\第9章\实战292.mp4

• 实例介绍 •

在Flash CC工作界面中，用户可以根据需要对音频文件进行压缩操作，降低音频的文件大小。下面向读者介绍压缩音频文件的操作方法。

• 操作步骤 •

STEP 01 单击“文件”|“打开”命令，打开一个素材文件，如图9-85所示。

图9-85 打开一个素材文件

STEP 02 在“库”面板中，选择需要压缩的音频文件，单击鼠标右键，在弹出的快捷菜单中选择“属性”选项，如图9-86所示。

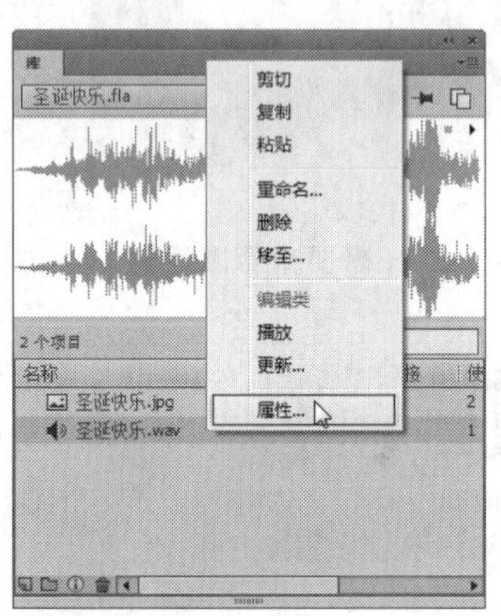

图9-86 选择“属性”选项

STEP 03 执行操作后，弹出“声音属性”对话框，单击“压缩”右侧的下三角按钮，在弹出的列表框中选择MP3选项，如图9-87所示。

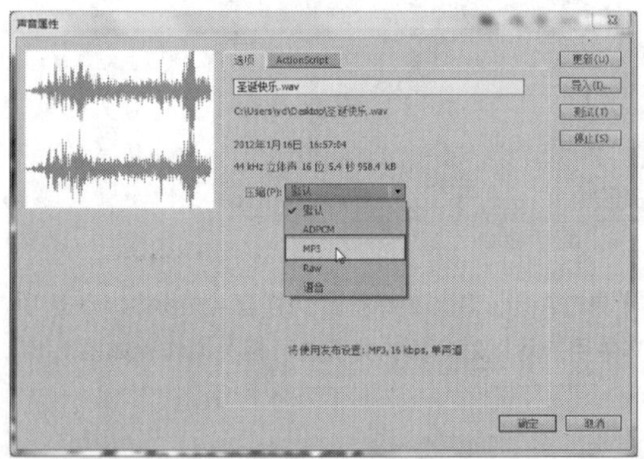

图9-87 选择MP3选项

STEP 04 在对话框的下方，设置MP3格式的相关比特率、品质等，如图9-88所示。设置完成后，单击“确定”按钮，即可设置音频文件的压缩方式。

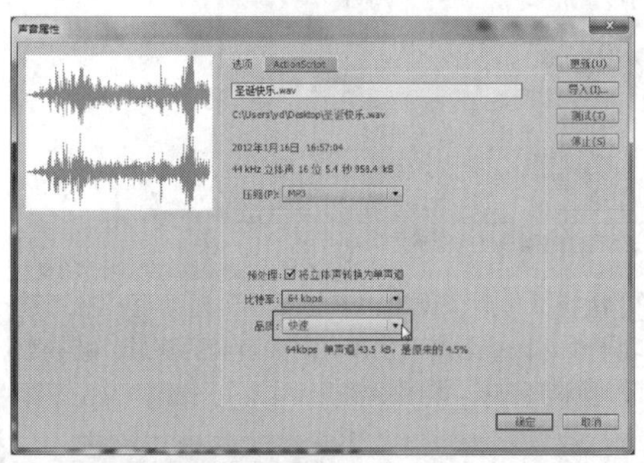

图9-88 设置MP3格式的相关属性

技巧点拨

在“声音属性”对话框，用户还可以将声音文件压缩为RAW或ADPCM格式。

实战 293 更新音频文件

▶实例位置：光盘\效果\第9章\美食.fla
▶素材位置：光盘\素材\第9章\美食.fla
▶视频位置：光盘\视频\第9章\实战293.mp4

• 实例介绍 •

在Flash CC工作界面中，用户如果更改了音频文件的源文件，此时可以更新Flash中导入的音频文件。下面向读者介绍更新音频文件的操作方法。

● 操作步骤 ●

STEP 01 单击“文件”|“打开”命令，打开一个素材文件，如图9-89所示。

图9-89 打开一个素材文件

STEP 02 在“时间轴”面板中，查看“图层2”中已添加的音频文件，如图9-90所示。

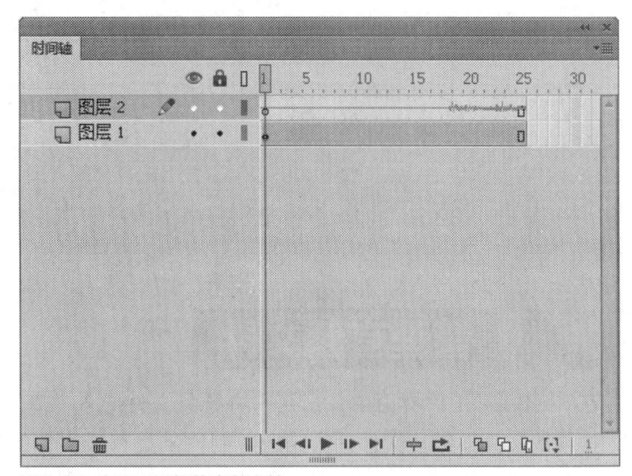

图9-90 查看已添加的音频文件

STEP 03 在“库”面板中，选择需要更新的音频文件，如图9-91所示。

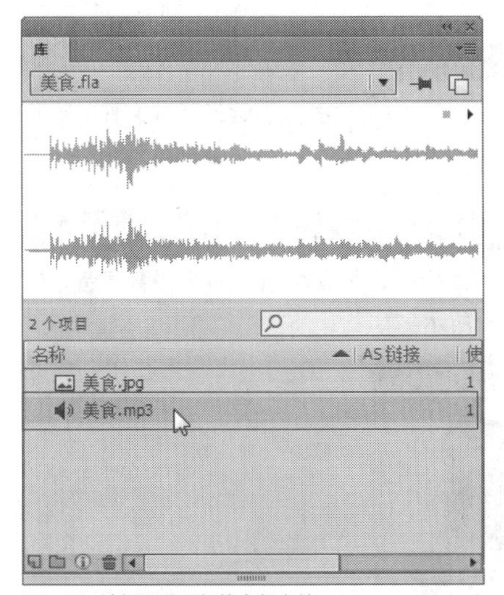

图9-91 选择需要更新的音频文件

STEP 04 在选择的音频文件上，单击鼠标右键，在弹出的快捷菜单中选择“更新”选项，如图9-92所示。

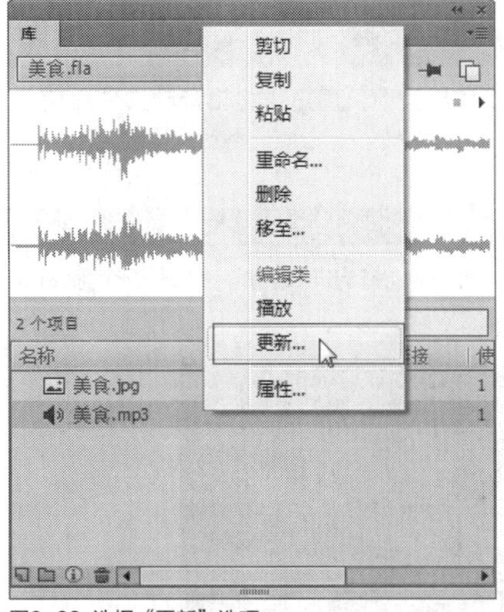

图9-92 选择“更新”选项

STEP 05 执行操作后，弹出“更新库项目”对话框，在其中选中“美食”复选框，单击右下角的“更新”按钮，如图9-93所示。

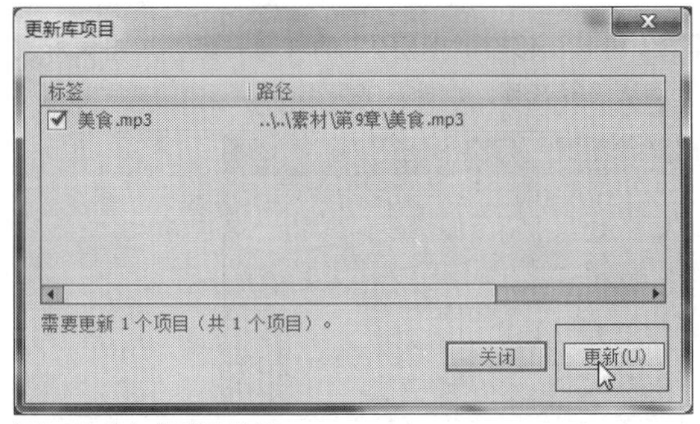

图9-93 单击“更新”按钮

STEP 06 执行操作后，即可更新选择的音频文件，在对话框的左下角提示用户已更新1个项目，如图9-94所示。单击“关闭”按钮，完成音频文件的更新操作。

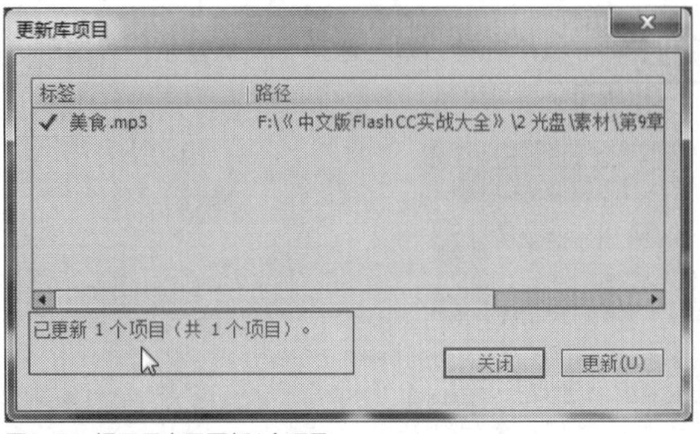

图9-94 提示用户已更新1个项目

技巧点拨

在Flash CC工作界面中，用户还可以在“声音属性”对话框中，单击右侧的“更新”按钮，如图9-95所示，也可以快速更新音频文件。

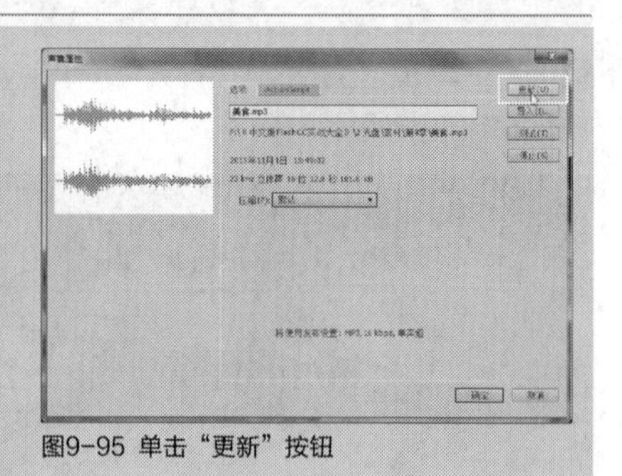
图9-95 单击“更新”按钮

9.4 管理音频文件

在Flash CC工作界面中，当用户将音频文件导入“库”面板中，还需要掌握管理声音文件的多种方法，这样才能更好地对声音文件与影片文件进行结合，制作出具有吸引力的动画效果。本节主要向读者介绍管理声音文件的操作方法。

实战294 选择音频文件

▶实例位置：无
▶素材位置：光盘\素材\第9章\汽车画面.fla
▶视频位置：光盘\视频\第9章\实战294.mp4

• 实例介绍 •

在Flash CC工作界面中，用户在编辑音频文件之前，首先需要选择音频文件。下面向读者介绍选择音频文件的操作方法。

• 操作步骤 •

STEP 01 单击“文件”|“打开”命令，打开一个素材文件，如图9-96所示。

图9-96 打开一个素材文件

STEP 02 在“库”面板中，将鼠标指针移至“背景音乐”名称上，如图9-97所示。

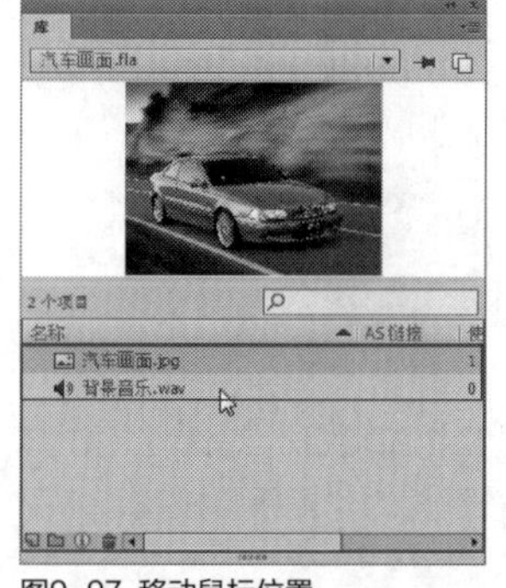

图9-97 移动鼠标位置

STEP 03 单击鼠标左键，即可选择“背景音乐”库文件，如图9-98所示。

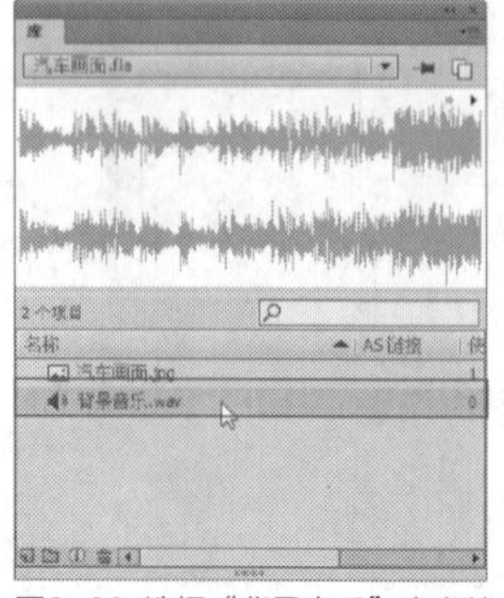

图9-98 选择“背景音乐”库文件

STEP 04 将鼠标移至“图层2”的任意一帧，单击鼠标左键，也可以选择音频，如图9-99所示。

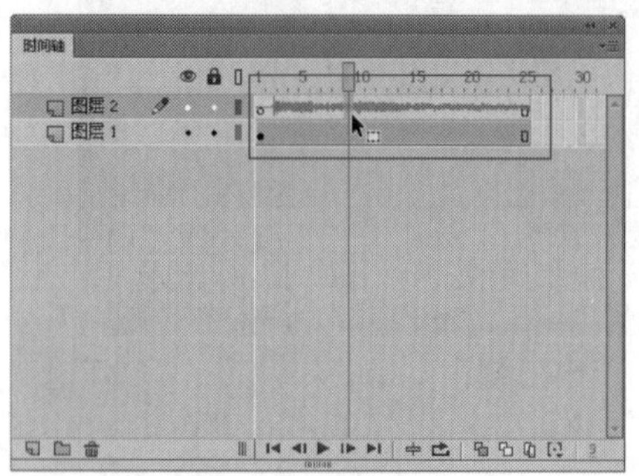

图9-99 在“时间轴”面板中选择音频

实战 295 复制音频文件

▶实例位置：光盘\效果\第9章\美妆广告.fla
▶素材位置：光盘\素材\第9章\美妆广告.fla
▶视频位置：光盘\视频\第9章\实战295.mp4

• 实例介绍 •

在Flash CC工作界面中，用户可以在各个Flash文档之间互相复制元件，从而大大提高工作效率。下面向读者介绍复制音频文件的操作方法。

• 操作步骤 •

STEP 01 单击“文件”|“打开”命令，打开一个素材文件，如图9-100所示。

图9-100 打开一个素材文件

STEP 02 在“库”面板中，选择需要复制的音频文件，如图9-101所示。

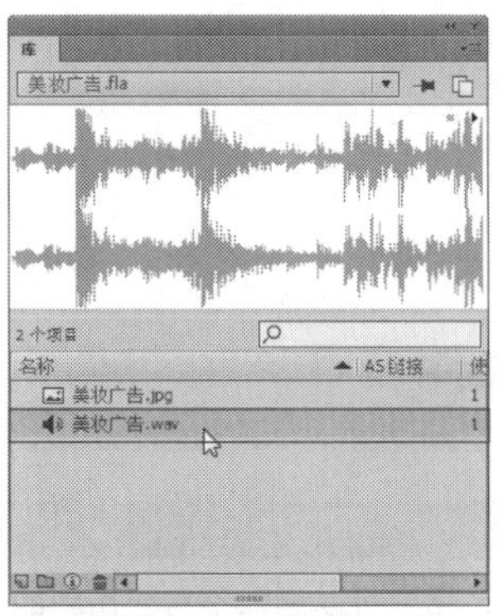

图9-101 选择需要复制的音频文件

STEP 03 单击鼠标右键，在弹出的快捷菜单中选择“复制”选项，如图9-102所示。

图9-102 选择“复制”选项

STEP 04 单击“文件”|“新建”命令，如图9-103所示，新建一个空白动画文档。

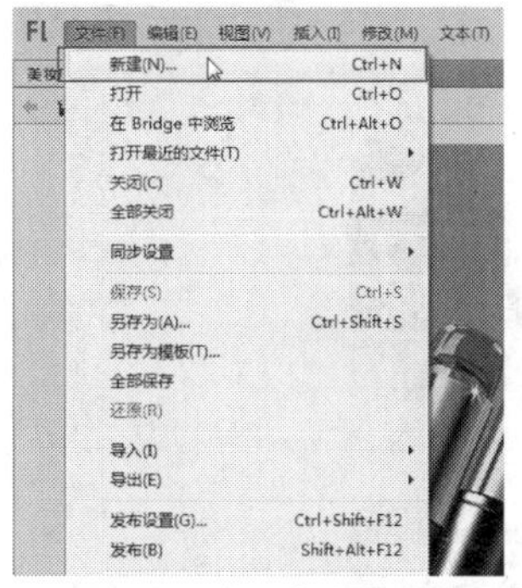

图9-103 单击“新建”命令

STEP 05 新建的动画文档名称显示为“无标题-1”，如图9-104所示。

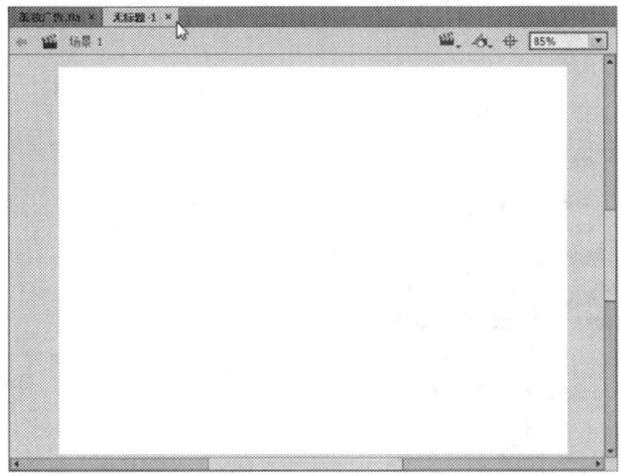

图9-104 名称显示为“无标题-1”

STEP 06 在“库”面板中，单击文档名称右侧的下三角按钮，在弹出的列表框中选择“无标题-1”选项，如图9-105所示。

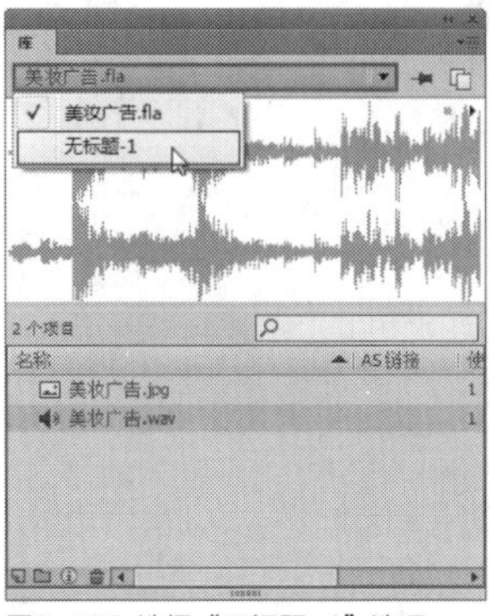

图9-105 选择“无标题-1”选项

STEP 07 切换至“无标题-1”文档下的“库”面板，在面板中的空白位置上，单击鼠标右键，在弹出的快捷菜单中选择“粘贴”选项，如图9-106所示。

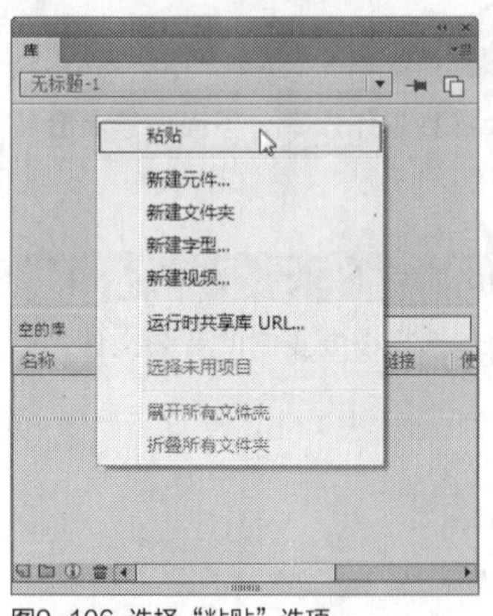

图9-106 选择“粘贴”选项

STEP 08 执行操作后，即可对前面复制的音频文件进行粘贴操作，“库”面板如图9-107所示。

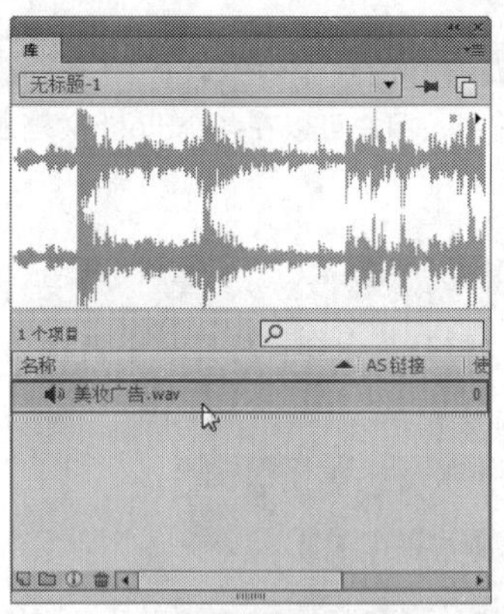

图9-107 粘贴音频文件

实战 296 删除音频文件

▶实例位置：光盘\效果\第9章\卡通动画.fla
▶素材位置：光盘\素材\第9章\卡通动画.fla
▶视频位置：光盘\视频\第9章\实战296.mp4

• 实例介绍 •

在Flash CC工作界面中，用户可以删除不需要用到的声音文件，方便管理“库”面板中的素材资源。下面向读者介绍删除音频文件的操作方法。

• 操作步骤 •

STEP 01 单击“文件”|“打开”命令，打开一个素材文件，如图9-108所示。

图9-108 打开一个素材文件

STEP 02 在“时间轴”面板中，查看“图层2”中已添加的音频文件，如图9-109所示。

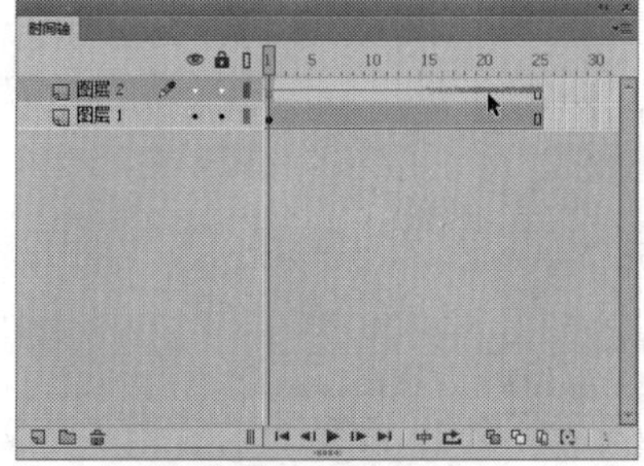

图9-109 查看已添加的音频文件

STEP 03 在“库”面板中，选择“卡通动画.wav”音频文件，如图9-110所示。

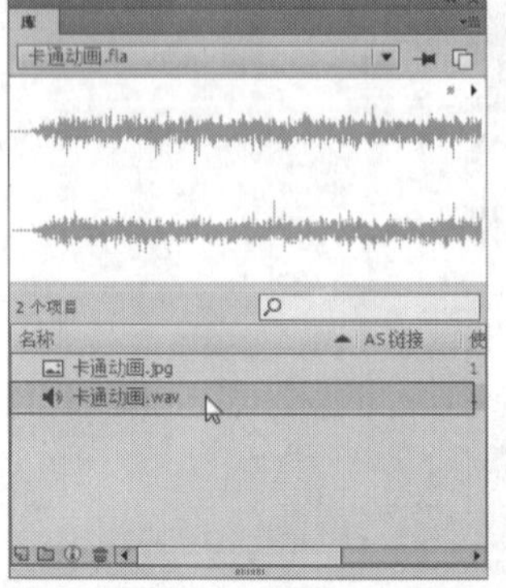

图9-110 选择“卡通动画.wav”音频文件

STEP 04 在选择的音频文件上，单击鼠标右键，在弹出的快捷菜单中选择“删除”选项，如图9-111所示。

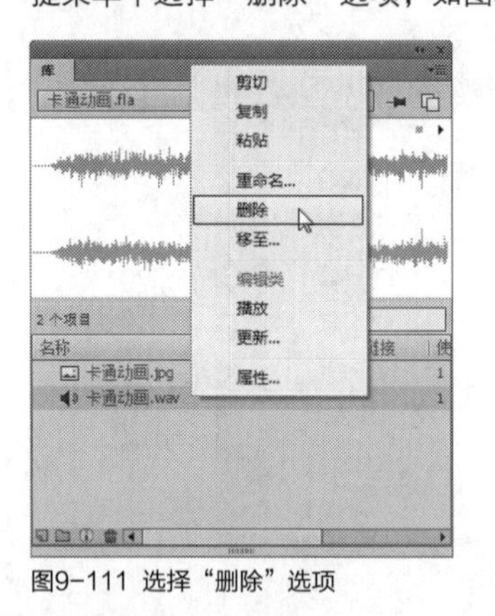

图9-111 选择“删除”选项

STEP 05 执行操作后，即可删除“库”面板中的“卡通动画.wav”音频文件，如图9-112所示。

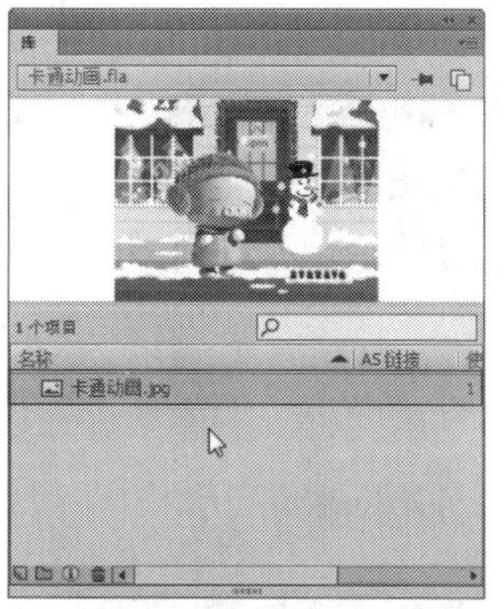

图9-112 删除音频文件

STEP 06 此时，“时间轴”面板的“图层2”中，音频文件也被同时删除了，如图9-113所示。

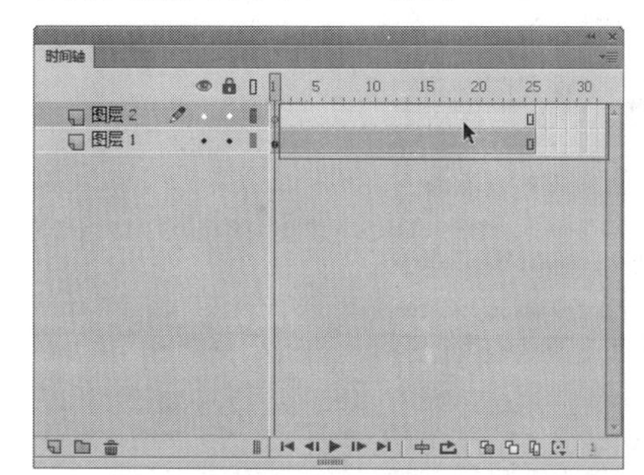

图9-113 图层中的音频也被同时删除了

实战 297 播放音频文件

▶ 实例位置：无
▶ 素材位置：光盘\素材\第9章\日落风景.fla
▶ 视频位置：光盘\视频\第9章\实战297.mp4

• 实例介绍 •

在Flash CC工作界面中，用户将音频文件导入“库”面板中后，可以在“库”面板中播放音频文件。下面向读者介绍播放音频文件的操作方法。

• 操作步骤 •

STEP 01 单击“文件”|“打开”命令，打开一个素材文件，如图9-114所示。

图9-114 打开一个素材文件

STEP 02 在“时间轴”面板中，查看“图层2”中已添加的音频文件，如图9-115所示。

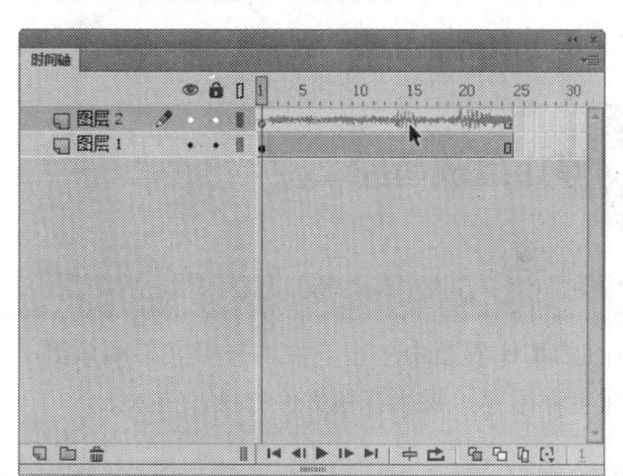

图9-115 查看已添加的音频文件

STEP 03 在“库”面板中，选择需要播放的音频文件，这里选择“日落风景.wav”文件，如图9-116所示。

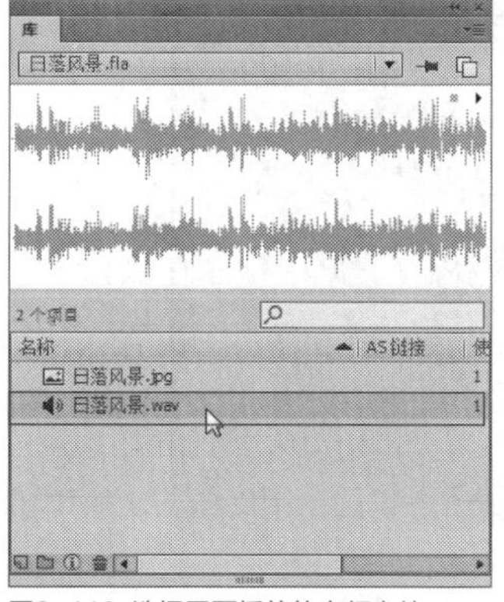

图9-116 选择需要播放的音频文件

STEP 04 在选择的音频文件上，单击鼠标右键，在弹出的快捷菜单中选择“播放”选项，如图9-117所示。

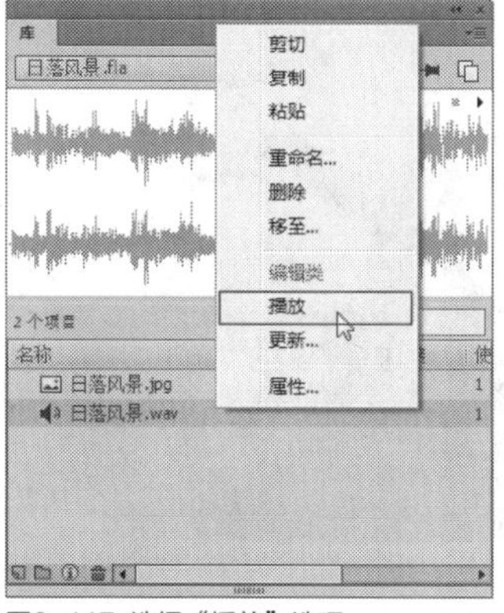

图9-117 选择“播放”选项

STEP 05 用户也可以在“库”面板中，选择需要播放的音频文件，在右上角位置单击“播放”按钮，如图9-118所示，也可以快速播放选择的音频文件，试听音频声效。

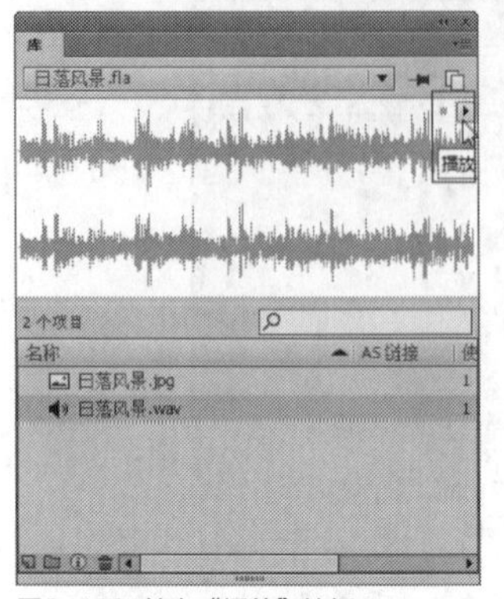

图9-118 单击“播放”按钮1

STEP 06 在“时间轴”面板的下方，单击“播放”按钮，如图9-119所示，也可以播放音频文件。

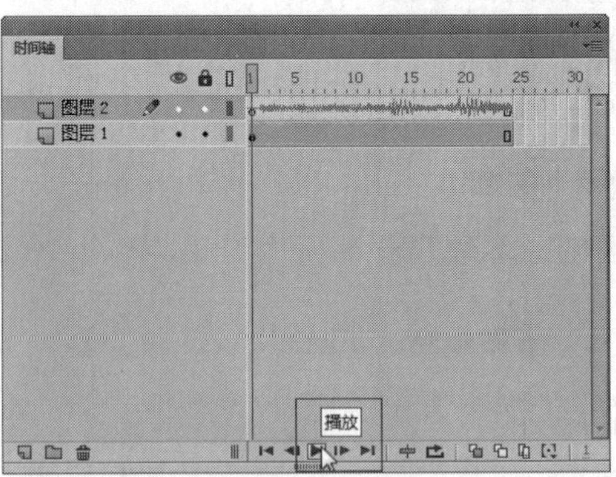

图9-119 单击“播放”按钮2

技巧点拨

在Flash CC工作界面中，用户还可以在“声音属性”对话框中，单击“测试”按钮，如图9-120所示，即可试听音频文件的声音效果。

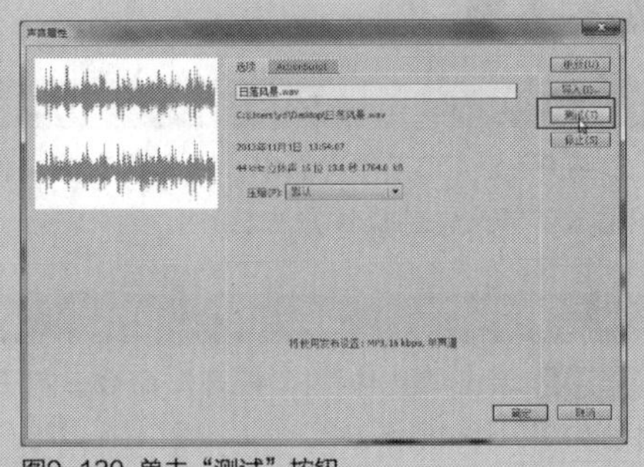

图9-120 单击“测试”按钮

实战 298 停止播放音频

▶实例位置：无
▶素材位置：光盘\素材\第9章\纹理画面.fla
▶视频位置：光盘\视频\第9章\实战298.mp4

• 实例介绍 •

在Flash CC工作界面中，当用户将音频文件播放到一半时，不需要再继续试听了，就可以停止音频文件的播放操作。下面向读者介绍停止播放音频文件的操作方法。

• 操作步骤 •

STEP 01 单击“文件”|“打开”命令，打开一个素材文件，如图9-121所示。

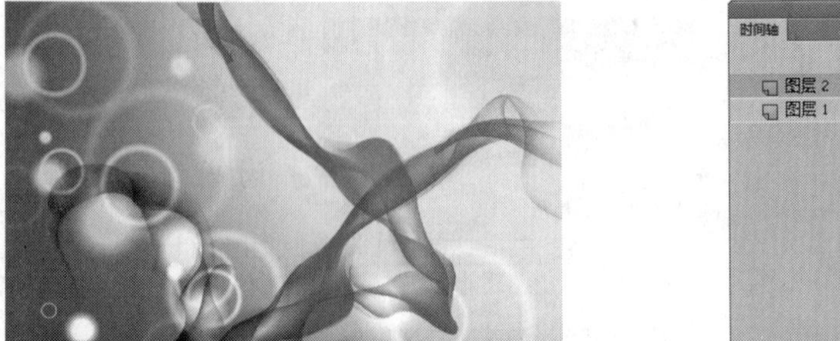

图9-121 打开一个素材文件

STEP 02 在“时间轴”面板中，查看“图层2”中已添加的音频文件，如图9-122所示。

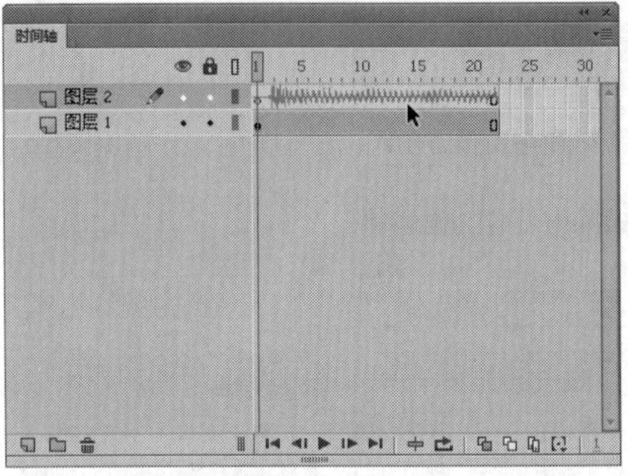

图9-122 查看已添加的音频文件

STEP 03 在“库”面板中，单击“播放”按钮，播放音频文件，然后在需要停止播放的音频文件上，单击鼠标右键，在弹出的快捷菜单中选择“停止”选项，如图9-123所示。

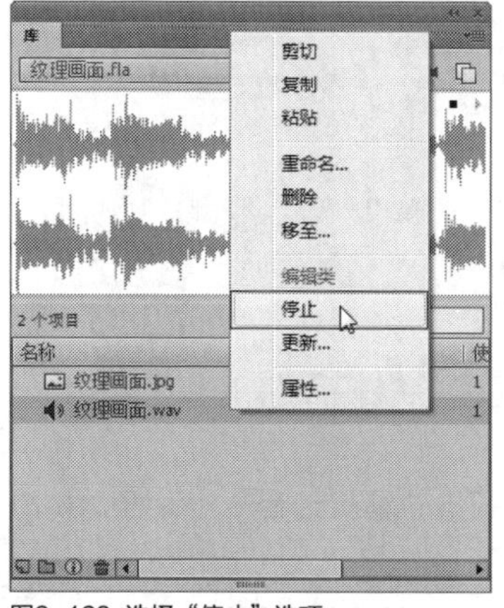

图9-123 选择“停止”选项

STEP 04 用户还可以在“库”面板中，单击右上角位置的“停止”按钮，如图9-124所示，也可以停止播放音频文件。

图9-124 单击“停止”按钮

STEP 05 用户还可以在“时间轴”面板下方，单击“暂停”按钮，如图9-125所示，也可以停止播放音频文件。

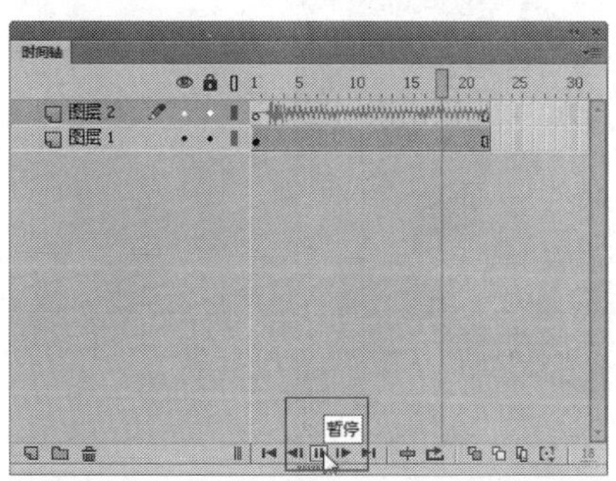

图9-125 单击“暂停”按钮

技巧点拨

在Flash CC工作界面中，用户还可以在“声音属性”对话框中，单击“停止”按钮，如图9-126所示，也可以快速停止播放音频文件。

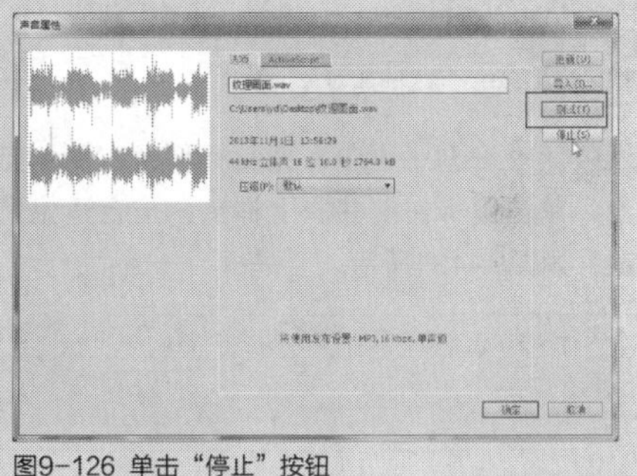
图9-126 单击“停止”按钮

实战 299 放大音频声音

▶实例位置：光盘\效果\第9章\公益广告.fla
▶素材位置：光盘\素材\第9章\公益广告.fla
▶视频位置：光盘\视频\第9章\实战299.mp4

• 实例介绍 •

在Flash CC工作界面中，用户可以利用“编辑封套”对话框根据自己的需要来调大声音。下面向读者介绍放大音频声音的操作方法。

• 操作步骤 •

STEP 01 单击“文件”|“打开”命令，打开一个素材文件，如图9-127所示。

STEP 02 在“时间轴”面板中，查看“图层2”中已添加的音频文件，如图9-128所示。

图9-127 打开一个素材文件

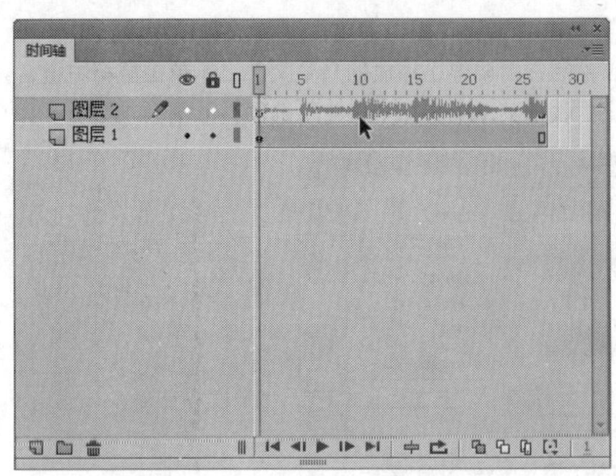

图9-128 查看已添加的音频文件

STEP 03 在“属性”面板的“声音”选项区中，单击“效果”右侧的“编辑声音封套”按钮，如图9-129所示。

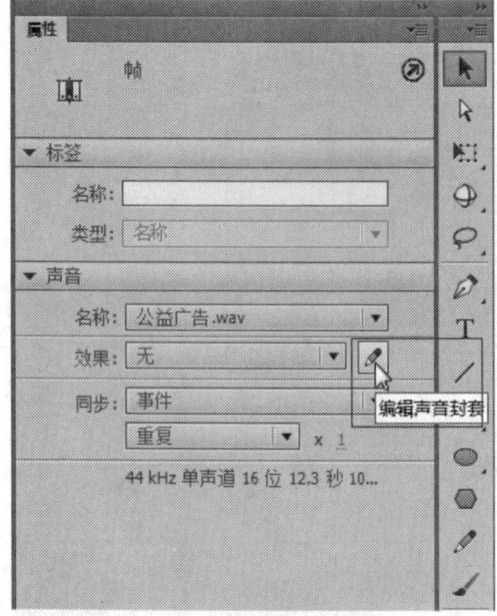

图9-129 单击“编辑声音封套”按钮

STEP 04 执行操作后，弹出“编辑封套”对话框，如图9-130所示。

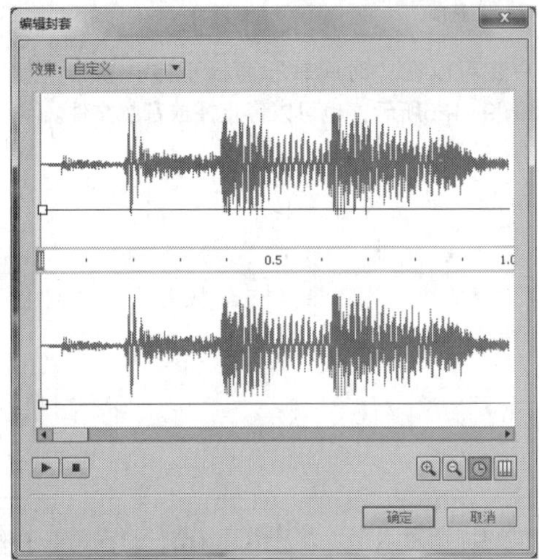

图9-130 弹出“编辑封套”对话框

STEP 05 在对话框中，将鼠标移至左侧上方的方形控制柄上，单击鼠标左键并向上拖曳，至合适位置后释放鼠标左键，如图9-131所示。

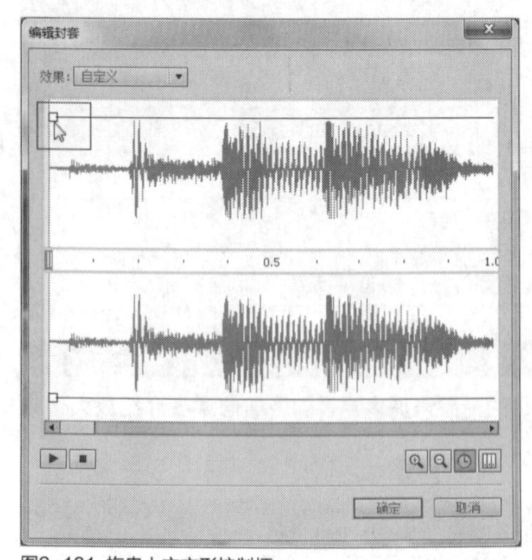

图9-131 拖曳上方方形控制柄

STEP 06 用与上同样的方法，将下方的方形控制柄拖曳至最上方，如图9-132所示，即可对左右声道的声音进行放大操作。

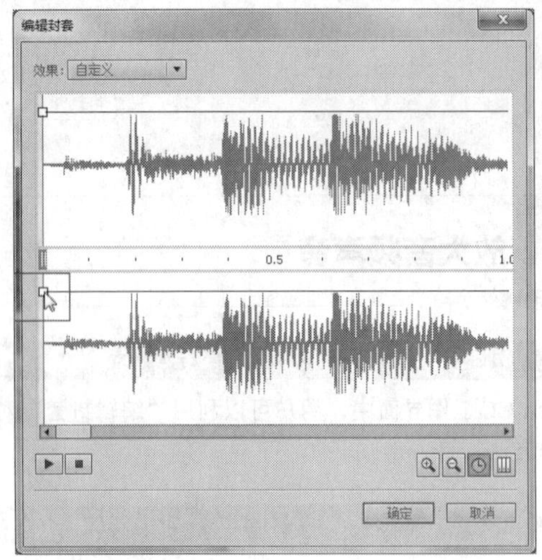

图9-132 拖曳下方方形控制柄

STEP 07 在“编辑封套”对话框中，单击“播放声音”按钮，如图9-133所示，可以试听声音放大后的效果。

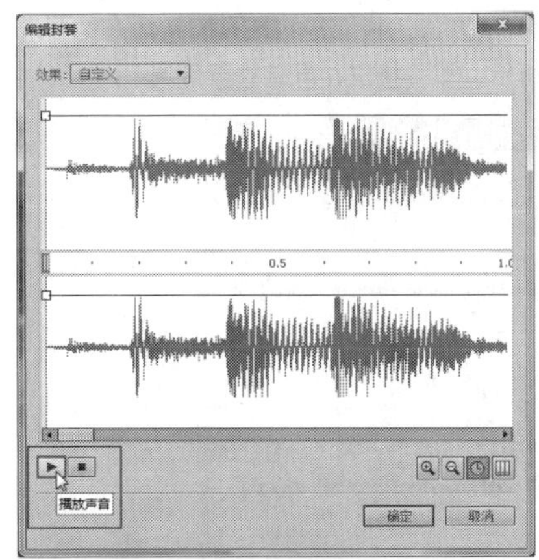

图9-133 单击“播放声音”按钮

技巧点拨

在“编辑封套”对话框中，上方波形编辑窗格显示的是左声道声音波形，下方波形编辑窗格显示的是右声道声音波形。单击声音波形编辑窗格，可以增加一个方向控制柄，拖动各方形控制柄可以调整部分声音段的音量大小，直线越靠上，声音的音量越大。

实战 300 调小音频声音

- 实例位置：光盘\效果\第9章\商场广告.fla
- 素材位置：光盘\素材\第9章\商场广告.fla
- 视频位置：光盘\视频\第9章\实战300.mp4

• 实例介绍 •

在Flash CC工作界面中，如果用户觉得背景音乐的声音过大，此时可以通过“编辑封套”对话框将音频的声音调小。下面向读者介绍调小音频声音的操作方法。

• 操作步骤 •

STEP 01 单击“文件”|“打开”命令，打开一个素材文件，如图9-134所示。

图9-134 打开一个素材文件

STEP 02 在“时间轴”面板中，选择“图层2”第1帧，如图9-135所示。

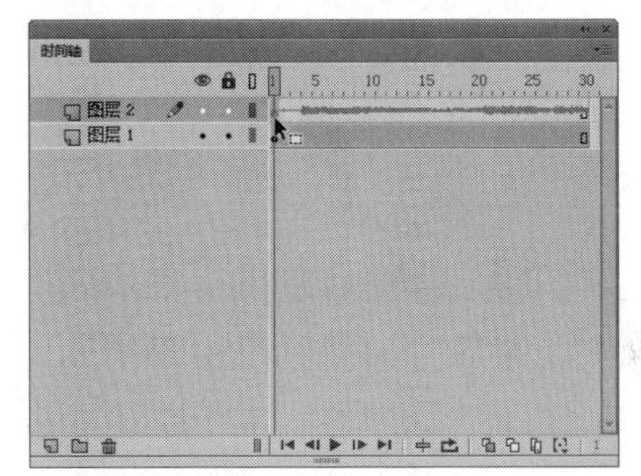

图9-135 选择“图层2”第1帧

STEP 03 在“属性”面板的“声音”选项区中，单击“效果”右侧的“编辑声音封套”按钮，执行操作后，弹出“编辑封套”对话框，如图9-136所示。

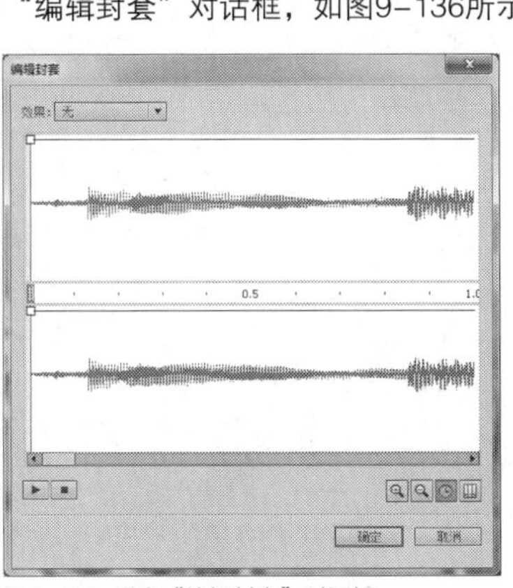

图9-136 弹出“编辑封套”对话框

STEP 04 在对话框中，将鼠标移至左侧上方的方形控制柄上，单击鼠标左键并向下拖曳，至合适位置后释放鼠标左键，如图9-137所示。

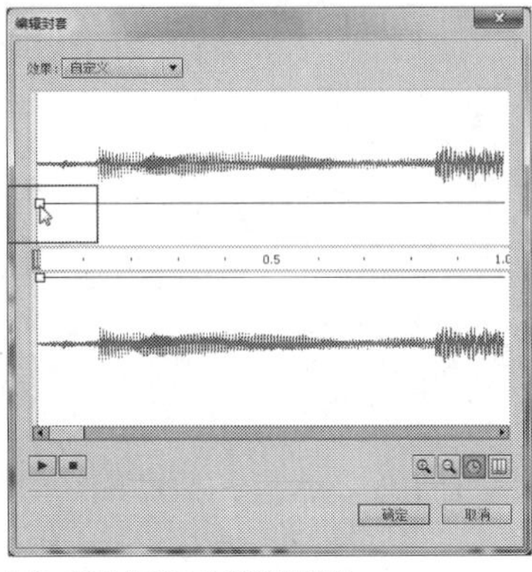

图9-137 拖曳上方方形控制柄

STEP 05 用与上同样的方法，将下方的方形控制柄拖曳至最下方，如图9-138所示，即可将左右声道的声音调小。

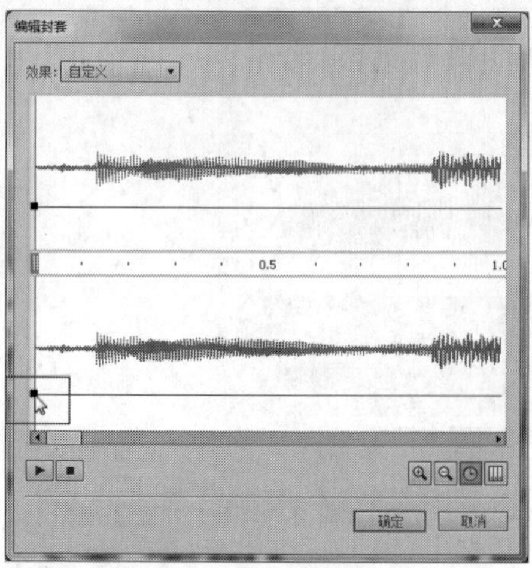

图9-138 拖曳下方方形控制柄

STEP 06 在“编辑封套”对话框中，单击“播放声音”按钮，如图9-139所示，可以试听声音调小后的效果。

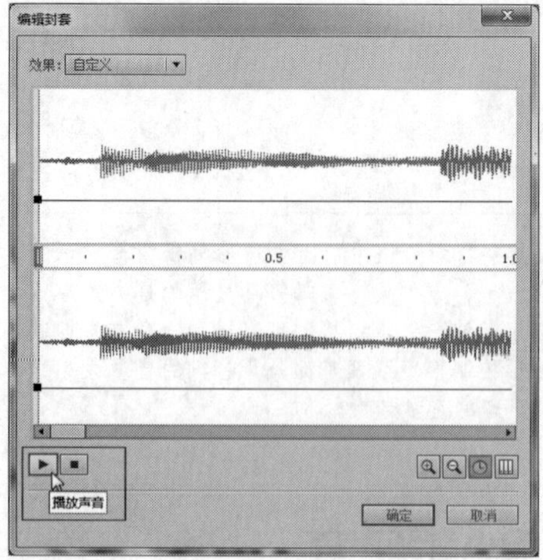

图9-139 单击“播放声音”按钮

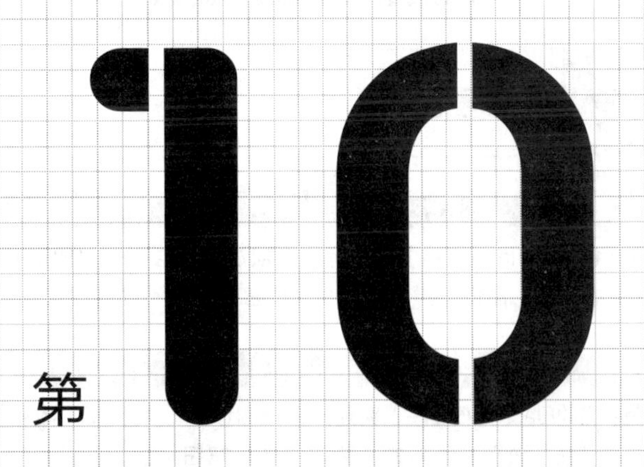

核心攻略篇

第10章 创建和应用图层

本章导读

为了在创建和编辑Flash动画时方便对舞台中的各对象进行管理，通常将不同类型的对象放置在不同的图层上。

在Flash CC中，用户可对图层进行创建、选择、编辑、显示、隐藏、锁定、删除和复制等操作，还可以设置图层的属性，并通过图层制作运动引导动画和遮罩动画等。本章主要向读者详细介绍创建和应用图层的具体操作方法。

要点索引

- 图层的基本操作
- 创建遮罩层
- 创建与转换引导层

10.1 图层的基本操作

实战 301 创建图层

▶ **实例位置：** 无
▶ **素材位置：** 无
▶ **视频位置：** 光盘\视频\第10章\实战301.mp4

• 实例介绍 •

在新创建的Flash文档中，只有一个默认的图层——“图层1”，用户可根据需求创建新的图层，运用图层组织和布局影片中的文本、图像、声音和动画，使它们处于不同的图层中。

• 操作步骤 •

STEP 01 启动Flash CC程序，新建一个Flash文件，将鼠标移至“时间轴”面板左下角的“新建图层”按钮上，如图10-1所示。

STEP 02 单击鼠标左键，即可创建图层，如图10-2所示。

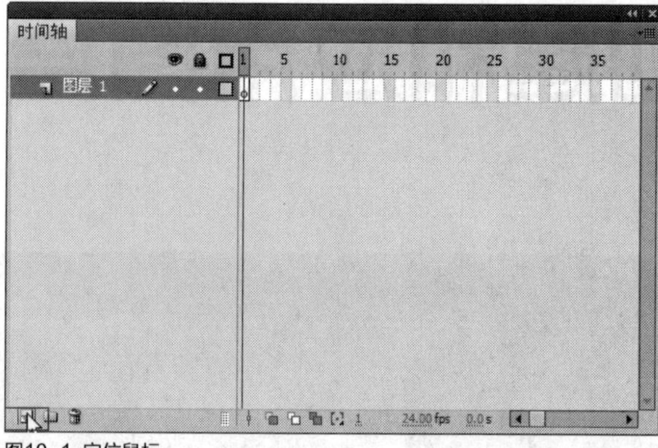

图10-1 定位鼠标

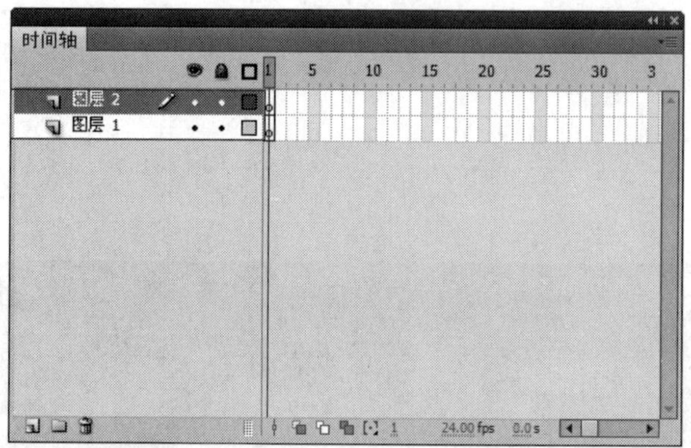

图10-2 创建图层

技巧点拨

每当新建一个Flash文件时，系统就会自动新建一个图层——图层1，读者可根据需要创建新图层，新建的图层会自动排列在所选图层的上方。

在Flash CC中，创建图层的方法有3种，分别如下。

➢ 选项：在图层列表中的某个图层上，单击鼠标右键，弹出快捷菜单，选择“插入图层”选项，如图10-3所示。

➢ 命令：单击“插入”|“时间轴”|“图层”命令，如图10-4所示。

➢ 按钮：单击“时间轴”底部的“插入图层”按钮。

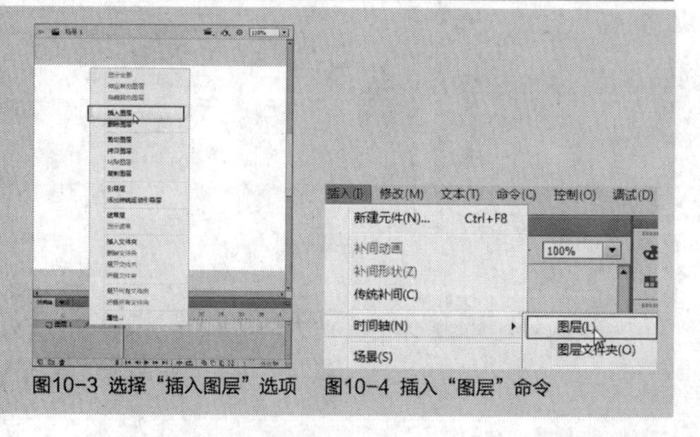

图10-3 选择“插入图层”选项　图10-4 插入“图层”命令

实战 302 选择图层

▶ **实例位置：** 光盘\效果\第10章\飞碟.fla
▶ **素材位置：** 光盘\素材\第10章\飞碟.fla
▶ **视频位置：** 光盘\视频\第10章\实战302.mp4

• 实例介绍 •

在Flash CC中，选择图层后，所选图层在舞台区的图形对象和在时间轴上的所有帧都将被选择。

• 操作步骤 •

STEP 01 单击“文件”|“打开”命令，打开一个素材文件，将鼠标移至“时间轴”面板的“图层2”图层上，如图10-5所示。

STEP 02 单击鼠标左键，即可选择图层，如图10-6所示。

图10-5 定位鼠标

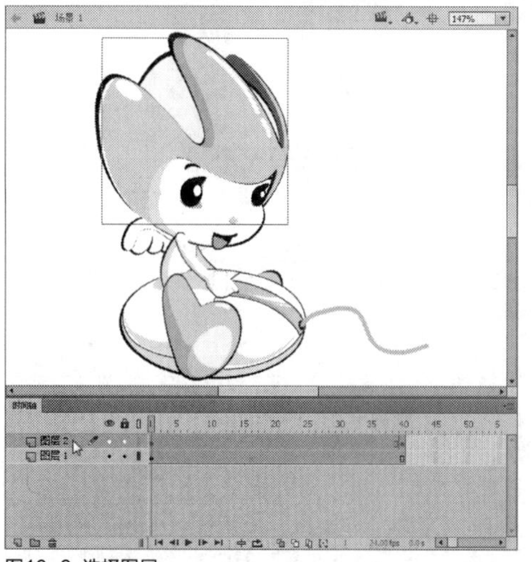

图10-6 选择图层

技巧点拨

用鼠标在时间轴中选择一个图层就能激活该图层。图层的名字旁边出现一个铅笔图标时，表示该图层是应有的工作图层。每次只能有一个图层设置为当前工作图层，当一个图层被选中时，位于该图层中的对象也将会被选中。

在Flash CC中，选择图层的方法有3种，分别如下。

➤ 名称：使用鼠标在图层上单击图层的名称。

➤ 帧：单击时间轴上对应图层中的任意一帧。

➤ 对象：在舞台上选择相应的对象。

知识拓展

图层简介：

图层可以帮助用户组织文档中的插图，可以在图层上绘制和编辑对象，而不会影响其他图层上的对象，在图层上没有内容的舞台区域中，可以透过该图层看到下面的图层。

创建Flash文档时，其中仅包含一个图层，如果需要在文档中组织插图、动画和其他元素，可添加更多的图层。还可以隐藏、锁定或重新排列图层。可以创建的图层数只受计算机内存的限制，而且图层不会增加发布的SWF文件的文件大小。只有放入图层的对象才会增加文件的大小。

在Flash CC中，图层就好像是一张张透明的纸，每一张纸中放置了不同的内容，将这些内容组合在一起就形成了完整的图形，显示状态下居于上方的图层其图层中的对象也是居于其他对象的上方。

每当新建一个Flash文件时，系统就会自动新建一个图层，为“图层1”，接下来绘制的所有图形都会被放在这个图层中。用户还可根据需要创建新图层，新建的图层会自动排列在已有图层的上方。

实战 303 移动图层

▶ 实例位置：光盘\效果\第10章\鹦鹉.fla
▶ 素材位置：光盘\素材\第10章\鹦鹉.fla
▶ 视频位置：光盘\视频\第10章\实战303.mp4

• 实例介绍 •

在制作动画过程中，如果需要将动画中某个处于后层的对象移动到前层中，最快捷的方法就是移动图层。

• 操作步骤 •

STEP 01 单击“文件”|“打开”命令，打开一个素材文件，将鼠标移至“时间轴”面板的“鹦鹉”图层上，如图10-7所示。

STEP 02 单击鼠标左键并拖曳，将“鹦鹉”图层移至“花草”图层的上方，释放鼠标左键，即可移动图层，如图10-8所示。

图10-7 选择图层

图10-8 移动图层

知识拓展

在编辑动画时，熟练灵活地使用图层，不仅可以使制作更加方便，而且还可以制作一些特殊效果，下面将对图层的特点和作用进行介绍。

（1）图层的特点

在Flash CC中，图层的特点主要有以下几个方面。

- 使用图层有助于对舞台上各对象的处理。
- 每个图层上都可以包含任意数量的对象，这些对象在该图层上又有其自身的层叠顺序。
- 用户可以将图层理解为一个透明的胶片可以层层叠加，最先创建的图层在最下面。
- 当改变该图层的位置时，本层的所有对象都会随着图层位置的改变而改变，但图层内部对象的层叠顺序则不会改变。
- 使用图层可以将动画中的静态元素和动态元素分割开来，这样大大地减小了整个动画文件的大小。

（2）图层的作用

在Flash CC中，图层的作用主要有以下两个方面。

对图层中的某个对象进行单独编辑制作时，可以不影响其他图层中的内容。

利用引导层和遮罩层可以制作引导动画和遮罩动画。

实战304 更改图层轮廓颜色

▶实例位置：光盘\效果\第10章\书桌.fla
▶素材位置：光盘\素材\第10章\书桌.fla
▶视频位置：光盘\视频\第10章\实战304.mp4

• 实例介绍 •

当用户以轮廓线显示图层中的内容时，用户可以对图层轮廓线的颜色进行设置，以更好地区分各图层中的内容。设置图层轮廓线的颜色，可通过“图层属性”对话框进行。

• 操作步骤 •

STEP 01 选择需要更改图层轮廓颜色的图层，如图10-9所示。

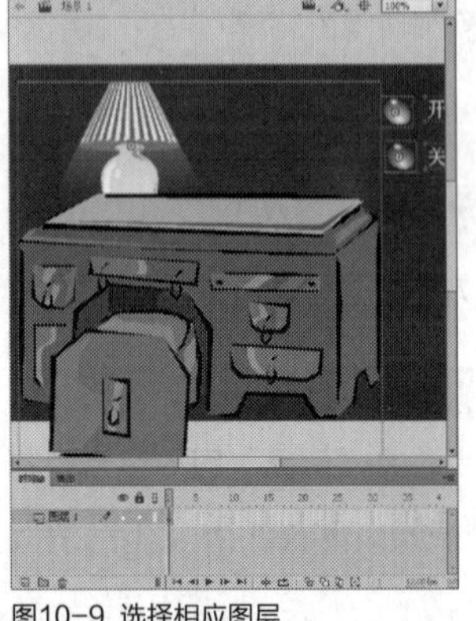
图10-9 选择相应图层

STEP 02 单击“修改”|“时间轴”|“图层属性”命令，如图10-10所示。

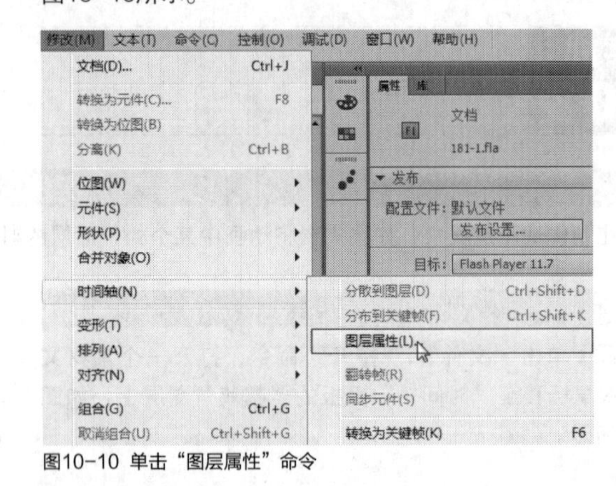

图10-10 单击“图层属性”命令

STEP 03 弹出“图层属性”对话框，单击“轮廓颜色”右侧的色块■，在弹出的颜色调板中，选择一种新颜色，如图10-11所示。

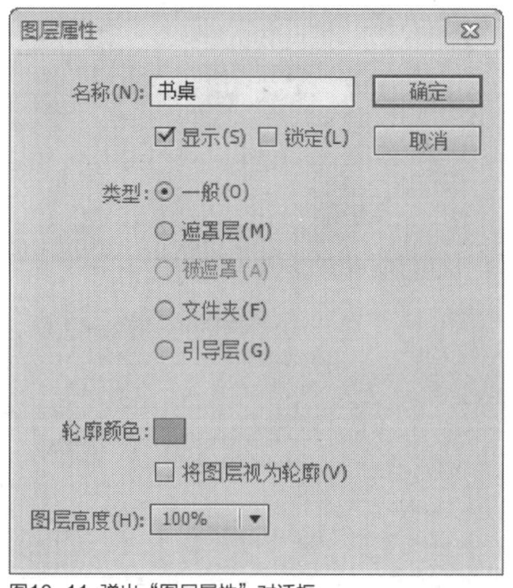

图10-11 弹出“图层属性”对话框

STEP 04 然后单击“确定”按钮即可，移动图层后如图10-12所示。

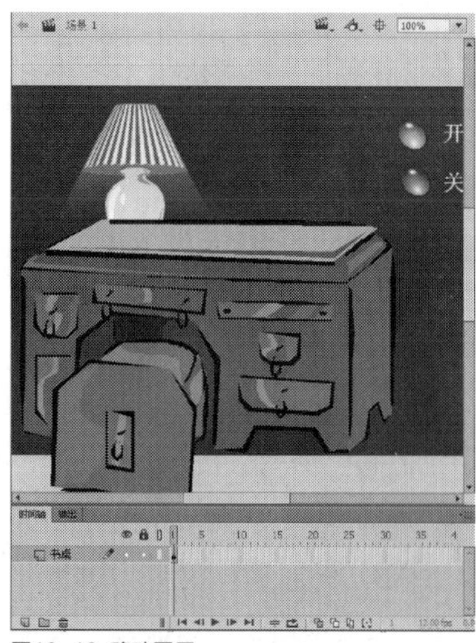

图10-12 移动图层

技巧点拨

以轮廓查看图层内容：

➢ 在制作过程中，复杂的动画图层太多，为了方便用户对所要查看的图层内容一目了然，可以通过轮廓来查看图层内容。

➢ 用户可以通过以下方式使用轮廓线查看图层的内容。

➢ 如果需要将所有图层上的对象显示为轮廓，可单击该图层名称右侧的“显示所有图层的轮廓”图标□。若需要关闭轮廓显示，只需再次单击该图标即可。图10-13所示为所有图层中轮廓显示状态下的图形效果。

➢ 如果需要将某图层上的对象显示为轮廓，可单击该图层名称右侧“轮廓”列的图标■。若需要关闭某图层上的轮廓显示，再次单击该图标即可。图10-14所示为单个图层中轮廓显示状态下的图形效果。

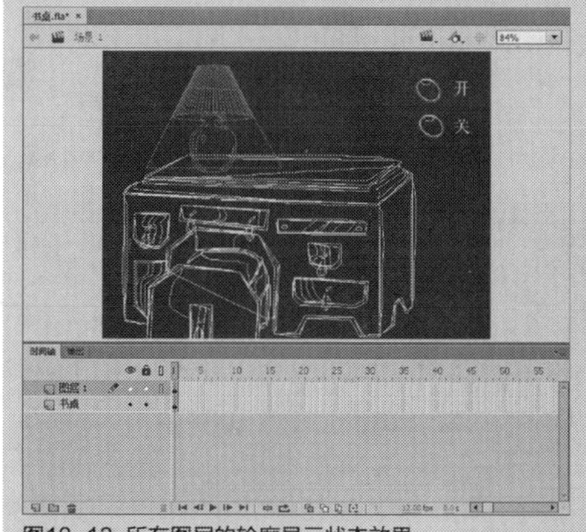

图10-13 所有图层的轮廓显示状态效果

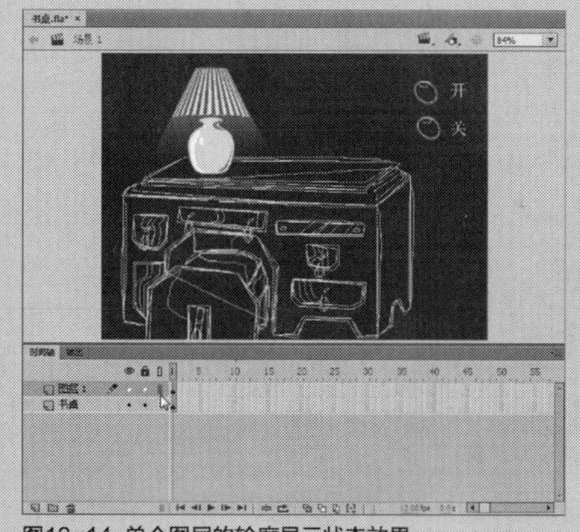

图10-14 单个图层的轮廓显示状态效果

➢ 若要将除当前图层以外的所有图层上的对象显示为轮廓，可按住【Alt】键的同时，单击图层名称右侧“轮廓”列的图标■。若需要关闭所有图层的轮廓显示，只需再次按住【Alt】键的同时，单击该图标即可。

实战 305 更改时间轴图层高度

▶ 实例位置：光盘\效果\第10章\史努比.fla
▶ 素材位置：光盘\素材\第10章\史努比.fla
▶ 视频位置：光盘\视频\第10章\实战305.mp4

• 实例介绍 •

用户可以更改时间轴中图层的高度，使图层以100%、200%或300%的高度显示，以便在时间轴中显示更多的信息，如声音波形等。更改时间轴图层高度的操作还可在“图层属性”对话框中进行设置。

• 操作步骤 •

STEP 01 在时间轴中选择需要更改高度的图层，如图10-15所示。

图10-15 选择图层2

STEP 02 单击“修改”|“时间轴”|“图层属性”命令，如图10-16所示。

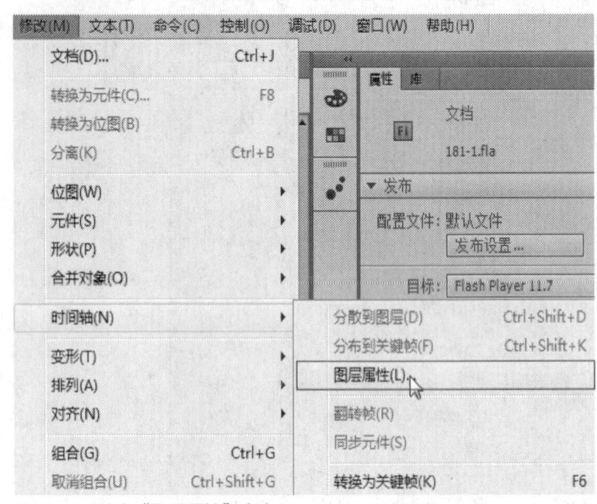

图10-16 单击“图层属性”命令

STEP 03 弹出“图层属性”对话框，在“图层高度”列表框中，选择高度样式为200%，如图10-17所示。

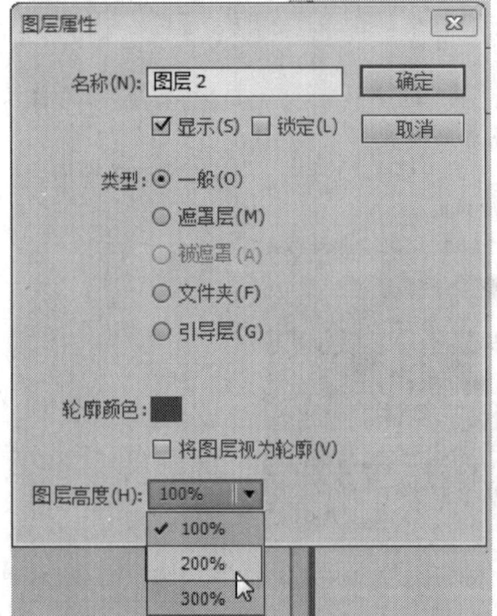

图10-17 将图层高度设为200%

STEP 04 然后单击“确定”按钮，效果如图10-18所示。

图10-18 效果图

知识拓展

图层类型：

在Flash CC中，按照图层的不同功能，可以将图层分为普通层、引导层、被引导层、遮罩层和被遮罩层5种。普通层、引导层、被引导层、遮罩层和被遮罩层的含义分别如下。

➢ 普通层：是指无任何特殊效果的图层，它只用于放置对象。

➢ 引导层：是指在此图层中绘制的对象将作为被引导层中对象的移动轨迹。

➢ 被引导层：是指引导层引导的图层，在此图层的对象将沿着引导层中绘制的路径移动。

➢ 遮罩层：遮罩层可以将与遮罩层相衔接图层中的图像遮盖起来。用户可以将多个图层组合放在一个遮罩层下，以创建出多样的效果。在遮罩层中也可使用各种类型的动画，使遮罩层中的动画动起来，但是在遮罩层中不能使用按钮符号。

➢ 被遮罩层：将普通图层变为遮罩图层后，该图层下方的图层将自动变为被遮罩图层。被遮罩图层中的对象只有被遮罩图层中的对象遮盖时才会显示出来。

实战 306 重命名图层

▶实例位置：光盘\效果\第10章\相机.fla
▶素材位置：光盘\素材\第10章\相机.fla
▶视频位置：光盘\视频\第10章\实战306.mp4

• 实例介绍 •

默认状态下，每增加一个图层，Flash会自动以“图层1”、“图层2”的格式为该图层命名，但是这种命名在图层很多的情况下就不方便，这时用户可根据需要对相应图层进行重命名，使每个图层的名称都具有一定的含义。

• 操作步骤 •

STEP 01 单击“文件”|“打开”命令，打开一个素材文件，如图10-19所示。

图10-19 打开一个素材文件

STEP 02 在“时间轴”面板中，将鼠标移至“layer1”图层的名称上方，双击鼠标左键，如图10-20所示。

图10-20 定位鼠标

STEP 03 名称呈可编辑状态，如图10-21所示。

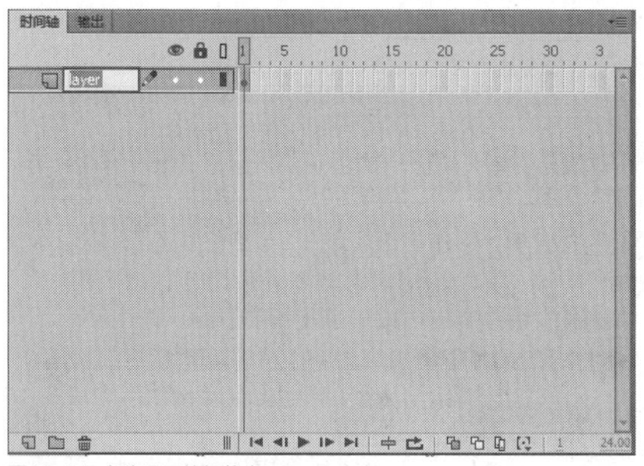

图10-21 名称呈可编辑状态

STEP 04 在文本框中输入“相机”文本，按【Enter】键进行确认，即可重命名图层，如图10-22所示。

图10-22 重命名图层

技巧点拨

在Flash CC工作界面的“时间轴”面板中，选择需要重命名的图层对象，在图层名称上单击鼠标右键，在弹出的快捷菜单中选择“属性”选项，执行操作后，即可弹出“图层属性”对话框，在其中也可以重命名图层。

实战 307 显示图层

▶实例位置：光盘\效果\第10章\写作业.fla
▶素材位置：光盘\素材\第10章\写作业.fla
▶视频位置：光盘\视频\第10章\实战307.mp4

• 实例介绍 •

在场景中图层比较多的情况下，对单一的图层进行编辑会感到很不方便，此时用户可将不需要编辑的图层隐藏起来，这样会使舞台变得更简洁，提高工作效率。

• 操作步骤 •

STEP 01 单击“文件”|“打开”命令，打开一个素材文件，如图10-23所示。

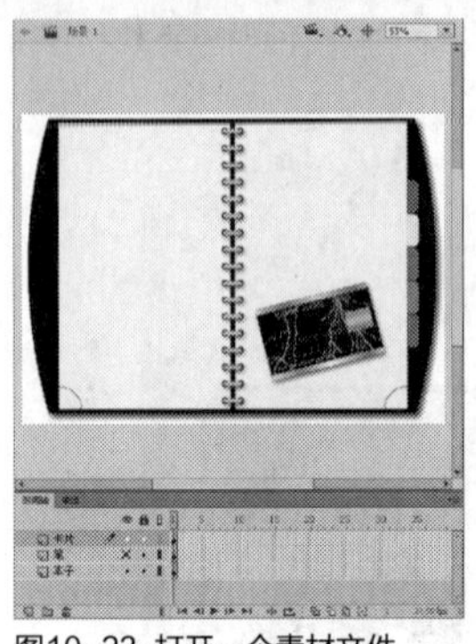

图10-23 打开一个素材文件

STEP 02 在“时间轴”面板中，将鼠标移动至“笔”图层右侧的黑色叉叉图标上，如图10-24所示。

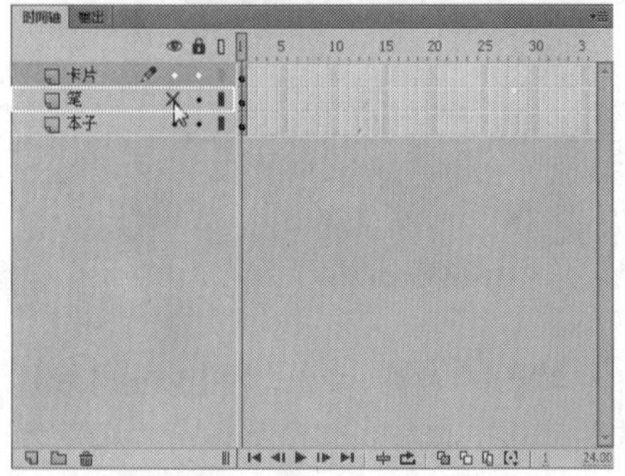

图10-24 定位鼠标

STEP 03 单击鼠标左键，即可显示“笔”图层，如图10-25所示。

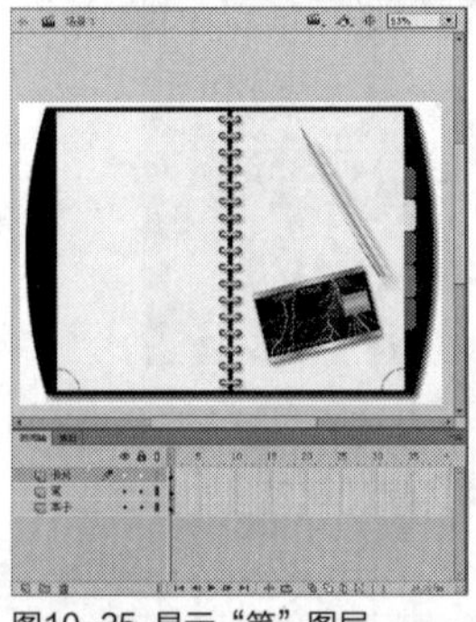

图10-25 显示“笔”图层

知识拓展

显示和隐藏图层的方式主要有两种，分别如下。

➢ 显示或隐藏图层：单击隐藏图层后面的“显示/隐藏图层”圆点，该圆点将呈叉叉状，如图10-26所示，此时所对应的图层内容就被隐藏了；如果需要再显示该图层，只需要再次单击该按钮即可。

➢ 显示或隐藏所有图层：单击时间轴面板中的“显示/隐藏所有图层”按钮👁，则所有图层上的圆点都将呈叉叉形状，如图10-27所示，此时各个图层所对应的内容就隐藏了；如果需要再显示所有图层，只需再次单击时间轴面板中的“显示/隐藏所有图层”按钮👁即可。

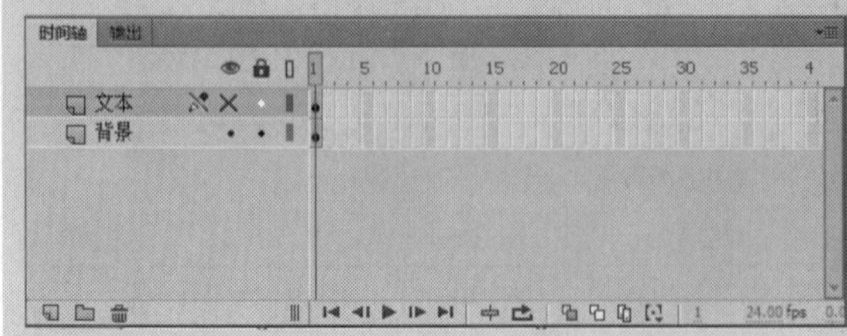

图10-26 显示或隐藏当前图层

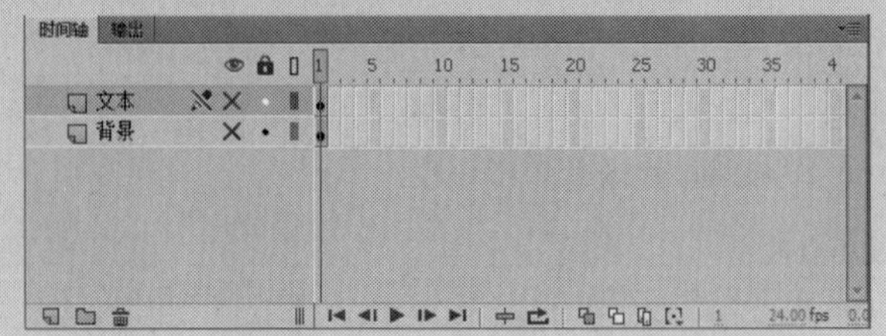

图10-27 显示或隐藏所有图层

实战 308 锁定或解锁图层

▶ 实例位置：光盘\效果\第10章\树苗.fla
▶ 素材位置：光盘\素材\第10章\树苗.fla
▶ 视频位置：光盘\视频\第10章\实战308.mp4

• 实例介绍 •

在编辑某个图层时，有时会不小心编辑其他图层上的内容，为了避免这样的情况发生，可以将暂时不使用的图层锁定，然后对其他图层中的对象进行操作。

• 操作步骤 •

STEP 01 单击“文件”|“打开”命令，打开一个素材文件，如图10-28所示。

图10-28 打开一个素材文件

STEP 02 将鼠标移至“文本”图层右侧的🔒图标对应的圆点上，如图10-29所示。

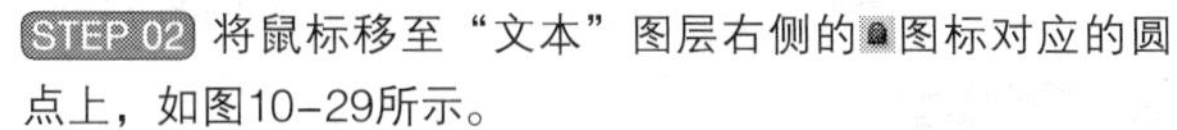

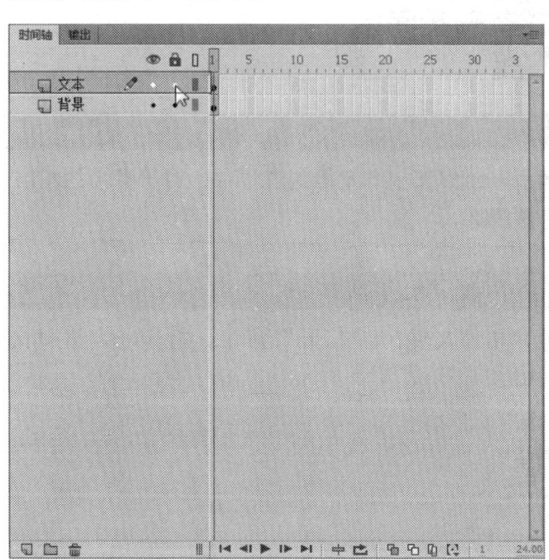

图10-29 定位鼠标

STEP 03 单击鼠标左键，即可锁定图层，如图10-30所示。

图10-30 锁定图层

知识拓展

锁定或解锁图层的方式有以下4种。

➢ 如果需要锁定单个图层或文件夹，可单击该图层或文件夹名称右侧的“锁定”列的圆点。若要解锁该图层或文件夹，只需再次单击“锁定”列的锁定图标即可。图10-31所示为锁定时间轴中单个图层的效果。

➢ 如果要锁定所有图层或文件夹，可单击时间轴中的“锁定/解除锁定所有图层”图标🔒。若要解锁所有图层或文件夹，只需再次单击该图标即可。图10-32所示为锁定时间轴中所有图层的效果。

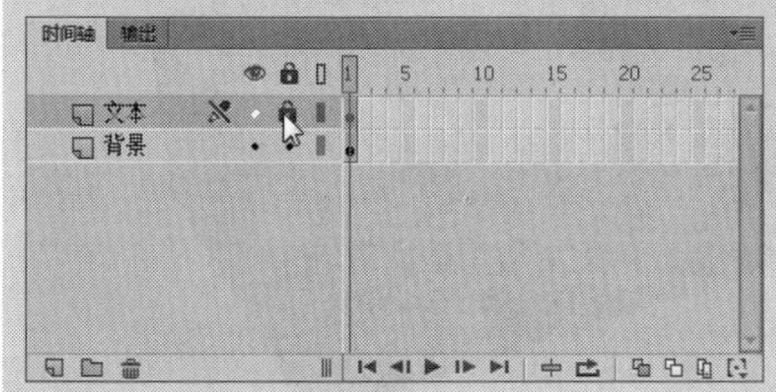

图10-31 锁定时间轴中单个图层的效果

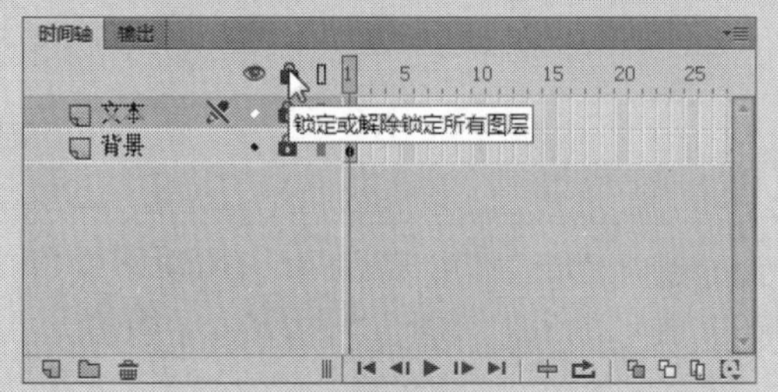

图10-32 锁定时间轴中所有图层的效果

➢ 如果要锁定或解锁多个图层或文件夹，可在“锁定”列中单击鼠标左键并拖曳。

➢ 如果要锁定除当前图层以外的所有其他图层或文件夹，可按住【Alt】键的同时，单击图层或图层文件夹名称右侧的“锁定/解除锁定所有图层”列中对应的图标；若要解锁所有图层或文件夹，只需再次按住【Alt】键的同时，单击“锁定/解除锁定所有图层”列中对应的图标即可。图10-33所示为锁定除当前图层以外的所有图层的效果。

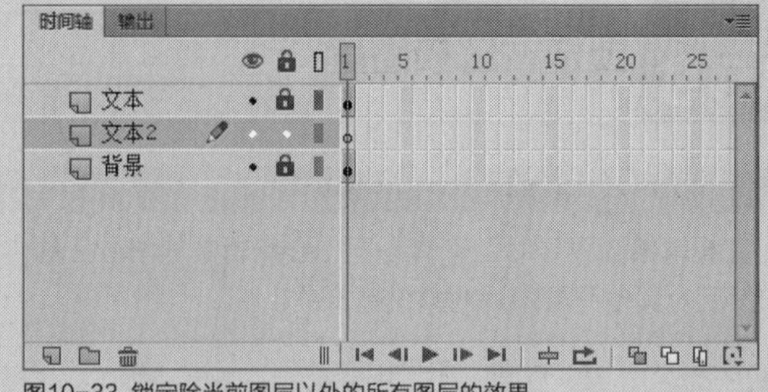

图10-33 锁定除当前图层以外的所有图层的效果

实战 309 删除图层

▶ 实例位置：光盘\效果\第10章\盒子.fla
▶ 素材位置：光盘\素材\第10章\盒子.fla
▶ 视频位置：光盘\视频\第10章\实战309.mp4

• 实例介绍 •

在运用Flash CC制作动画的过程中，对于多余的图层，可以将其删除，在删除图层的同时，该图层在舞台中对应的内容都将被删除。

• 操作步骤 •

STEP 01 单击“文件”|“打开”命令，打开一个素材文件，如图10-34所示。

图10-34 打开一个素材文件

STEP 02 在“时间轴”面板中选择“盖子”图层，单击鼠标右键，在弹出的快捷菜单中选择“删除图层”选项，如图10-35所示。

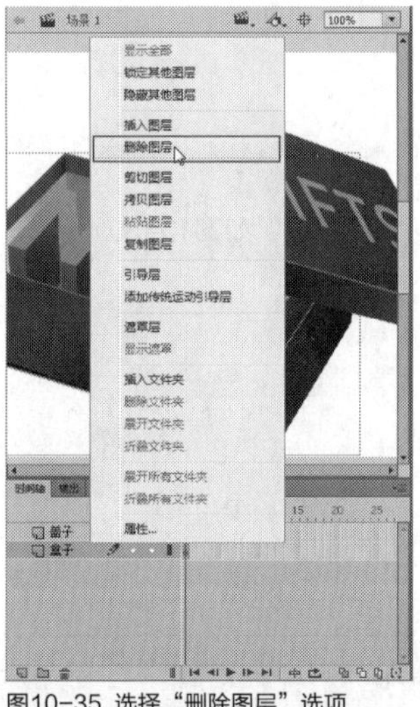

图10-35 选择“删除图层”选项

STEP 03 执行操作后，即可将选择的图层删除，效果如图10-36所示。

图10-36 删除图层后的效果

知识拓展

在Flash CC中，可以通过以下两种方法删除图层。

➢ 按钮：单击“时间轴”面板底部的“删除”按钮。

➢ 选项：选择需要删除的图层，单击鼠标右键，在弹出的快捷菜单中选择“删除图层”选项。

实战 310 复制图层

▶ 实例位置：光盘\效果\第10章\卡哇伊.fla
▶ 素材位置：光盘\素材\第10章\卡哇伊.fla
▶ 视频位置：光盘\视频\第10章\实战310.mp4

• 实例介绍 •

在制作Flash CC动画时，有时需要将一个图层中的内容复制到另一个新图层中。

• 操作步骤 •

STEP 01 单击“文件”|“打开”命令，打开一幅素材图像，在时间轴中选择需要复制的图层名称，如图10-37所示。

图10-37 选择需要复制的图层名称

STEP 02 单击“编辑”|“时间轴”|“复制帧”命令，复制帧，如图10-38所示。

图10-38 单击“复制帧”命令

STEP 03 然后单击时间轴底部的“新建图层”按钮，新建图层，如图10-39所示。

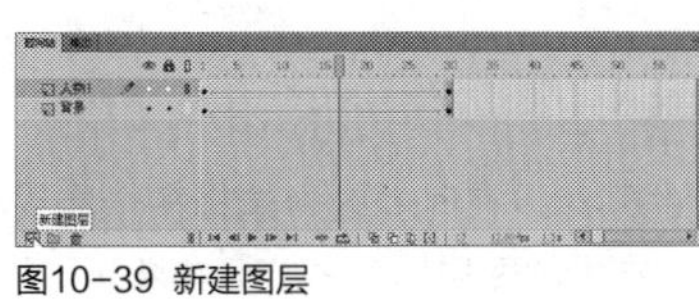

图10-39 新建图层

STEP 04 选择新建的图层，单击“编辑”|“时间轴”|“粘贴帧”命令，如图10-40所示。

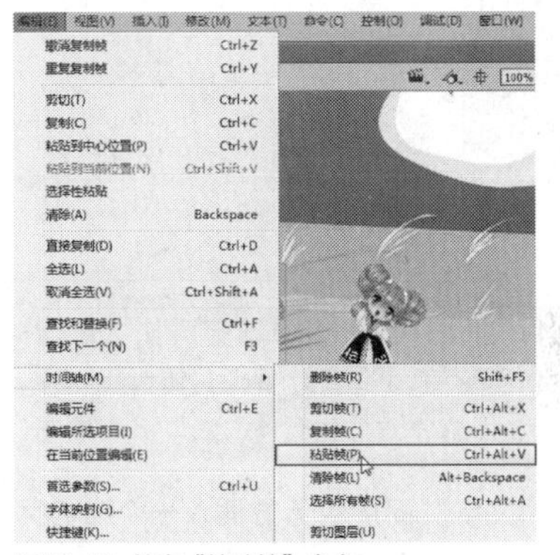

图10-40 单击“粘贴帧”命令

STEP 05 粘贴上一步骤中所复制的图层中的对象，然后运用选择工具选择粘贴的对象，如图10-41所示。

图10-41 选择粘贴的对象

STEP 06 将其移至舞台的右侧，效果如图10-42所示，完成图层的复制。

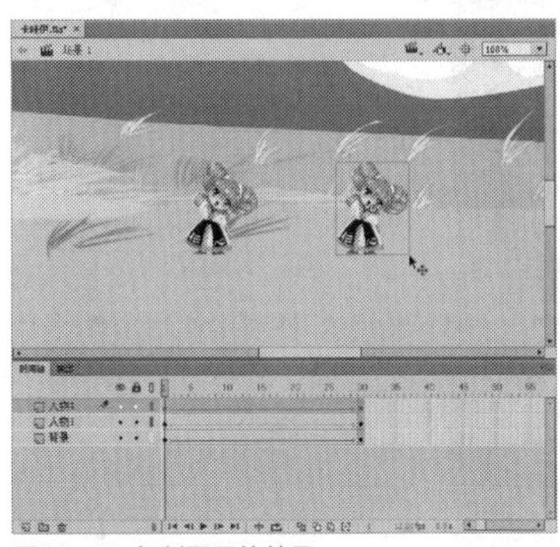

图10-42 复制图层的效果

知识拓展

在进行图层基本操作时要绘制、涂色或者对图层或文件夹进行修改，可在时间轴中选择该图层以激活它，时间轴中图层或文件夹名称旁边的铅笔图标表示该图层或文件夹处于活动状态，一次只能有一个图层处于活动状态（尽管一次可以选择多个图层）。要组织和管理图层，可创建图层文件夹，然后将图层放入其中。可以在时间轴中展开或折叠图层文件夹，而不会影响在舞台中看到的内容。对声音文件、ActionScript、帧标签和帧注释分别使用不同的图层或文件夹，这有助于快速找到这些项目以进行编辑，本节将向用户介绍图层的基本操作。

实战311 插入图层文件夹

▶实例位置：光盘\效果\第10章\Hi.fla
▶素材位置：光盘\素材\第10章\Hi.fla
▶视频位置：光盘\视频\第10章\实战311.mp4

• 实例介绍 •

当一个Flash动画的图层较多时，会给阅读、调整、修改和复制Flash动画带来不便。为了方便Flash动画的阅读与编辑，可以将同一类型的图层放置到一个图层文件夹中，形成图层目录结构。

• 操作步骤 •

STEP 01 单击“文件”|“打开”命令，打开一个素材文件，如图10-43所示。

图10-43 打开一个素材文件

STEP 02 确认“文字”图层为当前图层，单击时间轴下方的“新建文件夹”按钮，如图10-44所示。

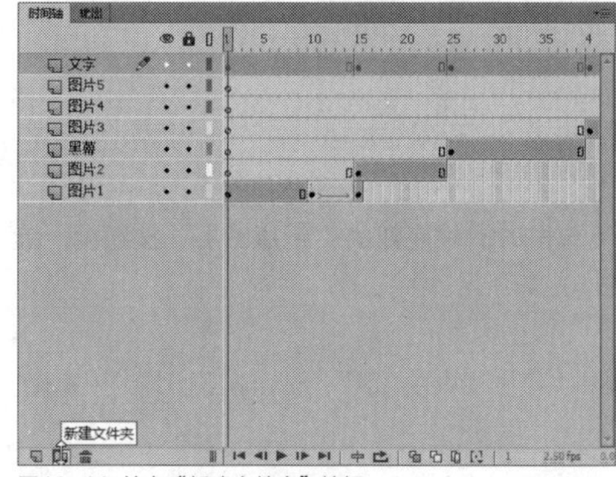

图10-44 单击“新建文件夹”按钮

技巧点拨

在Flash CC中，创建图层文件夹的方法有两种，分别如下。

➢ 命令：在时间轴中选择任意图层，单击“插入”|“时间轴”|“图层文件夹”命令。

➢ 选项：选中任一图层，单击鼠标右键，弹出快捷菜单，选择“插入文件夹”选项。

STEP 03 此时即可在“文字”图层的上方插入一个命名为“文件夹1”的图层文件夹，如图10-45所示。

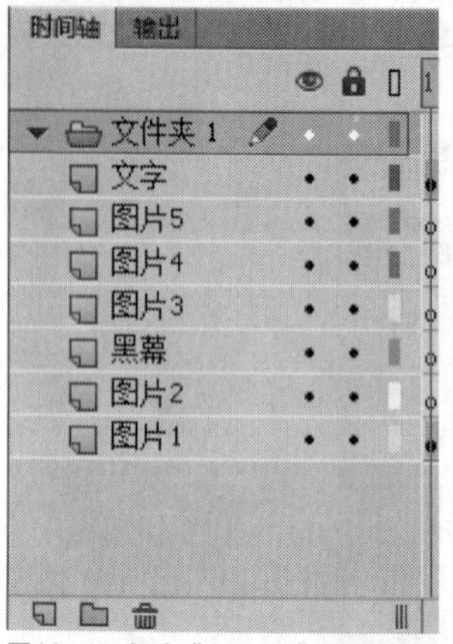

图10-45 新建“文件夹1”图层文件夹

STEP 04 按住【Ctrl】键的同时，在时间轴中选择多个需要移至“文件夹1”图层文件夹中的图层，如图10-46所示。

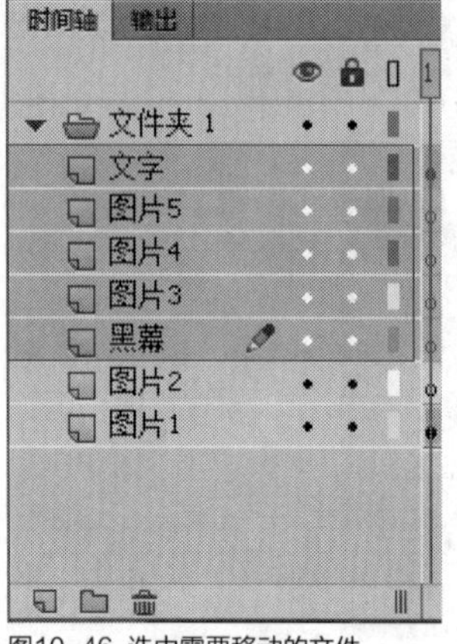

图10-46 选中需要移动的文件

STEP 05 单击鼠标左键并拖曳，将其移至“文件夹1”图层文件夹中，此时选中的所有图层会自动向右缩进，如图10-47所示，表示选择的图层已经移至“文件夹1”图层文件夹中。

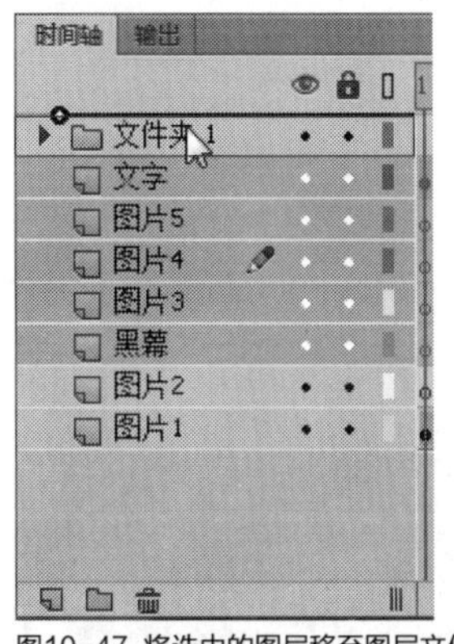

图10-47 将选中的图层移至图层文件夹中

STEP 06 单击“文件夹1”图层文件夹名称左侧的向下箭头图标▽，可以将“文件夹1”图层文件夹收缩，不显示该文件夹内的图层，效果如图10-48所示。

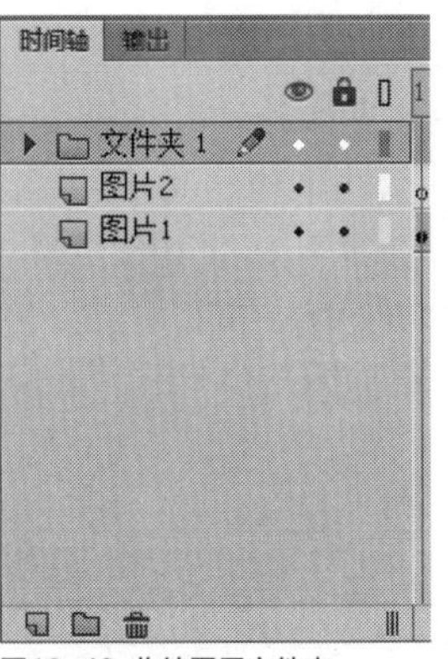

图10-48 收缩图层文件夹

实战 312 删除图层文件夹

▶ 实例位置：光盘\效果\第10章\葡萄酒.fla
▶ 素材位置：光盘\素材\第10章\葡萄酒.fla
▶ 视频位置：光盘\视频\第10章\实战312.mp4

• 实例介绍 •

在Flash CC中，对于不需要的图层文件夹，可以将其删除，同时位于该文件夹中的所有图层内容都将被删除。

• 操作步骤 •

STEP 01 单击“文件”|“打开”命令，打开一个素材文件，如图10-49所示。

图10-49 打开一个素材文件

STEP 02 在“时间轴”面板中选择需要删除的图层文件夹，如图10-50所示。

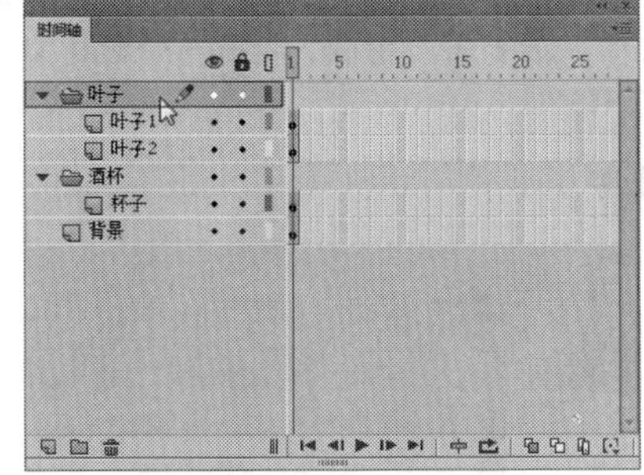

图10-50 选中图层文件夹

STEP 03 单击鼠标右键，弹出快捷菜单，选择“删除文件夹”选项，如图10-51所示。

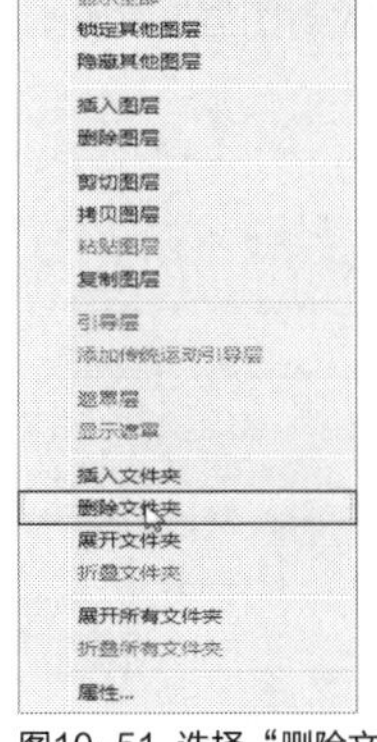

图10-51 选择“删除文件夹”选项

STEP 04 执行操作后，即可弹出信息提示框，如图10-52所示。

图10-52 弹出信息提示框

STEP 05 单击“是”按钮，即可将选择的图层文件夹删除，如图10-53所示。

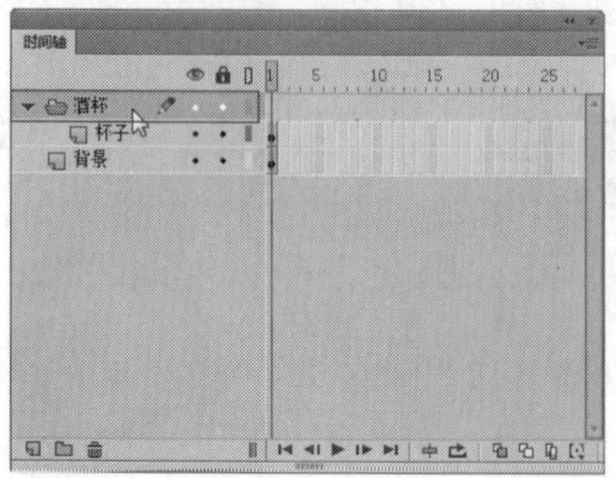

图10-53 删除图层文件夹

STEP 06 执行操作后，图层文件夹中的文件也被删除，效果如图10-54所示。

图10-54 删除后的效果

知识拓展

在Flash CC中，删除图层文件夹的方法有两种，分别如下。

选项：选择需要删除的图层文件夹，单击鼠标右键，弹出快捷菜单，选择“删除文件夹”选项。

按钮：选择需要删除的图层文件夹，单击时间轴底部的“删除图层”按钮。

实战313 将对象分散到图层

▶实例位置：光盘\效果\第10章\女孩.fla
▶素材位置：光盘\素材\第10章\女孩.fla
▶视频位置：光盘\视频\第10章\实战313.mp4

• 实例介绍 •

为了快速创建多层动画，可单击“修改”|“时间轴”|“分散到图层”命令，将一组在一个或多个图层上的对象自动分散到各图层，以作为创建补间的基础，在“分散到图层”操作过程中创建的新层，系统会根据每个新层包含的元素名称来命名。

• 操作步骤 •

STEP 01 单击“文件”|“打开”命令，打开一个素材文件，如图10-55所示。

图10-55 打开一个素材文件

STEP 02 “时间轴”面板如图10-56所示。

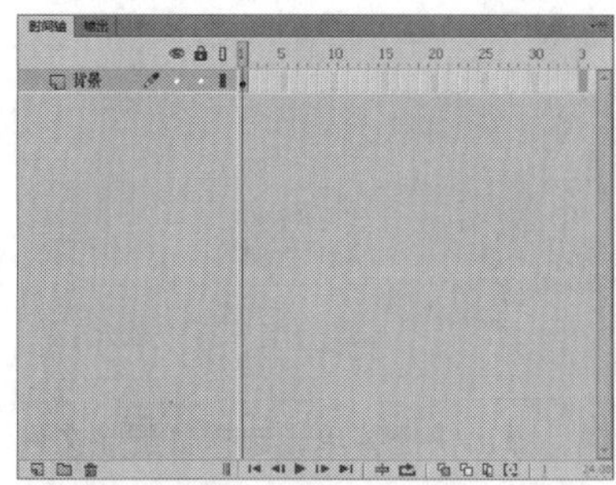

图10-56 “时间轴”面板

STEP 03 在舞台中选择需要分散到图层的图形对象，如图10-57所示。

图10-57 选择图形对象

STEP 04 单击“修改”|“时间轴”|“分散到图层”命令，如图10-58所示。

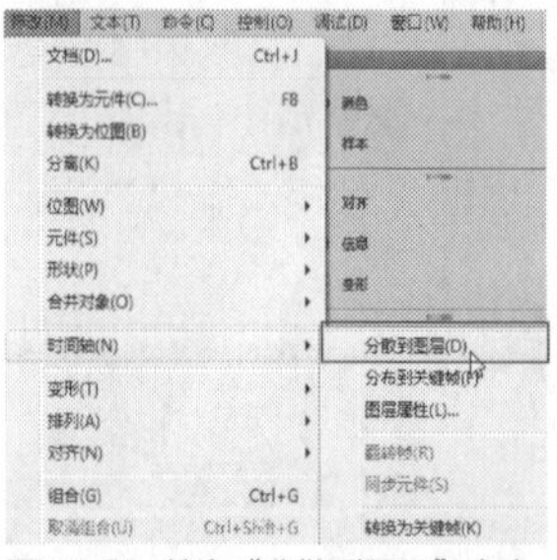

图10-58 单击“分散到图层”命令

STEP 05 执行操作后，即可将对象分散到图层，此时图层的名称和选择图形对象的名称相同，如图10-59所示。

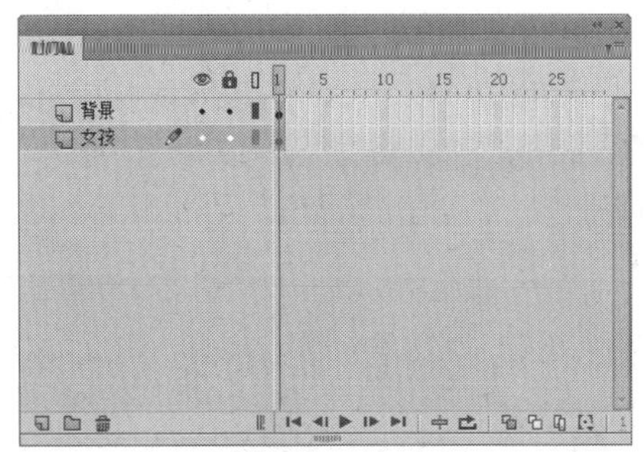
图10-59 将对象分散到图层

知识拓展

在Flash CC中，将对象分散到图层的方法有3种，分别如下。

- 命令：单击“修改”|“时间轴”|“分散到图层”命令。
- 快捷键：按【Ctrl+Shift+T】组合键。
- 选项：选择需要分散到图层的对象，单击鼠标右键，弹出快捷菜单，选择“分散到图层”选项。

10.2 创建遮罩层

若要创建遮罩层，可将遮罩项目放在要用作遮罩的图层上。与填充或笔触不同，遮罩项目就像一个窗口一样，透过它可以看到位于它下面的链接层区域，除了透过遮罩项目显示的内容之外，其余的所有内容都被遮罩层的其余部分隐藏起来，一个遮罩层只能包含一个遮罩项目。本节将向用户介绍创建静态遮罩层的方法。

实战314 创建遮罩层

- 实例位置：光盘\效果\第10章\蝴蝶.fla
- 素材位置：光盘\素材\第10章\蝴蝶.fla
- 视频位置：光盘\视频\第10章\实战314.mp4

• 实例介绍 •

在Flash CC中，遮罩图层是由普通图层转换而来的，若要创建遮罩图层，可将遮罩项目放在要用作遮罩的图层上。除此之外，用户还可以将多个图层组合在一个遮罩层下，以创建出多样化的效果。

• 操作步骤 •

STEP 01 单击“文件”|“打开”命令，打开一个素材文件，如图10-60所示。

图10-60 打开一个素材文件

STEP 02 在“时间轴”面板中新建“图层2”图层，如图10-61所示。

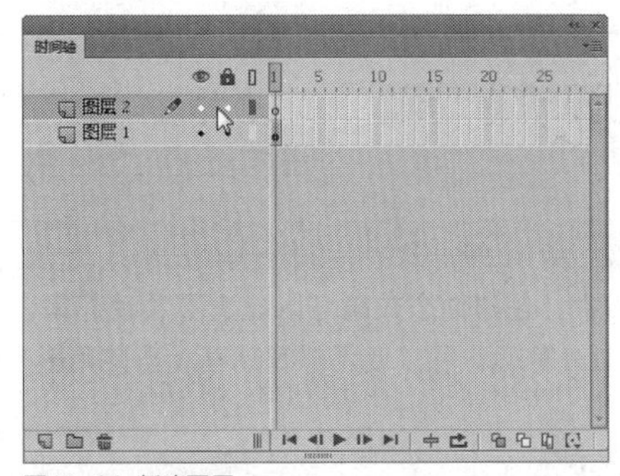
图10-61 新建图层

STEP 03 选取工具箱中的椭圆工具，在“属性”面板中设置相应选项，如图10-62所示。

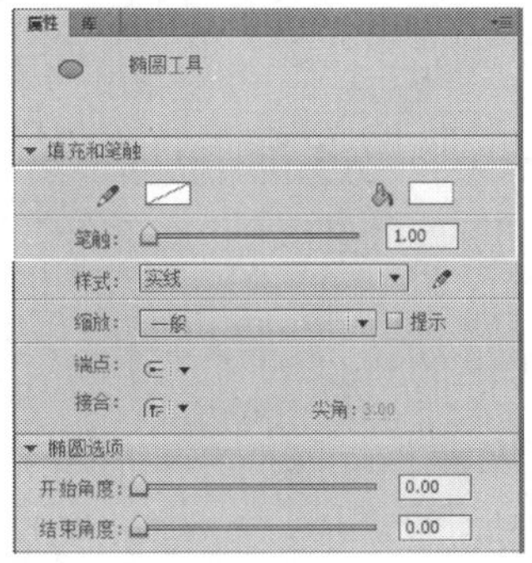
图10-62 设置相应选项

STEP 04 在舞台中绘制多个椭圆形状，如图10-63所示。

图10-63 绘制椭圆形状

STEP 05 在“时间轴”面板中，选择“图层2”图层，将图形分离，然后如图10-64所示。

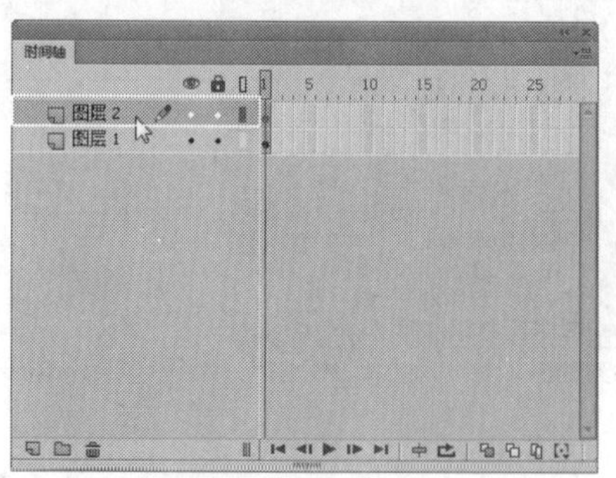

图10-64 选择“图层2”图层

STEP 06 单击鼠标右键，在弹出的快捷菜单中选择“遮罩层”选项，如图10-65所示。

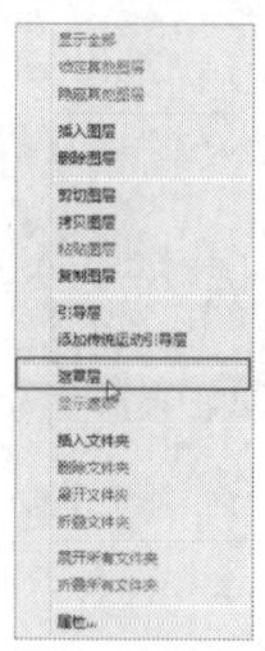

图10-65 选择“遮罩层”选项

STEP 07 执行操作后，即可创建遮罩图层，如图10-66所示。

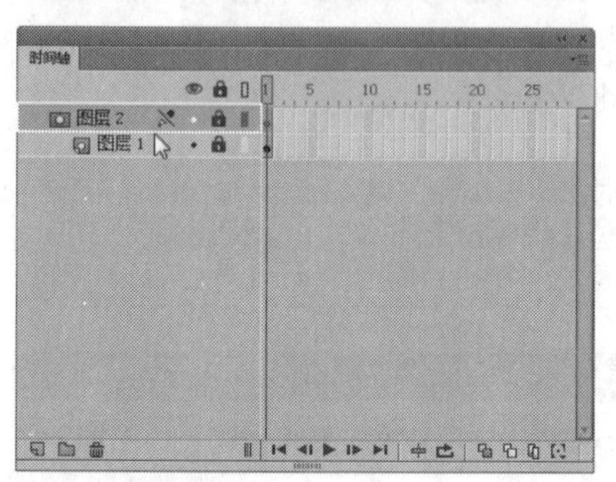

图10-66 创建遮罩图层

STEP 08 此时舞台中的图形效果如图10-67所示。

图10-67 舞台效果

知识拓展

在Flash CC中，创建遮罩图层后，图层名称前的图标将会发生变化，紧挨着它下面的图层将链接到遮罩图层，且这两个图层将同时锁定。

实战315 创建遮罩动画

▶实例位置：光盘\效果\第10章\心随我动.fla
▶素材位置：光盘\素材\第10章\心随我动.fla
▶视频位置：光盘\视频\第10章\实战315.mp4

• 实例介绍 •

在Flash CC中，创建动态效果可以让遮罩层动起来，对于用作遮罩的填充形状，可以使用补间形状；对于类型对象、图形实例或影片剪辑，可以使用补间动画。当使用影片剪辑实例作为遮罩时，可以让遮罩沿着运动路径运动。

• 操作步骤 •

STEP 01 单击“文件”|“打开”命令，打开一个素材文件，如图10-68所示。

图10-68 打开一个素材文件

STEP 02 选择“图层2”图层的第1帧，选取工具箱中的椭圆工具，在“属性”面板中设置“填充颜色”为黄色、“笔触颜色”为无，在舞台中绘制一个椭圆，如图10-69所示。

图10-69 绘制椭圆

STEP 03 选择“图层2”图层的第30帧，单击鼠标右键，在弹出的快捷菜单中选择“插入空白关键帧”选项，如图10-70所示。执行操作后，即可在第30帧插入空白关键帧。

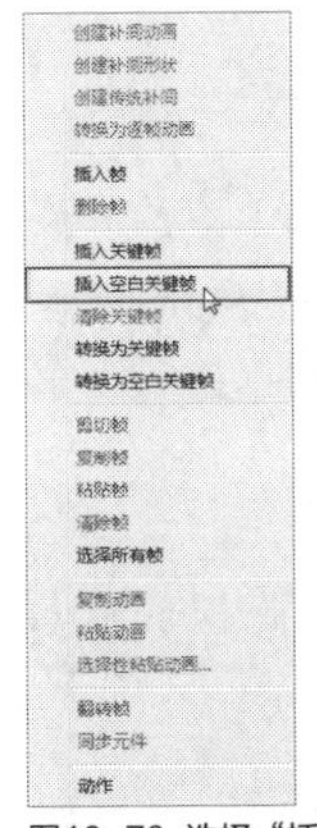

图10-70 选择“插入空白关键帧”选项

STEP 04 选取工具箱中的矩形工具，在舞台中的适当位置绘制矩形，如图10-71所示。

图10-71 绘制矩形

STEP 05 在“图层2”图层的第1帧至第30帧中的任意一帧上单击鼠标右键，在弹出的快捷菜单中选择“创建补间形状”选项，如图10-72所示。

图10-72 选择“创建补间形状”选项

STEP 06 选择“图层2”图层，单击鼠标右键，在弹出的快捷菜单中选择“遮罩层”选项，创建遮罩图层，如图10-73所示。

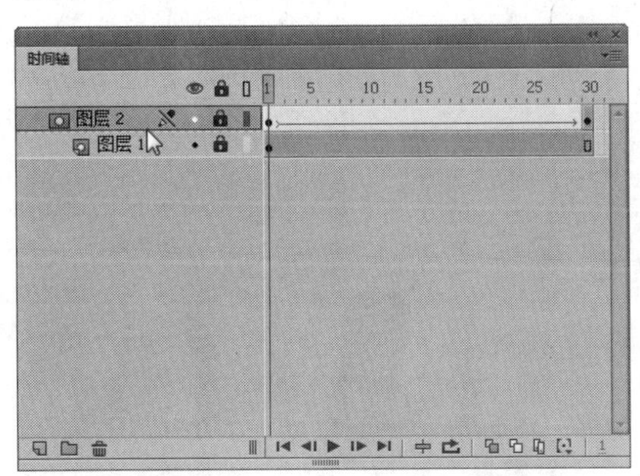

图10-73 创建遮罩图层

STEP 07 在菜单栏中，单击“控制”|“测试”命令，测试制作的遮罩动画，效果如图10-74所示。

图10-74 预览遮罩动画的效果

知识拓展

（1）单击“文件”|“打开”命令，打开一个素材文件，如图10-75所示。

（2）单击时间轴下方的“插入图层”按钮，新建图层，并将其重命名为“形状”图层，选取工具箱中的多角星形工具，在“属性”面板中单击“选项”按钮，弹出“工具设置”对话框，在“样式”列表框中选择“星形”选项，单击“确定”按钮，在舞台中绘制一个星形图形作为遮罩对象，在“属性”面板中，设置星形图形的填充颜色和轮廓颜色，并调整星形的旋转角度，效果如图10-76所示。

图10-75 打开素材文件

图10-76 创建不规则图形

（3）选择创建的不规则图形，按【Ctrl＋B】组合键，将图形打散，选择“图层1”中的第30帧，按【F5】键，插入帧；选择“形状”图层中的第30帧，按【F6】键，插入关键帧，效果如图10-77所示。

（4）选择“形状”图层中的第1帧所对应的图形，在“属性”面板中设置“宽”为105、“高”为110.3、X为237.4、Y为140.9；选择“形状”图层中的第30帧所对应的图形，在“属性”面板中设置“宽”为735、“高”为772.1、X为-77.5、Y为-190。

（5）选择“形状”图层中的第1帧，单击鼠标右键，弹出快捷菜单，选择“创建补间形状”选项，创建形状补间动画，效果如图10-78所示。

（6）选择“形状”图层，单击鼠标右键，弹出快捷菜单，选择“遮罩层”选项，此时遮罩层和被遮罩层将自动锁定，并且除了“形状”图层以外的图像将不显示。

（7）单击“文件”|“另存为”命令，弹出“另存为”对话框，设置文件名与保存位置，单击“保存”按钮，将影片文件保存。

图10-77 插入帧与关键帧

图10-78 创建形状补间动画

（8）单击“控制”|“测试影片”命令，或按【Ctrl＋Enter】组合键，测试动画效果，如图10-79所示。

图10-79 测试动画效果

实战 316 编辑遮罩层

▶实例位置：光盘\效果\第10章\蜜蜂.fla
▶素材位置：光盘\素材\第10章\蜜蜂.fla
▶视频位置：光盘\视频\第10章\实战316.mp4

• 实例介绍 •

在制作动画的过程中，用户可以根据需要对遮罩图层和被遮罩图层进行编辑，以完善动画的效果。在Flash CC中单击图层中的“锁定或解除锁定所有图层”图标，解除锁定后会关闭遮罩层的显示，用户便可对遮罩图层进行编辑。如果需要再次显示遮罩效果，可以将遮罩层和被遮罩层再次锁定。

• 操作步骤 •

STEP 01 单击“文件”|“打开”命令，打开一个素材文件，如图10-80所示。

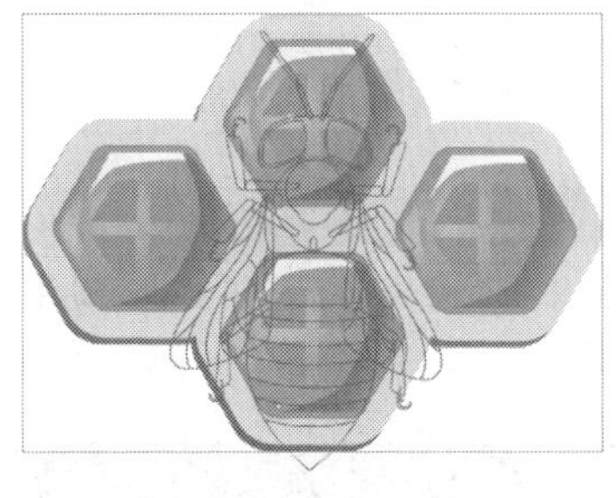

图10-80 打开一个素材文件

STEP 02 在“时间轴”面板中，单击“遮罩”图层右侧的图标，对图层进行解锁操作，如图10-81所示。

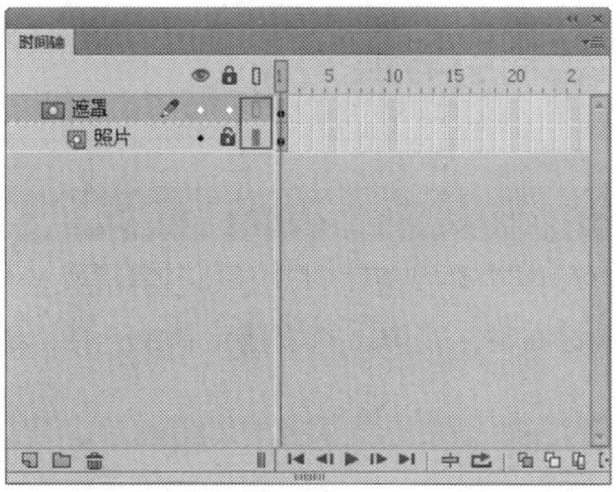

图10-81 单击图层右侧的图标

STEP 03 执行操作后，即可对遮罩图层进行编辑。

实战 317 取消遮罩

▶实例位置：光盘\效果\第10章\蜜蜂1.fla
▶素材位置：光盘\素材\第10章\蜜蜂1.fla
▶视频位置：光盘\视频\第10章\实战317.mp4

• 实例介绍 •

在制作动画的过程中，如果不需要遮罩图层，可以将遮罩效果取消，将遮罩图层转换为普通图层。下面向读者介绍取消遮罩图层的操作方法。

• 操作步骤 •

STEP 01 以上一个实例为例，选择“遮罩”图层，单击鼠标右键，在弹出的快捷菜单中选择“遮罩层”选项，如图10-82所示。

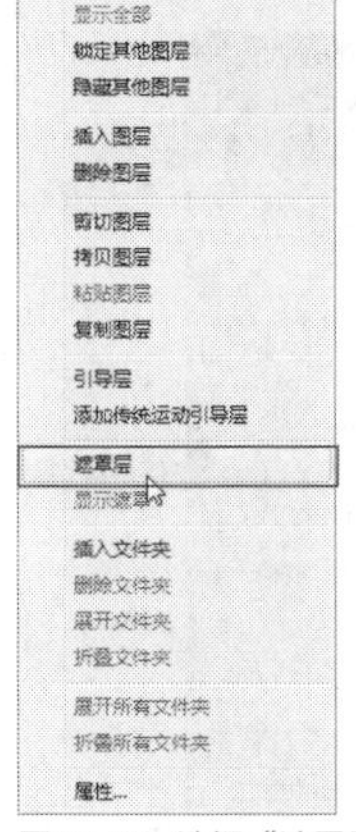

图10-82 选择“遮罩层”选项

STEP 02 执行操作后，即可取消遮罩图层，如图10-83所示。

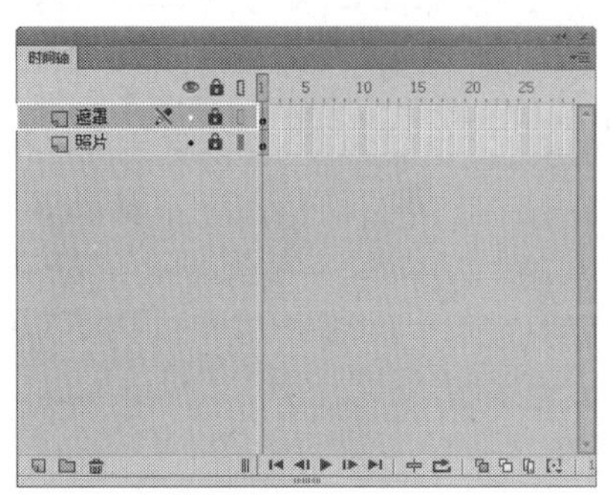

图10-83 取消遮罩图层

技巧点拨

在Flash CC中，用户如果不需要遮罩层，可以将其取消遮罩，即将遮罩层转换为普通层。将遮罩层转换为普通图层的方法有两种，分别如下。

- 选项：在遮罩层上单击鼠标右键，弹出快捷菜单，选择“遮罩层”选项。
- 命令：选择需要取消遮罩的图层，单击“修改”|“时间轴”|“图层属性”命令，弹出“图层属性”对话框，在“类型”选项中选中“一般”单选按钮，单击“确定”按钮即可。

10.3 创建与转换引导层

为了在绘画时帮助对齐对象，可创建引导层，然后将其他图层上的对象与在引导层上创建的对象对齐。引导层不会导出，因此不会显示在发布的SWF文件中，任何图层都可以作为引导层，本节将向用户介绍创建引导层的方法。

实战318 创建运动引导层

- 实例位置：光盘\效果\第10章\雪.fla
- 素材位置：光盘\素材\第10章\雪.fla
- 视频位置：光盘\视频\第10章\实战318.mp4

• 实例介绍 •

在制作动画的过程中，可以通过创建运动引导层来绘制物体的运动路径。在“时间轴”面板中选择需要创建运动引导层的图层，单击鼠标右键，在弹出的快捷菜单中选择“添加传统运动引导层”选项即可。

• 操作步骤 •

STEP 01 单击“文件”|“打开”命令，打开一个素材文件，如图10-84所示。

图10-84 打开一个素材文件

STEP 02 选择“图层1”图层，单击鼠标右键，在弹出的快捷菜单中选择“添加传统运动引导层”选项，如图10-85所示。

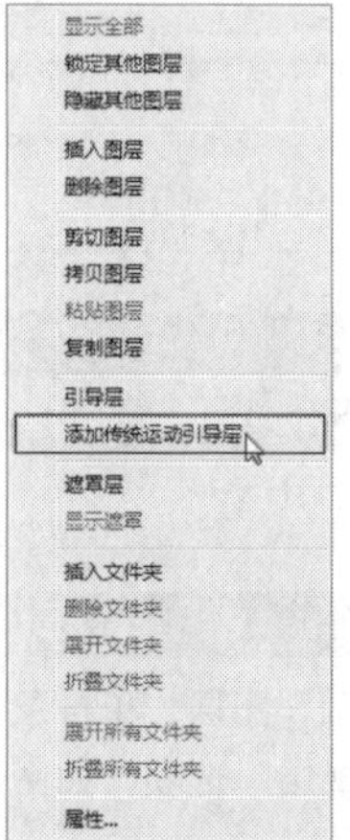

图10-85 选择“添加传统运动引导层”选项

STEP 03 执行操作后，即可创建运动引导层，如图10-86所示。

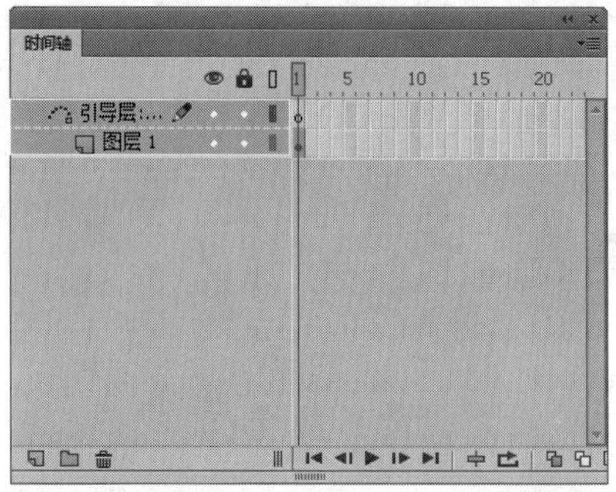

图10-86 创建运动引导层

实战 319 应用引导层制作动画

▶实例位置：光盘\效果\第10章\大雁飞.fla
▶素材位置：光盘\素材\第10章\大雁飞.fla
▶视频位置：光盘\视频\第10章\实战319.mp4

• 实例介绍 •

引导动画是使用引导层来实现的，主要是制作沿轨迹运动的动画效果。

• 操作步骤 •

STEP 01 单击“文件”|“打开”命令，打开一个素材文件，如图10-87所示。

图10-87 打开一个素材文件

STEP 02 在“时间轴”面板中，选择“小鸟”图层，如图10-88所示。

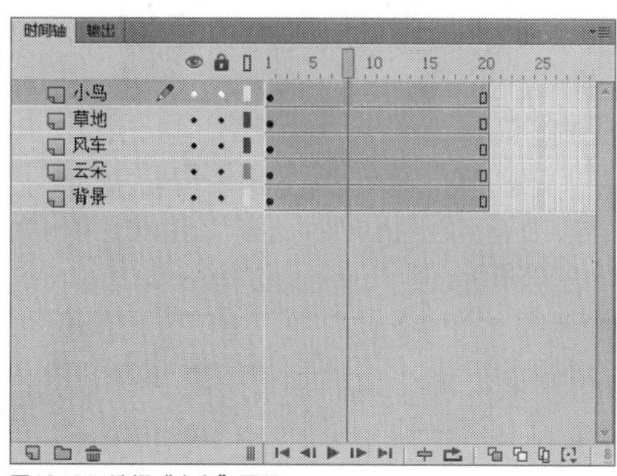

图10-88 选择“小鸟”图层

STEP 03 在图层上，单击鼠标右键，在弹出的快捷菜单中选择“添加传统运动引导层”选项，如图10-89所示。

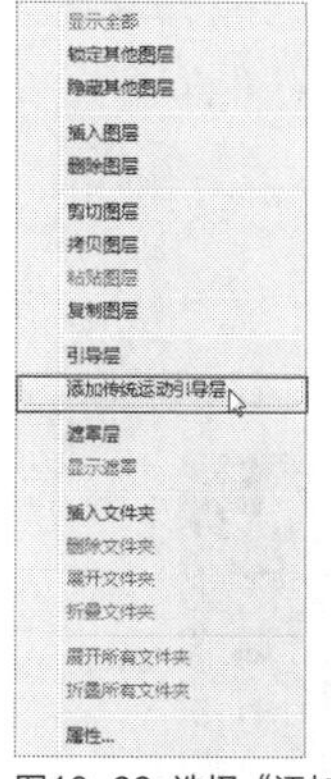

图10-89 选择“添加传统运动引导层”选项

STEP 04 执行操作后，即可为“小鸟”图层添加传统运动引导层，如图10-90所示。

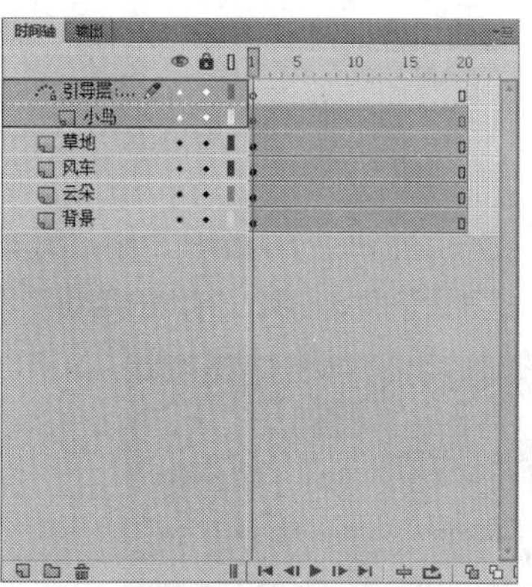

图10-90 添加传统运动引导层

STEP 05 选取工具箱中的钢笔工具，在舞台中的适当位置绘制一条路径，如图10-91所示。

图10-91 绘制路径

STEP 06 在“时间轴”面板中选择“小鸟”图层的第20帧，按【F6】键，插入关键帧，如图10-92所示。

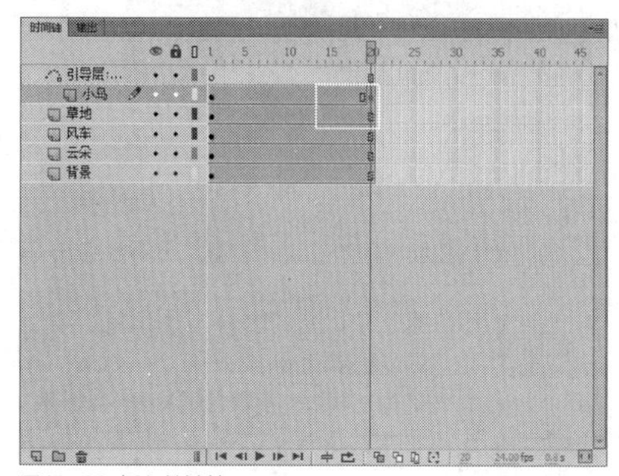

图10-92 插入关键帧

STEP 07 选择“小鸟”图层的第1帧，将舞台中相应图形对象移至路径开始的位置，如图10-93所示。

图10-93 移动图形对象

STEP 08 选择“小鸟”图层的第20帧，将舞台中相应图形对象移至路径结束的位置，如图10-94所示。

图10-94 移动图形对象

STEP 09 在“小鸟”图层的第1帧至第20帧中的任意一帧上单击鼠标右键，在弹出的快捷菜单中选择“创建传统补间”选项，如图10-95所示。

图10-95 选择“创建传统补间”选项

STEP 10 执行操作后，即可创建传统补间动画，如图10-96所示。

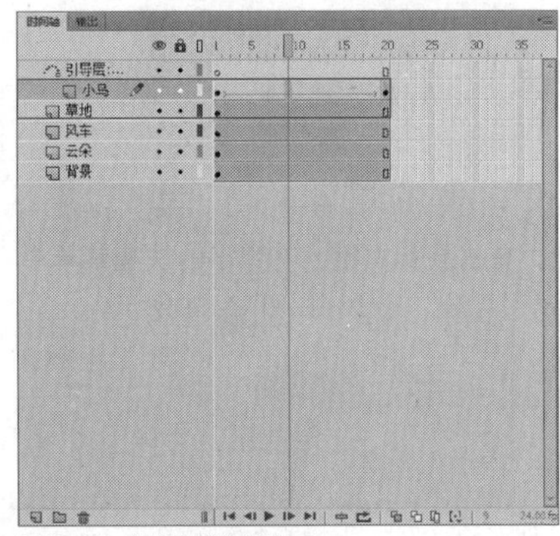

图10-96 创建传统补间动画

STEP 11 单击“控制”|“测试”命令，测试制作的运动引导动画，效果如图10-97所示。

图10-97 运动引导动画的效果

知识拓展

在实际应用中，创建普通引导层时最好将普通引导层放在所有层的最下面。这样，就避免了在不经意的操作中，将一个普通层拖放到普通引导层的下面，使该普通引导层转换为运动引导层。

普通引导层以直尺图标表示，起到辅助定位作用，普通引导层是在普通层的基础上建立的。在需要创建普通引导层的图层上，单击鼠标右键，弹出快捷菜单，选择“引导层”选项，即可将当前图层设置为普通引导层。

创建普通引导层非常简单，用户只需在时间轴中选择需要应用引导层动画的普通图层，单击鼠标右键，弹出快捷菜单，选择“引导层”选项即可。此时，该普通图层的前面会出现图标，表示完成了普通图层到引导层的转变。

实战 320 连接多个层

▶实例位置：光盘\效果\第10章\黄车.fla
▶素材位置：光盘\素材\第10章\黄车.fla
▶视频位置：光盘\视频\第10章\实战320.mp4

• 实例介绍 •

在制作动画过程中，用户可根据需要将多个层连接在一起。

• 操作步骤 •

STEP 01 单击“文件”|“打开”命令，打开一个素材文件，如图10-98所示。

图10-98 打开一个素材文件

STEP 02 在“时间轴”面板中选择“汽车”图层，如图10-99所示。

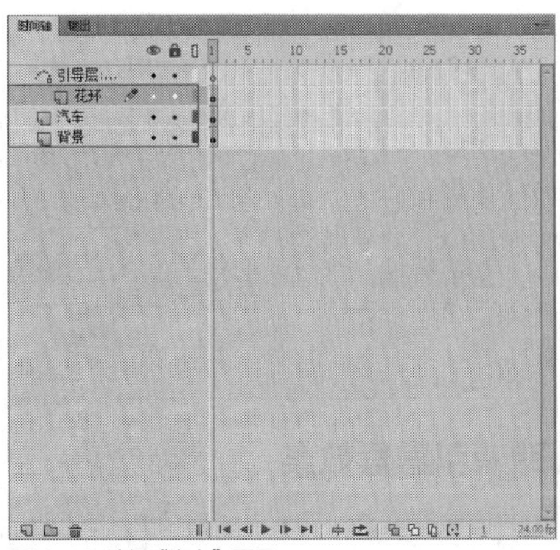

图10-99 选择“汽车”图层

STEP 03 单击鼠标左键将其拖曳至“花环”图层上方，此时图层底部出现一条黑色的线，如图10-100所示。

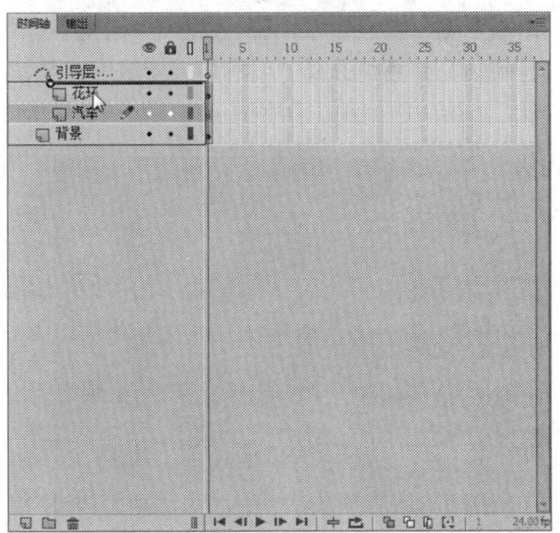

图10-100 图层底部出现黑色线条

STEP 04 执行操作后，即可将“汽车”图层链接到引导层中，如图10-101所示。

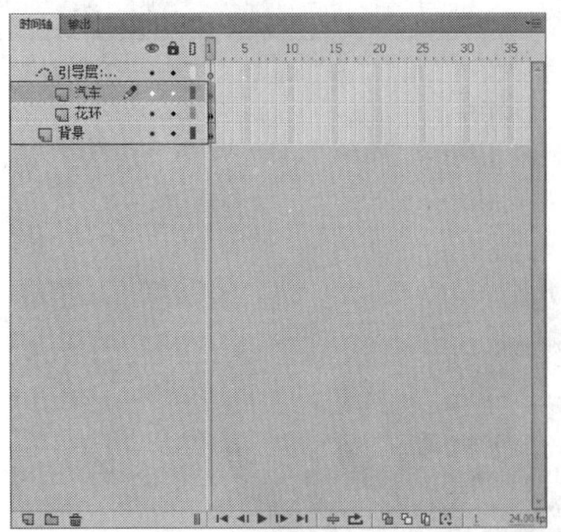

图10-101 链接图层

知识拓展

在运用Flash CC制作动画的过程中，当不需要链接图层时，可选择不需要链接的图层，单击鼠标左键并拖曳，当在“引导层”图层上方显示黑色线条时释放鼠标左键，即可取消运动引导层的链接。

技巧点拨

如果用户在制作过程中，需要将普通引导层转换为普通层，可通过以下两种方法。

➤ 选项：选择需要转换为普通层的引导图层，单击鼠标右键，弹出快捷菜单，如图10-102所示，选择“引导层”选项，即可将该图层转换为普通图层。

➤ 单选按钮：选择需要转换为普通层的引导图层，单击“修改”|“时间轴”|“图层属性”命令，如图10-103所示。

➤ 弹出“图层属性”对话框，在“类型”选项区中选中“一般”单选按钮，如图10-104所示。

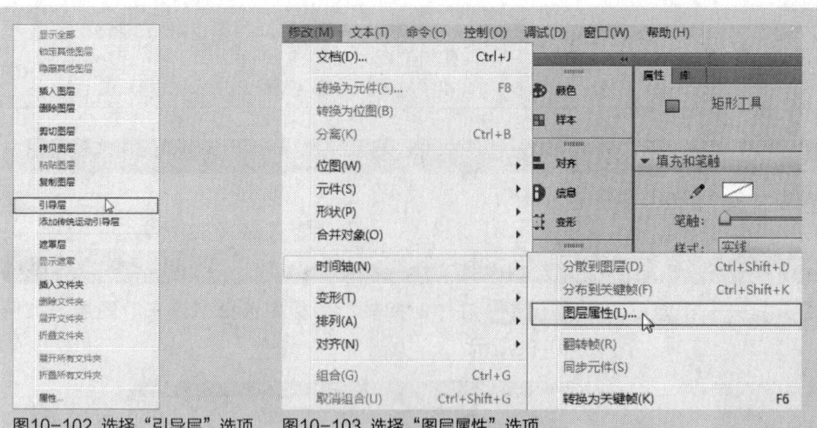

图10-102 选择“引导层”选项　图10-103 选择“图层属性”选项　图10-104 选择“一般”选项

在制作动画过程中，如果不需要多个层连接在一起，可以将其取消。

选择需要取消与运动引导层的连接关系的图层，单击鼠标左键并拖曳，此时图层底部会出现一条深灰色的线。

拖曳该图层直至表示其位置的深灰色线出现在运动引导层的上面或其他普通图层的下面，然后释放鼠标，即可取消该层与运动引导层的连接。

将一个常规图层拖曳至引导层上，就会将该引导层转换为运动引导层。为了防止意外转换引导层，可以将所有的引导层放在图层顺序的底部。

实战 321 取消引导层效果

▶实例位置：光盘\效果\第10章\花姑娘.fla
▶素材位置：光盘\效果\第10章\花姑娘.fla
▶视频位置：光盘\视频\第10章\实战321.mp4

• 实例介绍 •

在Flash CC中如果需要删除多余的引导层，可以直接取消引导层效果，而不影响其他引导效果。

• 操作步骤 •

STEP 01 单击“文件”|“打开”命令，打开一个素材文件，如图10-105所示。

图10-105 打开一个素材文件

STEP 02 在“时间轴”面板中选择“引导层：女孩”图层，如图10-106所示。

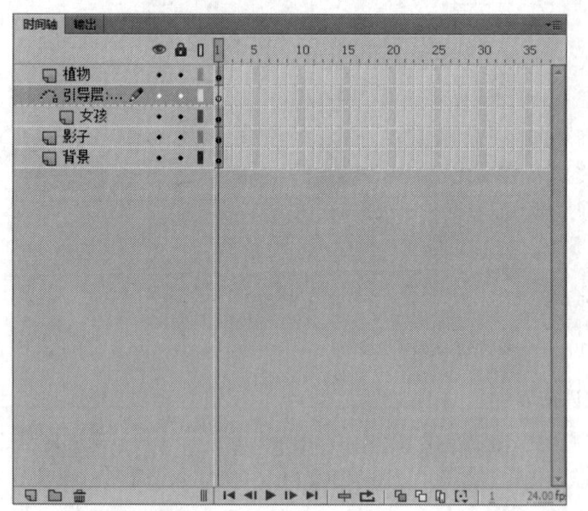

图10-106 选择引导层

STEP 03 单击鼠标右键，在弹出的快捷菜单中选择“引导层”选项，如图10-107所示。

STEP 04 执行操作后，即可取消引导层效果，如图10-108所示。

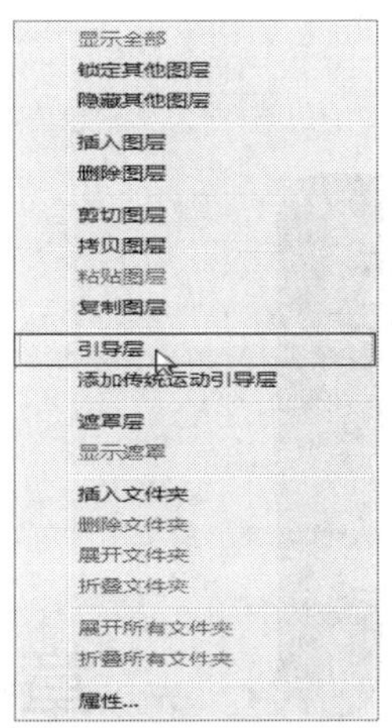

图10-107 选择“引导层”选项

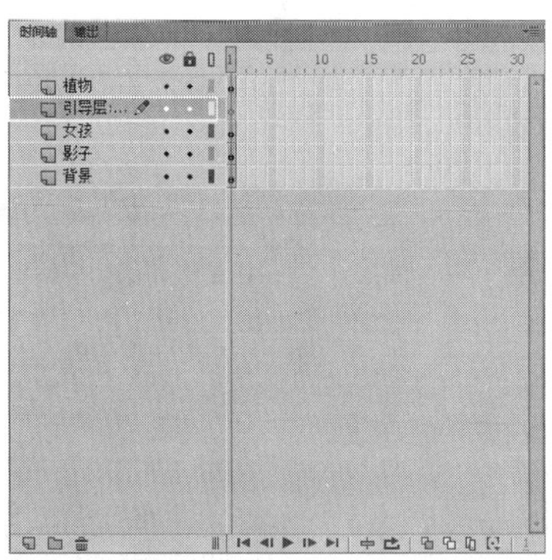

图10-108 取消引导层效果

技巧点拨

在设计动画的过程中，用户可以运用运动引导层来绘制物体的运动路径。在Flash CC中，创建运动引导层的方法有3种，分别如下。

- 命令：单击“插入”|“时间轴”|“运动引导层”。
- 按钮：单击“时间轴“面板下方的“添加运动引导层”按钮。
- 选项：选择需要创建运动引导层的图层，单击鼠标右键，弹出快捷菜单，选择“添加引导层”选项。

执行以上任意一种操作，均可创建运动引导层动画。

连接到运动引导层的图层，可以像对普通图层一样进行重新排列，排列的方法与普通图层一样，并且运动引导层可以具有普通层的任何模式。

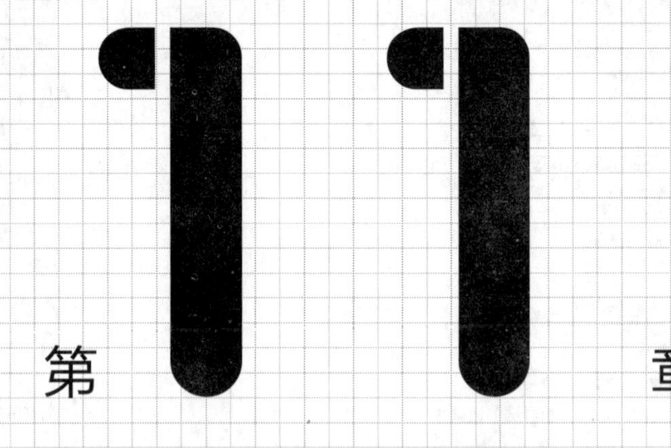

第11章

创建与编辑文本

本章导读

在Flash CC中，文字是用文本工具直接创建出来的对象，它是一种特殊的对象，具有图形组合和实例的某些属性，但又有其独特的特性；它既可以作为运动渐变动画的对象，又可以作为外形渐变运画的对象。用户可根据需要使用多种方式在Flash中添加文本，既可以创建包含静态文本的文本块，也可以创建动态或输入文本字段。

本章主要向读者介绍创建与编辑文本的方法，希望读者学完以后可以举一反三，制作出更多漂亮的文本动画效果。

要点索引

- 创建文本
- 文本工具的基本操作
- 对齐与变形文本
- 编辑与应用文本
- 创建文本特效

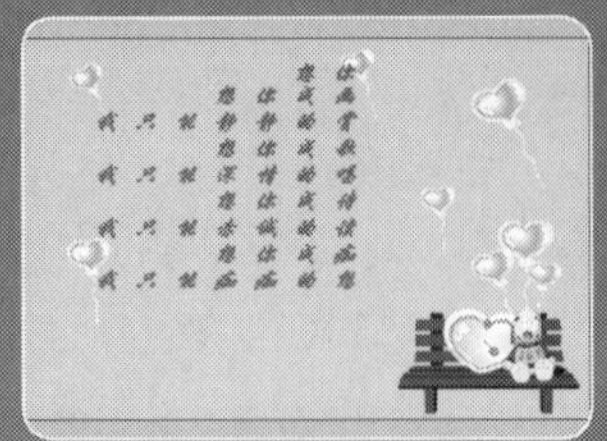

11.1 创建文本

动画文本和图像一样，也是非常重要并且使用非常广泛的一种对象。文字动画设计会给Flash动画作品增色不少。在Flash影片中，可以使用文本传达信息，丰富影片的表现形式，实现人机“对话”等交互行为。文本的使用大大增强了Flash影片的表现功能，使Flash影片更加精彩，并为影片的使用性提供了更多的解决方案。

实战322 创建文本

▶实例位置：光盘\效果\第11章\金秋.fla
▶素材位置：光盘\素材\第11章\金秋.fla
▶视频位置：光盘\视频\第11章\实战322.mp4

• 实例介绍 •

文本工具主要用于输入和设置动画中的文字，以便与图形对象组合在一起，这样更加完美地传递各种信息，使Flash影片效果更佳。

• 操作步骤 •

STEP 01 单击“文件”|“打开”命令，打开一个素材文件，如图11-1所示。

STEP 02 选取工具箱中的文本工具T，在“属性”面板中，设置“系列”为“方正流行体简体”、“大小”为80、“颜色”为橙色（#EA790B），在舞台区适当位置，创建一个文本框并输入相应文本，即可完成点文本的创建，如图11-2所示。

图11-1 打开一个素材文件

图11-2 创建遮罩层

知识拓展

在Flash CC中，文本类型分为3大类，分别为静态文本字段、动态文本字段和输入文本字段，所有的文本字段都支持Unicode。

文本字段中文本的类型，根据它的来源划分如下。

➢ 动态文本：显示动态更高的文本，如体育得分、股票报价或天气预报等；动态文本包含从外部源（例如文本文件、XML文件以及远程Web服务）加载的内容。

➢ 输入文本：使用户可以将文本输入表单或调查表中；输入文本是指用户输入的任何文本或用户可以编辑的动态文本。可以设置样式表来设置输入文本的格式，或使用flash.text.TextFormat类为输入内容指定文本字段的属性。

➢ 静态文本：显示不会动态更改字符的文本；静态文本只能通过Flash创作工具来创建。用户无法使用ActionScript3.0创建静态文本实例。但是，可以使用ActionScript类（例如StaticText和TextSnapshot）来操作现有的静态文本实例。

在Flash CC中创建文本时，既可以使用嵌入字体，也可以使用设备字体，下面分别向用户介绍嵌入字体和设备字体的应用。

嵌入字体：在Flash影片中使用安装在系统中的字体时，Flash中嵌入的字体信息将保存在SWF文件中，为了确保这些字体能在Flash播放时完全显示出来。但不是所有显示在Flash中的字体都能够与影片一起输出。为了验证一种字体是否能被导出，可单击“视图”|“预览模式”|“消除文字锯齿”命令，来预览文本。如果显示的文本有锯齿，则说明Flash不能识别该字体的轮廓，不能被导出。

用户可以在SWF文件中嵌入字体，这样最终回放该SWF文件的设备上无须存在该种字体。若要嵌入字体，可创建字体库项目。

设备字体：用户在创建文本时，可指定让Flash Player使用设备字体来显示某些文本块，那么Flash就不会嵌入该文本的字体，从而可以减小影片的文件大小，而且在文本大小小于10磅时使文本更易辨认。在Flash CC中，包括3种设备字体：_sans（类似于Helvetica或Arial的字体）、_serif（类似于Times Roman的字体）和_typewriter（类似于Courier的字体）。

➢ 选取工具箱中的选择工具，选择一个或多个文本字段。

> ➢ 在“属性”面板的“文本类型”列表框中选择“静态文本”选项，单击“字体”右侧的下拉按钮⌄，弹出下拉列表框，在其中用户可根据需要选择一种设备字体。

STEP 03 选取工具箱中的任意变形工具，选择创建的文本对象，适当地调整其位置和旋转角度，如图11-3所示。

图11-3 调整文本

STEP 04 用与上同样的方法，创建其他点文本，效果如图11-4所示。

图11-4 创建其他点文本

实战 323 创建段落文本

▶ 实例位置：光盘\效果\第11章\很美丽.fla
▶ 素材位置：光盘\素材\第11章\很美丽.fla
▶ 视频位置：光盘\视频\第11章\实战323.mp4

• 实例介绍 •

在Flash CC中，用户创建段落文本时，先创建一个文本框。

• 操作步骤 •

STEP 01 单击“文件”|“打开”命令，打开一个素材文件，如图11-5所示。

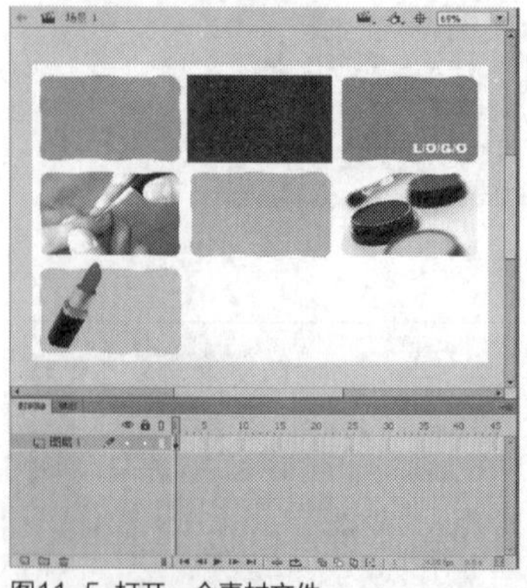

图11-5 打开一个素材文件

STEP 02 选取工具箱中的文本工具，如图11-6所示。

图11-6 选择文本工具

STEP 03 在“属性”面板中，设置“系列”为“方正中倩简体”、“大小”为50，如图11-7所示。

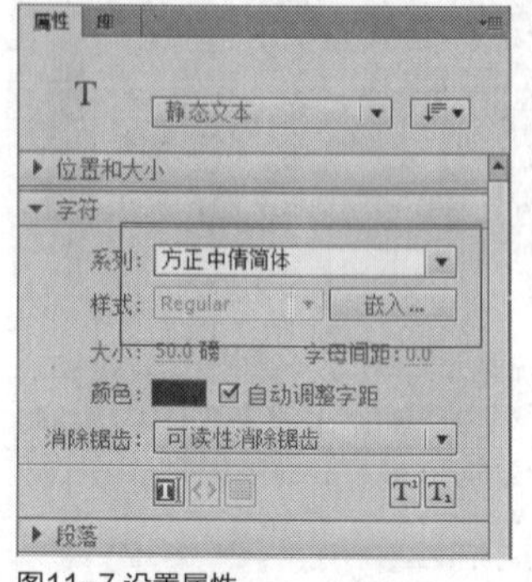

图11-7 设置属性

STEP 04 在舞台区创建一个输入文本框，如图11-8所示。

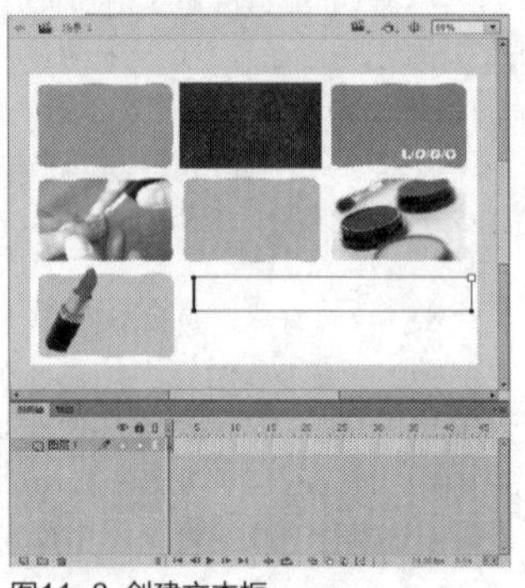

图11-8 创建文本框

STEP 05 在文本框中输入文字“新品上市”，如图11-9所示。

图11-9 输入文字

STEP 06 输入文字“美丽传说震撼上演”，在文本框以外的区域单击鼠标左键，即可完成段落文本的创建，如图11-10所示。

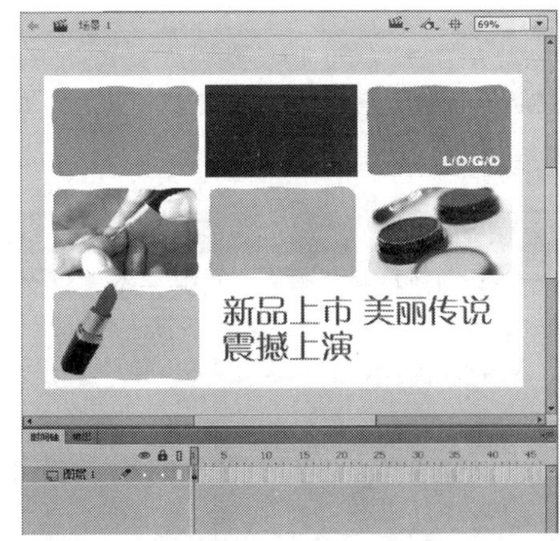

图11-10 创建段落文本

技巧点拨

在Flash CC中，运用文本工具在舞台区单击鼠标左键所创建的文本输入框，在其内输入文字时，输入框的宽度不固定，可以随着读者的输入自动扩展，如果读者要换行输入，按【Enter】键即可。

实战 324 设置文本字号

▶ 实例位置：光盘\效果\第11章\古道村.fla
▶ 素材位置：光盘\素材\第11章\古道村.fla
▶ 视频位置：光盘\视频\第11章\实战324.mp4

• 实例介绍 •

在Flash CC中，还可以单击“文本”|“大小”命令，在弹出的子菜单中选择相应的字号。

• 操作步骤 •

STEP 01 单击“文件”|“打开”命令，打开一个素材文件，选取工具箱中的选择工具，选择舞台区的文本对象，如图11-11所示。

图11-11 打开一个素材文件

STEP 02 在“属性”面板的“字符”选项区中，设置“大小”为50，按【Enter】键进行确认，即可设置文本字号，如图11-12所示。

图11-12 设置文本字号

技巧点拨

在Flash CC中，设置字体大小的方法有两种，分别如下。

➢ 命令：单击“文本”|“大小”命令，在弹出的子菜单中，用户可根据需要选择相应的字号。
➢ 文本框：在“属性”面板的“字号”文本框中输入相应的字号。

实战325 创建静态文本

▶实例位置：光盘\效果\第11章\羊村.fla
▶素材位置：光盘\素材\第11章\羊村.fla
▶视频位置：光盘\视频\第11章\实战325.mp4

• 实例介绍 •

在Flash CC的默认情况下，使用文本工具创建的文本为静态文本，所创建的静态文本在发布的Flash作品中是无法修改的。

• 操作步骤 •

STEP 01 单击"文件"|"打开"命令，打开一个素材文件，如图11-13所示。

图11-13 打开一个素材文件

STEP 02 选取工具箱中的文本工具，如图11-14所示。

图11-14 选取文本工具

STEP 03 在"属性"面板中，设置"文本类型"为"静态文本"、"改变文本方向"为"垂直"、"系列"为"方正卡通简体"、"大小"为100，如图11-15所示。

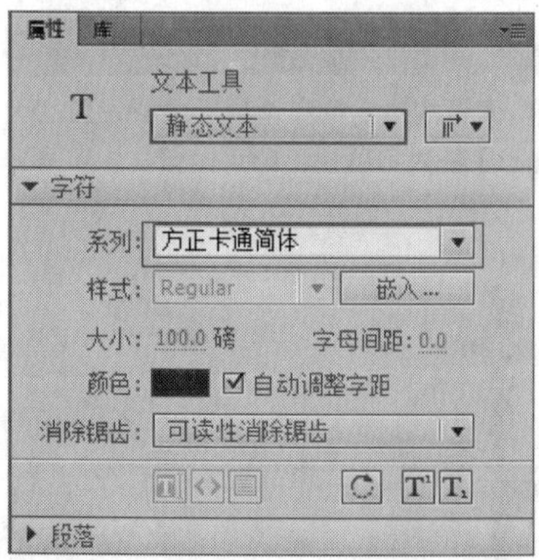

图11-15 设置"属性"

STEP 04 在舞台区创建一个文本框，如图11-16所示。

图11-16 创建文本框

STEP 05 在文本框中输入文本，如图11-17所示。

图11-17 输入文本

STEP 06 在舞台空白处点击显示最终效果，如图11-18所示。

图11-18 显示最终效果

实战 326 创建动态文本

▶实例位置：光盘\效果\第11章\倾国倾城.fla、倾国倾城.swf
▶素材位置：光盘\素材\第11章\倾国倾城.fla
▶视频位置：光盘\视频\第11章\实战326.mp4

• 实例介绍 •

动态文本是一种交互式的文本对象，文本会根据文本服务器的输入不断更新。用户可随时更新动态文本中的信息，即使在作品完成后也可以改变其中的信息。

• 操作步骤 •

STEP 01 单击“文件”|“打开”命令，打开一个素材文件，如图11-19所示。

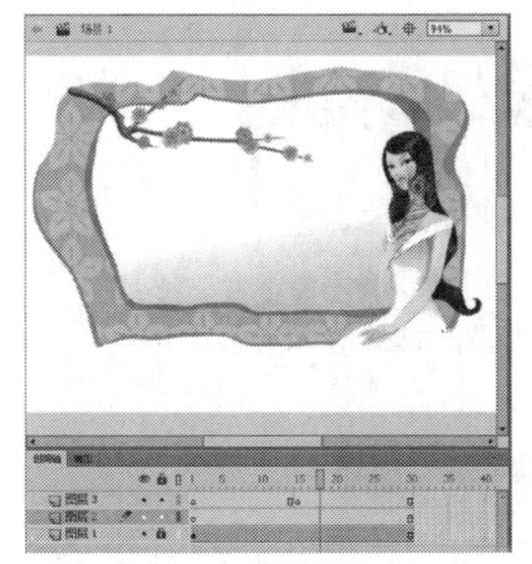

图11-19 打开一个素材文件

STEP 02 在“时间轴”面板中，选择“图层2”图层的第1帧，如图11-20所示。

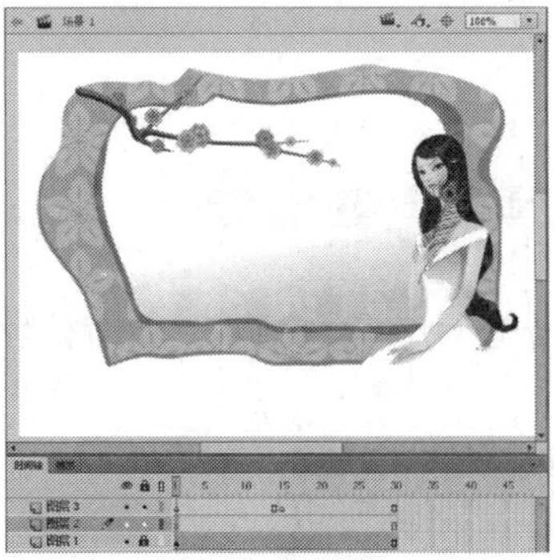

图11-20 选择“图层2”第1帧

STEP 03 选取工具箱中的文本工具，在舞台区适当位置创建一个文本框，如图11-21所示。

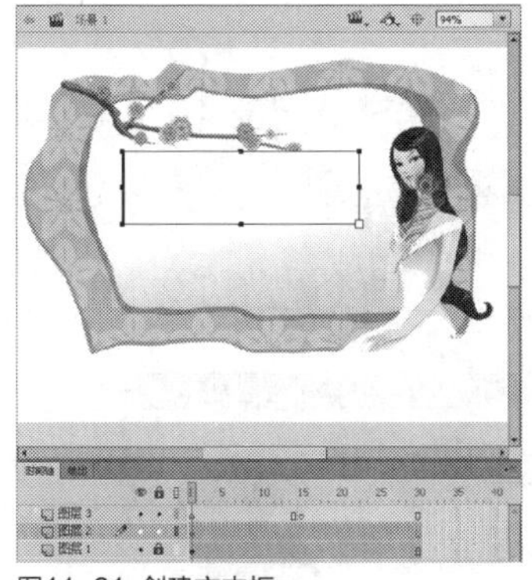

图11-21 创建文本框

STEP 04 在“属性”面板中，设置“文本类型”为“动态文本”、“实例名称”为word、“系列”为“迷你黄草简体”、“大小”为60、“消除锯齿”为“使用设备字体”，如图11-22所示。

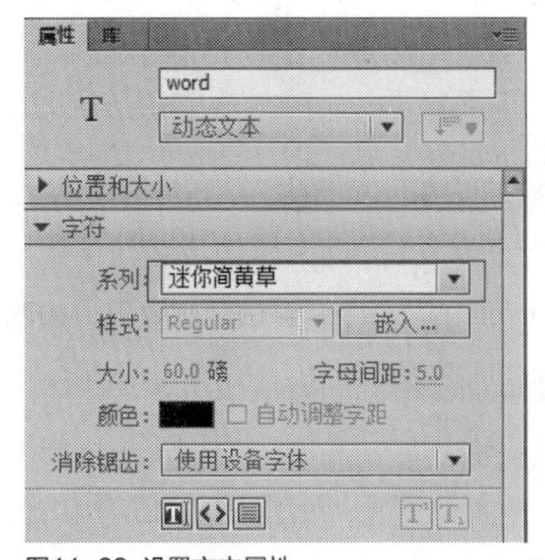

图11-22 设置文本属性

STEP 05 在“时间轴”面板中，选择“图层3”图层的第1帧，如图11-23所示。

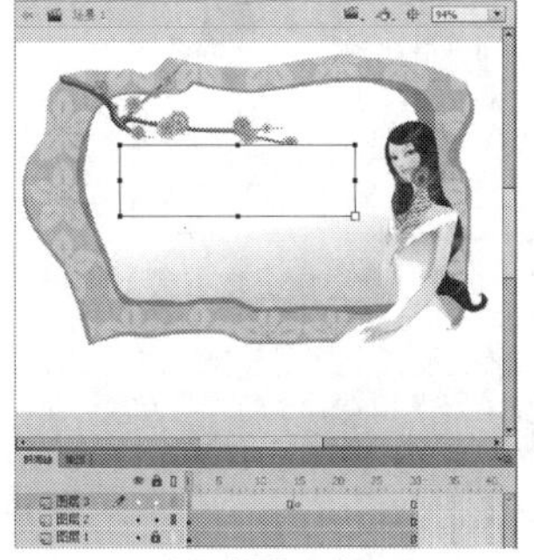

图11-23 选择“图层3“图层

STEP 06 按【F9】键，弹出“动作-帧”面板，如图11-24所示。

图11-24 弹出“动作-帧”面板

STEP 07 在该面板中输入代码，如图11-25所示。

图11-25 打开“动作-帧”面板

STEP 08 在“时间轴”面板中，选择“图层3”图层的第30帧，如图11-26所示。

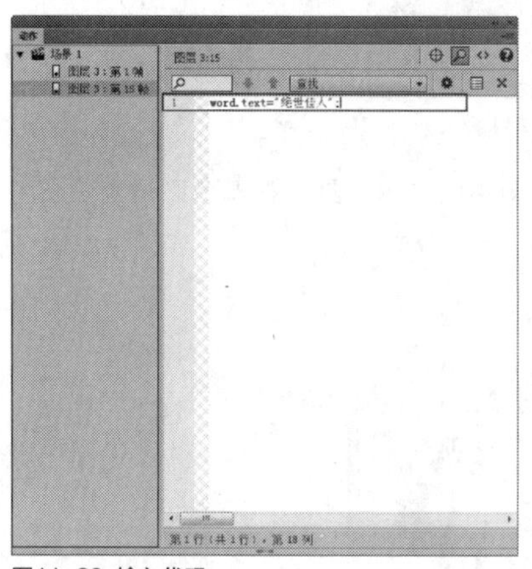

图11-26 选择“图层3”第30帧

STEP 09 按【F9】键，弹出“动作-帧”面板，如图11-27所示。

图11-27 弹出“动作-帧”面板

STEP 10 在该面板中输入代码，如图11-28所示。

图11-28 输入代码

STEP 11 单击“控制”|“测试”命令，测试动画效果，如图11-29所示。

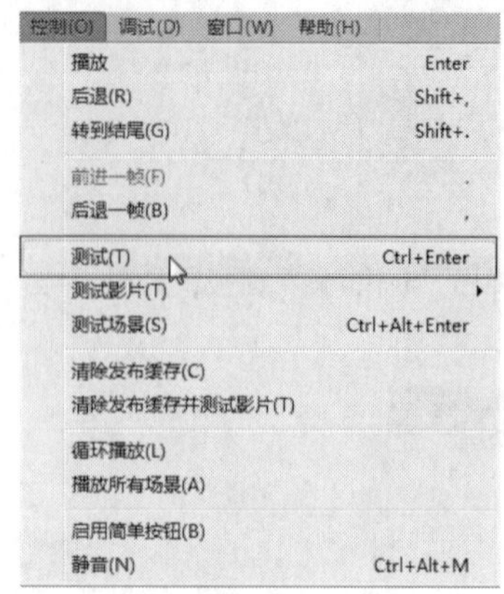

图11-29 测试创建动态文本效果

技巧点拨

制作本实例时，所打开的Flash文档必须是ActionScript 2.0的文档，因为ActionScript 3.0的Flash文档不可以对动态文本的变量进行设置。

实战327 创建输入文本

▶ 实例位置：光盘\效果\第11章\登录.fla、登录.swf
▶ 素材位置：光盘\素材\第11章\登录.fla、登录.swf
▶ 视频位置：光盘\视频\第11章\实战327.mp4

• 实例介绍 •

输入文本多用于申请表、留言簿等一些需要用户输入文本的表格页面，它是一种交互性运用的文本格式，用户可即时输入文本在其中。该文本类型最难得的便是有密码输入类型，即用户输入的文本均以星号表示。

• 操作步骤 •

STEP 01 单击“文件”|“打开”命令，打开一个素材文件，如图11-30所示。

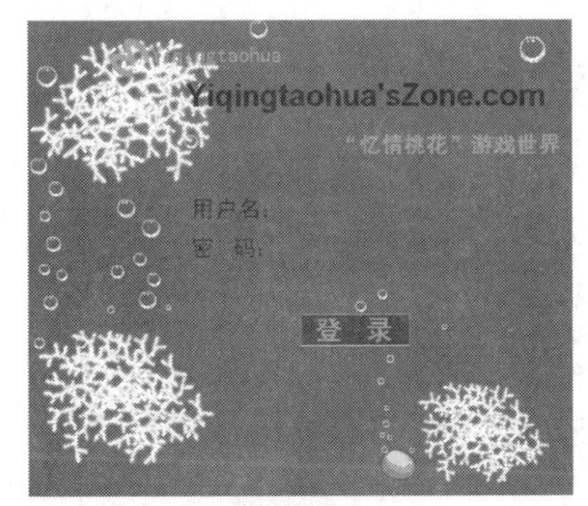

图11-30 打开一个素材文件

STEP 02 选择“图层4”中的第1帧，效果如图11-31所示。

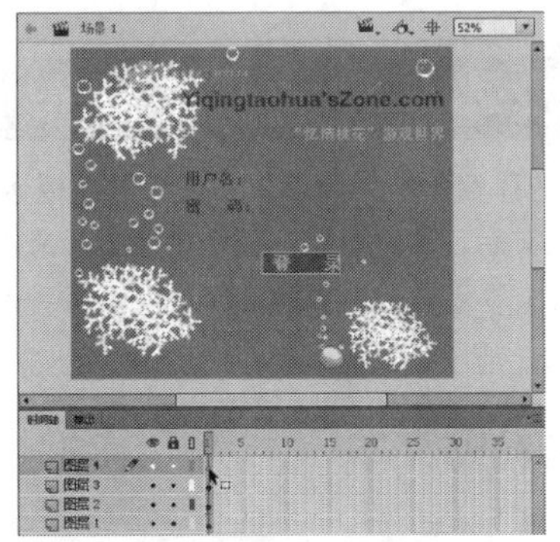

图11-31 选择“图层4”中的第1帧

STEP 03 选取工具箱中的文本工具，在舞台中的适当位置绘制一个适当大小的输入文本框，效果如图11-32所示。

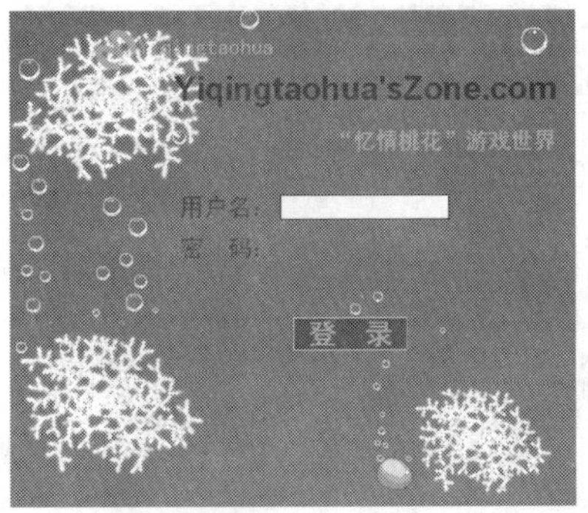

图11-32 绘制文本框

STEP 04 单击“属性”面板中的“在文本周围显示边框”按钮，如图11-33所示，使文本框显示边框效果。

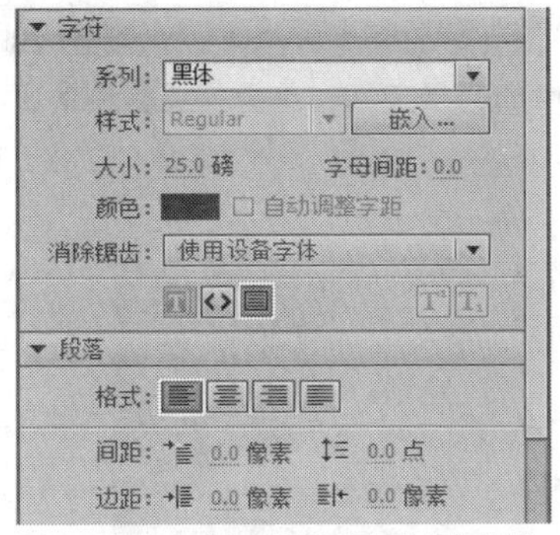

图11-33 单击“在文本周围显示边框”按钮

STEP 05 单击“控制”|“测试影片”命令，如图11-34所示。

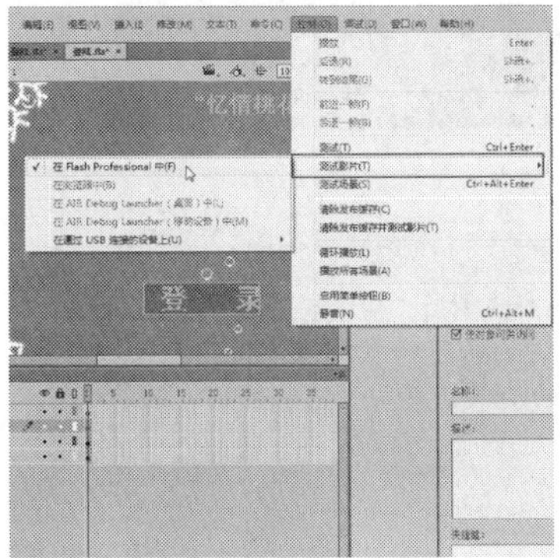

图11-34 单击“测试影片”命令

STEP 06 测试影片效果，在相应文本框中可输入文本“yiqingtaohua”，效果如图11-35所示。

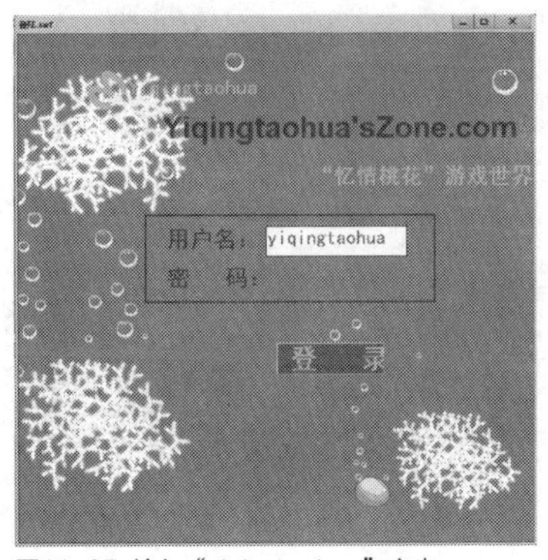

图11-35 输入“yiqingtaohua”文本

知识拓展

选取工具箱中的文本工具，在“属性”面板中单击“字体”下拉按钮通过“属性”面板设置字体，弹出下拉列表框。如图11-36所示，系统提供了多种字体样式，用户可选择需要的字体。

单击“文本”|“字体”命令通过菜单设置字体，在弹出的子菜单中，用户可以从中选择一种需要的字体，如果安装的字体比较多，则会在菜单的前端、末端出现三角箭头，单击该箭头，可以查看更多的字体选项并加以选择。

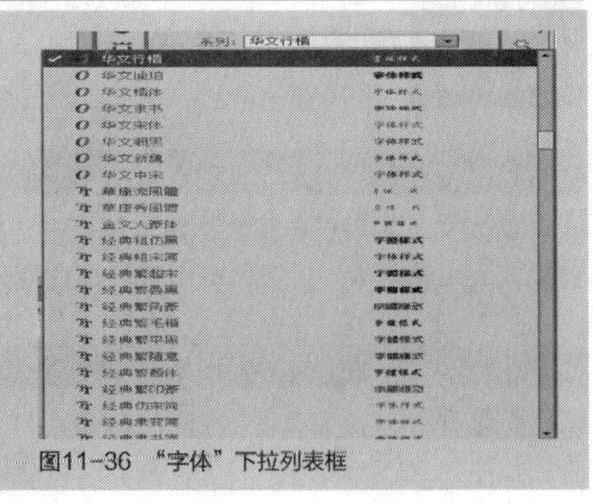

图11-36 “字体”下拉列表框

11.2 文本工具的基本操作

在Flash CC中，选择相应的工具后，“属性”面板也会发生相应的变化，以显示与该工具相关联的设置。例如，选取工具箱中的文本工具后，其“属性”面板中会显示文本的相关属性，在其中可轻松对选择的文本进行相应的属性设置。本节将向用户介绍文本工具的基本操作。

实战328 复制与粘贴文本

▶ **实例位置：** 光盘\效果\第11章\天然.fla、天然.swf
▶ **素材位置：** 光盘\素材\第11章\天然.fla、天然.swf
▶ **视频位置：** 光盘\视频\第11章\实战328.mp4

• 实例介绍 •

如果用户需要多个相同的文本，不需要逐一创建，直接复制即可。

• 操作步骤 •

STEP 01 选取工具箱中的选择工具，选择需要复制的文本，如图11-37所示。

图11-37 选择需要复制的文本

STEP 02 单击“编辑”|“复制”命令，至目标位置后，按【Ctrl+V】组合键，即可对复制的文本执行粘贴操作，效果如图11-38所示。

图11-38 粘贴复制的文本

知识拓展

在Flash CC中，用户还可通过以下3种方法复制文本。

- 组合键1：按【Ctrl+C】组合键。
- 组合键2：按【Ctrl+D】组合键。
- 快捷键：在文本上单击鼠标右键，在弹出的快捷菜单中选择“复制”选项。

实战 329 移动文本

▶ 实例位置：光盘\效果\第11章\舞动.fla
▶ 素材位置：光盘\素材\第11章\舞动.fla
▶ 视频位置：光盘\视频\第11章\实战329.mp4

• 实例介绍 •

在Flash CC中，移动文本主要是通过移动文本框来实现的。

• 操作步骤 •

STEP 01 单击“文件”|“打开”命令，打开一个素材文件，如图11-39所示。

图11-39 打开素材文件

STEP 02 选取工具箱中的选择工具，选择舞台区的文本对象，如图11-40所示。

图11-40 选择文本对象

STEP 03 单击鼠标左键并向下拖曳，至舞台区合适位置后，释放鼠标左键，即可移动文本，如图11-41所示。

图11-41 拖曳鼠标移动文本的效果

实战 330 设置文本样式

▶ 实例位置：光盘\效果\第11章\家居.fla、家居.swf
▶ 素材位置：光盘\素材\第11章\家居.fla、家居.swf
▶ 视频位置：光盘\视频\第11章\实战330.mp4

• 实例介绍 •

在Flash CC中，文本样式包括文本加粗、文本倾斜显示等。

• 操作步骤 •

STEP 01 单击“文件”|“打开”命令，打开一个文本素材，如图11-42所示。

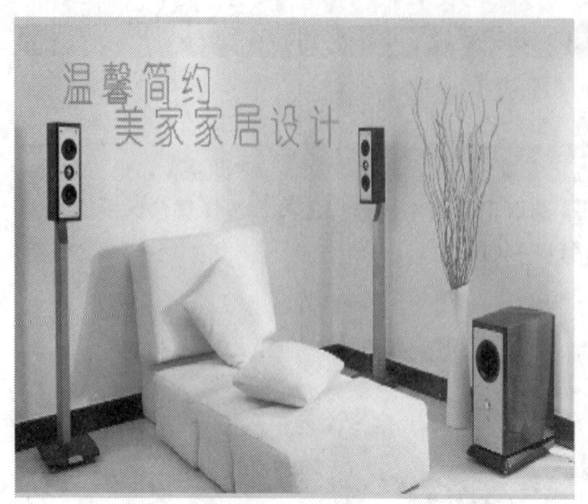

图11-42 打开一个文本素材

STEP 02 选取工具箱中的选择工具，选择需要设置样式的文本，如图11-43所示。

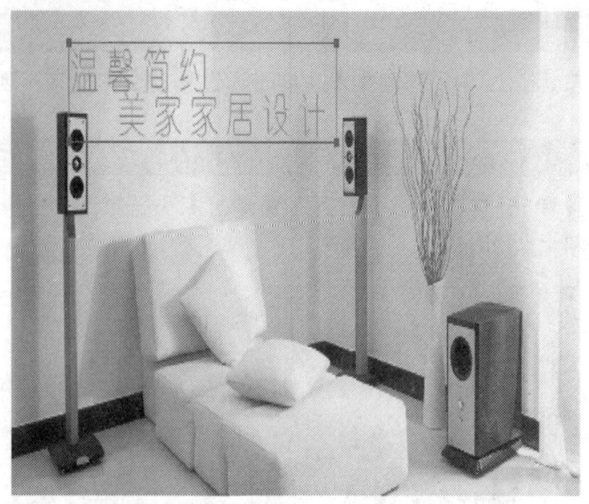

图11-43 设置文本样式后的效果

STEP 03 单击“文本”|“样式”|“仿粗体”命令，如图11-44所示。

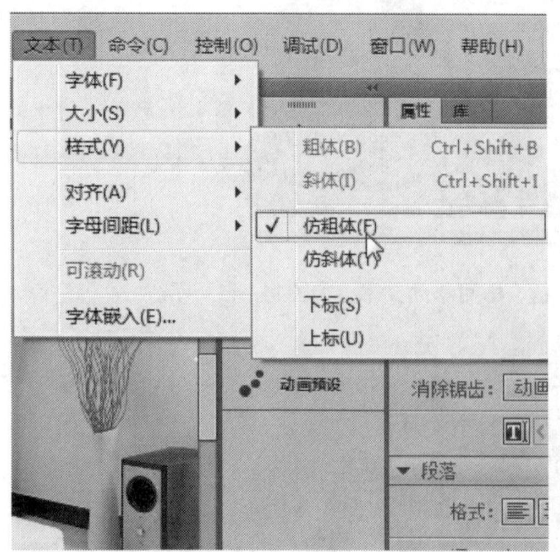

图11-44 单击“仿粗体”命令

STEP 04 文本加粗显示，如图11-45所示。

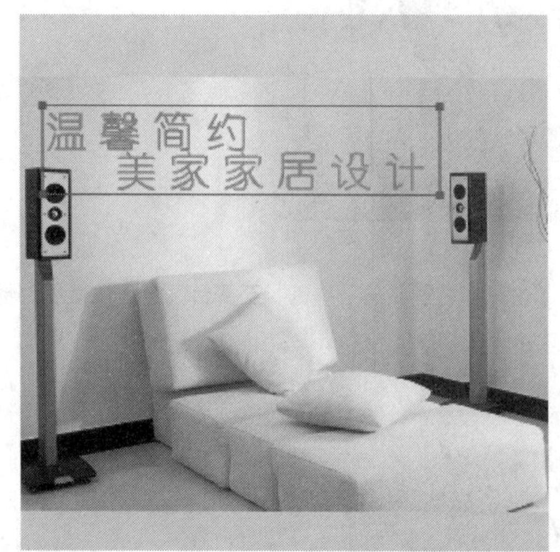

图11-45 文本加粗显示

STEP 05 单击“文本”|“样式”|“仿斜体”命令，如图11-46所示。

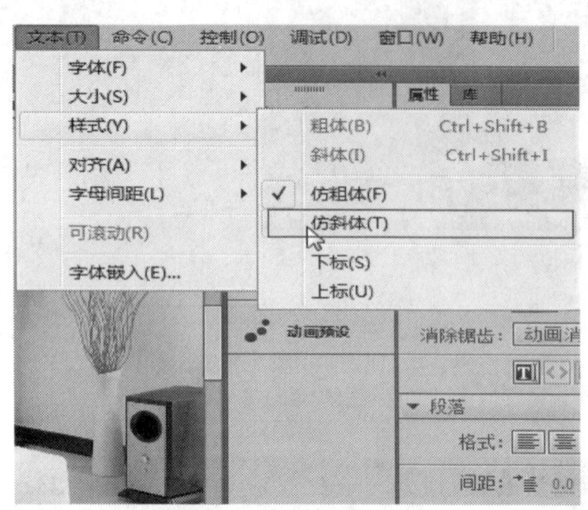

图11-46 单击“仿斜体”命令

STEP 06 执行上述步骤的最终效果，如图11-47所示。

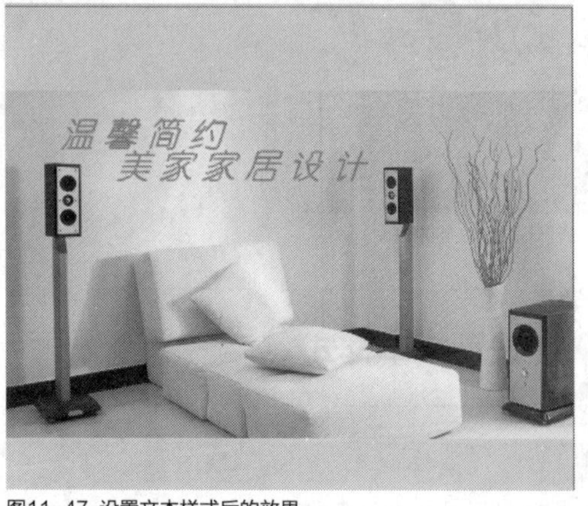

图11-47 设置文本样式后的效果

实战 331　设置文本颜色

▶实例位置：光盘\效果\第11章\弯弯的月亮.fla、弯弯的月亮.swf
▶素材位置：光盘\素材\第11章\弯弯的月亮.fla、弯弯的月亮.swf
▶视频位置：光盘\视频\第11章\实战331.mp4

• 实例介绍 •

文本颜色在文本中起着极其重要的作用，文本是否与整个画面的效果协调，整幅作品是否赏心悦目，都与文本颜色息息相关。

• 操作步骤 •

STEP 01 单击“文件”|“打开”命令，打开一个素材文件，如图11-48所示。

图11-48 打开一个素材文件

STEP 02 选取工具箱中的选择工具，选择舞台区的文本对象，如图11-49所示。

图11-49 选择文本对象

STEP 03 在“属性”面板中，单击“填充颜色”色块，在弹出的“颜色”面板中，选择“红色”，如图11-50所示。

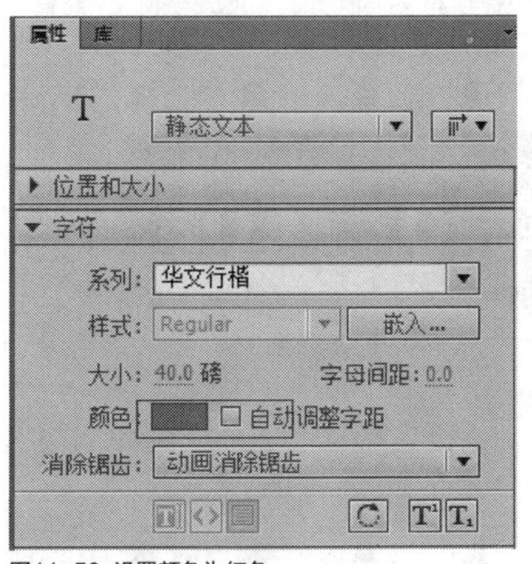

图11-50 设置颜色为红色

STEP 04 设置文本的颜色效果，如图11-51所示。

图11-51 设置文本颜色后的效果

实战 332　设置文本上标或下标

▶实例位置：光盘\效果\第11章\算数.fla、算数.swf
▶素材位置：光盘\素材\第11章\算数.fla、算数.swf
▶视频位置：光盘\视频\第11章\实战332.mp4

• 实例介绍 •

在Flash CC中，用户还可根据需要设置文本的上标或下标。

• 操作步骤 •

STEP 01 选择舞台中需要打散的文本，如图11-52所示，按【Ctrl+B】组合键，将文本打散。

STEP 02 选取工具箱中的选择工具，选择需要设置为上标或下标的文本，如图11-53所示。

图11-52 选择需要打散的文本

图11-53 选择需要设置上标或下标的文本

STEP 03 在“属性”面板中，单击“切换上标”按钮，如图11-54所示。

STEP 04 设置文本样式为上标，效果如图11-55所示。

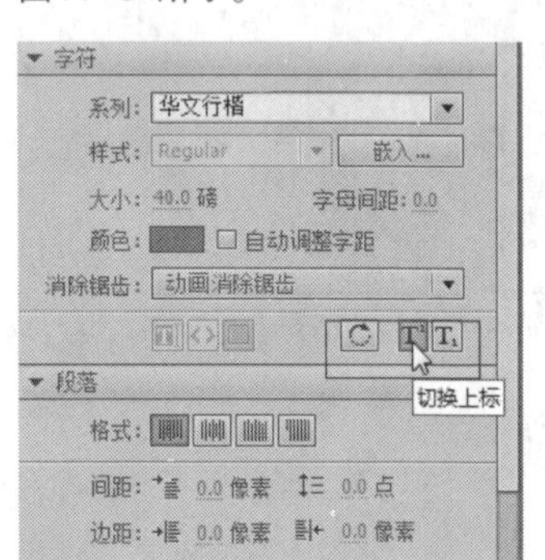

图11-54 选择“切换上标”选项

图11-55 设置文本样式为上标

知识拓展

单击“文件”|“打开”命令，打开一个素材文件，选取工具箱中的选择工具，选择舞台区的文本对象，如图11-56所示。按【Ctrl＋B】组合键，将文本打散为多个文本，选择需要设置为下标的文本，如图11-57所示。

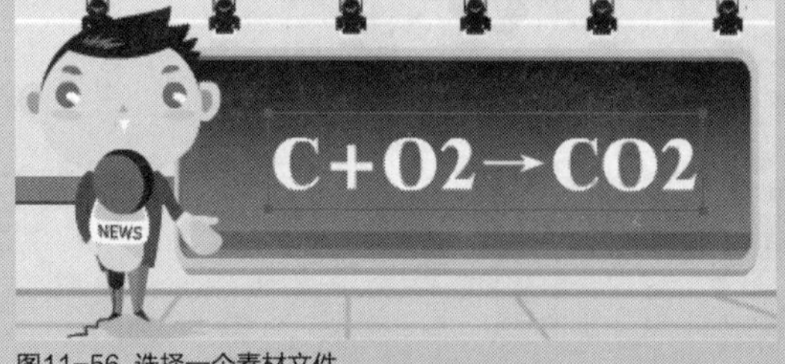

图11-56 选择一个素材文件

图11-57 选择文本

在“属性”面板的“字符”选项区中，单击右侧的“切换下标”按钮，即可设置所选文本为下标，如图11-58所示。用与上同样的方法，设置其他下标文本，效果如图11-59所示。

图11-58 设置下标文本

图11-59 设置下标文本

知识拓展

在Flash CS5中，运用选择工具选择文本后，按【Ctrl＋B】组合键，可将所选文本打散成多个文本对象，若再次按【Ctrl＋B】组合键，则可将文本彻底打散成矢量图形式。

实战 333 设置文本边距

▶实例位置：光盘\效果\第11章\色彩定义.fla
▶素材位置：光盘\素材\第11章\色彩定义.fla
▶视频位置：光盘\视频\第11章\实战333.mp4

• 实例介绍 •

在Flash CC中，还可根据需要设置文本的边距。

• 操作步骤 •

STEP 01 单击“文件”|“打开”命令，打开一个素材文件，选取工具箱中的选择工具，选择舞台区的文本对象，如图11-60所示。

图11-60 选择文本对象

STEP 02 在“属性”面板的“段落”选项区中，设置“左边距”为10、“右边距”为10，按【Enter】键进行确认，即可完成对所选文本的边距设置，效果如图11-61所示。

图11-61 设置文本边距

知识拓展

➤ 单击“文件”|“打开”命令，打开一个素材文件，选取工具箱中的选择工具，选择舞台区的文本对象，如图11-62所示。

➤ 在“属性”面板的“段落”选项区中，设置“缩进”为8像素，按【Enter】键进行确认，即可将所选文本缩进，如图11-63所示。

图11-62 选择文本对象

图11-63 设置文本缩进

文字的间距是根据整个画面效果而定的，并且是统一的，不可以太宽，也不能太窄。在Flash CC中，设置文字间距的方法有以下两种。

➤ 命令：单击“文本”|“字母间距”命令，在弹出的子菜单中单击相应的命令，如图11-64所示。

➤ 数值框：在“属性”面板的“字符间距”数值框中，输入相应的数值，如图11-65所示。

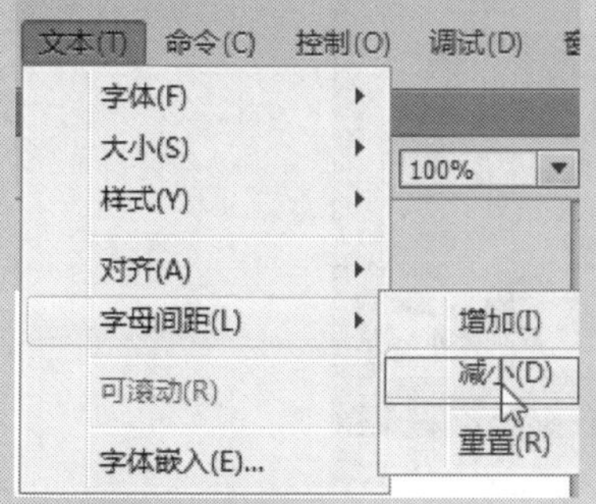

图11-64 单击“减小”命令

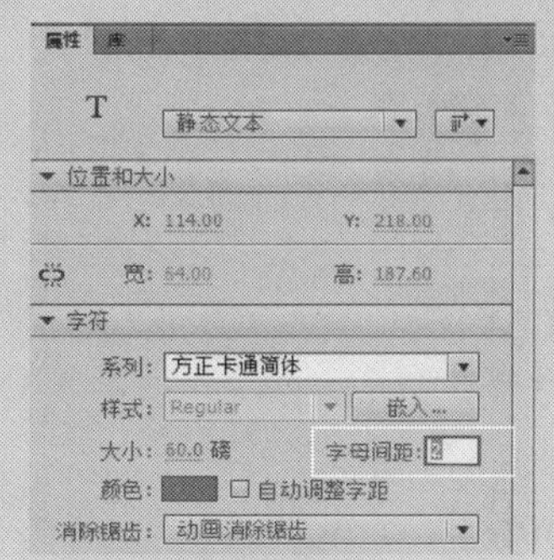

图11-65 设置“字母间距”

实战 334 设置段落文本属性

▶实例位置：光盘\效果\第11章\诗.fla、诗.swf
▶素材位置：光盘\素材\第11章\诗.fla、诗.swf
▶视频位置：光盘\视频\第11章\实战334.mp4

• 实例介绍 •

在Flash CC中，用户可以设置段落文本的格式，主要包括文字间距、文字位置、文字边距、文字缩进以及行间距等的设置。

• 操作步骤 •

STEP 01 单击“文件”|“打开”命令，打开一幅背景素材，如图11-66所示。

图11-66 打开素材

STEP 02 选取工具箱中的文本工具，在舞台中的适当位置输入相应的文字，如图11-67所示。

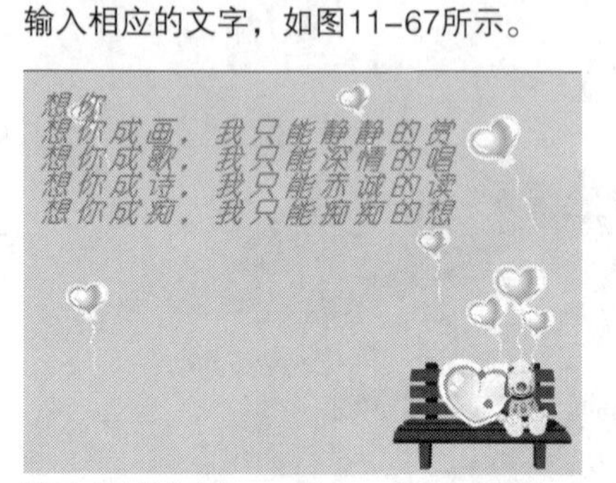

图11-67 输入文字

STEP 03 在“属性”面板中，设置“文本颜色”为紫色（CC33CC）、“字体”为“华文行楷”、“字号”为26，如图11-68所示。

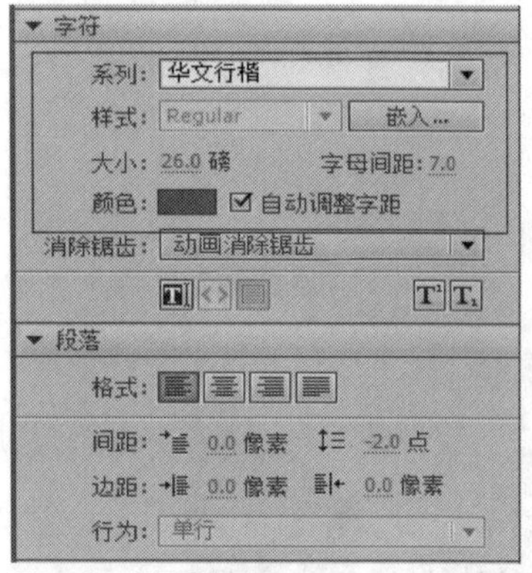

图11-68 设置属性

STEP 04 执行上述操作后的文本效果，如图11-69所示。

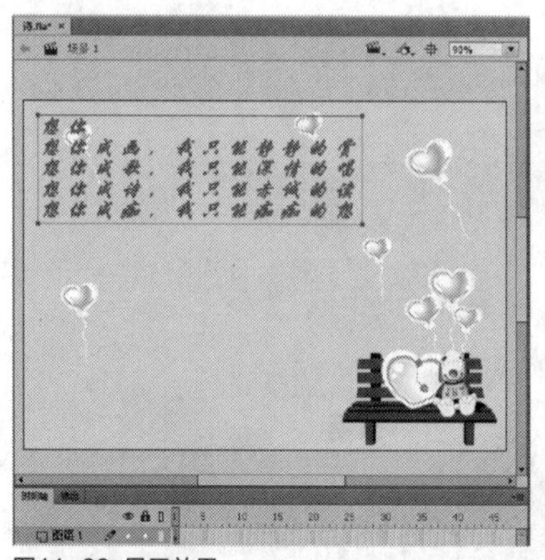

图11-69 显示效果

STEP 05 确认输入的文本为选中状态，在“属性”面板中，设置“字母间距”为16，如图11-70所示。

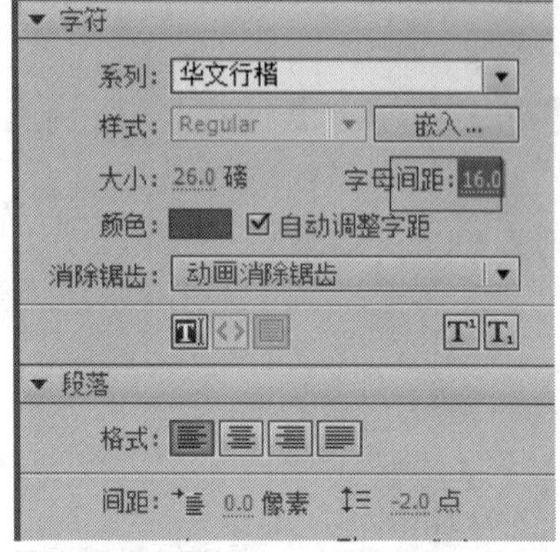

图11-70 设置属性

STEP 06 段落文本效果，如图11-71所示。

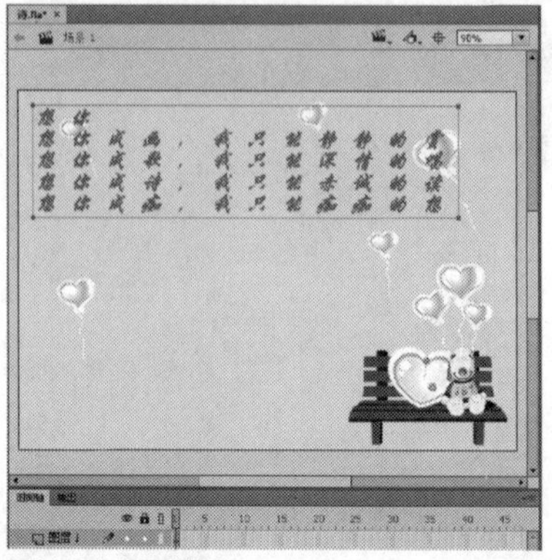

图11-71 显示效果

STEP 07 再次选择输入的文本块，在“属性”面板中，单击“段落”下拉框，弹出“段落”对话框，如图11-72所示。

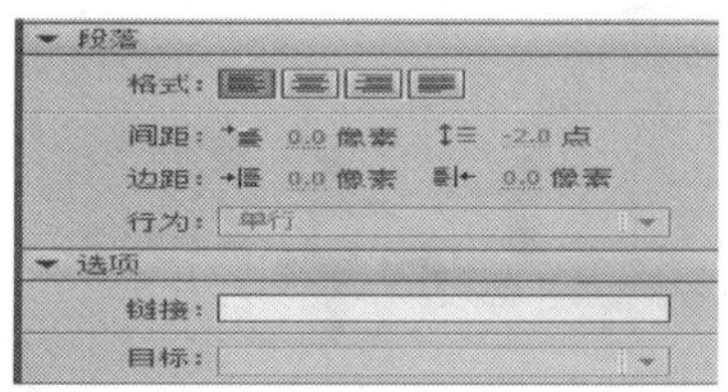
图11-72 弹出“段落”对话框

STEP 08 在其中设置各参数，左边距为7.0像素、右边距为8.0像素、缩进为30.0像素，上下间距为-2.0点，如图11-73所示。

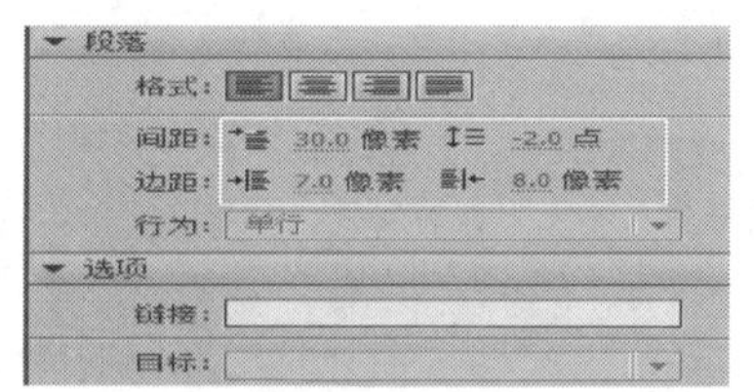
图11-73 设置各参数

STEP 09 设置完成后，即可预览段落文本的属性，效果如图11-74所示。

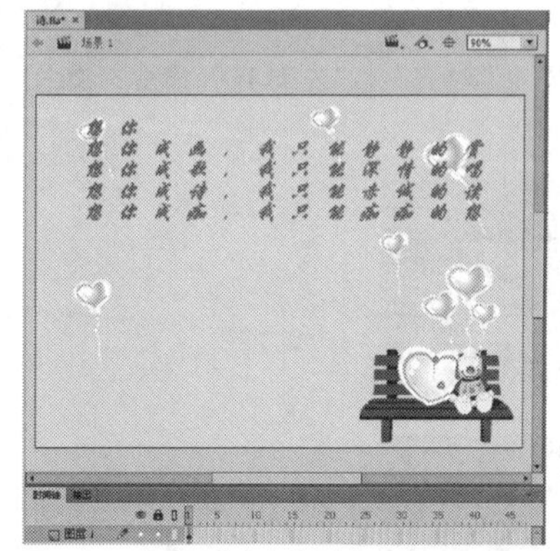
图11-74 设置段落文本的属性

11.3 对齐与变形文本

在Flash CC中，对齐方式决定了段落中每行文本相对于文本块边缘的位置，横排文本相对于文本块的左右边缘对齐、竖排文本相对于文本块的上下边缘对齐。文本可对齐文本块的某一边，也可居中对齐或对齐文本块的两边，也就是常说的左对齐、右对齐、居中对齐和两端对齐。本节将向读者介绍文本的各种对齐方式。

实战 335 左对齐文本

▶实例位置：光盘\效果\第11章\江南.fla
▶素材位置：光盘\素材\第11章\江南.fla
▶视频位置：光盘\视频\第11章\实战335.mp4

• 实例介绍 •

左对齐文本就是使文本靠最左边对齐，设置文本左对齐有3种方法。

• 操作步骤 •

STEP 01 单击“文件”|“打开”命令，打开一个素材文件，如图11-75所示。

图11-75 打开一个素材文件

STEP 02 选取工具箱中的选择工具，选择舞台区的文本对象，如图11-76所示。

图11-76 选择文本对象

技巧点拨

设置文本左对齐有以下3种方法。

➢ 命令：单击“文本”|“对齐”|“左对齐”命令。

➢ 按钮：选取工具箱中的文本工具，在“属性”面板中单击“左对齐”按钮。

➢ 快捷键：按【Ctrl＋Shift＋L】组合键。

如图11-77所示为执行文本左对齐的效果。

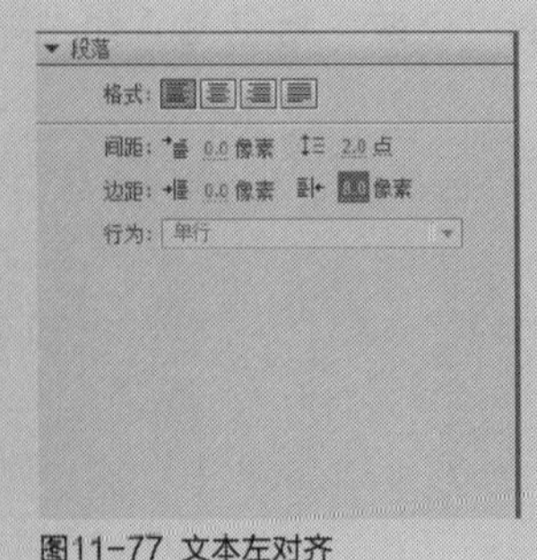

图11-77 文本左对齐

STEP 03 单击“文本”|“对齐”|“左对齐”命令，如图11-78所示。

图11-78 单击“左对齐”命令

STEP 04 左对齐所选文本，如图11-79所示。

图11-79 左对齐文本效果

实战336 居中对齐文本

▶实例位置：光盘\效果\第11章\潮流世界.fla
▶素材位置：光盘\素材\第11章\潮流世界.fla
▶视频位置：光盘\视频\第11章\实战336.mp4

• 实例介绍 •

居中对齐文本就是使文本居中对齐，设置文本居中对齐有3种方法。

• 操作步骤 •

STEP 01 单击“文件”|“打开”命令，打开一个素材文件，选取工具箱中的选择工具，选择舞台区的文本对象，如图11-80所示。

图11-80 选择文本对象

STEP 02 单击“文本”|“对齐”|“居中对齐”命令，即可居中对齐所选文本，如图11-81所示。

图11-81 居中对齐文本

技巧点拨

设置文本居中对齐有以下3种方法。

➢ 命令：单击“文本”|“对齐”|“居中对齐”命令。

➢ 按钮：选取工具箱中的文本工具，在“属性”面板中单击“居中对齐”按钮。

➢ 组合键：按【Ctrl+Shift+C】组合键。

如图11-82所示为执行文本居中对齐的效果。

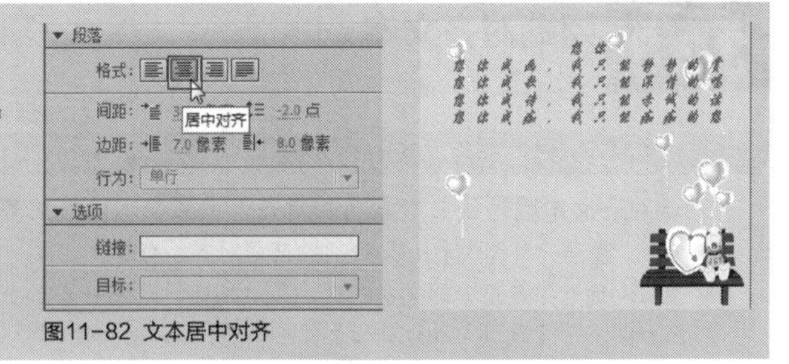

图11-82 文本居中对齐

实战 337 右对齐文本

▶ 实例位置：光盘\效果\第11章\大赛.fla
▶ 素材位置：光盘\素材\第11章\大赛.fla
▶ 视频位置：光盘\视频\第11章\实战337.mp4

• 实例介绍 •

右对齐文本就是使文本靠最右边对齐，设置文本右对齐有3种方法。

• 操作步骤 •

STEP 01 单击“文件”|“打开”命令，打开一个素材文件，选取工具箱中的选择工具，选择舞台区的文本对象，如图11-83所示。

STEP 02 单击“文本”|“对齐”|“右对齐”命令，即可右对齐所选文本，如图11-84所示。

图11-83 选择文本对象

图11-84 右对齐文本

技巧点拨

设置文本右对齐有以下3种方法。

➢ 命令：单击“文本”|“对齐”|“右对齐”命令。

➢ 按钮：选取工具箱中的文本工具，在“属性”面板中单击“右对齐”按钮。

➢ 快捷键：按【Ctrl+Shift+R】组合键。

如图11-85所示为执行文本右对齐的效果。

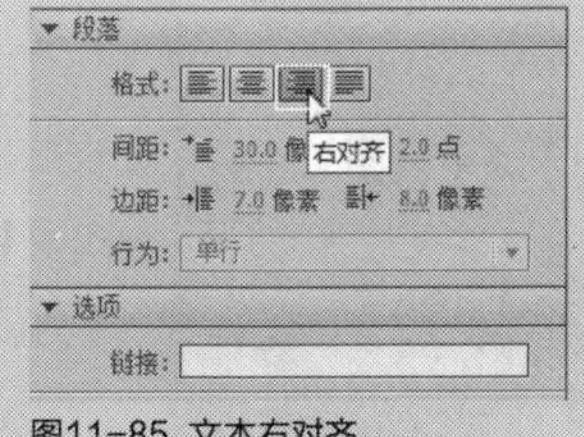

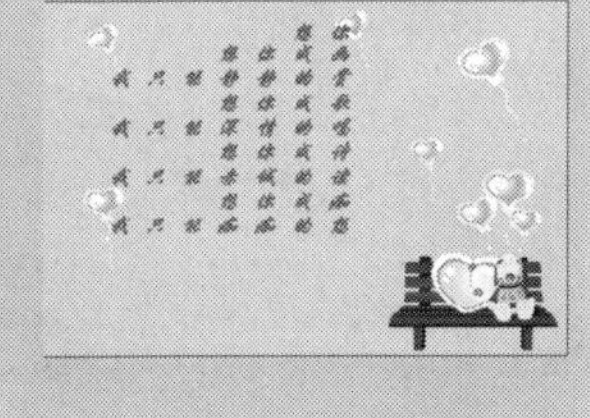

图11-85 文本右对齐

实战338 两端对齐文本

▶实例位置：光盘\效果\第11章\相机.fla
▶素材位置：光盘\素材\第11章\相机.fla
▶视频位置：光盘\视频\第11章\实战338.mp4

• 实例介绍 •

两端对齐文本就是使文本靠两端对齐，设置文本两端对齐有以下3种方法。

- 命令：单击“文本”|“对齐”|“两端对齐”命令。
- 按钮：选取工具箱中的文本工具，在“属性”面板中单击“两端对齐”按钮。
- 组合键：按【Ctrl+Shift+J】组合键。

• 操作步骤 •

STEP 01 单击“文件”|“打开”命令，打开一个素材文件，选取工具箱中的选择工具，选择舞台区的文本对象，如图11-86所示。

图11-86 选择文本对象

STEP 02 单击“文本”|“对齐”|“两端对齐”命令，即可两端对齐所选文本，如图11-87所示。

图11-87 两端对齐文本

实战339 缩放文本

▶实例位置：光盘\效果\第11章\剪艺.fla
▶素材位置：光盘\素材\第11章\剪艺.fla
▶视频位置：光盘\视频\第11章\实战339.mp4

• 实例介绍 •

在Flash CC中，缩放文本就是调整文本大小。

• 操作步骤 •

STEP 01 单击“文件”|“打开”命令，打开一个素材文件，如图11-88所示。

图11-88 打开一个素材文件

STEP 02 选取工具箱中的任意变形工具，选择舞台区的文本对象，如图11-89所示。

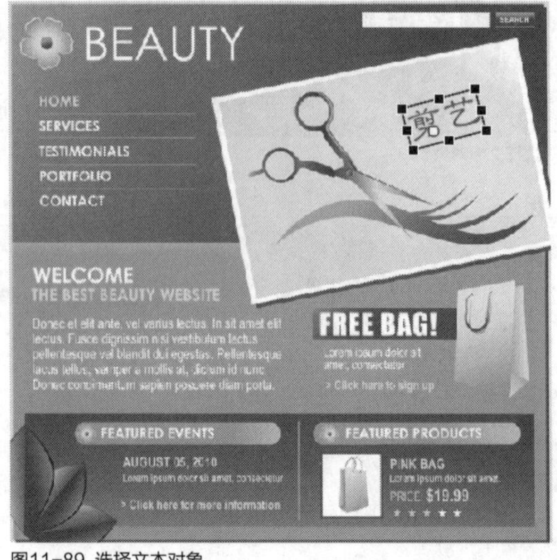

图11-89 选择文本对象

STEP 03 将鼠标指针移至右上方的控制点上，如图11-90所示。

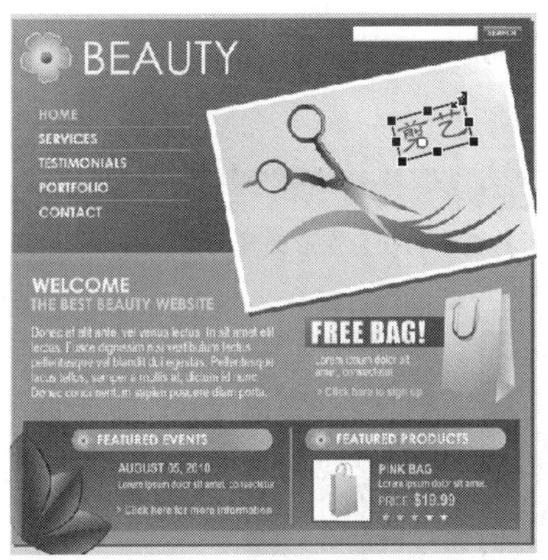

图11-90 定位鼠标

STEP 04 按住【Alt】键的同时，单击鼠标左键并向上拖曳，至适当位置后，释放鼠标左键，即可缩放文本，如图11-91所示。

图11-91 缩放文本

实战 340 旋转文本

▶实例位置：光盘\效果\第11章\风答.fla
▶素材位置：光盘\素材\第11章\风答.fla
▶视频位置：光盘\视频\第11章\实战340.mp4

• 实例介绍 •

在Flash CC中，任意变形工具能旋转文本。

• 操作步骤 •

STEP 01 单击“文件”|“打开”命令，打开一个素材文件，如图11-92所示。

图11-92 打开一个素材文件

STEP 02 选取工具箱中的任意变形工具，选择舞台区的文本对象，如图11-93所示。

图11-93 选择文本对象

STEP 03 将鼠标移至右上方的控制点上，如图11-94所示。

图11-94 定位鼠标

STEP 04 单击鼠标左键并向下拖曳，至适当位置后，释放鼠标左键，即可旋转文本，如图11-95所示。

图11-95 旋转文本

实战 341 倾斜文本

▶实例位置：光盘\效果\第11章\菜谱.fla
▶素材位置：光盘\素材\第11章\菜谱.fla
▶视频位置：光盘\视频\第11章\实战341.mp4

• 实例介绍 •

在Flash CC中，任意变形工具能倾斜文本。

• 操作步骤 •

STEP 01 单击“文件”|“打开”命令，打开一个素材文件，如图11-96所示。

图11-96 打开一个素材文件

STEP 02 选取工具箱中的任意变形选择工具，选择舞台区的文本对象，如图11-97所示。

图11-97 选择文本对象

STEP 03 将鼠标移至右边中间的控制点上，如图11-98所示。

图11-98 定位鼠标

STEP 04 单击鼠标左键并向下拖曳，至适当位置释放鼠标左键，执行操作后，即可倾斜文本，如图11-99所示。

图11-99 倾斜文本

实战 342 任意变形文本

▶实例位置：光盘\效果\第11章\首饰.fla
▶素材位置：光盘\素材\第11章\首饰.fla
▶视频位置：光盘\视频\第11章\实战342.mp4

• 实例介绍 •

在Flash CC中，用户也可以像变形其他对象一样对文本进行变形操作。在制作动画过程中，因不同的需求，常需要对文本进行缩放、旋转和倾斜等操作，还可设置文本的方向。本节将向用户介绍变形文本以及设置文本方向等知识。

通过任意变形功能，可以同时对文本框进行缩放、旋转和倾斜操作，使制作的效果更加完美。

• 操作步骤 •

STEP 01 单击“文件”|“打开”命令，打开一个素材文件，如图11-100所示。

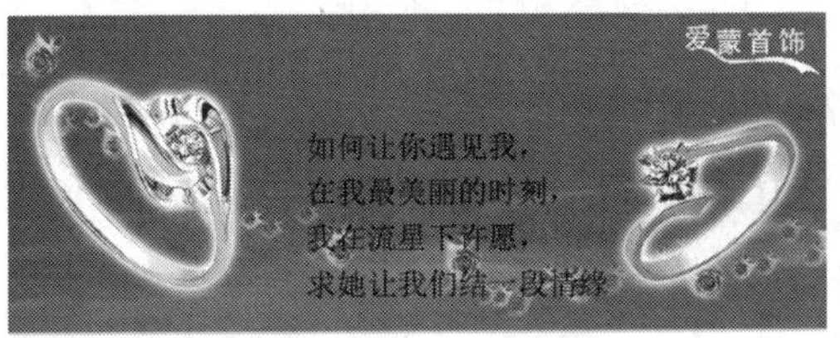

图11-100 打开素材文件

STEP 02 选取工具箱中的选择工具，选择舞台中需要变形的文本对象，如图11-101所示。

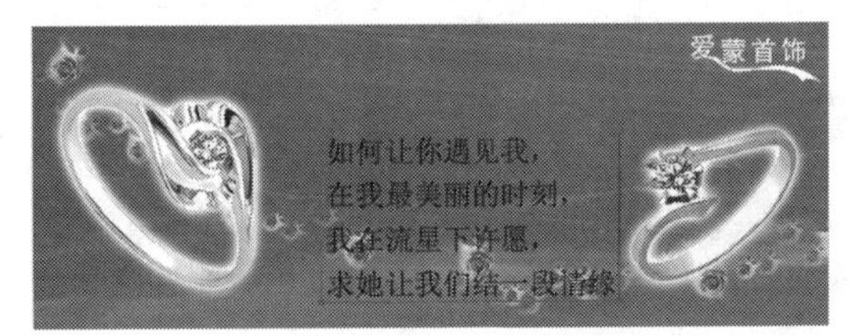

图11-101 选择文本对象

STEP 03 单击“修改”|“变形”|“任意变形”命令，如图11-102所示。

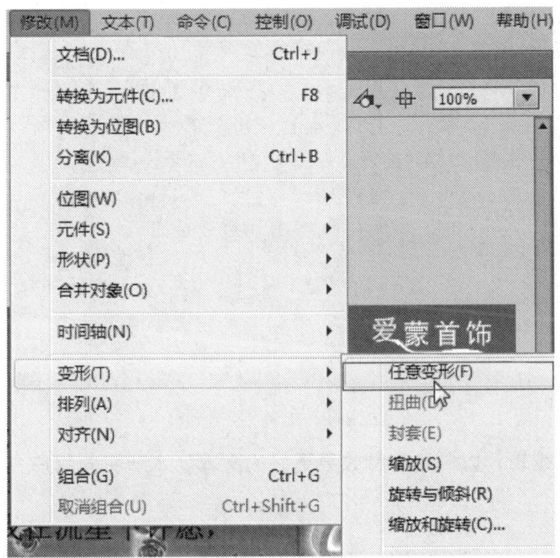

图11-102 单击“任意变形”命令

STEP 04 此时文本框周围将显示8个控制点，将鼠标指针移至4个角的任一控制点上，此时鼠标指针呈↺形状，如图11-103所示。

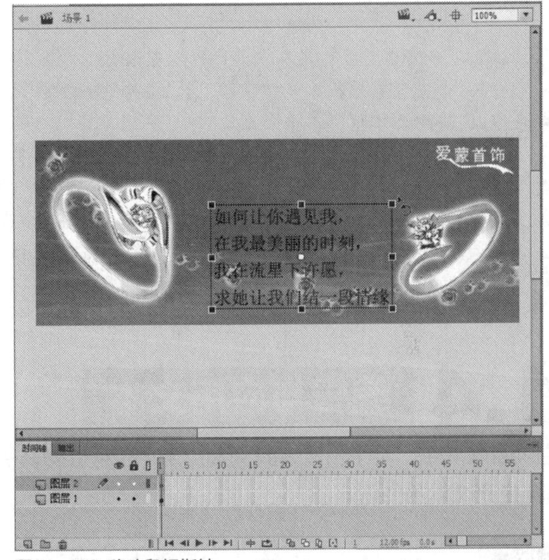

图11-103 移动鼠标指针

STEP 05 单击鼠标左键并任意拖曳，即可对文本进行任意旋转操作，如图11-104所示。

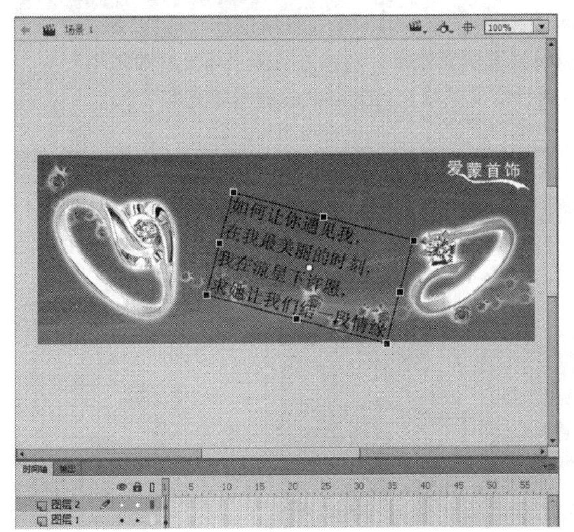

图11-104 拖曳鼠标

STEP 06 将鼠标指针移至上下任意控制点上，此时鼠标指针呈↕形状，如图11-105所示。

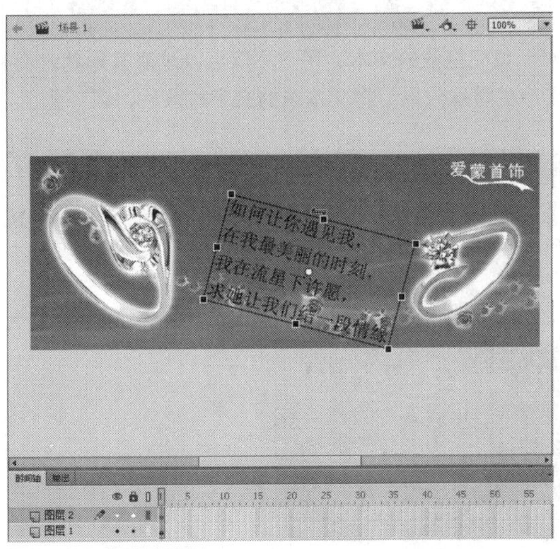

图11-105 移动鼠标指针

STEP 07 单击鼠标左键并拖曳，即可调整文本的宽度，如图11-106所示。

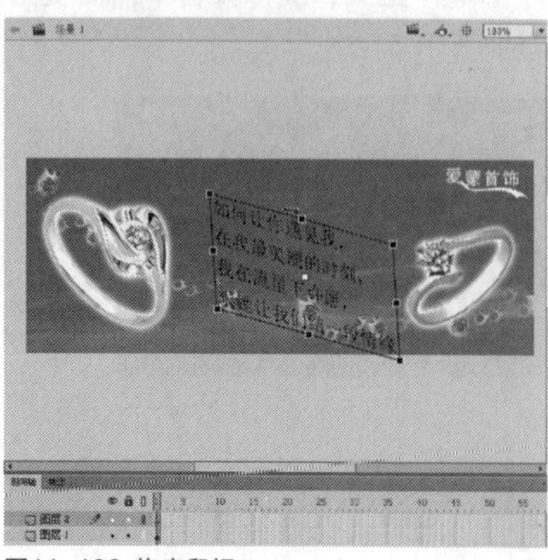

图11-106 拖曳鼠标

STEP 08 执行上述步骤，完成文本任意变形操作，效果如图11-107所示。

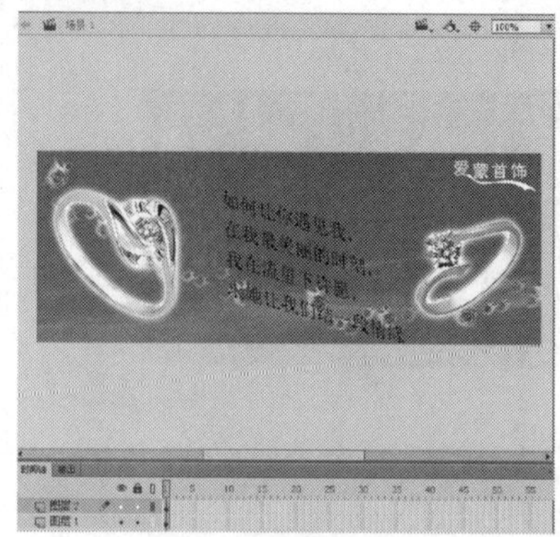

图11-107 调整文本宽度的效果

技巧点拨

在Flash CC中按角度旋转文本，用户可以顺时针或逆时针90度的角度旋转文本，方法如下。

➢ 命令1：选中文本框，单击“修改”|“变形”|“顺时针旋转90度”命令，文本框将顺时针旋转90度。

➢ 命令2：选中文本框，单击“修改”|“变形”|“逆时针旋转90度”命令，文本框将逆时针旋转90度。

在“属性”面板中，单击“改变文本方向”按钮，在弹出的列表框中选择相应的选项，可改变文本的选项。

在“改变文本方向”列表框中，各选项含义如下。

➢ “水平”选项：可以使文本从左向右分别排列。

➢ “垂直，从左向右”选项：可以使文本从左向右垂直排列。

➢ “垂直，从右向左”选项：可以使文本从右向左垂直排列。

11.4 编辑与应用文本

在Flash CC中，对于创建好的文本，用户还可以对其进行各种编辑，以创建各种效果更好的文本。本节将向用户介绍编辑与应用文本的知识。

实战343 填充打散的文本

▶ 实例位置：光盘\效果\第11章\世界杯.fla
▶ 素材位置：光盘\素材\第11章\世界杯.fla
▶ 视频位置：光盘\视频\第11章\实战343.mp4

• 实例介绍 •

对于填充打散的文本，用户不仅可以改变其形状，而且还可以设置其填充效果，对其进行渐变填充、位图填充等，使文字产生特殊效果。将文本中的文字打散后，在“颜色”面板中选择需要的填充方式对文本进行填充即可。

• 操作步骤 •

STEP 01 单击“文件”|“打开”命令，打开一个素材文件，如图11-108所示。

图11-108 选择一个素材文件

STEP 02 选取工具箱中的选择工具，选择舞台区的文本对象，如图11-109所示。

图11-109 选择文本对象

STEP 03 单击“修改”|“分离”命令，如图11-110所示。

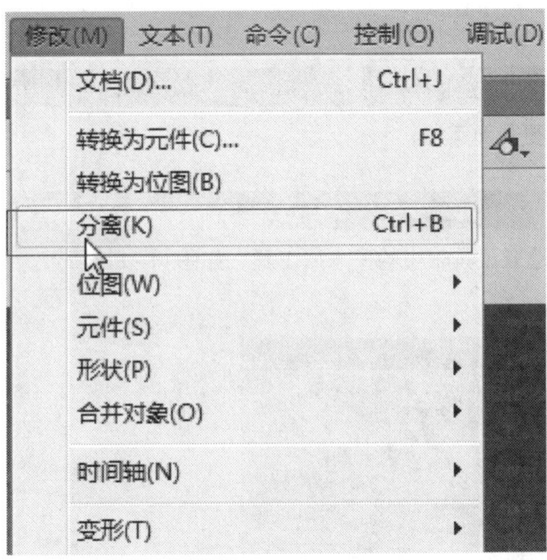

图11-110 单击“分离”命令

STEP 04 所选文本被分离成多个文本，如图11-111所示。

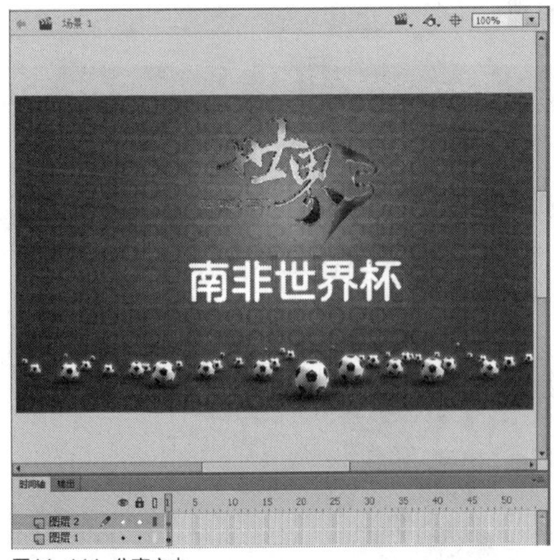

图11-111 分离文本

STEP 05 再次单击“修改”|“分离”命令，如图11-112所示。

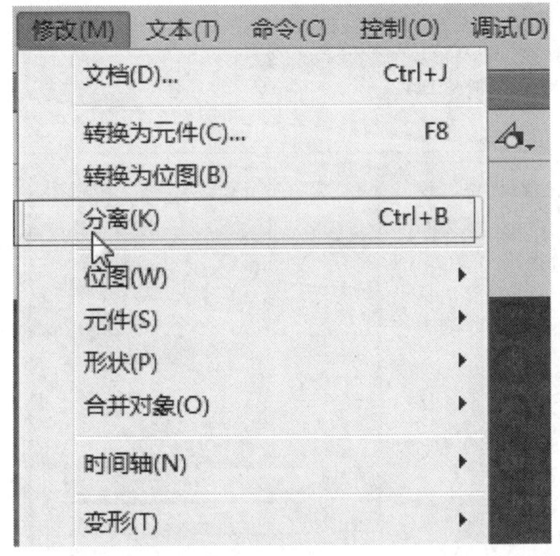

图11-112 单击“分离”命令

STEP 06 所选文本将全部打散，如图11-113所示。

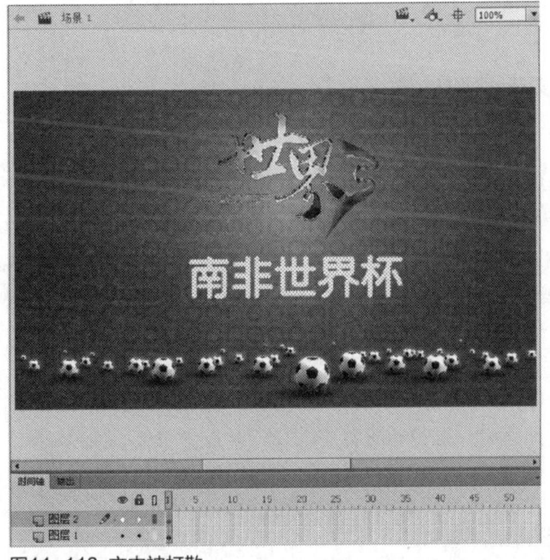

图11-113 文本被打散

STEP 07 在工具箱中选择“颜料填充”按钮，单击鼠标左键，设置填充颜色为黄色，如图11-114所示。

图11-114 设置“填充颜色”

STEP 08 执行上述步骤效果，如图11-115所示。

图11-115 填充颜色效果

实战 344 制作点线文字

▶实例位置：光盘\效果\第11章\淑女.fla
▶素材位置：光盘\素材\第11章\淑女.fla
▶视频位置：光盘\视频\第11章\实战344.mp4

• 实例介绍 •

制作点线文字与填充文本一样，可给文字添加不同的效果，使文字更具可读性。

• 操作步骤 •

STEP 01 单击“文件”|“打开”命令，打开一个素材文件，如图11-116所示。

图11-116 打开一个素材文件

STEP 02 选取工具箱中的墨水瓶工具，如图11-117所示。

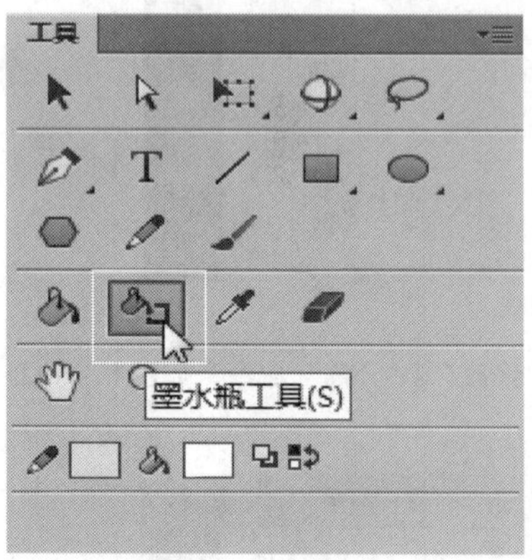

图11-117 选择“墨水瓶工具”

知识拓展

在Flash CC中，用户可以很轻松地为文本添加超链接，在文本“属性”面板中，设置“文本类型”为静态文本或动态文本后，“属性”面板的下方将显示“链接”文本框，如图11-118所示。在链接文本框中输入完整的地址，即可设置文本超链接。

当用户输入完整的地址后，该文本框后面的“目标”列表框呈激活状态，在其中选择相应的选项，可设置将以何种方式打开显示超链接对象的浏览器窗口。

在“目标”列表框中，各选项含义如下。

➢ _blank：打开一个新的浏览器窗口来显示超链接对象。
➢ _parent：以当前窗口的父窗口来显示超链接对象。
➢ _self：以当前窗口来显示超链接对象。
➢ _top：以级别最高的窗口来显示超链接对象。

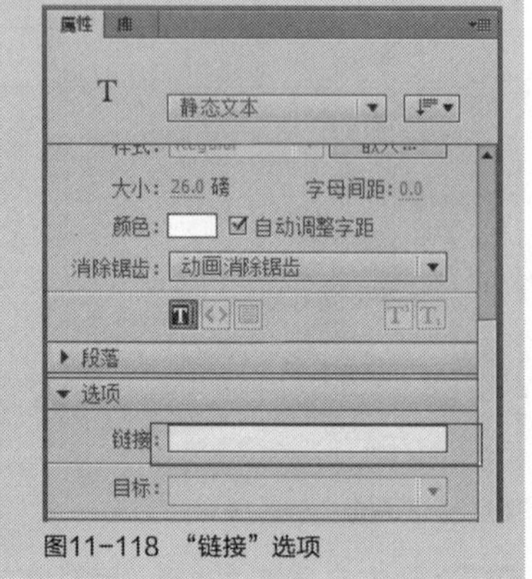

图11-118 “链接”选项

STEP 03 在“属性”面板中，设置“笔触颜色”为蓝色、“笔触高度”为2，如图11-119所示。

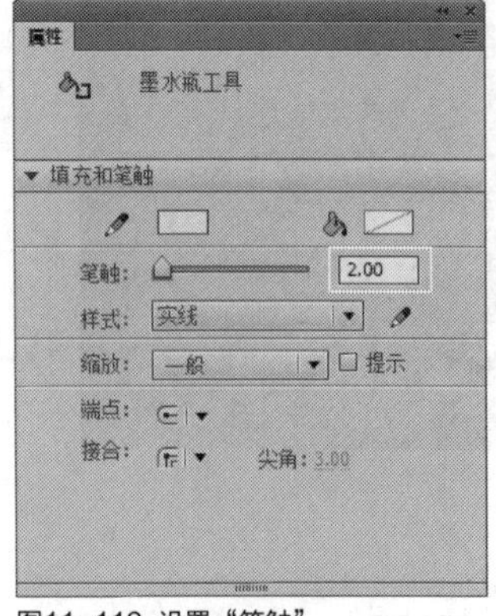

图11-119 设置“笔触”

STEP 04 在“属性”面板中设置“样式”为“点状线”，如图11-120所示。

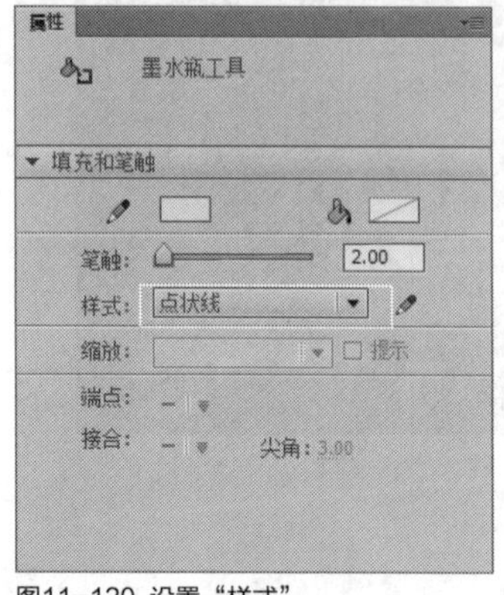

图11-120 设置“样式”

STEP 05 鼠标左键单击“编辑笔触样式”按钮，如图11-121所示。

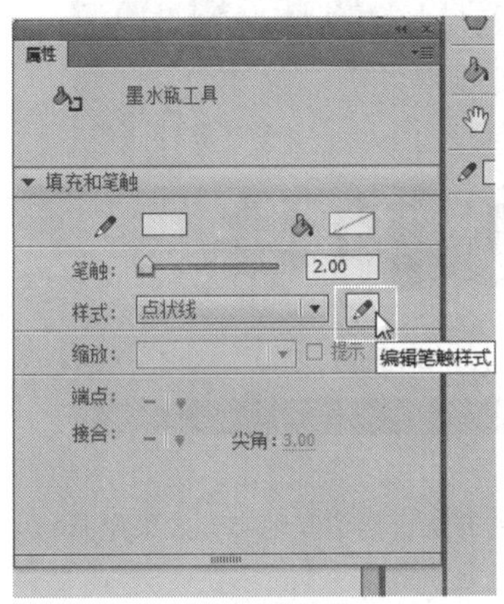

图11-121 单击“编辑笔触样式”

STEP 06 “点距”为1、“粗细”为2，选中“锐化转角”复选框，如图11-122所示。

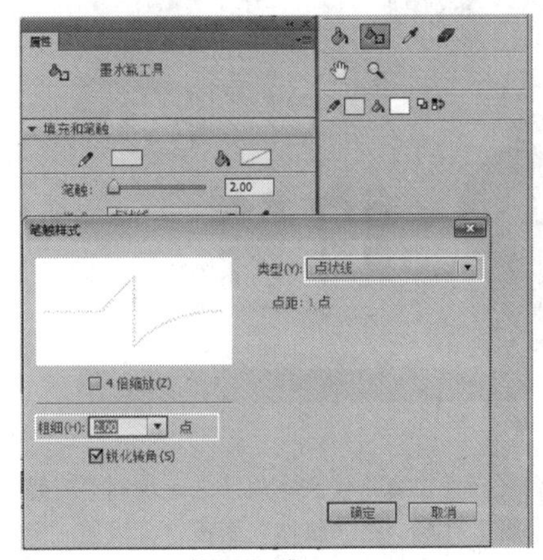

图11-122 设置“笔触样式”

STEP 07 单击“确定”按钮，将鼠标移至分离的文本上，单击鼠标左键，为文字添加边线框，效果如图11-123所示。

图11-123 为文字添加边线框

11.5 创建文本特效

在Flash CC中，用户可以充分发挥自己的创造力和想象力，制造出各种奇特且符合需求的文本效果。下面以两种常用的文本实例效果为例，向用户介绍制作文本特效的方法，达到举一反三的效果，制作出其他具有美感的艺术字和文本特效。

实战 345 制作描边文字

▶ 实例位置：光盘\效果\第11章\酒.fla
▶ 素材位置：光盘\素材\第11章\酒.fla
▶ 视频位置：光盘\视频\第11章\实战345.mp4

• 实例介绍 •

在Flash CC中，制作描边文字能突出文字轮廓。

• 操作步骤 •

STEP 01 单击“文件”|“打开”命令，打开一个素材文件，选取工具箱中的选择工具，选择舞台区的文本对象，如图11-124所示。

STEP 02 两次单击“修改”|“分离”命令，将所选文本打散，如图11-125所示。

图11-124 选择文本对象

图11-125 打散文本

STEP 03 单击舞台区任意位置，使文本属于未选择状态，选取工具箱中的墨水瓶工具，在“属性”面板中，设置“笔触颜色”为白色、“笔触高度”为3，将鼠标移至相应文字上方，单击鼠标左键，即可描边文字，如图11-126所示。

STEP 04 用与上同样的方法，描边其他字，效果如图11-127所示。

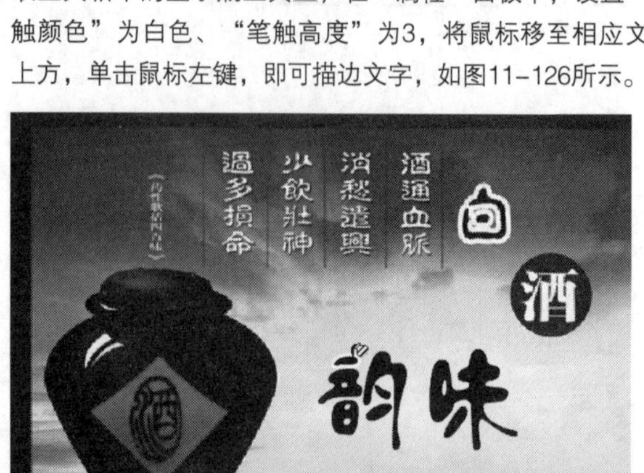

图11-126 描边相应文字

图11-127 描边其他字

知识拓展

霓虹效果体现了现代城市的时尚，在黑色的月夜中闪烁着耀眼的光芒，为城市的夜晚创造了美景，本实例介绍霓虹效果。

单击“文件”|“新建”命令，新建一个空白Flash文档，在时间轴中，将“图层1”重命名为“背景”图层，单击时间轴底部的“插入图层”按钮，依次插入“文字”和“轮廓”图层；选择“背景”图层所对应的第1帧作为当前编辑帧。单击“文件”|“导入”|“导入到舞台”命令，导入一幅位图至舞台，并在“属性”面板中调整其大小与位置，效果如图11-128所示。

选择“文字”图层中的第1帧，选取工具箱中的文本工具，在“属性”面板中，设置“字体”为“华文琥珀”、“字体大小”为“96”、“文本颜色”为“绿色”、“字符位置”为“下标”、“字体呈现方法”为“动画消除锯齿”。将鼠标指针移至舞台中适当的位置，单击鼠标左键，输入相应文本，如图11-129所示。

图11-128 导入的位图

图11-129 输入文本

选取工具箱中的选择工具，选择文本“美丽的夜色”，连续按两次【Ctrl＋B】组合键，将其分离为单独的文本，并设置“美”、“丽”、“的”、“夜”、“色”这5个文字的颜色分别为红色（#FF3371）、黄色（#E9FC36）、土黄色（#F3D047）、紫红色（#EA40C8）、水蓝色（#11EEEE），如图11-130所示。

选择“文字”图层的第1帧所对应的全部文本，按【Ctrl＋C】组合键，复制文本；选择“轮廓”图层中的第1帧，按【Ctrl＋Shift＋V】组合键粘贴文本；单击“文字”图层中的“显示/隐藏所有图层”所对应的小圆圈，将其隐藏。

选取工具箱中的墨水瓶工具，在“属性”面板中设置“笔触颜色”为“绿色（#43E753）”、“笔触高度”值为“3”，将鼠标移至文本上，此时鼠标指针呈形状，多次在文本上单击鼠标左键，直至将美丽的夜色文本图形全部描边，效果如图11-

图11-130 设置文本的颜色

图11-131 为文本描边

选取工具箱中的选择工具，选中所描边的轮廓对象，单击“修改”|“形状”|“将线条转换为填充”命令，将轮廓对象转换为填充对象。

分别选中3个图层的第5帧，单击鼠标右键，在弹出的快捷菜单中选择“创建关键帧”选项，添加关键帧，选择“轮廓”图层中的第5帧，将该帧所对应的文字填充颜色换为其他颜色。

用与上同样的方法，在各图层的第10帧处，添加相应的关键帧，并更改“轮廓”图层中文字的颜色。

单击“控制”|“测试影片”命令，测试霓虹效果，如图11-132所示。

图11-132 测试霓虹效果

实战 346 制作空心字

▶ 实例位置：光盘\效果\第11章\指示牌.fla
▶ 素材位置：光盘\素材\第11章\指示牌.fla
▶ 视频位置：光盘\视频\第11章\实战346.mp4

• 实例介绍 •

空心字是在Flash CC中制作各类艺术字中最基本的文字。

• 操作步骤 •

STEP 01 单击“文件”|“打开”命令，打开一个素材文件，选取工具箱中的选择工具，选择舞台区的文本对象，如图11-133所示。

STEP 02 两次单击“修改”|“分离”命令，将所选文本打散，如图11-134所示。

图11-133 选择文本对象

图11-134 打散文本

STEP 03 单击舞台区任意位置，使文本属于未选择状态，选取工具箱中的墨水瓶工具，制作描边文字，如图11-135所示。

STEP 04 按【Delete】键，删除描边文字内的白色填充，即可制作空心字，效果如图11-136所示。

图11-135 制作描边文字

图11-136 制作空心字

知识拓展

单击“文件”|“打开”命令，打开一幅素材图像，如图11-137所示。选择“图层2”中的第1帧，选取工具箱中的文本工具，“属性”面板中设置“字体”为“黑体”、“字号”为85、“字体颜色”为粉红（#FF00FF）、“字母间距”为5、“字体样式”为“加粗”，在适当位置输入相应的文字，效果如图11-138所示。

图11-137 打开一幅素材图像

图11-138 输入文字

选取工具箱中的选择工具，选择输入的文本，连续按两次【Ctrl＋B】组合键，将其转换为文本图形。选取工具箱中的墨水瓶工具，设置“笔触颜色”为红色（#FF0000）、“笔触高度”为2，在文字边缘的图形上单击鼠标左键，这样就显示出文字边缘的线条，效果如图11-139所示。选取工具箱中的选择工具，选择文本图形的内部填充，按【Delete】键，将每个文字的内部填充部分删除，这样就完成了空心字的制作，效果如图11-140所示。

图11-139 为文字描边

图11-140 空心字效果

实战 347 制作浮雕字

▶实例位置：光盘\效果\第11章\学习机.fla
▶素材位置：光盘\素材\第11章\学习机.fla
▶视频位置：光盘\视频\第11章\实战347.mp4

• 实例介绍 •

在Flash CC中，制作浮雕字需要设置Alpha的值。

• 操作步骤 •

STEP 01 单击“文件”|“打开”命令，打开一个素材文件，如图11-141所示。

图11-141 打开一个素材文件

STEP 02 选取工具箱中的选择工具，选择舞台区的文本对象，如图11-142所示。

图11-142 选择文本对象

STEP 03 单击鼠标右键，在弹出的快捷菜单中选择“复制”选项，单击鼠标右键，在弹出的快捷菜单中选择“粘贴”选项，在舞台区复制所选文本，如图11-143所示。

图11-143 复制文本

STEP 04 在“颜色”面板中，设置Alpha为30%，将复制的文本移至下方文本的合适位置，即可完成浮雕字的制作，效果如图11-144所示。

图11-144 制作浮雕字

实战348 添加滤镜效果

▶ 实例位置：光盘\效果\第11章\万佳女人节.fla
▶ 素材位置：光盘\素材\第11章\万佳女人节.fla
▶ 视频位置：光盘\视频\第11章\实战348.mp4

• 实例介绍 •

使用滤镜可以制作出投影、模糊、斜角、发光、渐变发光、渐变斜角和调整颜色等效果。在Flash CC中，单击“窗口”|“属性”|“滤镜”命令，弹出“滤镜”面板，其中是管理Flash滤镜的主要工具面板，用户可以在其中为文本增加、删除和改变滤镜参数等操作。

在“滤镜”面板中，可以对选定的对象应用一个或多个滤镜。每当给对象添加一个新的滤镜后，就会将其添加到该对象所应用的滤镜列表中。滤镜功能只适用于文本、按钮和影片剪辑。当舞台中的对象不适合滤镜功能时，“滤镜”面板中的“添加滤镜”按钮将呈灰色不可用状态。

• 操作步骤 •

STEP 01 单击“文件”|“打开”命令，打开一个素材文件，选取工具箱中的选择工具，选择舞台区的文本对象，如图11-145所示。

图11-145 选择文本对象

STEP 02 在“属性”面板的“滤镜”选项区中，单击“添加滤镜”按钮，在弹出的“滤镜”列表框中选择“投影”选项，并进行相应的设置，即可为文本添加滤镜效果，如图11-146所示。

图11-146 添加滤镜效果

知识拓展

滤镜效果的类型：在“滤镜”面板中，单击“添加滤镜”按钮，弹出列表框，该列表框中包含投影、模糊、发光、斜角、渐变发光、渐变斜角和调整颜色等7种滤镜效果，如图11-147所示，应用不同的滤镜效果可以制作出不同效果的文本特效。

① 投影效果

选择“投影”选项，可以为对象添加投影的效果。在“投影”滤镜效果的面板中，包含9个选项，选择相应的选项可设置不同的“投影”滤镜效果，如图11-148所示。

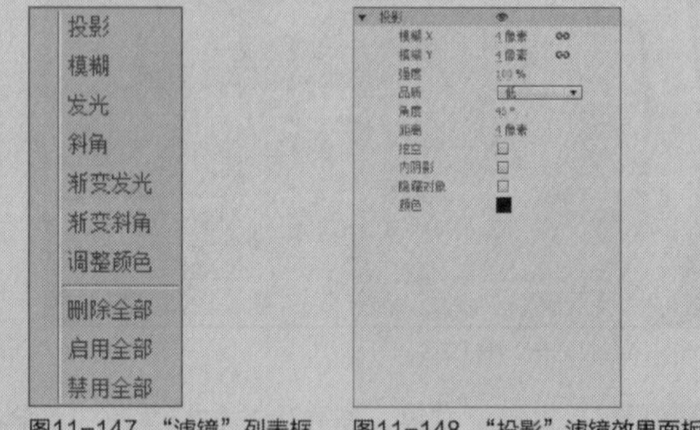

图11-147 “滤镜”列表框　图11-148 “投影”滤镜效果面板

“投影”滤镜效果面板中，各主要选项含义如下。

➢ “模糊X”和“模糊Y”数值框：在其中可设置投影的宽度和高度。

➢ “强度”数值框：设置投影的强烈程度。数值越大，投影越暗。

➢ “品质”列表框：在其中可选择投影的质量级别。质量设置为“高”时，近似于高斯模糊，质量设置为“低”时，可以实现最佳的回放性能。

➢ “颜色”按钮：在其中可以设置投影颜色。

➢ “角度”数值框：在其中可设置投影的角度。

➢ “距离”数值框：在其中可设置投影与对象之间的距离。

➢ “挖空”复选框：对目标对象的挖空显示。

➢ “内侧阴影”复选框：可以在对象边界内应用投影。

➢ “隐藏对象”复选框：可隐藏对象，并只显示其投影。

② 模糊效果

“模糊”滤镜效果面板中，包含2个选项，选择相应的选项可设置不同的“模糊”滤镜效果，如图11-149所示。

"模糊"滤镜面板中，各主要选项的含义如下。

"模糊X"和"模糊Y"数值框：在其中可设置模糊的宽度和高度。

"品质"列表框：在其中可选择模糊的质量级别。质量设置为"高"时，近似于高斯模糊，质量设置为"低"时可以实现最佳的回放性能。

③ 发光效果

选择"发光"选项，可以为对象的整个边缘添加颜色。在"发光"滤镜效果面板中，包含6个选项，选择相应的选项可设置不同的"发光"滤镜效果，如图11-150所示。

"发光"滤镜面板中，各主要选项的含义如下。

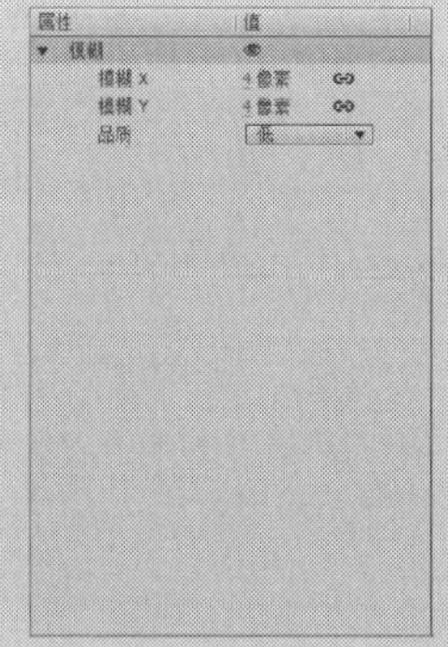

图11-149 "模糊"滤镜效果面板

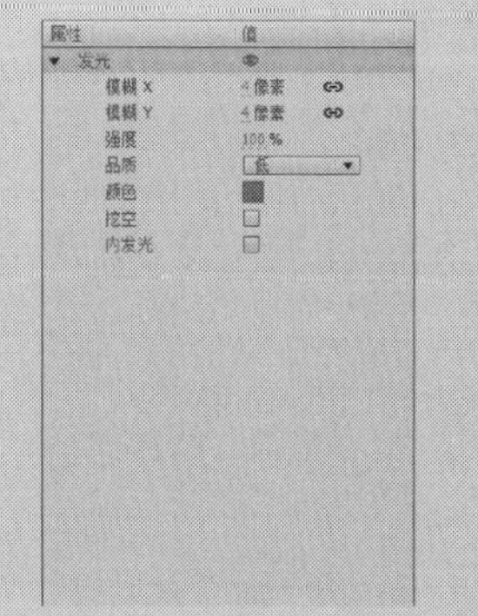

图11-150 "发光"滤镜效果面板

➢ "模糊X"和"模糊Y"数值框：在其中可设置发光的宽度和高度，可以直接输入数值，也可以拖动"模糊X"和"模糊Y"滑块进行设置。

➢ "强度"数值框：在其中可设置发光的不透明，可以直接输入数值，也可以拖动"强度"滑块进行设置。

➢ "品质"列表框：在其中可选择发光的质量级别。质量设置为"高"时，近似于高斯模糊，质量设置为"低"时可以实现最佳的回放性能。

➢ "颜色"按钮：在其中可以设置阴影颜色。

➢ "挖空"复选框：在其中可以从视觉上隐藏对象，并在挖空图像上只显示发光。

➢ "内侧发光"复选框：可以在对象边界内应用发光。

④ 斜角效果

应用斜角滤镜就是向对象应用加亮效果，使其看起来凸出于表面。可以创建内斜、外斜或完全斜角。在"斜角"滤镜效果的面板中，包含9个选项，选择相应的选项可设置不同的"斜角"滤镜效果，如图11-151所示。

"斜角"滤镜效果面板中，各主要选项的含义如下。

➢ "模糊"数值框：在其中可设置模糊的宽度和高度，可以直接输入数值，也可以拖动"模糊X"和"模糊Y"滑块进行设置。

➢ "强度"数值框：主要设置斜角的强烈程度，取值范围为0%～100%。

➢ "品质"列表框：主要设置斜角的品质高低，包含"低"、"中"和"高"3个选项，品质越高，投影越清晰。

➢ "阴影"色块：在其中可设置斜角的阴影颜色。

➢ "加亮"色块：在其中可设置斜角的加亮颜色。

➢ "角度"数值框：在其中可设置斜角的角度。

➢ "距离"数值框：在其中可设置斜角的距离大小。

➢ "挖空"复选框：在其中可以从视觉上隐藏对象，并在挖空图像上只显示发光。

➢ "类型"列表框：主要设置斜角的应用位置，包括"内侧"、"外侧"和"整个"3个选项。

⑤ 渐变发光效果

渐变发光效果可以在发光表面产生渐变颜色的发光效果。在"渐变发光"滤镜效果的面板中，包含8个选项，选择相应的选项可设置不同的"渐变发光"滤镜效果，如图11-152所示。

⑥ 渐变斜角效果

渐变斜角效果可产生一种凸起效果，使对象看起来好像从背景上凸起，且斜角表面有渐变颜色。渐变斜角要求渐变的中间有一个颜色，颜色的Alpha值为0，颜色位置不能移动，但是可以改变其颜色。

在"渐变斜角"滤镜效果面板中，包含8个选项，选择相应的选项可设置不同的"渐变斜角"滤镜效果，如图11-153所示。

⑦ 调整颜色

该滤镜可调整所选的影片剪辑元件、按钮元件或文本对象的亮度、对比度、色相和饱和度。拖曳要调整的颜色属性滑块，或在相应的文本框中输入数值，即可执行调整颜色的操作。

在"调整颜色"滤镜效果面板中，包含5个选项，选择相应的选项可设置不同的"调整颜色"滤镜效果，如图11-154所示。

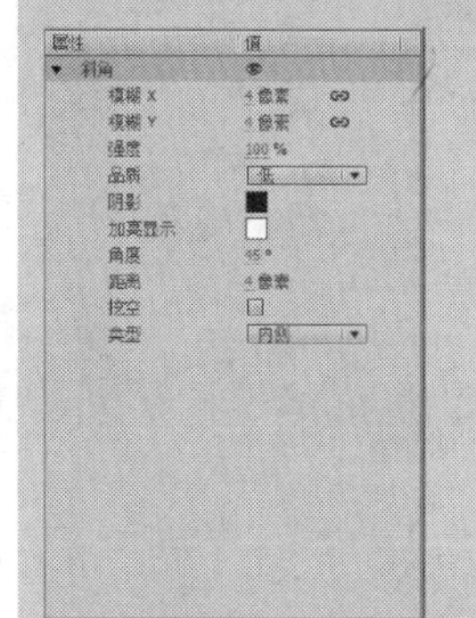

图11-151 "斜角"滤镜效果面板

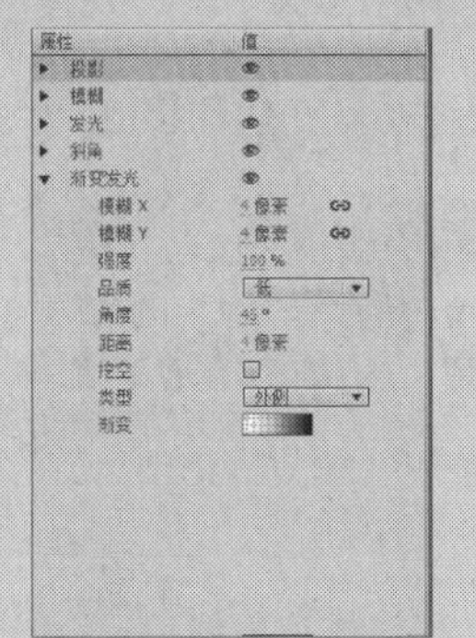

图11-152 "渐变发光"滤镜效果面板

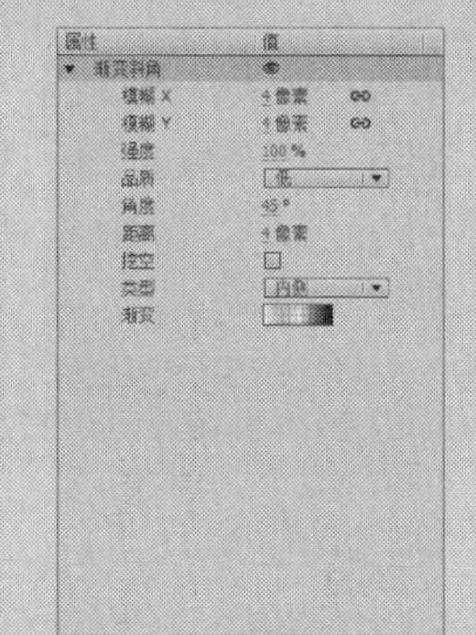

图11-153 "渐变斜角"滤镜效果面板

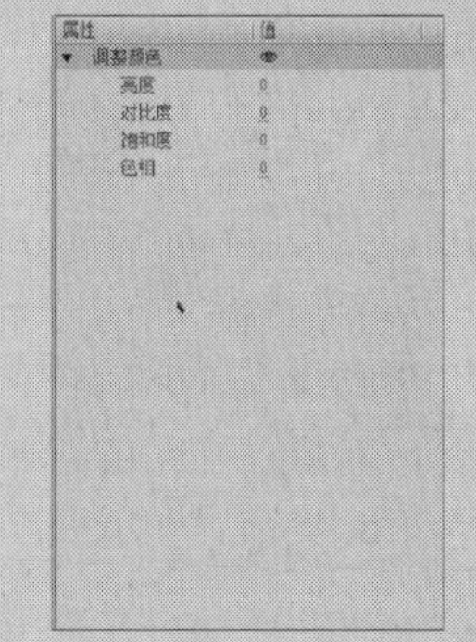

图11-154 "调整颜色"滤镜效果面板

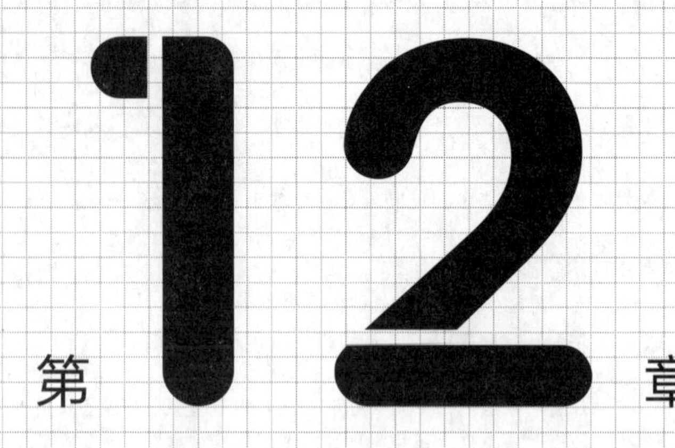

第12章 应用时间轴和帧

本章导读

在Flash CC工作界面中，时间轴用于组织和控制一定时间内的图层和帧中的文档内容。与胶片一样，Flash文档也将时长分为帧，图层就像堆叠在一起的多张幻灯片一样，每个图层都包含一个显示在舞台中的不同图像。

本章主要向读者介绍时间轴和帧的应用方法，主要包括时间轴基本操作、创建帧对象、编辑帧对象以及设置帧属性等内容。

要点索引

- 时间轴基本操作
- 创建帧对象
- 编辑帧对象
- 设置帧属性
- 播放与定位帧位置
- 复制与粘贴帧动画

12.1 时间轴基本操作

在Flash CC工作界面中，“时间轴”面板的基本操作包括设置帧居中、查看多帧以及编辑多帧等。下面向读者进行详细介绍。

实战 349 设置帧居中

▶实例位置：光盘\效果\第12章\爱情之花.fla
▶素材位置：光盘\素材\第12章\爱情之花.fla
▶视频位置：光盘\视频\第12章\实战349.mp4

• 实例介绍 •

在Flash CC工作界面中，当“时间轴”面板中的帧比较多时，编辑帧会不方便，此时用户可以将要编辑的帧居中。

• 操作步骤 •

STEP 01 单击“文件”|“打开”命令，打开一个素材文件，如图12-1所示。

图12-1 打开一个素材文件

STEP 02 在“时间轴”面板中，可以查看目前的帧显示状态，如图12-2所示。

图12-2 查看目前的帧显示状态

STEP 03 在“时间轴”面板中，选择“图层1”图层的第30帧，如图12-3所示。

图12-3 选择“图层1”的第30帧

STEP 04 在“时间轴”面板的下方，单击“帧居中”按钮，如图12-4所示。

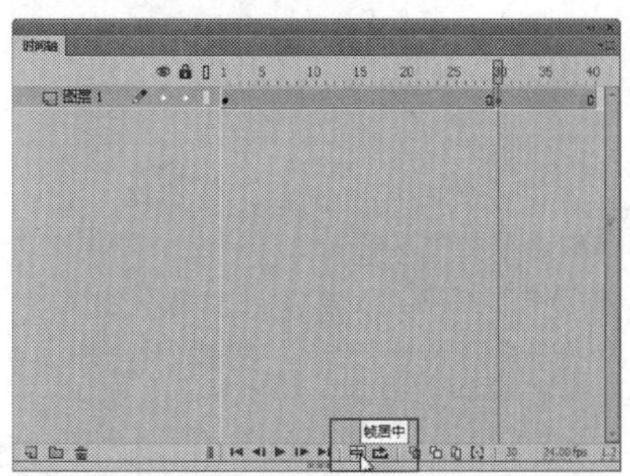

图12-4 单击“帧居中”按钮

技巧点拨

在Flash CC工作界面中，单击“时间轴”面板底部的“帧居中”按钮后，可以移动时间轴的水平及垂直滑块，使当前选择的帧移至时间轴控制区的中央，以方便观察和编辑。

STEP 05 执行操作后，即可将“图层1”中选择的第30帧定位在“时间线”面板的最中间位置，如图12-5所示。

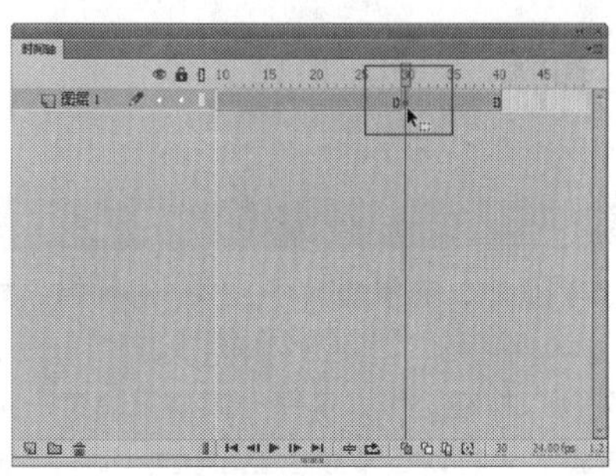
图12-5 帧居中后的效果

知识拓展

Flash动画的制作原理与电影、电视一样，是利用视觉原理，用一定的速度播放一幅幅内容连贯的图片，从而形成动画。

时间轴在Flash动画制作中非常重要，它主要是由帧、层和播放指针组成，用户可以改变时间轴的位置，可以将时间轴停靠在程序窗口的任意位置，图层信息显示在“时间轴”面板的左侧空间，帧和播放指针显示在右侧空间，在时间轴的底部有一排工具，使用这些工具，可以编辑图层，也可以改变帧的显示方式。

单击“窗口”|“时间轴”命令，展开“时间轴”面板，如图12-6所示。

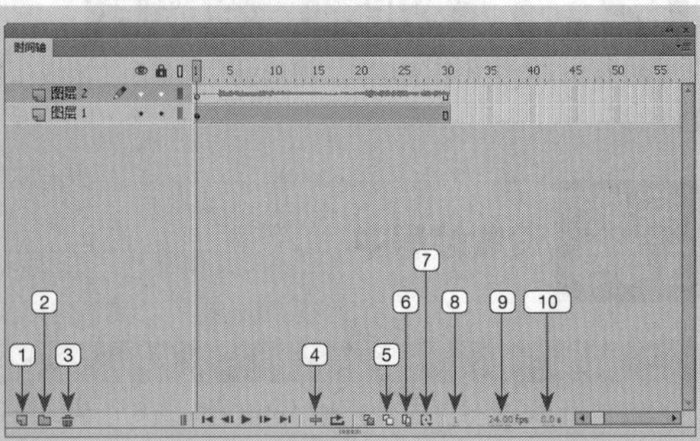

图12-6 展开“时间轴”面板

在Flash CC中，所有的图层信息都显示在“时间轴”面板的左侧，在底部显示了编辑图层的按钮。所有的帧信息都显示在“时间轴”面板的右侧，在右侧底部，显示了关于动画的状态信息。下面对这些按钮进行介绍。

① “新建图层”按钮：用于创建新的图层，以方便动画的制作，如图12-7所示。

② “新建文件夹”按钮：当图层过多时，创建一个文件夹，将相同类型的图层分类，以方便管理，如图12-8所示。

③ “删除”按钮：单击该按钮，可以将多余的图层删除。

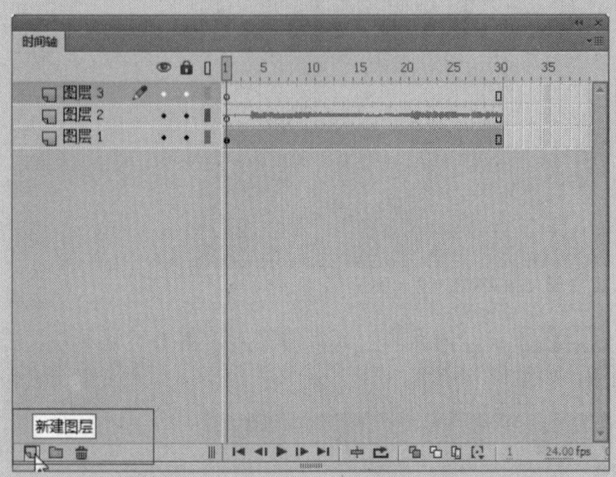

图12-7 新建图层

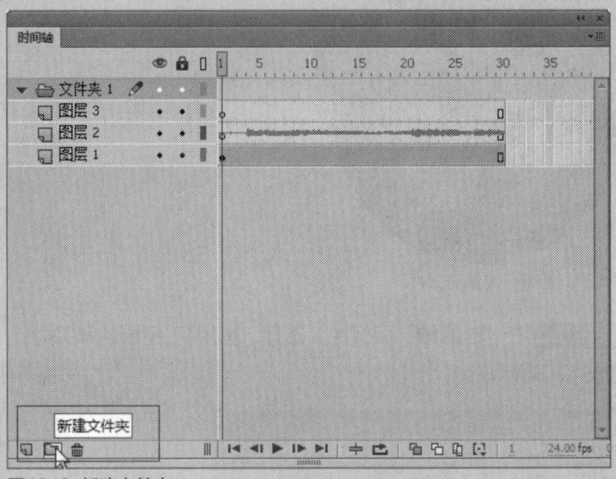

图12-8 新建文件夹

④ 帧居中：单击该按钮，可以移动“时间轴”面板的水平以及垂直滑块，使当前的帧移至“时间轴”面板的中央，以方便观察和编辑。

⑤ “绘图纸外观轮廓”按钮：单击该按钮，会显示当前帧的前后几帧，当前帧正常显示，非当前帧是以轮廓线形式显示的，在图案比较复杂的时候，仅显示轮廓线有助于正确地定位。

⑥ “编辑多个帧”按钮：对各帧的编辑对象都进行修改时需要用到该按钮，单击“绘图纸外观”按钮或“绘图纸外观轮廓”按钮，然后单击“编辑多个帧”按钮，即可对整个序列中的对象进行修改。

⑦ “修改标记”按钮：单击该按钮，可以设定洋葱皮显示的方式。

⑧ 当前帧1：在此显示播放镜头所在的帧数。

⑨ 帧速率24.00 fps：显示播放动画时每秒所播放的帧数。

⑩ 运行时间0.0s：从动画的第1帧到当前帧所需要的时间。

实战350 查看多帧

▶实例位置：光盘\效果\第12章\法师.fla
▶素材位置：光盘\素材\第12章\法师.fla
▶视频位置：光盘\视频\第12章\实战350.mp4

• 实例介绍 •

在Flash CC工作界面中，通常情况下，同一时间内只能显示动画序列的一帧。为了帮助定位和编辑动画，可能需要同时查看多帧。

单击“绘图纸外观”按钮，可以使每一帧像只隔着一层透明纸一样相互层叠显示。如果此时间轴控制区中的播放指针位于某个关键帧位置，则将以正常颜色显示该帧内容，而其他帧将以暗灰色显示（表示不可编辑）。

下面向读者介绍在“时间轴”面板中查看多帧动画效果的操作方法。

• 操作步骤 •

STEP 01 单击“文件”|“打开”命令，打开一个素材文件，如图12-9所示。

技巧点拨

在Flash CC工作界面中，用户除了运用“窗口”菜单下的“时间轴”命令可以打开“时间轴”面板外，还可以按【Ctrl+Alt+T】组合键。

图12-9 打开一个素材文件

STEP 02 在“时间轴”面板中，选择“图层1”图层的第7帧，如图12-10所示。

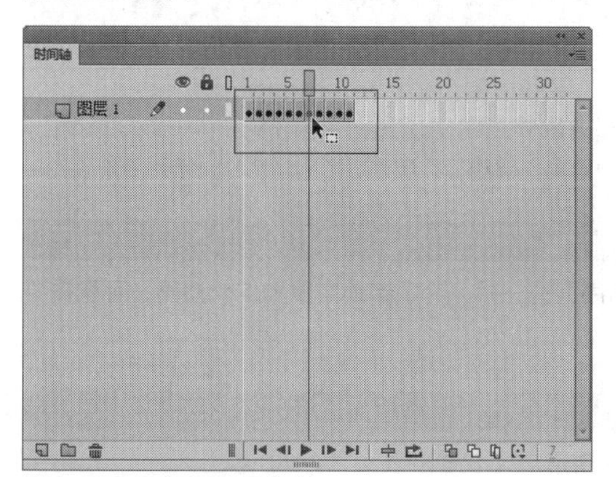

图12-10 选择“图层1”的第7帧

STEP 03 单击“时间轴”面板底部的“绘图纸外观”按钮，如图12-11所示。

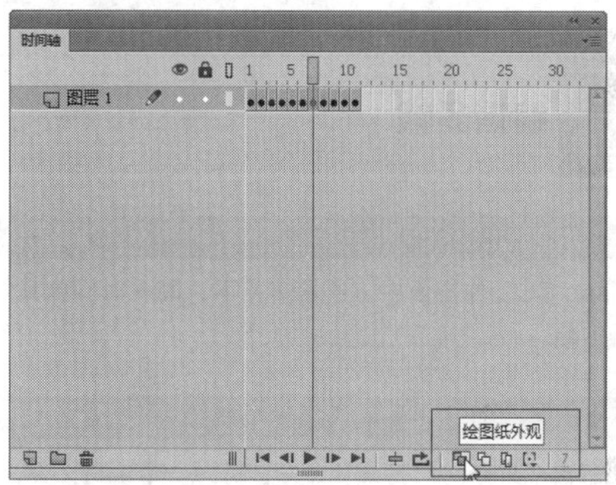

图12-11 单击“绘图纸外观”按钮

STEP 04 执行操作后，此时“图层1”右侧的帧上将显示一个查看预览框，如图12-12所示。

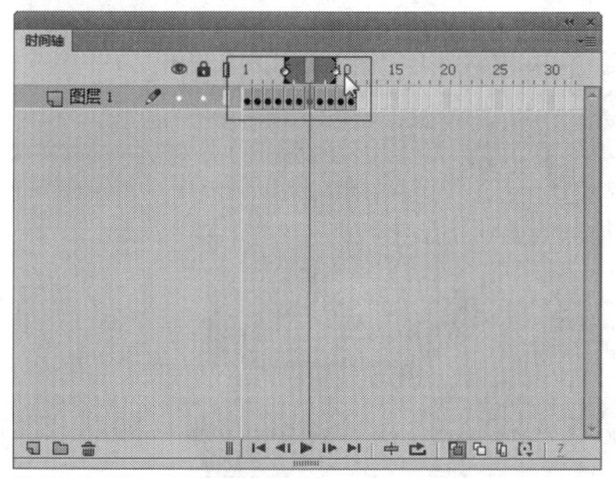

图12-12 显示一个查看预览框

STEP 05 向左或向右拖曳预览框，扩大帧的查看范围，如图12-13所示。

图12-13 扩大帧的查看范围

STEP 06 执行操作后，在舞台中即可查看多帧显示效果，如图12-14所示。

图12-14 查看多帧显示效果

知识拓展

在Flash CC工作界面中，帧是组成Flash动画最基本的单位，帧是以小格区域表示的，代表的是不同的时刻。用户通过在不同的帧中放置相应的动画元素（如矢量图、位图、文字、声音或视频等），完成动画的基本编辑，通过对这些帧进行连续的播放，实现Flash动画效果。在“时间轴”面板中，帧位于相应图层名称的右侧，如图12-15所示。

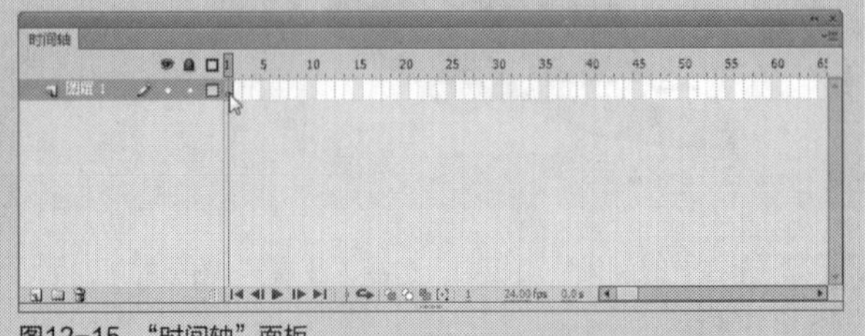
图12-15 “时间轴”面板

实战351 编辑多帧

▶ 实例位置：光盘\效果\第12章\邮局寄信.fla
▶ 素材位置：光盘\素材\第12章\邮局寄信.fla
▶ 视频位置：光盘\视频\第12章\实战351.mp4

• 实例介绍 •

在Flash CC工作界面中，通常情况下，同一时间内只能显示动画序列的一帧。为了帮助定位和编辑动画，可能需要同时查看多帧。

• 操作步骤 •

STEP 01 单击“文件”|“打开”命令，打开一个素材文件，如图12-16所示。

技巧点拨

在Flash CC工作界面中，用户单击“窗口”菜单，在弹出的菜单列表中按【M】键，也可以快速打开“时间轴”面板。

图12-16 打开一个素材文件

STEP 02 在“时间轴”面板中，选择“图层2”图层的第3帧，如图12-17所示。

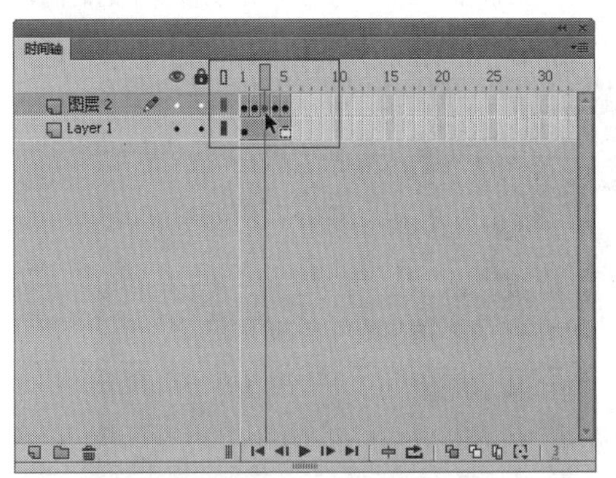

图12-17 选择“图层2”的第3帧

STEP 03 单击“时间轴”面板底部的“编辑多个帧”按钮，如图12-18所示。

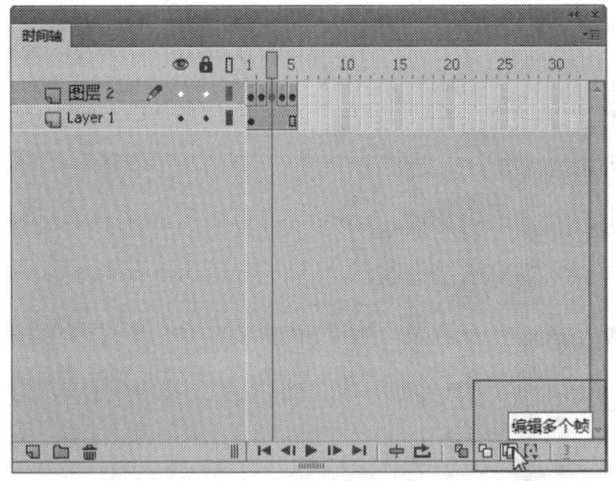

图12-18 单击“编辑多个帧”按钮

STEP 04 执行操作后，此时“图层2”右侧的帧上将显示一个查看预览框，如图12-19所示。

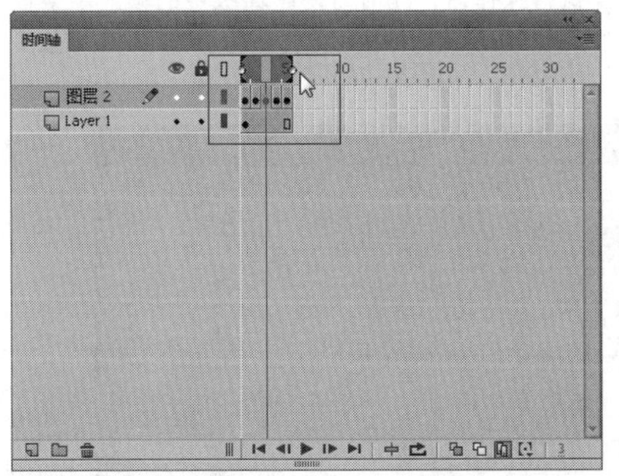

图12-19 显示一个查看预览框

STEP 05 向左拖曳右侧的预览框，缩小帧的编辑范围，如图12-20所示。

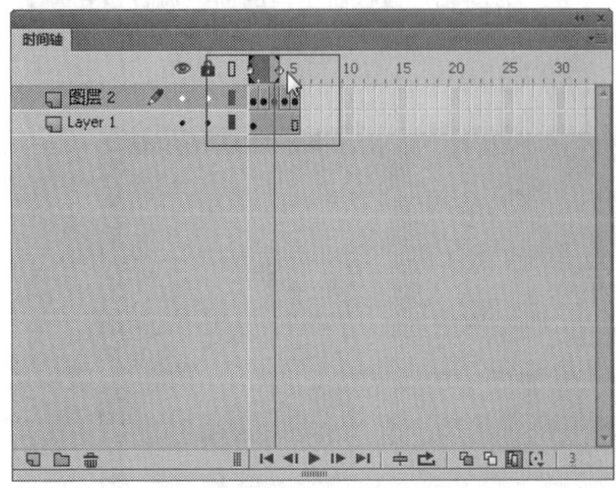

图12-20 缩小帧的编辑范围

STEP 06 执行操作后，用户即可在舞台中编辑多个帧对象，如图12-21所示。

图12-21 编辑多个帧对象

实战352 设置时间轴样式

- 实例位置：无
- 素材位置：光盘\素材\第12章\励志.fla
- 视频位置：光盘\视频\第12章\实战352.mp4

• 实例介绍 •

在Flash CC工作界面的“时间轴”面板中，向用户提供了多种时间轴的显示样式，用户可根据操作习惯选择合适的时间轴样式。下面向读者介绍设置时间轴样式的操作方法。

• 操作步骤 •

STEP 01 单击“文件”|“打开”命令，打开一个素材文件，如图12-22所示。

图12-22 打开一个素材文件

STEP 02 在“时间轴”面板中，查看默认情况下的时间轴样式，如图12-23所示。

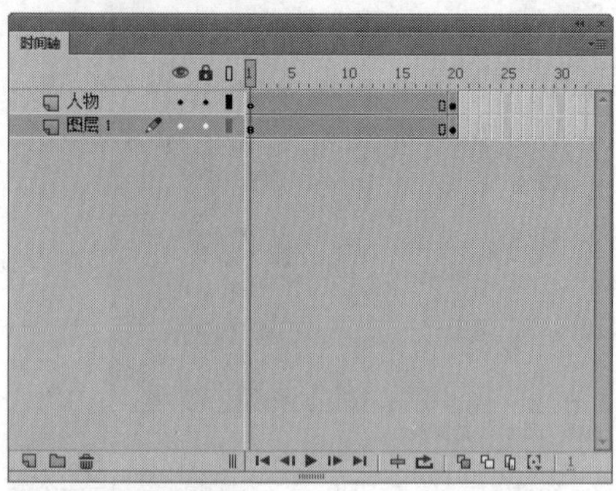

图12-23 查看时间轴样式

STEP 03 单击“时间轴”面板右上角的面板属性按钮，在弹出的列表框中选择“很小”选项，如图12-24所示。

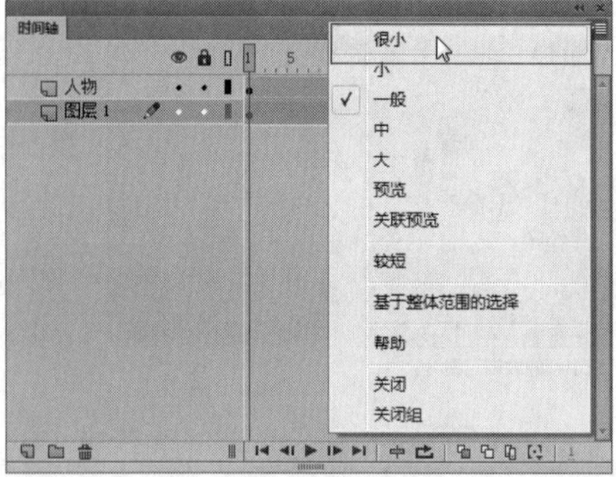

图12-24 选择“很小”选项

STEP 04 执行操作后，此时时间轴面板中的帧显示得很小，如图12-25所示，这种显示方式适用于时间轴中帧较多的情况。

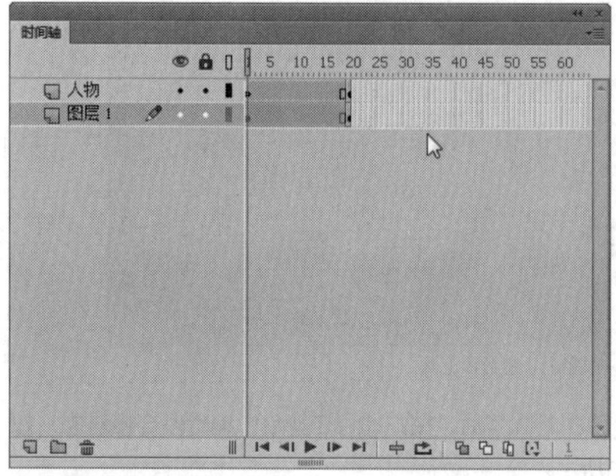

图12-25 帧显示得很小

知识拓展

在Flash CC工作界面中，单击“时间轴”面板右上角的面板菜单按钮，在弹出的列表框中，用户可以根据需要选择相应的选项来设置时间轴的样式。

下面简单向读者介绍其他的时间轴样式显示效果。

➢ “小”选项：选择该选项，“时间轴”面板中的帧将以较小的情况显示，如图12-26所示。

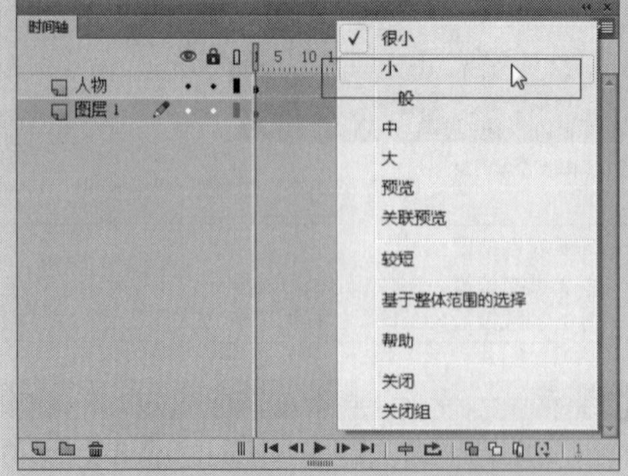

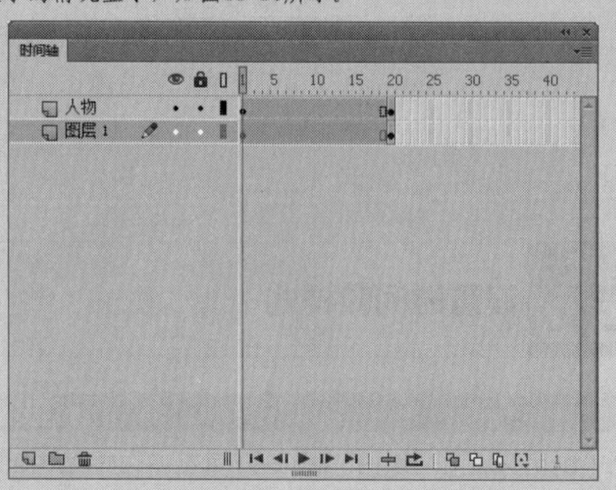

图12-26 “小”选项及时间轴样式

➢ “一般”选项：是系统默认的样式选项，如图12-27所示。

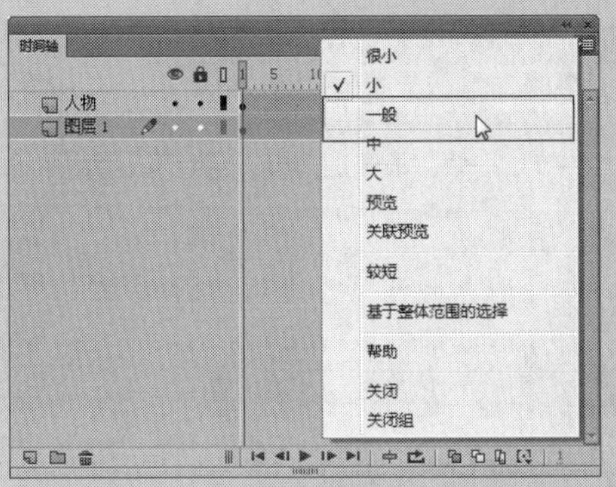

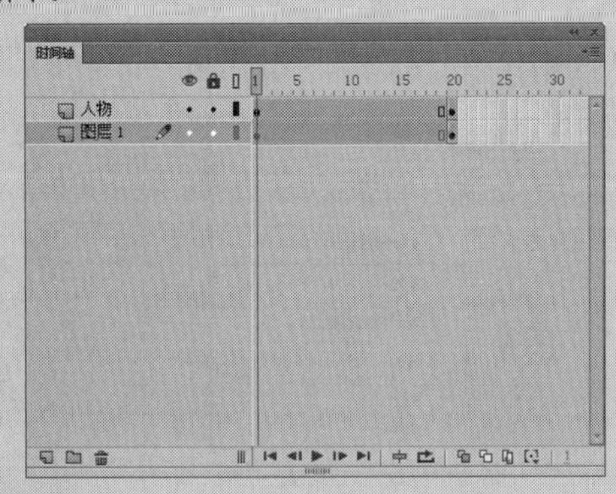

图12-27 “一般”选项及时间轴样式

➢ “中”选项：选择该选项，“时间轴”面板中的帧将以中等大小显示，如图12-28所示。

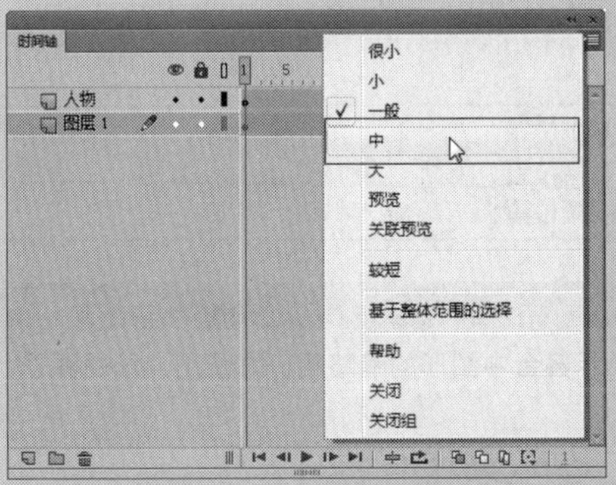

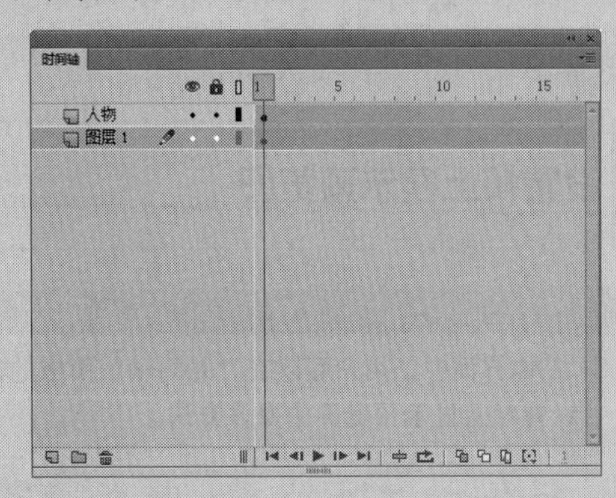

图12-28 “中”选项及时间轴样式

➢ “大”选项：选择该选项，“时间轴”面板中的帧将以最大的情况显示（设置对于查看声音波形的详细情况很有用），如图12-29所示。

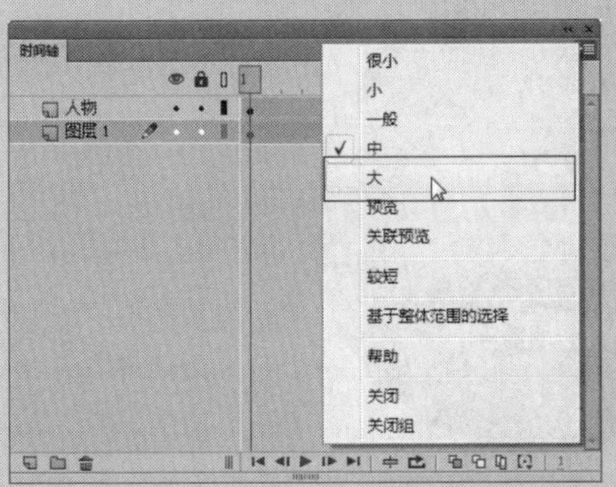

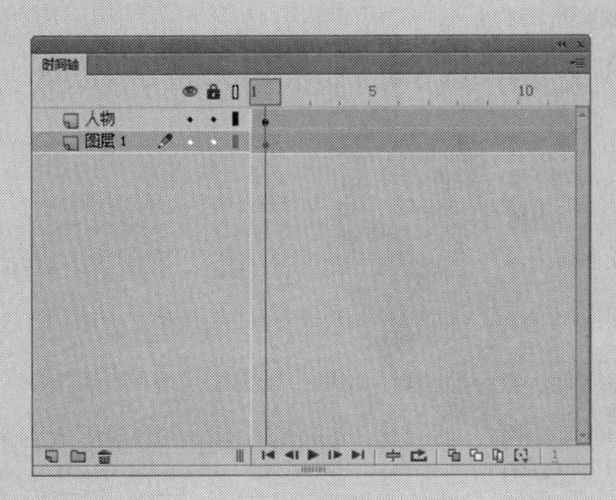

图12-29 “大”选项及时间轴样式

➢ “预览”选项：选择该选项，“时间轴”面板中的帧以内容缩略图显示，如图12-30所示。

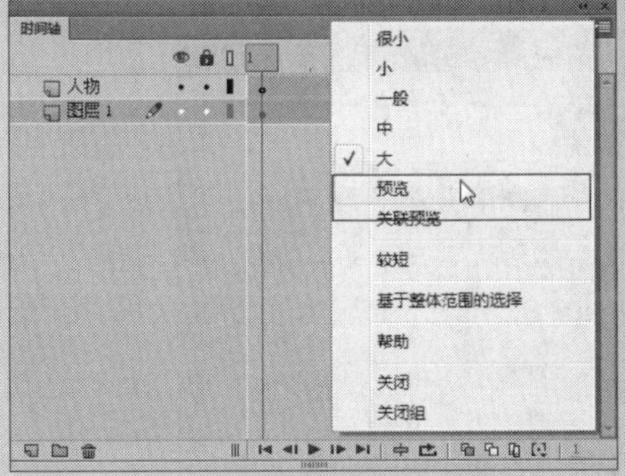

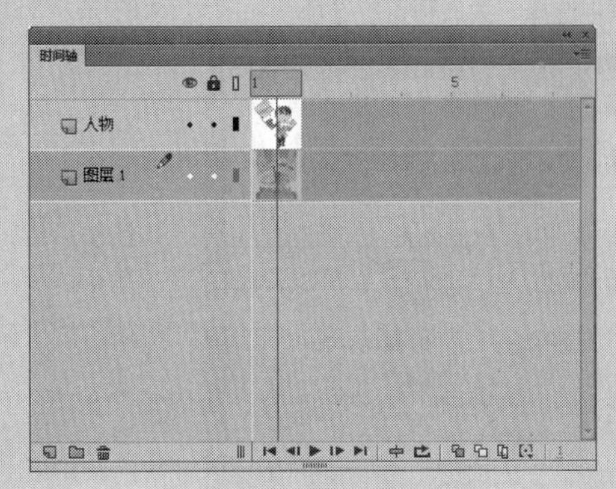

图12-30 “预览”选项及时间轴样式

➢ “较短”选项：选择该选项，“时间轴”面板中的帧将减小帧单元格行的高度，如图12-31所示。

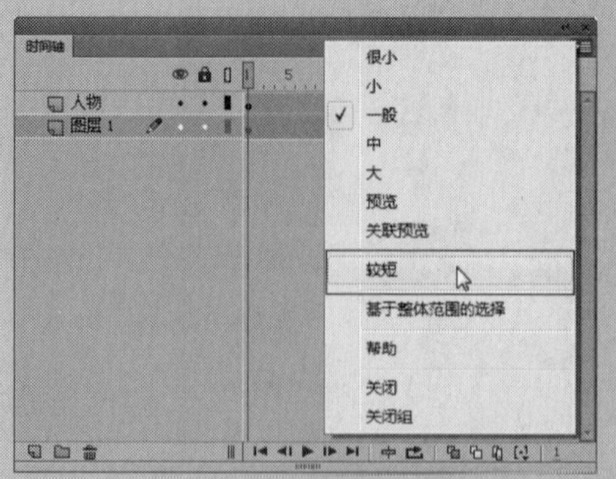

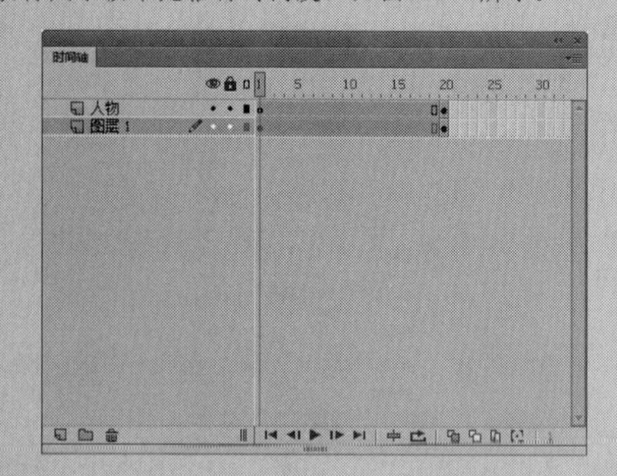

图12-31 “较短”选项及时间轴样式

另外，用户在面板属性列表框中，若选择“关闭”选项，可以关闭当前“时间轴”面板；若选择“关闭组”选项，会对整个面板组中的多个面板进行关闭操作。

实战353 设置帧上显示预览图

▶实例位置：无
▶素材位置：光盘\素材\第12章\瓶盖.fla
▶视频位置：光盘\视频\第12章\实战353.mp4

• 实例介绍 •

在Flash CC工作界面中，用户可以在“时间轴”面板的帧对象上，显示舞台中图形的缩略图，方便用户编辑图形。下面向读者介绍设置帧上显示预览图的操作方法。

• 操作步骤 •

STEP 01 单击“文件”|“打开”命令，打开一个素材文件，如图12-32所示。

图12-32 打开一个素材文件

STEP 02 单击“时间轴”面板右上角的面板属性按钮，在弹出的列表框中选择“关联预览”选项，如图12-33所示。

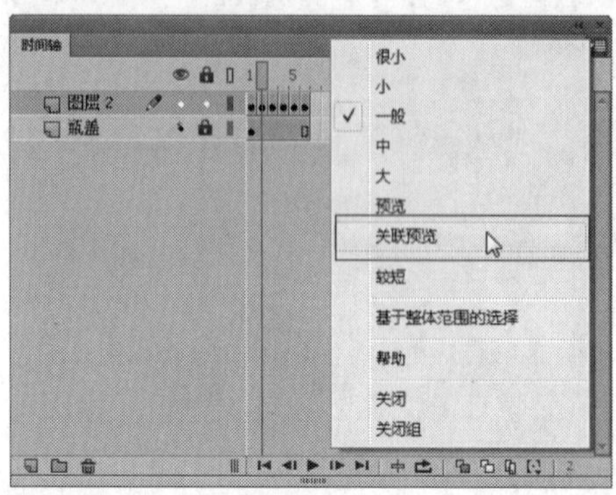

图12-33 选择“关联预览”选项

STEP 03 执行操作后，在“时间轴”面板中的帧对象上，即可显示图形预览图，如图12-34所示。

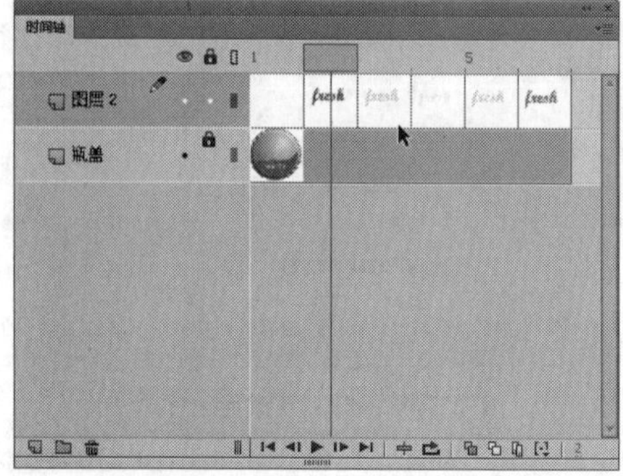

图12-34 显示图形预览图

12.2 创建帧对象

在Flash CC工作界面中，帧是构成动画最基本的元素之一，在制作动画之前，了解创建帧的方法对制作出好的动画有着至关重要的作用。根据帧的不同功能，可以将帧分为普通帧、关键帧和空白关键帧。本节主要向读者介绍创建帧的各种操作方法。

实战 354 通过命令创建普通帧

▶ **实例位置：** 光盘\效果\第12章\我爱妈妈.fla
▶ **素材位置：** 光盘\素材\第12章\我爱妈妈.fla
▶ **视频位置：** 光盘\视频\第12章\实战354.mp4

• 实例介绍 •

在Flash CC工作界面中，普通帧通常位于关键帧的后方，是由系统经过计算自动生成的，仅作为关键帧之间的过渡，用于延长关键帧中的动画播放时间，因此用户无法直接对普通帧上的对象进行编辑，它在"时间轴"面板上以一个灰色方块▯表示。

• 操作步骤 •

STEP 01 单击"文件"|"打开"命令，打开一个素材文件，如图12-35所示。

图12-35 打开一个素材文件

STEP 02 在"时间轴"面板中，选择第20帧，如图12-36所示。

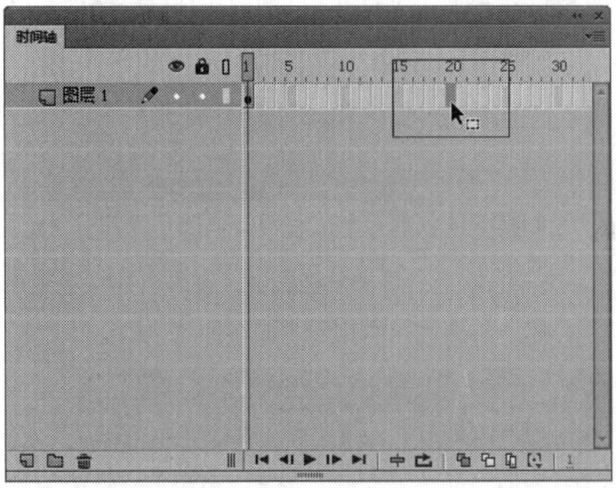

图12-36 选择第20帧

STEP 03 在菜单栏中，单击"插入"菜单，在弹出的菜单列表中单击"时间轴"|"帧"命令，如图12-37所示。

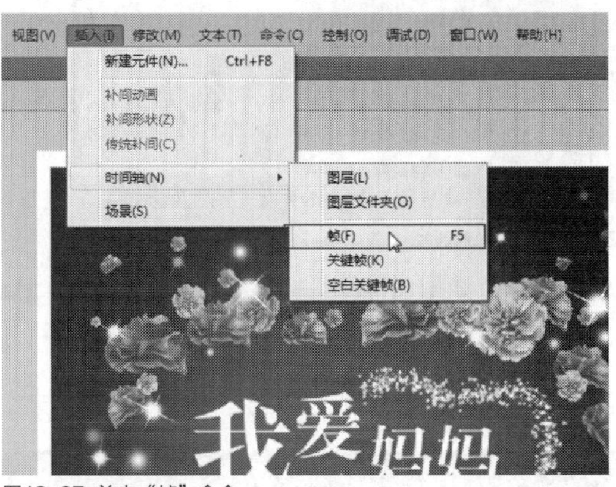

图12-37 单击"帧"命令

STEP 04 执行操作后，即可在"图层1"的第20帧的位置，插入普通帧，如图12-38所示。

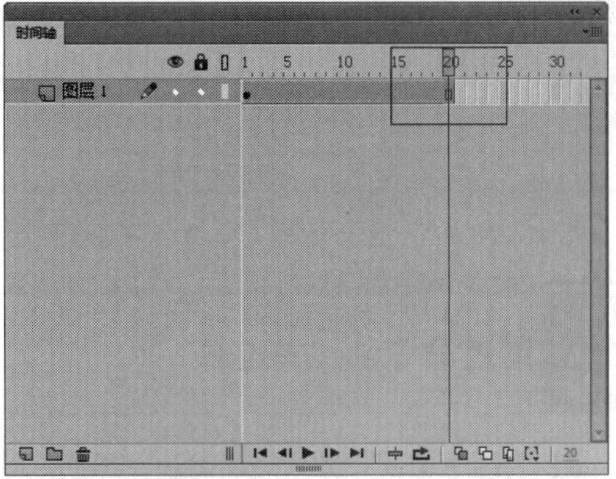

图12-38 插入普通帧

技巧点拨

在Flash CC工作界面中，用户还可以通过以下两种方法创建普通帧。

➤ 选择需要创建普通帧的帧位置，按【F5】键。

➤ 单击"插入"|"时间轴"命令，在弹出的子菜单中按【F】键，也可以插入普通帧。

实战 355 通过选项创建普通帧

▶ 实例位置：光盘\效果\第12章\老鼠一家.fla
▶ 素材位置：光盘\素材\第12章\老鼠一家.fla
▶ 视频位置：光盘\视频\第12章\实战355.mp4

• 实例介绍 •

在Flash CC工作界面中，用户不仅可以通过“插入”菜单下的“帧”命令，插入普通帧，还可以通过“时间轴”面板中的右键菜单，创建普通帧。

• 操作步骤 •

STEP 01 单击“文件”|“打开”命令，打开一个素材文件，如图12-39所示。

图12-39 打开一个素材文件

STEP 02 在“时间轴”面板中，选择第25帧，如图12-40所示。

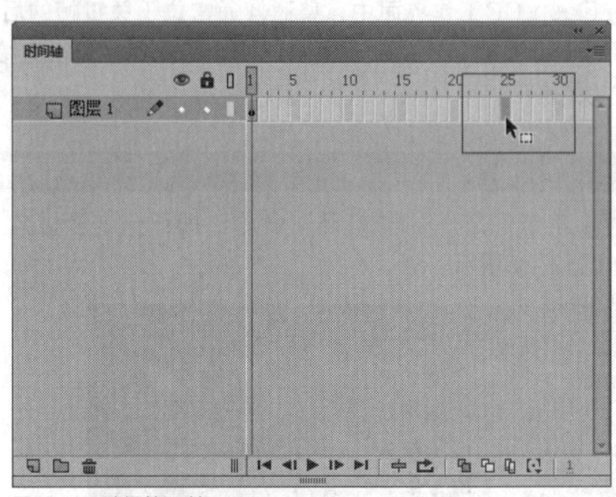

图12-40 选择第25帧

STEP 03 在选择的帧上，单击鼠标右键，在弹出的快捷菜单中选择“插入帧”选项，如图12-41所示。

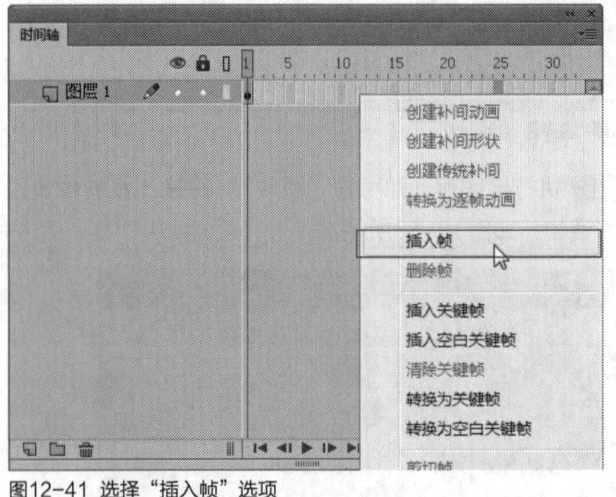

图12-41 选择“插入帧”选项

STEP 04 执行操作后，即可在“图层1”的第25帧位置，插入普通帧，如图12-42所示。

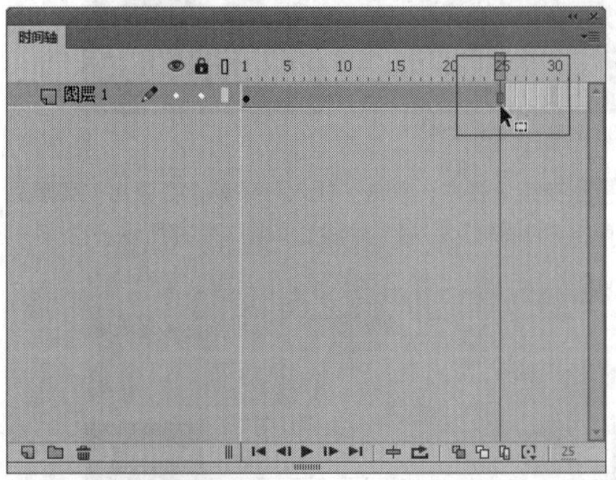

图12-42 在图层中插入普通帧

实战 356 通过命令创建关键帧

▶ 实例位置：光盘\效果\第12章\活力长沙.fla
▶ 素材位置：光盘\素材\第12章\活力长沙.fla
▶ 视频位置：光盘\视频\第12章\实战356.mp4

• 实例介绍 •

在Flash CC工作界面中，关键帧是指在动画播放过程中表现关键性动作或关键性内容变化的帧，关键帧定义了动画的变化环节，一般的动画元素都必须在关键帧中进行编辑。在“时间轴”面板中，关键帧以一个黑色实心圆点●来表示。下面向读者介绍创建关键帧的操作方法。

• 操作步骤 •

STEP 01 单击“文件”|“打开”命令，打开一个素材文件，如图12-43所示。

图12-43 打开一个素材文件

STEP 02 在“时间轴”面板中，选择第26帧，如图12-44所示。

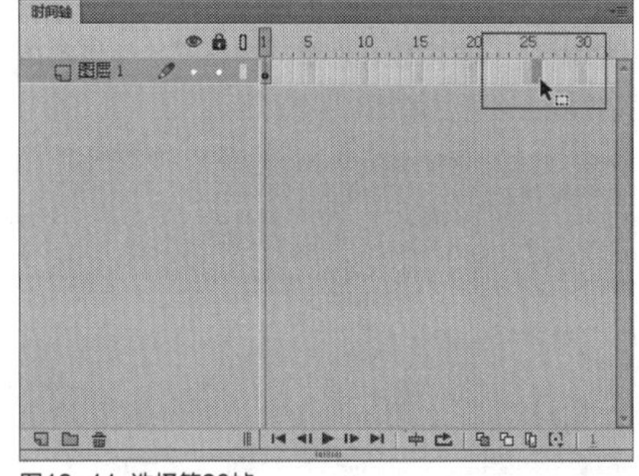

图12-44 选择第26帧

STEP 03 在菜单栏中，单击“插入”菜单，在弹出的菜单列表中单击“时间轴”|“关键帧”命令，如图12-45所示。

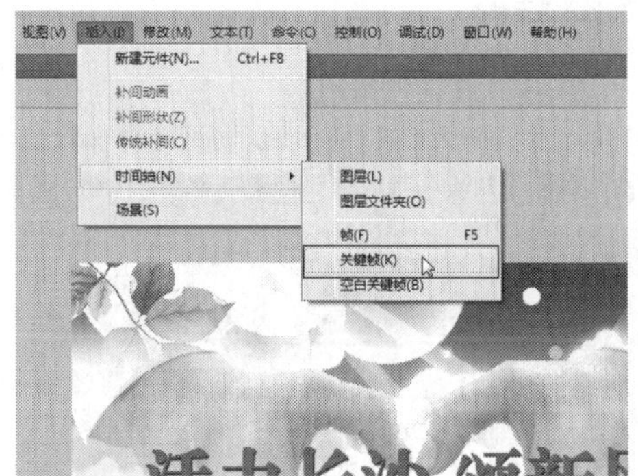

图12-45 单击“关键帧”命令

STEP 04 执行操作后，即可在“图层1”的第26帧的位置，插入关键帧，如图12-46所示。

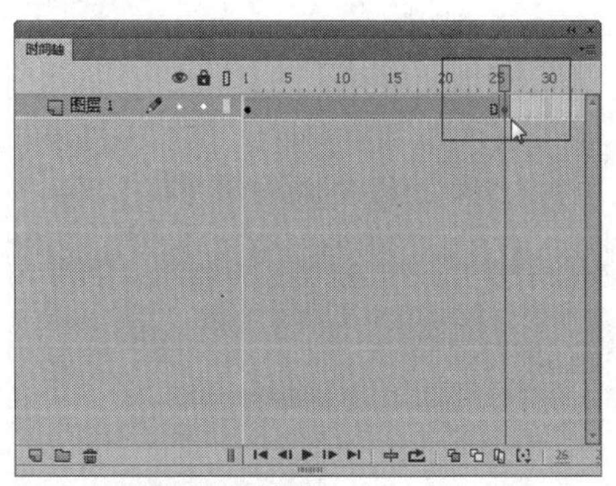

图12-46 在图层中插入关键帧

实战 357 通过选项创建关键帧

▶ 实例位置：光盘\效果\第12章\动画片.fla
▶ 素材位置：光盘\素材\第12章\动画片.fla
▶ 视频位置：光盘\视频\第12章\实战357.mp4

• 实例介绍 •

在Flash CC工作界面中，用户不仅可以通过“插入”菜单下的“关键帧”命令，插入关键帧，还可以通过“时间轴”面板中的右键菜单，创建关键帧。

• 操作步骤 •

STEP 01 单击“文件”|“打开”命令，打开一个素材文件，如图12-47所示。

图12-47 打开一个素材文件

STEP 02 在“时间轴”面板中，选择第24帧，如图12-48所示。

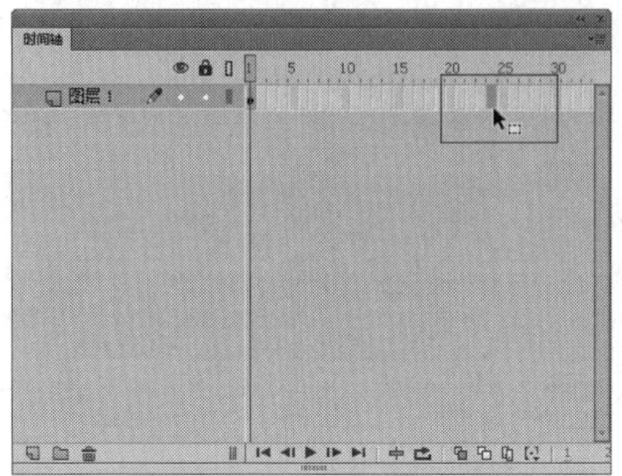

图12-48 选择第24帧

技巧点拨

在Flash CC工作界面中，用户还可以通过以下两种方法，创建关键帧。

➢ 选择需要创建关键帧的帧位置，按【F6】键。

➢ 单击"插入"|"时间轴"命令，在弹出的子菜单中按【K】键，也可以插入关键帧。

STEP 03 在选择的帧上，单击鼠标右键，在弹出的快捷菜单中选择"插入关键帧"选项，如图12-49所示。

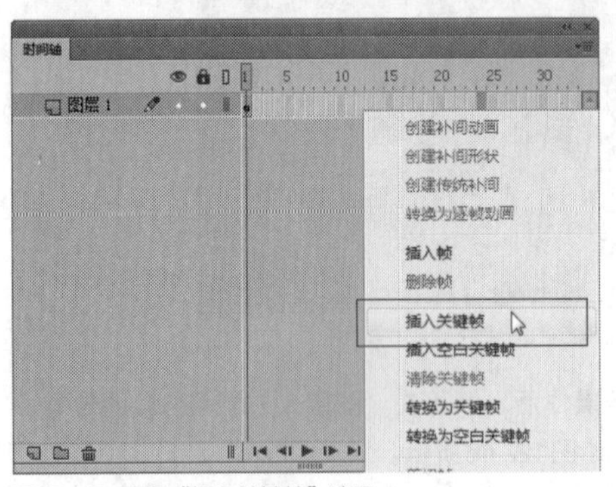

图12-49 选择"插入关键帧"选项

STEP 04 执行操作后，即可在"图层1"的第24帧位置，插入关键帧，如图12-50所示。

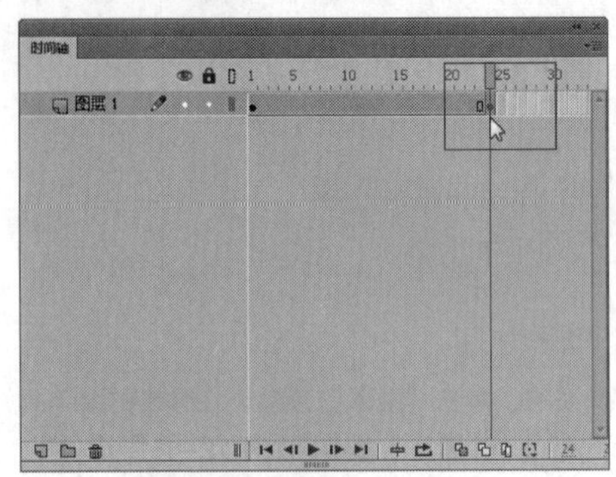

图12-50 在图层中插入关键帧

知识拓展

关键帧主要用于定义动画中对象的主要变化，它在时间轴中以实心的小圆表示，动画中所有需要显示的对象都必须添加到关键帧中。根据创建的动画不同，关键帧在时间轴中的显示效果也不同，下面向用户简单介绍几种关键帧的显示效果。

➢ 灰色背景：表示在关键帧后面添加了普通帧，延长了关键帧的显示时间，如图12-51所示。

➢ 浅紫色背景的黑色箭头：表示为关键帧创建了动画补间动画，如图12-52所示。

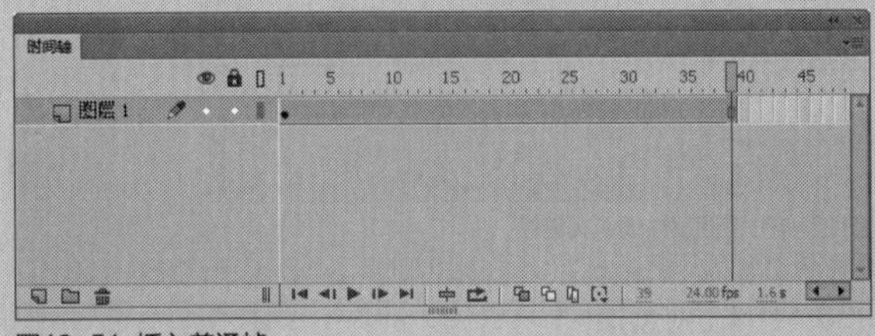

图12-51 插入普通帧

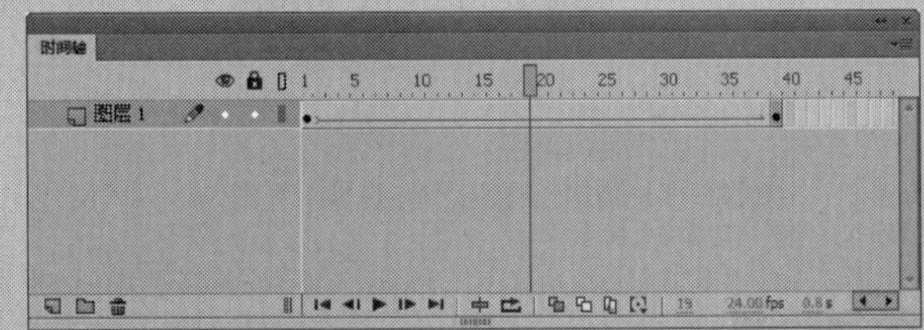

图12-52 创建动画补间动画

➢ 浅绿色背景的黑色箭头：表示为关键帧创建了形状补间动画，如图12-53所示。

➢ 虚线：表示创建动画不能成功，关键帧中的对象有误或图形格式不正确，如图12-54所示。

图12-53 创建形状补间动画

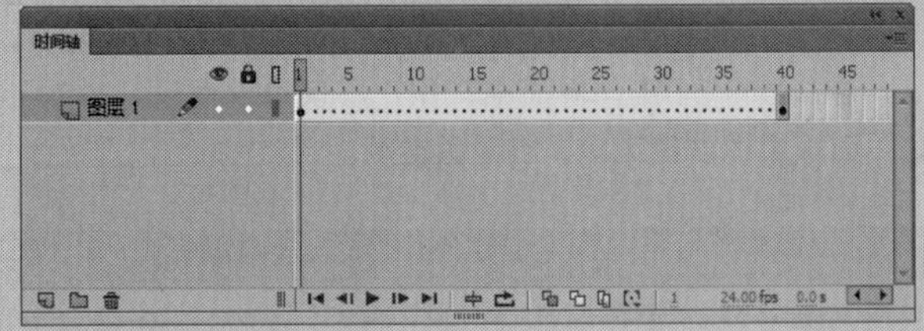

图12-54 未创建动画

➢ 关键帧上有a符号：表示给该关键帧添加了特定的语句，如图12-55所示。

➢ 关键帧上有"小红旗"图标：表示在该关键帧上设定了标签名称，如图12-56所示。

图12-55 添加了语句的关键帧

图12-56 设定标签名称

- 关键帧上有"斜线"图标：表示在该关键帧上设定了标签注释，如图12-57所示。
- 关键帧上有"花朵"图标：表示在该关键帧上设定了标签锚记，如图12-58所示。

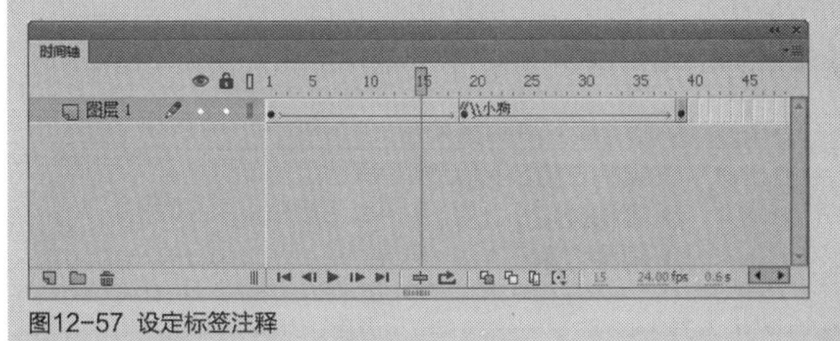

图12-57 设定标签注释

图12-58 设定标签锚记

实战358　通过命令创建空白关键帧

▶ 实例位置：光盘\效果\第12章\情人节快乐.fla
▶ 素材位置：光盘\素材\第12章\情人节快乐.fla
▶ 视频位置：光盘\视频\第12章\实战358.mp4

• 实例介绍 •

在Flash CC工作界面中，空白关键帧表示该关键帧中没有任何内容，这种帧主要用于结束前一个关键帧的内容或用于分隔两个相连的补间动画，在"时间轴"面板中以一个空心圆表示。下面向读者介绍创建空白关键帧的操作方法。

• 操作步骤 •

STEP 01 单击"文件"|"打开"命令，打开一个素材文件，如图12-59所示。

图12-59 打开一个素材文件

STEP 02 在"时间轴"面板中，选择第30帧，如图12-60所示。

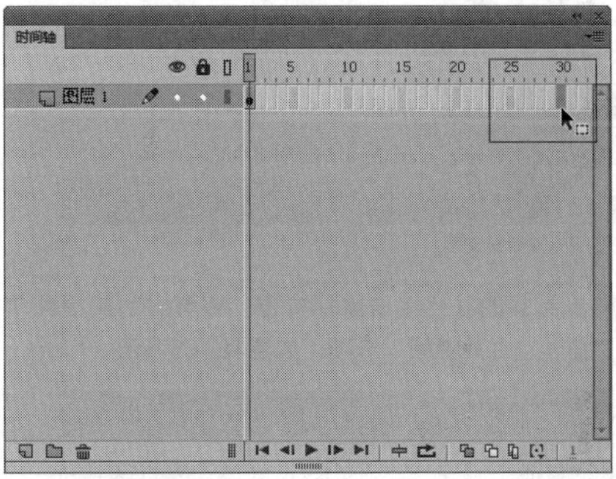

图12-60 选择第30帧

STEP 03 在菜单栏中，单击"插入"菜单，在弹出的菜单列表中单击"时间轴"|"空白关键帧"命令，如图12-61所示。

图12-61 选择"空白关键帧"命令

STEP 04 执行操作后，即可在"图层1"的第30帧的位置，插入空白关键帧，如图12-62所示。

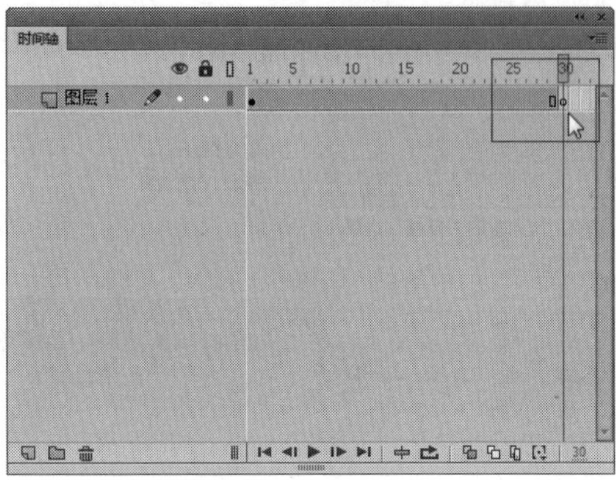

图12-62 插入空白关键帧

技巧点拨

在Flash CC工作界面中，用户还可以通过以下两种方法创建空白关键帧。

➢ 选择需要创建空白关键帧的帧位置，按【F7】键。

➢ 单击“插入”|“时间轴”命令，在弹出的子菜单中按【B】键，也可以插入空白关键帧。

实战359 通过选项创建空白关键帧

▶实例位置：光盘\效果\第12章\绘画.fla

▶素材位置：光盘\素材\第12章\绘画.fla

▶视频位置：光盘\视频\第12章\实战359.mp4

• 实例介绍 •

在Flash CC工作界面中，用户不仅可以通过“插入”菜单下的“空白关键帧”命令，插入空白关键帧，还可以通过“时间轴”面板中的右键菜单，创建空白关键帧。

• 操作步骤 •

STEP 01 单击“文件”|“打开”命令，打开一个素材文件，如图12-63所示。

图12-63 打开一个素材文件

STEP 02 在“时间轴”面板中，选择第25帧，如图12-64所示。

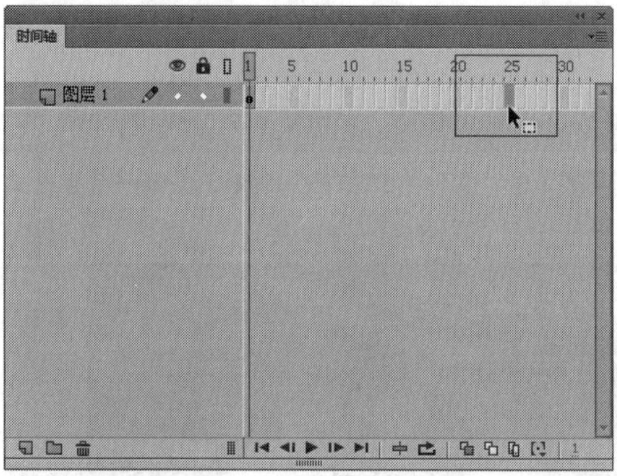

图12-64 选择第25帧

STEP 03 在选择的帧上单击鼠标右键，在弹出的快捷菜单中选择“插入空白关键帧”选项，如图12-65所示。

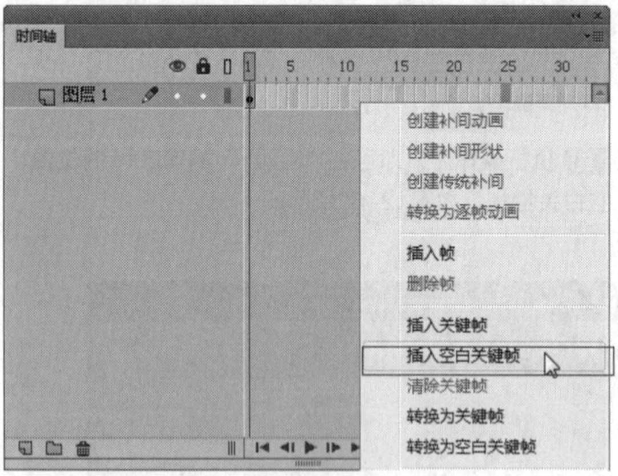

图12-65 选择“插入空白关键帧”选项

STEP 04 执行操作后，即可在“图层1”的第25帧位置，插入空白关键帧，如图12-66所示。

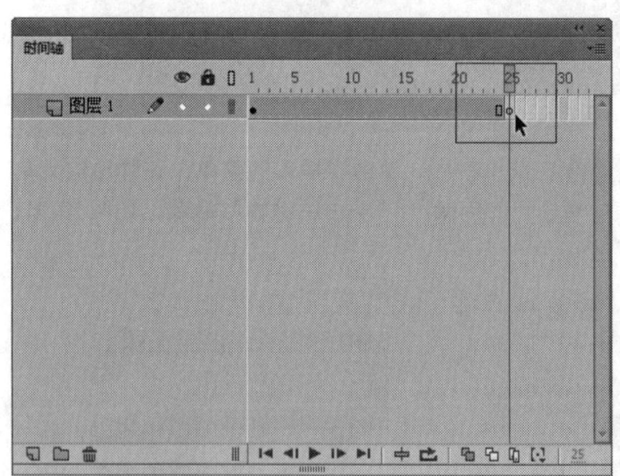

图12-66 插入空白关键帧

技巧点拨

在Flash CC工作界面中，空白关键帧与关键帧的性质和行为完全相同，只是空白关键帧中不包含任何内容。当用户新建一个图层时，系统会自动新建一个空白的关键帧。

12.3 编辑帧对象

在Flash CC工作界面中，系统提供了强大的帧编辑功能，用户可以根据需要在“时间轴”面板中编辑各种帧。在“时间轴”面板中，可以对选择的帧进行移动、翻转、复制、转换、删除以及清除等操作。本节主要向读者介绍编辑帧的操作方法。

实战 360 选择帧

▶实例位置：无
▶素材位置：光盘\素材\第12章\电子商务.fla
▶视频位置：光盘\视频\第12章\实战360.mp4

• 实例介绍 •

在Flash CC工作界面中编辑帧之前，首先需要选择该帧，选择帧分为两种情况，即选择单个帧和选择多个帧。下面将向读者介绍选择帧的操作方法。

• 操作步骤 •

STEP 01 单击“文件”|“打开”命令，打开一个素材文件，如图12-67所示。

图12-67 打开一个素材文件

STEP 02 在“时间轴”面板中，将鼠标移至“图层2”的第20帧位置，如图12-68所示。

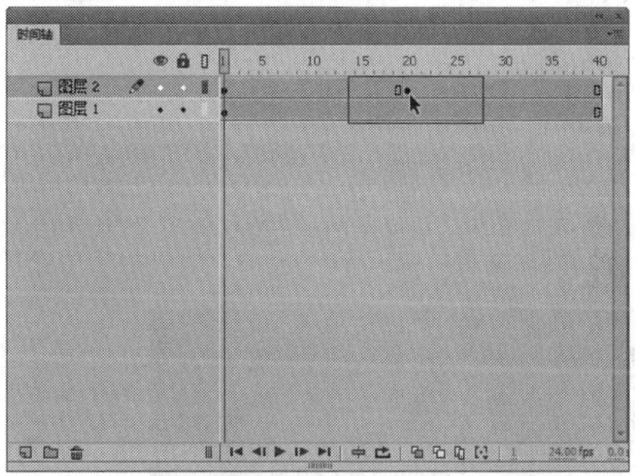

图12-68 移动鼠标至第20帧位置

STEP 03 在该帧位置，单击鼠标左键，即可选择当前帧，如图12-69所示。

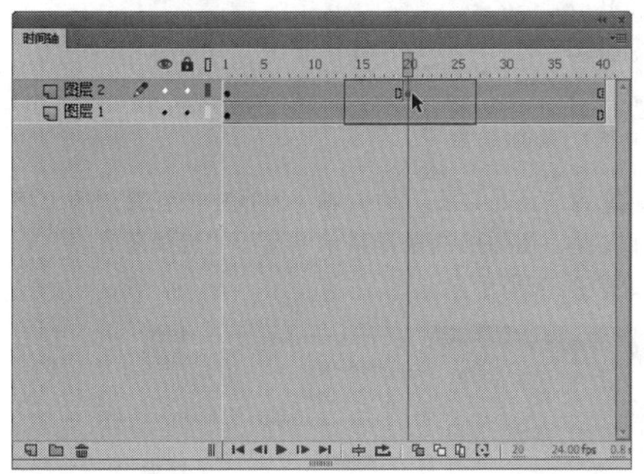

图12-69 选择当前帧

STEP 04 在舞台中，帧所对应的文本素材也将被选中，如图12-70所示。

图12-70 文本素材也将被选中

STEP 05 在“时间轴”面板中，按住【Shift】键的同时，选择“图层2”图层的第3帧，此时从第3帧至第20帧之间的所有帧都将被选中，如图12-71所示。

STEP 06 在“时间轴”面板中，选择“图层2”图层的第1帧，按住【Ctrl】键的同时，再次选择第10帧、第14帧、第17帧、第24帧、第28帧、第32帧、第35帧，此时可以在“时间轴”面板中选择多个不连续的帧，如图12-72所示。

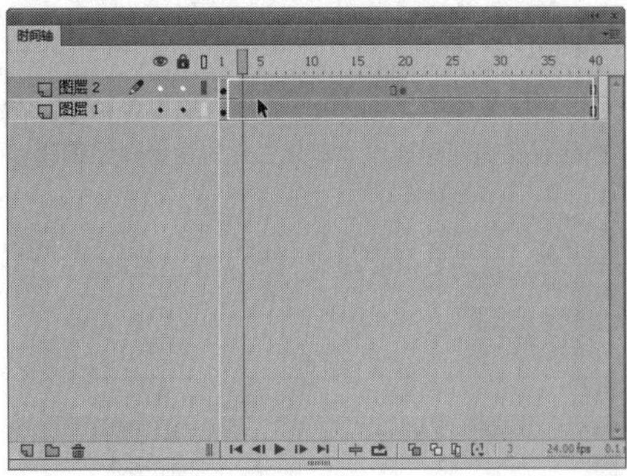

图12-71 选择多个连续的帧

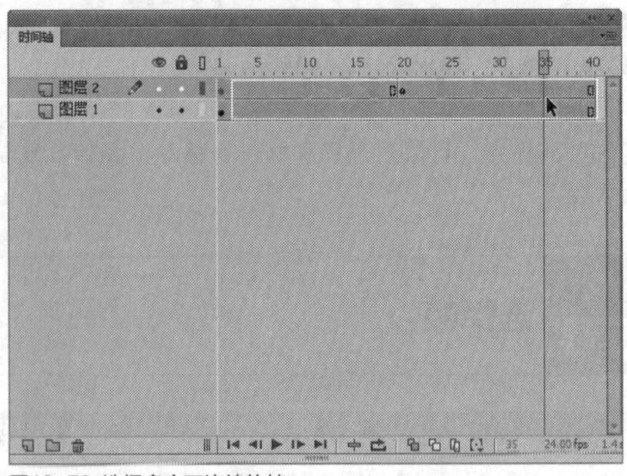

图12-72 选择多个不连续的帧

实战 361 选择所有帧

▶实例位置：光盘\效果\第12章\字母音乐.fla
▶素材位置：光盘\素材\第12章\字母音乐.fla
▶视频位置：光盘\视频\第12章\实战361.mp4

• 实例介绍 •

在Flash CC工作界面中，用户还可以一次性选择“时间轴”面板中的所有帧对象。下面向读者介绍选择所有帧的操作方法。

• 操作步骤 •

STEP 01 单击“文件”|“打开”命令，打开一个素材文件，如图12-73所示。

图12-73 打开一个素材文件

STEP 02 在“时间轴”面板中，查看现有的帧对象，如图12-74所示。

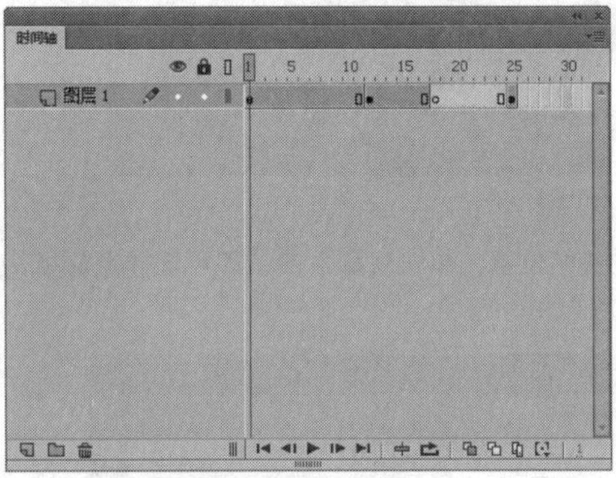

图12-74 查看现有的帧对象

STEP 03 在菜单栏中，单击“编辑”菜单，在弹出的菜单列表中单击“时间轴”|“选择所有帧”命令，如图12-75所示。

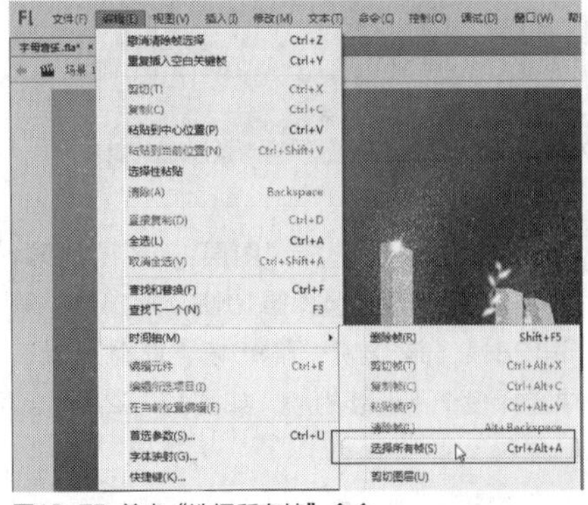

图12-75 单击“选择所有帧”命令

STEP 04 用户还可以在“时间轴”面板中的任意一帧上单击鼠标右键，在弹出的快捷菜单中选择“选择所有帧”选项，如图12-76所示。

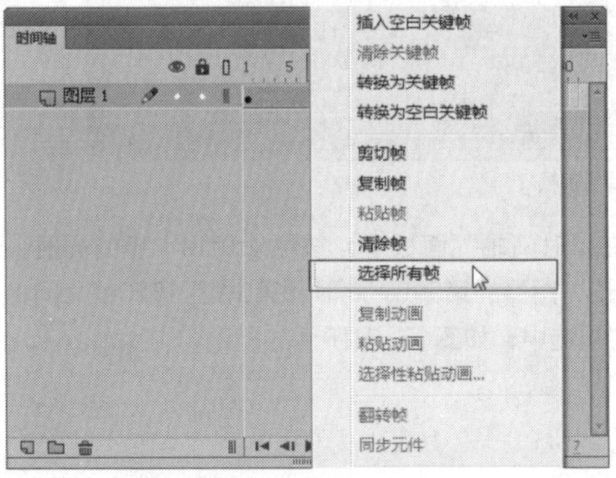

图12-76 选择“选择所有帧”选项

STEP 05 执行操作后，即可选择"时间轴"面板中的所有帧对象，如图12-77所示。

图12-77 选择所有帧对象

STEP 06 此时，舞台中的所有素材图像均被选中，图像四周显示蓝色边框，如图12-78所示。

图12-78 所有素材图像均被选中

实战 362 移动帧

▶实例位置：光盘\效果\第12章\恒久家居.fla
▶素材位置：光盘\素材\第12章\恒久家居.fla
▶视频位置：光盘\视频\第12章\实战362.mp4

● 实例介绍 ●

在Flash CC工作界面中，帧在"时间轴"面板中的位置并不是一成不变的，用户可以根据需要将某一帧连同帧中的内容一起移至图层中的任意位置。

● 操作步骤 ●

STEP 01 单击"文件"|"打开"命令，打开一个素材文件，如图12-79所示。

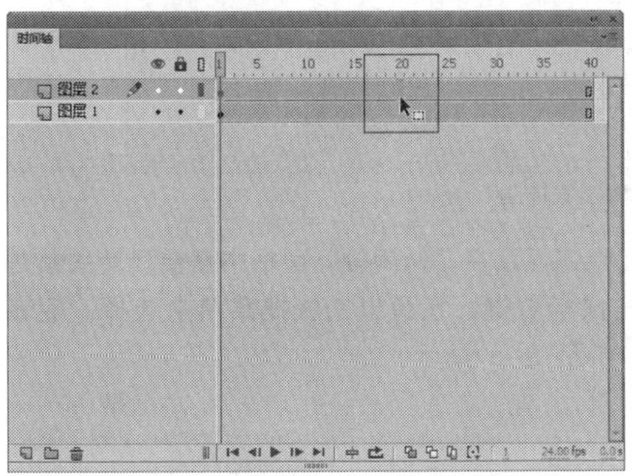

图12-79 打开一个素材文件

STEP 02 在"时间轴"面板中，选择需要移动的关键帧，如图12-80所示。

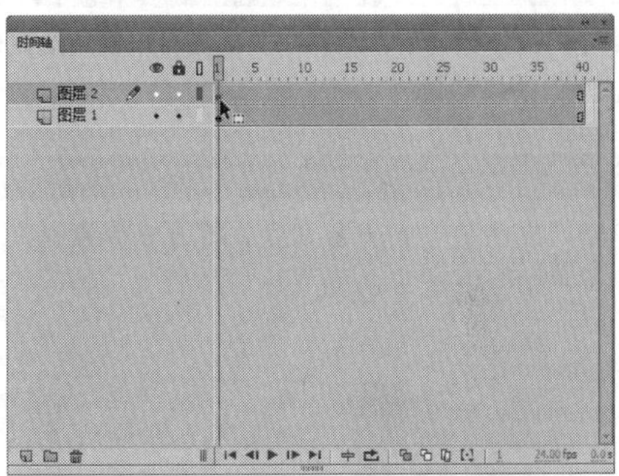

图12-80 选择需要移动的关键帧

STEP 03 在选择的关键帧上，单击鼠标左键并向右拖曳至第20帧的位置，如图12-81所示。

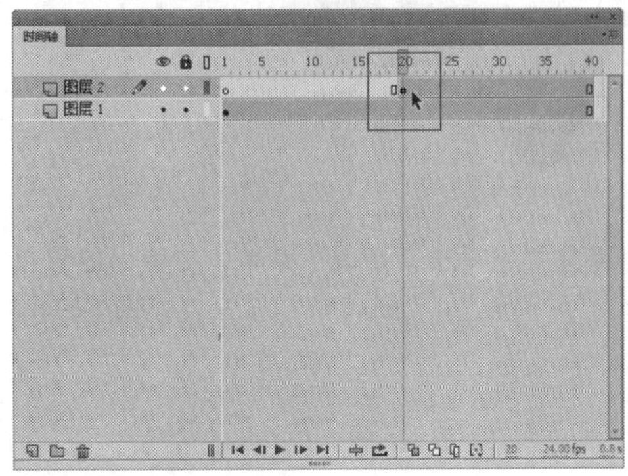

图12-81 拖曳至第20帧的位置

STEP 04 释放鼠标左键，即可移动关键帧，"时间轴"面板如图12-82所示。

图12-82 移动关键帧后的效果

STEP 05 在舞台中，用户可以查看移动帧后的动画效果，如图12-83所示。

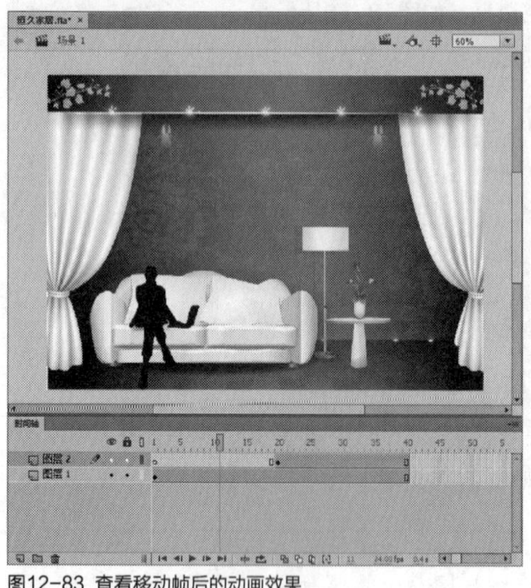

图12-83 查看移动帧后的动画效果

技巧点拨

在Flash CC工作界面中，用户不仅可以移动关键帧，还可以移动空白关键帧和普通帧，也可以跨图层移动帧对象。当“时间轴”面板中的帧对象被移动时，舞台中帧所对应的图像也同时被进行了移动操作。

实战363 翻转帧

▶实例位置：光盘\效果\第12章\星星.fla
▶素材位置：光盘\素材\第12章\星星.fla
▶视频位置：光盘\视频\第12章\实战363.mp4

• 实例介绍 •

在Flash CC工作界面中，翻转帧的功能可以使所选定的一组帧按照顺序翻转过来，使最后1帧变为第1帧，第1帧变为最后1帧，反向播放动画。

• 操作步骤 •

STEP 01 单击“文件”|“打开”命令，打开一个素材文件，如图12-84所示。

图12-84 打开一个素材文件

STEP 02 在“时间轴”面板中，选择需要翻转的多个帧对象，如图12-85所示。

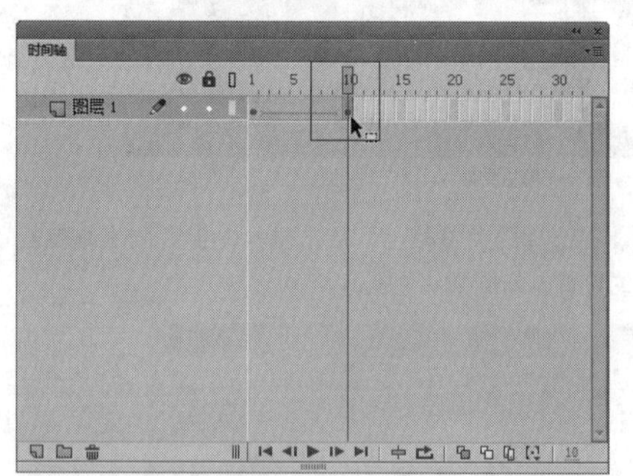

图12-85 选择需要翻转的多个帧

STEP 03 在菜单栏中单击“修改”菜单，在弹出的菜单列表中单击“时间轴”|“翻转帧”命令，如图12-86所示。

STEP 04 用户还可以在“时间轴”面板中需要翻转的帧对象上，单击鼠标右键，在弹出的快捷菜单中选择“翻转帧”选项，如图12-87所示。

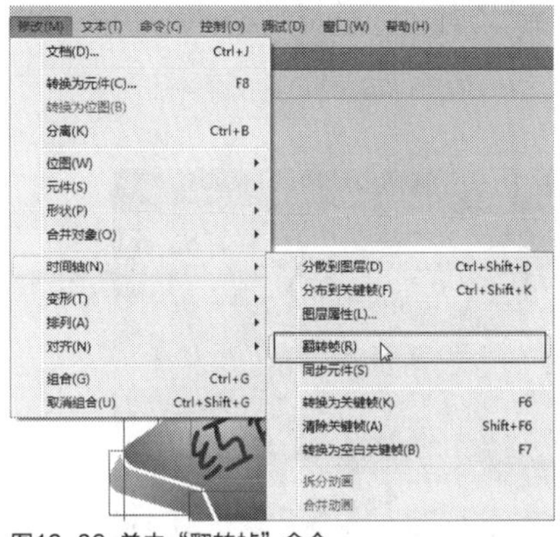

图12-86 单击“翻转帧”命令

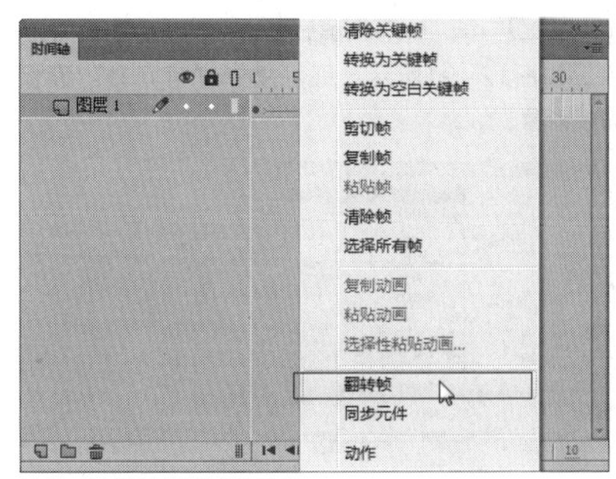

图12-87 选择“翻转帧”选项

STEP 05 执行操作后，即可翻转帧对象，舞台中的效果如图12-88所示。

图12-88 翻转帧对象

实战 364 复制帧

▶ 实例位置：光盘\效果\第12章\快乐气球.fla
▶ 素材位置：光盘\素材\第12章\快乐气球.fla
▶ 视频位置：光盘\视频\第12章\实战364.mp4

• 实例介绍 •

在Flash CC工作界面中，有时需要在不同的帧上出现相同的内容，这时可以通过复制帧来满足需要。下面向读者介绍复制帧的操作方法。

• 操作步骤 •

STEP 01 单击“文件”|“打开”命令，打开一个素材文件，如图12-89所示。

图12-89 打开一个素材文件

STEP 02 在“时间轴”面板中，选择需要复制的帧对象，如图12-90所示。

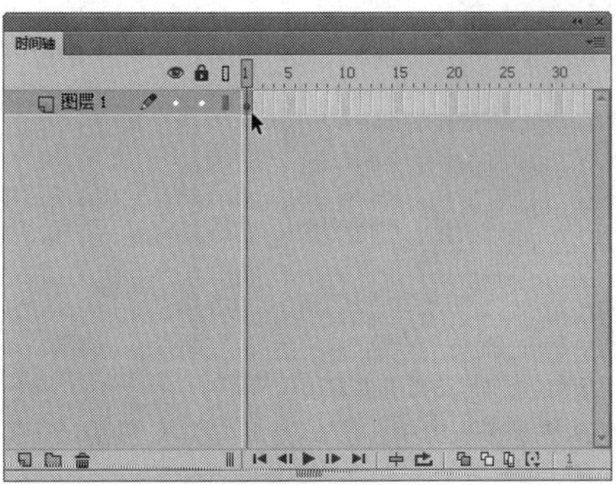

图12-90 选择需要复制的帧对象

STEP 03 在菜单栏中，单击“编辑”|“时间轴”|“复制帧”命令，如图12-91所示，即可复制“时间轴”面板中选择的帧对象。

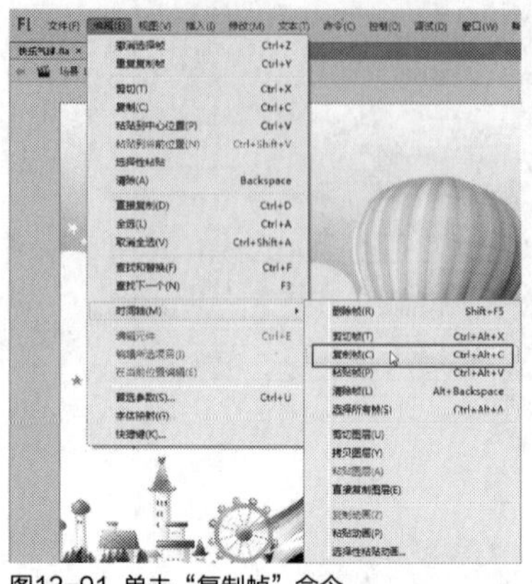

图12-91 单击“复制帧”命令

STEP 04 在“时间轴”面板中，选择第20帧，如图12-92所示。

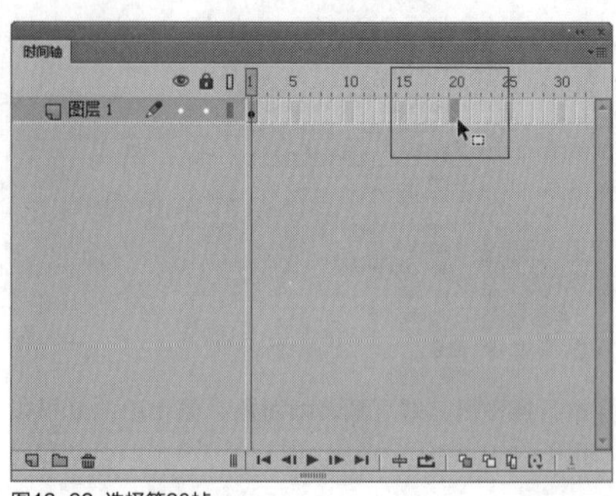

图12-92 选择第20帧

STEP 05 在菜单栏中，单击“编辑”|“时间轴”|“粘贴帧”命令，如图12-93所示。

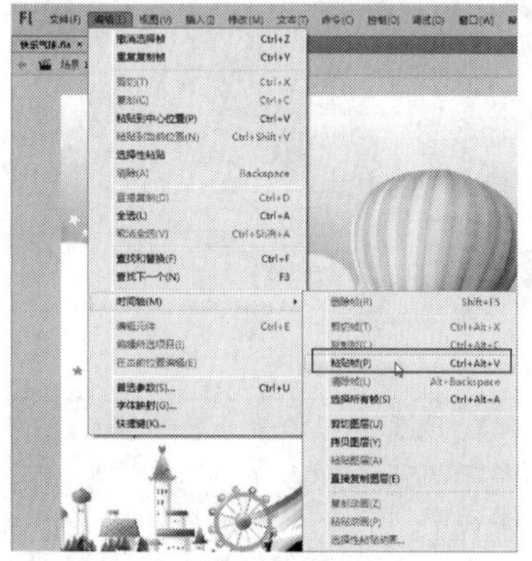

图12-93 单击“粘贴帧”命令

STEP 06 执行操作后，即可在第20帧的位置处，粘贴复制的帧对象，如图12-94所示。

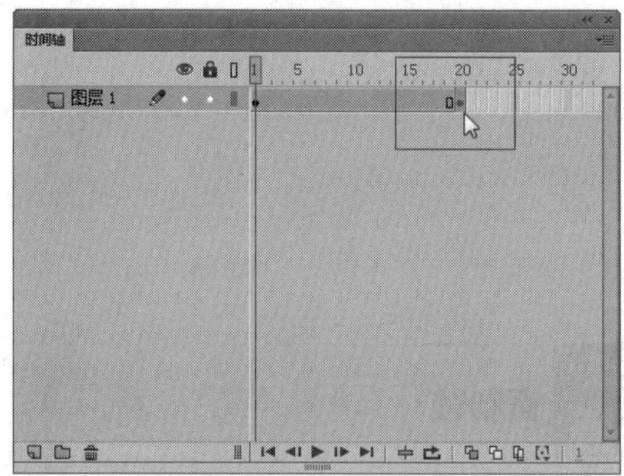

图12-94 粘贴复制的帧对象

知识拓展

在Flash CC工作界面中，用户还可以通过以下两种方法复制与粘贴帧对象。

➢ 选择需要复制的帧，单击鼠标右键，在弹出的快捷菜单中选择“复制帧”选项，如图12-95所示；然后定位需要粘贴帧的位置，在右键快捷菜单中选择“粘贴帧”选项，如图12-96所示。

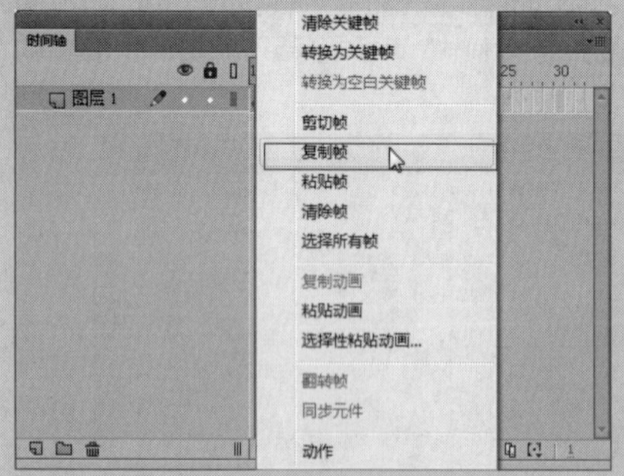

图12-95 选择“复制帧”选项

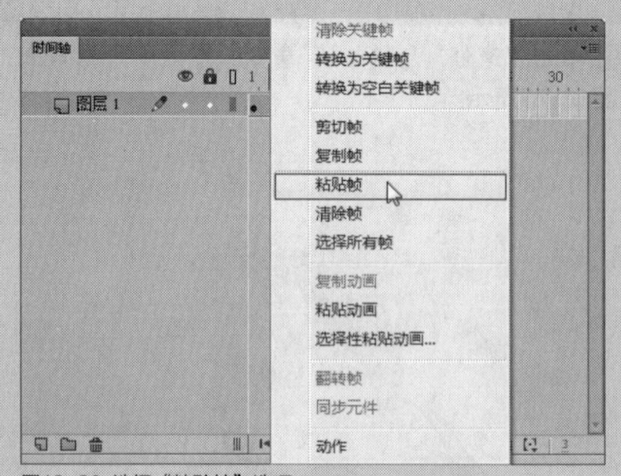

图12-96 选择“粘贴帧”选项

➢ 选择需要复制的帧，按【Ctrl+Alt+C】组合键，进行复制；然后定位需要粘贴帧的位置，按【Ctrl+Alt+V】组合键，进行粘贴。

实战 365　剪切帧

▶实例位置：光盘\效果\第12章\春暖花开.fla
▶素材位置：光盘\素材\第12章\春暖花开.fla
▶视频位置：光盘\视频\第12章\实战365.mp4

• 实例介绍 •

在Flash CC工作界面中，用户通过“剪切帧”功能，可以对帧进行删除操作，或者对帧进行移动操作。下面向读者介绍剪切帧的操作方法。

• 操作步骤 •

STEP 01 单击“文件”|“打开”命令，打开一个素材文件，如图12-97所示。

图12-97 打开一个素材文件

STEP 02 在“时间轴”面板中，选择需要剪切的帧对象，如图12-98所示。

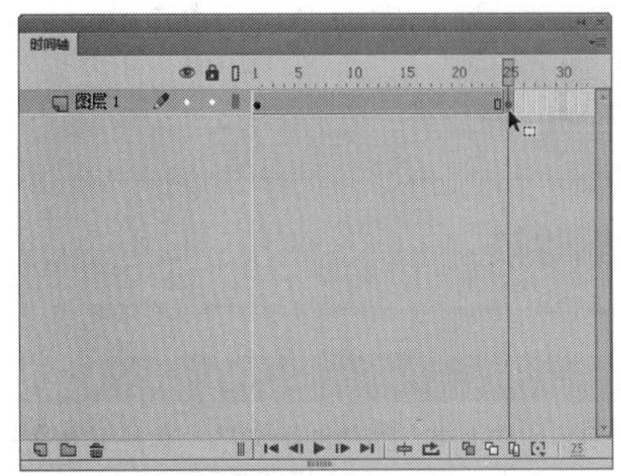

图12-98 选择需要剪切的帧对象

STEP 03 在菜单栏中，单击“编辑”|“时间轴”|“剪切帧”命令，如图12-99所示。

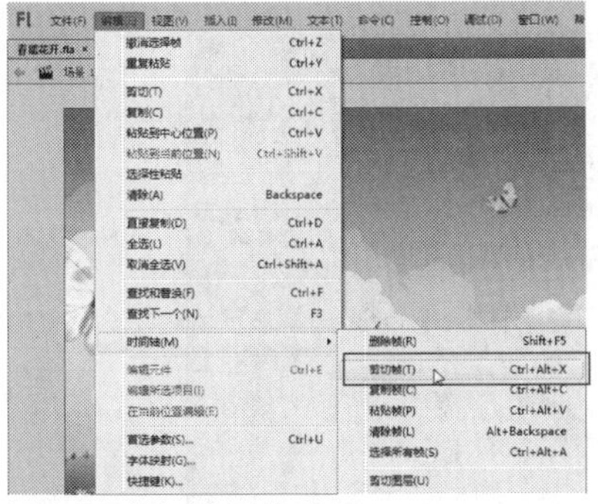

图12-99 单击“剪切帧”命令

STEP 04 用户还可以在时间轴中需要剪切的帧对象上，单击鼠标右键，在弹出的快捷菜单中选择“剪切帧”选项，如图12-100所示。

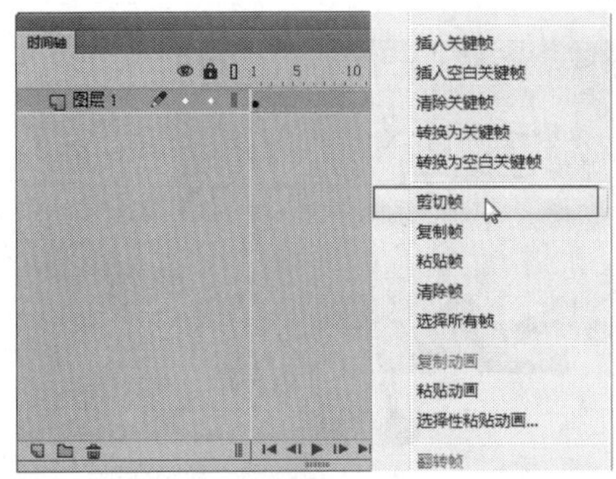

图12-100 选择“剪切帧”选项

STEP 05 执行操作后，即可剪切“时间轴”面板中选择的帧对象，此时关键帧变为了空白关键帧，如图12-101所示。

图12-101 剪切选择的帧对象

STEP 06 在“时间轴”面板中，单击下方的“新建图层”按钮，新建“图层2”图层，然后选择第10帧，如图12-102所示。

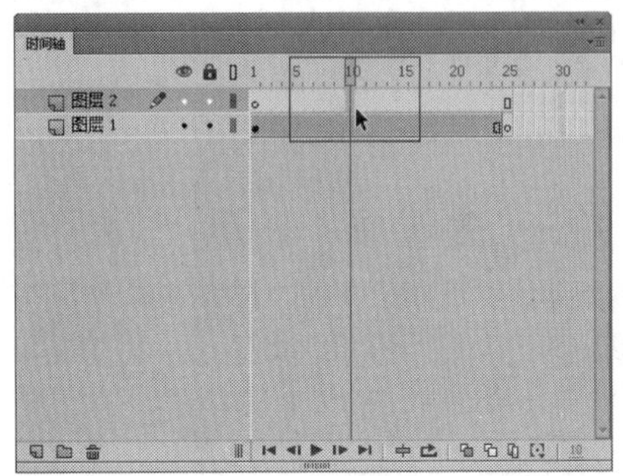

图12-102 选择第10帧

STEP 07 在该帧上单击鼠标右键，在弹出的快捷菜单中选择“粘贴帧”选项，如图12-103所示。

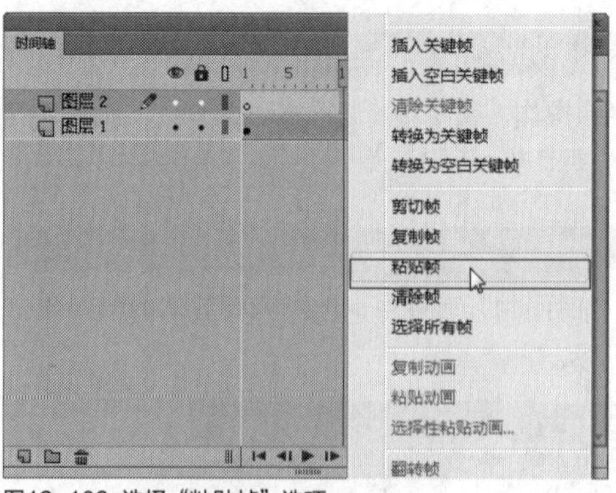

图12-103 选择“粘贴帧”选项

STEP 08 执行操作后，即可将剪切的帧对象粘贴到“图层2”图层的第10帧，达到移动帧对象的目的，“时间轴”面板如图12-104所示。

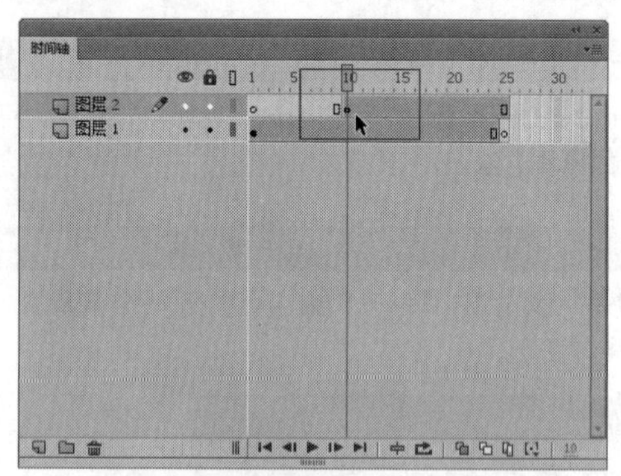

图12-104 粘贴前面剪切的帧对象

实战 366 删除帧

▶实例位置：光盘\效果\第12章\圣诞雪人.fla
▶素材位置：光盘\素材\第12章\圣诞雪人.fla
▶视频位置：光盘\视频\第12章\实战366.mp4

• 实例介绍 •

在Flash CC工作界面中，如果动画文档中有些无意义的帧，此时用户可以对其进行删除。下面向读者介绍删除帧的操作方法。

• 操作步骤 •

STEP 01 单击“文件”|“打开”命令，打开一个素材文件，如图12-105所示。

图12-105 打开一个素材文件

STEP 02 在“时间轴”面板中，查看现有的帧对象，如图12-106所示。

图12-106 查看现有的帧对象

STEP 03 在“图层1”中按住【Shift】键的同时，选择多个需要删除的帧，如图12-107所示。

图12-107 选择多个需要删除的帧

STEP 04 在菜单栏中，单击“编辑”|“时间轴”|“删除帧”命令，如图12-108所示。

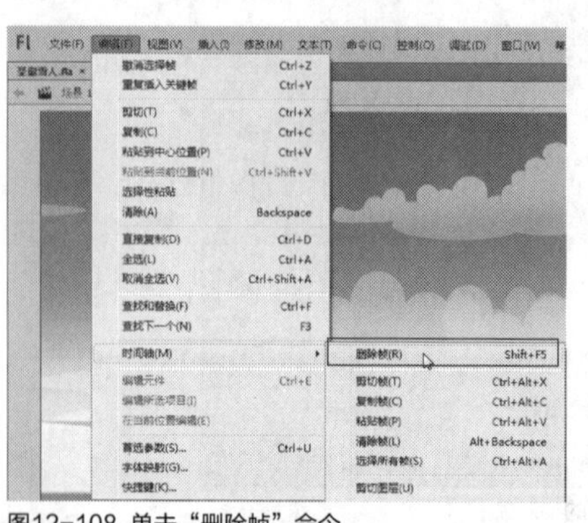

图12-108 单击“删除帧”命令

技巧点拨

在Flash CC工作界面中，按【Shift + F5】组合键，也可以快速删除选择的帧对象。

STEP 05 用户还可以在需要删除的帧对象上，单击鼠标右键，在弹出的快捷菜单中选择“删除帧”选项，如图12-109所示。

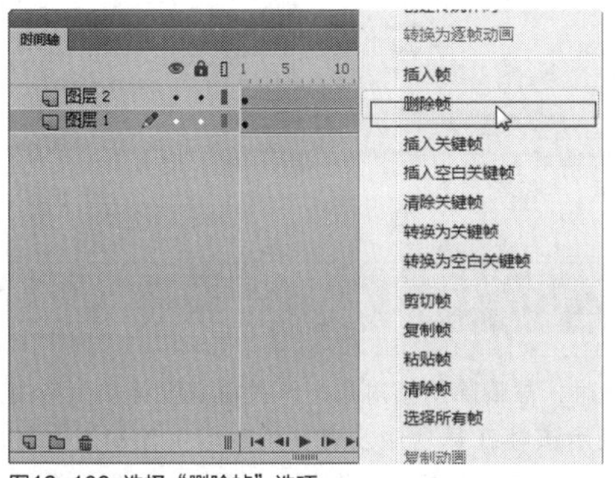

图12-109 选择“删除帧”选项

STEP 06 执行操作后，即可删除“图层1”中选择的帧对象，如图12-110所示。

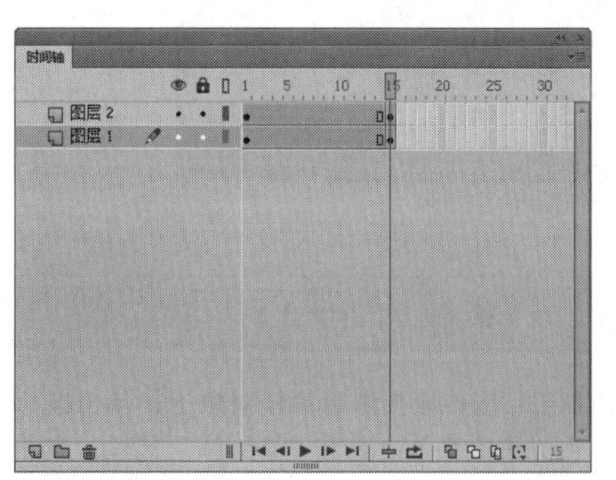

图12-110 删除选择的帧对象

技巧点拨

在Flash CC的“时间轴”面板中，当删除的是连续帧中的某一个或多个帧时，后面的帧会自动提前填补空位。在“时间轴”面板中，两个帧之间是不能有空缺的，如果要使两个帧之间不出现任何内容，可以使用空白关键帧。

实战 367 清除帧

▶实例位置：光盘\效果\第12章\执子之手.fla
▶素材位置：光盘\素材\第12章\执子之手.fla
▶视频位置：光盘\视频\第12章\实战367.mp4

• 实例介绍 •

在Flash CC工作界面中，清除帧的操作和删除帧的操作类似，用户可以对不需要的帧进行清除操作，以制作出需要的动画效果。下面向读者介绍清除帧的操作方法。

• 操作步骤 •

STEP 01 单击“文件”|“打开”命令，打开一个素材文件，如图12-111所示。

图12-111 打开一个素材文件

STEP 02 在“时间轴”面板中，查看现有的帧对象，如图12-112所示。

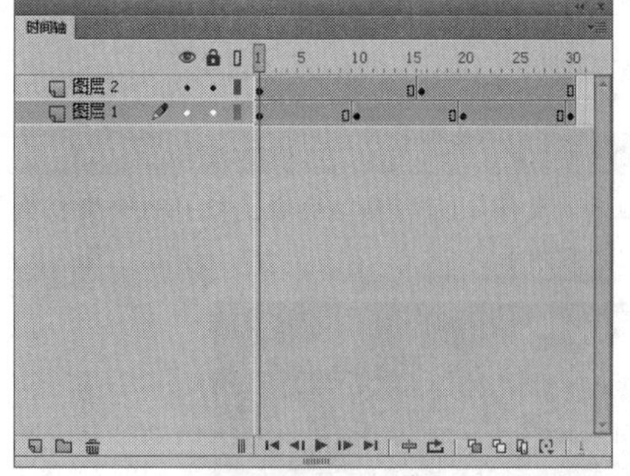

图12-112 查看现有的帧对象

STEP 03 在“图层1”图层中，选择需要清除的多个帧对象，如图12-113所示。

STEP 04 在菜单栏中，单击“编辑”|“时间轴”|“清除帧”命令，如图12-114所示。

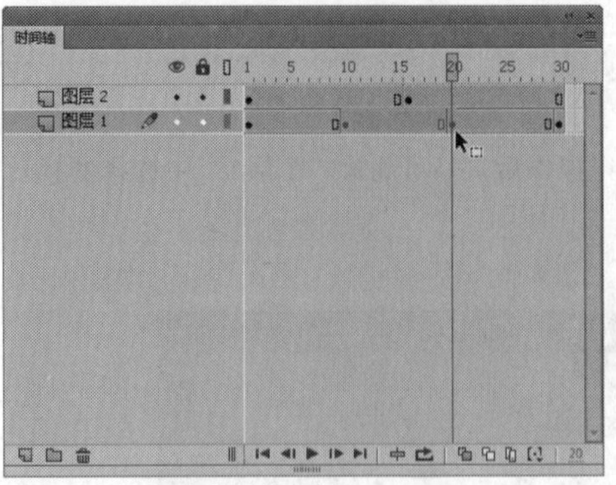
图12-113 选择需要清除的多个帧

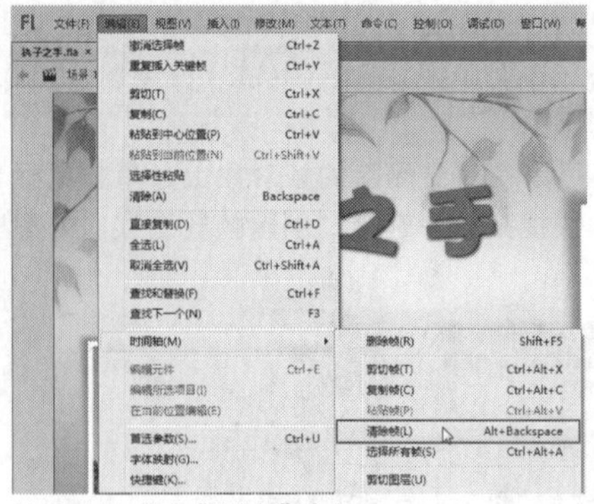
图12-114 单击“清除帧”命令

技巧点拨

在Flash CC工作界面中，用户按【Alt+Backspace】组合键，也可以清除帧对象。

STEP 05 用户还可以在需要清除的帧对象上，单击鼠标右键，在弹出的快捷菜单中选择“清除帧”选项，如图12-115所示。

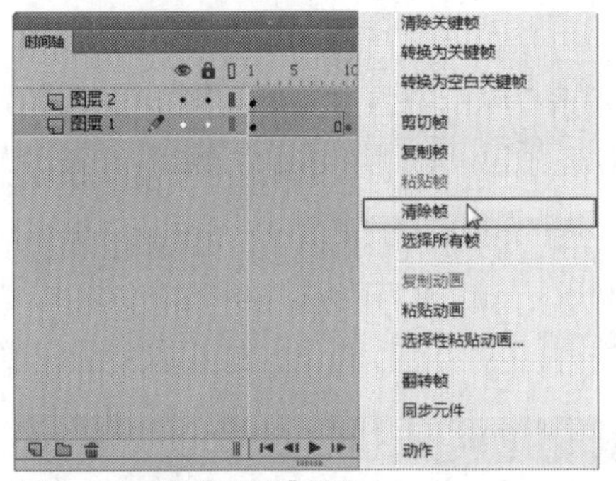

图12-115 选择“清除帧”选项

STEP 06 此时，被清除的帧对象上，关键帧已经变为空白关键帧，表示该帧在舞台中没有任何对应的素材，如图12-116所示，完成清除帧的操作。

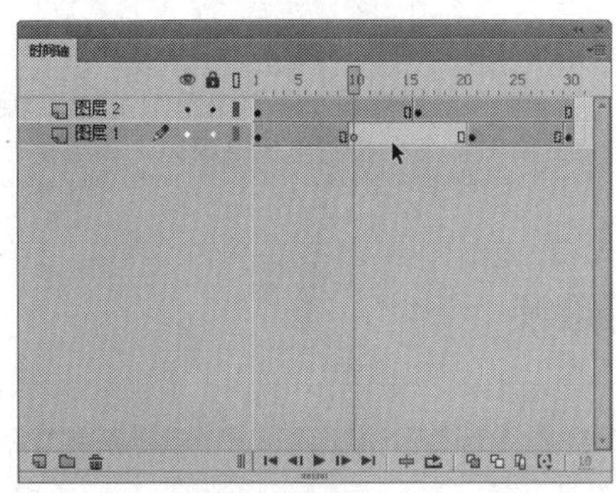
图12-116 完成清除帧的操作

实战368 清除关键帧

▶ 实例位置：光盘\效果\第12章\紫色浪漫.fla
▶ 素材位置：光盘\素材\第12章\紫色浪漫.fla
▶ 视频位置：光盘\视频\第12章\实战368.mp4

• 实例介绍 •

在Flash CC工作界面中，用户还可以针对关键帧进行清除操作，此时关键帧将转换为普通帧。下面向读者介绍清除关键帧的操作方法。

• 操作步骤 •

STEP 01 单击“文件”|“打开”命令，打开一个素材文件，如图12-117所示。

图12-117 打开一个素材文件

STEP 02 在“时间轴”面板中，查看现有的帧对象，如图12-118所示。

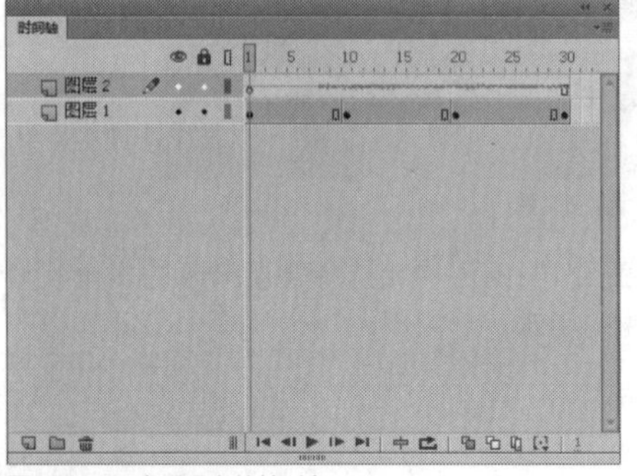
图12-118 查看现有的帧对象

STEP 03 在“时间轴”面板中，按住【Shift】键的同时，选择“图层1”图层中的第2个关键帧与第3个关键帧之间的所有帧对象，如图12-119所示。

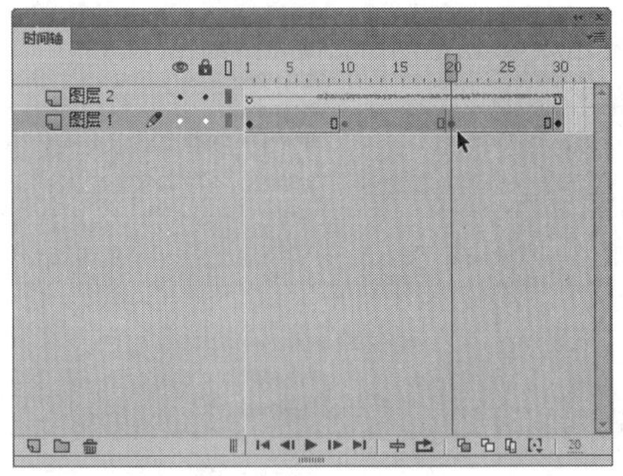

图12-119 选择需要清除的关键帧

STEP 04 在选择的帧对象上，单击鼠标右键，在弹出的快捷菜单中选择“清除关键帧”选项，如图12-120所示。

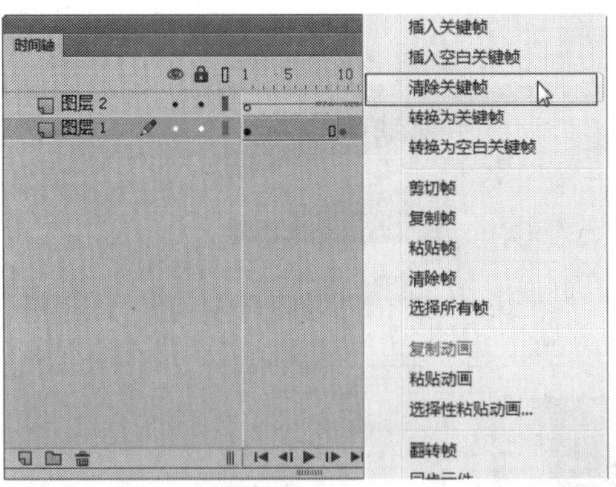

图12-120 选择“清除关键帧”选项

STEP 05 执行操作后，即可清除时间轴中的关键帧，此时关键帧将被转换为普通帧，如图12-121所示。

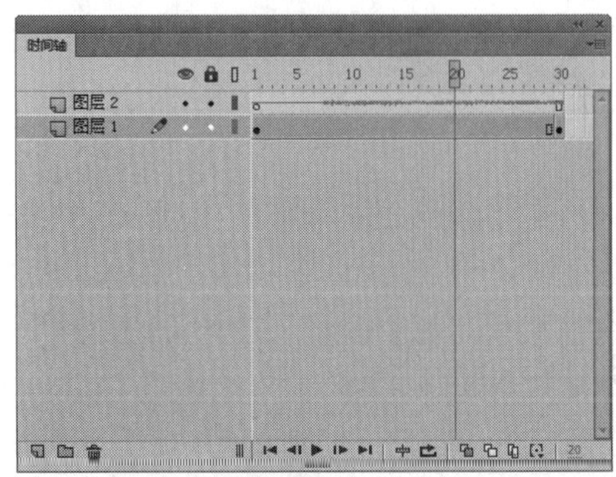

图12-121 清除时间轴中的关键帧

实战369 转换为关键帧

▶实例位置：光盘\效果\第12章\数码广告.fla
▶素材位置：光盘\素材\第12章\数码广告.fla
▶视频位置：光盘\视频\第12章\实战369.mp4

• 实例介绍 •

在Flash CC工作界面中，用户可以将“时间轴”面板中的普通帧转换为关键帧，制作动画效果。下面向读者介绍转换为关键帧的操作方法。

• 操作步骤 •

STEP 01 单击“文件”|“打开”命令，打开一个素材文件，如图12-122所示。

图12-122 打开一个素材文件

STEP 02 在“时间轴”面板中，选择需要转换为关键帧的帧对象，如图12-123所示。

图12-123 选择需要转换为关键帧的帧

STEP 03 在菜单栏中，单击“修改”菜单，在弹出的菜单列表中单击“时间轴”|“转换为关键帧”命令，如图12-124所示。

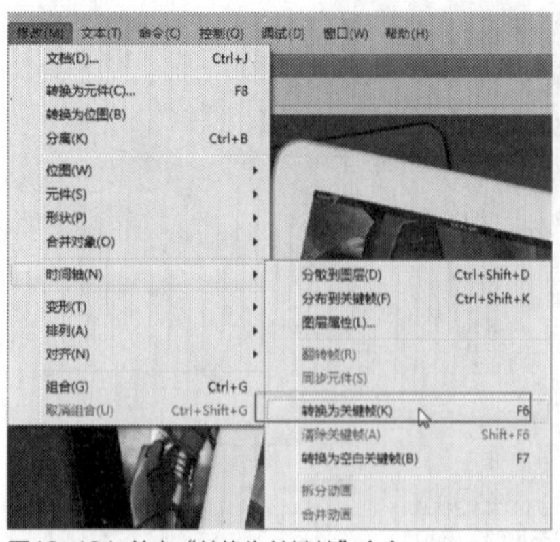

图12-124 单击“转换为关键帧”命令

STEP 04 用户还可以在需要转换的帧对象上，单击鼠标右键，在弹出的快捷菜单中选择“转换为关键帧”选项，如图12-125所示。

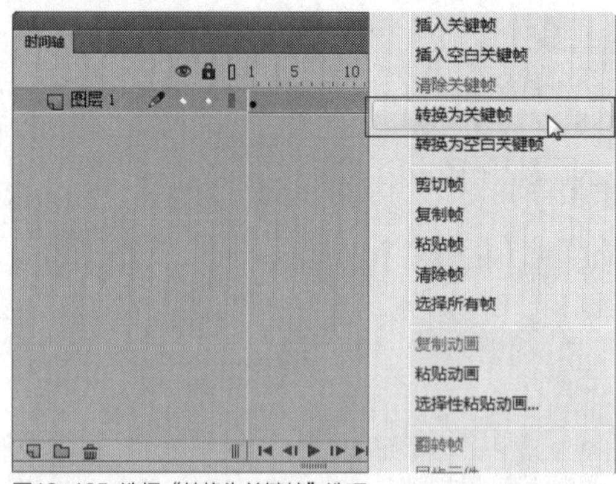

图12-125 选择“转换为关键帧”选项

STEP 05 执行操作后，即可将普通帧转换为关键帧，如图12-126所示。

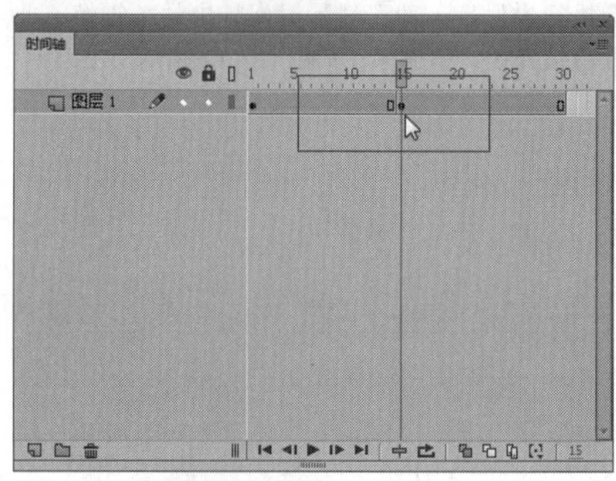

图12-126 将普通帧转换为关键帧

技巧点拨

在Flash CC工作界面中，用户单击菜单栏中的“插入”|“时间轴”|“关键帧”命令，也可以将普通帧转换为关键帧。

实战370 转换为空白关键帧

▶实例位置：光盘\效果\第12章\手机广告.fla
▶素材位置：光盘\素材\第12章\手机广告.fla
▶视频位置：光盘\视频\第12章\实战370.mp4

• 实例介绍 •

在Flash CC工作界面中，用户还可以将普通帧转换为空白关键帧，然后在空白关键帧中重新制作图形动画效果。下面向读者介绍转换为空白关键帧的操作方法。

• 操作步骤 •

STEP 01 单击“文件”|“打开”命令，打开一个素材文件，如图12-127所示。

图12-127 打开一个素材文件

STEP 02 在“时间轴”面板中，选择需要转换为空白关键帧的帧对象，如图12-128所示。

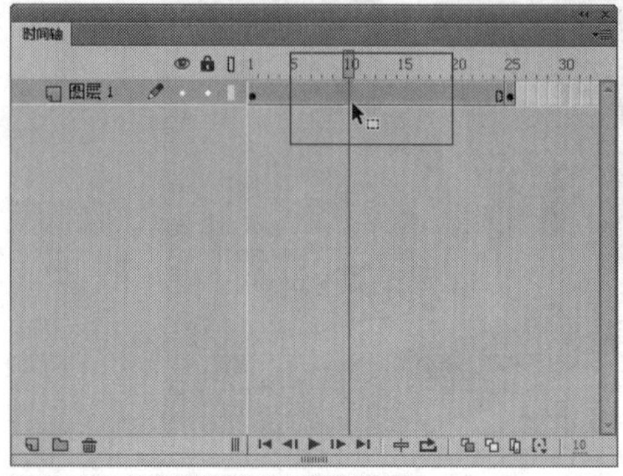

图12-128 选择要转换为空白关键帧的帧

STEP 03 在菜单栏中，单击“修改”菜单，在弹出的菜单列表中单击“时间轴”|“转换为空白关键帧”命令，如图12-129所示。

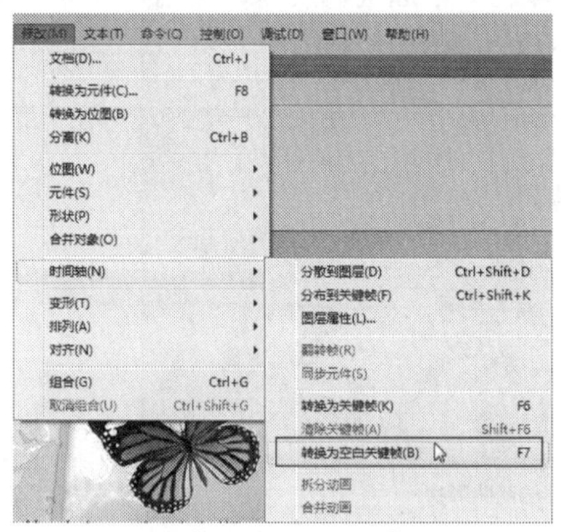

图12-129 单击“转换为空白关键帧”命令

STEP 04 用户还可以在需要转换的帧对象上，单击鼠标右键，在弹出的快捷菜单中选择“转换为空白关键帧”选项，如图12-130所示。

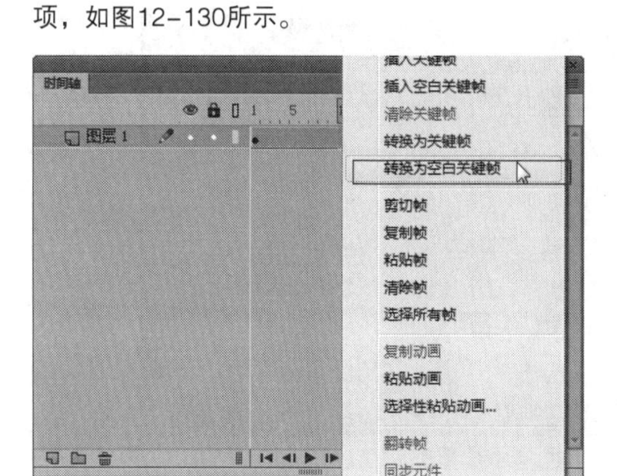

图12-130 选择“转换为空白关键帧”选项

STEP 05 执行操作后，即可将普通帧转换为空白关键帧，如图12-131所示。

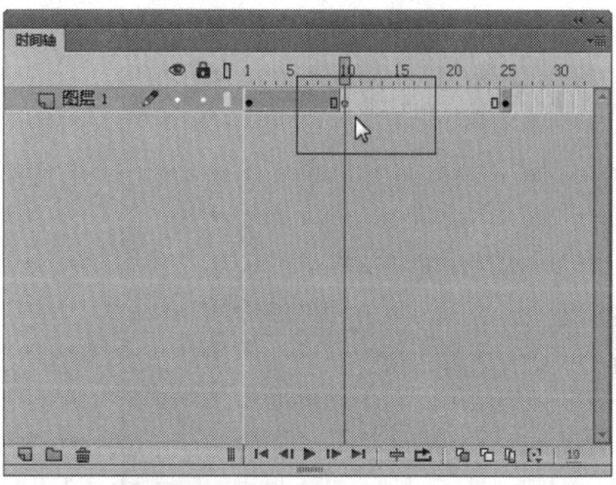

图12-131 将普通帧转换为空白关键帧

技巧点拨

在Flash CC工作界面中，用户单击菜单栏中的“插入”|“时间轴”|“空白关键帧”命令，也可以将普通帧转换为空白关键帧。

实战 371 扩展关键帧

▶实例位置：光盘\效果\第12章\球类运动.fla
▶素材位置：光盘\素材\第12章\球类运动.fla
▶视频位置：光盘\视频\第12章\实战371.mp4

• 实例介绍 •

在Flash CC工作界面中，有时候部分动画片段少帧时，用户可以扩展关键帧至合适位置。下面向读者介绍扩展关键帧的操作方法。

• 操作步骤 •

STEP 01 单击“文件”|“打开”命令，打开一个素材文件，如图12-132所示。

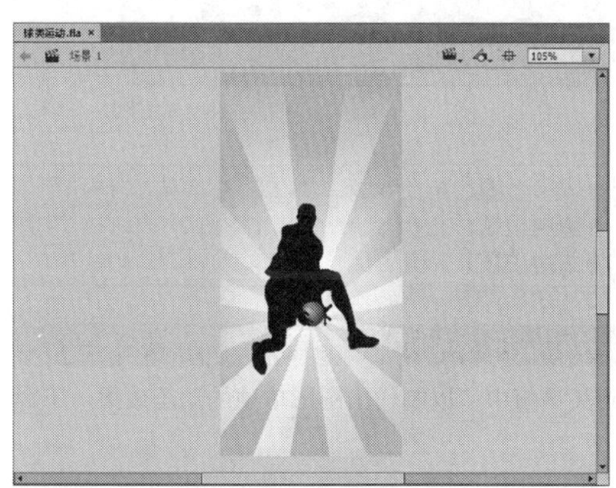

图12-132 打开一个素材文件

STEP 02 在“时间轴”面板中，查看现有的帧对象，如图12-133所示。

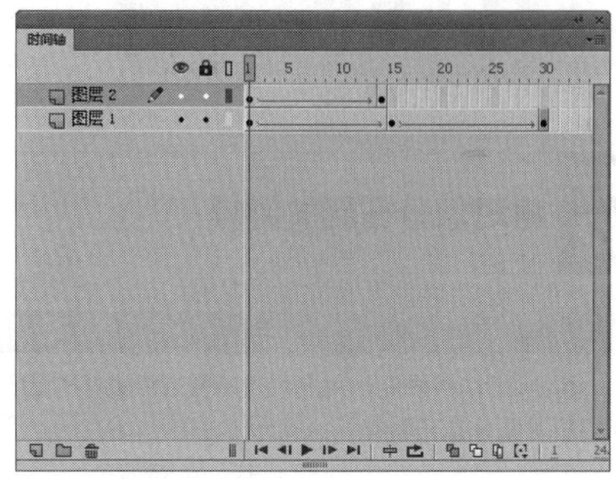

图12-133 查看现有的帧对象

STEP 03 在“时间轴”面板中，选择“图层2”图层，此时该图层右侧的帧全部被选中了，如图12-134所示。

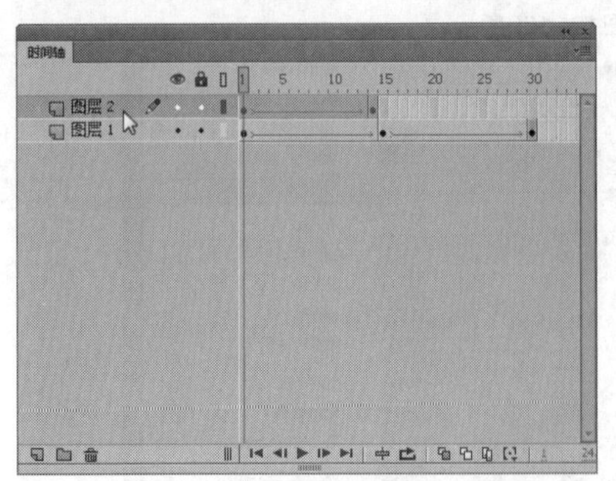

图12-134 选择“图层2”图层

STEP 04 将鼠标移至第1帧的关键帧上，鼠标指针呈带矩形的箭头形状，如图12-135所示。

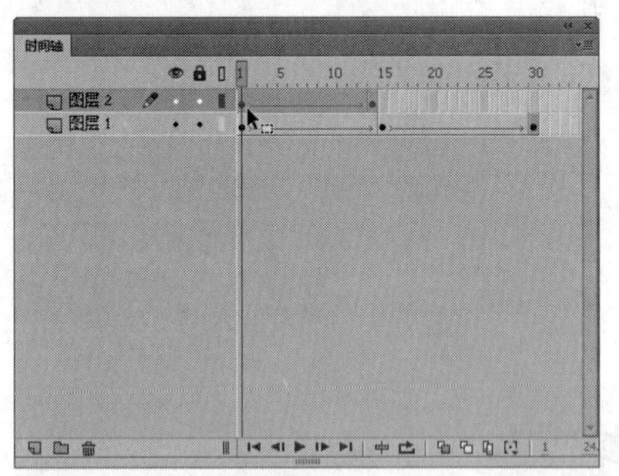

图12-135 指针呈带矩形的箭头形状

STEP 05 单击鼠标左键并向右拖曳至合适位置，此时显示帧移动的范围，以蓝色矩形线表示，如图12-136所示。

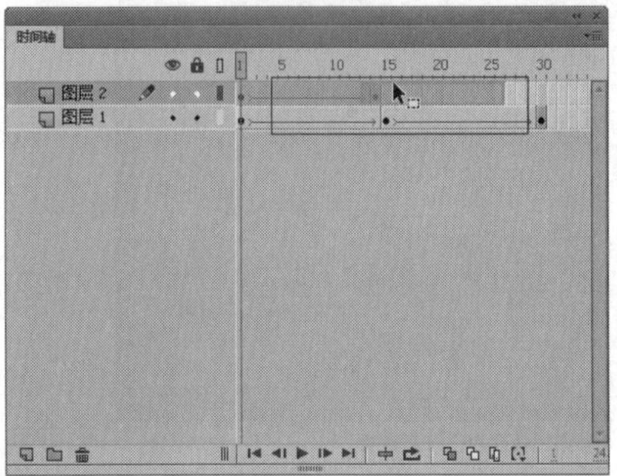

图12-136 向右拖曳至合适位置

STEP 06 释放鼠标左键，即可扩展关键帧，如图12-137所示。

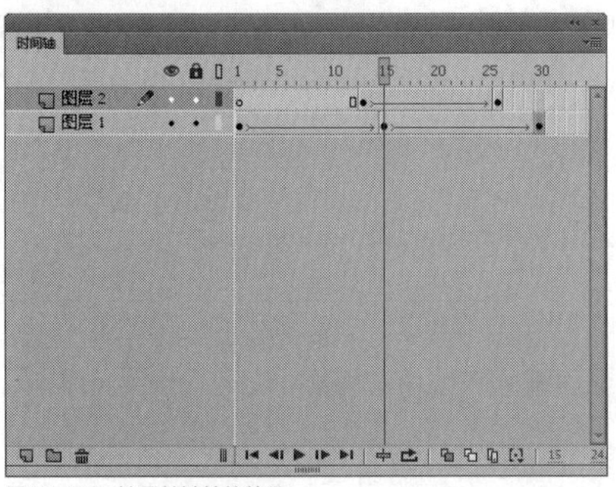

图12-137 扩展关键帧的效果

STEP 07 在“时间轴”面板下方，单击“播放”按钮▶，预览舞台中扩展关键帧后的图形动画效果，如图12-138所示。

图12-138 预览舞台中的图形动画效果

实战372 将对象分布到关键帧

- 实例位置：光盘\效果\第12章\全城舞动.fla
- 素材位置：光盘\素材\第12章\全城舞动.fla
- 视频位置：光盘\视频\第12章\实战372.mp4

• 实例介绍 •

在Flash CC工作界面中，用户可以将图层中的多个图形对象分布到关键帧中，以制作出图形单独的动画效果。下面向读者介绍将对象分布到关键帧的操作方法。

• 操作步骤 •

STEP 01 单击“文件”|“打开”命令，打开一个素材文件，如图12-139所示。

图12-139 打开一个素材文件

STEP 02 在“时间轴”面板中，选择需要分布的关键帧内容，如图12-140所示。

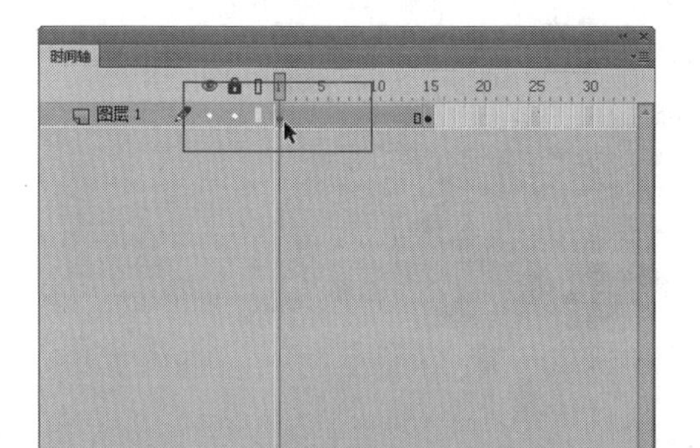

图12-140 选择需要分布的关键帧内容

STEP 03 在菜单栏中，单击“修改”|“时间轴”|“分布到关键帧”命令，如图12-141所示。

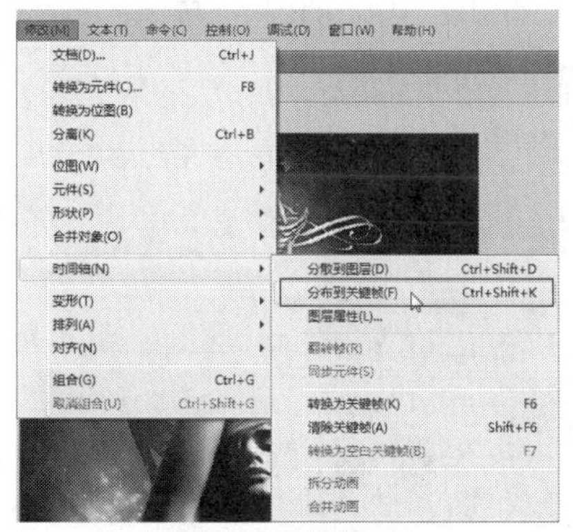

图12-141 单击“分布到关键帧”命令

STEP 04 执行操作后，即可将内容分布到关键帧中，如图12-142所示。

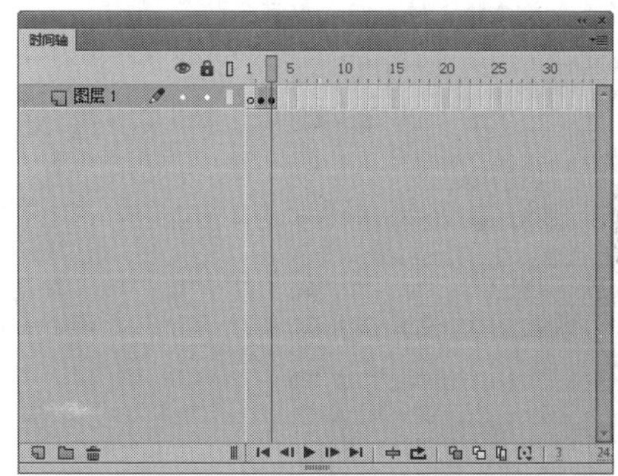

图12-142 将内容分布到关键帧中

技巧点拨

在Flash CC工作界面中，用户还可以通过以下两种方法执行“分布到关键帧”命令。

➢ 按【Ctrl+Shift+K】组合键。

➢ 单击“修改”|“时间轴”菜单，在弹出的菜单列表中按【F】键，也可以快速执行“分布到关键帧”命令。

12.4 设置帧属性

在Flash CC工作界面中，区分不同关键帧的方法就是为关键帧设置不同的属性。本节主要向读者介绍设置帧属性的操作方法，主要包括标签帧、注释帧、锚记帧以及指定可打印帧等内容，希望读者熟练掌握本节操作要点。

实战373 标签帧

▶ 实例位置：光盘\效果\第12章\什锦啤酒.fla

▶ 素材位置：光盘\素材\第12章\什锦啤酒.fla

▶ 视频位置：光盘\视频\第12章\实战373.mp4

• 实例介绍 •

在Flash CC工作界面中，标签是绑定在指定的关键帧上的标记，当移动、插入或删除帧时，标签会随指定的关键帧移动，在脚本中指定关键帧时，一般使用标签帧。标签包含在发布后的Flash影片中，所以应该使用尽量短的标签以减小文件的大小。本节主要向读者介绍标签帧的操作方法，希望读者熟练掌握。

• 操作步骤 •

STEP 01 单击“文件”|“打开”命令，打开一个素材文件，如图12-143所示。

图12-143 打开一个素材文件

STEP 02 在“时间轴”面板的“图层1”中，选择需要标记的关键帧对象，这里选择第14帧，如图12-144所示。

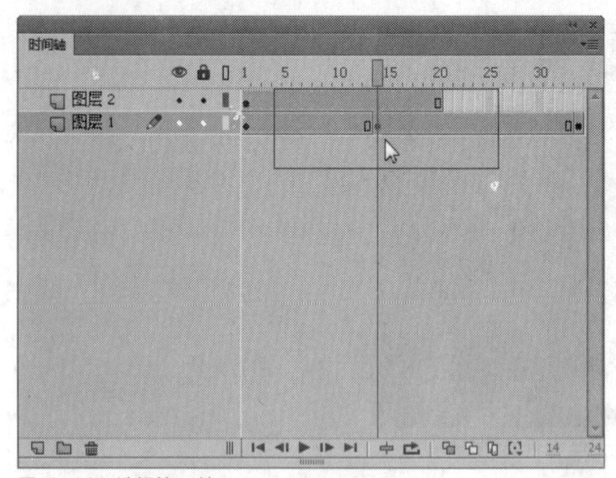

图12-144 选择第14帧

STEP 03 在“属性”面板的“标签”选项区中，下方显示了一个“名称”文本框，如图12-145所示。

图12-145 显示“名称”文本框

STEP 04 选择一种合适的输入法，在其中设置“标签”的名称，这里输入“动画背景”，如图12-146所示。

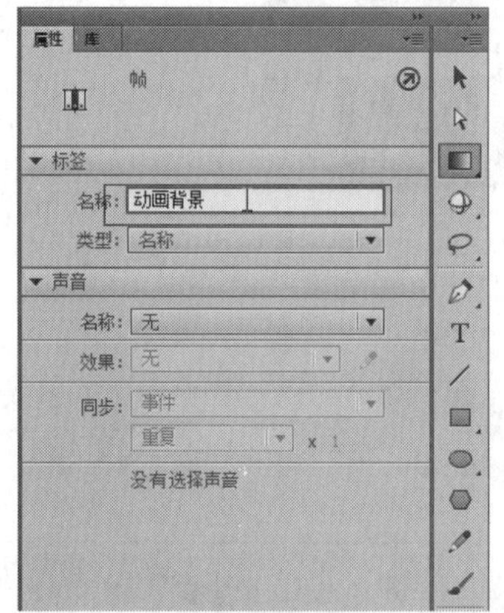

图12-146 输入“动画背景”

STEP 05 输入完成后，按【Enter】键确认，即可在“时间轴”面板中设置标签帧，被标签的帧上显示一个小红旗标记，如图12-147所示。

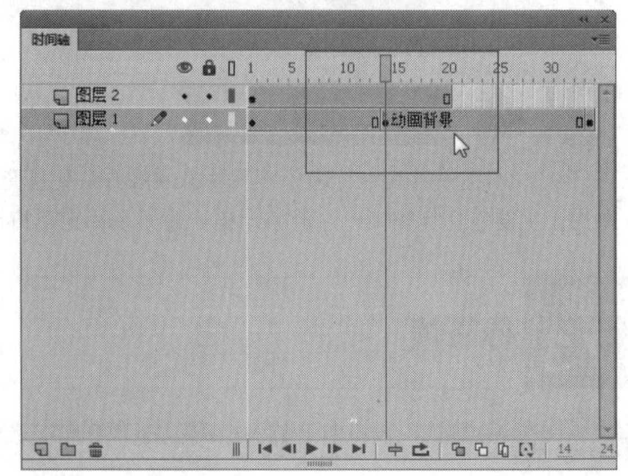

图12-147 设置标签帧

知识拓展

在Flash CC工作界面中，如果用户需要修改洋葱皮的显示模式，可单击“修改标记”按钮，在弹出的列表框中，可选择相应的选项，来控制洋葱皮的显示模式，如图12-148所示。

在“修改标记”列表框中，各主要选项含义如下。

➢ 始终显示标记：选择该选项，可开启或隐藏洋葱皮模式。

➢ 锚定标记：固定洋葱皮的显示范围，使其不随动画的播放而改变以洋葱皮模式显示的范围。

➢ 切换标记范围：可以切换洋葱皮的显示范围。

➢ 标记范围2：选择该选项，可以以当前帧为中心的前后2帧范围内以洋葱皮模式显示。

➢ 标记范围5：选择该选项，可以以当前帧为中心的前后5帧范围内以洋葱皮模式显示。

➢ 标记所有范围：选择该选项，可以标记所有的范围以洋葱皮模式显示。

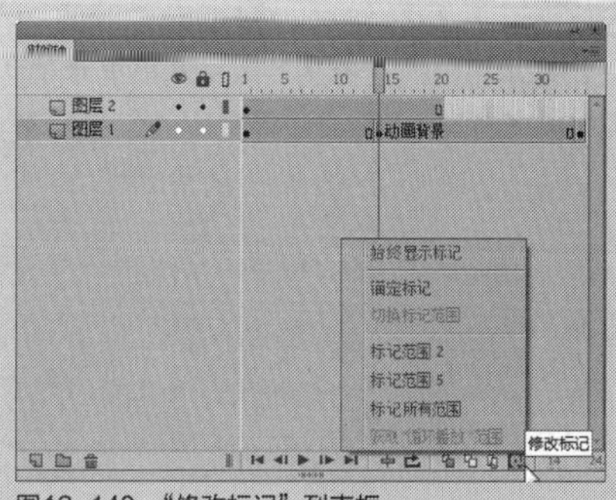

图12-148 “修改标记”列表框

实战 374 注释帧

▶ 实例位置：光盘\效果\第12章\新品汉堡.fla
▶ 素材位置：光盘\素材\第12章\新品汉堡.fla
▶ 视频位置：光盘\视频\第12章\实战374.mp4

• 实例介绍 •

在Flash CC工作界面中，用户不仅可以为关键帧添加标签名称，还可以为关键帧添加相关的注释文本，下面向读者介绍设置注释帧的操作方法。

• 操作步骤 •

STEP 01 单击“文件”|“打开”命令，打开一个素材文件，如图12-149所示。

图12-149 打开一个素材文件

STEP 02 在“时间轴”面板的“图层1”中，选择需要注释的关键帧对象，这里选择第15帧，如图12-150所示。

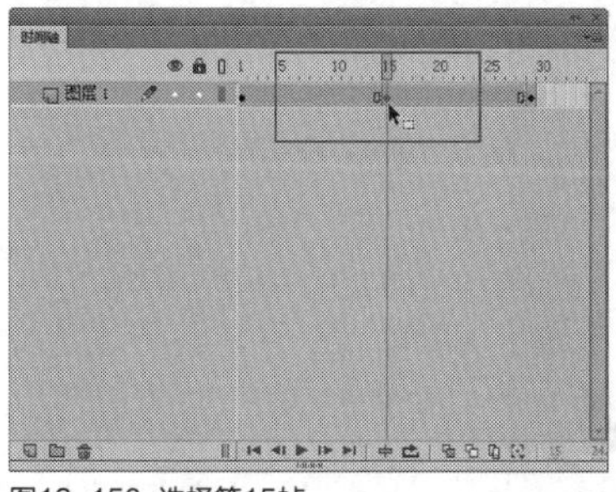

图12-150 选择第15帧

知识拓展

在Flash CC工作界面中，注释帧就像脚本中使用的注释文本一样，其目的在于对动画的内容作出解释，使动画制作人员方便把握动画的编辑流程。在多人合作开发一个Flash影片时，注释显得尤其重要。

STEP 03 在“属性”面板的“标签”选项区中，下方显示了一个“名称”文本框，在其中输入相关注释内容，这里输入“//需加代码”文本，如图12-151所示。

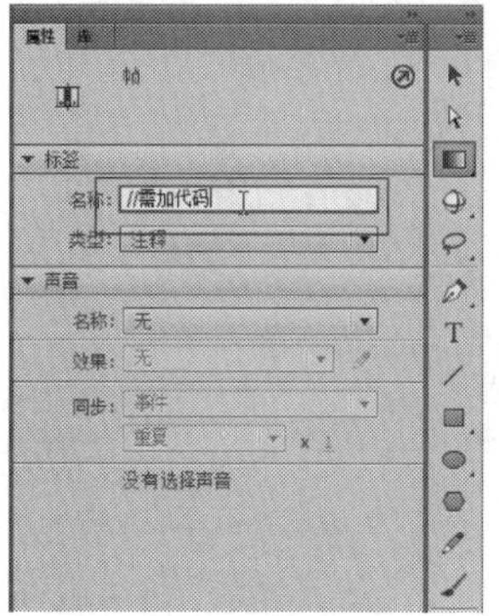

图12-151 输入相关注释内容

STEP 04 在“属性”面板中，单击“类型”右侧的下三角按钮，在弹出的列表框中选择“注释”选项，如图12-152所示。

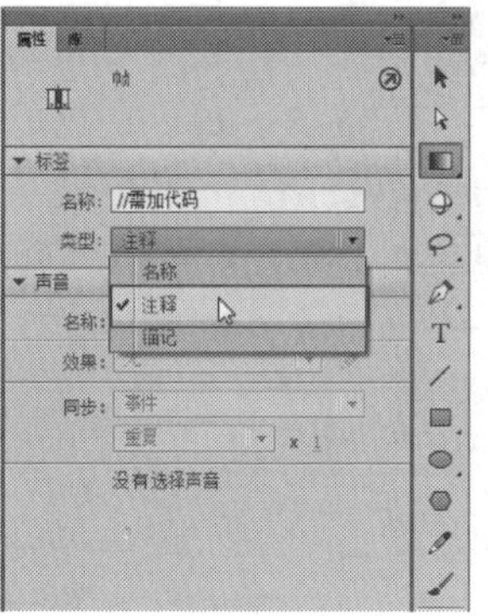

图12-152 选择“注释”选项

STEP 05 执行操作后，即可在“时间轴”面板的关键帧上，显示相关的注释文本，文本前显示了两条绿色斜线，如图12-153所示，完成注释文本的添加操作。

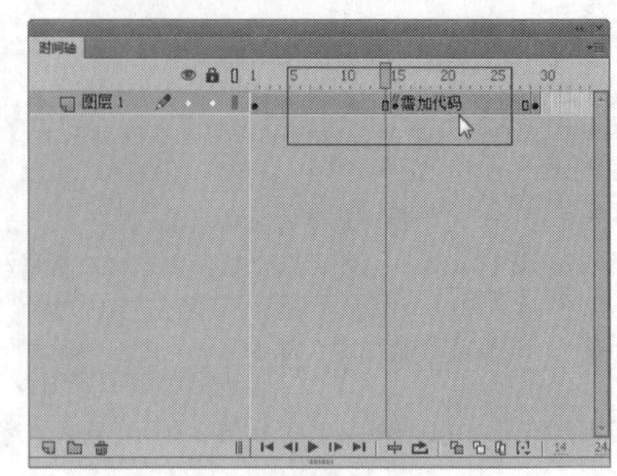

图12-153 显示相关的注释文本

实战375 锚记帧

▶实例位置：光盘\效果\第12章\卡通漫画.fla
▶素材位置：光盘\素材\第12章\卡通漫画.fla
▶视频位置：光盘\视频\第12章\实战375.mp4

• 实例介绍 •

在Flash CC工作界面中，锚记帧可以使浏览网页变得更加方便，可以使用浏览器中的导航按钮从一个帧跳到另一个帧，或从一个场景跳到另一个场景，从而使Flash影片的导航变得简单。下面向读者介绍设置锚记帧的操作方法。

• 操作步骤 •

STEP 01 单击“文件”|“打开”命令，打开一个素材文件，如图12-154所示。

图12-154 打开一个素材文件

STEP 02 在“时间轴”面板的“图层1”中，选择需要锚记的关键帧对象，这里选择第10帧，如图12-155所示。

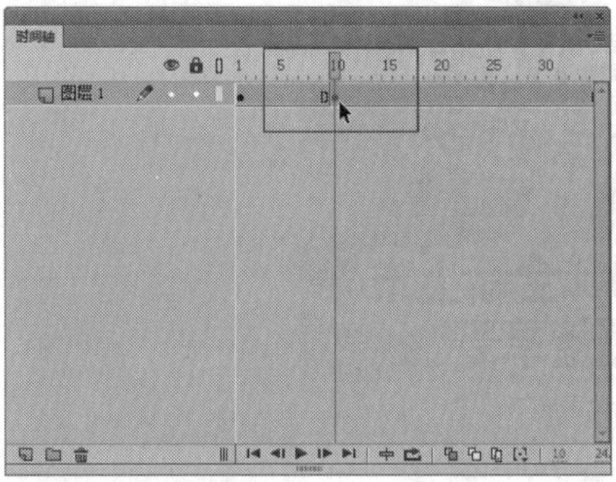

图12-155 选择第10帧

STEP 03 在“名称”文本框中输入锚记内容，这里输入“xiaomeiren”文本，如图12-156所示。

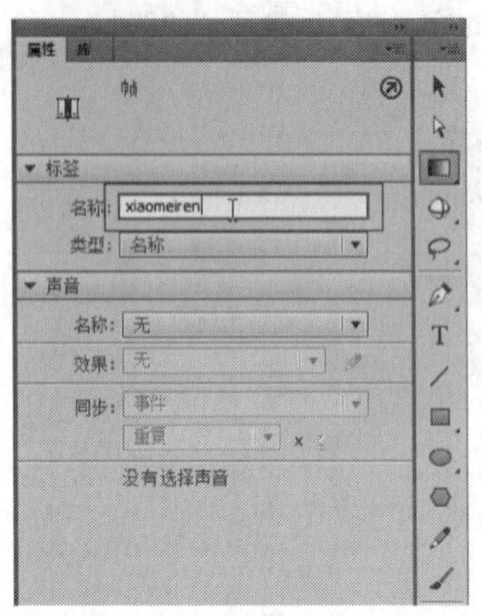

图12-156 输入相关锚记内容

STEP 04 在“属性”面板中，单击“类型”右侧的下三角按钮，在弹出的列表框中选择“锚记”选项，如图12-157所示。

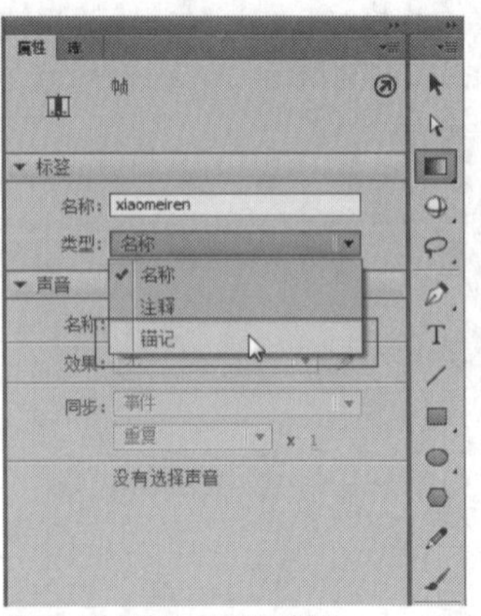

图12-157 选择“锚记”选项

STEP 05 执行操作后，即可在“时间轴”面板的关键帧上，显示锚记文本，锚记文本的关键帧上显示了一朵小黄花标记，如图12-158所示。

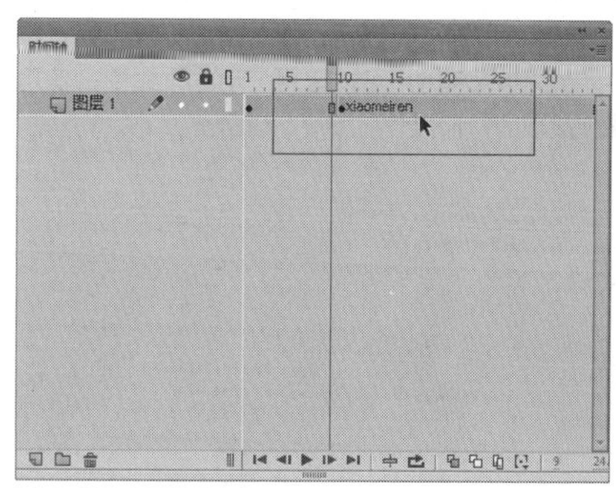

图12-158 显示锚记文本

实战 376 指定可打印帧

▶实例位置：光盘\效果\第12章\科技时代.fla
▶素材位置：光盘\素材\第12章\科技时代.fla
▶视频位置：光盘\视频\第12章\实战376.mp4

• 实例介绍 •

在Flash CC工作界面中，用户还可以在“时间轴”面板中为关键帧设置相应的名称来指定需要打印的帧对象，然后运用“动作”命令，使用Print函数来完成帧的打印操作。下面向读者介绍指定可打印帧的操作方法。

• 操作步骤 •

STEP 01 单击“文件”|“打开”命令，打开一个素材文件，如图12-159所示。

图12-159 打开一个素材文件

STEP 02 在“时间轴”面板的“图层1”中，选择需要打印的关键帧对象，这里选择第20帧，如图12-160所示。

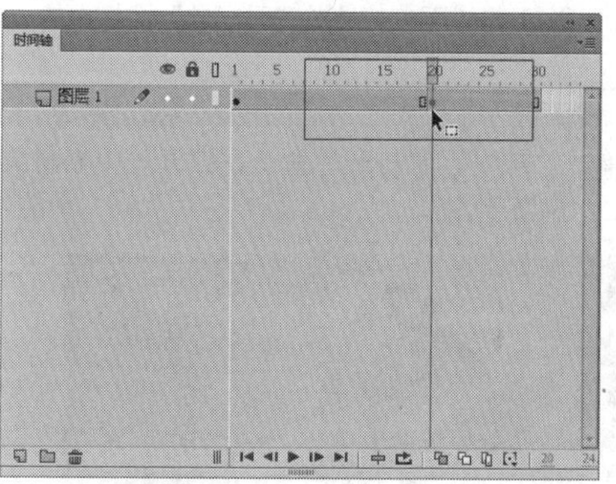

图12-160 选择第20帧

STEP 03 在“名称”文本框中输入相关内容，这里输入“#dayin”文本，如图12-161所示。

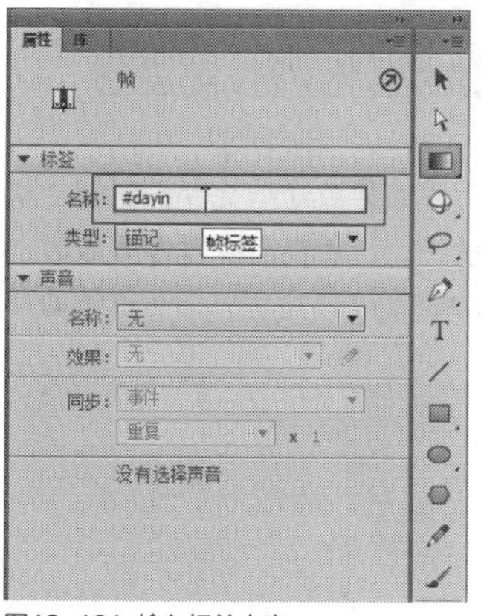

图12-161 输入相关内容

STEP 04 在“属性”面板中，单击“类型”右侧的下三角按钮，在弹出的列表框中选择“名称”选项，如图12-162所示。

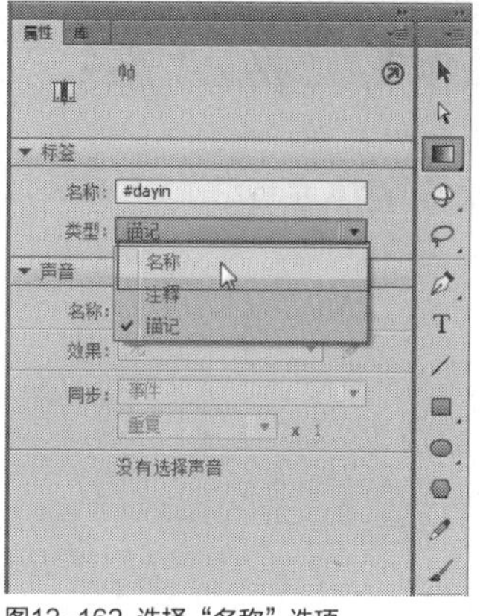

图12-162 选择“名称”选项

STEP 05 按【Enter】键进行确认，即可指定可打印帧，如图12-163所示。接下来用户可以运用“动作”命令，使用Print函数来完成帧的打印操作。

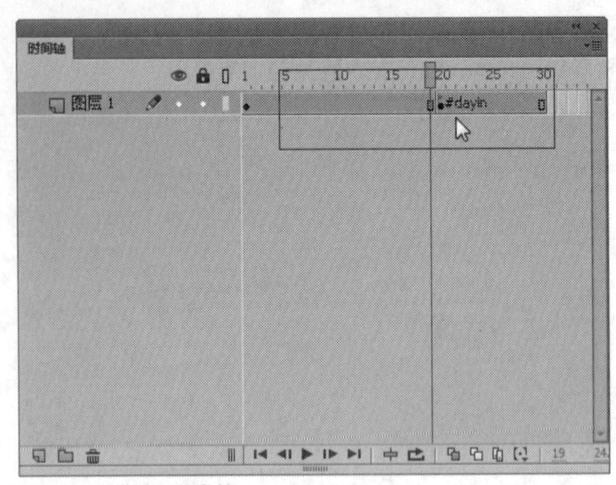

图12-163 指定可打印帧

12.5 播放与定位帧

在Flash CC工作界面中，用户可以对“时间轴”面板中的动画文件进行播放控制操作，如播放与暂停动画文件、后退一帧、前进一帧、转到第一帧以及转到最后一帧等。

实战377 播放与暂停动画

- 实例位置：无
- 素材位置：光盘\素材\第12章\快乐共享.fla
- 视频位置：光盘\视频\第12章\实战377.mp4

• 实例介绍 •

在Flash CC工作界面中，通过“时间轴”面板中的“播放”按钮，可以控制动画的播放进度。

• 操作步骤 •

STEP 01 单击“文件”|“打开”命令，打开一个素材文件，如图12-164所示。

图12-164 打开一个素材文件

STEP 02 在“时间轴”面板中，指定播放指针的起始位置，这里选择第6帧，如图12-165所示。

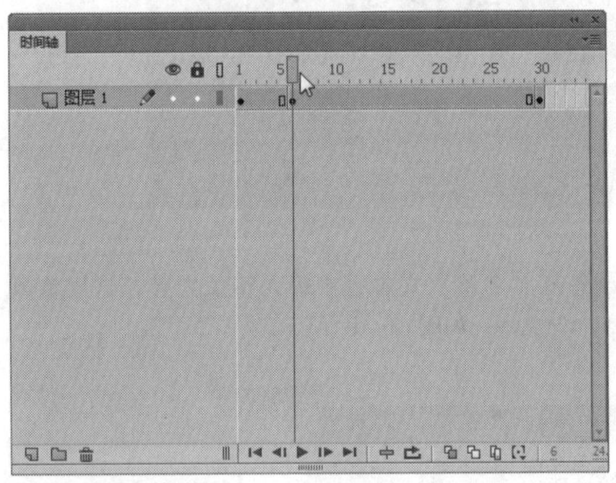

图12-165 选择第6帧

STEP 03 在“时间轴”面板的下方，单击“播放”按钮，如图12-166所示。

STEP 04 执行操作后，即可开始播放动画文件，此时“播放”按钮将变为“暂停”按钮，当用户需要暂停播放时，只需单击“暂停”按钮，如图12-167所示，即可暂停动画文件的播放操作。

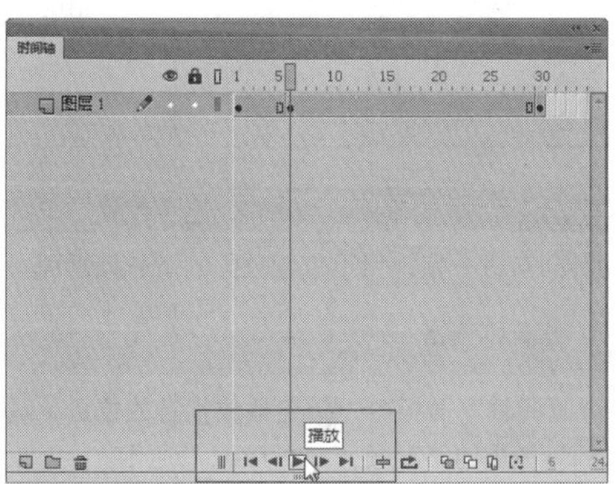

图12-166 单击“播放”按钮

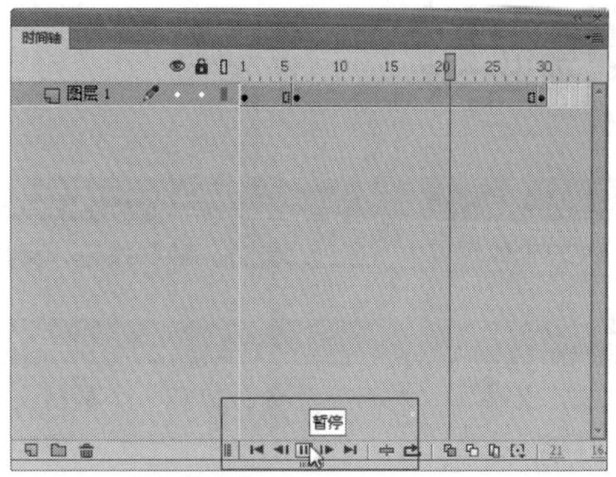

图12-167 单击“暂停”按钮

实战 378 后退一帧

▶ 实例位置：无
▶ 素材位置：光盘\素材\第12章\化妆品广告.fla
▶ 视频位置：光盘\视频\第12章\实战378.mp4

• 实例介绍 •

在Flash CC工作界面中，通过“后退一帧”按钮，用户可以将播放指针向后退一帧，用于精确定位播放指针的位置。

• 操作步骤 •

STEP 01 单击“文件”|“打开”命令，打开一个素材文件，如图12-168所示。

图12-168 打开一个素材文件

STEP 02 在“时间轴”面板中，指定播放指针，这里选择“图层1”图层的第16帧，如图12-169所示。

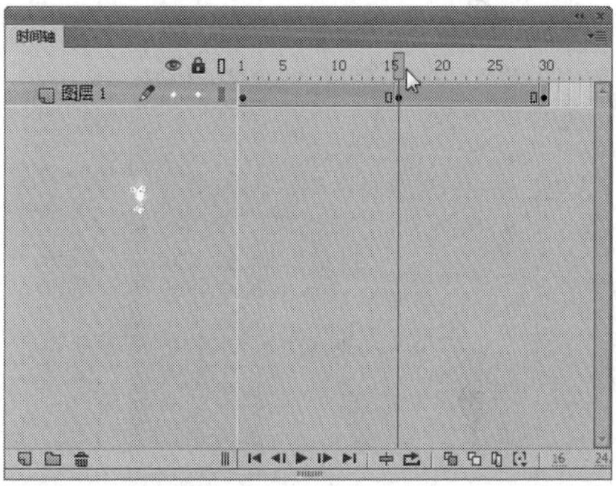

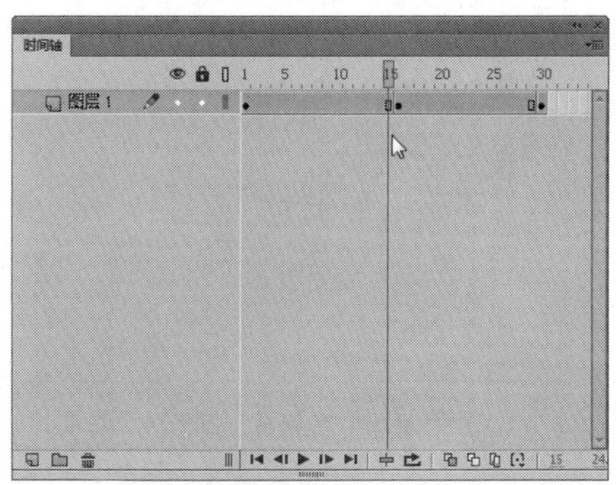
图12-169 选择第16帧

STEP 03 在“时间轴”面板下方，单击“后退一帧”按钮◀Ⅰ，如图12-170所示。

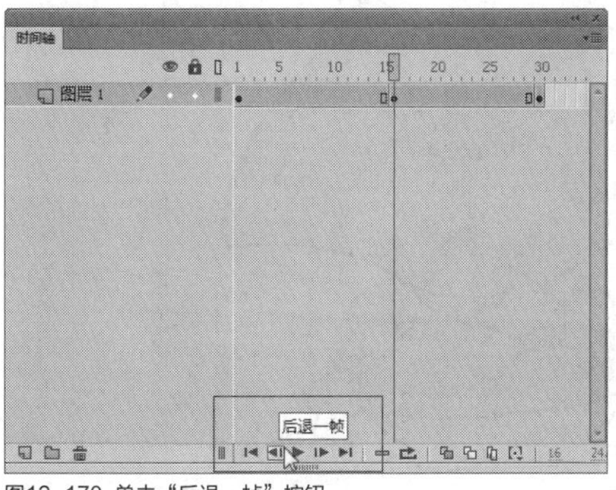

图12-170 单击“后退一帧”按钮

STEP 04 执行操作后，即可向后退一帧，如图12-171所示。

图12-171 向后退一帧的效果

实战379 前进一帧

▶实例位置：无
▶素材位置：光盘\素材\第12章\怎么办.fla
▶视频位置：光盘\视频\第12章\实战379.mp4

• 实例介绍 •

在Flash CC工作界面中，通过“前进一帧”按钮，用户可以将播放指针向前进一帧，用于查看动画的下一帧画面。

• 操作步骤 •

STEP 01 单击“文件”|“打开”命令，打开一个素材文件，如图12-172所示。

图12-172 打开一个素材文件

STEP 02 在“时间轴”面板中，指定播放指针的位置，这里选择“图层1”图层的第24帧，如图12-173所示。

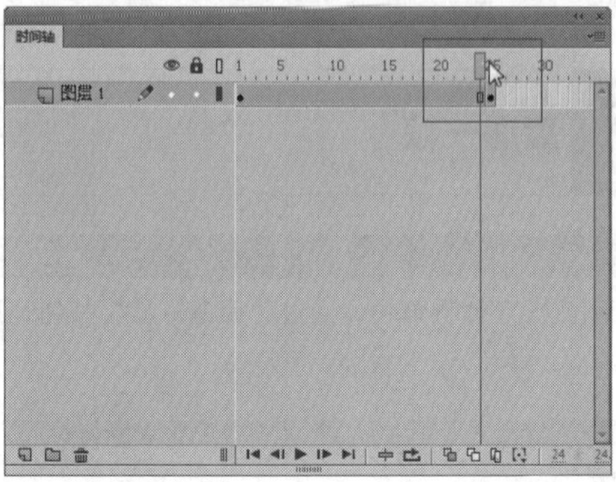

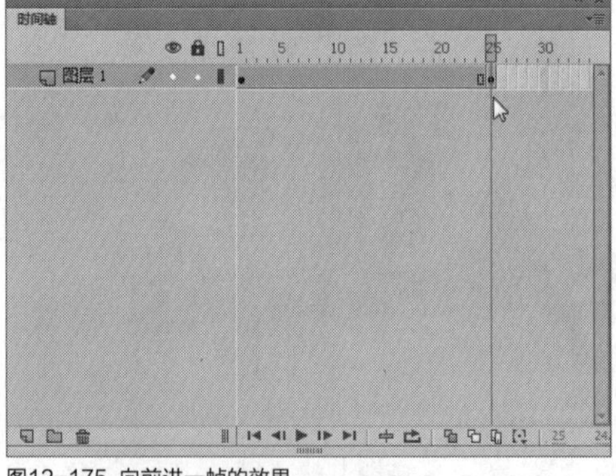

图12-173 选择第24帧

STEP 03 在“时间轴”面板下方，单击“前进一帧”按钮▶，如图12-174所示。

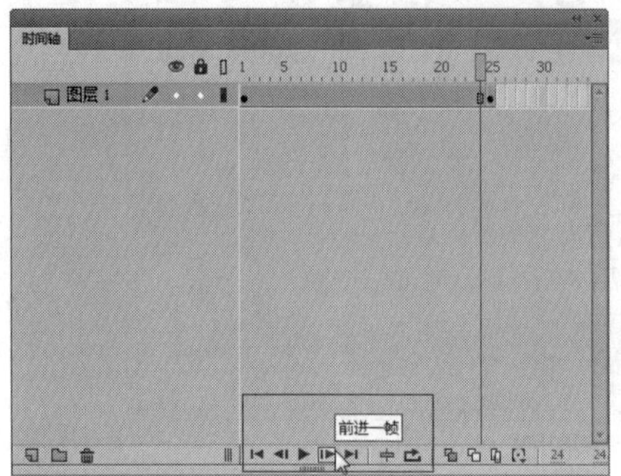

图12-174 单击“前进一帧”按钮

STEP 04 执行操作后，即可向前进一帧，如图12-175所示。

图12-175 向前进一帧的效果

STEP 05 在舞台中，用户可以查看前进一帧后的图形动画效果，如图12-176所示。

图12-176 前进一帧后的图形动画效果

技巧点拨

在Flash CC工作界面的“时间轴”面板中，将鼠标移至播放指针的顶端红色矩形块上，单击鼠标左键并向左或向右拖曳，也可以手动定位播放指针的位置。

实战 380 转到第一帧

▶实例位置：无
▶素材位置：光盘\素材\第12章\信件.fla
▶视频位置：光盘\视频\第12章\实战380.mp4

• 实例介绍 •

在Flash CC工作界面中，通过“转到第一帧”按钮，用户可以将播放指针转到图层的第1帧位置，用于查看动画的起始画面效果。

• 操作步骤 •

STEP 01 单击“文件”|“打开”命令，打开一个素材文件，如图12-177所示。

图12-177 打开一个素材文件

STEP 02 在“时间轴”面板中，指定播放指针的位置，这里选择“图层1”图层的第25帧，如图12-178所示。

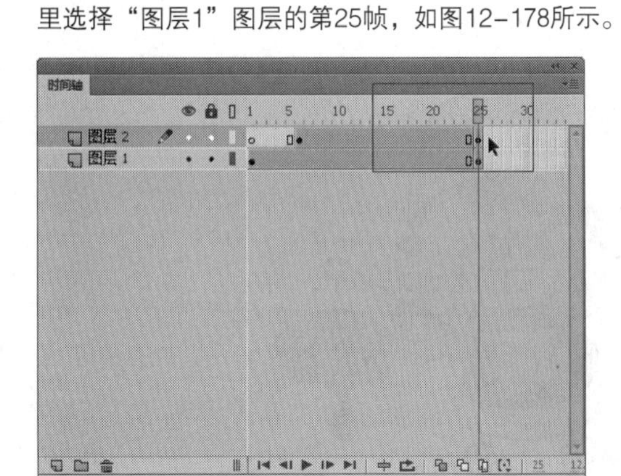

图12-178 选择第25帧

STEP 03 在“时间轴”面板下方，单击“转到第1帧”按钮 ，如图12-179所示。

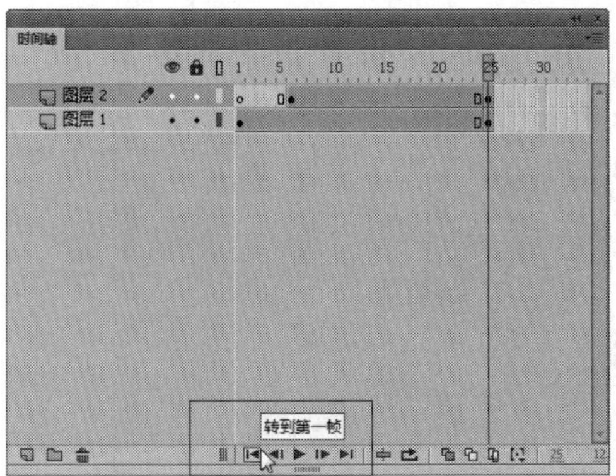

图12-179 单击“转到第1帧”按钮

STEP 04 执行操作后，即可转到“时间轴”面板中的第1帧位置，如图12-180所示。

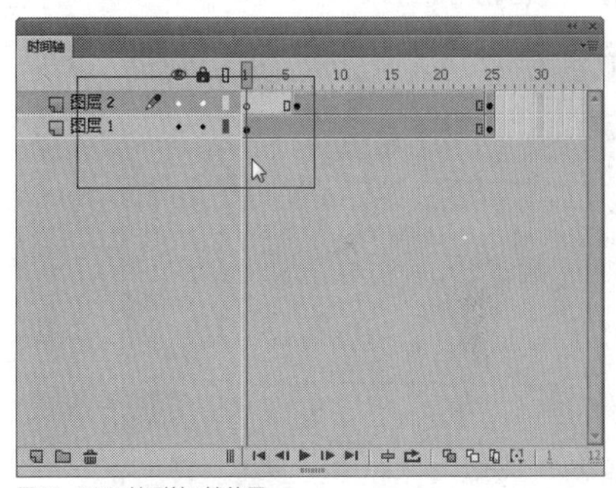

图12-180 转到第1帧位置

STEP 05 在舞台中，用户可以查看转到第1帧后的图形起始动画效果，如图12-181所示。

图12-181 查看第1帧图形动画效果

实战 381 转到最后一帧

▶实例位置：无
▶素材位置：光盘\素材\第12章\小卡通.fla
▶视频位置：光盘\视频\第12章\实战381.mp4

• 实例介绍 •

在Flash CC工作界面中，通过"转到最后1帧"按钮▶|，用户可以将播放指针转到图层的最后一帧位置，用于查看动画文件的最终画面效果。

• 操作步骤 •

STEP 01 单击"文件"|"打开"命令，打开一个素材文件，如图12-182所示。

图12-182 打开一个素材文件

STEP 02 在"时间轴"面板中，指定播放指针的位置，这里选择"图层1"图层的第11帧，如图12-183所示。

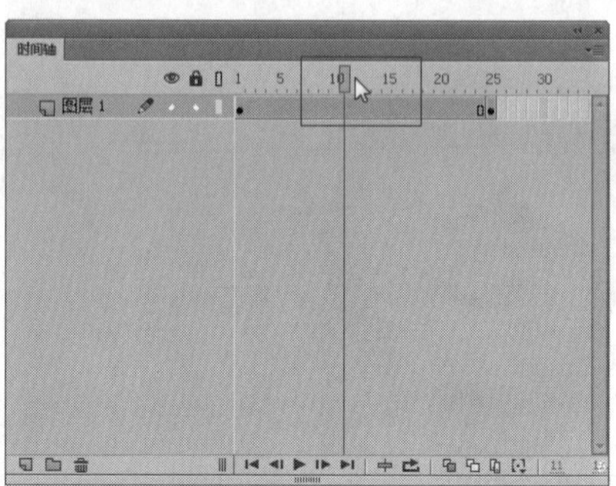

图12-183 选择第11帧

STEP 03 在"时间轴"面板下方，单击"转到最后1帧"按钮▶|，如图12-184所示。

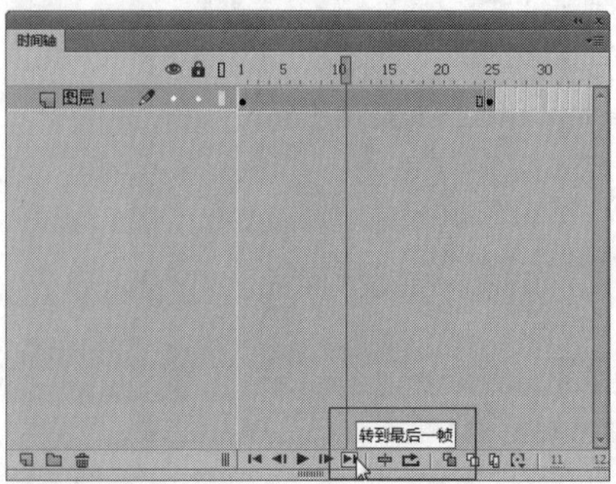

图12-184 单击"转到最后一帧"按钮

STEP 04 执行操作后，即可转到"时间轴"面板中的最后1帧位置，如图12-185所示。

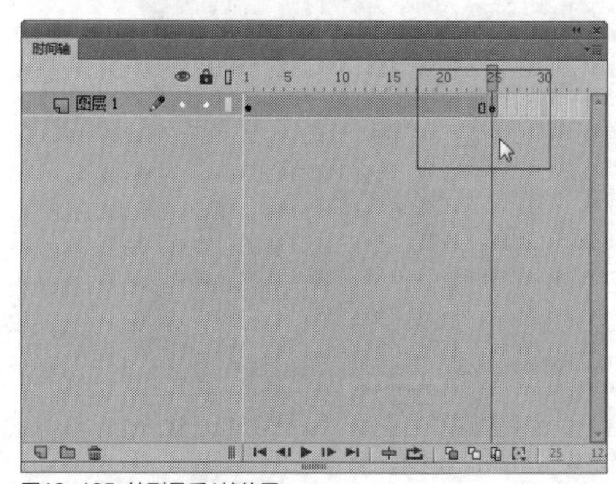

图12-185 转到最后1帧位置

STEP 05 在舞台中，用户可以查看转到最后1帧后的图形最终动画效果，如图12-186所示。

图12-186 查看图形最终动画效果

12.6 复制与粘贴帧动画

在Flash CC工作界面中，如果用户需要制作出一样的动画效果，此时可以对“时间轴”面板中的动画进行复制与粘贴操作，提高制作动画的效率，节约重复的工作时间。本节主要向读者介绍复制与粘贴帧动画的操作方法。

实战382 复制与粘贴帧动画

▶ 实例位置：光盘\效果\第12章\蝴蝶眼镜.fla
▶ 素材位置：光盘\素材\第12章\蝴蝶眼镜.fla
▶ 视频位置：光盘\视频\第12章\实战382.mp4

• 实例介绍 •

在Flash CC工作界面中，通过“复制动画”命令与“粘贴动画”命令，可以对“时间轴”面板中的帧动画进行复制与粘贴操作。

• 操作步骤 •

STEP 01 单击“文件”|“打开”命令，打开一个素材文件，如图12-187所示。

图12-187 打开一个素材文件

STEP 02 在“时间轴”面板中，选择需要复制的动画帧，如图12-188所示。

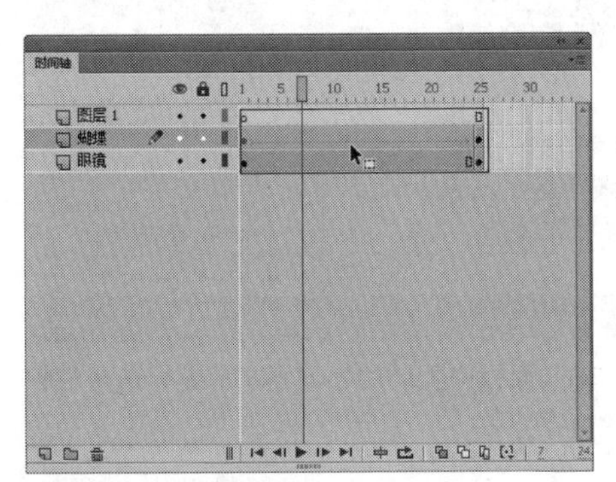

图12-188 选择需要复制的动画帧

STEP 03 在菜单栏中，单击“编辑”|“时间轴”|“复制动画”命令，如图12-189所示。

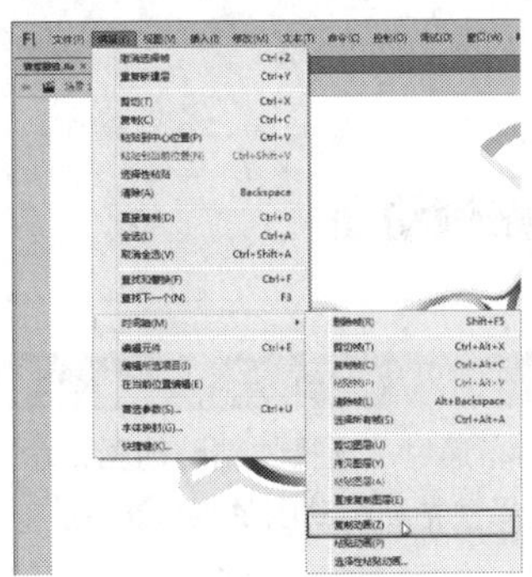

图12-189 单击“复制动画”命令

STEP 04 复制动画后，在“眼镜”图层中选择需要粘贴动画的帧位置，如图12-190所示。

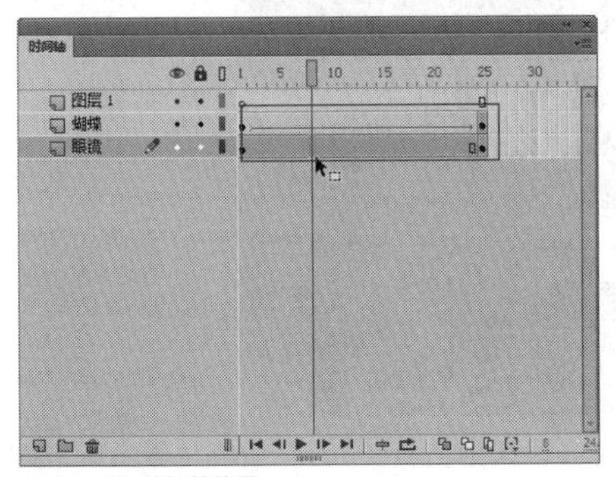

图12-190 选择帧位置

STEP 05 在菜单栏中，单击“编辑”|“时间轴”|“粘贴动画”命令，如图12-191所示。

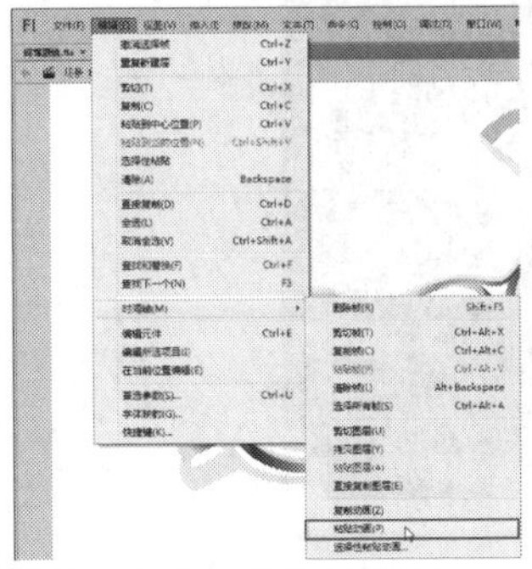

图12-191 单击“粘贴动画”命令

STEP 06 执行操作后，即可对复制的动画进行粘贴操作，如图12-192所示。

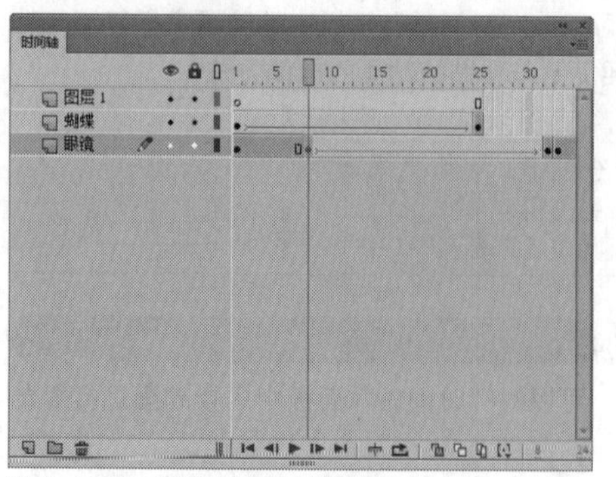

图12-192 对复制的动画进行粘贴操作

STEP 07 在舞台中，可以查看粘贴动画后的图形效果，如图12-193所示。

图12-193 查看粘贴动画后的图形效果

技巧点拨

在Flash CC工作界面中，用户在“时间轴”面板中选择需要复制的动画后，单击鼠标右键，在弹出的快捷菜单中选择“复制动画”选项，如图12-194所示，也可以复制动画文件；然后将鼠标定位至需要粘贴帧动画的位置，单击鼠标右键，在弹出的快捷菜单中选择“粘贴动画”选项，如图12-195所示，也可以快速粘贴动画文件。

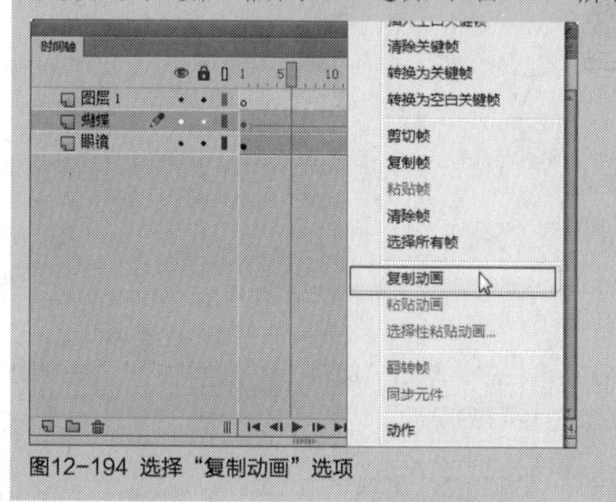

图12-194 选择“复制动画”选项

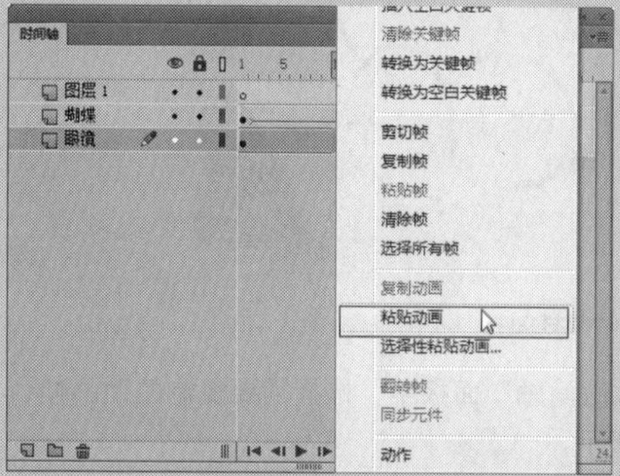

图12-195 选择“粘贴动画”选项

实战383 选择性粘贴帧动画

▶ 实例位置：光盘\效果\第12章\妇女节快乐.fla
▶ 素材位置：光盘\素材\第12章\妇女节快乐.fla
▶ 视频位置：光盘\视频\第12章\实战383.mp4

• 实例介绍 •

在Flash CC工作界面中，通过“选择性粘贴动画”命令，可以对“时间轴”面板中复制的帧动画文件进行选择性粘贴操作。下面向读者介绍选择性粘贴帧动画的操作方法。

• 操作步骤 •

STEP 01 单击“文件”|“打开”命令，打开一个素材文件，如图12-196所示。

图12-196 打开一个素材文件

STEP 02 在“时间轴”面板中，选择需要复制的动画帧，如图12-197所示。

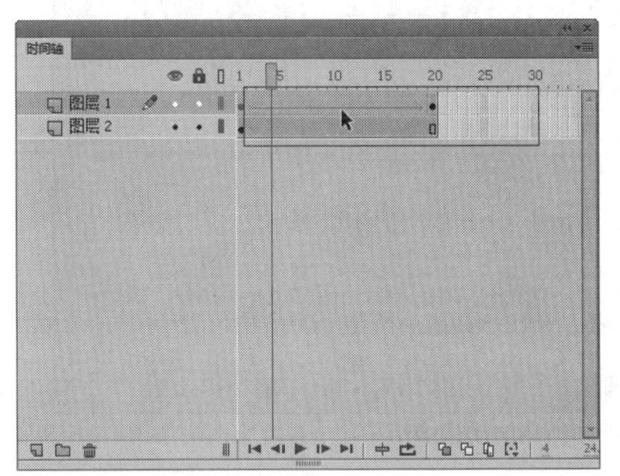

图12-197 选择需要复制的动画帧

STEP 03 在动画帧上，单击鼠标右键，在弹出的快捷菜单中选择“复制动画”选项，如图12-198所示。

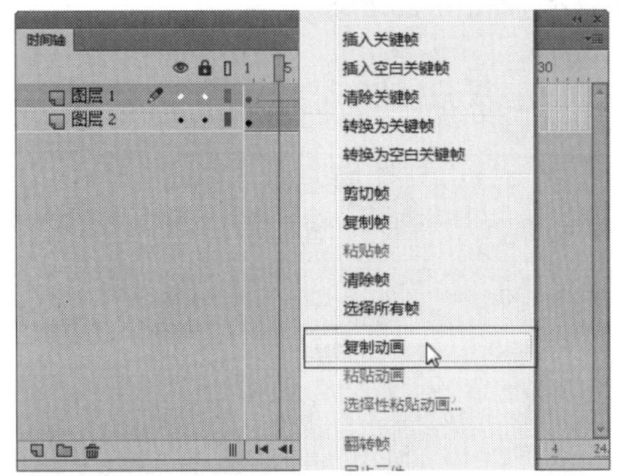

图12-198 选择“复制动画”选项

STEP 04 执行操作后，即可复制选择的动画帧，然后在“时间轴”面板的“图层2”中，选择需要粘贴动画帧的帧位置，如图12-199所示。

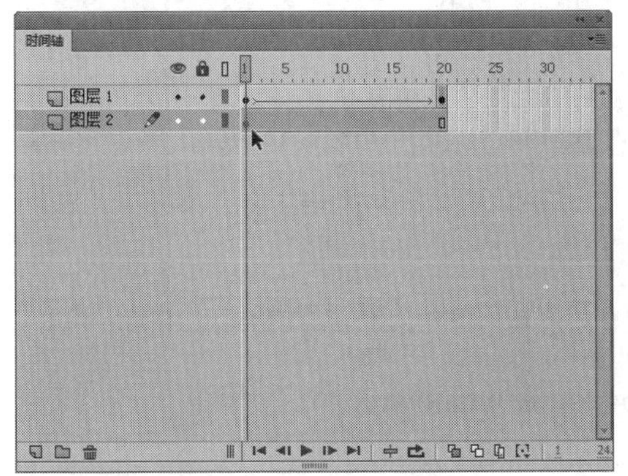

图12-199 选择需要粘贴动画帧的帧位置

STEP 05 在菜单栏中，单击“编辑”|“时间轴”|“选择性粘贴动画”命令，如图12-200所示。

图12-200 单击“选择性粘贴动画”命令

STEP 06 执行操作后，弹出“粘贴特殊动作”对话框，如图12-201所示。

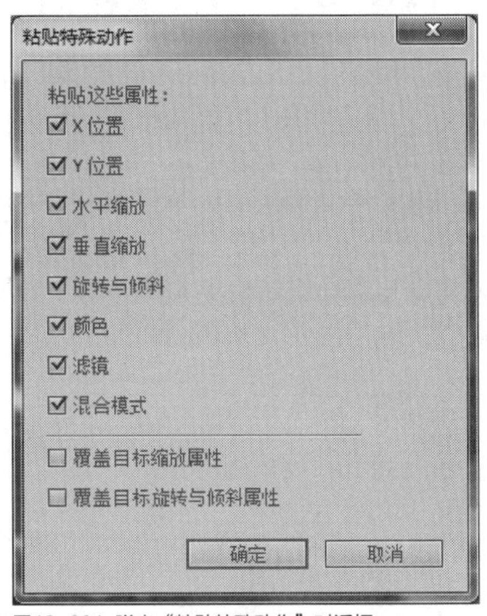

图12-201 弹出“粘贴特殊动作”对话框

STEP 07 在该对话框中，根据用户动画制作的需要，取消选中相应复选框，如图12-202所示。

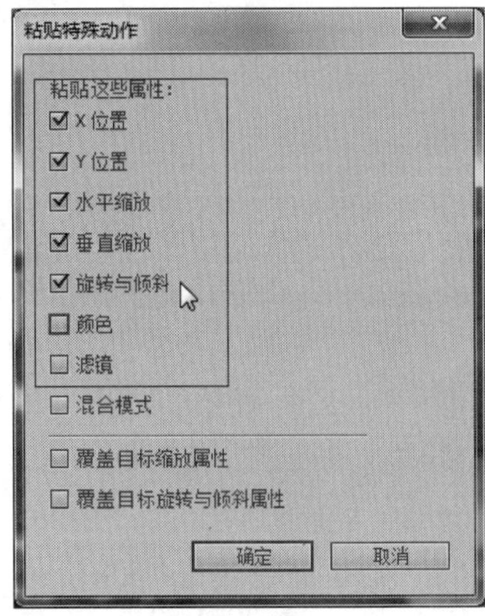

图12-202 取消选中相应复选框

STEP 08 单击“确定”按钮，即可在“时间轴”面板的“图层2”图层中，通过“选择性粘贴动画”命令对动画帧进行粘贴操作，如图12-203所示。

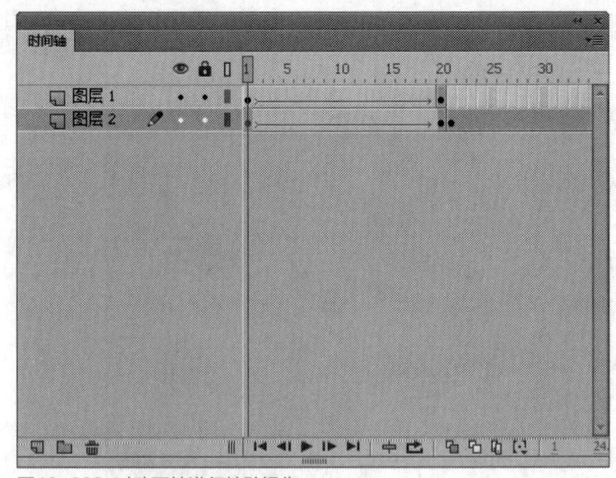

图12-203 对动画帧进行粘贴操作

技巧点拨

在Flash CC工作界面中，用户在“时间轴”面板中需要粘贴的帧位置，单击鼠标右键，在弹出的快捷菜单中选择“选择性粘贴动画”选项，如图12-204所示，在弹出的“粘贴特殊动作”对话框中也可以对动画帧进行选择性粘贴操作。

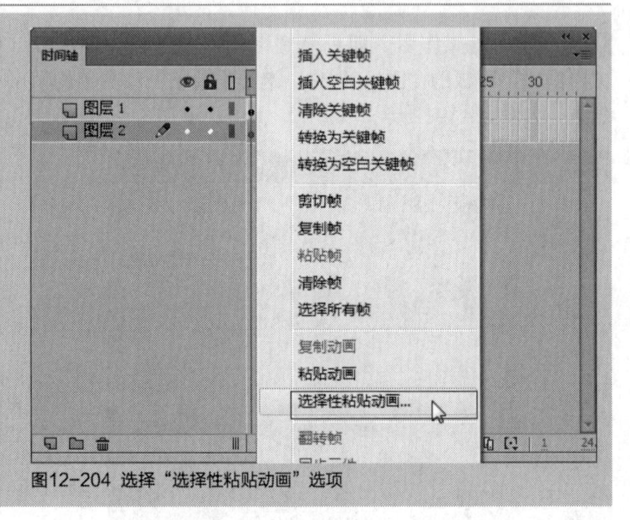

图12-204 选择“选择性粘贴动画”选项

第 13 章

应用元件和实例

本章导读

在创建和编辑Flash动画时，时刻都离不开元件、实例和库，它们在Flash动画的制作过程中发挥着重要的作用。元件是指在Flash中创建的图形、按钮或影片剪辑，可以重复使用的元素，实例则是元件在场景中的具体应用。

本章主要向读者详细介绍应用元件和实例的操作方法，主要包括创建元件、管理元件、编辑元件以及创建与编辑实例等内容。

要点索引

- 创建元件
- 管理元件
- 编辑元件
- 创建与编辑实例

13.1 创建元件

在Flash CC工作界面中，元件在制作Flash动画的过程中是不必可少的元素，元件可以反复使用，因而不必重复制作相同的部分，以提高工作效率。本节主要向读者介绍创建各种元件的操作方法。

实战384 创建图形元件

▶实例位置：光盘\效果\第13章\眺望.fla
▶素材位置：光盘\素材\第13章\眺望.fla
▶视频位置：光盘\视频\第13章\实战384.mp4

• 实例介绍 •

在Flash CC工作界面中，图形元件是最简单的一种元件，可以作为静态图片或动画来使用。在创建图形元件时，可以先创建一个空白元件，然后添加元素到元件中。

• 操作步骤 •

STEP 01 单击“文件”|“打开”命令，打开一个素材文件，如图13-1所示。

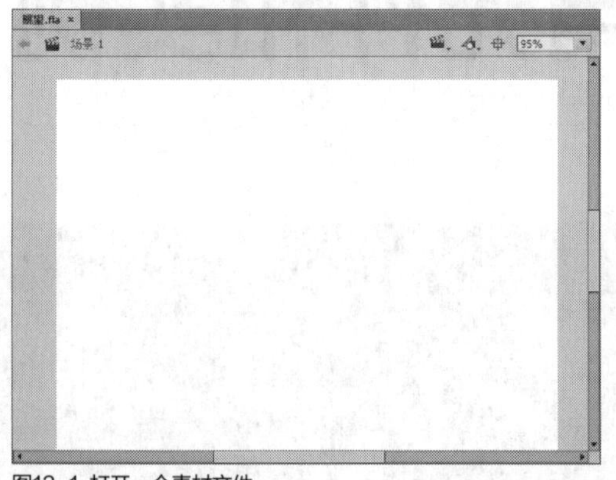

图13-1 打开一个素材文件

STEP 02 在菜单栏中，单击“插入”菜单，在弹出的菜单列表中单击“新建元件”命令，如图13-2所示。

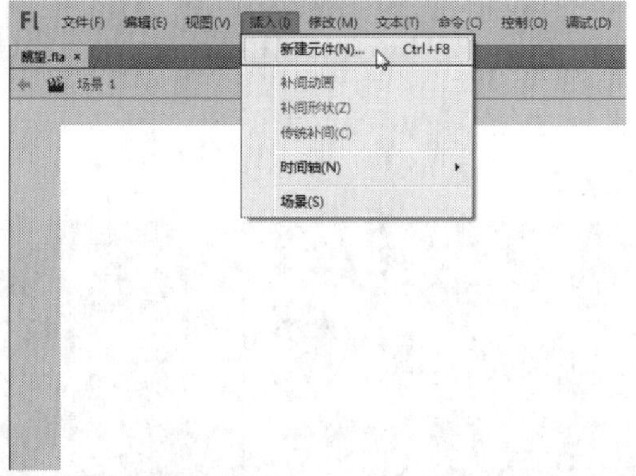

图13-2 单击“新建元件”命令

知识拓展

在Flash CC工作界面中，元件可以根据它们在影片中发挥作用的不同，分为图形、按钮和影片剪辑3种类型。它们在影片中发挥着各自的作用，是构成Flash动画的主体。

① 了解元件概念

元件是指在Flash影片中创建的图形、按钮和影片剪辑，是构成动画的基础，包含从其他程序中导入的插图。Flash电影中的元件就像影视剧中的演员、道具，都是具有独立身份的元素。

元件可以反复使用，因而不必重复制作相同的部分，以提高工作效率。元件一旦被创建后，就会自动添加到当前库中，当元件应用到动画中后，只要对元件进行修改，动画中的元件就会自动做出修改，在动画中运用元件可以减小动画文件的大小，提高动画的播放速度。

② 了解图形元件

在Flash CC中，图形元件是最常使用的元件，对于静态图像可以使用图形元件，例如矢量图和位图，它与影片的时间轴同步动作，交互式控件和声音不会在图形元件的动作序列中起作用，图形元件的图标为▣。

③ 了解影片剪辑元件

影片剪辑元件本身是一段动画，使用影片剪辑元件可创建重复使用的动画片段，并且可以独立播放，影片剪辑元件拥有自己独立于主时间轴的多帧时间轴，当播放主动画时，影片剪辑元件也在循环播放，它们包含交互式控件、声音甚至其他影片剪辑实例，也可以将影片剪辑实例放在按钮元件的“时间轴”面板内，以创建动画按钮，影片剪辑元件的图标为▣。

④ 了解按钮元件

按钮元件主要用于建立交互按钮，按钮的“时间轴”面板有特定的4帧，它们被称为状态，这4种状态分别为弹起、指针经过、按下和点击，用户可以在不同的状态下创建不同的内容。制作按钮，首先要制作与不同的按钮状态相关联的图形，为了使按钮有更好的效果，还可以在其中加入影片剪辑或音频文件。

此外，用户还可以创建字体元件，该元件用于导出字体，并在其他Flash影片中使用，按钮元件的图标为▣。

STEP 03 执行操作后，即可弹出“创建新元件”对话框，如图13-3所示。

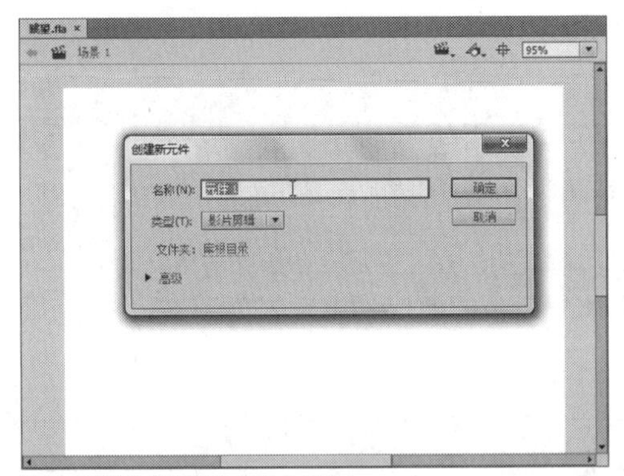

图13-3 弹出“创建新元件”对话框

STEP 04 选择一种合适的输入法，在“名称”右侧的文本框中输入元件的新名称，这里输入“矢量元件”，如图13-4所示。

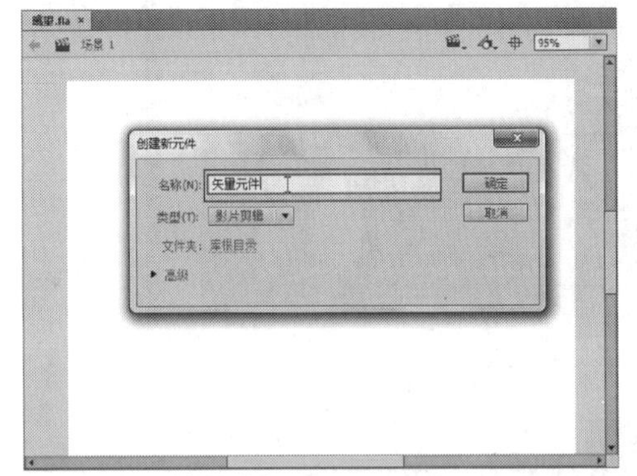

图13-4 输入元件的新名称

STEP 05 在对话框中，单击“类型”右侧的下三角按钮，在弹出的列表框中选择“图形”选项，如图13-5所示。

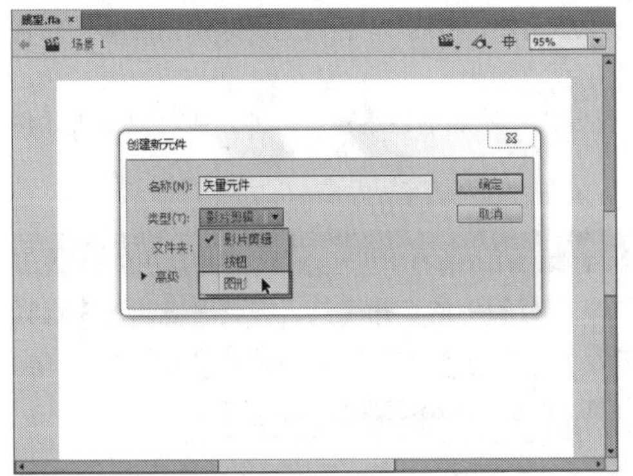

图13-5 选择“图形”选项

STEP 06 单击“确定”按钮，进入图形元件编辑模式，舞台区上方显示了图形元件的名称，如图13-6所示。

图13-6 显示了图形元件的名称

STEP 07 打开“库”面板，在其中选择“眺望.jpg”素材图像，如图13-7所示。

图13-7 选择素材图像

STEP 08 在选择的素材图像上，单击鼠标左键并拖曳，至舞台编辑区的适当位置后释放鼠标左键，即可创建图形元件，如图13-8所示。

图13-8 创建图形元件

STEP 09 以适合的舞台显示比例显示创建的图形元件，在舞台中查看图形元件的画面效果，如图13-9所示。

图13-9 查看图形元件的画面效果

技巧点拨

在Flash CC工作界面中，用户还可以通过以下两种方法创建图形元件。

➢ 按【Ctrl+F8】组合键，可以弹出“创建新元件”对话框。

➢ 单击菜单栏中的“插入”菜单，依次按【N】、【Enter】键，也可以弹出“创建新元件”对话框。

实战385 转换为图形元件

▶实例位置：光盘\效果\第13章\小女孩.fla
▶素材位置：光盘\素材\第13章\小女孩.fla
▶视频位置：光盘\视频\第13章\实战385.mp4

• 实例介绍 •

在Flash CC工作界面中编辑动画时，可以将已经存在的元素转换为图形元件，Flash会将该元件添加到库中，舞台中选择的对象此时就变成了该元件的一个实例。

在Flash CC工作界面中，用户不能直接编辑实例，而必须在元件编辑模式下才能进行编辑。另外，还可以更改元件的注册点。

• 操作步骤 •

STEP 01 单击“文件”|“打开”命令，打开一个素材文件，如图13-10所示。

图13-10 打开一个素材文件

STEP 02 选取工具箱中的选择工具，在舞台编辑区中选择需要转换为图形元件的素材图像，如图13-11所示。

图13-11 选择素材图像

STEP 03 在菜单栏中，单击“修改”菜单，在弹出的菜单列表中单击“转换为元件”命令，如图13-12所示。

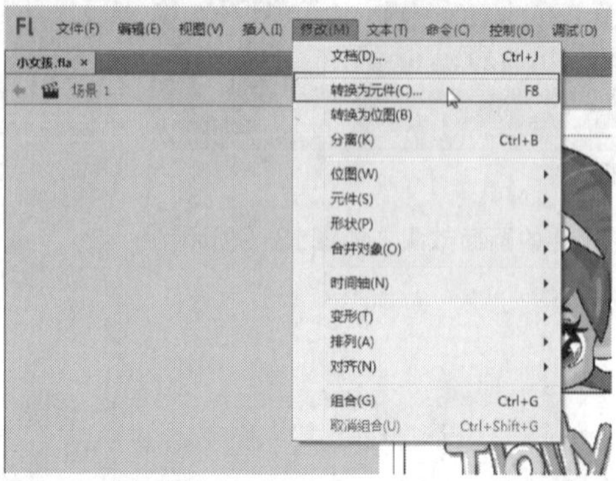

图13-12 单击“转换为元件”命令

STEP 04 执行操作后，弹出“转换为元件”对话框，在其中设置元件的“名称”为“图形元件”，如图13-13所示。

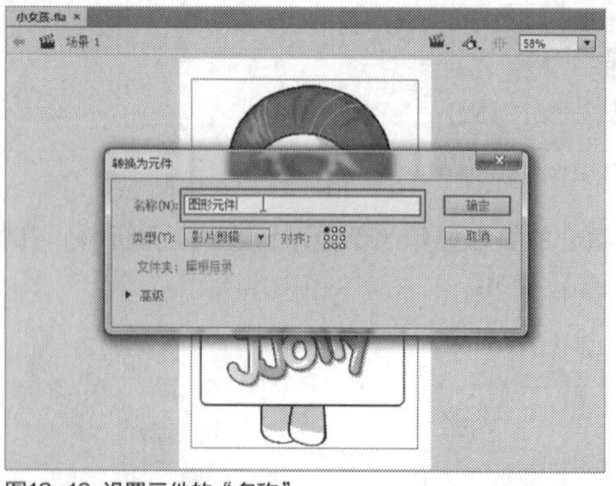

图13-13 设置元件的“名称”

STEP 05 在对话框中，单击“类型”右侧的下三角按钮，在弹出的列表框中选择“图形”选项，如图13-14所示。

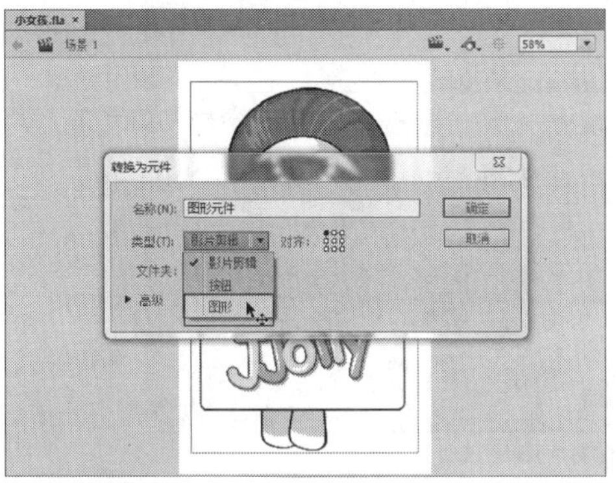

图13-14 选择“图形”选项

STEP 06 设置完成后，单击“确定”按钮，即可将舞台中选择的素材图像转换为图形元件，在“库”面板中可以查看转换的图形元件，如图13-15所示。

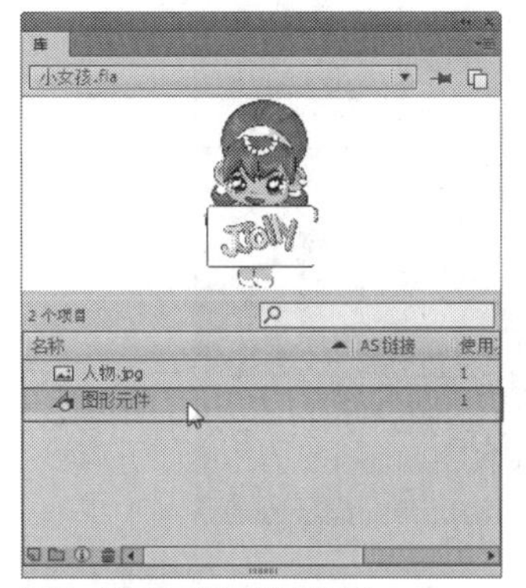

图13-15 查看转换的图形元件

技巧点拨

在Flash CC工作界面中，用户还可以通过以下两种方法将素材转换为图形元件。

➢ 选择需要转换的对象，按【F8】键。

➢ 选择需要转换的对象，单击鼠标右键，在弹出的快捷菜单中选择“转换为元件”选项，如图13-16所示。

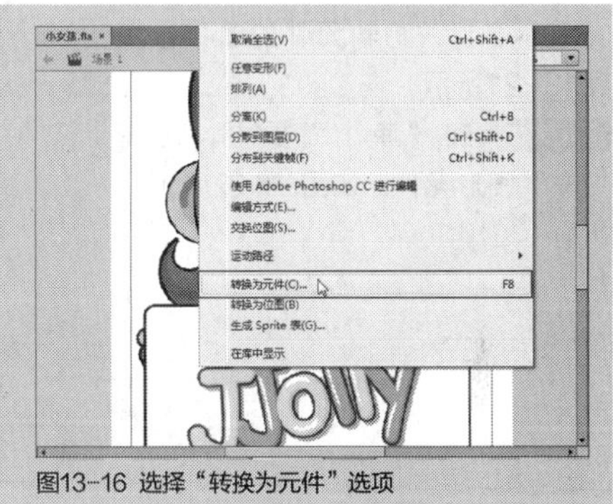

图13-16 选择“转换为元件”选项

实战 386 创建影片剪辑元件

▶ 实例位置：光盘\效果\第13章\公路上的车.fla
▶ 素材位置：光盘\素材\第13章\公路上的车.fla
▶ 视频位置：光盘\视频\第13章\实战386.mp4

• 实例介绍 •

在Flash CC工作界面中，如果某一个动画片段在多个地方使用，这时可以把该动画片段制作成影片剪辑元件。和创建图形元件一样，在创建影片剪辑时，可以创建一个新的影片剪辑，也就是直接创建一个空白的影片剪辑，然后在影片剪辑编辑区中对影片剪辑进行编辑。

• 操作步骤 •

STEP 01 单击“文件”|“打开”命令，打开一个素材文件，如图13-17所示。

STEP 02 单击“库”面板右上角的面板菜单按钮，在弹出的列表框中，选择“新建元件”选项，如图13-18所示。

图13-17 打开一个素材文件

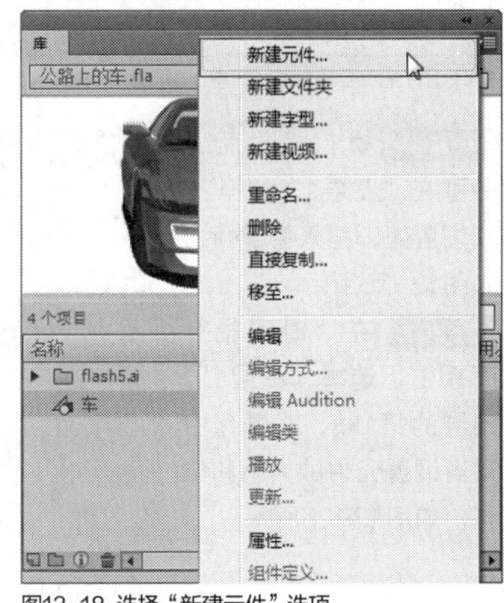

图13-18 选择“新建元件”选项

STEP 03 执行操作后，弹出“创建新元件”对话框，在其中设置“名称”为“移动的汽车”，如图13-19所示。

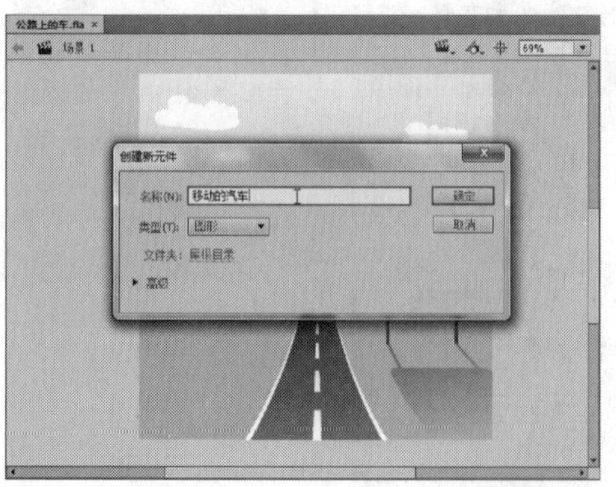

图13-19 设置“名称”

STEP 04 单击“类型”右侧的下三角按钮，在弹出的列表框中选择“影片剪辑”选项，如图13-20所示。

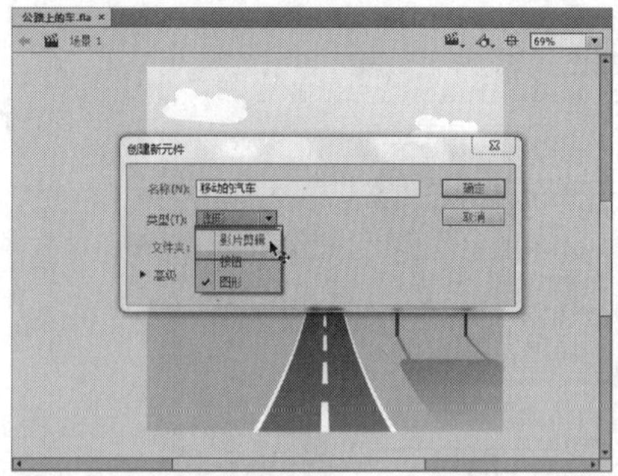

图13-20 选择“影片剪辑”选项

STEP 05 单击“确定”按钮，进入影片剪辑元件编辑模式，舞台区上方显示了影片剪辑元件的名称，如图13-21所示。

STEP 06 在“库”面板中，选择“车”图形元件，如图13-22所示。

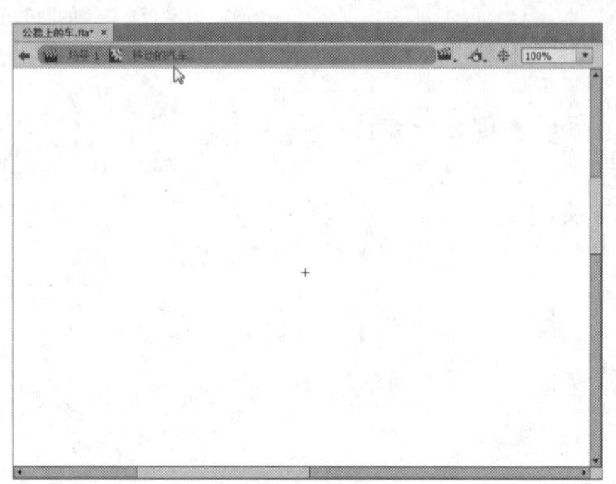

图13-21 进入影片剪辑元件编辑模式

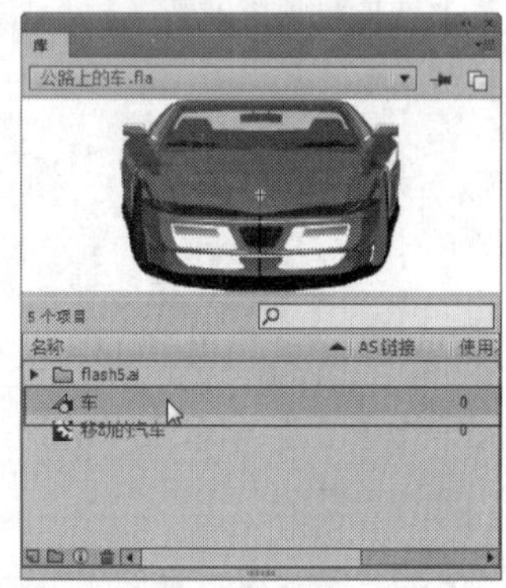

图13-22 选择“车”图形元件

STEP 07 将“库”面板中选择的图形元件，拖曳至影片剪辑元件的舞台编辑区中，如图13-23所示。

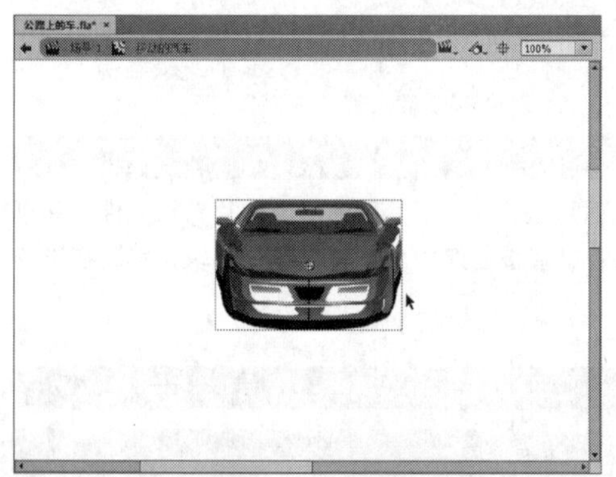

图13-23 拖曳至舞台编辑区中

STEP 08 选择“图层1”的第20帧，单击鼠标右键，在弹出的快捷菜单中选择“插入关键帧”选项，如图13-24所示。

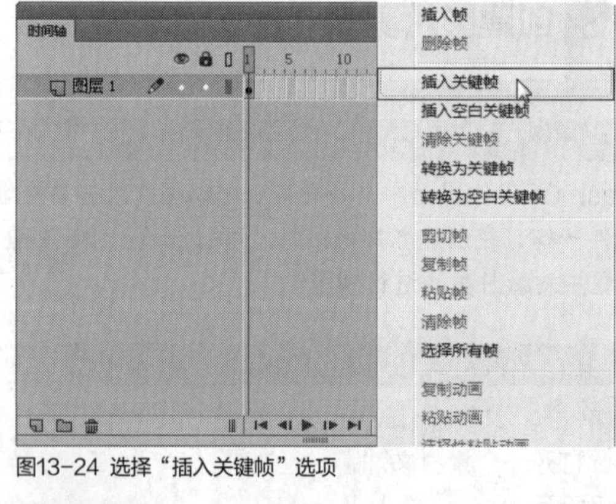

图13-24 选择“插入关键帧”选项

STEP 09 执行操作后，即可在“图层1”的第20帧位置处，插入关键帧，如图13-25所示。

STEP 10 在“时间轴”面板中，选择“图层1”图层的第1帧，在舞台中适当调整元件的大小和位置，如图13-26所示。

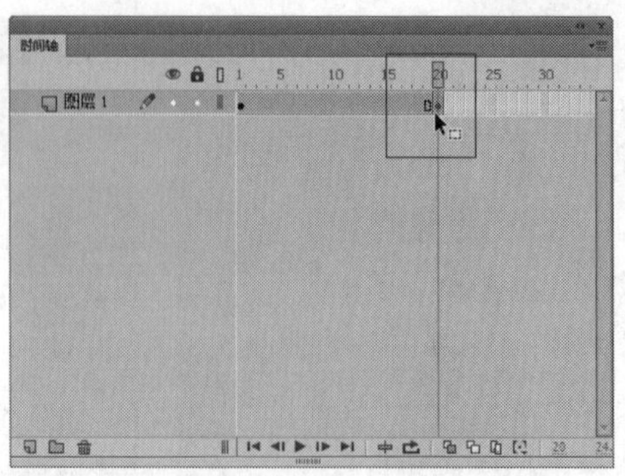

图13-25 插入关键帧

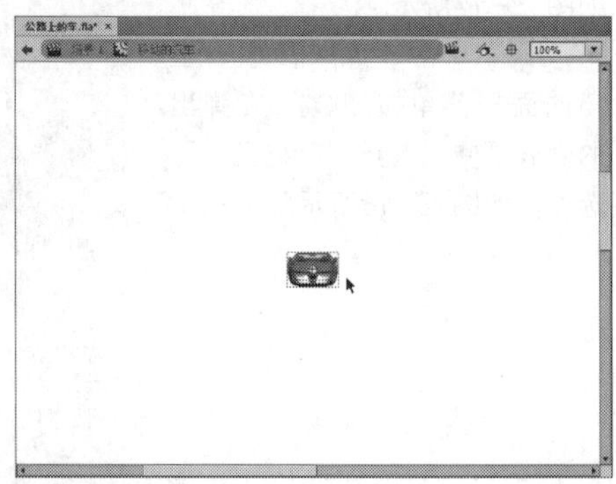

图13-26 调整元件的大小和位置

STEP 11 在“图层1”图层中的第1帧至第20帧中的任意一帧上，单击鼠标右键，在弹出的快捷菜单中选择“创建传统补间”选项，如图13-27所示。

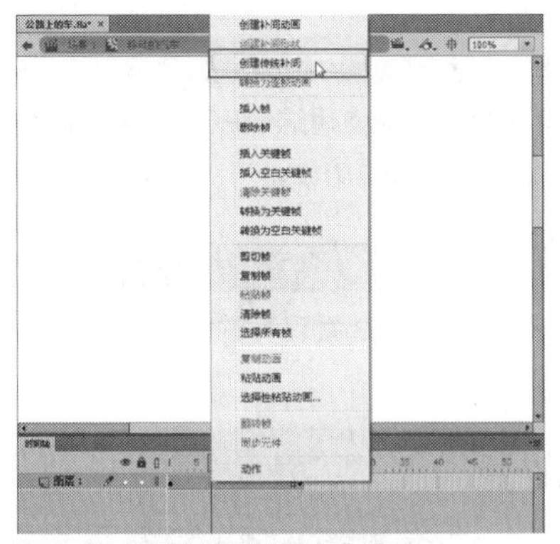

图13-27 选择“创建传统补间”选项

STEP 12 执行操作后，即可创建传统补间动画，如图13-28所示。

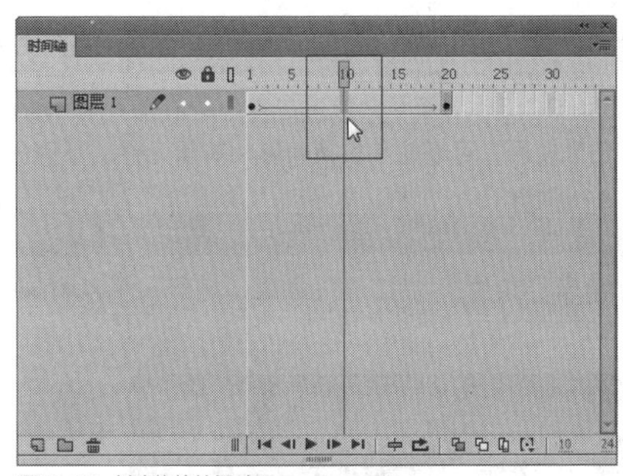

图13-28 创建传统补间动画

STEP 13 单击“场景1”超链接，在“库”面板中，选择“移动的汽车”影片剪辑元件，如图13-29所示。

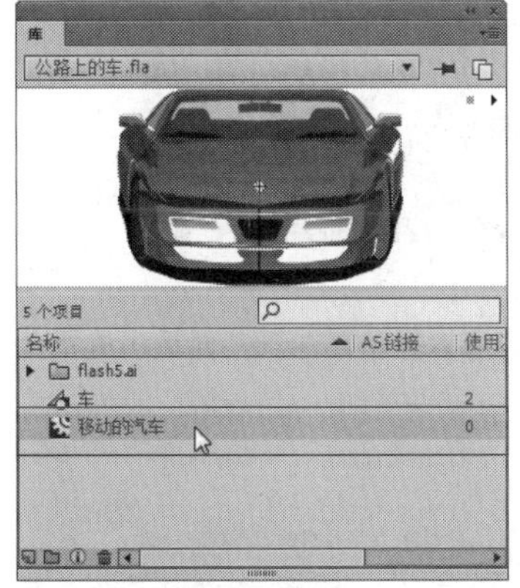

图13-29 选择影片剪辑元件

STEP 14 单击鼠标左键并将其拖曳至舞台中，调整影片剪辑元件至合适的位置，如图13-30所示。

图13-30 调整元件至合适的位置

STEP 15 单击“控制”|“测试”命令，测试创建的影片剪辑动画，效果如图13-31所示。

图13-31 测试创建的影片剪辑动画

知识拓展

在Flash CC工作界面中，影片剪辑元件是在主影片中嵌入的影片，可以为影片剪辑添加动画、动作、声音、其他元件以及其他影片剪辑。

实战 387 转换为影片剪辑元件

▶实例位置：光盘\效果\第13章\音乐国度.fla
▶素材位置：光盘\素材\第13章\音乐国度.fla
▶视频位置：光盘\视频\第13章\实战387.mp4

• 实例介绍 •

在Flash CC工作界面中，如果在舞台中创建了一个动画序列，并想在影片的其他位置重复使用这个序列，或将其作为一个实例来使用，可以将其转换为影片剪辑元件。下面向读者介绍转换为影片剪辑元件的操作方法。

• 操作步骤 •

STEP 01 单击“文件”|“打开”命令，打开一个素材文件，如图13-32所示。

图13-32 打开一个素材文件

STEP 02 在“时间轴”面板中，查看现有的帧动画效果，如图13-33所示。

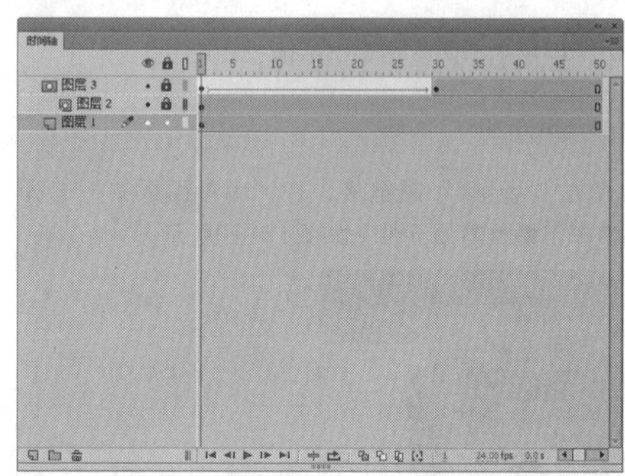

图13-33 查看现有的帧动画效果

STEP 03 在菜单栏中，单击“编辑”|“时间轴”|“选择所有帧”命令，如图13-34所示。

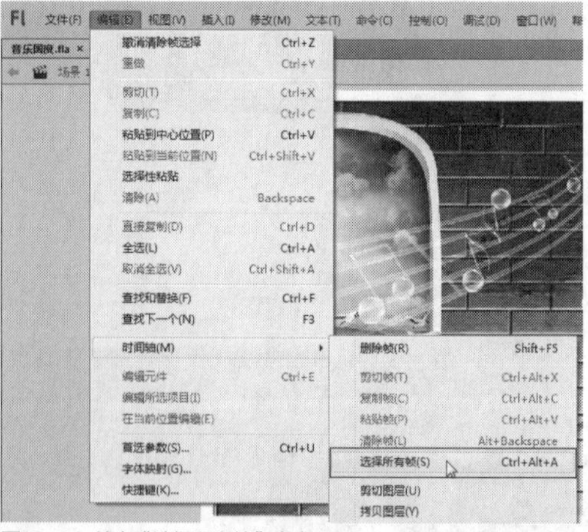

图13-34 单击“选择所有帧”命令

STEP 04 执行操作后，即可选择“时间轴”面板中的所有帧对象，如图13-35所示。

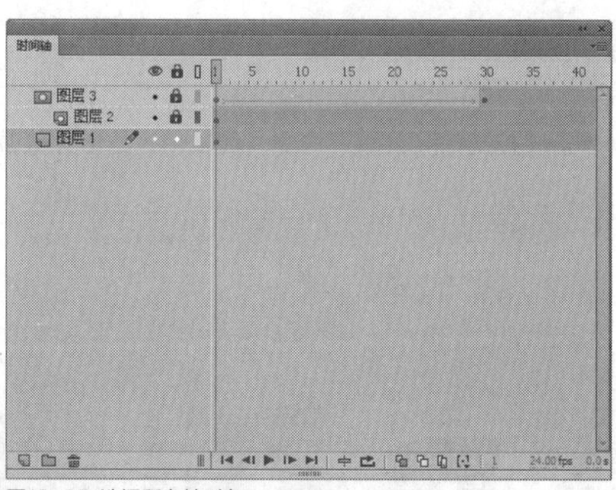

图13-35 选择所有帧对象

STEP 05 在菜单栏中，单击“编辑”|“时间轴”|“复制帧”命令，如图13-36所示。

STEP 06 复制选择的所有帧，然后单击“修改”菜单，在弹出的菜单列表中单击“转换为元件”命令，如图13-37所示。

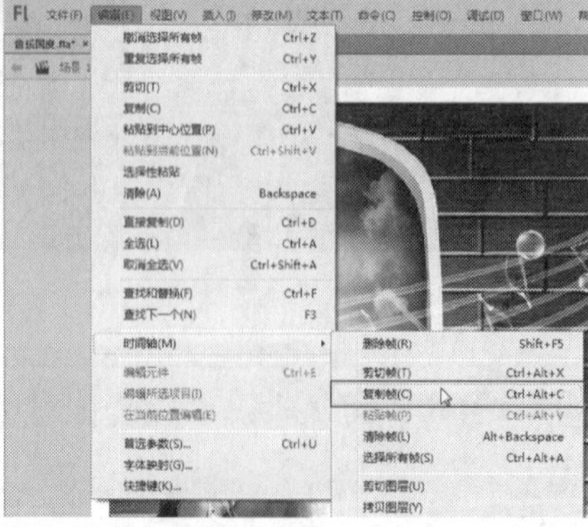

图13-36 单击“复制帧”命令

图13-37 单击“转换为元件”命令

STEP 07 执行操作后，弹出"转换为元件"对话框，在其中设置"名称"为"音乐国度"，如图13-38所示。

图13-38 设置"名称"

STEP 08 单击"类型"右侧的下三角按钮，在弹出的列表框中选择"影片剪辑"选项，如图13-39所示。

图13-39 选择"影片剪辑"选项

STEP 09 单击"确定"按钮，进入影片剪辑编辑模式，在"时间轴"面板中，选择"图层1"图层的第1帧，单击鼠标右键，在弹出的快捷菜单中选择"粘贴帧"选项，如图13-40所示。

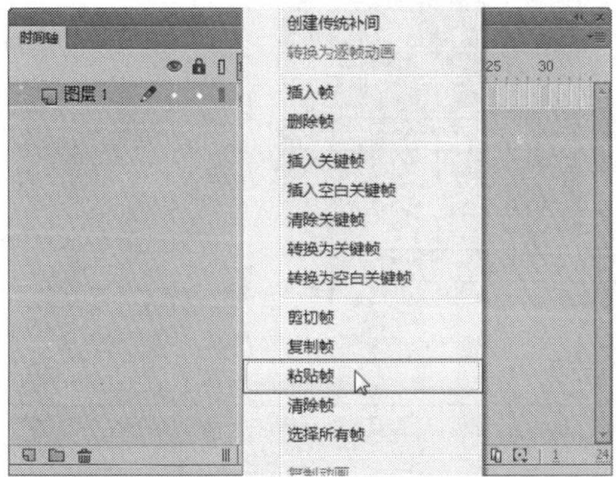

图13-40 选择"粘贴帧"选项

STEP 10 执行操作后，即可将前面复制的所有帧粘贴到影片剪辑元件编辑区的"时间轴"面板中，如图13-41所示。

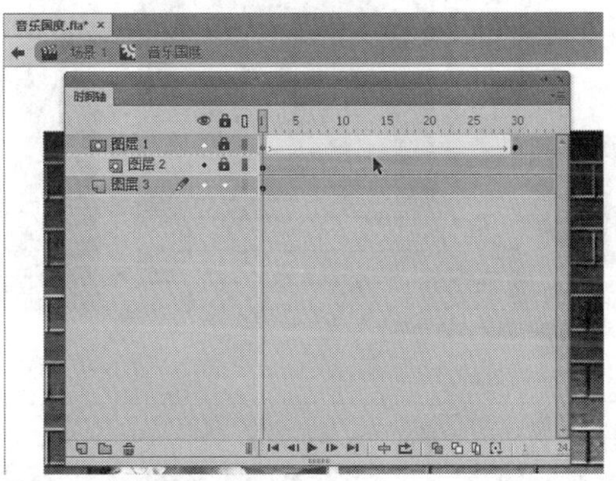

图13-41 粘贴所有帧对象

STEP 11 单击"场景1"超链接，返回场景编辑模式，在"时间轴"面板中，新建"图层4"图层，然后删除"图层1"、"图层2"以及"图层3"图层，最后选择"图层4"图层的第1帧，如图13-42所示。

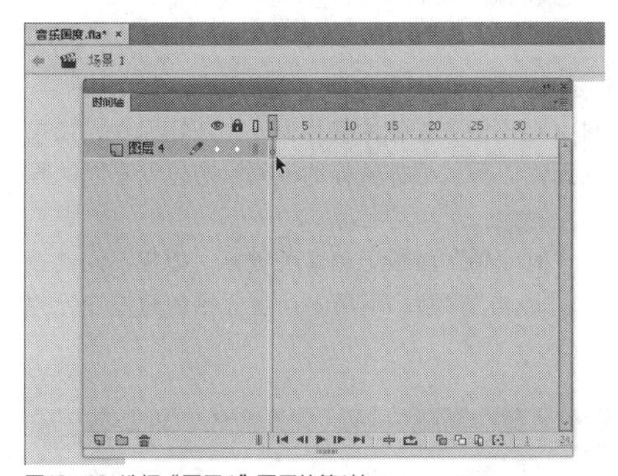

图13-42 选择"图层4"图层的第1帧

STEP 12 打开"库"面板，在其中选择"音乐国度"影片剪辑元件，如图13-43所示。

图13-43 选择影片剪辑元件

STEP 13 将"音乐国度"影片剪辑元件拖曳至舞台区的适当位置，如图13-44所示。

图13-44 拖曳至舞台区的适当位置

STEP 14 单击“控制”|“测试”命令，测试转换的影片剪辑动画，效果如图13-45所示。

图13-45 测试转换的影片剪辑动画

技巧点拨

在Flash CC工作界面中，将对象转换为影片剪辑元件有以下两种情况。

- 将原本存在的元件的类型转换为影片剪辑。
- 将原本存在的元件另外转换为影片剪辑，而本身元件的属性不变。

实战388 创建按钮元件

- 实例位置：光盘\效果\第13章\唱歌的女孩.fla
- 素材位置：光盘\素材\第13章\唱歌的女孩.fla
- 视频位置：光盘\视频\第13章\实战388.mp4

• 实例介绍 •

在Flash CC工作界面中，用户可以在按钮中使用图形或影片剪辑元件，但不能在按钮中使用另一个按钮元件，如果要把按钮制作成动画按钮，可使用影片剪辑元件。按钮元件是一种特殊的元件，可以根据鼠标的不同状态显示不同的画面，当单击按钮时，会执行设置好的动作。

在Flash CC工作界面中，按钮元件拥有特殊的编辑环境，通过在4帧“时间轴”面板上创建关键帧，指定不同的按钮状态。按钮元件对应的帧分别为“弹起”、“指针经过”、“按下”和“点击”4帧。下面向读者介绍创建按钮元件的操作方法。

• 操作步骤 •

STEP 01 单击“文件”|“打开”命令，打开一个素材文件，如图13-46所示。

STEP 02 在“库”面板中的空白位置上，单击鼠标右键，在弹出的快捷菜单中选择“新建元件”选项，如图13-47所示。

图13-46 打开一个素材文件

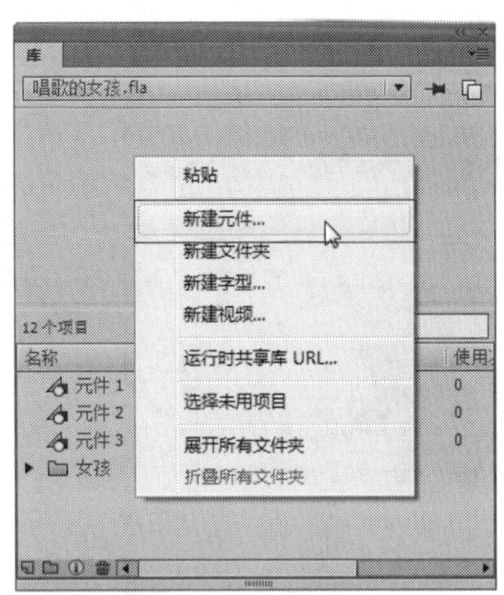

图13-47 选择“新建元件”选项

知识拓展

在Flash CC工作界面中，按钮元件编辑模式中的各帧含义如下。

- 弹起：按钮在通常情况下呈现的状态，即鼠标没有在此按钮上或者未单击此按钮时的状态。
- 指针经过：当鼠标指针停留在该按钮上时，按钮外观发生变化。
- 按下：按钮被单击时的状态。
- 点击：这种状态下，可以定义响应按钮事件的区域范围，只有当鼠标进入这一个区域时，按钮才开始响应鼠标的动作。另外，这一帧仅仅代表的是一个区域，并不会在动画选择时显示出来。

STEP 03 弹出“创建新元件”对话框，在其中设置“名称”为“播放”，如图13-48所示。

图13-48 设置“名称”

STEP 04 单击“类型”右侧的下拉按钮，在弹出的列表框中选择“按钮”选项，如图13-49所示。

图13-49 选择“按钮”选项

STEP 05 单击“确定”按钮，即可进入按钮元件编辑模式，在“时间轴”面板中可以查看图层中的4帧，如图13-50所示。

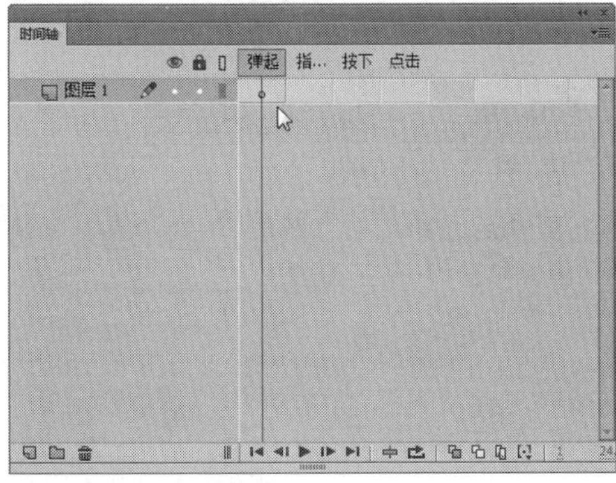

图13-50 查看图层中的4帧

STEP 06 在“库”面板中，选择“元件1”图形元件，如图13-51所示。

图13-51 选择“元件1”元件

STEP 07 将选择的“元件1”图形元件拖曳至编辑区中，如图13-52所示。

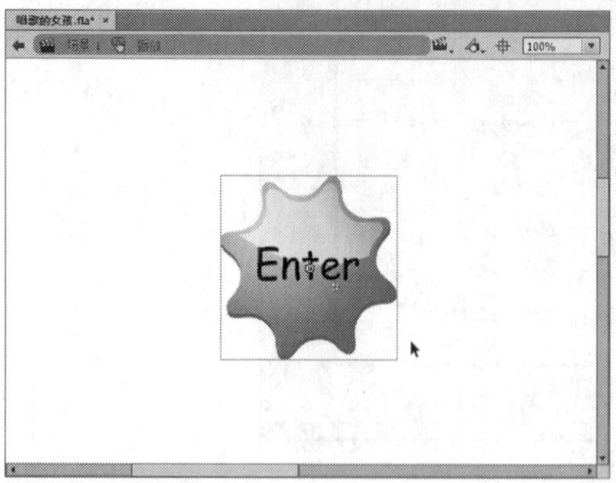

图13-52 拖曳至编辑区中

STEP 08 选择“图层1”中的“指针经过”帧，按【F7】键，插入空白关键帧，如图13-53所示。

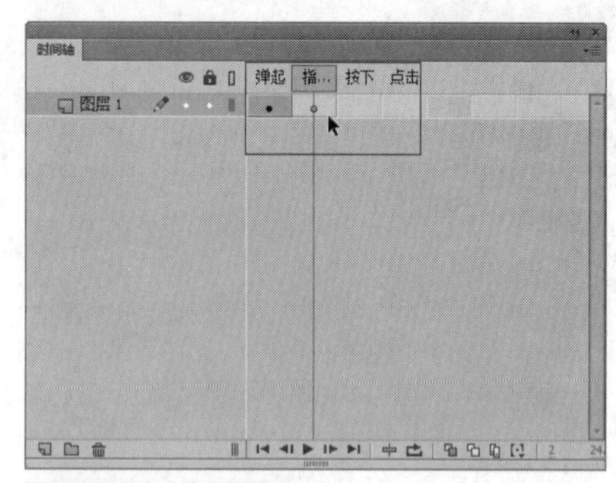

图13-53 插入空白关键帧

STEP 09 在“库”面板中，将“元件2”图形元件拖曳至编辑区适当位置，如图13-54所示。

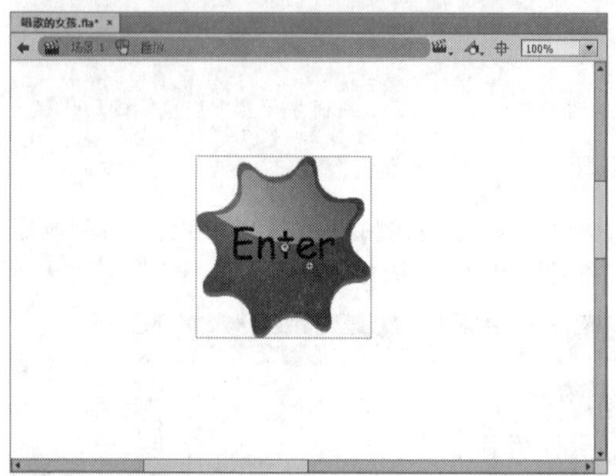

图13-54 拖曳至编辑区适当位置

STEP 10 选择“图层1”中的“按下”帧，按【F7】键，插入空白关键帧，如图13-55所示。

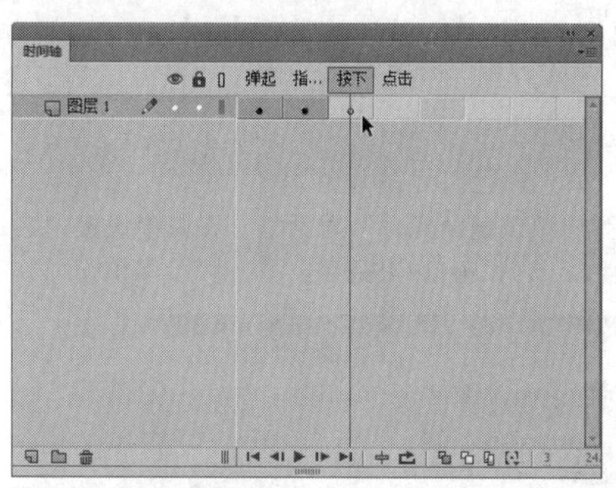

图13-55 插入空白关键帧

STEP 11 在“库”面板中，将“元件3”图形元件拖曳至编辑区适当位置，如图13-56所示。

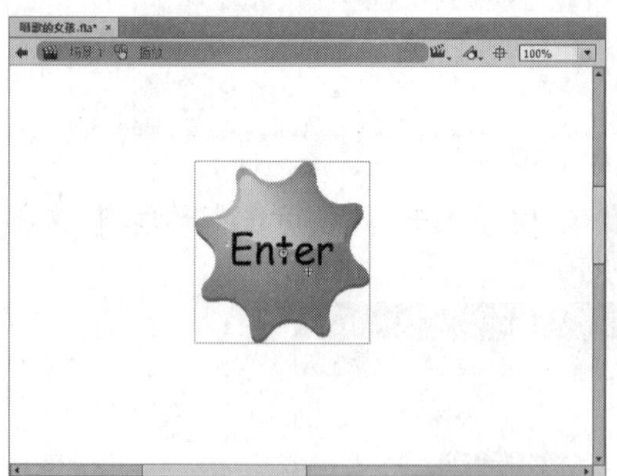

图13-56 拖曳至编辑区适当位置

STEP 12 选择“图层1”中的“点击”帧，如图13-57所示。

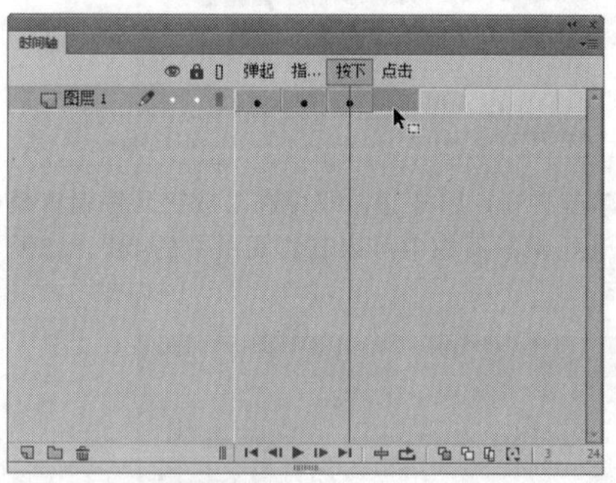

图13-57 选择“点击”帧

STEP 13 在菜单栏中，单击“插入”菜单，在弹出的菜单列表中单击“时间轴”|“帧”命令，如图13-58所示。

STEP 14 执行操作后，即可在“图层1”的“点击”帧中，插入普通帧，如图13-59所示。

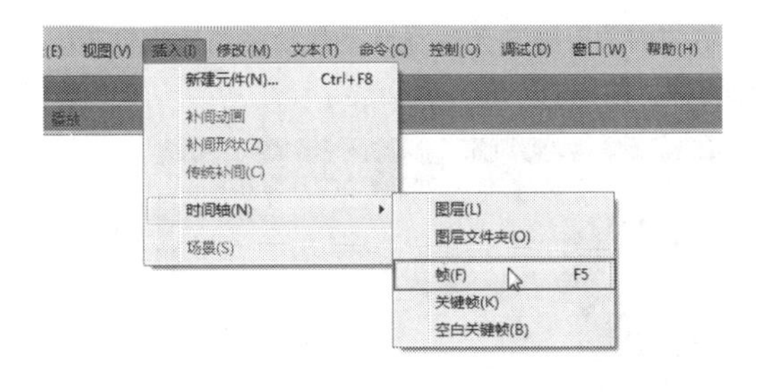

图13-58 单击“帧”命令

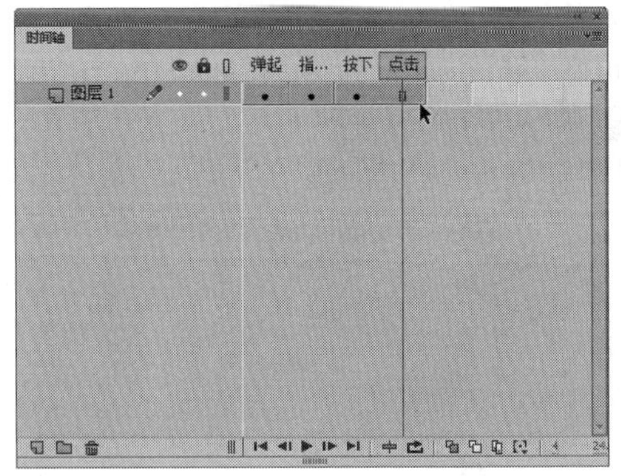

图13-59 插入普通帧

技巧点拨

在Flash CC工作界面中，用户还可以在“库”面板底部，单击“新建元件”按钮，如图13-60所示，也可以快速新建图形元件、影片剪辑元件或者按钮元件。

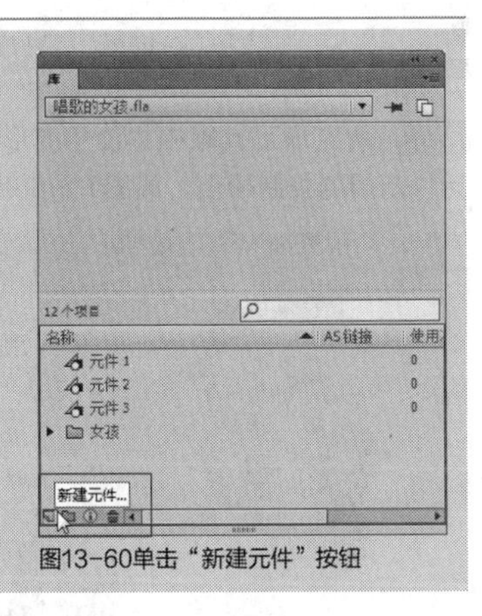

图13-60单击“新建元件”按钮

实战 389 使用按钮元件

▶实例位置：光盘\效果\第13章\唱歌的女孩1.fla
▶素材位置：光盘\素材\第13章\唱歌的女孩1.fla
▶视频位置：光盘\视频\第13章\实战389.mp4

• 实例介绍 •

在Flash CC工作界面中，创建按钮元件后，就可以将其应用到舞台中。在“库”面板中选择创建的按钮元件，单击鼠标左键并将其拖曳至舞台中的适当位置，即可使用按钮元件。下面向读者介绍使用按钮元件的操作方法。

• 操作步骤 •

STEP 01 单击“文件”|“打开”命令，打开上一例的效果文件，如图13-61所示。

图13-61 打开上一例的效果文件

STEP 02 在菜单栏中，单击“窗口”|“库”命令，如图13-62所示。

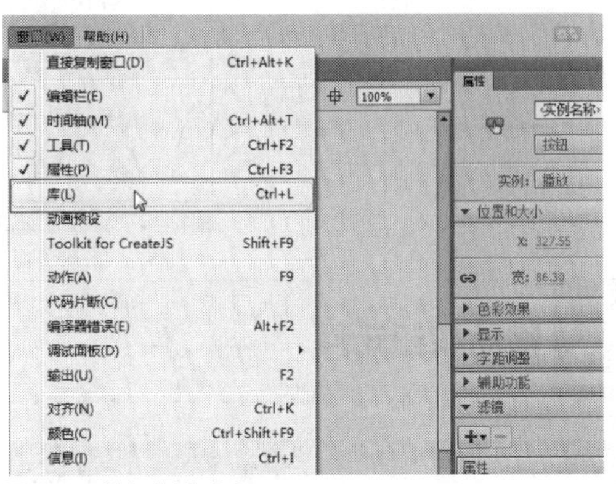

图13-62 单击“库”命令

STEP 03 打开“库”面板，在其中选择上一例制作的按钮元件，如图13-63所示。

图13-63 选择上一例制作的按钮元件

STEP 04 将“播放”按钮元件拖曳至舞台中的适当位置，使用按钮元件，如图13-64所示。

图13-64 使用按钮元件

STEP 05 选取工具箱中的任意变形工具，将鼠标移至按钮元件四周的控制柄上，如图13-65所示。

图13-65 移动鼠标至控制柄上

STEP 06 在控制柄上，单击鼠标左键并向内拖曳，即可缩小按钮元件，如图13-66所示。

图13-66 缩小按钮元件

STEP 07 按【Ctrl+Enter】组合键，测试使用的按钮元件，效果如图13-67所示。

图13-67 测试使用的按钮元件

实战390 移动按钮元件

▶实例位置：光盘\效果\第13章\圣诞节快乐.fla
▶素材位置：光盘\素材\第13章\圣诞节快乐.fla
▶视频位置：光盘\视频\第13章\实战390.mp4

• 实例介绍 •

在Flash CC工作界面中，如果舞台中创建的按钮元件位置没有达到用户的要求，此时用户可以根据需要对按钮元件进行移动操作，将其调整至合适的位置。下面向读者介绍移动按钮元件摆放位置的操作方法。

● 操作步骤 ●

STEP 01 单击“文件”|“打开”命令，打开一个素材文件，如图13-68所示。

图13-68 打开一个素材文件

STEP 02 选取工具箱中的选择工具，选择舞台区的按钮元件实例，如图13-69所示。

图13-69 选择按钮元件实例

STEP 03 在“属性”面板的“位置和大小”选项区中，设置X为281.05，如图13-70所示。

STEP 04 在右侧的Y数值框中，输入341.5，如图13-71所示，按【Enter】键确认。

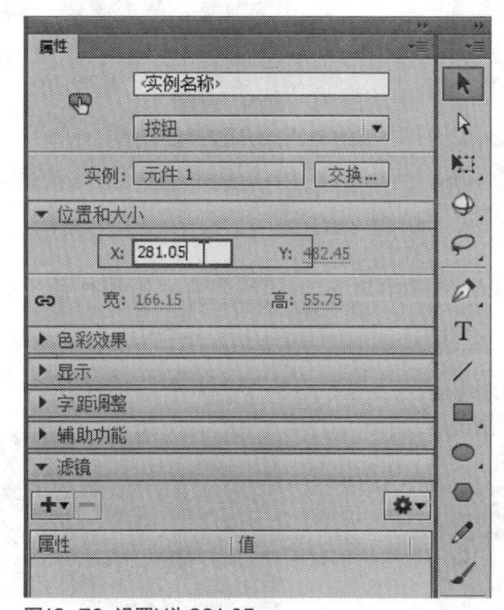

图13-70 设置X为281.05

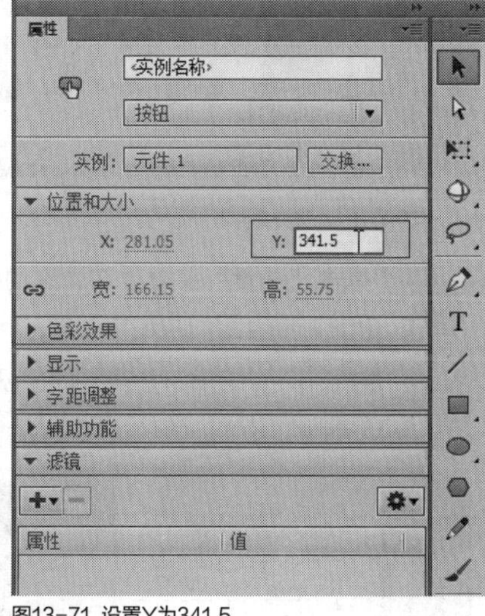

图13-71 设置Y为341.5

STEP 05 执行操作后，即可通过属性面板调整按钮元件在舞台中的位置，效果如图13-72所示。

图13-72 调整按钮元件在舞台中的位置

13.2 管理元件

在Flash CC中创建元件后，就需要对元件进行管理，如删除元件、设置元件属性、复制元件以及在“库”面板中查看元件等。本节主要向读者介绍管理元件的操作方法。

实战391 删除元件

▶实例位置：光盘\效果\第13章\一起跳舞.fla
▶素材位置：光盘\素材\第13章\一起跳舞.fla
▶视频位置：光盘\视频\第13章\实战391.mp4

• 实例介绍 •

在Flash CC工作界面中，对于舞台中多余的元件可以直接删除，但是需要注意的是舞台中的元件被删除后，在“库”面板中该元件仍然存在。下面向读者介绍删除元件的操作方法。

• 操作步骤 •

STEP 01 单击“文件”|“打开”命令，打开一个素材文件，如图13-73所示。

图13-73 打开一个素材文件

STEP 02 选取工具箱中的移动工具，在舞台中选择需要删除的元件，如图13-74所示。

图13-74 选择需要删除的元件

STEP 03 单击“编辑”菜单，在弹出的菜单列表中单击“清除”命令，如图13-75所示。

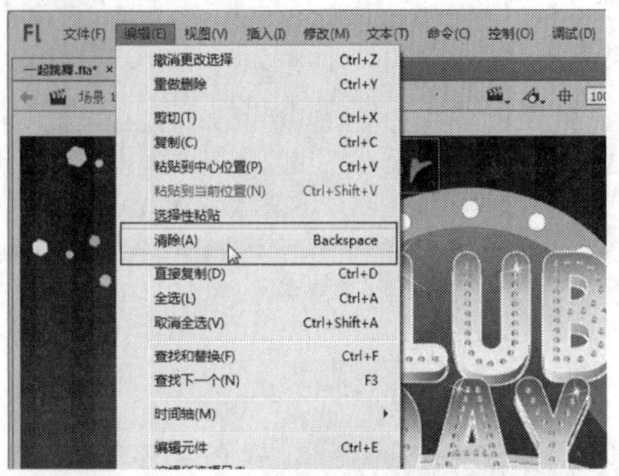

图13-75 单击“清除”命令

STEP 04 执行操作后，即可清除舞台中选择的按钮元件，如图13-76所示。

图13-76 清除舞台中选择的按钮元件

STEP 05 按【Ctrl+Enter】组合键，测试删除元件后的动画效果，如图13-77所示。

图13-77 测试删除元件后的动画效果

技巧点拨

在Flash CC工作界面中，用户还可以通过以下两种方法删除元件。

➤ 选择舞台中要删除的元件，按【Delete】键。
➤ 选择舞台中要删除的元件，按【Backspace】键。

实战 392 设置元件属性

▶ 实例位置：光盘\效果\第13章\烟灰缸.fla
▶ 素材位置：光盘\素材\第13章\烟灰缸.fla
▶ 视频位置：光盘\视频\第13章\实战392.mp4

• 实例介绍 •

在Flash CC工作界面中，元件是指在flash中创建且保存在库中的图形、按钮或影片剪辑，用户可以设置元件不同的属性有不同的用途。下面向读者介绍设置元件属性的操作方法。

• 操作步骤 •

STEP 01 单击“文件”|“打开”命令，打开一个素材文件，如图13-78所示。

STEP 02 在“库”面板中，用户可以查看“香烟”影片剪辑元件，如图13-79所示。

图13-78 打开一个素材文件

图13-79 查看影片剪辑元件

STEP 03 在元件上，单击鼠标右键，在弹出的快捷菜单中选择“属性”选项，如图13-80所示。

STEP 04 弹出“元件属性”对话框，单击“类型”右侧的下三角按钮，在弹出的列表框中选择“图形”选项，如图13-81所示。

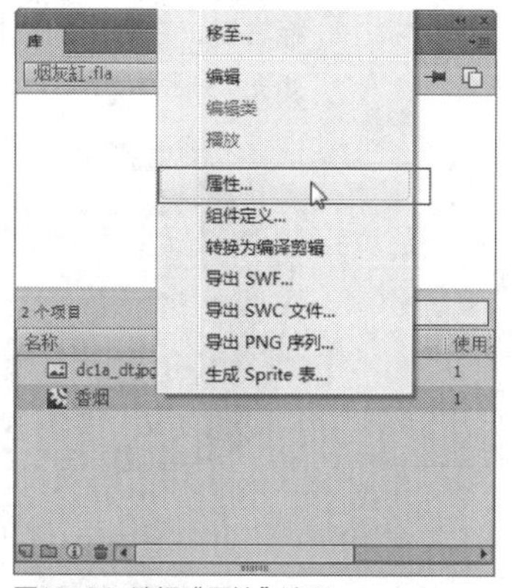

图13-80 选择“属性”选项

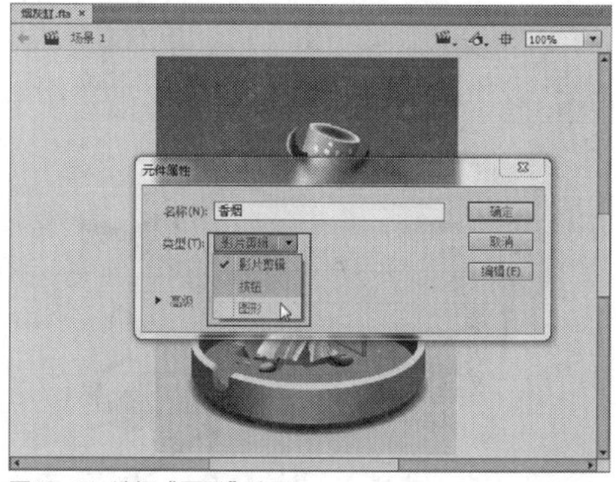

图13-81 选择“图形”选项

STEP 05 执行操作后，即可更改元件的类型为图形元件，单击“确定”按钮，如图13-82所示。

STEP 06 此时，在“库”面板中可以查看更改元件属性后的图形元件，如图13-83所示。

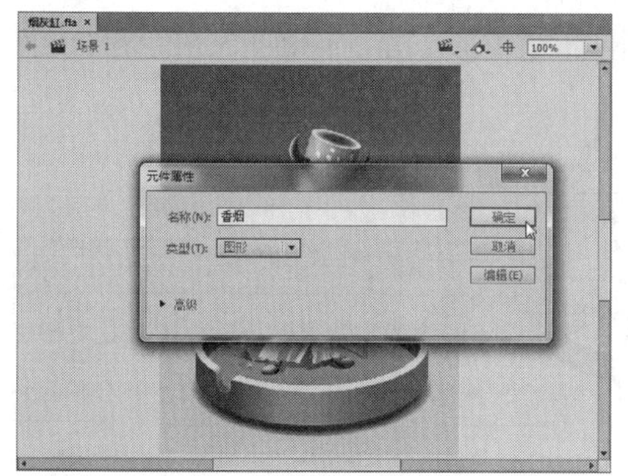

图13-82 单击“确定”按钮

图13-83 查看图形元件

实战393 直接复制元件

▶实例位置：光盘\效果\第13章\小猫送礼.fla
▶素材位置：光盘\素材\第13章\小猫送礼.fla
▶视频位置：光盘\视频\第13章\实战393.mp4

• 实例介绍 •

在Flash CC工作界面中，对需要多次使用的元件可以进行复制操作，以节省制作动画的时间，提高工作效率。下面向读者介绍复制元件的操作方法。

• 操作步骤 •

STEP 01 单击“文件”|“打开”命令，打开一个素材文件，如图13-84所示。

图13-84 打开一个素材文件

STEP 02 在舞台中，选择需要复制的元件，如图13-85所示。

图13-85 选择需要复制的元件

STEP 03 在菜单栏中，单击“编辑”菜单，在弹出的菜单列表中单击“直接复制”命令，如图13-86所示。

图13-86 单击“直接复制”命令

STEP 04 用户还可以在舞台中需要复制的元件上，单击鼠标右键，在弹出的快捷菜单中选择“直接复制元件”选项，如图13-87所示。

图13-87 选择“直接复制元件”选项

STEP 05 执行操作后，弹出“直接复制元件”对话框，单击“确定”按钮，如图13-88所示。

STEP 06 打开“库”面板，在其中可以查看直接复制后的元件对象，如图13-89所示。

图13-88 单击“确定”按钮

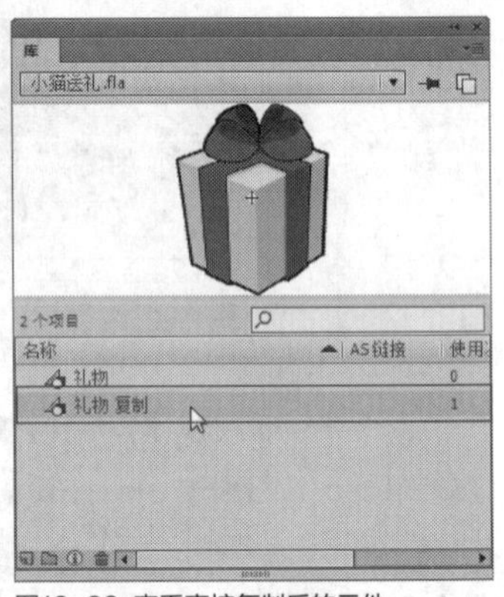

图13-89 查看直接复制后的元件

STEP 07 将直接复制的元件拖曳至舞台中的适当位置，进行应用，如图13-90所示。

图13-90 拖曳至舞台中的适当位置

STEP 08 单击“修改”|“变形”|“水平翻转”命令，水平翻转元件，适当调整复制元件的位置，效果如图13-91所示。

图13-91 水平翻转元件

实战 394 用快捷键复制元件

▶ 实例位置：光盘\效果\第13章\盒子.fla
▶ 素材位置：光盘\素材\第13章\盒子.fla
▶ 视频位置：光盘\视频\第13章\实战394.mp4

• 实例介绍 •

在Flash CC工作界面中，用户还可以通过快捷键对元件进行复制与粘贴操作。下面向读者介绍复制元件的操作方法。

• 操作步骤 •

STEP 01 单击“文件”|“打开”命令，打开一个素材文件，如图13-92所示。

图13-92 打开一个素材文件

STEP 02 在舞台中，选择需要复制的元件，如图13-93所示。

图13-93 选择需要复制的元件

STEP 03 按【Ctrl+C】组合键复制元件，按【Ctrl+V】组合键粘贴元件，即可复制元件，如图13-94所示。

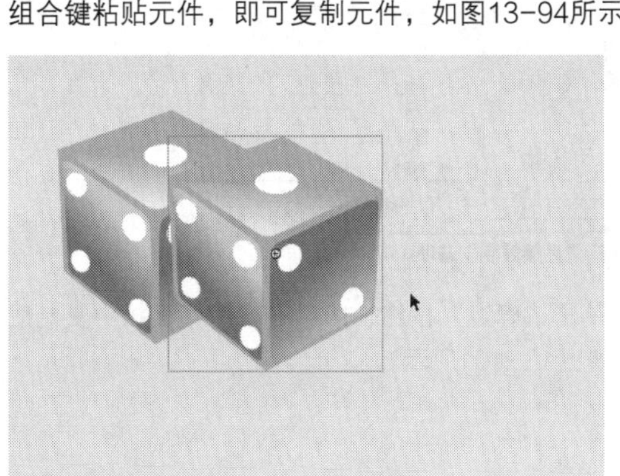

图13-94 复制粘贴元件

STEP 04 选取工具箱中的移动工具，调整元件的位置，效果如图13-95所示。

图13-95 调整元件的位置

技巧点拨

在Flash CC工作界面中，用户还可以通过“编辑”菜单下的“复制”命令与“粘贴到中心位置”命令，对选择的元件进行复制与粘贴操作。

实战395 用“库”面板复制元件

▶实例位置：光盘\效果\第13章\可爱小熊.fla
▶素材位置：光盘\素材\第13章\可爱小熊.fla
▶视频位置：光盘\视频\第13章\实战395.mp4

• 实例介绍 •

在Flash CC工作界面中，用户还可以通过“库”面板对元件进行复制与粘贴操作。下面向读者介绍复制元件的操作方法。

• 操作步骤 •

STEP 01 单击“文件”|“打开”命令，打开一个素材文件，如图13-96所示。

图13-96 打开一个素材文件

STEP 02 在舞台中，选择需要复制的元件，如图13-97所示。

图13-97 选择需要复制的元件

STEP 03 在“库”面板中，查看需要复制的元件对象，如图13-98所示。

图13-98 查看需要复制的元件对象

STEP 04 在元件上单击鼠标右键，在弹出的快捷菜单中选择“直接复制”选项，如图13-99所示。

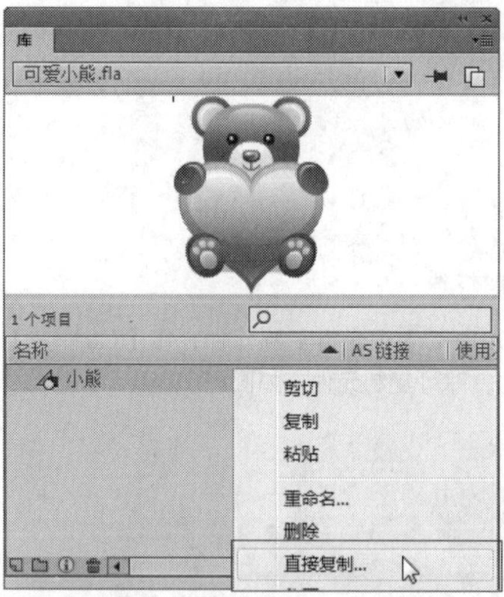

图13-99 选择“直接复制”选项

STEP 05 执行操作后，弹出“直接复制元件”对话框，如图13-100所示。

STEP 06 单击“确定”按钮，即可在“库”面板中复制图形元件，如图13-101所示。

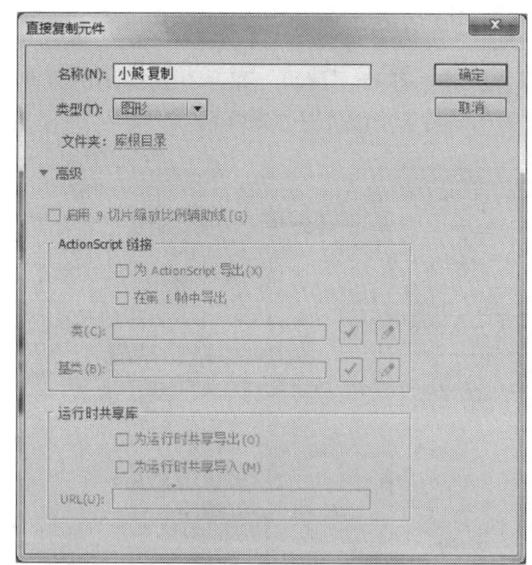

图13-100 弹出“直接复制元件”对话框

图13-101 复制图形元件

STEP 07 将“库”面板中复制的图形元件拖曳至舞台中的适当位置，如图13-102所示。

STEP 08 运用任意变形工具，调整图形元件的大小和位置，如图13-103所示。

图13-102 拖曳至舞台中的适当位置

图13-103 调整元件的大小和位置

STEP 09 按【Ctrl + Enter】组合键，测试复制元件后的图形效果，如图13-104所示。

图13-104 测试复制元件后的图形效果

实战 396 移出文件夹中的元件

▶实例位置：光盘\效果\第13章\小动物.fla
▶素材位置：光盘\素材\第13章\小动物.fla
▶视频位置：光盘\视频\第13章\实战396.mp4

• 实例介绍 •

在Flash CC工作界面中，用户还可以通过“库”面板对元件进行复制与粘贴操作。下面向读者介绍复制元件的操作方法。

● 操作步骤 ●

STEP 01 单击“文件”|“打开”命令，打开一个素材文件，如图13-105所示。

图13-105 打开一个素材文件

STEP 02 在菜单栏中，单击“窗口”菜单，在弹出的菜单列表中单击“库”命令，如图13-106所示。

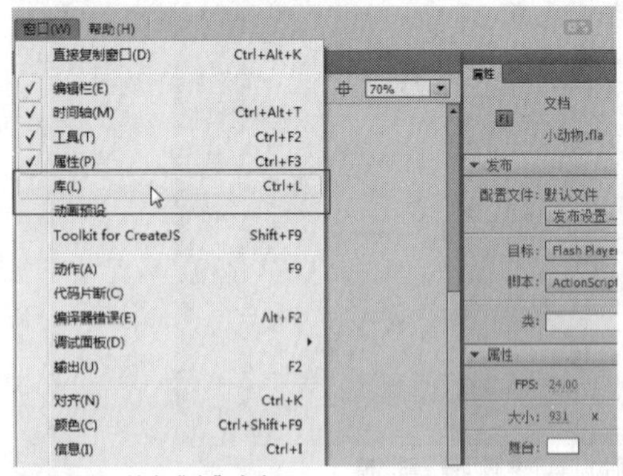

图13-106 单击“库”命令

STEP 03 执行操作后，打开“库”面板，在其中选择“鸟1”图形元件，如图13-107所示。

图13-107 选择“鸟1”图形元件

STEP 04 在选择的图形元件上，单击鼠标右键，在弹出的快捷菜单中选择“移至”选项，如图13-108所示。

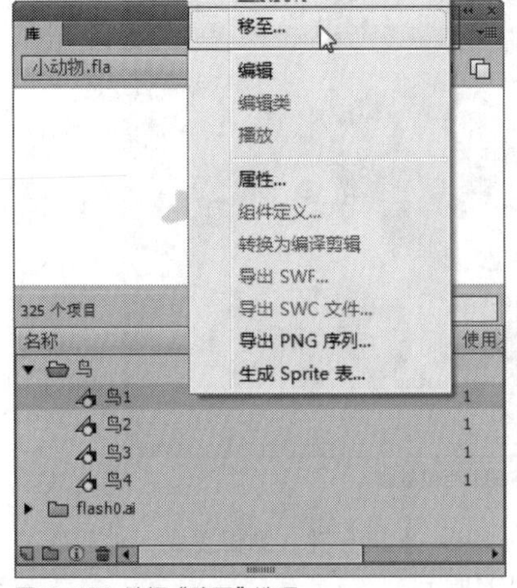

图13-108 选择“移至”选项

STEP 05 执行操作后，弹出“移至文件夹”对话框，如图13-109所示。

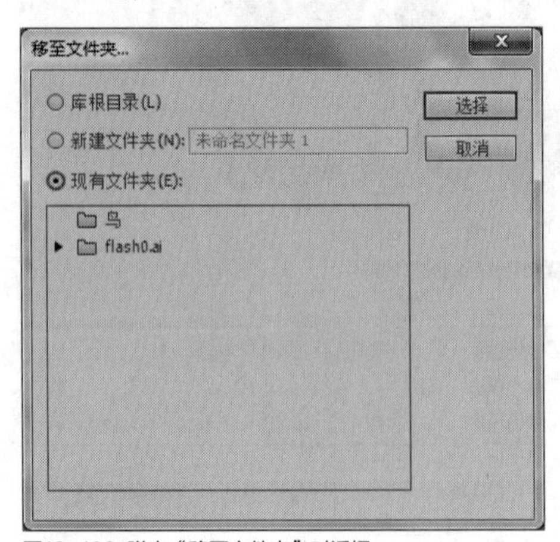

图13-109 弹出“移至文件夹”对话框

STEP 06 在对话框中，选中“库根目录”单选按钮，单击“选择”按钮，如图13-110所示。

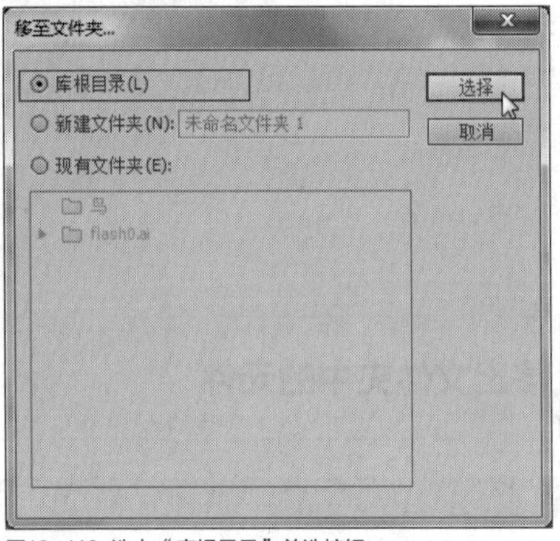

图13-110 选中“库根目录”单选按钮

技巧点拨

在Flash CC工作界面的“移至文件夹”对话框中，若用户选中“新建文件夹”单选按钮，然后在其右侧输入文件夹的名称，单击“选择”按钮后，即可在“库”面板中新建一个文件夹，并将选择的元件移至新建的文件夹中。

STEP 07 将“鸟1”图形元件移出“鸟”文件夹中，如图13-111所示。

图13-111 将图形元件移出“鸟”文件夹中

STEP 08 在“库”面板中，选择“鸟2”图形元件，如图13-112所示。

图13-112 选择“鸟2”图形元件

STEP 09 在选择的图形元件上，单击鼠标左键并向下拖曳，至文件夹下方，此时鼠标指针右下角将显示一个方框，如图13-113所示。

图13-113 单击鼠标左键并向下拖曳

STEP 10 拖曳至下方后，释放鼠标左键，也可以快速将“鸟2”图形元件移出“鸟”文件夹中，如图13-114所示。

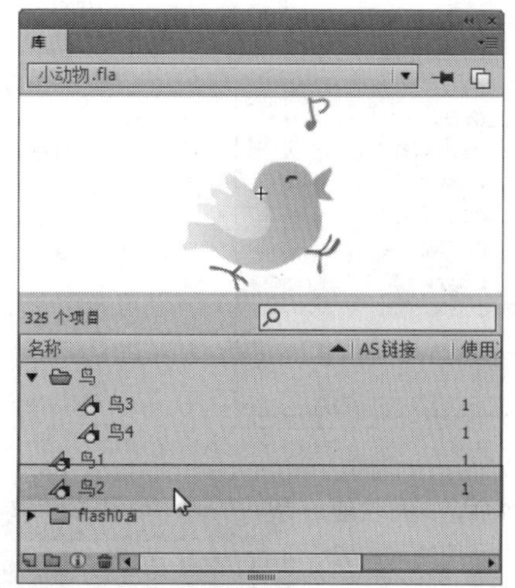

图13-114 将图形元件移出“鸟”文件夹中

技巧点拨

在Flash CC工作界面中，用户还可以将元件从一个文件夹中移至另一个文件夹中，还可以在不同的动画文件中通过“库”面板移动或复制元件对象。

实战 397 在“库”面板中查看元件

- ▶实例位置：无
- ▶素材位置：光盘\素材\第13章\动画场景.fla
- ▶视频位置：光盘\视频\第13章\实战397.mp4

• 实例介绍 •

在Flash CC工作界面中制作动画效果时，如果“库”面板中的元素过多，此时可以通过选择元件来查看其内容。下面向读者介绍查看元件内容的操作方法。

• 操作步骤 •

STEP 01 单击“文件”|“打开”命令，打开一个素材文件，如图13-115所示。

图13-115 打开一个素材文件

STEP 02 在“库”面板中，选择需要查看的影片剪辑元件，这里选择“草地”元件，如图13-116所示。

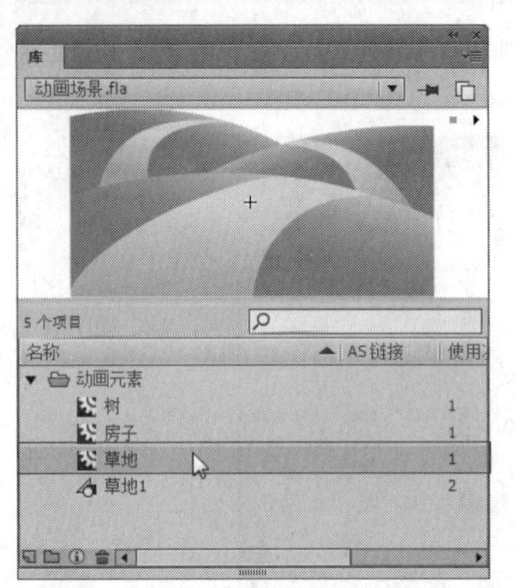

图13-116 选择“草地”元件

STEP 03 在选择的影片剪辑元件上，单击鼠标右键，在弹出的快捷菜单中选择“播放”选项，如图13-117所示。

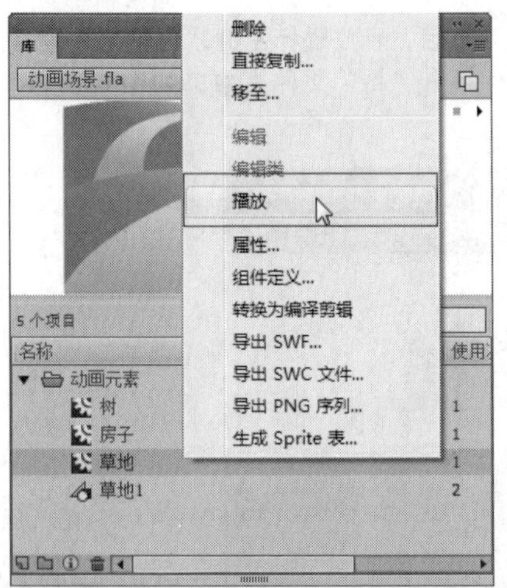

图13-117 选择“播放”选项

STEP 04 用户还可以在“库”面板的右上角位置，单击“播放”按钮，如图13-118所示。

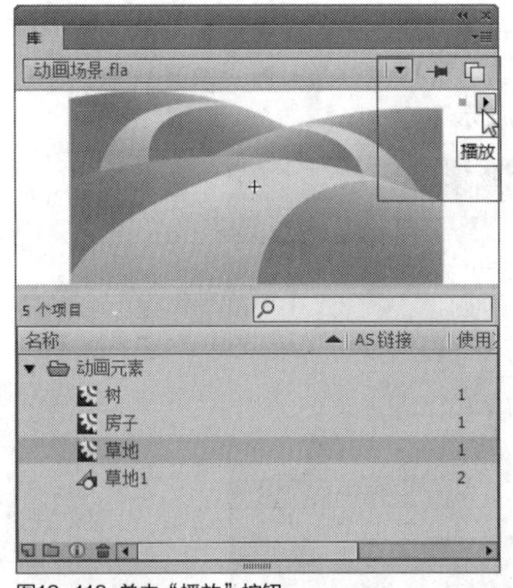

图13-118 单击“播放”按钮

STEP 05 执行操作后，即可快速查看“库”面板中元件的动画内容，如图13-119所示。

STEP 06 用户还可以在其影片剪辑元件上，单击鼠标左键，在上方预览窗口中也可以查看影片剪辑的内容，如图13-120所示。

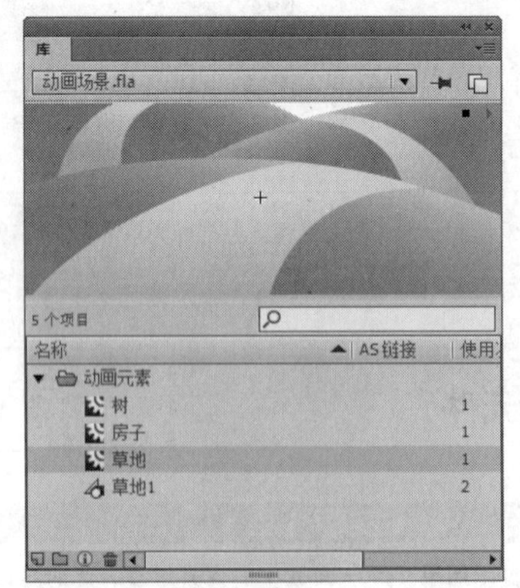

图13-119 查看元件的动画内容

图13-120 查看影片剪辑的内容

技巧点拨

在Flash CC工作界面中，对于某些影片剪辑元件，如果没有制作影片剪辑动画效果，此时用户在该元件上单击鼠标右键时，在弹出的快捷菜单中“播放”按钮呈灰色显示，不可用。此时，在“库”面板右上角的位置，也不会显示“播放”按钮。

13.3 编辑元件

编辑元件的方法有很多种，根据需要可以选择不同的编辑模式。但是需要注意的是，由于元件可在多处重复使用，进入元件编辑模式并修改后，所有相同的元件都会随之改变。在Flash CC中，编辑元件的方法有3种，分别是在当前位置编辑元件、在新窗口中编辑元件以及在元件编辑模式下编辑元件。本节主要向读者介绍编辑元件的方法。

实战 398 在当前位置编辑元件

- ▶实例位置：光盘\效果\第13章\静夜思.fla
- ▶素材位置：光盘\素材\第13章\静夜思.fla
- ▶视频位置：光盘\视频\第13章\实战398.mp4

• 实例介绍 •

在Flash CC工作界面中编辑元件时，可以选择在当前位置编辑元件模式，此时的元件和其他对象位于同一个舞台中，但其他对象会以比较浅的颜色显示，从而与正在编辑的元件区分开来。下面向读者介绍在当前位置编辑元件的操作方法。

• 操作步骤 •

STEP 01 单击“文件”|“打开”命令，打开一个素材文件，如图13-121所示。

图13-121 打开一个素材文件

STEP 02 运用选择工具，在舞台中选择需要在当前位置编辑的元件，如图13-122所示。

图13-122 选择需要编辑的元件

STEP 03 在菜单栏中，单击“编辑”菜单，在弹出的菜单列表中单击“在当前位置编辑”命令，如图13-123所示。

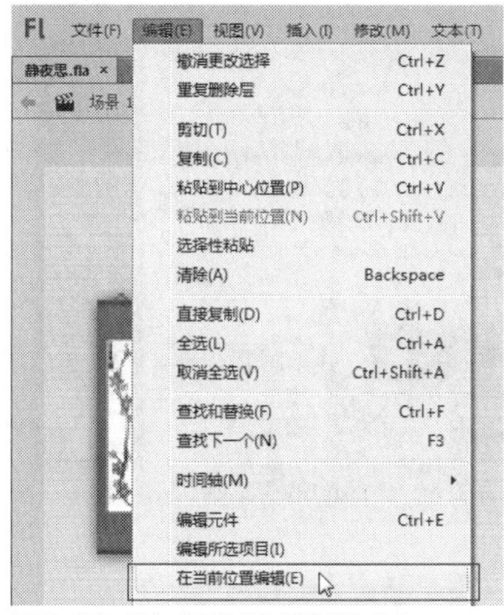

图13-123 单击“在当前位置编辑”命令

STEP 04 执行操作后，即可进入当前元件编辑模式，如图13-124所示。

图13-124 进入当前元件编辑模式

STEP 05 运用任意变形工具，选择舞台中的元件，然后将鼠标移至右上角的控制柄上，此时鼠标指针呈双向箭头形状，如图13-125所示。

STEP 06 在控制柄上，单击鼠标左键并拖曳，即可放大元件，如图13-126所示。

图13-125 鼠标指针呈双向箭头形状

图13-126 放大元件的效果

STEP 07 在“属性”面板的“填充和笔触”选项区中，设置“填充颜色”为红色，如图13-127所示。

STEP 08 此时，即可更改元件的颜色，完成对元件的编辑操作，如图13-128所示。

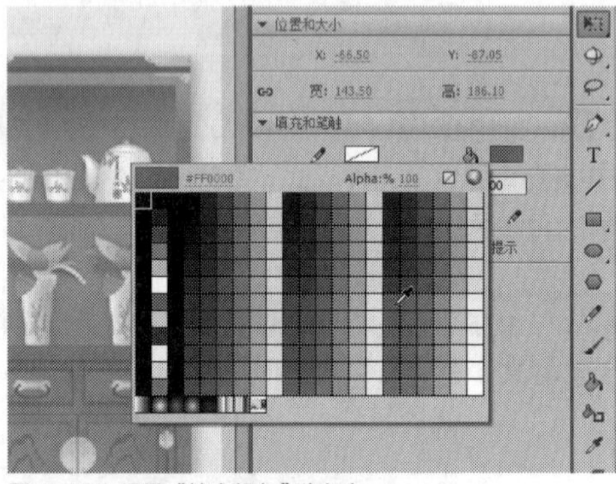

图13-127 设置“填充颜色”为红色

图13-128 更改元件的颜色

STEP 09 在舞台左上方位置，单击“场景1”按钮，如图13-129所示。

STEP 10 返回场景编辑界面，在舞台中可以查看编辑元件后的画面效果，如图13-130所示。

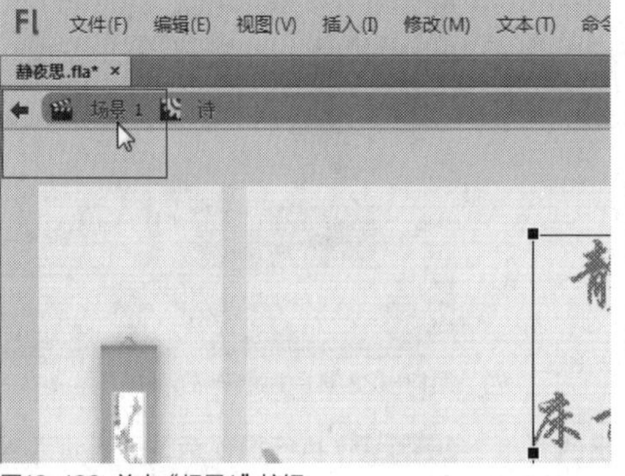

图13-129 单击“场景1”按钮

图13-130 查看编辑元件后的画面效果

技巧点拨

在Flash CC工作界面中，用户在舞台中选择需要在当前位置编辑的元件，单击鼠标右键，在弹出的快捷菜单中选择“在当前位置编辑”选项，如图13-131所示，也可以快速进入当前位置的元件编辑模式。

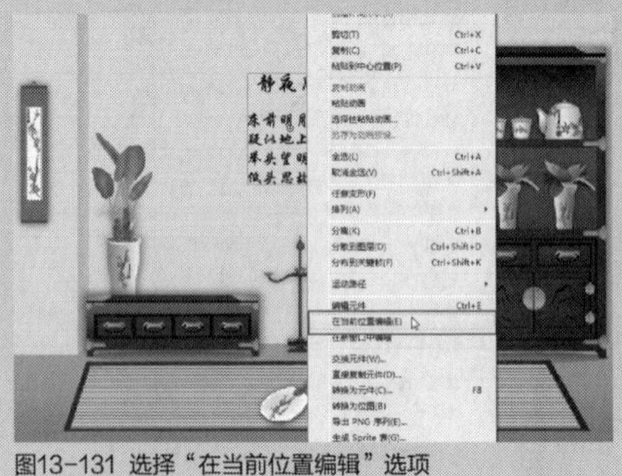

图13-131 选择“在当前位置编辑”选项

实战 399 在新窗口中编辑元件

▶ 实例位置：光盘\效果\第13章\城市建筑.fla
▶ 素材位置：光盘\素材\第13章\城市建筑.fla
▶ 视频位置：光盘\视频\第13章\实战399.mp4

• 实例介绍 •

在Flash CC工作界面中编辑元件时，可以选择在当前位置编辑元件模式，此时的元件和其他对象位于同一个舞台中，但其他对象会以比较浅的颜色显示，从而与正在编辑的元件区分开来。下面向读者介绍在当前位置编辑元件的操作方法。

• 操作步骤 •

STEP 01 单击“文件”|“打开”命令，打开一个素材文件，如图13-132所示。

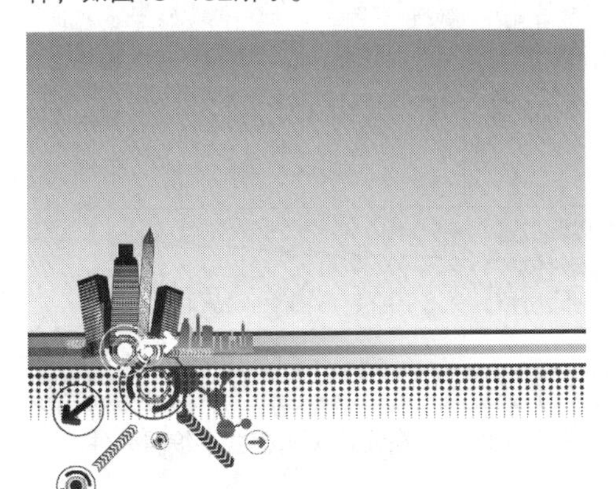

图13-132 打开一个素材文件

STEP 02 运用选择工具，在舞台中选择需要在新窗口中编辑的元件，如图13-133所示。

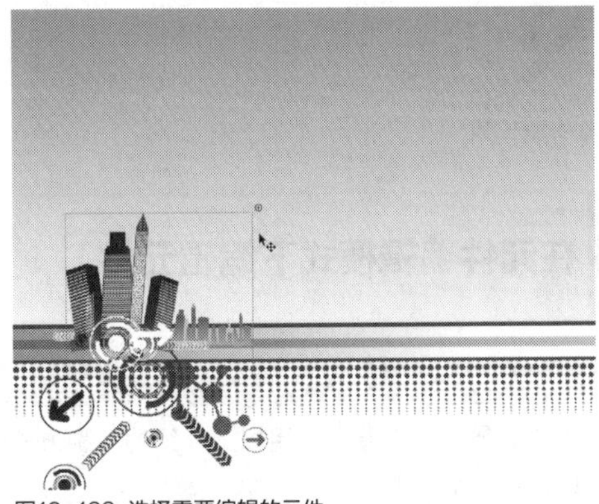

图13-133 选择需要编辑的元件

STEP 03 在选择的元件上，单击鼠标右键，在弹出的快捷菜单中选择“在新窗口中编辑”选项，如图13-134所示。

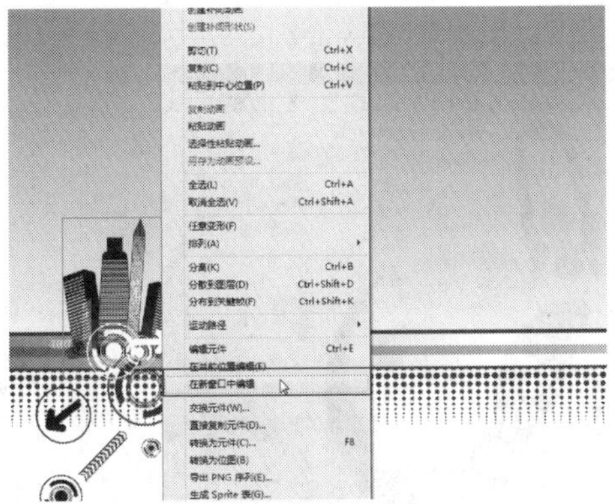

图13-134 选择“在新窗口中编辑”选项

STEP 04 执行操作后，即可在新的窗口中打开元件对象，如图13-135所示。

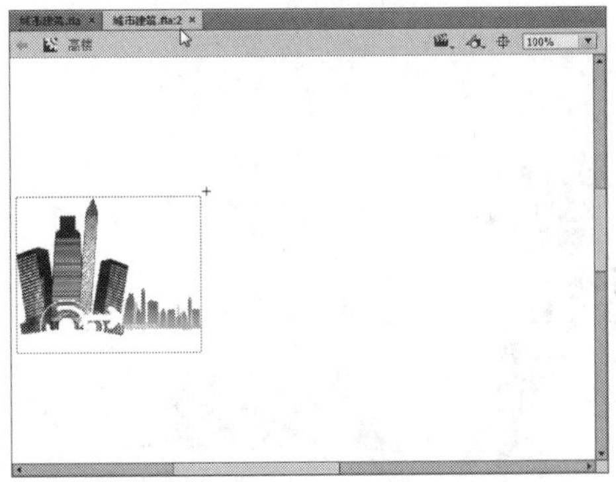

图13-135 在新的窗口中打开元件对象

STEP 05 运用任意变形工具，拖曳元件四周的控制柄，调整元件的大小，如图13-136所示。

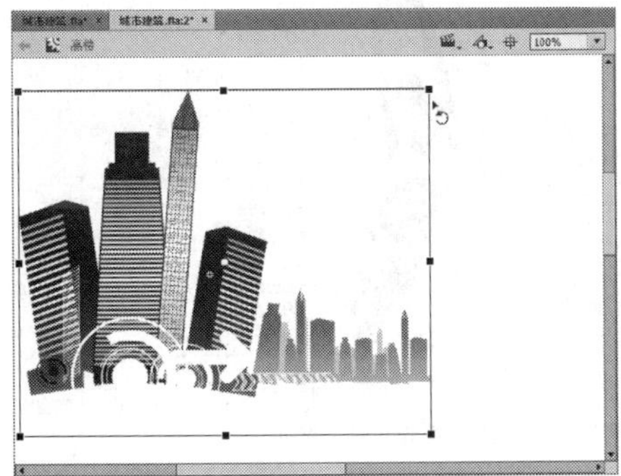

图13-136 调整元件的大小

STEP 06 返回“城市建筑”场景动画文档，在其中可以查看编辑后的元件，如图13-137所示。

图13-137 查看编辑后的元件

STEP 07 按【Ctrl + Enter】组合键，测试编辑元件后的图形动画效果，如图13-138所示。

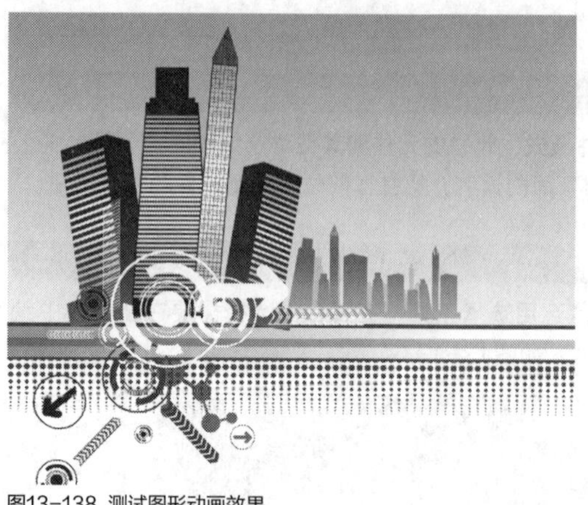

图13-138 测试图形动画效果

技巧点拨

在Flash CC工作界面中，当用户设置元件在新窗口中编辑模式后，所选元件将被放置在一个单独的窗口中进行编辑，可以同时看到该元件和时间轴，正在编辑的元件名称会显示在舞台区左上角的信息栏内。

实战400 在元件编辑模式下编辑元件

▶实例位置：光盘\效果\第13章\瑜伽运动.fla
▶素材位置：光盘\素材\第13章\瑜伽运动.fla
▶视频位置：光盘\视频\第13章\实战400.mp4

实例介绍

在Flash CC工作界面中，除了运用以上介绍的两种方法编辑元件外，用户还可以选择在元件编辑模式下编辑元件。下面向读者介绍其具体操作方法。

操作步骤

STEP 01 单击“文件”|“打开”命令，打开一个素材文件，如图13-139所示。

图13-139 打开一个素材文件

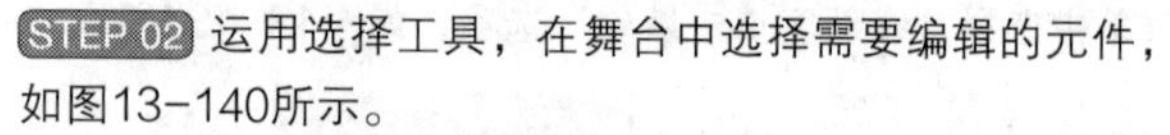

STEP 02 运用选择工具，在舞台中选择需要编辑的元件，如图13-140所示。

图13-140 选择需要编辑的元件

STEP 03 在菜单栏中，单击“编辑”|“编辑元件”命令，如图13-141所示。

STEP 04 用户还可以在舞台中需要编辑的元件上，单击鼠标右键，在弹出的快捷菜单中选择“编辑元件”选项，如图13-142所示。

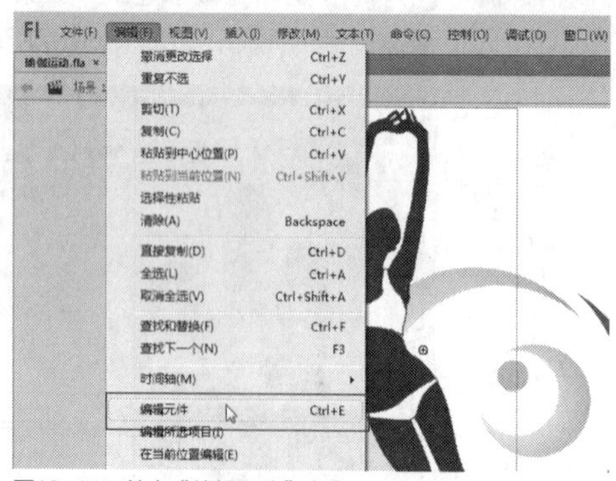

图13-141 单击“编辑元件”命令

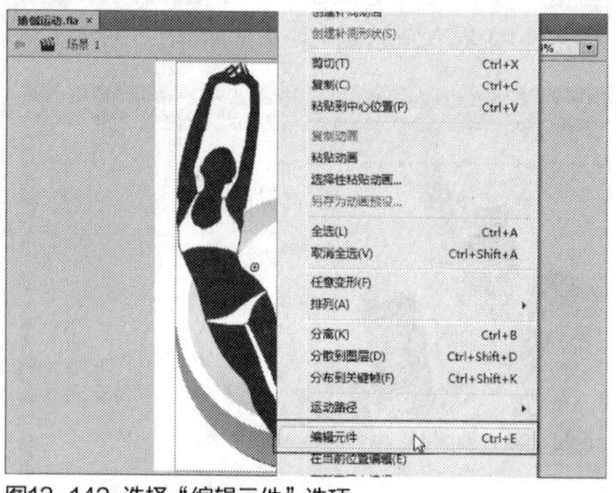

图13-142 选择“编辑元件”选项

STEP 05 执行操作后，即可进入元件编辑模式，舞台上方显示了元件的名称，如图13-143所示。

图13-143 进入元件编辑模式

STEP 06 在菜单栏中，单击“修改”|“变形”|“水平翻转”命令，如图13-144所示。

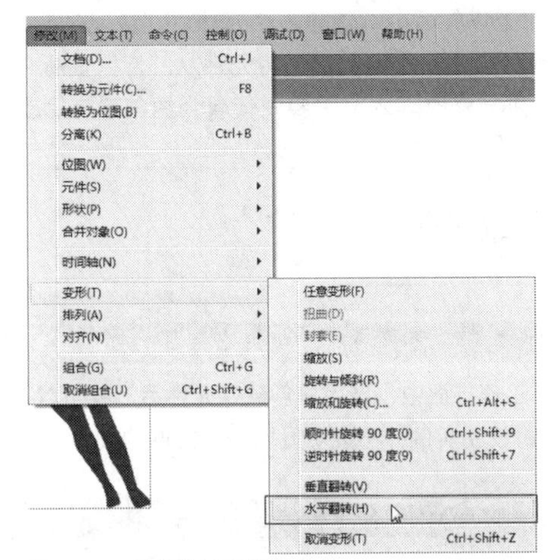

图13-144 单击“水平翻转”命令

STEP 07 执行操作后，即可对选择的元件进行水平翻转操作，如图13-145所示。

图13-145 对元件进行水平翻转

STEP 08 在舞台左上方位置，单击“场景1”按钮，返回场景编辑界面，在舞台中可以查看编辑元件后的画面效果，如图13-146所示。

图13-146 查看元件画面效果

知识拓展

在Flash CC工作界面中，用户还可以通过以下3种方法进入元件编辑模式。

➤ 在舞台中需要编辑的元件上，双击鼠标左键，即可进入元件编辑模式。

➤ 选择需要编辑的元件，在菜单栏中单击“编辑”|“编辑所选项目”命令，如图13-147所示，也可以进入元件编辑模式。

➤ 在“库”面板中选择需要编辑的元件，单击鼠标右键，在弹出的快捷菜单中选择“编辑”选项，如图13-148所示，也可以进入元件编辑模式。

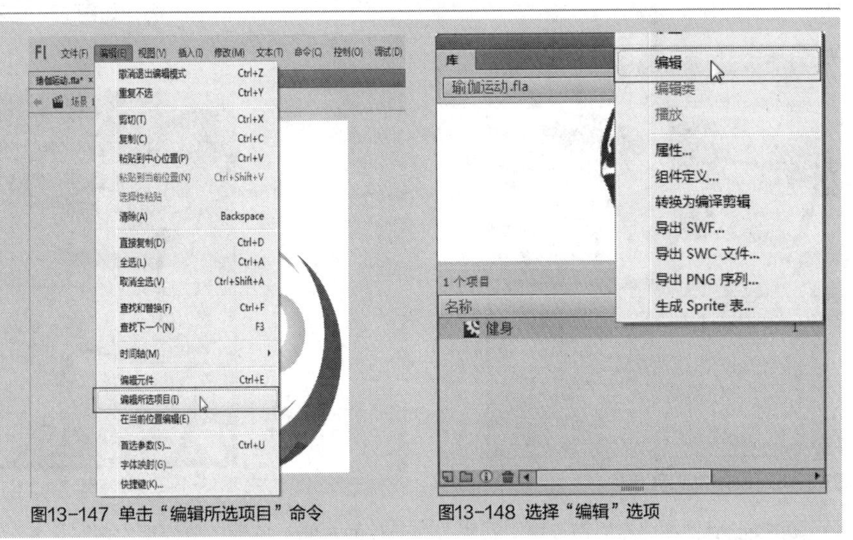

图13-147 单击“编辑所选项目”命令　图13-148 选择“编辑”选项

13.4 创建与编辑实例

在Flash CC工作界面中，创建一个元件后，该元件并不能直接应用到舞台中。若要将元件应用到舞台中，就需要创建该元件的实例对象，创建实例就是将元件从“库”面板中拖曳至舞台，实例就是元件在舞台中的具体表现，用户还可以对创建的实例进行修改。本节主要向读者介绍创建与编辑实例的操作方法。

实战401 创建实例

▶实例位置：光盘\效果\第13章\礼物车.fla
▶素材位置：光盘\素材\第13章\礼物车.fla
▶视频位置：光盘\视频\第13章\实战401.mp4

• 实例介绍 •

在Flash CC工作界面中，当用户创建好元件后，就可以在舞台中应用该元件的实例。元件只有一个，但是通过该元件可以创建多个实例，使用实例并不会明显地增加文件的大小，却可以有效地减少影片的创建时间，方便影片的编辑修改。

• 操作步骤 •

STEP 01 单击“文件”|“打开”命令，打开一个素材文件，如图13-149所示。

图13-149 打开一个素材文件

STEP 02 在菜单栏中，单击“窗口”|“库”命令，如图13-150所示。

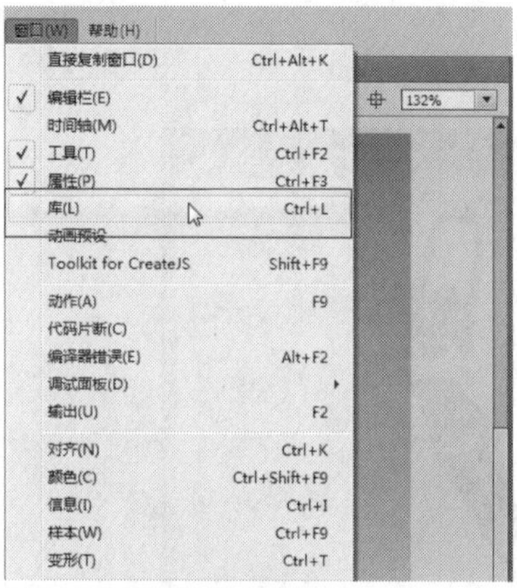

图13-150 单击“库”命令

STEP 03 打开“库”面板，在其中选择需要使用的元件，如图13-151所示。

图13-151 选择需要使用的元件

STEP 04 单击鼠标左键并拖曳至舞台中的适当位置，即可创建实例，如图13-152所示。

图13-152 创建实例

STEP 05 此时，在“库”面板中“礼物车”元件的右侧，显示了“使用次数”为1，如图13-153所示，表示该元件在舞台中只使用了一次。

图13-153 显示了“使用次数”为1

实战 402 分离实例

▶ 实例位置：光盘\效果\第13章\海豚.fla
▶ 素材位置：光盘\素材\第13章\海豚.fla
▶ 视频位置：光盘\视频\第13章\实战402.mp4

• 实例介绍 •

在Flash CC工作界面中，实例不能像图形或文字那样改变填充颜色，但将实例分离后，就会切断与其他元件的关联，将其转变为形状，这时就可以彻底地修改实例，并且不影响元件本身和该元件的其他实例。下面向读者详细介绍分离实例的操作方法。

• 操作步骤 •

STEP 01 单击“文件”|“打开”命令，打开一个素材文件，如图13-154所示。

图13-154 打开一个素材文件

STEP 02 在舞台中，运用选择工具选择需要分离的实例，如图13-155所示。

图13-155 选择需要分离的实例

STEP 03 在“库”面板中，可以查看该元件在舞台中使用的实例次数为3次，如图13-156所示。

STEP 04 在菜单栏中，单击“修改”|“分离”命令，如图13-157所示。

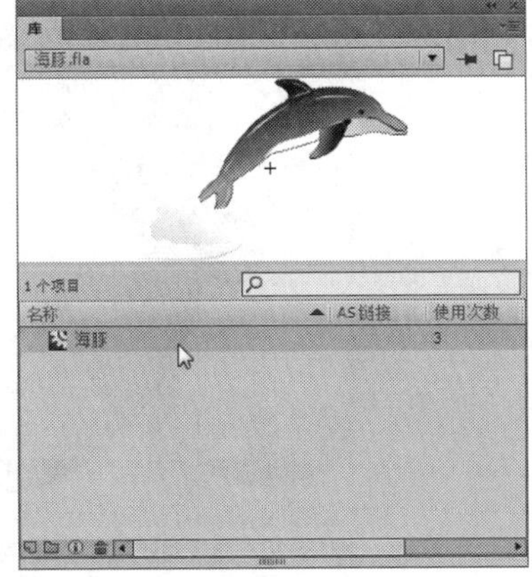

图13-156 查看元件的使用次数

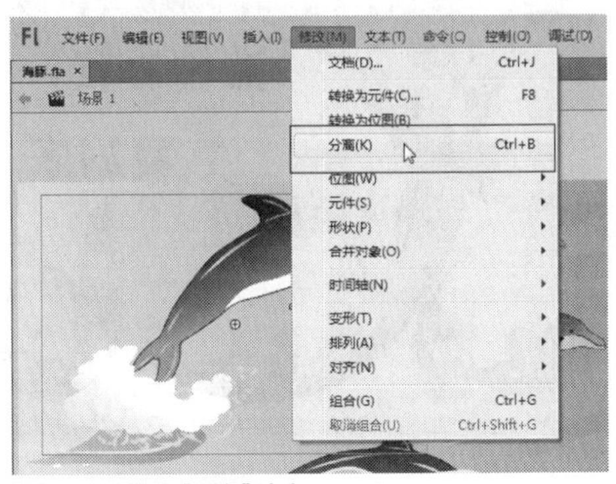

图13-157 单击“分离”命令

STEP 05 执行操作后，即可将实例分离为多个对象，如图13-158所示。

图13-158 将实例分离为多个对象

STEP 06 选择舞台中被分离的水花图形，单击鼠标右键，在弹出的快捷菜单中选择“剪切”选项，如图13-159所示。

图13-159 选择“剪切”选项

STEP 07 此时，舞台中的水花图形被剪切，只留下了海豚图形，如图13-160所示。

STEP 08 在“库”面板中，用户可以查看“使用次数”变为2次，如图13-161所示，被分离的实例将不再属于元件。

图13-160 只留下了海豚图形

图13-161 “使用次数”变为2次

实战403 改变实例类型

▶ 实例位置：光盘\效果\第13章\激情夏日.fla
▶ 素材位置：光盘\素材\第13章\激情夏日.fla
▶ 视频位置：光盘\视频\第13章\实战403.mp4

• 实例介绍 •

在Flash CC工作界面中，元件的每个实例都可以有自己的颜色效果，用户可以根据需要为实例设置明亮度、色调和透明度等。下面向读者详细介绍改变实例颜色的操作方法。

• 操作步骤 •

STEP 01 单击“文件”|“打开”命令，打开一个素材文件，如图13-162所示。

图13-162 打开一个素材文件

STEP 02 在舞台中，运用选择工具选择需要更改类型的实例，如图13-163所示。

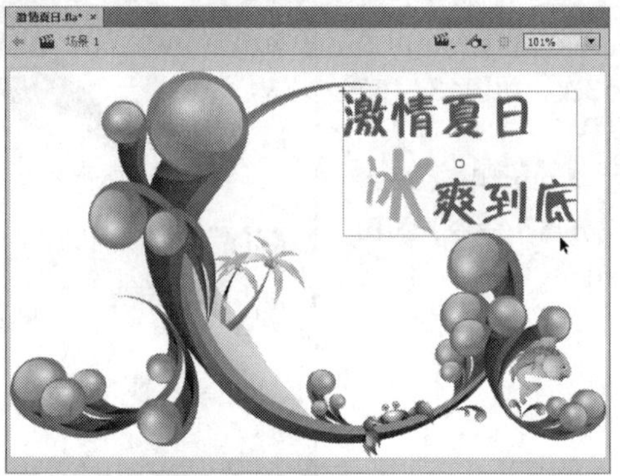

图13-163 选择需要更改类型的实例

STEP 03 在“属性”面板的最上端，单击“实例行为”下拉按钮，在弹出的列表框中选择“影片剪辑”选项，如图13-164所示。

STEP 04 执行操作后，即可更改实例的类型为“影片剪辑”，在“属性”面板下方新增了许多对影片剪辑实例的编辑方法，如图13-165所示。

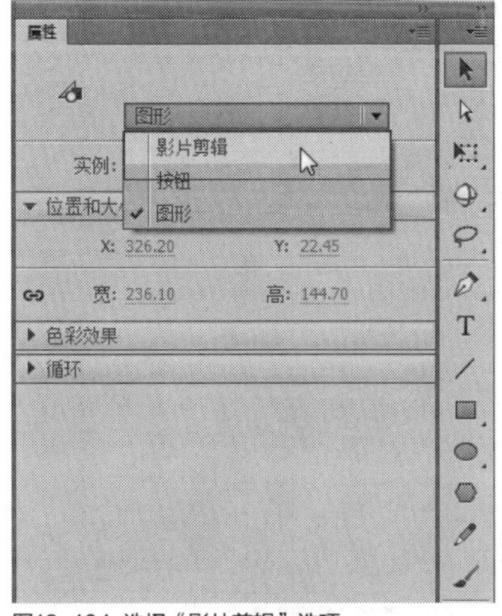

图13-164 选择“影片剪辑”选项

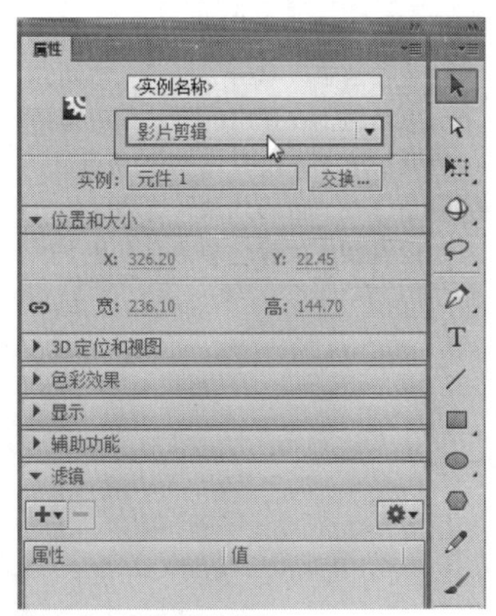

图13-165 更改实例的类型

STEP 05 用户更改了舞台中实例的类型后，在“库”面板中该元件的类型依然是图形元件，用户不会同时更改元件的类型，如图13-166所示。

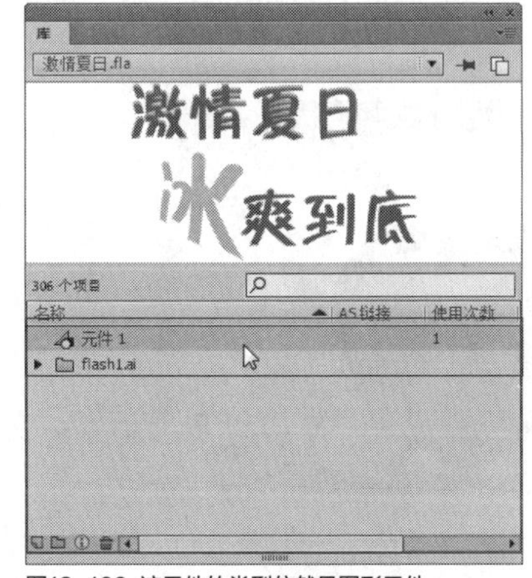

图13-166 该元件的类型依然是图形元件

实战 404 改变实例的颜色

▶ 实例位置：光盘\效果\第13章\情人节快乐.fla
▶ 素材位置：光盘\素材\第13章\情人节快乐.fla
▶ 视频位置：光盘\视频\第13章\实战404.mp4

• 实例介绍 •

在Flash CC工作界面中，元件的每个实例都可以有自己的颜色效果，用户可以根据需要为实例设置相应的颜色属性。下面向读者详细介绍改变实例颜色的操作方法。

• 操作步骤 •

STEP 01 单击“文件”|“打开”命令，打开一个素材文件，如图13-167所示。

STEP 02 在舞台中，运用选择工具选择需要更改颜色的实例，如图13-168所示。

图13-167 打开一个素材文件

图13-168 选择需要更改颜色的实例

STEP 03 在“属性”面板的“色彩效果”选项区中，单击“样式”右侧的下三角按钮，在弹出的列表框中选择“色调”选项，如图13-169所示。

STEP 04 在“色彩效果”选项区的下方，设置相应的颜色参数，如图13-170所示。

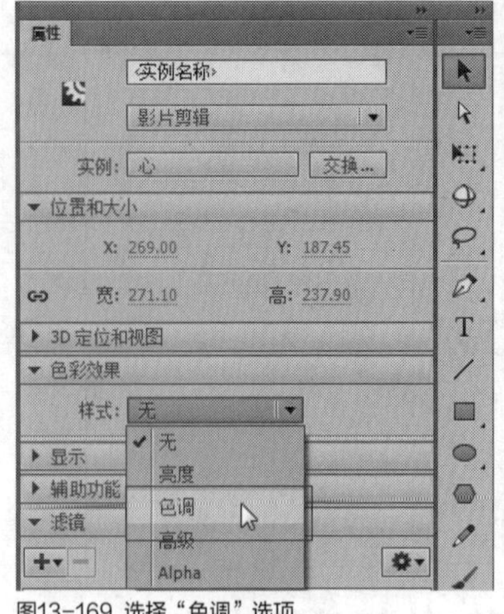

图13-169 选择“色调”选项

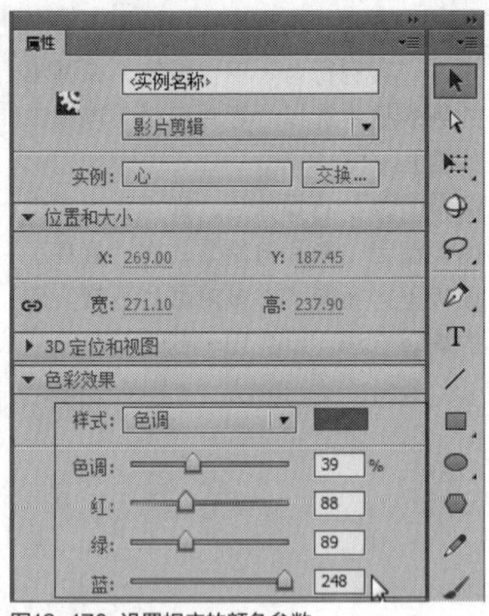

图13-170 设置相应的颜色参数

STEP 05 执行操作后，即可更改舞台中实例的颜色，如图13-171所示。

STEP 06 按【Ctrl+Enter】组合键，测试更改颜色后的图形动画效果，如图13-172所示。

图13-171 更改舞台中实例的颜色

图13-172 测试图形动画效果

实战 405 改变实例的亮度

▶ 实例位置：光盘\效果\第13章\地球仪.fla
▶ 素材位置：光盘\素材\第13章\地球仪.fla
▶ 视频位置：光盘\视频\第13章\实战405.mp4

• 实例介绍 •

在Flash CC工作界面中，用户不仅可以更改舞台中实例的颜色，还可以更改实例的明亮程度。下面向读者详细介绍改变实例亮度的操作方法。

• 操作步骤 •

STEP 01 单击“文件”|“打开”命令，打开一个素材文件，如图13-173所示。

STEP 02 在舞台中，运用选择工具选择需要更改亮度的实例，如图13-174所示。

图13-173 打开一个素材文件

图13-174 选择需要更改亮度的实例

STEP 03 在“属性”面板的“色彩效果”选项区中，单击“样式”右侧的下三角按钮，在弹出的列表框中选择“亮度”选项，如图13-175所示。

STEP 04 在“色彩效果”选项区的下方，设置“亮度”参数为-29，如图13-176所示。

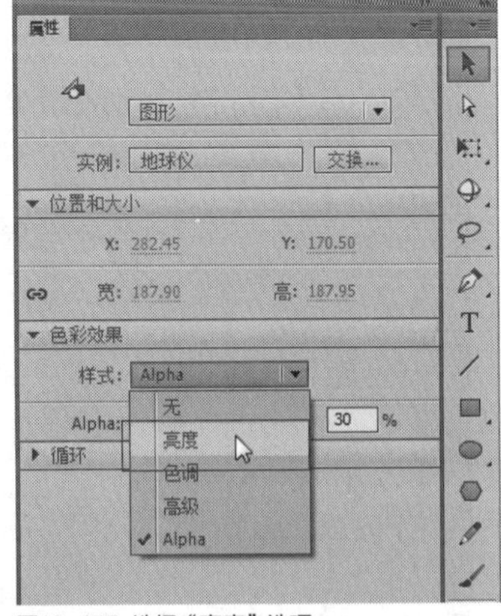

图13-175 选择“亮度”选项

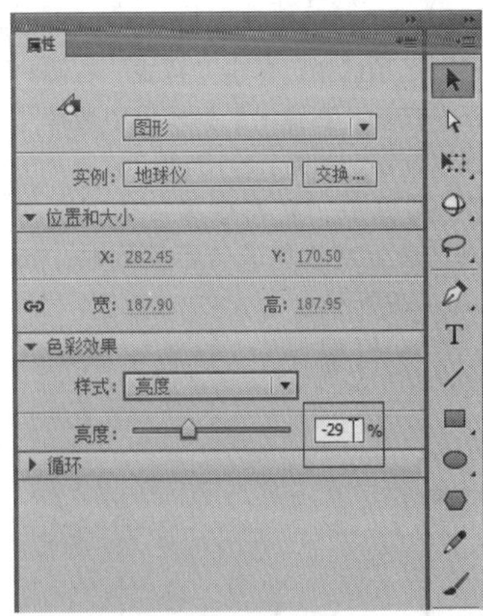

图13-176 设置“亮度”参数

STEP 05 执行操作后，即可更改舞台中实例的亮度，如图13-177所示。

STEP 06 按【Ctrl+Enter】组合键，测试更改亮度后的图形动画效果，如图13-178所示。

图13-177 更改舞台中实例的亮度

图13-178 测试图形动画效果

实战 406 改变实例高级色调

▶ 实例位置：光盘\效果\第13章\包包头.fla
▶ 素材位置：光盘\素材\第13章\包包头.fla
▶ 视频位置：光盘\视频\第13章\实战406.mp4

• 实例介绍 •

在Flash CC工作界面中，当用户设置“颜色效果”为“高级”样式时，可以通过“红”“绿”“蓝”3种参数设置更为丰富的实例色调。

• 操作步骤 •

STEP 01 单击“文件”|“打开”命令，打开一个素材文件，如图13-179所示。

图13-179 打开一个素材文件

STEP 02 在舞台中，运用选择工具选择需要更改高级色调的实例，如图13-180所示。

图13-180 选择需要更改高级色调的实例

STEP 03 在“属性”面板的“色彩效果”选项区中，单击“样式”右侧的下三角按钮，在弹出的列表框中选择“高级”选项，如图13-181所示。

STEP 04 在“色彩效果”选项区的下方，设置高级色调的相关参数，如图13-182所示。

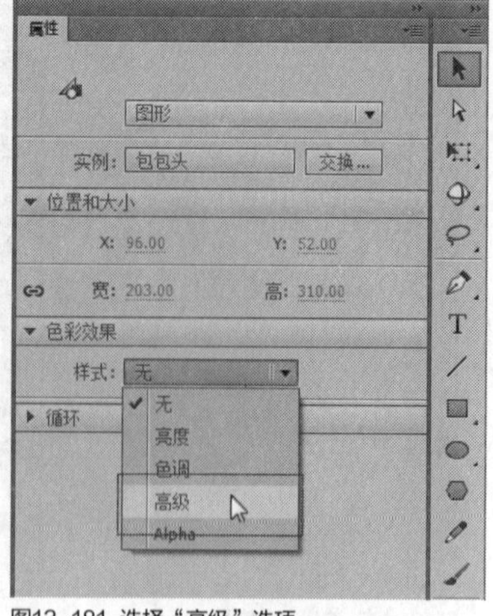

图13-181 选择“高级”选项

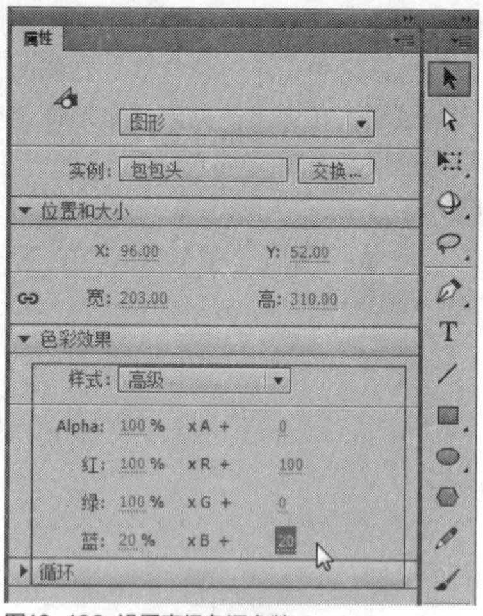

图13-182 设置高级色调参数

STEP 05 执行操作后，即可更改舞台中实例的色调，如图13-183所示。

STEP 06 用与上同样的方法，用户还可以更改实例的其他色调，效果如图13-184所示。

图13-183 更改舞台中实例的色调

图13-184 更改实例的其他色调

实战 407 改变实例的透明度

▶实例位置：光盘\效果\第13章\女孩头像.fla
▶素材位置：光盘\素材\第13章\女孩头像.fla
▶视频位置：光盘\视频\第13章\实战407.mp4

• 实例介绍 •

在Flash CC工作界面中，用户可以根据需要更改实例的透明度。下面向读者介绍改变实例透明度的操作方法。

• 操作步骤 •

STEP 01 单击“文件”|“打开”命令，打开一个素材文件，如图13-185所示。

STEP 02 在舞台中，运用选择工具选择需要更改透明度的实例，如图13-186所示。

图13-185 打开一个素材文件

图13-186 选择需要更改透明度的实例

STEP 03 在“属性”面板的“色彩效果”选项区中，单击“样式”右侧的下三角按钮，在弹出的列表框中选择Alpha选项，如图13-187所示。

STEP 04 在“色彩效果”选项区的下方，拖曳Alpha参数值右侧的滑块，或者直接在后面的数值框中输入63，如图13-188所示。

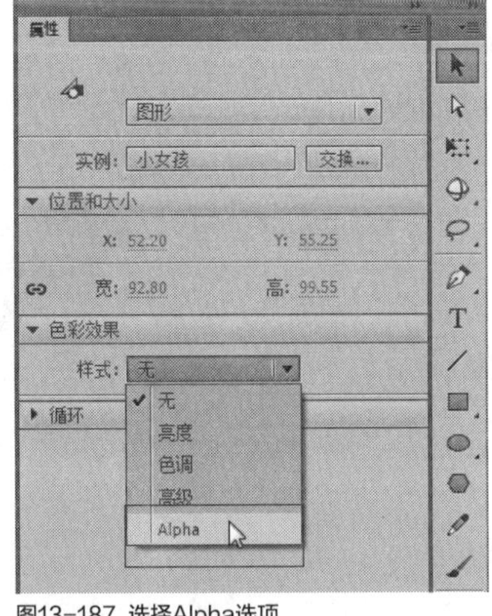

图13-187 选择Alpha选项

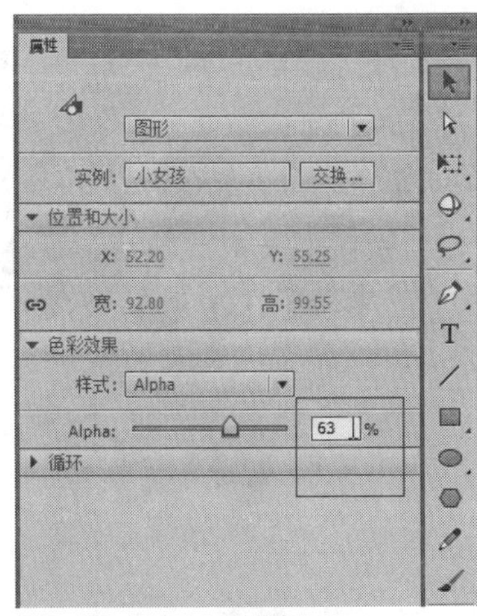

图13-188 设置Alpha参数值为63

STEP 05 执行操作后，即可更改舞台中实例的透明度，效果如图13-189所示。

图13-189 更改舞台中实例的透明度

STEP 06 用与上同样的方法，用户还可以更改实例的其他透明度，效果如图13-190所示。

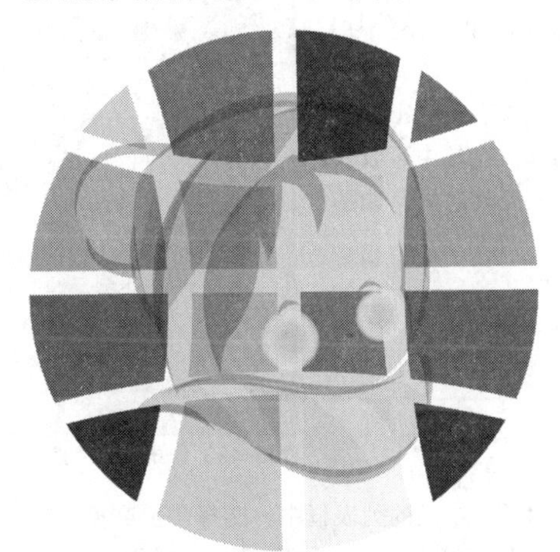

图13-190 更改实例的其他透明度

技巧点拨

在Flash CC工作界面中，设置Alpha的值即设置透明度，当设置其值为0%时，所选元件实例则为透明；当设置其值为100%时，所选元件实例则为不透明。

实战408 为实例交换元件

- 实例位置：光盘\效果\第13章\可爱小丑.fla
- 素材位置：光盘\素材\第13章\可爱小丑.fla
- 视频位置：光盘\视频\第13章\实战408.mp4

• 实例介绍 •

在Flash CC工作界面中，当用户在舞台中创建元件的实例对象后，还可以为实例指定其他的元件，使舞台上的实例变成另一个实例，但原来的实例属性不会改变。下面向读者介绍为实例交换元件的操作方法。

• 操作步骤 •

STEP 01 单击“文件”|“打开”命令，打开一个素材文件，如图13-191所示。

STEP 02 在舞台中，运用选择工具选择需要交换的实例，如图13-192所示。

图13-191 打开一个素材文件

图13-192 选择需要交换的实例

STEP 03 在“属性”面板中，单击“实例：小丑1”列表框右侧的“交换”按钮，如图13-193所示。

STEP 04 执行操作后，弹出“交换元件”对话框，在其中可以查看目前舞台中的元件对象，如图13-194所示。

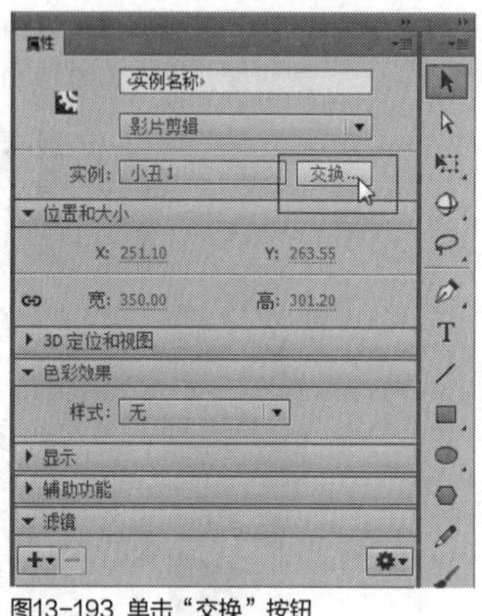

图13-193 单击“交换”按钮

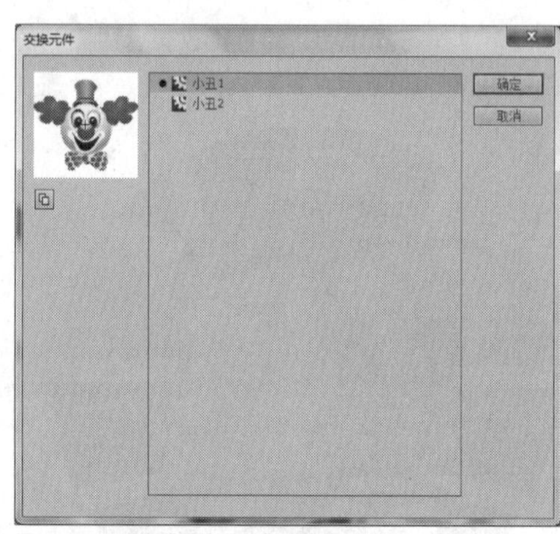

图13-194 弹出“交换元件”对话框

STEP 05 在该对话框中间的列表框中，选择需要交换后的实例，这里选择“小丑2”选项，如图13-195所示。

STEP 06 单击“确定”按钮，即可在舞台中为实例交换元件，图形效果如图13-196所示。

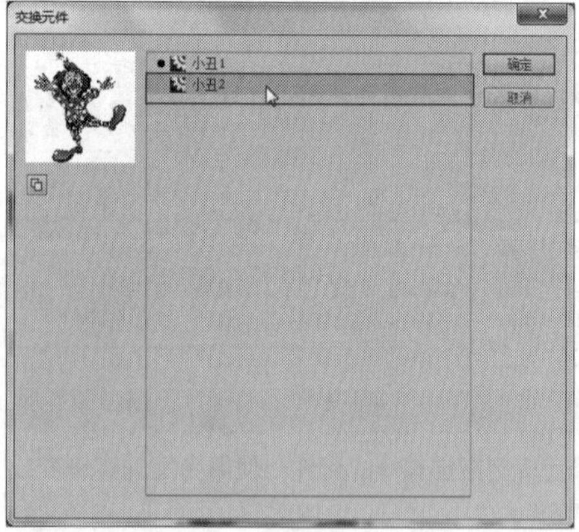

图13-195 选择“小丑2”选项

图13-196 在舞台中为实例交换元件

技巧点拨

在Flash CC工作界面中，用户还可以通过以下两种方法交换元件。

➢ 选择需要交换的实例，单击“修改”菜单，在弹出的菜单列表中单击“元件”|“交换元件”命令，如图13-197所示，可以交换元件对象。

➢ 选择需要交换的实例，单击鼠标右键，在弹出的快捷菜单中选择“交换元件”选项，如图13-198所示，也可以交换元件对象。

图13-197 单击“交换元件”命令

图13-198 选择“交换元件”选项

第 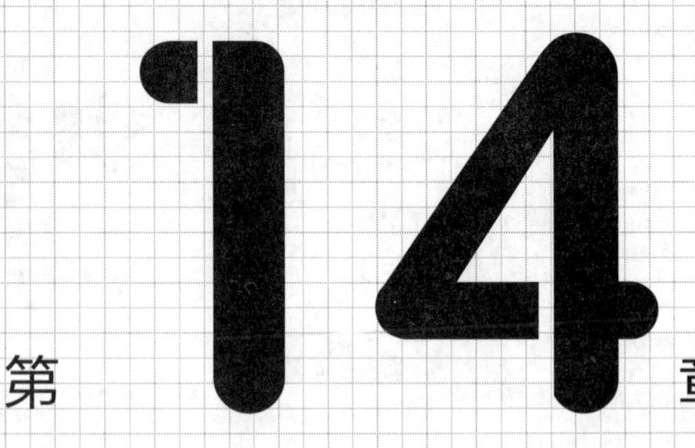 章

应用库对象

本章导读

在Flash CC工作界面中，“库”面板是Flash影片中所有可以重复使用的元素的存储仓库，各种元件都放在“库”面板中，用户可以对各种可重复使用的资源进行合理的管理和分类，从而方便在编辑影片时使用这些资源。

本章主要向读者介绍应用动画的库对象的方法，主要包括使用库项目、编辑库文件、创建公用库以及共享库资源等内容。

要点索引

- 使用库项目
- 编辑库文件
- 共享库资源

14.1 使用库项目

库项目是指存在于“库”面板中的多个元件，元件在制作Flash动画的过程中是必不可少的元素。库项目可以反复使用，因而不必重复制作相同的部分，以提高工作效率，用户只需对“库”面板中的库项目进行修改，动画中的库元件就会自动的做出修改，在动画中运用库项目可以减小动画文件的大小，提高动画的播放速度。本节主要向读者介绍使用库项目的操作方法。

实战 409 创建库元件

▶ 实例位置：光盘\效果\第14章\果汁广告.fla
▶ 素材位置：光盘\素材\第14章\果汁广告.fla
▶ 视频位置：光盘\视频\第14章\实战409.mp4

• 实例介绍 •

在Flash CC工作界面中，用户应用到的素材和对象，都会存在于“库”面板中，用户也可以根据需要在“库”面板中创建库元件。下面向读者介绍创建库元件的操作方法。

• 操作步骤 •

STEP 01 单击“文件”|“打开”命令，打开一个素材文件，如图14-1所示。

STEP 02 在菜单栏中，单击“窗口”菜单，在弹出的菜单列表中单击“库”命令，如图14-2所示，或者按【Ctrl+L】组合键。

图14-1 打开一个素材文件

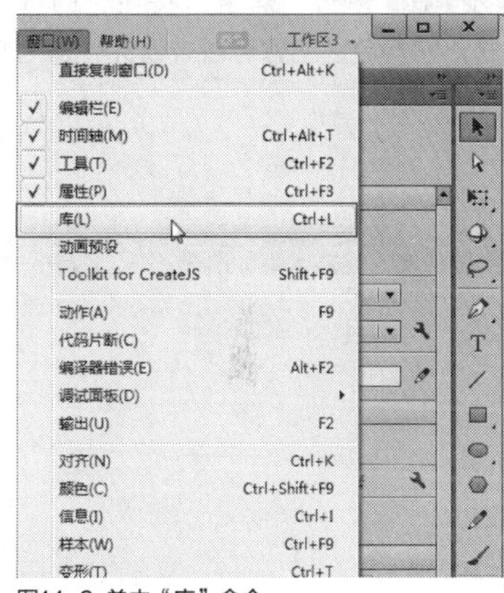

图14-2 单击“库”命令

知识拓展

在Flash CC中，“库”面板中的文件除了Flash影片的3种元件类型，还包含其他的素材文件，一个复杂的Flash影片中还会使用到一些位图、声音、视频以及文字字形等素材文件，每种元件将被作为独立的对象存储在元件库中，并以对应的元件符号来显示其文件类型。

STEP 03 打开“库”面板，在面板底部单击“新建元件”按钮，如图14-3所示。

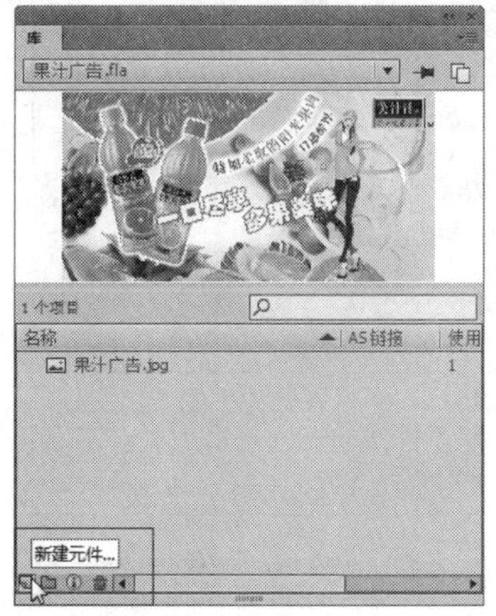

图14-3 单击“新建元件”按钮

STEP 04 执行操作后，弹出“创建新元件”对话框，在其中可以查看新建元件时需要设置的相关属性，如图14-4所示。

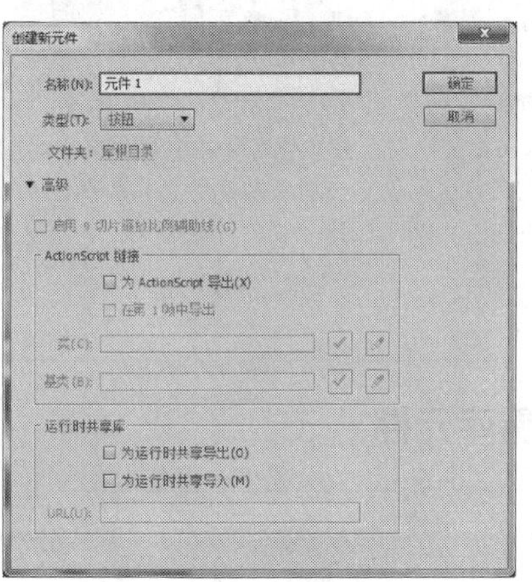

图14-4 弹出“创建新元件”对话框

STEP 05 选择一种合适的输入法，在“名称”右侧的文本框中输入新建元件的名称，这里输入“广告元件”，如图14-5所示。

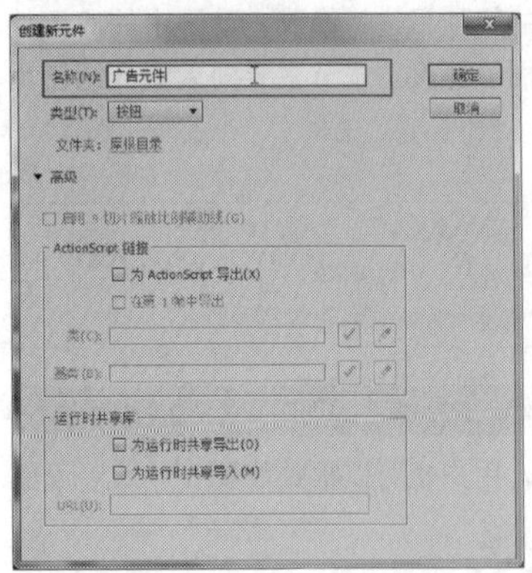
图14-5 输入“广告元件”

STEP 06 单击“类型”右侧的下三角按钮，在弹出的列表框中选择“图形”选项，如图14-6所示，是指创建一个图形元件。

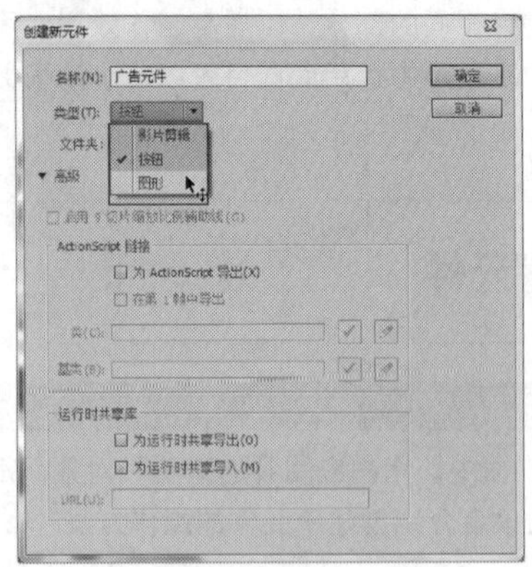
图14-6 选择“图形”选项

STEP 07 单击“确定”按钮，即可进入图形元件编辑模式，在舞台区上方可以查看元件的名称，如图14-7所示。

图14-7 进入图形元件编辑模式

STEP 08 在“库”面板中，用户可以查看已经创建好的图形元件，如图14-8所示。

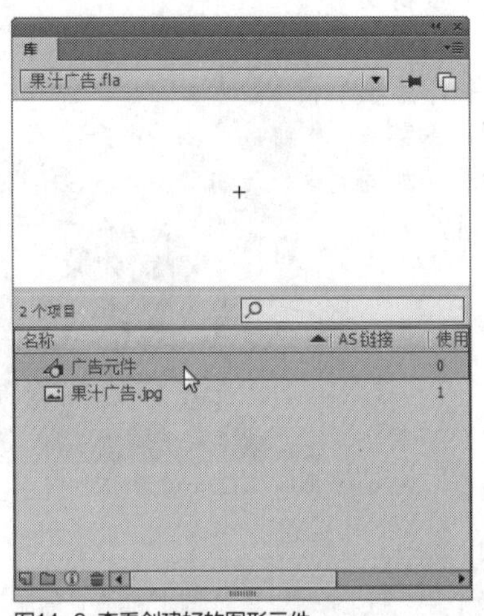
图14-8 查看创建好的图形元件

知识拓展

在Flash CC中，如果要制作比较复杂的动画，需要导入大量的素材或对象，在“库”面板中，可以运用“库”面板中左下方的4个按钮对库文件进行编辑，如图14-9所示。

① “新建元件”按钮：该按钮的作用相当于“插入”|“新建元件”命令，单击该按钮后，将弹出“创建新元件”对话框，在其中可以为新元件命名并选择其类型。

② “创建文件夹”按钮：单击该按钮，可创建一个文件夹，对其进行重命名后可将类似或相关联的一些文件存放在该文件夹中。

③ “属性”按钮：用于查看和修改库中文件的属性。

④ “删除”按钮：用于删除库文件列表中的文件或文件夹。

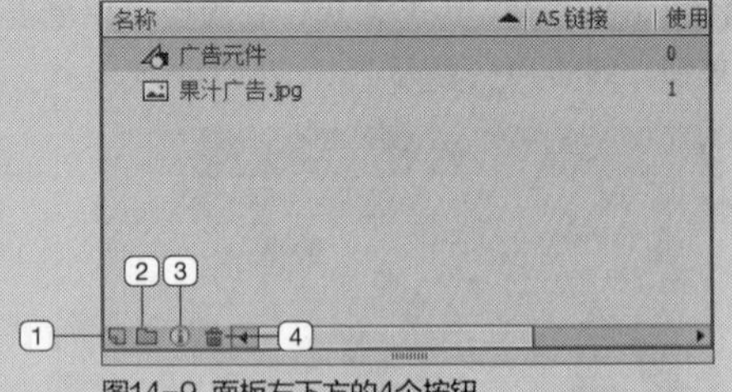
图14-9 面板左下方的4个按钮

实战410 查看库元件

▶实例位置：光盘\效果\第14章\爱心小屋.fla
▶素材位置：光盘\素材\第14章\爱心小屋.fla
▶视频位置：光盘\视频\第14章\实战410.mp4

• 实例介绍 •

在Flash CC工作界面中，用户可以根据需要查看“库”面板中的素材元素或元件。下面向读者详细介绍查看库元件的操作方法。

• 操作步骤 •

STEP 01 单击“文件”|“打开”命令，打开一个素材文件，如图14-10所示。

图14-10 打开一个素材文件

STEP 02 在“库”面板中，将鼠标指针移至“爱心小屋”图形元件上，如图14-11所示。

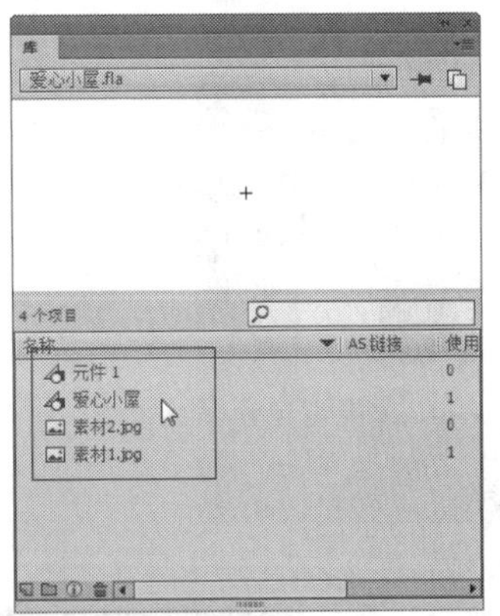

图14-11 移动鼠标指针

STEP 03 在图形元件的名称上，单击鼠标左键，即可在面板的上方预览图形元件的画面，如图14-12所示。

STEP 04 在“库”面板中的“素材2”库文件上单击鼠标左键，在面板的上方预览窗口中，也可以预览素材的画面效果，如图14-13所示。

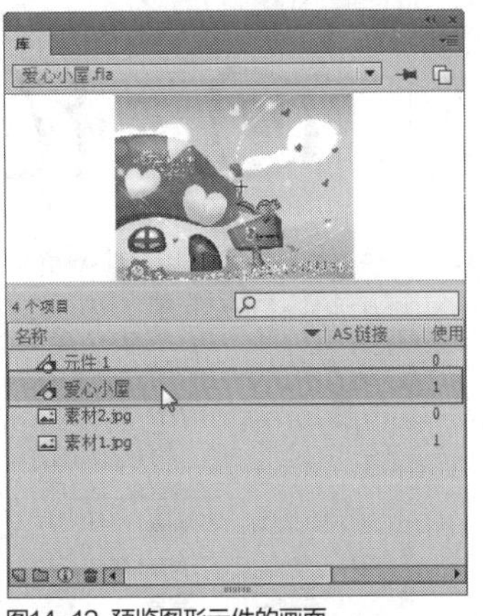

图14-12 预览图形元件的画面

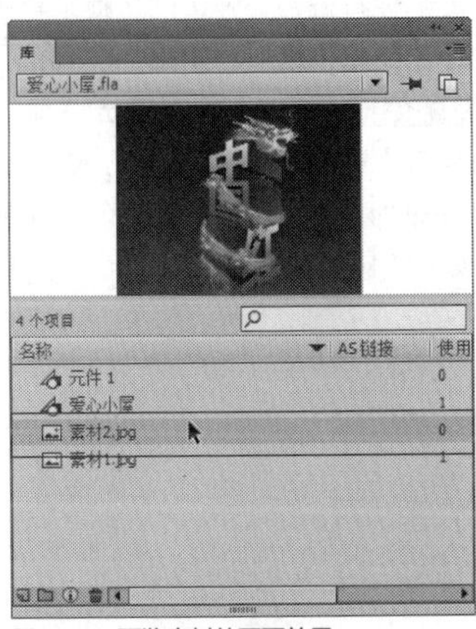

图14-13 预览素材的画面效果

知识拓展

“库”面板的名称列表框中包含了库中所有项目的名称，用户可以在工作时查看并组织这些项目，“库”面板中项目名称旁边的图标指明了该项目的文件类型。在Flash工作时，可以打开任意的Flash文档的库，并且能够将该文档的库项目应用于当前文档。

实战 411 删除库元件

▶ 实例位置：光盘\效果\第14章\回忆.fla
▶ 素材位置：光盘\素材\第14章\回忆.fla
▶ 视频位置：光盘\视频\第14章\实战411.mp4

• 实例介绍 •

在Flash CC工作界面中，对不需要使用的元件，用户可以将其删除。下面向读者介绍删除库元件的操作方法。

• 操作步骤 •

STEP 01 单击“文件”|“打开”命令，打开一个素材文件，如图14-14所示。

STEP 02 在“库”面板中，选择需要删除的库元件对象，这里选择“文字”图形元件，如图14-15所示。

图14-14 打开一个素材文件

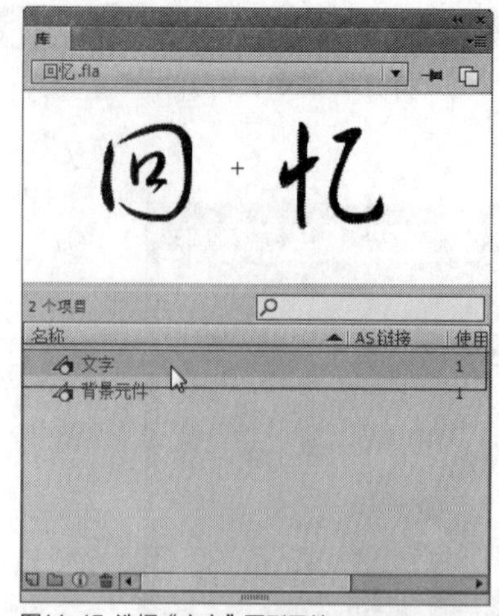

图14-15 选择“文字”图形元件

STEP 03 在选择的图形元件上，单击鼠标右键，在弹出的快捷菜单中选择“删除”选项，如图14-16所示。

STEP 04 用户还可以单击“库”面板右上角的面板属性按钮，在弹出的列表框中选择“删除”选项，如图14-17所示。

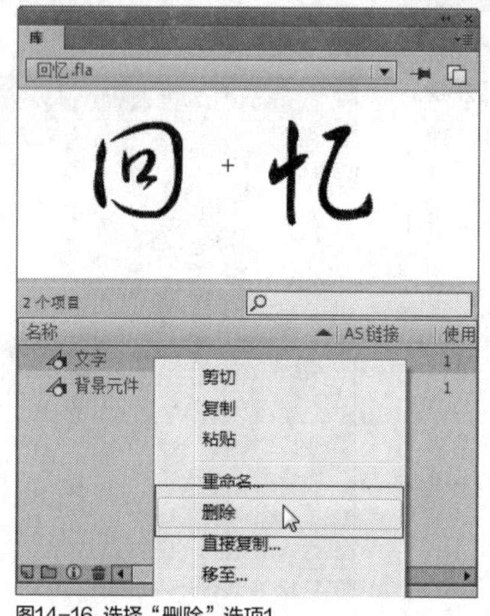

图14-16 选择“删除”选项1

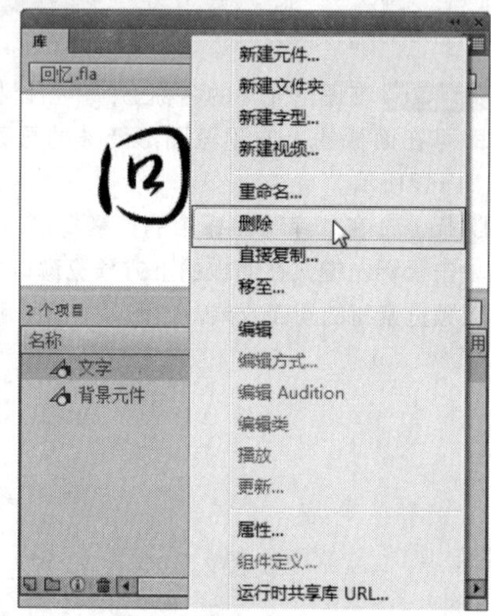

图14-17 选择“删除”选项2

技巧点拨

在“库”面板中选择需要删除的元件，单击面板底部的“删除”按钮，也可以执行删除操作。

STEP 05 执行操作后，即可在“库”面板中删除选择的图形元件，如图14-18所示。

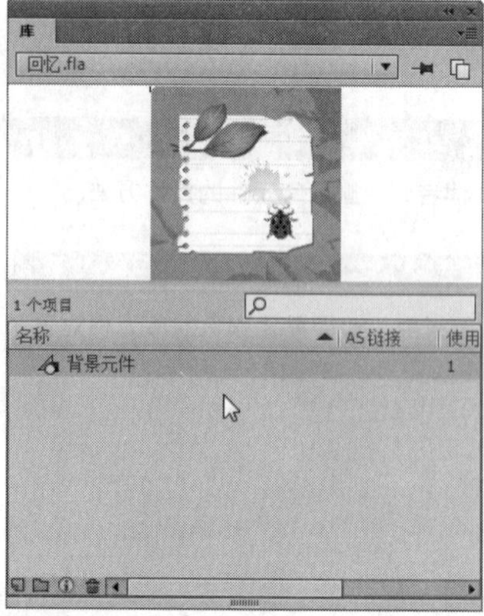

图14-18 删除选择的图形元件

STEP 06 当用户删除库元件后，舞台中应用的元件实例也相应地被删除了，图形画面效果如图14-19所示。

图14-19 舞台中的图形画面效果

实战 412 转换元件类型

▶实例位置：光盘\效果\第14章\高尔夫球场.fla
▶素材位置：光盘\素材\第14章\高尔夫球场.fla
▶视频位置：光盘\视频\第14章\实战412.mp4

• 实例介绍 •

在Flash影片动画的制作中，用户可以随时将库中的元件类型转换为需要的类型，例如将图形元件转换成影片剪辑，使之具有影片剪辑元件的属性。

• 操作步骤 •

STEP 01 单击“文件”|“打开”命令，打开一个素材文件，如图14-20所示。

图14-20 打开一个素材文件

STEP 02 在“库”面板中，选择需要转换类型的图形元件，如图14-21所示。

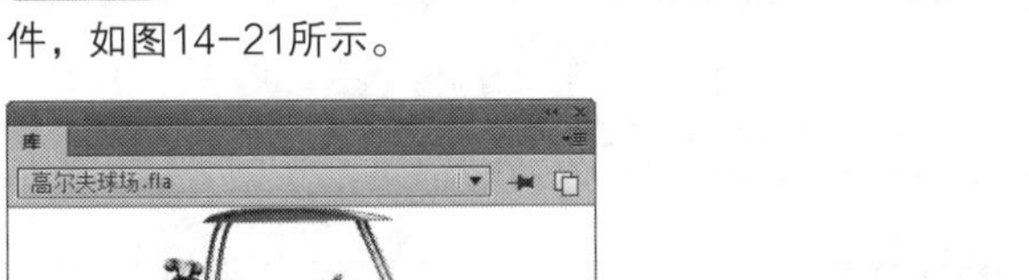

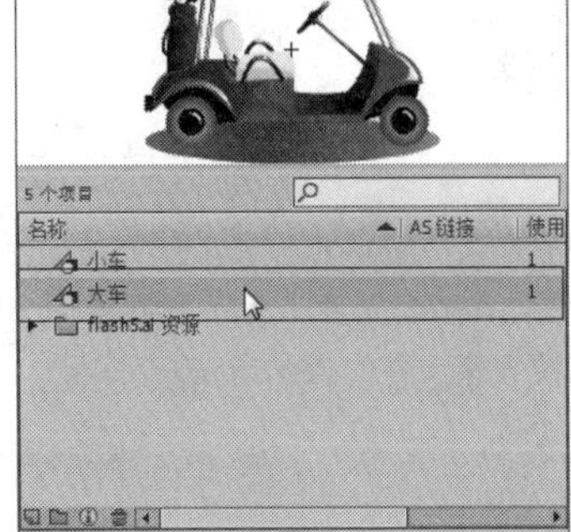

图14-21 选择图形元件

STEP 03 在选择的图形元件上，单击鼠标右键，在弹出的快捷菜单中选择“属性”选项，如图14-22所示。

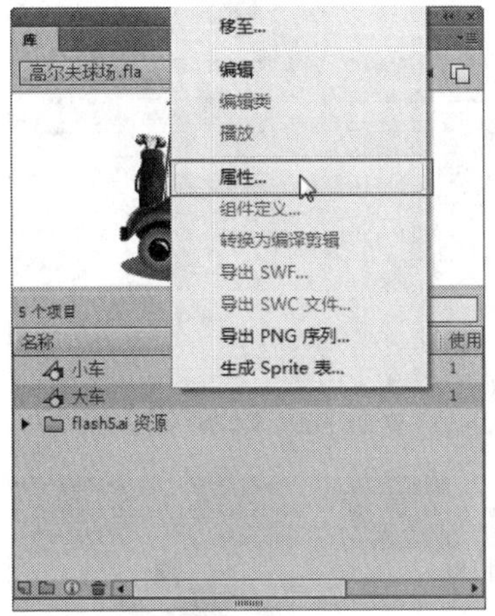

图14-22 选择“属性”选项1

STEP 04 用户还可以单击“库”面板右上角的面板属性按钮，在弹出的列表框中选择“属性”选项，如图14-23所示。

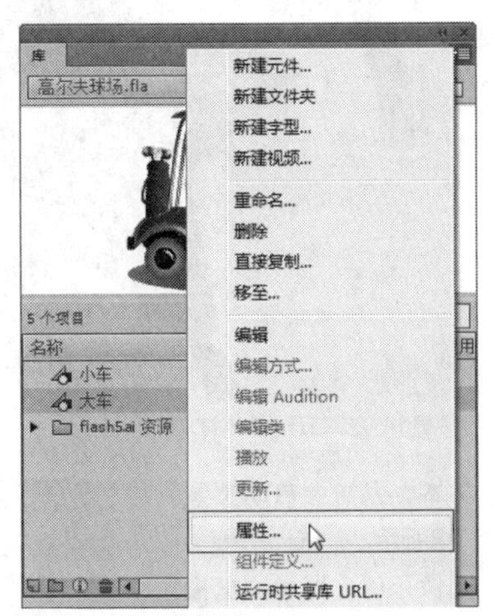

图14-23 选择“属性”选项2

STEP 05 执行操作后，弹出“元件属性”对话框，单击“类型”右侧的下三角按钮，在弹出的列表框中选择“影片剪辑”选项，如图14-24所示。

STEP 06 单击“确定”按钮，即可将“库”面板中的图形元件更改为影片剪辑元件，如图14-25所示，完成元件的转换操作。

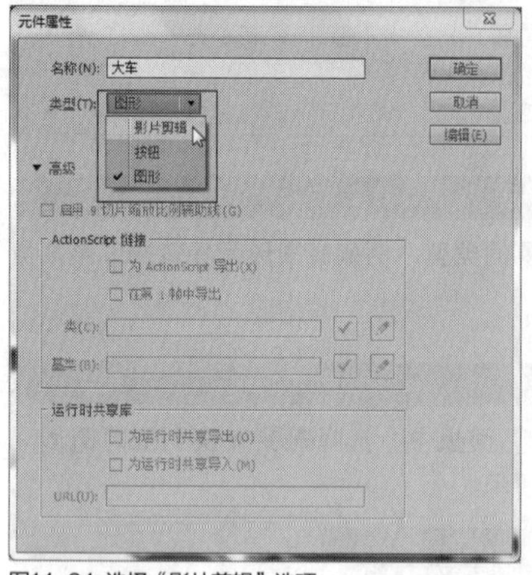

图14-24 选择“影片剪辑”选项

图14-25 更改为影片剪辑元件

实战 413 搜索库元件

▶实例位置：光盘\效果\第14章\比赛项目.fla
▶素材位置：光盘\素材\第14章\比赛项目.fla
▶视频位置：光盘\视频\第14章\实战413.mp4

• 实例介绍 •

一个Flash文件中一般会有多个元件，为了方便操作，用户可以运用Flash中的搜索功能，快速定位到需要编辑的库元件上。下面向读者介绍搜索库元件的操作方法。

• 操作步骤 •

STEP 01 单击“文件”|“打开”命令，打开一个素材文件，如图14-26所示。

STEP 02 在“库”面板中，单击“搜索”文本框，使其激活，如图14-27所示。

图14-26 打开一个素材文件

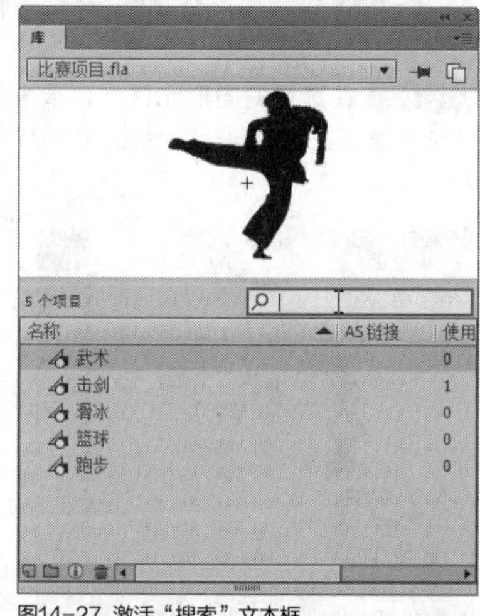

图14-27 激活“搜索”文本框

STEP 03 输入“跑步”文本，系统会自动搜索到“跑步”元件，如图14-28所示。

STEP 04 单击“跑步”图像元件，即可预览搜索到的图像元件，效果如图14-29所示。

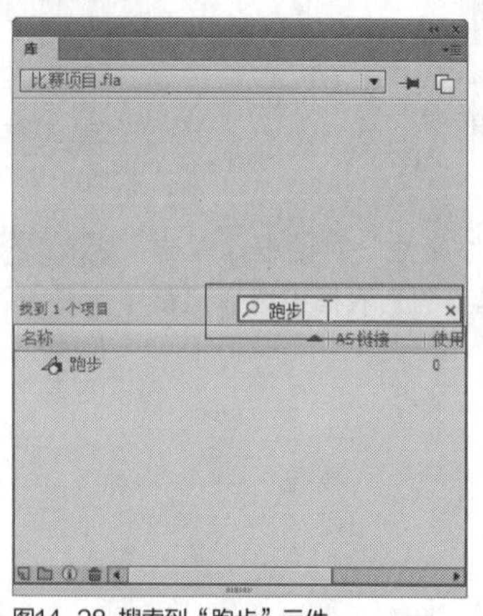

图14-28 搜索到“跑步”元件

图14-29 预览搜索到的图像元件

实战414 选择未用库元件

▶实例位置：光盘\效果\第14章\花儿.fla
▶素材位置：光盘\素材\第14章\花儿.fla
▶视频位置：光盘\视频\第14章\实战414.mp4

• 实例介绍 •

在制作复杂的Flash动画时，可能会在“库”面板中应用到很多元件，如果能够选择未使用的库元件，就可以很清楚地知道哪些库元件还没有在场景中应用。

• 操作步骤 •

STEP 01 单击“文件”|“打开”命令，打开一个素材文件，如图14-30所示。

STEP 02 在“库”面板中，用户可以查看现有的库文件，如图14-31所示。

图14-30 打开一个素材文件

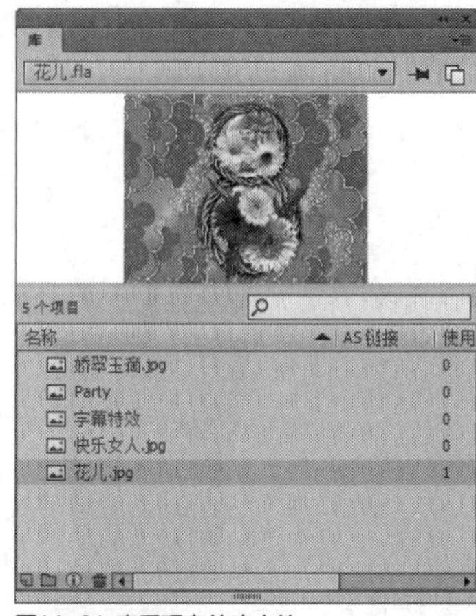

图14-31 查看现有的库文件

STEP 03 在“库”面板中的空白位置上，单击鼠标右键，在弹出的快捷菜单中选择“选择未用项目”选项，如图14-32所示。

STEP 04 用户还可以单击“库”面板右上角的面板属性按钮，在弹出的列表框中选择“选择未用项目”选项，如图14-33所示。

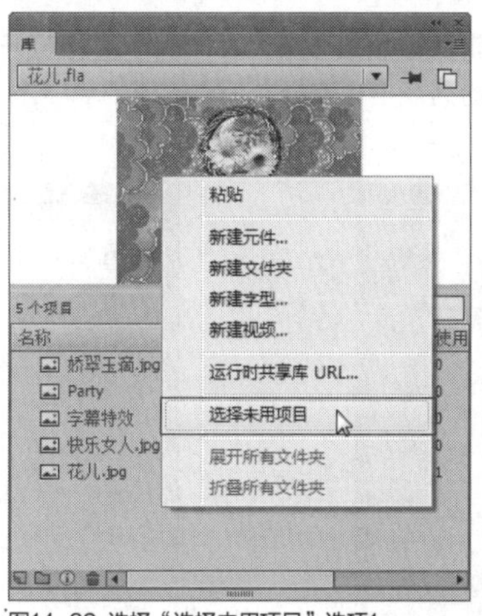

图14-32 选择“选择未用项目”选项1

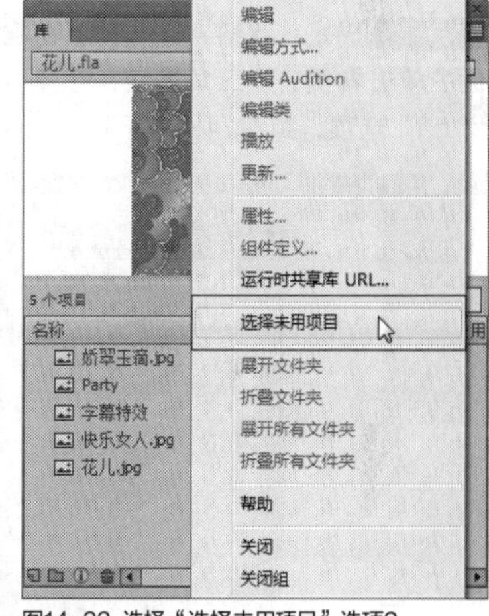

图14-33 选择“选择未用项目”选项2

STEP 05 执行操作后，即可在“库”面板中选择未使用的库元件，效果如图14-34所示。

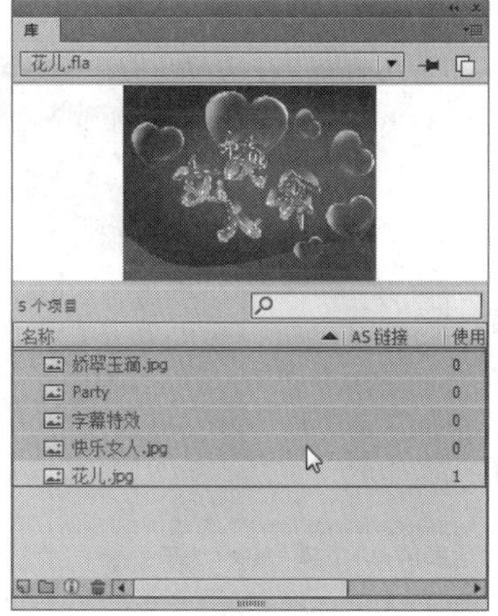

图14-34 选择未使用的库元件

实战415 调用其他库元件

▶实例位置：光盘\效果\第14章\饮料.fla
▶素材位置：光盘\素材\第14章\饮料.fla、小伞.fla
▶视频位置：光盘\视频\第14章\实战415.mp4

• 实例介绍 •

在Flash CC工作界面中，用户除了可以使用当前库中的元件外，还可以调用外部库中的元件，库项目可以反复出现在影片的不同画面中。调用"库"面板中的元素非常简单，只需选中所需的项目并拖曳至舞台中的适当位置即可。

• 操作步骤 •

STEP 01 单击"文件"|"打开"命令，打开"饮料"素材文件，如图14-35所示。

图14-35 打开"饮料"素材文件

STEP 02 单击"文件"|"打开"命令，打开"小伞"素材文件，如图14-36所示。

图14-36 打开"小伞"素材文件

STEP 03 确定"饮料"文档为当前编辑状态，在"库"面板中单击右侧的下三角按钮，在弹出的列表框中选择"小伞.fla"选项，如图14-37所示。

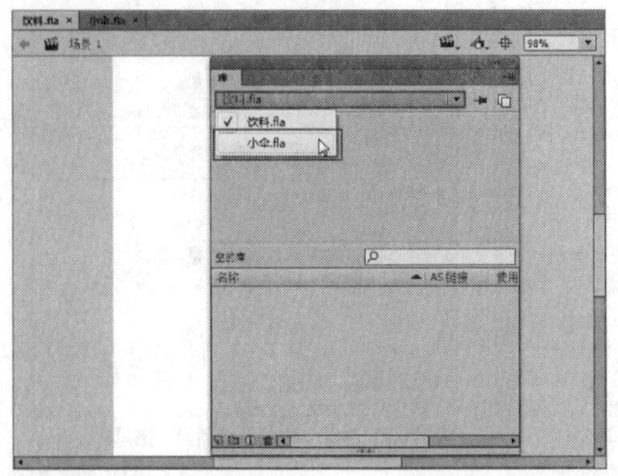

图14-37 选择"小伞.fla"选项

STEP 04 打开"小伞.fla"文档的"库"面板，在其中选择"伞"库文件，如图14-38所示。

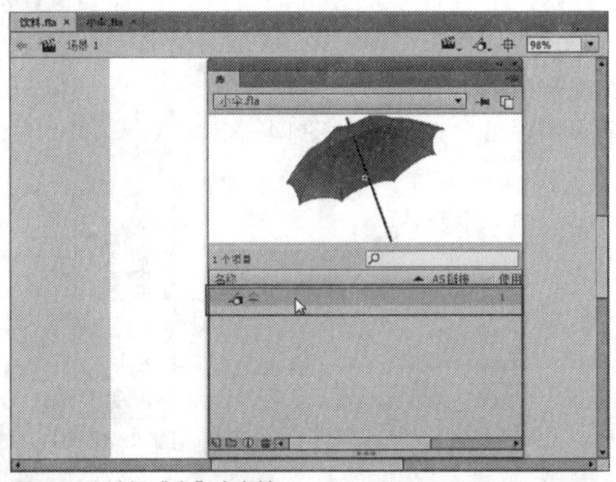

图14-38 选择"伞"库文件

STEP 05 单击鼠标右键，在弹出的快捷菜单中选择"复制"选项，如图14-39所示。

STEP 06 切换至"饮料.fla"文档的"库"面板中，在下方空白位置上，单击鼠标右键，在弹出的快捷菜单中选择"粘贴"选项，如图14-40所示。

图14-39 选择"复制"选项

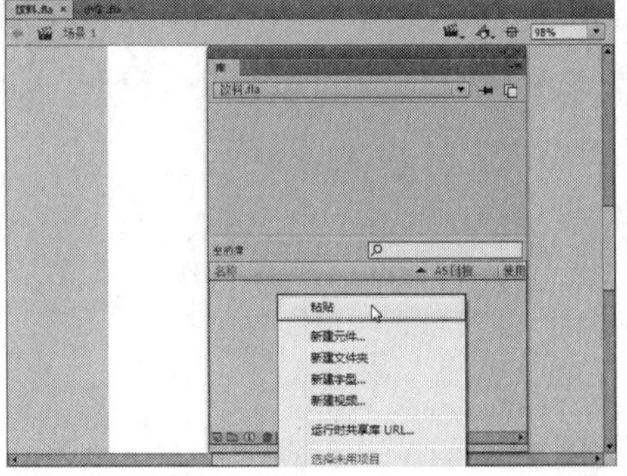

图14-40 选择"粘贴"选项

STEP 07 执行操作后，即可将“小伞.fla”文档中的库文件调用到“饮料.fla”文档中，如图14-41所示。

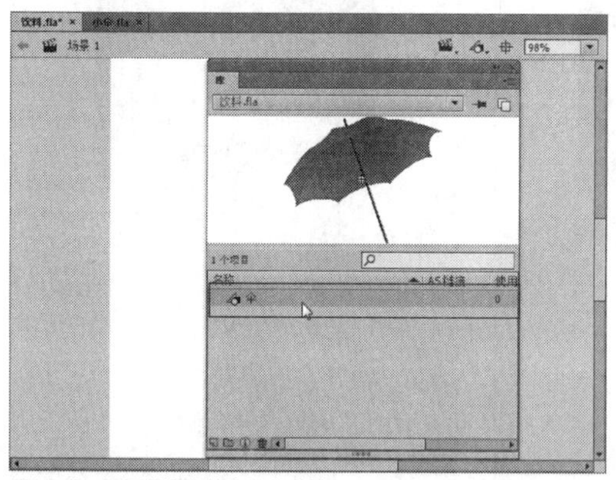

图14-41 调用其他文档中的库文件

STEP 08 在“库”面板中，选择“伞”图形元件，将其拖曳至舞台中，并调整图形的位置，效果如图14-42所示。

图14-42 将库项目拖曳至舞台中

实战416 重命名库元件

▶实例位置：光盘\效果\第14章\旋转天地.fla
▶素材位置：光盘\素材\第14章\旋转天地.fla
▶视频位置：光盘\视频\第14章\实战416.mp4

• 实例介绍 •

在Flash CC工作界面的“库”面板中，可以重命名项目，但需要注意的是，更改导入文件的库项目名称并不会更改该文件的名称。

• 操作步骤 •

STEP 01 单击“文件”|“打开”命令，打开一个素材文件，如图14-43所示。

STEP 02 在“库”面板中，选择需要重命名的库文件，如图14-44所示。

图14-43 打开一个素材文件

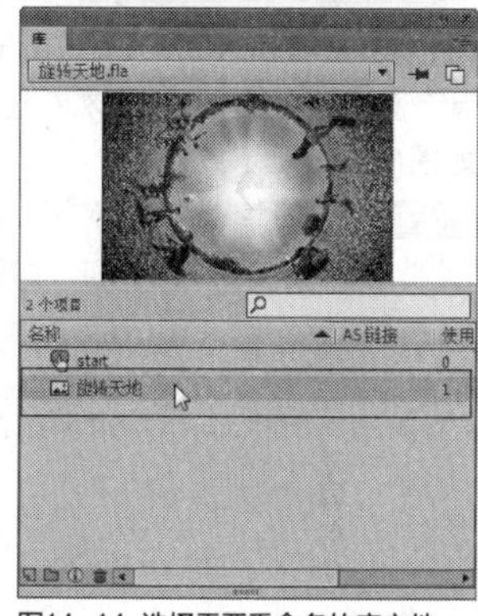

图14-44 选择需要重命名的库文件

STEP 03 单击鼠标右键，在弹出的快捷菜单中选择“重命名”选项，如图14-45所示。

STEP 04 用户还可以单击“库”面板右上角的面板属性按钮，在弹出的列表框中选择“重命名”选项，如图14-46所示。

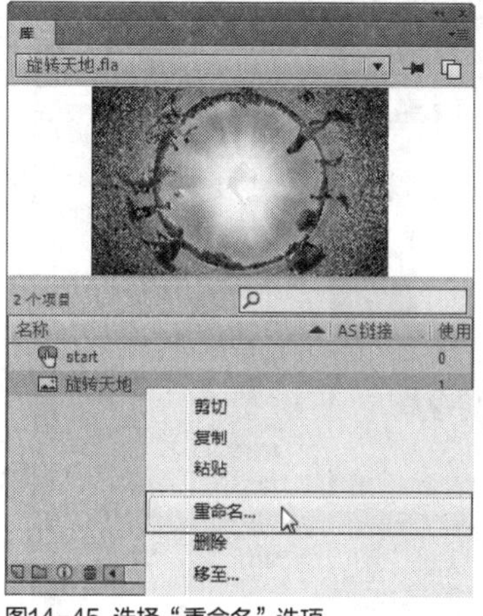

图14-45 选择“重命名”选项

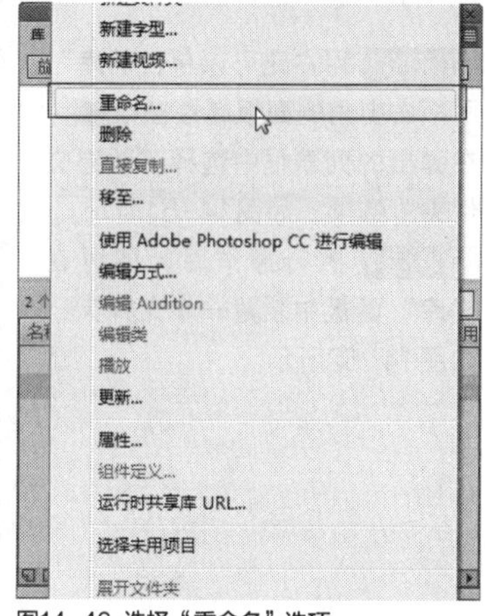

图14-46 选择“重命名”选项

STEP 05 执行操作后，此时库名称呈可编辑状态，如图14-47所示。

STEP 06 选择一种合适的输入法，在名称文本框中重新输入库文件的新名称，按【Enter】键确认，即可完成库文件的重命名操作，效果如图14-48所示。

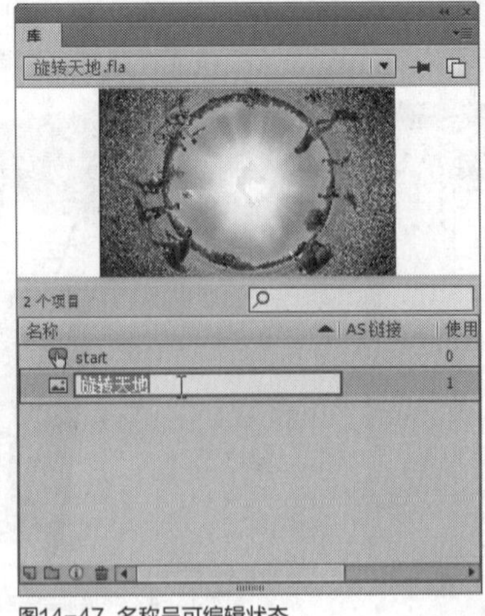

图14-47 名称呈可编辑状态

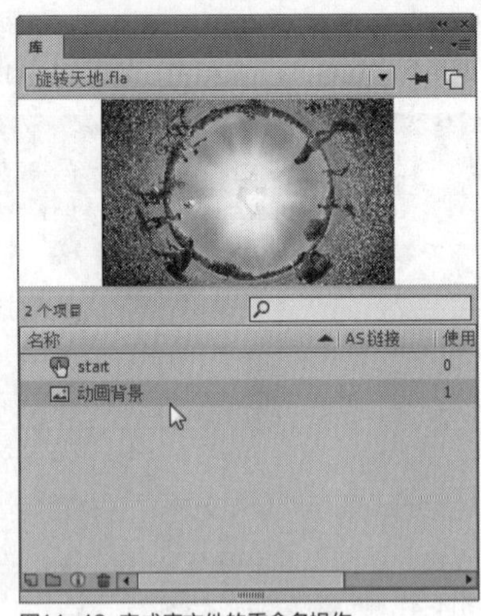

图14-48 完成库文件的重命名操作

实战 417 创建库文件夹

▶实例位置：光盘\效果\第14章\万圣节.fla
▶素材位置：光盘\素材\第14章\万圣节.fla
▶视频位置：光盘\视频\第14章\实战417.mp4

• 实例介绍 •

在Flash CC工作界面中，用户可以在“库”面板中新建库文件夹，并可以为新建的文件夹重新命名，还可以将已有的库文件移至新建的文件夹中。

• 操作步骤 •

STEP 01 单击“文件”|“打开”命令，打开一个素材文件，如图14-49所示。

STEP 02 在“库”面板底部，单击“新建文件夹”按钮，如图14-50所示。

图14-49 打开一个素材文件

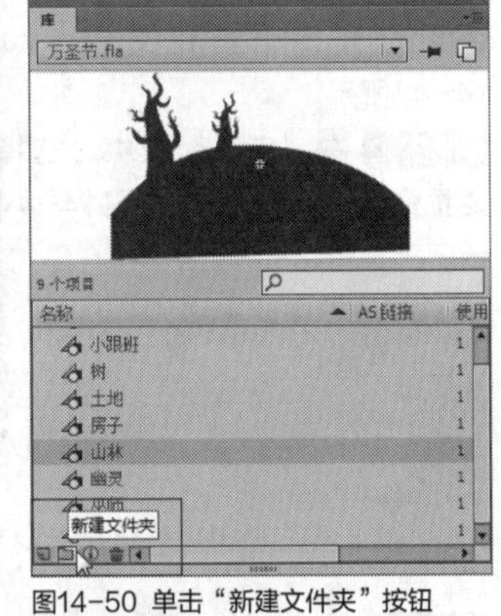

图14-50 单击“新建文件夹”按钮

STEP 03 用户还可以单击“库”面板右上角的面板属性按钮，在弹出的列表框中选择“新建文件夹”选项，如图14-51所示。

STEP 04 执行操作后，即可在“库”面板中新建一个文件夹，如图14-52所示。

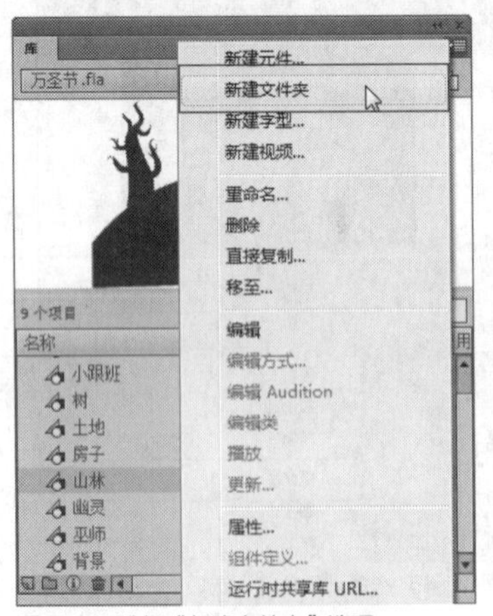

图14-51 选择“新建文件夹”选项

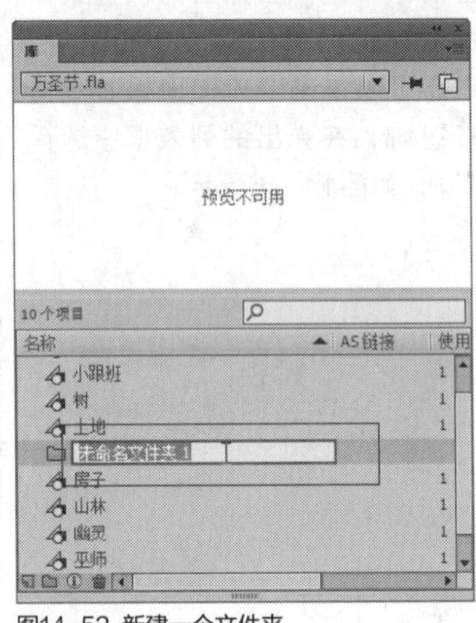

图14-52 新建一个文件夹

STEP 05 选择一种合适的输入法，设置文件夹的名称，按【Enter】键确认，如图14-53所示。

STEP 06 在“库”面板中，选择需要移至文件夹中的库元件，如图14-54所示。

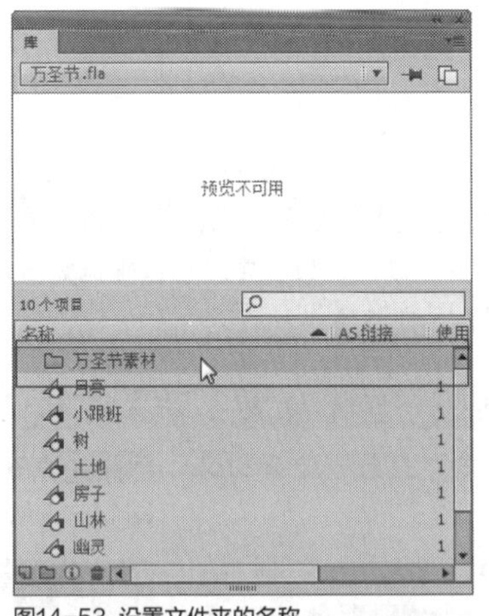

图14-53 设置文件夹的名称

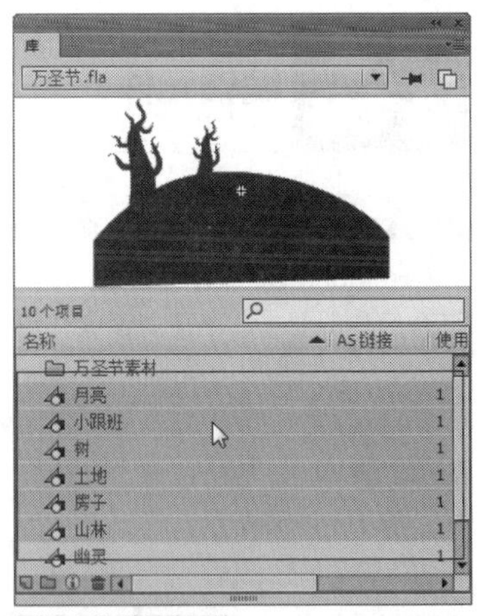

图14-54 选择库元件

STEP 07 单击鼠标左键并拖曳至“万圣节素材”文件夹上方，此时该文件夹名称呈蓝色亮显状态，如图14-55所示。

STEP 08 释放鼠标左键，即可将库元件全部添加至“万圣节素材”文件夹中，如图14-56所示。

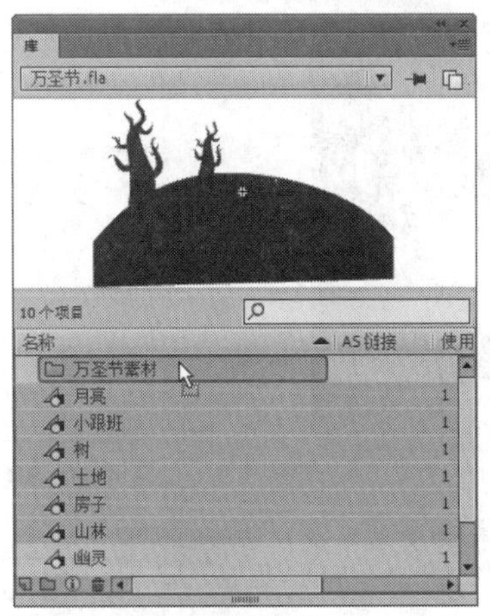

图14-55 名称呈蓝色亮显状态

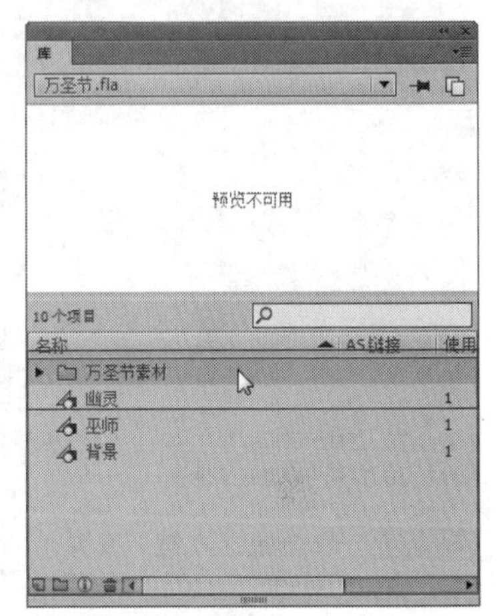

图14-56 添加至文件夹中

STEP 09 单击“万圣节素材”文件夹左侧的下三角按钮，展开该文件夹，在其中可以查看相关的库元件，如图14-57所示。

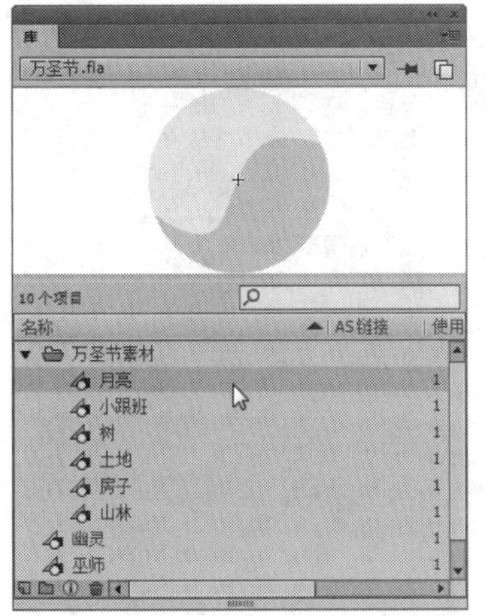

图14-57 查看相关的库元件

技巧点拨

在Flash CC“库”面板中的空白位置上，单击鼠标右键，在弹出的快捷菜单中选择“新建文件夹”选项，如图14-58所示，也可以快速新建一个库文件夹。

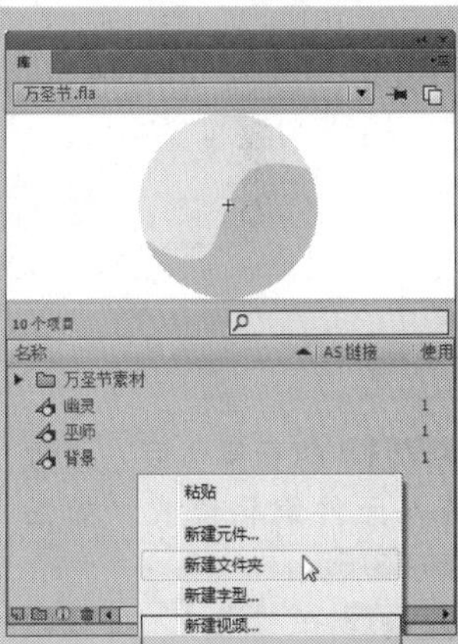

图14-58 选择“新建文件夹”选项

14.2 编辑库文件

在Flash CC工作界面中，对库文件进行编辑可以使影片的编辑更加容易，当需要对许多重复的元件进行修改时，只要对库文件做出修改，程序就会自动地根据修改的内容对所有该元件的实例进行更新。本节主要向读者介绍编辑库文件的操作方法。

实战 418 编辑元件

▶实例位置：光盘\效果\第14章\动漫卡通.fla
▶素材位置：光盘\素材\第14章\动漫卡通.fla
▶视频位置：光盘\视频\第14章\实战418.mp4

• 实例介绍 •

在Flash CC工作界面中，用户在制作动画的过程中，可以根据需要对元件的属性进行相关编辑，使制作的图形更加符合用户的要求。下面向读者介绍编辑元件的操作方法。

• 操作步骤 •

STEP 01 单击“文件”|“打开”命令，打开一个素材文件，如图14-59所示。

图14-59 打开一个素材文件

STEP 02 在“库”面板中，选择需要编辑的图形元件，如图14-60所示。

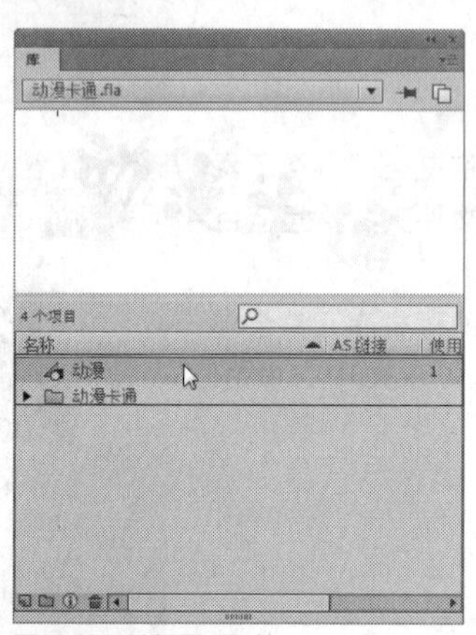
图14-60 选择图形元件

STEP 03 单击鼠标右键，在弹出的快捷菜单中选择“编辑”选项，如图14-61所示。

STEP 04 用户还可以在面板属性列表框中，选择“编辑”选项，如图14-62所示。

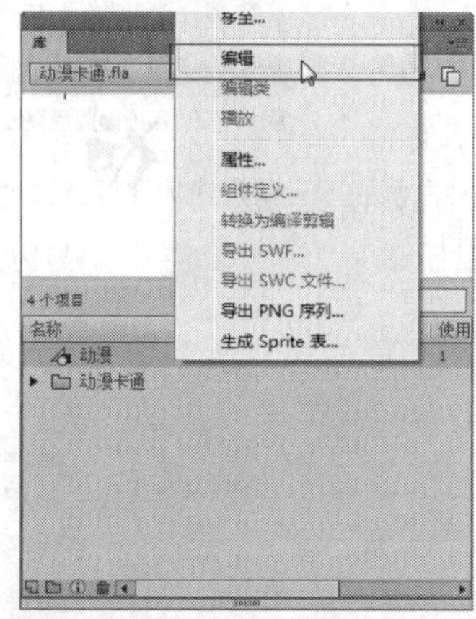
图14-61 选择“编辑”选项1

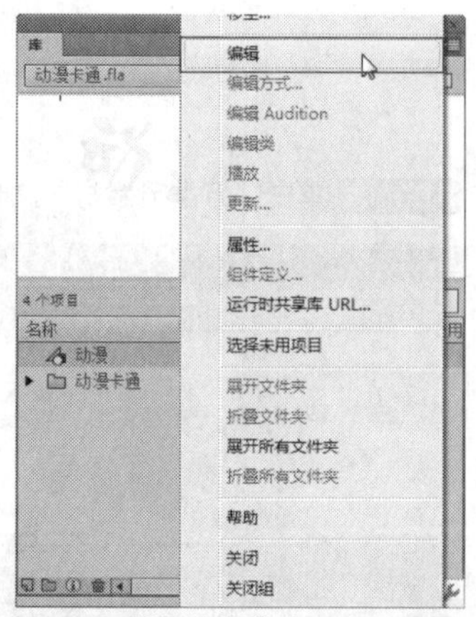
图14-62 选择“编辑”选项2

STEP 05 执行操作后，即可进入元件编辑模式，如图14-63所示。

STEP 06 在“属性”面板的“滤镜”选项区中，单击“添加滤镜”按钮，在弹出的列表框中选择“投影”选项，如图14-64所示。

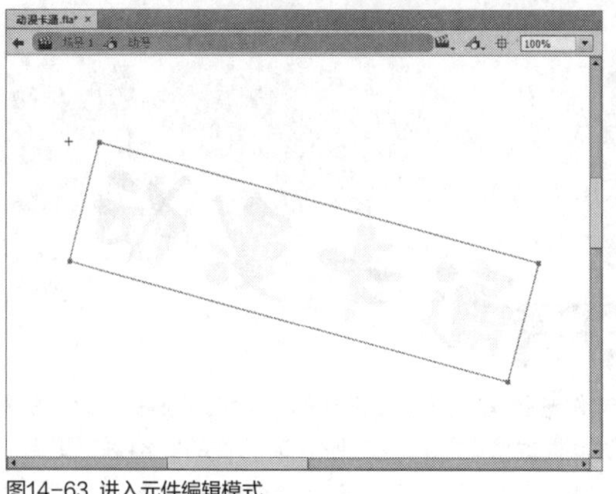
图14-63 进入元件编辑模式

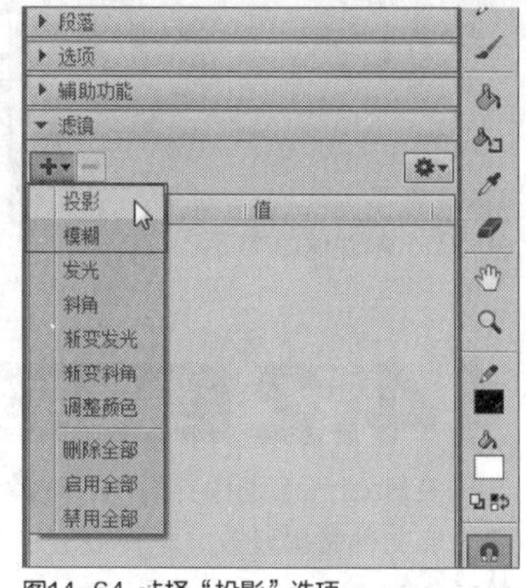

图14-64 选择“投影”选项

STEP 07 在面板的下方，设置“投影”滤镜的相关参数，如图14-65所示。

STEP 08 此时，即可更改舞台中元件的属性，为其添加投影效果，如图14-66所示。

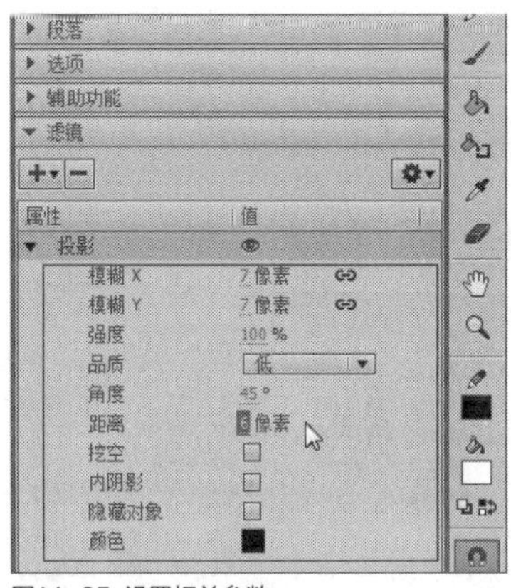

图14-65 设置相关参数

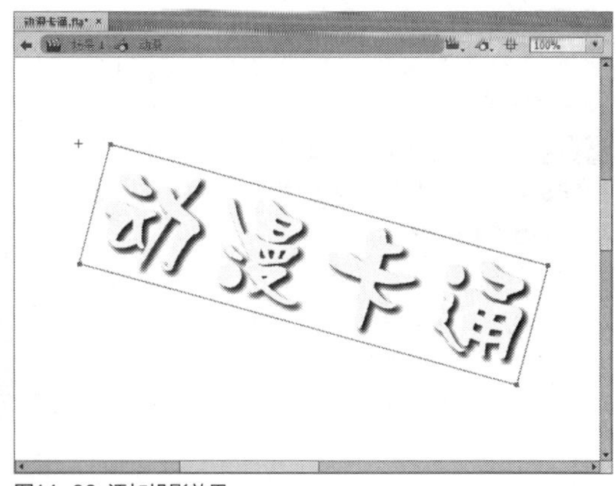

图14-66 添加投影效果

STEP 09 在舞台上单击“场景”按钮，在弹出的列表框中选择“场景1”选项，如图14-67所示。

STEP 10 执行操作后，返回场景界面，在其中可以查看编辑元件后的图形效果，如图14-68所示。

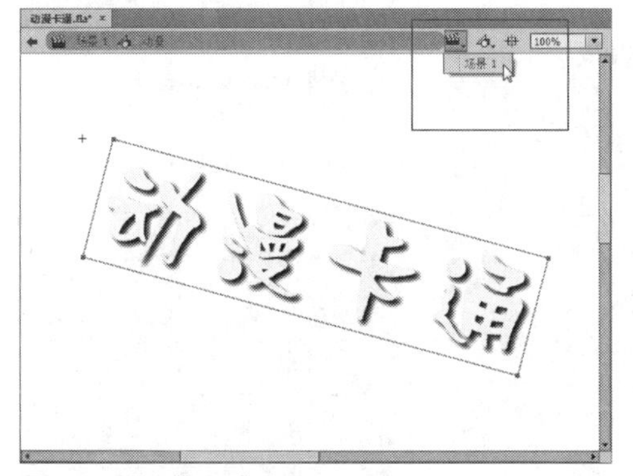

图14-67 选择“场景1”选项

图14-68 查看编辑元件后的图形效果

实战 419 编辑声音

▶ 实例位置：光盘\效果\第14章\包包头.fla
▶ 素材位置：光盘\素材\第14章\包包头.fla
▶ 视频位置：光盘\视频\第14章\实战419.mp4

• 实例介绍 •

在Flash CC工作界面中，由于舞台是显示图像的，编辑声音与舞台无关，所以需要在“声音属性”对话框中编辑场景中的声音。下面向读者介绍编辑声音的操作方法。

• 操作步骤 •

STEP 01 单击“文件”|“打开”命令，打开一个素材文件，如图14-69所示。

STEP 02 在“图层”面板中，选择带有背景声音的“图层1”的第1帧，如图14-70所示。在“属性”面板中，可以查看可编辑声音的相关属性。

图14-69 打开一个素材文件

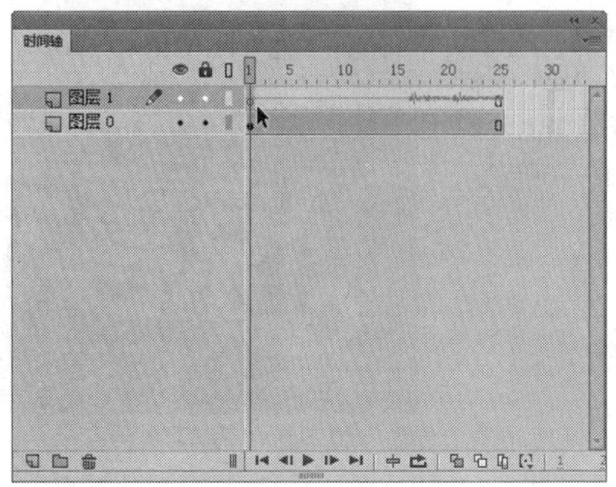

图14-70 选择“图层1”第1帧

STEP 03 打开“库”面板中，在其中选择需要编辑的声音文件“好听的歌”，如图14-71所示。

STEP 04 单击“库”面板右上角的面板属性按钮，在弹出的列表框中选择“属性”选项，如图14-72所示。

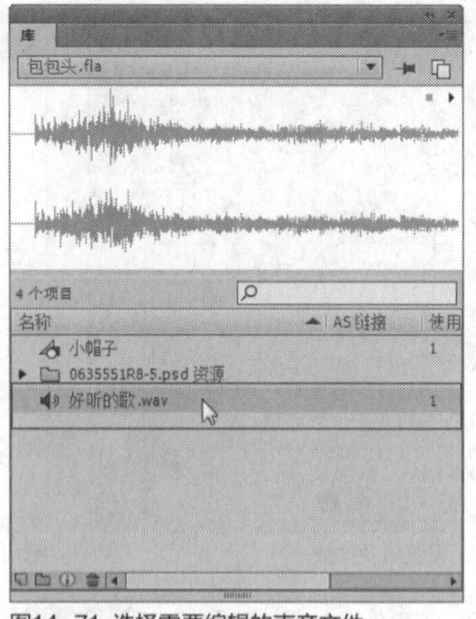

图14-71 选择需要编辑的声音文件

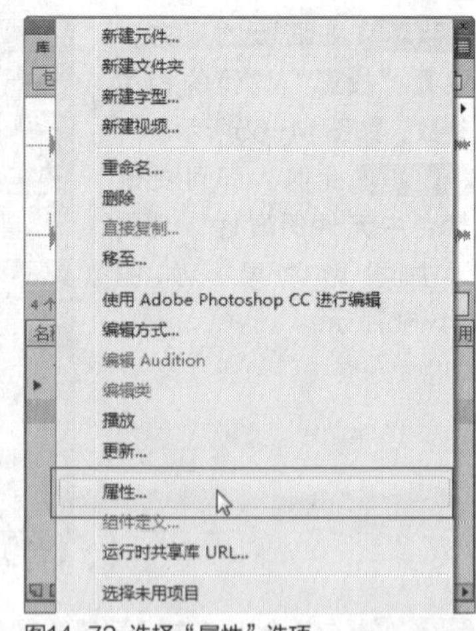

图14-72 选择“属性”选项

STEP 05 执行操作后，弹出“声音属性”对话框，在其中更改现有声音文件的名称，如图14-73所示。

STEP 06 设置完成后，单击“确定”按钮，在“库”面板中可以查看更改名称后的声音文件，效果如图14-74所示。

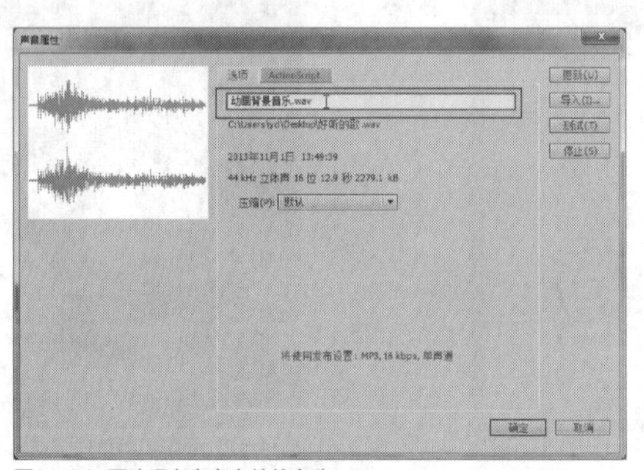

图14-73 更改现有声音文件的名称

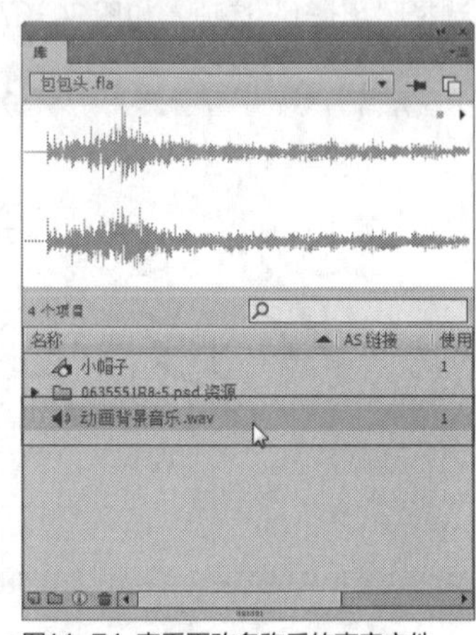

图14-74 查看更改名称后的声音文件

实战 420 编辑位图

▶ 实例位置：光盘\效果\第14章\惊喜不一样.fla

▶ 素材位置：光盘\素材\第14章\惊喜不一样.fla

▶ 视频位置：光盘\视频\第14章\实战420.mp4

• 实例介绍 •

在Flash CC工作界面中，从外部导入的位图，将在“库”面板中产生对应的位图项目，用户可以根据需要对位图进行编辑。下面向读者介绍编辑位图的操作方法。

• 操作步骤 •

STEP 01 单击“文件”|“打开”命令，打开一个素材文件，如图14-75所示。

STEP 02 在“库”面板中选择需要编辑的位图图像，如图14-76所示。

图14-75 打开一个素材文件

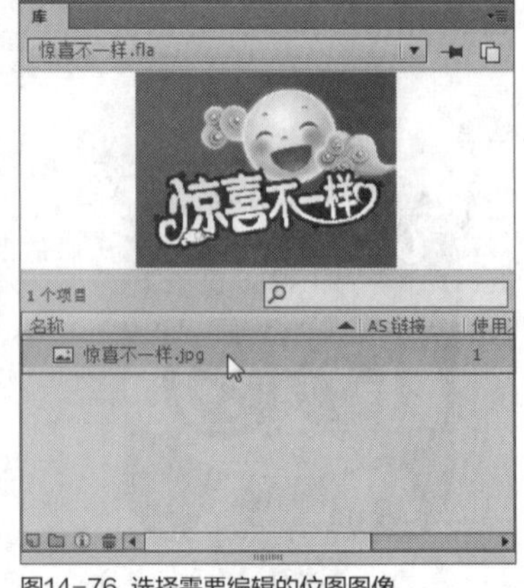

图14-76 选择需要编辑的位图图像

STEP 03 在选择的位图上，单击鼠标右键，在弹出的快捷菜单中选择“属性”选项，如图14-77所示。

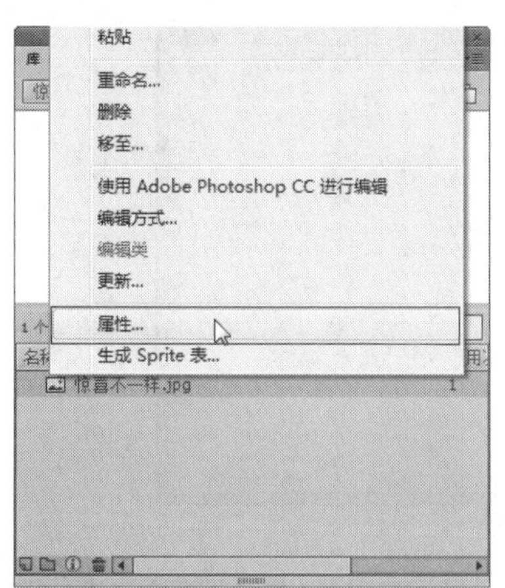

图14-77 选择“属性”选项

STEP 04 执行操作后，弹出“位置属性”对话框，在其中更改位图图像的名称，如图14-78所示。

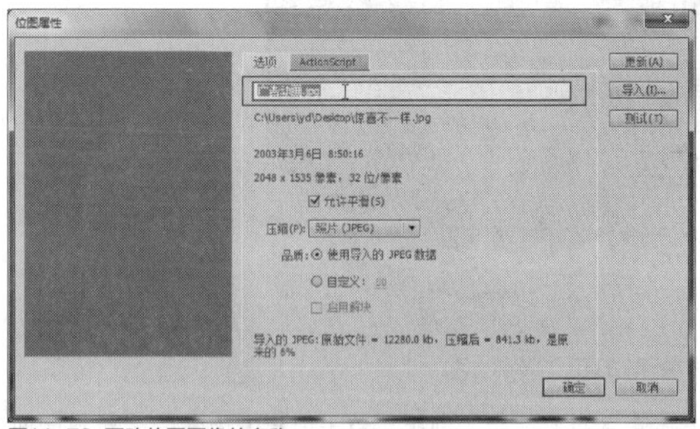

图14-78 更改位图图像的名称

STEP 05 单击“压缩”右侧的下三角按钮，在弹出的列表框中选择“无损（PNG/GIF）”选项，如图14-79所示。

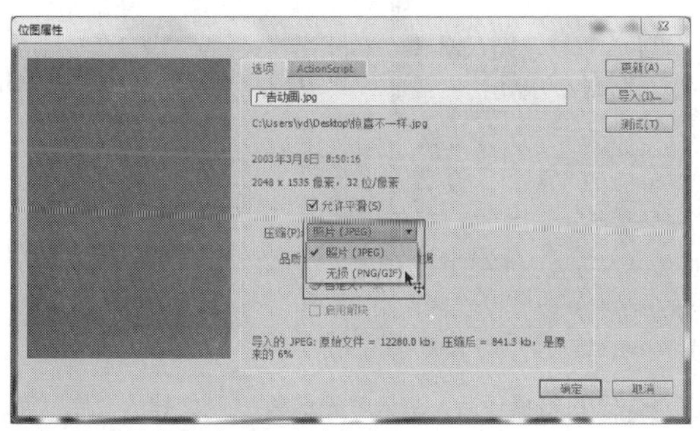

图14-79 选择“无损（PNG/GIF）”选项

STEP 06 单击“确定”按钮，即可编辑位图，在“库”面板中可以查看编辑后的位图，效果如图14-80所示。

图14-80 查看编辑后的位图

14.3 共享库资源

在Flash CC工作界面中，使用共享库资源可以优化工作流程和文档资源管理。例如，可以使用共享库资源在多个站点间共享一个图形元件，为多个场景或文档中使用的动画中的元素提供单一来源，或者创建一个中间资源库来跟踪和控制版本修订。本节主要向读者介绍共享库资源的操作方法，希望读者熟练掌握本节内容。

实战 421 复制库资源

▶ 实例位置：光盘\效果\第14章\运动会开幕.fla
▶ 素材位置：光盘\素材\第14章\运动会开幕.fla
▶ 视频位置：光盘\视频\第14章\实战421.mp4

• 实例介绍 •

在Flash CC工作界面中，用户可以通过多种方式将库资源从源文档复制到目标文档，包括复制和粘贴资源、拖动资源或者在目标文档中打开源文档的库，然后把源文档的资源拖曳至目标文档中。下面向读者介绍复制库资源的操作方法。

• 操作步骤 •

STEP 01 单击“文件”|“打开”命令，打开一个素材文件，如图14-81所示。

STEP 02 单击“文件”|“新建”命令，新建一个空白文档，如图14-82所示。

图14-81 打开一个素材文件

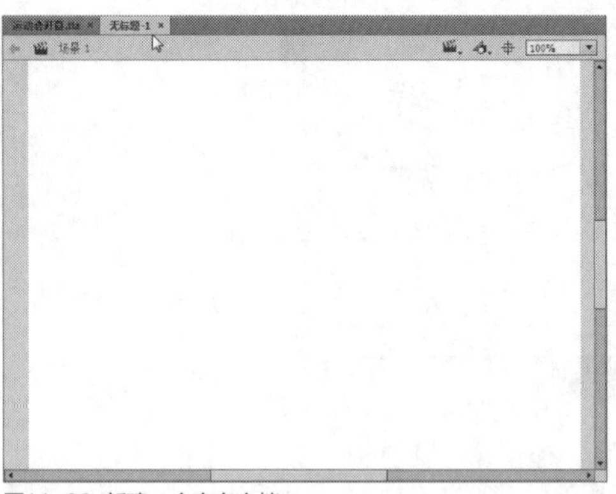

图14-82 新建一个空白文档

STEP 03 打开“库”面板，单击面板右上角的“新建库面板”按钮，如图14-83所示。

图14-83 单击“新建库面板”按钮

STEP 04 执行操作后，即可在Flash中显示两个“库”面板，如图14-84所示。

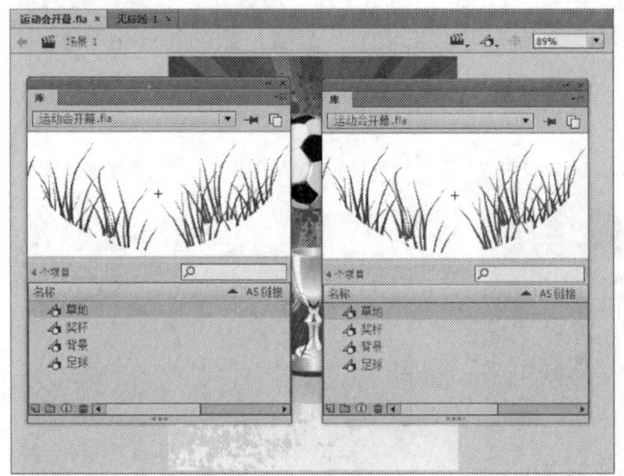

图14-84 显示两个“库”面板

STEP 05 在左侧的“库”面板中，单击名称右侧的下三角按钮，在弹出的列表框中选择“无标题-1”选项，如图14-85所示。

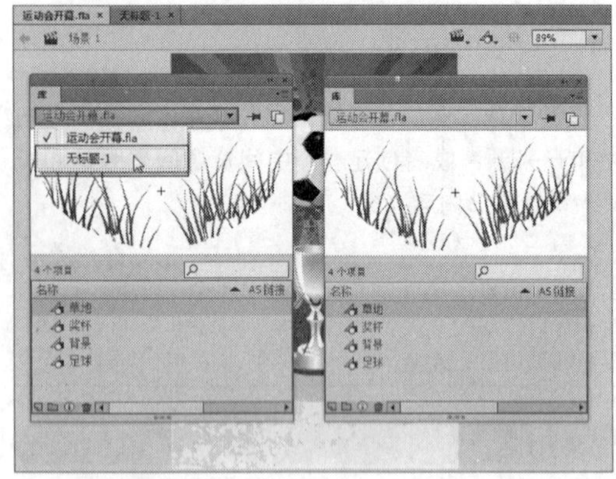

图14-85 选择“无标题-1”选项

STEP 06 执行操作后，进入“无标题-1”文档的“库”面板，在“运动会开幕.fla”文档的“库”面板中，选择“足球”库文件，如图14-86所示。

图14-86 选择“足球”库文件

STEP 07 将选择的库文件拖曳至“无标题-1”文档的“库”面板中，此时鼠标右下角显示一个加号，如图14-87所示。

STEP 08 释放鼠标左键，即可将“足球”库文件通过拖曳的方式，复制到“无标题-1”文档的“库”面板中，如图14-88所示。

图14-87 鼠标右下角显示一个加号

图14-88 通过拖曳的方式进行复制

技巧点拨

在Flash CC工作界面中，用户可以通过以下两种方法共享库资源。

➢ 对于运行时共享库资源：源文档的资源是以外部文件的形式链接到目标文档中的，资源在文档运行时加载到目标文件中，在制作目标文档时，包含共享资源的源文档并不需要在本地网络上使用。但是为了让共享资源在运行时可供目标文档使用，目标文档中的元件保留了原始名称和属性，但其内容会被更新为所选文件的内容。

➢ 对于创作期间的共享资源：可以用本地网络上任何其他可用对象来更新或替换正在创作的文档中的任何元件，可以在创作文档时更新目标文档中的元件，目标文档中的元件保留了原始名称和属性，但其内容会被更新为所选元件的内容。

实战 422 共享库元件

▶ 实例位置：光盘\效果\第14章\演唱会.fla
▶ 素材位置：光盘\素材\第14章\演唱会.fla
▶ 视频位置：光盘\视频\第14章\实战422.mp4

• 实例介绍 •

在Flash CC工作界面中，用户对“库”面板中的元件对象可以进行共享操作，方便其他用户使用相同的元件制作动画。下面向读者介绍共享库元件的操作方法。

• 操作步骤 •

STEP 01 单击“文件”|“打开”命令，打开一个素材文件，如图14-89所示。

图14-89 打开一个素材文件

STEP 02 运用选择工具，选择舞台中的元件，如图14-90所示。

图14-90 选择舞台中的元件

STEP 03 在“库”面板中，选择影片剪辑元件，如图14-91所示。

STEP 04 单击鼠标右键，在弹出的快捷菜单中，选择“属性”选项，如图14-92所示。

图14-91 选择影片剪辑元件

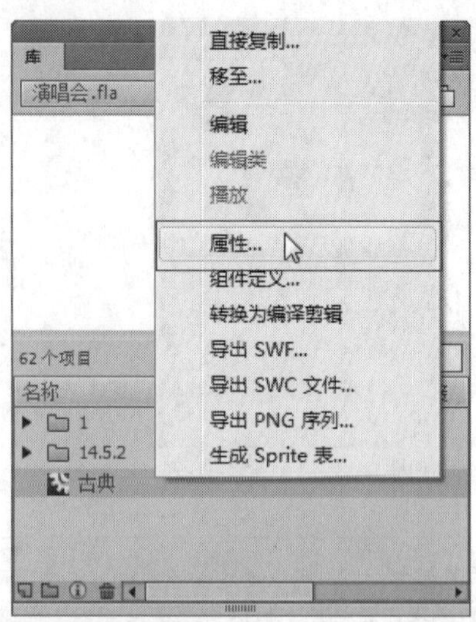

图14-92 选择“属性”选项

STEP 05 执行操作后，即可弹出“元件属性”对话框，单击对话框左下角的“高级”按钮，如图14-93所示。

STEP 06 展开高级选项，在下方选中“为ActionScript导出”复选框和“在第1帧中导出”复选框，设置“类”为“共享库”，如图14-94所示。

图14-93 单击“高级”按钮

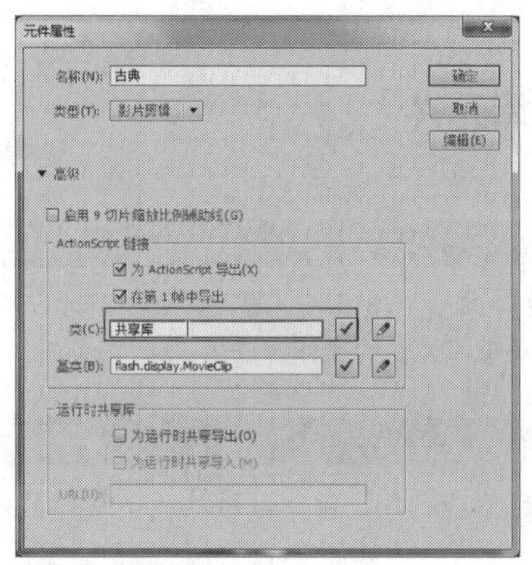

图14-94 设置高级选项

STEP 07 在“运行时共享库”选项区中，选中“为运行时共享导出”复选框，如图14-95所示。

STEP 08 在对话框下方的URL文本框中，输入URL信息，如图14-96所示。

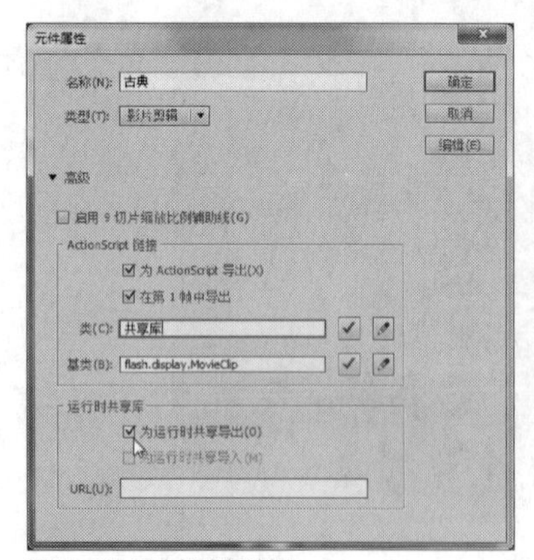

图14-95 选中相应复选框

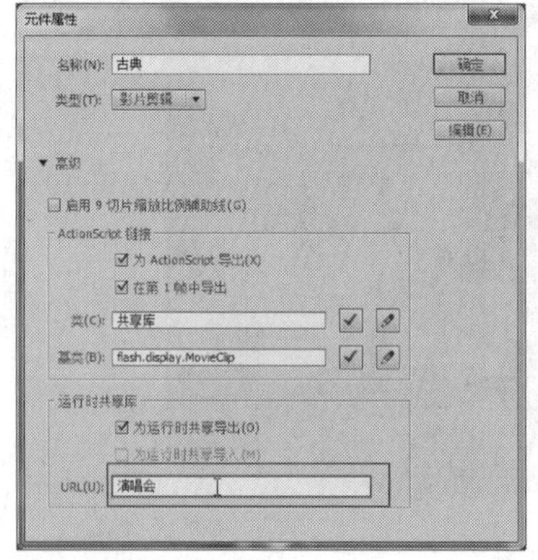

图14-96 输入URL信息

STEP 09 单击“确定”按钮，弹出提示信息框，单击“确定”按钮，如图14-97所示。

STEP 10 此时，在“库”面板中可以查看共享的库元件，如图14-98所示。

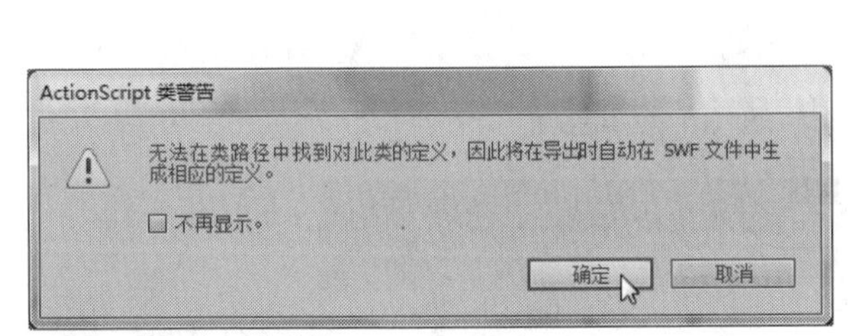

图14-97 单击“确定”按钮

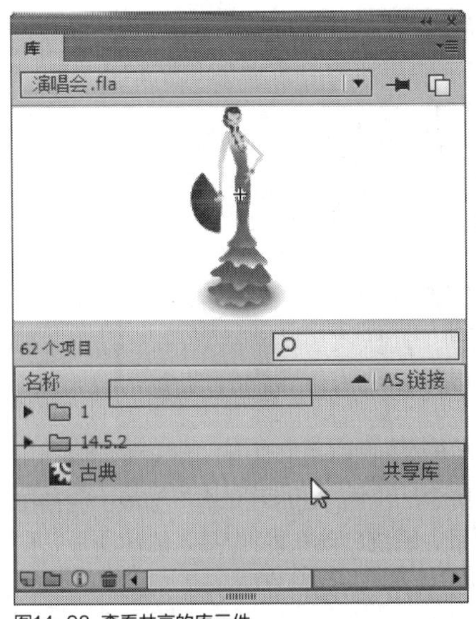

图14-98 查看共享的库元件

实战 423 解决库冲突

▶实例位置：光盘\效果\第14章\花样女孩.fla
▶素材位置：光盘\素材\第14章\花样女孩.fla、花样女孩.jpg
▶视频位置：光盘\视频\第14章\实战423.mp4

• 实例介绍 •

如果将一个库资源导入或复制到另一个Flash文档中，而此文件中已经包含了一个与该资源同名称但内容不同的库资源，那么可以选择是否用新项目替换原有项目。这种选择对所有导入复制库资源的方法都有效，其中也包括从源文档中复制和粘贴资源，从源文档或源文档的库中拖出资源、导入资源，从源文档中添加共享库资源，以及使用组件面板中的组件等。如果要从源文档中复制一个已经在目标文档中存在的项目，并且这两个项目具有不同的修改日期时，就会出现冲突。

• 操作步骤 •

STEP 01 单击“文件”|“打开”命令，打开一个素材文件，如图14-99所示。

图14-99 打开一个素材文件

STEP 02 单击“文件”|“导入”|“导入到库”命令，如图14-100所示。

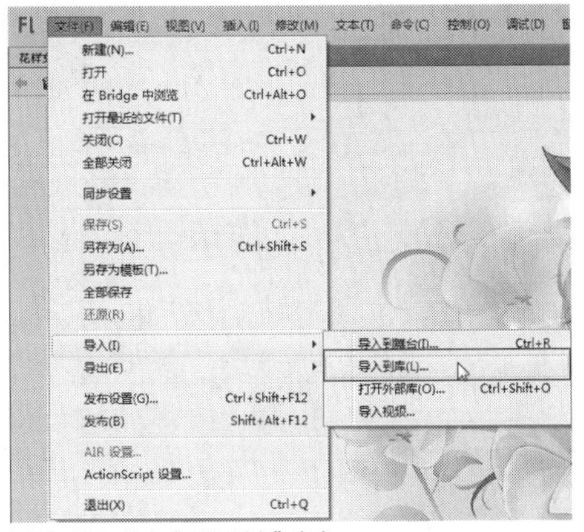

图14-100 单击“导入到库”命令

STEP 03 弹出“导入到库”对话框，在其中选择需要导入的素材，如图14-101所示。

STEP 04 单击“打开”按钮，弹出提示信息框，选中“不替换现有项目”单选按钮，如图14-102所示。

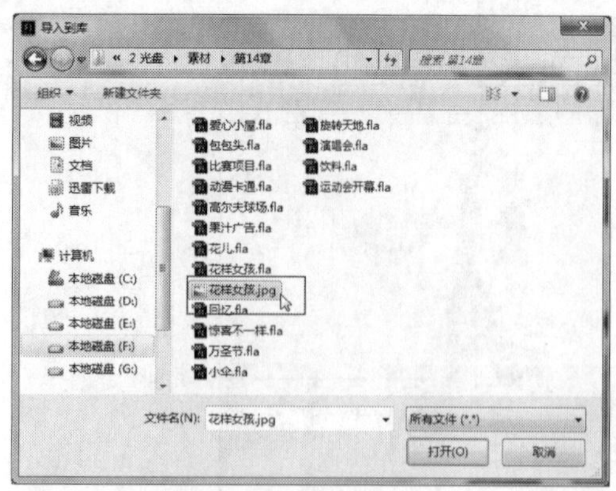

图14-101 选择需要导入的素材

图14-102 选中相应单选按钮

STEP 05 单击“确定”按钮，此时在“库”面板中将存在两个相同的库项目，系统自动在第2个导入的库项目名称上加了“复制”2字，如图14-103所示。

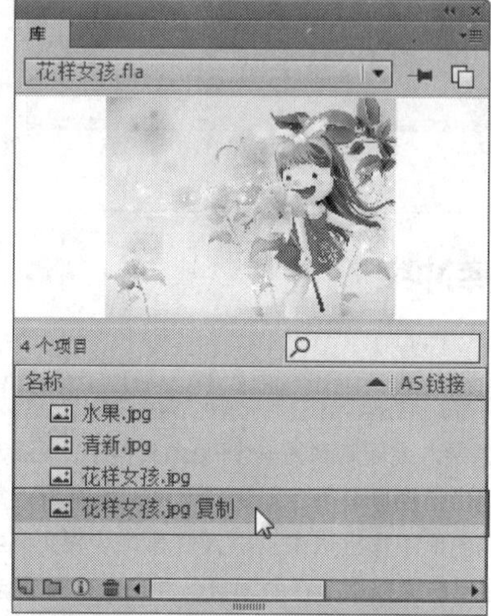

图14-103 存在两个相同的库项目

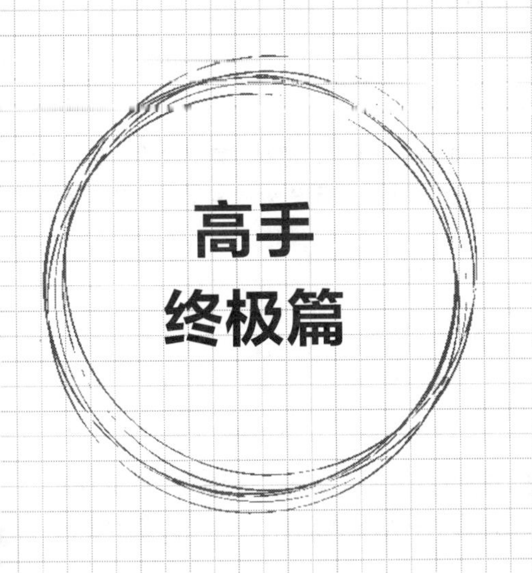

第 15 章

制作Flash简单动画

本章导读

在前面的章节中，读者已经对Flash的一些基本功能有了一定的了解，Flash最主要的功能是制作动画，动画是对象的尺寸、位置、颜色以及形状随时间发生变化的过程。

本章主要向读者介绍制作逐帧动画、渐变动画、补间动画、引导动画以及遮罩动画的操作方法。

要点索引

- 制作逐帧动画
- 制作渐变动画
- 制作补间动画
- 制作引导动画
- 制作遮罩动画

15.1 制作逐帧动画

在Flash CC工作界面中，逐帧动画是常见的动画形式，它对制作者的绘画和动画制作能力都有较高的要求，最适合于每一帧中的动画都有改变，而并非简单地在舞台上移动、淡入淡出、色彩变化或旋转。本节主要向读者介绍制作逐帧动画的操作方法。

实战424 导入JPG逐帧动画

▶实例位置：光盘\效果\第15章\房产广告.fla
▶素材位置：光盘\素材\第15章\素材1.jpg、素材2.jpg
▶视频位置：光盘\视频\第15章\实战424.mp4

• 实例介绍 •

用户在运用Flash CC制作动画的过程中，可以根据需要导入JPG格式的图像来制作逐帧动画。下面向读者介绍导入JPG格式逐帧动画的操作方法。

• 操作步骤 •

STEP 01 单击“文件”|“新建”命令，新建一个空白的Flash文档，单击“文件”|“导入”|“导入到库”命令，如图15-1所示。

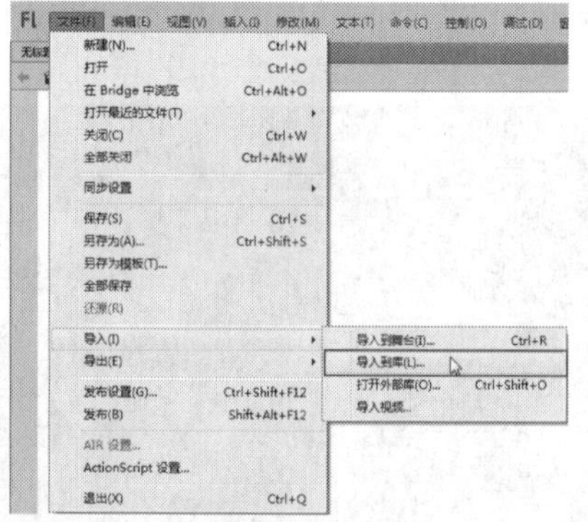
图15-1 单击“导入到库”命令

STEP 02 弹出“导入到库”对话框，在其中选择需要导入的图片，如图15-2所示。

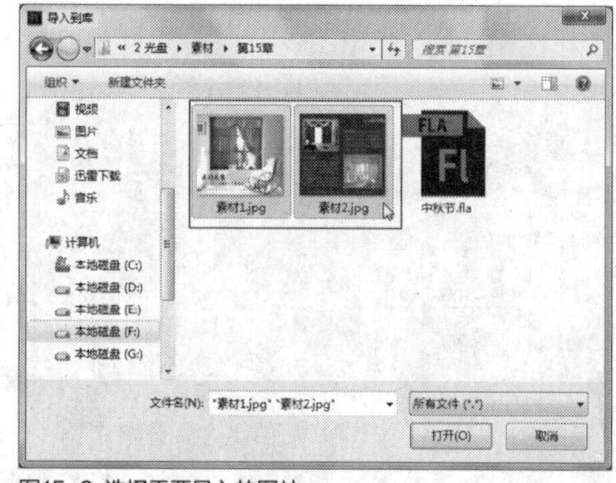
图15-2 选择需要导入的图片

知识拓展

动画是通过迅速且连续地呈现一系列图像（形）来获得的，由于这些图像在相邻的帧之间有较小的变化（包括方向、位置、形状等变化），所以会形成动态效果。实际上，在舞台上看到的第一帧是静止的画面，只有在播放以一定速度沿各帧移动时，才能从舞台上看到动画效果。

STEP 03 单击“打开”按钮，即可将选择的素材导入“库”面板中，在“时间轴”面板的“图层1”图层中，选择第1帧，如图15-3所示。

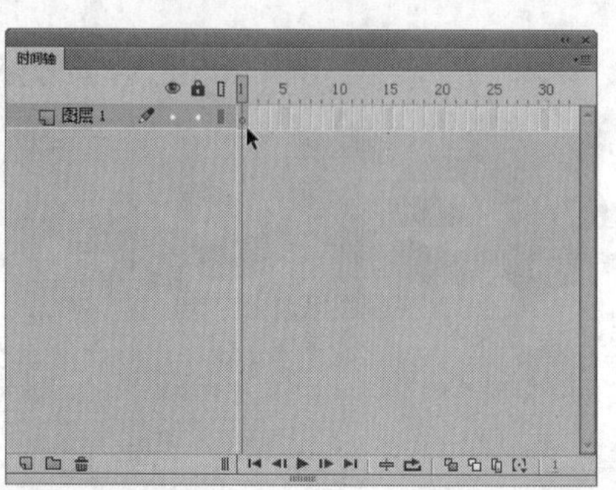
图15-3 选择第1帧

STEP 04 在“库”面板中，选择“素材1”位图图像，如图15-4所示。

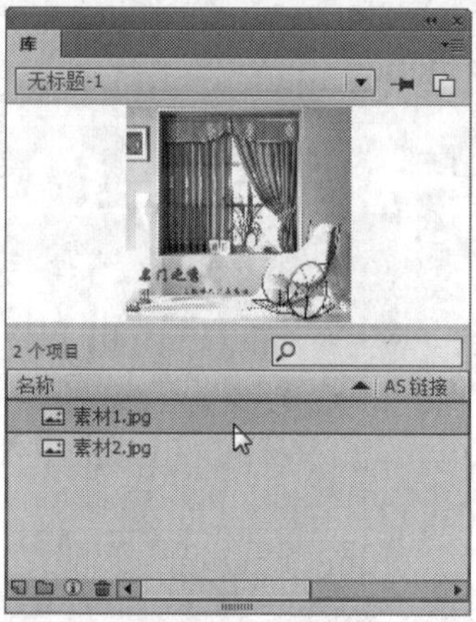

图15-4 选择“素材1”位图图像

STEP 05 单击鼠标左键并拖曳至舞台中的适当位置，制作第1帧动画，如图15-5所示。

图15-5 制作第1帧动画

STEP 06 在舞台区灰色背景空白位置上，单击鼠标右键，在弹出的快捷菜单中选择“文档”选项，弹出“文档设置”对话框，单击“匹配内容”按钮，如图15-6所示。

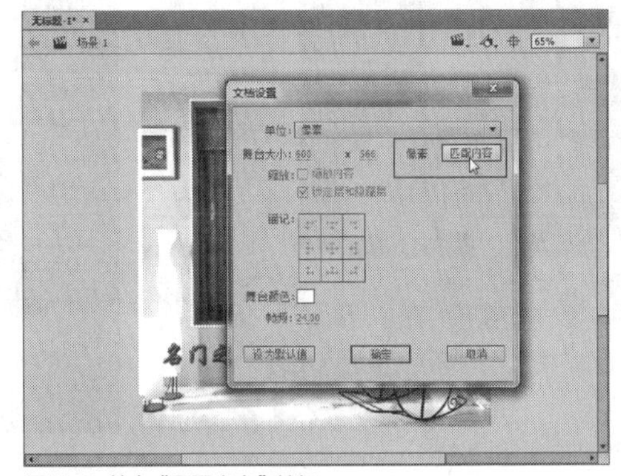

图15-6 单击“匹配内容”按钮

STEP 07 单击“确定”按钮，设置舞台区尺寸，在“时间轴”面板的“图层1”图层中，选择第2帧，按【F7】键，插入空白关键帧，如图15-7所示。

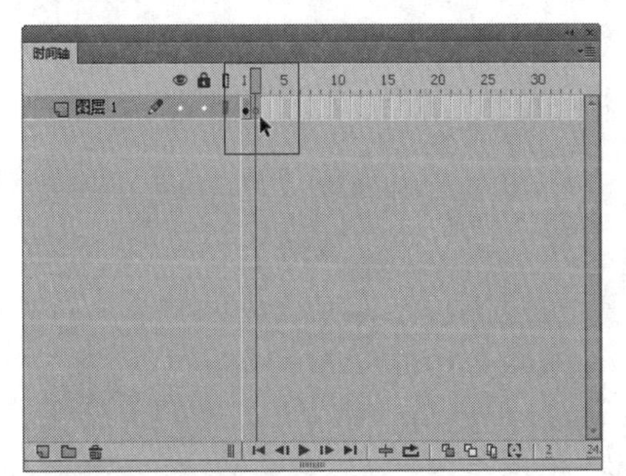

图15-7 插入空白关键帧

STEP 08 在“库”面板中，选择“素材2”位图图像，如图15-8所示。

图15-8 选择“素材2”位图图像

STEP 09 单击鼠标左键并拖曳至舞台中的适当位置，制作第2帧动画，如图15-9所示。

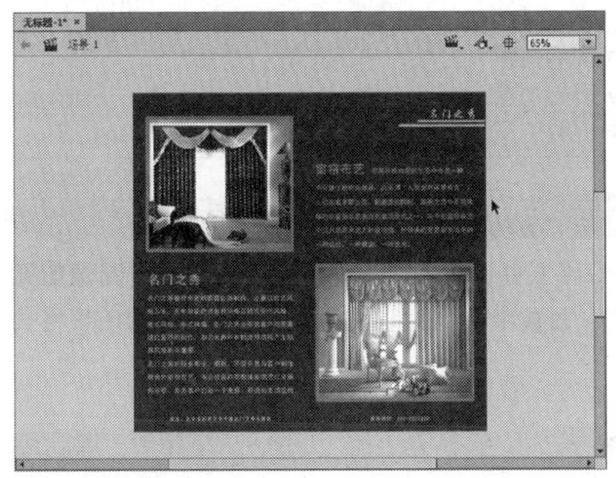

图15-9 制作第2帧动画

STEP 10 此时，“时间轴”面板的“图层1”中，第1帧和第2帧都变成了关键帧，表示该帧中含有动画内容，如图15-10所示。

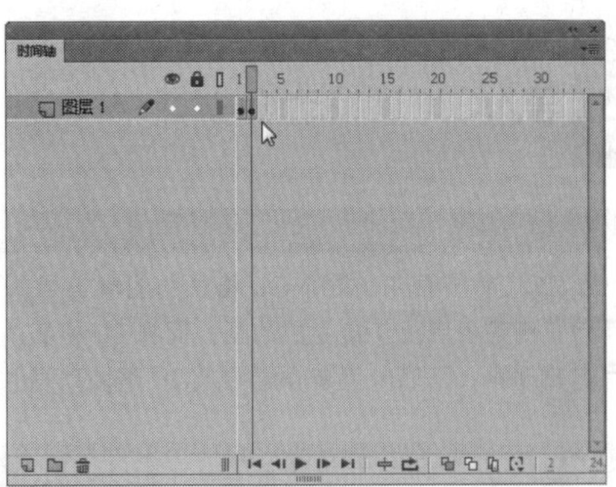

图15-10 帧中含有动画内容

STEP 11 完成JPG逐帧动画的导入和制作后，单击“控制”|“测试”命令，测试制作的JPG逐帧动画效果，如图15-11所示。

图15-11 测试制作的逐帧动画效果

知识拓展

1. 初识逐帧动画

制作逐帧动画的方法非常简单，只需要一帧一帧地绘制就可以了，关键在于动作设计及节奏的掌握。因为在逐帧动画中，每一帧的内容都不一样，所以制作时是非常烦琐的，而且最终输出的文件也很大。但它也有自己的优势，具有非常大的灵活性，几乎可以表现任何想表现的内容，很适合表演细腻的动画，如动画片中的人物走动、转身，以及做各种动作等。

2. 逐帧动画特点

制作逐帧动画时需要在动画的每一帧中创建不同的内容。当动画播放时，Flash就会一帧一帧地显示每帧中的内容。逐帧动画有如下特点。

- 逐帧动画中的每一帧都是关键帧，每个帧的内容都需要手动编辑，工作量很大，但它的优势也很明显，因为它和电影播放模式非常相似，非常适合于表演很细腻的动画，如人物或动物急剧转身等效果。
- 逐帧动画由许多单个关键帧组合而成，每个关键帧均可独立编辑，且相邻关键帧中的对象变化不大。
- 逐帧动画的文件较大，不利于编辑。
- 3. 逐帧动画的制作方法
- 在Flash CC中，创建逐帧动画的方法有4种，分别如下。
- 导入静态图片：分别在每帧中导入静态图片，建立逐帧动画，静态图片的格式可以是JPG、PNG等。
- 绘制矢量图：在每个关键帧中，直接用Flash的绘图工具绘制出每一帧中的图形。
- 导入序列图像：直接导入GIF格式的序列图像，该格式的图像中包含有多个帧，导入Flash中以后，将会把动画中的每一帧自动分配到每一个关键帧中。
- 导入SWF格式的动画：直接导入已经制作完成的SWF格式的动画，也一样可以创建逐帧动画，或者可以导入第三方软件（如SWISH、SWIFT 3D等）产生的动画序列。

实战425 导入GIF逐帧动画

▶ **实例位置：** 光盘\效果\第15章\绿色森林.fla
▶ **素材位置：** 光盘\素材\第15章\绿色森林.fla、小仙女.gif
▶ **视频位置：** 光盘\视频\第15章\实战425.mp4

• 实例介绍 •

在Flash CC工作界面中，导入GIF格式的图像与导入同一序列的JPG格式的图像类似，只是将GIF格式的图像如果直接导入舞台，则在舞台上直接生成动画；而将GIF格式的图像导入"库"面板中，此时系统会自动生成一个由GIF格式转化的影片剪辑动画。下面向读者介绍导入GIF逐帧动画的操作方法。

• 操作步骤 •

STEP 01 单击"文件"|"打开"命令，打开一个素材文件，如图15-12所示。

STEP 02 在"时间轴"面板中，单击面板底部的"新建图层"按钮，如图15-13所示。

图15-12 打开一个素材文件

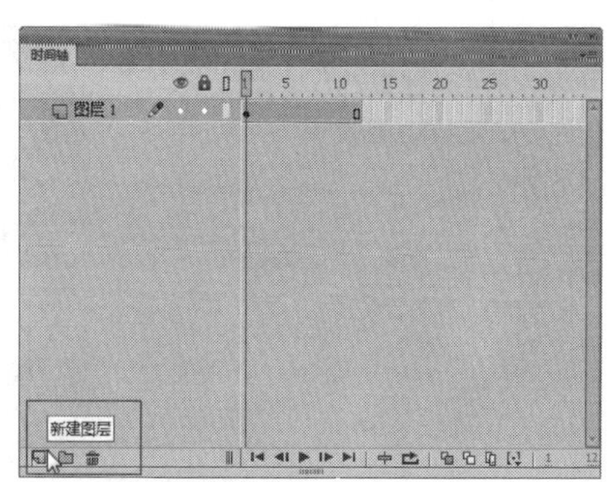

图15-13 单击“新建图层”按钮

STEP 03 执行操作后，即可在“时间轴”面板中新建一个图层，选择“图层2”图层的第1帧，如图15-14所示。

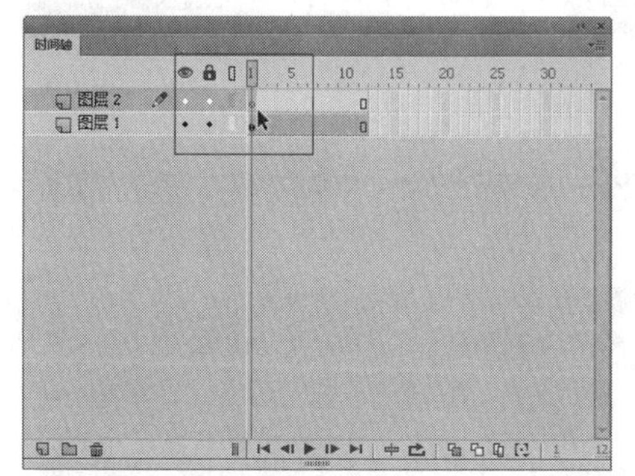

图15-14 选择“图层2”第1帧

STEP 04 在菜单栏中，单击“文件”|“导入”|“导入到舞台”命令，如图15-15所示。

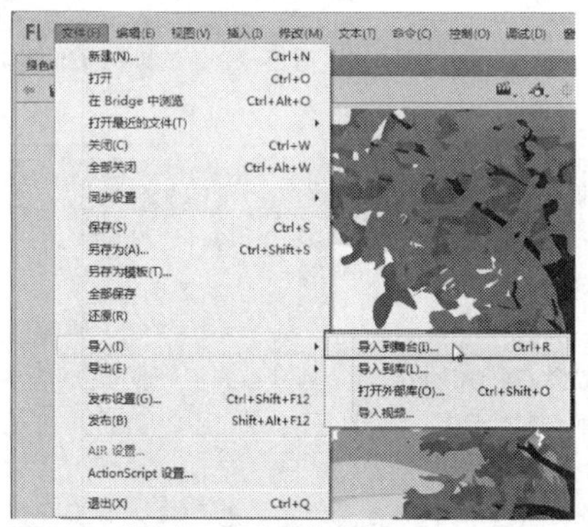

图15-15 单击“导入到舞台”命令

STEP 05 执行操作后，弹出“导入”对话框，在其中选择需要导入的GIF动画素材，如图15-16所示。

图15-16 选择GIF动画素材

STEP 06 单击“打开”按钮，即可将选择的动画素材导入舞台中，如图15-17所示。

图15-17 将动画素材导入舞台中

STEP 07 此时，在“时间轴”面板中自动生成了多个关键帧逐帧动画，如图15-18所示。

STEP 08 在“库”面板中，可以查看导入的GIF逐帧元素，如图15-19所示。

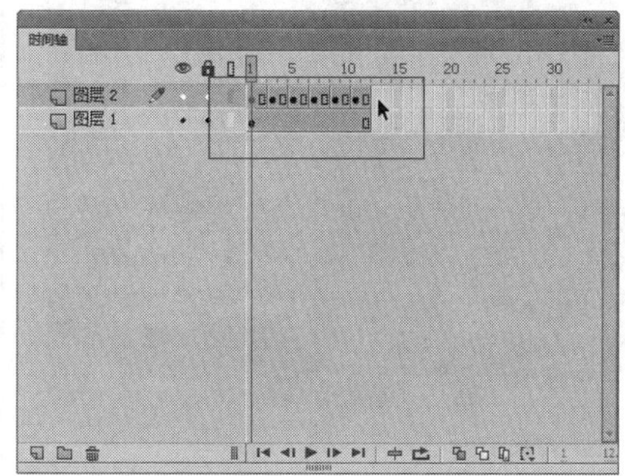

图15-18 自动生成了逐帧动画

图15-19 查看导入的GIF逐帧元素

STEP 09 完成GIF逐帧动画的导入后，单击“控制”|“测试”命令，测试制作的GIF逐帧动画效果，如图15-20所示。

图15-20 测试制作的GIF逐帧动画效果

知识拓展

在制作逐帧动画的过程中，通过运用一定的制作技巧，可以快速地提高制作逐帧动画的效率，也能使制作的逐帧动画的质量得到大幅度的提高。下面向用户简单介绍制作逐帧动画过程中应注意的技巧。

1. 预先绘制草图

如果逐帧动画中的对象动作变化较多，且动作变化幅度较大（如人物快速转身等），则在制作此类动画时为了确保动作的流畅和连贯，通常应在正式制作之前绘制各关键帧动作的草图，在草图中大致确定各关键帧中图形的形状、位置、大小以及各关键帧之间因为动作变化，而需要产生变化的图形部分。在修改并最终确认草图内容后，即可参照草图对逐帧动画进行制作。

2. 修改关键帧中的图形

如果逐帧动画各关键帧中需要变化的内容不多，且变化的幅度较小，则可以选择最基本的关键帧中的图形，将其复制到其他关键帧中，然后使用选择工具和部分选取工具，并结合绘图工具对这些关键帧中的图形进行调整和修改。

制作逐帧动画时，关键帧的数量可以自行设定，各个关键帧的内容也可任意改变，只要两个相邻的关键帧上的内容连续性合理即可。

实战426 手动创建逐帧动画

▶实例位置：光盘\效果\第15章\中秋节.fla
▶素材位置：光盘\素材\第15章\中秋节.fla
▶视频位置：光盘\视频\第15章\实战426.mp4

• 实例介绍 •

在Flash CC工作界面中，制作逐帧动画的过程中，运用一定的制作技巧可以快速地提高制作效率，也能使制作的逐帧动画的质量得到大幅度的提高。

• 操作步骤 •

STEP 01 单击“文件”|“打开”命令，打开一个素材文件，如图15-21所示。

STEP 02 在工具箱中，选取文本工具，在“属性”面板中，设置文本的字体、字号及颜色等相应属性，如图15-22所示。

图15-21 打开一个素材文件

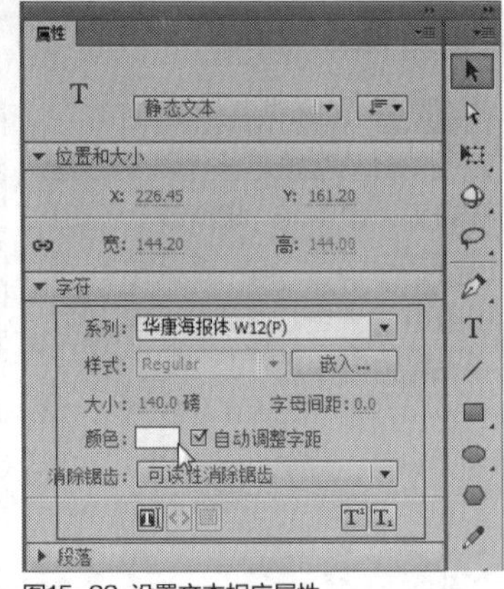

图15-22 设置文本相应属性

STEP 03 在舞台中的适当位置创建文本框，并在其中输入相应的文本内容，如图15-23所示。

图15-23 输入相应的文本内容

STEP 04 选取工具箱中的任意变形工具，适当旋转文本的角度，如图15-24所示。

图15-24 适当旋转文本的角度

STEP 05 在“时间轴”面板的“文本”图层中，选择第10帧，如图15-25所示。

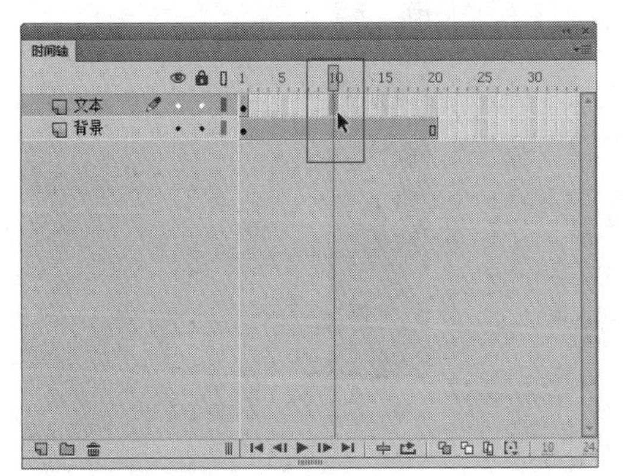

图15-25 选择第10帧

STEP 06 按【F6】键，插入关键帧，如图15-26所示。

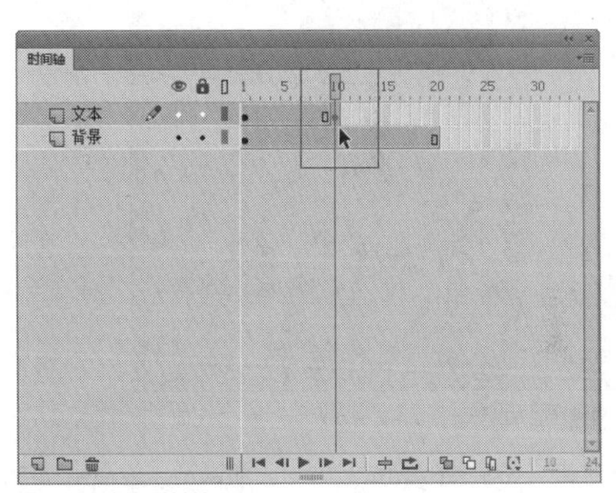

图15-26 插入关键帧

STEP 07 选取工具箱中的文本工具，在舞台中创建一个文本对象，如图15-27所示。

图15-27 创建一个文本对象

STEP 08 在“时间轴”面板的“文本”图层中，选择第20帧，如图15-28所示。

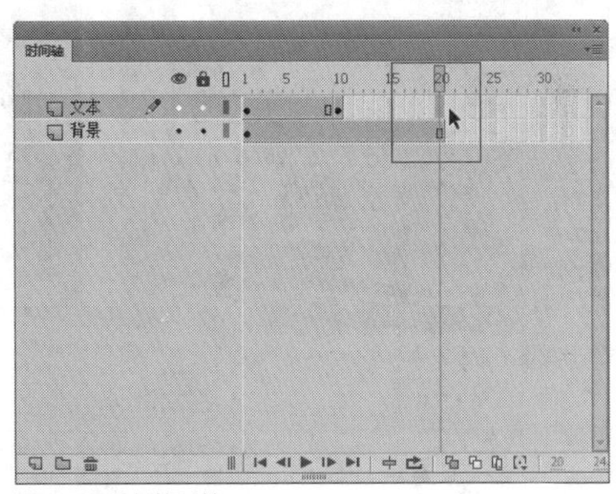

图15-28 选择第20帧

STEP 09 插入关键帧，选取工具箱中的文本工具，在舞台中创建一个文本对象，如图15-29所示。

STEP 10 选取工具箱中的任意变形工具，适当旋转文本的角度，如图15-30所示。

图15-29 创建一个文本对象

图15-30 适当旋转文本的角度

STEP 11 此时逐帧动画制作完成，在“时间轴”面板中可以查看制作的关键帧，如图15-31所示。

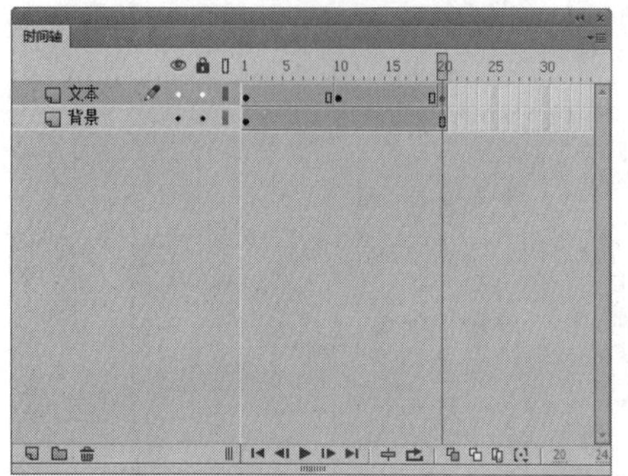

图15-31 查看制作的关键帧

STEP 12 在菜单栏中，单击“文件”|“保存”命令，如图15-32所示。

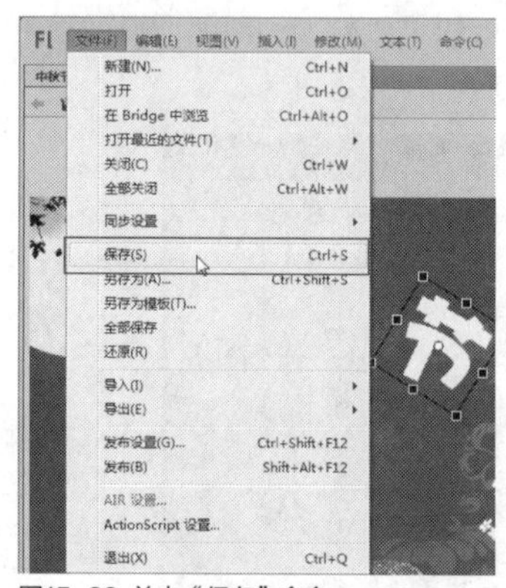

图15-32 单击“保存”命令

STEP 13 单击“控制”|“测试”命令，测试制作的逐帧动画效果，如图15-33所示。

图15-33 测试制作的逐帧动画效果

知识拓展

动画是通过迅速且连续地呈现一系列图像（形）来获得的，由于这些图像（形）在相邻的帧之间有较小的变化，所以会形成动态效果。实际上，在舞台上看到的第1帧是静止的画面，只有在以一定速度沿各帧移动时，才能从舞台上看到动画效果。本节主要向读者介绍动画的原理。

① 时间轴动画的原理

制作时间轴动画的原理与制作电影的原理一样，都是根据视觉暂留原理制作的。人的视觉具有暂留的特性，也就是说，当人的眼睛看到一个物体后，图像会短暂地停留在眼睛的视网膜上，而不会马上消失。利用这一原理，在一幅图像还没有消失之前将另一幅图像呈现在眼前，就会给人制作一种连续变化的效果。

Flash动画与电影一样，都是基于帧构成的，它通过连续播放若干静止的画面来产生动画效果，而这些静止的画面就被称为帧，每一帧类似于电影底片上的每一格图像画面。控制动画播放速度的参数称为fps，即每秒播放的帧数，在Flash动画的制作过程中，一般将每秒的播放帧数设置为12，但即使这样设置，仍然有很大的工作量，因此引入了关键帧的概念。在制作动画时，可以先制作关键帧画面，关键帧之间的帧则可以通过插值的方式来自动产生。这样，就大大地提高了动画制作的效率。

②时间轴动画的分类

在用Flash CC制作动画的过程中，使前后相邻的两个帧中的内容发生变化即可形成动画，动画的制作分为两种类型，分别是逐帧动画和渐变动画，在逐帧动画中，用户需要为每一帧创建动画内容，即为每一帧绘制图形或导入素材图像。图15-34所示为“时间轴”面板上的逐帧动画。

图15-34 时间轴上的逐帧动画

图15-35 时间轴上的渐变动画

由于逐帧动画的工作量非常大，因此，Flash CC提供了一种简单的动画制作方法，即采用关键帧处理技术和渐变动画，渐变动画是指在两个关键帧之间，由Flash通过计算生成中间的各帧动画。图15-35所示为“时间轴”面板上的渐变动画。

渐变动画可以分为动作动画、形状动画和颜色渐变动画3种类型，各类型的动画含义简述如下。

➢ 动作动画：用户可以定义元件在某一帧中的位置、大小以及旋转角度等属性，然后在另一帧中改变这些属性，从而得到两者之间的动画效果。

➢ 形状动画：以对象的形状来定义动画，即用户在某一帧定义动画的形状，然后在另一帧中改变其形状，此时Flash就会自动生成两个形状间的光滑变化过渡效果。

➢ 颜色渐变动画：在制作动画的基础上，利用元件特有的色彩调节方式，调整其颜色、亮度或透明度等，并结合动作动画的特性，即可得到色彩丰富的动画效果。

③动画与图层的关系

➢ 使用Flash CC制作动画的过程中，经常需要在一个场景中创建若干个图层。下面简单介绍创建动画过程中图层的作用。

➢ 在每个图层中分别放置不同的内容，可以使各个图层中的对象分离，这样就不会产生误删除对象等操作。

➢ 在Flash动画中，可以放置音频文件，单独地创建一个图层来放置声音元件，有利于查询和管理。

➢ 在Flash中，使用补间动画时，如果在某一层中有多个元件或组，就会容易出错。在一般情况下，将所有静止的内容放置在一个图层，其他需要变化的内容放置在不同的图层，这样不仅方便操作，而且利于编辑和修改。

④设置动画播放速度

➢ 在动画的播放过程中，一定要控制好播放的速度，如果动画播放速度过慢，就会出现停顿现象；如果动画播放速度过快，那么有些动画所要表现的细节将无法表现，所以调整好播放速度是非常重要的。

➢ 一般情况下，Flash的播放速度是默认的24，但是如果要将Flash动画发布到网络上去，建议将每秒播放的帧数设置为12，因为QuickTime的avi格式的动画设置每秒播放的帧数一般也是12，在网上播放的时候，这个帧频率可以产生较好的效果。

15.2 制作渐变动画

渐变动画包括形状渐变动画和动作渐变动画。形状渐变是基于所选择的两个关键帧中的矢量图形存在的形状、色彩和大小等差异而创建的动画关系，在两个关键帧之间插入逐渐变形的图形显示。动作渐变动画是指在两个关键帧之间为某个对象建立一种运动补间关系的动画。本节主要向读者介绍制作渐变动画的操作方法。

实战 427 创建形状渐变动画

▶实例位置：光光盘\效果\第15章\动物渐变.fla
▶素材位置：光盘\素材\第15章\动物渐变.fla
▶视频位置：光盘\视频\第15章\实战427.mp4

• 实例介绍 •

在Flash CC工作界面中，形状渐变动画又称形状补间动画，是指在Flash的“时间轴”面板的一个关键帧中绘制一个形状，然后在另一个关键帧中更改该形状或绘制一个形状，Flash会根据两者之间的形状来创建动画。下面向读者介绍创建形状渐变动画的操作方法。

• 操作步骤 •

STEP 01 单击“文件”|“打开”命令，打开一个素材文件，如图15-36所示。

STEP 02 在“时间轴”面板的“动物”图层中，选择第1帧，如图15-37所示。

图15-36 打开一个素材文件

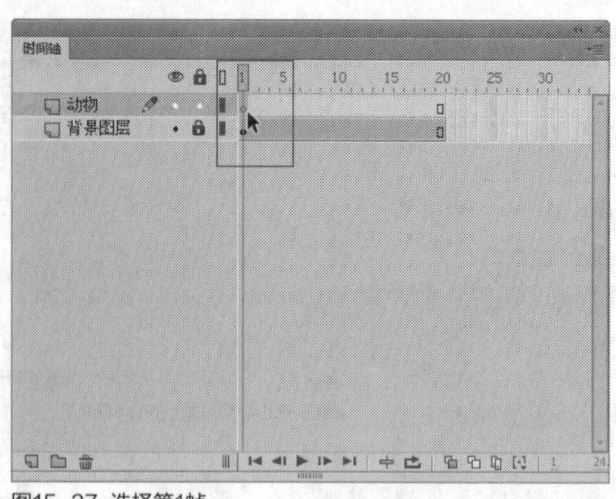

图15-37 选择第1帧

STEP 03 在“库”面板中，选择“小猪”图形元件，如图15-38所示。

STEP 04 单击鼠标左键并将其拖曳至舞台中的适当位置，添加元件实例，如图15-39所示。

图15-38 选择“小猪”图形元件

图15-39 添加元件实例

STEP 05 按【Ctrl+B】组合键，对图形元件进行分离操作，如图15-40所示。

STEP 06 在“时间轴”面板的“动物”图层中，选择第10帧，如图15-41所示。

图15-40 进行分离操作

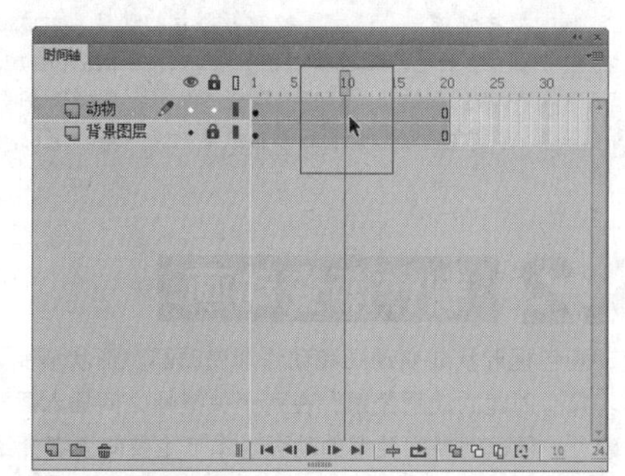

图15-41 选择第10帧

STEP 07 按【F7】键，在第10帧插入空白关键帧，如图15-42所示。

STEP 08 在“库”面板中，选择“兔子”图形元件，如图15-43所示。

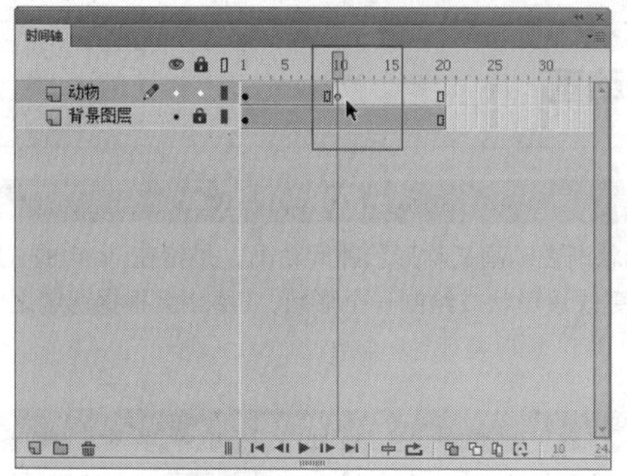

图15-42 插入空白关键帧

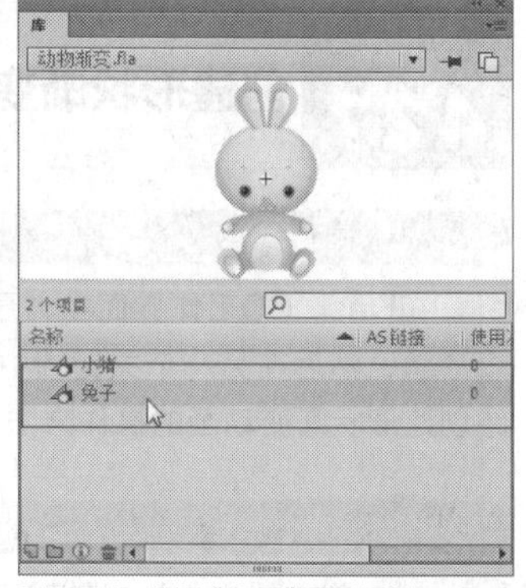

图15-43 选择“兔子”图形元件

STEP 09 单击鼠标左键并将其拖曳至舞台中的适当位置，添加元件实例，如图15-44所示。

图15-44 添加元件实例

STEP 10 按【Ctrl＋B】组合键，对图形元件进行分离操作，如图15-45所示。

图15-45 进行分离操作

STEP 11 在“动物”图层的第1帧至第10帧中的任意一帧上单击鼠标右键，在弹出的快捷菜单中选择“创建补间形状”选项，如图15-46所示。

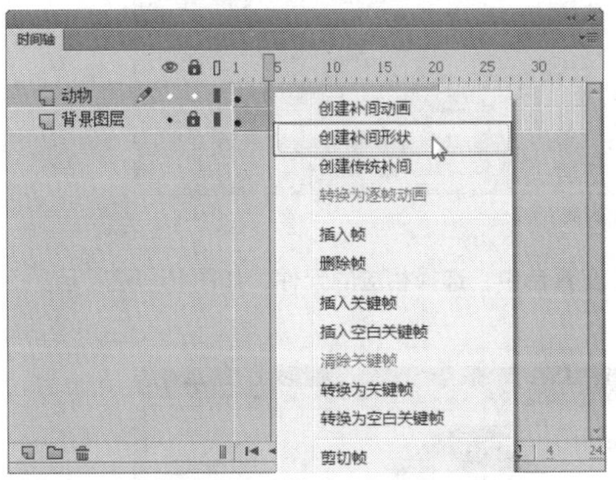

图15-46 选择“创建补间形状”选项

STEP 12 执行操作后，即可创建补间形状，如图15-47所示。

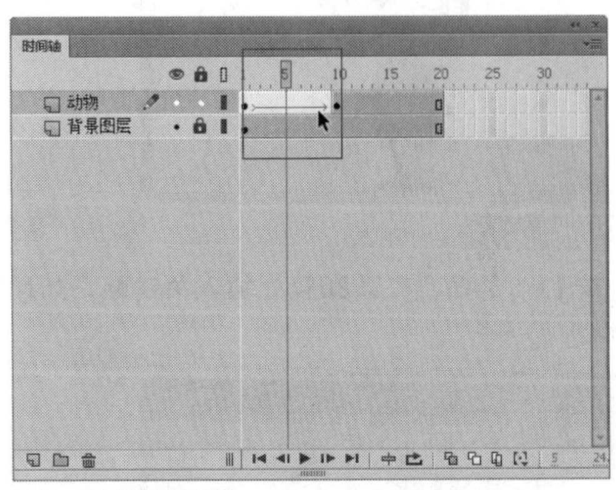

图15-47 创建补间形状

STEP 13 单击“控制”|“测试”命令，测试制作的形状渐变动画效果，如图15-48所示。

图15-48 测试制作的形状渐变动画效果

知识拓展

在Flash CC工作界面中，和动作补间动画不同，形状补间动画中两个关键帧中的内容主体必须是处于分离状态的图形，独立的图形元件不能创建形状补间动画。

实战 428 创建颜色渐变动画

▶实例位置：光盘\效果\第15章\女孩.fla
▶素材位置：光盘\素材\第15章\女孩.fla
▶视频位置：光盘\视频\第15章\实战428.mp4

• 实例介绍 •

在Flash CC工作界面中，颜色渐变运用元件特有的色彩调节方式调整颜色、亮度或透明度等，用户制作颜色渐变动画可得到色彩丰富的动画效果。

• 操作步骤 •

STEP 01 单击“文件”|“打开”命令，打开一个素材文件，如图15-49所示。

图15-49 打开一个素材文件

STEP 02 在“时间轴”面板的“女孩”图层中，选择第20帧，如图15-50所示。

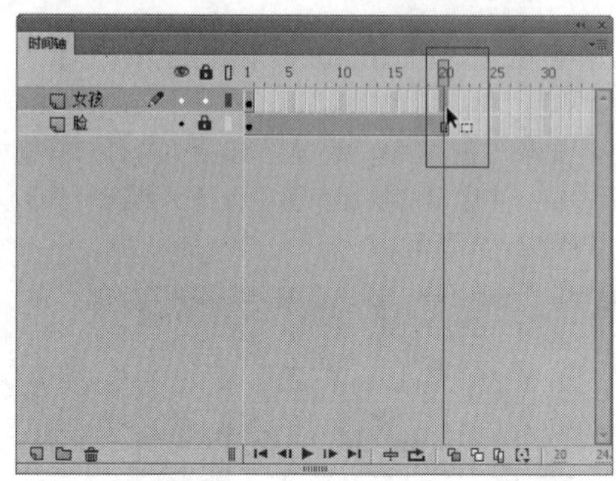

图15-50 选择第20帧

STEP 03 按【F6】键，在第20帧处插入关键帧，如图15-51所示。

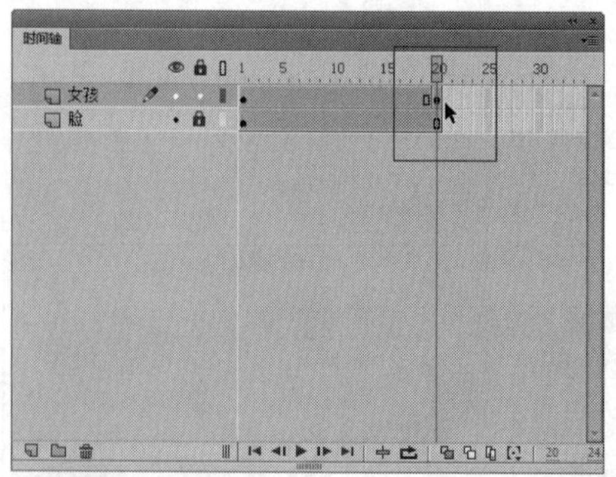

图15-51 插入关键帧

STEP 04 在舞台中，选择相应的元件，如图15-52所示。

图15-52 选择相应的元件

STEP 05 在“属性”面板的“色彩效果”选项区中，单击“样式”右侧的下三角按钮，在弹出的列表框中选择“色调”选项，如图15-53所示。

STEP 06 在“色调”下方，设置相应颜色参数，如图15-54所示。

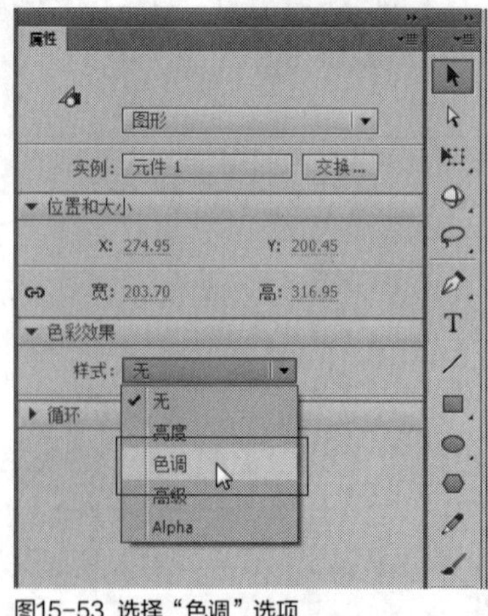

图15-53 选择“色调”选项

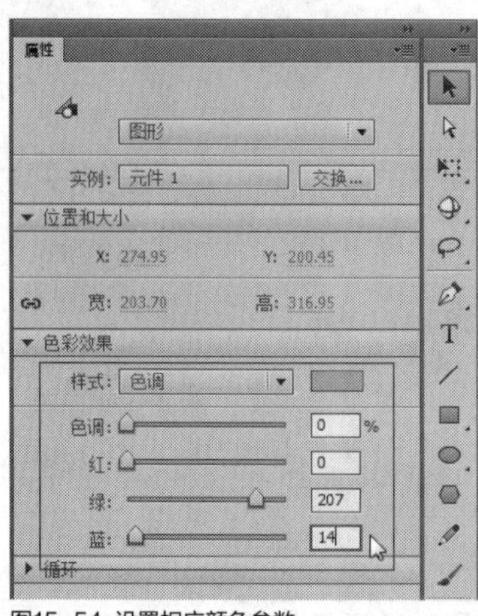

图15-54 设置相应颜色参数

STEP 07 执行操作后，即可更改第20帧对应的舞台元件色调，如图15-55所示。

图15-55 更改舞台元件色调

STEP 08 在“女孩”图层的第10帧上，单击鼠标右键，在弹出的快捷菜单中选择“创建传统补间”选项，如图15-56所示。

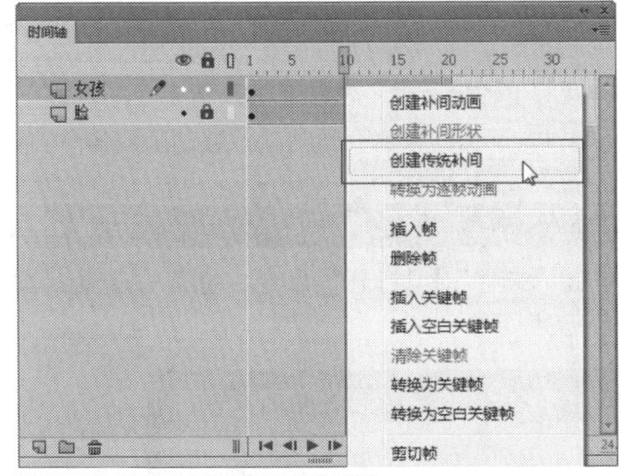

图15-56 选择“创建传统补间”选项

STEP 09 执行操作后，即可创建传统补间动画，如图15-57所示。

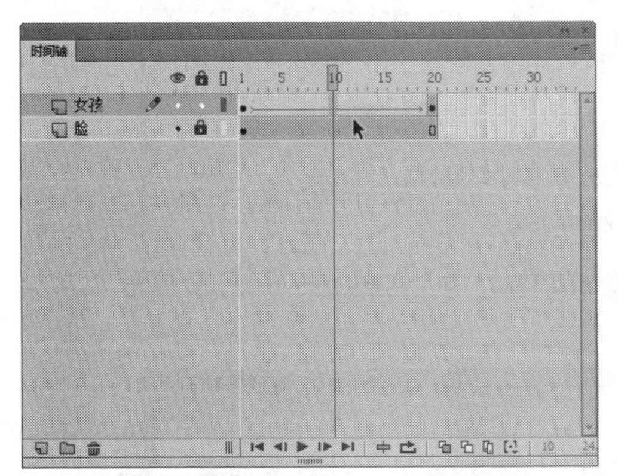

图15-57 创建传统补间动画

STEP 10 在菜单栏中，单击“控制”菜单，在弹出的菜单列表中单击“测试”命令，如图15-58所示。

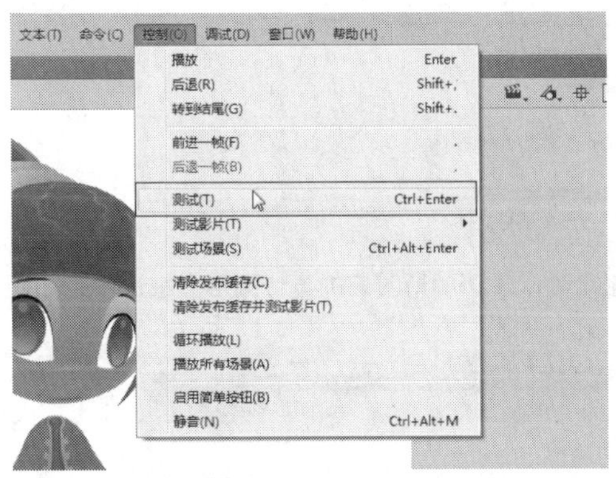

图15-58 单击“测试”命令

STEP 11 执行操作后，测试制作的颜色渐变动画效果，如图15-59所示。

图15-59 测试制作的颜色渐变动画效果

15.3 制作补间动画

动作补间动画就是在两个关键帧之间为某个对象建立一种运动补间关系的动画。在Flash动画的制作过程中，常需要制作图片的若隐若现、移动、缩放和旋转等效果，这主要通过动作补间动画来实现。本节主要向读者介绍制作动作补间动画的操作方法。

实战 429 创建位移动画

▶实例位置：光盘\效果\第15章\沙漠骆驼.fla
▶素材位置：光盘\素材\第15章\沙漠骆驼.fla
▶视频位置：光盘\视频\第15章\实战429.mp4

• 实例介绍 •

在Flash CC工作界面中，位移动画是指在图形对象之间通过关键帧制作出移动位置的动画效果，主要运用传统补间的功能进行制作。下面向读者介绍创建位移动画的操作方法。

• 操作步骤 •

STEP 01 单击“文件”|“打开”命令，打开一个素材文件，如图15-60所示。

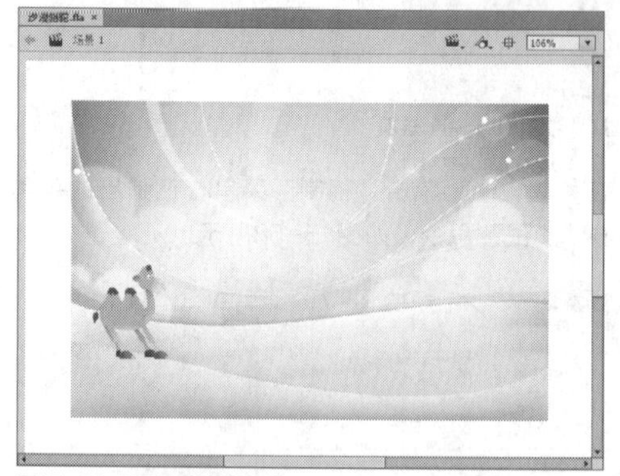

图15-60 打开一个素材文件

STEP 02 在“时间轴”面板的“图层2”图层中，选择第25帧，如图15-61所示。

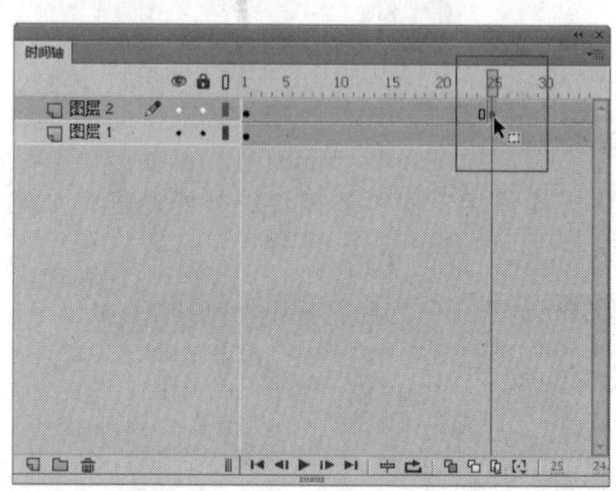

图15-61 选择第25帧

STEP 03 此时，第25帧所对应的舞台图形会被选中，如图15-62所示。

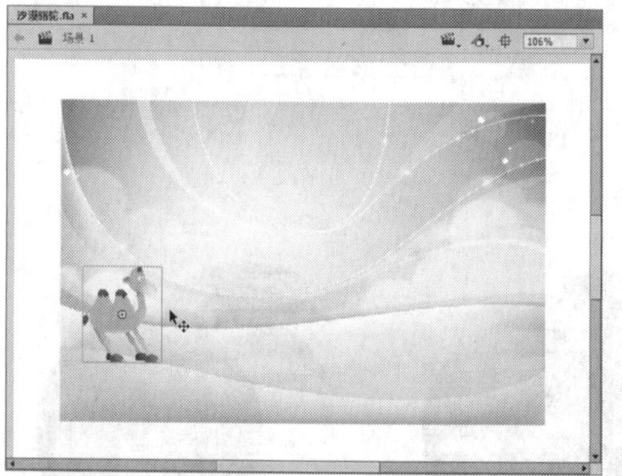

图15-62 舞台图形被选中

STEP 04 运用移动工具，调整图形的位置，如图15-63所示。

图15-63 调整图形的位置

STEP 05 运用任意变形工具，调整图形的大小和位置，形成透视效果，如图15-64所示。

STEP 06 在“图层2”图层的第1帧至第25帧中的任意一帧上单击鼠标右键，在弹出的快捷菜单中选择“创建传统补间”选项，如图15-65所示。

图15-64 调整图形的大小和位置

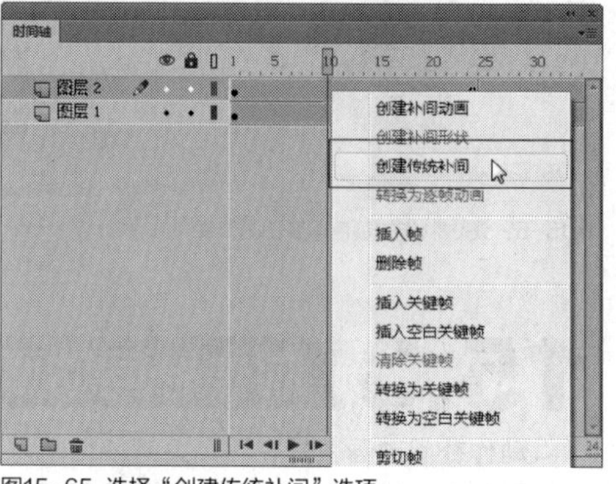

图15-65 选择“创建传统补间”选项

STEP 07 执行操作后，即可在“图层2”图层中创建传统补间位移动画，如图15-66所示。

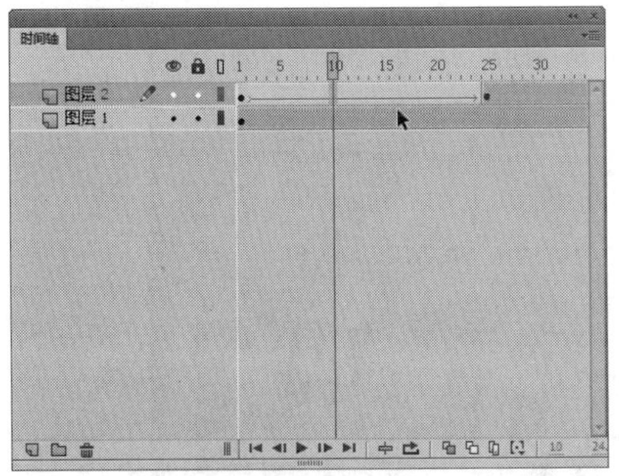

图15-66 创建传统补间位移动画

STEP 08 在菜单栏中，单击“控制”菜单，在弹出的菜单列表中单击“测试”命令，如图15-67所示。

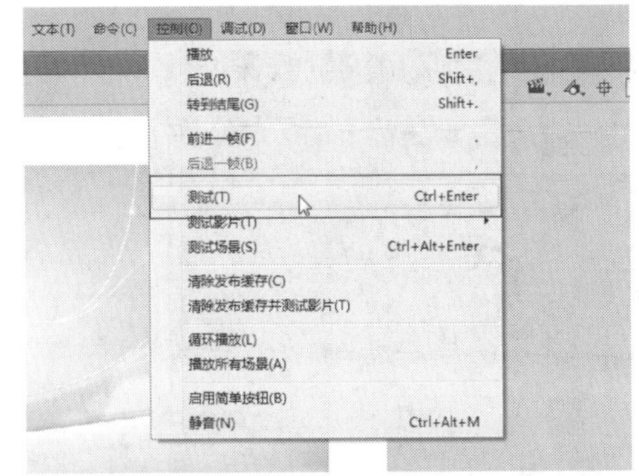

图15-67 单击“测试”命令

STEP 09 执行操作后，测试制作的位移动画效果，如图15-68所示。

图15-68 测试制作的位移动画效果

实战 430 创建旋转动画

▶ 实例位置：光盘\效果\第15章\风车.fla
▶ 素材位置：光盘\素材\第15章\风车.fla
▶ 视频位置：光盘\视频\第15章\实战430.mp4

• 实例介绍 •

在Flash CC工作界面中，旋转动画就是某物体围绕着一个中心轴旋转，如风车的转动、电风扇的转动等，使画面由静态变为动态。下面向读者介绍创建旋转动画的操作方法。

• 操作步骤 •

STEP 01 单击“文件”|“打开”命令，打开一个素材文件，如图15-69所示。

图15-69 打开一个素材文件

STEP 02 在“时间轴”面板中，选择“图层2”图层的第30帧，如图15-70所示。

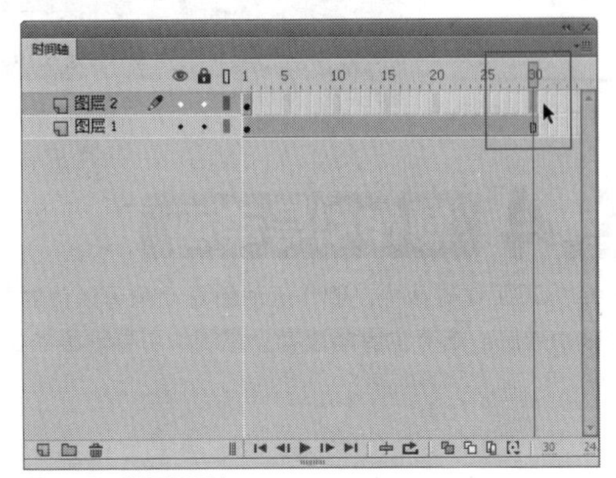

图15-70 选择第30帧

STEP 03 在第30帧上，单击鼠标右键，在弹出的快捷菜单中选择“插入关键帧”选项，插入一个关键帧，如图15-71所示。

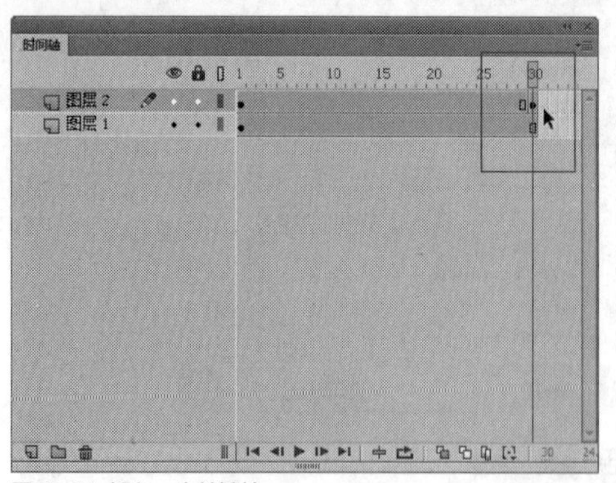

图15-71 插入一个关键帧

STEP 04 在舞台中，选择第30帧所对应的图形对象，运用移动工具调整图形的显示位置，如图15-72所示。

图15-72 调整图形的显示位置

STEP 05 在“图层2”图层的第1帧至第30帧中的任意一帧上单击鼠标右键，在弹出的快捷菜单中选择“创建传统补间”选项，如图15-73所示，创建传统补间动画。

STEP 06 在“属性”面板的“补间”选项区中，单击“旋转”右侧的下三角按钮，在弹出的列表框中选择“顺时针”选项，如图15-74所示，顺时针旋转图形对象。

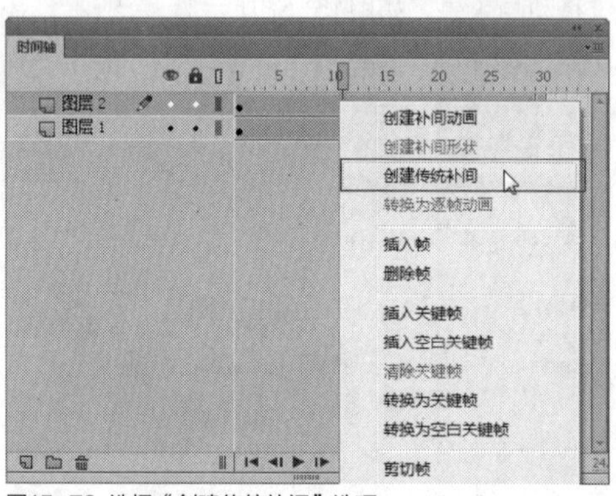

图15-73 选择“创建传统补间”选项

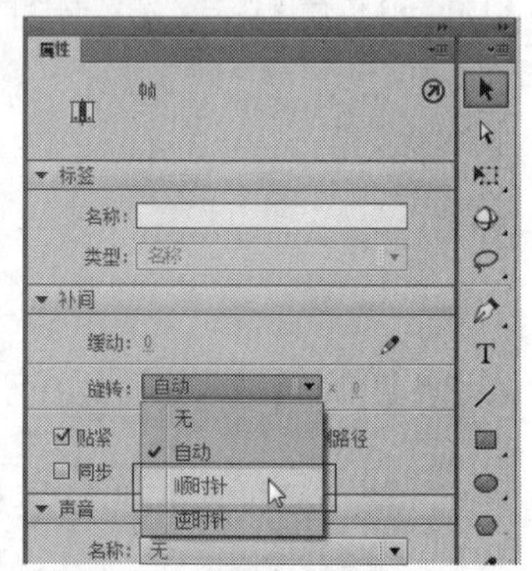

图15-74 选择“顺时针”选项

技巧点拨

在Flash CC工作界面中，将鼠标定位于“时间轴”面板中需要创建补间动画的帧位置，在菜单栏中单击“插入”|“传统补间”命令，也可以在关键帧之间创建传统补间动画。

STEP 07 单击“控制”|“测试”命令，测试制作的旋转动画效果，如图15-75所示。

图15-75 测试制作的旋转动画效果

15.4 制作引导动画

在Flash CC工作界面中，制作运动引导动画可以使对象沿着指定的路径进行运动，在一个运动引导层下可以建立一个或多个被引导层。本节主要向读者介绍制作引导动画的操作方法。

实战 431 创建单个引导动画

▶ 实例位置：光盘\效果\第15章\蝴蝶飞舞.fla
▶ 素材位置：光盘\素材\第15章\蝴蝶飞舞.fla
▶ 视频位置：光盘\视频\第15章\实战431.mp4

• 实例介绍 •

在Flash CC工作界面中，用户可以根据需要制作沿轨迹运动的单个运动引导动画。下面向读者介绍创建单个引导动画的操作方法。

• 操作步骤 •

STEP 01 单击“文件”|“打开”命令，打开一个素材文件，如图15-76所示。

图15-76 打开一个素材文件

STEP 02 在“时间轴”面板中，选择“蝴蝶”图层，如图15-77所示。

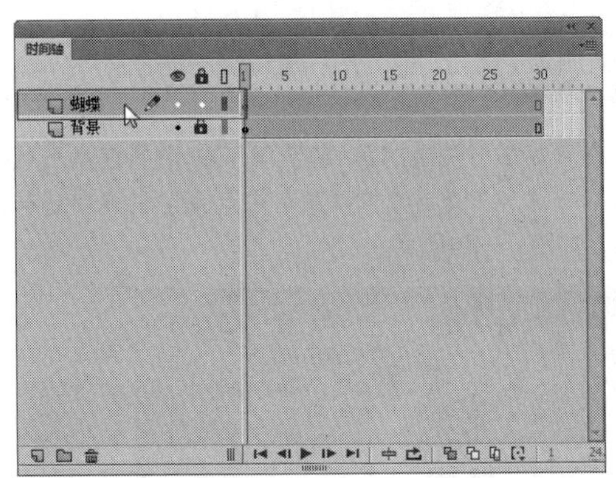

图15-77 选择“蝴蝶”图层

STEP 03 在“蝴蝶”图层上，单击鼠标右键，在弹出的快捷菜单中选择“添加传统运动引导层”选项，如图15-78所示。

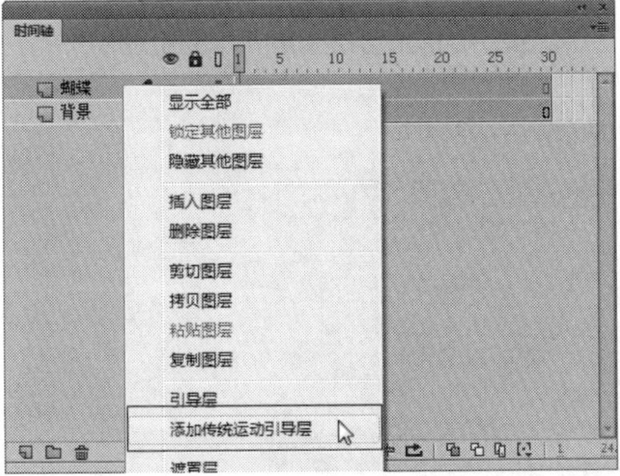

图15-78 选择相应的选项

STEP 04 执行操作后，即可为“蝴蝶”图层添加引导层，如图15-79所示。

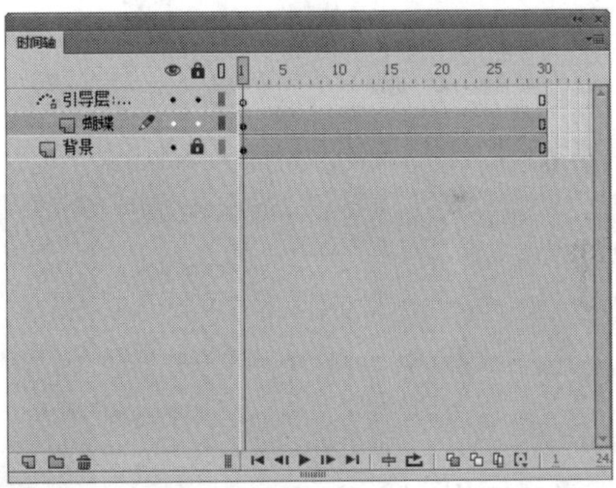

图15-79 为“蝴蝶”图层添加引导层

STEP 05 选择“引导层”图层的第1帧，选取工具箱中的钢笔工具，在舞台中绘制一条路径，如图15-80所示。

STEP 06 选取工具箱中的选择工具，将舞台中的“蝴蝶”图形元件拖曳至绘制路径的开始位置，如图15-81所示。

图15-80 在舞台中绘制一条路径

图15-81 拖曳至绘制路径的开始位置

STEP 07 在“蝴蝶”图层的第30帧，按【F6】键，添加关键帧，如图15-82所示。

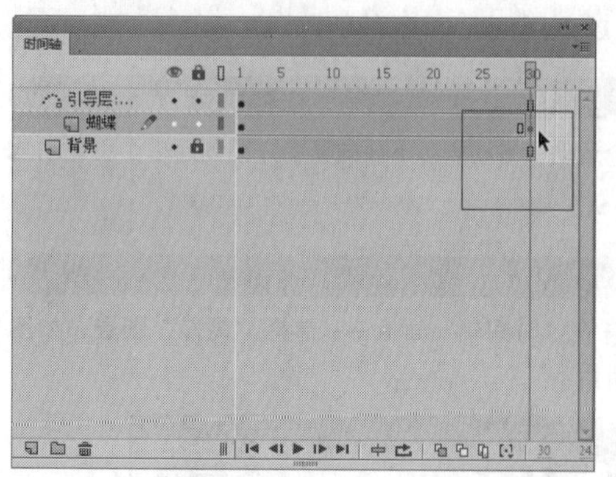

图15-82 添加关键帧

STEP 08 选择舞台中的图形元件实例，将其拖曳至绘制路径的结束位置，如图15-83所示。

图15-83 拖曳至结束位置

STEP 09 在“蝴蝶”图层的第1帧至第30帧中的任意一帧上单击鼠标右键，在弹出的快捷菜单中选择“创建传统补间”选项，如图15-84所示。

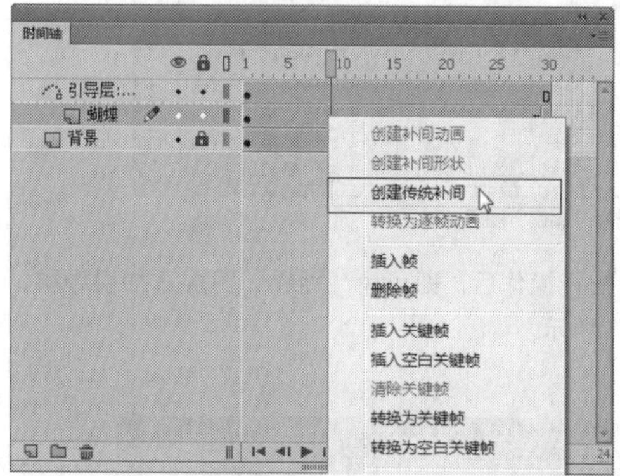

图15-84 选择“创建传统补间”选项

STEP 10 执行操作后，即可在“蝴蝶”图层中创建传统补间动画，如图15-85所示。

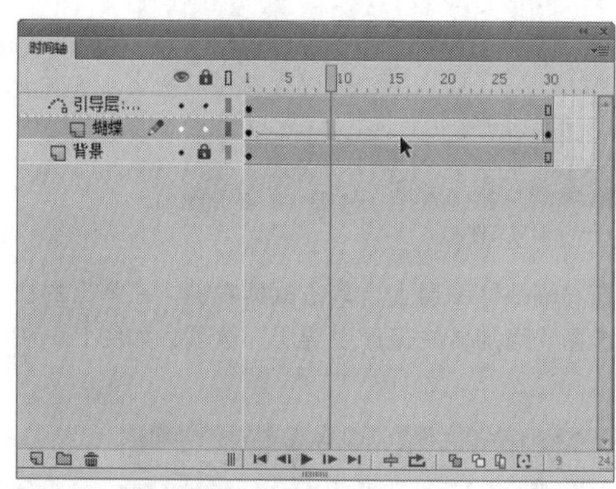

图15-85 创建传统补间动画

STEP 11 单击“控制”|“测试”命令，测试制作的单个引导动画，效果如图15-86所示。

图15-86 测试制作的单个引导动画

实战432 创建多个引导动画

▶ 实例位置：光盘\效果\第15章\泡泡.fla
▶ 素材位置：光盘\素材\第15章\泡泡.fla
▶ 视频位置：光盘\视频\第15章\实战432.mp4

• 实例介绍 •

运用Flash CC制作动画的过程中，除了可以制作单个运动引导动画，还能制作多个引导动画。下面向读者详细介绍创建多个引导动画的操作方法。

• 操作步骤 •

STEP 01 单击“文件”|“打开”命令，打开一个素材文件，如图15-87所示。

图15-87 打开一个素材文件

STEP 02 在“时间轴”面板中，选择“红色”图层，单击鼠标右键，在弹出的快捷菜单中选择“添加传统运动引导层”选项，添加运动引导层，如图15-88所示。

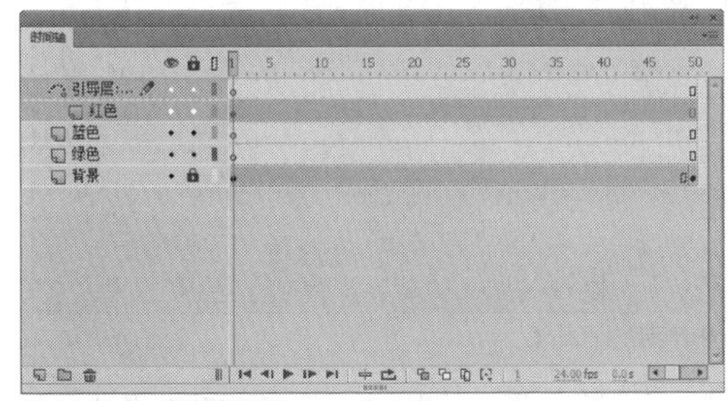

图15-88 添加运动引导层

STEP 03 选取工具箱中的钢笔工具，在舞台中绘制一条路径，如图15-89所示。

图15-89 绘制路径

STEP 04 在“红色”图层的第25帧上，单击鼠标右键，在弹出的快捷菜单中选择“插入关键帧”选项，插入一个关键帧，如图15-90所示。

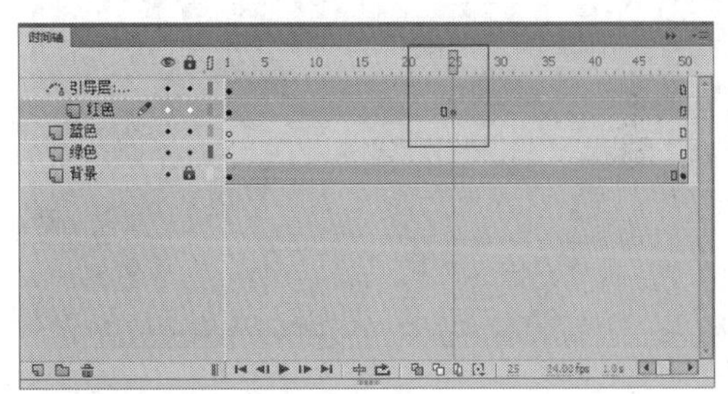

图15-90 在第25帧插入关键帧

STEP 05 选择“红色”图层的第1帧，选取工具箱中的选择工具，将舞台中的“红色”图形元件拖曳至绘制路径的开始位置，如图15-91所示。

图15-91 拖曳元件至开始位置

STEP 06 选择“红色”图层的第25帧，将舞台中的“红色”图形元件拖曳至绘制路径的结束位置，如图15-92所示。

图15-92 拖曳元件至结束位置

STEP 07 在“红色”图层的第1帧至第25帧的任意一帧上创建传统补间动画，如图15-93所示。

STEP 08 在“属性”面板的“补间”选项区中，选中“调整到路径”复选框，如图15-94所示。

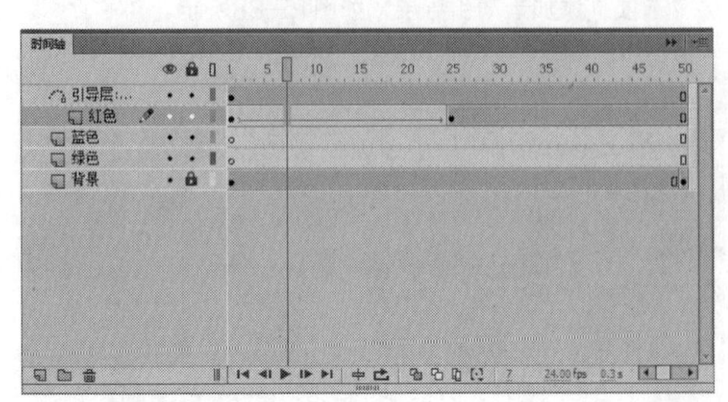

图15-93 创建传统补间动画

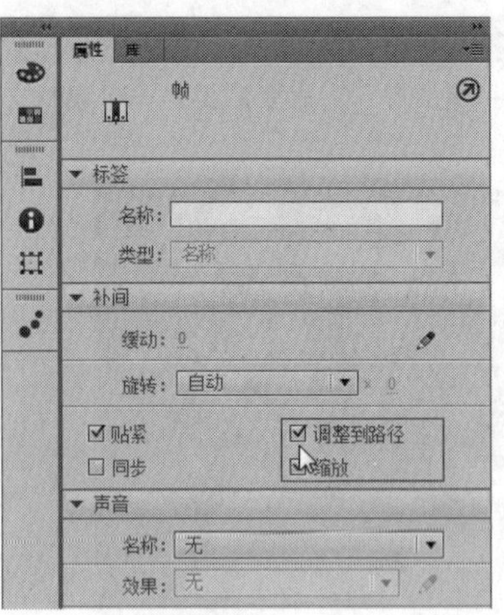

图15-94 选中相应复选框

STEP 09 在“蓝色”图层的第6帧插入关键帧，将“库”面板中的“蓝色”拖曳至舞台中，并调整图形的大小，此时“时间轴”面板如图15-95所示。

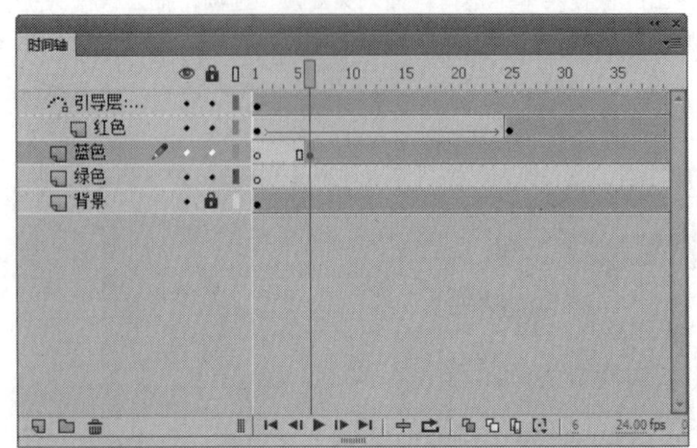

图15-95 “时间轴”面板

STEP 10 在“蓝色”图层的第32帧按【F6】键插入关键帧，第33帧按【F7】键插入空白关键帧，如图15-96所示。

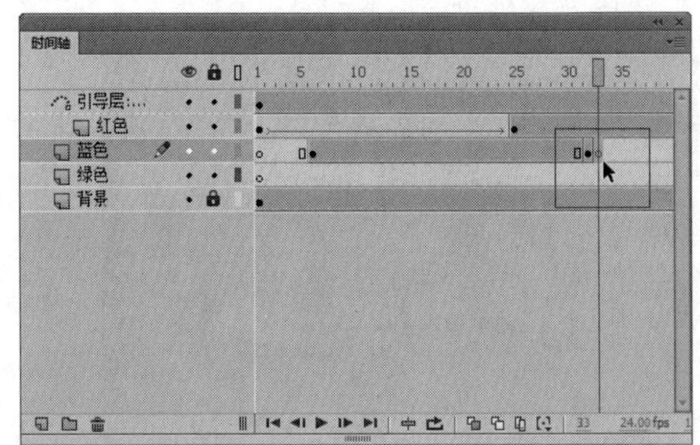

图15-96 插入相应的帧

STEP 11 选择“蓝色”图层，单击鼠标左键并拖曳至“红色”图层上方，此时出现一条黑色的线条，如图15-97所示。

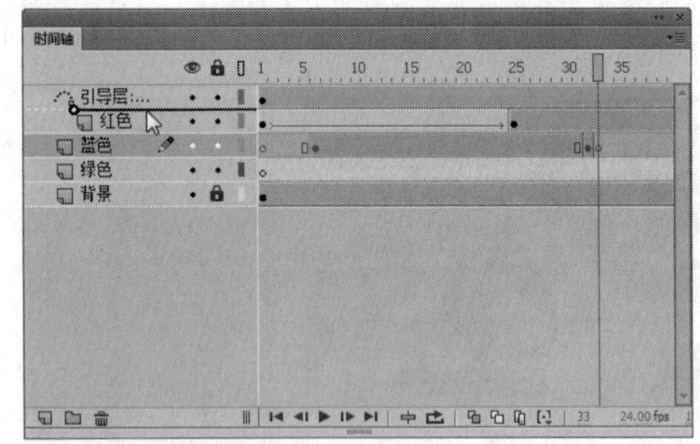

图15-97 拖曳“蓝色”图层

STEP 12 释放鼠标左键，即可将“蓝色”图层移至“红色”图层的上方，如图15-98所示。

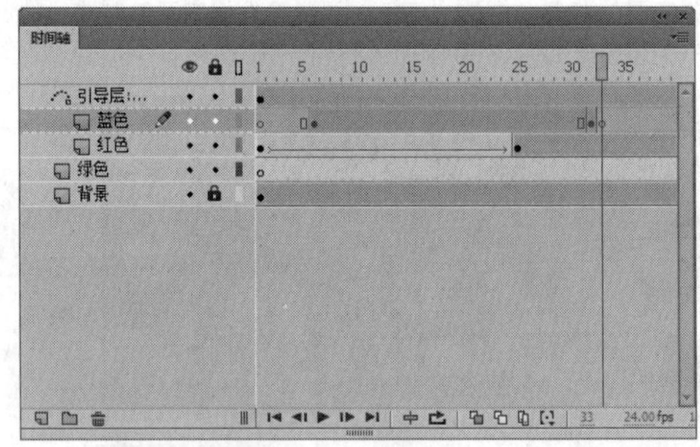

图15-98 移动“蓝色”图层

STEP 13 选择“蓝色”图层的第6帧，将舞台中相应实例移至路径的开始位置，如图15-99所示。

STEP 14 选择“蓝色”图层的第32帧，将舞台中相应的实例移至路径的结束位置，如图15-100所示。

图15-99 移动实例至路径的开始位置

图15-100 移动实例至路径的结束位置

STEP 15 在“蓝色”图层的关键帧之间创建传统补间动画，如图15-101所示。

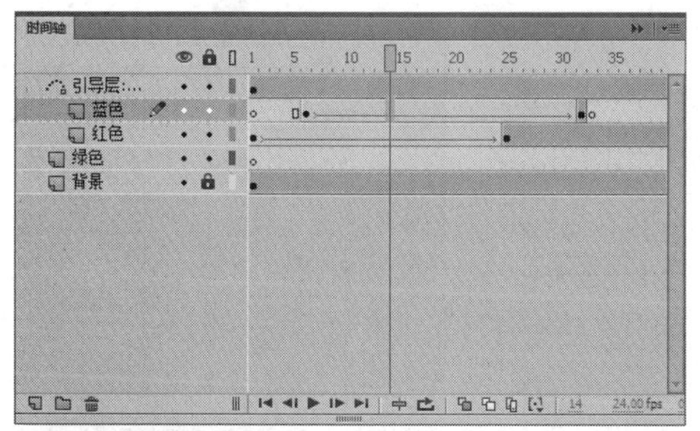

图15-101 创建传统补间动画

STEP 16 使用同样的方法，为“绿色”图层添加相应的实例，并制作相应的效果，如图15-102所示。

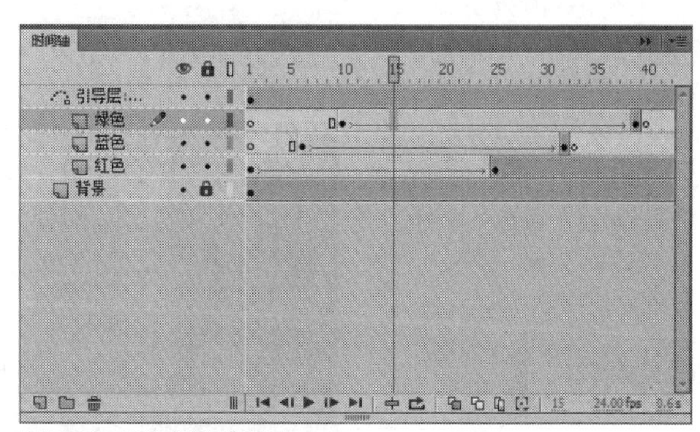

图15-102 制作“绿色”图层

STEP 17 单击“控制”|“测试”命令，测试制作的多个引导动画，效果如图15-103所示。

图15-103 测试制作的多个引导动画

实战433 运用预设动画

▶实例位置：光盘\效果\第15章\音乐天堂.fla
▶素材位置：光盘\素材\第15章\音乐天堂.fla
▶视频位置：光盘\视频\第15章\实战433.mp4

• 实例介绍 •

在Flash CC工作界面中，用户可以直接运用Flash本身已经预设的动画。下面向读者介绍运用预设动画的操作方法。

• 操作步骤 •

STEP 01 单击“文件”|“打开”命令，打开一个素材文件，如图15-104所示。

STEP 02 选取工具箱中的选择工具，选择舞台中的相应图形，如图15-105所示。

图15-104 打开一个素材文件

图15-105 选择舞台中的相应图形

STEP 03 在菜单栏中，单击“窗口”|“动画预设”命令，如图15-106所示。

STEP 04 展开“动画预设”面板，展开“默认预设”文件夹，在列表框中选择“2D放大”选项，如图15-107所示，单击“应用”按钮。

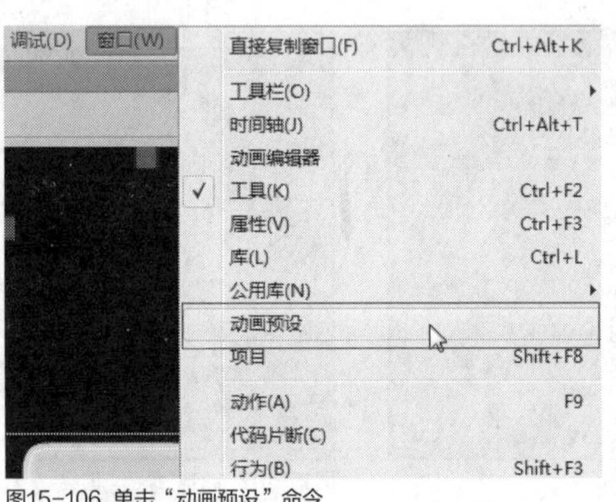

图15-106 单击“动画预设”命令

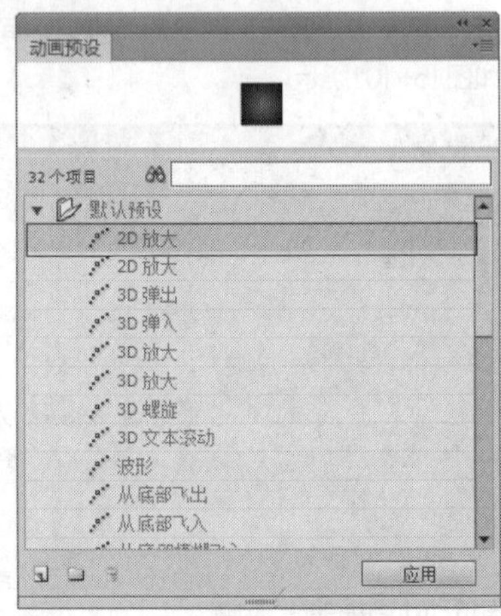

图15-107 选择“2D放大”选项

STEP 05 执行操作后，弹出提示信息框，如图15-108所示，单击“确定”按钮。

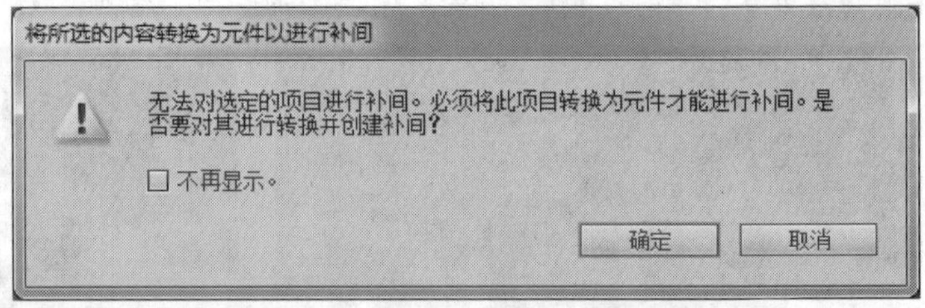

图15-108 弹出提示信息框

STEP 06 按【Ctrl+Enter】组合键，测试预设动画，效果如图15-109所示。

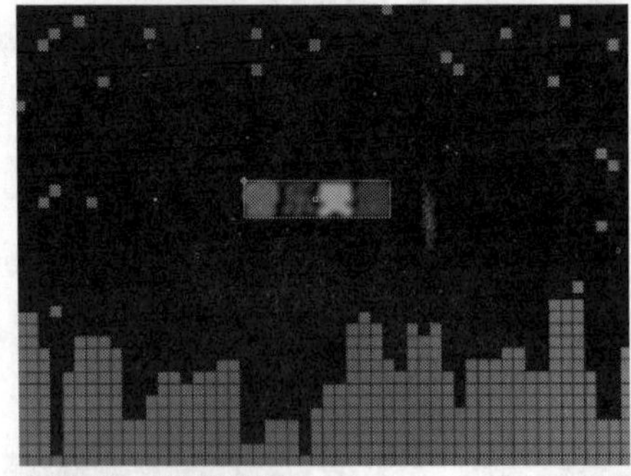

图15-109 测试预设动画

15.5 制作遮罩动画

在Flash CC工作界面中，遮罩层和被遮罩层是相互关联的图层，遮罩层可以将图层遮住，在遮罩层中对象的位置显示被遮罩层中的内容。本节主要向读者介绍制作遮罩动画的操作方法。

实战434 创建遮罩层动画

▶ 实例位置：光盘\效果\第15章\掌上电脑.fla
▶ 素材位置：光盘\素材\第15章\掌上电脑.fla
▶ 视频位置：光盘\视频\第15章\实战434.mp4

• 实例介绍 •

在Flash CC工作界面中，用户可以直接运用Flash本身已经预设的动画。下面向读者介绍运用预设动画的操作方法。

• 操作步骤 •

STEP 01 单击“文件”|“打开”命令，打开一个素材文件，如图15-110所示。

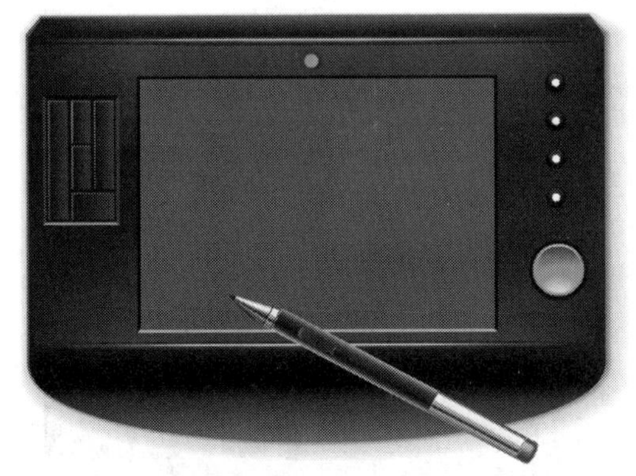

图15-110 打开一个素材文件

STEP 02 此时“时间轴”面板如图15-111所示。

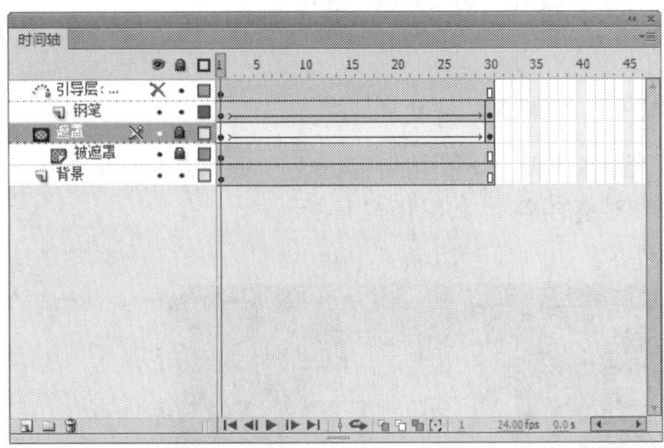

图15-111 “时间轴”面板

STEP 03 单击“遮罩”图层右侧的“锁定或解除锁定所有图层”图标，解锁“遮罩”图层，如图15-112所示。

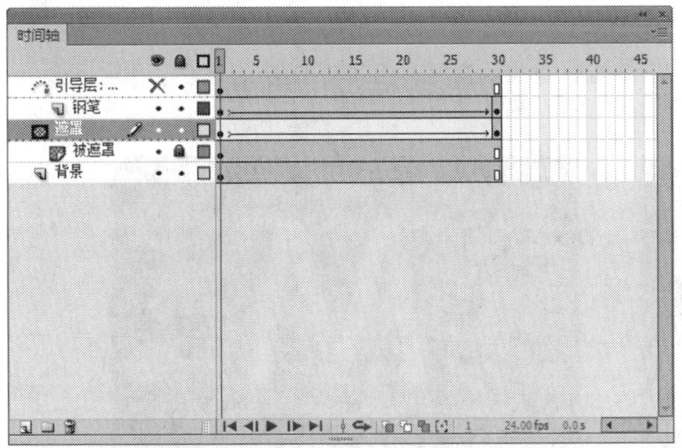

图15-112 解锁“遮罩”图层

STEP 04 在“遮罩”图层的第8帧，按【F6】键，插入关键帧，如图15-113所示。

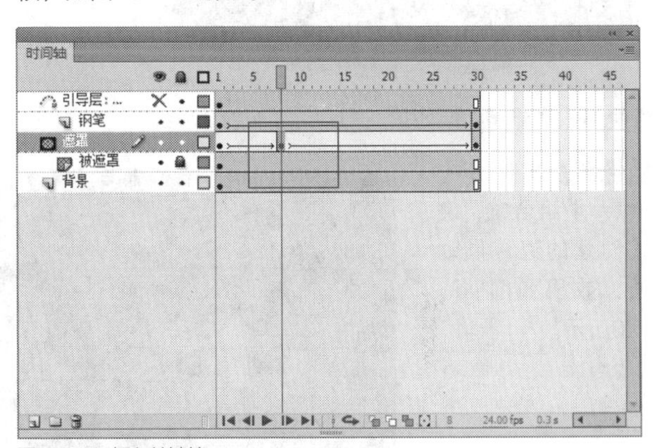

图15-113 插入关键帧

STEP 05 选取工具箱中的任意变形工具，适当调整舞台中图形对象的形状，如图15-114所示。

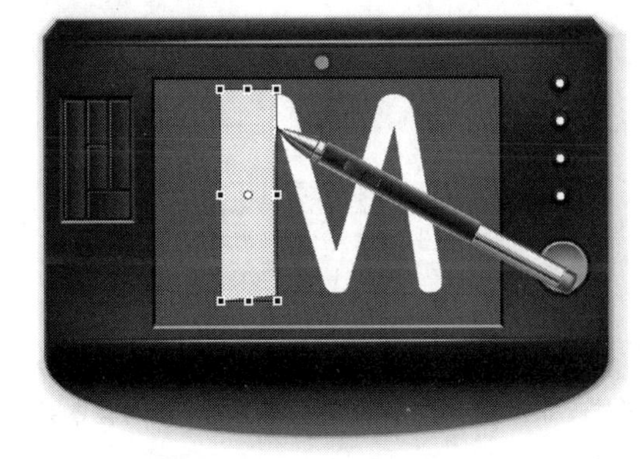

图15-114 调整图形对象的形状

STEP 06 在“遮罩”图层的第15帧，按【F6】键，插入关键帧，如图15-115所示。

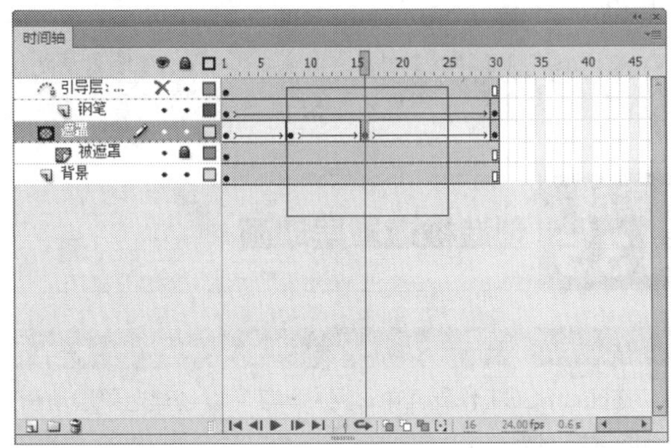

图15-115 插入关键帧

STEP 07 选取工具箱中的任意变形工具，适当调整舞台中图形对象的形状，如图15-116所示。

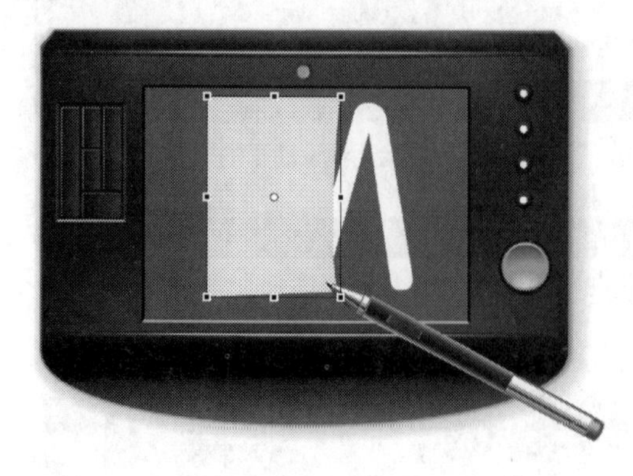

图15-116 调整图形对象的形状

STEP 08 在“遮罩”图层的第23帧，按【F6】键，插入关键帧，如图15-117所示。

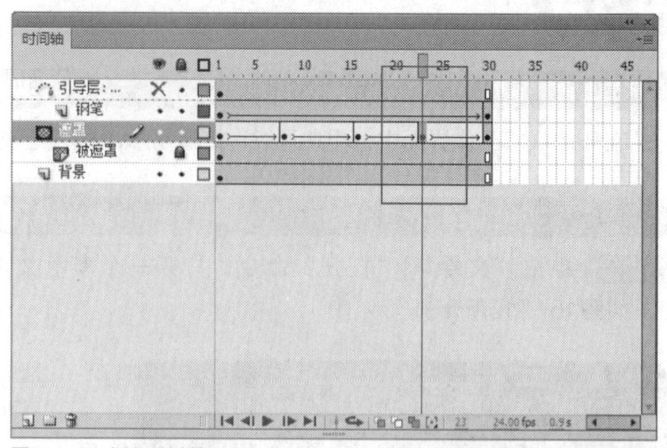

图15-117 插入关键帧

STEP 09 选取工具箱中的任意变形工具，适当调整舞台中图形对象的形状，如图15-118所示。

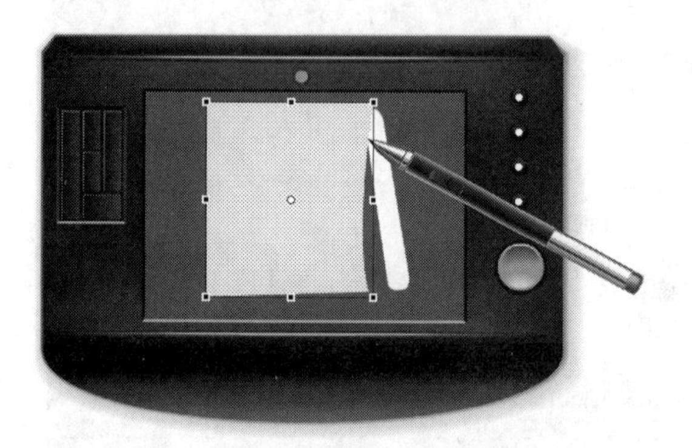

图15-118 调整图形对象的形状

STEP 10 单击“遮罩”图层右侧的“锁定或解除锁定所有图层”的圆点图标，锁定“遮罩”图层，如图15-119所示。

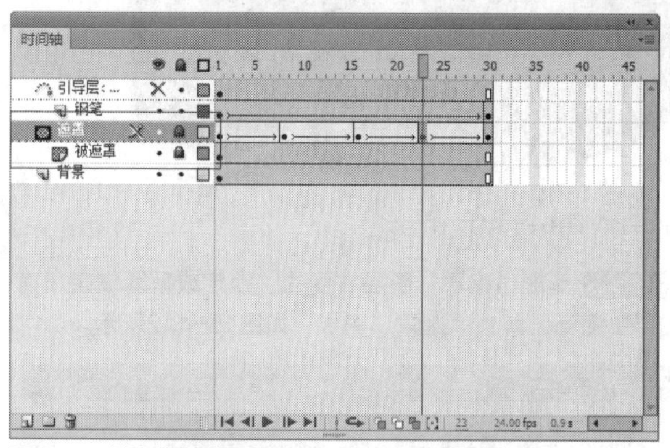

图15-119 锁定“遮罩”图层

STEP 11 按【Ctrl+Enter】组合键，测试创建的遮罩层动画，效果如图15-120所示。

图15-120 测试创建的遮罩层动画

知识拓展

在Flash CC工作界面中制作遮罩动画时，初学者很难弄懂，到底要将哪个图层设置为遮罩层，哪个图层设置为被遮罩层，才会得到想要的效果，其实遮罩效果就是以遮罩层的轮廓显示被遮罩层的内容。

实战 435 创造被遮罩层动画

▶ 实例位置：光盘\效果\第15章\字幕特效.fla
▶ 素材位置：光盘\素材\第15章\字幕特效.fla
▶ 视频位置：光盘\视频\第15章\实战435.mp4

• 实例介绍 •

在Flash CC工作界面中，用户除了可以创建遮罩层动画，还可以创建被遮罩层动画。下面向读者详细介绍创建被遮罩层动画的操作方法。

• 操作步骤 •

STEP 01 单击“文件”|“打开”命令，打开一个素材文件，如图15-121所示。

图15-121 打开一个素材文件

STEP 02 在“时间轴”面板中解锁“图层1”图层，如图15-122所示。

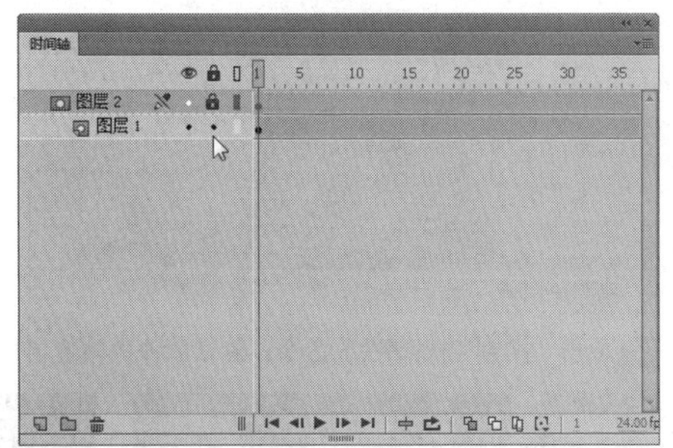

图15-122 解锁“图层1”图层

STEP 03 在“图层1”图层的第15帧、第30帧和第45帧插入关键帧，如图15-123所示。

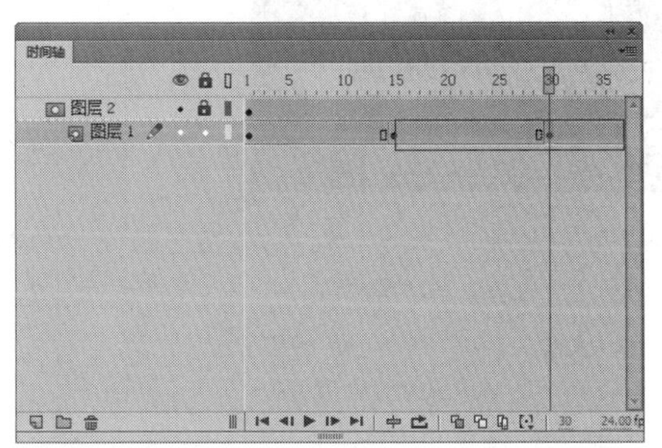

图15-123 插入关键帧

STEP 04 选择“图层1”图层的第15帧，在工具箱中选取任意变形工具，移动位图图像的位置，如图15-124所示。

图15-124 移动位图图像位置

STEP 05 选择“图层1”图层的第30帧，在工具箱中选取任意变形工具，调整位图图像的位置，如图15-125所示。

图15-125 调整位图图像位置

STEP 06 选择“图层1”图层的第45帧，在工具箱中选取任意变形工具，调整位图图像的大小和位置，如图15-126所示。

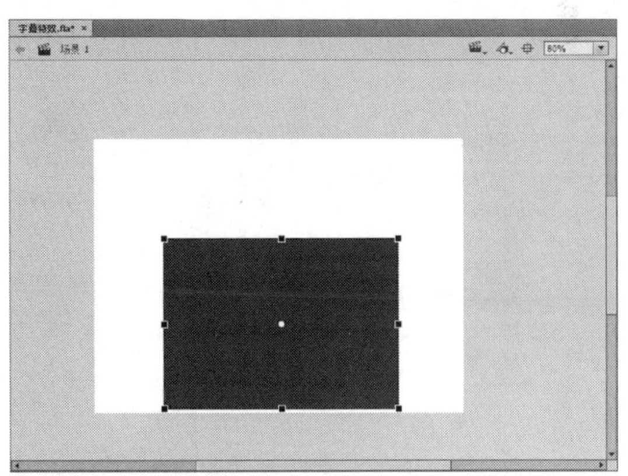

图15-126 调整位图图像大小和位置

STEP 07 在“图层1”图层的关键帧之间创建补间动画，如图15-127所示。

STEP 08 完成上述操作后，锁定“图层1”图层，如图15-128所示。

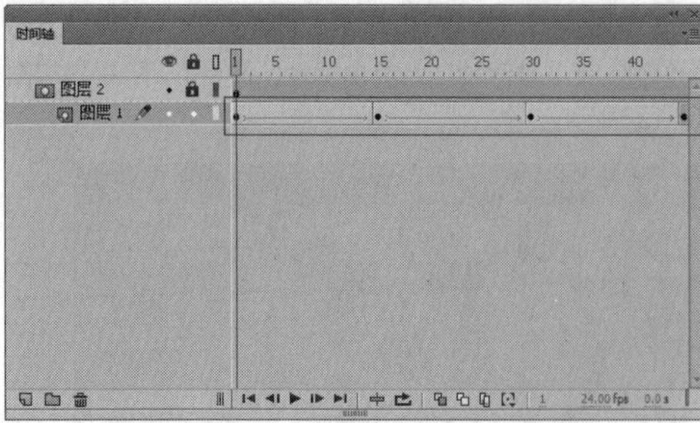

图15-127 创建补间动画

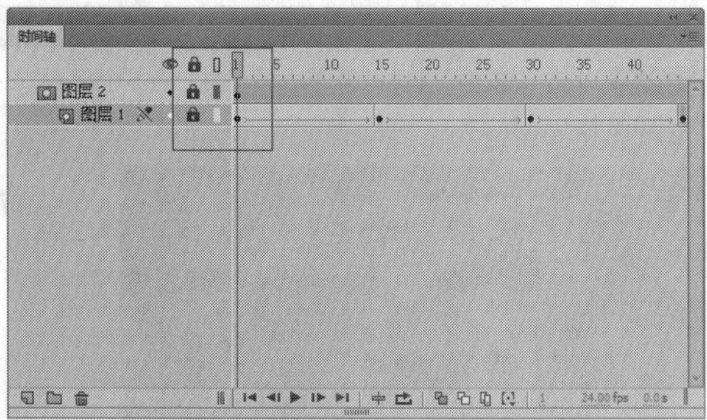

图15-128 锁定“图层1”图层

STEP 09 单击“控制”|“测试”命令，测试制作的被遮罩层动画，效果如图15-129所示。

图15-129 测试制作的被遮罩层动画

第 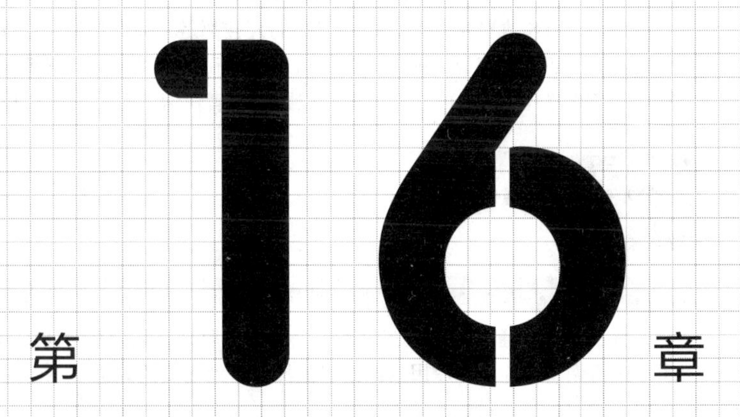 章

矢量图绘制技巧

本章导读

本章主要向读者介绍在Flash CC中，绘制矢量图形的技巧，主要包括基本绘图方法、绘制植物以及绘制人物等内容。

希望读者通过本章的学习，能熟练运用鼠标绘制各种理想的动画，使设计者的创意思想发挥得淋漓尽致。

要点索引

- 基本绘图方法
- 上色调整法
- 绘制人物

16.1 基本绘图方法

俗讲话，万丈高楼平地起，即任何高的大楼都是平地而起的。绘图也一样，再精美、复杂的图像也都是由小图形演绎而成。对于初学者来说，鼠绘动画，肯定会存在一定难度，但只要掌握了一定的方法或技巧，便可以找到突破，变难为易。本节介绍几种常见的绘图方法，以帮助读者快速上手，鼠绘动画。

实战436 几何组合法

▶实例位置：光盘\效果\第16章\蝴蝶1.fla
▶素材位置：无
▶视频位置：光盘\视频\第16章\实战436.mp4

• 实例介绍 •

几何组合法，通俗一点讲，即将一个动画图形分成几个几何体进行绘制，然后进行组合，再适当根据需要对各个几何图形进行调整，并结合使用其他绘图工具，达到需要的效果。下面向读者介绍几何组合法的绘图技巧。

• 操作步骤 •

STEP 01 选取工具箱中的钢笔工具，在舞台中绘制一只蝴蝶的几何形状，如图16-1所示。

STEP 02 运用选择工具或转换锚点工具，将直线型的线条转换为曲线型，使画面感看上去比较柔和，效果如图16-2所示。

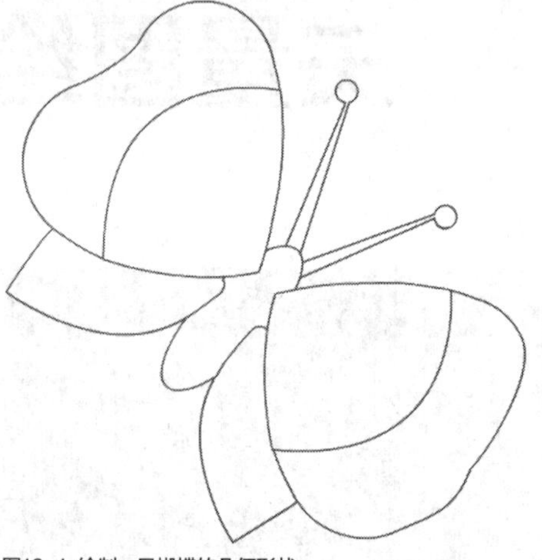

图16-1 绘制一只蝴蝶的几何形状

图16-2 将直线型的线条转换为曲线型

知识拓展

在绘制动画之前，首先需要了解动画作品的风格，做到下笔之前，风格在胸，然后挥“墨”绘成。在Flash动画中，从不同的角度出发，有着不同的绘画风格，下面向读者介绍三种风格：季节风格、远近风格和古朴风格，并分别对其进行简单的介绍。

① 季节风格

顾名思义，季节风格具有较强的季节气候特点，根据春夏秋冬的季节不同，因动画的风格也不一样，如春天一片翠绿，夏天一片蔚蓝，秋天一片金黄，冬天一片洁白，如图16-3所示。

图16-3 四季风格

② 远近风格

远近风格的特色主要体现在一种空间的距离感，通过或近或远的视觉表达人与物，在绘制时需要读者把握好远近细节和立体透视等效果，如图16-4所示。

图16-4 远近风格

③ 古朴风格

目前的动画，现代题材的居多，但古朴风格因为其独特的画法、浓厚的底韵，也非常受读者的喜欢。在绘制古朴风格作品时，特别注重颜色的运用，如黑色、灰色、深绿色等，强调人物的细腻或整体画面的格调，如图16-5所示。

图16-5 古朴风格

实战 437 先分后总法

▶ 实例位置：光盘\效果\第16章\蝴蝶2.fla
▶ 素材位置：无
▶ 视频位置：光盘\视频\第16章\实战437.mp4

• 实例介绍 •

先分后总法，即将要绘制的图形分解，将整体分解为各个局部，绘制好后再进行组合。该方法与几何组合法类似，只是更进了一步，化整体为局部，化大为小，化整为零，然后进行组合。下面向读者介绍先分后总法的绘图技巧。

• 操作步骤 •

STEP 01 选取工具箱中的钢笔工具，在舞台中绘制一只蝴蝶的各单独组成部分，如图16-6所示。

STEP 02 运用选择工具，将绘制的各部分再组合在一起，形成了先分后总绘图法，效果如图16-7所示。

图16-6 绘制各单独组成部分

图16-7 将绘制的各部分组合在一起

实战 438 上色调整法

▶实例位置：光盘\效果\第16章\蝴蝶3.fla
▶素材位置：无
▶视频位置：光盘\视频\第16章\实战438.mp4

• 实例介绍 •

上色调整法，在前面两种绘制的方法上更进了一步，即通过上色的方式，将各部分图像表达得更为清楚和清晰，然后根据需要对图形进行增或减，进行适当的调整。下面向读者介绍上色调整法的绘图技巧。

• 操作步骤 •

STEP 01 选取工具箱中的钢笔工具，在舞台中绘制一只蝴蝶的轮廓，如图16-8所示。

STEP 02 选取工具箱中的颜料桶工具，在"属性"面板中设置图形各部分的颜色，依次为图形上色，效果如图16-9所示。

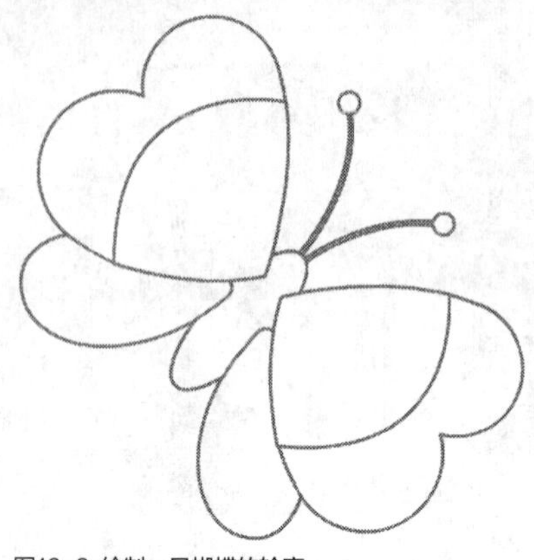

图16-8 绘制一只蝴蝶的轮廓

图16-9 依次为图形上色

16.2 绘制植物

本节将引导读者小试牛刀，先从最基础的植物图形开始绘起。植物图形在日常生活中随处可见，它们也是图形中最基本的要素。本节主要向读者介绍绘制植物的操作方法，主要包括绘制树木、绘制玫瑰花、绘制圣诞树。

实战 439 绘制树木

▶实例位置：光盘\效果\第16章\树木.fla
▶素材位置：无
▶视频位置：光盘\视频\第16章\实战439.mp4

• 实例介绍 •

运用电脑这种"高科技"产品，以及运用传统的钢笔或钢笔工具，可以很快地绘制出树木图形。它们除了工具上的不同，其他都基本类似。下面向读者介绍绘制树木的操作方法。

• 操作步骤 •

STEP 01 单击"文件"|"新建"命令，新建一个动画文档，参照上一节介绍的基本绘图方法，绘制出树的主干，如图16-10所示。

STEP 02 运用工具箱中的钢笔工具，绘制出树枝的大体效果，如图16-11所示。

图16-10 绘制出树的主干

图16-11 绘制出树枝的大体效果

STEP 03 运用工具箱中的刷子工具，绘制出树叶的大体效果，如图16-12所示。

图16-12 绘制出树叶的大体效果

知识拓展

在了解了矢量动画的风格后，读者可以通过鼠绘并结合快捷键开始尝试绘制。在具体绘制之前，先简单了解鼠绘及快捷键的一些常识，为后面的绘制奠定基础。

① 了解鼠绘的使用

鼠绘，顾名思义，鼠为鼠标的鼠，绘为绘制的绘，即通过鼠标绘制图像。因此，对鼠标按钮的掌控，速度的把握，需要精细、灵活的了解和控制。此时的鼠标，即书画家手中的笔，能否写好字或绘好图，关键在运“笔”。

② 了解快捷键的使用

运用鼠标进行作品绘制时，如果能灵活结合快捷键，不仅可以提高工作效率，更能将作品绘制精美。下面简介一些在鼠绘时可能用到的快捷键，如表16-1所示。

表16-1 快捷键的使用

快捷键	含 义	备 注
【N】键	选取线条工具	用于绘制图形中的线条部分
【Y】键	选取铅笔工具	用于绘制图形中不太规则的线条
【P】键	选取钢笔工具	用于绘制图形的轮廓
【K】键	选取颜料桶工具	用于给图形上色
【V】键	选取选择工具	在修整线条和选择舞台对象时常用
【A】键	选取部分选择工具	在编辑复杂曲线或绘制图形时常用
【E】键	选取橡皮擦工具	如果需要擦除的图形比较复杂，可使用该工具的附属选项
【Z】键或【M】键	选取缩放工具	单击鼠标左键将放大显示界面，按住【Alt】键单击鼠标左键将缩小显示界面
【J】键	激活对象绘制	激活以后绘制的图形将是图形格式的
【Ctrl+Z】键	执行撤销命令	按一次将向上撤销一步操作

在Flash CC中，用户可单击“编辑”|“快捷键”命令，弹出“快捷菜”对话框，在其中可以根据用户的操作习惯来修改快捷键参数。

实战440 绘制玫瑰花

▶ 实例位置：光盘\效果\第16章\玫瑰花.fla
▶ 素材位置：光盘\素材\第16章\玫瑰花.fla
▶ 视频位置：光盘\视频\第16章\实战440.mp4

• 实例介绍 •

玫瑰花在矢量动画绘图中经常被用到，当男孩向女孩表达爱意时，经常会用到玫瑰花做道具。下面向读者介绍玫瑰花的绘制方法。

• 操作步骤 •

STEP 01 单击“文件”|“打开”命令，打开一幅素材图像，如图16-13所示。

图16-13 打开一幅素材图像

STEP 02 单击时间轴下方的“新建图层”按钮，新建“图层2”，选取工具箱中的钢笔工具，在“属性”面板中，设置“笔触颜色”为紫色（#9900FF）、“笔触高度”为2，将鼠标移至舞台中的适当位置，绘制出花朵的外观，效果如图16-14所示。

图16-14 绘制出花朵的外观

STEP 03 当完成花朵外观的绘制后，选取工具箱中的颜料桶工具，在“属性”面板中，设置“填充颜色”为红色（#DB4D37），将鼠标移至舞台中花朵外观的适当位置，单击鼠标左键，填充玫瑰花的颜色，效果如图16-15所示。

图16-15 填充玫瑰花的颜色

STEP 04 确认颜料桶工具为当前选择工具，在“属性”面板中设置“填充颜色”为深红色（#CC0000），在舞台中填充玫瑰花的花蕊部分，效果如图16-16所示。

图16-16 填充玫瑰花的花蕊部分

STEP 05 用与上同样的方法，设置“填充颜色”为绿色（#009B53），填充玫瑰花的绿叶部分，效果如图16-17所示。

STEP 06 单击时间轴下方的“新建图层”按钮，新建“图层3”，选取工具箱中的钢笔工具，在舞台中的适当位置绘制玫瑰花的茎干部分，效果如图16-18所示。

图16-17 填充玫瑰花的绿叶部分

图16-18 绘制玫瑰花的茎干部分

STEP 07 再次选取工具箱中的颜料桶工具，在“属性”面板中，设置“填充颜色”为绿色（#3F885D），填充玫瑰花的茎干的颜色，效果如图16-19所示。

STEP 08 选取工具箱中的选择工具，多次选择玫瑰花的轮廓线，按【Delete】键删除轮廓线，效果如图16-20所示。至此，玫瑰花绘制完成。

图16-19 填充玫瑰花的茎干部分

图16-20 玫瑰花绘制完成

实战 441 绘制圣诞树

▶实例位置：光盘\效果\第16章\圣诞树.fla
▶素材位置：无
▶视频位置：光盘\视频\第16章\实战441.mp4

• 实例介绍 •

当用户绘制圣诞树时，可以将圣诞树分为两部分来完成，一部分是树冠，另一部分是树干。下面向读者介绍绘制圣诞树的操作方法。

• 操作步骤 •

STEP 01 单击“文件”|“新建”命令，新建一个Flash文档，并设置文档的“宽”为400、“高”为600。

STEP 02 选取工具箱中的多角星形工具，在“属性”面板中，设置“笔触颜色”为无、“填充颜色”为黄色（#F7C200），单击“选项”按钮，弹出“工具设置”对话框，在其中设置“样式”为“星形”，单击“确定”按钮，设置工具属性。

STEP 03 将鼠标移至舞台中的适当位置，绘制一个星形图形，效果如图16-21所示。

图16-21 绘制星形图形

STEP 04 单击时间轴下方的“新建图层”按钮，新建“图层2”，选取工具箱中的钢笔工具，在星形图形上绘制相应的图形，在“属性”面板中设置图形相关的属性，效果如图16-22所示。

图16-22 在星形上绘制图形

STEP 05 单击时间轴下方的“新建图层”按钮，新建一个图层，并重命名为“树”。选取工具箱中的线条工具，在舞台中的适当位置绘制圣诞树的外观，效果如图16-23所示。

STEP 06 选取工具箱中的选择工具，调整线条的形状，效果如图16-24所示。

图16-23 绘制圣诞树

图16-24 调整线条的形状

STEP 07 选取工具箱中的颜料桶工具，在“属性”面板中设置“填充颜色”为绿色（#008B37），将鼠标移至圣诞树上，单击鼠标左键，填充圣诞树的颜色，然后在时间轴中将“树”图层移至底层，此时的图像效果如图16-25所示。

STEP 08 选取工具箱中的选择工具，多次选择圣诞树的外轮廓线，按【Delete】键删除，效果如图16-26所示。

图16-25 填充圣诞树的颜色

图16-26 删除轮廓线

STEP 09 单击时间轴下方的“新建图层”按钮，新建“图层4”，选取工具箱中的矩形工具，在“属性”面板中设置“填充颜色”为白色、“笔触颜色”为无，在舞台中的圣诞树上绘制多个小矩形，然后运用选择工具调整矩形线条的形状，效果如图16-27所示。

STEP 10 选取工具箱中的钢笔工具，在舞台中绘制圣诞树的茎干部分，效果如图16-28所示。

图16-27 绘制小矩形

图16-28 绘制圣诞树的茎干

STEP 11 选取工具箱中的颜料桶工具，在“属性”面板中设置“填充颜色”为棕色（#996600），将鼠标移至舞台中的茎干部分，单击鼠标左键，填充茎干颜色，效果如图16-29所示。

STEP 12 选取工具箱中的选择工具，选择茎干的轮廓线，按【Delete】键删除，效果如图16-30所示。至此，圣诞树绘制完成。

图16-29 填充茎干颜色

图16-30 圣诞树绘制完成

16.3 绘制人物

学会植物的绘制后，接下来尝试绘制人物。人物的绘制，首先是五官。下面通过不同的实例，练习人物不同部位或五官的绘制方法。

实战 442 绘制眼睛

▶ 实例位置：光盘\效果\第16章\眼睛.fla
▶ 素材位置：无
▶ 视频位置：光盘\视频\第16章\实战442.mp4

• 实例介绍 •

当用户绘制人物的眼睛时，可以分为两部分来完成，首先绘制人物的睫毛，然后再绘制出人物的眼球。下面向读者介绍绘制眼睛的操作方法。

• 操作步骤 •

STEP 01 单击“文件”|“新建”命令，新建一个Flash文档。

STEP 02 选取工具箱中的线条工具，将鼠标移至舞台中的适当位置，绘制一个多边形作为眉毛，如图16-31所示。

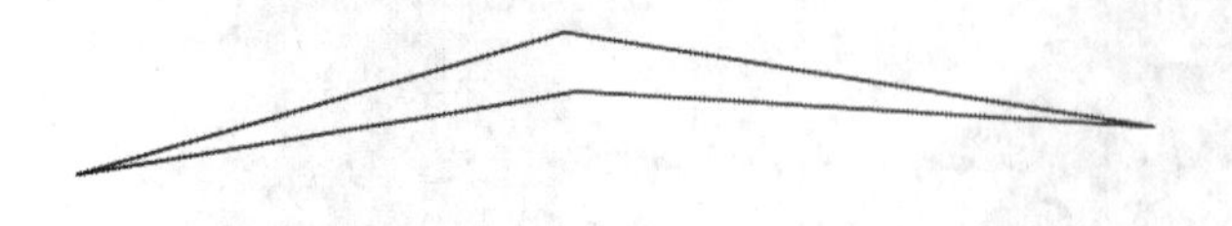

图16-31 绘制多边形

STEP 03 选取工具箱中的选择工具，调整线条的形状，并填充为黑色，效果如图16-32所示。

图16-32 调整线条形状并填充

STEP 04 选取工具箱中的钢笔工具，在舞台中的适当位置绘制眉毛，效果如图16-33所示。

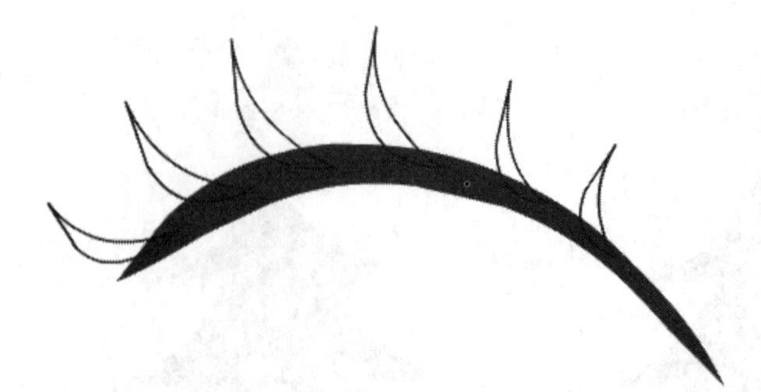

图16-33 绘制眉毛

STEP 05 选取工具箱中的颜料桶工具，在“属性”面板中设置“填充颜色”为黑色，填充图形中的眉毛部分，效果如图16-34所示。

图16-34 填充颜色

STEP 06 选取工具箱中的钢笔工具，绘制眼睛的下眼皮，并填充相应的颜色，然后在时间轴中将该图层调至底层，效果如图16-35所示。

图16-35 绘制眼睛的下眼皮

STEP 07 新建“图层4”，用与上同样的方法，绘制下眼皮的其他部分，并将该层调至底层，效果如图16-36所示。

图16-36 绘制下眼皮的其他部分

STEP 08 新建“图层5”，选取工具箱中的椭圆工具，在眉毛的下方绘制一个椭圆，作为人物的眼珠，填充为黑色，并将该层移至底层，效果如图16-37所示。

STEP 09 新建“图层6”，用与上同样的方法，运用椭圆工具在眼珠上再绘制一个小圆，填充颜色为灰色（#CCCCCC），效果如图16-38所示。

图16-37 绘制眼珠

图16-38 绘制眼珠的其他部分

STEP 10 新建“图层7”，选取工具箱中的钢笔工具，在眼睛旁边的白色空白处绘制一个图形，填充颜色为浅灰色，然后将该层移至底层，效果如图16-39所示。

STEP 11 新建“图层8”，选取工具箱中的钢笔工具，在眼睛的下方绘制一个图形，并填充相应的颜色，效果如图16-40所示。至此，眼睛绘制完成。

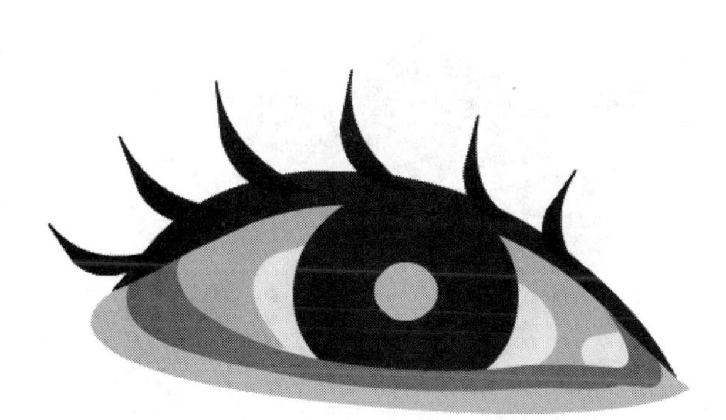

图16-39 绘制图形

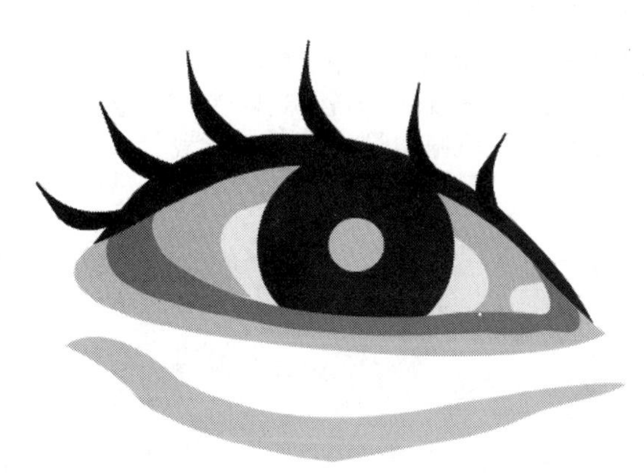

图16-40 眼睛绘制完成

实战 443 绘制嘴

▶ 实例位置：光盘\效果\第16章\嘴巴.fla
▶ 素材位置：无
▶ 视频位置：光盘\视频\第16章\实战443.mp4

• 实例介绍 •

嘴的画法相对于眼睛来讲，要容易很多，基本上可以通过一条线来表示，然后读者可以根据不同的需要进行调整或修饰，或夸张，或搞笑都可以。下面向读者介绍绘制嘴的操作方法。

• 操作步骤 •

STEP 01 单击“文件”|“新建”命令，新建一个Flash文档。

STEP 02 选取工具箱中的钢笔工具，在舞台中的适当位置绘制一个嘴形，如图16-41所示。

STEP 03 单击“窗口”|“颜色”命令，打开“颜色”面板，确认当前为“填充颜色”状态，在其中设置“类型”为“径向渐变”、在下方的渐变滑块上设置颜色依次为粉红色（#FF6699）、红色（#FF0000），如图16-42所示。

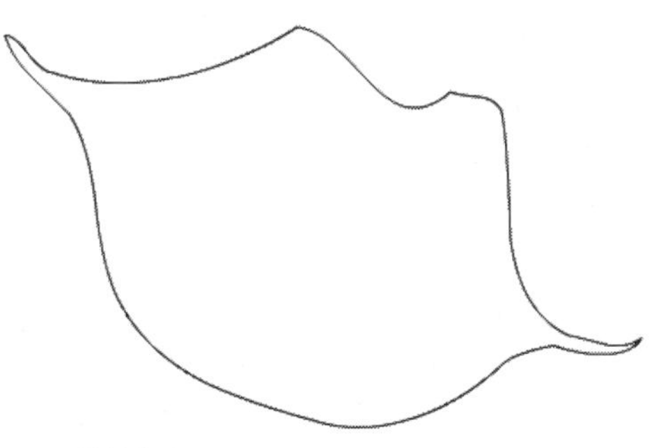

图16-41 绘制嘴形

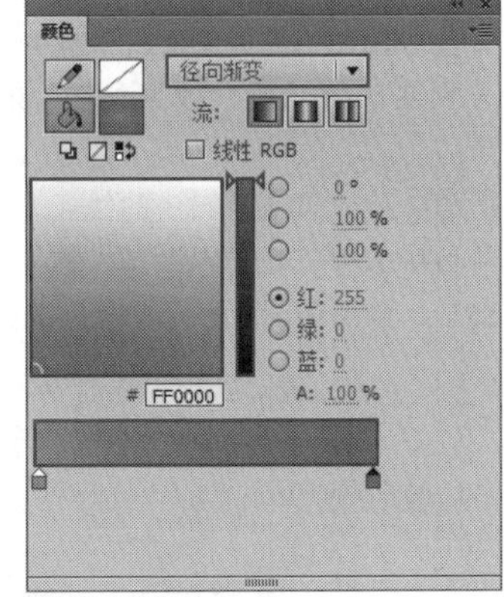

图16-42 设置颜色值

STEP 04 选取工具箱中的颜料桶工具，将鼠标移至舞台中的嘴形上方，单击鼠标左键，填充嘴的渐变颜色，效果如图16-43所示。

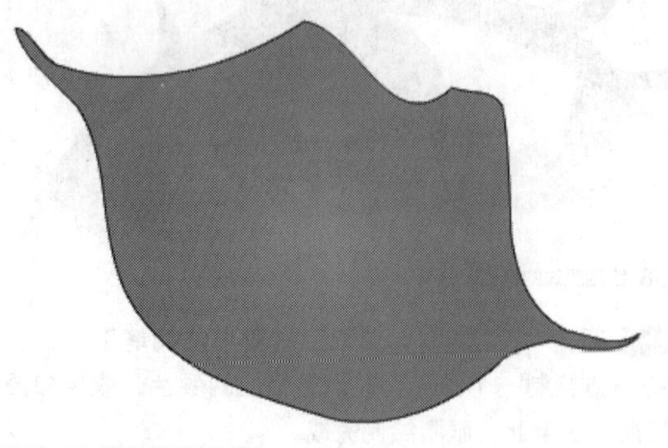

图16-43 填充嘴的渐变颜色

STEP 05 选取工具箱中的选择工具，多次选择嘴的轮廓线，按【Delete】键删除，效果如图16-44所示。

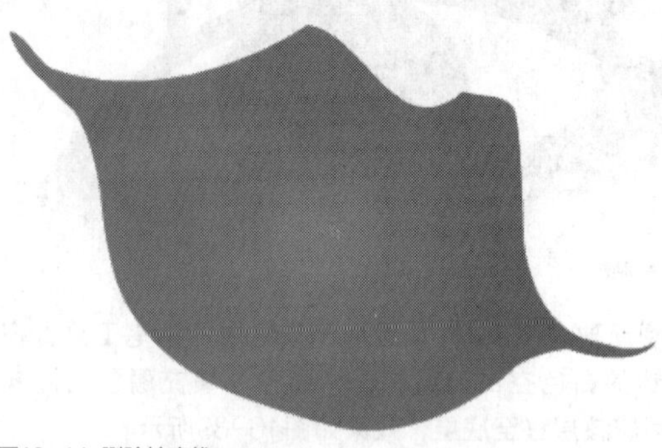

图16-44 删除轮廓线

STEP 06 新建“图层2”，选取工具箱中的钢笔工具，在舞台中的适当位置绘制一个图形，设置“填充颜色”为白色，效果如图16-45所示。至此，嘴绘制完成。

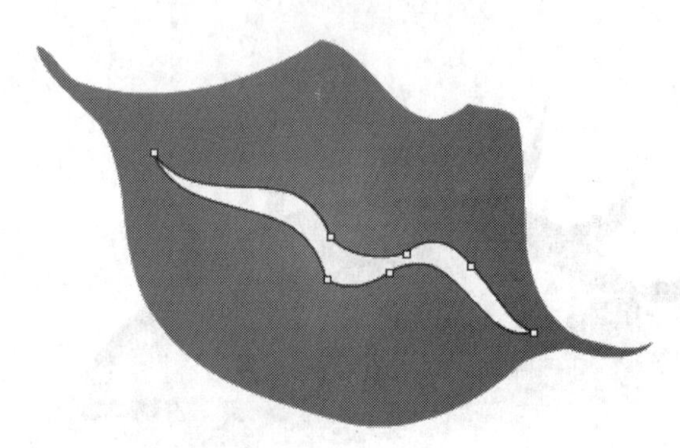

图16-45 嘴绘制完成

实战444 绘制人物面部表情

▶实例位置：光盘\效果\第16章\面部表情.fla
▶素材位置：无
▶视频位置：光盘\视频\第16章\实战444.mp4

• 实例介绍 •

在学习了前面植物和人物五官的画法后，下面向读者介绍绘制人物面部表情的操作方法，希望读者熟练掌握绘图技巧。

• 操作步骤 •

STEP 01 单击“文件”|“新建”命令，新建一个Flash文档。

STEP 02 选取工具箱中的椭圆工具，在舞台中的适当位置绘制一个椭圆，作为人物头部的轮廓，效果如图16-46所示。

STEP 03 选取工具箱中的线条工具，在舞台中头部的轮廓内绘制人物头部的各部分，效果如图16-47所示。

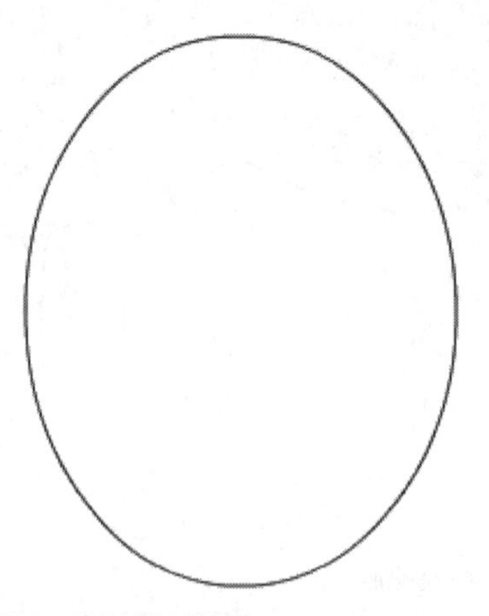

图16-46 绘制头部的轮廓

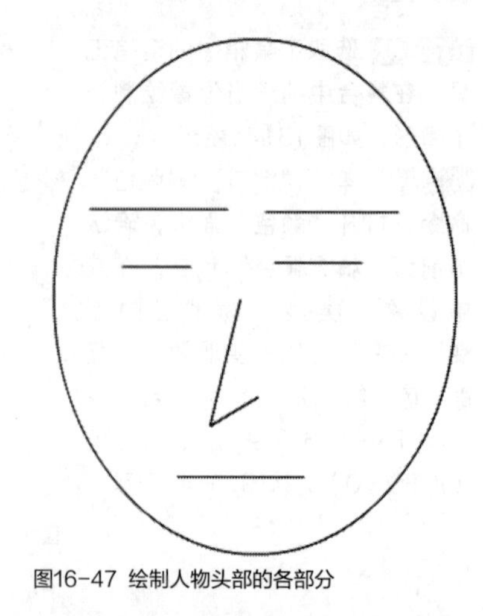

图16-47 绘制人物头部的各部分

STEP 04 选取工具箱中的选择工具，将鼠标指针移至人物头像中眉毛下方的边缘处，单击鼠标左键并向上拖曳，即可改变直线的弧度，使直线变成曲线，效果如图16-48所示。

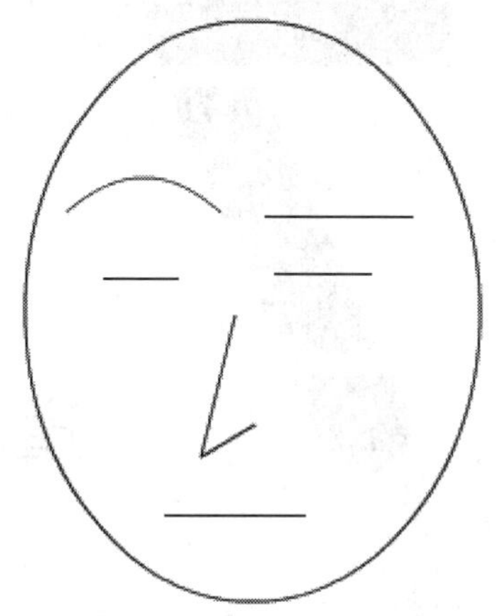

图16-48 改变直线的弧度

STEP 06 用与上同样的方法，对人物头像中的嘴巴直线进行扭曲操作，效果如图16-50所示。至此，人物面部表情绘制完成。

STEP 05 重复步骤（4）的操作，对人物头像中的另一眉毛直线进行扭曲操作，效果如图16-49所示。

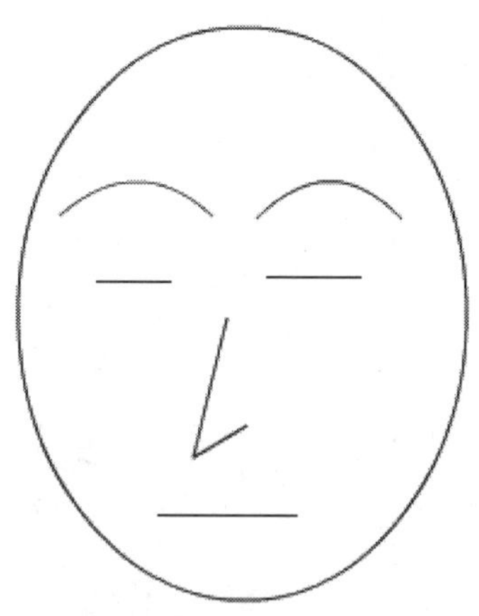

图16-49 扭曲直线后的效果

图16-50 人物面部表情绘制完成

第 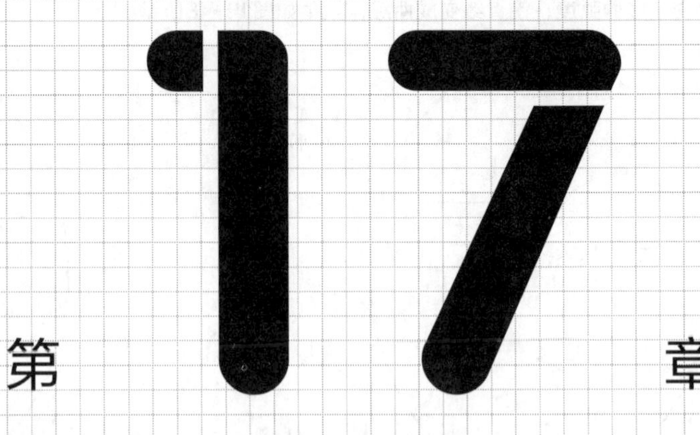 章

应用Flash动画组件

本章导读

在Flash CC工作界面中，利用组件可以制作出极富感染力的动画，组件是一些复杂的并带有可定义参数的影片剪辑符号，在影片创作的过程中，可以直接定义组件的参数。

本章主要向读者介绍Flash CC在组件方面的应用，主要包括添加常用组件、添加其他组件、编辑组件等内容，通过本章的学习，读者可以制作出其他交互性更强的动画效果。

要点索引

- 添加常用组件
- 添加其他组件
- 编辑组件

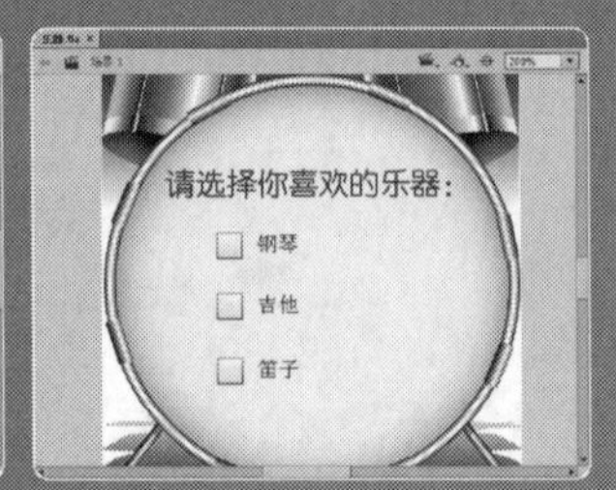

17.1 添加常用组件

在Flash CC工作界面中，系统提供了一些用于制作交互动画的组件，组件是带有参数的影片剪辑元件，通过设置参数可以修改组件的外观和行为，利用这些组件的交互组合，配合相应的ActionScript语句，可以制作出具有交互功能的交互式动画。

实战 445 添加按钮组件

▶实例位置：光盘\效果\第17章\游戏世界.fla
▶素材位置：光盘\素材\第17章\游戏世界.fla
▶视频位置：光盘\视频\第17章\实战445.mp4

• 实例介绍 •

在Flash CC工作界面中，Button组件是一个可调整大小的矩形用户界面按钮。下面向读者介绍添加Button按钮组件的操作方法。

• 操作步骤 •

STEP 01 单击“文件”|“打开”命令，打开一个素材文件，如图17-1所示。

图17-1 打开一个素材文件

STEP 02 运用选择工具或转换锚在菜单栏中，单击“窗口”菜单，在弹出的菜单列表中单击“组件”命令，如图17-2所示。

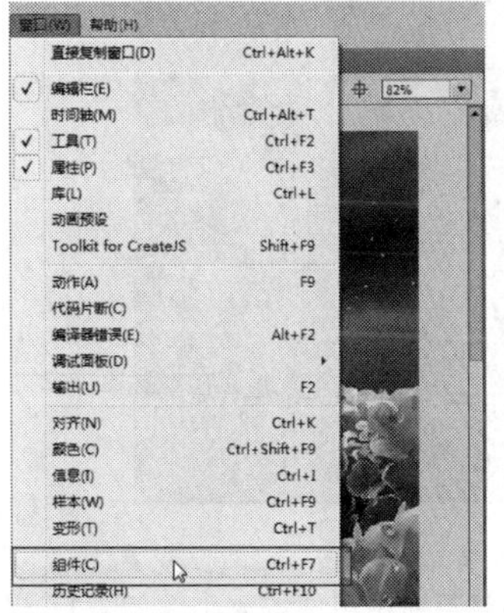

图17-2 单击“组件”命令

知识拓展

在Flash CC工作界面的“组件”面板中，共分成了User lnterface组件（即UI组件）和Video组件两类，各类组件的具体含义如下。

➢ User lnterface组件：User lnterface组件用于设置用户界面，并通过界面使用户与应用程序进行交互操作，在Flash CS3中的大多数交互操作都是通过该组件实现的。在User lnterface组件中，主要包括Accordion、Button、CheckBox、ComboBox、Loader、TextArea以及ScrollPane等组件。

➢ Video组件：FLV Playback Custom UI组件主要用于对播放器中的播放状态和播放进度等属性进行交互操作。在该组件类别下，主要包括BackButton、PauseButton、PlayButton以及VolumeBar等组件。“动作脚本”方法、属性和事件。

单击各类组件前的⊞按钮，即可展开其列表，根据字母的排列顺序在每一类中可找到需要的组件。每个组件都有预定义参数，可在制作Flash动画时设置这些参数，每个组件还有一组独特的“动作脚本”方法、属性和事件，它们也称为API（应用程序编程接口），使用户可以在运行时设置参数和其他选项。每个组件描述都包含了以下6个方面的信息：

➢ 辅助功能。
➢ 设置组件参数。
➢ 键盘交互与实时预览。
➢ 在应用程序中使用组件。
➢ 自定义组件的样式和外观。
➢ “动作脚本”方法、属性和事件。

STEP 03 执行操作后，即可弹出“组件”面板，如图17-3所示。

STEP 04 在该面板中，展开User Interface选项，在下方选择Button组件，如图17-4所示。

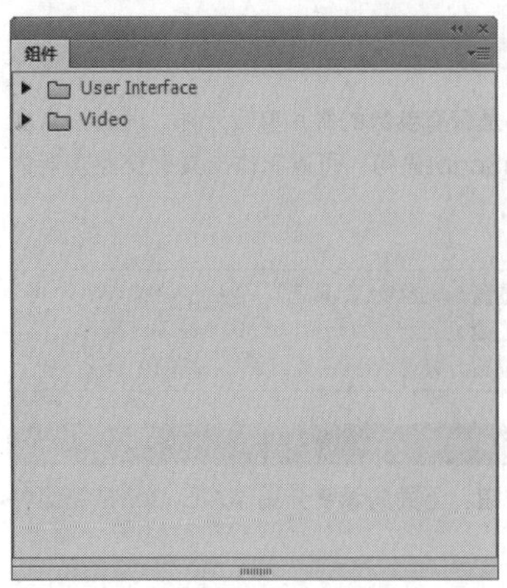

图17-3 弹出“组件”面板

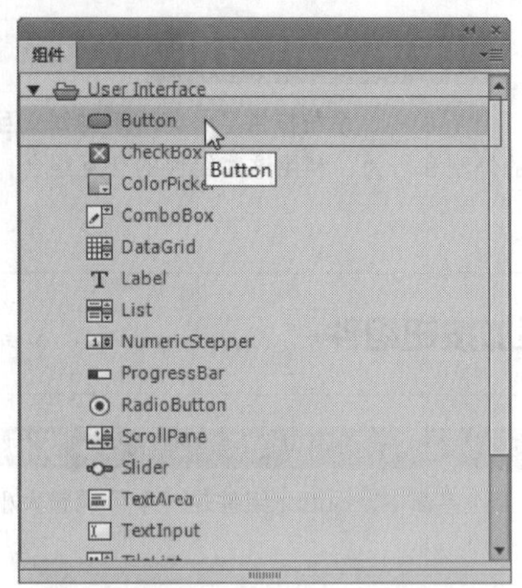

图17-4 选择Button组件

STEP 05 单击鼠标左键并拖曳，至舞台区的适当位置，释放鼠标左键，创建按钮组件，如图17-5所示。

STEP 06 在“属性”面板的“位置和大小”选项区中，设置“宽度”为200，设置“高”为44，如图17-6所示。

图17-5 创建按钮组件

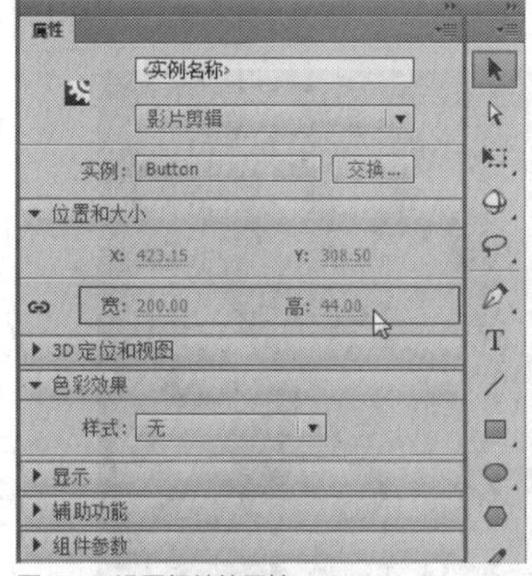

图17-6 设置组件的属性

STEP 07 执行操作后，调整舞台中组件的大小，如图17-7所示。

STEP 08 在“属性”面板的“组件参数”选项区中，设置label为“点击进入”，如图17-8所示。

图17-7 调整舞台中组件的大小

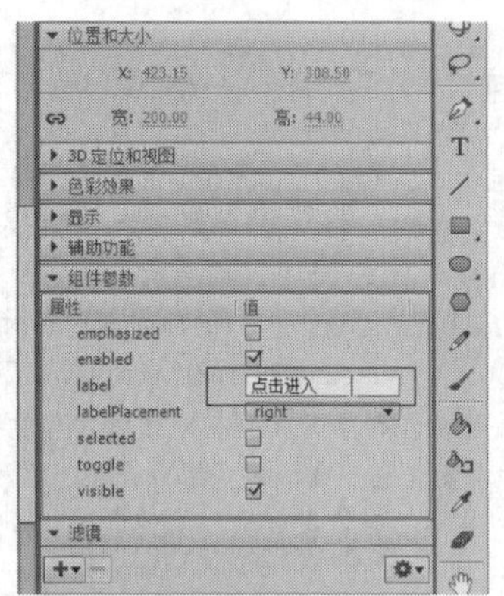

图17-8 设置label为“点击进入”

知识拓展

在Flash CC工作界面中，在按钮组件的“属性”面板的“组件参数”选项区中，各主要选项的含义如下。

➢ emphasized：指明按钮是否处于强调状态，如果是则为true，不是则为false，强调状态相当于默认的普通按钮外观。

➢ enabled：是指以半透明状态显示舞台中添加的Button按钮组件。

➢ label：其默认值为Label，用于显示按钮上的内容。

➢ labelPlacement：用于确定按钮上的标签文本相对于图标的方向，其中包括left、right、top和bottom4个选项，其默认的值为right。

➢ selected：指定按钮是否处于按下状态。其默认为不选中状态。

➢ toggle：指定按钮是否可转变为切换开关，如果想让按钮在单击后立即弹起，则不需要选中该复选框，若想让按钮在单击后保持凹陷状态，再次单击后返回弹起状态，则选中该复选框。在默认情况下为不选中状态。

➢ visible：指定按钮是否为可见状态，若需要隐形的按钮组件，可取消选中该复选框。默认情况下为选中状态。

STEP 09 操作完成后，即可添加按钮组件，效果如图17-9所示。

图17-9 添加按钮组件

知识拓展

在Flash CC工作界面中，按钮组件可以执行鼠标和键盘的交互事件，可将按钮的行为从按下改为切换，在单击切换按钮后，它将保持按下状态，直到再次单击时才返回到弹起状态。

按【Ctrl+F7】组合键，也可打开或隐藏“组件”面板，将“组件”面板中的组件直接拖曳至舞台中或直接双击“组件”面板中的组件，即可将组件添加到舞台中，组件将同时出现在库中，如果要再次添加该组件，可以直接从库中将其拖入舞台中。

实战446 添加列表框组件

▶实例位置：光盘\效果\第17章\购物类型.fla
▶素材位置：光盘\素材\第17章\购物类型.fla
▶视频位置：光盘\视频\第17章\实战446.mp4

• 实例介绍 •

在Flash CC工作界面中，列表框组件List是一个可滚动的单选或多选列表框，可以显示图形和文本。单击标签或数据参数字段时，将弹出“值”对话框，在其中可以添加显示在List中的项目。

• 操作步骤 •

STEP 01 单击“文件”|“打开”命令，打开一个素材文件，如图17-10所示。

图17-10 打开一个素材文件

STEP 02 打开“组件”面板，展开User Interface文件夹中，在其中选择List组件，如图17-11所示。

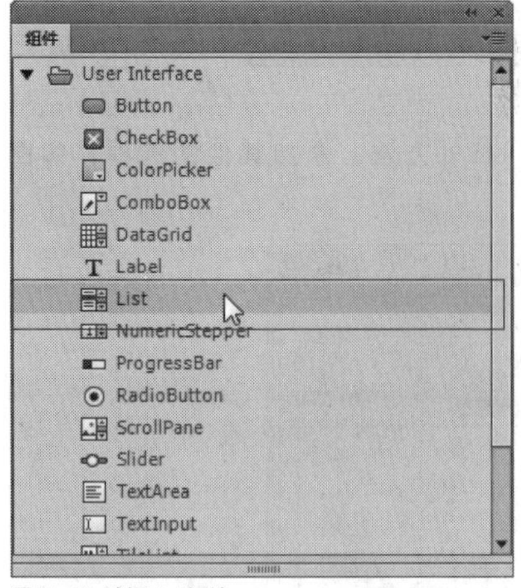

图17-11 选择List组件

技巧点拨

在Flash CC工作界面中，将列表框组件拖曳至舞台中的适当位置后，在“属性”面板中的“组件参数”选项区中，设置horizontalScrollPolicy和verticalScrollPolicy参数均为on，则可以获取对水平滚动条和垂直滚动条的引用；选择off选项，将不显示水平滚动条和垂直滚动条；若选择auto选项，系统将会根据所输入的内容自动来选择是否需要显示水平滚动条和垂直滚动条。

STEP 03 在该组件上，单击鼠标左键并拖曳，将其添加至舞台中适当位置，如图17-12所示。

图17-12 添加至舞台中适当位置

STEP 04 在“属性”面板的“组件参数”选项区中，单击dataProvider右侧的铅笔图标，如图17-13所示。

图17-13 单击铅笔图标

STEP 05 执行操作后，弹出“值”对话框，单击对话框上方的“添加”按钮，如图17-14所示。

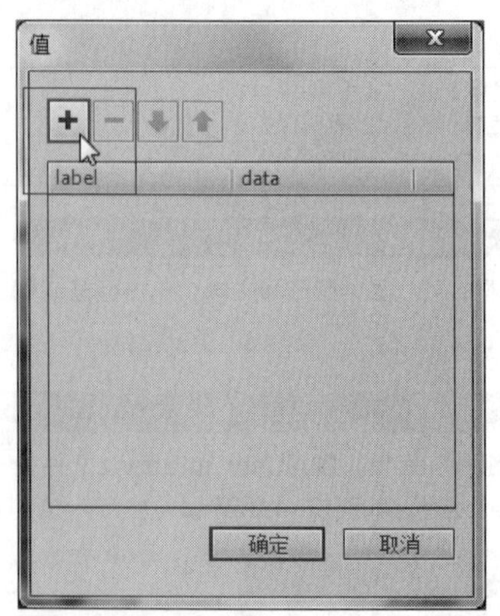

图17-14 单击“添加”按钮

STEP 06 在添加的列表中，设置label为“夹克”，如图17-15所示。

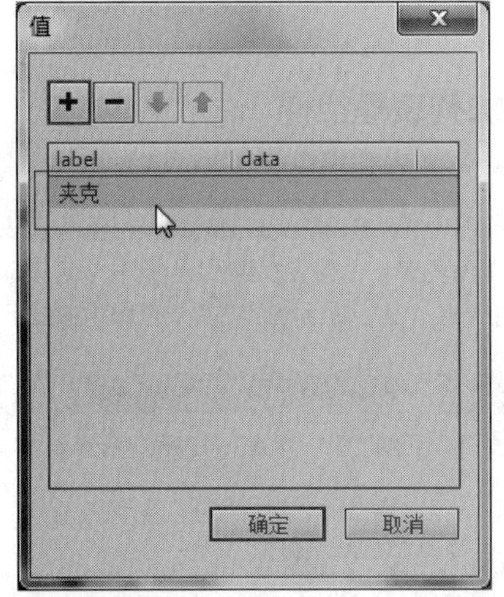

图17-15 设置label为“夹克”

STEP 07 用与上同样的方法，添加其他的选项，如图17-16所示。

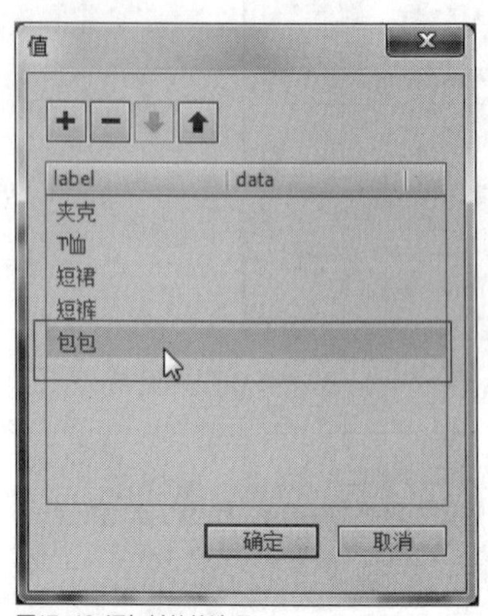

图17-16 添加其他的选项

STEP 08 单击“确定”按钮，执行操作后，舞台中的列表框效果如图17-17所示。

图17-17 舞台中的列表框效果

STEP 09 按【Ctrl+Enter】组合键，测试动画效果，将鼠标移至相应的列表框选项上，单击鼠标左键，即可选中，如图17-18所示。

图17-18 选中相应的选项

知识拓展

在列表框组件的“属性”面板的“组件参数”选项区中，各主要选项的含义如下。

- allowMultipleSelection：提示能否一次选择多个列表项目，默认情况下显示不选中状态。
- dataProvider：单击该参数右侧的铅笔图标，可以打开“值”对话框，在其中可设置List组件列表框中的内容。
- horizontalLineScrollSize：获取或设置一个值，该值描述当单击滚动箭头时要在水平方向上滚动的内容量，默认值为4。
- horizontalPageScrollSize：获取或设置滚动条滚动时，水平滚动条上滚动滑块要移动的像素参数，默认值为0。
- horizontalScrollPolicy：获取对水平滚动条的引用，默认值为auto。
- verticalLineScrollSize：获取或设置一个值，该值描述当单击滚动箭头时，要在垂直方向上滚动的内容量，默认值为4。
- verticalPageScrollSize：获取或设置单击垂直滚动条时，滚动滑块要移动的像素参数，默认值为0。
- verticalScrollPolicy：获取对垂直滚动条的引用，默认值为auto。

实战 447 添加下拉列表框组件

- 实例位置：光盘\效果\第17章\日历.fla
- 素材位置：光盘\素材\第17章\日历.fla
- 视频位置：光盘\视频\第17章\实战447.mp4

• 实例介绍 •

在Flash CC工作界面中，ComboBox（下拉列表框）组件只需要使用最少的创作和脚本编写操作就可向Flash影片中添加可滚动的单选下拉列表框。下面向读者介绍添加下拉列表框组件的方法。

• 操作步骤 •

STEP 01 单击“文件”|“打开”命令，打开一个素材文件，如图17-19所示。

STEP 02 在“组件”面板的User Interface文件夹中，选择ComboBox组件，如图17-20所示。

图17-19 打开一个素材文件

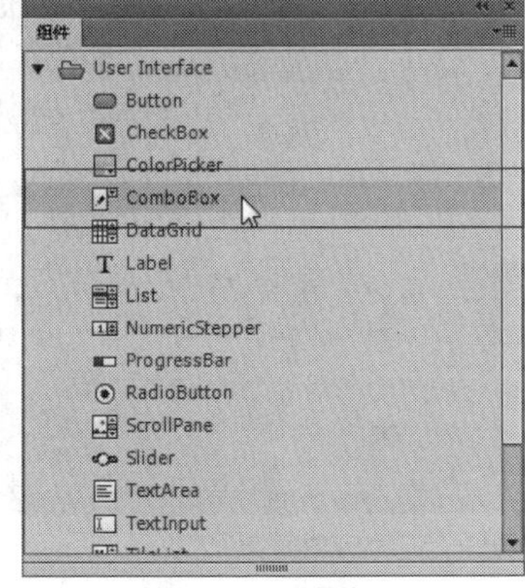

图17-20 选择ComboBox组件

STEP 03 在该组件上，单击鼠标左键并拖曳，将其添加至舞台中的适当位置，如图17-21所示。

图17-21 添加至舞台中的适当位置

STEP 04 在“属性”面板的“组件参数”选项区中，单击labels右侧铅笔图标，如图17-22所示。

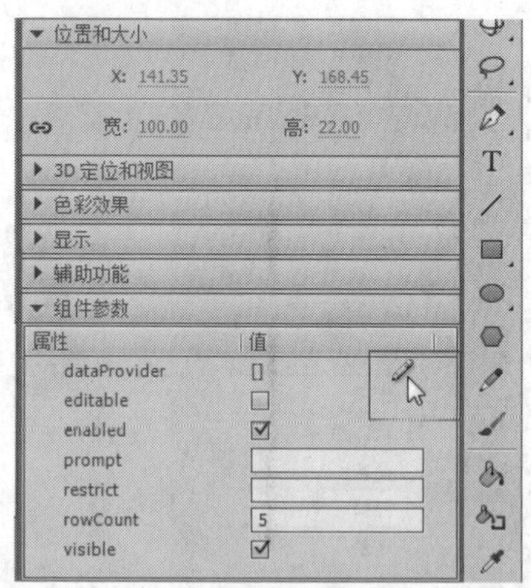

图17-22 单击labels右侧铅笔图标

STEP 05 弹出“值”对话框，在其中添加相应的选项，如图17-23所示。

STEP 06 用与上同样的方法，添加其他的选项，如图17-24所示。

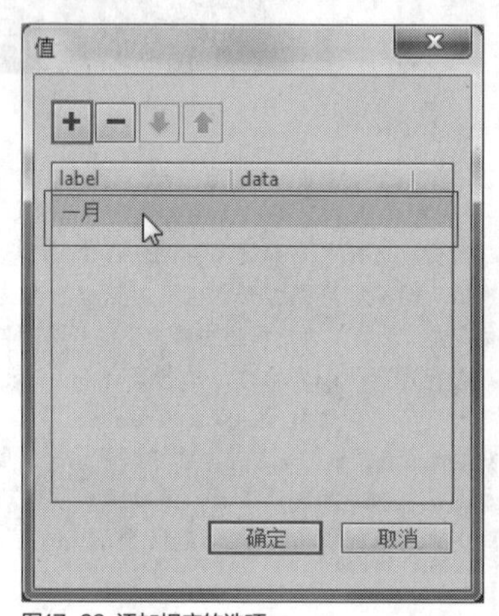

图17-23 添加相应的选项

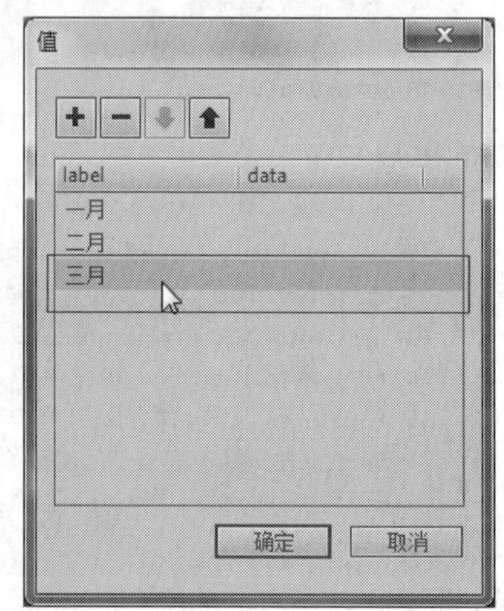

图17-24 添加其他的选项

技巧点拨

在“值”对话框中添加值后，还可以改变值的顺序，单击⬆按钮，可以使选择的值向上移动一行，单击⬇按钮，可以使选择的值向下移动一行。

STEP 07 单击“确定”按钮，即可添加列表框内容，舞台效果如图17-25所示。

图17-25 添加列表框的舞台效果

STEP 08 按【Ctrl+Enter】组合键，测试动画，单击列表框右侧的下拉按钮，在弹出的列表框中，用户可以根据需要选择相应的选项，效果如图17-26所示。

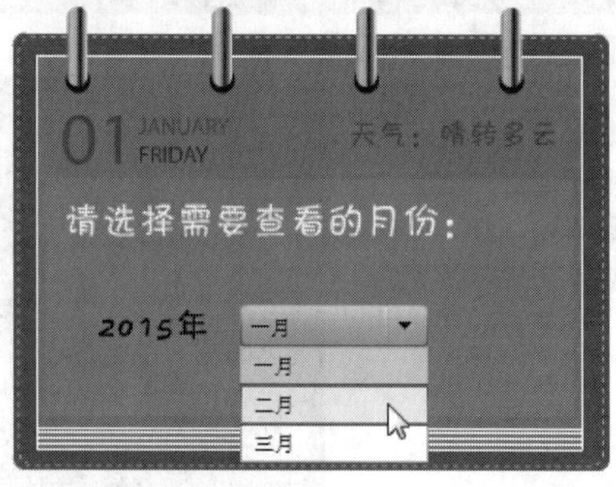

图17-26 根据需要选择相应的选项

技巧点拨

在Flash CC工作界面中，ComboBox组件既可用于创建静态组合框，也可以用于创建可编辑的组合框。静态组合框是一个可滚动的列表框，用户可以从列表框中选择项目。可编辑组合框是一个可滚动的下拉列表框，它的上方有一个输入文本字段，用户可以在其中输入文本来滚动到该列表框中的匹配选项。

实战 448 添加复选框组件

▶ 实例位置：光盘\效果\第17章\乐器.fla
▶ 素材位置：光盘\素材\第17章\乐器.fla
▶ 视频位置：光盘\视频\第17章\实战448.mp4

• 实例介绍 •

在Flash CC工作界面中，CheckBox（复选框）组件是一个可以选中或取消选中的方框。当它被选中后，框内就会出现一个复选标记，可以为复选框添加一个文本标签，也可以将它放在左侧、右侧、顶部或底部。

在应用程序中可以启用或禁用复选框，如果复选框已经启用，并且用户单击它或它的标签，复选框则会接收输入焦点并显示为按下状态。如果用户在按下鼠标按钮时将指针移到复选框标签的边界区域之外，则组件的外观会返回其最初的状态，并保持输入焦点。在组件上释放鼠标之前，复选框的状态不会发生改变。如果复选框被禁用，就会显示禁用状态，此时的复选框不接收鼠标或键盘的输入。下面向读者介绍添加复选框组件的操作方法。

• 操作步骤 •

STEP 01 单击"文件"|"打开"命令，打开一个素材文件，如图17-27所示。

STEP 02 在User Interface文件夹中，选择CheckBox组件，如图17-28所示。

图17-27 打开一个素材文件

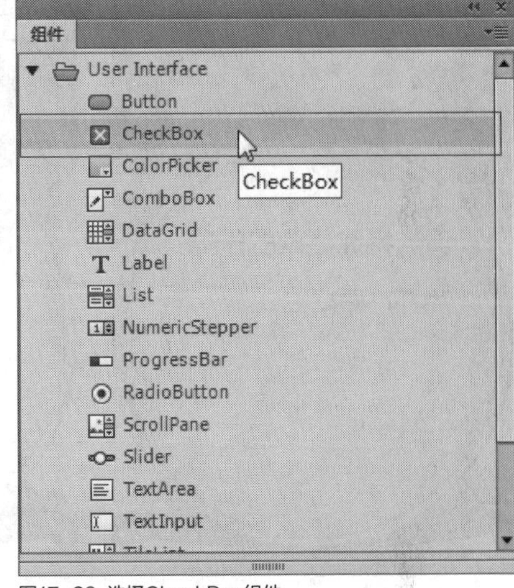

图17-28 选择CheckBox组件

STEP 03 单击鼠标左键并将其拖曳至舞台中适当位置，如图17-29所示。

STEP 04 在"属性"面板的"组件参数"选项区中，设置label为"钢琴"，如图17-30所示。

图17-29 拖曳至舞台中适当位置

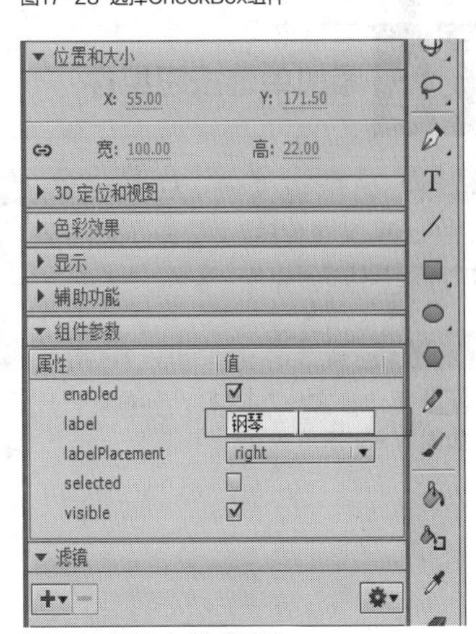

图17-30 设置label为"钢琴"

STEP 05 按【Enter】键进行确认，此时舞台中的CheckBox组件，如图17-31所示。

STEP 06 用与上同样的方法，在舞台中添加其他组件，如图17-32所示。

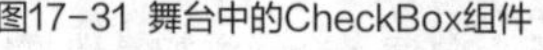

图17-31 舞台中的CheckBox组件

图17-32 在舞台中添加其他组件

STEP 07 按【Ctrl+Enter】组合键，测试动画，选中相应的复选框，效果如图17-33所示。

图17-33 测试动画并选中相应的复选框

实战449 添加单选按钮组件

▶ 实例位置：光盘\效果\第17章\性别选择.fla
▶ 素材位置：光盘\素材\第17章\性别选择.fla
▶ 视频位置：光盘\视频\第17章\实战449.mp4

• 实例介绍 •

在Flash CC工作界面中，RadioButton（单选按钮）组件主要用于选择唯一的选项。单选按钮不能单独使用，至少有两个单选按钮才可以成为实例。

• 操作步骤 •

STEP 01 单击“文件”|“打开”命令，打开一个素材文件，如图17-34所示。

STEP 02 在“组件”面板中，选择RadioButton组件，如图17-35所示。

图17-34 打开一个素材文件

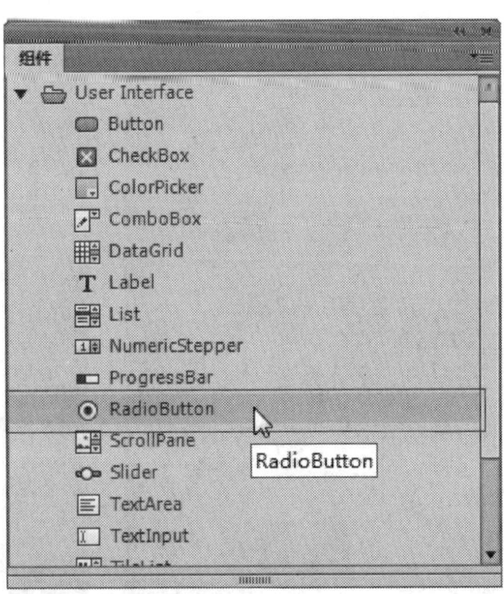

图17-35 选择RadioButton组件

STEP 03 在该组件上，单击鼠标左键并将其拖曳至舞台中适当位置，如图17-36所示。

STEP 04 在“属性”面板的“组件参数”选项区中，设置label为“女”，如图17-37所示。

图17-36 拖曳至舞台中适当位置

图17-37 设置label为“女”

STEP 05 按【Enter】键进行确认，此时舞台中的RadioButton组件如图17-38所示。

STEP 06 用与上同样的方法，在舞台中添加其他组件，如图17-39所示。

图17-38 RadioButton组件效果

图17-39 在舞台中添加其他组件

STEP 07 按【Ctrl+Enter】组合键，测试动画，选中相应单选按钮，效果如图17-40所示。

图17-40 选中相应单选按钮

实战450 添加文本组件

▶实例位置：光盘\效果\第17章\可爱世界.fla
▶素材位置：光盘\素材\第17章\可爱世界.fla
▶视频位置：光盘\视频\第17章\实战450.mp4

• 实例介绍 •

在Flash CC工作界面中，Label（文本）组件是指在动画文档中添加一段文本内容。下面向读者介绍添加文本组件的操作方法。

• 操作步骤 •

STEP 01 单击“文件”|“打开”命令，打开一个素材文件，如图17-41所示。

STEP 02 在“组件”面板中，选择Label组件，如图17-42所示。

图17-41 打开一个素材文件

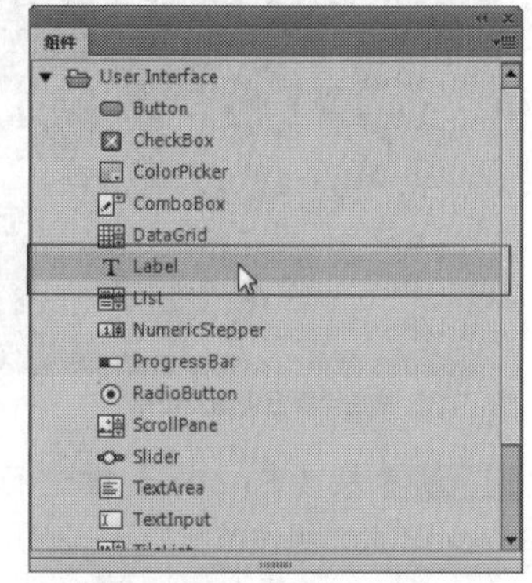

图17-42 选择Label组件

STEP 03 在该组件上，单击鼠标左键并将其拖曳至舞台中适当位置，如图17-43所示。

STEP 04 在“属性”面板的“组件参数”选项区中，设置text为“新款抓鱼游戏”，如图17-44所示。

图17-43 拖曳至舞台中适当位置

位置和大小
X: 72.65 Y: 305.80
宽: 100.00 高: 22.00
3D 定位和视图
色彩效果
显示
辅助功能
组件参数

属性	值
autoSize	none
condenseWhite	☐
enabled	☑
htmlText	
selectable	☐
text	新款抓鱼游戏
visible	☑
wordWrap	☐

图17-44 设置text组件参数

STEP 05 按【Enter】键进行确认，此时舞台中的Label组件如图17-45所示。

图17-45 舞台中的Label组件

STEP 06 按【Ctrl+Enter】组合键，测试动画，查看文本组件效果，如图17-46所示。

图17-46 查看文本组件效果

实战451 添加滚动窗格组件

▶实例位置：光盘\效果\第17章\风车.fla
▶素材位置：光盘\素材\第17章\风车.jpg
▶视频位置：光盘\视频\第17章\实战451.mp4

• 实例介绍 •

在Flash CC工作界面中，ScrollPane（滚动窗格）组件用于在某个固定的文本框中显示更多的内容，滚动条是动态文本框和输入文本框的结合。下面向读者介绍添加滚动窗格组件的操作方法。

• 操作步骤 •

STEP 01 单击"文件"|"新建"命令，新建一个动画文件，如图17-47所示。

图17-47 新建一个动画文件

STEP 02 在"组件"面板中，选择ScrollPane组件，如图17-48所示。

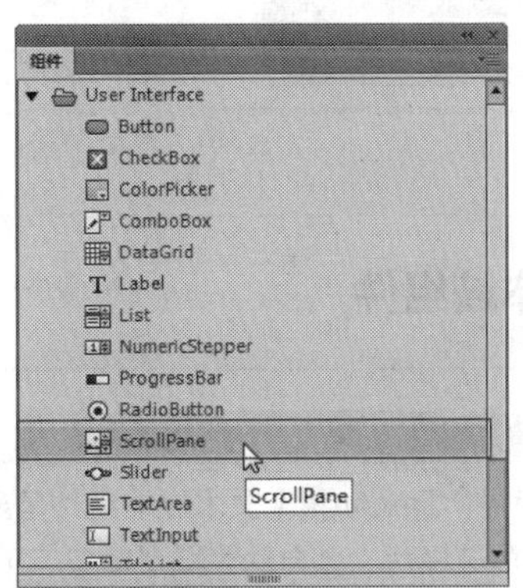

图17-48 选择ScrollPane组件

STEP 03 在该组件上，单击鼠标左键并将其拖曳至舞台中适当位置，如图17-49所示。

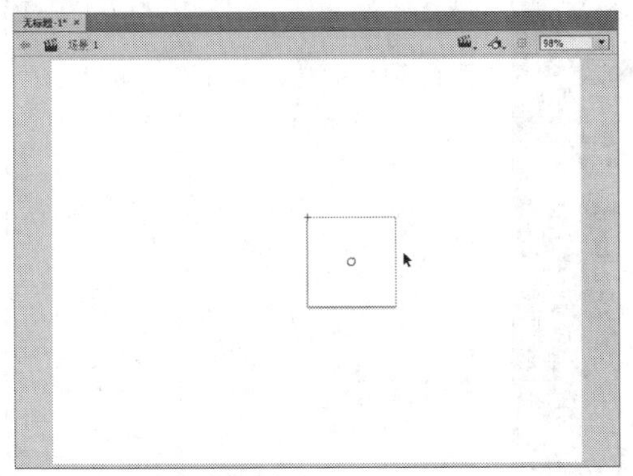

图17-49 拖曳至舞台中适当位置

STEP 04 运用任意变形工具，调整组件的大小，如图17-50所示。

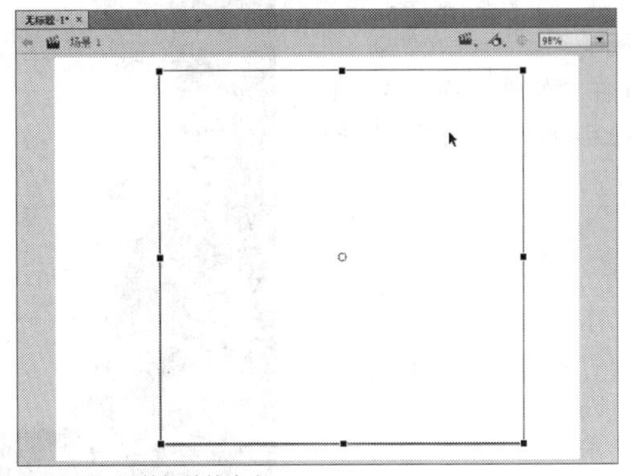

图17-50 调整组件的大小

STEP 05 在“属性”面板的“组件参数”选项区中，设置source为“风车.jpg”，如图17-51所示。

STEP 06 在菜单栏中，单击“文件”|“保存”命令，如图17-52所示。

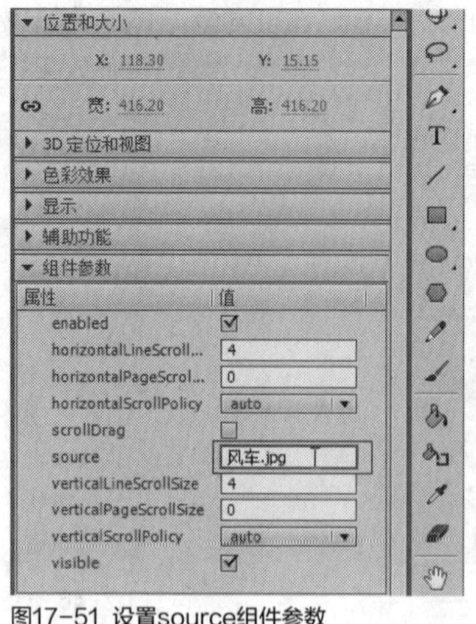

图17-51 设置source组件参数

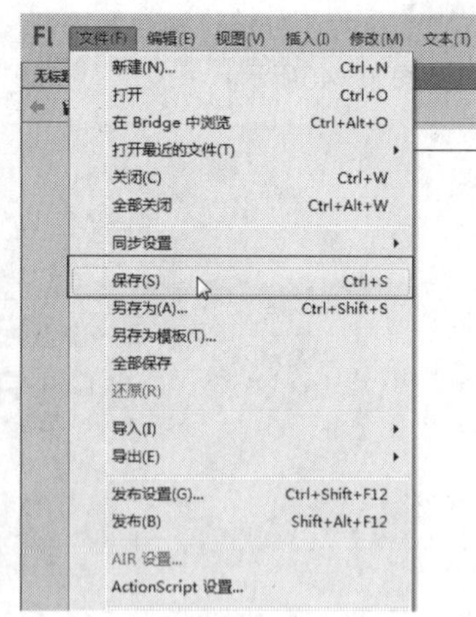

图17-52 单击“保存”命令

STEP 07 对文档进行保存操作后，按【Ctrl+Enter】组合键，测试动画，拖曳下方和右侧的滚动条，可以滚动浏览画面，效果如图17-53所示。

图17-53 滚动浏览画面

实战 452 添加文本域组件

▶实例位置：光盘\效果\第17章\圣诞.fla
▶素材位置：光盘\素材\第17章\圣诞.fla
▶视频位置：光盘\视频\第17章\实战452.mp4

• 实例介绍 •

在Flash CC工作界面中，TextArea（文本域）组件是显示多行文本字段的区域，当在文本框中输入文本后会自动换行；当超出文本域显示框的范围时，会自动生成滑动条。下面向读者介绍在文档中添加文本域组件的操作方法。

• 操作步骤 •

STEP 01 单击“文件”|“打开”命令，打开一个素材文件，如图17-54所示。

STEP 02 在“组件”面板中，选择TextArea组件，如图17-55所示。

图17-54 打开一个素材文件

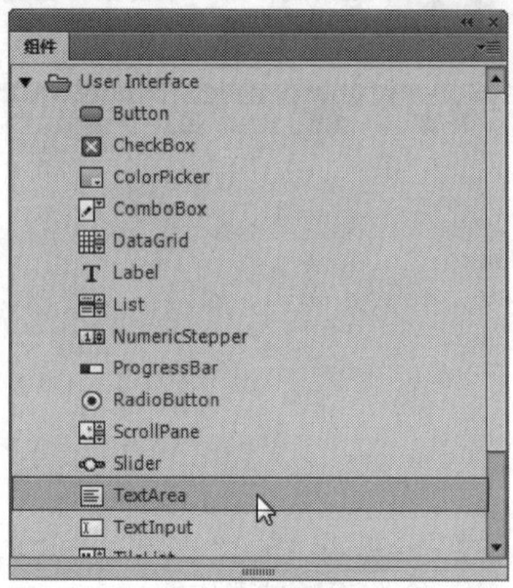

图17-55 选择TextArea组件

STEP 03 在该组件上，单击鼠标左键并将其拖曳至舞台中适当位置，如图17-56所示。

图17-56 拖曳至舞台中适当位置

STEP 04 运用任意变形工具，调整组件的大小，如图17-57所示。

图17-57 调整组件的大小

STEP 05 在“组件参数”选项区中的text文本框中输入相应内容，如图17-58所示。

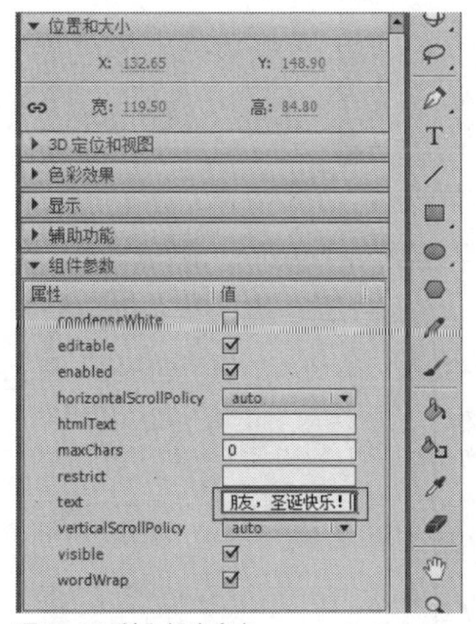

图17-58 输入相应内容

STEP 06 按【Enter】键进行确认，此时舞台中的TextArea组件如图17-59所示。

图17-59 TextArea组件效果

STEP 07 按【Ctrl+Enter】组合键，测试动画，拖曳右侧的滚动条，可以浏览文本框中的文本内容，如图17-60所示。

图17-60 测试文本域组件动画

实战453 添加数值框组件

▶实例位置：光盘\效果\第17章\企鹅.fla
▶素材位置：光盘\素材\第17章\企鹅.fla
▶视频位置：光盘\视频\第17章\实战453.mp4

• 实例介绍 •

在Flash CC工作界面中，NumericStepper（数值框）组件用来表示需要使用的数量。下面向读者介绍在文档中添加数值框组件的操作方法。

• 操作步骤 •

STEP 01 单击“文件”|“打开”命令，打开一个素材文件，如图17-61所示。

图17-61 打开一个素材文件

STEP 02 在“组件”面板中，选择NumericStepper组件，如图17-62所示。

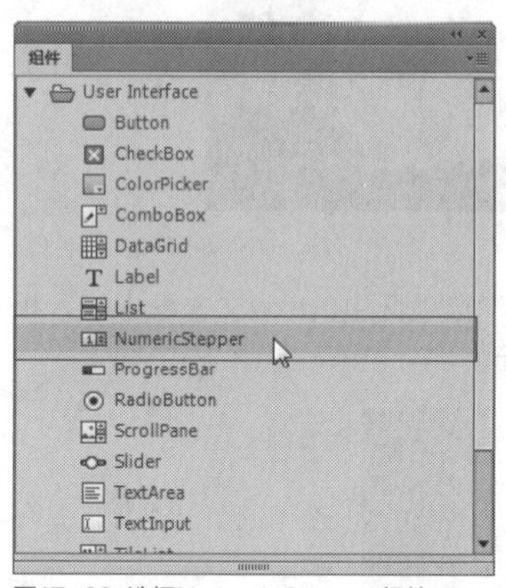

图17-62 选择NumericStepper组件

STEP 03 在该组件上，单击鼠标左键并将其拖曳至舞台中适当位置，如图17-63所示。

图17-63 拖曳至舞台中适当位置

STEP 04 在“组件参数”选项区的maximum数值框中，输入10，如图17-64所示。

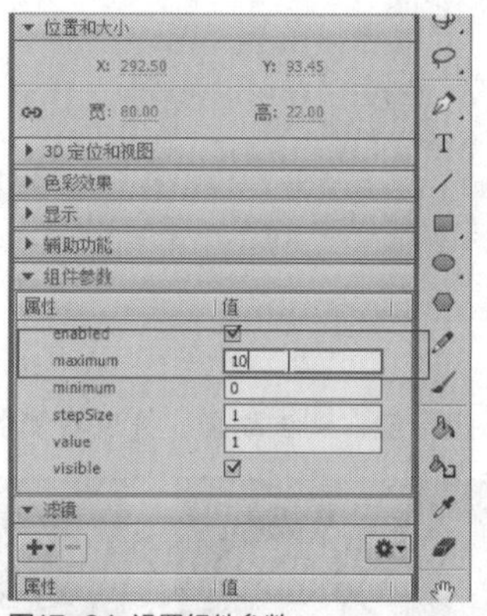

图17-64 设置组件参数

STEP 05 按【Ctrl+Enter】组合键，测试动画，单击数值框右侧的微调按钮，可以调整数值框中的数字，如图17-65所示。

图17-65 调整数值框中的数字

添加输入框组件

▶实例位置：光盘\效果\第17章\苹果.fla
▶素材位置：光盘\素材\第17章\苹果.jpg
▶视频位置：光盘\视频\第17章\实战454.mp4

• 实例介绍 •

在Flash CC工作界面中，TextInput（输入框）组件用来输入相应的文本内容。下面向读者介绍在文档中添加输入框组件的操作方法。

• 操作步骤 •

STEP 01 单击“文件”|“打开”命令，打开一个素材文件，如图17-66所示。

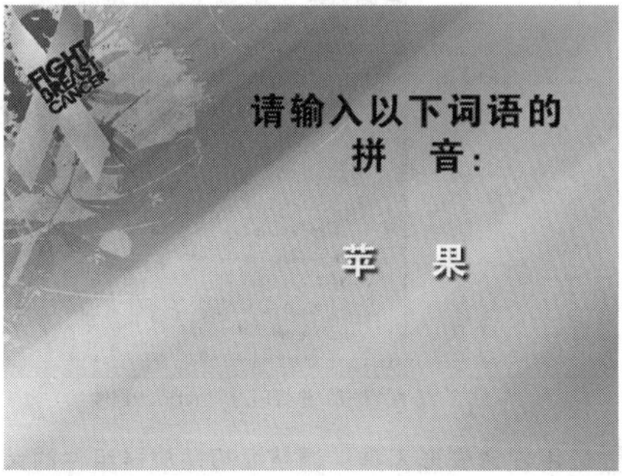

图17-66 打开一个素材文件

STEP 02 在“组件”面板中，选择TextInput组件，如图17-67所示。

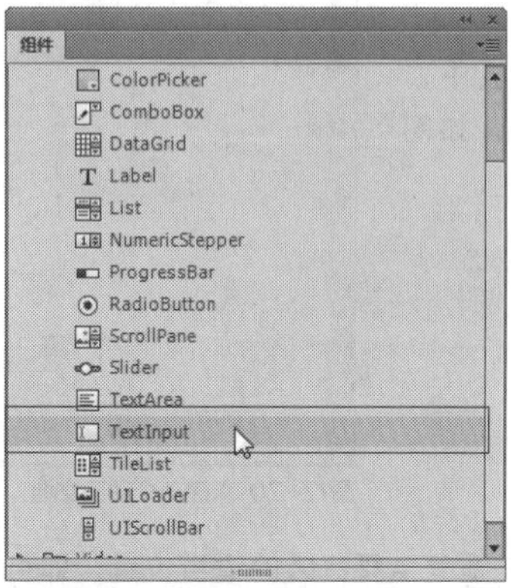

图17-67 选择TextInput组件

STEP 03 在该组件上，单击鼠标左键并将其拖曳至舞台中适当位置，如图17-68所示。

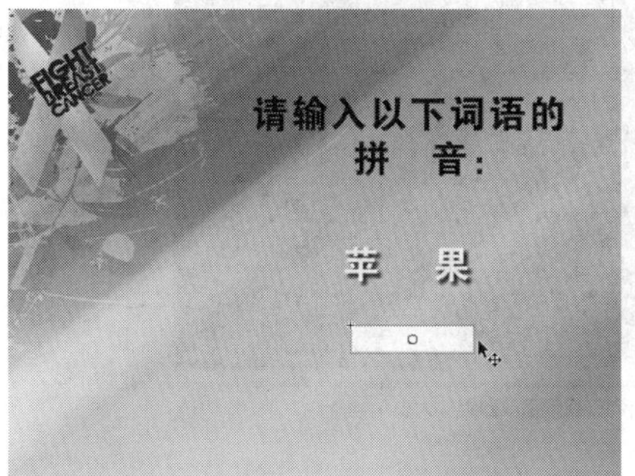

图17-68 拖曳至舞台中适当位置

STEP 04 按【Ctrl+Enter】组合键，测试动画，在文本框中输入相应内容，效果如图17-69所示。

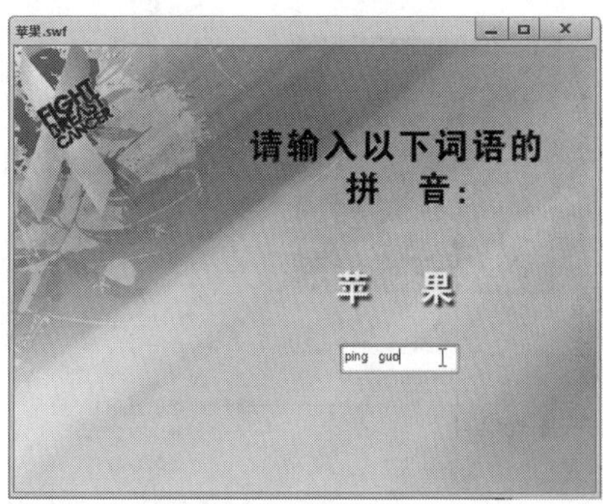

图17-69 在文本框中输入相应内容

技巧点拨

在Flash CC工作界面中，用户可以在舞台中一次性添加多个TextInput（输入框）组件。

17.2 添加其他组件

在Flash CC工作界面中，除了上节介绍的常用组件外，还有一些组件也是经常用到的，本节主要向读者介绍其他组件的使用方法。

实战 455 添加视频播放器组件

▶实例位置：光盘\效果\第17章\视频播放.fla
▶素材位置：无
▶视频位置：光盘\视频\第17章\实战455.mp4

• 实例介绍 •

在Flash CC工作界面中，用户还可以根据需要在舞台中添加视频播放器组件。下面向读者介绍添加视频播放器组件的操作方法。

• 操作步骤 •

STEP 01 单击“文件”|“新建”命令，新建一个空白动画文档，如图17-70所示。

STEP 02 在“组件”面板中，选择FLVPlayback组件，如图17-71所示。

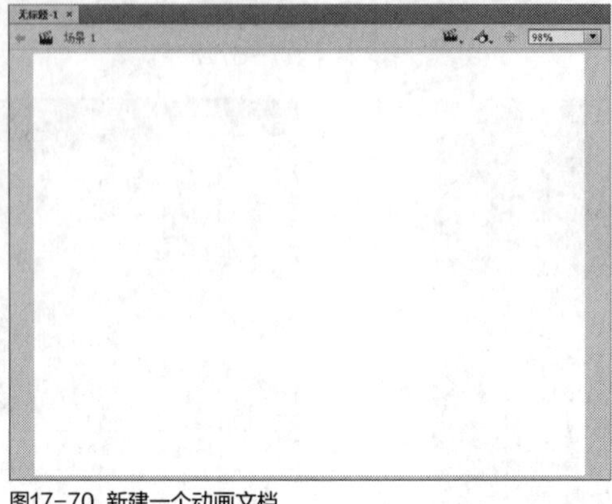

图17-70 新建一个动画文档

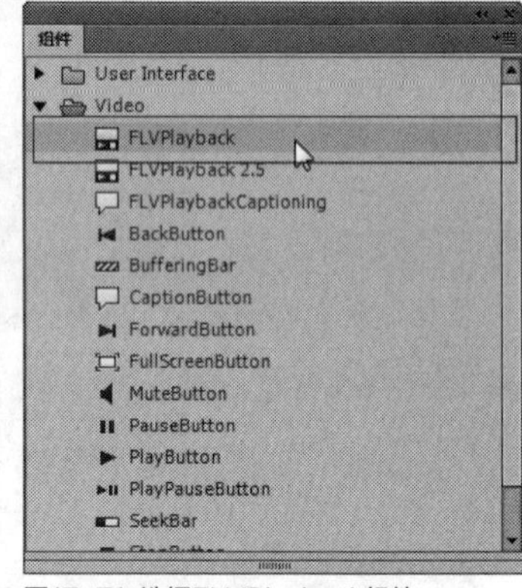

图17-71 选择FLVPlayback组件

STEP 03 单击鼠标左键并拖曳至舞台区的适当位置，即可添加视频播放器组件，如图17-72所示。

STEP 04 运用任意变形工具，调整视频播放器组件的大小，效果如图17-73所示。

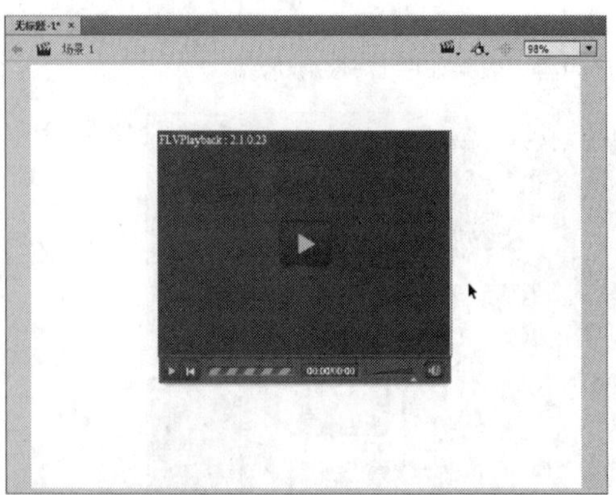

图17-72 添加视频播放器组件

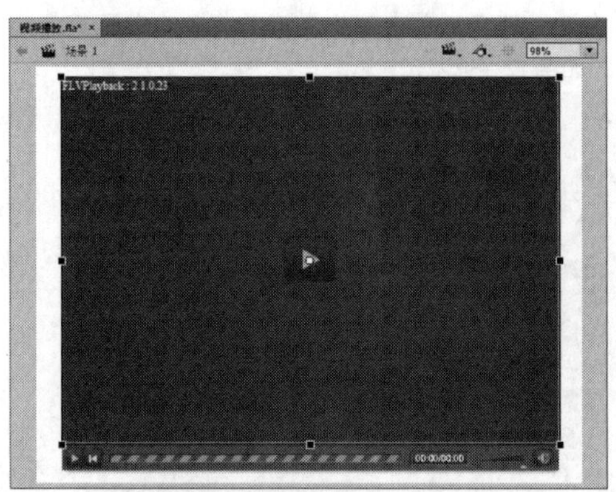

图17-73 调整视频播放器组件大小

知识拓展

在Flash CC工作界面中，使用视频播放器（FLVPlayback）组件，可以将视频播放器包括在Adobe Flash CS3 Professional应用程序中，以便播放通过HTTP渐进式下载的Adobe Flash视频（FLV）文件，或者播放来自Adobe的Macromedia Flash Media Server或Flash Video Streaming Service（FVSS）的FLV流文件。在组件运用过程中，FLVPlayback组件的使用过程基本上由两个步骤组成：第一步是将该组件放置在舞台上，第二步是指定一个供它播放的FLV文件。除此之外，还可以设置不同的参数，以控制其行为并描述FLV文件。

实战 456 添加TileList组件

▶实例位置：光盘\效果\第17章\课件类型.fla
▶素材位置：光盘\素材\第17章\课件类型.jpg
▶视频位置：光盘\视频\第17章\实战456.mp4

• 实例介绍 •

在Flash CC工作界面中，TileList组件的功能与List（列表框）组件的功能类似，但该组件是在一个大方框中将其分割为多个小块，用户可根据需要选择相应小块中的内容。下面向读者介绍添加TileList组件的操作方法。

• 操作步骤 •

STEP 01 单击“文件”|“打开”命令，打开一个素材文件，如图17-74所示。

图17-74 打开一个素材文件

STEP 02 在“组件”面板的User Interface文件夹中，选择TileList组件，如图17-75所示。

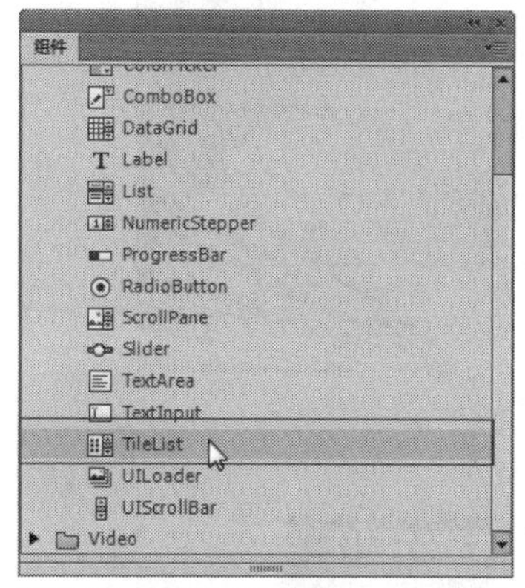

图17-75 选择TileList组件

STEP 03 在TileList组件上，单击鼠标左键并拖曳，将其添加至舞台中的适当位置，如图17-76所示。

图17-76 添加至舞台中的适当位置

STEP 04 在“属性”面板中，展开“组件参数”选项区，单击下方dataProvider选项右侧铅笔图标，如图17-77所示。

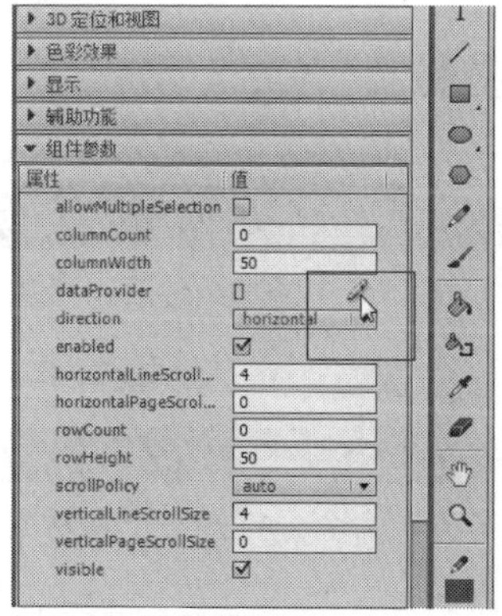

图17-77 单击铅笔图标

STEP 05 执行操作后，弹出“值”对话框，单击对话框上方的“添加”按钮，在下方label列中输入文本“语文”，如图17-78所示。

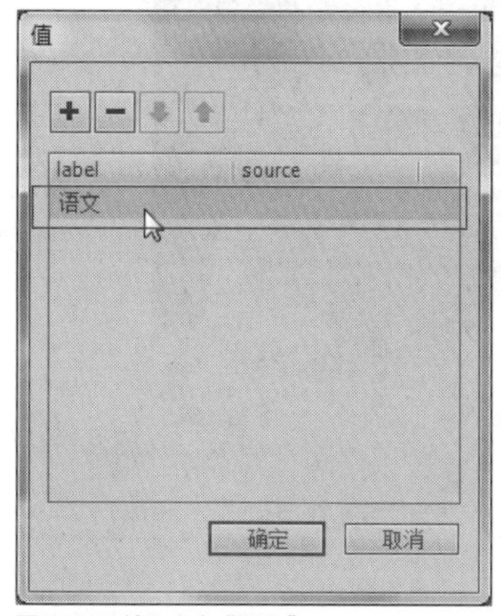

图17-78 输入文本“语文”

STEP 06 用与上同样的方法，在对话框中添加其他文本内容，如图17-79所示。

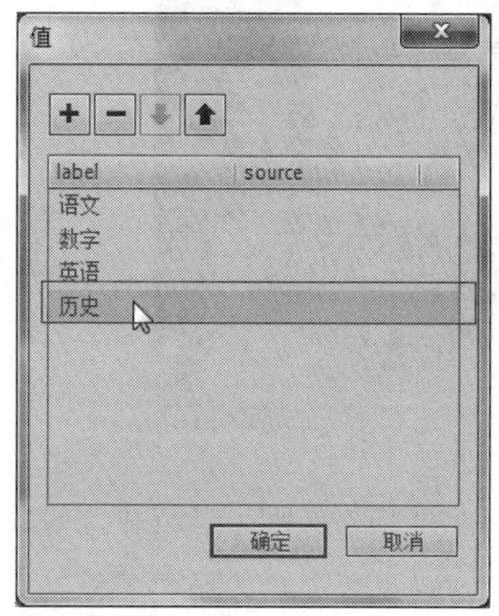

图17-79 添加其他文本内容

STEP 07 单击“确定”按钮，执行操作后，舞台中的组件效果如图17-80所示。

STEP 08 按【Ctrl+Enter】组合键，测试动画，在相应模块上单击鼠标左键，即可将模块内容选中，效果如图17-81所示。

图17-80 舞台中的组件效果

图17-81 测试组件动画效果

17.3 编辑组件

在Flash CC中添加组件后，可以对组件的参数进行编辑，例如设置组件参数和删除组件等。本节主要向读者介绍编辑组件的方法。

实战457 设置组件参数

▶实例位置：光盘\效果\第17章\小丑.fla
▶素材位置：光盘\素材\第17章\小丑.jpg
▶视频位置：光盘\视频\第17章\实战457.mp4

• 实例介绍 •

在Flash CC工作界面中，在舞台中添加组件后，可以在“属性”面板中设置相应的参数。下面向读者介绍设置组件参数的操作方法。

• 操作步骤 •

STEP 01 单击“文件”|“打开”命令，打开一个素材文件，如图17-82所示。

图17-82 打开一个素材文件

STEP 02 在舞台中选择Label组件，如图17-83所示。

图17-83 选择Label组件

STEP 03 在“属性”面板的“组件参数”选项区中，设置autoSize为center，如图17-84所示。

STEP 04 在下方设置text为“小丑送礼”，如图17-85所示。

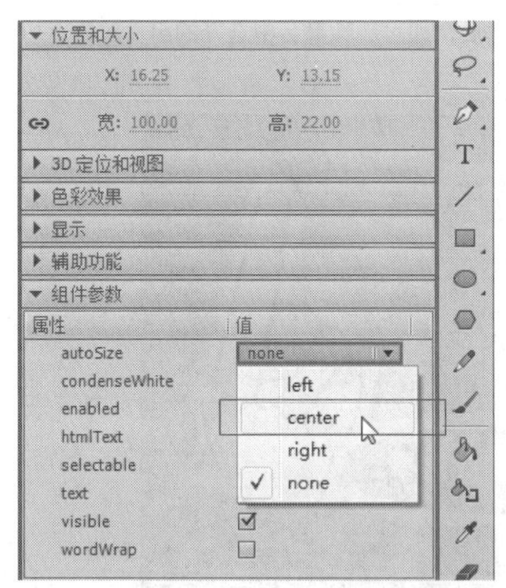

图17-84 设置autoSize为center

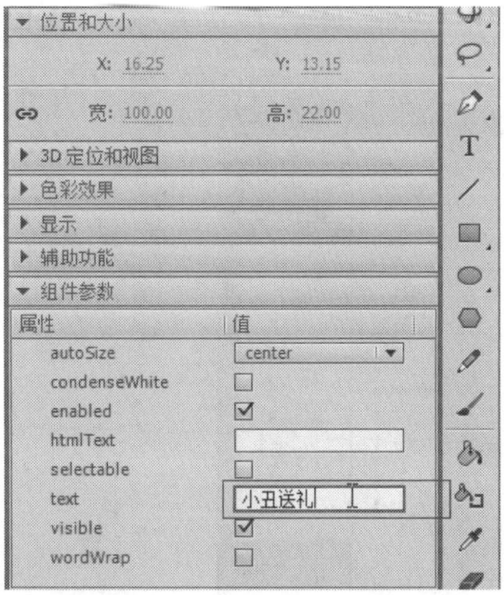

图17-85 设置text为“小丑送礼”

STEP 05 按【Enter】键确认，在舞台中可以查看编辑后的组件效果，如图17-86所示。

STEP 06 按【Ctrl+Enter】组合键，测试组件动画，效果如图17-87所示。

图17-86 查看编辑后的组件效果

图17-87 测试组件动画效果

实战 458 在舞台中删除组件

▶ 实例位置：光盘\效果\第17章\会议室制度.fla
▶ 素材位置：光盘\素材\第17章\会议室制度.jpg
▶ 视频位置：光盘\视频\第17章\实战458.mp4

• 实例介绍 •

在Flash CC工作界面中，如果某些组件没有达到用户的要求，此时可以对不需要的组件进行删除操作。下面向读者介绍在舞台中删除组件的方法。

• 操作步骤 •

STEP 01 单击“文件”|“打开”命令，打开一个素材文件，如图17-88所示。

STEP 02 在舞台中，选择需要删除的组件对象，如图17-89所示。

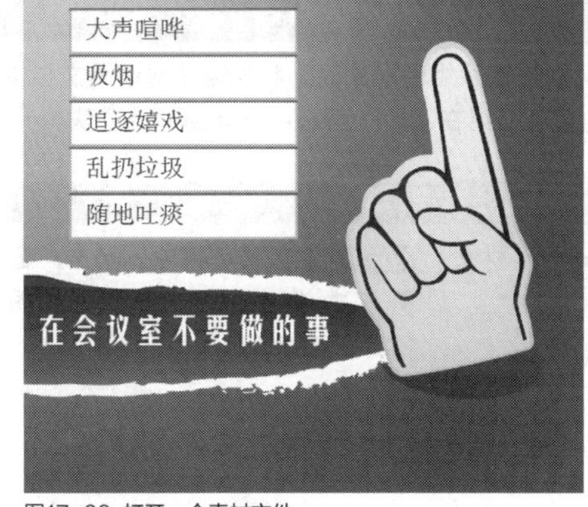

图17-88 打开一个素材文件

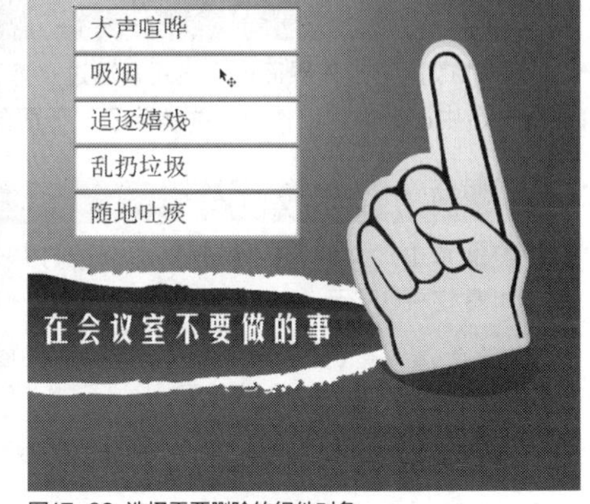

图17-89 选择需要删除的组件对象

STEP 03 在菜单栏中，单击“编辑”|“清除”命令，如图17-90所示。

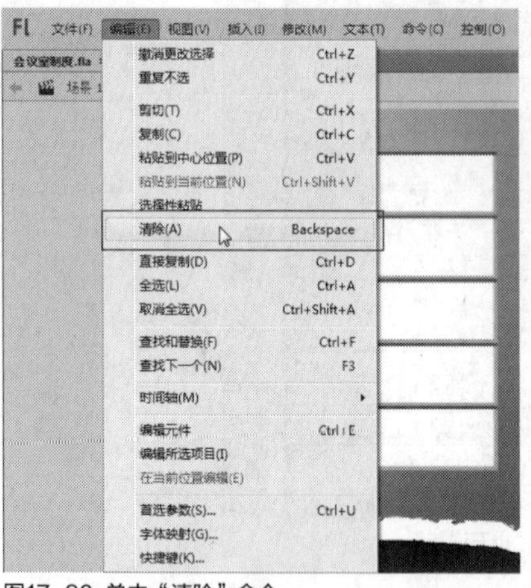

图17-90 单击“清除”命令

STEP 04 执行操作后，即可删除舞台中选择的组件对象，如图17-91所示。

图17-91 删除选择的组件对象

STEP 05 舞台中的组件被删除后，在“库”面板中，该组件还是存在的，如图17-92所示，如果用户需要再次使用，只需将该组件直接拖曳至舞台中即可。

图17-92 “库”面板中的组件

技巧点拨

在Flash CC工作界面中，当用户在舞台中添加了多个单选按钮或者复选框组件时，还可以单独对其中某一个单选按钮组件或复选框组件进行删除操作。

实战459 在库中删除组件

▶ 实例位置：光盘\效果\第17章\画框.fla
▶ 素材位置：光盘\素材\第17章\画框.jpg
▶ 视频位置：光盘\视频\第17章\实战459.mp4

• 实例介绍 •

在Flash CC工作界面中，当用户通过“库”面板删除组件对象时，将是彻底对动画文档中的组件进行了删除操作，连同舞台中已运用的组件也一并清除了。下面向读者介绍在“库”面板中删除组件的方法。

• 操作步骤 •

STEP 01 单击“文件”|“打开”命令，打开一个素材文件，如图17-93所示。

STEP 02 在菜单栏中，单击“窗口”菜单，在弹出的菜单列表中单击“库”命令，如图17-94所示，即可打开“库”面板。

图17-93 打开一个素材文件

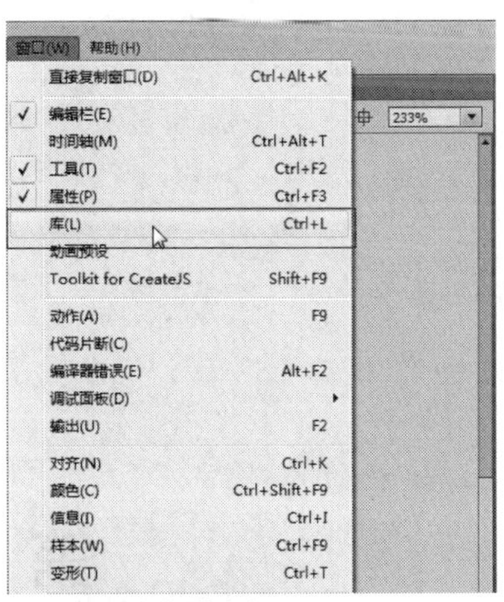

图17-94 单击“库”命令

STEP 03 在“库”面板中需要删除的组件上，单击鼠标右键，在弹出的快捷菜单中选择“删除”选项，如图17-95所示。

图17-95 选择“删除”选项1

STEP 04 用户还可以单击面板右上角的面板属性按钮，在弹出的列表框中选择“删除”选项，如图17-96所示。

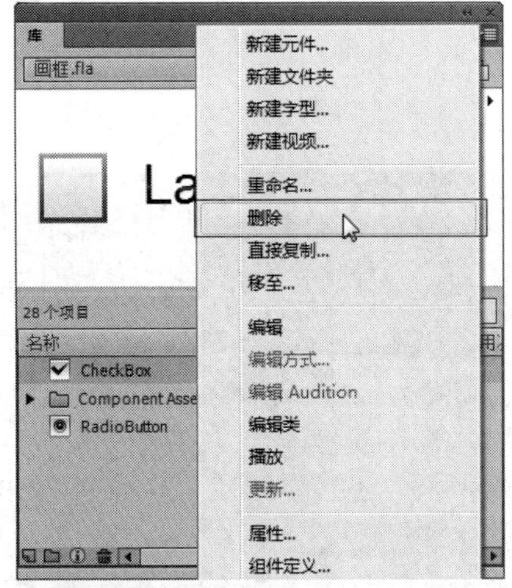

图17-96 选择“删除”选项2

STEP 05 执行操作后，即可从“库”面板中删除选择的组件对象，如图17-97所示。

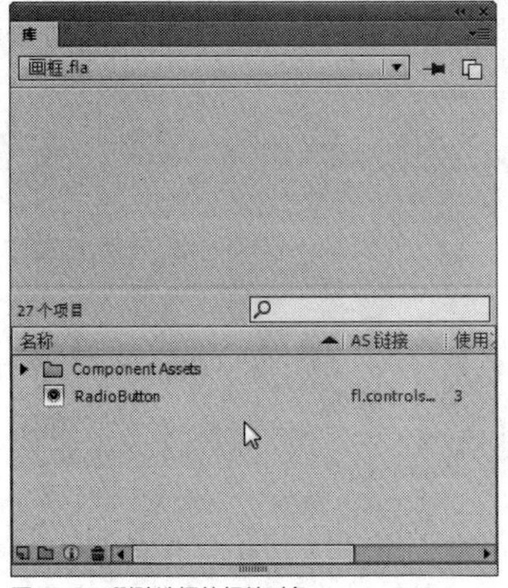

图17-97 删除选择的组件对象

STEP 06 此时，舞台中对应的复选框组件也同时被删除了，按【Ctrl＋Enter】组合键，测试动画，效果如图17-98所示。

图17-98 测试删除组件的动画

第18章

应用ActionScript脚本

本章导读

ActionScript是一种面向对象的编程语言，是在Flash影片中实现互动的重要组成部分，也是Flash优越于其他动画制作软件的主要因素。ActionScript是Flash的脚本语言，用户可以使用它制作交互性动画，从而使动画产生许多特殊的效果，这是其他动画软件无法比拟的优点。本章主要向读者详细介绍应用ActionScript的操作方法。

要点索引

- 注释ActionScript脚本
- 设置ActionScript脚本
- 折叠所有脚本内容
- 编写基本ActionScript脚本
- 控制影片播放

18.1 注释ActionScript脚本

在Flash CC工作界面中，使用注释可以将语句功能说明添加到脚本，以增加程序的易读性。如果在团队工作或者要给他人提供示例，注释还可以向其他开发人员传递信息。如果在创建脚本时进行注释，即使复杂的脚本也会更易于理解。

实战 460 注释单行脚本

▶实例位置：光盘\效果\第18章\开心每一天.fla
▶素材位置：光盘\素材\第18章\开心每一天.fla
▶视频位置：光盘\视频\第18章\实战460.mp4

• 实例介绍 •

在Flash CC工作界面中，对于只有一行的注释，可以为其添加单行脚本注释。下面向读者介绍注释单行脚本的操作方法。

• 操作步骤 •

STEP 01 单击“文件”|“打开”命令，打开一个素材文件，如图18-1所示。

图18-1 打开一个素材文件

STEP 02 在“时间轴”面板中，选择“图层1”图层的第1帧，如图18-2所示。

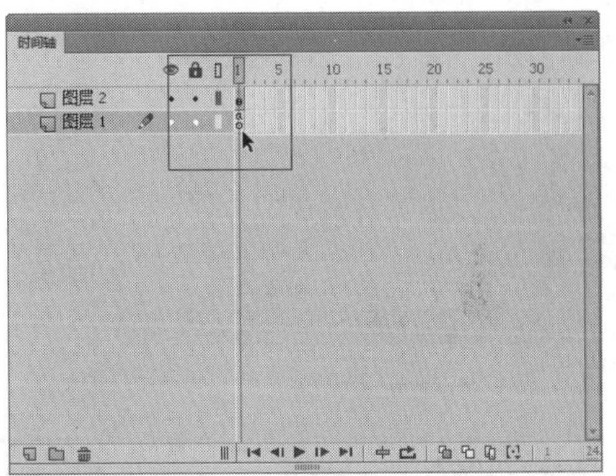

图18-2 选择第1帧

STEP 03 单击鼠标右键，在弹出的快捷菜单中选择“动作”选项，如图18-3所示。

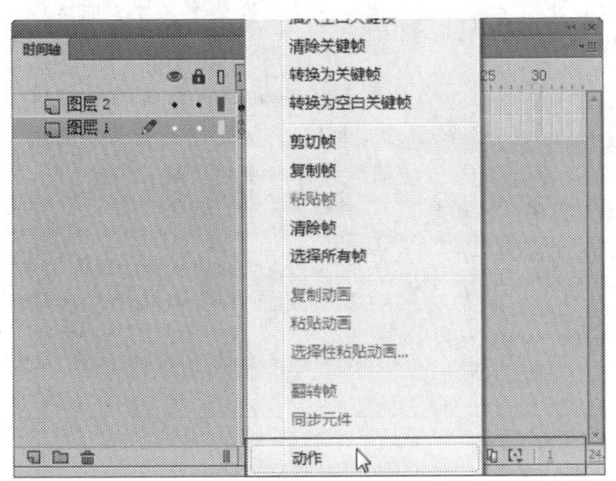

图18-3 选择“动作”选项

STEP 04 执行操作后，即可打开“动作”面板，如图18-4所示。

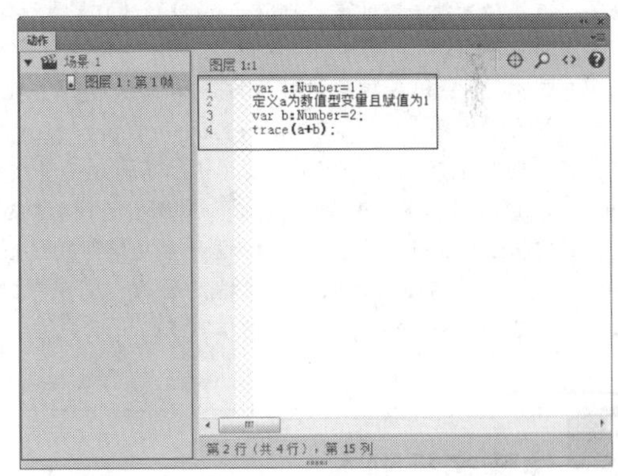

图18-4 打开“动作”面板

STEP 05 在脚本编辑窗口中，选择第2行脚本，如图18-5所示。

STEP 06 单击鼠标右键，弹出快捷菜单，选择“注释所选内容”选项，如图18-6所示。

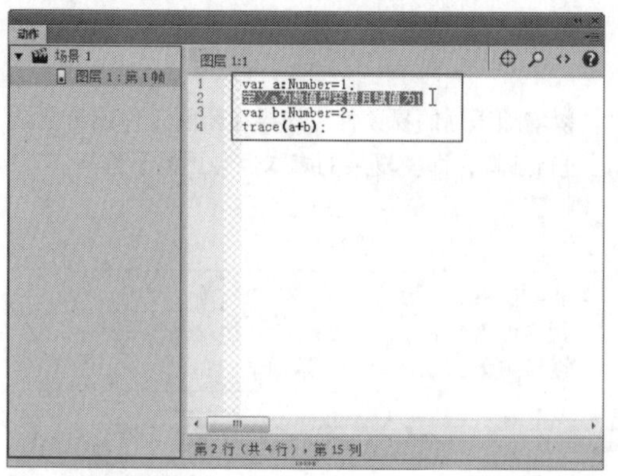

图18-5 选择第2行脚本

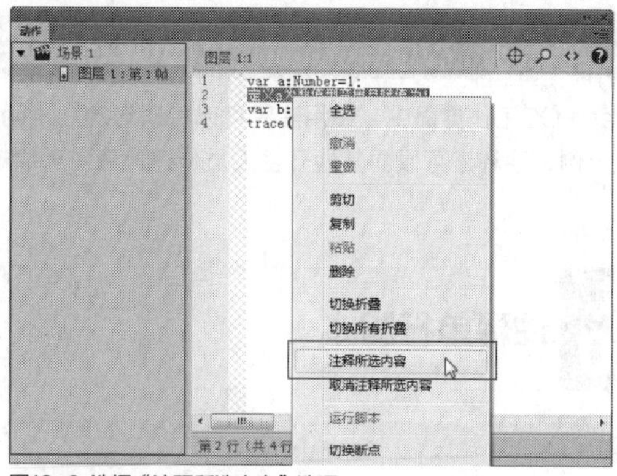

图18-6 选择“注释所选内容”选项

STEP 07 执行操作后，即可注释单行脚本，效果如图18-7所示。

STEP 08 用户还可以在需要注释的脚本内容前，输入“//”，也可以快速将脚本转换为注释脚本，如图18-8所示。

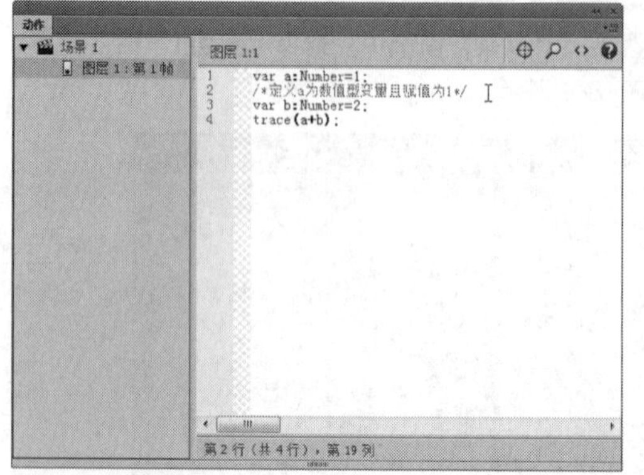

图18-7 注释单行脚本

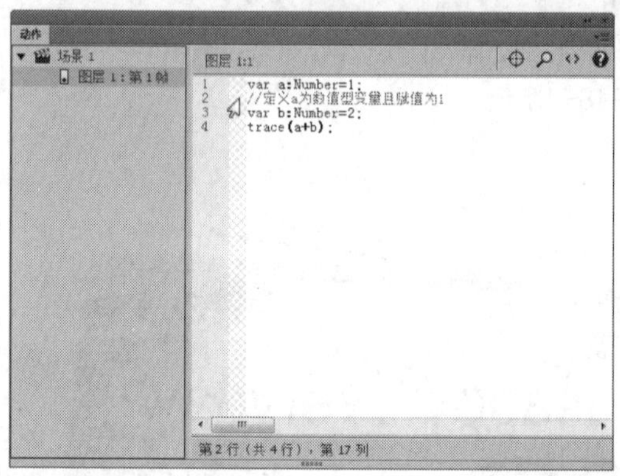

图18-8 输入“//”注释脚本

知识拓展

在Flash CC工作界面中，ActionScript（简称AS）是一种面向对象的编程语言，执行ECMA-262脚本语言规范，是在Flash影片中实现交互的重要组成部分，也是Flash优越于其他动画制作软件的主要因素。Flash中使用的ActionScript编程功能非常强大，同时也使通过ActionScript编辑的脚本更加稳定、健全。

自从在Flash中引入动作脚本语言（ActionScript）以来，它已经有了很大的发展，每一次发布新的版本，ActionScript都增加了关键字、方法和其他语言元素。ActionScript 3.0支持所有的ActionScript动作脚本，并在语言元素、编辑工具等方面进行了很大的改进和完善。

在Flash被Adobe公司收购后，其语言版本也发展到了ActionScript 3.0，它有一个全新的虚拟机，在回放时可执行ActionScript的底层软件。ActionScript 1.0和ActionScript 2.0都使用AVM1（ActionScript虚拟机1），因此它们在需要回放时本质上是相同的。虽然ActionScript 2.0增加了强制变量类型和新的类语法，但它实际上在最终编译时变成了ActionScript 1.0，而ActionScript 3.0运行在AVM2上，是一种新的专门针对ActionScript 3.0代码的虚拟机。

基于上面的原因，ActionScript 3.0动画不能直接与ActionScript 1.0和ActionScript 2.0动画直接通信（ActionScript1.0和ActionScript 2.0的动画可以直接通信，因为它们使用的是相同的虚拟机）。目前在Flash CC版本中，已经不再支持ActionScript 1.0和ActionScript 2.0的动作脚本。

注释多行脚本

▶ 实例位置：光盘\效果\第18章\餐具.fla
▶ 素材位置：光盘\素材\第18章\餐具.fla
▶ 视频位置：光盘\视频\第18章\实战461.mp4

• 实例介绍 •

在Flash CC工作界面中，对于多行脚本的说明，可以为其添加多行脚本注释。下面向读者介绍注释多行脚本的操作方法。

• 操作步骤 •

STEP 01 单击“文件”|“打开”命令，打开一个素材文件，如图18-9所示。

图18-9 打开一个素材文件

STEP 02 在“时间轴”面板中，选择“图层1”图层的第1帧，如图18-10所示。

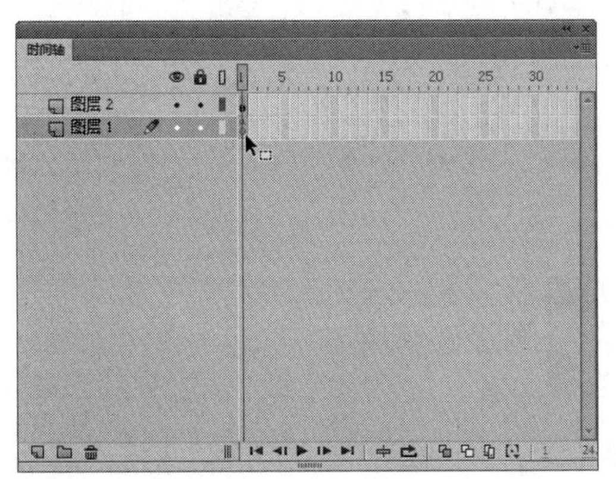

图18-10 选择第1帧

STEP 03 按【F9】键，展开“动作”面板，在脚本编辑窗口中，选择第4行至第6行的脚本，如图18-11所示。

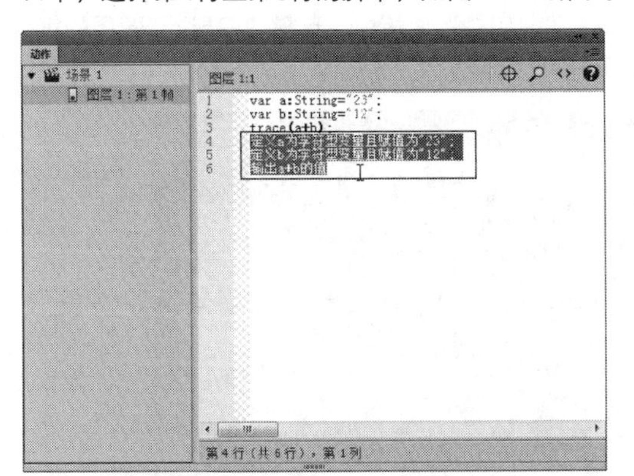

图18-11 选择第4行至第6行的脚本

STEP 04 在脚本内容上，单击鼠标右键，在弹出的快捷菜单中选择“注释所选内容”选项，如图18-12所示。

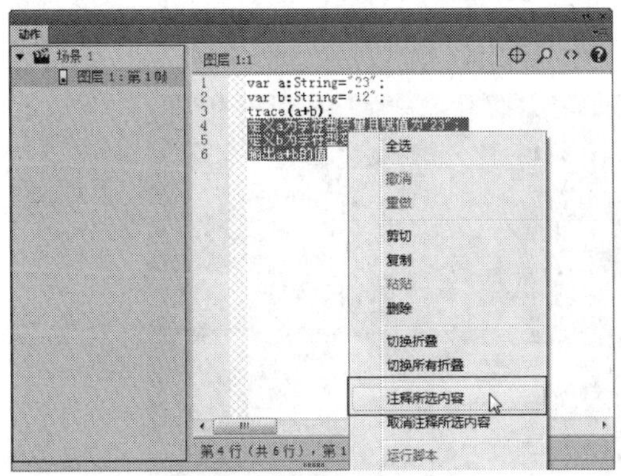

图18-12 选择“注释所选内容”选项

STEP 05 执行操作后，即可注释多行脚本，如图18-13所示。

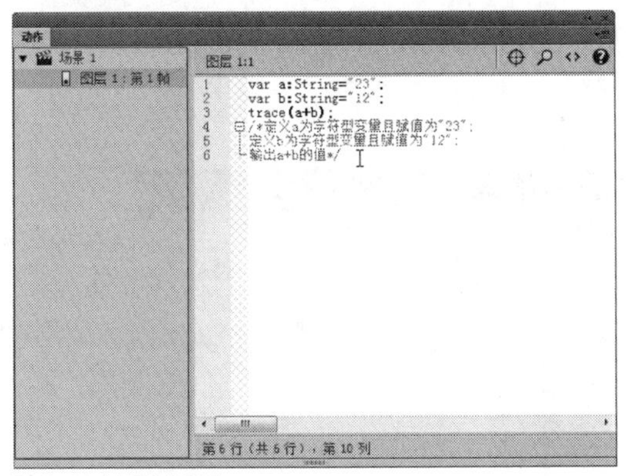

图18-13 注释多行脚本

技巧点拨

在Flash CC工作界面中，用户在菜单栏中单击“窗口”菜单，在弹出的菜单列表中单击“动作”命令，也可以打开“动作”面板。

知识拓展

在Flash CC中，使用动作脚本3.0书写代码的方式只有两种。一是利用“动作”面板在时间线上书写代码；二是在外部类文件中书写代码，也就是说不将代码直接写在fla文件中。在Flash CC动作脚本3.0中，代码将不能再加在影片剪辑和按钮上。

ActionScript 3.0和以前的版本相比，有很大的区别：它需要一个全新的虚拟机来运行它，并且ActionScript 3.0在Flash Player中的回放速度要比ActionScript 2.0代码快10倍，在早期版本中有些并不复杂的任务在ActionScript 3.0中的代码长度会是原来的两倍长，但是最终会获得高速和效率。

下面分别向用户介绍ActionScript 3.0的新特性。

➢ 增强处理运行错误的能力：提示的运行错误提供足够的附注（列出出错的源文件）和以数字提示的时间线，帮助开发者迅速地定位产生错误的位置。

➢ 类封装：ActionScript 3.0引入密封的类的概念，在编译时间内的密封类拥有唯一固定的特征和方法，其他的特征和方法不可能被加入。因而提高了对内在的使用效率，避免了为每一个对象实例增加内在的杂乱指令。

➢ 命名空间：不但在xml中支持命名空间，而且在类的定义中也同样支持。

➢ 运行时变量类型检测：在回放时会检测变量的类型是否合法。

➢ Int和uint数据类型：新的数据变量类型允许ActionScript使用更快的整型数据来进行计算。

➢ 新的显示列表模式和事件类型模式：一个新的、自由度较大的管理屏幕上显示对象的方法。一个新的基于侦听器事件的模式。

实战 462 删除注释脚本

▶实例位置：光盘\效果\第18章\情人.fla
▶素材位置：光盘\素材\第18章\情人.fla
▶视频位置：光盘\视频\第18章\实战462.mp4

• 实例介绍 •

在Flash CC工作界面中，对于不需要的注释脚本，可以将其删除。下面向读者详细介绍删除注释脚本的操作方法。

• 操作步骤 •

STEP 01 单击“文件”|“打开”命令，打开一个素材文件，如图18-14所示。

图18-14 打开一个素材文件

STEP 02 在“时间轴”面板中，选择“图层1”图层的第1帧，如图18-15所示。

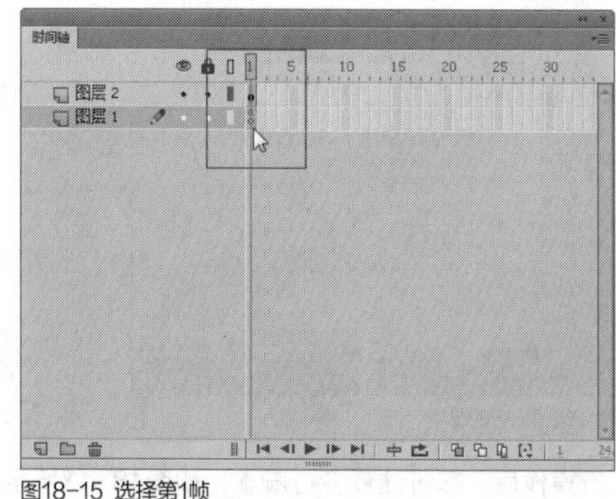

图18-15 选择第1帧

STEP 03 按【F9】键，展开“动作”面板，在脚本编辑窗口中选择需要删除的脚本内容，单击鼠标右键，在弹出的快捷菜单中选择“删除”选项，如图18-16所示。

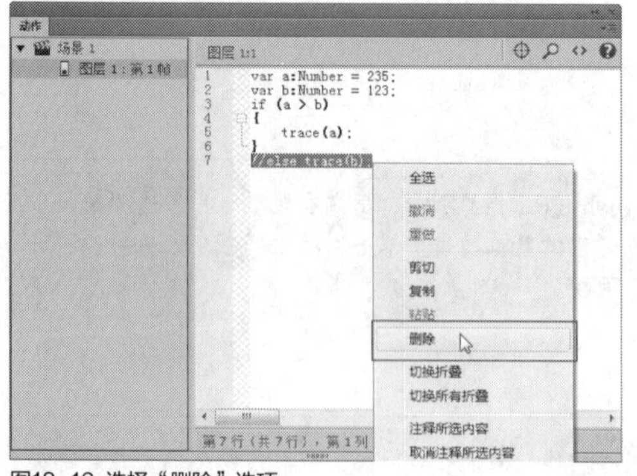

图18-16 选择“删除”选项

STEP 04 执行操作后，即可删除选择的动作脚本，如图18-17所示。

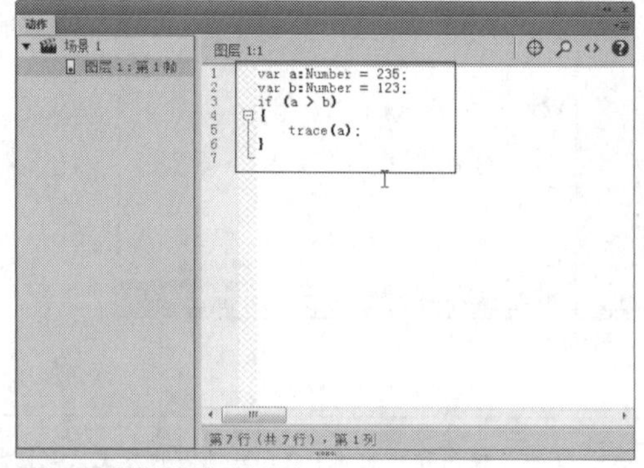

图18-17 删除选择的动作脚本

知识拓展

在Flash CC工作界面中，使语法高亮显示可以识别特定的动作脚本语句，这对于减少脚本中的语法错误相当有帮助。当高亮功能打开时，默认设置中不同的文本所显示的颜色如下。

> ➢ 关键字和预定义标识符（如gotoAndPlay、play和stop等）为深蓝色。
> ➢ 字符串为绿色。
> ➢ 注释为灰色。
> ➢ 运用良好的编程技巧编出的程序要具备以下条件：易于管理及更新、可重复使用及可扩充、代码精简。要做到这些条件除了从编写过程中不断积累经验，在学习初期养成好的编写习惯也是非常重要的。遵循一定的规则可以减少编程的错误，并使编出的动作脚本程序更具可读性。

18.2 设置ActionScript脚本

在Flash CC工作界面中，对脚本的设置进行相应的了解，对于更好地编辑脚本至关重要。本节主要介绍设置ActionScript脚本的方法。

实战463 调试脚本语法

▶ 实例位置：光盘\效果\第18章\美丽雪景.fla
▶ 素材位置：光盘\素材\第18章\美丽雪景.fla
▶ 视频位置：光盘\视频\第18章\实战463.mp4

• 实例介绍 •

在Flash CC工作界面中，当用户在“动作”面板中输入各类脚本后，此时可以通过“调试”命令对输入的脚本进行调试，查看脚本是否存在语法错误。下面向读者介绍调试脚本语法的操作方法。

• 操作步骤 •

STEP 01 单击“文件”|“打开”命令，打开一个素材文件，如图18-18所示。

图18-18 打开一个素材文件

STEP 02 在“时间轴”面板中，选择Action图层的第1帧，如图18-19所示。

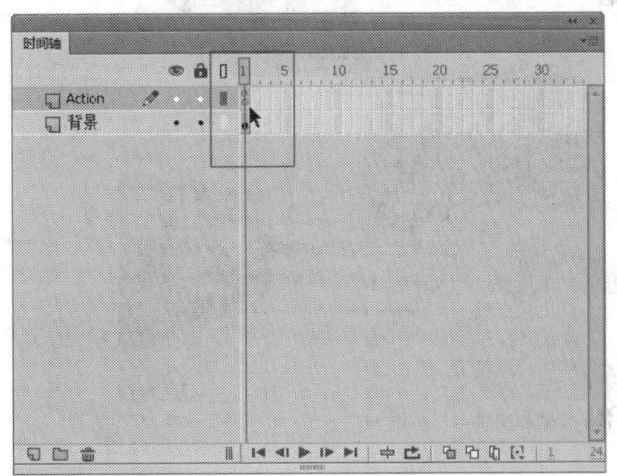

图18-19 选择图层的第1帧

STEP 03 按【F9】键，展开“动作”面板，在其中查看动作脚本内容，如图18-20所示。

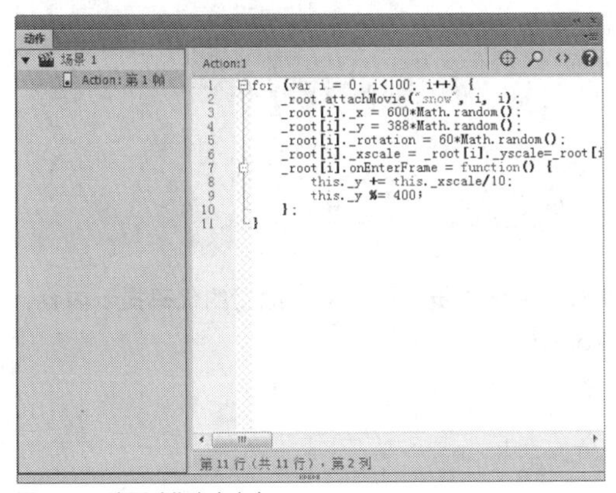

图18-20 查看动作脚本内容

STEP 04 在菜单栏中，单击“调试”|“调试”命令，如图18-21所示。

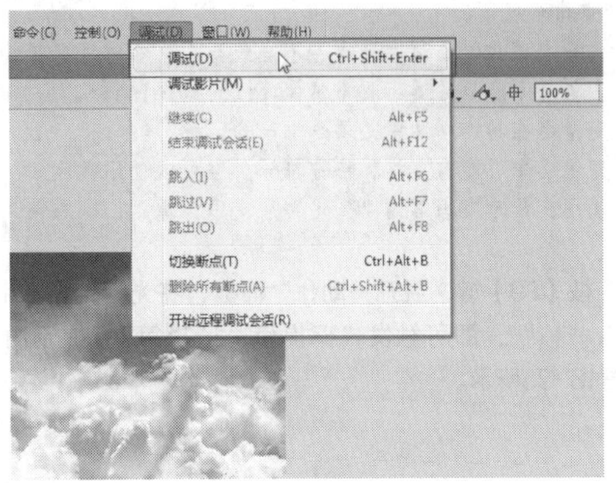

图18-21 单击“调试”命令

STEP 05 执行操作后，打开“编译器错误”面板，在其中可以查看调试的动作脚本警告提示，如图18-22所示。

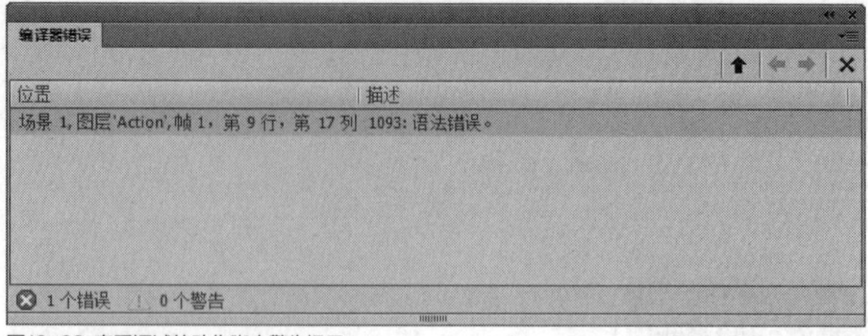

图18-22 查看调试的动作脚本警告提示

实战464 触发代码提示

▶实例位置：光盘\效果\第18章\室内广告.fla
▶素材位置：光盘\素材\第18章\室内广告.fla
▶视频位置：光盘\视频\第18章\实战464.mp4

• 实例介绍 •

在Flash CC工作界面中，如果用户对于脚本不是特别熟悉，可以通过触发代码提示来输入代码。下面向读者介绍触发代码提示的操作方法。

• 操作步骤 •

STEP 01 单击“文件”|“打开”命令，打开一个素材文件，如图18-23所示。

图18-23 打开一个素材文件

STEP 02 在“时间轴”面板中，选择“图层2”图层的第1帧，如图18-24所示。

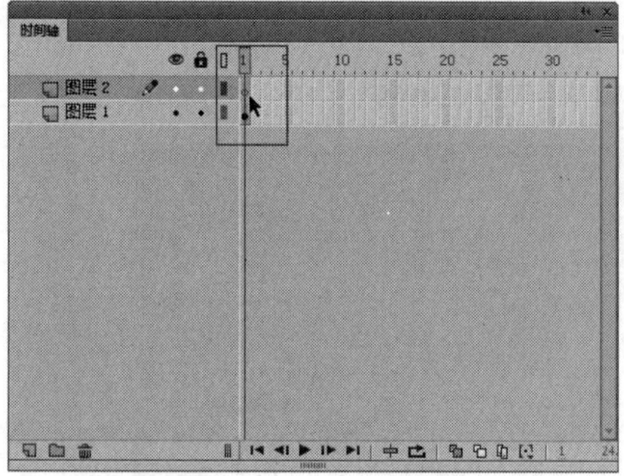

图18-24 选择第1帧

知识拓展

在动作脚本中，变量不需要声明，但是，声明变量是良好的编程习惯，这便于掌握一个变量的生命周期。明确知道某一个变量的意义，有利于程序的调试。通常，在动画的第1帧就已经声明了大部分的全局变量并为它们赋予了初始值。每一个MovieClip对象都拥有自己的一套变量，而且不同的MovieClip对象中的变量相互独立且互不影响。在Flash中，变量名需要符合以下5点命名规则。

- 变量名通常以小写字母或者下画线开头，在出现新单词时，新单词的第一个字母大写。
- 变量名不能是关键字及布尔值（true或false）。
- 变量名在其作用域中必须是唯一的。
- 变量名中不能有空格和特殊符号，但可以使用数字。
- 使用变量时应当遵循“先定义后使用”原则，即在使用变量之前先定义这个变量。

STEP 03 按【F9】键，展开“动作”面板，将光标定位在a后，输入“：”，即可触发代码提示，选择第3行提示内容，如图18-25所示。

STEP 04 双击鼠标左键，即可应用触发的代码提示内容，如图18-26所示。

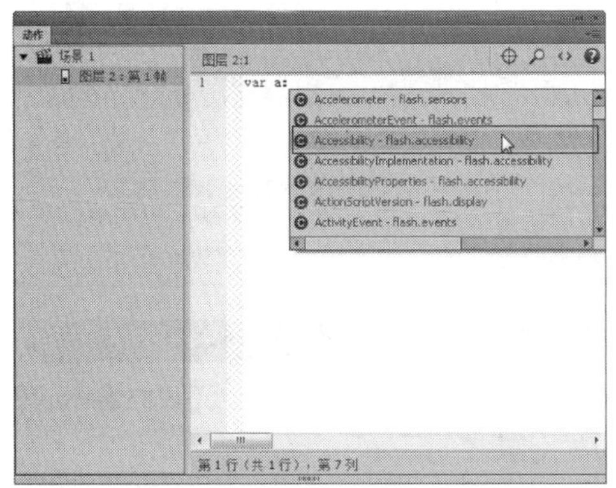

图18-25 选择第3行提示内容

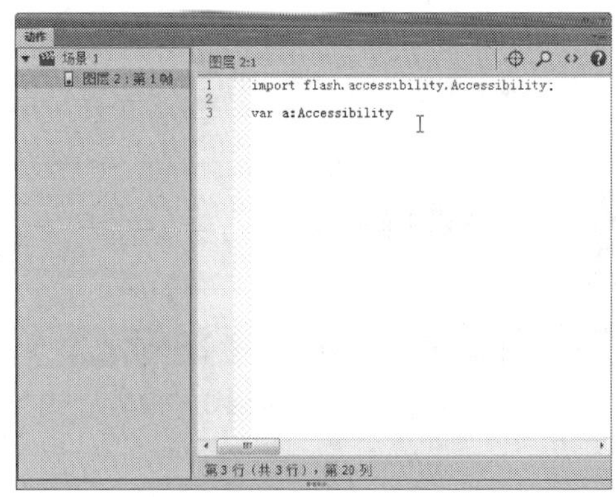

图18-26 应用触发的代码提示内容

实战 465 全选动作脚本

▶实例位置：光盘\效果\第18章\中秋快乐.fla
▶素材位置：光盘\素材\第18章\中秋快乐.fla
▶视频位置：光盘\视频\第18章\实战465.mp4

• 实例介绍 •

在Flash CC工作界面中，如果用户需要对所有的脚本进行编辑操作，首先需要在“动作”面板中选择所有的脚本内容。下面向读者介绍全选动作脚本内容的操作方法。

• 操作步骤 •

STEP 01 单击“文件”|“打开”命令，打开一个素材文件，如图18-27所示。

图18-27 打开一个素材文件

STEP 02 在“时间轴”面板中，选择“图层2”图层的第1帧，如图18-28所示。

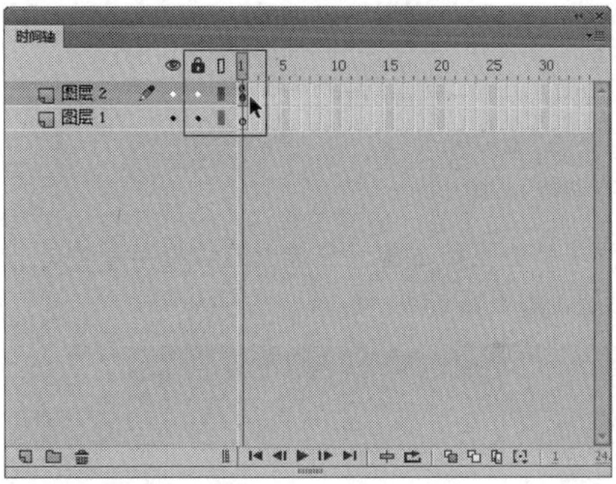

图18-28 选择第1帧

STEP 03 按【F9】键，展开“动作”面板，在脚本编辑窗口中单击鼠标右键，在弹出的快捷菜单中选择“全选”选项，如图18-29所示。

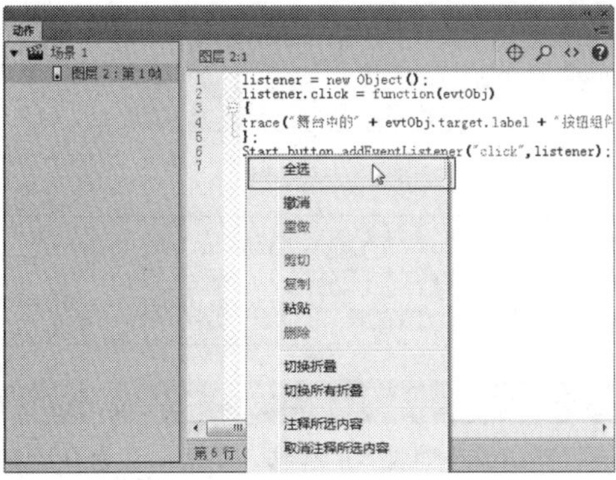

图18-29 选择“全选”选项

STEP 04 执行操作后，即可全选所有脚本内容，如图18-30所示。

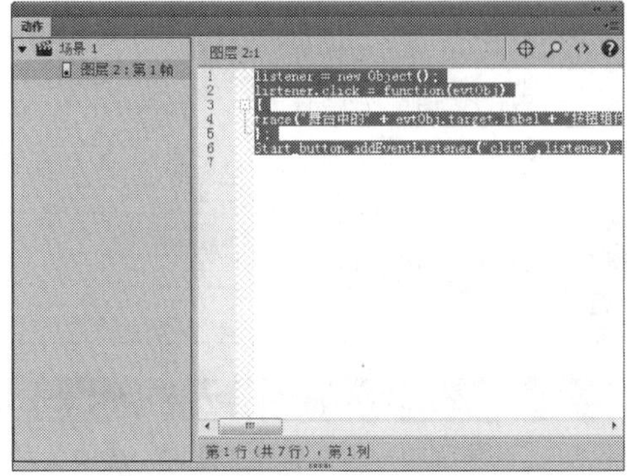

图18-30 全选所有脚本内容

技巧点拨

在Flash CC工作界面的“动作”面板中，用户按【Ctrl+A】组合键，也可以全选脚本编辑窗口中的所有脚本内容。

实战 466 撤销与重做脚本

▶实例位置：光盘\效果\第18章\撤销与重做脚本.fla
▶素材位置：无
▶视频位置：光盘\视频\第18章\实战466.mp4

• 实例介绍 •

在Flash CC工作界面中，用户可以通过“撤销”与“重做”选项，对动作脚本进行相关编辑操作。下面向读者介绍其具体操作方法。

• 操作步骤 •

STEP 01 单击“文件”|“新建”命令，新建一个动画文档，打开“动作”面板，在其中输入相应脚本内容，单击鼠标右键，在弹出的快捷菜单中选择“撤销”选项，如图18-31所示。

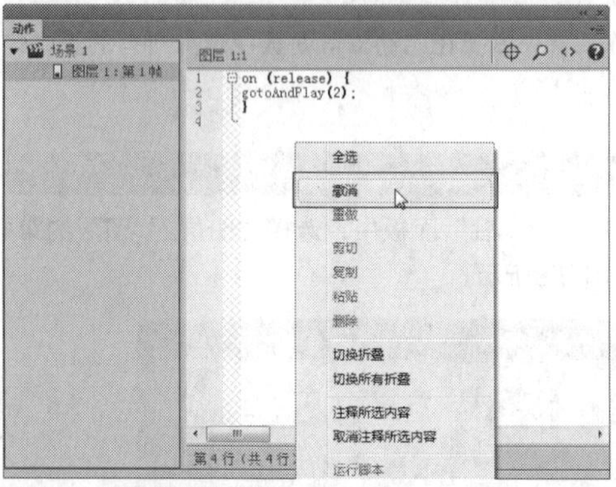

图18-31 选择“撤销”选项

STEP 02 执行操作后，即可撤销动作脚本的输入操作，如图18-32所示。

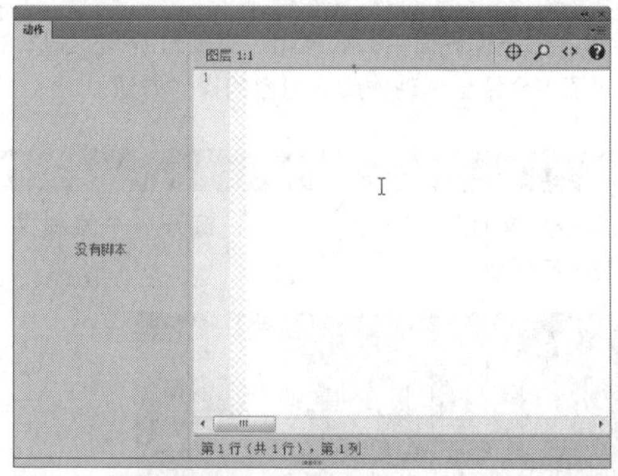

图18-32 撤销脚本的输入操作

STEP 03 再次单击鼠标右键，在弹出的快捷菜单中选择“重做”选项，如图18-33所示。

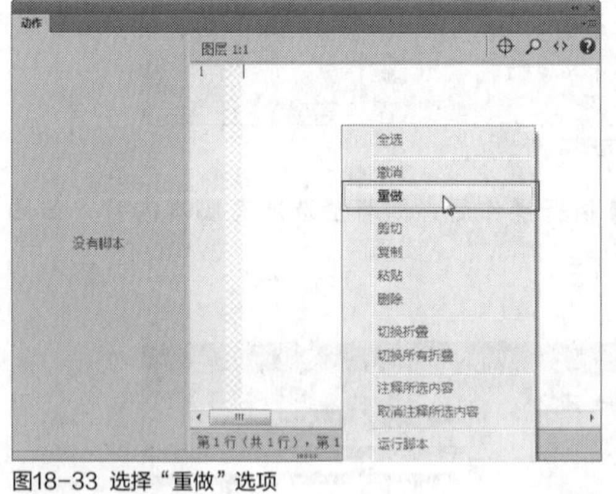

图18-33 选择“重做”选项

STEP 04 执行操作后，即可重做动作脚本内容，效果如图18-34所示。

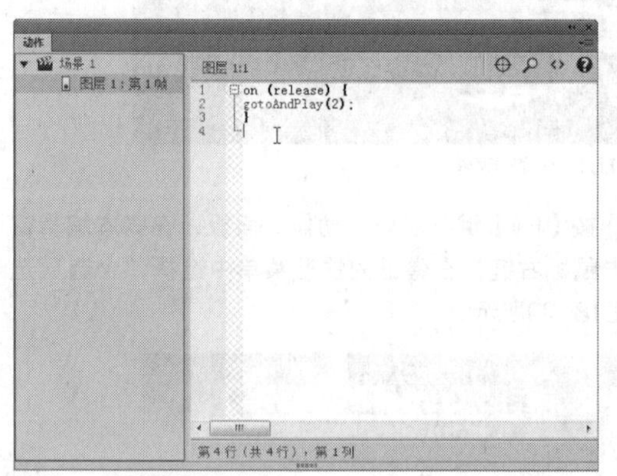

图18-34 重做动作脚本内容

实战 467 剪切动作脚本

▶实例位置：光盘\效果\第18章\茶广告.fla
▶素材位置：光盘\素材\第18章\茶广告.fla
▶视频位置：光盘\视频\第18章\实战467.mp4

• 实例介绍 •

在Flash CC工作界面中，用户通过“剪切”选项，可以对动作脚本进行剪切或移动脚本的操作。下面向读者介绍剪切动作脚本的操作方法。

• 操作步骤 •

STEP 01 单击"文件"|"打开"命令，打开一个素材文件，如图18-35所示。

图18-35 打开一个素材文件

STEP 02 在"时间轴"面板中，选择"图层2"图层的第1帧，打开"动作"面板，在脚本编辑窗口中选择需要剪切的脚本内容，如图18-36所示。

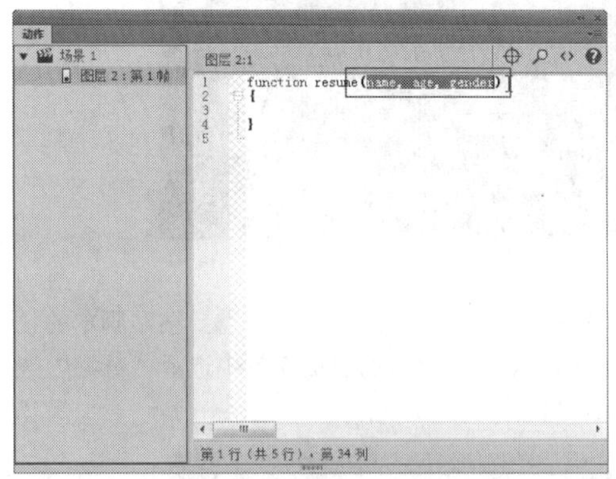

图18-36 选择需要剪切的脚本

STEP 03 在选择的脚本内容上，单击鼠标右键，在弹出的快捷菜单中选择"剪切"选项，如图18-37所示。

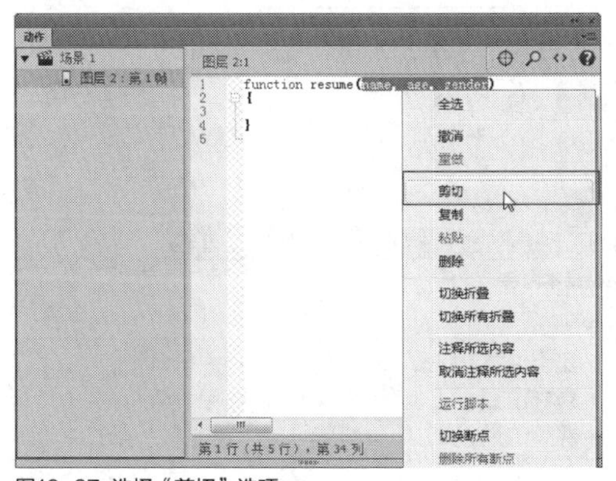

图18-37 选择"剪切"选项

STEP 04 执行操作后，即可对选择的脚本内容进行剪切操作，效果如图18-38所示。

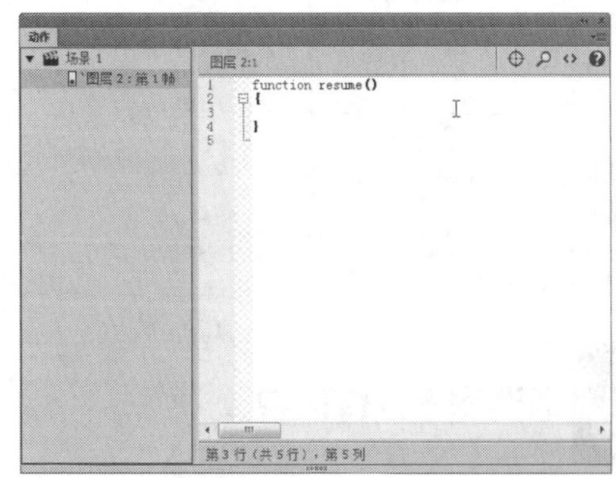

图18-38 剪切脚本内容

技巧点拨

在Flash CC工作界面中，用户在"动作"面板中选择需要剪切的脚本内容后，按【Ctrl+X】组合键，也可以快速剪切脚本内容。

实战 468 复制粘贴动作脚本

▶实例位置：光盘\效果\第18章\火焰飞龙.fla
▶素材位置：光盘\素材\第18章\火焰飞龙.fla
▶视频位置：光盘\视频\第18章\实战468.mp4

• 实例介绍 •

在Flash CC工作界面中，用户对需要重复使用的脚本内容可以执行复制操作，提高脚本编辑效率。下面向读者介绍复制与粘贴动作脚本的操作方法。

• 操作步骤 •

STEP 01 单击"文件"|"打开"命令，打开一个素材文件，如图18-39所示。

STEP 02 在"时间轴"面板中，选择"图层2"图层的第1帧，打开"动作"面板，在脚本编辑窗口中选择需要复制的脚本内容，在脚本内容上单击鼠标右键，在弹出的快捷菜单中选择"复制"选项，如图18-40所示。

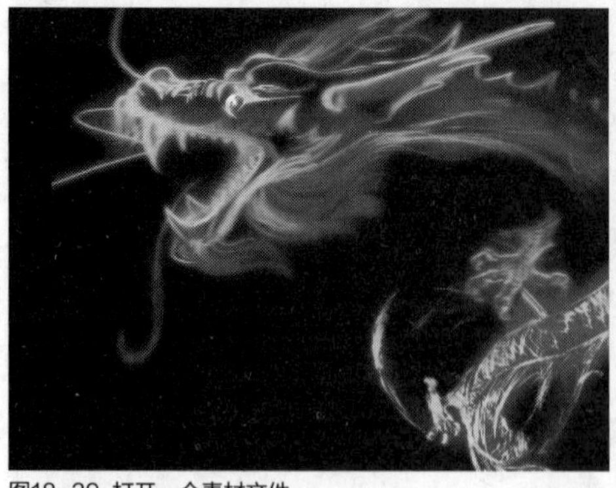
图18-39 打开一个素材文件

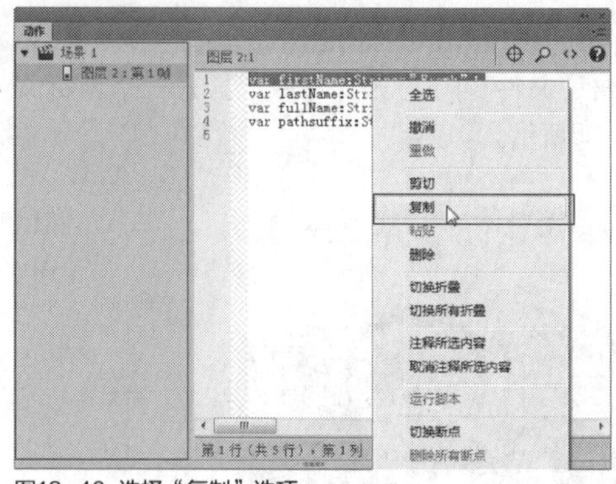
图18-40 选择“复制”选项

STEP 03 将鼠标定位于脚本编辑窗口中需要粘贴脚本的位置，单击鼠标右键，在弹出的快捷菜单中选择“粘贴”选项，如图18-41所示。

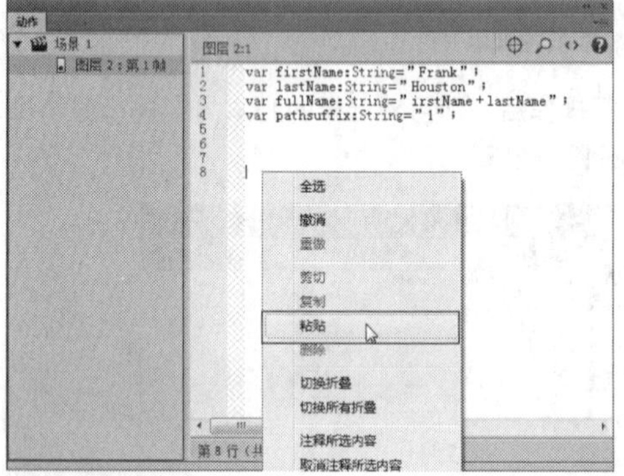
图18-41 选择“粘贴”选项

STEP 04 执行操作后，即可对复制的脚本内容进行粘贴操作，效果如图18-42所示。

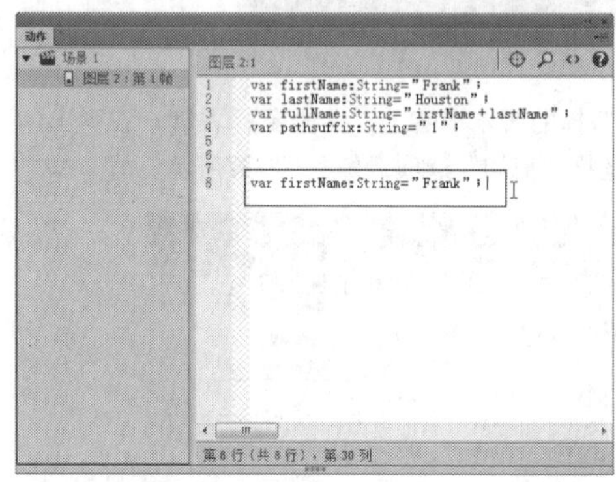
图18-42 粘贴脚本内容

实战469 取消脚本注释内容

▶实例位置：光盘\效果\第18章\钻戒广告.fla
▶素材位置：光盘\素材\第18章\钻戒广告.fla
▶视频位置：光盘\视频\第18章\实战469.mp4

• 实例介绍 •

在Flash CC工作界面中，当用户不需要再对脚本内容进行注释操作时，就可以对注释内容进行取消注释操作。下面向读者介绍取消脚本注释内容的操作方法。

• 操作步骤 •

STEP 01 单击“文件”|“打开”命令，打开一个素材文件，如图18-43所示。

图18-43 打开一个素材文件

STEP 02 在“时间轴”面板中，选择“图层2”图层的第1帧，打开“动作”面板，在脚本编辑窗口中选择需要取消注释的脚本内容，如图18-44所示。

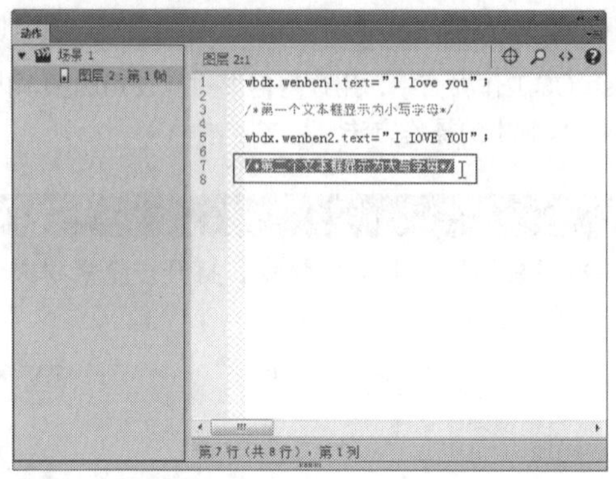
图18-44 取消注释的脚本

STEP 03 在脚本内容上单击鼠标右键，在弹出的快捷菜单中选择“取消注释所选内容”选项，如图18-45所示。

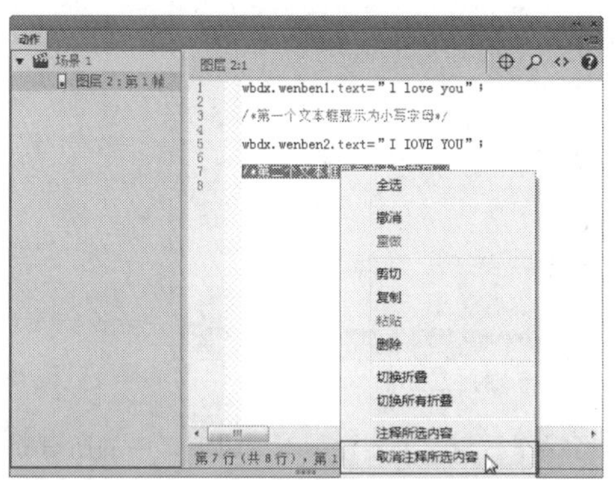

图18-45 选择“取消注释所选内容”选项

STEP 04 执行操作后，即可取消脚本注释内容，效果如图18-46所示。

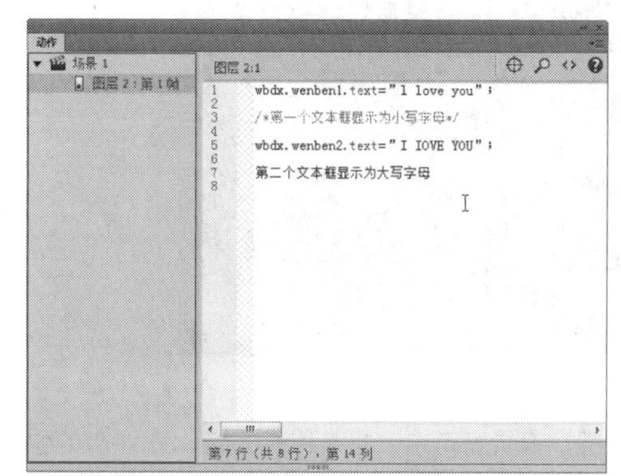

图18-46 取消脚本注释内容

实战 470 切换断点

▶ 实例位置：光盘\效果\第18章\钻戒广告1.fla
▶ 素材位置：无
▶ 视频位置：光盘\视频\第18章\实战470.mp4

• 实例介绍 •

在Flash CC工作界面中，用户通过“切换断点”选项，可以在脚本窗口中添加断点信息。

• 操作步骤 •

STEP 01 单击“文件”|“打开”命令，打开上一例的效果文件，在“动作”面板中需要切换断点的位置，单击鼠标右键，在弹出的快捷菜单中选择“切换断点”选项，如图18-47所示。

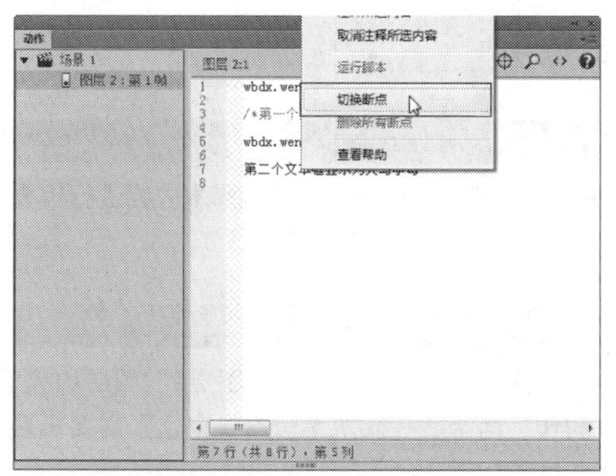

图18-47 选择“切换断点”选项

STEP 02 执行操作后，即可在选择的脚本位置切换断点，以小红圆点表示，如图18-48所示。

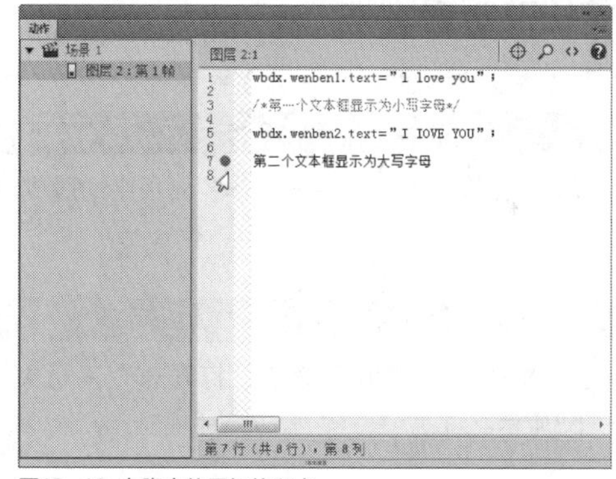

图18-48 在脚本位置切换断点

实战 471 删除所有断点

▶ 实例位置：光盘\效果\第18章\罗琪月饼.fla
▶ 素材位置：光盘\素材\第18章\罗琪月饼.fla
▶ 视频位置：光盘\视频\第18章\实战471.mp4

• 实例介绍 •

在Flash CC工作界面中，如果用户不需要在“动作”面板中添加断点信息，此时可以通过“删除所有断点”选项删除脚本编辑窗口中的所有断点信息。

• 操作步骤 •

STEP 01 单击“文件”|“打开”命令，打开一个素材文件，如图18-49所示。

STEP 02 在“时间轴”面板中，选择“图层2”图层的第1帧，打开“动作”面板，在脚本编辑窗口中查看已经添加了断点的小红圆点，如图18-50所示。

图18-49 打开一个素材文件

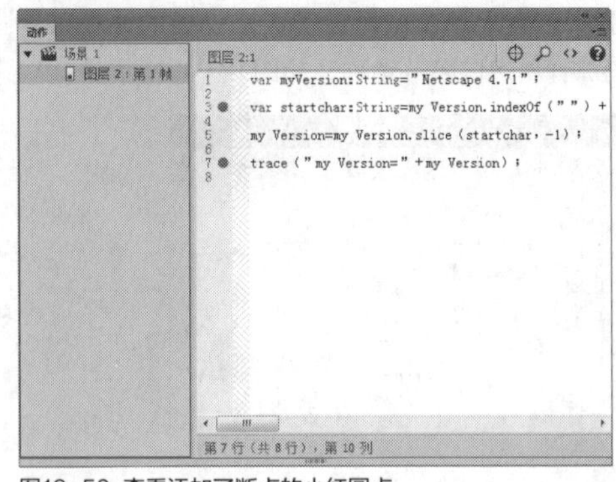

图18-50 查看添加了断点的小红圆点

STEP 03 在脚本编辑窗口中，单击鼠标右键，在弹出的快捷菜单中选择“删除所有断点”选项，如图18-51所示。

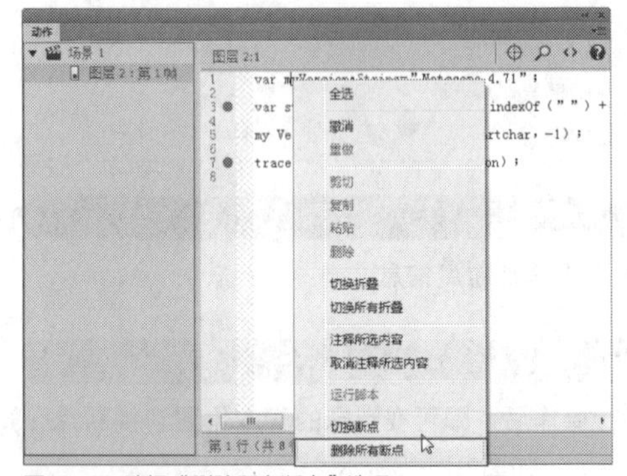

图18-51 选择“删除所有断点”选项

STEP 04 执行操作后，即可删除脚本编辑窗口中的所有断点信息，效果如图18-52所示。

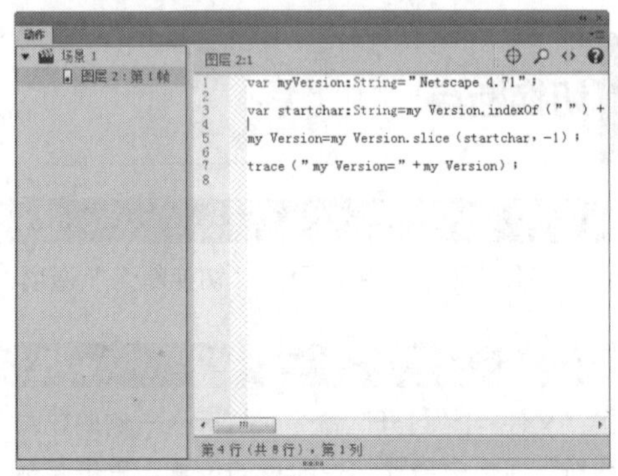

图18-52 删除所有断点信息

实战472 切换折叠脚本

▶实例位置：无
▶素材位置：光盘\素材\第18章\我心飞翔.fla
▶视频位置：光盘\视频\第18章\实战472.mp4

• 实例介绍 •

在Flash CC工作界面中，如果“动作”面板中的脚本内容过多，无法显示完整，此时用户可以对脚本内容进行折叠操作。

• 操作步骤 •

STEP 01 单击“文件”|“打开”命令，打开一个素材文件，如图18-53所示。

图18-53 打开一个素材文件

STEP 02 在“时间轴”面板中，选择“图层2”图层的第1帧，打开“动作”面板，在脚本编辑窗口中选择需要折叠的脚本内容，如图18-54所示。

图18-54 选择需要折叠的脚本内容

STEP 03 在脚本内容上，单击鼠标右键，在弹出的快捷菜单中选择“切换折叠”选项，如图18-55所示。

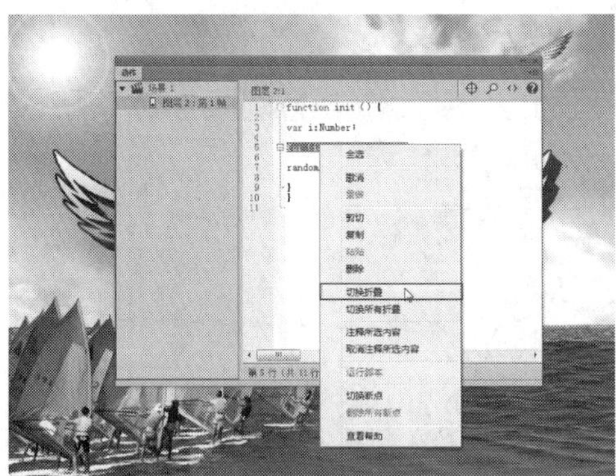

图18-55 选择“切换折叠”选项

STEP 04 执行操作后，即可对选择的脚本内容进行折叠操作，如图18-56所示。

图18-56 对脚本内容进行折叠

实战 473 折叠所有脚本内容

▶实例位置：无
▶素材位置：光盘\素材\第18章\我心飞翔.fla
▶视频位置：光盘\视频\第18章\实战473.mp4

• 实例介绍 •

在Flash CC工作界面中，用户还可以根据需要对“动作”面板中所有的脚本内容进行折叠操作，使“动作”面板整洁、清晰地展现在用户的面前。下面介绍折叠所有脚本内容的操作方法。

• 操作步骤 •

STEP 01 单击“文件”|“打开”命令，打开上一例的素材文件，在“动作”面板中单击鼠标右键，在弹出的快捷菜单中选择“切换所有折叠”选项，如图18-57所示。

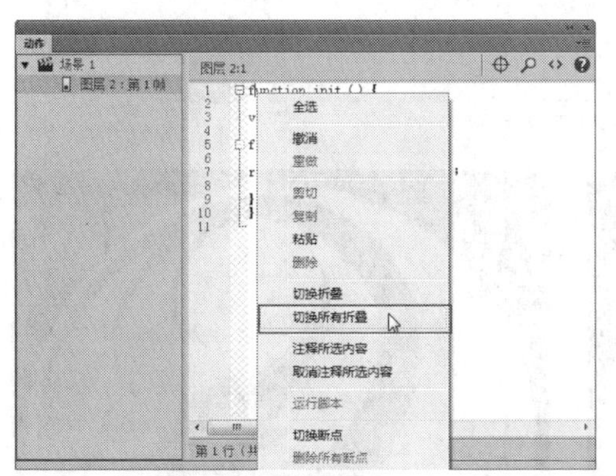

图18-57 选择“切换所有折叠”选项

STEP 02 执行操作后，即可将所有的脚本内容全部折叠在一起，效果如图18-58所示。

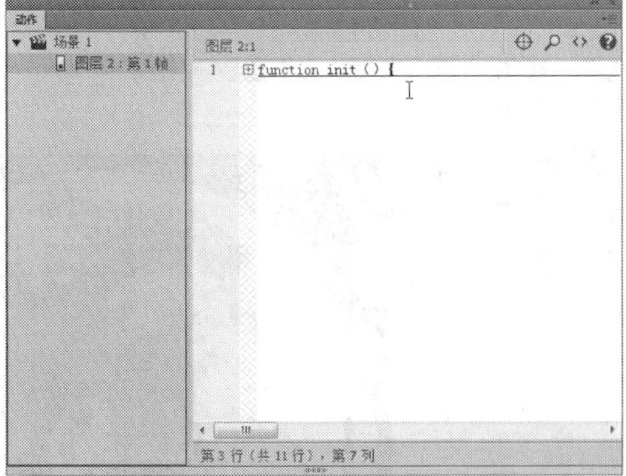

图18-58 将脚本全部折叠在一起

18.3 在不同位置编辑脚本

在Flash CC工作界面，为了能更好地运用ActionScript制作动画，用户可以在动画关键帧上、空白关键帧上添加动作脚本。本节主要向读者介绍在不同位置编写脚本的方法。

实战 474 为动画关键帧添加脚本

▶实例位置：光盘\效果\第18章\凤舞.fla
▶素材位置：光盘\素材\第18章\凤舞.fla
▶视频位置：光盘\视频\第18章\实战474.mp4

• 实例介绍 •

在Flash CC工作界面中，用户可以在动画关键帧上添加相应的脚本内容。

• 操作步骤 •

STEP 01 单击"文件"|"打开"命令，打开一个素材文件，如图18-59所示。

图18-59 打开一个素材文件

STEP 02 在"时间轴"面板中，选择"龙"图层的第1帧，如图18-60所示。

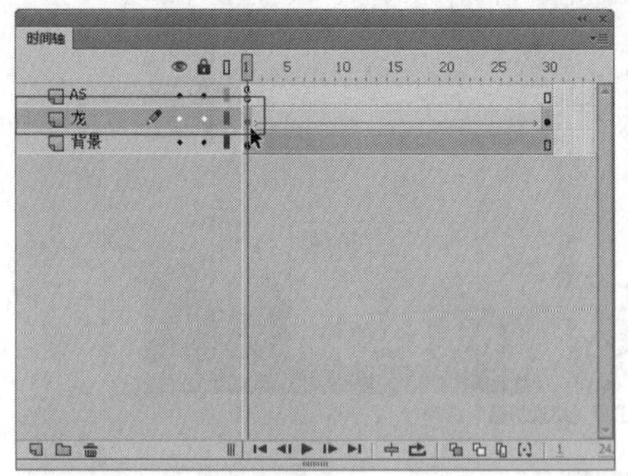

图18-60 选择"龙"图层的第1帧

STEP 03 在该动画关键帧上，单击鼠标右键，在弹出的快捷菜单中选择"动作"选项，如图18-61所示。

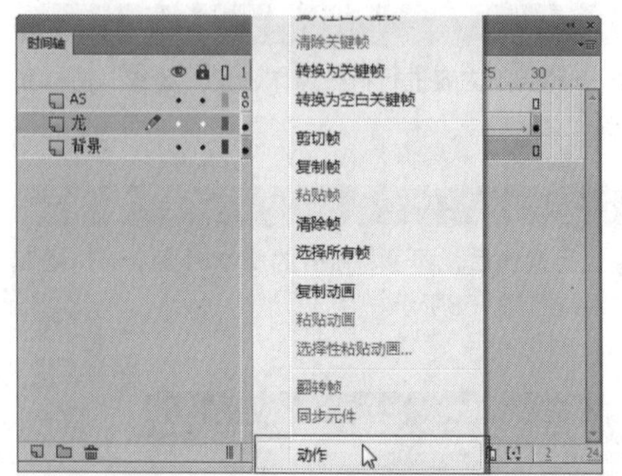

图18-61 选择"动作"选项

STEP 04 执行操作后，打开"动作"面板，在其中输入相应动作脚本，如图18-62所示。

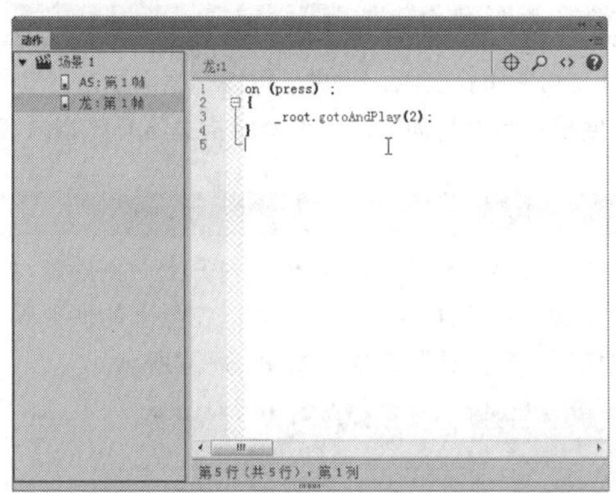

图18-62 输入相应动作脚本

STEP 05 单击"控制"|"测试"命令，即可测试动画效果，如图18-63所示。

图18-63 测试动画效果

实战 475 为空白关键帧添加脚本

▶ 实例位置：光盘\效果\第18章\卡通人物.fla
▶ 素材位置：光盘\素材\第18章\卡通人物.fla
▶ 视频位置：光盘\视频\第18章\实战475.mp4

• 实例介绍 •

在Flash CC工作界面中，用户不仅可以在动画关键帧上添加脚本内容，还可以在空白关键帧上添加相应的脚本内容。

• 操作步骤 •

STEP 01 单击“文件”|“打开”命令，打开一个素材文件，如图18-64所示。

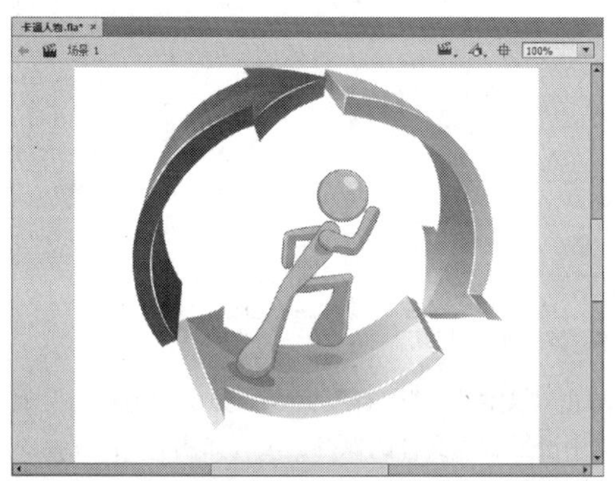

图18-64 打开一个素材文件

STEP 02 在“时间轴”面板中，选择AS图层的第1帧，如图18-65所示。

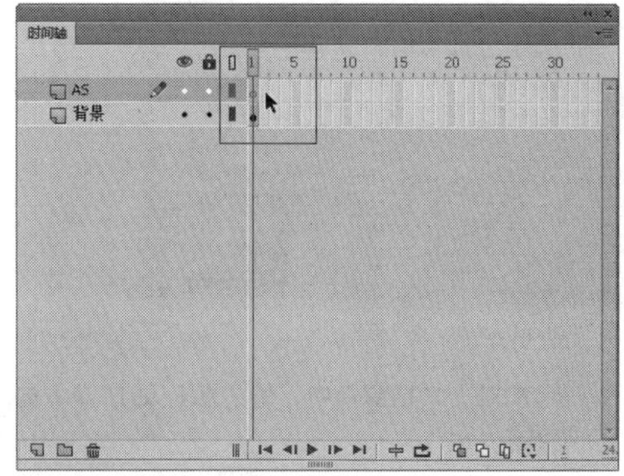

图18-65 选择AS图层的第1帧

STEP 03 单击“窗口”|“动作”命令，弹出“动作”面板，在其中添加相应的代码，如图18-66所示。

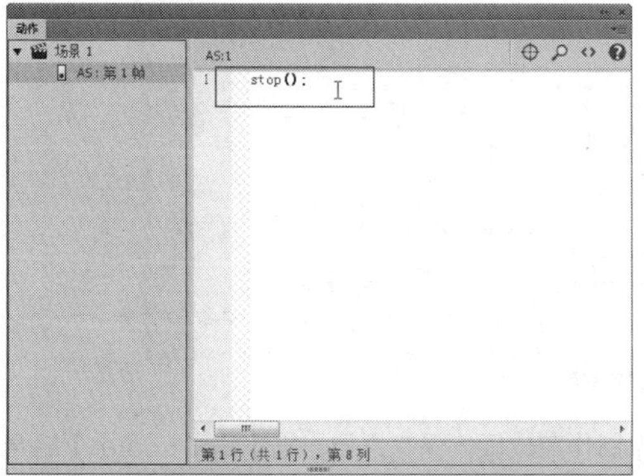

图18-66 添加相应的代码

STEP 04 执行操作后，即可在帧上添加代码，此时帧上会显示一个a标识，如图18-67所示。

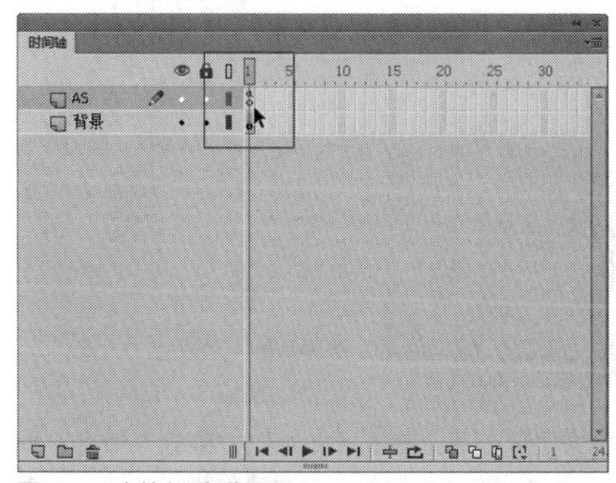

图18-67 在帧上添加代码

知识拓展

在Flash CC工作界面中，“时间轴”面板中任何被添加了动作脚本代码的帧上，都会显示一个a的标记，提示用户该帧制作了动作脚本。

实战 476 在AS文件中编写脚本

▶ 实例位置：光盘\效果\第18章\实战476.as、实战476.fla
▶ 素材位置：无
▶ 视频位置：光盘\视频\第18章\实战476.mp4

• 实例介绍 •

在Flash CC工作界面中，用户还可以在AS文件中编写脚本内容。下面向读者介绍在AS文件中编写脚本的操作方法。

• 操作步骤 •

STEP 01 在Flash欢迎界面的“新建”选项区中，单击“ActionScript文件”选项，如图18-68所示。

STEP 02 执行操作后，即可新建“脚本-1”文档窗口，如图18-69所示。

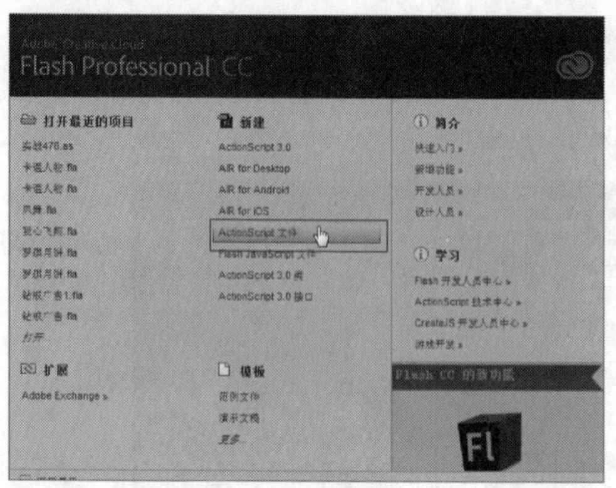

图18-68 单击“ActionScript文件”选项

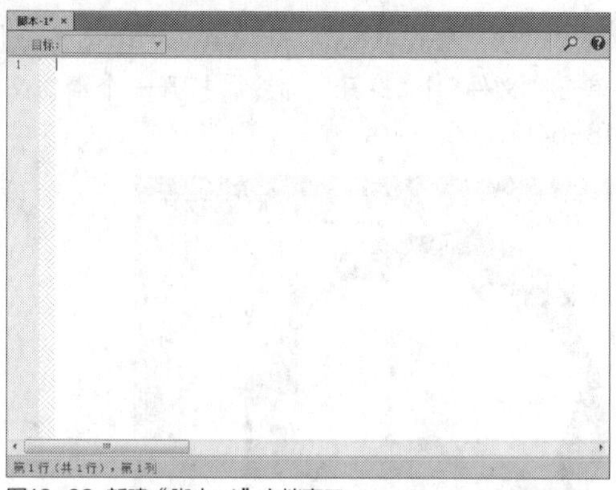

图18-69 新建“脚本-1”文档窗口

STEP 03 在“脚本-1”文档窗口中，输入相应动作脚本内容，如图18-70所示。

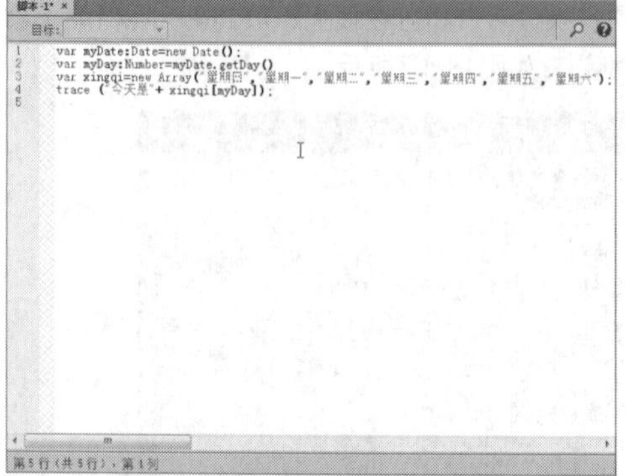

图18-70 输入相应动作脚本内容

STEP 04 单击“文件”|“保存”命令，弹出“另存为”对话框，在其中设置脚本文件的保存选项，如图18-71所示，单击“保存”按钮。

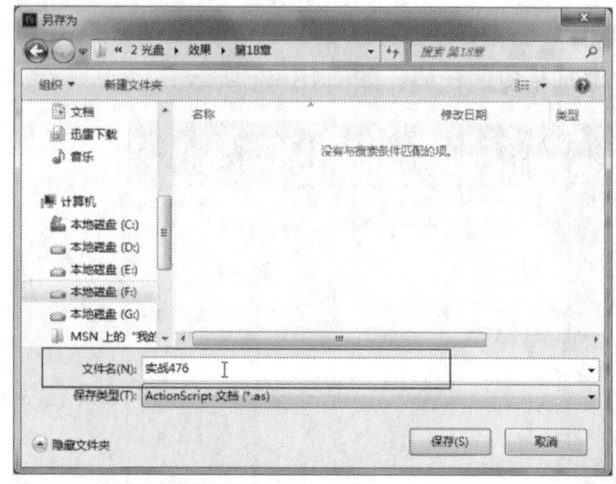

图18-71 设置保存选项

STEP 05 将文档保存后，单击“文件”|“新建”命令，新建一个Flash文档，在脚本编辑窗口中添加相应代码，如图18-72所示。

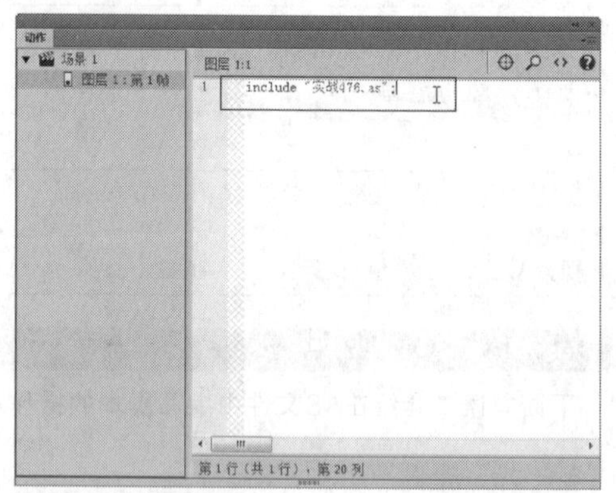

图18-72 添加相应代码

STEP 06 制作完成后，保存文档，按【Ctrl＋Enter】组合键，测试动画，在“输出”面板中将会显示相应信息，如图18-73所示。

图18-73 显示相应信息

18.4 编写基本ActionScript脚本

ActionScript是一种编程语言，能够帮助用户按照自己的创意更精确地创建动画。本节主要向读者介绍编写基本ActionScript脚本的方法。

实战477 编写输出命令

▶ 实例位置：光盘\效果\第18章\实战477.fla
▶ 素材位置：无
▶ 视频位置：光盘\视频\第18章\实战477.mp4

• 实例介绍 •

在Flash CC工作界面中，Trace是用来输出信息的函数，通常使用在交互性程序中，也可以使用trace函数来输出相应的命令参数。

• 操作步骤 •

STEP 01 在欢迎界面的“新建”选项区中，单击“ActionScript 3.0”选项，如图18-74所示。

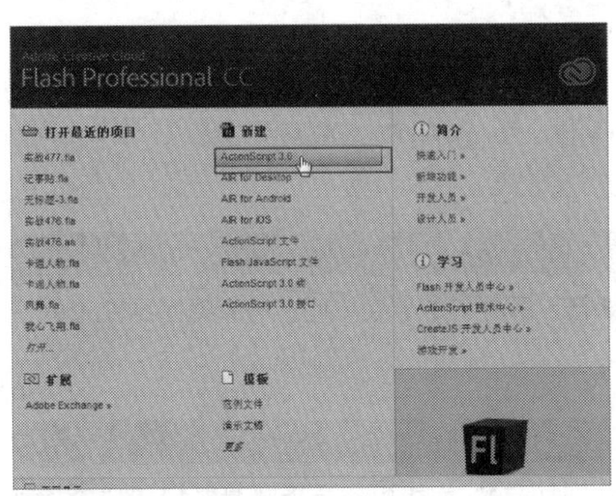

图18-74 单击“ActionScript 3.0”选项

STEP 02 执行操作后，新建一个空白的动画文档，如图18-75所示。

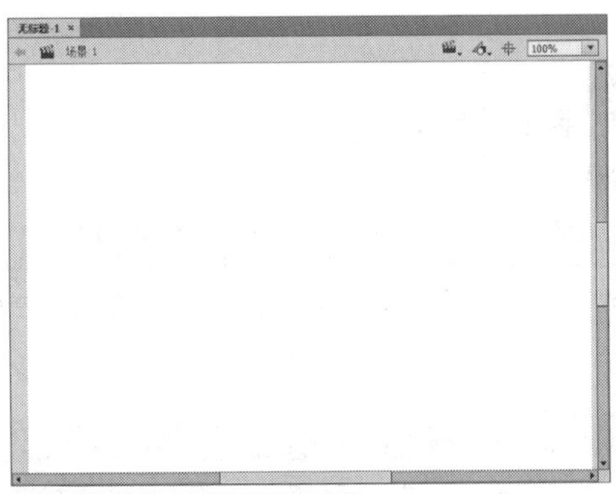

图18-75 新建一个空白的动画文档

STEP 03 打开“动作”面板，在其中输入相应脚本内容，如图18-76所示。

图18-76 输入相应脚本内容

STEP 04 输入脚本后，按【Ctrl+Enter】组合键，测试影片，在“输出”面板中将显示输出内容，如图18-77所示。

图18-77 显示输出内容

实战478 编写定义变量

▶ 实例位置：光盘\效果\第18章\字幕特效.fla
▶ 素材位置：光盘\素材\第18章\字幕特效.fla
▶ 视频位置：光盘\视频\第18章\实战478.mp4

• 实例介绍 •

在Flash CC工作界面中，定义变量也就是变量的命名，它在其范围内必须是唯一的，不能重复。下面向读者介绍定义变量的操作方法。

• 操作步骤 •

STEP 01 单击“文件”|“打开”命令，打开一个素材文件，如图18-78所示。

STEP 02 打开“动作”面板，在该面板的脚本编辑窗口中添加相应代码，如图18-79所示，输入完成后，即可定义变量。

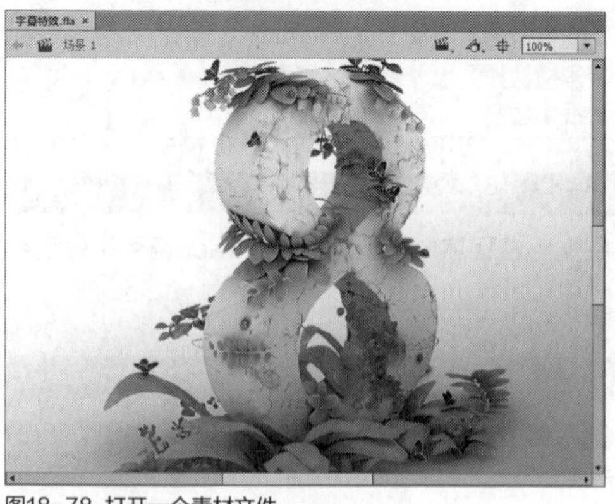
图18-78 打开一个素材文件

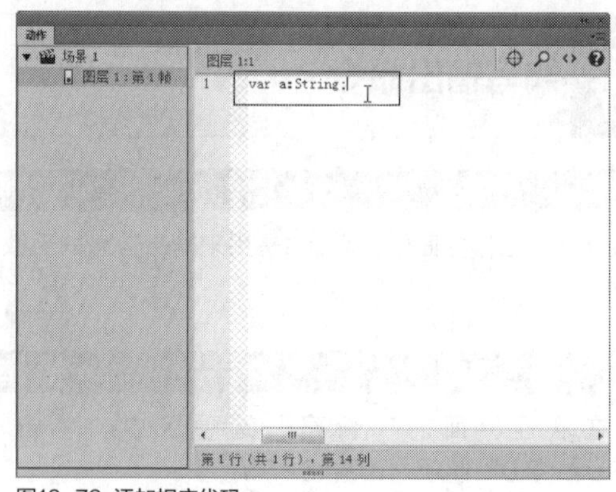

图18-79 添加相应代码

实战479 编写赋值变量

▶实例位置：光盘\效果\第18章\阳光海岸.fla
▶素材位置：光盘\素材\第18章\阳光海岸.fla
▶视频位置：光盘\视频\第18章\实战479.mp4

• 实例介绍 •

在Flash CC工作界面中，赋值变量是将变量名放置在左边，赋值运算符（等号）放置在中间，将希望赋给变量的值放置在右边。

• 操作步骤 •

STEP 01 单击“文件”|“打开”命令，打开一个素材文件，如图18-80所示。

图18-80 打开一个素材文件

STEP 02 在“时间轴”面板中，选择“图层1”图层的第1帧，如图18-81所示。

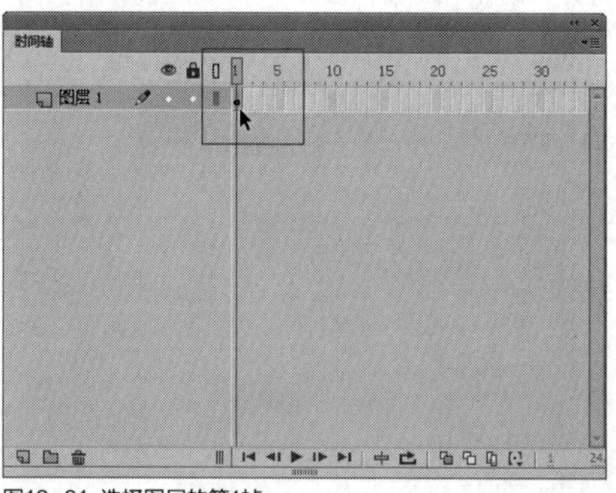
图18-81 选择图层的第1帧

STEP 03 在该关键帧上，单击鼠标右键，在弹出的快捷菜单中选择“动作”选项，打开“动作”面板，在其中输入相应动作脚本，如图18-82所示。

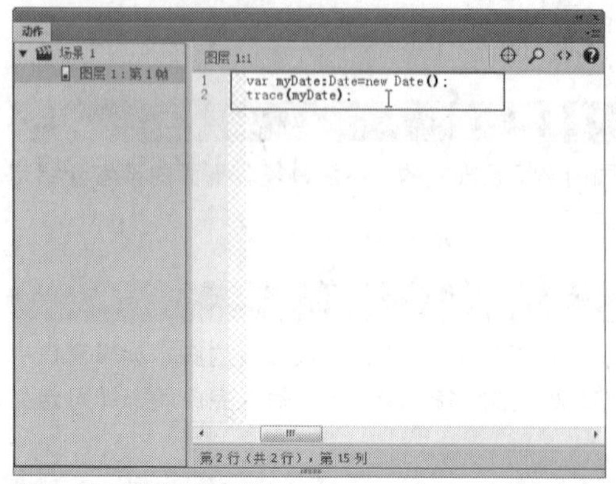

图18-82 输入相应动作脚本

STEP 04 输入完成后，即可完成赋值变量的脚本编辑，按【Ctrl＋Enter】组合键，测试影片，在“输出”面板中将显示输出的内容，如图18-83所示。

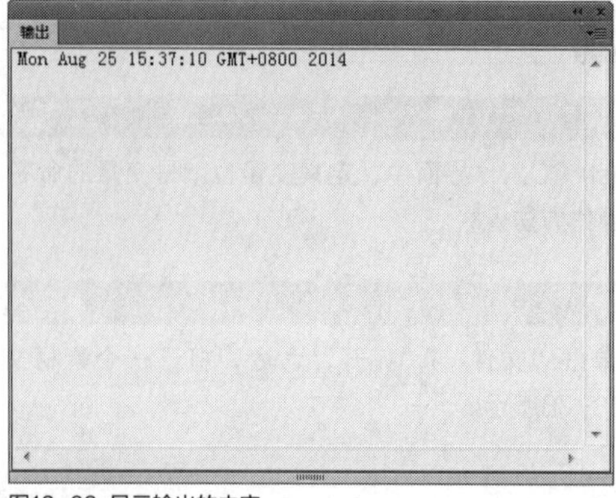

图18-83 显示输出的内容

知识拓展

在编辑脚本时，清楚地知道变量或表达式的数据类型，有助于脚本的编辑。使用Typeof命令可以对变量或表达式的类型进行设定。在Flash CC中，包括数值型变量、字符串变量、逻辑变量以及对象型变量4种，各变量的含义分别如下。

- 数值型变量：一般用于存储一些特定的数值，如日期等。
- 字符串变量：用户保存特定的文本信息，如姓名等。
- 逻辑变量：用于判定指定的条件是否成立，其值有两种，分别是True和False。其中，True表示条件成立；False表示条件不成立。
- 对象型变量：用于存储对象型的数据。

实战 480 编写传递变量

- 实例位置：光盘\效果\第18章\彩色人生.fla
- 素材位置：光盘\素材\第18章\彩色人生.fla
- 视频位置：光盘\视频\第18章\实战480.mp4

• 实例介绍 •

在Flash CC工作界面中，传递变量是将变量一个一个地传递下去，将赋值运算符（等号）作为传递呼号。下面向读者介绍编写传递变量的操作方法。

• 操作步骤 •

STEP 01 单击“文件”|“打开”命令，打开一个素材文件，如图18-84所示。

图18-84 打开一个素材文件

STEP 02 在“时间轴”面板中，选择“图层1”图层的第1帧，如图18-85所示。

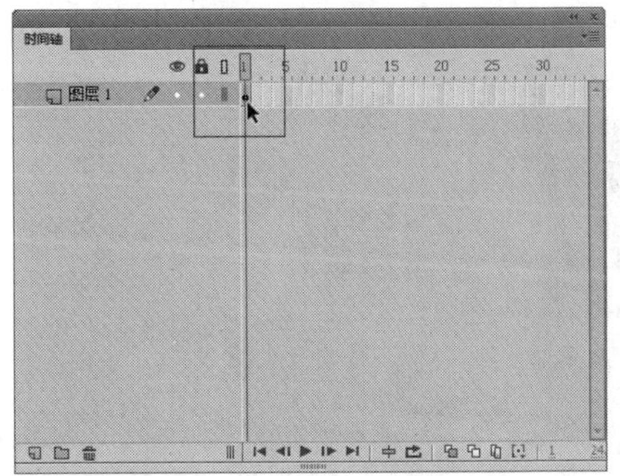

图18-85 选择图层的第1帧

STEP 03 在该关键帧上，单击鼠标右键，在弹出的快捷菜单中选择“动作”选项，打开“动作”面板，在其中输入相应动作脚本，如图18-86所示。

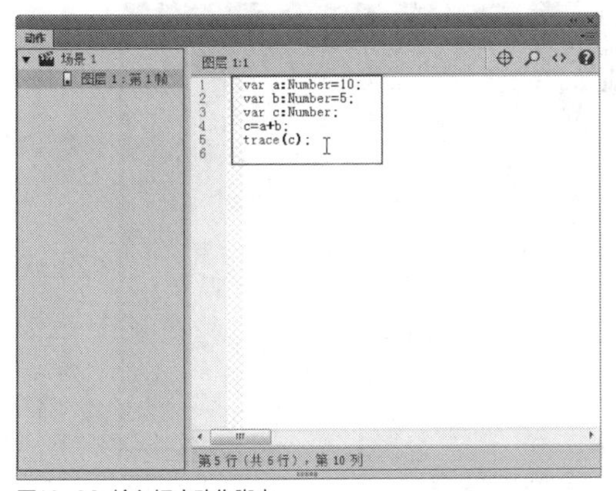

图18-86 输入相应动作脚本

STEP 04 输入完成后，即可完成传递变量的脚本编辑，按【Ctrl+Enter】组合键，测试影片，在“输出”面板中将显示输出的传递结果，如图18-87所示。

图18-87 显示输出的传递结果

实战 481 获取对象属性

▶ 实例位置：光盘\效果\第18章\记事贴.fla
▶ 素材位置：光盘\素材\第18章\记事贴.fla
▶ 视频位置：光盘\视频\第18章\实战481.mp4

• 实例介绍 •

属性是对象的基本特征，它表示某个对象中绑定在一起的若干数据块中的一个，如影片剪辑元件的位置、大小和透明度等。例如：

Bird.x=50;

//将名为Bird的影片剪辑元件移到X坐标为50像素的地方

Bird.scale=2;

//更改Bird影片剪辑的水平缩放比例，使宽度为原始宽度的2倍

Bird.rotation=Birds.rotation;

//使用rotation属性旋转Bird影片剪辑元件以便与Birds影片剪辑元件的旋转相匹配

从上面的3条语句可以发现属性的通用结构为：对象名称（变量名）.属性名称，在Flash CC中，可以通过trace语句获取对象的属性。

• 操作步骤 •

STEP 01 单击“文件”|“打开”命令，打开一个素材文件，如图18-88所示。

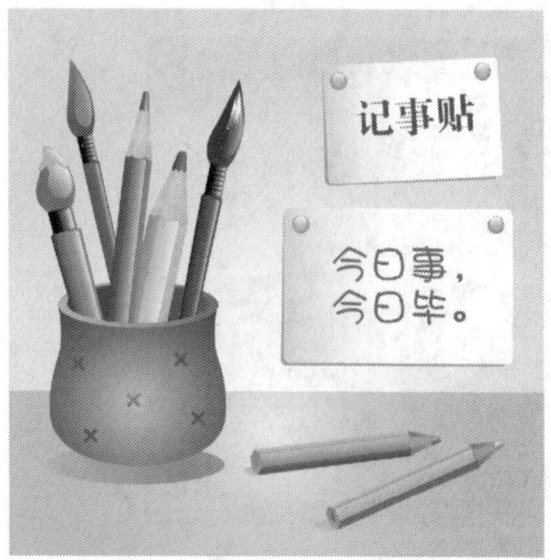

图18-88 打开一个素材文件

STEP 02 在“时间轴”面板中选择AS图层的第1帧，单击鼠标右键，在弹出的快捷菜单中选择“动作”选项，如图18-89所示。

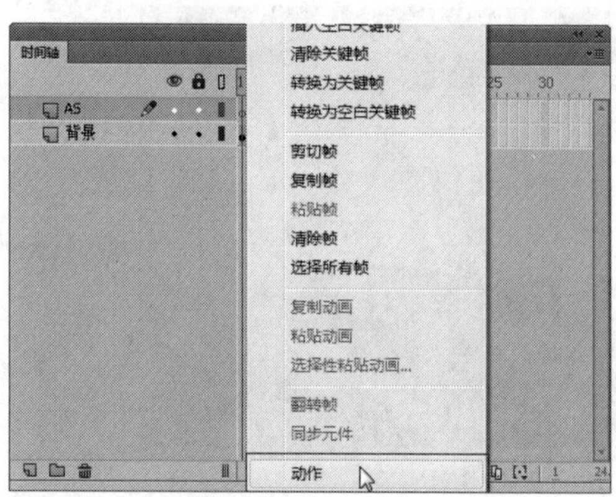

图18-89 选择“动作”选项

STEP 03 在弹出的“动作”面板的脚本编辑窗口中，输入相关代码，如图18-90所示。

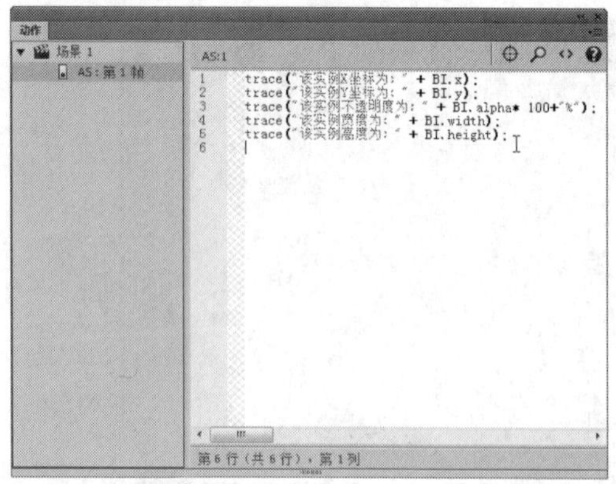

图18-90 输入相关代码

STEP 04 按【Ctrl+Enter】组合键，测试影片，在“输出”面板中，将显示获取的对象属性，效果如图18-91所示。

图18-91 显示获取的对象属性

实战 482 设置对象坐标

▶实例位置：光盘\效果\第18章\风车.fla
▶素材位置：光盘\素材\第18章\风车.fla
▶视频位置：光盘\视频\第18章\实战482.mp4

• 实例介绍 •

在Flash CC工作界面中，设置对象坐标的方法有很多，最直接的方法就是拖曳鼠标。但是这种方法不能精确地定位对象的位置，一般情况下，可以在“属性”面板中设置X、Y文本框的值。下面向读者介绍对象坐标的操作方法。

• 操作步骤 •

STEP 01 单击“文件”|“打开”命令，打开一个素材文件，如图18-92所示。

图18-92 打开一个素材文件

STEP 02 在舞台中，选择需要设置坐标的图形对象，如图18-93所示。

图18-93 选择图形对象

STEP 03 在“时间轴”面板中，选择“风车”图层的第1帧，如图18-94所示。

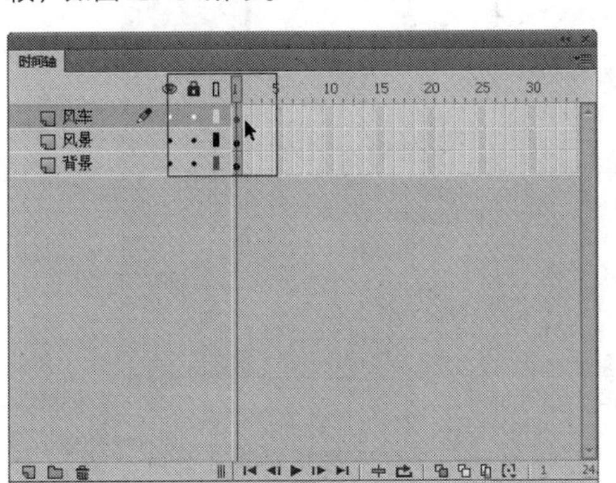

图18-94 选择图层的第1帧

STEP 04 在该帧上，单击鼠标右键，在弹出的快捷菜单中选择“动作”选项，如图18-95所示。

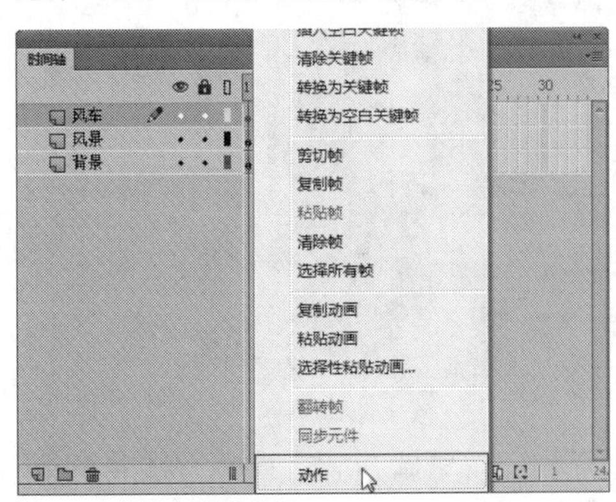

图18-95 选择“动作”选项

知识拓展

所谓变量的使用范围就是变量被认可和可以被引用的区域。在动作脚本中，有局部变量和全局变量两种类型，全局变量在整个动画的脚本中都有效，而局部变量只在它自己的的作用域内有效。

使用局部变量的好处在于可以减少发生程序错误的可能。比如，在一个函数中使用了局部变量，那么这个变量只会在函数内部被改变。而一个全局变量则可在整个程序的任何位置被改变，使用错误的变量可能会导致函数返回错误的结果，甚至使整个系统崩溃。

使用局部变量可以防止名字冲突，而名字冲突可能会导致致命的程序错误。例如，变量n是一个局部变量，它可以用在一个MovieClip对象中计数；而另外的一个MovieClip对象中可能也有一个变量n，它可能用作一个循环变量。因为它们有不同的作用域，所以并不会造成任何冲突。

STEP 05 执行操作后，弹出“动作”面板，在脚本编辑窗口输入相应内容，如图18-96所示。

STEP 06 执行操作后，即可设置对象的坐标，按【Ctrl+Enter】组合键，测试动画，可以预览更改坐标后的动画效果，如图18-97所示。

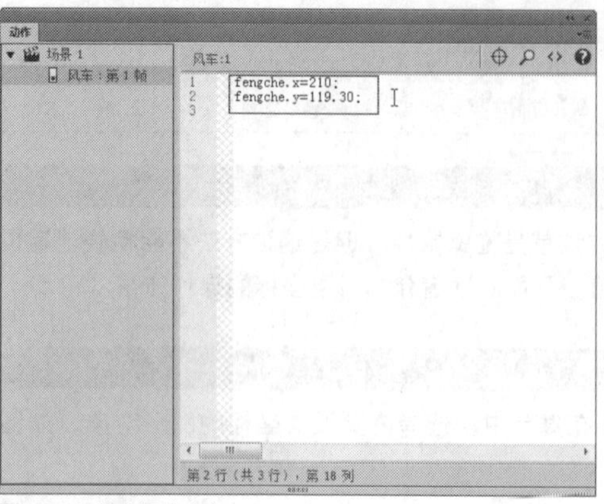

图18-96 输入相应内容

图18-97 预览更改坐标后的动画效果

实战483 设置对象透明度

▶实例位置：光盘\效果\第18章\手机广告.fla
▶素材位置：光盘\素材\第18章\手机广告.fla
▶视频位置：光盘\视频\第18章\实战483.mp4

• 实例介绍 •

在Flash CC工作界面中，用户可以通过动作脚本设置对象的透明度效果，下面介绍其方法。

• 操作步骤 •

STEP 01 单击“文件”|“打开”命令，打开一个素材文件，如图18-98所示。

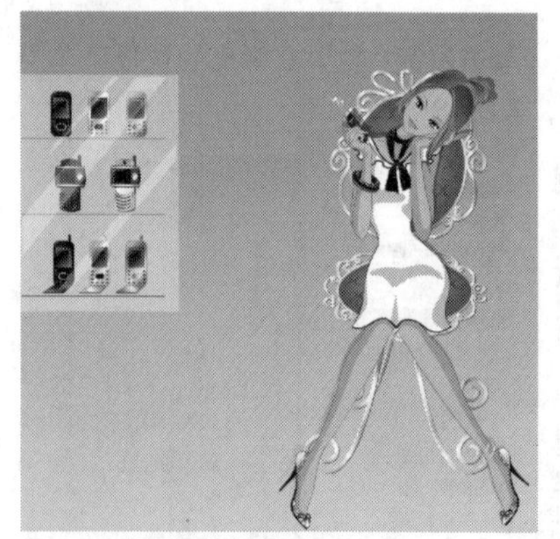

图18-98 打开一个素材文件

STEP 02 在Action图层第1帧上，单击鼠标右键，在弹出的快捷菜单中选择“动作”选项，如图18-99所示。

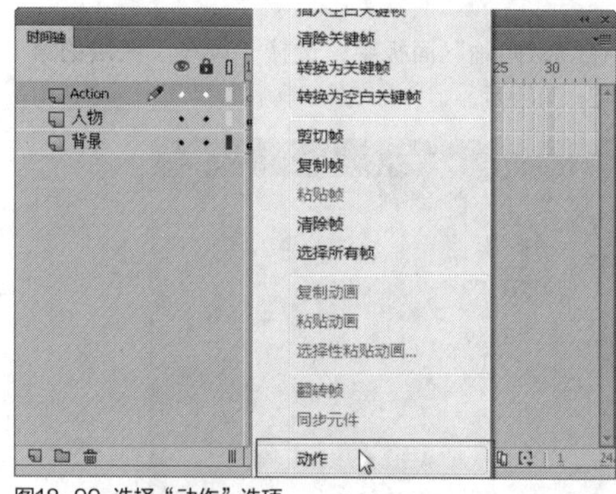

图18-99 选择“动作”选项

STEP 03 执行操作后，弹出“动作”面板，在脚本编辑窗口输入相应内容，如图18-100所示。

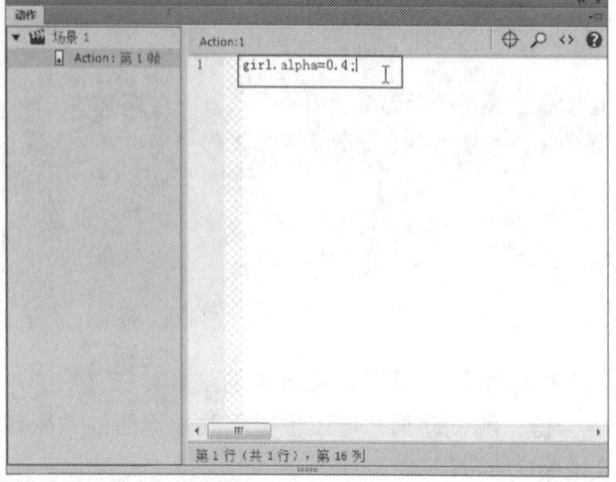

图18-100 输入相应内容

STEP 04 执行操作后，即可设置对象的透明度，按【Ctrl+Enter】组合键，测试动画，可以预览更改透明度后的动画效果，如图18-101所示。

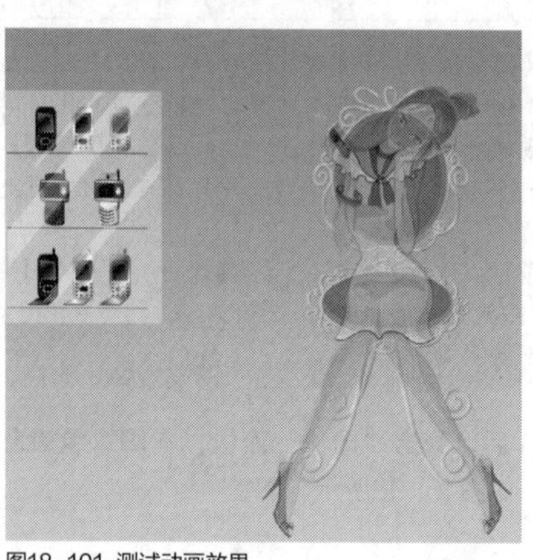

图18-101 测试动画效果

实战 484 设置对象宽高属性

▶实例位置：光盘\效果\第18章\品茶.fla
▶素材位置：光盘\素材\第18章\品茶.fla
▶视频位置：光盘\视频\第18章\实战484.mp4

• 实例介绍 •

在Flash CC工作界面中，除了可以获取对象的属性、设置对象的坐标外，还可以设置对象的宽高属性。下面主要向读者介绍设置对象宽高的方法。

• 操作步骤 •

STEP 01 单击“文件”|“打开”命令，打开一个素材文件，如图18-102所示。

图18-102 打开一个素材文件

STEP 02 在舞台中，选择需要设置宽度和高度的实例，如图18-103所示。

图18-103 选择实例对象

STEP 03 在“属性”面板中，设置“名称”为pincha_1，如图18-104所示。

STEP 04 在“时间轴”面板中，选择“图层2”图层的第1帧，单击鼠标右键，在弹出的快捷菜单中选择“动作”选项，如图18-105所示。

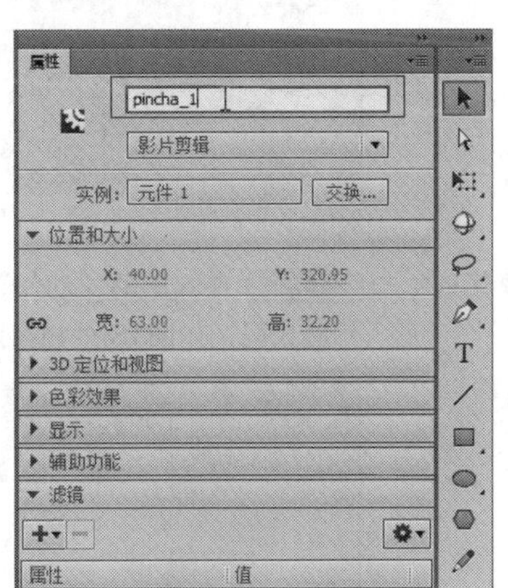

图18-104 设置实例名称

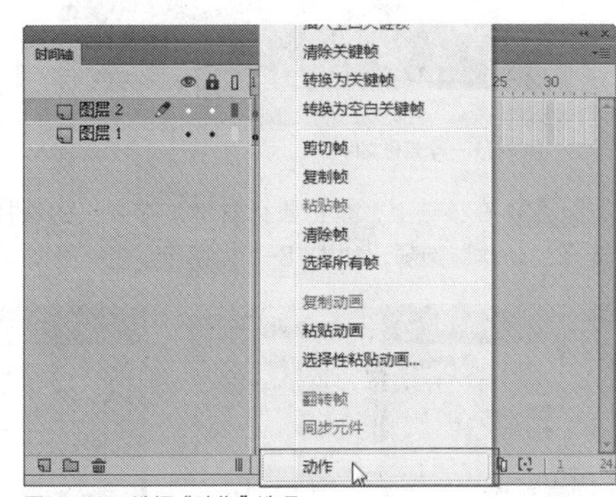

图18-105 选择“动作”选项

STEP 05 在弹出的“动作”面板的脚本编辑窗口中，输入相应代码，如图18-106所示。

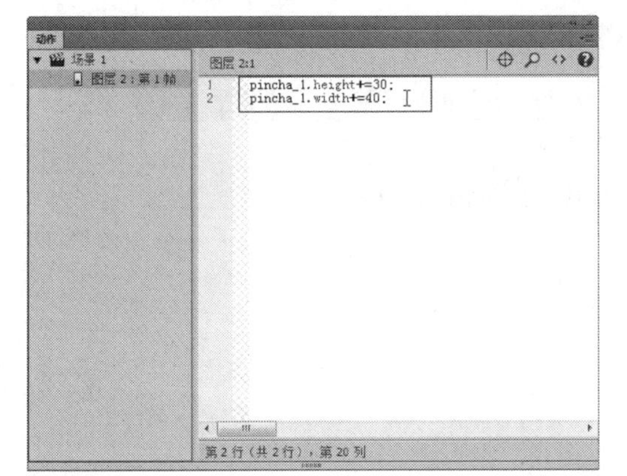

图18-106 输入相应代码

STEP 06 执行操作后，即可设置对象的宽高，按【Ctrl + Enter】组合键，测试影片效果，如图18-107所示。

图18-107 测试影片效果

18.5 控制影片播放

在Flash CC工作界面中，当用户掌握了编写基本ActionScript脚本的方法后，就可以在Flash中通过脚本控制影片播放了。本节主要向读者详细介绍控制影片播放的操作方法。

实战485 停止影片

▶ 实例位置：光盘\效果\第18章\酷吧.fla
▶ 素材位置：光盘\素材\第18章\酷吧.fla
▶ 视频位置：光盘\视频\第18章\实战485.mp4

• 实例介绍 •

在Flash CC工作界面中，单击该按钮，调用tingzhi函数，再声明一个名为tingzhi的函数，参数为鼠标事件，鼠标事件发生，则停止影片播放。

• 操作步骤 •

STEP 01 单击“文件”|“打开”命令，打开一个素材文件，如图18-108所示。

图18-108 打开一个素材文件

STEP 02 在“时间轴”面板中，选择Action图层的第1帧，如图18-109所示。

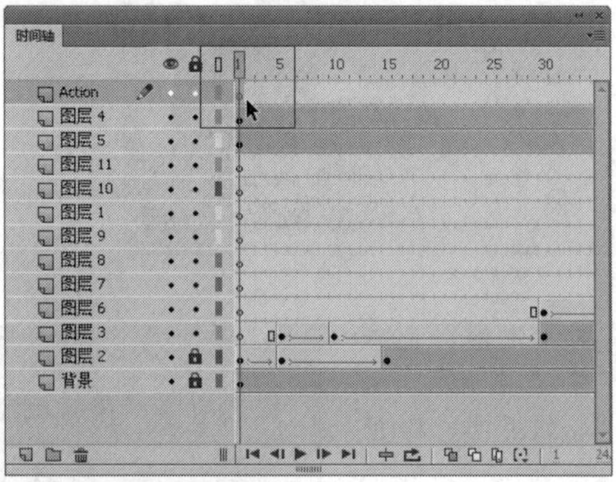

图18-109 选择图层的第1帧

STEP 03 在该帧上，单击鼠标右键，在弹出的快捷菜单中选择“动作”选项，如图18-110所示。

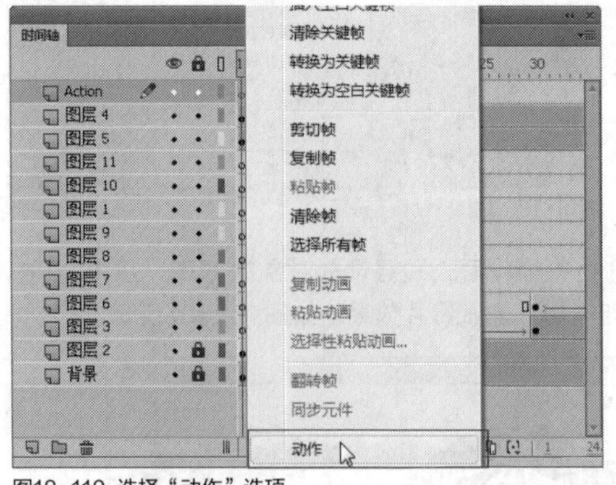

图18-110 选择“动作”选项

STEP 04 在弹出的“动作”面板的脚本编辑窗口中，输入相应代码，如图18-111所示。

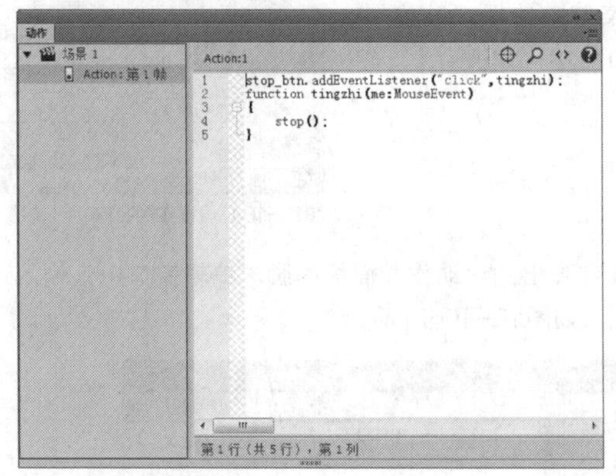

图18-111 输入相应代码

STEP 05 按【Ctrl+Enter】组合键，测试影片，单击暂停按钮，停止播放，如图18-112所示。

图18-112 测试影片播放效果

技巧点拨

在ActionScript 3.0中，将不能再对按钮和影片剪辑对象直接添加脚本，只能在帧上或在外部AS文件中添加脚本控制各对象。

实战 486 播放影片

▶ 实例位置：光盘\效果\第18章\蟹行天下.fla
▶ 素材位置：光盘\素材\第18章\蟹行天下.fla
▶ 视频位置：光盘\视频\第18章\实战486.mp4

• 实例介绍 •

播放控制是Flash影片中常用的表达方式，一般在播放器中载入SWF动画之后，将自动从第1帧开始播放。除此之外，在制作动画时，用户可以通过单击播放或暂停按钮来控制动画的播放状态。

• 操作步骤 •

STEP 01 单击“文件”|“打开”命令，打开一个素材文件，如图18-113所示。

STEP 02 在舞台中，选择play按钮元件实例，如图18-114所示。

图18-113 打开一个素材文件

图18-114 选择play按钮元件实例

STEP 03 在“属性”面板中，设置“实例名称”为p_button，如图18-115所示。

STEP 04 在舞台中，选择stop按钮元件实例，如图18-116所示。

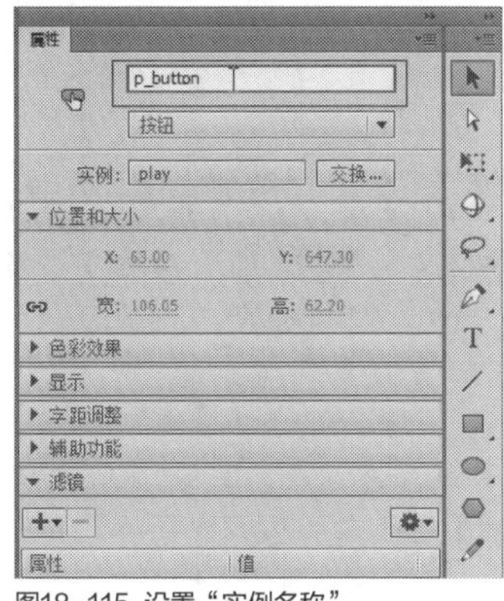

图18-115 设置“实例名称”

图18-116 选择stop按钮元件实例

STEP 05 在“属性”面板中，设置“实例名称”为s_button，如图18-117所示。

图18-117 设置“实例名称”

STEP 06 在“时间轴”面板中，选择AS图层的第1帧，打开“动作”面板，在脚本编辑窗口中输入相应代码，如图18-118所示。

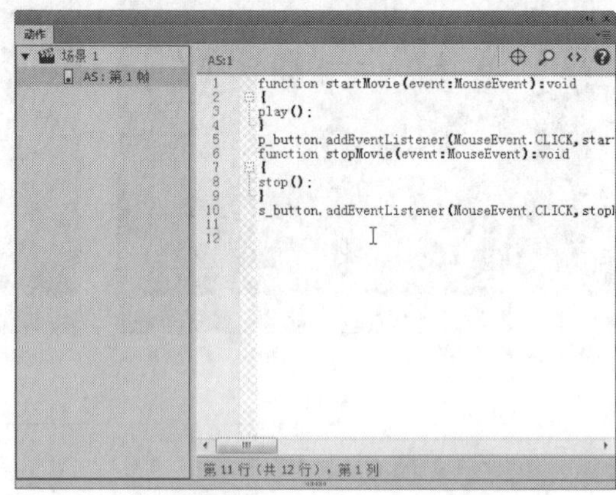

图18-118 输入相应代码

STEP 07 按【Ctrl+Enter】组合键，测试影片，单击PLAY按钮，动画将开始播放，单击STOP按钮，动画将停止播放，效果如图18-119所示。

图18-119 控制动画的播放

实战 487 全屏播放影片

- 实例位置：光盘\效果\第18章\桥的彼端.fla
- 素材位置：光盘\素材\第18章\桥的彼端.fla
- 视频位置：光盘\视频\第18章\实战487.mp4

• 实例介绍 •

在Flash CC工作界面中，用户通过使用相应代码的方式，可以设置影片为全屏播放模式。下面向读者介绍全屏播放影片的操作方法。

• 操作步骤 •

STEP 01 单击“文件”|“打开”命令，打开一个素材文件，如图18-120所示。

STEP 02 在舞台中，选择“全屏”按钮元件，如图18-121所示。

图18-120 打开一个素材文件

图18-121 选择“全屏”按钮元件

STEP 03 在“属性”面板中，设置“实例名称”为quanping，如图18-122所示。

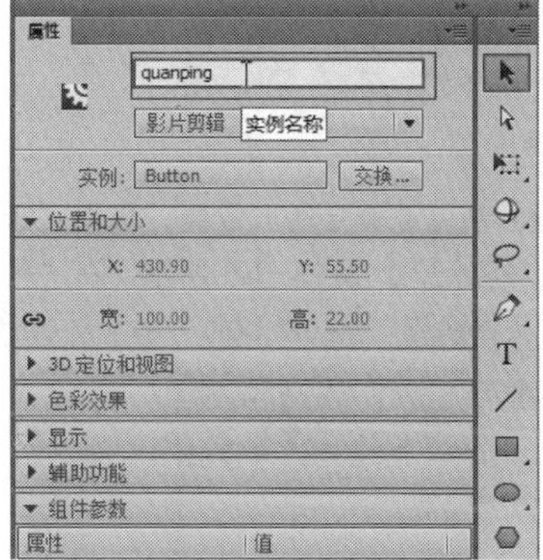

图18-122 设置“实例名称”

STEP 04 在“图层3”图层中，选择第1帧，单击鼠标右键，在弹出的快捷菜单中选择“动作”选项，如图18-123所示。

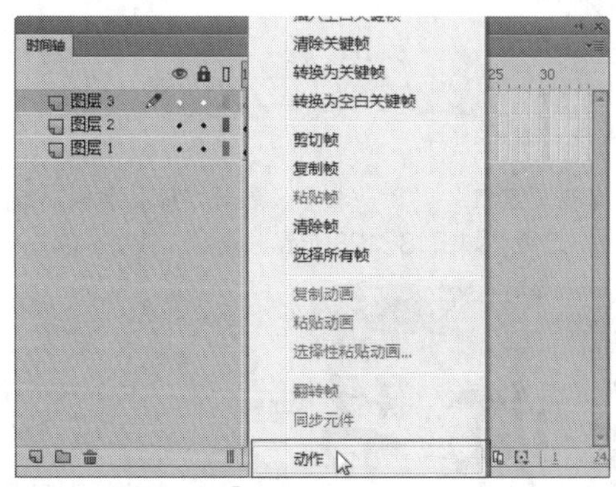

图18-123 选择“动作”选项

STEP 05 打开“动作”面板，在脚本编辑窗口中输入相应脚本内容，如图18-124所示。

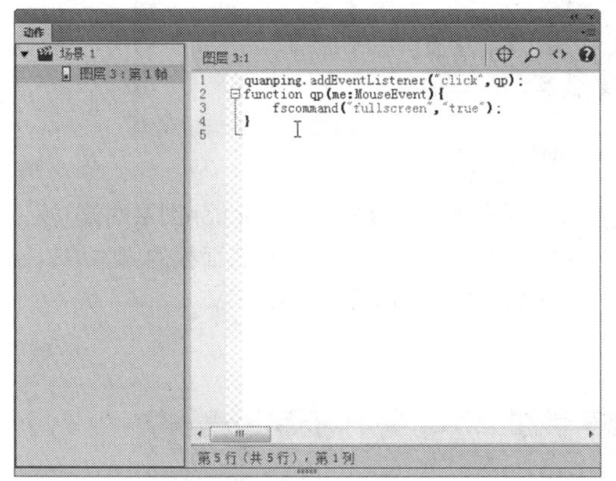

图18-124 输入相应脚本内容

STEP 06 按【Ctrl＋Enter】组合键测试影片，单击“全屏”按钮，如图18-125所示，即可全屏。

图18-125 单击“全屏”按钮

技巧点拨

当用户测试全屏播放动画时，先发布影片到本地文件夹中，再从文件夹中双击打开所发布的swf影片文件，因为在源文件中按【Ctrl+Enter】组合键测试影片，不能测试全屏效果。

实战 488 跳转至场景或帧

- **实例位置**：光盘\效果\第18章\节日.fla
- **素材位置**：光盘\素材\第18章\节日.fla
- **视频位置**：光盘\视频\第18章\实战488.mp4

• 实例介绍 •

在Flash CC工作界面中，播放跳转至其他场景或帧，是Flash影片中常用的表现手法，用户可以通过单击链接不同界面的按钮来控制动画的播放跳转状态。

• 操作步骤 •

STEP 01 单击“文件”|“打开”命令，打开一个素材文件，如图18-126所示。

图18-126 打开一个素材文件

STEP 02 在“时间轴”面板中，选择anniu图层的第1帧，如图18-127所示。

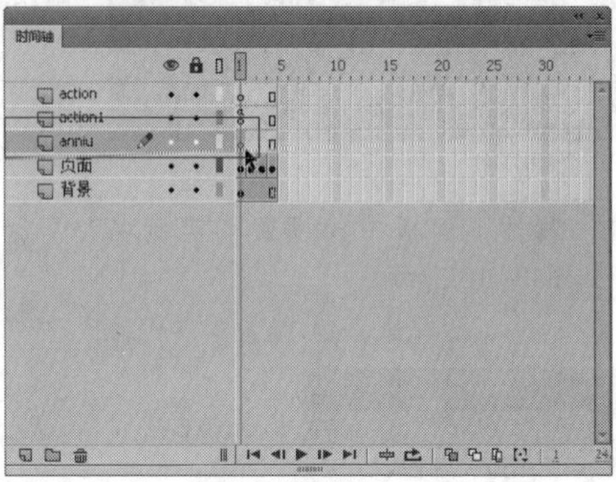

图18-127 选择anniu图层的第1帧

STEP 03 单击“窗口”|“库”命令，展开“库”面板，选择“按钮1”元件，如图18-128所示。

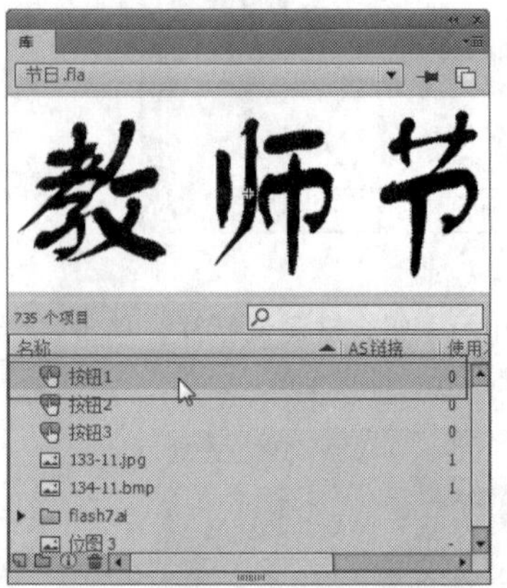

图18-128 选择“按钮1”元件

STEP 04 单击鼠标左键并拖曳至舞台适当位置，释放鼠标左键，即可创建按钮元件实例，如图18-129所示，在“属性”面板中，设置其“实例名称”为teacher。

图18-129 创建按钮元件实例

STEP 05 用与上同样的方法，在“库”面板中，分别选择“按钮2”“按钮3”按钮元件，单击鼠标左键并拖曳至舞台适当位置，释放鼠标左键，创建按钮元件实例，如图18-130所示。在“属性”面板中，设置其“实例名称”分别为mother、father。

图18-130 创建按钮元件实例

STEP 06 在“时间轴”面板中，选择action图层的第1帧，按【F9】键，弹出“动作”面板，在该面板的脚本编辑窗口输入相应语句，如图18-131所示。

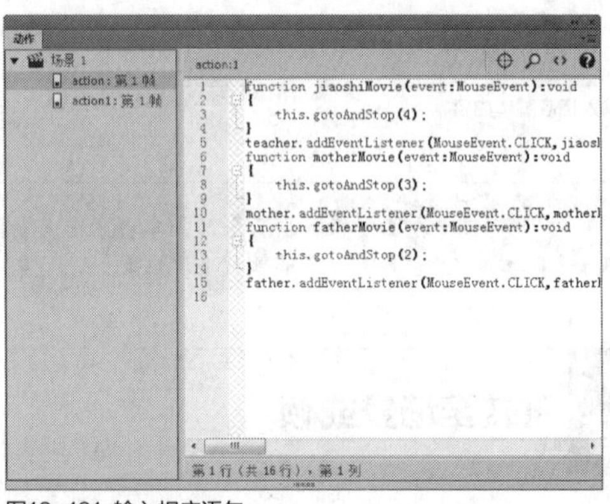

图18-131 输入相应语句

STEP 07 单击“控制”|“测试”命令，测试动画效果，如图18-132所示。

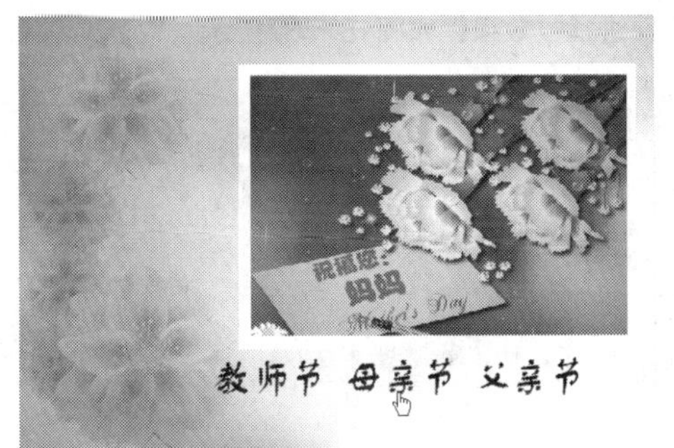

图18-132 测试动画效果

技巧点拨

在Flash CC工作界面中，跳转至某帧后停止播放的代码为gotoAndStop()，跳到上一场景为prevScene()，跳到下一场景为nextScene()。

实战 489 快进播放

▶实例位置：光盘\效果\第18章\小鱼游过.fla
▶素材位置：光盘\素材\第18章\小鱼游过.fla
▶视频位置：光盘\视频\第18章\实战489.mp4

• 实例介绍 •

在Flash CC工作界面中，用户通过使用相应代码的方式，可以设置影片为快进播放。下面向读者介绍快进播放影片的操作方法。

• 操作步骤 •

STEP 01 单击“文件”|“打开”命令，打开一个素材文件，如图18-133所示。

图18-133 打开一个素材文件

STEP 02 在舞台中，选择“快进播放”按钮元件，如图18-134所示。

图18-134 选择“快进播放”按钮

STEP 03 在“属性”面板中，设置“实例名称”为kuaijin，如图18-135所示。

STEP 04 选择“图层4”图层的第1帧，打开“动作”面板，在其中输入相应动作脚本，如图18-136所示。

图18-135 设置“实例名称”

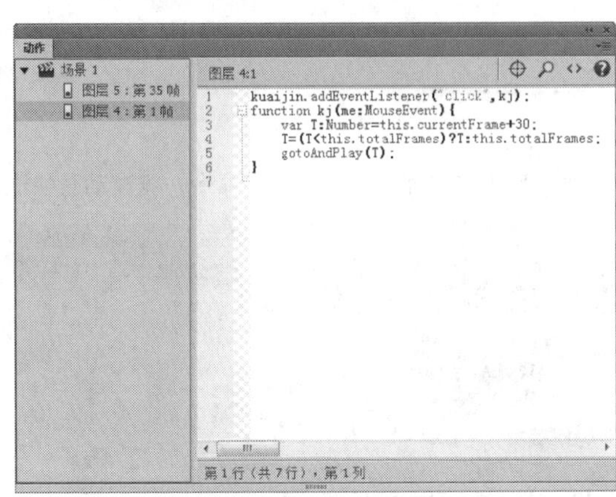

图18-136 输入相应动作脚本

STEP 05 单击“控制”|“测试”命令，测试动画快进播放效果，如图18-137所示。

图18-137 测试动画快进播放效果

实战490 快退播放

▶实例位置：光盘\效果\第18章\小鱼游过1.fla
▶素材位置：光盘\素材\第18章\小鱼游过.fla
▶视频位置：光盘\视频\第18章\实战490.mp4

• 实例介绍 •

在Flash CC工作界面中，用户可以设置影片中的相应代码，赋予影片具有快退播放的功能。下面向读者介绍快退播放影片的操作方法。

• 操作步骤 •

STEP 01 单击“文件”|“打开”命令，打开上一例的素材文件，在舞台中选择“快退播放”按钮元件，如图18-138所示。

图18-138 选择“快退播放”按钮元件

STEP 02 在“属性”面板中，设置“实例名称”为kuaitui，如图18-139所示。

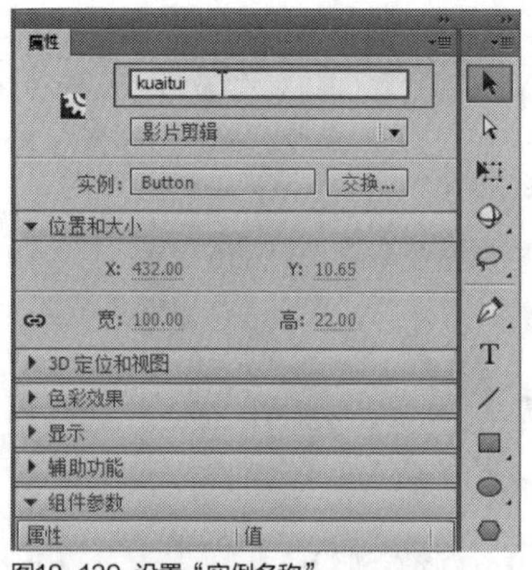

图18-139 设置“实例名称”

STEP 03 选择“图层4”图层的第1帧，打开“动作”面板，在其中输入相应动作脚本，如图18-140所示。

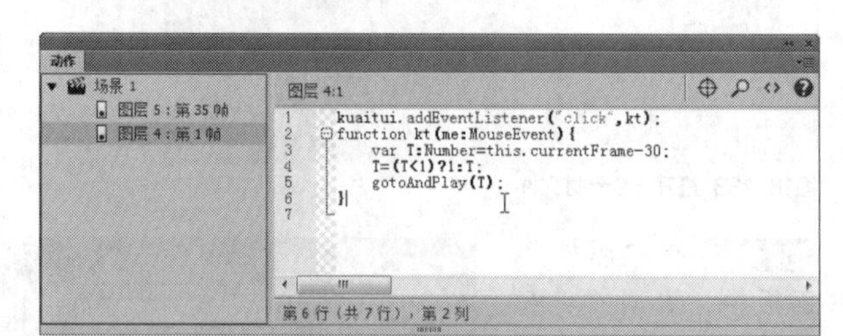

图18-140 输入相应动作脚本

STEP 04 单击“控制”|“测试”命令，测试动画快退播放效果，如图18-141所示。

图18-141 测试动画快退播放效果

技巧点拨

在“动作”面板中，通过currentFrame属性可取得在影片片段时间轴上播放磁头所在的帧编号，totalFrames属性会返回影片片段实体对象中的帧总数。

实战 491 逐帧播放影片

▶ **实例位置：** 光盘\效果\第18章\小鱼游过2.fla
▶ **素材位置：** 光盘\素材\第18章\小鱼游过.fla
▶ **视频位置：** 光盘\视频\第18章\实战491.mp4

• 实例介绍 •

在Flash CC工作界面中，用户还可以通过相应代码制作影片为逐帧播放效果。下面介绍用代码设置逐帧播放影片的操作方法。

• 操作步骤 •

STEP 01 单击“文件”|“打开”命令，打开上一例的素材文件，在舞台中选择“逐帧播放”按钮元件，如图18-142所示。

图18-142 打开上一例的素材文件

STEP 02 在“属性”面板中，设置“实例名称”为zhuzhen，如图18-143所示。

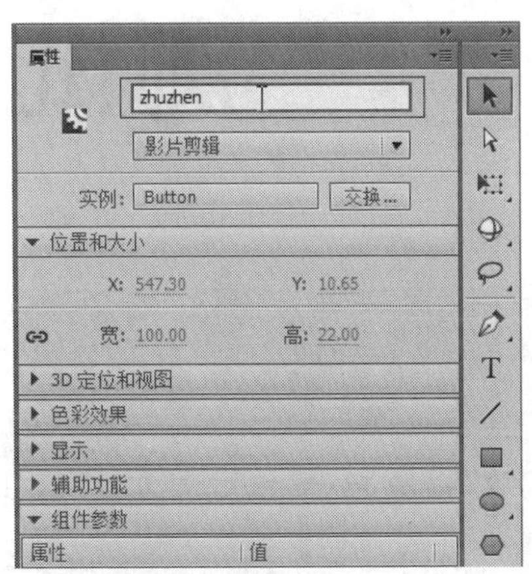

图18-143 设置“实例名称”

STEP 03 选择“图层4”图层的第1帧，打开“动作”面板，在其中输入相应动作脚本，如图18-144所示。

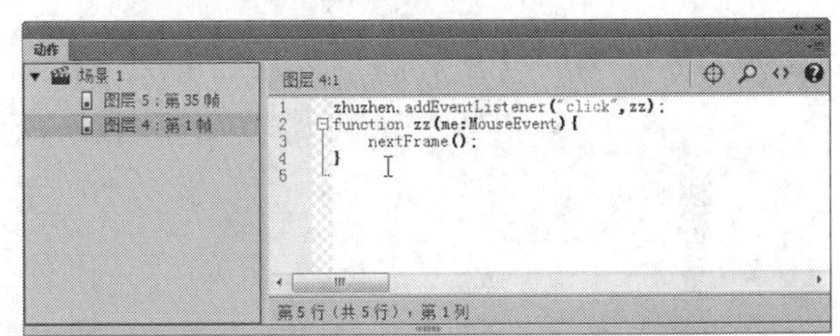

图18-144 输入相应动作脚本

STEP 04 单击“控制”|“测试”命令，测试动画逐帧播放效果，如图18-145所示。

图18-145 测试动画逐帧播放效果

第 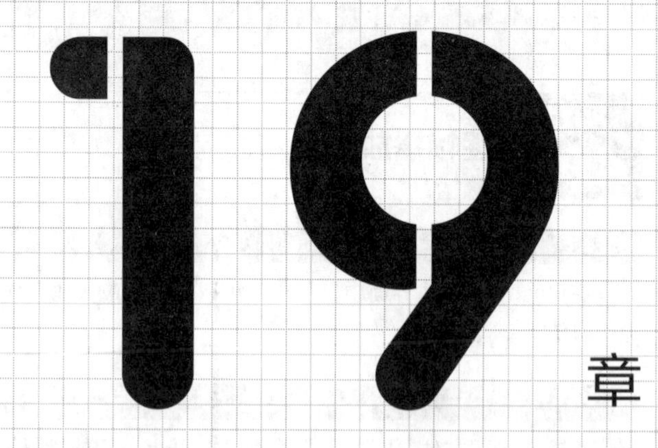 章

测试与导出动画文件

本章导读

作为制作网络多媒体的Flash，它的最终产物是Flash动画，是要放到网络环境中让其他用户浏览的。因此，在Flash CC中也提供了大量的下载模式来应付复杂多样的网络环境。在运用Flash CC制作动画完毕之后，需要测试和发布才能对动画进行测试和导出，对动画进行测试可以查看动画是否达到预期效果，优化动画可以使动画文件的体积缩小，以确保动画的正常播放。本章主要向读者详细介绍测试与发布影片文件的操作方法。

要点索引

- 优化与测试影片
- 将Flash导出为图像
- 将Flash导出为影片
- 影片发布方式

19.1 优化与测试影片

在Flash CC工作界面中，Flash动画文件越大，其下载和播放所需要的时间就越长。虽然在发布动画时，系统会自动进行一些优化，但用户在设计时还应当从整体上对动画进行优化。本节主要向读者介绍优化与测试影片的操作方法。

实战 492 优化影片文件

▶ 实例位置：光盘\效果\第19章\美女动画.fla
▶ 素材位置：光盘\素材\第19章\美女动画.fla
▶ 视频位置：光盘\视频\第19章\实战492.mp4

• 实例介绍 •

在Flash CC工作界面中，用户对影片文件进行优化可以使制作的动画达到最好的效果。下面向读者介绍优化影片文件的操作方法。

• 操作步骤 •

STEP 01 单击“文件”|“打开”命令，打开一个素材文件，如图19-1所示。

图19-1 打开一个素材文件

STEP 02 在“时间轴”面板中，按住【Shift】键的同时，选择“图层1”图层的第2帧至第9帧，如图19-2所示。

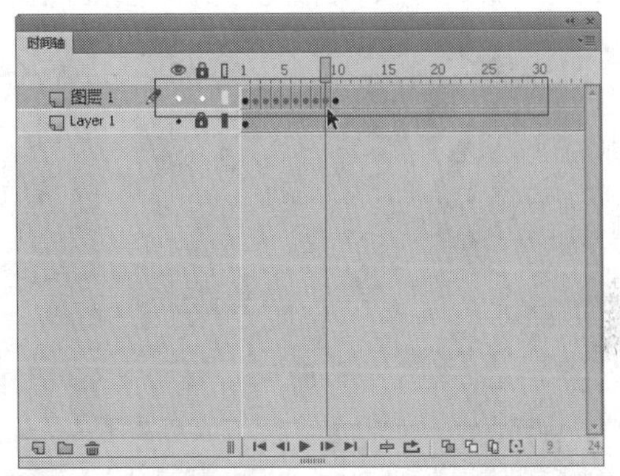

图19-2 选择第2帧至第9帧

知识拓展

在运用Flash CC制作动画的过程中，为了使制作的动画达到最好的效果，可以从以下6个方面对影片进行优化。

- 限制每个关键帧中的改变区域，在尽可能小的区域中执行动作。
- 用图层将静态和动态的元素分开，避免出现错误。
- 对于影片中多次使用的元素，应将其转换为元件，这样不仅可以方便对文档的编辑，而且不会占用太多的内存。
- 尽量避免使用位图图像制作动画，而应将位图图像作为静态元素或背景。
- 在制作动画时，要尽量避免使用逐帧动画，而用渐变动画来代替逐帧动画，因为渐变动画的数据量大大小于逐帧动画。
- 对于导入Flash影片中的音频文件，尽可能使用压缩后效果最好的MP3文件格式。

STEP 03 在选择的帧上，单击鼠标右键，在弹出的快捷菜单中选择“清除关键帧”选项，如图19-3所示。

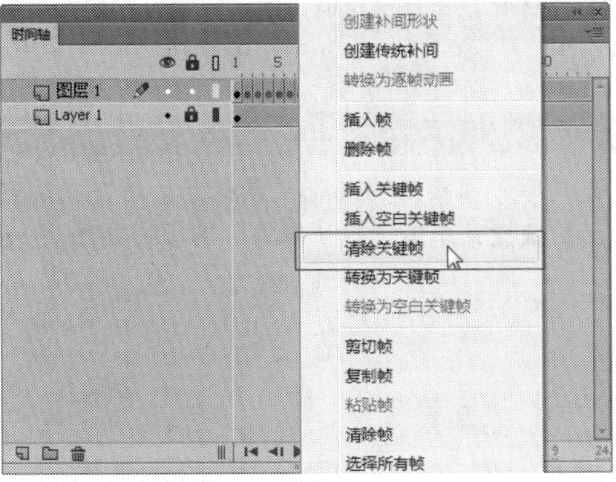

图19-3 选择“清除关键帧”选项

STEP 04 执行操作后，即可清除选择的关键帧，将其转换为普通帧，如图19-4所示。

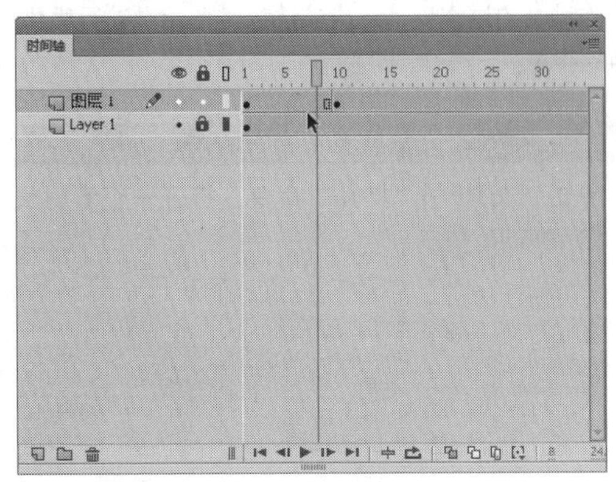

图19-4 清除选择的关键帧

STEP 05 在第1帧至第10帧中的任意一帧上，单击鼠标右键，在弹出的快捷菜单中选择“创建传统补间”选项，如图19-5所示。

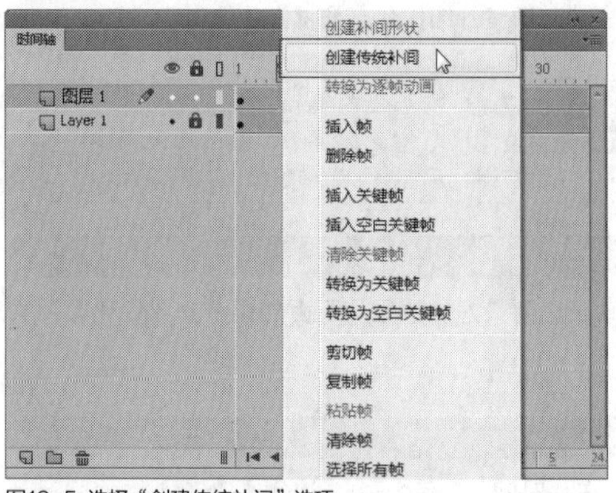

图19-5 选择“创建传统补间”选项

STEP 06 执行操作后，即可创建传统补间动画，如图19-6所示。

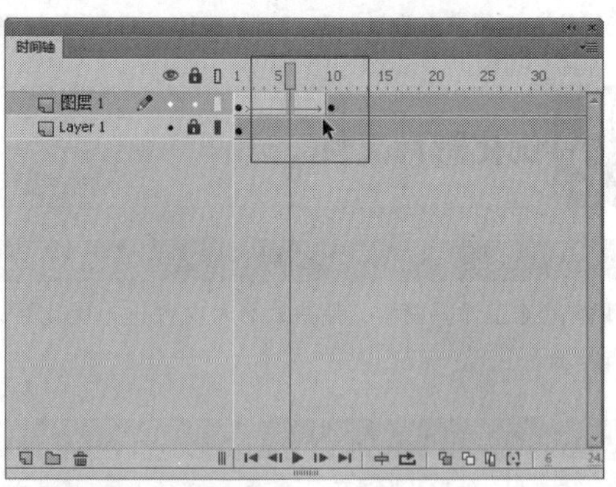

图19-6 创建传统补间动画

STEP 07 至此，完成对影片文件的优化，预览舞台中的动画效果，如图19-7所示。

图19-7 预览舞台中的动画效果

技巧点拨

在Flash CC工作界面中，由于补间动画中的过渡帧是系统计算得到的，逐帧动画的过渡帧是通过用户添加对象而得到的，补间动画的数据量相对逐帧动画而言要小得多，因此制作动画时最好减少逐帧动画的使用，尽量使用补间动画。

实战493 优化图像元素

▶ 实例位置：光盘\效果\第19章\化妆台.fla
▶ 素材位置：光盘\素材\第19章\化妆台.fla
▶ 视频位置：光盘\视频\第19章\实战493.mp4

• 实例介绍 •

在制作动画的过程中，还应该注意对各元素进行优化。对图像元素进行优化，主要是压缩位图，因为位图会大幅度增加动画的容量。

• 操作步骤 •

STEP 01 单击“文件”|“打开”命令，打开一个素材文件，如图19-8所示。

STEP 02 在“库”面板中的“花”素材上，单击鼠标右键，在弹出的快捷菜单中选择“属性”选项，如图19-9所示。

图19-8 打开一个素材文件

知识拓展

用户在运用Flash CC软件制作动画过程中，可以通过以下4种方法对动画中的图像元素进行优化处理。

➢ 用矢量线代替矢量色块图形，因为前者的数据量要少于后者。

➢ 尽可能少使用特殊类型的线条数量，如点刻线、虚线和斑马线等，使用实线会使文件更小。

➢ 尽量减少矢量图形的形状复杂程序，如减少矢量曲线的折线数量。

➢ 避免过多地使用位图等外部导入对象，否则动画中的位图素材会增加作品的容量。如果动画中有位图素材，在该素材属性对话框中设置较大的压缩比例，也可以减少该位图素材的数据量。

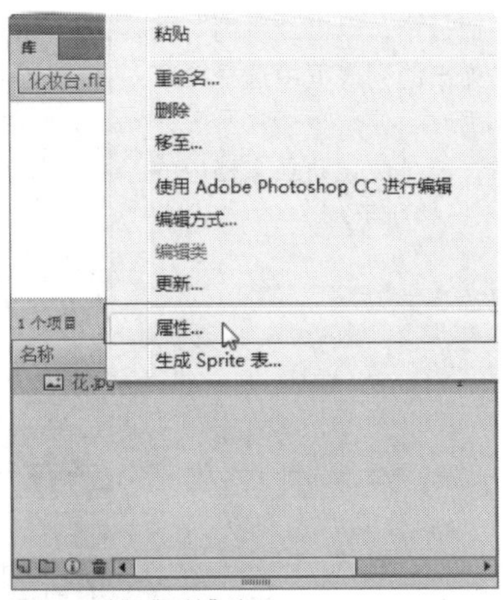

图19-9 选择“属性”选项

STEP 03 执行操作后，弹出“位图属性”对话框，在“品质”选项区中，选中“自定义”单选按钮，如图19-10所示，单击“确定”按钮，即可完成对图像元素的优化。

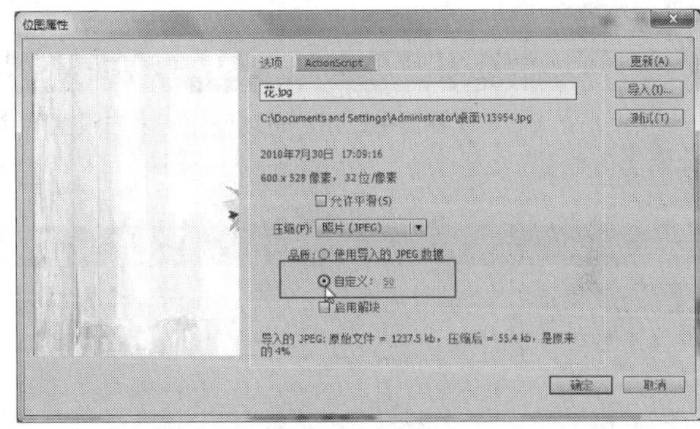

图19-10 选中“自定义”单选按钮

实战 494 优化文本元素

▶ 实例位置：光盘\效果\第19章\爱情宣言.fla
▶ 素材位置：光盘\素材\第19章\爱情宣言.fla
▶ 视频位置：光盘\视频\第19章\实战494.mp4

• 实例介绍 •

在制作动画的过程中，用户不要使用太多种类的字体和样式，不对文字进行分离，在嵌入字体时，选择嵌入所需的字符，而不要选择嵌入整个字体。下面向读者介绍优化文本元素的方法。

• 操作步骤 •

STEP 01 单击“文件”|“打开”命令，打开一个素材文件，如图19-11所示。

STEP 02 运用选择工具，选择舞台区的文本对象，如图19-12所示。

图19-11 打开一个素材文件

图19-12 选择舞台区的文本

STEP 03 在“属性”面板中，单击“系列”右侧的下三角按钮，在弹出的列表框中选择“黑体”选项，如图19-13所示。

STEP 04 执行操作后，即可优化动画文档中的文本元素，效果如图19-14所示。

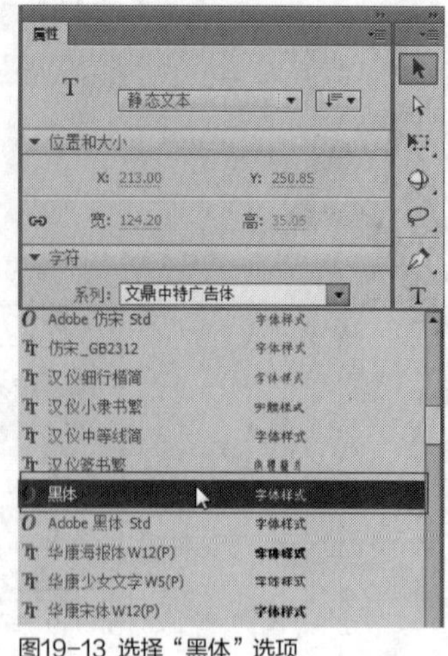
图19-13 选择“黑体”选项

图19-14 优化文本元素

实战 495 优化动作脚本

▶实例位置：光盘\效果\第19章\兄妹情谊.fla
▶素材位置：光盘\素材\第19章\兄妹情谊.fla
▶视频位置：光盘\视频\第19章\实战495.mp4

• 实例介绍 •

在Flash CC工作界面中，用户可以使用“发布设置”命令对需要优化的动作脚本进行优化操作。下面向读者介绍具体的优化方法。

• 操作步骤 •

STEP 01 单击“文件”|“打开”命令，打开一个素材文件，如图19-15所示。

图19-15 打开一个素材文件

STEP 02 在“时间轴”面板中，选择“图层1”图层的第1帧，如图19-16所示。

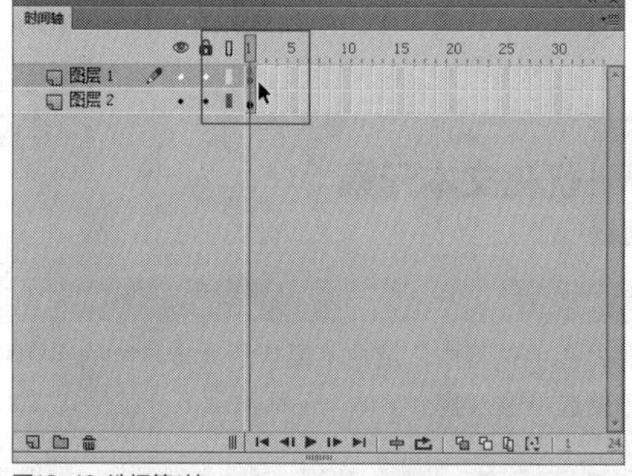
图19-16 选择第1帧

STEP 03 在菜单栏中，单击“窗口”|“动作”命令，打开“动作”面板，在其中查看制作的动作脚本内容，如图19-17所示。

```
trace("该实例X坐标为: " + girl_mc.x);
trace("该实例Y坐标为: " + girl_mc.y);
trace("该实例不透明度为: " + girl_mc.alpha*100+"%");
trace("该实例高度为: " + girl_mc.height);
trace("该实例宽度为: " + girl_mc.width);
```

图19-17 查看制作的动作脚本内容

STEP 04 在菜单栏中，单击“文件”菜单，在弹出的菜单列表中单击“发布设置”命令，如图19-18所示。

STEP 05 弹出“发布设置”对话框，在Flash选项卡的“高级”选项区中，选中“省略trace语句”复选框，如图19-19所示，单击“确定”按钮，即可完成动作脚本的优化。

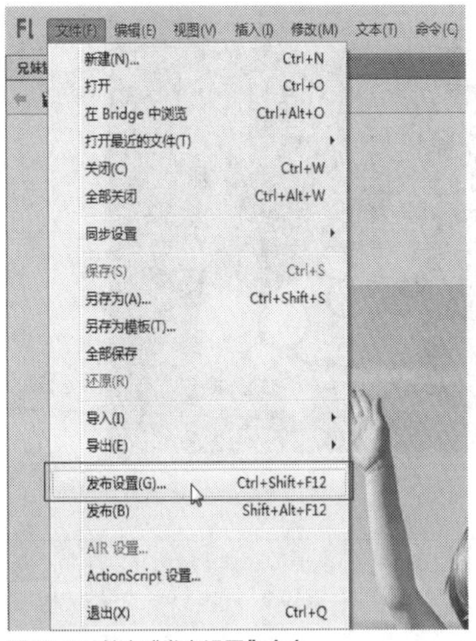

图19-18 单击“发布设置”命令

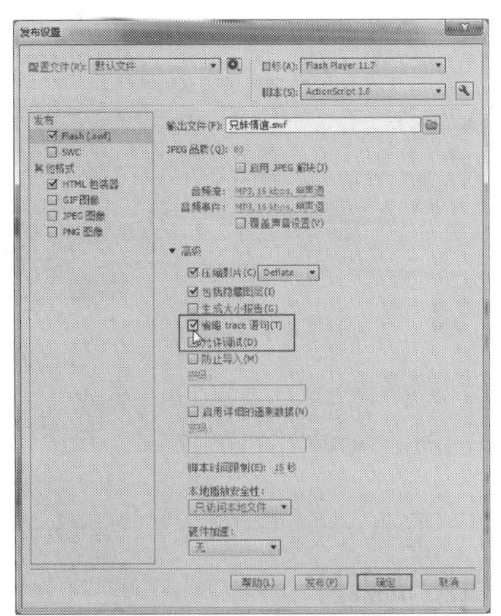

图19-19 选中“省略trace语句”复选框

知识拓展

用户在运用Flash CC制作动画的过程中，可以通过以下4个方面对动画的颜色进行优化处理。

➢ 在对作品影响不大的情况下，减少渐变色的使用，而以单色取代。
➢ 使用“颜色”面板使影片的调色板和浏览调色板相匹配。
➢ 限制使用透明效果，它会降低播放的速度。
➢ 在创建实例的各种颜色效果时，应多在实例“属性”面板中的“填充颜色”列表框中进行颜色的选择操作。

实战 496 测试场景

▶ 实例位置：光盘\效果\第19章\看星星.fla、看星星_场景1.swf
▶ 素材位置：光盘\素材\第19章\看星星.fla
▶ 视频位置：光盘\视频\第19章\实战496.mp4

• 实例介绍 •

在Flash CC工作界面中，如果用户制作了多个场景的动画文件，有时不需要测试整个动画，这时可以测试播放当前编辑的场景或元件。

• 操作步骤 •

STEP 01 单击“文件”|“打开”命令，打开一个素材文件，如图19-20所示。

图19-20 打开一个素材文件

STEP 02 在菜单栏中，单击“控制”|“测试场景”命令，如图19-21所示。

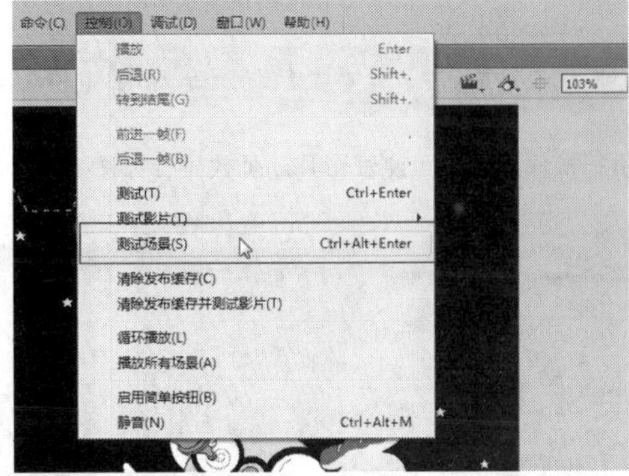

图19-21 单击“测试场景”命令

技巧点拨

在Flash CC工作界面中，用户还可以通过以下两种方法执行“测试场景”命令。

➢ 在“窗口”菜单下，按【S】键。
➢ 按【Ctrl+Alt+Enter】组合键。

STEP 03 执行操作后，即可测试场景，效果如图19-22所示。

图19-22 测试场景的效果

实战497 直接测试影片

▶实例位置：光盘\效果\第19章\汽车广告.fla、汽车广告.swf
▶素材位置：光盘\素材\第19章\汽车广告.fla
▶视频位置：光盘\视频\第19章\实战497.mp4

• 实例介绍 •

在Flash CC工作界面中，当用户制作好Flash动画文件后，就可以通过“测试”命令对动画文件进行测试操作。

• 操作步骤 •

STEP 01 单击“文件”|“打开”命令，打开一个素材文件，如图19-23所示。

图19-23 打开一个素材文件

STEP 02 在菜单栏中，单击“控制”|“测试”命令，如图19-24所示。

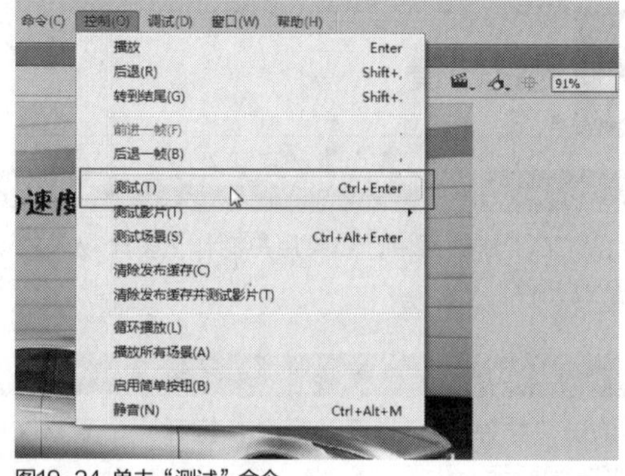

图19-24 单击“测试”命令

技巧点拨

在Flash CC工作界面中，用户按【Ctrl+Enter】组合键，也可以测试影片动画效果。

STEP 03 执行操作后，即可测试影片动画效果，如图19-25所示。

图19-25 测试影片动画效果

知识拓展

在Flash CC工作界面中，用户还可以在编辑模式中测试影片的效果。用户只需将鼠标定位在“时间轴”面板的第1帧上方，按【Enter】键，即可测试影片。由于测试项目任务繁重，Flash编程环境可能不是用户的首选测试环境，但在编辑环境中能够进行一些简单的测试，主要包括以下两种。

① 可测试内容

在编辑模式中，可以测试以下两种内容。

➢ 主时间轴上的声音：放映时间轴时，可以试听放置在主时间轴上的声音。

➢ 主时间轴的动画：主时间轴上的动画。

② 不可测试的内容

➢ 在编辑模式中，不可以测试以下5种内容。

➢ 影片剪辑：影片剪辑中的声音、动画和动作都不可见或不起作用，只有影片剪辑的第一帧才会显示在编辑环境中。

➢ 按钮状态：不能测试按钮在弹起、按下、触摸和单击状态下的外观。

➢ 动作：goto、Stop以及Play是唯一可以在编辑环境中操作的动作。也就是说，用户无法测试交互作用、鼠标事件或依赖其他动作的功能。

➢ 动画速度：Flash编辑环境中的重放速度比最终经过优化和导出的动画速度慢。

➢ 下载性能：无法在编辑环境中测试动画在Web上的流动或下载性能。

实战 498 在Flash中测试影片

▶ 实例位置：光盘\效果\第19章\天然雕琢.fla、天然雕琢.swf
▶ 素材位置：光盘\素材\第19章\天然雕琢.fla
▶ 视频位置：光盘\视频\第19章\实战498.mp4

• 实例介绍 •

在Flash CC工作界面中，用户通过执行“在Flash Professional中”命令，可以在Flash Professional中测试影片动画效果。

• 操作步骤 •

STEP 01 单击“文件”|“打开”命令，打开一个素材文件，如图19-26所示。

图19-26 打开一个素材文件

STEP 02 在菜单栏中，单击“控制”|“测试影片”|“在Flash Professional中”命令，如图19-27所示。

图19-27 单击相应命令

STEP 03 执行操作后，即可在Flash Professional中测试影片动画效果，如图19-28所示。

图19-28 测试影片动画效果

实战 499 在浏览器中测试影片

▶实例位置：光盘\效果\第19章\风车转动.fla、风车转动.html
▶素材位置：光盘\素材\第19章\风车转动.fla
▶视频位置：光盘\视频\第19章\实战499.mp4

• 实例介绍 •

当用户制作好Flash动画文件后，如果用户的电脑中没有安装Flash Player播放器，此时可以通过浏览器来浏览制作的影片文件。

• 操作步骤 •

STEP 01 单击“文件”|“打开”命令，打开一个素材文件，如图19-29所示。

图19-29 打开一个素材文件

STEP 02 在菜单栏中，单击“控制”|“测试影片”|“在浏览器中”命令，如图19-30所示。

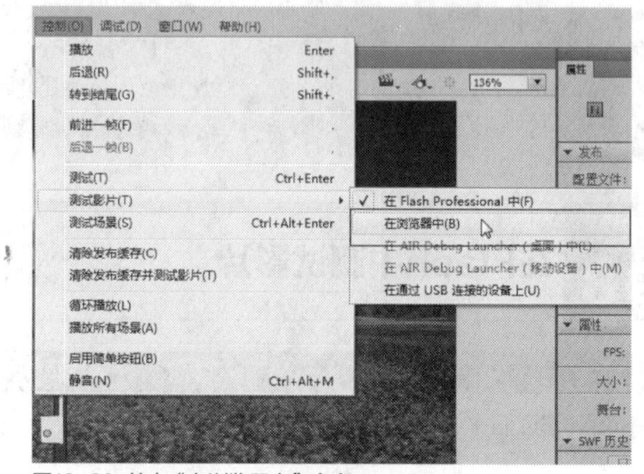

图19-30 单击“在浏览器中”命令

STEP 03 执行操作后，即可打开相应浏览器，在其中可以预览制作的影片动画，效果如图19-31所示。

图19-31 预览制作的影片动画

实战 500 直接调试影片

▶实例位置：光盘\效果\第19章\跟我倒计时.fla、跟我倒计时.swf
▶素材位置：光盘\素材\第19章\跟我倒计时.fla
▶视频位置：光盘\视频\第19章\实战500.mp4

• 实例介绍 •

当用户制作好Flash动画文件后，可以通过“调试”菜单下的“调试”命令，对Flash动画文件进行调试操作。

• 操作步骤 •

STEP 01 单击“文件”|“打开”命令，打开一个素材文件，如图19-32所示。

STEP 02 在菜单栏中，单击“调试”|“调试”命令，如图19-33所示。

图19-32 打开一个素材文件

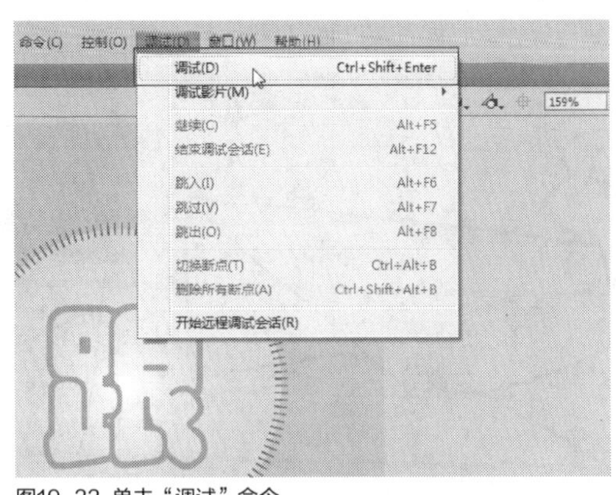

图19-33 单击“调试”命令

STEP 03 执行操作后，即可进入“调试”工作区，如图19-34所示。

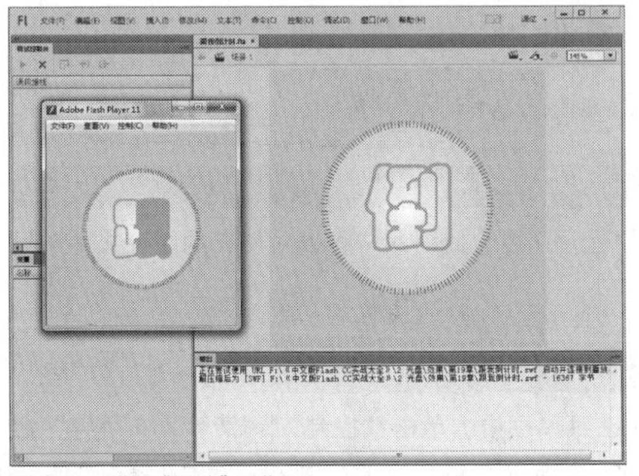
图19-34 进入“调试”工作区

STEP 04 在Flash Player播放器中播放影片，可以查看动画效果，如图19-35所示。

图19-35 查看动画效果

实战 501 在Flash中调试影片

▶实例位置：光盘\效果\第19章\爱情表白.fla、爱情表白.swf
▶素材位置：光盘\素材\第19章\爱情表白.fla
▶视频位置：光盘\视频\第19章\实战501.mp4

• 实例介绍 •

在Flash CC工作界面中，用户还可以根据影片特性，在Flash Professional中调试影片的动画效果，下面介绍其具体操作方法。

• 操作步骤 •

STEP 01 单击“文件”|“打开”命令，打开一个素材文件，如图19-36所示。

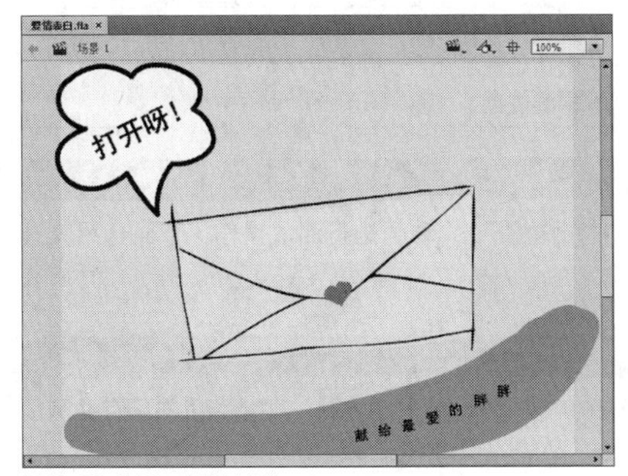

图19-36 打开一个素材文件

STEP 02 在菜单栏中，单击“调试”|“调试影片”|“在Flash Professional中”命令，如图19-37所示。

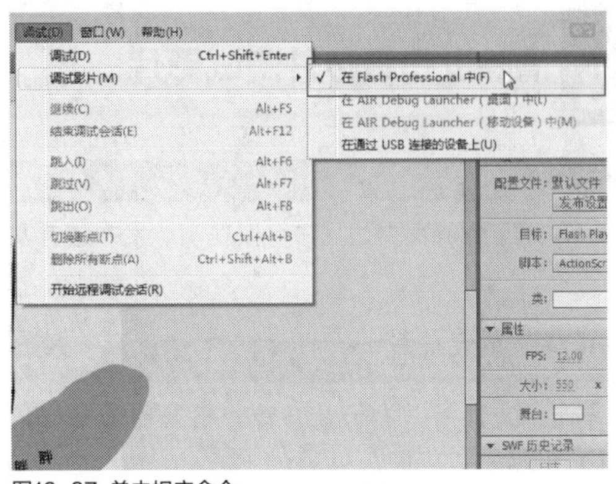

图19-37 单击相应命令

STEP 03 执行操作后，即可在Flash Professional中调试影片动画效果，如图19-38所示。

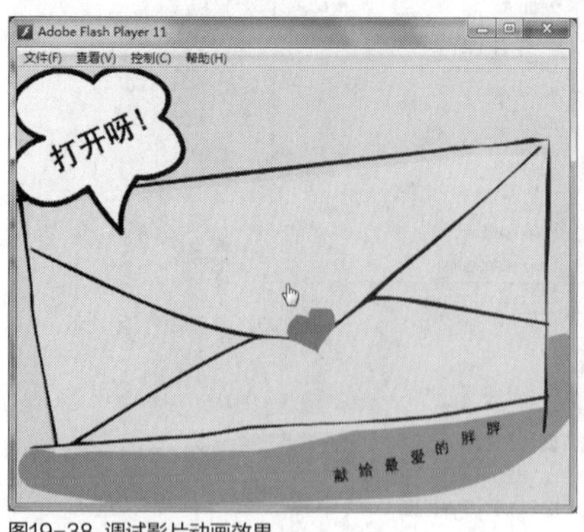

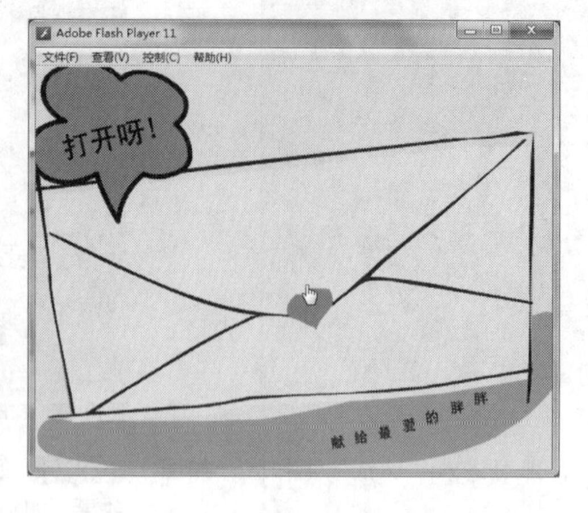

图19-38 调试影片动画效果

实战502 清除发布缓存

▶实例位置：无
▶素材位置：光盘\素材\第19章\赛车模型.fla
▶视频位置：光盘\视频\第19章\实战502.mp4

• 实例介绍 •

在Flash CC工作界面中，如果用户发布的文件过多，会影响电脑的运行速度，此时用户可以对发布的缓存文件进行清理操作。

• 操作步骤 •

STEP 01 单击“文件”|“打开”命令，打开一个素材文件，如图19-39所示。

图19-39 打开一个素材文件

STEP 02 在菜单栏中，单击“控制”|“清除发布缓存”命令，如图19-40所示，执行操作后，即可清除发布缓存文件。

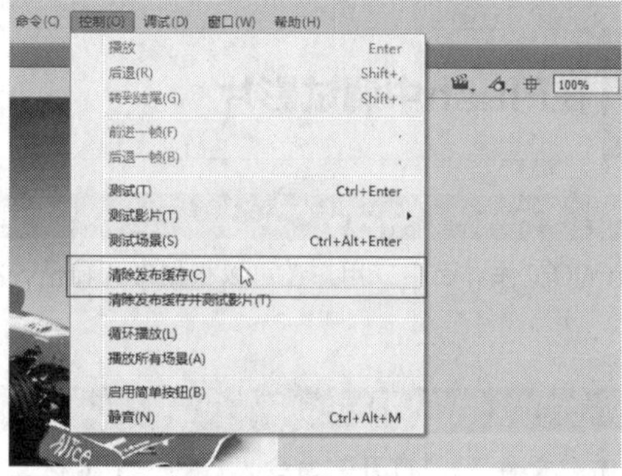

图19-40 单击“清除发布缓存”命令

实战503 清除发布缓存并测试影片

▶实例位置：光盘\效果\第19章\动画片.fla、动画片.swf
▶素材位置：光盘\素材\第19章\动画片.fla
▶视频位置：光盘\视频\第19章\实战503.mp4

• 实例介绍 •

在Flash CC工作界面中，用户可以在清除发布缓存文件的同时，对制作的Flash动画进行测试操作，下面介绍其具体方法。

• 操作步骤 •

STEP 01 单击“文件”|“打开”命令，打开一个素材文件，如图19-41所示。

STEP 02 在菜单栏中，单击“控制”|“清除发布缓存并测试影片”命令，如图19-42所示。

图19-41 打开一个素材文件

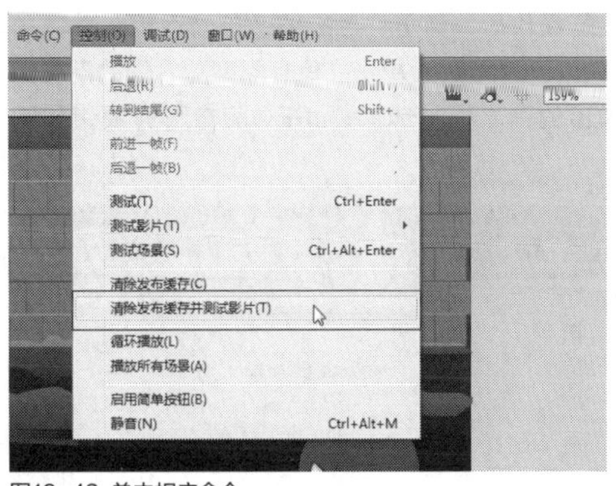

图19-42 单击相应命令

STEP 03 执行操作后，即可清除发布缓存文件，并测试影片动画效果，如图19-43所示。

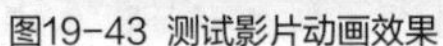

图19-43 测试影片动画效果

19.2 将Flash导出为图像

在Flash CC工作界面中，用户可以根据需要将制作的Flash动画导出为JPEG图像、GIF图像或PNG图像文件。本节主要向读者介绍将Flash导出为图像的操作方法。

实战504 导出为JPEG图像

▶实例位置：光盘\效果\第19章\简约艺术.jpg
▶素材位置：光盘\素材\第19章\简约艺术.fla
▶视频位置：光盘\视频\第19章\实战504.mp4

• 实例介绍 •

在Flash CC工作界面中，将制作好的动画文件导出为JPEG图像，可以将其再应用于其他的软件中进行使用，还可以更好地查看逐帧画面。下面向读者介绍导出为JPEG图像的操作方法。

• 操作步骤 •

STEP 01 单击“文件”|“打开”命令，打开一个素材文件，如图19-44所示。

STEP 02 在菜单栏中，单击“文件”|“导出”|“导出图像”命令，如图19-45所示。

图19-44 打开一个素材文件

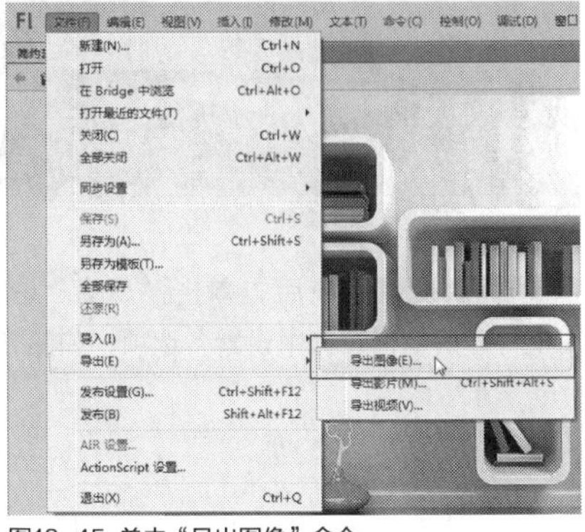

图19-45 单击“导出图像”命令

STEP 03 执行操作后，弹出“导出图像”对话框，在其中设置文件保存位置和名称，单击“保存类型”右侧的下三角按钮，在弹出的列表框中选择“JPEG图像”选项，如图19-46所示。

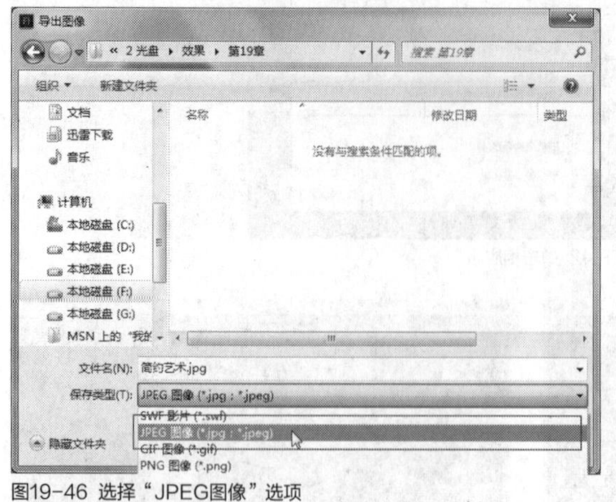

图19-46 选择“JPEG图像”选项

STEP 04 单击“保存”按钮，弹出“导出JPEG”对话框，在其中设置各保存选项，单击“确定”按钮，如图19-47所示，即可导出JPEG图像文件。

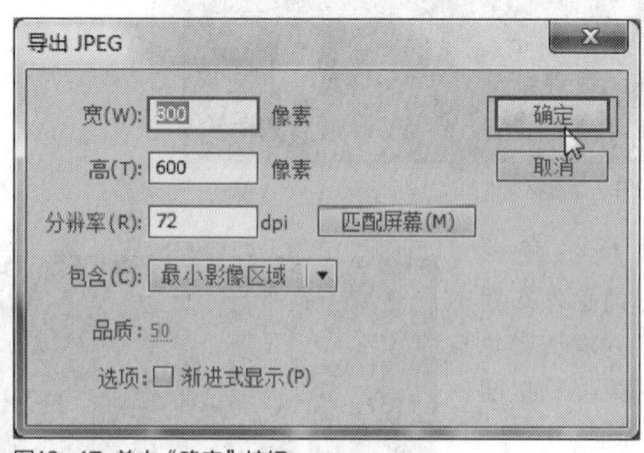

图19-47 单击“确定”按钮

实战 505 导出为GIF图像

▶ 实例位置：光盘\效果\第19章\办公环境.gif
▶ 素材位置：光盘\素材\第19章\办公环境.fla
▶ 视频位置：光盘\视频\第19章\实战505.mp4

• 实例介绍 •

在Flash CC工作界面中，用户可以将动画文件导出为GIF格式的图像文件，下面介绍其具体方法。

• 操作步骤 •

STEP 01 单击“文件”|“打开”命令，打开一个素材文件，如图19-48所示。

图19-48 打开一个素材文件

STEP 02 在菜单栏中，单击“文件”|“导出”|“导出图像”命令，弹出“导出图像”对话框，在其中设置文件保存位置和名称，设置“保存类型”为“GIF图像”选项，如图19-49所示。

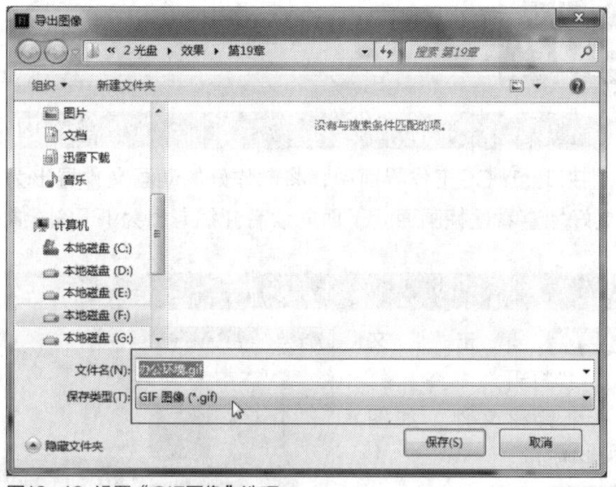

图19-49 设置“GIF图像”选项

STEP 03 设置完成后，单击“保存”按钮，弹出“导出GIF”对话框，在其中设置各选项，如图19-50所示。

STEP 04 在对话框的下方，选中“平滑”复选框，如图19-51所示，单击“确定”按钮，即可将动画文件导出为GIF图像。

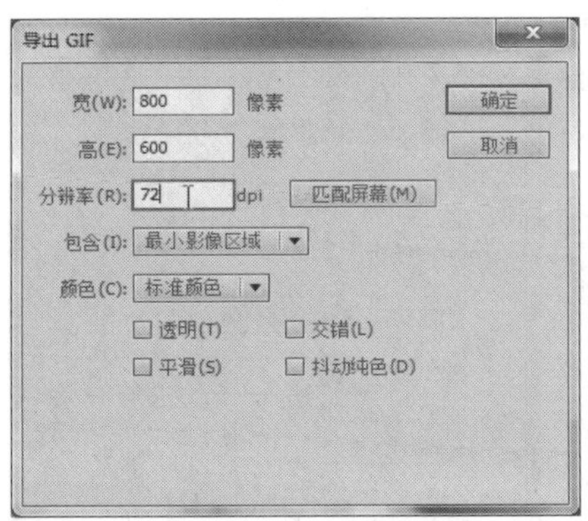

图19-50 设置各选项

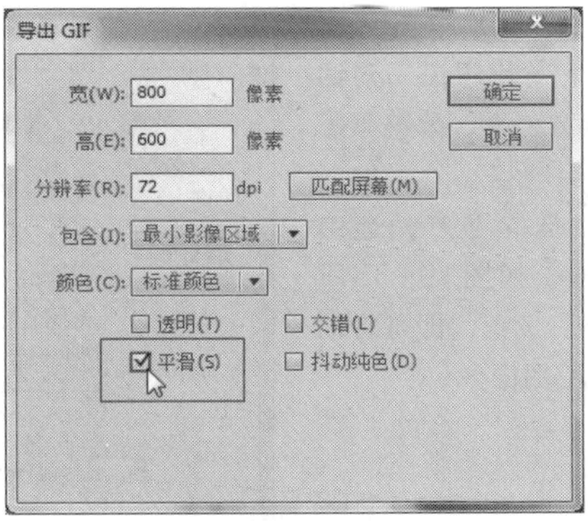

图19-51 选中“平滑”复选框

技巧点拨

在Flash CC工作界面中，用户单击“文件”菜单，在弹出的菜单列表中按【E】、【E】键，也可以弹出“导出图像”对话框。

知识拓展

在“导出GIF”对话框中，各主要选项含义如下。

- 宽：设置导出图像的宽度属性。
- 高：设置导出图像的高度属性。
- 分辨率：在该数值框中可以设置分辨率以每英寸的点数来度量，根据点数和图形幅面的大小，Flash会自动计算出图形的高度和宽度。单击其右侧的“匹配屏幕”按钮，将会按照当前屏幕的大小设置屏幕的分辨率。一般情况下，72dpi的分辨率效果比较好。
- 颜色：在该下拉列表框中可以设置图像的色度。
- 透明：选中该复选框，可以制作透明动画。
- 平滑：选中该复选框，可以控制输出动画的平滑程序。

实战 506 导出为PNG图像

▶ 实例位置：光盘\效果\第19章\海底世界.png
▶ 素材位置：光盘\素材\第19章\海底世界.fla
▶ 视频位置：光盘\视频\第19章\实战506.mp4

• 实例介绍 •

在Flash CC工作界面中，用户可以将动画文件导出为PNG格式的透明背景图像文件。下面向读者介绍导出为PNG图像的操作方法。

• 操作步骤 •

STEP 01 单击“文件”|“打开”命令，打开一个素材文件，如图19-52所示。

图19-52 打开一个素材文件

STEP 02 在菜单栏中，单击“文件”|“导出”|“导出图像”命令，弹出“导出图像”对话框，在其中设置文件保存位置和名称，设置“保存类型”为“PNG图像”选项，如图19-53所示。

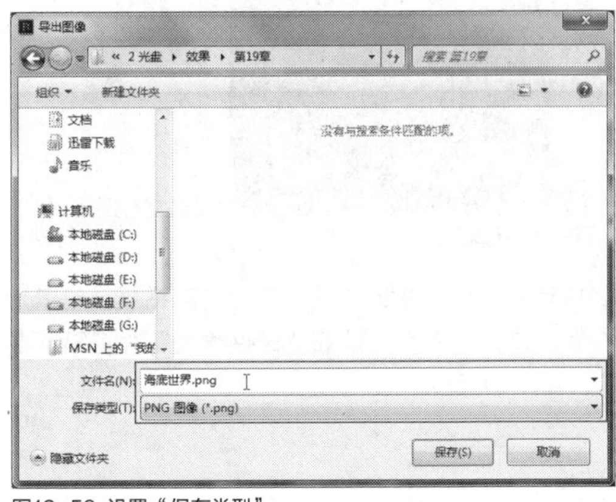

图19-53 设置“保存类型”

STEP 03 设置完成后，单击“保存”按钮，弹出“导出PNG”对话框，在其中设置宽、高、分辨率等属性，如图19-54所示。

STEP 04 在对话框的下方，选中“平滑”复选框，如图19-55所示，单击“导出”按钮，即可将动画文件导出为PNG图像。

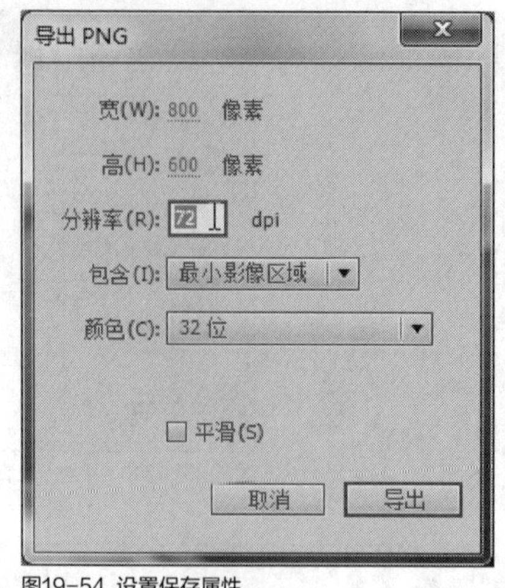

图19-54 设置保存属性

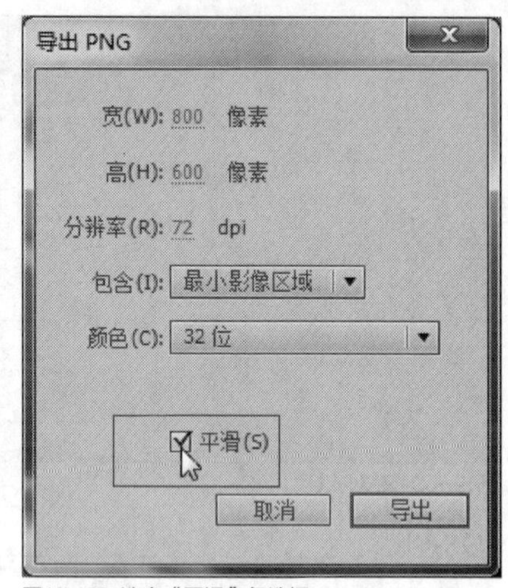

图19-55 选中“平滑”复选框

19.3 将Flash导出为影片

在Flash CC工作界面中，用户可以使用“导出影片”命令，创建能够在其他应用程序中进行编辑的内容。本节主要向读者介绍将Flash导出为影片的操作方法，希望读者熟练掌握。

实战507 导出为SWF影片

▶实例位置：光盘\效果\第19章\食遍天下.swf
▶素材位置：光盘\素材\第19章\食遍天下.fla
▶视频位置：光盘\视频\第19章\实战507.mp4

• 实例介绍 •

在Flash CC工作界面中，导出的动画文件一般为SWF文件格式，该文件格式以.swf为后缀名，能保存源文件中的动画、声音和其他全部内容。

• 操作步骤 •

STEP 01 单击“文件”|“打开”命令，打开一个素材文件，如图19-56所示。

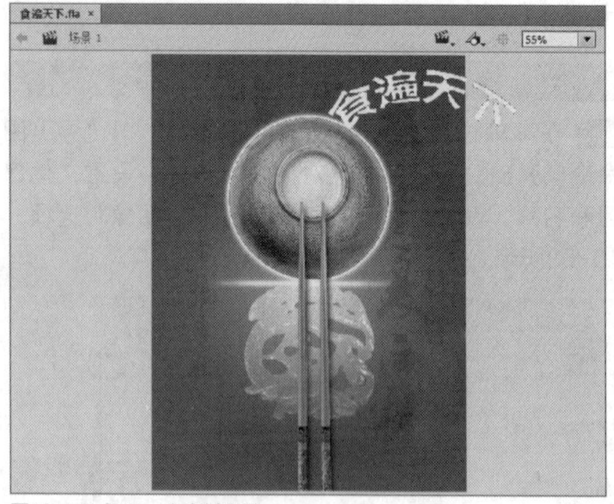
图19-56 打开一个素材文件

STEP 02 在菜单栏中，单击“文件”|“导出”|“导出影片”命令，如图19-57所示。

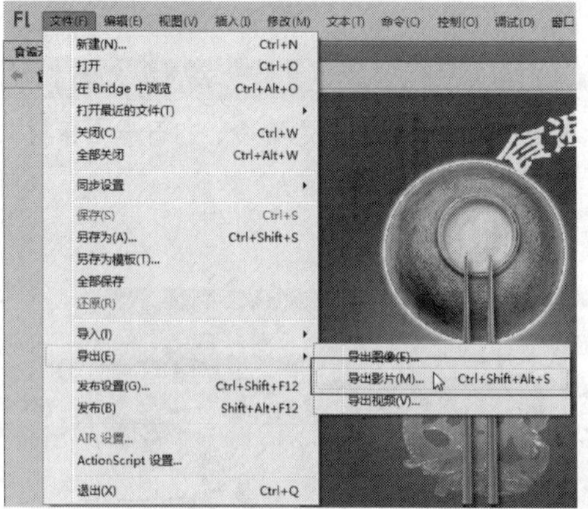

图19-57 单击“导出影片”命令

STEP 03 执行操作后，弹出“导出影片”对话框，在其中设置文件保存位置和名称，设置“保存类型”为“SWF影片”选项，如图19-58所示。

STEP 04 单击“保存”按钮，即可导出SWF影片文件，可以预览其效果，如图19-59所示。

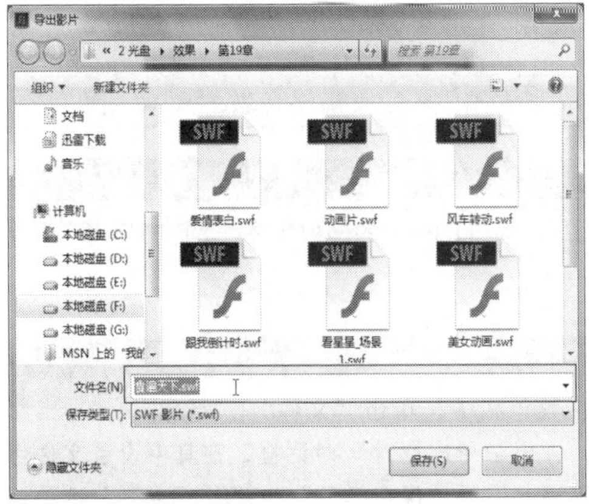

图19-58 设置“保存类型”

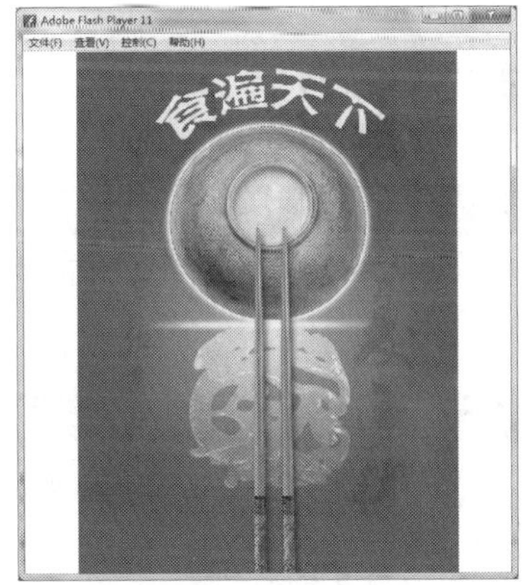

图19-59 预览SWF影片效果

实战 508 导出为JPEG序列

▶ **实例位置：** 光盘\效果\第19章\JPEG序列文件夹
▶ **素材位置：** 光盘\素材\第19章\小鸟飞翔.fla
▶ **视频位置：** 光盘\视频\第19章\实战508.mp4

• 实例介绍 •

在Flash CC工作界面中，用户可以将“时间轴”面板中的每一帧进行导出操作，导出为JPEG格式的序列文件。

• 操作步骤 •

STEP 01 单击“文件”|“打开”命令，打开一个素材文件，如图19-60所示。

图19-60 打开一个素材文件

STEP 02 在菜单栏中，单击“文件”|“导出”|“导出影片”命令，弹出“导出影片”对话框，在其中设置文件保存位置和名称，设置“保存类型”为“JPEG序列”选项，如图19-61所示。

图19-61 选择“JPEG序列”选项

STEP 03 单击“保存”按钮，弹出“导出JPEG”对话框，在其中设置各保存选项，单击“确定”按钮，如图19-62所示。

图19-62 设置各保存选项

STEP 04 执行操作后，即可导出JPEG图像的序列文件，在文件夹中可以查看导出的效果，如图19-63所示。

图19-63 查看导出的效果

实战509 导出为PNG序列

▶实例位置：光盘\效果\第19章\PNG序列文件夹
▶素材位置：光盘\素材\第19章\破壳动画.fla
▶视频位置：光盘\视频\第19章\实战509.mp4

• 实例介绍 •

在Flash CC工作界面中，用户可以将“时间轴”面板中的每一帧动画导出为PNG格式的序列文件。下面向读者介绍导出为PNG序列文件的操作方法。

• 操作步骤 •

STEP 01 单击“文件”|“打开”命令，打开一个素材文件，如图19-64所示。

图19-64 打开一个素材文件

STEP 02 在菜单栏中，单击“文件”|“导出”|“导出影片”命令，弹出“导出影片”对话框，在其中设置文件保存位置和名称，设置“保存类型”为“PNG序列”选项，如图19-65所示。

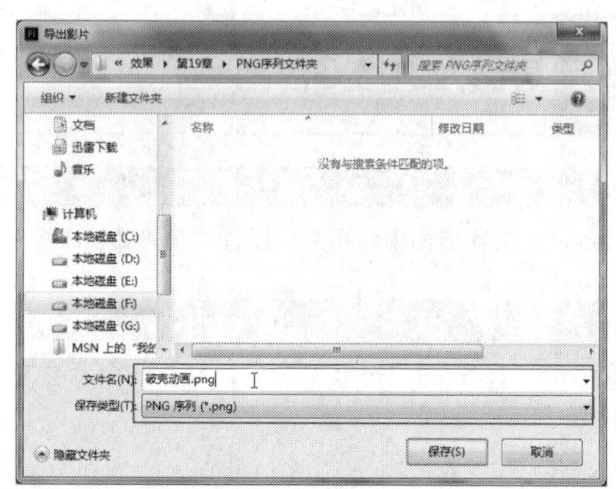

图19-65 设置“保存类型”

STEP 03 单击“保存”按钮，弹出“导出PNG”对话框，在其中设置各保存选项，单击“导出”按钮，如图19-66所示。

STEP 04 弹出“正在导出图像序列”对话框，显示文件导出进度，如图19-67所示。

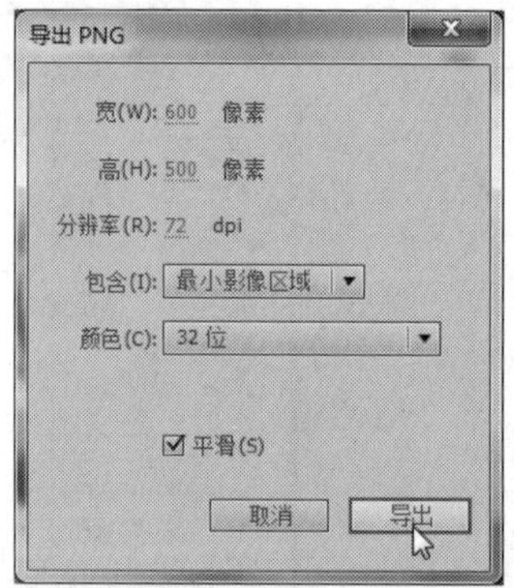

图19-66 设置各保存选项

图19-67 显示文件导出进度

STEP 05 稍等片刻，即可在文件夹中查看导出的PNG图像序列文件，如图19-68所示。

图19-68 查看导出的PNG图像序列文件

实战 510 导出为GIF序列

▶实例位置：光盘\效果\第19章\GIF序列文件夹
▶素材位置：光盘\素材\第19章\玫瑰园.fla
▶视频位置：光盘\视频\第19章\实战510.mp4

• 实例介绍 •

在Flash CC工作界面中，用户可以将“时间轴”面板中的每一帧动画导出为GIF格式的序列文件。下面向读者介绍导出为GIF序列文件的操作方法。

• 操作步骤 •

STEP 01 单击“文件”|“打开”命令，打开一个素材文件，如图19-69所示。

图19-69 打开一个素材文件

STEP 02 在菜单栏中，单击“文件”|“导出”|“导出影片”命令，弹出“导出影片”对话框，在其中设置文件保存位置和名称，设置“保存类型”为“GIF序列”选项，如图19-70所示。

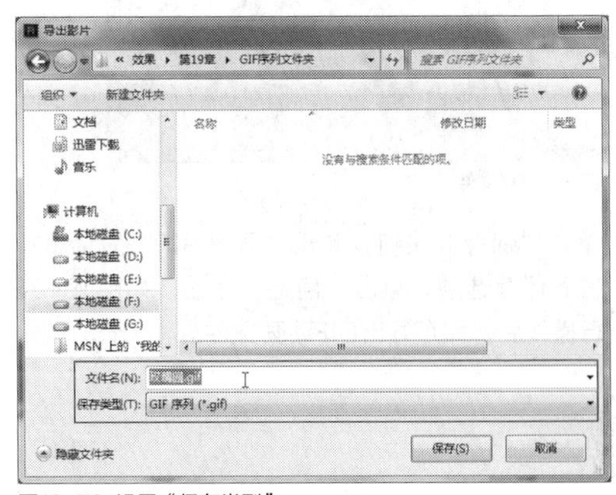

图19-70 设置“保存类型”

STEP 03 单击“保存”按钮，弹出“导出GIF”对话框，在其中设置各保存选项，单击“确定”按钮，如图19-71所示。

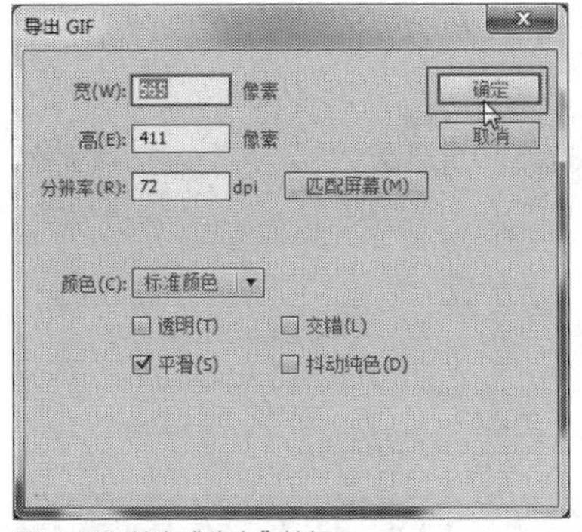

图19-71 单击“确定”按钮

STEP 04 执行操作后，即可导出GIF图像的序列文件，在文件夹中可以查看导出的效果，如图19-72所示。

图19-72 可以查看导出的效果

实战 511 导出为GIF动画

▶实例位置：光盘\效果\第19章\海滩美女.gif
▶素材位置：光盘\素材\第19章\海滩美女.fla
▶视频位置：光盘\视频\第19章\实战511.mp4

• 实例介绍 •

在Flash CC工作界面中，用户可以将制作好的Flash动画文件导出为GIF格式的动画文件。下面向读者介绍导出为GIF动画文件的操作方法。

• 操作步骤 •

STEP 01 单击“文件”|“打开”命令，打开一个素材文件，如图19-73所示。

图19-73 打开一个素材文件

STEP 02 在菜单栏中，单击“文件”|“导出”|“导出影片”命令，弹出“导出影片”对话框，在其中设置文件保存位置和名称，设置“保存类型”为“GIF动画”选项，如图19-74所示。

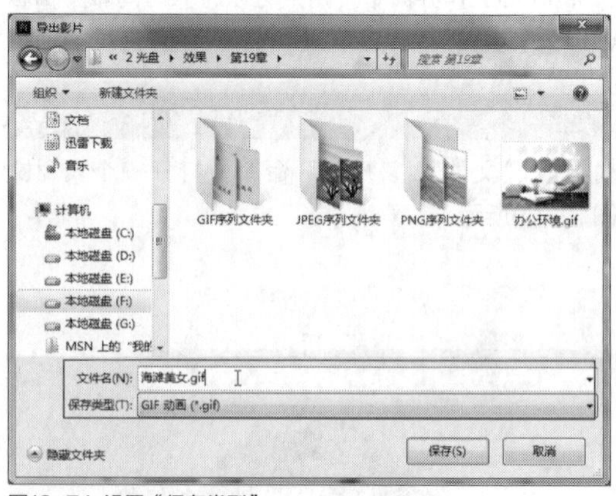

图19-74 设置“保存类型”

STEP 03 单击“保存”按钮，弹出“导出GIF”对话框，在其中设置各保存选项，单击“确定”按钮，如图19-75所示，执行操作后，即可导出GIF动画文件。

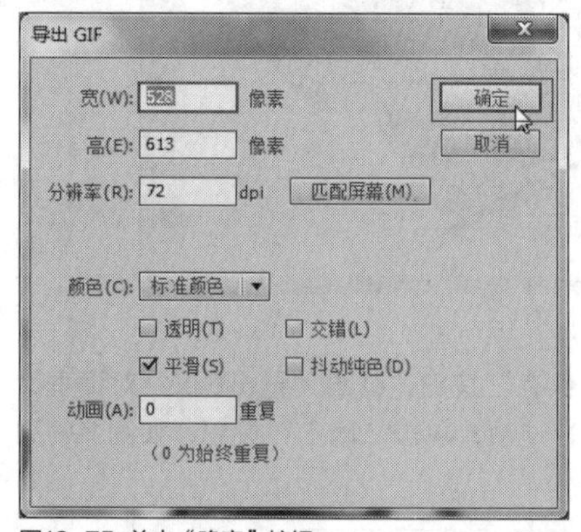

图19-75 单击“确定”按钮

技巧点拨

在“导出GIF”对话框下方的“动画”数值框中，用户可根据需要设置GIF动画的播放次数，设置参数为0时，表示始终重复播放动画文件。

实战 512 导出为MOV视频

▶ 实例位置：光盘\效果\第19章\魔术比拼.mov
▶ 素材位置：光盘\素材\第19章\魔术比拼.fla
▶ 视频位置：光盘\视频\第19章\实战512.mp4

• 实例介绍 •

在Flash CC工作界面中，用户还可以将制作好的Flash动画文件导出为MOV格式的视频文件。下面向读者介绍导出为MOV视频文件的操作方法。

• 操作步骤 •

STEP 01 单击“文件”|“打开”命令，打开一个素材文件，如图19-76所示。

STEP 02 在菜单栏中，单击“文件”菜单，在弹出的菜单列表中单击“导出”|“导出视频”命令，如图19-77所示。

图19-76 打开一个素材文件

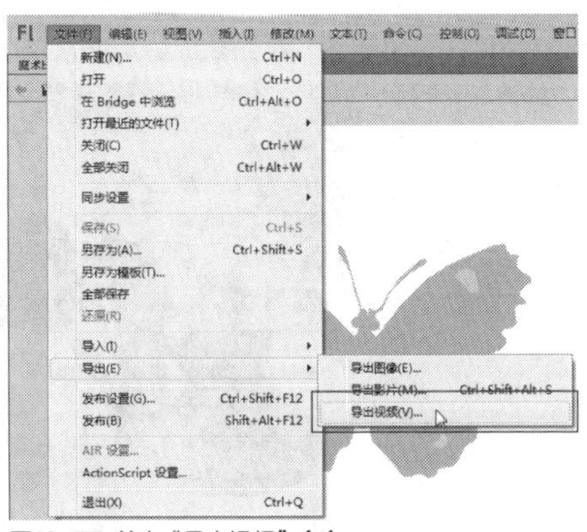

图19-77 单击“导出视频”命令

STEP 03 执行操作后，弹出“导出视频”对话框，单击“浏览”按钮，如图19-78所示。

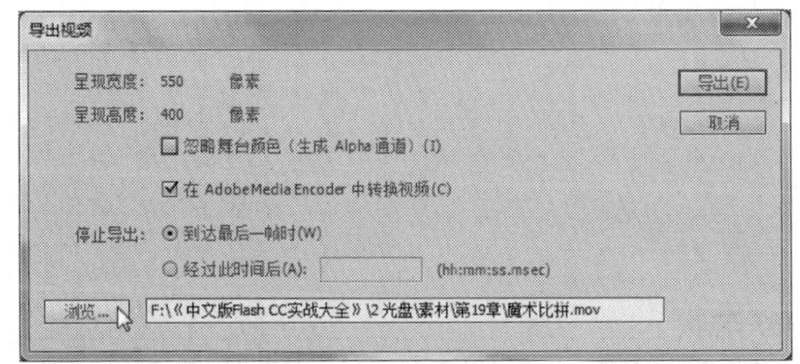

图19-78 单击“浏览”按钮

STEP 04 弹出“选择导出目标”对话框，在其中设置视频的导出位置，如图19-79所示。

图19-79 设置视频的导出位置

STEP 05 单击“保存”按钮，返回“导出视频”对话框，其中显示了刚设置的导出位置，单击“导出”按钮，如图19-80所示，即可将Flash动画文件导出为MOV格式的视频文件。

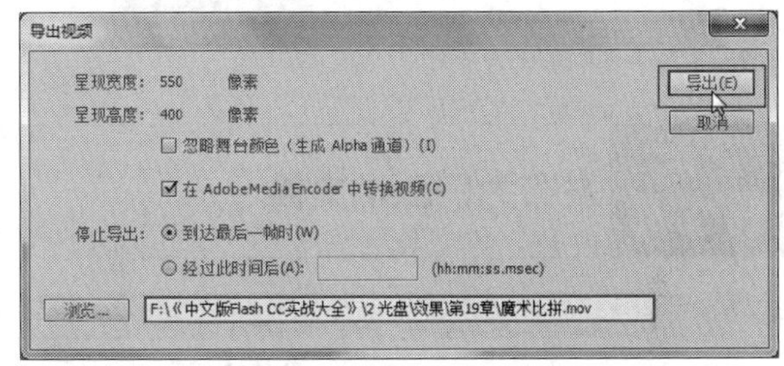

图19-80 单击“导出”按钮

19.4 影片发布方式

如果要将Flash影片作品放在网上供浏览者观看，除了要将其输出为动画播放作品以外，还要在插入影片的网页中编制一段HTML引导程序，这段HTML引导程序的作用是调用Flash播放插件，并播放指定位置的Flash影片文件。另外，还需要为那些不愿意观看Flash动画的浏览者准备一个非Flash影片的作品。在这种情况下，可能需要同时输入多种与该作品有关的文件格式（如GIF或JPEG动画文件序列等），为浏览者提供多种网页版本。本节主要向读者介绍发布Flash影片的方法。

实战513 直接发布影片文件

▶ 实例位置：光盘\效果\第19章\祝福语.swf
▶ 素材位置：光盘\素材\第19章\祝福语.fla
▶ 视频位置：光盘\视频\第19章\实战513.mp4

• 实例介绍 •

在Flash CC工作界面中，用户通过“发布”命令，可以直接对影片进行发布操作。下面向读者介绍直接发布影片文件的操作方法。

• 操作步骤 •

STEP 01 单击“文件”|“打开”命令，打开一个素材文件，如图19-81所示。

STEP 02 在菜单栏中，单击“文件”|“发布”命令，如图19-82所示。

图19-81 打开一个素材文件

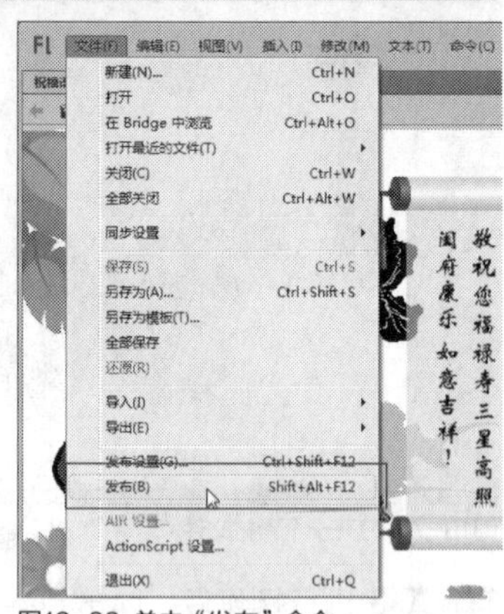

图19-82 单击“发布”命令

STEP 03 执行操作后，即可以默认的发布方式对Flash动画进行发布操作，如图19-83所示。

图19-83 对Flash动画进行发布操作

技巧点拨

在Flash CC工作界面中，用户按【Shift+Alt+F12】组合键，也可以快速执行“发布”命令。

实战 514 发布为Flash文件

▶ 实例位置：光盘\效果\第19章\蛋卷.swf
▶ 素材位置：光盘\素材\第19章\蛋卷.fla
▶ 视频位置：光盘\视频\第19章\实战514.mp4

• 实例介绍 •

SWF格式的文件是Flash动画的最佳途径，它也是为了从Web获取用户制作动画的第一步。使用者可以用网络浏览器进行浏览。

• 操作步骤 •

STEP 01 单击“文件”|“打开”命令，打开一个素材文件，如图19-84所示。

STEP 02 在菜单栏中，单击“文件”|“发布设置”命令，如图19-85所示。

图19-84 打开一个素材文件

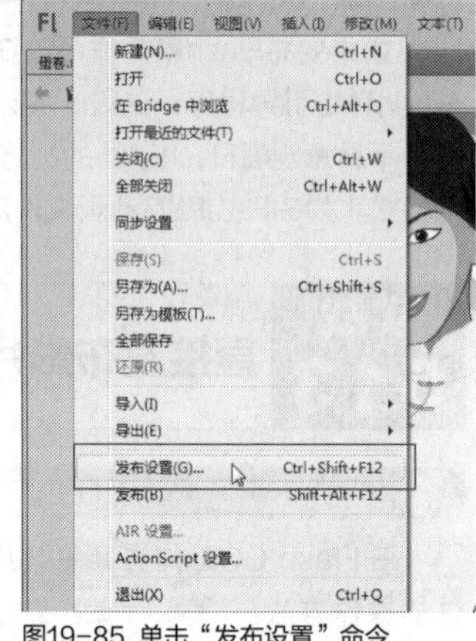

图19-85 单击“发布设置”命令

STEP 03 执行操作后，弹出“发布设置”对话框，在左侧列表框中选中Flash复选框，即可切换至Flash选项卡，如图19-86所示。

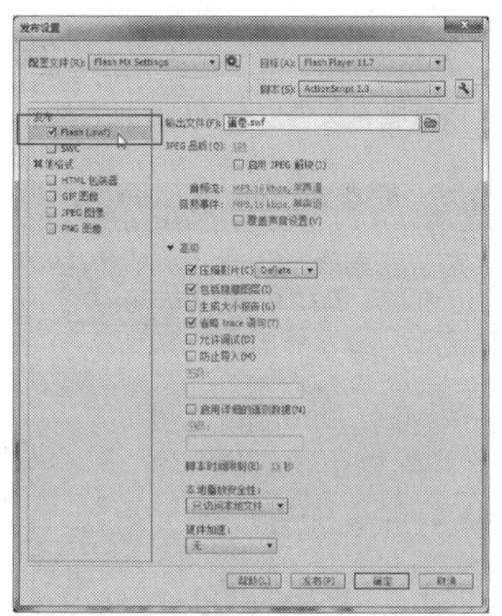
图19-86 选中Flash复选框

STEP 04 单击“输出文件”右侧的“选择发布目标”按钮，弹出“选择发布目标”对话框，在其中设置文件的发布位置与名称，单击“保存”按钮，如图19-87所示。

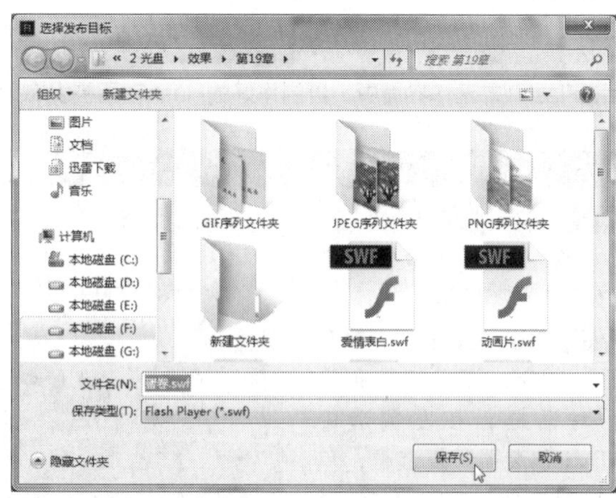

图19-87 单击“保存”按钮

STEP 05 返回“发布设置”对话框，其中显示了刚设置的输出文件位置，单击下方的“发布”按钮，如图19-88所示。

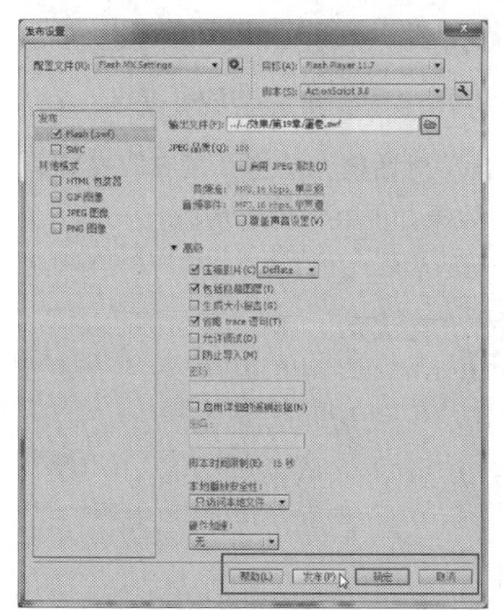
图19-88 单击“发布”按钮

STEP 06 执行操作后，即可发布swf格式的影片文件，如图19-89所示。

图19-89 发布swf格式的影片文件

知识拓展

在“发布设置”对话框的Flash选项卡中，各主要选项含义如下。

➤ 目标：在该下拉列表框中可以从Flash Player 5到Flash Lite 4.0中选择任意一种播放器版本。

➤ 脚本：在该下拉列表框中可以选择从ActionScript 1.0到ActionScript 3.0中的任意一种脚本语言。

➤ JPEG品质：拖动JPEG品质右侧的滑块或在右侧的文本框中输入数值，可以确定对位图图像进行JPEG压缩时使用的压缩级别。取值范围为0~100，值设置得越高，进行的压缩就越少，原始位图中被保留的信息就越多；相反，这个值设置得越小，压缩就越多，原始位置中被保留的信息就越少。

➤ 压缩影片：选中该复选框，能够对发布的影片文件进行压缩，以便减小文件的尺寸，加快从网络上下载文件的速度。此复选框在默认情况下处于选中状态。

➤ 生成大小报告：选中该复选框，在发布影片时，Flash将产生一个文本文件用来报告影片的大小。这个报告可以用来精确地分析影片中占用宽带的元素，例如字体信息等。

➤ 省略trace语句：选中该复选框，可以使Flash播放器在播放发布后的影片时忽略在ActionScript中使用所有的trace语句。使用trace语句可以打开Flash的输出面板进行调试，在一般情况下，如果使用了trace语句，都希望在最终的SWF影片中忽略这些语句，以便在Flash播放器中不会看到这些语句引发的输出信息。

➤ 允许调试：选中该复选框，能够从调试影片环境中或从正使用Flash调试器插件或ActiveX控件的网络浏览器访问调试平台。

➤ 密码：如果选中“防止导入”复选框，可以在“密码”文本框中输入密码。在此文本框中输入密码可以防止不知道密码的人通过网络调试并修改Flash文件。如果选中“防止导入”复选框，但在“密码”文本框中没有输入密码，那么在试图远程访问调试平台时，Flash仍然要求输入密码，不过，此时只要按【Enter】键即可进行访问。

实战515 发布为HTML文件

▶ 实例位置：光盘\效果\第19章\幸福的一家.html
▶ 素材位置：光盘\素材\第19章\幸福的一家.fla
▶ 视频位置：光盘\视频\第19章\实战515.mp4

• 实例介绍 •

在Flash CC工作界面中，当制作好的Flash动画被发布后，可以在网页中查看，也可以直接将文件发布成HTML文件。

• 操作步骤 •

STEP 01 单击“文件”|“打开”命令，打开一个素材文件，如图19-90所示。

STEP 02 单击“文件”|“发布设置”命令，弹出“发布设置”对话框，在左侧选中“HTML包装器”复选框，单击“输出文件”右侧的“选择发布目标”按钮，如图19-91所示。

图19-90 打开一个素材文件

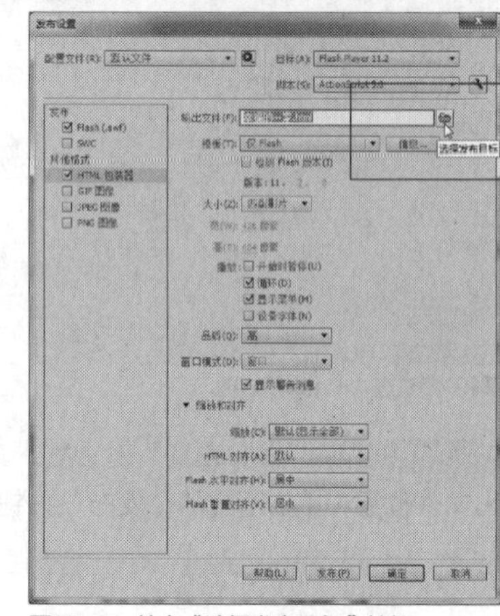
图19-91 单击“选择发布目标”按钮

STEP 03 弹出“选择发布目标”对话框，设置相应选项，单击“保存”按钮，如图19-92所示。

STEP 04 返回“发布设置”对话框，单击“发布”按钮，即可发布为HTML文件，效果如图19-93所示。

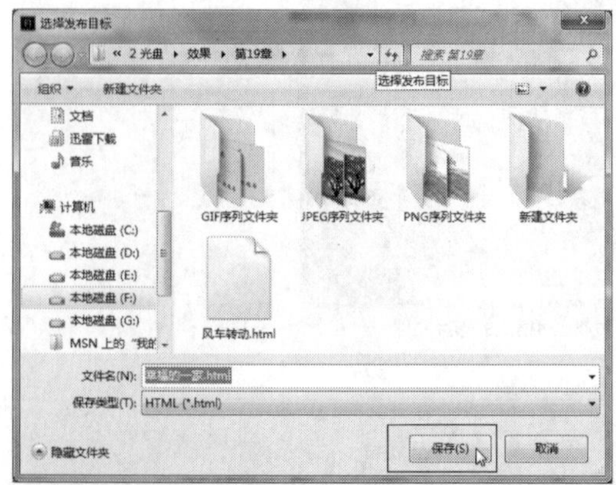

图19-92 单击“保存”按钮

图19-93 发布为HTML文件

知识拓展

在“发布设置”对话框的“HTML包装器”选项卡中，各主要选项含义如下。

➢ 模板：在该下拉列表框中用于设置HTML文件所用的模板，可以单击右侧的“信息”按钮，在弹出的“模板信息”对话框中进行查看。

➢ 检测Flash版本：选中该复选框，可以检测文件版本，同时可以激活下方的“版本”文本框。

➢ 大小：下拉列表框中的选项用来定义插入HTML文件中的Flash影片的高和宽，包括“匹配影片”、“像素”和“百分比”三个选项。其中如果选择“匹配影片”选项，则可以设定生成的影片的大小和制造文件的大小相同；如果选择“像素”选项，可以在“宽”和“高”文本框中设置影片的宽和高；如果选择“百分比”选项，则可以在“宽”和“高”文本框中以百分比的形式设置影片的宽和高。

➢ 播放：在该选项区中，如果选中“开始时暂停”复选框，则打开HTML文件时，影片不立即播放，处于停止状态；如果选中“显示菜单”复选框，则可以在生成HTML文件时，单击鼠标右键会弹出影片的控制播放菜单；如果选中“循环”复选框，则可以循环播放影片，但对包含停止帧动作的影片无效；如果选中“设置字体”复选框，消除锯齿的系统字体将会替换没有安装在用户系统上的字体，这只适用于Windows环境。

➢ 品质：在该下拉列表框中，可以在处理时间和应用锯齿功能之间确定一个平衡点，再将每帧呈现在屏幕之前对其进行平滑处理。

➢ 窗口模式：在该下拉列表框中，用户可以在IE中充分利用透明图像、绝对位置和可使用层的性能，包括“窗口”、“透明无窗口”和“不透明无窗口”3个选项。其中，如果选择“窗口”选项，可以在网页上的矩形窗口中播放Flash影片，并以最快的速度播放动画；如果选择“透明无窗口”选项，则会移动影片后面的元素，以防止它们被透视；如果选择“不透明窗口”选项，则可以显示影片所在的HTML页面背景，透明影片的透明区可以看到该背景，但是播放速度会变慢。

➢ 显示警告信息：当在设置标签中发生冲突时，该复选框可设置Flash是否显示错误警告信息。

➢ 缩放：在该下拉列表框中，可以将影片放到指定的边界内，当选择“默认”选项时，可以保持外观比例的区域内使影片完整呈现，不会发生扭曲；选择“无边框”选项，可以保持原始外观比例的区域内裁剪影片的边缘，不会发生扭曲；选择“精确匹配”选项，要在指定区域内显示整个文件，它不保持影片原始的比例，会发生扭曲；选择“无缩放”选项，则禁止影片在调整Flash播放器窗口大小时进行缩放。

➢ HTML对齐：在该下拉列表框中，可以用来确定影片在浏览器窗口中的位置。如果选择“默认”选项，则影片在浏览器窗口的中央位置显示。如果浏览器窗口比影片小，则会裁剪影片的边缘，选择“左对齐”、“右对齐”、“顶部”或“底部”四个选项中的任意一个，影片则会出现在浏览器窗口中相应的对齐位置。

➢ Flash水平和垂直对齐：在该选项中，可以设置影片在窗口中的位置以及裁剪影片的大小。

实战516 发布为GIF文件

▶ 实例位置：光盘\效果\第19章\手牵手.gif
▶ 素材位置：光盘\素材\第19章\手牵手.fla
▶ 视频位置：光盘\视频\第19章\实战516.mp4

• 实例介绍 •

GIF是网上最流行的图形格式之一，因为GIF文件提供了一个导出绘图和简单动画以便在Web页面上使用的简单方法。标准的GIF文件就是简单地经过压缩的位图，Flash可以优化GIF动画，只存储逐帧更改，GIF适合于导出线条和色块分明的图片。

• 操作步骤 •

STEP 01 单击“文件”|“打开”命令，打开一个素材文件，如图19-94所示。

图19-94 打开一个素材文件

STEP 02 单击“文件”|“发布设置”命令，弹出“发布设置”对话框，在左侧选中“GIF图像”复选框，单击“输出文件”右侧的“选择发布目标”按钮，如图19-95所示。

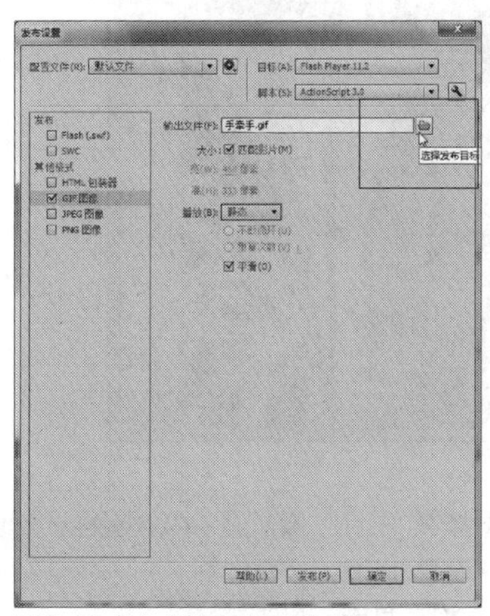

图19-95 单击“选择发布目标”按钮

技巧点拨

在Flash CC工作界面中，用户按【Ctrl+Shift+F12】组合键，也可以执行“发布设置”命令。

STEP 03 弹出“选择发布目标”对话框，在其中设置GIF文件的保存位置和名称，单击“保存”按钮，如图19-96所示。

STEP 04 返回“发布设置”对话框，单击“播放”右侧的下三角按钮，在弹出的列表框中选择“动画”选项，如图19-97所示，单击“发布”按钮，即可发布为GIF文件。

图19-96 单击“保存”按钮

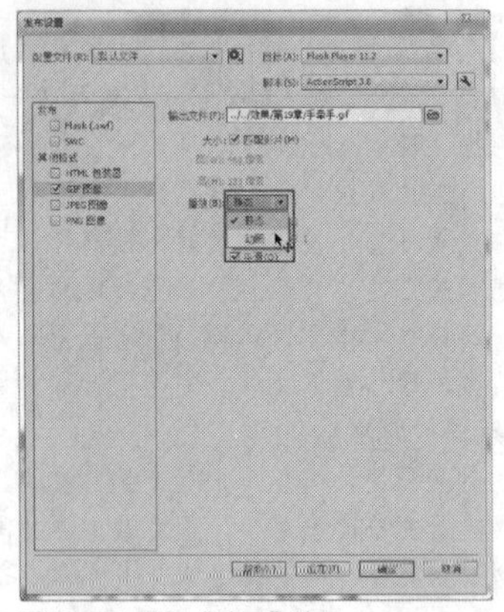

图19-97 选择“动画”选项

实战517 发布为JPEG文件

▶实例位置：光盘\效果\第19章\城市美景.jpg
▶素材位置：光盘\素材\第19章\城市美景.fla
▶视频位置：光盘\视频\第19章\实战517.mp4

• 实例介绍 •

Flash在发布JPEG文件时，默认的情况下只发布第1帧，如果要发布Flash文件中的其他帧，可以使用Static标记来指定该帧，并且图像只能作为静态图像导出。

• 操作步骤 •

STEP 01 单击“文件”|“打开”命令，打开一个素材文件，如图19-98所示。

STEP 02 单击“文件”|“发布设置”命令，弹出“发布设置”对话框，在左侧选中“JPEG图像”复选框，单击“输出文件”右侧的“选择发布目标”按钮，如图19-99所示。

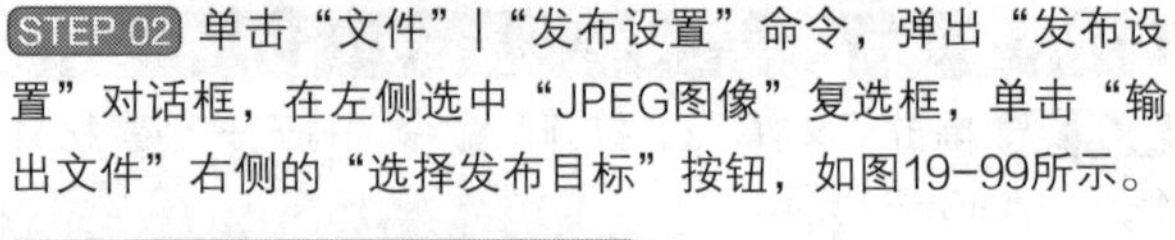

图19-98 打开一个素材文件

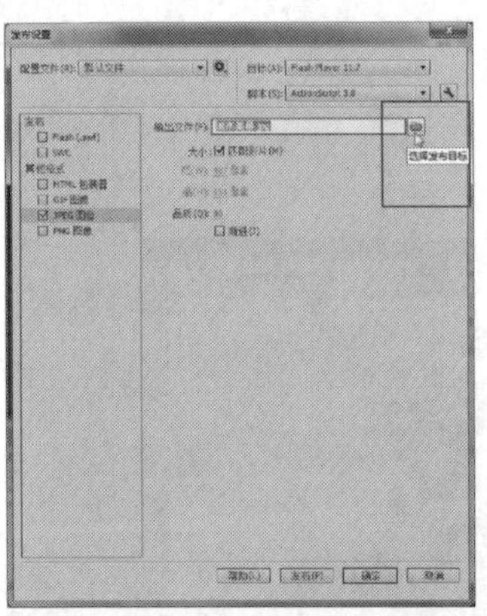

图19-99 单击“选择发布目标”按钮

STEP 03 弹出“选择发布目标”对话框，在其中设置JPEG文件的保存位置和名称，单击“保存”按钮，如图19-100所示。

STEP 04 返回“发布设置”对话框，单击下方的“发布”按钮，如图19-101所示，即可将动画发布为JPEG文件。

图19-100 单击“保存”按钮

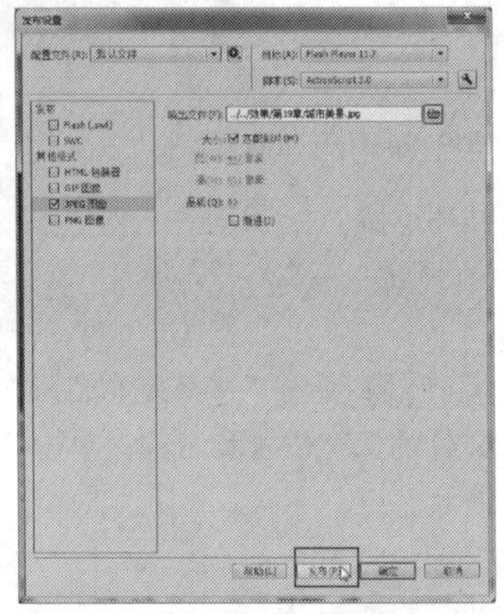

图19-101 单击“发布”按钮

实战 518 发布为PNG文件

▶ 实例位置：光盘\效果\第19章\房产广告.png
▶ 素材位置：光盘\素材\第19章\房产广告.fla
▶ 视频位置：光盘\视频\第19章\实战518.mp4

• 实例介绍 •

PNG文件格式是一种静态图像文件格式，是一种新型的图像文件格式，相对于GIF和JPEG图像文件格式都有不小的改进。下面向读者介绍发布为PNG文件的操作方法。

• 操作步骤 •

STEP 01 单击“文件”|“打开”命令，打开一个素材文件，如图19-102所示。

图19-102 打开一个素材文件

STEP 02 单击“文件”|“发布设置”命令，弹出“发布设置”对话框，在左侧选中“PNG图像”复选框，单击“输出文件”右侧的“选择发布目标”按钮，如图19-103所示。

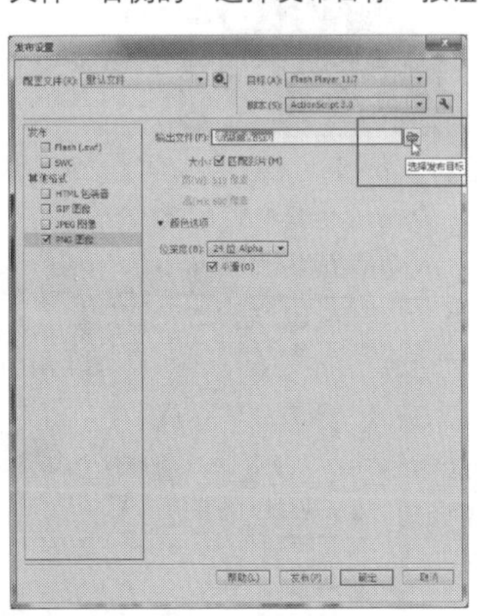

图19-103 单击“选择发布目标”按钮

STEP 03 弹出“选择发布目标”对话框，在其中设置PNG文件的保存位置和名称，单击“保存”按钮，如图19-104所示。

图19-104 单击“保存”按钮

STEP 04 返回“发布设置”对话框，单击下方的“发布”按钮，如图19-105所示，即可将动画发布为PNG文件。

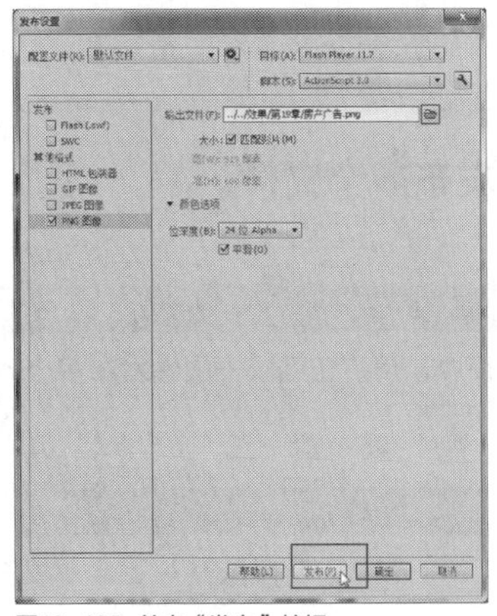

图19-105 单击“发布”按钮

实战 519 发布为SWC文件

▶ 实例位置：无
▶ 素材位置：光盘\素材\第19章\庆祝圣诞.fla
▶ 视频位置：光盘\视频\第19章\实战519.mp4

• 实例介绍 •

SWC文件是类似zip的文件（通过PKZIP归档格式打包和展开），它由Flash编译工具compc生成。下面向读者介绍发布为SWC文件的操作方法。

• 操作步骤 •

STEP 01 单击"文件"|"打开"命令，打开一个素材文件，如图19-106所示。

图19-106 打开一个素材文件

STEP 02 单击"文件"|"发布设置"命令，弹出"发布设置"对话框，在左侧选中SWC复选框，单击"输出文件"右侧的"选择发布目标"按钮，如图19-107所示。

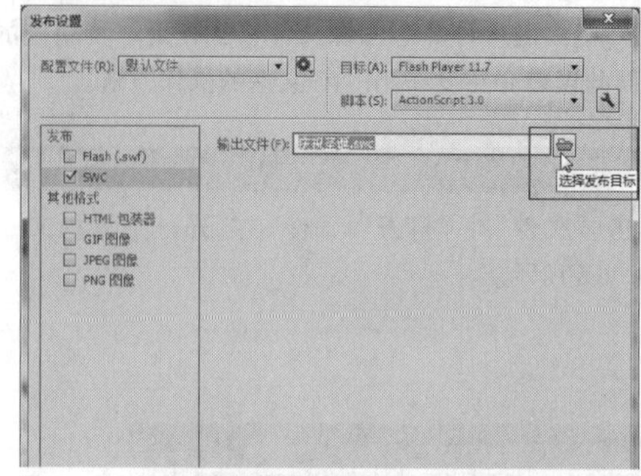
图19-107 单击"选择发布目标"按钮

STEP 03 弹出"选择发布目标"对话框，在其中设置SWC文件的保存位置和名称，如图19-108所示，单击"保存"按钮。

STEP 04 返回"发布设置"对话框，单击下方的"发布"按钮，如图19-109所示，即可将动画发布为SWC文件。

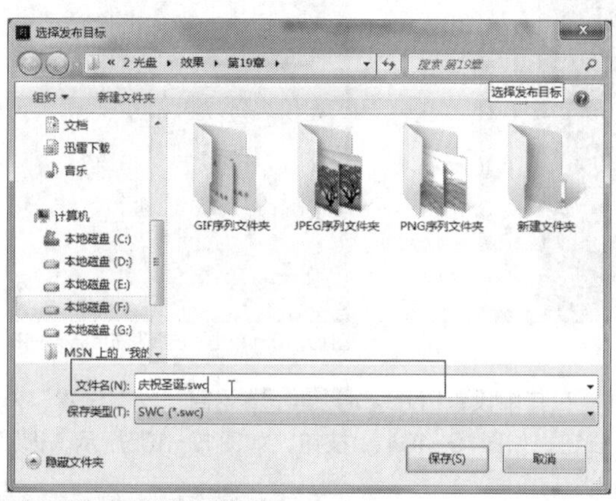
图19-108 设置保存位置和名称

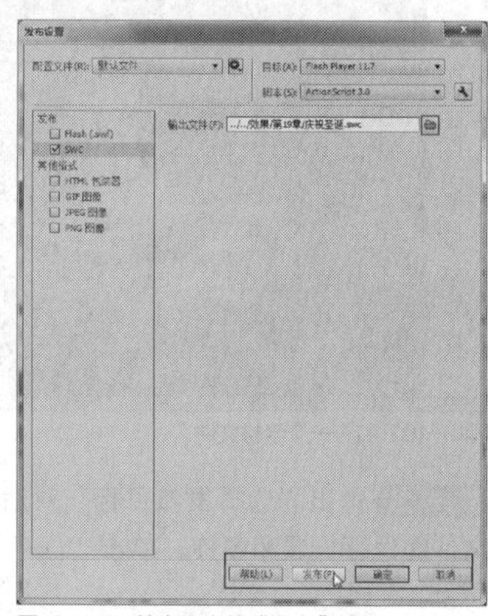
图19-109 单击下方的"发布"按钮

实战520 一次性发布多个文件

▶ 实例位置：光盘\效果\第19章\画画.swf、画画.gif、画画.png
▶ 素材位置：光盘\素材\第19章\画画.fla
▶ 视频位置：光盘\视频\第19章\实战520.mp4

• 实例介绍 •

在Flash CC工作界面中，用户还可以一次性发布多个动画文件，提高发布影片的效率。下面向读者介绍一次性发布多个文件的操作方法。

• 操作步骤 •

STEP 01 单击"文件"|"打开"命令，打开一个素材文件，如图19-110所示。

图19-110 打开一个素材文件

STEP 02 在菜单栏中，单击“文件”|“发布设置”命令，如图19-111所示。

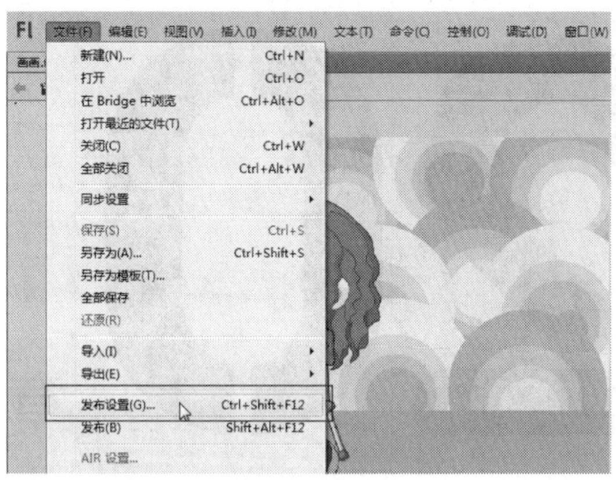

图19-111 单击“发布设置”命令

STEP 03 执行操作后，弹出“发布设置”对话框，如图19-112所示。

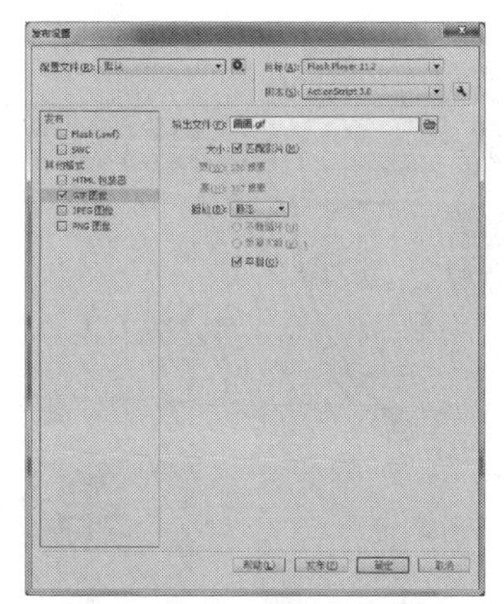
图19-112 弹出“发布设置”对话框

STEP 04 在左侧列表框中，一次性选中多个需要导出的格式类型所对应的复选框，依次单击“发布”按钮，如图19-113所示，即可一次性发布多个需要的文件对象。

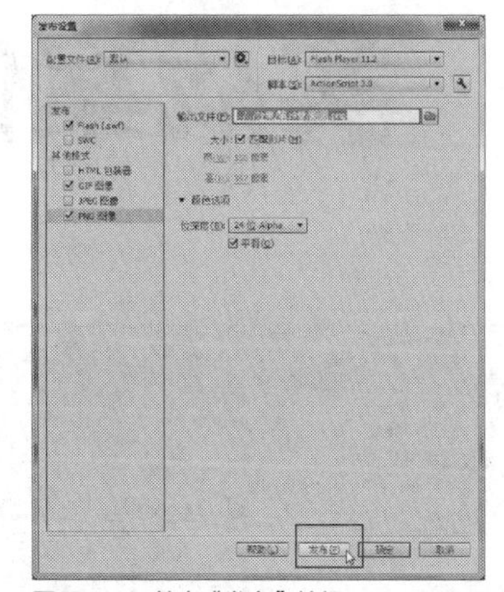
图19-113 单击“发布”按钮

第20章

实战案例——图形动画

本章导读

在Flash动画中，绚丽的图形动画可以为Flash增加不少特色，这种动画表现方法充分展示了Flash CS6软件的强大功能，在实现动画的基础上提升了动画本身的可观赏性，同时也使动画制作达到了一个更高的水平。

本章主要向读者介绍制作人物类图形——《女孩变脸》、动物类图形——《小猪游湖》、礼品类图形——《圣诞送礼》实例效果的制作方法。

要点索引

- 人物类图形——女孩变脸
- 动物类图形——小猪游湖
- 礼品类图形——圣诞送礼

20.1 人物类图形——女孩变脸

《女孩变脸》实例的制作原理是逐帧动画，逐帧动画通过改变每一帧中舞台对应的内容来产生动画效果。在制作《女孩变脸》实例的过程中，通过改变不同帧对应的女孩表情来制作动画。本节主要介绍《女孩变脸》动画实例的制作方法，效果如图20-1所示。

图20-1 《女孩变脸》实例效果

实战 521 制作整体轮廓

▶ 素材位置：光盘\素材\第20章\女孩变脸.fla
▶ 视频位置：光盘\视频\第20章\实战521.mp4

• 实例介绍 •

在Flash CC工作界面中，首先打开一个素材文件，然后将"库"面板中的相应元件拖曳至舞台中，制作人物图形的整体轮廓。

• 操作步骤 •

STEP 01 在菜单栏中，单击"文件"|"打开"命令，如图20-2所示。

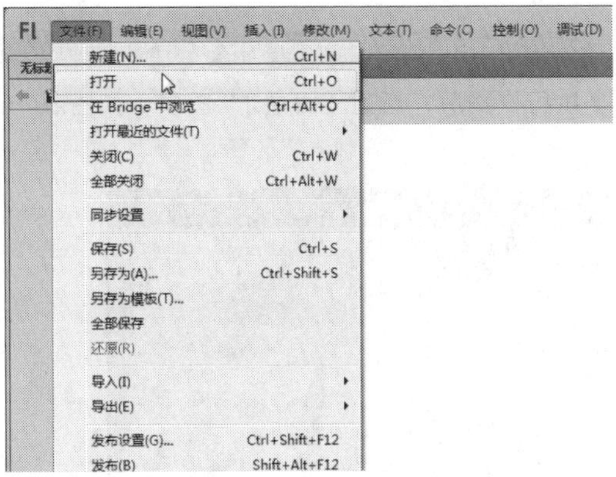

图20-2 单击"打开"命令

STEP 02 弹出"打开"对话框，在其中选择需要打开的动画素材文件，如图20-3所示，单击"打开"按钮。

图20-3 选择动画素材文件

STEP 03 执行操作后，即可打开选中的素材文件，如图20-4所示。

STEP 04 在"时间轴"面板中，选择"图层1"图层的第75帧，如图20-5所示。

图20-4 打开选中的素材文件

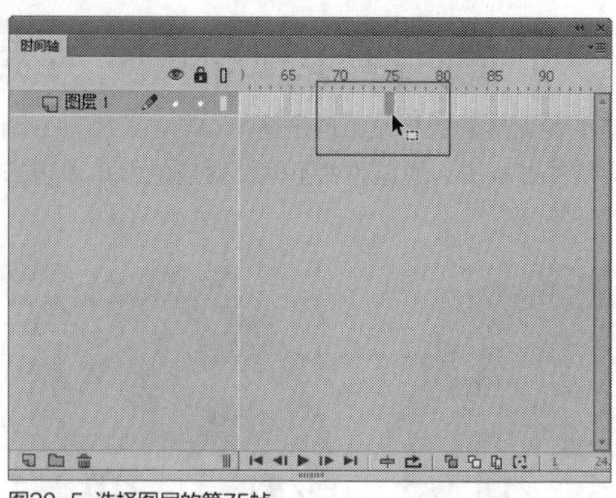

图20-5 选择图层的第75帧

STEP 05 单击鼠标右键，在弹出的快捷菜单中，选择“插入帧”选项，如图20-6所示。

STEP 06 执行操作后，即可插入帧，如图20-7所示。

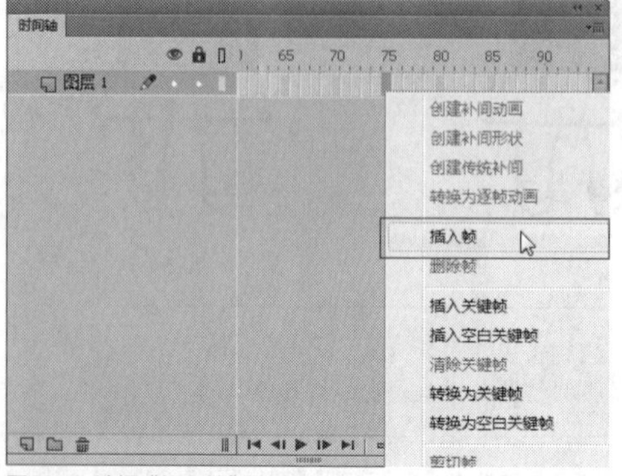

图20-6 选择“插入帧”选项

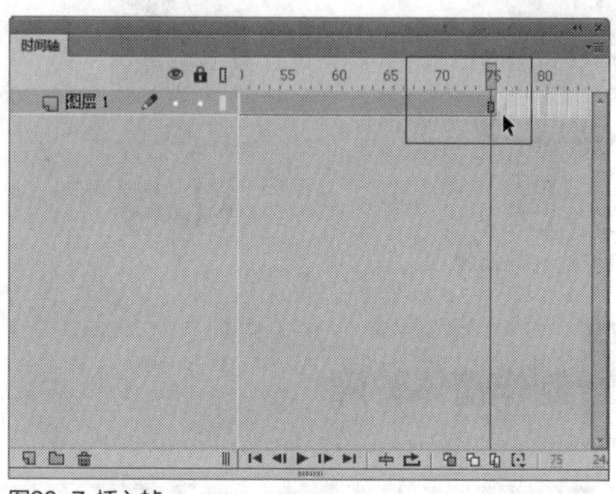

图20-7 插入帧

实战 522 创建人物眼睛

▶ 素材位置：无
▶ 视频位置：光盘\视频\第20章\实战522.mp4

• 实例介绍 •

在Flash CC工作界面中，当用户打开素材在舞台中制作好人物的整体画面后，接下来介绍创建人物眼睛的方法。

• 操作步骤 •

STEP 01 单击“时间轴”面板底部的“新建图层”按钮，如图20-8所示。

STEP 02 执行操作后，新建“图层2”图层，如图20-9所示。

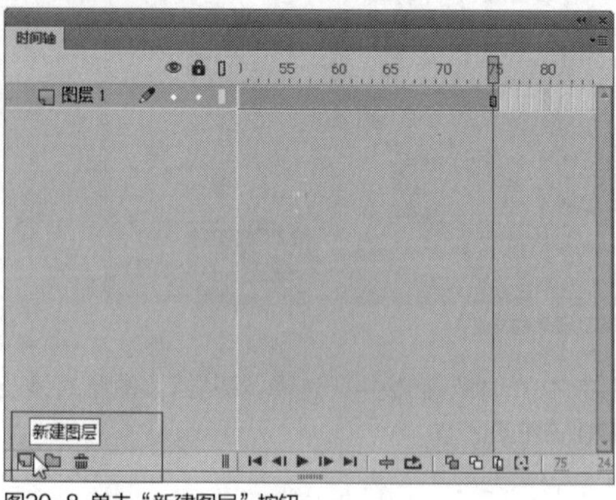

图20-8 单击“新建图层”按钮

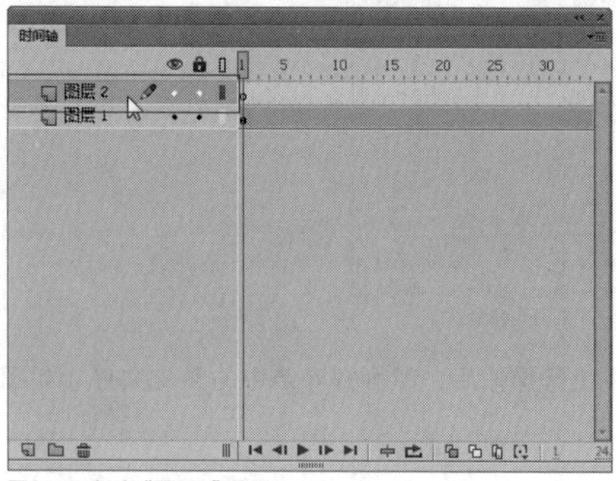

图20-9 新建“图层2”图层

STEP 03 在菜单栏中，单击“窗口”菜单，在弹出的菜单列表中单击“库”命令，如图20-10所示，用户也可以按【Ctrl+L】组合键。

STEP 04 打开“库”面板，在其中选择“元件7”图形元件，如图20-11所示。

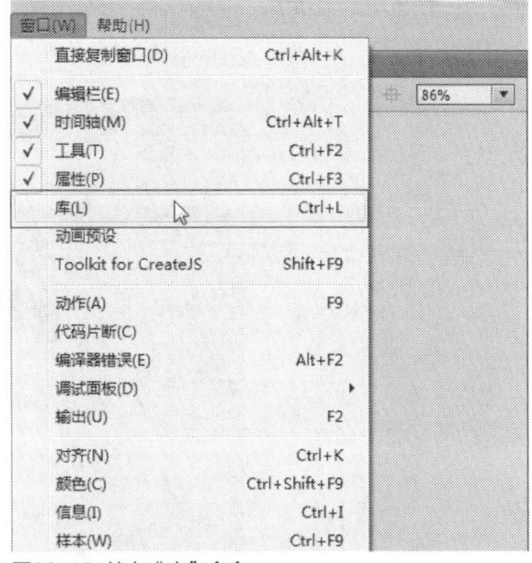

图20-10 单击“库”命令

图20-11 选择“元件7”图形元件

STEP 05 将选中的元件拖曳至舞台适当位置，效果如图20-12所示。

图20-12 将元件拖曳至舞台适当位置

实战 523 创建表情动画1

▶ 素材位置：无
▶ 视频位置：光盘\视频\第20章\实战523.mp4

• 实例介绍 •

在制作动画的过程中，用户可以采用逐帧动画的制作方式，制作人物的表情转换效果。

• 操作步骤 •

STEP 01 在“时间轴”面板中，单击面板底部的“新建图层”按钮，如图20-13所示。

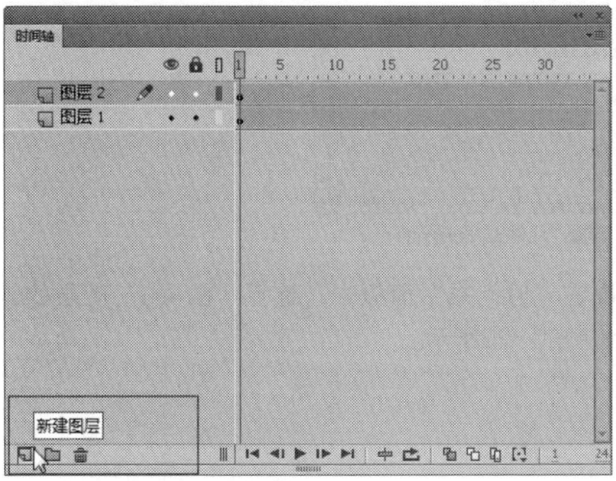

新建图层

图20-13 单击“新建图层”按钮

STEP 02 执行操作后，即可新建“图层3”图层，如图20-14所示。

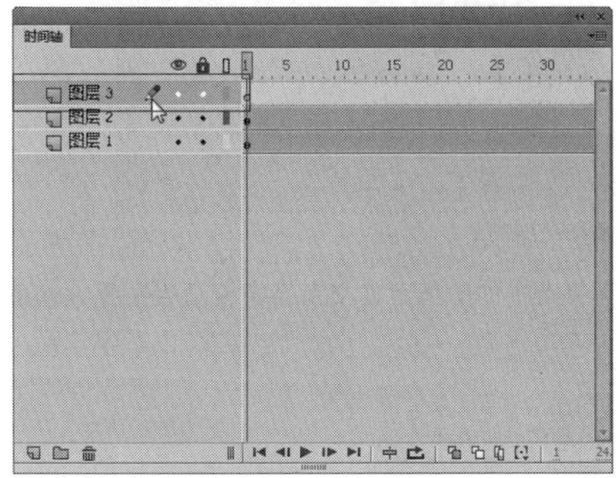

图20-14 新建“图层3”图层

STEP 03 在“库”面板中，选择“元件2”图形元件，如图20-15所示。

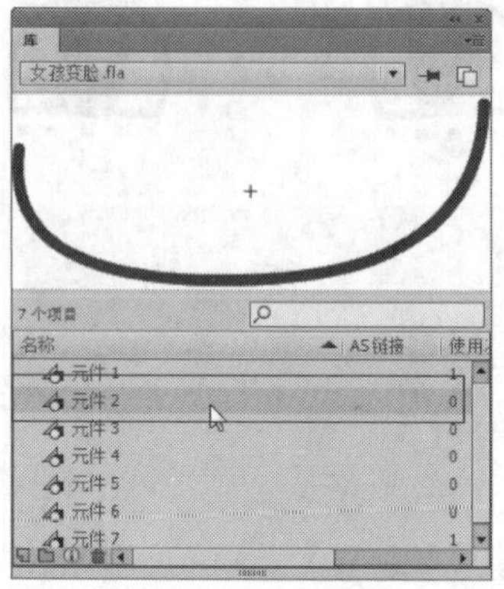

图20-15 选择“元件2”图形元件

STEP 04 将选中的图形元件拖曳至舞台适当位置，如图20-16所示。

图20-16 拖曳至舞台适当位置

STEP 05 在“时间轴”面板中，选择“图层3”图层的第15帧，如图20-17所示。

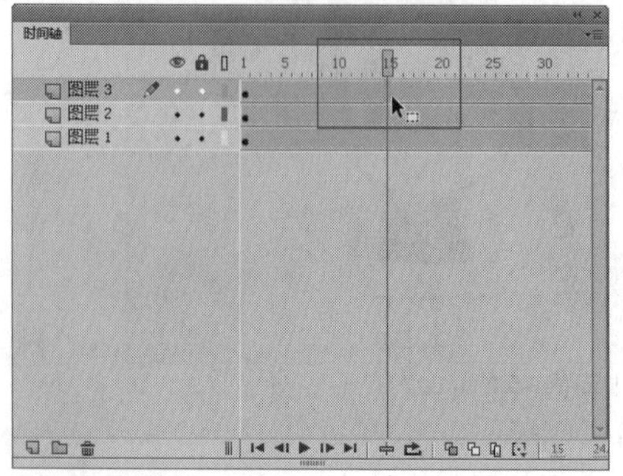

图20-17 选择第15帧

STEP 06 单击鼠标右键，在弹出的快捷菜单中，选择“插入空白关键帧”选项，如图20-18所示。

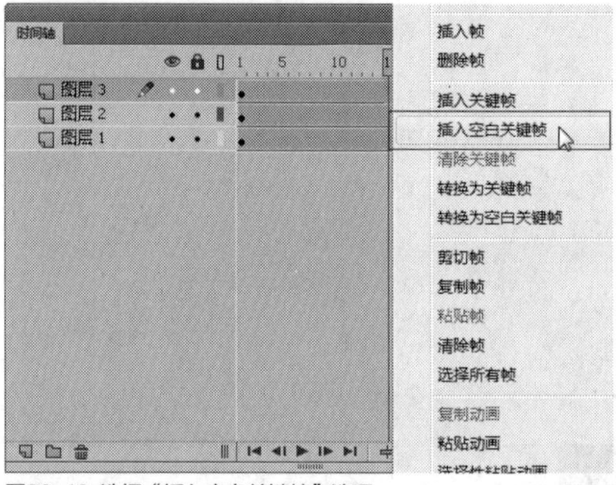

图20-18 选择“插入空白关键帧”选项

STEP 07 执行操作后，即可插入空白关键帧，如图20-19所示。

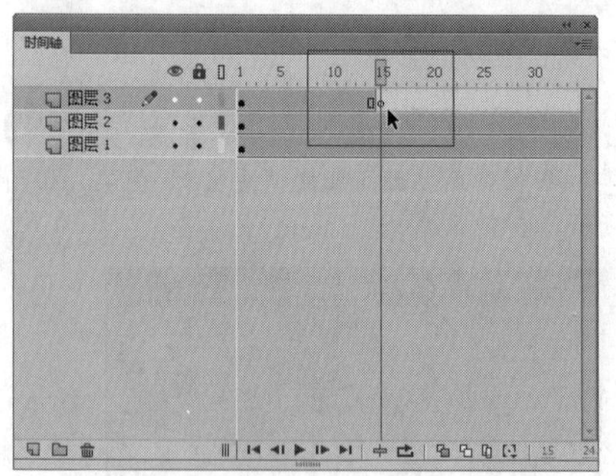

图20-19 插入空白关键帧

STEP 08 在“库”面板中，选择“元件3”图形元件，如图20-20所示。

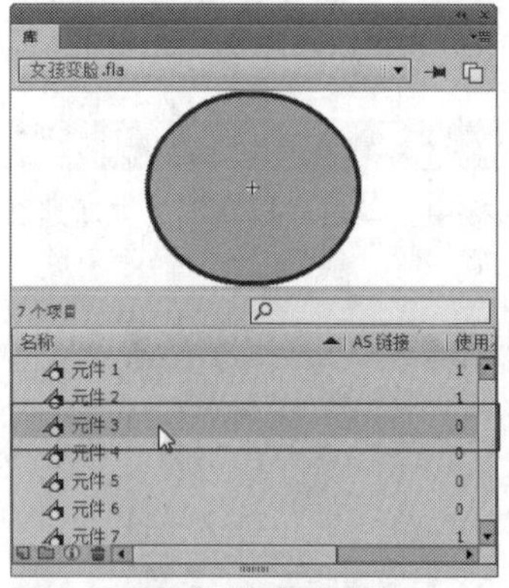

图20-20 选择“元件3”图形元件

STEP 09 将选中的图像元件拖曳至舞台适当位置，如图20-21所示。

STEP 10 在“时间轴”面板中，选择“图层3”图层的第30帧，如图20-22所示。

图20-21 将图像元件拖曳至舞台

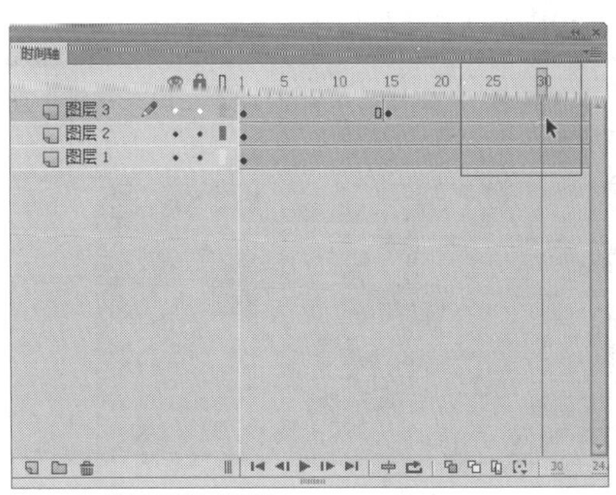

图20-22 选择图层的第30帧

STEP 11 在菜单栏中，单击“插入”|“时间轴”|“空白关键帧”命令，如图20-23所示。

STEP 12 执行操作后，即可插入空白关键帧，如图20-24所示。

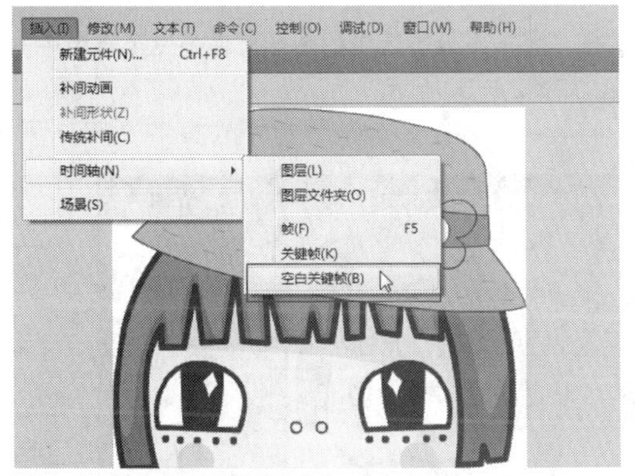

图20-23 单击“空白关键帧”命令

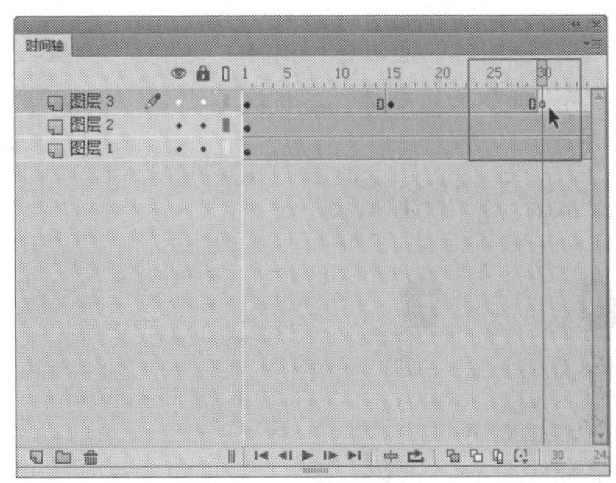

图20-24 插入空白关键帧

STEP 13 在“库”面板中，选择“元件4”图形元件，如图20-25所示。

STEP 14 将选中的图像元件拖曳至舞台适当位置，表情动画制作完成，效果如图20-26所示。

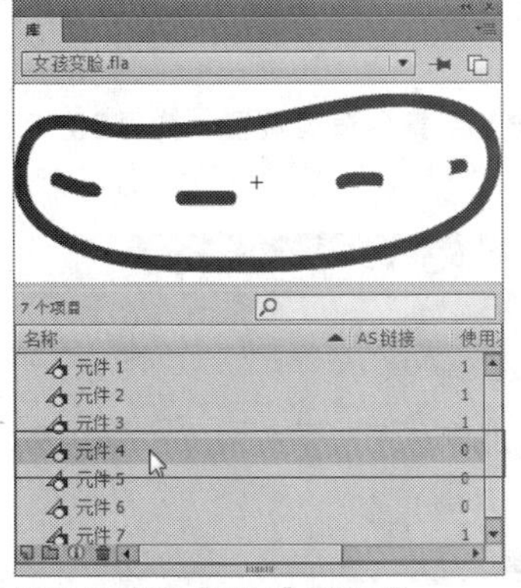

图20-25 选择“元件4”图形元件

图20-26 拖曳至舞台适当位置

实战 524 创建表情动画2

▶ **实例位置：** 光盘\效果\第20章\女孩变脸.fla、女孩变脸.swf

▶ **视频位置：** 光盘\视频\第20章\实战524.mp4

• 实例介绍 •

在制作动画的过程中，如果用户希望女孩的表情能更加丰富一些，此时还可以继续通过添加空白的关键帧，制作女孩变脸效果。

• 操作步骤 •

STEP 01 在“图层2”图层的第45帧插入空白关键帧，如图20-27所示。

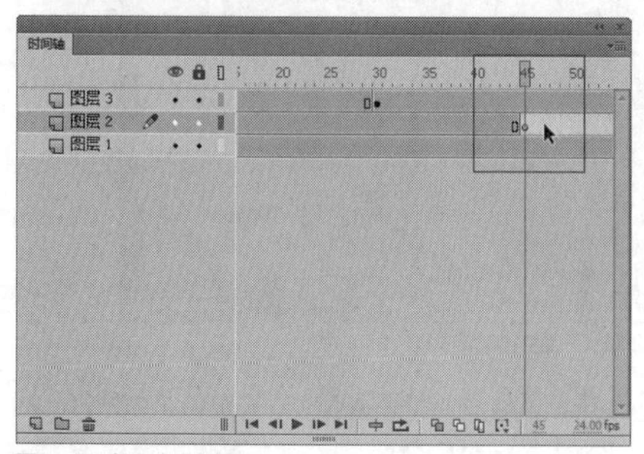

图20-27 插入空白关键帧1

STEP 02 在“图层3”图层的第45帧插入空白关键帧，如图20-28所示。

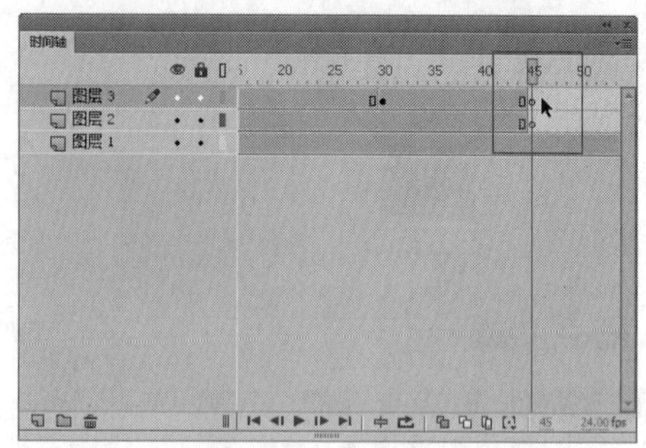

图20-28 插入空白关键帧2

STEP 03 在“时间轴”面板中，选择“图层3”的第45帧，在“库”面板中，选择“元件5”图形元件，如图20-29所示。

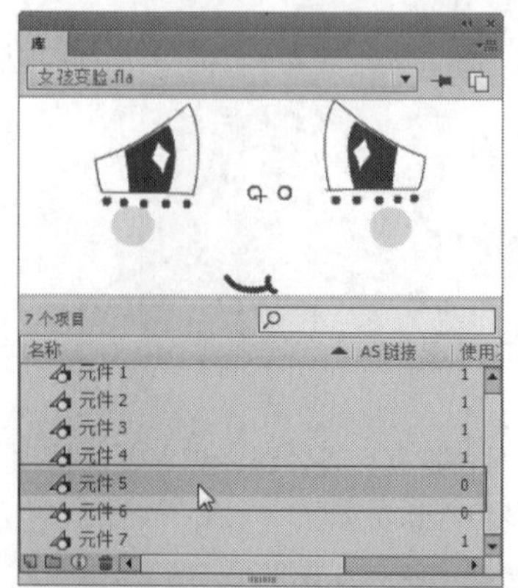

图20-29 选择“元件5”图形元件

STEP 04 将“库”面板中选中的图形元件拖曳至舞台中的适当位置，如图20-30所示。

图20-30 拖曳至舞台适当位置

STEP 05 在“图层3”图层的第60帧插入空白关键帧，如图20-31所示。

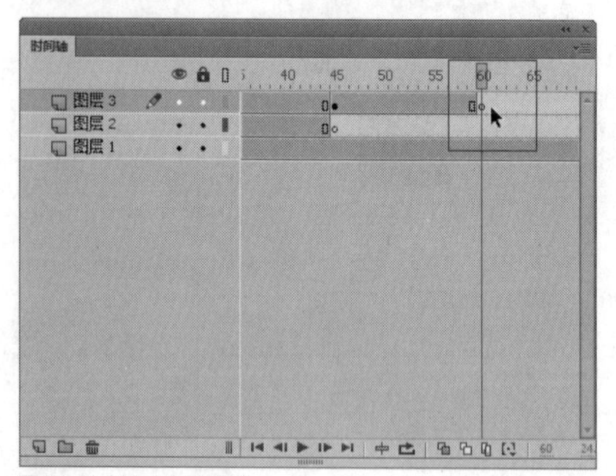

图20-31 插入空白关键帧

STEP 06 将“元件6”拖曳至舞台适当位置，如图20-32所示。

图20-32 拖曳至舞台适当位置

STEP 07 按【Ctrl + Enter】组合键，测试动画，效果如图20-33所示。

图20-33 测试动画效果

20.2 动物类图形——小猪游湖

在Flash CC中，卡通动物图形动画是Flash动画制作中必不可少，也是最基本的一种动画制作方式，卡通动物图形动画包含独具风格的动态效果，在动画制作的过程中，运用卡通动物图形动画可以为动画增色不少。本节主要介绍制作《小猪游湖》动画实例的方法，效果如图20-34所示。

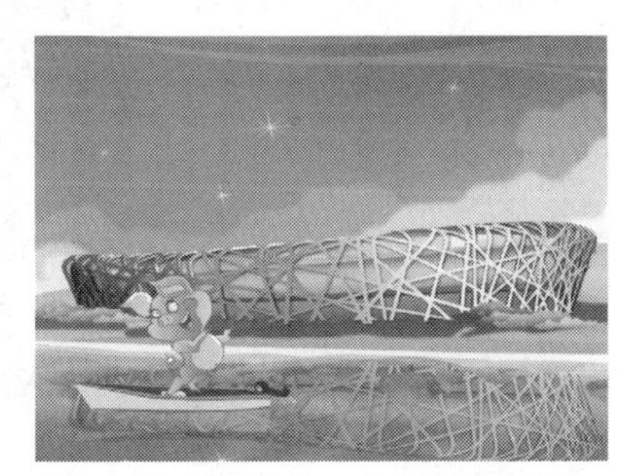
图20-34 《小猪游湖》实例效果

实战 525 制作湖水背景

▶ 素材位置：光盘\素材\第20章\小猪游湖.fla
▶ 视频位置：光盘\视频\第20章\实战525.mp4

• 实例介绍 •

在《小猪游湖》动画效果中，制作湖水背景的方法很简单，只要将“库”面板中的背景图形元件拖至舞台区中的合适位置即可。

• 操作步骤 •

STEP 01 在菜单栏中，单击“文件”|“打开”命令，弹出“打开”对话框，在其中选择需要打开的动画素材文件，单击“打开”按钮，即可打开选中的动画素材文件，此时舞台中没有任何内容，如图20-35所示。

STEP 02 在“时间轴”面板中，选择“背景”图层的第1帧，如图20-36所示。

图20-35 打开选中的动画素材

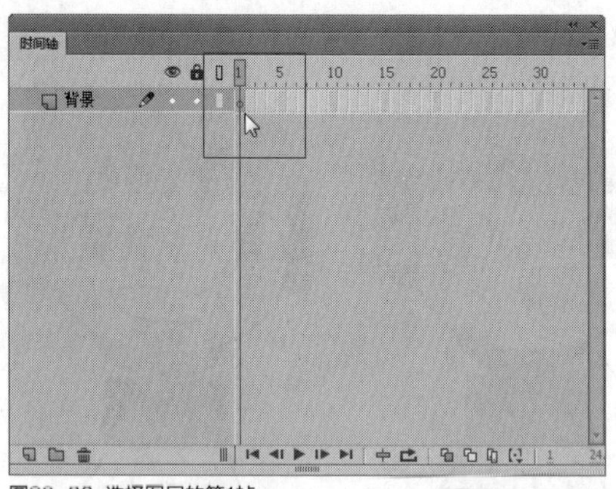

图20-36 选择图层的第1帧

STEP 03 在“库”面板中选择“背景”图形元件，如图20-37所示。

STEP 04 单击鼠标左键并拖曳至舞台区适当位置，释放鼠标左键，创建元件实例，在“属性”面板的“位置和大小”选项区中，设置X为660.5、Y为122.2，设置舞台显示位置，如图20-38所示。

图20-37 选择“背景”图形元件

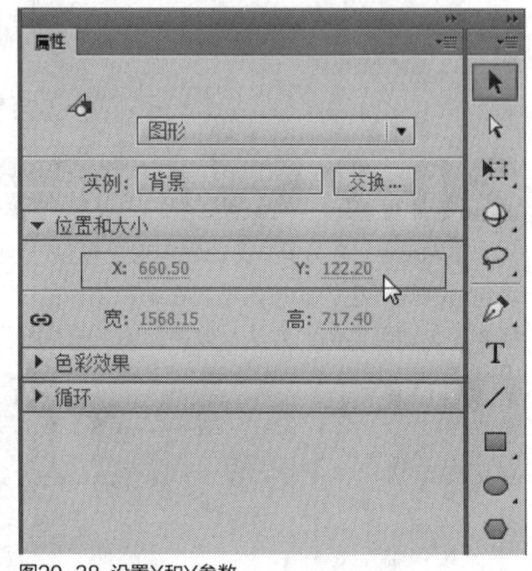

图20-38 设置X和Y参数

STEP 05 在舞台右上角的比例列表框中，选择“显示全部”选项，如图20-39所示。

STEP 06 执行操作后，即可显示舞台中的背景效果，如图20-40所示。

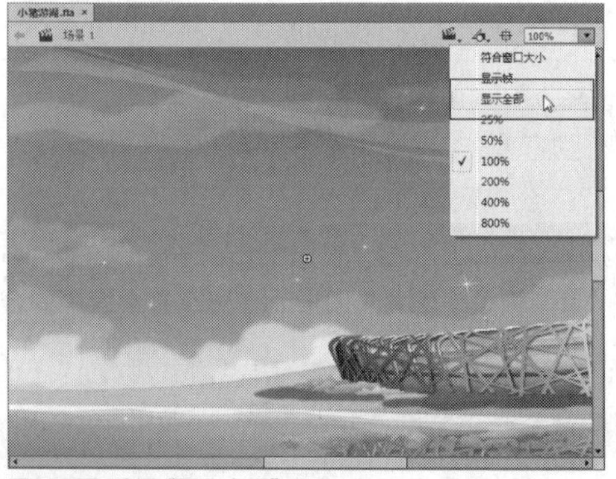

图20-39 选择“显示全部”选项

图20-40 显示舞台中的背景效果

实战 526 创建背景动画

▶ 素材位置：无

▶ 视频位置：光盘\视频\第20章\实战526.mp4

• 实例介绍 •

在《小猪游湖》动画效果中，创建背景动画主要是运用移动工具移动元件位置和创建传统补间动画来完成的。

• 操作步骤 •

STEP 01 在“时间轴”面板中，选择“背景”图层的第180帧，如图20-41所示。

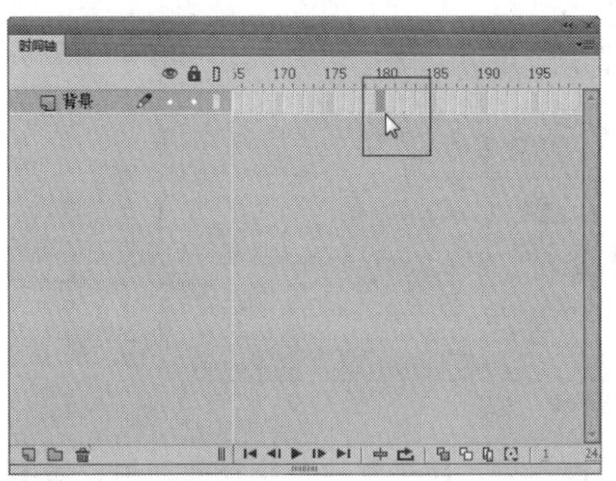

图20-41 选择图层的第180帧

STEP 02 在该帧上，单击鼠标右键，在弹出的快捷菜单中选择“插入帧”选项，如图20-42所示。

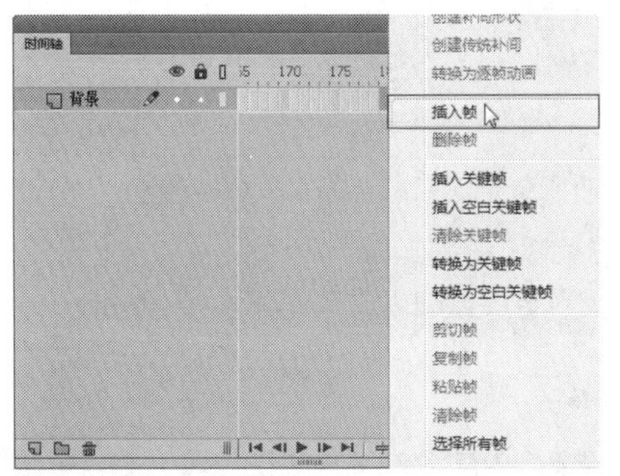

图20-42 选择“插入帧”选项

STEP 03 执行操作后，即可插入帧，如图20-43所示。

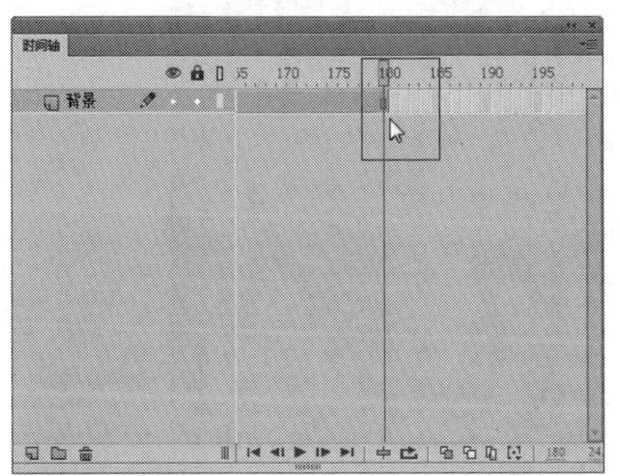

图20-43 插入帧

STEP 04 在“时间轴”面板中，选择第120帧，如图20-44所示。

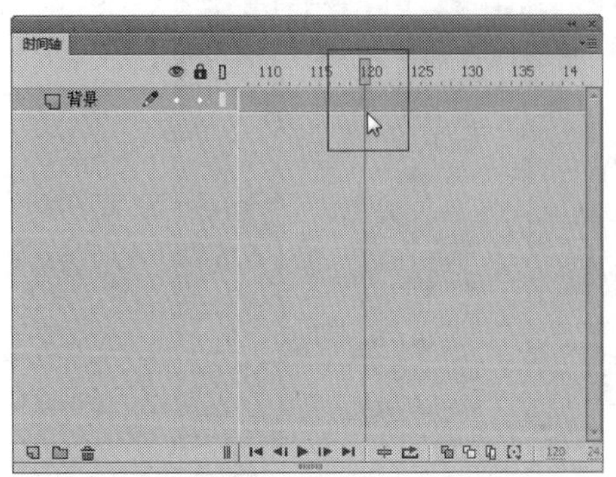

图20-44 选择第120帧

STEP 05 在该帧上，单击鼠标右键，在弹出的快捷菜单中选择“插入关键帧”选项，如图20-45所示。

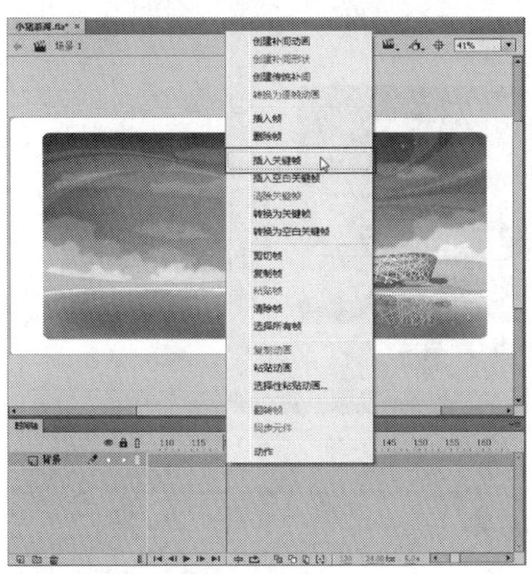

图20-45 选择“插入关键帧”选项

STEP 06 执行操作后，即可插入关键帧，如图20-46所示。

图20-46 插入关键帧

STEP 07 运用选择工具选择舞台区的背景元件实例，在“属性”面板的“位置和大小”选项区中，设置X为18.35、Y为122.2，如图20-47所示。

STEP 08 执行操作后，即可调整舞台中背景的显示位置，移动背景画面，如图20-48所示。

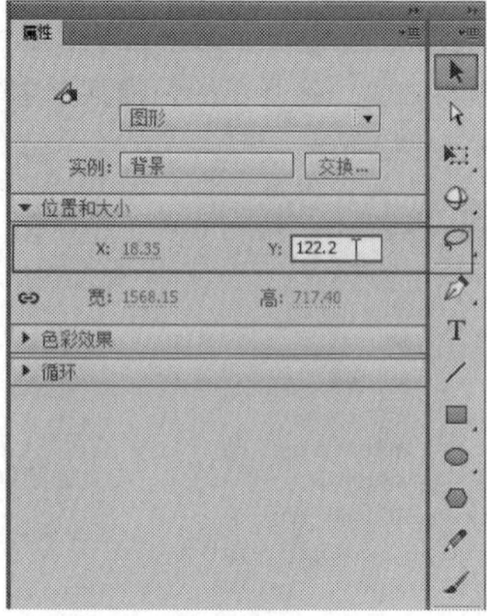

图20-47 设置各参数

图20-48 移动背景画面

STEP 09 在“背景”图层的第1帧至第120帧中的任意一帧上，单击鼠标右键，在弹出的快捷菜单中选择“创建传统补间”选项，如图20-49所示。

STEP 10 执行操作后，即可创建传统补间动画，如图20-50所示。

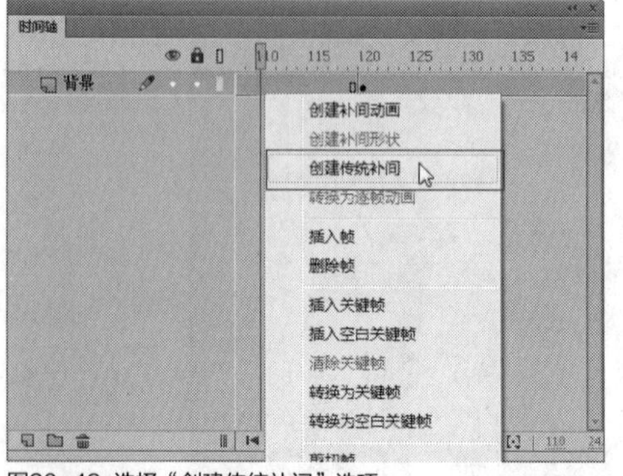

图20-49 选择“创建传统补间”选项

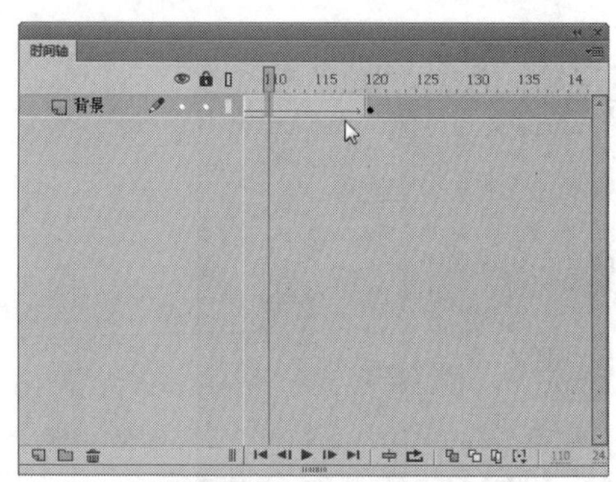

图20-50 创建传统补间动画

STEP 11 在“时间轴”面板中，按【Enter】键，在舞台中查看背景移动效果，如图20-51所示。

图20-51 查看背景移动效果

实战 527 创建动画实例

▶素材位置：无
▶视频位置：光盘\视频\第20章\实战527.mp4

• 实例介绍 •

在《小猪游湖》动画效果中，创建动画实例是指将“库”面板中的图形元件拖曳至舞台中的合适位置，即可创建图形元件的实例。

● 操作步骤 ●

STEP 01 在“时间轴”面板中，单击下方的“新建图层”按钮，如图20-52所示。

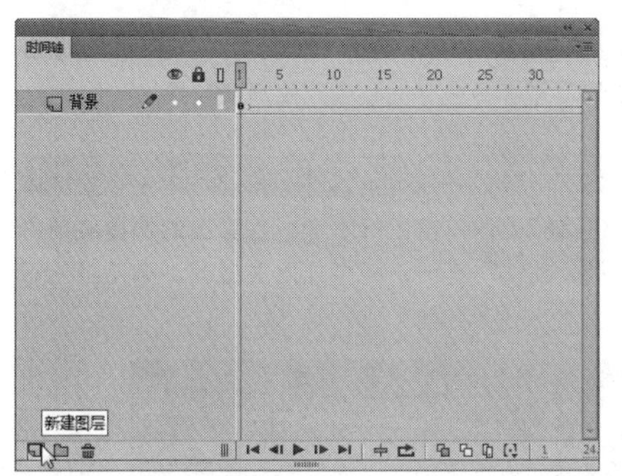

图20-52 单击“新建图层”按钮

STEP 02 执行操作后，即可新建“图层1”图层，如图20-53所示。

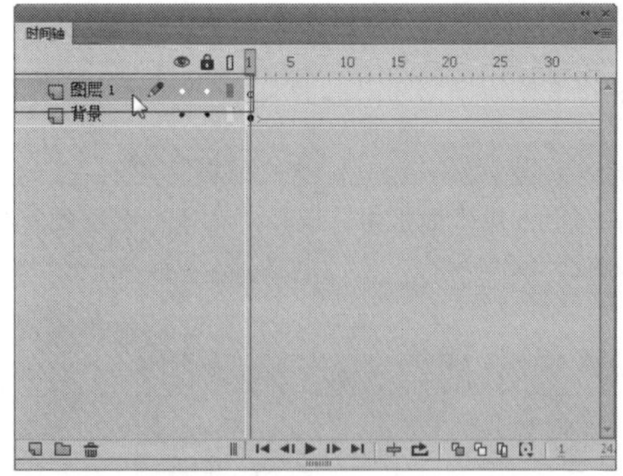

图20-53 新建“图层1”图层

STEP 03 在“时间轴”面板的“图层1”图层名称上，双击鼠标左键，此时图层名称呈可编辑状态，如图20-54所示。

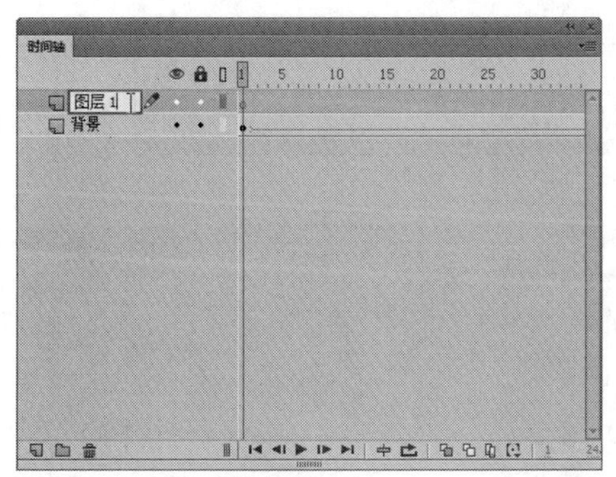

图20-54 图层名称呈可编辑状态

STEP 04 选择一种合适的输入法，重新输入图层的新名称，按【Enter】键确认，即可更改图层名称，如图20-55所示。

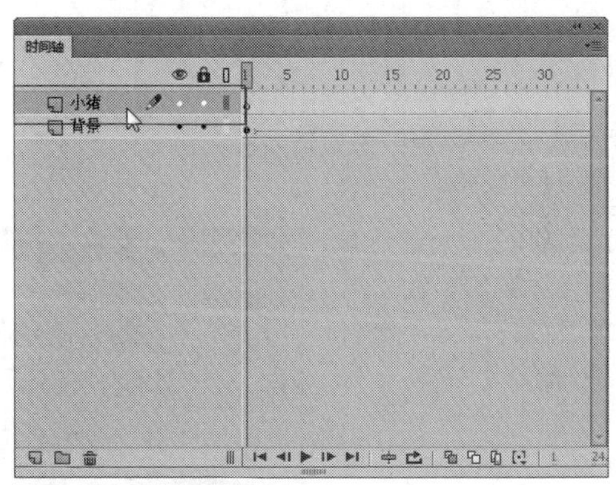

图20-55 更改图层名称

STEP 05 在“库”面板中，选择“小猪”图形元件，如图20-56所示。

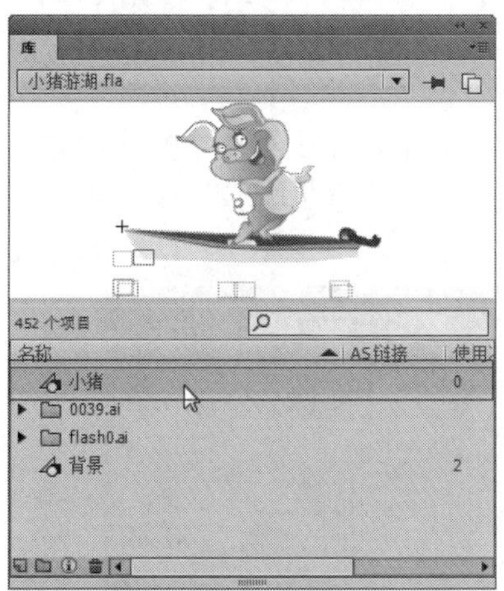

图20-56 选择“小猪”图形元件

STEP 06 单击鼠标左键并拖曳至舞台区适当位置，释放鼠标左键，在“属性”面板的“位置和大小”选项区中，设置X为37.25、Y为324.2，设置元件实例位置，舞台效果如图20-57所示。

图20-57 设置元件实例位置

实战 528 创建渐变动画

▶ **素材位置**：无
▶ **视频位置**：光盘\视频\第20章\实战528.mp4

• 实例介绍 •

在《小猪游湖》动画效果中，创建渐变动画是使用变形工具放大图形，添加传统补间动画产生渐变效果。

• 操作步骤 •

STEP 01 在“时间轴”面板中，选择“背景”图层的第160帧，如图20-58所示。

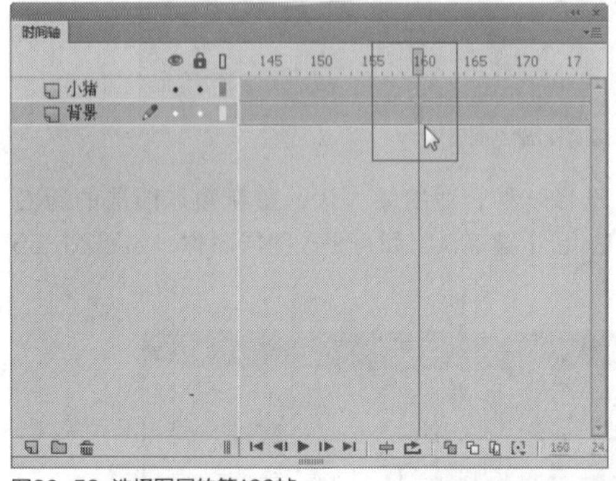

图20-58 选择图层的第160帧

STEP 02 在该帧上，单击鼠标右键，在弹出的快捷菜单中选择“插入关键帧”选项，即可插入关键帧，如图20-59所示。

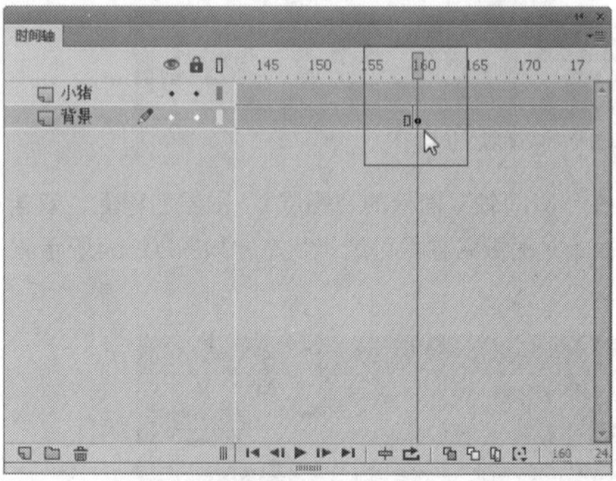

图20-59 选择“插入关键帧”选项

STEP 03 运用选择工具，选择舞台区的背景元件实例，在“属性”面板的“位置和大小”选项区中，设置X为-291.25、Y为122.25、“宽”为2053.95、“高”为939.6，如图20-60所示。

STEP 04 执行操作后，即可调整背景元件实例的大小，舞台效果如图20-61所示。

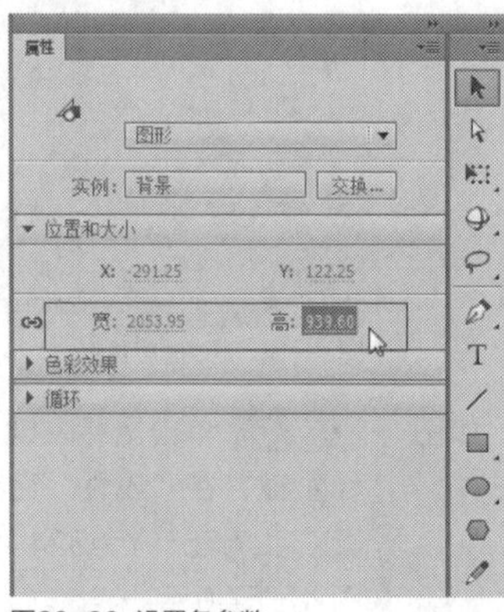

图20-60 设置各参数

图20-61 调整背景元件实例的大小

STEP 05 在“背景”图层的第120帧至第160帧中的任意一帧上，单击鼠标右键，在弹出的快捷菜单中选择“创建传统补间”选项，如图20-62所示。

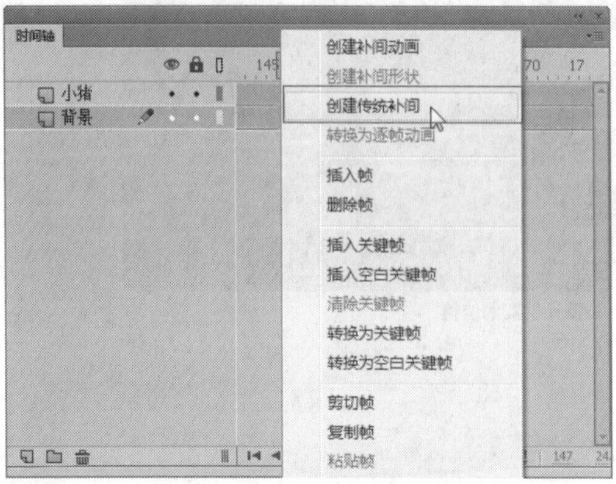

图20-62 选择“创建传统补间”选项

STEP 06 执行操作后，即可在时间轴的“背景”图层中，创建传统补间动画，“时间轴”面板如图20-63所示。

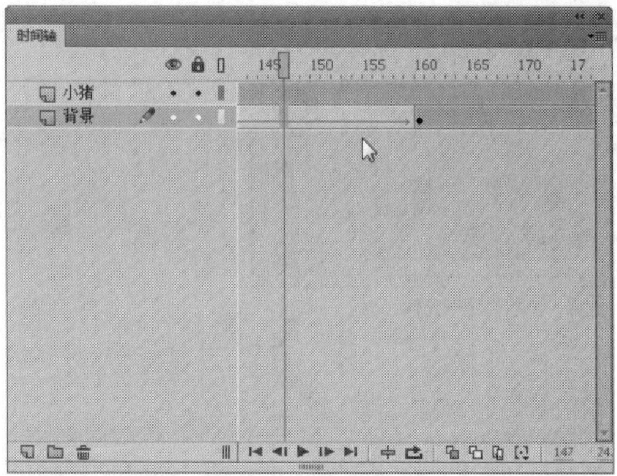

图20-63 创建传统补间动画

实战 529 导出动画效果

▶实例位置：光盘\效果\第20章\小猪游湖.fla、小猪游湖.swf
▶视频位置：光盘\视频\第20章\实战529.mp4

• 实例介绍 •

当用户将《小猪游湖》动画效果制作完成后，接下来向读者介绍测试动画效果的方法，预览制作的动画是否符合用户的要求。

• 操作步骤 •

STEP 01 在菜单栏中，单击“控制”菜单，在弹出的菜单列表中单击“测试”命令，如图20-64所示。

图20-64 单击“测试”命令

STEP 02 执行操作后，弹出“导出SWF影片”对话框，显示动画导出进度，如图20-65所示。

图20-65 显示动画导出进度

STEP 03 稍等片刻，在弹出的“小猪游湖”窗口中，即可查看导出的动画效果，如图20-66所示。

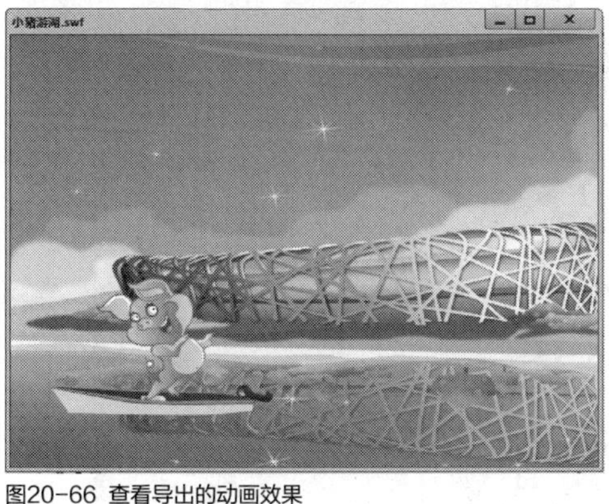

图20-66 查看导出的动画效果

知识拓展

在上述制作的《小猪游湖》实例效果中，给人的感觉好像小猪在游湖，小猪是运动的。实际上，运动的是背景画面，通过对背景画面进行移动和放大操作，制作出动态效果。用户学完之后可以举一反三，制作出更多漂亮的动态背景运动效果。

20.3 礼品类图形——圣诞送礼

在Flash CC中，用户可以使用路径动画移动图形位置，制作不同的图形动画效果。本节主要向读者介绍制作《圣诞送礼》动画实例的操作方法，效果如图20-67所示。

图20-67 《圣诞送礼》实例效果

实战530 制作圣诞背景

▶素材位置：光盘\素材\第20章\圣诞送礼.fla
▶视频位置：光盘\视频\第20章\实战530.mp4

• 实例介绍 •

在《圣诞送礼》动画效果中，首先向读者介绍制作圣诞背景效果以及新建图层的方法，新建所需图层为整个动画的制作做准备，让步骤更加明了。

• 操作步骤 •

STEP 01 单击“文件”|“打开”命令，打开一个素材文件，如图20-68所示。

图20-68 打开一个素材文件

STEP 02 在“图层1”图层中，选择第70帧，如图20-69所示。

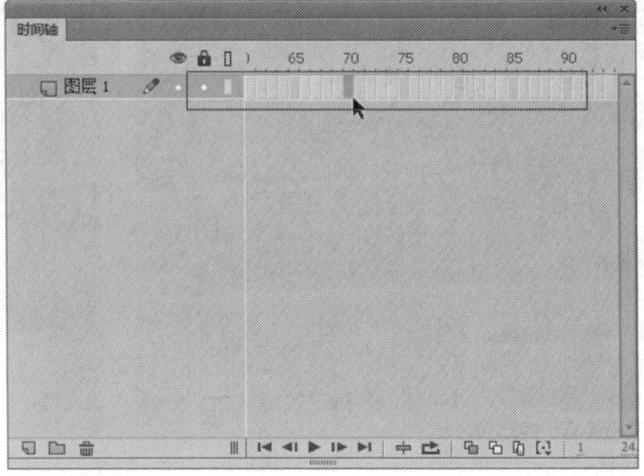

图20-69 选择第70帧

STEP 03 在该帧上，单击鼠标右键，在弹出的快捷菜单中选择“插入帧”选项，如图20-70所示。

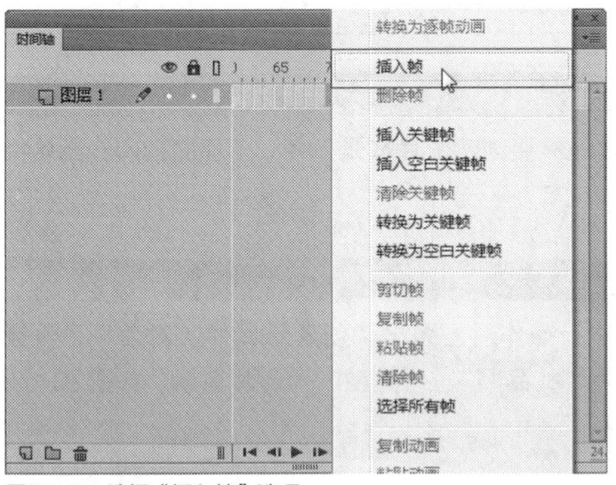

图20-70 选择“插入帧”选项

STEP 04 执行操作后，即可插入帧，如图20-71所示。

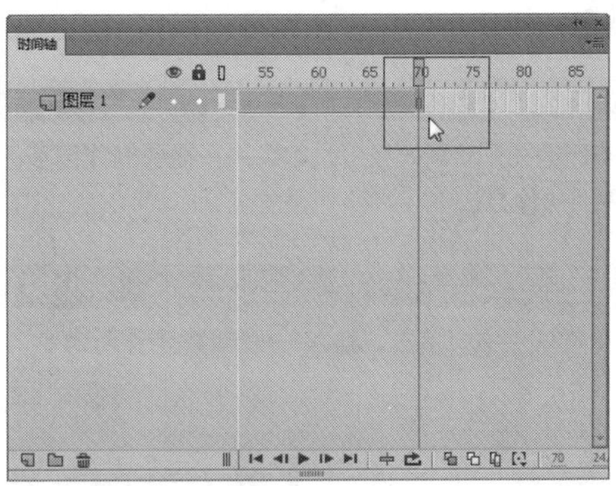

图20-71 插入帧

STEP 05 在“时间轴”面板中，单击面板底部的“新建图层”按钮，如图20-72所示。

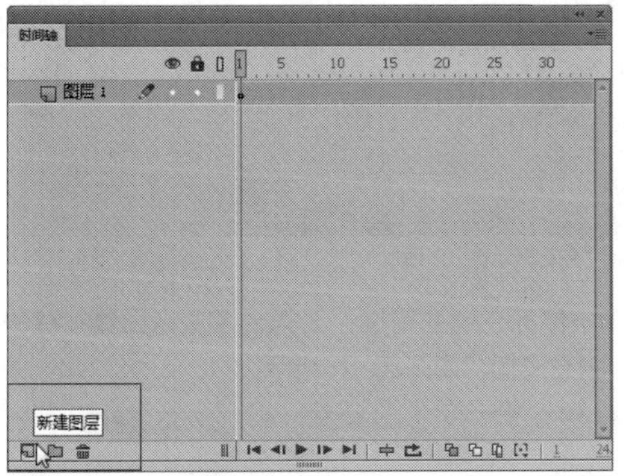

图20-72 单击“新建图层”按钮

STEP 06 此时即可在“时间轴”面板中新建“图层2”图层，如图20-73所示。

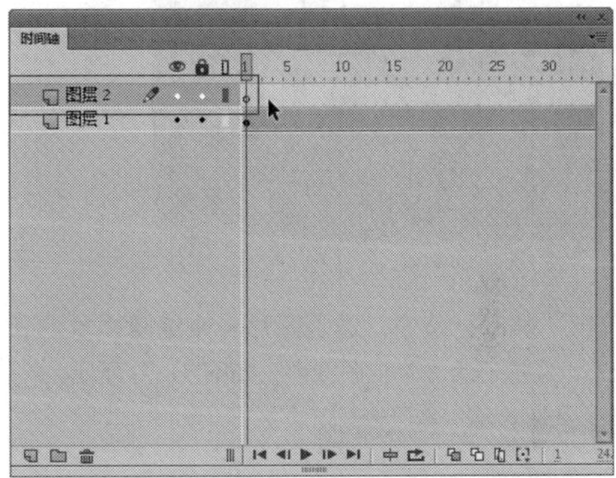

图20-73 新建“图层2”图层

STEP 07 再次单击“新建图层”按钮，分别新建“图层3”图层与“图层4”图层，如图20-74所示。

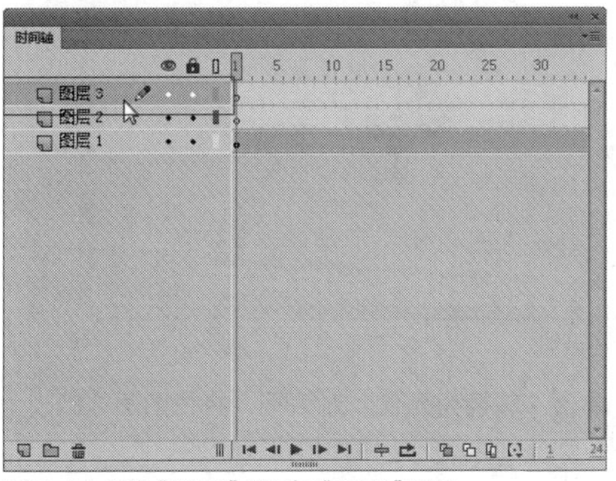

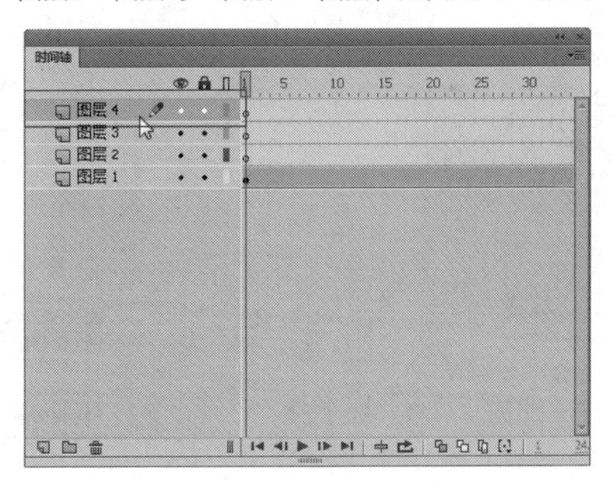

图20-74 新建“图层3”图层与“图层4”图层

知识拓展

在Flash CC工作界面的“时间轴”面板中，新建图层时，系统会默认新建图层的名称，一般是从“图层1”图层开始，依次往上递增。

实战 531 创建影片元件

▶素材位置：无
▶视频位置：光盘\视频\第20章\实战531.mp4

• 实例介绍 •

在《圣诞送礼》动画效果中，如果用户需要制作图形的运动效果，首先需要创建影片剪辑元件。下面向读者介绍转换与创建元件的操作方法。

• 操作步骤 •

STEP 01 在菜单栏中，单击“插入”|“新建元件”命令，如图20-75所示。

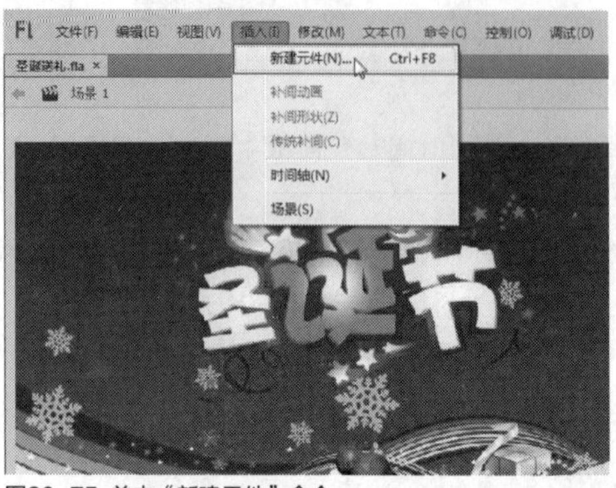

图20-75 单击“新建元件”命令

STEP 02 执行操作后，弹出“创建新元件”对话框，设置“名称”为“礼品1”、“类型”为影片剪辑，如图20-76所示。

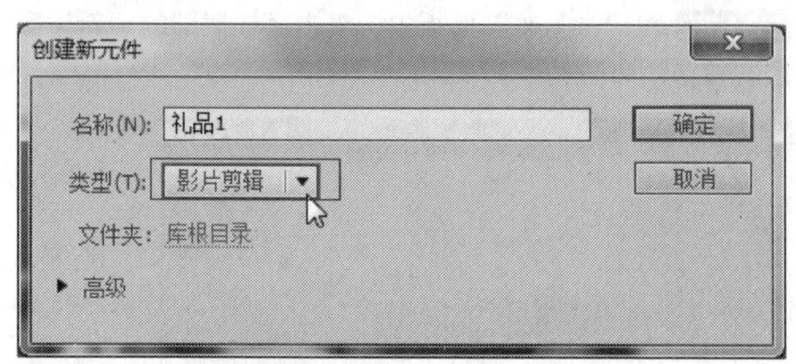

图20-76 弹出“创建新元件”对话框

STEP 03 单击“确定”按钮，进入影片剪辑编辑模式，在“库”面板中，选择“老人”位图图像，如图20-77所示。

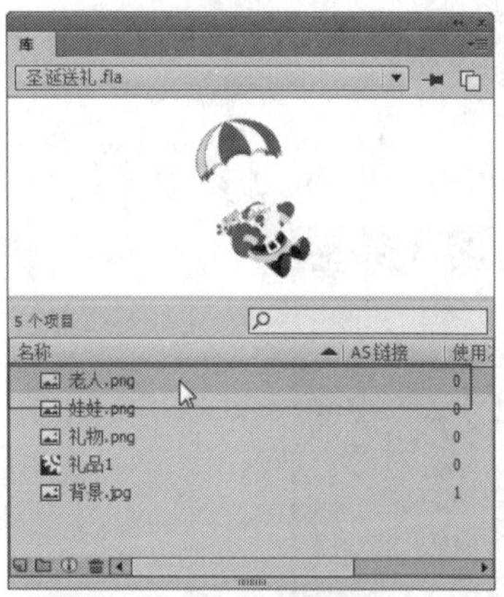

图20-77 选择“老人”图像

STEP 04 单击鼠标左键并拖曳，至舞台区适当位置，释放鼠标左键，创建实例，如图20-78所示。

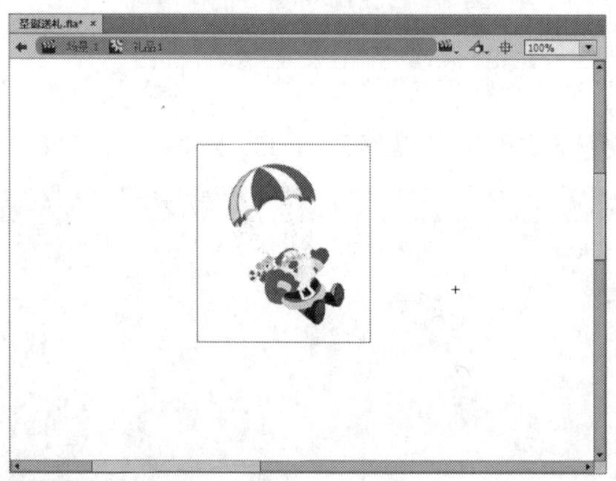

图20-78 创建实例

STEP 05 在菜单栏中，单击“修改”|“转换为元件”命令，如图20-79所示。

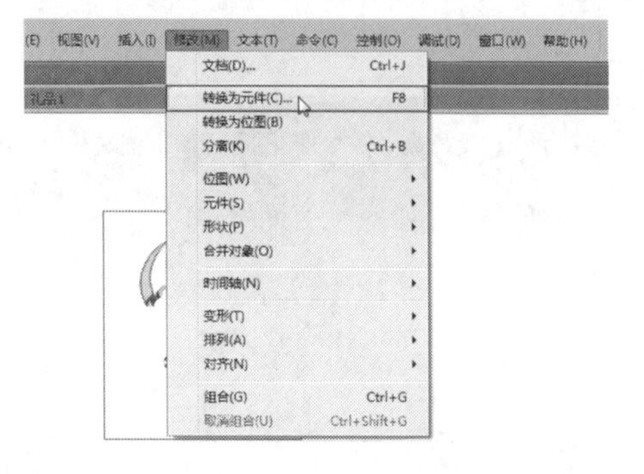

图20-79 单击“转换为元件”命令

STEP 06 弹出“转换为元件”对话框，将位图图像转换为图形元件，单击“确定”按钮，如图20-80所示。

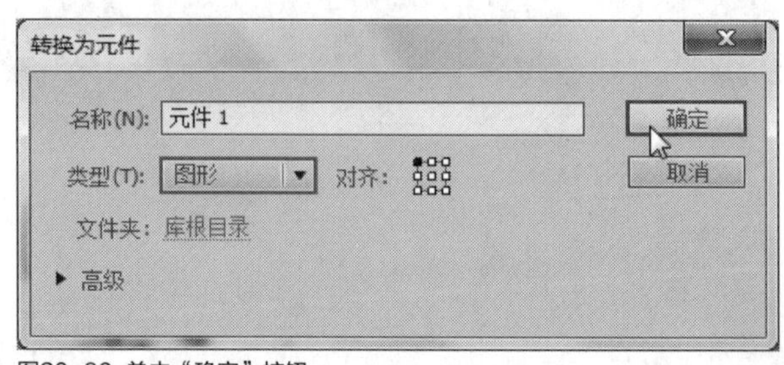

图20-80 单击“确定”按钮

STEP 07 用与上同样的方法，分别创建“礼品2”、“礼品3”影片剪辑元件，分别将“礼物.png”、“娃娃.png”位图图像拖曳至影片剪辑元件中，并将其转换为图形元件。此时，“库”面板如图20-81所示。

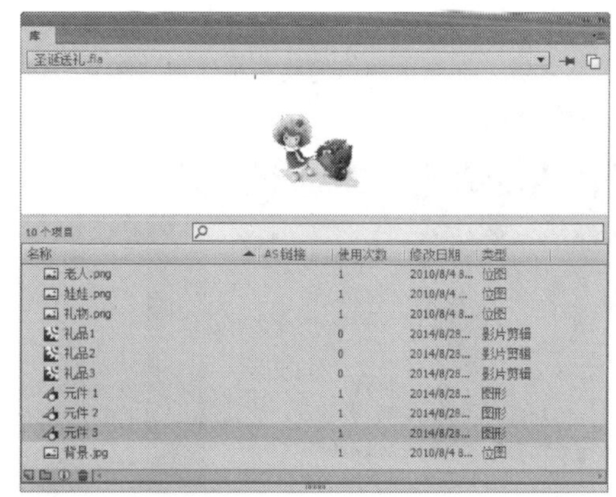

图20-81 “库”面板

实战 532 制作礼品动画

▶ 素材位置：无
▶ 视频位置：光盘\视频\第20章\实战532.mp4

• 实例介绍 •

在《圣诞送礼》动画效果中，制作礼品动画主要是通过制作图像位移动画和引导层动画而完成。下面向读者介绍制作礼品动画的操作方法。

• 操作步骤 •

STEP 01 在“库”面板中，选择“礼品1”影片剪辑元件，如图20-82所示。

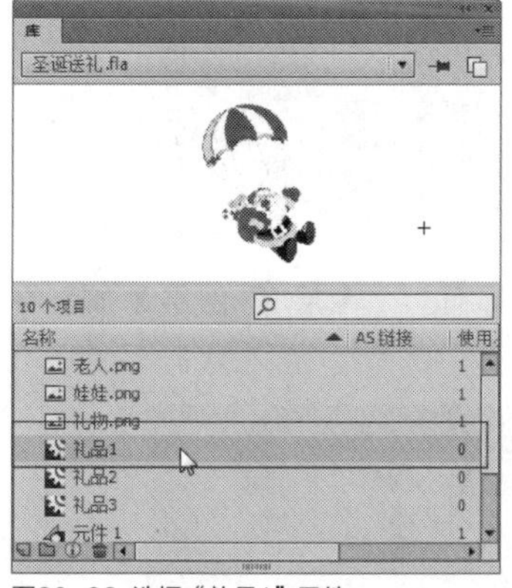

图20-82 选择“礼品1”元件

STEP 02 双击鼠标左键，进入影片剪辑编辑区，调整元件在舞台中的位置，如图20-83所示。

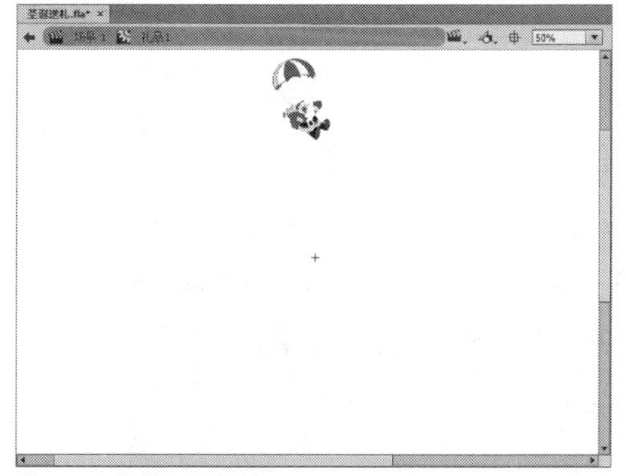
图20-83 调整元件位置

STEP 03 在“时间轴”面板中，选择“图层1”图层的第35帧，按【F6】键，插入关键帧，如图20-84所示。

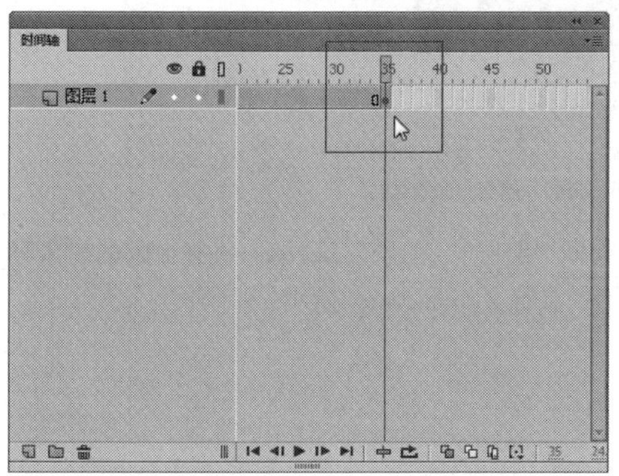

图20-84 插入关键帧

STEP 04 运用选择工具，将编辑区的实例对象向下拖曳，如图20-85所示。

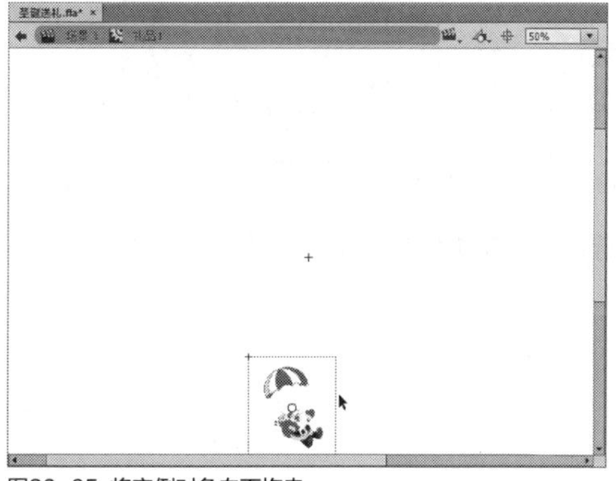
图20-85 将实例对象向下拖曳

STEP 05 在“图层1”图层的第1帧至第35帧中的任意一帧上，单击鼠标右键，在弹出的快捷菜单中选择“创建传统补间”选项，如图20-86所示。

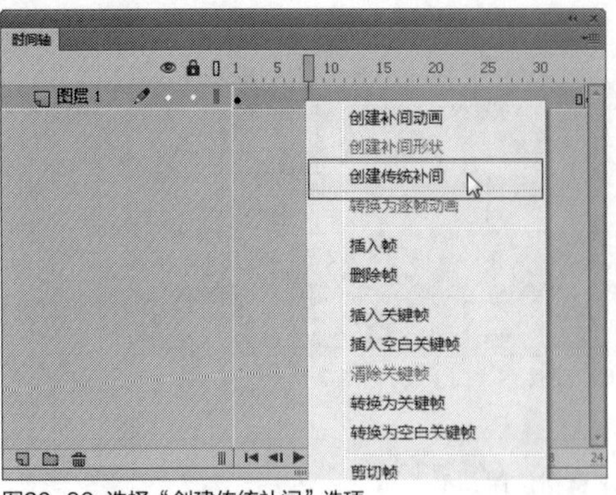

图20-86 选择“创建传统补间”选项

STEP 06 执行操作后，即可创建传统补间动画，如图20-87所示。

图20-87 创建传统补间动画

STEP 07 用在“库”面板中，选择“礼品2”影片剪辑元件，双击鼠标左键，进入影片剪辑编辑区，如图20-88所示。

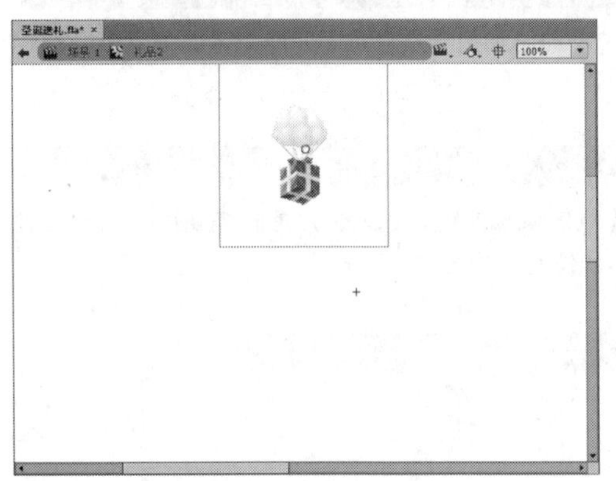

图20-88 进入影片剪辑编辑区

STEP 08 在“时间轴”面板中，选择“图层1”图层的第70帧，按【F6】键，插入关键帧，如图20-89所示。

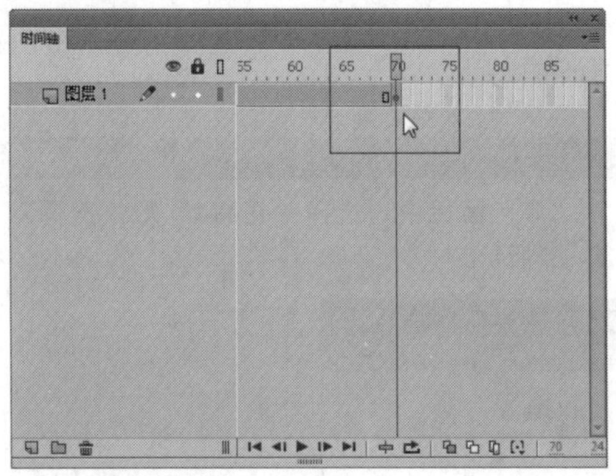

图20-89 插入关键帧

STEP 09 选择“图层1”图层，单击鼠标右键，在弹出的快捷菜单中选择“添加传统运动引导层”选项，如图20-90所示。

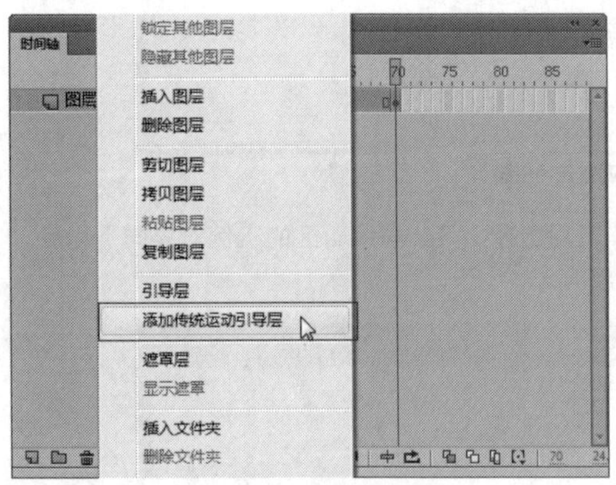

图20-90 选择“添加传统运动引导层”选项

STEP 10 执行操作后，即可为“图层1”图层添加引导层，如图20-91所示。

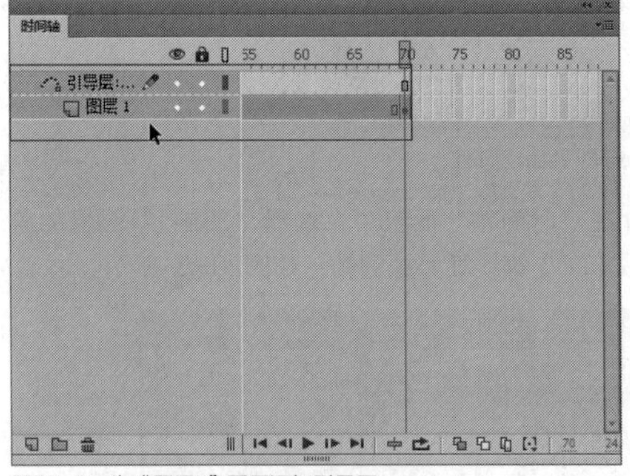

图20-91 为“图层1”图层添加引导层

STEP 11 选取工具箱中的钢笔工具，绘制一条曲线作为路径，如图20-92所示。

STEP 12 选择“图层1”图层的第1帧，将舞台区的对象移至曲线开始的位置，如图20-93所示。

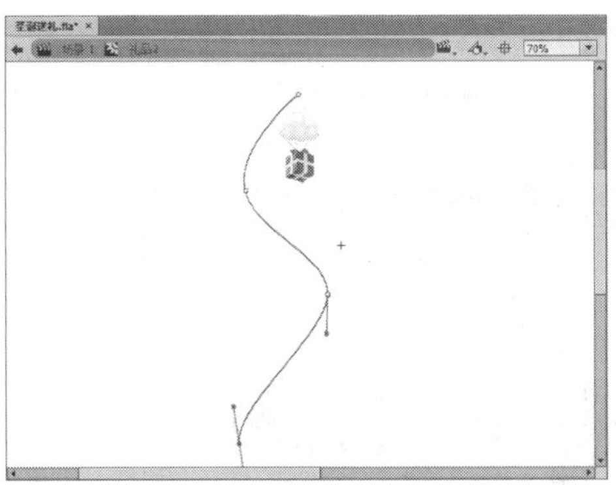

图20-92 绘制一条曲线作为路径

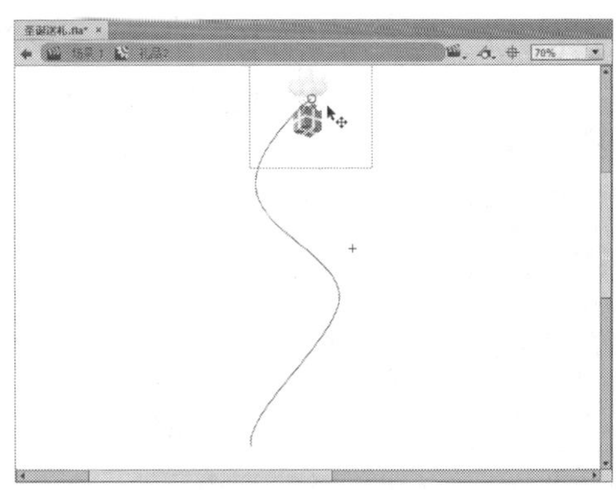

图20-93 移至曲线开始的位置

STEP 13 选择“图层1”图层的第70帧，将舞台区对象移至曲线结束的位置，如图20-94所示。

STEP 14 选择“图层1”图层的第1帧至第70帧中的任意一帧，单击鼠标右键，在弹出的快捷菜单中选择“创建传统补间”选项，如图20-95所示。

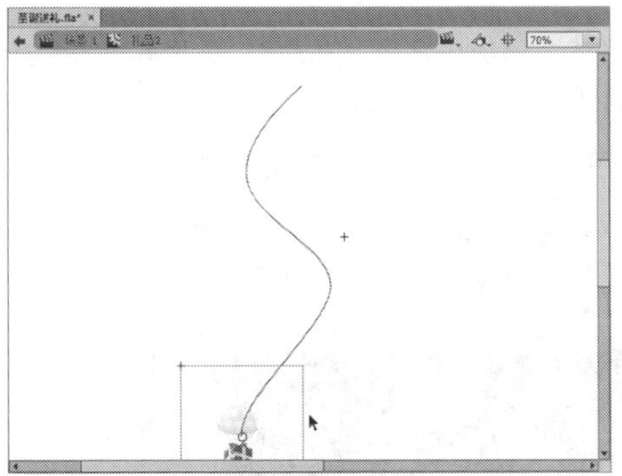

图20-94 移至曲线结束的位置

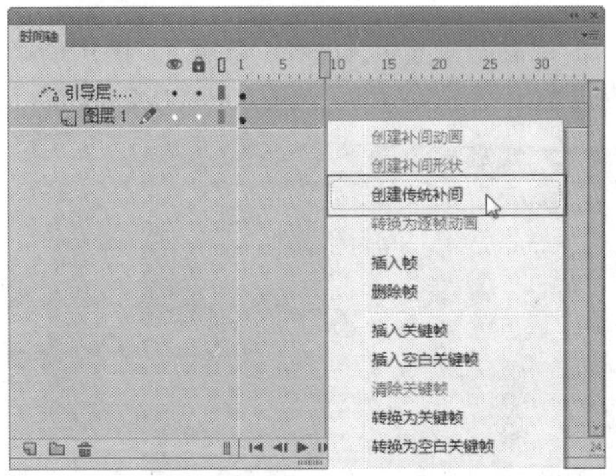

图20-95 选择“创建传统补间”选项

STEP 15 执行操作后，即可为图层创建补间动画，如图20-96所示。

STEP 16 用与上同样的方法，为“礼品3”影片剪辑元件添加动画，时间轴和舞台区的图形效果如图20-97所示。

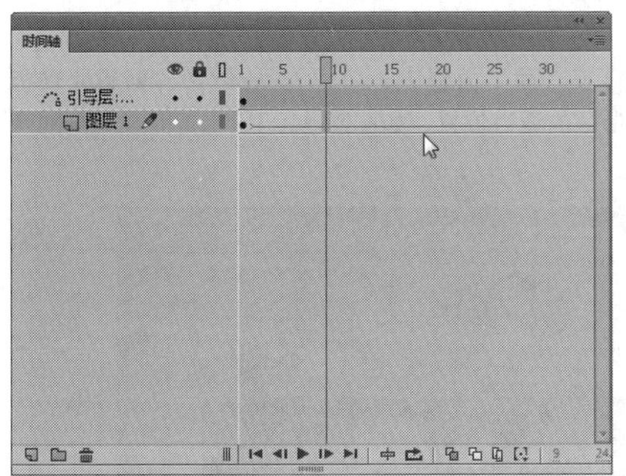

图20-96 为图层创建补间动画

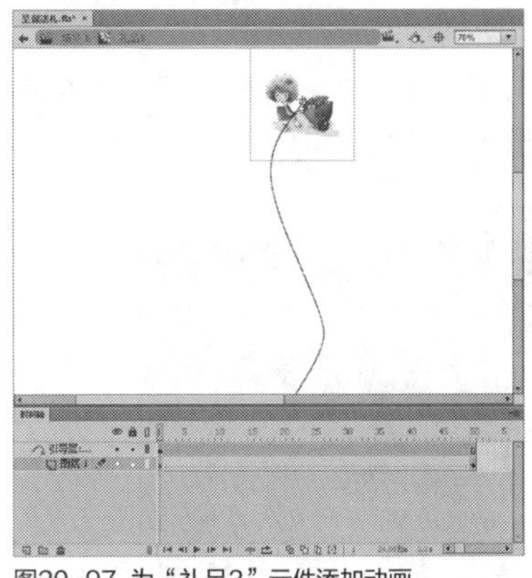

图20-97 为“礼品3”元件添加动画

实战 533 制作合成动画

▶ 素材位置：无
▶ 视频位置：光盘\视频\第20章\实战533.mp4

• 实例介绍 •

在《圣诞送礼》动画效果中，合成动画是将前3小节的动画融合，让影片完整。下面向读者介绍制作合成动画的操作方法。

• 操作步骤 •

STEP 01 进入场景编辑模式，选择“图层2”图层的第1帧，如图20-98所示。

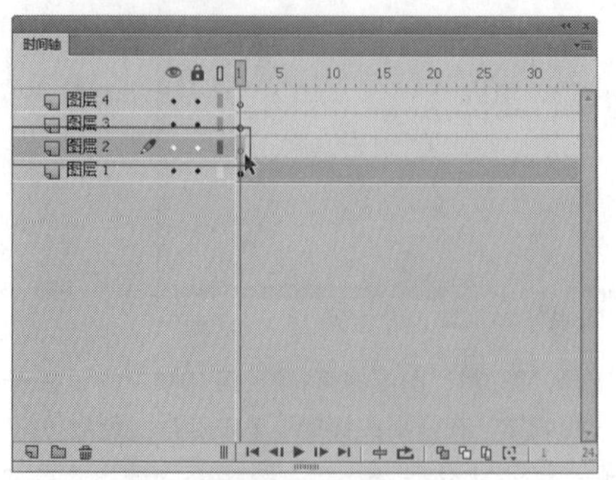

图20-98 选择“图层2”图层的第1帧

STEP 02 在“库”面板中，将“礼品1”影片剪辑拖曳至舞台区适当位置，如图20-99所示。

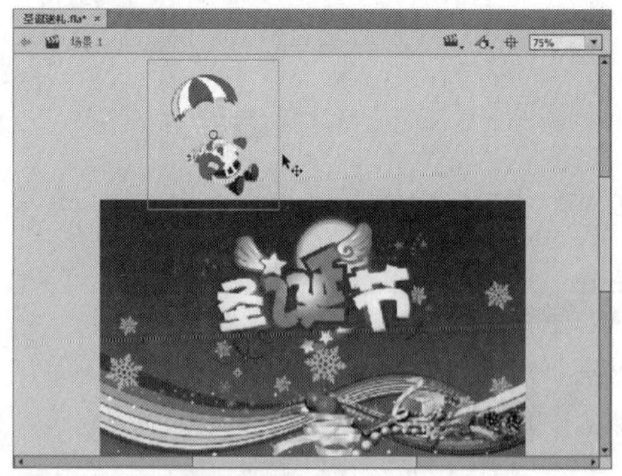

图20-99 拖曳至舞台区适当位置

STEP 03 在“时间轴”面板中，选择“图层3”图层的第10帧，按【F6】键，插入关键帧，如图20-100所示。

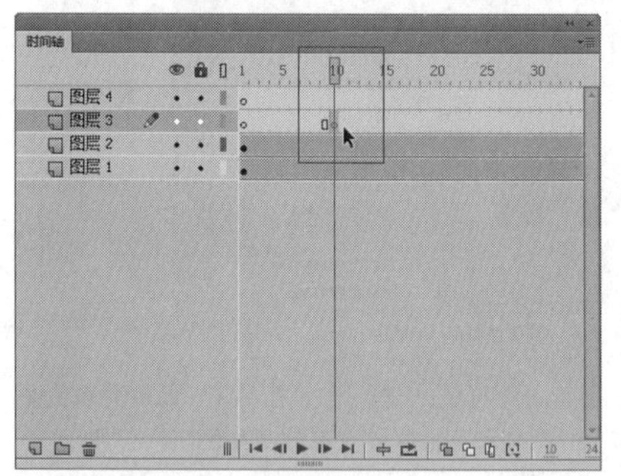

图20-100 插入关键帧

STEP 04 在“库”面板中，将“礼品2”影片剪辑元件拖曳至舞台区的适当位置，如图20-101所示。

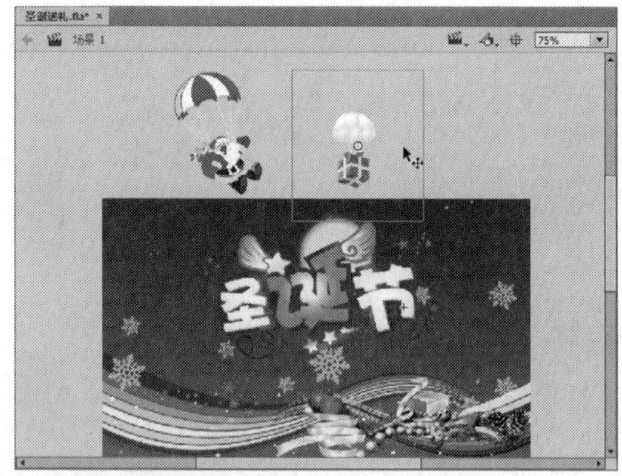

图20-101 拖曳至舞台区的适当位置

STEP 05 在“时间轴”面板中，选择“图层4”图层的第20帧，按【F6】键，插入关键帧，如图20-102所示。

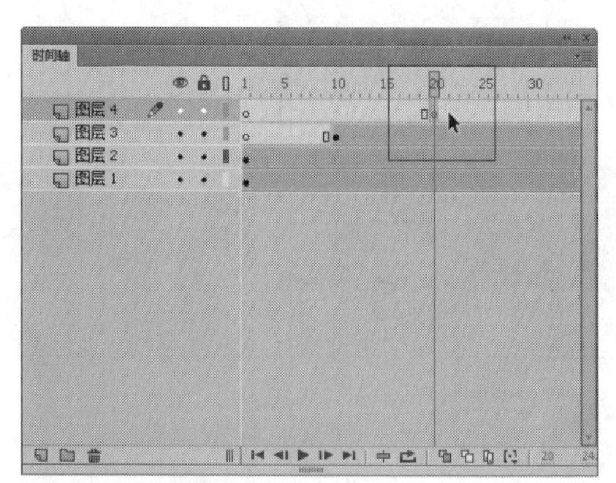

图20-102 插入关键帧

STEP 06 在“库”面板中，将“礼品3”影片剪辑元件拖曳至舞台区的适当位置，如图20-103所示，完成动画的合成制作。

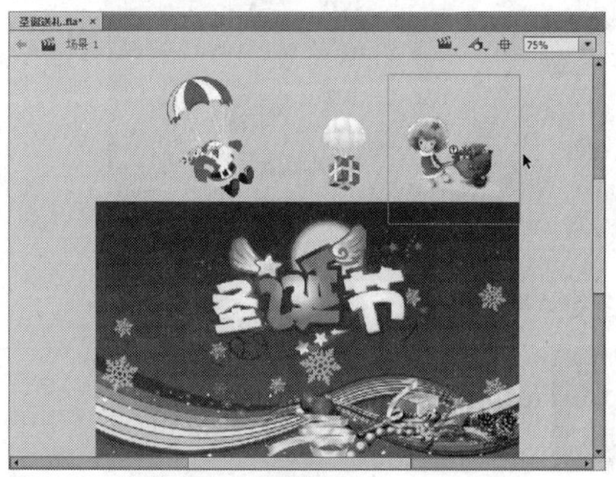

图20-103 拖曳至舞台区的适当位置

实战 534 导出动画效果

▶ 实例位置：光盘\效果\第20章\圣诞送礼.fla、圣诞送礼.swf
▶ 视频位置：光盘\视频\第20章\实战534.mp4

• 实例介绍 •

当用户将《圣诞送礼》动画效果制作完成后，接下来向读者介绍导出动画效果的方法，预览制作的动画是否符合用户的要求。

• 操作步骤 •

STEP 01 单击“控制”菜单，在弹出的菜单列表中单击“测试”命令，如图20-104所示。

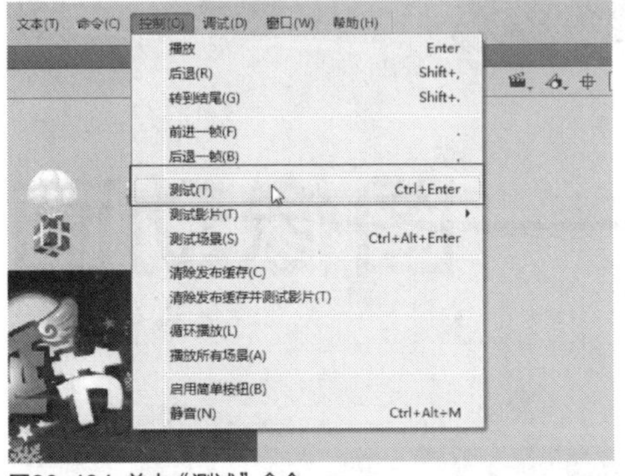

图20-104 单击“测试”命令

STEP 02 执行操作后，弹出“导出SWF影片”对话框，显示动画导出进度，如图20-105所示。

图20-105 显示动画导出进度

STEP 03 稍等片刻，在弹出的“圣诞送礼”窗口中，可查看导出的动画效果，如图20-106所示。

图20-106 查看导出的动画效果

第 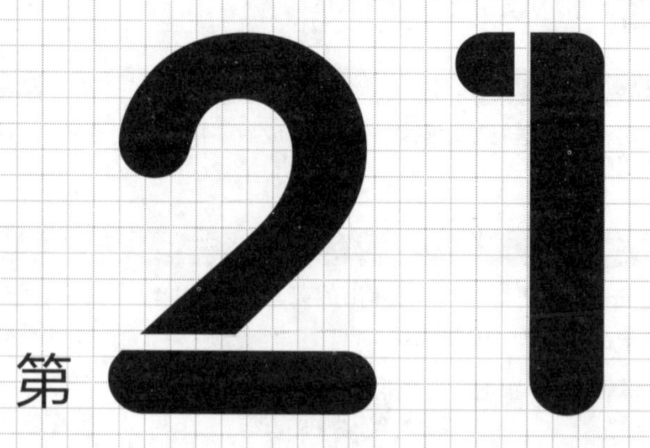 章

第21章 实战案例——图像动画

本章导读

在Flash动画中，出彩的图像动画特效也是一种十分有力的表现手法，在实现动画的基础上，也提升了动画本身的可观赏性。

本章将通过3个不同的实例来向读者介绍图像动画的制作方法，主要包括浏览式动画——《风景欣赏》、切换式动画——《美食宣传》、移动式动画——《馨园房产》实例效果的制作方法。

要点索引

- 浏览式动画——风景欣赏
- 切换式动画——美食宣传
- 移动式动画——馨园房产

21.1 浏览式动画——风景欣赏

浏览式的图像动画在网页上应用得也比较广泛，比如各类旅游网站上大部分用的都是浏览式的风景图像动画，主要向游客们传达各种美丽的景点以及名胜古迹。本节主要向读者介绍浏览式动画——《风景欣赏》案例的制作，希望读者学完以后，可以举一反三，制作出各种不同的浏览式图像动画效果。

图21-1 《风景欣赏》实例效果

实战 535 制作画面大小

▶ 素材位置：光盘\素材\第21章\风景欣赏.fla
▶ 视频位置：光盘\视频\第21章\实战535.mp4

• 实例介绍 •

在制作《风景欣赏》实例效果前，首先设置舞台的尺寸，使其满足动画制作要求。

• 操作步骤 •

STEP 01 单击“文件”|“打开”命令，打开一个素材文件，此时舞台中没有任何内容，如图21-2所示。

STEP 02 在“属性”面板中，将鼠标移至“像素”右侧的“编辑文档属性”按钮上，如图21-3所示。

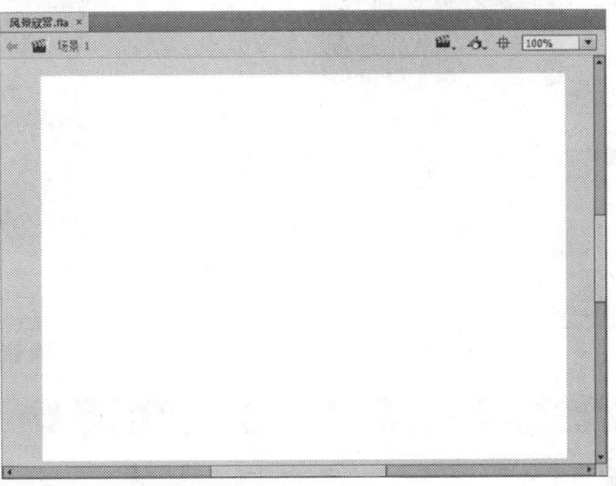

图21-2 打开一个素材文件

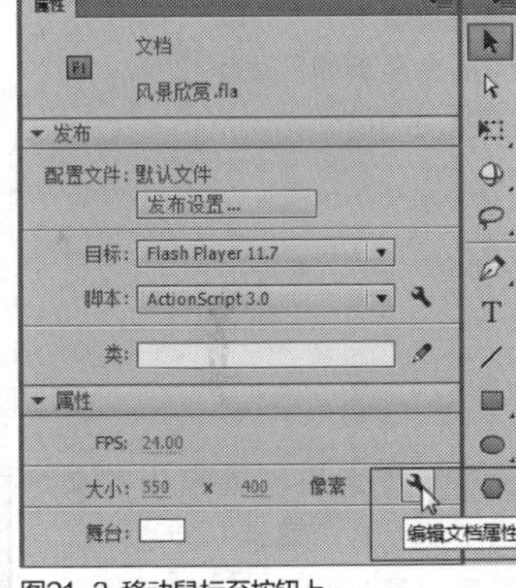

图21-3 移动鼠标至按钮上

STEP 03 单击鼠标左键，在弹出的“文档设置”对话框中，设置各选项参数如图21-4所示。

STEP 04 单击“确定”按钮，完成画布大小的设置，如图21-5所示。

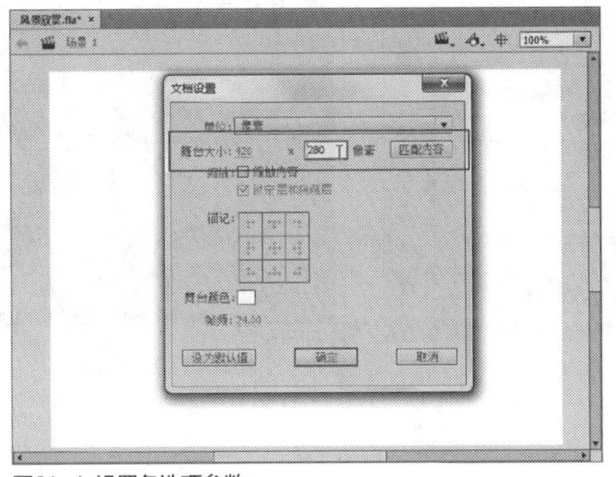

图21-4 设置各选项参数

图21-5 完成画布大小的设置

实战 536 制作影片元件

▶素材位置：无
▶视频位置：光盘\视频\第21章\实战536.mp4

• 实例介绍 •

下面向读者介绍将各风景照片制作成影片剪辑元件的方法，在照片上添加了各类文本，并将文本打散后进行组合操作。

• 操作步骤 •

STEP 01 在菜单栏中，单击“插入”|“新建元件”命令，如图21-6所示。

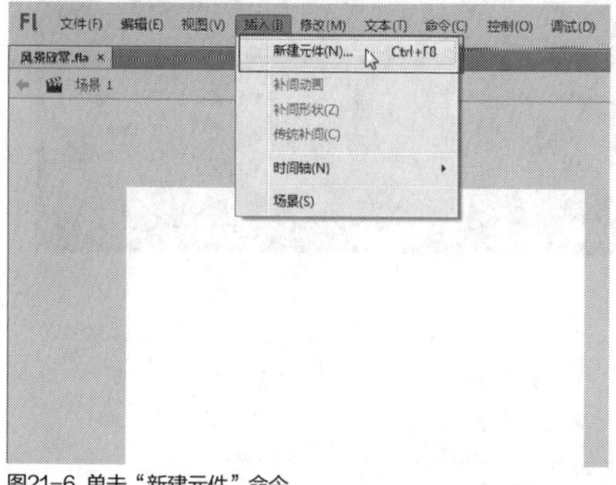

图21-6 单击“新建元件”命令

STEP 02 创建一个名为“夕阳西下”的影片剪辑元件，如图21-7所示，单击“确定”按钮。

图21-7 创建“夕阳西下”元件

STEP 03 进入影片剪辑编辑模式，在“库”面板中，选择“元件2”图形元件，如图21-8所示。

STEP 04 将“元件2”图形元件拖曳至编辑区适当位置，如图21-9所示。

图21-8 选择“元件2”图形元件

图21-9 拖曳至编辑区适当位置

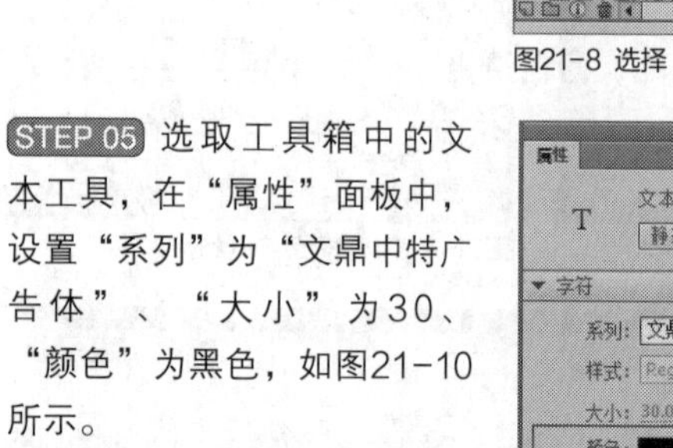

STEP 05 选取工具箱中的文本工具，在“属性”面板中，设置“系列”为“文鼎中特广告体”、“大小”为30、“颜色”为黑色，如图21-10所示。

STEP 06 在编辑区适当位置创建文本框，并输入相应文本，将文本打散后组合，如图21-11所示。

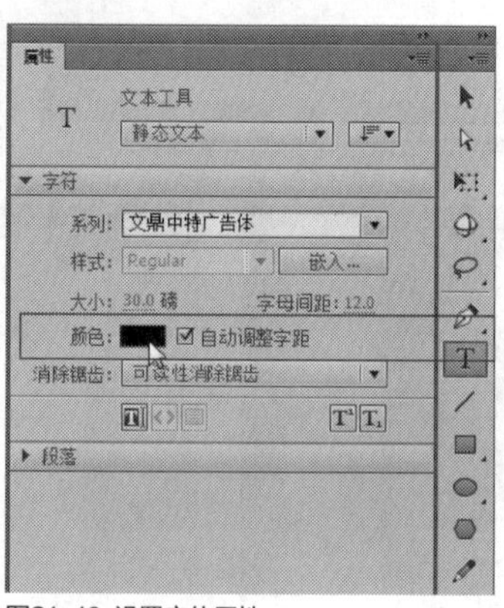

图21-10 设置字体属性

图21-11 将文本打散后组合

STEP 07 单击“插入”|“新建元件”命令，创建一个名为“碧水蓝天”的影片剪辑元件，如图21-12所示，单击“确定”按钮。

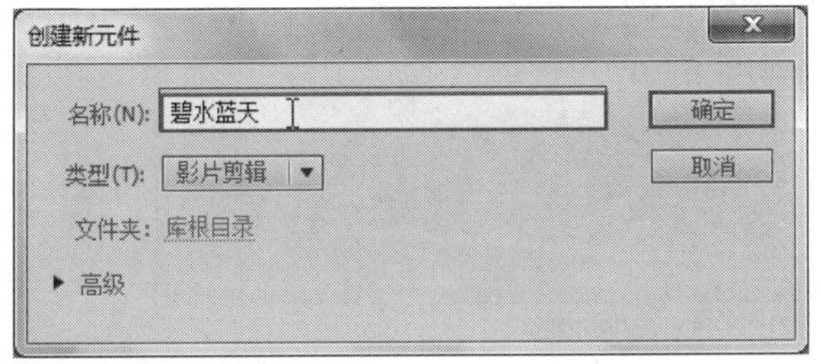

图21-12 创建“碧水蓝天”元件

STEP 08 进入影片剪辑编辑模式，在“库”面板中，选择“元件1”图形元件，如图21-13所示。

图21-13 选择“元件1”图形元件

STEP 09 将“元件1”图形元件拖曳至编辑区适当位置，如图21-14所示。

图21-14 拖曳至编辑区适当位置

STEP 10 选取工具箱中的文本工具，在编辑区适当位置创建文本框，并输入相应文本，将文本打散后组合，如图21-15所示。

图21-15 将文本打散后组合

STEP 11 单击“插入”|“新建元件”命令，创建一个名为“风光无限”的影片剪辑元件，如图21-16所示，单击“确定”按钮。

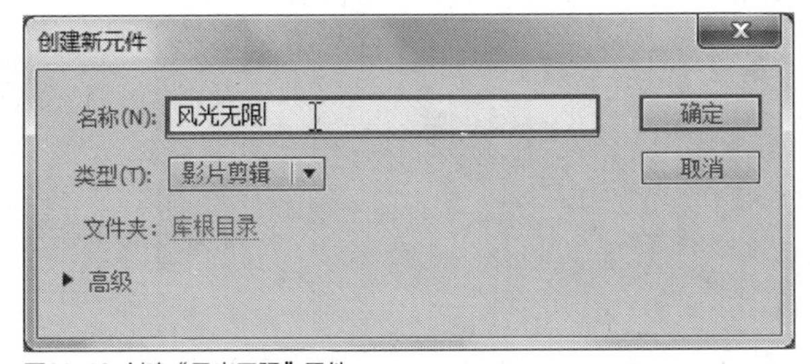

图21-16 创建“风光无限”元件

STEP 12 进入影片剪辑编辑模式，在“库”面板中，选择“元件3”图形元件，如图21-17所示。

图21-17 选择“元件3”图形元件

STEP 13 将“元件3”图形元件拖曳至编辑区适当位置，如图21-18所示。

图21-18 拖曳至编辑区适当位置

STEP 14 选取工具箱中的文本工具，在编辑区适当位置创建文本框，并输入相应文本，将文本打散后组合，如图21-19所示。

图21-19 将文本打散后组合

实战 537 制作补间动画

▶ 素材位置：无
▶ 视频位置：光盘\视频\第21章\实战537.mp4

• 实例介绍 •

在制作《风景欣赏》实例的过程中，用户可以通过补间动画功能制作图像的移动切换效果。

• 操作步骤 •

STEP 01 单击“场景1”超链接，返回场景编辑模式，将“库”面板中的“夕阳西下”影片剪辑元件拖曳至舞台区适当位置，如图21-20所示。

STEP 02 在“属性”面板的“滤镜”选项区中，为实例添加“投影”特效，各选项参数如图21-21所示。

图21-20 拖曳至舞台区适当位置

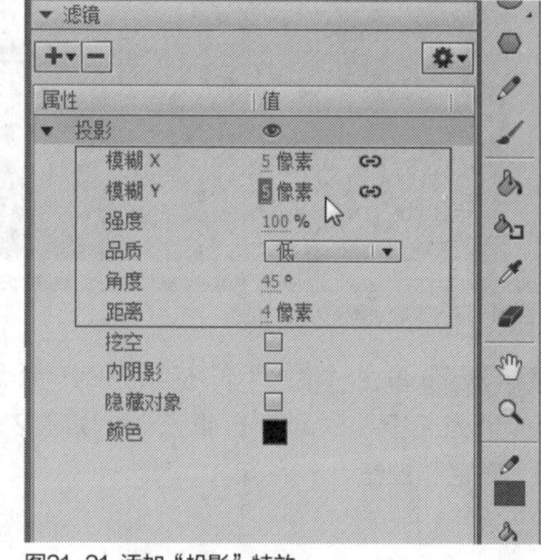

图21-21 添加“投影”特效

STEP 03 执行操作后，舞台区的图像效果如图21-22所示。

图21-22 舞台区的图像效果

STEP 04 在“时间轴”面板中，选择“图层1”图层的第90帧、第100帧，按【F6】键，插入关键帧，如图21-23所示。

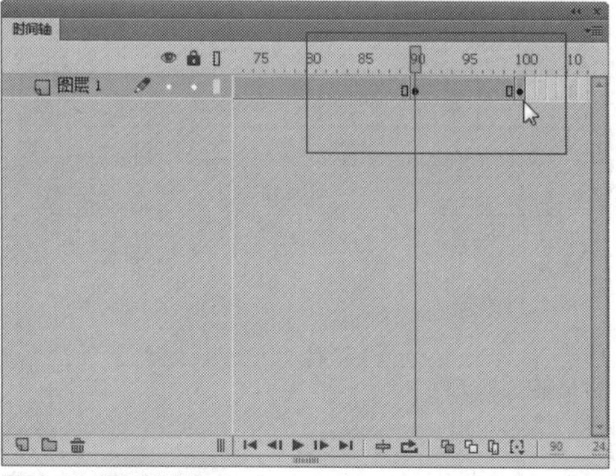

图21-23 插入关键帧

STEP 05 选择第90帧，选择舞台区的实例，在“属性”面板中，设置“样式”为Alpha、“Alpha数量”为0，如图21-24所示。

STEP 06 此时，舞台中的图像显示为透明效果，如图21-25所示。

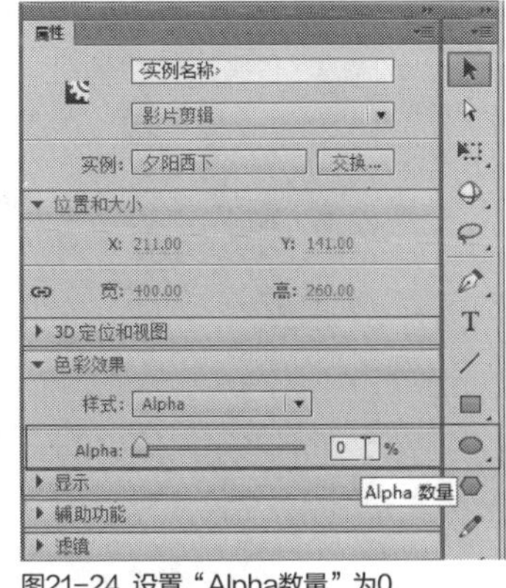

图21-24 设置“Alpha数量”为0

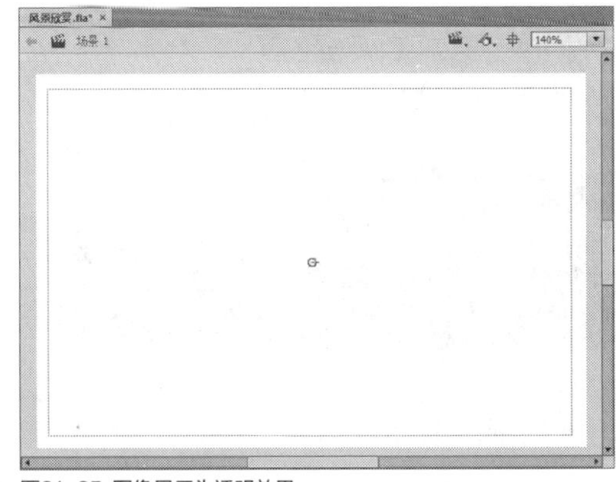
图21-25 图像显示为透明效果

STEP 07 在“图层1”图层的第90帧至第100帧上，创建传统补间动画，如图21-26所示。

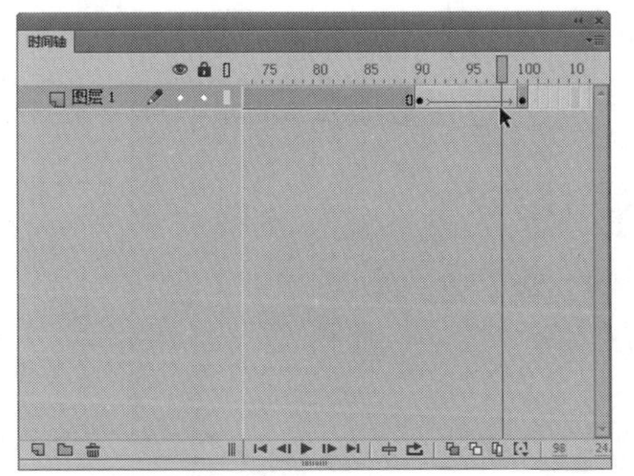

图21-26 创建传统补间动画

STEP 08 在“时间轴”面板中，新建“图层2”图层，如图21-27所示。

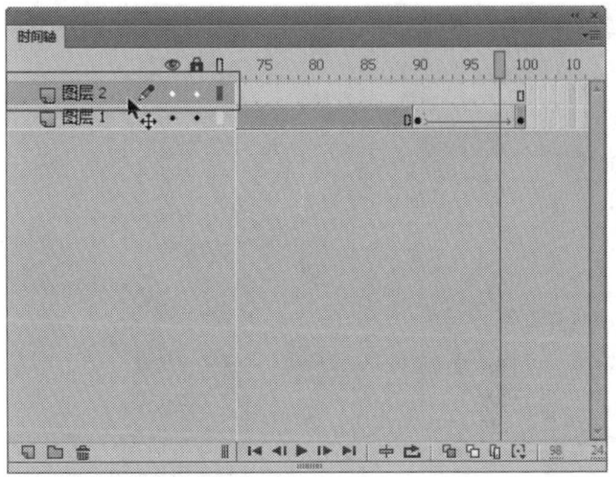

图21-27 新建“图层2”图层

STEP 09 选择“图层2”图层的第15帧，按【F6】键，插入关键帧，如图21-28所示。

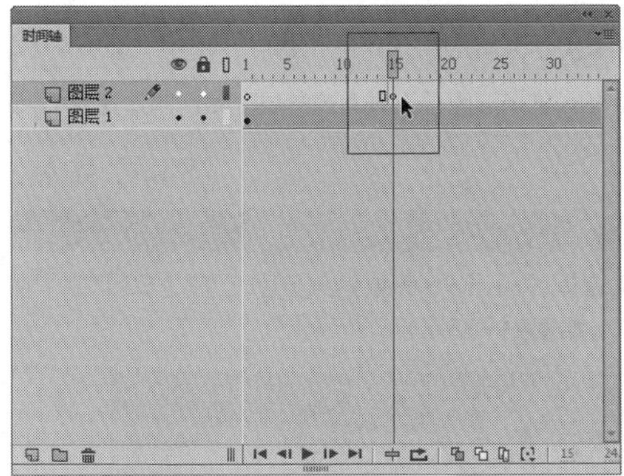

图21-28 插入关键帧

STEP 10 在“库”面板中，将“碧水蓝天”影片剪辑元件拖曳至舞台区适当位置，并在“属性”面板中为其添加“投影”特效，舞台效果如图21-29所示。

图21-29 添加“投影”特效

STEP 11 选择第30帧，按【F6】键，插入关键帧，选择第15帧，将舞台区对应的实例向左拖曳一段距离，如图21-30所示。

STEP 12 在“图层2”图层的第15帧至第30帧之间的任意一帧上创建传统补间动画，如图21-31所示。

图21-30 将实例向左拖曳一段距离

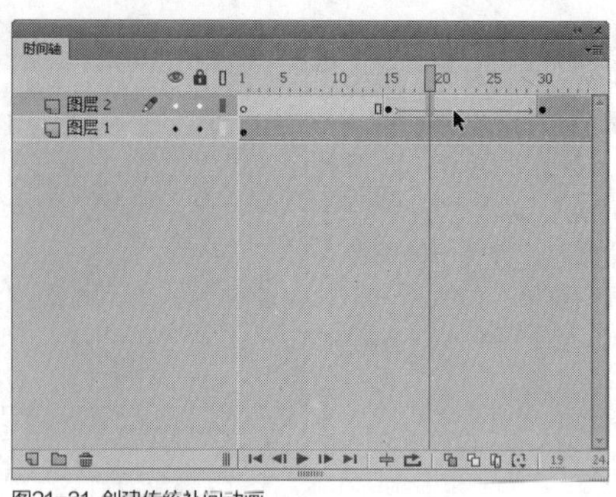
图21-31 创建传统补间动画

STEP 13 在“图层2”图层中，选择第90帧，如图21-32所示。

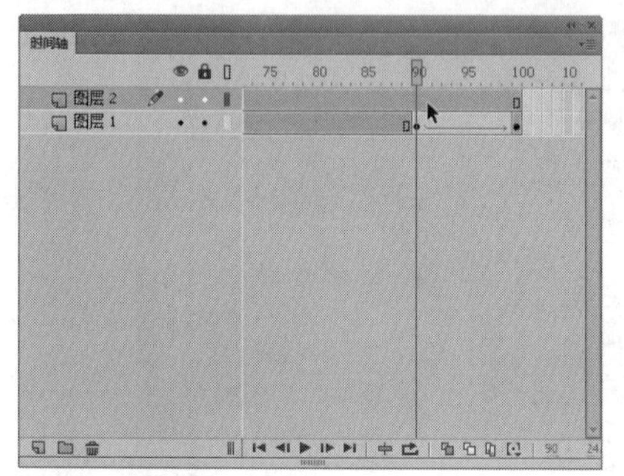
图21-32 选择第90帧

STEP 14 按【F7】键，插入空白关键帧，如图21-33所示。

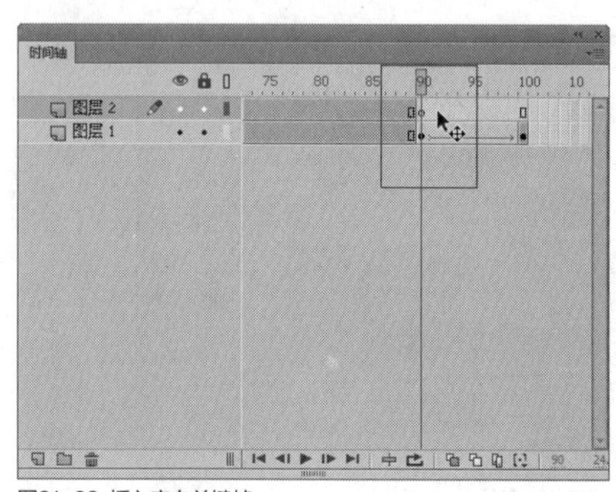
图21-33 插入空白关键帧

实战 538 制作遮罩动画

▶素材位置：光盘\效果\第21章\风景欣赏.fla、风景欣

▶视频位置：光盘\视频\第21章\实战538.mp4

• 实例介绍 •

在制作《风景欣赏》实例的过程中，用户可以在舞台中添加相应的矩形，将矩形图层设置为遮罩层，然后制作形状补间动画，这样可以制作出图像的遮罩动画效果。

• 操作步骤 •

STEP 01 在“时间轴”面板中，新建“图层3”图层，如图21-34所示。

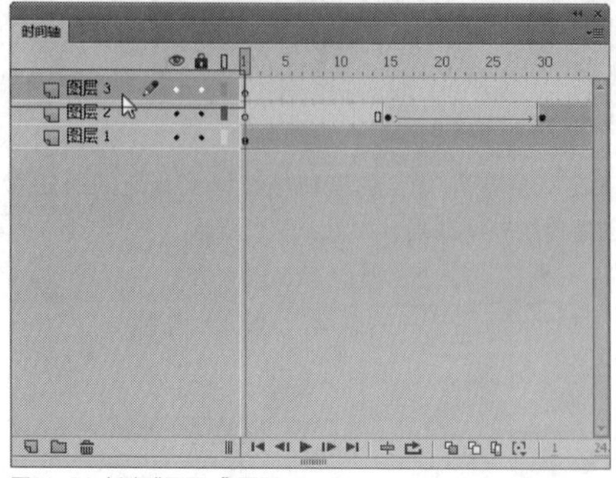
图21-34 新建“图层3”图层

STEP 02 选择“图层3”图层的第50帧，按【F6】键，插入关键帧，如图21-35所示。

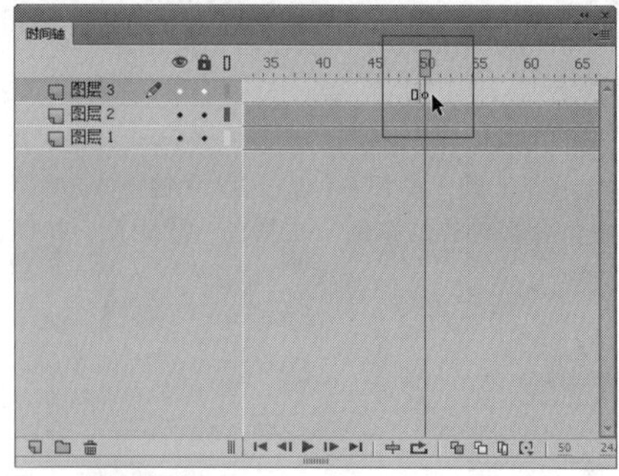
图21-35 插入关键帧

STEP 03 在“库”面板中将“风光无限”影片剪辑元件拖曳至舞台适当位置，如图21-36所示。

图21-36 拖曳至舞台适当位置

STEP 04 在“属性”面板的“滤镜”选项区中，为其添加“投影”特效，舞台图像效果如图21-37所示。

图21-37 舞台图像效果

STEP 05 新建“图层4”图层，选择“图层4”图层的第50帧，按【F6】键，插入关键帧，如图21-38所示。

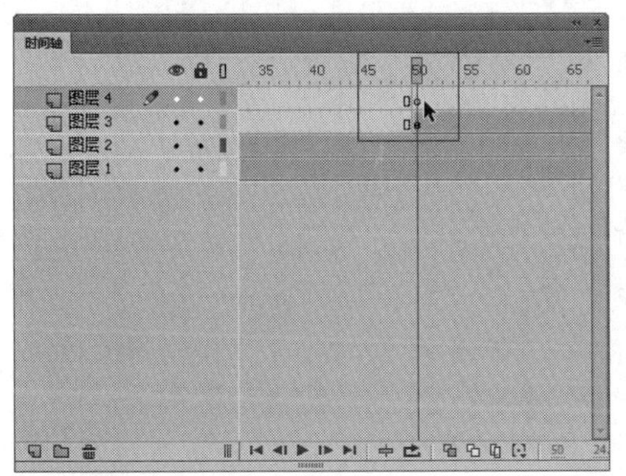

图21-38 插入关键帧

STEP 06 选取工具箱中的矩形工具，在舞台区适当位置，绘制一个矩形，如图21-39所示。

图21-39 绘制一个矩形

STEP 07 选择“图层4”图层的第70帧，按【F6】键，插入关键帧，如图21-40所示。

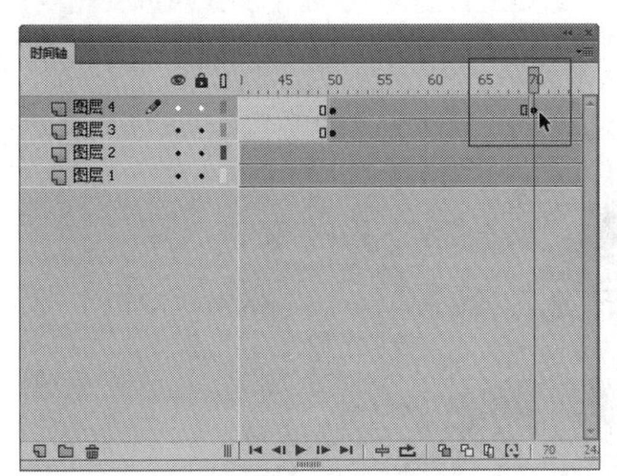

图21-40 插入关键帧

STEP 08 运用任意变形工具，将舞台区绘制的矩形放大至覆盖实例，如图21-41所示。

图21-41 放大至覆盖实例

STEP 09 选择“图层4”图层，单击鼠标右键，在弹出的快捷菜单中选择“遮罩层”选项，如图21-42所示。

STEP 10 在“图层4”图层的第50帧至第70帧上创建补间形状动画，如图21-43所示。

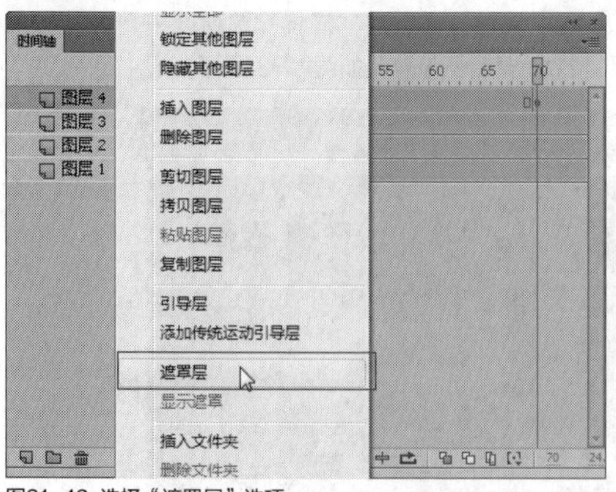

图21-42 选择“遮罩层”选项

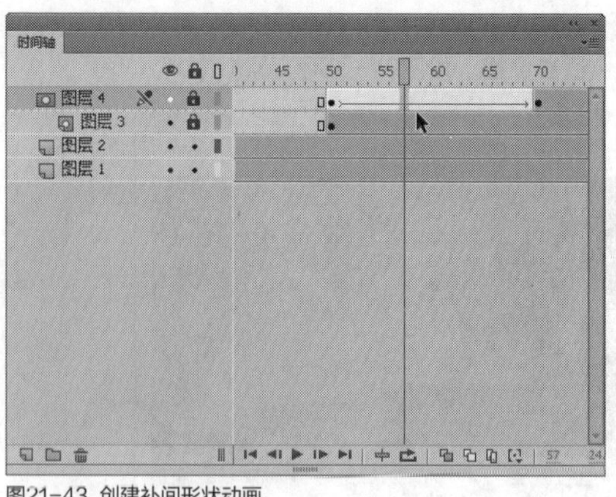

图21-43 创建补间形状动画

STEP 11 选择“图层3”、“图层4”图层的第90帧，按【F7】键，插入空白关键帧，如图21-44所示。

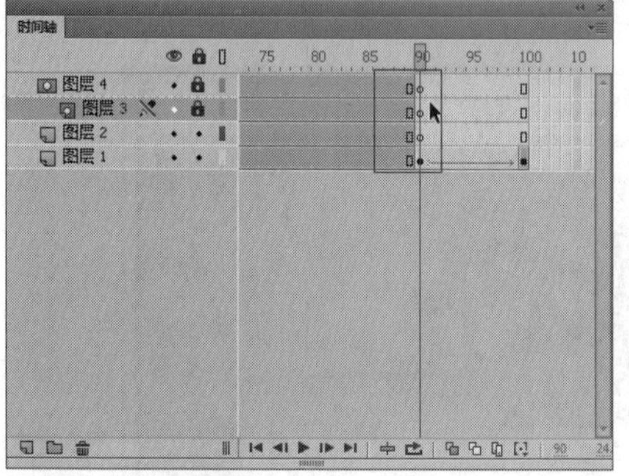

图21-44 插入空白关键帧

STEP 12 在“时间轴”面板的下方，设置“帧速率”为12，如图21-45所示。

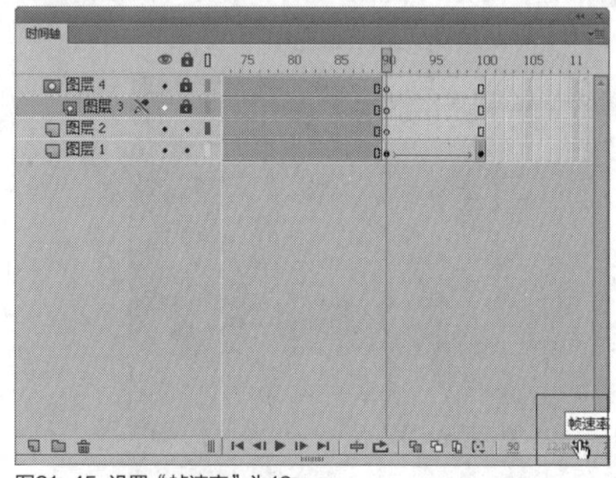

图21-45 设置“帧速率”为12

技巧点拨

在Flash CC工作界面中，用户还可以通过单击“修改”|“文档”命令，在弹出的“文档设置”对话框中，也可以设置“帧频”属性，更改帧速度。

STEP 13 按【Ctrl+Enter】组合键，测试动画，效果如图21-46所示。

图21-46 测试动画效果

21.2 切换式动画——美食宣传

美食，顾名思义就是美味的食物，贵的有山珍海味，便宜的有街边小吃。本节主要向读者介绍切换式动画——《美食宣传》案例的制作，主要是通过形状补间动画制作的各类遮罩效果，常用于各类美食广告的宣传画面，效果如图21-47所示。

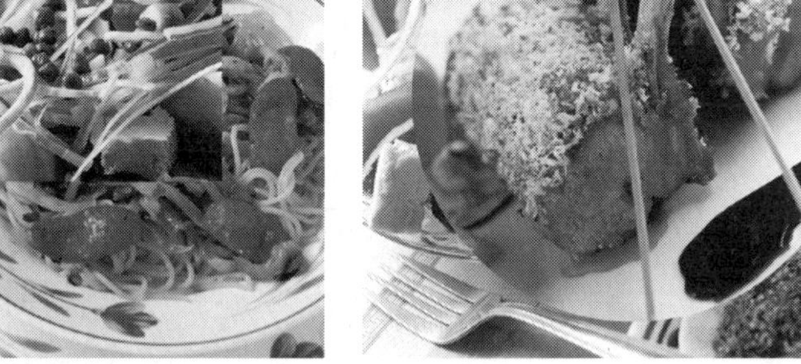

图21-47 《美食宣传》实例效果

实战 539 设置舞台尺寸

▶素材位置：无

▶视频位置：光盘\视频\第21章\实战539..mp4

● 实例介绍 ●

在制作《美食宣传》实例效果前，首先新建一个动画文档，然后设置舞台的尺寸属性，使其满足动画制作要求。

● 操作步骤 ●

STEP 01 在菜单栏中，单击“文件”|“新建”命令，如图21-48所示。

STEP 02 弹出“新建文档”对话框，单击“确定”按钮，新建一个动画文档，在舞台中单击鼠标右键，在弹出的快捷菜单中选择“文档”选项，如图21-49所示。

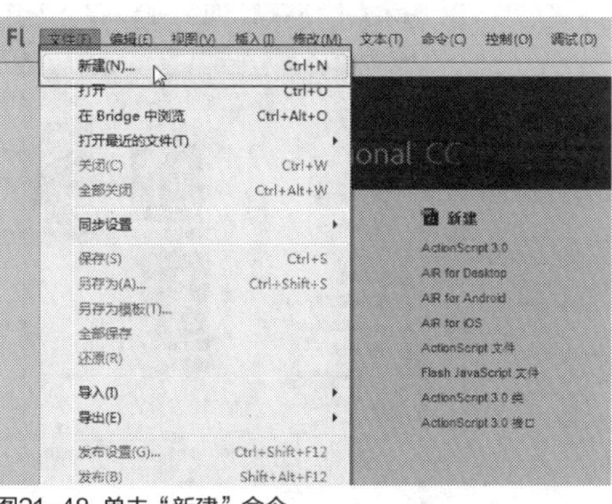

图21-48 单击“新建”命令

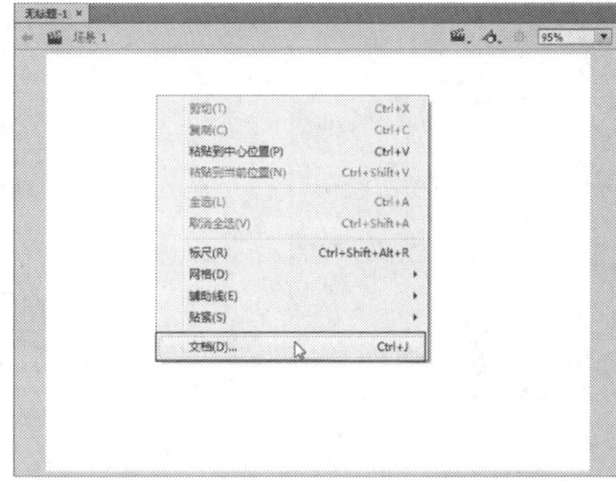

图21-49 选择“文档”选项

STEP 03 弹出“文档设置”对话框，在其中设置“舞台大小”为400×596，如图21-50所示。

STEP 04 单击“确定”按钮，即可更改舞台尺寸，效果如图21-51所示。

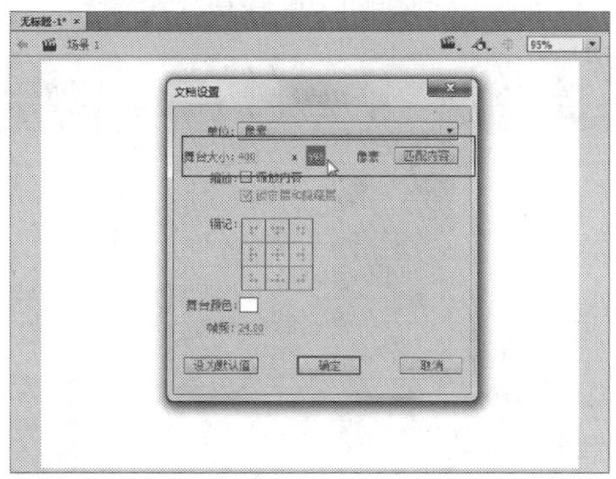

图21-50 设置“舞台大小”

图21-51 更改舞台尺寸

STEP 05 在菜单栏中，单击“文件”菜单，在弹出的菜单列表中单击“保存”命令，如图21-52所示。

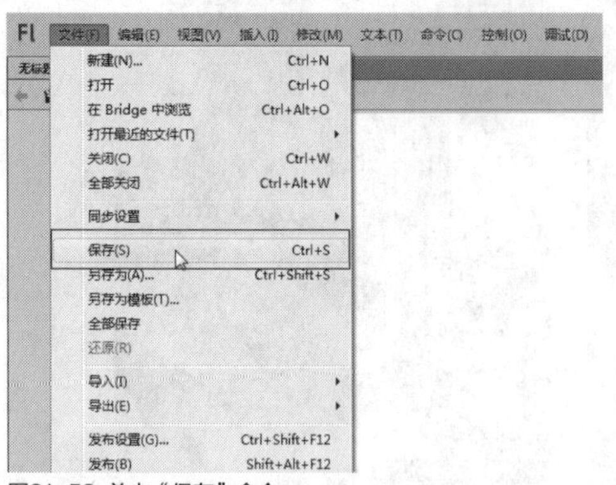

图21-52 单击“保存”命令

STEP 06 弹出“另存为”对话框，在其中设置动画文档的保存位置和保存名称，如图21-53所示，单击“保存”按钮，保存文件。

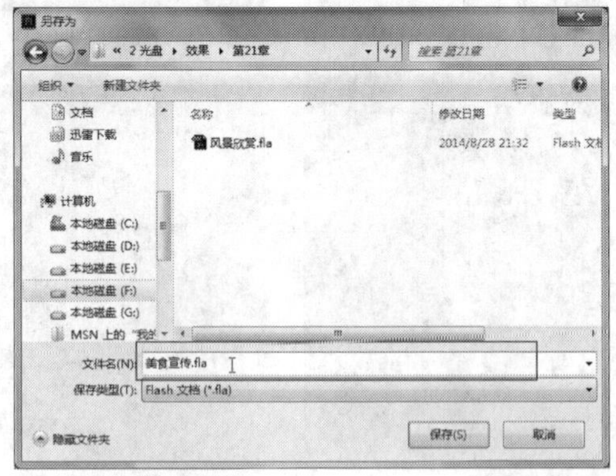

图21-53 设置保存选项

实战540 导入素材文件

▶素材位置：光盘\素材\第21章\美食宣传（a）.jpg、美食宣传（b）.jpg

▶视频位置：光盘\视频\第21章\实战540.mp4

• 实例介绍 •

下面向读者介绍通过“导入到库”命令，将需要的素材导入“库”面板中的操作方法。

• 操作步骤 •

STEP 01 在菜单栏中，单击“文件”菜单，在弹出的菜单列表中单击“导入”|“导入到库”命令，如图21-54所示。

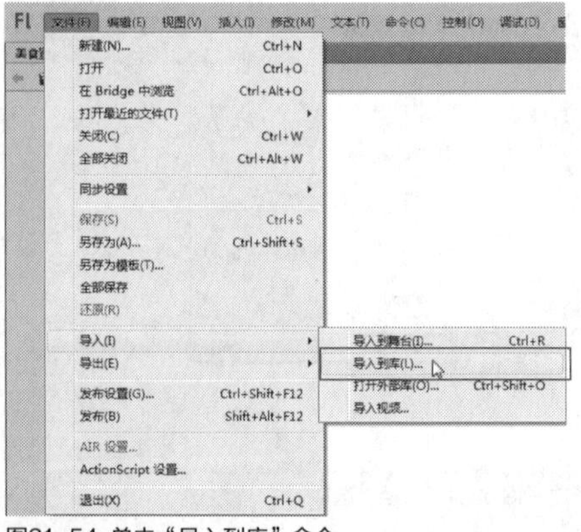

图21-54 单击“导入到库”命令

STEP 02 执行操作后，弹出“导入到库”对话框，在其中选择需要导入的4幅素材图像，如图21-55所示。

图21-55 选择需要导入的素材图像

STEP 03 单击“打开”按钮，即可将选择的素材图像导入“库”面板中，如图21-56所示。

STEP 04 在下方选择相应的素材，在上方窗口中可以预览图像的缩略图，如图21-57所示。

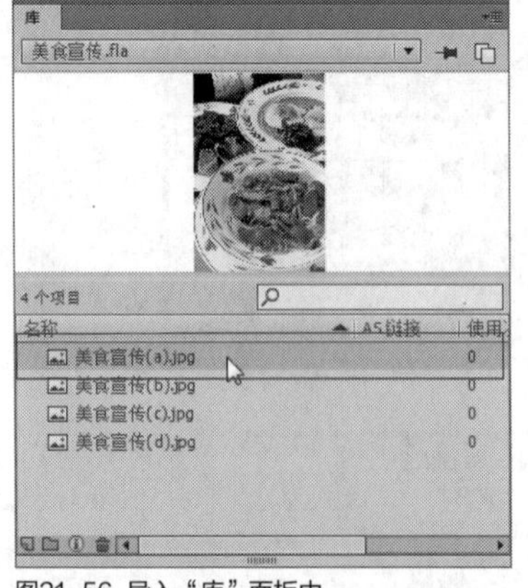

图21-56 导入“库”面板中

图21-57 预览图像的缩略图

实战 541 制作缩放动画

▶素材位置：无
▶视频位置：光盘\视频\第21章\实战541.mp4

• 实例介绍 •

通过在图层中，创建矩形的形状渐变动画，再将矩形图层设置为遮罩层，即可制作出图像的缩放动画效果。下面向读者介绍制作缩放动画的操作方法。

• 操作步骤 •

STEP 01 在“库”面板中，选择“美食宣传（a）”素材图像，如图21-58所示。

图21-58 选择素材图像

STEP 02 将选择的素材图像拖曳至舞台中的适当位置，使其铺满整个舞台，如图21-59所示。

图21-59 拖曳至舞台中

STEP 03 在“时间轴”面板的“图层1”图层中，选择第30帧，如图21-60所示。

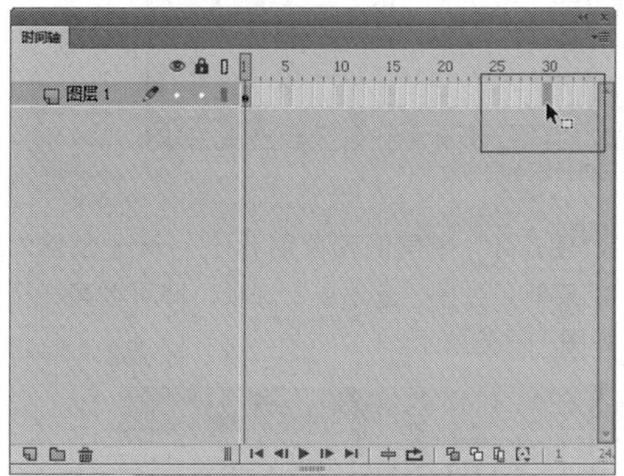

图21-60 选择第30帧

STEP 04 在该帧上，单击鼠标右键，在弹出的快捷菜单中选择“插入帧”选项，即可插入普通帧，如图21-61所示。

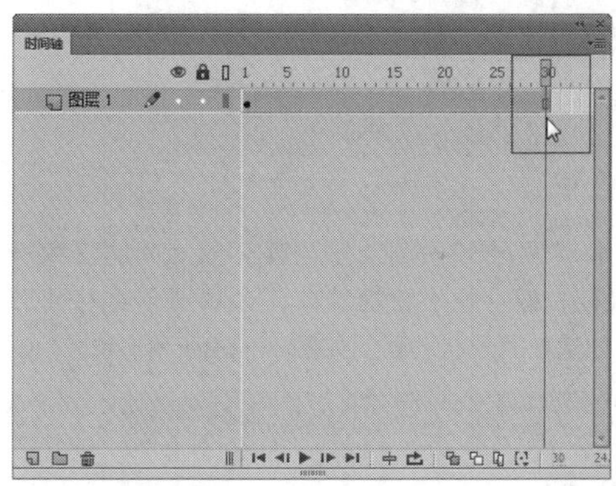

图21-61 插入普通帧

STEP 05 在“时间轴”面板中，单击面板底部的“新建图层”按钮，新建“图层2”图层，如图21-62所示。

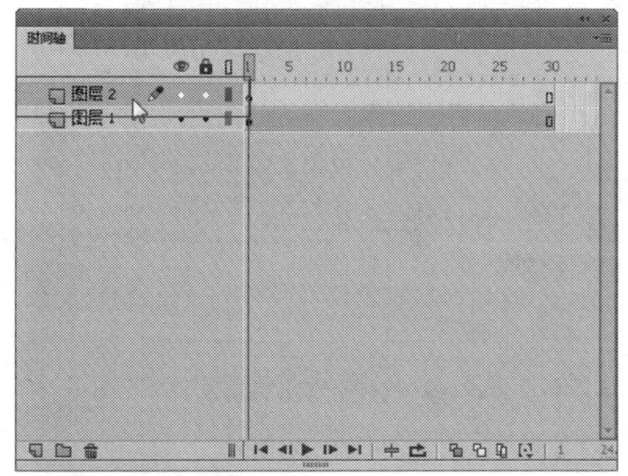

图21-62 新建“图层2”图层

STEP 06 将“库”面板中的“美食宣传（b）”素材图像拖曳至舞台中，如图21-63所示。

图21-63 将素材拖曳至舞台中

STEP 07 在“时间轴”面板中，新建“图层3”图层，选择第1帧，如图21-64所示。

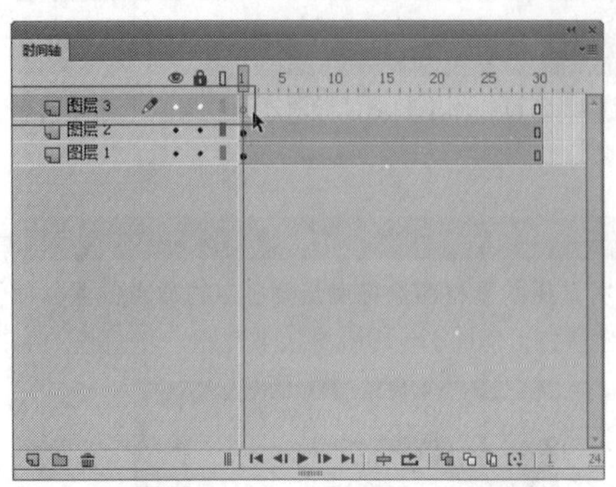

图21-64 选择第1帧

STEP 08 运用矩形工具，在舞台中的适当位置绘制一个“笔触颜色”为无、“填充颜色”为任意色的矩形，如图21-65所示。

图21-65 绘制一个矩形

STEP 09 选择“图层3”的第30帧，单击鼠标右键，弹出快捷菜单，选择“插入关键帧”选项，插入关键帧，如图21-66所示。

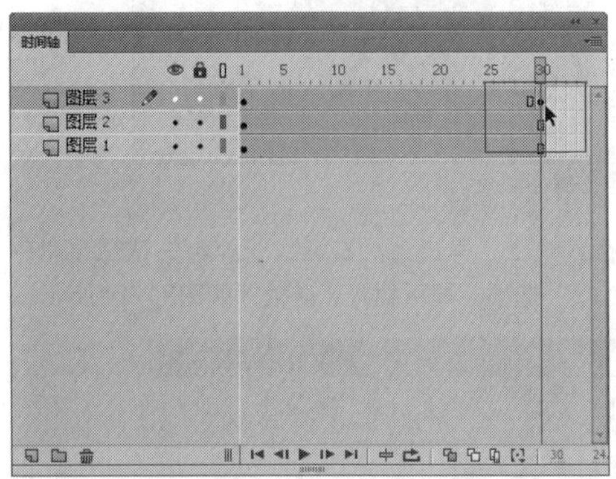

图21-66 插入关键帧

STEP 10 运用任意变形工具对矩形进行适当的缩放，使矩形完全覆盖图像，如图21-67所示。

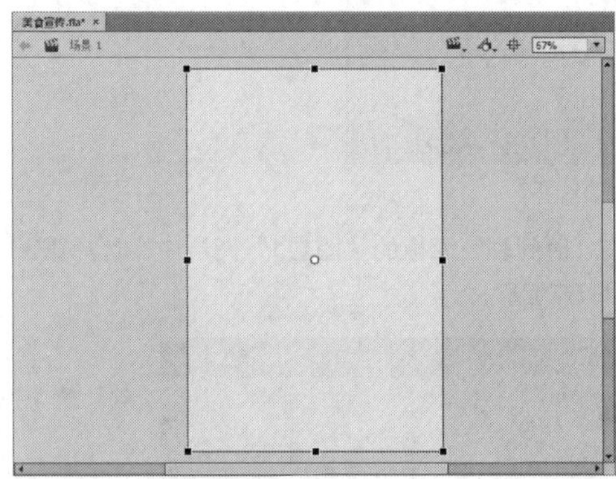

图21-67 对矩形进行适当的缩放

STEP 11 选择“图层3”的第1帧至第30帧之间的任意一帧，单击鼠标右键，弹出快捷菜单，选择“创建补间形状”选项，创建补间形状动画，如图21-68所示。

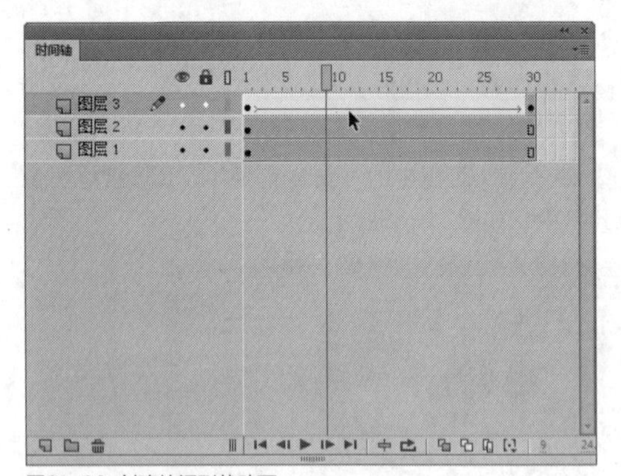

图21-68 创建补间形状动画

STEP 12 在“图层3”图层的图层名称上，单击鼠标右键，弹出快捷菜单，选择“遮罩层”选项，即可创建一个遮罩图层，如图21-69所示。

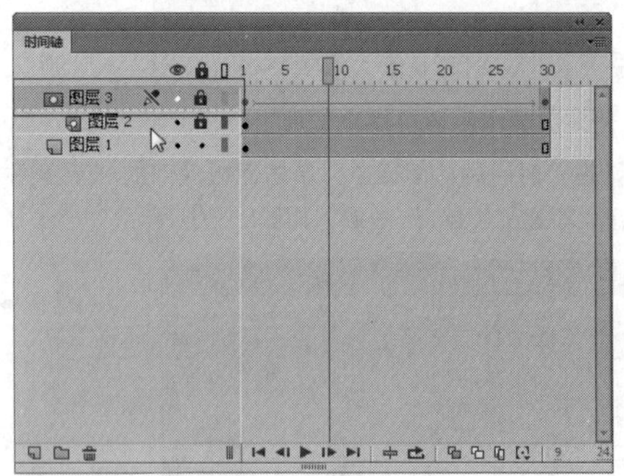

图21-69 创建一个遮罩图层

技巧点拨

在Flash CC工作界面中，当用户将图层设置为遮罩层后，此时遮罩层与被遮罩层都将被锁定，被锁定后的图层不能进行任何编辑操作。

STEP 13 在“时间轴”面板中，按【Enter】键，预览图像缩放动画效果，如图21-70所示。

图21-70 预览图像缩放动画效果

实战 542 制作圆形动画

▶素材位置：无
▶视频位置：光盘\视频\第21章\实战542.mp4

• 实例介绍 •

通过在图层中，创建圆形的形状渐变动画，再将圆形图层设置为遮罩层，即可制作出图像的圆形缩放动画效果。下面向读者介绍制作圆形动画的操作方法。

• 操作步骤 •

STEP 01 在“时间轴”面板中，单击面板底部的“新建图层”按钮，新建“图层4”图层，如图21-71所示。

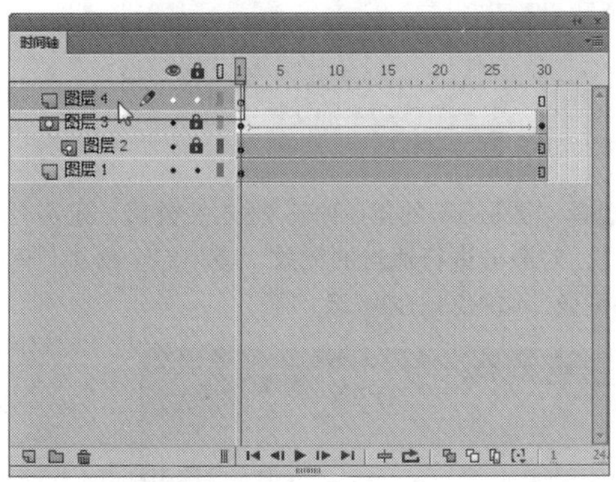

图21-71 新建“图层4”图层

STEP 02 选择该图层的第31帧，单击鼠标右键，弹出快捷菜单，选择“插入空白关键帧”选项，插入一个空白关键帧，如图21-72所示。

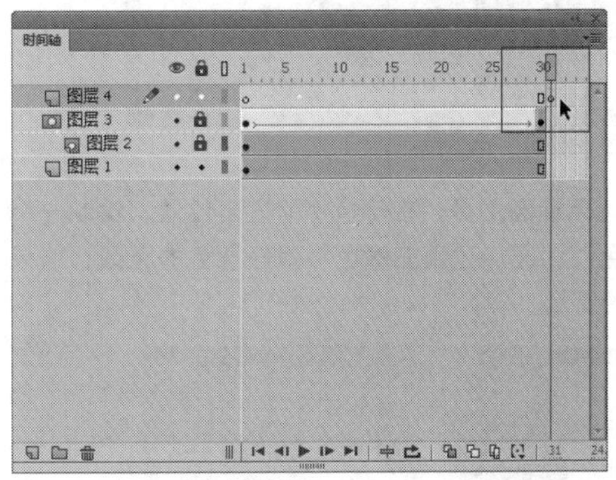

图21-72 插入一个空白关键帧

STEP 03 在“图层4”图层的第60帧，插入帧，如图21-73所示。

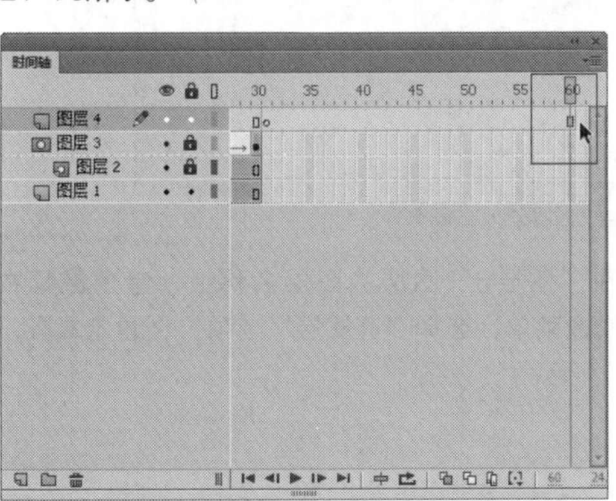

图21-73 在第60帧插入帧

STEP 04 在“图层4”图层中，选择第31帧，如图21-74所示。

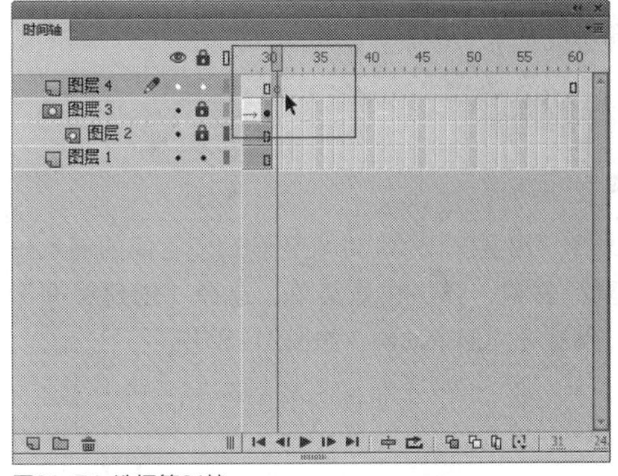

图21-74 选择第31帧

STEP 05 将“库”面板中的“美食宣传（b）”图像拖曳至舞台中的适当位置，使其覆盖整个舞台，如图21-75所示。

图21-75 拖曳至舞台中的适当位置

STEP 06 新建“图层5”图层，在该图层的第31帧插入空白关键帧，如图21-76所示。

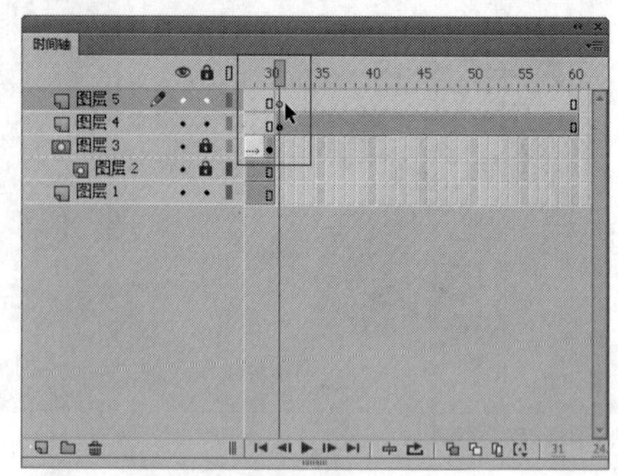

图21-76 在第31帧插入空白关键帧

STEP 07 将“库”面板中的“美食宣传（c）”图像拖曳至舞台中的适当位置，使其覆盖“图层4”中的对象，如图21-77所示。

图21-77 覆盖“图层4”中的对象

STEP 08 新建“图层6”，在该图层的第31帧插入空白关键帧，如图21-78所示。

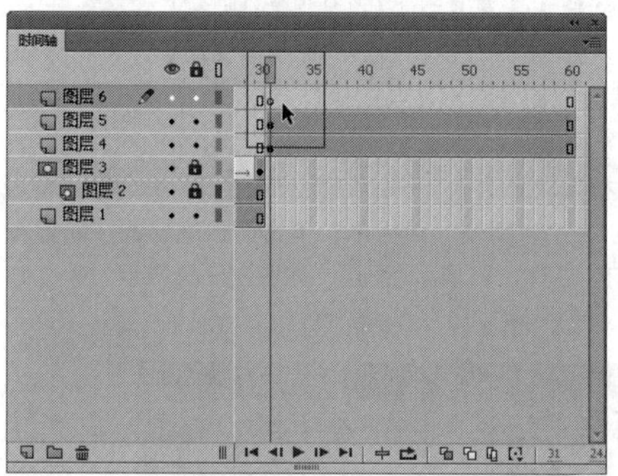

图21-78 在第31帧插入空白关键帧

STEP 09 运用椭圆工具，在舞台中的适当位置，绘制一个“笔触颜色”为无、“填充颜色”为任意色的正圆，效果如图21-79所示。

图21-79 绘制一个正圆

STEP 10 选择“图层6”的第60帧，插入关键帧，运用任意变形工具，对圆形进行适当的缩放，使用完全覆盖“图层5”中的图像，如图21-80所示。

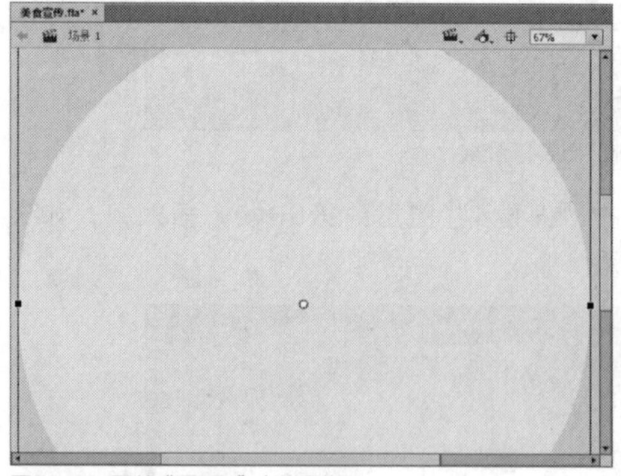

图21-80 覆盖“图层5”中的图像

STEP 11 选择“图层6”的第31帧至第60帧之间的任意一帧，单击鼠标右键，弹出快捷菜单，选择“创建补间形状”选项，创建补间形状动画，如图21-81所示。

STEP 12 在“图层6”图层的图层名称上，单击鼠标右键，弹出快捷菜单，选择“遮罩层”选项，创建遮罩层，如图21-82所示。

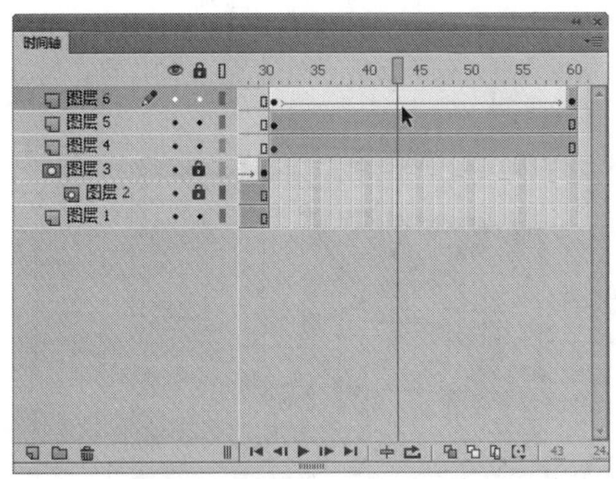

图21-81 创建补间形状动画

图21-82 创建遮罩层

STEP 13 在“时间轴”面板中，按【Enter】键，预览图像圆形动画效果，如图21-83所示。

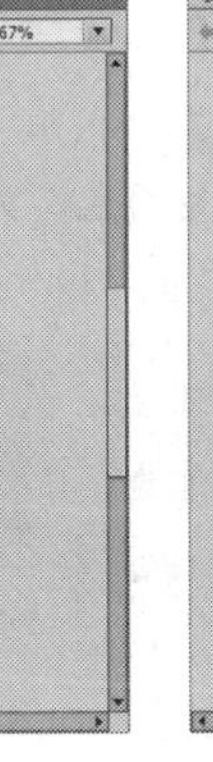

图21-83 预览图像圆形动画效果

实战 543 制作滑开动画

▶ 素材位置：光盘\效果\第21章\美食宣传.fla、美食宣传.swf
▶ 视频位置：光盘\视频\第21章\实战543.mp4

• 实例介绍 •

通过在图层中制作矩形横向缩放的形状渐变动画，可以制作出图像为滑开运动效果。下面向读者介绍制作图像滑开动画效果的操作方法。

• 操作步骤 •

STEP 01 新建“图层7”图层，选择该图层的第61帧，单击鼠标右键，弹出快捷菜单，选择“插入空白关键帧”选项，然后在该图层的第90帧插入帧，选择第61帧，如图21-84所示。

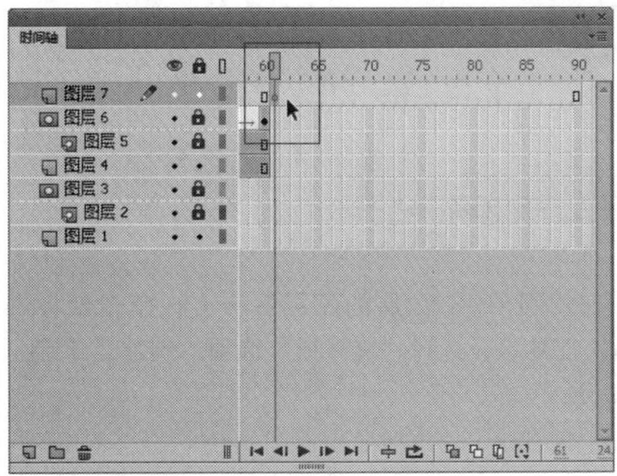

图21-84 选择第61帧

STEP 02 将“库”面板中的“美食宣传（c）”图像拖曳至舞台中的适当位置，使其覆盖整个舞台，如图21-85所示。

图21-85 拖曳至舞台中的适当位置

STEP 03 新建“图层8”图层，在该图层的第61帧插入空白关键帧，选择第61帧，如图21-86所示。

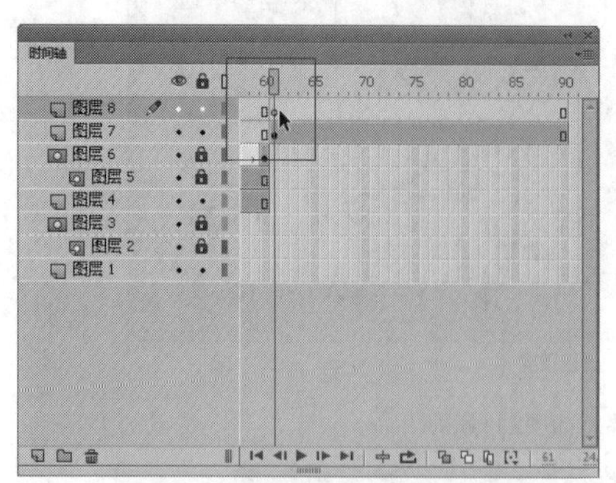

图21-86 选择第61帧

STEP 04 将“库”面板中的“美食宣传（d）”图像拖曳至舞台中的适当位置，使其覆盖“图层7”中的对象，如图21-87所示。

图21-87 覆盖“图层7”中的对象

STEP 05 新建“图层9”图层，在该图层的第61帧插入空白关键帧，如图21-88所示。

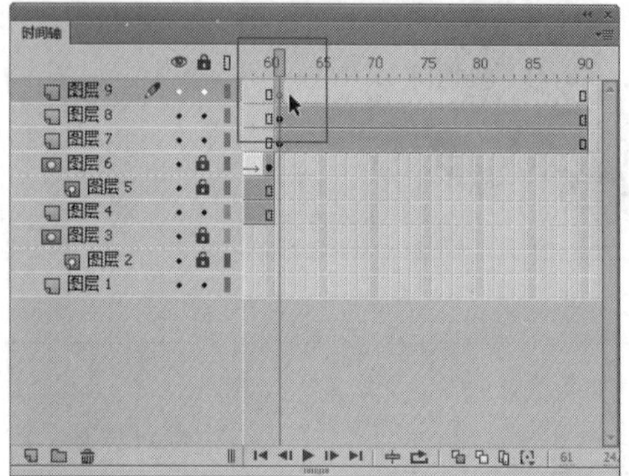

图21-88 插入空白关键帧

STEP 06 运用矩形工具，在舞台中的适当位置，绘制一个“笔触颜色”为无、“填充颜色”为任意色的矩形，如图21-89所示。

图21-89 绘制一个矩形

STEP 07 选择“图层9”的第90帧，单击鼠标右键，弹出快捷菜单，选择“插入关键帧”选项，插入关键帧，如图21-90所示。

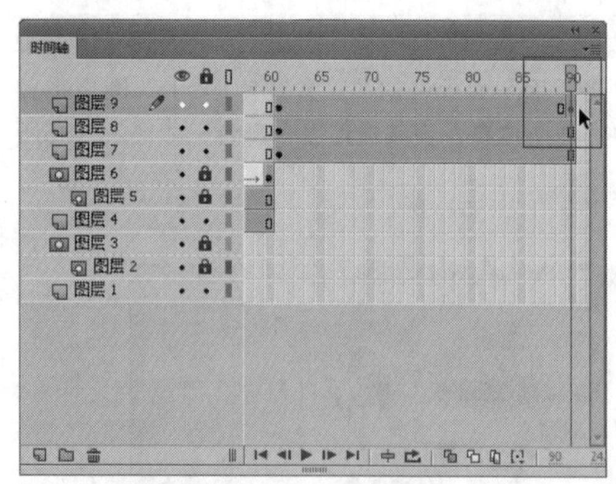

图21-90 插入关键帧

STEP 08 运用任意变形工具，对矩形进行适当的缩放，使用完全覆盖“图层8”中的图像，如图21-91所示。

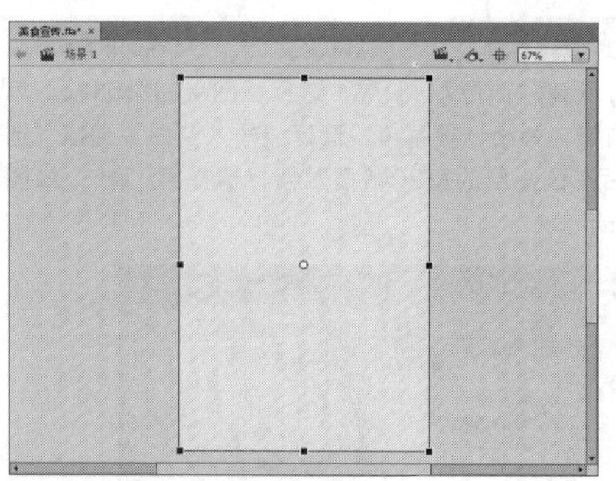

图21-91 覆盖“图层8”中的图像

STEP 09 选择“图层9”的第61帧至第90帧之间的任意一帧，单击鼠标右键，弹出快捷菜单，选择“创建补间形状”选项，创建补间形状动画，如图21-92所示。

STEP 10 在“图层9”图层的图层名称上，单击鼠标右键，弹出快捷菜单，选择“遮罩层”选项，创建遮罩层，如图21-93所示。

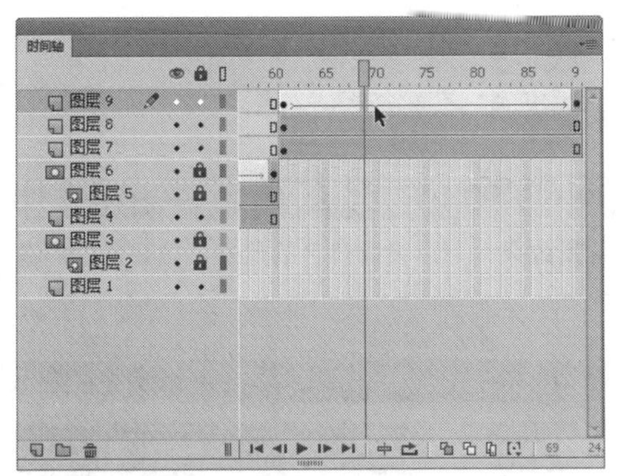

图21-92 创建补间形状动画

图21-93 创建遮罩层

STEP 11 动画全部制作完成后，按【Ctrl+Enter】组合键，测试动画，效果如图21-94所示。

图21-94 测试图像动画效果

21.3 移动式动画——馨园房产

房产是指建筑在土地上的各种房屋，包括住宅、厂房、仓库和商业、服务、文化、教育、卫生、体育以及办公用房等。本节主要向读者介绍移动式动画——《馨园房产》案例的制作，这类图像运动效果也常用来制作某种商业产品的宣传动画，效果如图21-95所示。

图21-95 《馨园房产》实例效果

实战 544 制作动画背景

▶素材位置：光盘\素材\第21章\馨园房产.fla
▶视频位置：光盘\视频\第21章\实战544.mp4

• 实例介绍 •

在制作移动式动画——《馨园房产》实例前，首先需要制作动画的背景效果，然后设置舞台的尺寸，做好前期的基础性工作。

• 操作步骤 •

STEP 01 单击“文件”|“打开”命令，打开一个素材文件，此时舞台中没有任何内容，如图21-96所示。

STEP 02 在“库”面板中，选择“背景”图形元件，如图21-97所示。

图21-96 打开一个素材文件

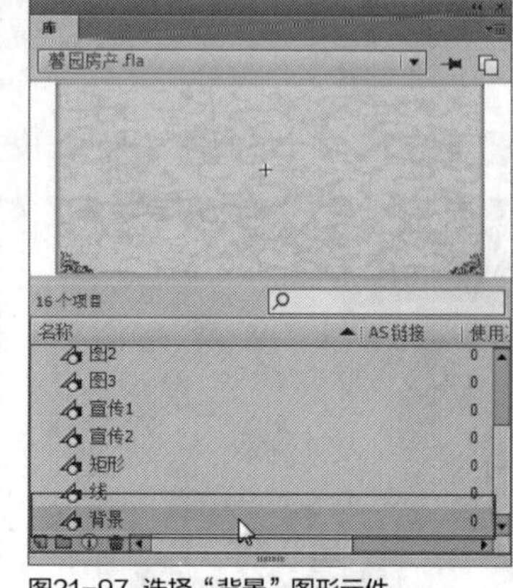

图21-97 选择“背景”图形元件

STEP 03 将选择的图形元件拖曳至舞台区适当位置，如图21-98所示。

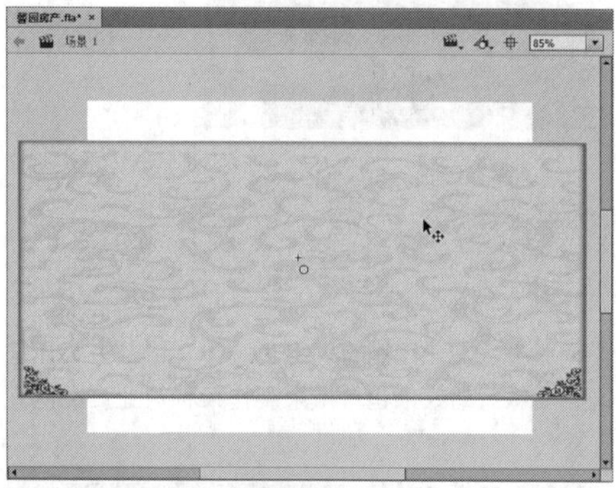

图21-98 拖曳至舞台区适当位置

STEP 04 在舞台中的空白位置上，单击鼠标右键，在弹出的快捷菜单中选择“文档”选项，如图21-99所示。

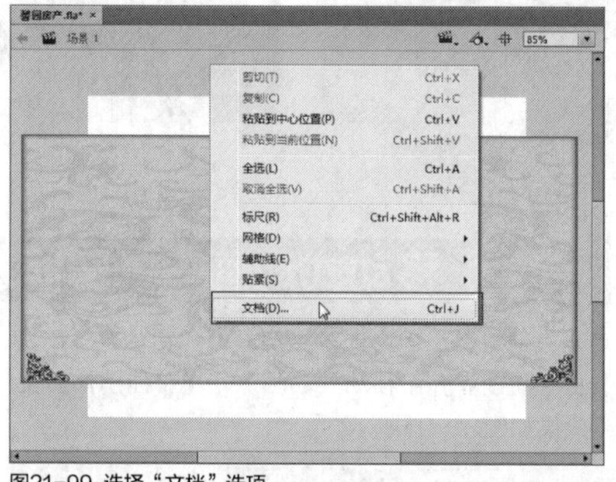

图21-99 选择“文档”选项

STEP 05 弹出“文档设置”对话框，在其中单击“匹配内容”按钮，如图21-100所示。

图21-100 单击“匹配内容”按钮

STEP 06 单击“确定”按钮，即可完成背景的制作，如图21-101所示。

图21-101 完成背景的制作

STEP 07 在“时间轴”面板中，选择“图层1”图层的第150帧，如图21-102所示。

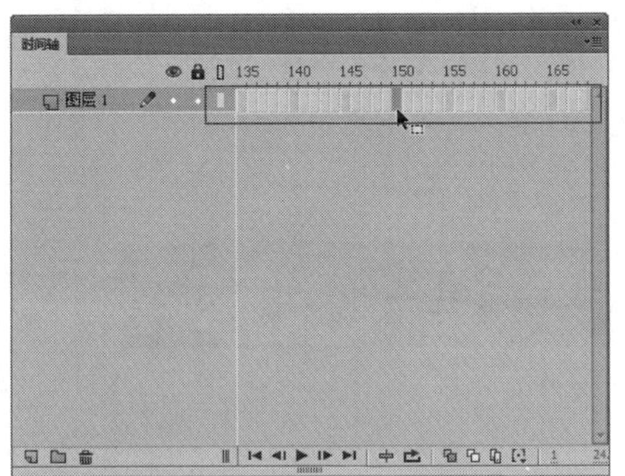

图21-102 选择图层的第150帧

STEP 08 在该帧上，单击鼠标右键，在弹出的快捷菜单中选择“插入帧”选项，即可插入普通帧，如图21-103所示。

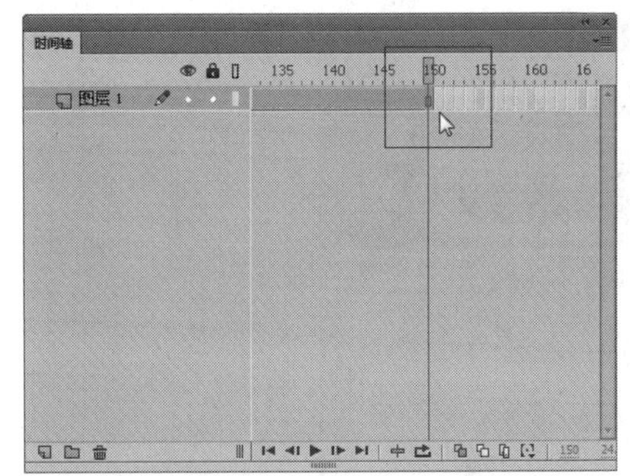

图21-103 插入普通帧

实战 545 制作影片元件

▶素材位置：无

▶视频位置：光盘\视频\第21章\实战545.mp4

• 实例介绍 •

在制作《馨园房产》实例的过程中，用户可以新建一个影片剪辑元件，然后将需要制作移动式的图像添加到影片剪辑元件中，完成元件的制作。

• 操作步骤 •

STEP 01 在菜单栏中，单击“插入”菜单，在弹出的菜单列表中单击“新建元件”命令，如图21-104所示。

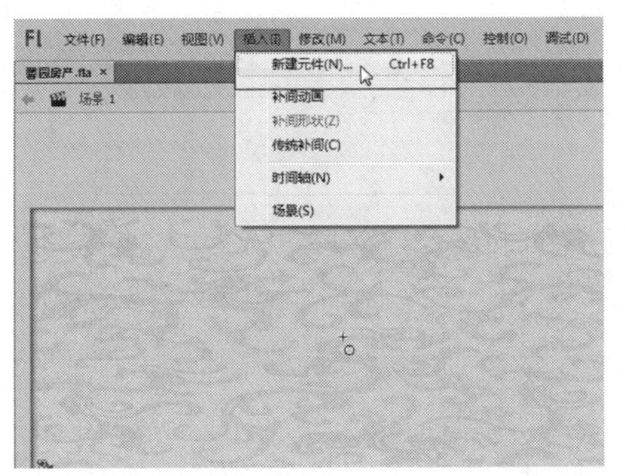

图21-104 单击“新建元件”命令

STEP 02 执行操作后，弹出“创建新元件”对话框，设置“名称”为“图片浏览”、“类型”为“影片剪辑”，如图21-105所示。

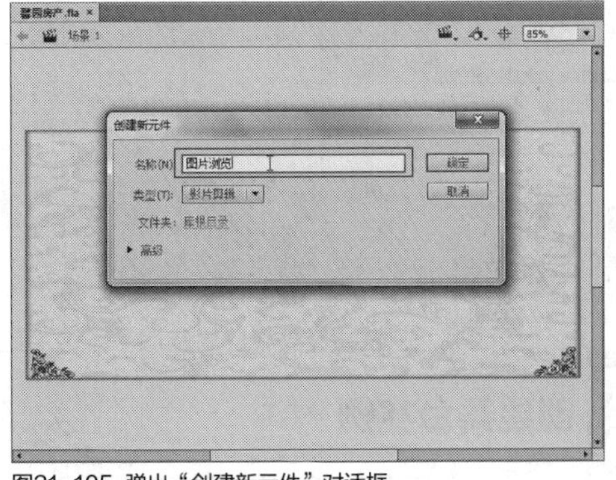

图21-105 弹出“创建新元件”对话框

STEP 03 单击“确定”按钮，进入影片剪辑编辑模式，在“库”面板中，选择“图1”图形元件，如图21-106所示。

STEP 04 将选择的图形元件拖曳至编辑区适当位置，如图21-107所示。

图21-106 选择“图1”图形元件

图21-107 拖曳“图1”图形元件

STEP 05 在“库”面板中，选择“图2”图形元件，如图21-108所示。

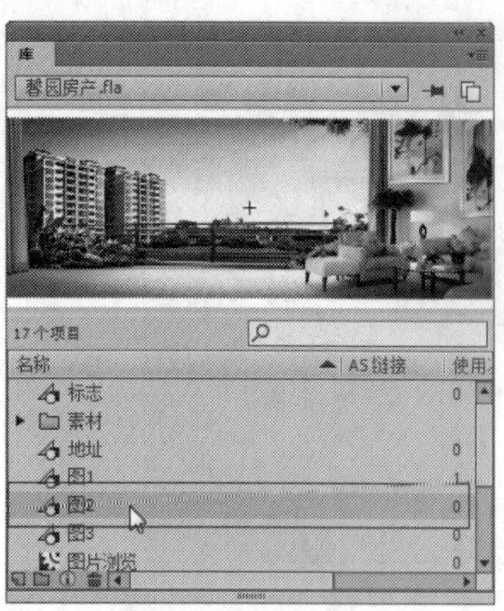

图21-108 选择“图2”图形元件

STEP 06 将“图2”图形元件拖曳至编辑区适当位置，如图21-109所示。

图21-109 拖曳“图2”图形元件

STEP 07 在“库”面板中，选择“图3”图形元件，如图21-110所示。

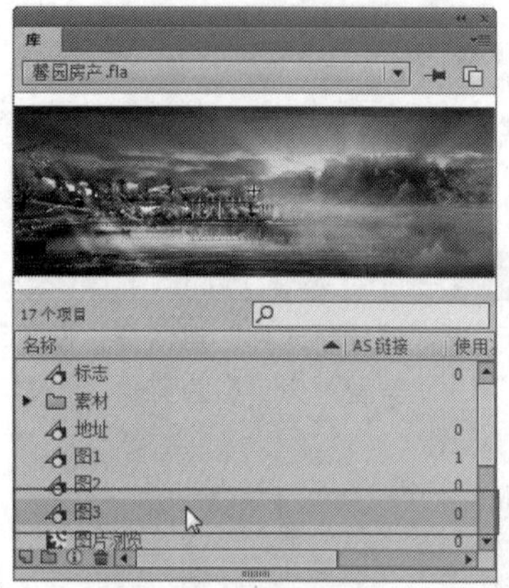

图21-110 选择“图3”图形元件

STEP 08 将“图3”图形元件拖曳至编辑区适当位置，如图21-111所示。至此，完成影片剪辑元件的制作。

图21-111 拖曳“图3”图形元件

知识拓展

在Flash CC工作界面中创建新元件的时候，如果用户需要创建的元件中没有动画效果，只是静态的图形，那么可以选择创建图形元件或影片剪辑元件；如果创建的元件中有动画，那么就只能创建影片剪辑元件。

实战546 创建舞台实例

▶素材位置：无
▶视频位置：光盘\视频\第21章\实战546.mp4

• 实例介绍 •

在制作《馨园房产》实例的过程中，在创建舞台区实例时，由于实例都是静止没有动画的，所以实例可以被创建在一个图层。下面向读者介绍创建舞台实例的操作方法。

• 操作步骤 •

STEP 01 在“时间轴”面板中，单击面板底部的“新建图层”按钮，如图21-112所示。

STEP 02 执行操作后，即可新建“图层2”图层，如图21-113所示。

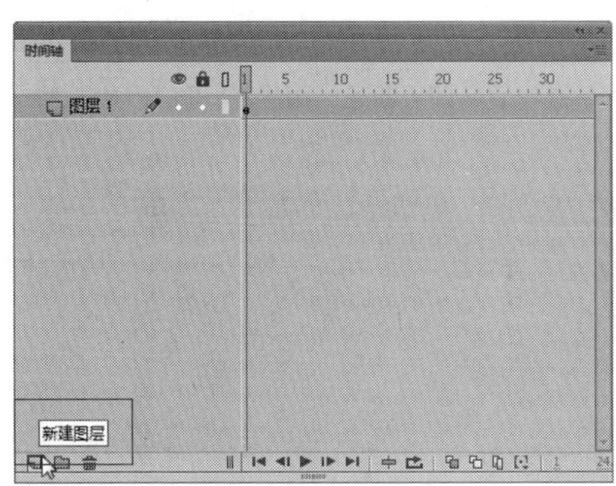

图21-112 单击“新建图层”按钮

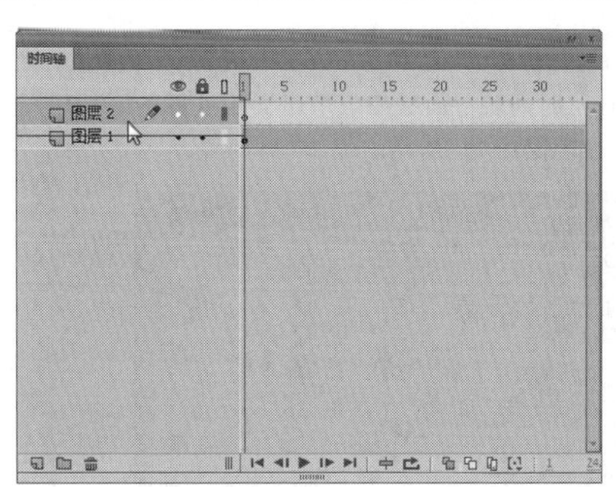

图21-113 新建“图层2”图层

STEP 03 在“库”面板中，将“矩形”和“标志”图形元件分别拖曳至舞台区适当位置，如图21-114所示。

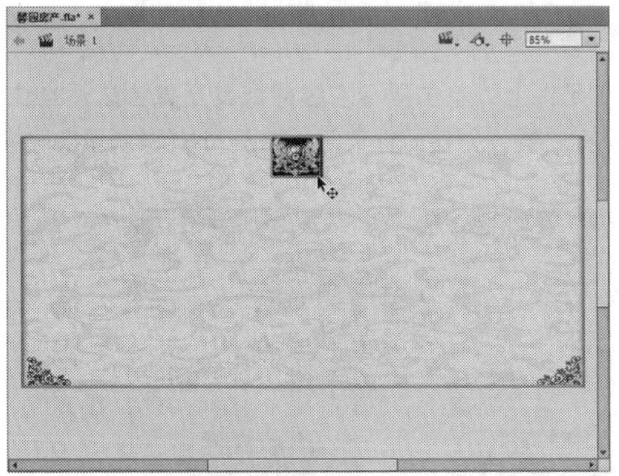
图21-114 拖曳“矩形”和“标志”元件

STEP 04 在“库”面板中，将“宣传1”和“宣传2”图形元件分别拖曳至舞台区适当位置，如图21-115所示。

图21-115 拖曳“宣传1”和“宣传2”元件

STEP 05 在“库”面板中，选择“地址”图形元件，单击鼠标左键并拖曳，至舞台区适当位置，释放鼠标左键，创建元件实例，如图21-116所示。

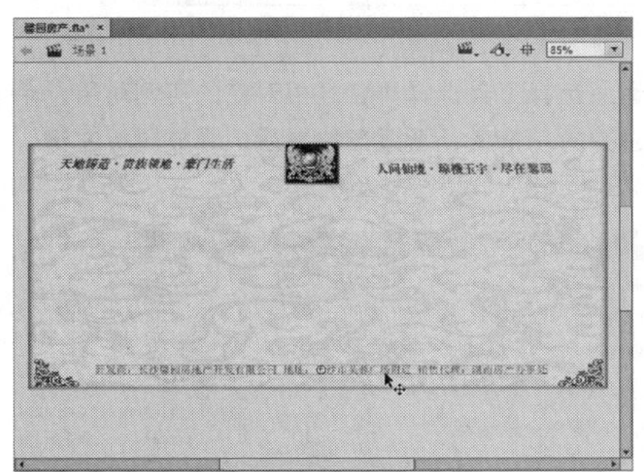
图21-116 拖曳“地址”图形元件

STEP 06 在“库”面板中，将“线”图形元件拖曳至舞台区适当位置，如图21-117所示。

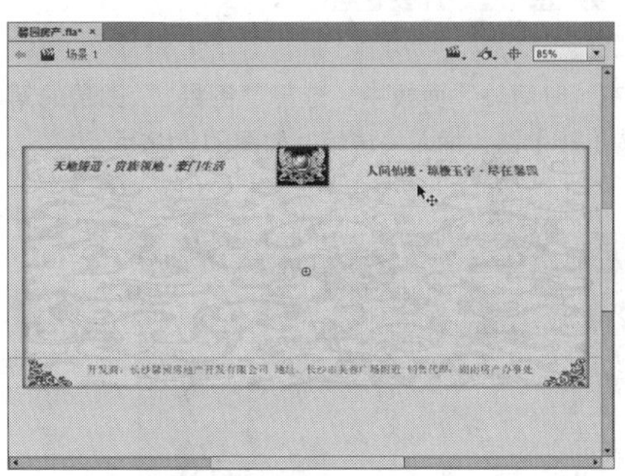
图21-117 拖曳“线”图形元件

实战 547 创建补间动画

▶素材位置：无
▶视频位置：光盘\视频\第21章\实战547.mp4

• 实例介绍 •

在制作《馨园房产》实例的过程中，通过在图层中添加相应的关键帧，移动关键帧中的图像摆放位置，制作传统补间动画。

• 操作步骤 •

STEP 01 在“时间轴”面板中，单击面板底部的“新建图层”按钮，如图21-118所示。

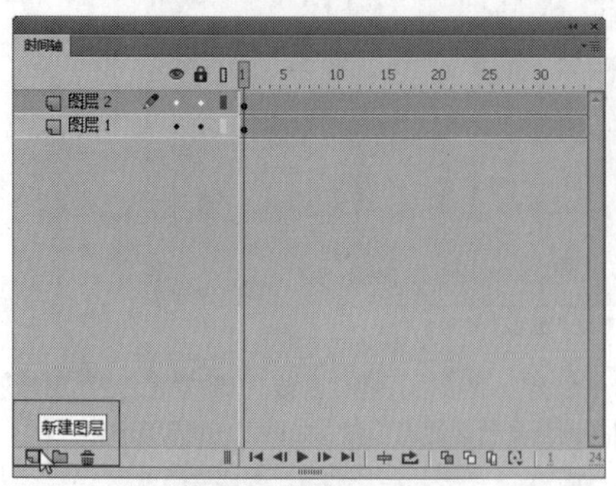

图21-118 单击“新建图层”按钮

STEP 02 执行操作后，即可新建“图层3”图层，如图21-119所示。

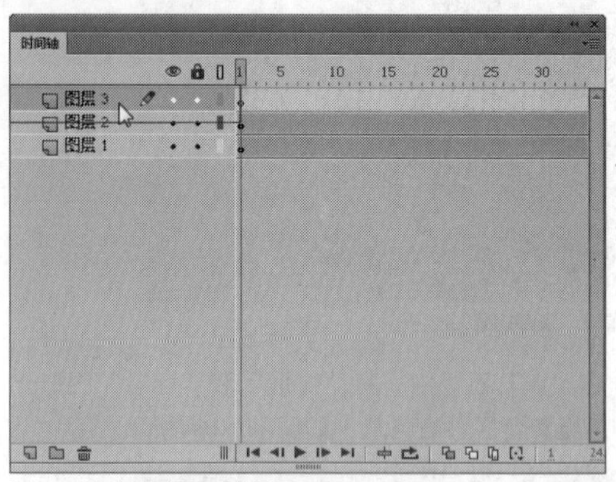

图21-119 新建“图层3”图层

STEP 03 在“库”面板中，选择“图片浏览”影片剪辑元件，如图21-120所示。

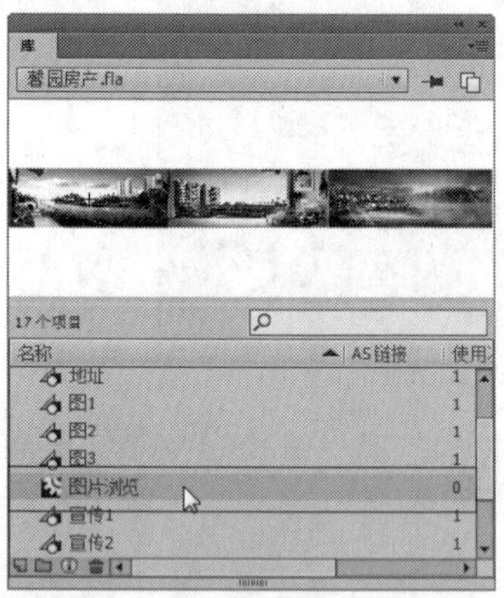

图21-120 选择影片剪辑元件

STEP 04 在元件上，单击鼠标左键并拖曳至舞台区适当位置，释放鼠标左键，创建元件实例，如图21-121所示。

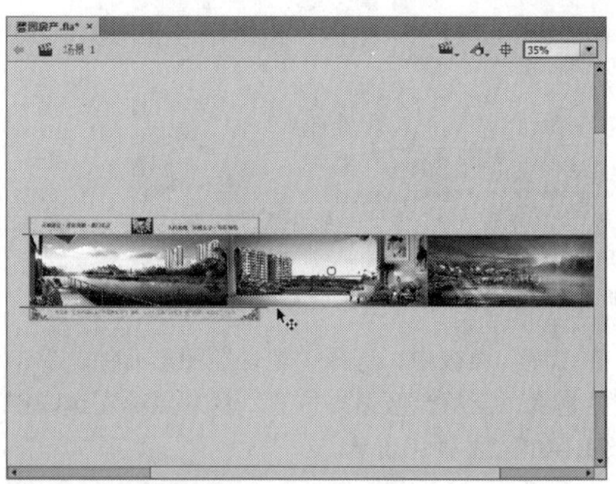

图21-121 创建元件实例

STEP 05 在“时间轴”面板中，选择“图层3”图层的第150帧，按【F6】键，插入关键帧，如图21-122所示。

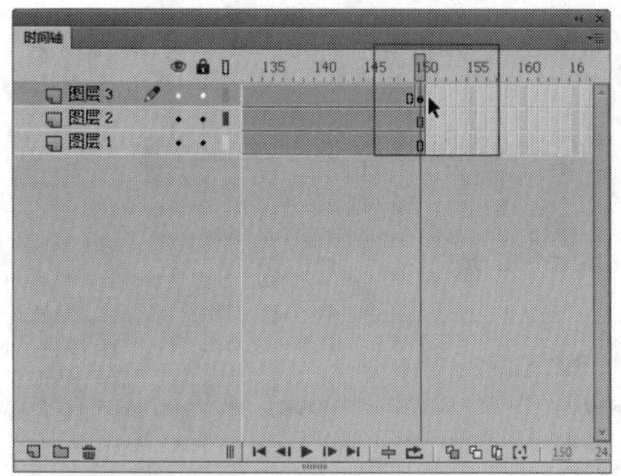

图21-122 插入关键帧

STEP 06 运用选择工具选择舞台区相对应的实例对象，单击鼠标左键并向左拖曳，至适当位置后，释放鼠标左键，如图21-123所示。

图21-123 移动元件的位置

STEP 07 在“图层3”图层的第1帧至第150帧中的任意一帧上，单击鼠标右键，在弹出的快捷菜单中选择“创建传统补间”选项，如图21-124所示。

STEP 08 执行操作后，即可创建传统补间动画，如图21-125所示，达到移动图像的效果。

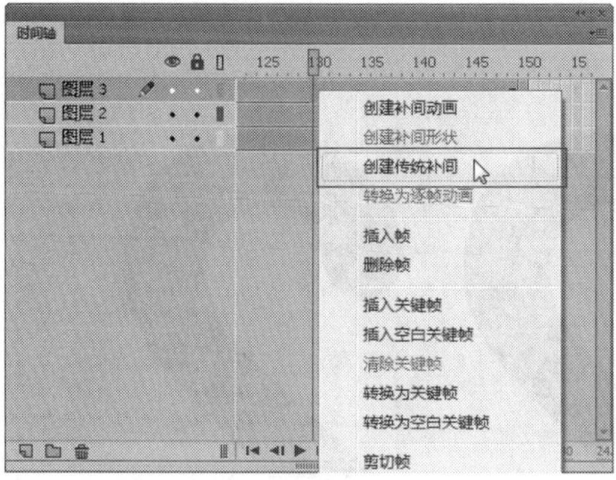

图21-124 选择“创建传统补间”选项

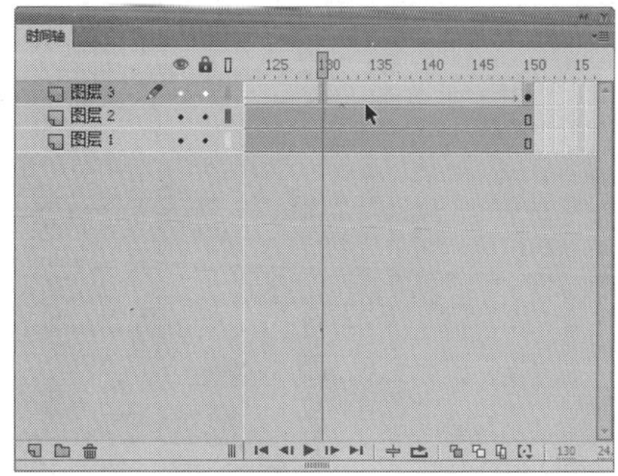

图21-125 创建传统补间动画

STEP 09 动画全部制作完成后，按【Ctrl + Enter】组合键，测试动画，效果如图21-126所示。

图21-126 测试动画效果

第22章 实战案例——文字动画

本章导读

文字动画是Flash动画制作中必不可少，也是最基本的一种动画制作方式，文字动画包含流畅、简洁的语言和独具风格的动态效果，在动画制作的过程中，适当地运用文字动画特效，能为动画增色不少。

本章主要向读者介绍倒影式动画——《清凉夏日》、滚屏式动画——《店内公告》、多样式动画——《天舟电脑》实例效果的制作方法。

要点索引

- 倒影式动画——清凉夏日
- 滚屏式动画——店内公告
- 多样式动画——天舟电脑

22.1 倒影式动画——清凉夏日

夏日是梦幻般的季节，夏天的天空是水晶玻璃做的，明亮的光透明的云，连水中的倒影看起来都很清凉。本节主要介绍制作倒影式动画——《清凉夏日》实例的方法，效果如图22-1所示。

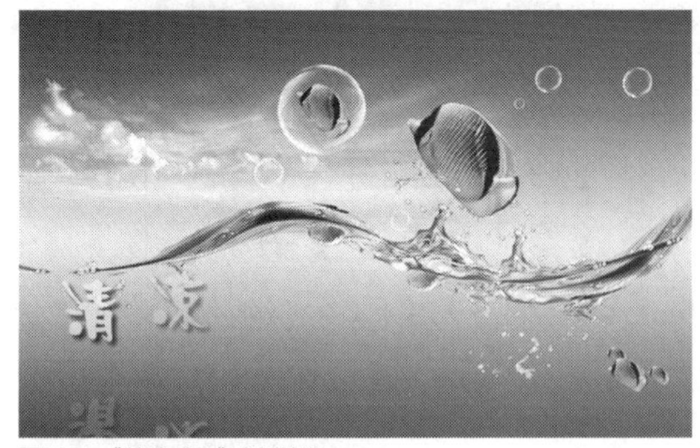

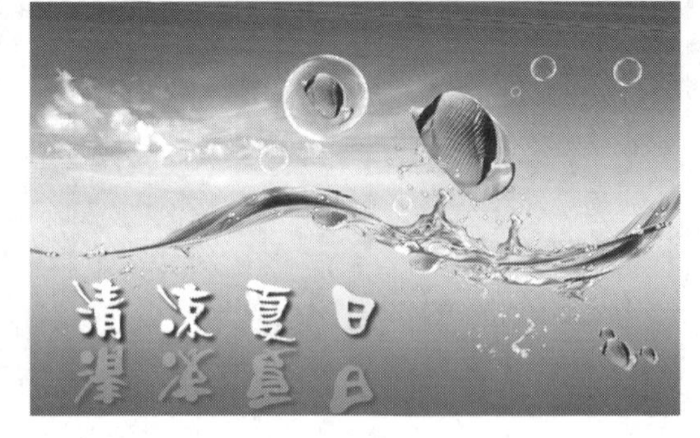

图22-1 《清凉夏日》实例效果

实战 548 制作动画背景

▶素材位置：光盘\素材\第22章\清凉夏日.fla
▶视频位置：光盘\视频\第22章\实战548.mp4

• 实例介绍 •

在《清凉夏日》的动画中，制作背景可将清凉夏日的场景渲染出来，让主题更加突出。下面向读者介绍制作动画背景的操作方法。

• 操作步骤 •

STEP 01 单击“文件”|“打开”命令，打开一个素材文件，如图22-2所示。

STEP 02 在“库”面板中，选择“背景”素材图像，如图22-3所示。

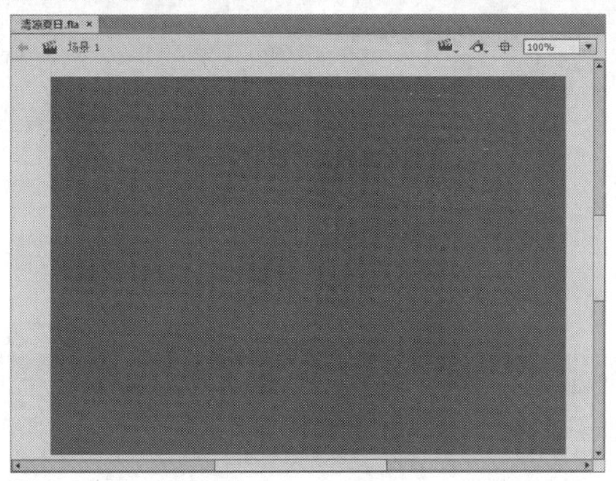

图22-2 打开一个素材文件

图22-3 选择“背景”素材图像

STEP 03 将选择的素材图像拖曳至舞台区适当位置，如图22-4所示。

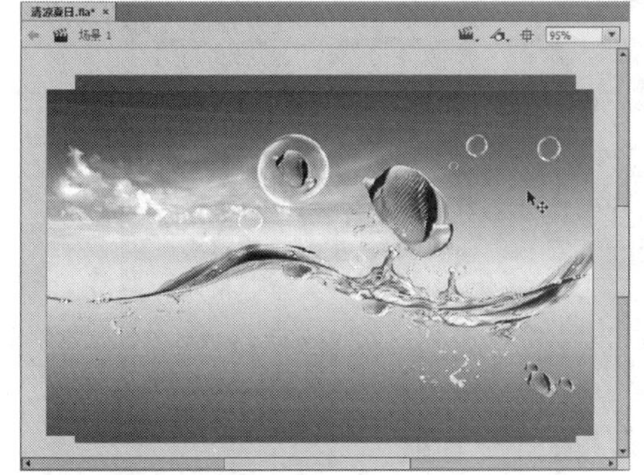

图22-4 拖曳至舞台区适当位置

STEP 04 在菜单栏中，单击“修改”|“文档”命令，如图22-5所示。

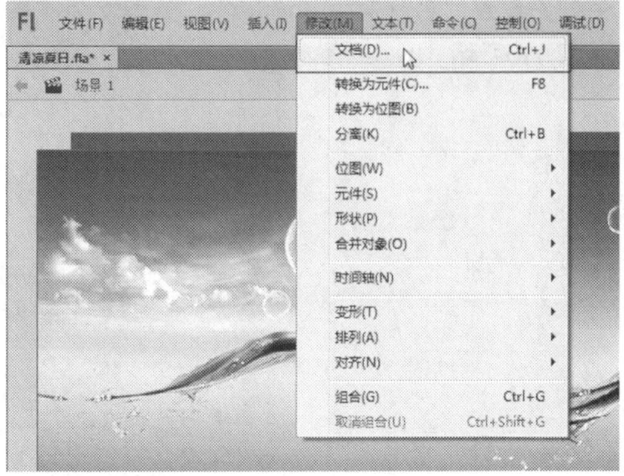

图22-5 单击“文档”命令

STEP 05 弹出“文档设置”对话框，在其中单击“匹配内容”按钮，如图22-6所示。

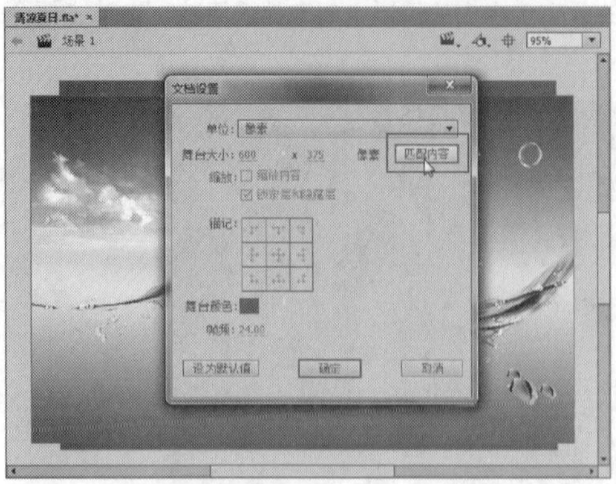

图22-6 单击“匹配内容”按钮

STEP 06 单击“确定”按钮，即可将舞台尺寸与素材图像的尺寸相匹配，如图22-7所示。

图22-7 匹配舞台中的内容

STEP 07 在“时间轴”面板中，选择“图层1”图层的第50帧，如图22-8所示。

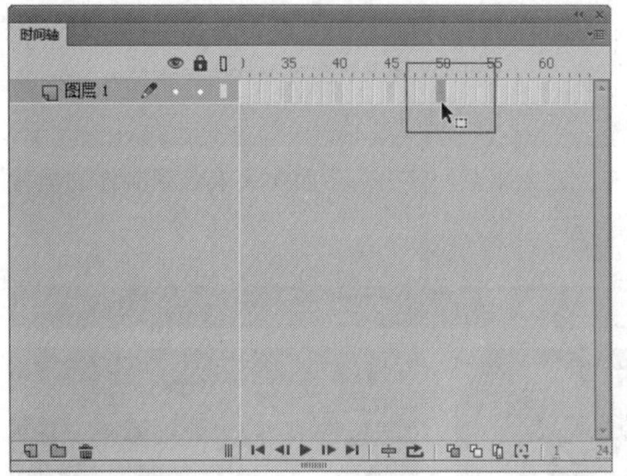

图22-8 选择图层的第50帧

STEP 08 在该帧上，单击鼠标右键，在弹出的快捷菜单中选择“插入帧”选项，即可插入普通帧，如图22-9所示。

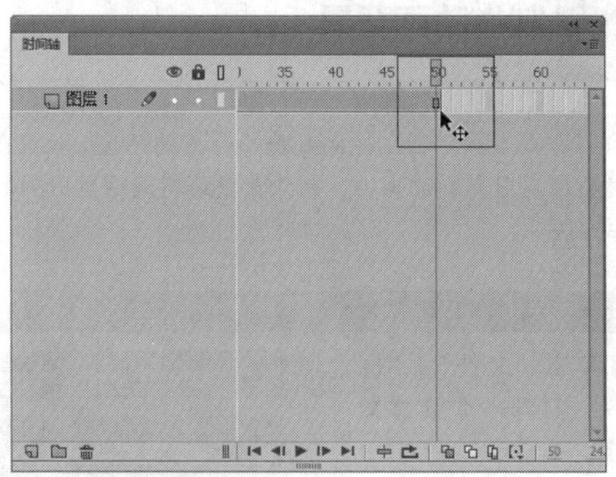

图22-9 插入普通帧

实战549 制作图形元件

▶素材位置：无
▶视频位置：光盘\视频\第22章\实战549.mp4

• 实例介绍 •

在《清凉夏日》的动画中，通过创建图像元件可以为制作倒影动画做准备工作。下面详细介绍制作文字图形元件的操作方法。

• 操作步骤 •

STEP 01 单击“插入”|“新建元件”命令，弹出“创建新元件”对话框，设置“名称”为“清”、“类型”为“图形”，如图22-10所示。

图22-10 弹出“创建新元件”对话框

STEP 02 单击“确定”按钮，进入图形元件编辑模式，选取工具箱中的文本工具，在“属性”面板中，设置“系列”为“文鼎中特广告体”、“大小”为60、“颜色”为白色，在编辑区适当位置，创建一个文本框，并输入相应文本，如图22-11所示。

图22-11 输入相应文本

STEP 03 在“属性”面板中，为文本添加“投影”特效，各选项参数如图22-12所示。

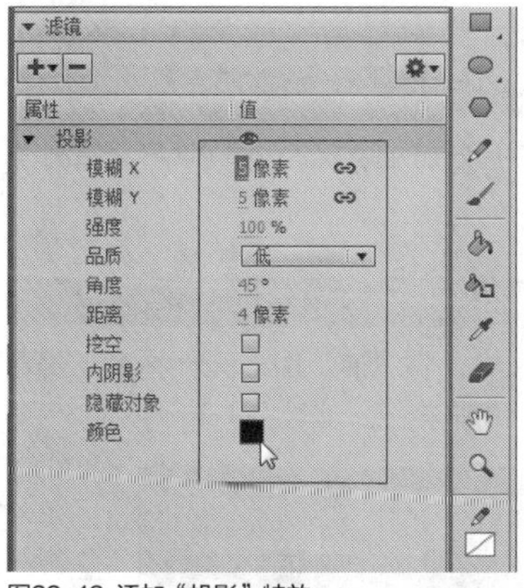

图22-12 添加“投影”特效

STEP 04 设置完成后，编辑区的文本对象如图22-13所示。

图22-13 编辑区的文本对象

STEP 05 用与上同样的方法，新建一个名为“凉”的图形元件，如图22-14所示。

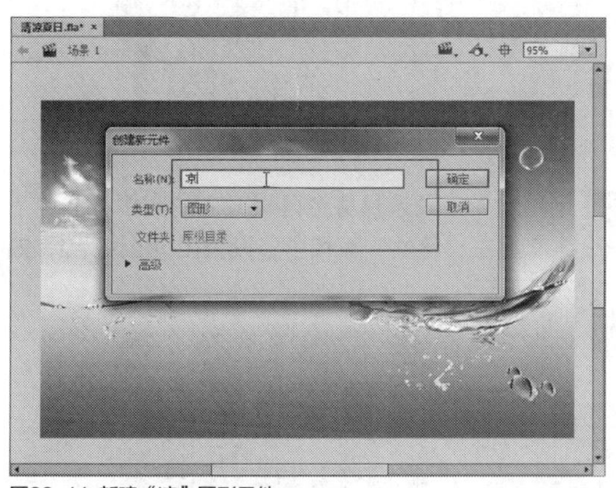

图22-14 新建“凉”图形元件

STEP 06 单击“确定”按钮，进入图形元件编辑模式，选取工具箱中的文本工具，在编辑区适当位置创建一个文本框并输入相应文本，并为其添加与上相同的滤镜效果，如图22-15所示。

图22-15 创建“凉”文本

STEP 07 用与上同样的方法，创建“夏”图形元件，在编辑区创建文本框并输入相应文本，为文本对象添加滤镜效果，如图22-16所示。

STEP 08 用与上同样的方法，创建“日”图形元件，在编辑区创建文本框并输入相应文本，为文本对象添加滤镜效果，如图22-17所示。

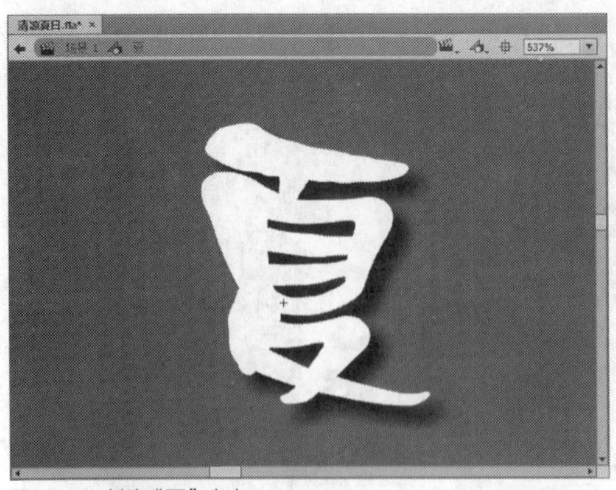

图22-16 创建“夏”文本

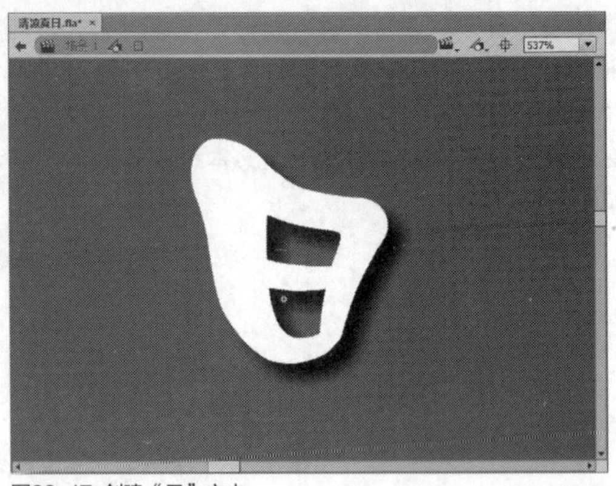

图22-17 创建“日”文本

实战550 制作跳动文字

▶素材位置：无

▶视频位置：光盘\视频\第22章\实战550.mp4

• 实例介绍 •

在《清凉夏日》的动画中，通过为相应的图形元件创建补间动画，即可完成跳动文字动画的制作。下面向读者介绍制作跳动文字的操作方法。

• 操作步骤 •

STEP 01 单击“场景1”超链接，返回场景编辑模式，在“时间轴”面板中，新建“图层2”图层，如图22-18所示。

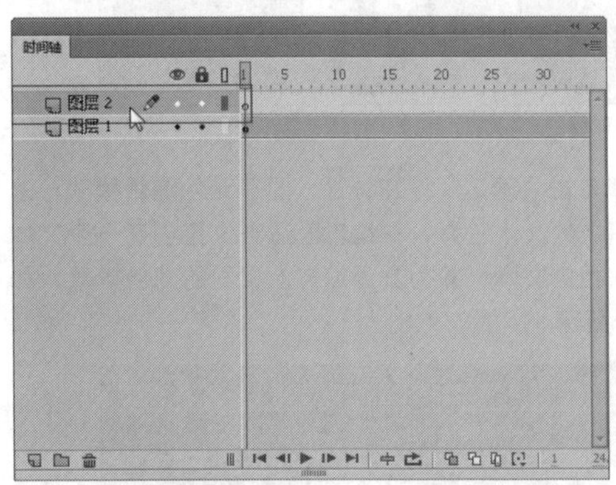

图22-18 新建“图层2”图层

STEP 02 在“库”面板中，将“清”图形元件拖曳至舞台区适当位置，如图22-19所示。

图22-19 拖曳至舞台区适当位置

STEP 03 选择“图层2”图层的第15帧，按【F6】键，插入关键帧，然后选择“图层2”图层的第1帧，如图22-20所示。

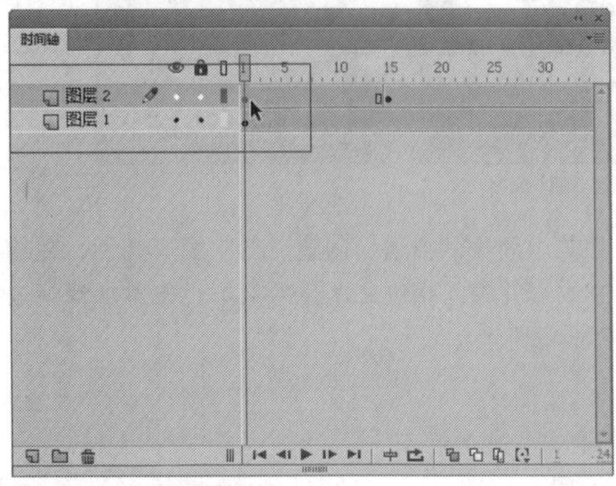

图22-20 选择图层的第1帧

STEP 04 运用选择工具选择舞台区相对应的实例，并向上拖曳一段距离。在“属性”面板中，设置Alpha值为0，效果如图22-21所示。

图22-21 设置Alpha值为0

STEP 05 在“图层2”图层的第1帧至第15帧中的任意一帧上，单击鼠标右键，在弹出的快捷菜单中选择“创建传统补间”选项，如图22-22所示。

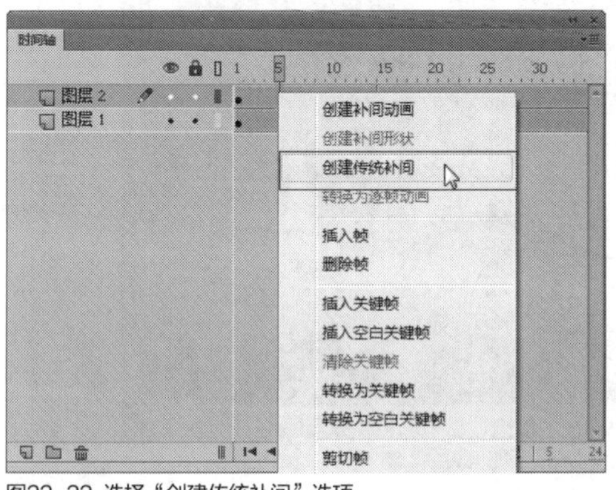

图22-22 选择“创建传统补间”选项

STEP 06 执行操作后，即可创建传统补间动画，如图22-23所示。

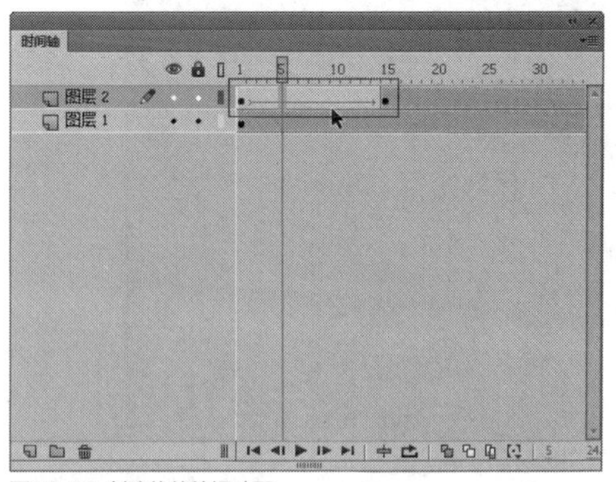

图22-23 创建传统补间动画

STEP 07 在“时间轴”面板中，按【Enter】键确认，在舞台中可以查看制作的字幕跳动效果，如图22-24所示。

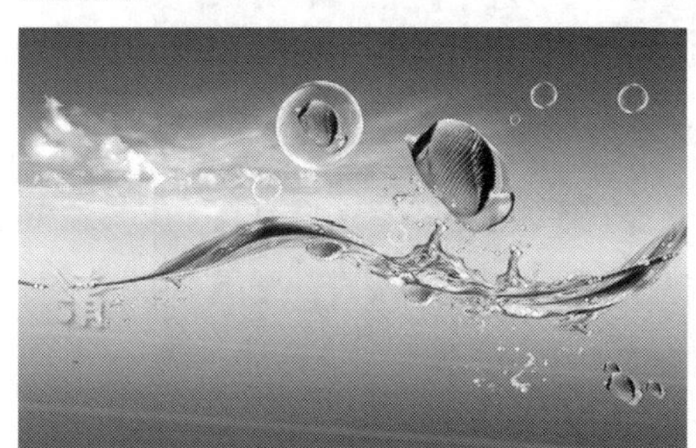

图22-24 查看制作的字幕跳动效果

STEP 08 用与上同样的方法，制作“凉”图形元件实例的动画效果，如图22-25所示。

图22-25 制作“凉”图形元件

STEP 09 在“时间轴”面板中，可以查看制作的“图层3”图层和动画帧效果，如图22-26所示。

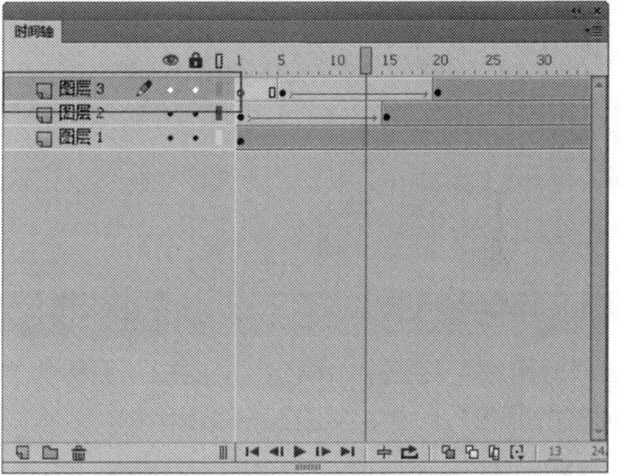

图22-26 查看“图层3”图层

STEP 10 用与上同样的方法，制作“夏”图形元件实例的动画效果，如图22-27所示。

图22-27 制作“夏”图形元件

图21-28 插入关键帧

STEP 11 在“时间轴”面板中，可以查看制作的“图层4”图层和动画帧效果，如图22-28所示。

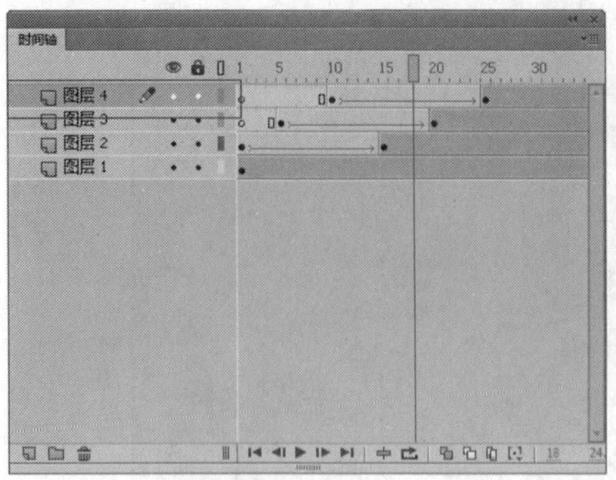

图22-28 查看“图层4”图层

STEP 12 用与上同样的方法，制作“日”图形元件实例的动画效果，如图22-29所示。

图22-29 制作“日”图形元件

STEP 13 在“时间轴”面板中，可以查看制作的“图层5”图层和动画帧效果，如图22-30所示。

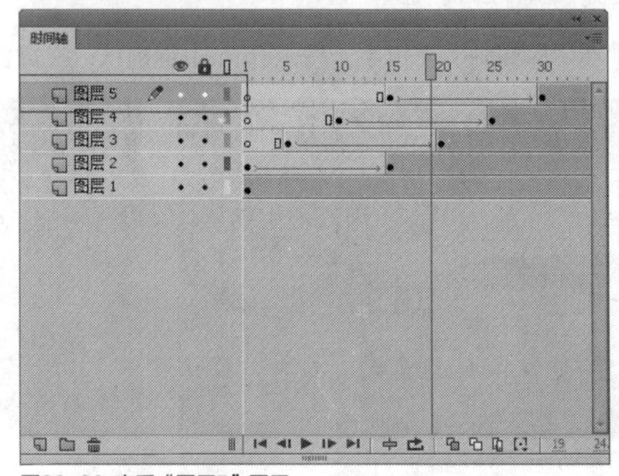

图22-30 查看“图层5”图层

实战551 制作倒影文字

▶素材位置：光盘\效果\第22章\清凉夏日.fla、清凉夏日.swf
▶视频位置：光盘\视频\第22章\实战551.mp4

• 实例介绍 •

在《清凉夏日》的动画中，制作倒影文字动画可以让画面更加真实，体现夏日清爽的感觉。下面向读者介绍制作倒影文字的操作方法。

• 操作步骤 •

STEP 01 在“时间轴”面板中，确定“图层2”图层为当前图层，新建“图层6”图层，如图22-31所示。

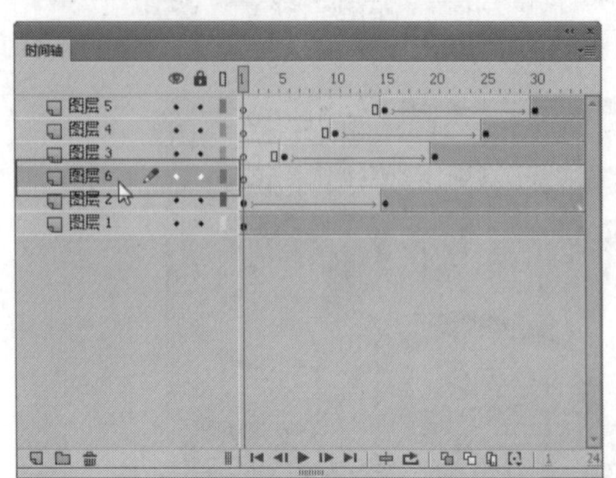

图22-31 新建“图层6”图层

STEP 02 在“库”面板中，将“清”图形元件拖曳至舞台区适当位置，如图22-32所示。

图22-32 拖曳至舞台区适当位置

STEP 03 在菜单栏中，单击“修改”|“变形”|“垂直翻转”命令，如图22-33所示。

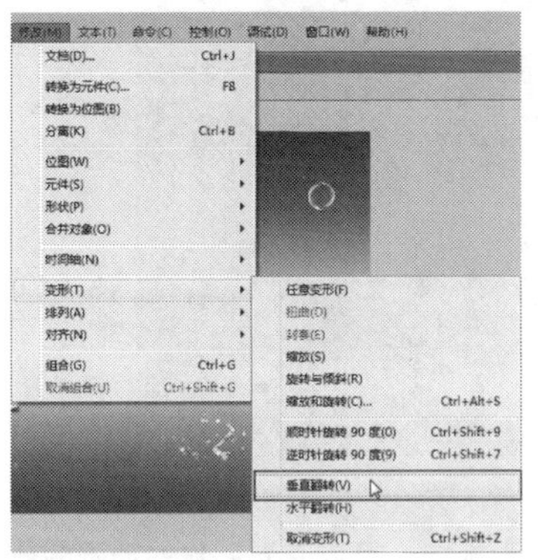

图22-33 单击“垂直翻转”命令

STEP 04 执行操作后，即可垂直翻转实例，效果如图22-34所示。

图22-34 垂直翻转实例效果

STEP 05 在“属性”面板中，设置Alpha值为30，舞台文字效果如图22-35所示。

图22-35 设置Alpha值为30

STEP 06 选择“图层6”图层的第15帧，按【F6】键，插入关键帧，然后选择“图层6”图层的第1帧，如图22-36所示。

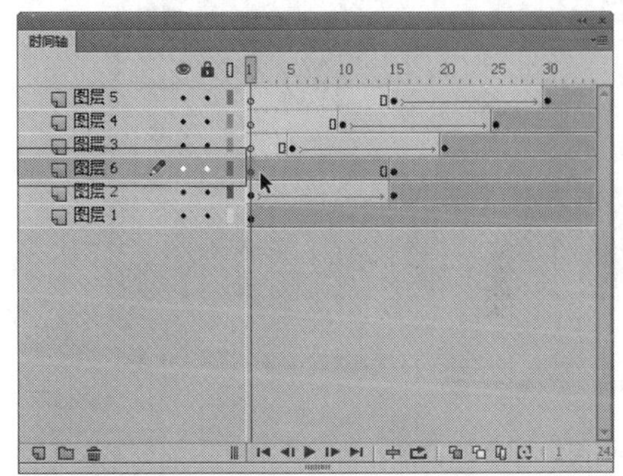

图22-36 选择图层的第1帧

STEP 07 选择舞台区相对应的实例对象并向下拖曳一段距离，如图22-37所示。

图22-37 向下拖曳一段距离

STEP 08 在“属性”面板中，设置Alpha值为0，舞台文字效果如图22-38所示。

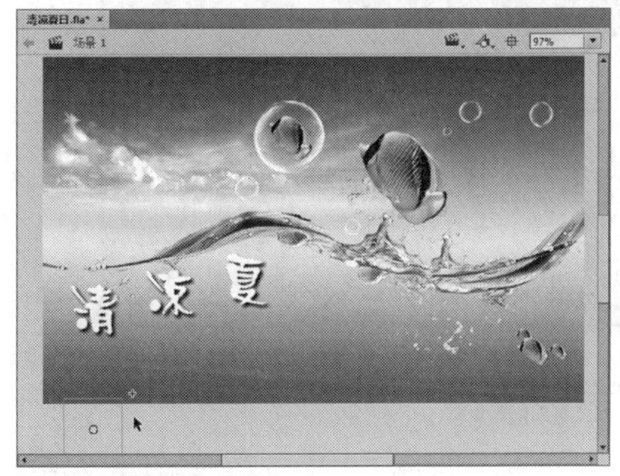

图22-38 设置Alpha值为0

STEP 09 在“图层6”图层的第1帧至第15帧中的任意一帧上，单击鼠标右键，在弹出的快捷菜单中选择“创建传统补间”选项，如图22-39所示。

STEP 10 执行操作后，即可创建传统补间动画，如图22-40所示。

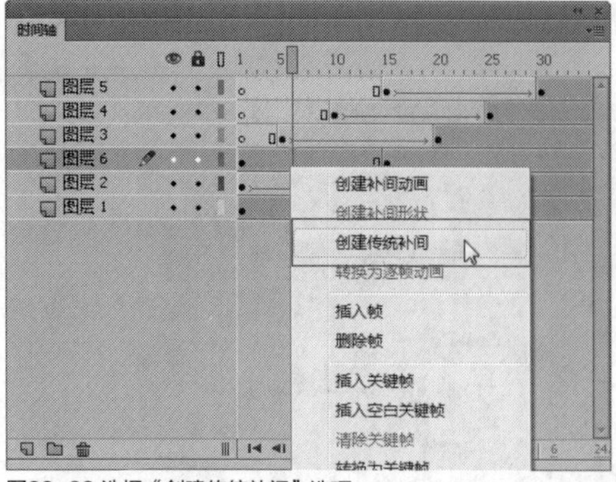

图22-39 选择“创建传统补间”选项

STEP 11 用与上同样的方法，为“凉”字添加倒影文字动画，如图22-41所示。

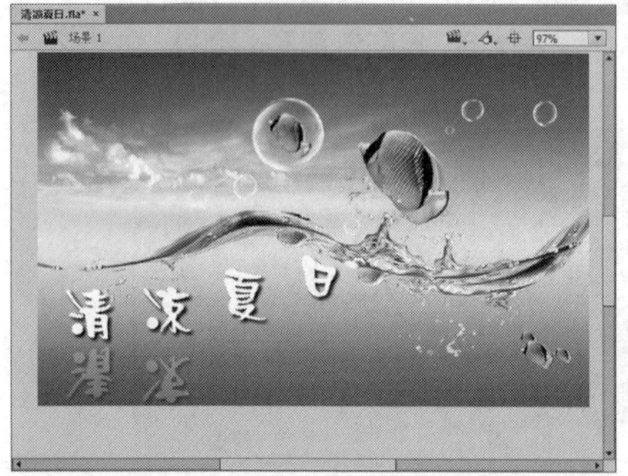

图22-41 制作“凉”倒影文字

STEP 13 用与上同样的方法，为“夏”字添加倒影文字动画，如图22-43所示。

图22-43 制作“夏”倒影文字

STEP 15 用与上同样的方法，为“日”字添加倒影文字动画，如图22-45所示。

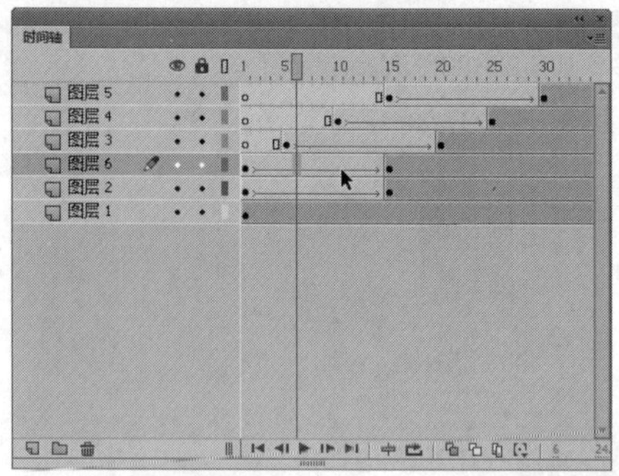

图22-40 创建传统补间动画

STEP 12 在“时间轴”面板中，可以查看制作的动画帧效果，如图22-42所示。

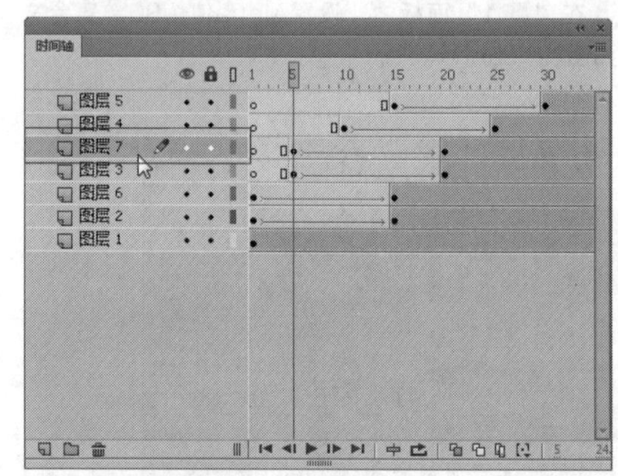

图22-42 查看制作的动画帧效果

STEP 14 在“时间轴”面板中，可以查看制作的动画帧效果，如图22-44所示。

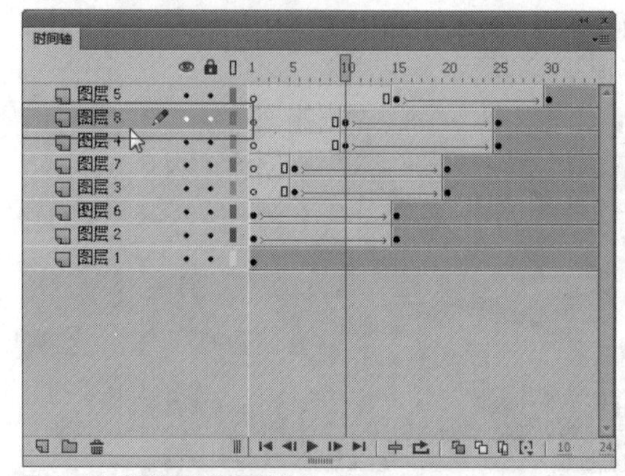

图22-44 查看制作的动画帧效果

STEP 16 在“时间轴”面板中，可以查看制作的动画帧效果，如图22-46所示。

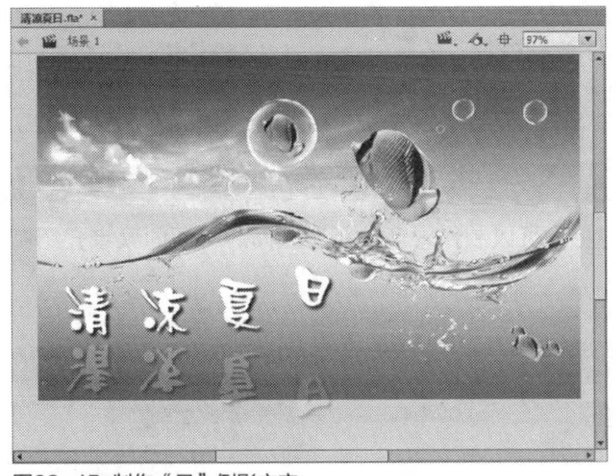

图22-45 制作“日”倒影文字

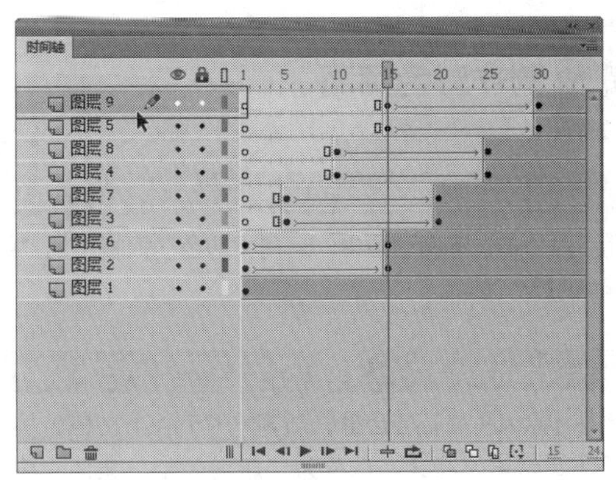

图22-46 查看制作的动画帧效果

STEP 17 按【Ctrl＋Enter】组合键，测试动画，效果如图22-47所示。

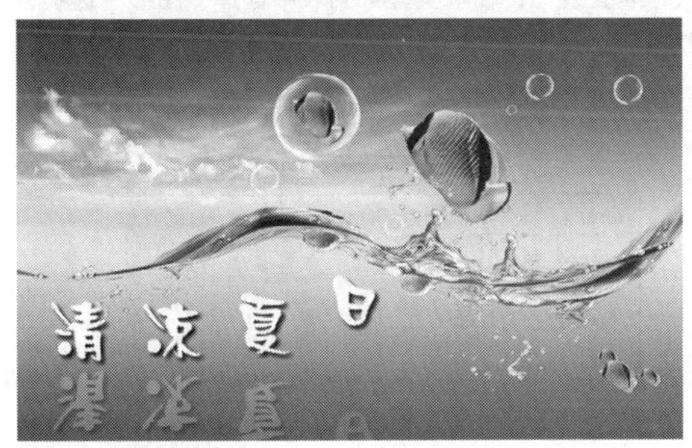

图22-47 测试动画效果

22.2 滚屏式动画——店内公告

在购物网站上，用户一般都可以看见滚屏式的文字动画，主要用来宣传商业产品，或者用来公告店内打折活动等信息。本节主要向读者介绍制作滚屏式动画——《店内公告》实例的方法，效果如图22-48所示。

图22-48 《店内公告》实例效果

实战552 制作彩色画面

▶素材位置：无
▶视频位置：光盘\视频\第22章\实战552.mp4

• 实例介绍 •

在《店内公告》实例动画中，运用“颜色”面板中的“线性渐变”功能，可以制作彩色的矩形画面。下面向读者介绍制作彩色画面的操作方法。

• 操作步骤 •

STEP 01 按【Ctrl＋N】组合键，新建一个Flash文档，按【Ctrl＋S】组合键，将文档保存为“店内公告”文件，按【Ctrl＋J】组合键，弹出“文档属性”对话框，在“尺寸”选项区中，设置“宽”为560像素、“高”为460像素、“背景颜色”为白色、“帧频”为8，如图22-49所示，单击“确定”按钮，返回舞台编辑区。

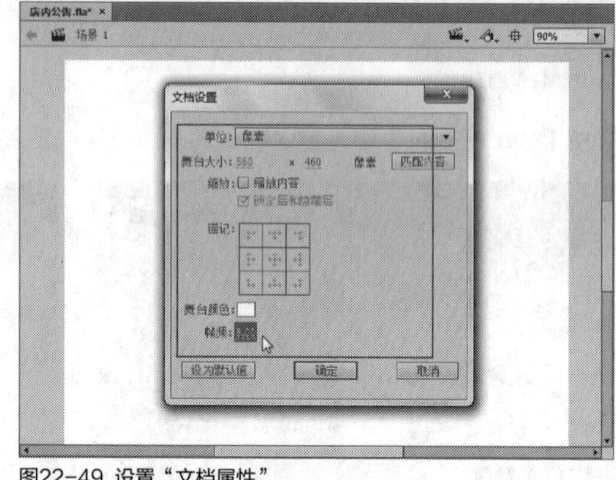

图22-49 设置“文档属性”

STEP 02 在菜单栏中，单击“插入”|“新建元件”命令，如图22-50所示。

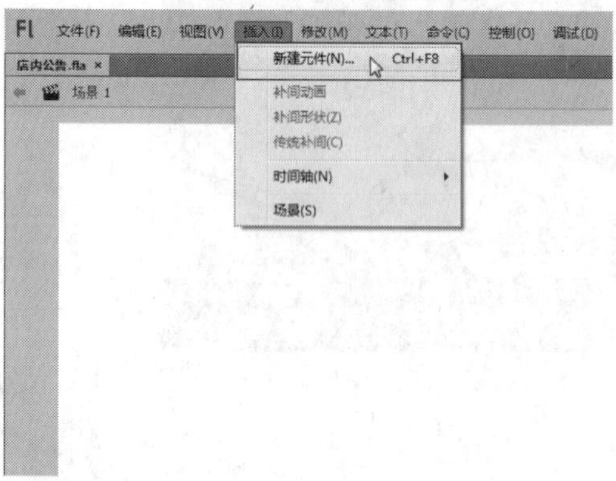

图22-50 单击“新建元件”命令

STEP 03 弹出“创建新元件”对话框，在“名称”文本框中输入“渐变条”，在“类型”列表中选择“图形”选项，如图22-51所示。

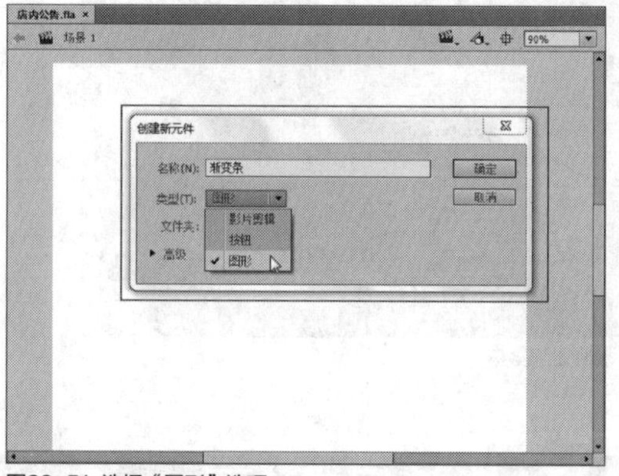

图22-51 选择“图形”选项

STEP 04 单击“确定”按钮，进入图形编辑模式，如图22-52所示。

图22-52 进入图形编辑模式

STEP 05 在菜单栏中，单击“窗口”|“颜色”命令，如图22-53所示。

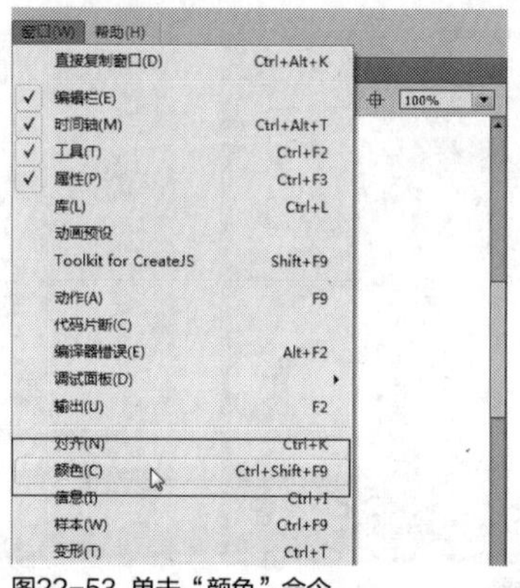

图22-53 单击“颜色”命令

STEP 06 弹出“颜色”面板，在其中设置“类型”为“线性渐变”，设置填充颜色为由#FF0000、#FFFF00、#FF00FF到#0000FF的线性渐变，如图22-54所示。

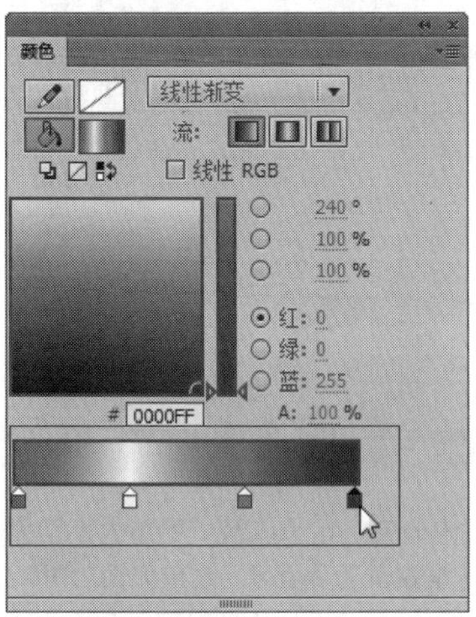

图22-54 创建线性渐变

STEP 07 选择工具箱中的矩形工具，在“属性”面板中，设置其“笔触颜色”为“无”，设置“填充颜色”为刚才设置的线性渐变色，如图22-55所示。

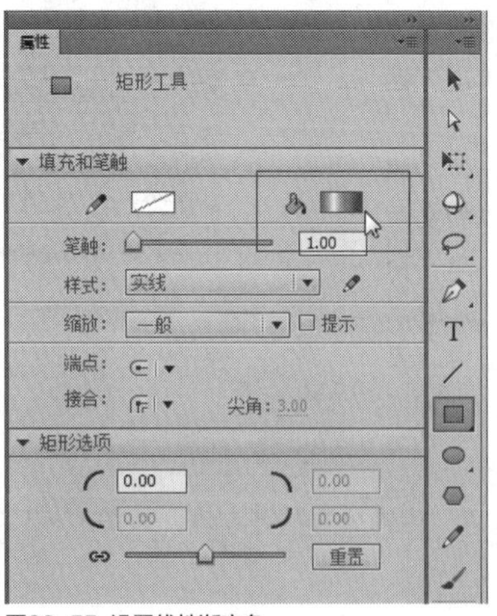

图22-55 设置线性渐变色

STEP 08 在舞台中绘制一个“宽度”为327.6、“高度”为299.7的矩形，如图22-56所示。

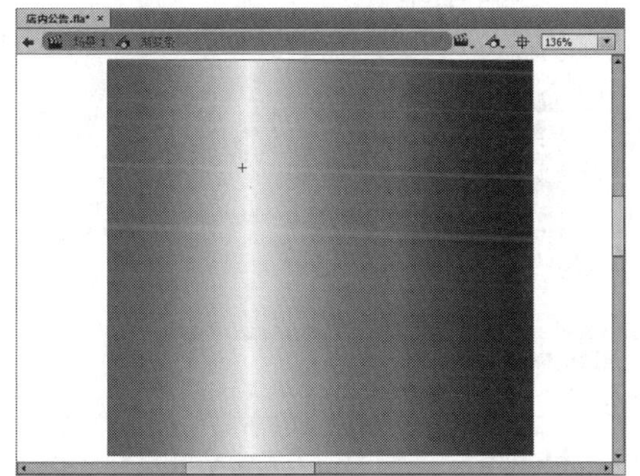

图22-56 绘制一个矩形

STEP 09 运用选择工具，选择绘制的矩形，单击“修改”|“变形”|“顺时针旋转90度”命令，如图22-57所示。

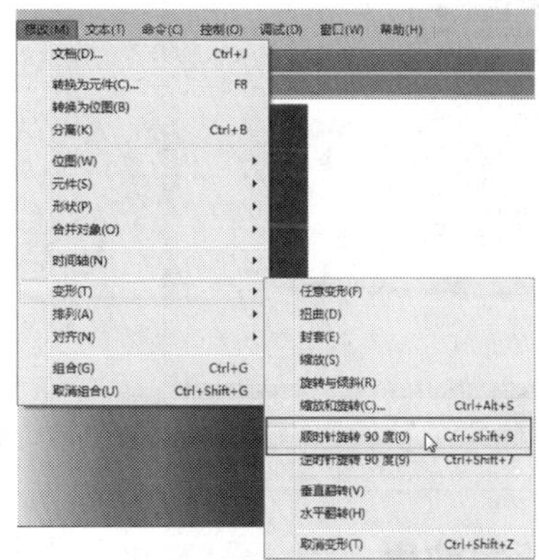

图22-57 单击“顺时针旋转90度”命令

STEP 10 执行操作后，即可将选择的矩形顺时针旋转90度，彩色画面效果如图22-58所示。

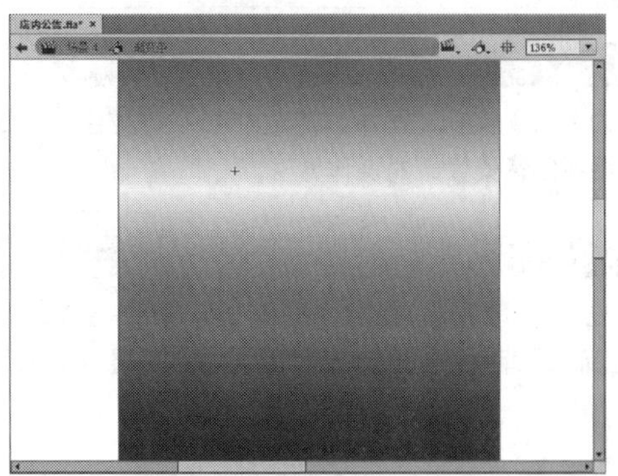

图22-58 将矩形顺时针旋转90度

实战 553 制作文本内容

▶素材位置：无
▶视频位置：光盘\视频\第22章\实战553.mp4

• 实例介绍 •

在《店内公告》实例动画中，用户首先需要创建一个图形元件类的文本对象，这样才方便在舞台中制作文本的滚屏效果。下面向读者介绍制作文本内容的操作方法。

• 操作步骤 •

STEP 01 单击“插入”|“新建元件”命令，创建一个名称为“文字”的图形元件，如图22-59所示，单击“确定”按钮。

STEP 02 进入图形元件编辑模式，选择工具箱中的文本工具，在编辑区中，单击鼠标左键，确认文字的输入点，在“属性”面板中，设置相应选项，如图22-60所示。

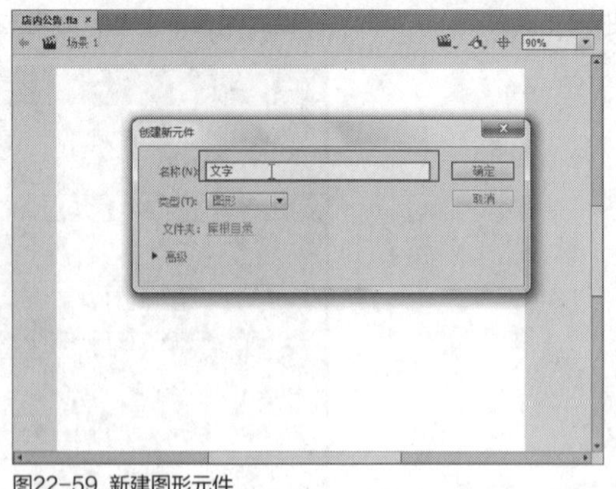

图22-59 新建图形元件

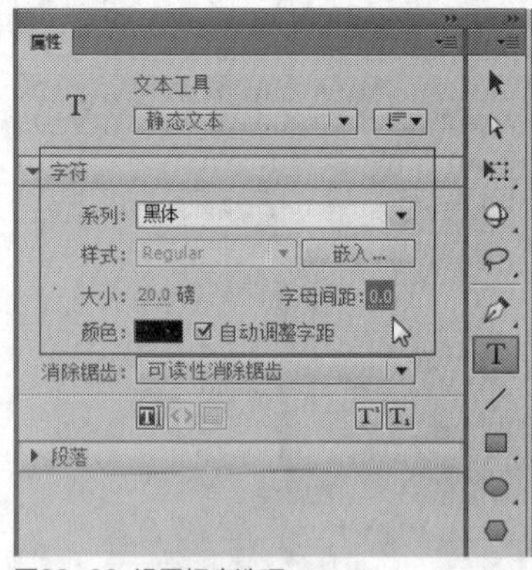

图22-60 设置相应选项

STEP 03 在舞台中输入“店内公告”等文本，如图22-61所示。

STEP 04 选择标题“店内公告”，更改其“字体大小”为30，并选择所有文字，设置其行距为8，效果如图22-62所示。

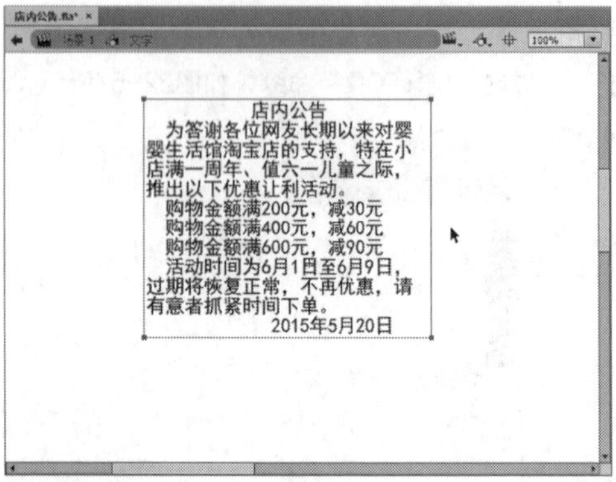

图22-61 输入“店内公告”等文本

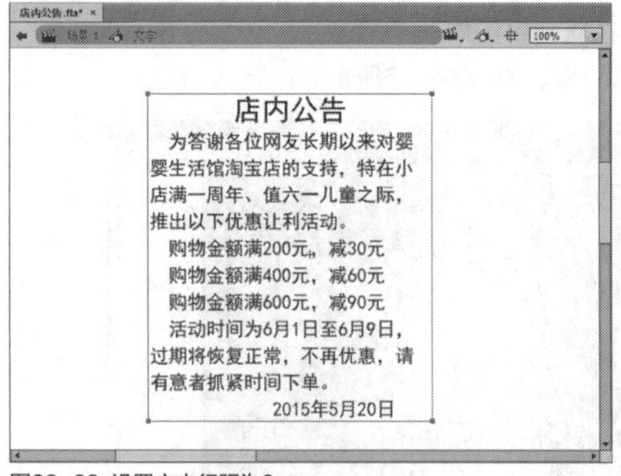

图22-62 设置文本行距为8

实战 554 制作背景效果

▶素材位置：光盘\素材\第22章\小公主.gif
▶视频位置：光盘\视频\第22章\实战554.mp4

• 实例介绍 •

在《店内公告》实例动画中，通过“导入到舞台”命令，可以将外部的素材文件导入舞台中，增强舞台画面感。下面向读者介绍制作背景效果的操作方法。

• 操作步骤 •

STEP 01 单击“场景”超链接，返回“场景1”编辑模式，在“时间轴”面板中，选择“图层1”图层，如图22-63所示。

图22-63 选择“图层1”图层

STEP 02 将“图层1”重命名为“背景”图层，如图22-64所示。

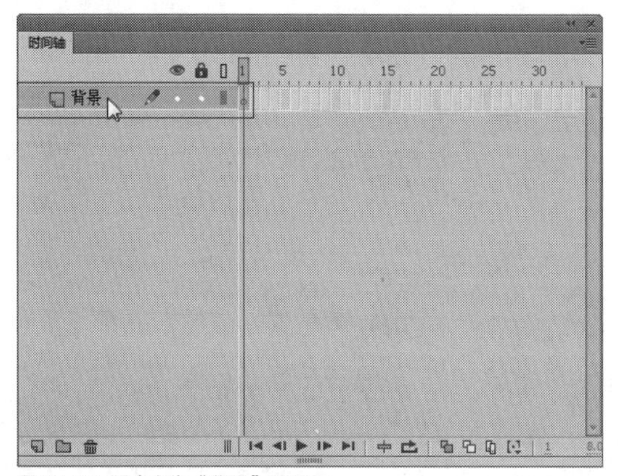

图22-64 重命名为“背景”图层

STEP 03 在菜单栏中，单击“文件”|“导入”|“导入到舞台”命令，如图22-65所示。

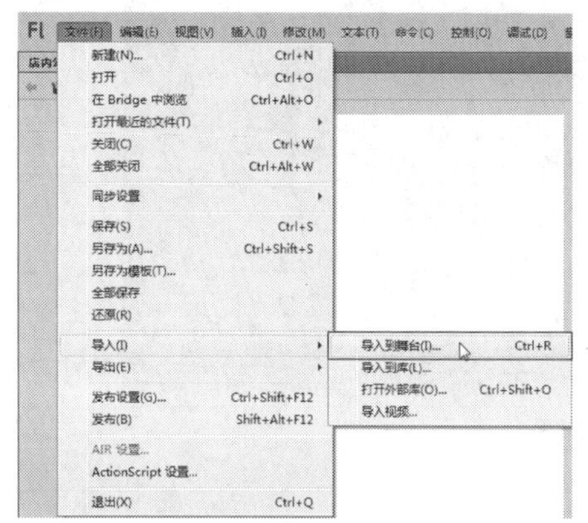

图22-65 单击“导入到舞台”命令

STEP 04 执行操作后，弹出“导入”对话框，在其中选择相应的素材文件，如图22-66所示。

图22-66 选择相应的素材文件

STEP 05 单击“打开”按钮，即可将选中的素材文件导入至舞台中，如图22-67所示。

图22-67 将素材导入舞台中

STEP 06 在“时间轴”面板中，选择“背景”图层的第100帧，如图22-68所示。

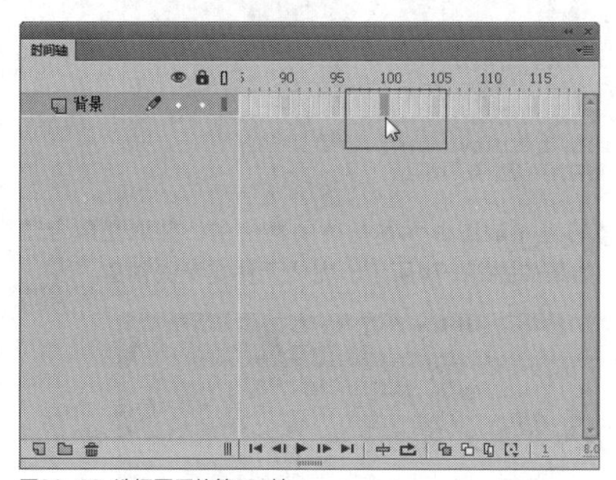

图22-68 选择图层的第100帧

STEP 07 在该帧上单击鼠标右键，在弹出的快捷菜单中选择“插入帧”选项，如图22-69所示。

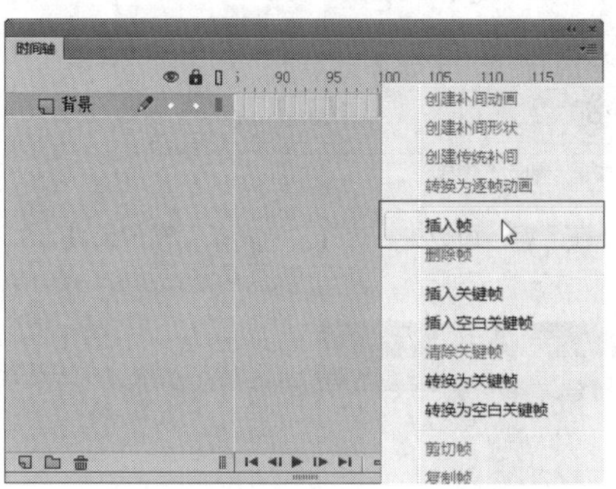

图22-69 选择“插入帧”选项

STEP 08 执行操作后，即可插入帧，效果如图22-70所示。

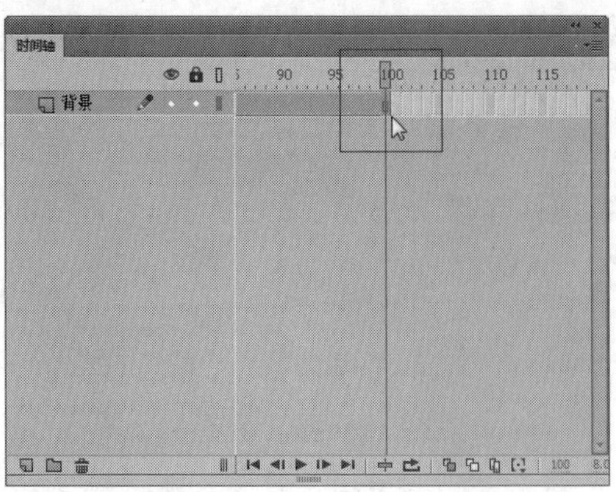

图22-70 插入帧的效果

实战555 添加图形元件

▶素材位置：无
▶视频位置：光盘\视频\第22章\实战555.mp4

• 实例介绍 •

在《店内公告》实例动画中，用户可以将“库”面板中制作好的“渐变条”图层元件添加到舞台中的适当位置，创建元件实例效果。

• 操作步骤 •

STEP 01 在“时间轴”面板中，单击面板底部的“新建图层”按钮，新建“图层2”图层，如图22-71所示。

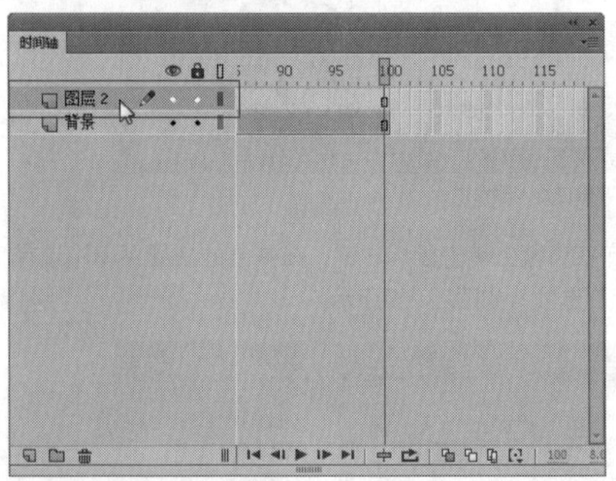

图22-71 新建“图层2”图层

STEP 02 将鼠标移至“图层2”图层名称位置，双击鼠标左键，更改图层名称为“渐变条”，如图22-72所示。

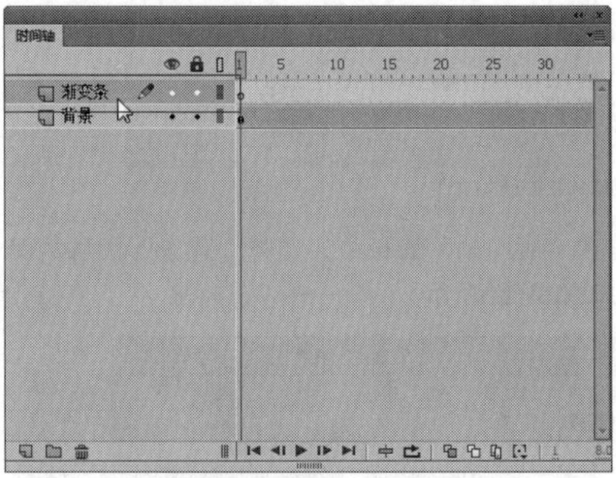

图22-72 更名为“渐变条”图层

STEP 03 在“库”面板中，选择“渐变条”图形元件，如图22-73所示。

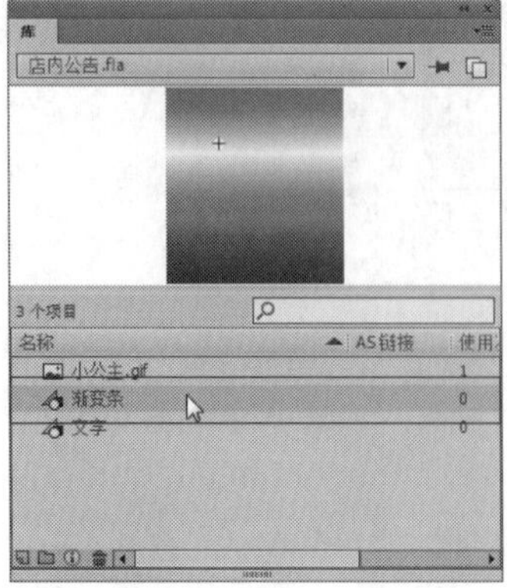

图22-73 选择图形元件

STEP 04 将选中的图形元件拖曳到舞台中，并调整至合适的位置，效果如图22-74所示，完成元件实例的创建。

图22-74 将图形元件拖曳到舞台中

实战 556 制作滚屏动画

▶实例位置：光盘\效果\第22章\店内公告.fla、店内公告.swf
▶视频位置：光盘\视频\第22章\实战556.mp4

• 实例介绍 •

在《店内公告》实例动画中，用户通过在两个关键帧之间创建传统补间动画的方式，可以制作出文字元件的滚屏效果。

• 操作步骤 •

STEP 01 在“时间轴”面板中，新建一个图层，并重命名为“文字”，如图22-75所示。

STEP 02 在“库”面板中，选择“文字”图形元件，如图22-76所示。

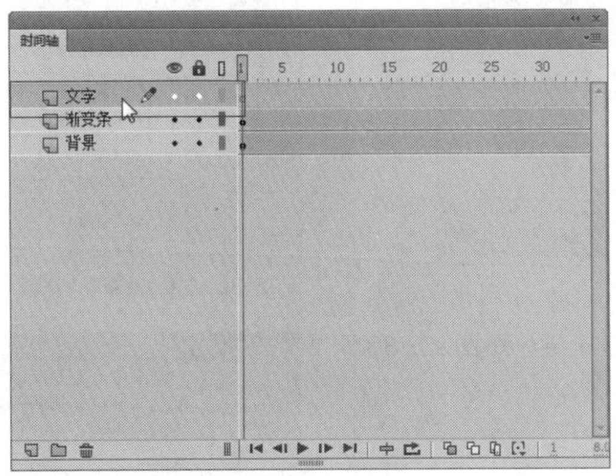

图22-75 新建“文字”图层

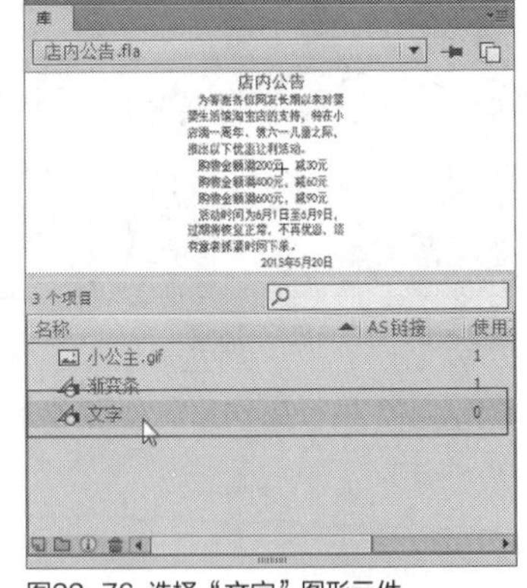

图22-76 选择“文字”图形元件

STEP 03 将“文字”图形元件拖曳至舞台中的合适位置，如图22-77所示。

图22-77 拖曳至舞台中的合适位置

STEP 04 选择“文字”图层的第100帧，按【F6】键，插入关键帧，如图22-78所示。

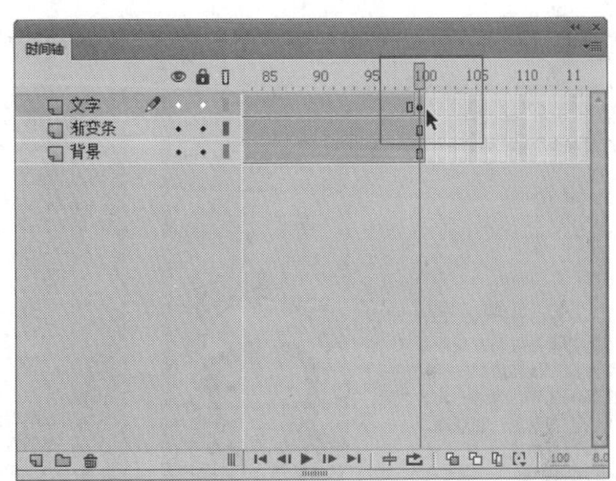

图22-78 插入关键帧

STEP 05 选择“文字”图层第100帧中的对象，按【Shift+↑】组合键，快速向上移动文本，将其移至渐变条顶部以外的区域，如图22-79所示。

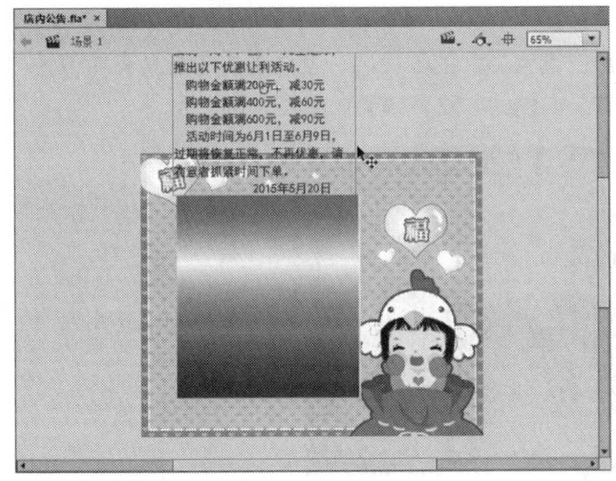

图22-79 快速向上移动文本

STEP 06 选择“文字”图层上的任意一帧，单击鼠标右键，在弹出的快捷菜单中，选择“创建传统补间”选项，如图22-80所示。

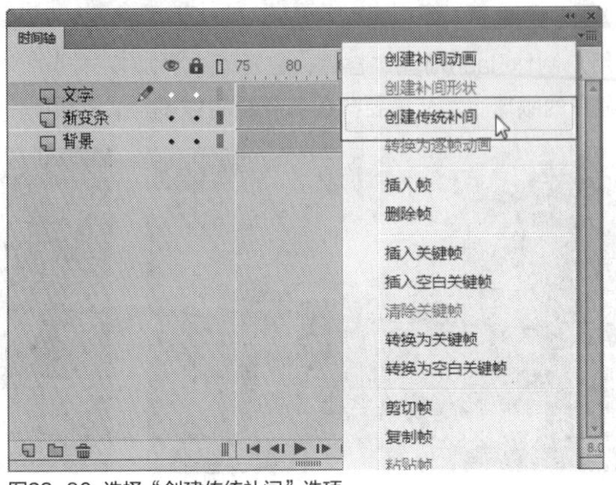

图22-80 选择“创建传统补间”选项

STEP 07 执行操作后，即可创建传统补间动画，如图22-81所示。

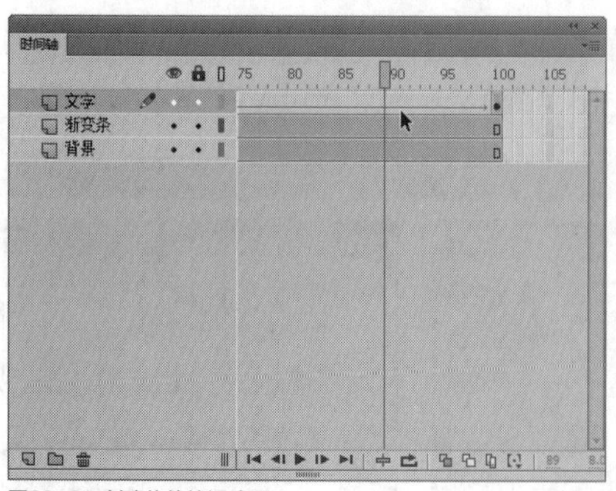

图22-81 创建传统补间动画

STEP 08 在“时间轴”面板中，选择“文字”图层，并在“文字”图层上，单击鼠标右键，在弹出的快捷菜单中，选择“遮罩层”选项，如图22-82所示。

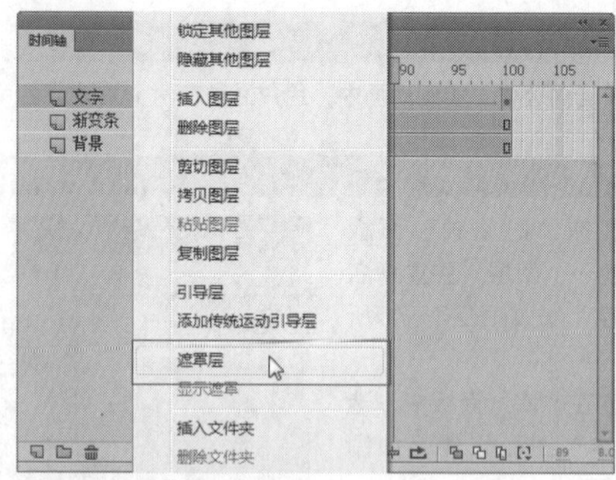

图22-82 选择“遮罩层”选项

STEP 09 执行操作后，即可添加遮罩层，如图22-83所示。

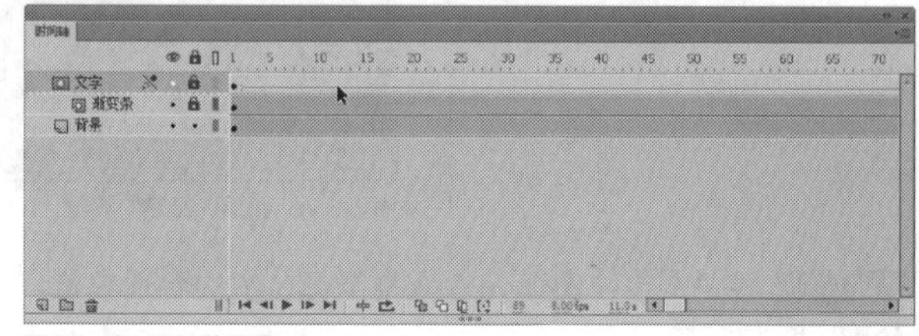
图22-83 添加遮罩层

STEP 10 按【Ctrl+Enter】组合键，测试动画，效果如图22-84所示。

图22-84 测试动画效果

22.3 多样式动画——天舟电脑

用户制作Flash商业广告时，在画面中添加多样式的文字动画，可以增强影片的画面感，使广告内容更具有冲击性，吸引客户的眼球。本节主要向读者介绍制作多样式动画——《天舟电脑》实例的方法，效果如图22-85所示。

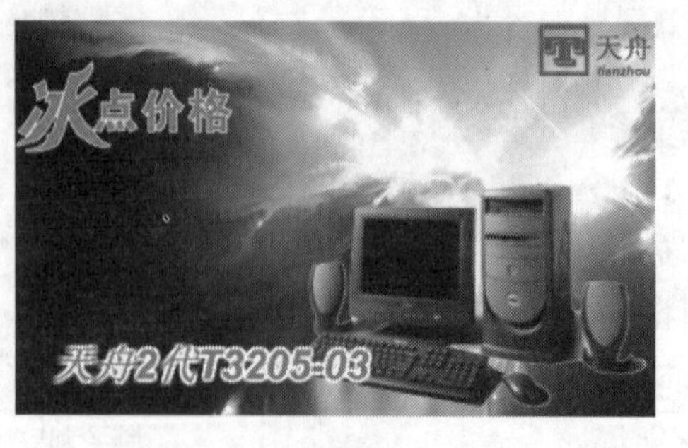

图22-85 《天舟电脑》实例效果

实战 557 设置舞台尺寸

▶素材位置：光盘\素材\第22章\天舟电脑.fla
▶视频位置：光盘\视频\第22章\实战557.mp4

• 实例介绍 •

在《天舟电脑》实例动画中，用户首先需要设置好舞台背景的尺寸大小，这样可以为制作广告动画做好准备工作。下面向读者介绍设置舞台尺寸的操作方法。

• 操作步骤 •

STEP 01 在菜单栏中，单击“文件”菜单，在弹出的菜单列表中单击“打开”命令，如图22-86所示。

图22-86 单击“打开”命令

STEP 02 执行操作后，弹出“打开”对话框，在其中选择需要打开的Flash素材文件，如图22-87所示，单击“打开”按钮。

图22-87 选择Flash素材文件

STEP 03 打开选择的素材文件，此时舞台中没有任何内容，在“库”面板中可以查看各类素材文件、图形元件以及影片剪辑元件等，如图22-88所示。

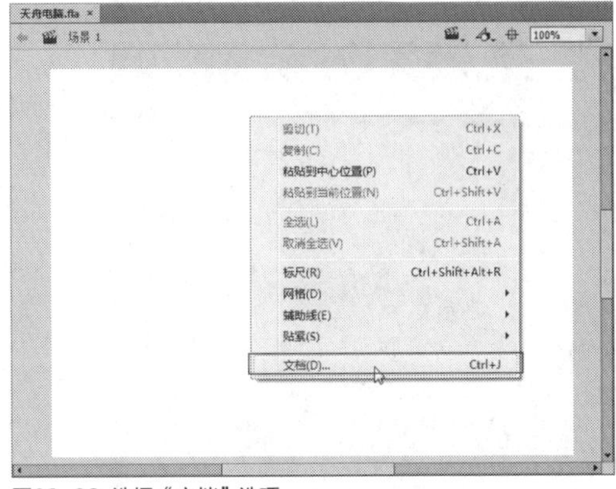

图22-88 查看各类素材文件

STEP 04 在舞台中的空白位置上，单击鼠标右键，在弹出的快捷菜单中选择“文档”选项，如图22-89所示。

图22-89 选择“文档”选项

STEP 05 执行操作后，弹出“文档设置”对话框，在其中设置“舞台大小”为350像素×212像素，如图22-90所示。

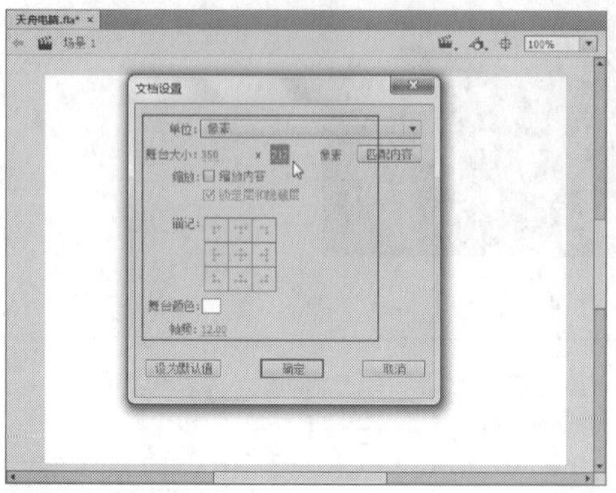

图22-90 设置舞台大小

STEP 06 单击“确定”按钮，即可更改舞台的尺寸大小，效果如图22-91所示。

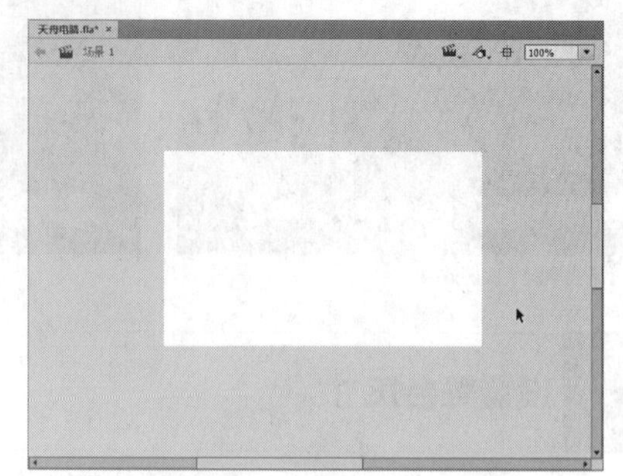

图22-91 更改舞台尺寸

实战558 制作背景画面

▶素材位置：无
▶视频位置：光盘\视频\第22章\实战558.mp4

• 实例介绍 •

在《天舟电脑》实例动画中，实例的背景文件是用来衬托舞台中主体文件的显示。下面向读者介绍制作动画背景效果的操作方法。

• 操作步骤 •

STEP 01 在“库”面板中，选择“背景”素材文件，如图22-92所示。

STEP 02 将选择的素材文件拖曳至舞台中的适当位置，制作背景画面，如图22-93所示。

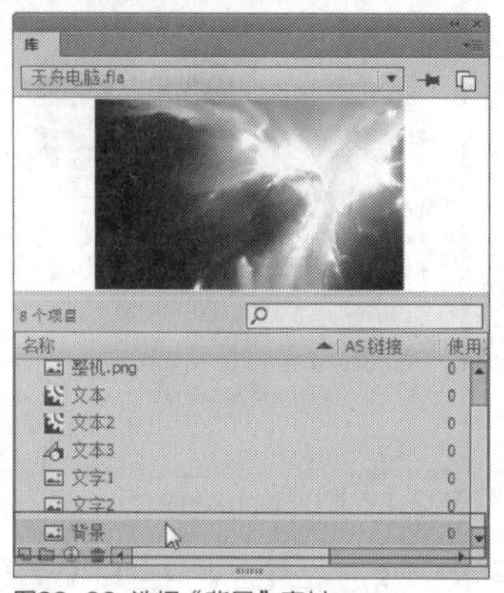

图22-92 选择“背景”素材

图22-93 制作背景画面

STEP 03 在“时间轴”面板中，单击面板底部的“新建图层”按钮，新建“图层2”图层，如图22-94所示。

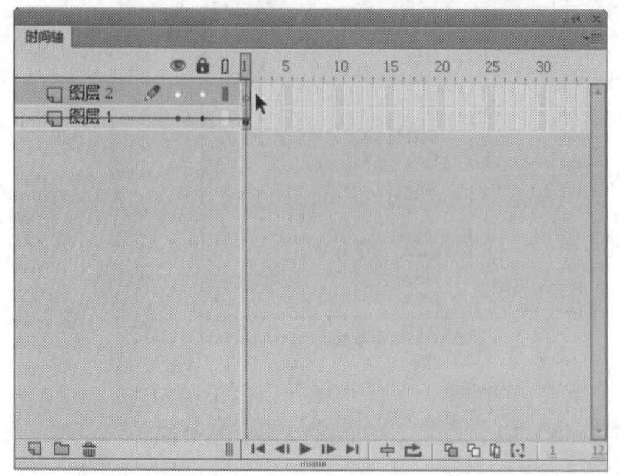

图22-94 新建“图层2”图层

STEP 04 在“库”面板中，选择“整机”素材文件，如图22-95所示。

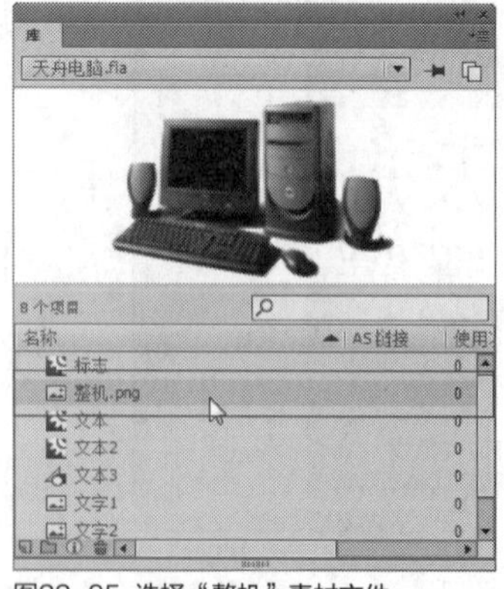

图22-95 选择“整机”素材文件

STEP 05 将选择的素材文件拖曳至舞台中的适当位置，如图22-96所示。

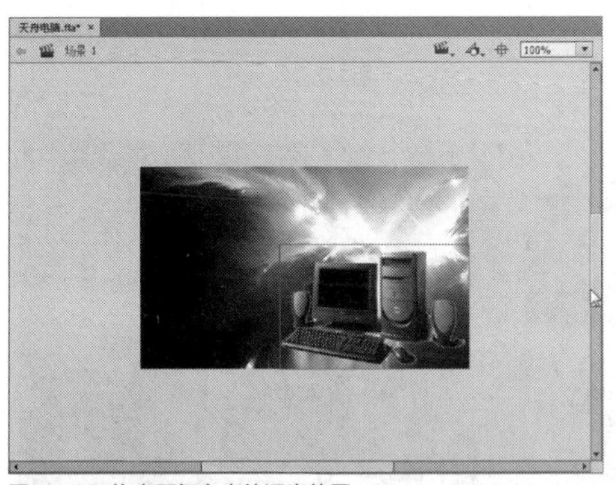

图22-96 拖曳至舞台中的适当位置

STEP 06 用与上同样的方法，将“库”面板中的“标志”元件拖曳至舞台中的适当位置，如图22-97所示。

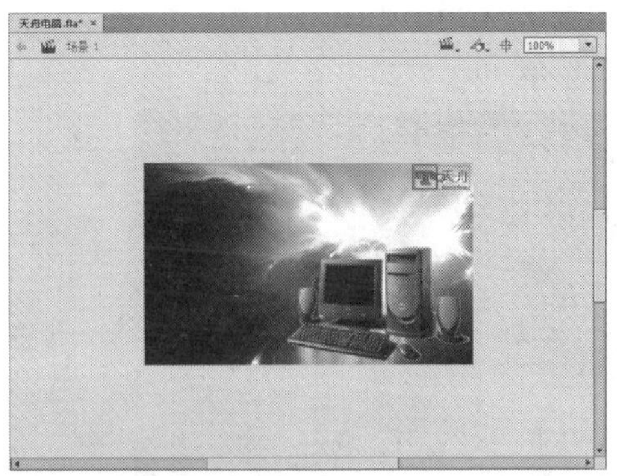

图22-97 拖曳“标志”元件

实战 559 制作静态文本

▶素材位置：无
▶视频位置：光盘\视频\第22章\实战559.mp4

• 实例介绍 •

在《天舟电脑》实例动画中，静态文本是指舞台中没有运动效果的文本，用户可以为静态文本添加各种滤镜效果，使文本更加美观。下面向读者介绍制作静态文本的操作方法。

• 操作步骤 •

STEP 01 选择“图层2”的第1帧，在“库”面板中选择“文本”元件，如图22-98所示。

STEP 02 将其拖曳到舞台中的适当位置，并选择舞台中的“文本”元件，如图22-99所示。

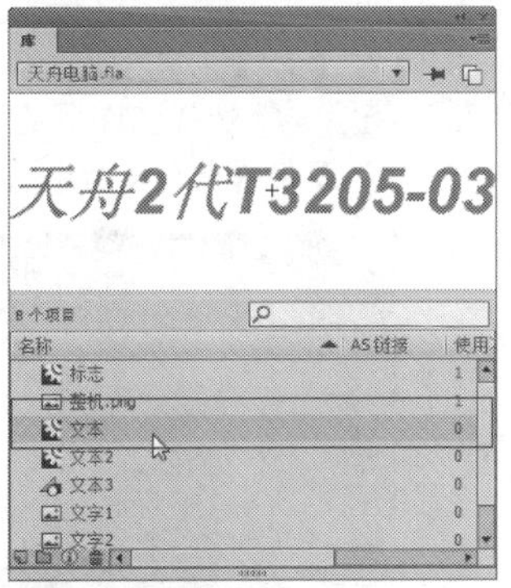

图22-98 选择“文本”元件

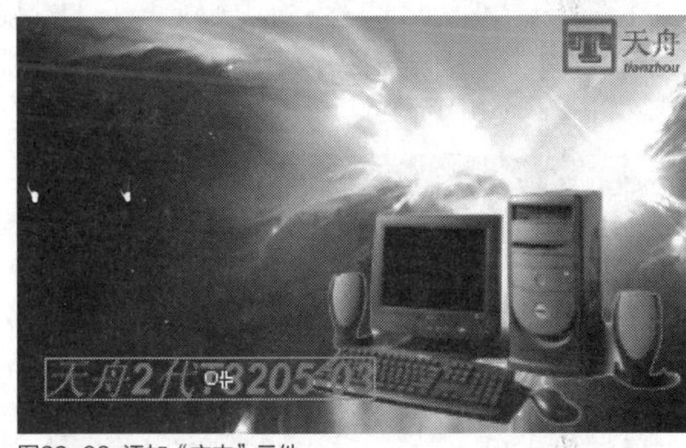

图22-99 添加“文本”元件

STEP 03 在“属性”面板中，单击“滤镜”选项区中的“添加滤镜”按钮，在弹出的列表框中选择“发光”选项，如图22-100所示。

STEP 04 在下方设置“颜色”为白色（#FFFFFF）、“强度”为500%，如图22-101所示。

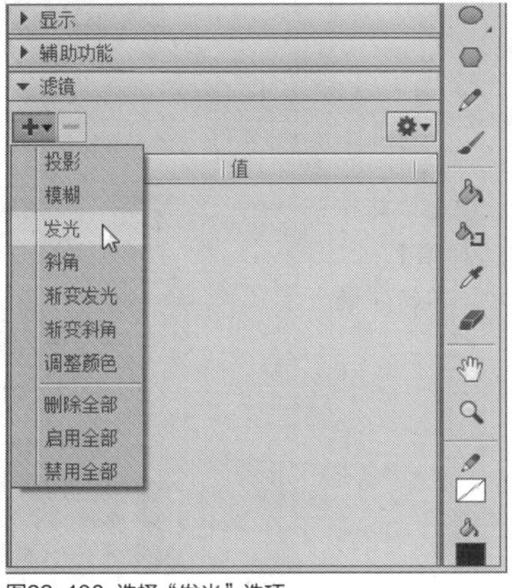

图22-100 选择“发光”选项

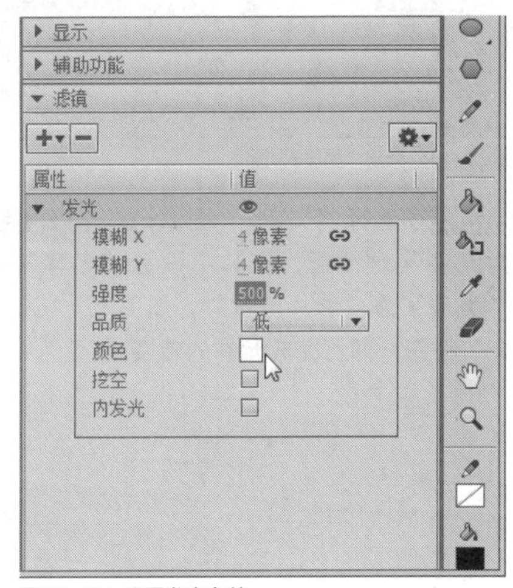

图22-101 设置发光参数

STEP 05 按住【Ctrl】键的同时，分别选择“图层1”和“图层2”的第40帧，单击鼠标右键，弹出快捷菜单，选择“插入帧”选项，即可在第40帧的位置，插入普通帧，效果如图22-102所示。

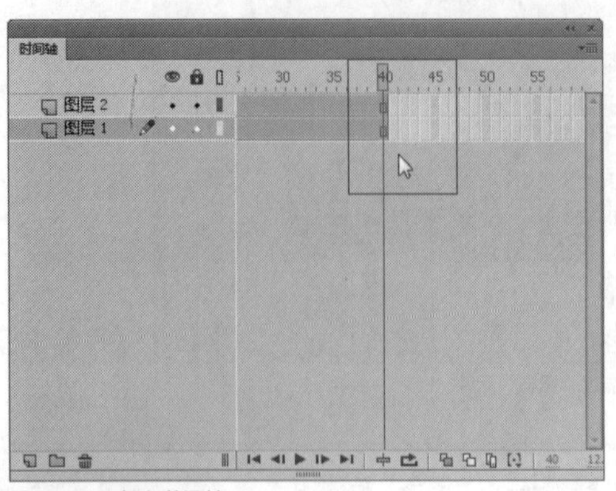

图22-102 插入普通帧

STEP 06 在舞台中，用户可以查看添加了“发光”滤镜的静态文本效果，如图22-103所示。

图22-103 查看文本效果

实战 560 制作动态文本

▶素材位置：无
▶视频位置：光盘\视频\第22章\实战560.mp4

• 实例介绍 •

在《天舟电脑》实例动画中，通过在文本元件的各关键帧之间，创建传统补间动画，可以制作动态的文本效果。

• 操作步骤 •

STEP 01 单击“新建图层”按钮，新建“图层3”图层，如图22-104所示。

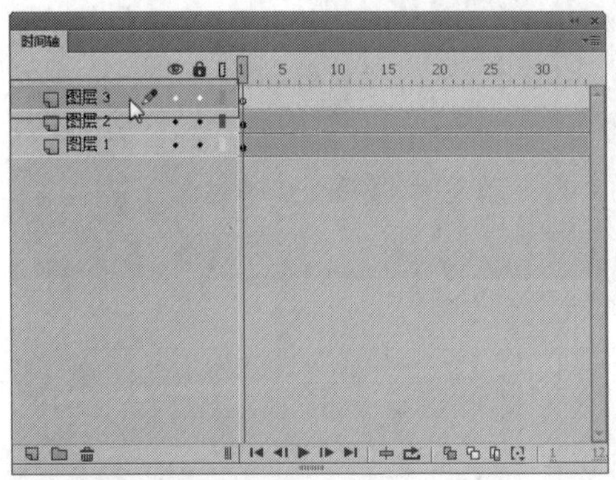

图22-104 新建“图层3”图层

STEP 02 选择该图层的第1帧，将“库”面板中的“文字1”图像拖曳至舞台中的适当位置，如图22-105所示。

图22-105 拖曳至舞台中的适当位置

STEP 03 选择“文字1”图像，按【F8】键，弹出“转换为元件”对话框，在其中设置“名称”为“标语1”、“类型”为“影片剪辑”，如图22-106所示，单击“确定”按钮，即可完成元件的转换。

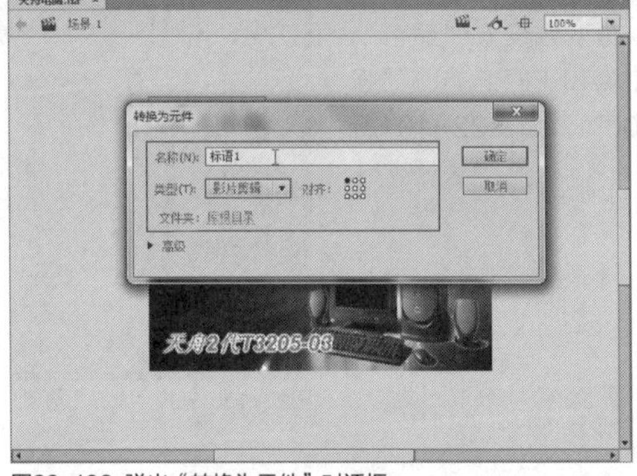

图22-106 弹出“转换为元件”对话框

STEP 04 选择“图层3”的第5帧，单击鼠标右键，弹出快捷菜单，选择“插入关键帧”选项，将该帧舞台中相应的元件移至适当的位置，如图22-107所示。

图22-107 将元件移至适当的位置

STEP 05 选择“图层3”的第1帧至第5帧之间的任意一帧，单击鼠标右键，弹出快捷菜单，选择“创建传统补间”选项，即可创建补间动画，如图22-108所示。

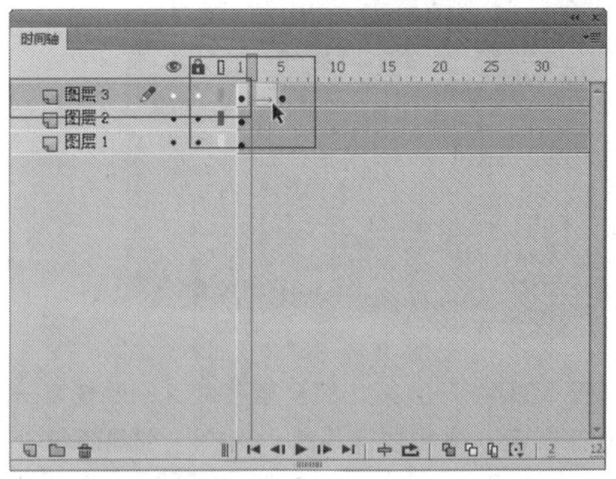

图22-108 创建补间动画

STEP 06 单击“新建图层”按钮，新建“图层4”图层，选择该图层的第8帧，单击鼠标右键，弹出快捷菜单，选择“插入空白关键帧”选项，将“库”面板中的“文字2”图像拖曳至舞台中的适当位置，如图22-109所示。

图22-109 添加“文字2”图像

STEP 07 用与上同样的方法，将“文字2”转换为“标语2”影片剪辑，如图22-110所示。

图22-110 转换“标语2”影片剪辑

STEP 08 选择“图层4”的第14帧，单击鼠标右键，弹出快捷菜单，选择“插入关键帧”选项，将该帧对应的“标语2”元件移动至舞台的适当位置，如图22-111所示。

图22-111 移动“标语2”元件位置

STEP 09 选择“图层4”的第8帧至第14帧之间的任意一帧，单击鼠标右键，弹出快捷菜单，选择“创建传统补间”选项，即可创建补间动画，如图22-112所示。

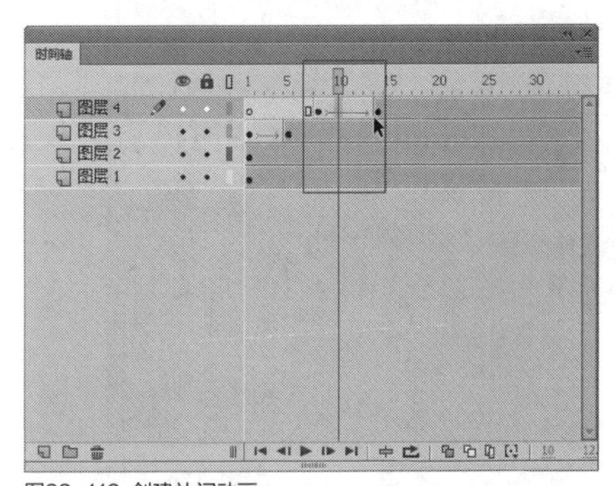

图22-112 创建补间动画

STEP 10 单击“新建图层”按钮，新建“图层5”图层，选择该图层的第15帧，单击鼠标右键，弹出快捷菜单，选择“插入空白关键帧”选项，将“库”面板中的“文本2”元件拖曳至舞台中的适当位置，效果如图22-113所示。

STEP 11 选择“图层5”的第20帧，单击鼠标右键，弹出快捷菜单，选择“插入关键帧”选项，将“文本2”元件移动至舞台中的适当位置，如图22-114所示。

图22-113 添加“文本2”元件

图22-114 移动“文本2”元件位置

STEP 12 选择“图层5”的第15帧至第20帧之间的任意一帧，单击鼠标右键，弹出快捷菜单，选择“创建传统补间”选项，即可创建补间动画，如图22-115所示，完成动态文本的创建。

图22-115 创建补间动画

实战561 制作逐帧文本

▶素材位置：光盘\效果\第22章\天舟电脑.fla、天舟电脑.

▶视频位置：光盘\视频\第22章\实战561.mp4

• 实例介绍 •

在《天舟电脑》实例动画中，用户通过制作逐帧类文本动画的方式，可以制作出文本的缩放动画效果。下面向读者介绍制作逐帧文本效果的操作方法。

• 操作步骤 •

STEP 01 在“时间轴”面板中单击“新建图层”按钮，新建“图层6”图层，如图22-116所示。

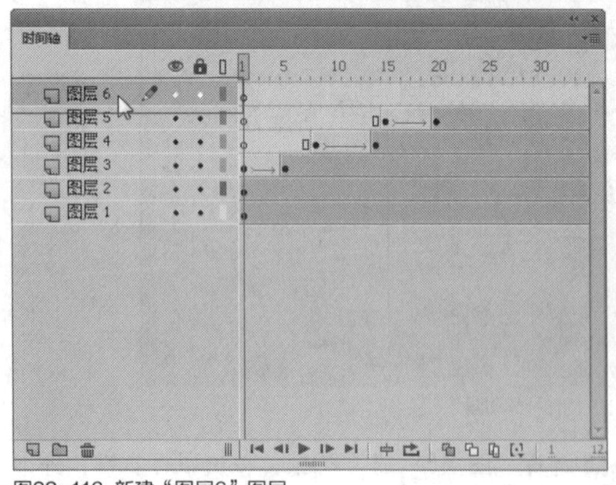
图22-116 新建“图层6”图层

STEP 02 选择该图层的第20帧，单击鼠标右键，弹出快捷菜单，选择“插入空白关键帧”选项，将“库”面板中的“文本3”元件拖曳至舞台中的适当位置，如图22-117所示。

图22-117 添加“文本3”元件

STEP 03 选择“图层6”的第24帧，单击鼠标右键，弹出快捷菜单，选择“插入关键”选项，将“文本3”元件移动至舞台中的适当位置，如图22-118所示。

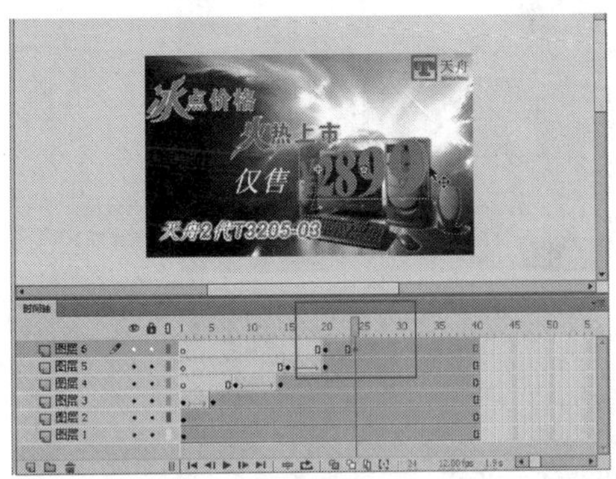

图22-118 移动“文本3”元件位置

STEP 04 选择“图层6”的第20帧至第24帧之间的任意一帧，单击鼠标右键，弹出快捷菜单，选择“创建传统补间”选项，即可创建补间动画，效果如图22-119所示。

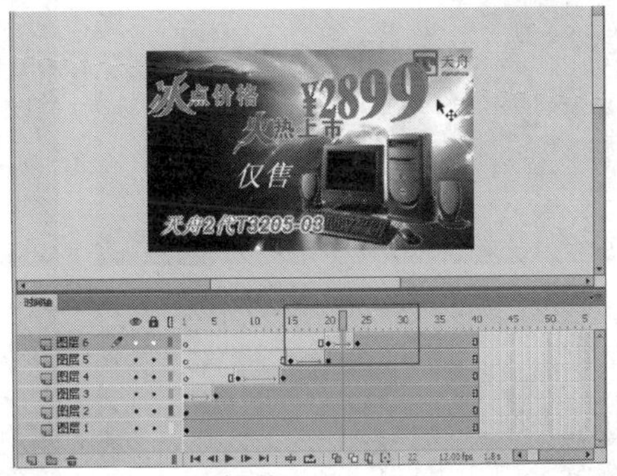

图22-119 创建补间动画效果

STEP 05 选择“图层6”的第28帧，单击鼠标右键，弹出快捷菜单，选择“插入关键帧”选项，选择工具箱中的任意变形工具，将变形中心点移至左侧的控制点上，更改中心点位置，并对该元件进行适当的缩放，效果如图22-120所示。

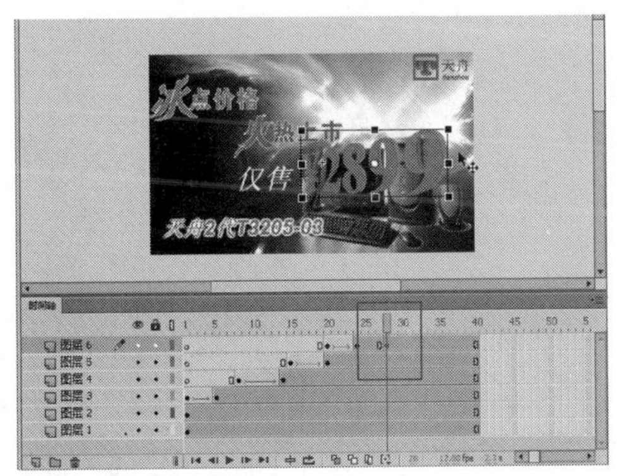

图22-120 进行适当的缩放

STEP 06 选择“图层6”的第24帧，单击鼠标右键，在弹出的快捷菜单中选择“复制帧”选项，然后选择该图层的第30帧，单击鼠标右键，弹出快捷菜单，选择“粘贴帧”选项，即可复制粘贴帧对象，效果如图22-121所示。

图22-121 复制粘贴帧对象

STEP 07 复制“图层6”图层的第28帧，并粘贴到第31帧，效果如图22-122所示。

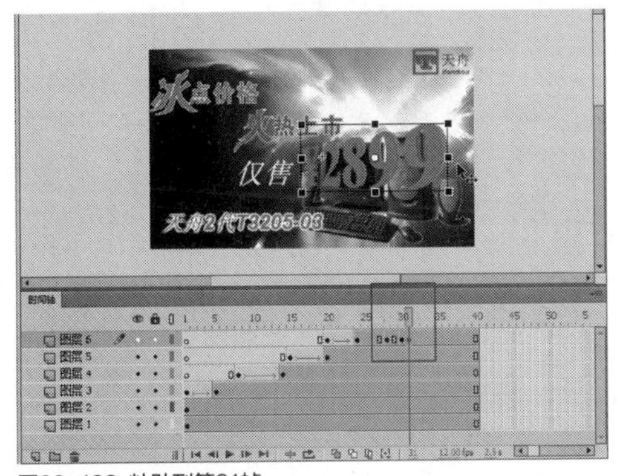

图22-122 粘贴到第31帧

STEP 08 复制“图层6”图层的第24帧，并粘贴到第32帧，效果如图22-123所示。

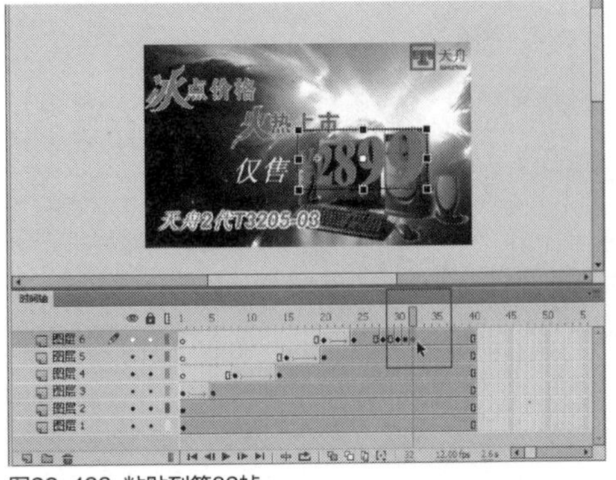

图22-123 粘贴到第32帧

STEP 09 至此，多样式文字动画制作完成，按【Ctrl+Enter】组合键，测试动画，效果如图22-124所示。

图22-124 测试动画效果

第23章

实战案例——电子贺卡

本章导读

电子贺卡是近几年来最流行的贺卡表现形式，Flash因能制作个性鲜明、主题突出的多种动画形式而被广大爱好者所热爱。

本章主要向读者介绍儿童节贺卡——《快乐童年》、教师节贺卡——《感恩回报》、情人节贺卡——《浪漫情人节》实例效果的制作方法。

要点索引

- 儿童节贺卡——快乐童年
- 教师节贺卡——感恩回报
- 情人节贺卡——浪漫情人节

23.1 儿童节贺卡——快乐童年

儿童节是小朋友们的节日，每年的六月一日是儿童节，在这一天所有的小朋友欢聚在一起庆祝这愉快的节日。本节主要介绍《快乐童年》动画贺卡实例的制作方法，效果如图23-1所示。

图23-1 《快乐童年》实例效果

实战 562 制作背景画面

▶ **素材位置：** 光盘\素材\第23章\儿童节贺卡.fla、背景1.bm
▶ **视频位置：** 光盘\视频\第23章\实战562.mp4

• 实例介绍 •

在儿童节贺卡实例动画中，用户通过“导入到舞台”命令，可以导入需要的背景素材，制作动画背景效果。

• 操作步骤 •

STEP 01 在菜单栏中，单击“文件”|“打开”命令，打开一个素材文件，此时舞台中没有任何内容，如图23-2所示。

STEP 02 在菜单栏中，单击“文件”|“导入”|“导入到舞台”命令，如图23-3所示。

图23-2 打开一个素材文件

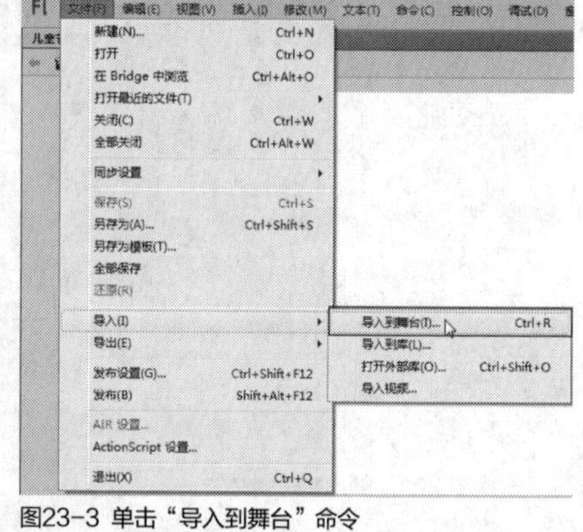

图23-3 单击“导入到舞台”命令

STEP 03 执行操作后，弹出“导入”对话框，在其中选择需要导入的素材文件，如图23-4所示。

STEP 04 单击“打开”按钮，弹出提示信息框，单击“否”按钮，如图23-5所示。

图23-4 选择素材文件

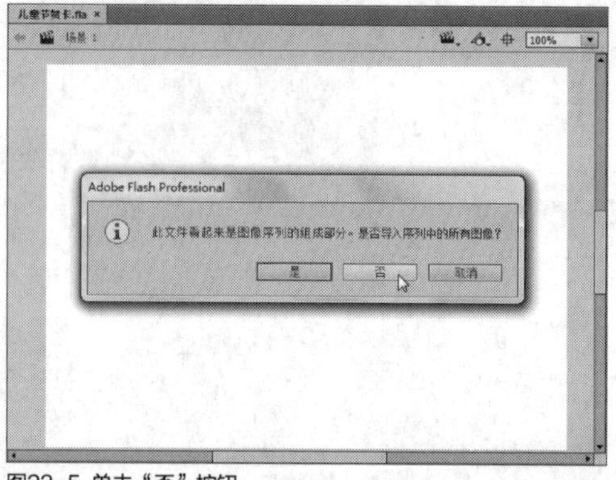

图23-5 单击“否”按钮

STEP 05 此时即可将图像素材导入舞台中，在“属性”面板中，设置图像的位置和大小参数，如图23-6所示。

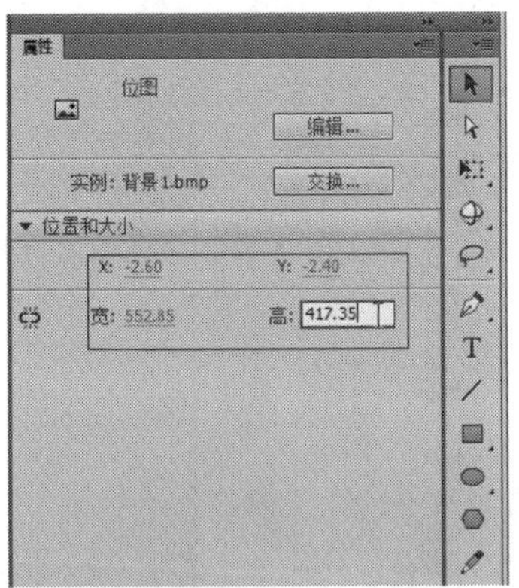

图23-6 设置位置和大小

STEP 06 在舞台中，可以查看设置后的图像画面效果，如图23-7所示。

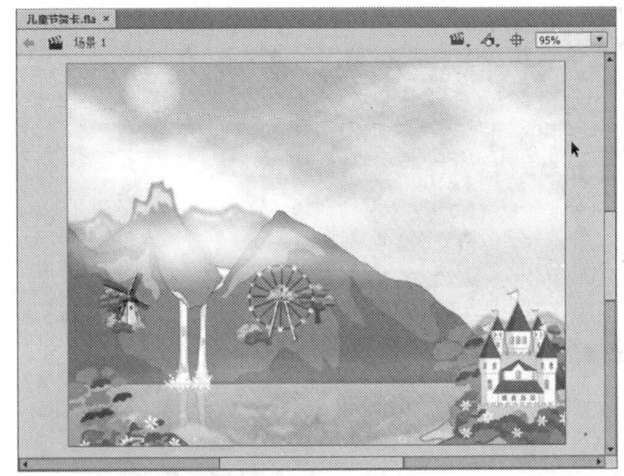

图23-7 查看图像画面效果

实战 563 制作五彩文字

▶素材位置：无

▶视频位置：光盘\视频\第23章\实战563.mp4

• 实例介绍 •

在儿童节贺卡实例动画中，用户可以在舞台中通过设置各文字不同的颜色，制作出五彩特效。

• 操作步骤 •

STEP 01 在“时间轴”面板中依次创建“图层2”、“图层3”、“图层4”、“图层5”、“图层6”、“图层7”、“图层8”、“图层9”以及“图层10”9个图层，如图23-8所示。

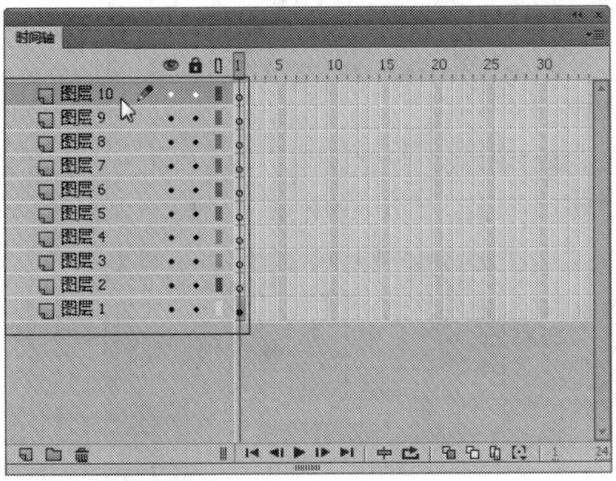

图23-8 新建各图层

STEP 02 选择“图层2”图层的第1帧，选取文本工具T，在“属性”面板中，设置“系列”为“文鼎中特广告体”、“字体大小”为80、“颜色”为蓝色（#0000FF），如图23-9所示。

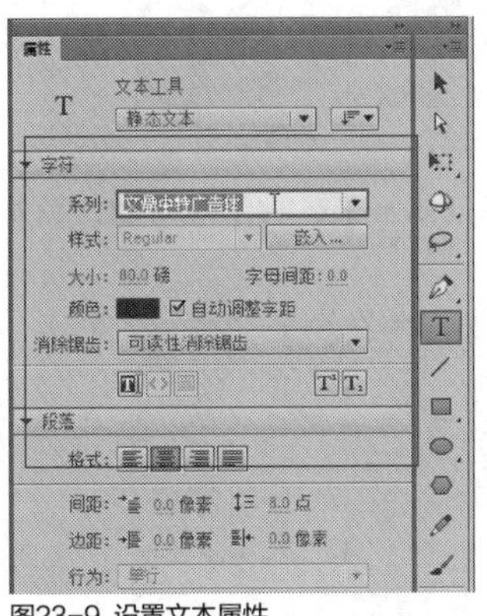

图23-9 设置文本属性

STEP 03 在舞台中，输入“快乐童年”文本，如图23-10所示。

图23-10 输入“快乐童年”文本

STEP 04 分别设置4个文本的“颜色”为红色（#FF0000）、蓝色（#0000FF）、黄色（#FFFF00）、绿色（#00CC00），如图23-11所示。

图23-11 更改文本的颜色属性

STEP 05 在舞台中，选择“快乐童年”文本，单击“修改”|“转换为元件”命令，如图23-12所示。

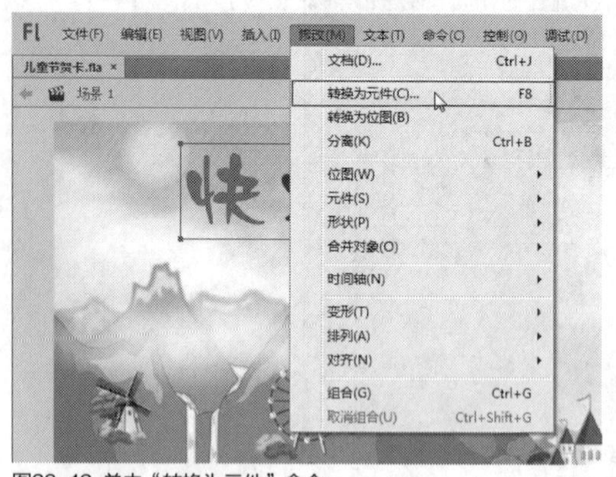

图23-12 单击“转换为元件”命令

STEP 06 弹出“转换为元件”对话框，在其中设置“名称”为“快乐童年”、“类型”为“图形”，如图23-13所示，单击“确定”按钮。

图23-13 转换为图形元件

STEP 07 同时选择“图层1”、“图层2”、“图层3”、“图层4”图层的第90帧，按【F5】键，插入帧，如图23-14所示。

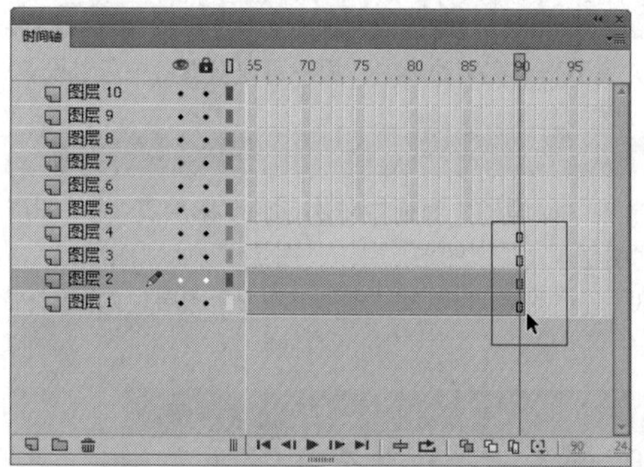

图23-14 插入帧

STEP 08 选择“图层2”图层第25帧，按【F6】键，插入关键帧，如图23-15所示。

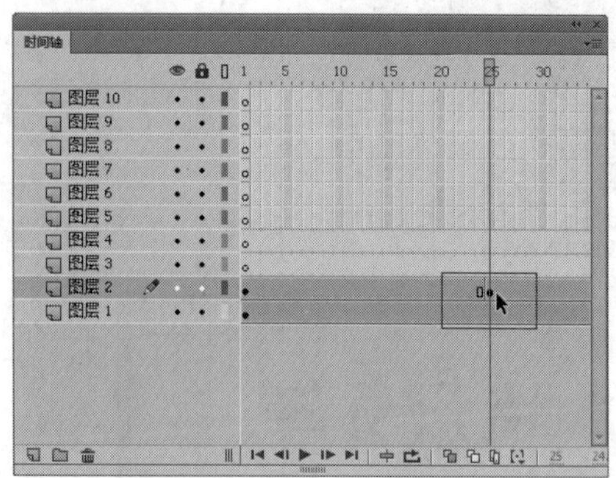

图23-15 插入关键帧

STEP 09 选择“图层2”图层第1帧，按【Shift+↑】组合键，将文本向上移至文档以外的区域，如图23-16所示。

图23-16 向上移至文档以外的区域

STEP 10 在“图层2”图层的第1帧至第25帧之间创建传统补间动画，如图23-17所示，五彩文字制作完成。

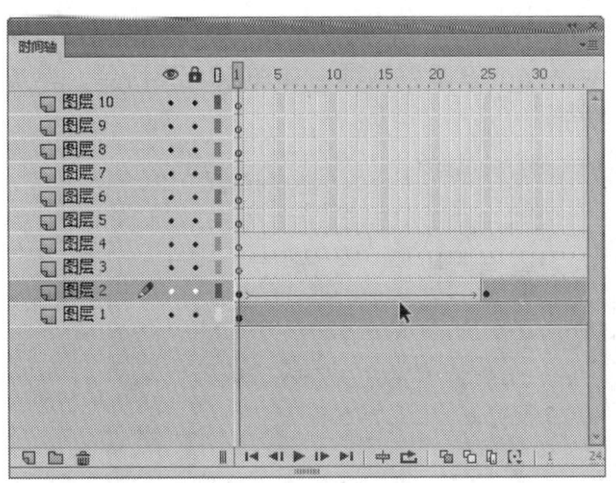

图23-17 创建传统补间动画

实战 564 制作发光文字

▶素材位置：无
▶视频位置：光盘\视频\第23章\实战564.mp4

• 实例介绍 •

在儿童节贺卡实例动画中，用户通过为文本对象添加“发光”滤镜效果，可以制作发光类的文本特效。下面向读者介绍制作发光文字的操作方法。

• 操作步骤 •

STEP 01 选择“图层3”图层的第25帧，按【F6】键，即可插入关键帧，如图23-18所示。

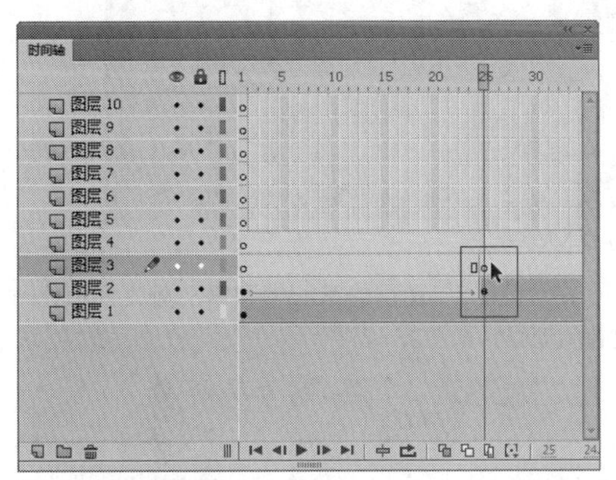

图23-18 插入关键帧

STEP 02 选取工具箱中的文本工具，在“属性”面板中，设置“系列”为“华康娃娃体”、“字体大小”为100、“颜色”为红色（#FF0000），如图23-19所示。

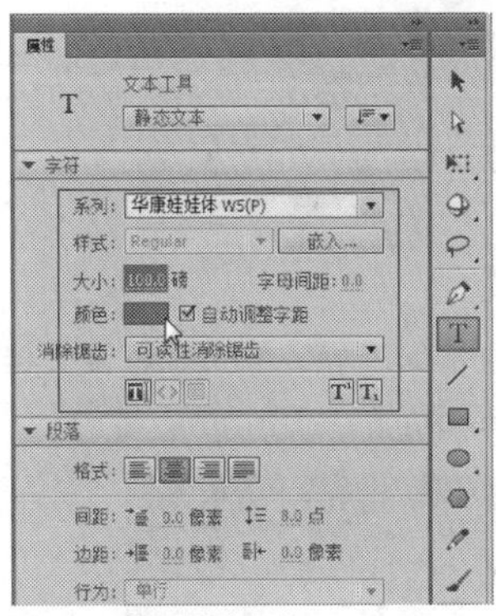

图23-19 设置文本属性

STEP 03 在舞台中输入“快乐”文本，并调整至合适位置，如图23-20所示。

图23-20 调整至合适位置

STEP 04 在舞台中，选择“快乐”文本，在“属性”中，展开“滤镜”选项区，单击“添加滤镜”按钮，弹出列表框，选择“发光”选项，如图23-21所示。

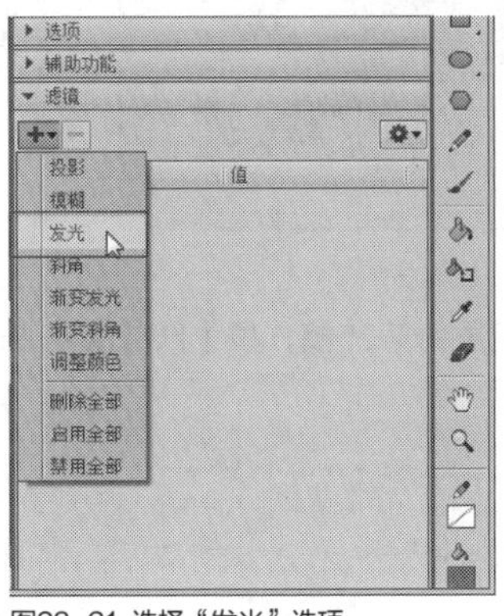

图23-21 选择“发光”选项

STEP 05 执行操作后，在“发光”选项区中，设置“模糊”为8、“强度”为500、“品质”为“中”、“颜色”为黄色（#FFFF00），如图23-22所示。

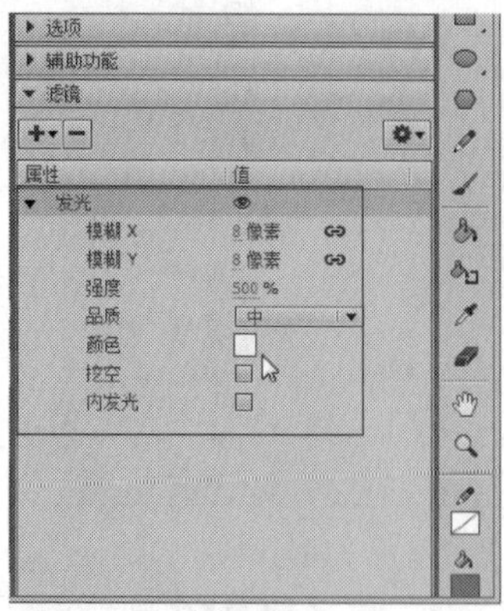

图23-22 设置发光属性

STEP 06 单击“修改”|“转换为元件”命令，弹出“转换为元件”对话框，设置各选项，如图23-23所示，单击“确定”按钮。

图23-23 弹出“转换为元件”对话框

STEP 07 执行操作后，此时舞台中的效果如图23-24所示。

图23-24 舞台中的效果

STEP 08 选择“图层3”图层的第60帧，按【F6】键，插入关键帧，如图23-25所示。

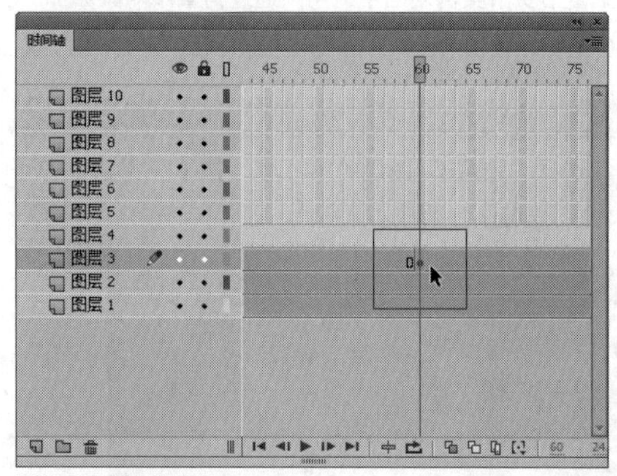

图23-25 插入关键帧

STEP 09 选择“图层3”图层的第25帧，将文本移至文档左下角的合适位置，如图23-26所示。

图23-26 移至左下角的合适位置

STEP 10 在“图层3”图层的第25帧和第60帧之间创建一个传统补间动画，如图23-27所示。

图23-27 创建一个传统补间动画

STEP 11 选择“图层4”图层的第25帧，按【F6】键，插入关键帧，如图23-28所示。

STEP 12 选取工具箱中的文本工具，在舞台中输入“六一”文本，并调整至合适位置，如图23-29所示。

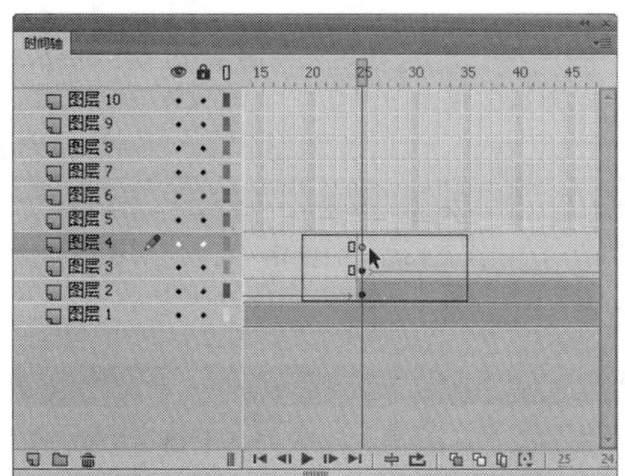
图23-28 插入关键帧

图23-29 调整至合适位置

STEP 13 在“属性”面板中，单击面板底部的“添加滤镜”按钮，在弹出的列表中，选择“发光”选项，在“发光”选项区中，设置“模糊”为8、“强度”为500、“品质”为“中”、“颜色”为黄色（#FFFF00），如图23-30所示。

STEP 14 单击“修改”|“转换为元件”命令，弹出“转换为元件”对话框，设置各选项，如图23-31所示，单击“确定”按钮。

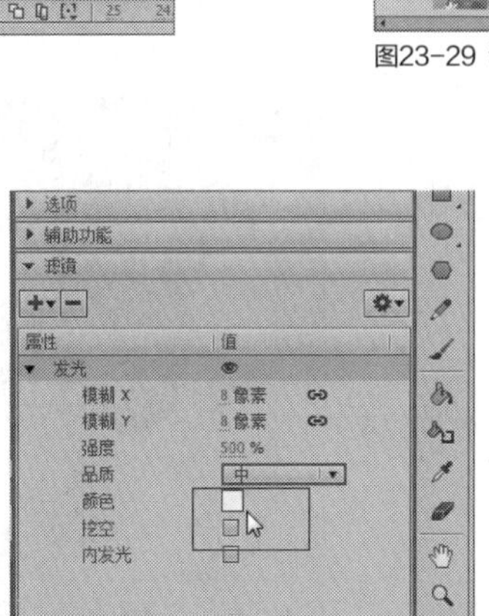
图23-30 设置发生参数

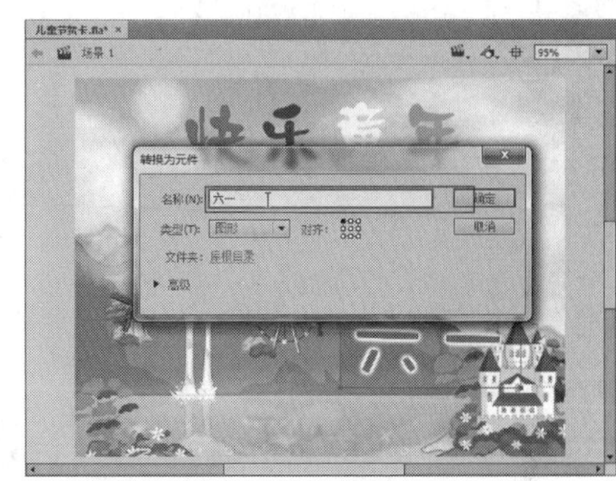
图23-31 弹出“转换为元件”对话框

STEP 15 执行操作后，即可将文本转换为图像元件，此时舞台中的效果如图23-32所示。

STEP 16 选择“图层4”图层的第60帧，按【F6】键，插入关键帧，如图23-33所示。

图23-32 将文本转换为图像元件

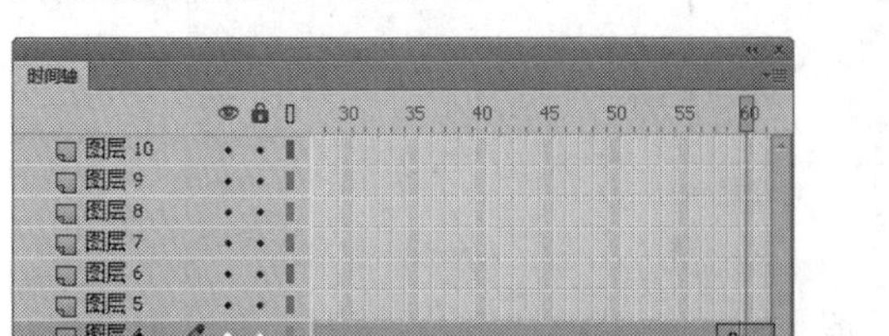
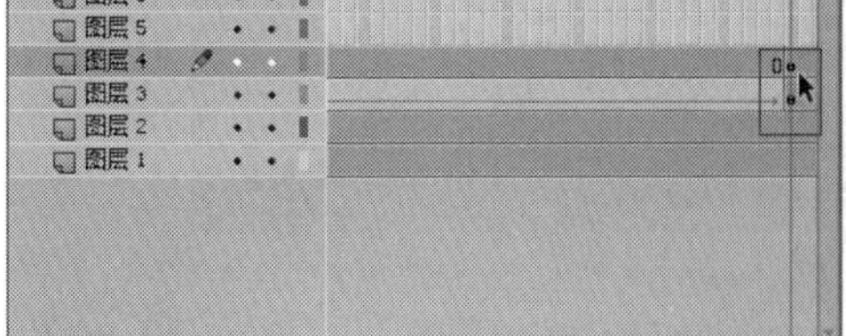
图23-33 插入关键帧

STEP 17 选择“图层4”图层的第25帧，将文本移至文档右下角的位置，如图23-34所示。

STEP 18 在“图层4”图层的第25帧和第60帧之间创建传统补间动画，效果如图23-35所示。

图23-34 移至文档右下角的合适位置

图23-35 创建传统补间动画

实战565 制作旋转动画

▶素材位置：光盘\素材\第23章\背景2.bmp、儿.png、童.png、乐.png
▶视频位置：光盘\视频\第23章\实战565.mp4

• 实例介绍 •

在儿童节贺卡实例动画中，用户通过在“属性”面板中设置补间动画的运动方式为“顺时针”旋转，可以制作图形的旋转动画效果。

• 操作步骤 •

STEP 01 选择“图层5”图层的第91帧，按【F6】键，插入关键帧，如图23-36所示。

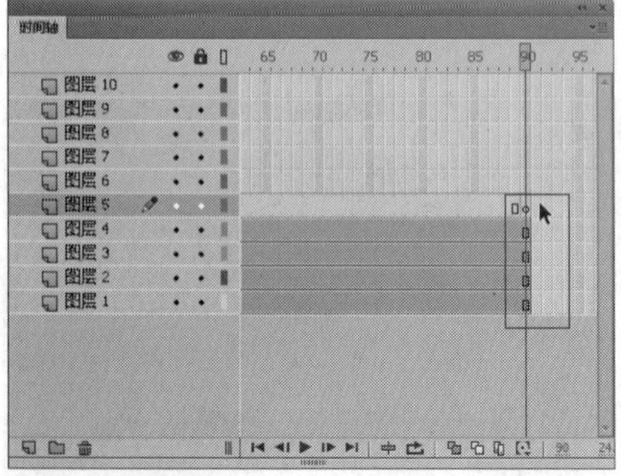

图23-36 插入关键帧

STEP 02 单击“文件”|“导入”|“导入到舞台”命令，导入一幅图片，并调整图片的大小，如图23-37所示。

图23-37 调整图片的大小

STEP 03 选择“图层5”图层的第200帧，按【F5】键，插入帧，如图23-38所示。

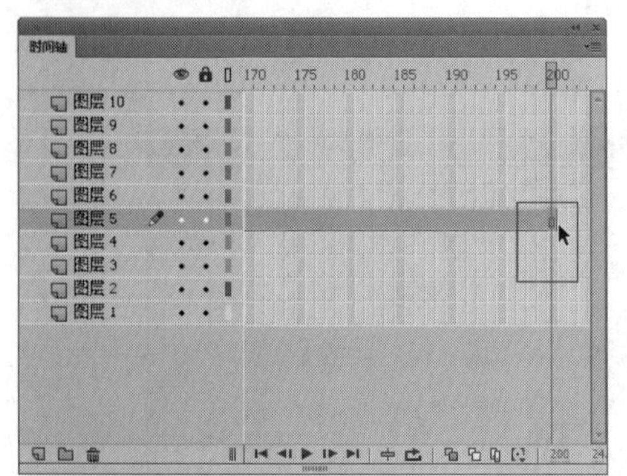

图23-38 插入帧

STEP 04 同时选择“图层6”至“图层10”图层的第91帧，按【F6】键，插入关键帧，如图23-39所示。

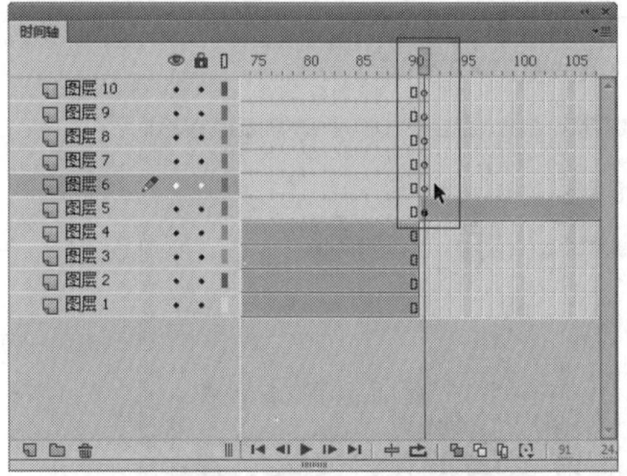

图23-39 插入关键帧

STEP 05 选择“图层6”图层的第91帧，导入一个素材文件，并调整至合适的位置，如图23-40所示。

图23-40 导入一个素材文件1

STEP 06 选择“图层7”图层的第91帧，导入一个素材文件，并调整至合适的位置，如图23-41所示。

图23-41 导入一个素材文件2

STEP 07 选择“图层8”图层的第91帧，导入一个素材文件，并调整至合适的位置，如图23-42所示。

图23-42 导入一个素材文件3

STEP 08 选择“图层9”图层的第91帧，导入一个素材文件，并调整至合适的位置，如图23-43所示。

图23-43 导入一个素材文件4

STEP 09 选择“图层10”图层的第91帧，导入一个素材文件，并调整至合适的位置，如图23-44所示。

图23-44 导入一个素材文件5

STEP 10 将“图层6”至“图层10”图层中的对象，全部转换为图形元件，然后在“图层6”至“图层10”图层的第140帧处插入关键帧，如图23-45所示。

图23-45 插入关键帧

STEP 11 分别在“图层6”至“图层10”图层的第200帧处插入帧，如图23-46所示。

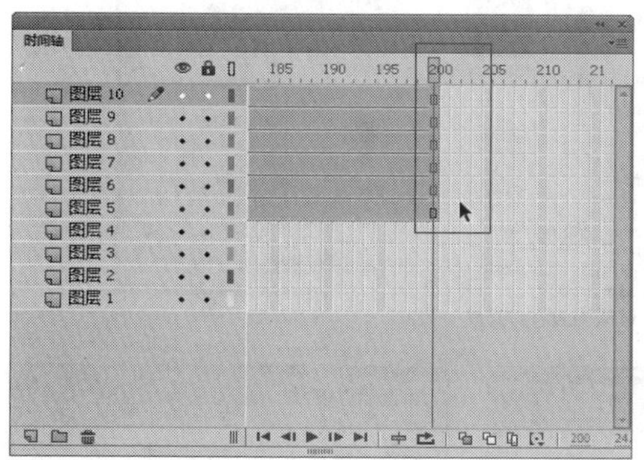

图23-46 插入帧

STEP 12 分别选择“图层6”至“图层10”图层中第91帧的图片，调整至合适位置，如图23-47所示。

图23-47 调整至合适位置

STEP 13 分别在“图层6”至“图层10”图层的第91帧至第140帧之间创建传统补间动画，如图23-48所示。

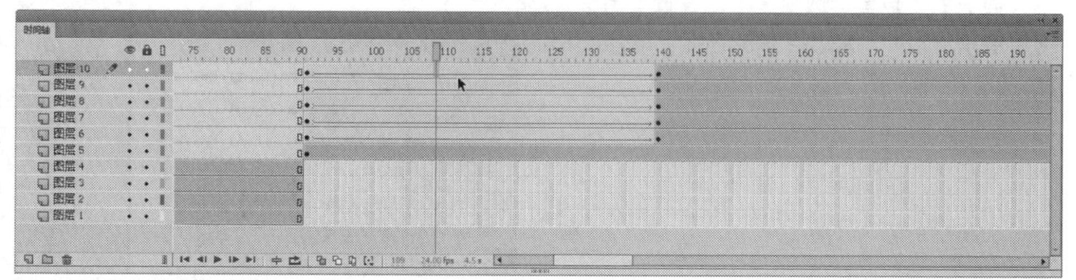

图23-48 创建传统补间动画

STEP 14 在“时间轴”面板中，分别选择“图层6”至“图层10”上的任意一帧，在“属性”面板的“补间”选项区中，设置“旋转”为“顺时针”，如图23-49所示。

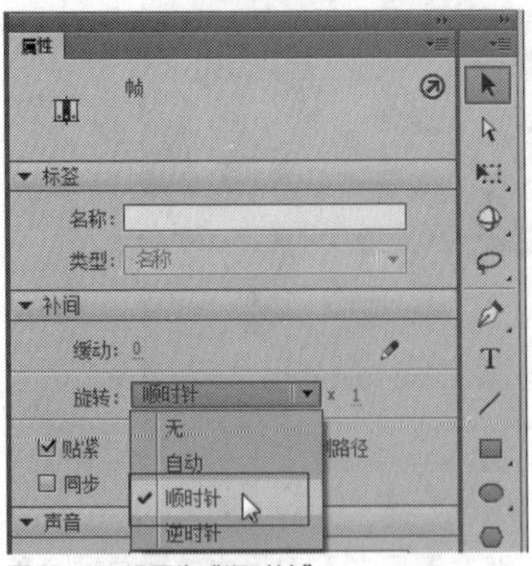

图23-49 设置为“顺时针”

STEP 15 此时，在舞台中可以查看旋转动画效果，如图23-50所示。

图23-50 查看旋转动画效果

实战566 添加背景音乐

▶实例位置：光盘\效果\第23章\儿童节贺卡.fla、儿童节
▶素材位置：光盘\素材\第23章\音乐.mp3
▶视频位置：光盘\视频\第23章\实战566.mp4

• 实例介绍 •

在儿童节贺卡实例动画中，还可以为制作好的动画文件添加背影音乐，使画面更具有吸引力。

• 操作步骤 •

STEP 01 在“时间轴”面板中，单击面板底部的“新建图层”按钮，新建一个名为“音乐”的图层，如图23-51所示。

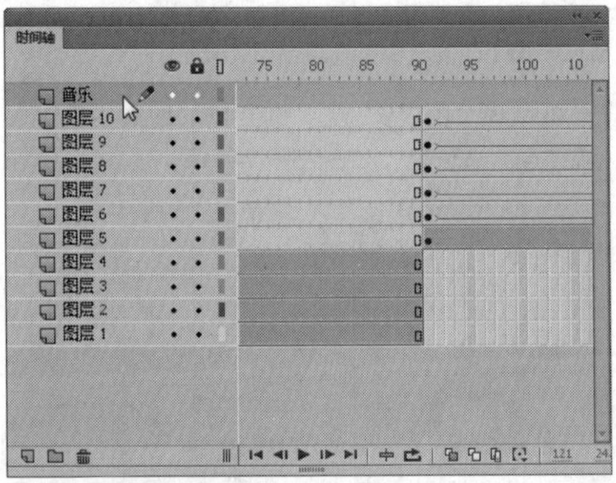

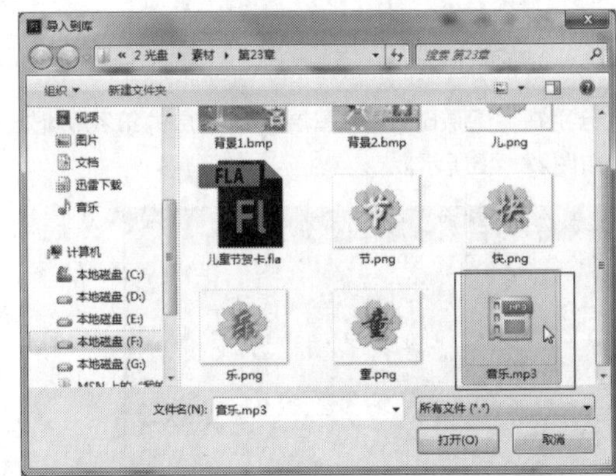

图23-51 新建“音乐”图层

STEP 02 单击“文件”|“导入”|“导入到库”命令，弹出“导入到库”对话框，在其中选择相应的素材文件，如图23-52所示，单击“打开”按钮。

图23-52 选择相应素材文件

STEP 03 执行操作后，即可将素材导入“库”面板中，如图23-53所示。

STEP 04 选择“音乐”图层的第1帧，在“属性”面板的“声音”选项区中，设置“名称”为“音乐.mp3”，如图23-54所示。

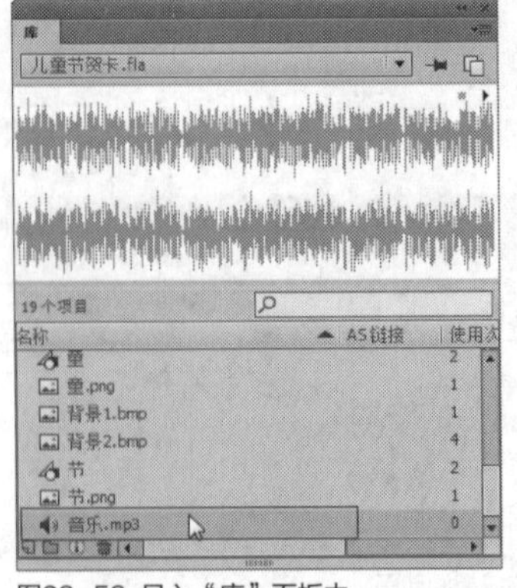

图23-53 导入“库”面板中

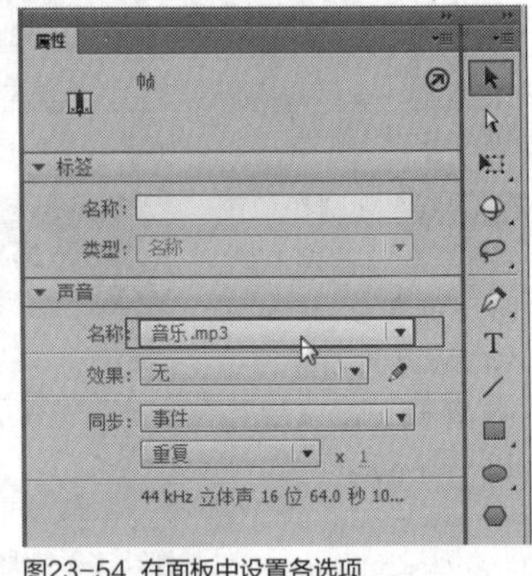

图23-54 在面板中设置各选项

STEP 05 至此，儿童节贺卡已经制作完成，用户单击“控制”|“测试”命令，或者按【Ctrl+Enter】组合键，即可测试动画，效果如图23-55所示。

图23-55 测试动画效果

23.2 教师节贺卡——感恩回报

教师节是一个感谢老师一年来教导的节日，表示对老师有一颗感恩的心。不同国家规定的教师节时间不同，每年公历9月10日，是中国的教师节。本节主要介绍《感恩回报》动画贺卡实例的制作方法，效果如图23-56所示。

图23-56 《感恩回报》实例效果

实战 567 制作背景画面

▶ 素材位置：光盘\素材\第23章\教师节贺卡.fla
▶ 视频位置：光盘\视频\第23章\实战567.mp4

• 实例介绍 •

在教师节贺卡实例动画中，用户在制作主体效果前，首先需要打开一个文件，制作背景画面。

• 操作步骤 •

STEP 01 单击“文件”|“打开”命令，打开一个素材文件，如图23-57所示。

STEP 02 在“时间轴”面板中，选择“图层1”图层的第150帧，如图23-58所示。

图23-57 打开一个素材文件

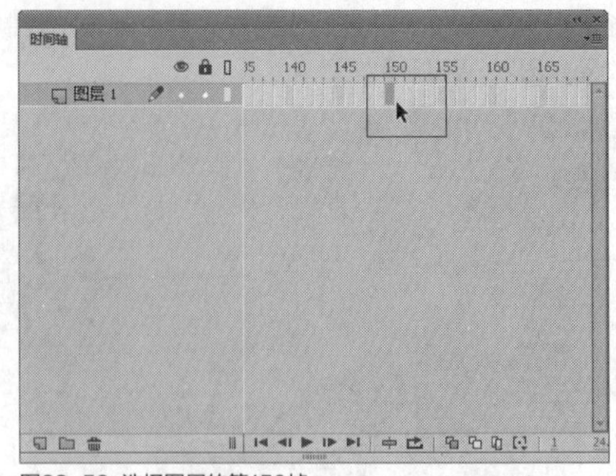

图23-58 选择图层的第150帧

STEP 03 在该帧上，单击鼠标右键，在弹出的快捷菜单中选择“插入帧”选项，如图23-59所示。

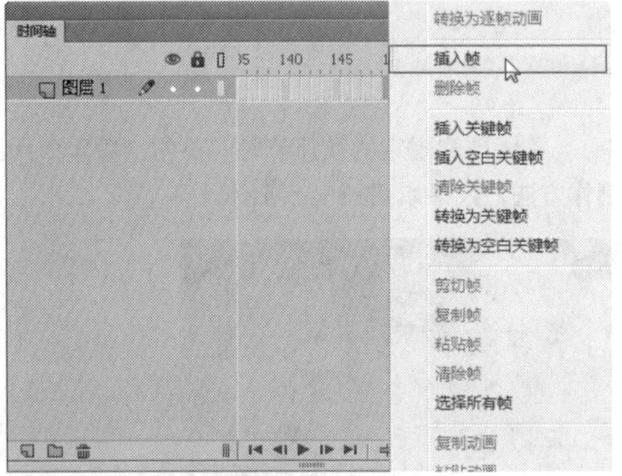

图23-59 选择“插入帧”选项

STEP 04 执行操作后，即可插入普通帧，如图23-60所示，完成背景画面的制作。

图23-60 插入普通帧

实战568 制作遮罩动画

▶素材位置：无
▶视频位置：光盘\视频\第23章\实战568.mp4

• 实例介绍 •

在教师节贺卡实例动画中，遮罩动画可为作品添加绚丽的效果，利用图形的遮罩而完成的。下面向读者介绍制作图形遮罩动画的操作方法。

• 操作步骤 •

STEP 01 在“时间轴”面板中，单击面板底部的“新建图层”按钮，新建“图层2”图层，如图23-61所示。

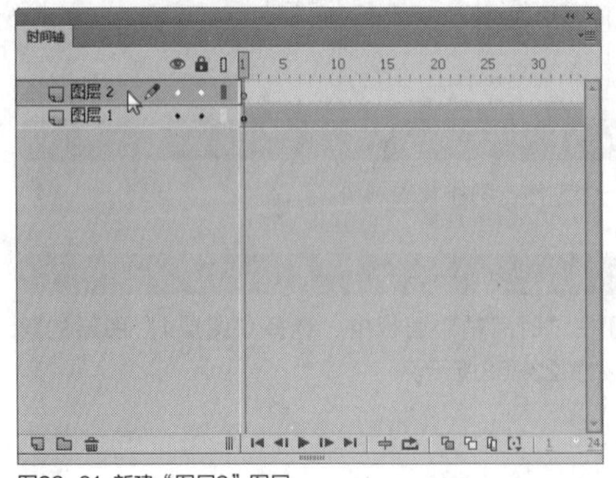

图23-61 新建“图层2”图层

STEP 02 在“库”面板中，将“元件4”影片剪辑元件拖曳至舞台区的适当位置，创建元件实例，如图23-62所示。

图23-62 创建元件实例

STEP 03 在“时间轴”面板中，新建“图层3”图层，选取工具箱中的椭圆工具，在舞台区的适当位置，绘制一个椭圆，如图23-63所示。

图23-63 绘制一个椭圆

STEP 04 选择“图层3”图层的第30帧，按【F6】键，插入关键帧，将绘制的椭圆放大至覆盖创建的实例，如图23-64所示。

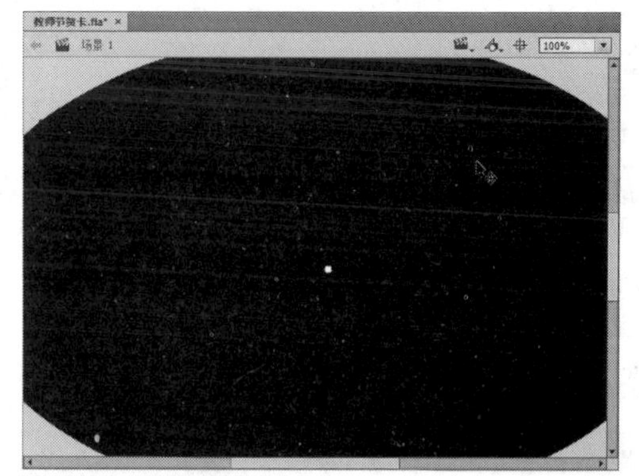

图23-64 将绘制的椭圆放大

STEP 05 在“图层3”图层的第1帧至第30帧中的任意一帧上，单击鼠标右键，在弹出的快捷菜单中选择“创建补间形状”选项，如图23-65所示。

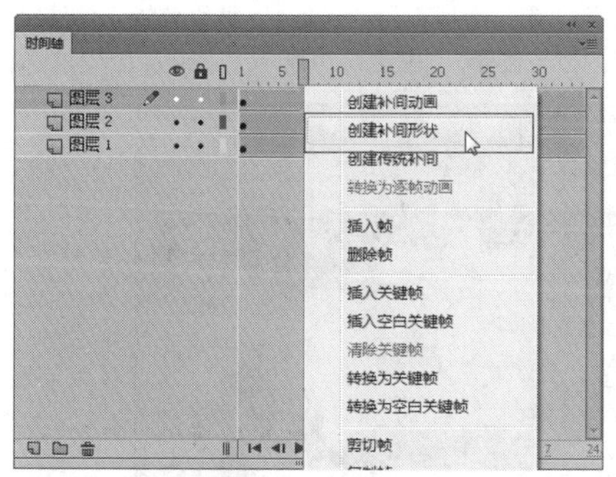

图23-65 选择“创建补间形状”选项

STEP 06 执行操作后，即可创建补间形状动画，如图23-66所示。

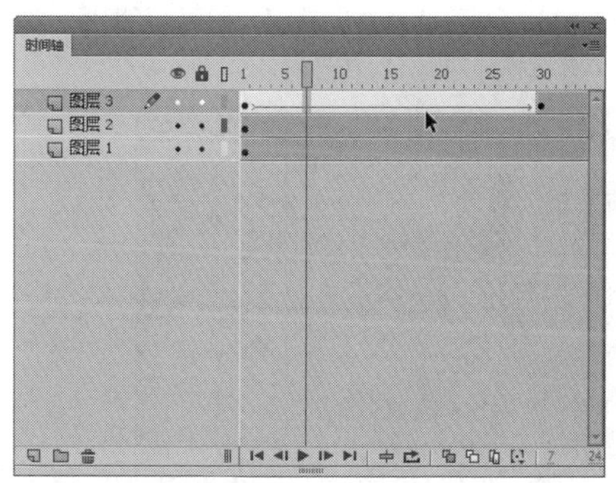

图23-66 创建补间形状动画

STEP 07 选择“图层3”图层，单击鼠标右键，在弹出的快捷菜单中选择“遮罩层”选项，如图23-67所示。

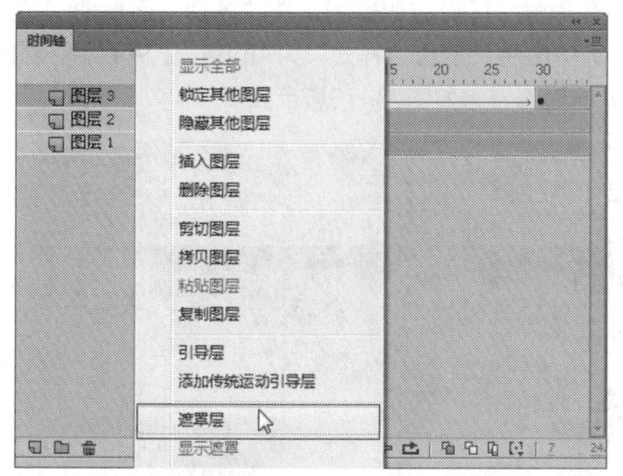

图23-67 选择“遮罩层”选项

STEP 08 执行操作后，即可创建遮罩动画，如图23-68所示。

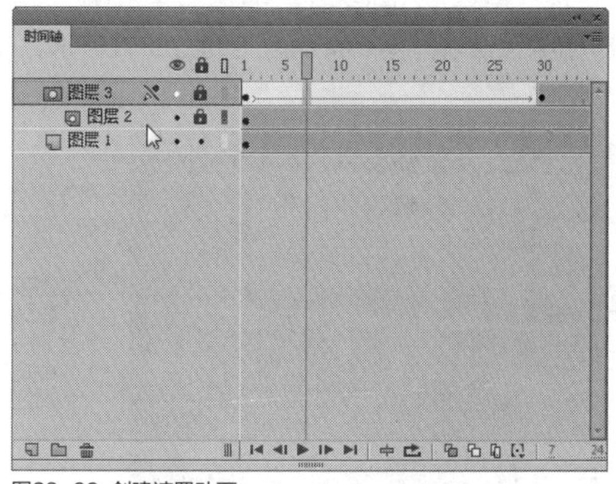

图23-68 创建遮罩动画

STEP 09 在“时间轴”面板中，按【Enter】键，在舞台中可以预览制作的遮罩动画效果，如图23-69所示。

图23-69 预览制作的遮罩动画效果

实战 569 制作图形动画

▶素材位置：无
▶视频位置：光盘\视频\第23章\实战569.mp4

• 实例介绍 •

在教师节贺卡实例动画中，通过将图片效果制作成Alpha和亮度的渐变效果，即可制作图形动画。下面向读者介绍制作图形动画的操作方法。

• 操作步骤 •

STEP 01 在“时间轴”面板中，新建“图层4”图层，在第35帧插入关键帧，如图23-70所示。

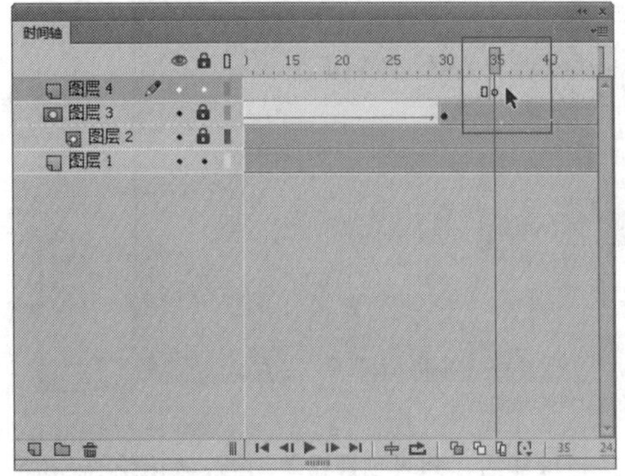

图23-70 插入关键帧

STEP 02 将“库”面板中的“元件1”影片剪辑元件拖曳至舞台区的适当位置，如图23-71所示。

图23-71 拖曳至舞台区的适当位置

STEP 03 选择“图层4”图层的第38帧、第40帧，按【F6】键，插入关键帧，选择第35帧，如图23-72所示。

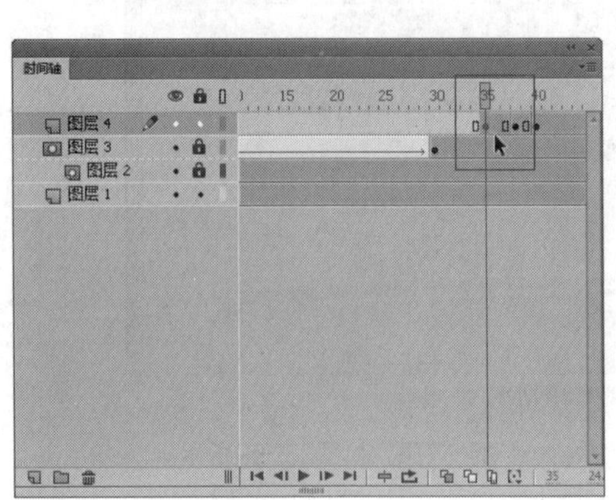

图23-72 选择第35帧

STEP 04 选择舞台区对应的实例，在“属性”面板的“色彩效果”选项区中，设置“样式”为Alpha、“Alpha：数量”为0，此时舞台区如图23-73所示。

图23-73 设置Alpha样式

STEP 05 选择第38帧，选择舞台区对应的实例，在“属性”面板的“色彩效果”选项区中，设置“样式”为“亮度”、“亮度数量”为100，此时舞台区如图23-74所示。

图23-74 设置“样式”为“亮度”

STEP 06 分别在“图层4”图层的第35帧至38帧、第38帧至第40帧中的任意一帧上创建传统补间动画，如图23-75所示。

图23-75 创建传统补间动画

STEP 07 在“时间轴”面板中，按【Enter】键，在舞台中可以预览制作的图形动画效果，如图23-76所示。

图23-76 预览制作的图形动画效果

实战 570 制作补间动画

▶ 素材位置：光盘\效果\第23章\教师节贺卡.fla、教师节贺卡.swf
▶ 视频位置：光盘\视频\第23章\实战570.mp4

• 实例介绍 •

在教师节贺卡实例动画中，用户通过制作图形元件的补间动画，可以使画面更具有吸引力。

• 操作步骤 •

STEP 01 在“时间轴”面板中，新建“图层5”图层，选择“图层5”图层的第50帧，按【F6】键，插入关键帧，在“库”面板中，将“元件2”影片剪辑元件拖曳至舞台区适当位置，如图23-77所示。

图23-77 拖曳至舞台区适当位置

STEP 02 在“时间轴”面板中，选择“图层5”图层的第75帧，按【F6】键，插入关键帧，如图23-78所示。

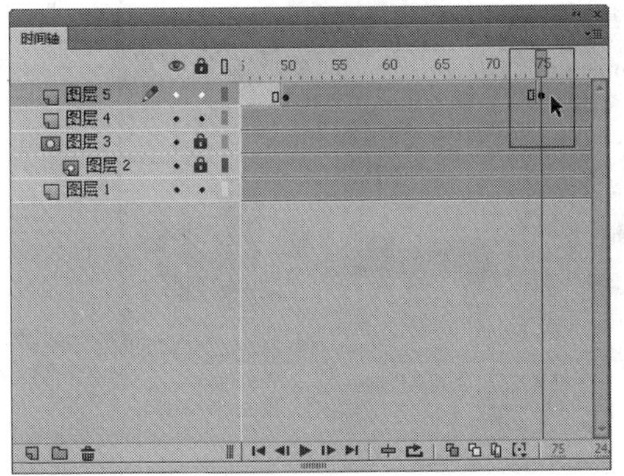

图23-78 插入关键帧

STEP 03 选择第50帧，选择舞台区对应的实例，在“属性”面板的“滤镜”选项区中，为实例添加“模糊”效果，各选项参数如图23-79所示。

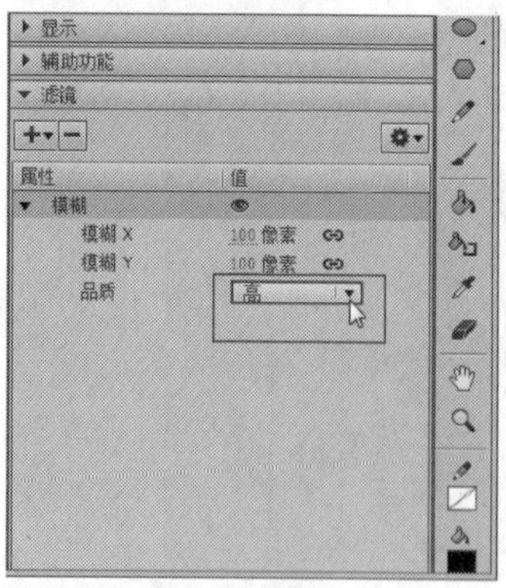

图23-79 添加“模糊”效果

STEP 04 在“图层5”图层的第50帧至第75帧中的任意一帧上创建传统补间动画，此时舞台区如图23-80所示。

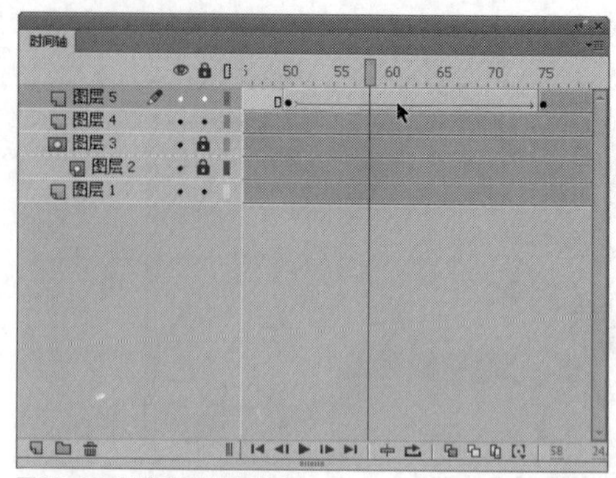

图23-80 创建传统补间动画

STEP 05 在“时间轴”面板中，新建“图层6”图层，在“图层6”图层的第80帧插入关键帧，在“库”面板中，将“元件3”影片剪辑元件拖曳至舞台区适当位置，如图23-81所示。

图23-81 拖曳至舞台区适当位置

STEP 06 选择“图层6”图层的第100帧，按【F6】键，插入关键帧，如图23-82所示。

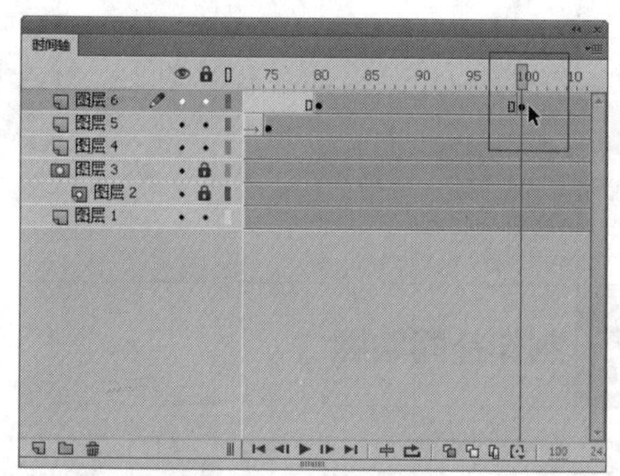

图23-82 插入关键帧

STEP 07 选择第80帧对应的实例，运用任意变形工具将其缩小，如图23-83所示。

图23-83 运用任意变形工具将实例缩小

STEP 08 在“图层6”图层的第80帧至第100帧中的任意一帧上创建传统补间动画，在“属性”面板的“补间”选项区中，设置“旋转”为“顺时针”，此时舞台区如图23-84所示。

图23-84 舞台区的动画效果

STEP 09 至此，教师节贺卡制作完成，按【Ctrl + Enter】组合键，测试贺卡动画效果，如图23-85所示。

图23-85 测试贺卡动画效果

23.3 情人节贺卡——浪漫情人节

情人节是情侣们表达爱意或友好的节日，根据中西方文化的不同，节日的时间和特色不同，每年的2月14日是西方的情人节，每年的农历七月初七是中国的情人节。本节主要介绍《浪漫情人节》动画贺卡实例的制作方法，效果如图23-86所示。

图23-86 《浪漫情人节》实例效果

实战 571 制作背景动画

▶素材位置：光盘\素材\第23章\情人节贺卡.fla
▶视频位置：光盘\视频\第23章\实战571.mp4

• 实例介绍 •

在情人节贺卡实例动画中，制作背景动画可为动画增加浪漫的气氛，让主题更突出。下面向读者介绍制作背景动画的操作方法。

• 操作步骤 •

STEP 01 单击“文件”|“打开”命令，打开一个素材文件，在“库”面板中选择“背景.jpg”图像，如图23-87所示。

STEP 02 单击鼠标左键将其拖曳至舞台适当位置，在“属性”面板中设置素材的“宽”为849、“高”为603.6，舞台图像效果如图23-88所示。

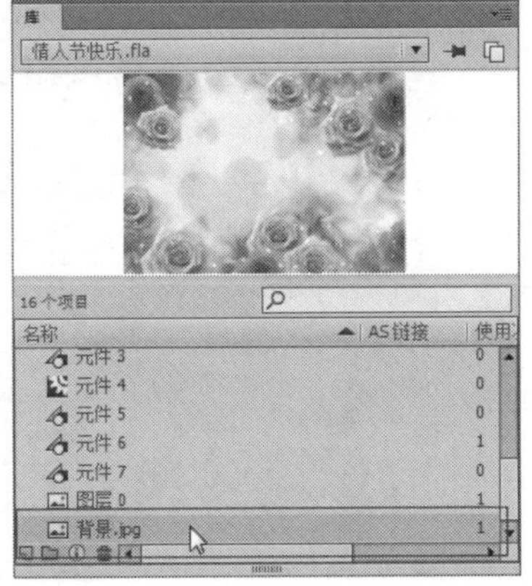

图23-87 选择“背景.jpg”图像

图23-88 舞台中的图像效果

STEP 03 单击“修改”|“文档”命令，弹出“文档设置”对话框，在其中设置“帧频”为12，然后单击“匹配内容”按钮，如图23-89所示。

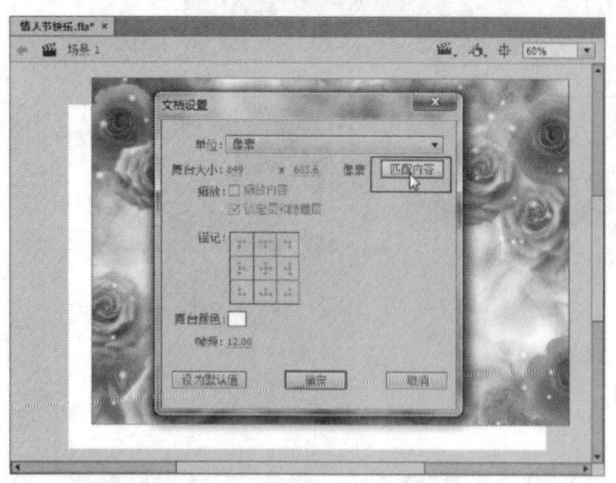

图23-89 单击“匹配内容”按钮

STEP 04 执行操作后，即可更改舞台中的尺寸，效果如图23-90所示。

图23-90 更改舞台中的尺寸

实战572 制作渐变动画

▶素材位置：无
▶视频位置：光盘\视频\第23章\实战572.mp4

• 实例介绍 •

在情人节贺卡实例动画中，制作渐变动画可以给动画添加动感效果，渲染浪漫的气氛。

• 操作步骤 •

STEP 01 在“图层1”的第110帧插入帧，新建“图层2”图层，如图23-91所示。

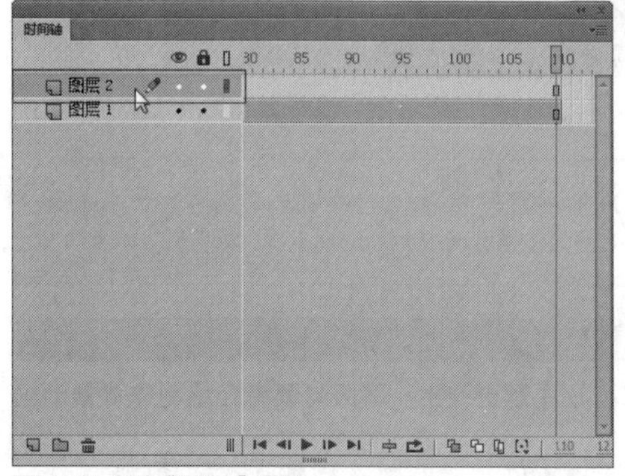

图23-91 新建“图层2”图层

STEP 02 在“库”面板中，将“元件3”图形元件拖曳至舞台，如图23-92所示。

图23-92 添加“元件3”图形元件

STEP 03 在“图层2”图层的第15帧，插入关键帧，如图23-93所示。

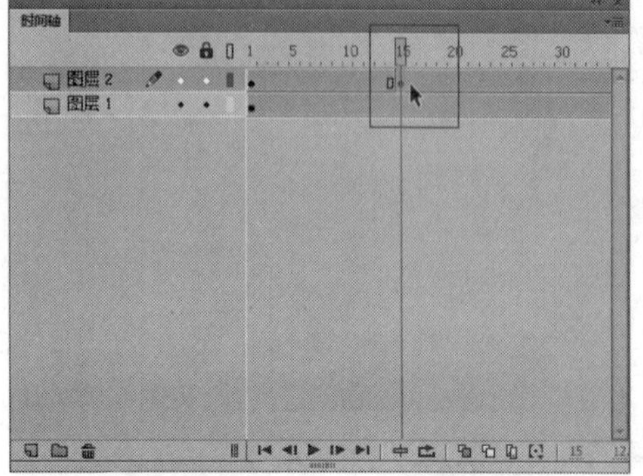

图23-93 插入关键帧

STEP 04 在“图层2”图层的第1帧选择相对应的实例，在“属性”面板中设置Alpha为0%，舞台效果如图23-94所示。

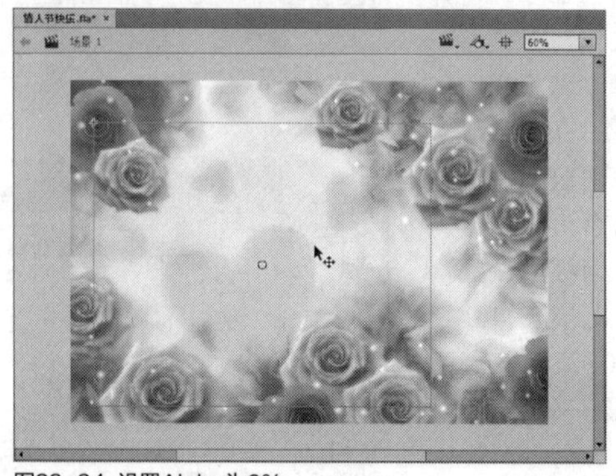

图23-94 设置Alpha为0%

STEP 05 在“图层2”图层的关键帧之间，单击鼠标右键，在弹出的快捷菜单中选择“创建传统补间”选项，如图23-95所示。

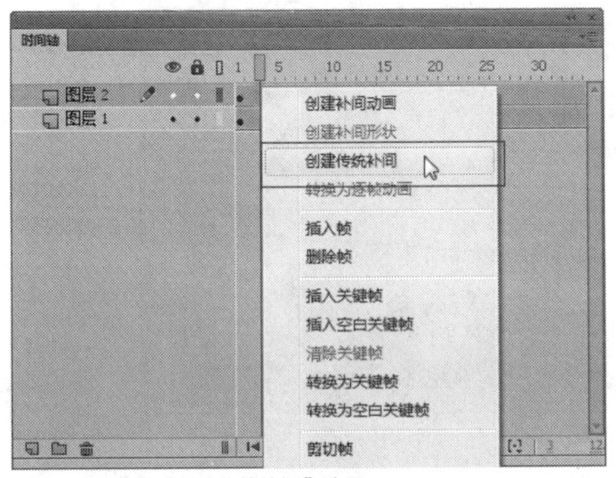

图23-95 选择“创建传统补间”选项

STEP 06 执行操作后，即可创建传统补间动画，如图23-96所示。

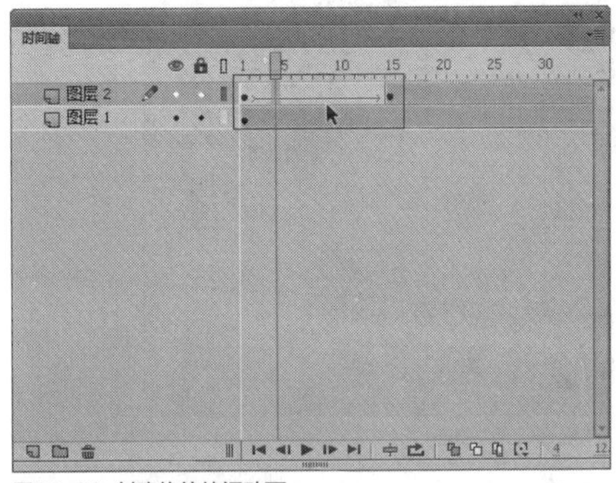

图23-96 创建传统补间动画

STEP 07 在“时间轴”面板中，按【Enter】键，在舞台中可以预览制作的图形渐变动画效果，如图23-97所示。

图23-97 预览制作的图形渐变动画效果

实战 573 制作心形遮罩

▶ **素材位置：** 无

▶ **视频位置：** 光盘\视频\第23章\实战573.mp4

• 实例介绍 •

在情人节贺卡实例动画中，制作遮罩动画即可为整个作品添加情人节的小元素，让贺卡更加生动、形象。下面向读者介绍制作图形遮罩动画的操作方法。

• 操作步骤 •

STEP 01 在“时间轴”面板中新建两个图层，在“图层3”和“图层4”图层的第30帧插入关键帧，选择“图层3”图层的第30帧，如图23-98所示。

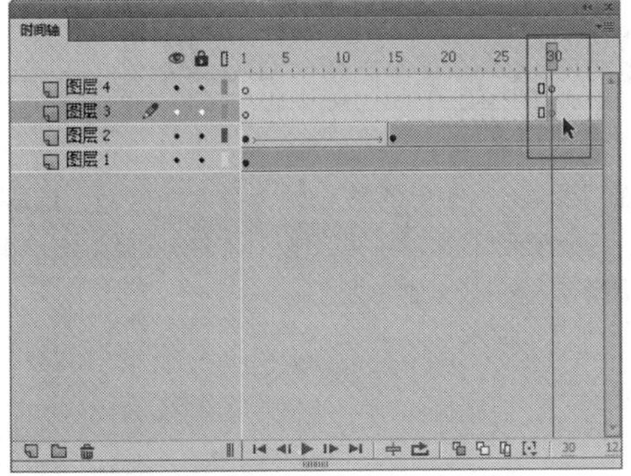

图23-98 选择图层的第30帧

STEP 02 选择“库”面板中的“爱心”元件，将其拖曳至舞台区中，如图23-99所示。

图23-99 将其拖曳至舞台区中

STEP 03 在“图层4”图层的第30帧，绘制一个椭圆将“爱心”元件覆盖，如图23-100所示。

图23-100 将“爱心”元件覆盖

STEP 04 在“图层4”图层的第50帧，插入关键帧，选择第30帧，将椭圆缩小，如图23-101所示。

图23-101 将椭圆缩小

STEP 05 在“图层4”图层的第30帧至第50帧之间，创建补间形状动画，如图23-102所示。

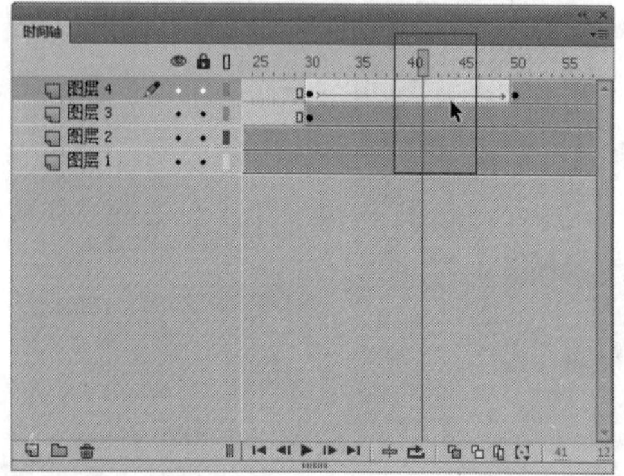

图23-102 创建补间形状动画

STEP 06 在“时间轴”面板中，将“图层4”图层转换为遮罩层，如图23-103所示。

图23-103 将图层转换为遮罩层

STEP 07 在“时间轴”面板中新建“图层5”、“图层6”图层，在“图层5”和“图层6”图层的第20帧插入关键帧，选择“图层5”图层的第20帧，如图23-104所示。

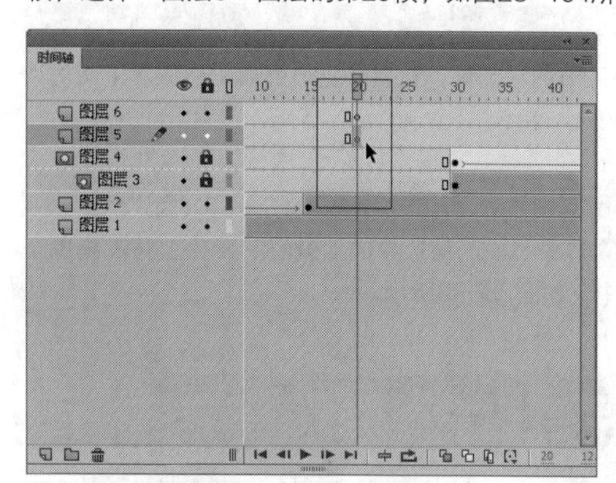

图23-104 选择图层的第20帧

STEP 08 在“库”面板中，将“元件1”和“元件2”元件分别拖曳至舞台中的合适位置，如图23-105所示。

图23-105 拖曳至舞台合适位置

STEP 09 选择“图层6”图层的第20帧，选取工具箱中的矩形工具，在舞台中适当位置绘制一个矩形，如图23-106所示。

STEP 10 在“图层6”图层的第40帧，插入关键帧，选取工具箱中的任意变形工具，将第20帧对应的矩形缩小，如图23-107所示。

图23-106 绘制一个矩形

图23-107 将第20帧对应的矩形缩小

STEP 11 在“图层6”图层的关键帧之间创建补间形状动画，如图23-108所示。

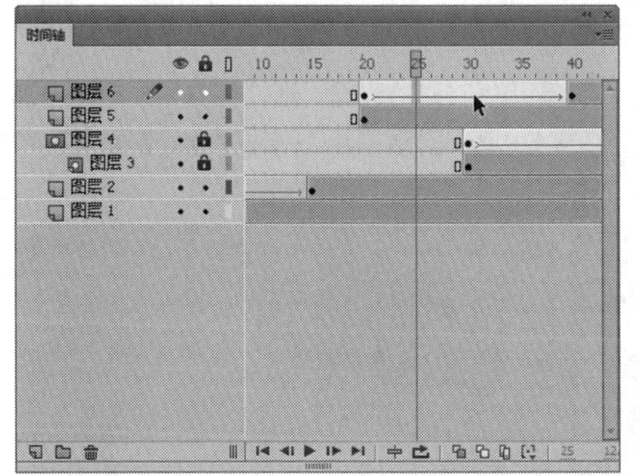

图23-108 创建补间形状动画

STEP 12 在“时间轴”面板中，将“图层6”图层转换为遮罩层，如图23-109所示。

图23-109 将图层转换为遮罩层

STEP 13 在“时间轴”面板中，按【Enter】键，在舞台中可以预览制作的图形遮罩动画效果，如图23-110所示。

图23-110 预览图形遮罩动画效果

实战 574 制作模糊动画

▶素材位置：无

▶视频位置：光盘\视频\第23章\实战574.mp4

• 实例介绍 •

在情人节贺卡实例动画中，制作模糊动画可以让情人的画面由模糊变清晰，给画面增加梦幻的感觉。下面向读者介绍制作模糊动画的操作方法。

• 操作步骤 •

STEP 01 在“时间轴”面板中，新建“图层7”图层，在第45帧插入关键帧，如图23-111所示。

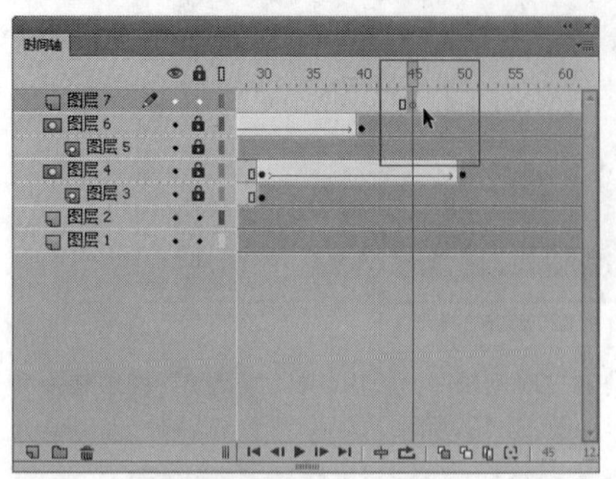

图23-111 在第45帧插入关键帧

STEP 02 在“库”面板中，将“元件4”影片剪辑拖曳至舞台中的适当位置，如图23-112所示。

图23-112 添加“元件4”影片剪辑

STEP 03 在“图层7”图层的第65帧，插入关键帧，如图23-113所示。

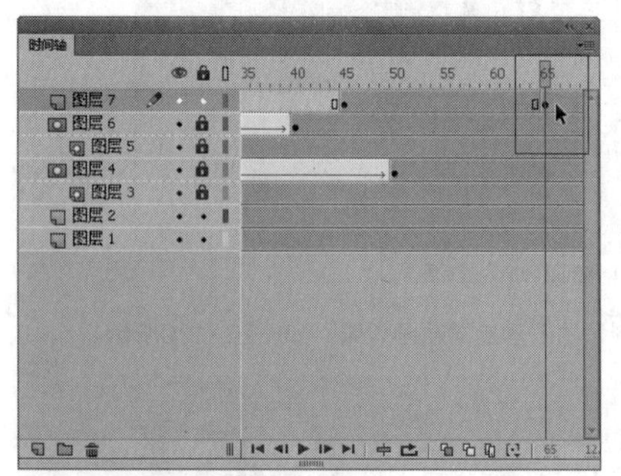

图23-113 插入关键帧

STEP 04 选择第45帧对应的实例，在“属性”面板中添加“模糊”滤镜，设置“模糊X”为255，“品质”为“低”，如图23-114所示。

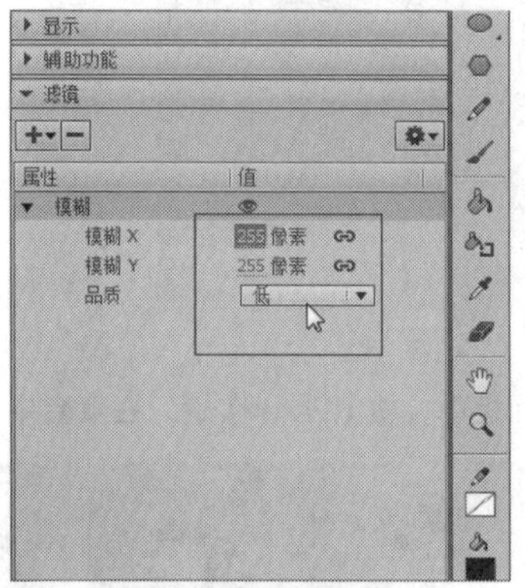

图23-114 添加“模糊”滤镜

STEP 05 在“图层7”图层的关键帧之间，单击鼠标右键，在弹出的快捷菜单中选择“创建传统补间”选项，如图23-115所示。

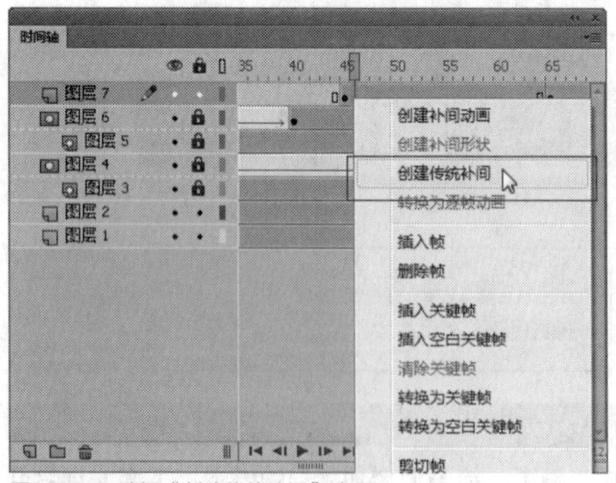

图23-115 选择“创建传统补间”选项

STEP 06 执行操作后，即可创建补间动画，如图23-116所示。

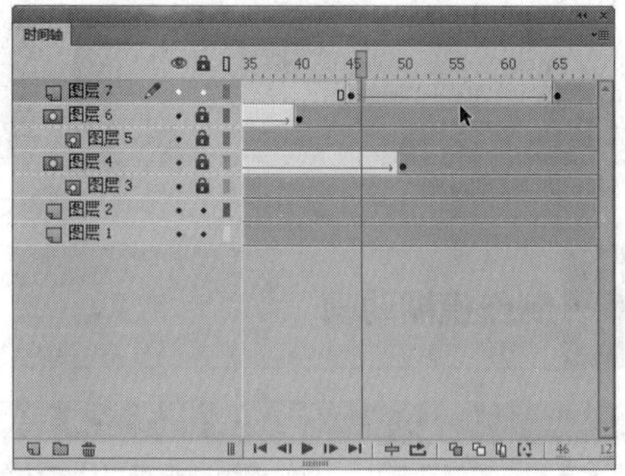

图23-116 创建补间动画

STEP 07 在“时间轴”面板中，按【Enter】键，在舞台中可以预览制作的图形模糊动画效果，如图23-117所示。

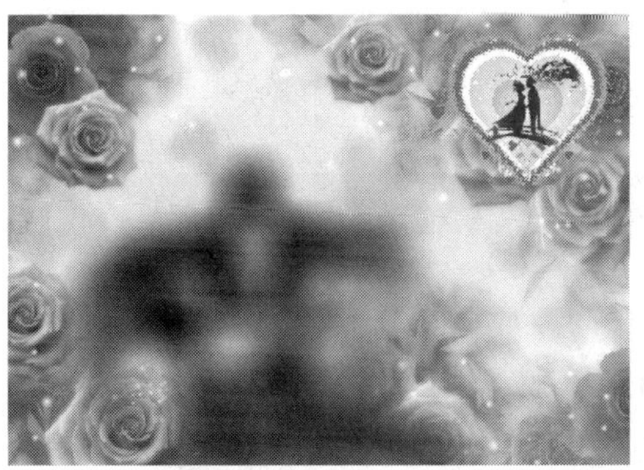

图23-117 预览图形模糊动画效果

实战 575 制作主题字幕

▶ 素材位置：光盘\效果\第23章\情人节贺卡.fla、情人节贺卡.swf
▶ 视频位置：光盘\视频\第23章\实战575.mp4

• 实例介绍 •

在情人节贺卡实例动画中，通过显眼的主题字幕动画，可以很好地点明动画的主题，传达动画需要表达的意义。下面向读者介绍制作主题字幕动画的操作方法。

• 操作步骤 •

STEP 01 在“时间轴”面板中新建3个图层，在“图层8”和“图层9”的第70帧插入关键帧，选择“图层8”图层的第70帧，如图23-118所示。

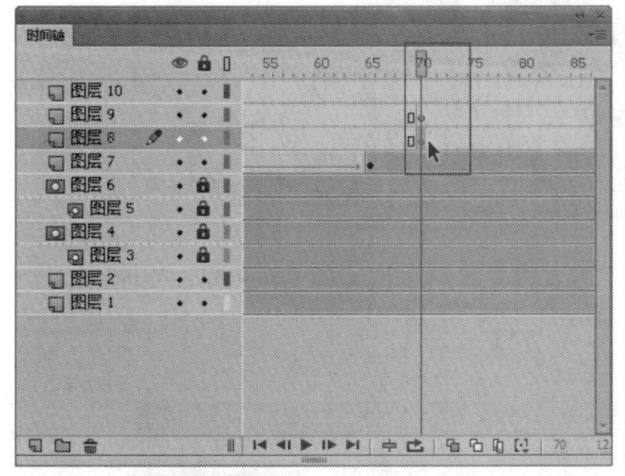

图23-118 选择图层的第70帧

STEP 02 在“库”面板中，将“元件7”元件拖曳至舞台中适当位置，如图23-119所示。

图23-119 拖曳至舞台中适当位置

STEP 03 选择“图层9”图层的第70帧，在舞台中绘制一个椭圆，如图23-120所示。

图23-120 绘制一个椭圆

STEP 04 在“图层9”图层的第80帧插入关键帧，将第70帧对应的图形对象变形并缩小，如图23-121所示。

图23-121 将图形对象变形并缩小

STEP 05 在“图层9”图层的关键帧之间，创建形状补间动画，如图23-122所示。

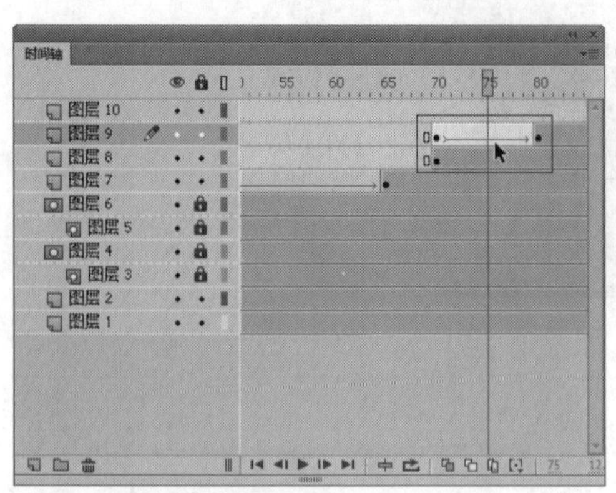

图23-122 创建形状补间动画

STEP 06 选择“图层9”图层，单击鼠标右键，在弹出的快捷菜单中选择“遮罩层”选项，创建遮罩动画，如图23-123所示。

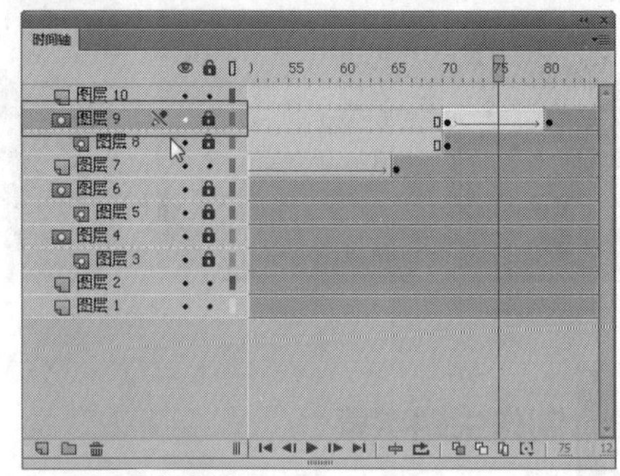

图23-123 创建遮罩动画

STEP 07 在“图层10”图层的第80帧插入关键帧，在“库”面板中将“元件5”元件拖至舞台，如图23-124所示。

图23-124 将“元件5”元件拖至舞台

STEP 08 在第90帧插入关键帧，将第90帧的实例向下拖曳一段距离，如图23-125所示。

图23-125 将实例向下拖曳一段距离

STEP 09 在“图层10”图层的关键帧之间，单击鼠标右键，在弹出的快捷菜单中选择“创建传统补间”选项，如图23-126所示。

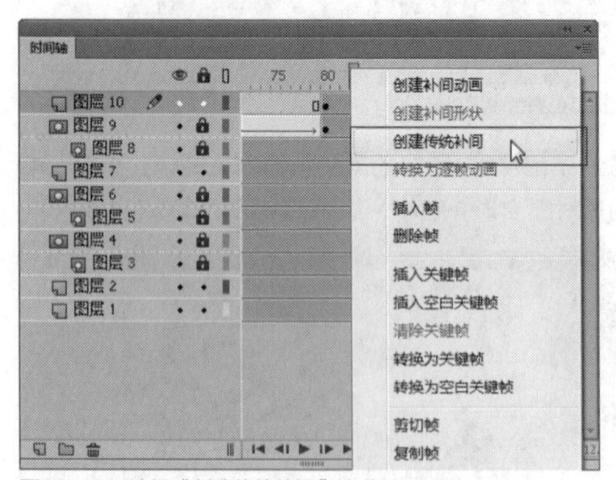

图23-126 选择“创建传统补间”选项

STEP 10 执行操作后，即可创建补间动画，如图23-127所示。

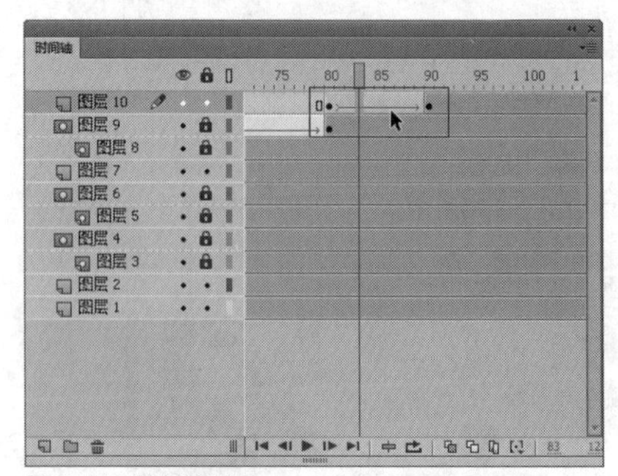

图23-127 创建补间动画

STEP 11 至此，情人节贺卡制作完成，按【Ctrl+Enter】组合键，测试贺卡动画效果，如图23-128所示。

图23-128 测试贺卡动画效果

第24章 实战案例——Banner动画

本章导读

Flash中Banner动画在网页中占据了重要的地位，具有极强的视觉效果，此类动画在网页中概括了整个网站所要的宣传信息，也是整个网站的代表。

本章主要向读者介绍制作城市类动画——《都市花香》、广告类动画——《手机广告》、商业类动画——《铃声下载》实例效果的制作方法。

要点索引

- 城市类动画——都市花香
- 广告类动画——手机广告
- 商业类动画——铃声下载

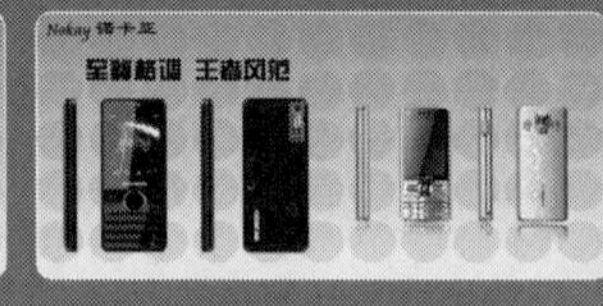
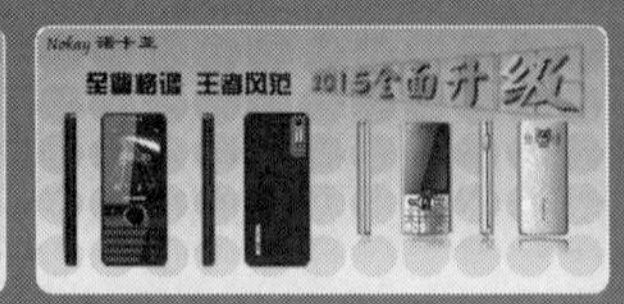

24.1 城市类动画——都市花香

在Flash CC中，用户可以通过不同的动画效果制作来表现城市类Banner动画。本节主要介绍城市类动画——《都市花香》动画实例的制作方法，效果如图24-1所示。

图24-1 《都市花香》实例效果

实战 576 制作背景效果

▶ 素材位置：光盘\素材\第24章\都市花香.fla
▶ 视频位置：光盘\视频\第24章\实战576.mp4

• 实例介绍 •

在制作《都市花香》实例动画中，制作背景是影片中最重要的一部分，可以为动画的画面增加绚丽的色彩。下面向读者介绍制作背景效果的操作方法。

• 操作步骤 •

STEP 01 单击“文件”|“打开”命令，打开一个素材文件，在“库”面板中选择“背景.png”图像，如图24-2所示。

图24-2 选择“背景.png”图像

STEP 02 单击鼠标左键将其拖曳至舞台适当位置，舞台图像效果如图24-3所示。

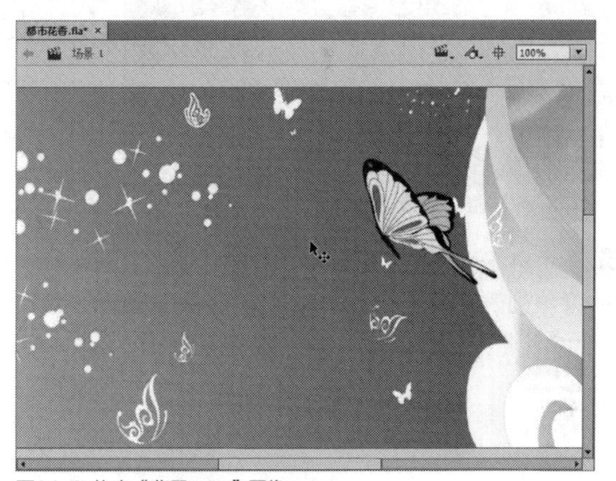

图24-3 拖曳“背景.png”图像

STEP 03 在“属性”面板的“位置和大小”选项区中，设置“宽”为600、“高”为233.85，如图24-4所示。

STEP 04 执行操作后，即可更改图像的大小，效果如图24-5所示。

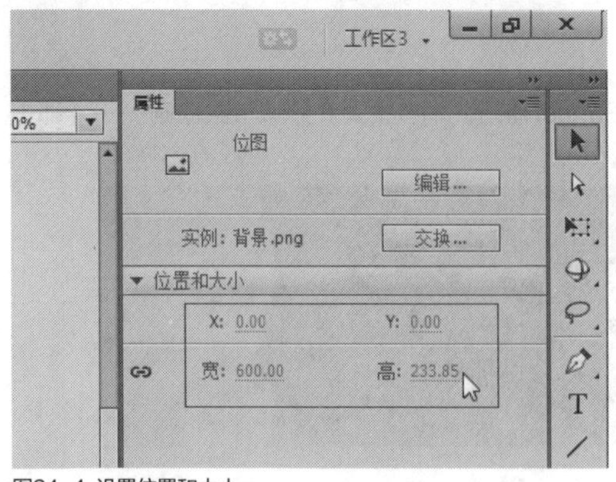

图24-4 设置位置和大小

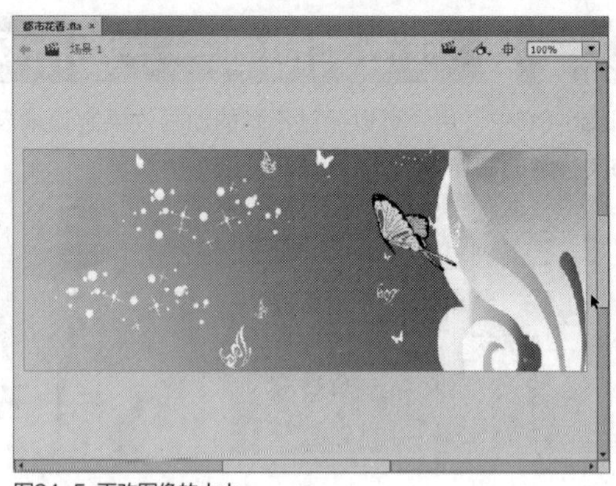

图24-5 更改图像的大小

实战577 新建多个图层

▶素材位置：无

▶视频位置：光盘\视频\第24章\实战577.mp4

• 实例介绍 •

在制作《都市花香》实例动画前，用户首先需要在“时间轴”面板中新建多个图层文件，用来放置动画元件实例。下面向读者介绍新建多个图层的操作方法。

• 操作步骤 •

STEP 01 在“时间轴”面板的底部，单击“新建图层”按钮，如图24-6所示。

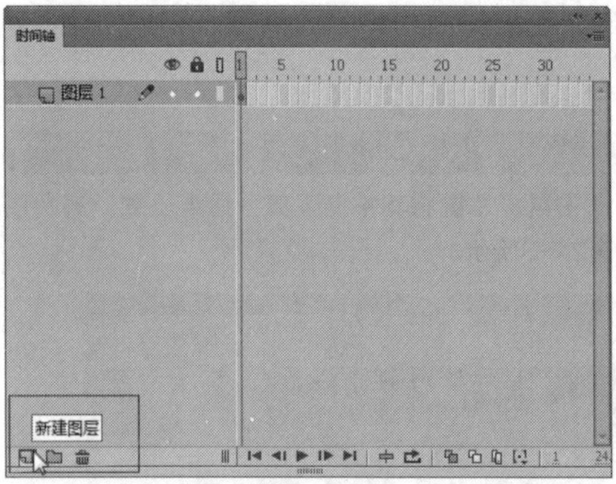

图24-6 单击“新建图层”按钮

STEP 02 执行操作后，即可在“时间轴”面板中新建“图层2”图层，如图24-7所示。

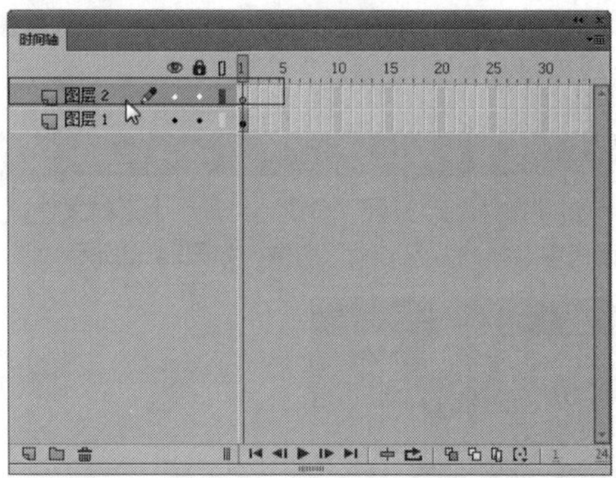

图24-7 新建“图层2”图层

STEP 03 用户还可以在菜单栏中，单击“插入”菜单，在弹出的菜单列表中单击“时间轴”|“图层”命令，如图24-8所示。

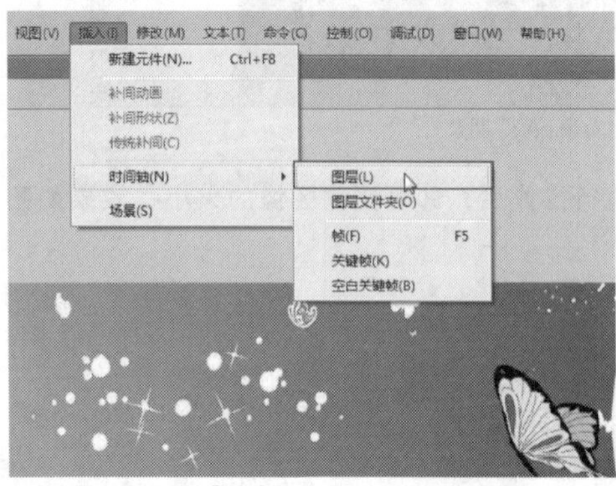

图24-8 单击“图层”命令

STEP 04 执行操作后，也可以新建“图层3”图层，用与上同样的方法，在“时间轴”面板中再次新建8个图层，时间轴面板如图24-9所示。

图24-9 再次新建8个图层

实战 578 制作渐变动画

▶素材位置：无
▶视频位置：光盘\视频\第24章\实战578.mp4

• 实例介绍 •

在制作《都市花香》实例动画中，制作文字渐变动画是动画的核心内容，是通过制作文字元件的渐变效果而完成的。下面向读者介绍制作文字渐变动画的操作方法。

• 操作步骤 •

STEP 01 在“时间轴”面板中，选择“图层1”图层的第150帧，按【F5】键插入帧，然后选择“图层2”图层的第1帧，如图24-10所示。

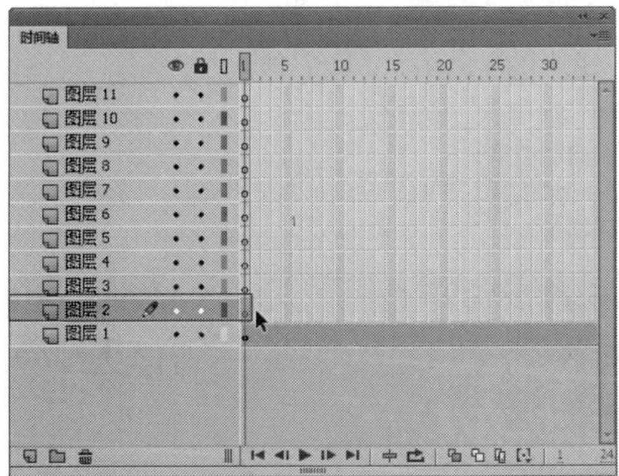

图24-10 选择图层的第1帧

STEP 02 在“库”面板中，将“元件1”拖曳至舞台区适当位置，如图24-11所示。

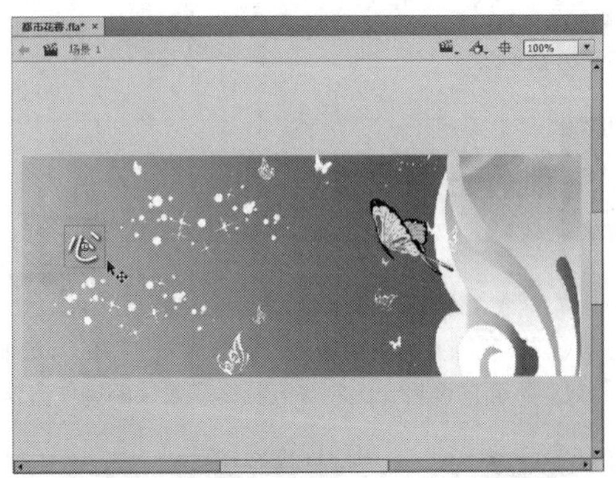

图24-11 拖曳至舞台区适当位置

STEP 03 选择“图层2”图层的第20帧，插入关键帧，选择第1帧的文字元件，向上移动一段距离，如图24-12所示。

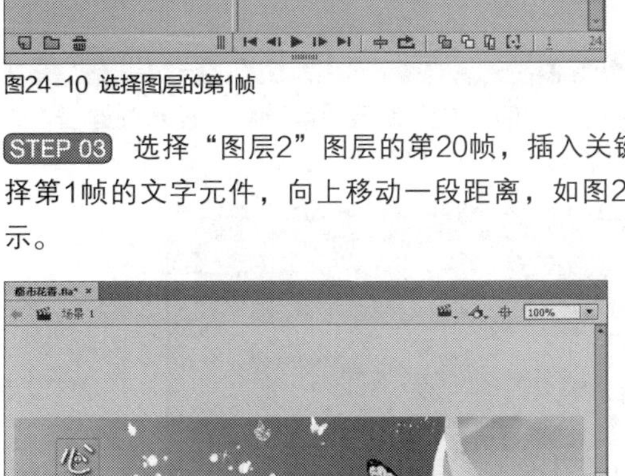

图24-12 向上移动一段距离

STEP 04 在属性面板中设置Alpha值为0%，在第1帧至第20帧的任意一帧上创建传统补间动画，如图24-13所示，在第150帧插入普通帧。

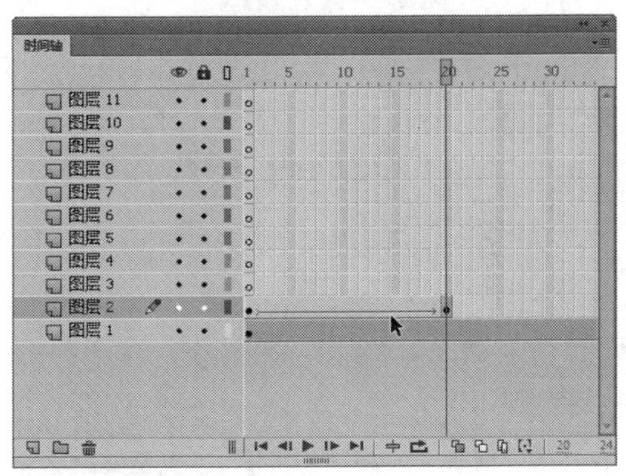

图24-13 创建传统补间动画

STEP 05 用同样的方法，在“时间轴”面板中的其他图层上，每隔5帧，为图层插入关键帧，并为其添加相应的文字元件实例，为图层添加关键帧，分别为每个文字实例添加出场效果，为图层创建传统补间动画，分别在每个图层的第150帧插入普通帧，“时间轴”面板如图24-14所示。

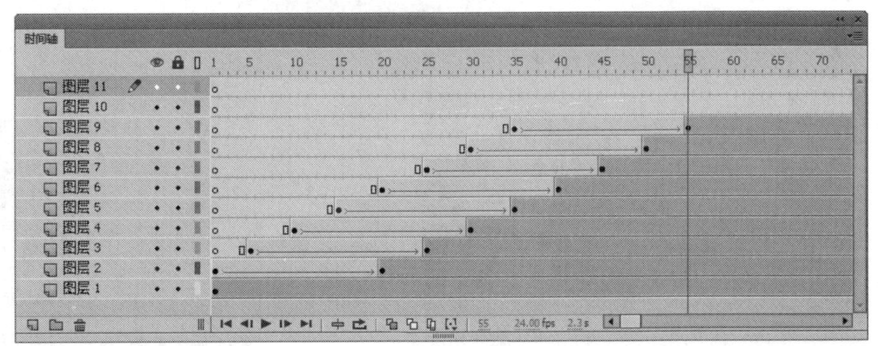

图24-14 “时间轴”面板

STEP 06 在“时间轴”面板中，按【Enter】键，预览制作的文字渐变动画，效果如图24-15所示。

图24-15 预览文字渐变动画

实战579 制作五彩文字

▶素材位置：无
▶视频位置：光盘\视频\第24章\实战579.mp4

• 实例介绍 •

在制作《都市花香》实例动画中，制作五彩文字的方法很简单，主要是将文字设置为不同的颜色，然后通过关键帧动画制作文本特效。下面向读者介绍制作五彩文字效果的操作方法。

• 操作步骤 •

STEP 01 选择“图层2”至“图层9”图层的第90帧，插入空白关键帧，如图24-16所示。

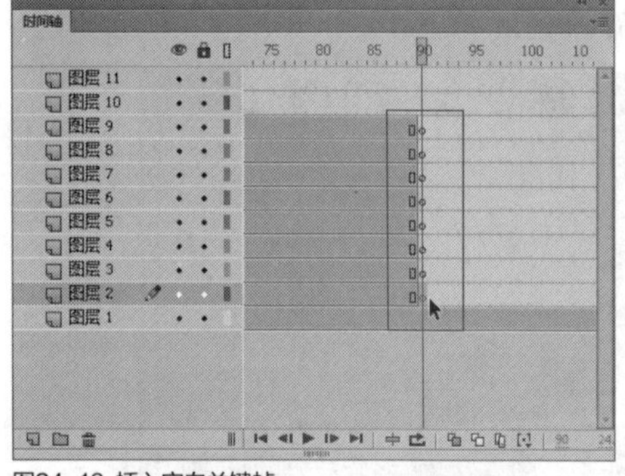

图24-16 插入空白关键帧

STEP 02 选择“图层10”图层的第95帧，插入关键帧，如图24-17所示。

图24-17 插入关键帧

STEP 03 在“库”面板中，将“元件9”拖曳至舞台区适当位置，如图24-18所示。

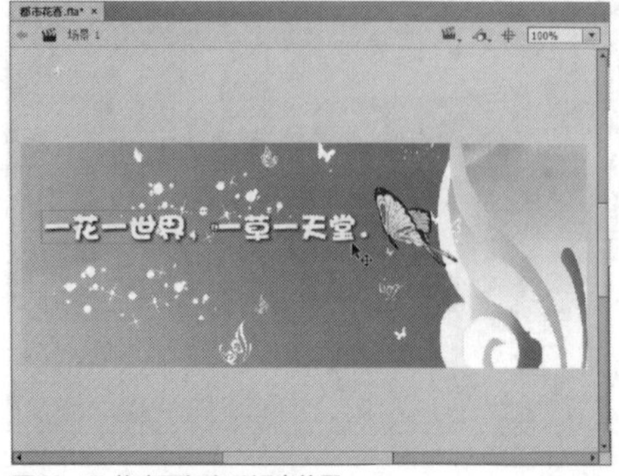

图24-18 拖曳至舞台区适当位置

STEP 04 选择第105帧，按【F6】键插入关键帧，如图24-19所示。

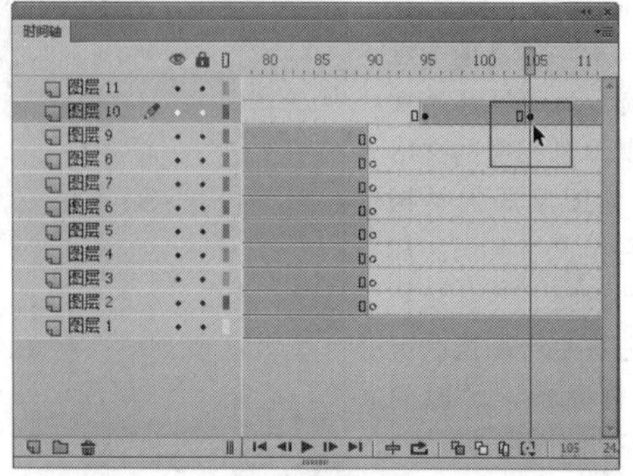

图24-19 按【F6】键插入关键帧

STEP 05 选择第95帧，选择舞台区相对应的实例，在“属性”面板中，设置“样式”为“亮度”、“亮度”为100，如图24-20所示。

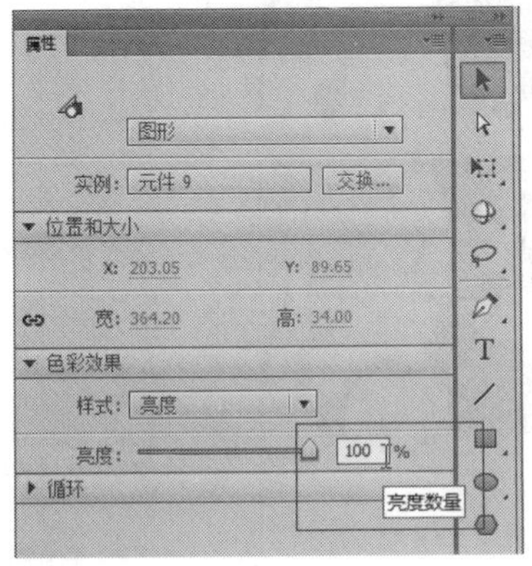

图24-20 设置“亮度”为100

STEP 06 在该图层的关键帧之间，创建传统补间动画，如图24-21所示。

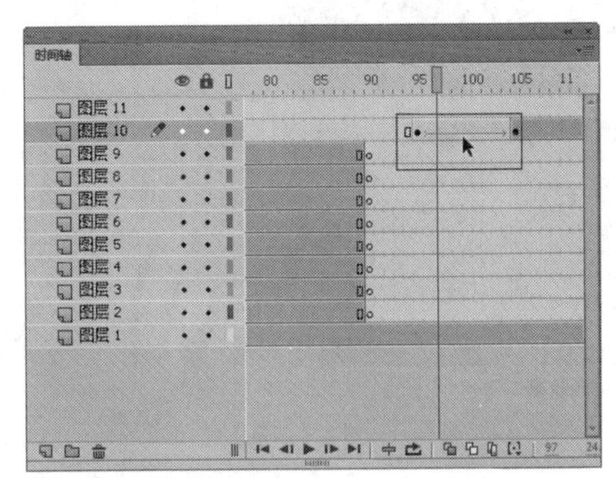

图24-21 创建传统补间动画

STEP 07 选择“图层11”图层的第105帧，按【F6】键插入关键帧，如图24-22所示。

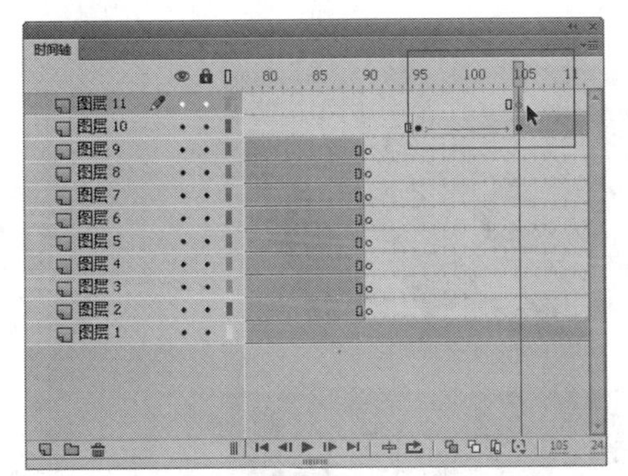

图24-22 按【F6】键插入关键帧

STEP 08 在“库”面板中，将“元件10”拖曳至舞台区适当位置，如图24-23所示。

图24-23 拖曳至舞台区适当位置

STEP 09 选择“图层11”图层的第115帧，插入关键帧，将舞台区相对应的实例向下拖曳一段距离，如图24-24所示。

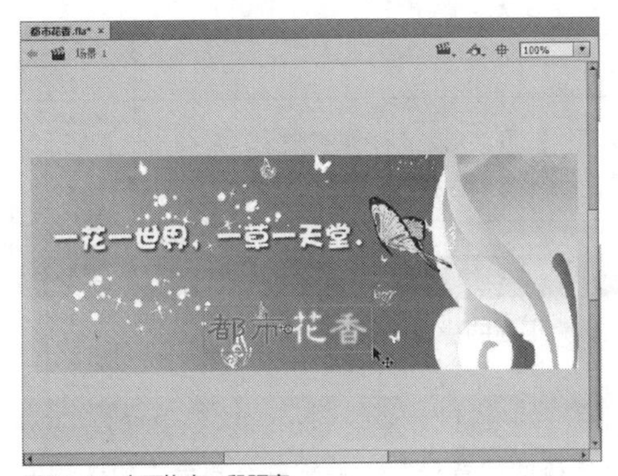

图24-24 向下拖曳一段距离

STEP 10 选择第105帧，在“属性”面板中，设置Alpha为0%，在该图层的关键帧之间创建补间动画，如图24-25所示。

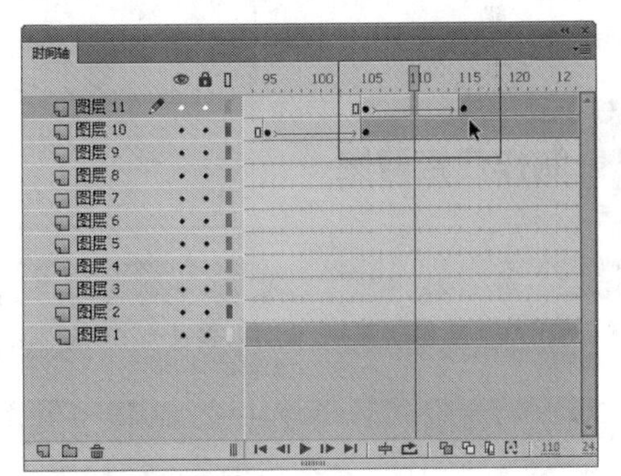

图24-25 创建补间动画

STEP 11 至此，《都市花香》实例制作完成，按【Ctrl + Enter】组合键，测试动画，效果如图24-26所示。

图24-26 测试动画效果

24.2 广告类动画——手机广告

在Flash CC中，用户可以制作广告类的Banner动画为产品进行宣传，提高产品的知名度与销量。本节主要介绍广告类动画——《手机广告》动画实例的制作方法，效果如图24-27所示。

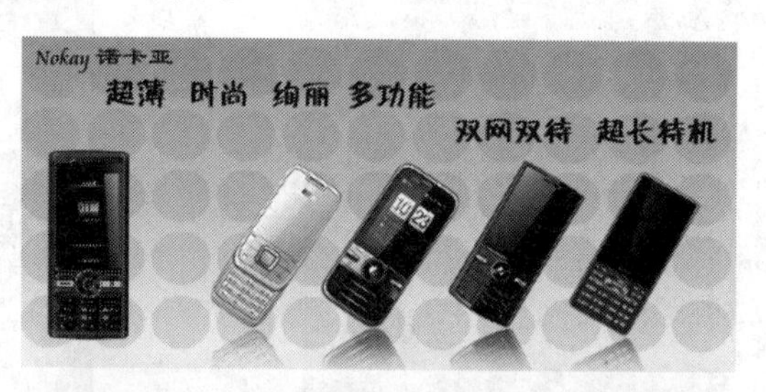

图24-27 《手机广告》实例效果

实战580 制作广告背景

▶ 素材位置：光盘\素材\第24章\手机广告.fla

▶ 视频位置：光盘\视频\第24章\实战580.mp4

• 实例介绍 •

制作《手机广告》实例动画中，制作背景是为了给动画添加绚丽的效果，为下面的操作做铺垫。

• 操作步骤 •

STEP 01 单击“文件”|“打开”命令，打开一个素材文件，在“库”面板中，选择“背景”元件，如图24-28所示。

STEP 02 将选择的“背景”元件拖曳至舞台中的合适位置，如图24-29所示。

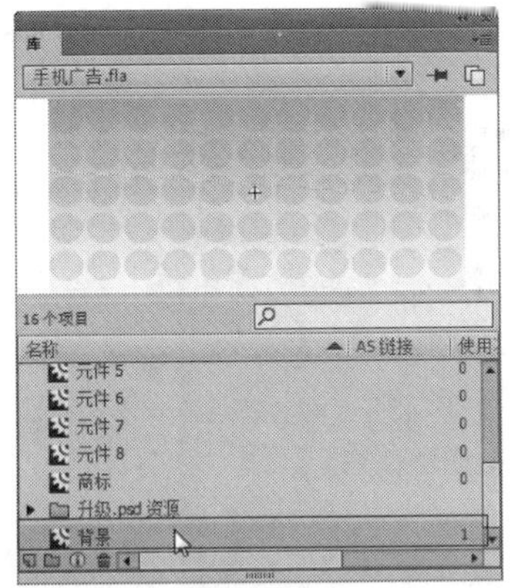

图24-28 选择“背景”元件

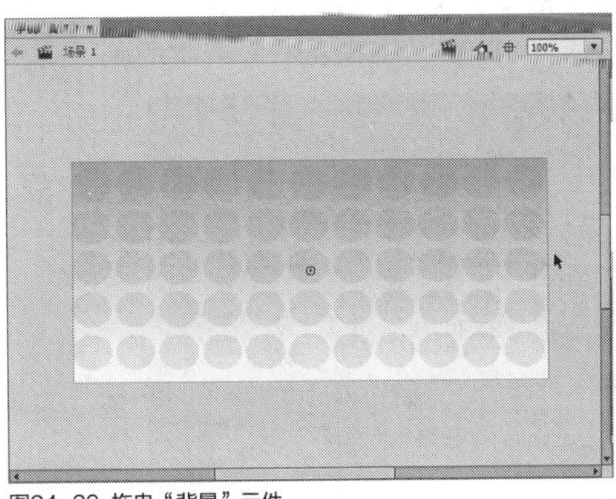

图24-29 拖曳“背景”元件

STEP 03 在“库”面板中，选择“商标”影片剪辑元件，如图24-30所示。

图24-30 选择“商标”元件

STEP 04 将选择的“商标”元件拖曳至舞台中的合适位置，如图24-31所示。

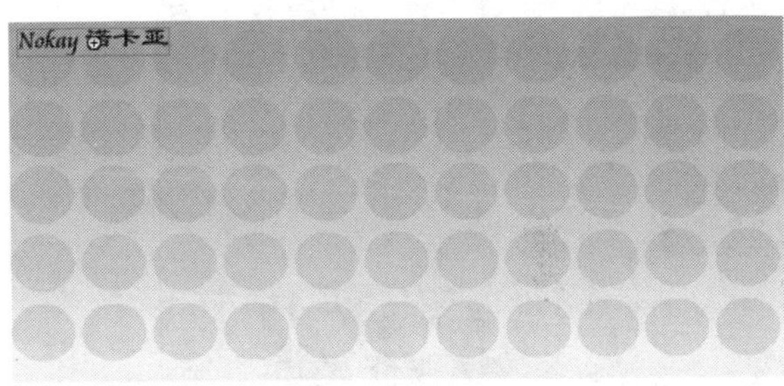

图24-31 拖曳“商标”元件

实战 581 制作图形动画

▶素材位置：无
▶视频位置：光盘\视频\第24章\实战581.mp4

• 实例介绍 •

在制作《手机广告》实例动画中，运用Flash CC中提供的“传统补间”功能，可以制作出图形的位移渐变动画。下面向读者介绍制作图形动画的操作方法。

• 操作步骤 •

STEP 01 在“图层1”图层的第140帧插入帧，新建3个图层，选择“图层2”图层的第1帧，如图24-32所示。

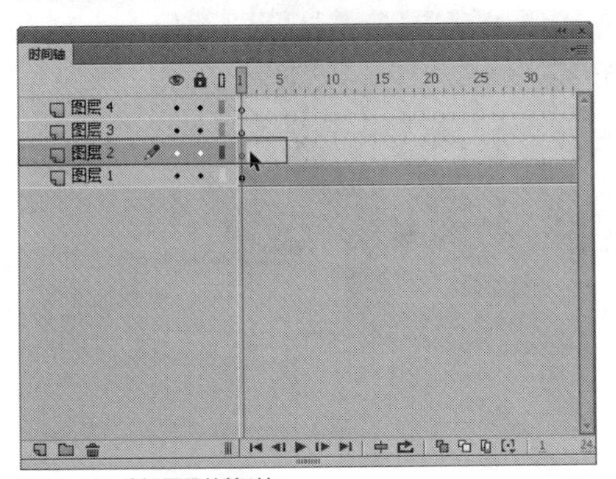

图24-32 选择图层的第1帧

STEP 02 在“库”面板中，将“元件6”元件拖曳至舞台适当位置，如图24-33所示

图24-33 将元件拖曳至舞台适当位置

STEP 03 在“图层2”图层的第10帧，插入关键帧，将舞台中所对应的元件实例向下拖曳，如图24-34所示。

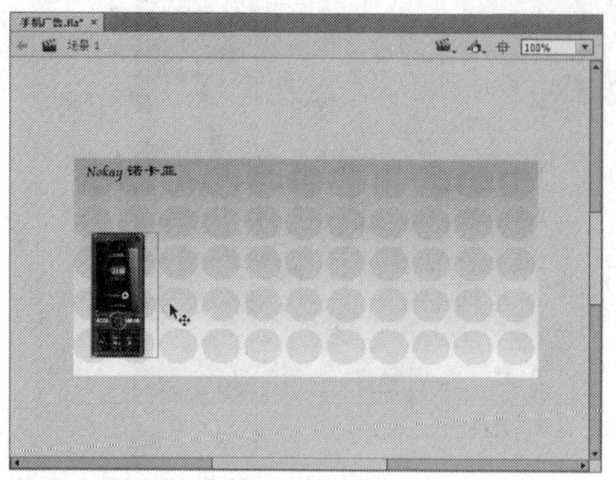

图24-34 将元件实例向下拖曳

STEP 04 在“图层2”图层的关键帧之间，创建传统补间动画，如图24-35所示。

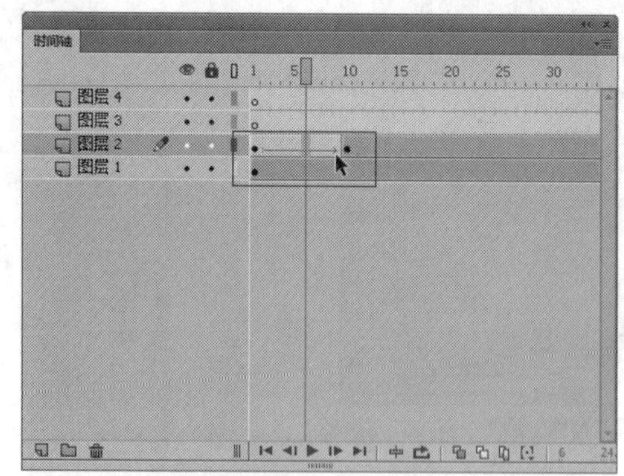

图24-35 创建传统补间动画

STEP 05 在“图层3”图层的第10帧，插入关键帧，在“库”面板中将“元件1”元件拖曳至舞台适当位置，如图24-36所示。

图24-36 拖曳至舞台适当位置

STEP 06 在“图层3”图层的第20帧，插入关键帧，将舞台中所对应的元件实例向上拖曳，如图24-37所示。

图24-37 将元件实例向上拖曳

STEP 07 在“图层3”图层的关键帧之间，创建传统补间动画，“时间轴”面板如图24-38所示。

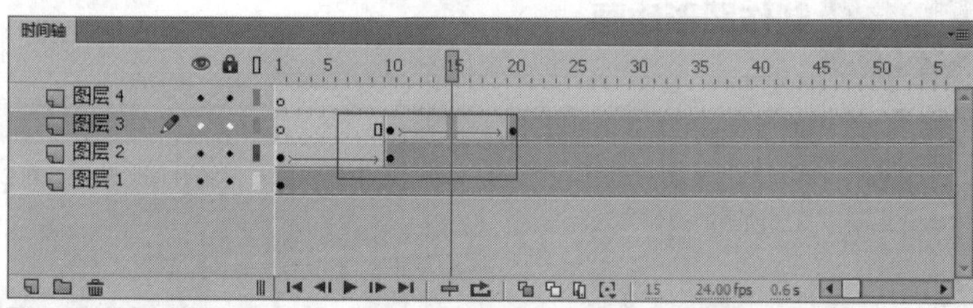

图24-38 创建传统补间动画

STEP 08 在“时间轴”面板中，按【Enter】键，预览制作的图形动画，效果如图24-39所示。

图24-39 预览制作的图形动画

实战 582 制作文字动画

▶素材位置：无
▶视频位置：光盘\视频\第24章\实战582.mp4

• 实例介绍 •

在制作《手机广告》实例动画中，文字是广告动画的主体内容，文字可以起到画龙点睛的作用。下面向读者介绍制作文字动画的操作方法。

• 操作步骤 •

STEP 01 在“图层4”图层的第20帧，插入关键帧，在“库”面板中将“元件2”元件拖曳至舞台中，如图24-40所示。

图24-40 将元件拖曳至舞台中

STEP 02 在“图层4”图层的第30帧，插入关键帧，将第30帧对应的实例向下拖曳，如图24-41所示。

图24-41 将实例向下拖曳

STEP 03 在“图层4”图层的关键帧之间，创建传统补间动画，如图24-42所示。

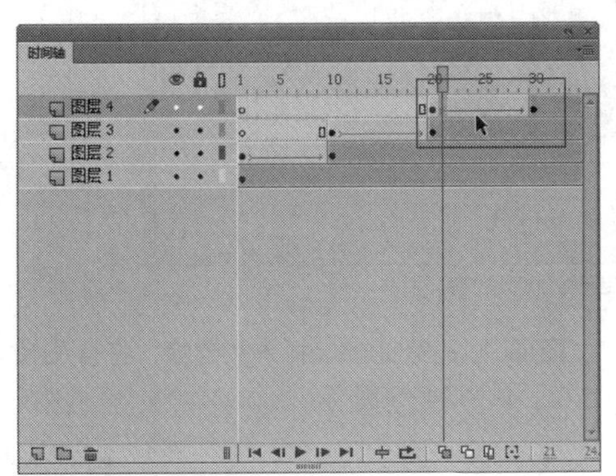

图24-42 创建传统补间动画

STEP 04 新建“图层5”图层，在第30帧插入关键帧，在“库”面板中将“元件5”元件拖曳至舞台中，如图24-43所示。

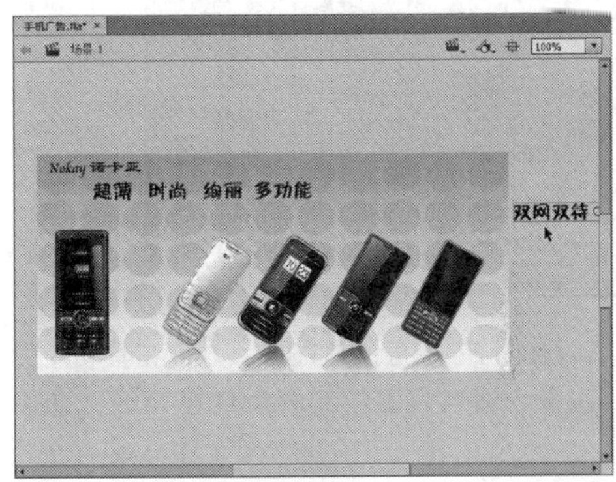

图24-43 将元件拖曳至舞台中

STEP 05 在“图层5”图层的第40帧，插入关键帧，将对应的实例向左拖曳，如图24-44所示。

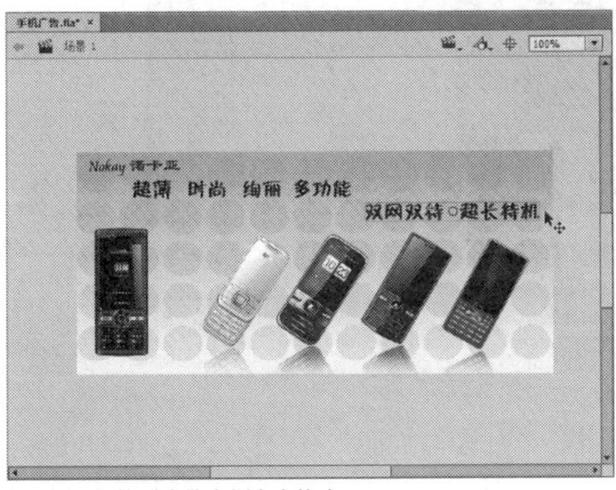

图24-44 将对应的实例向左拖曳

STEP 06 在“图层5”图层的关键帧之间，创建传统补间动画，如图24-45所示。

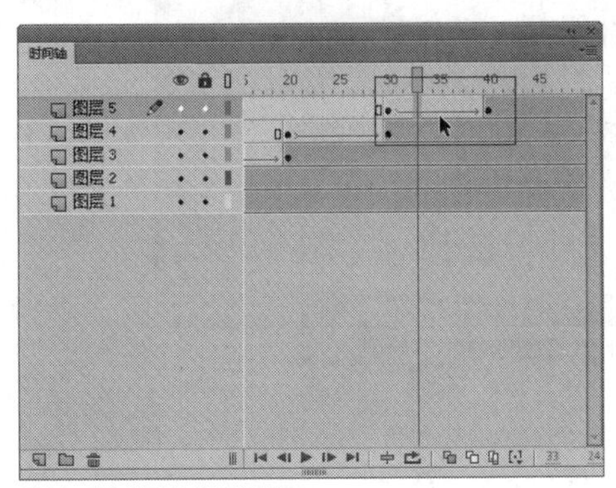

图24-45 创建传统补间动画

STEP 07 在“时间轴”面板中，按【Enter】键，预览制作的文字动画，效果如图24-46所示。

图24-46 预览制作的文字动画

实战583 制作遮罩动画

▶素材位置：光盘\效果\第24章\手机广告.fla、手机广告.swf
▶视频位置：光盘\视频\第24章\实战583.mp4

• 实例介绍 •

制作《手机广告》动画中，制作遮罩动画是让动画效果更加具有动感，使动画变化更加多样化。

• 操作步骤 •

STEP 01 在“时间轴”面板中新建7个图层，选择“图层2”图层至“图层7”图层的第70帧，插入空白关键帧，如图24-47所示。

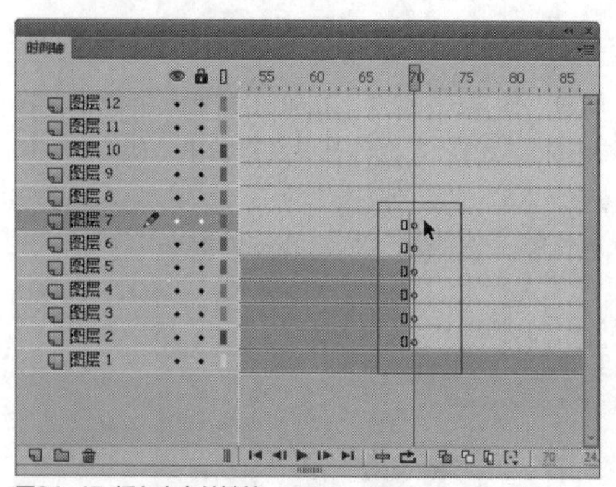

图24-47 插入空白关键帧

STEP 02 选择“图层6”图层的第70帧，在“库”面板中将“元件3”元件拖曳至舞台适当位置，如图24-48所示。

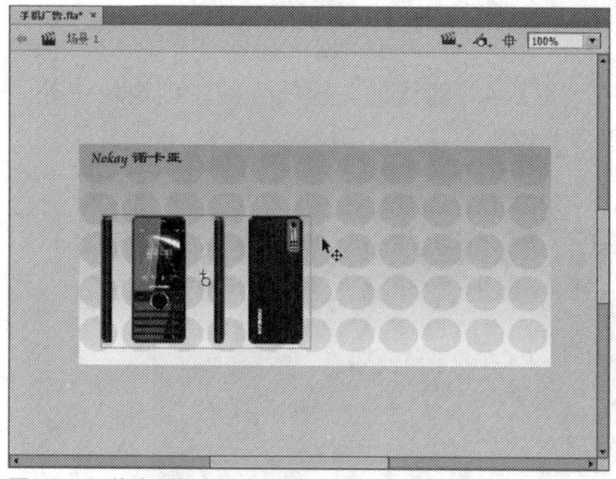

图24-48 拖曳至舞台适当位置

STEP 03 选择“图层7”图层的第70帧，选取工具箱中的矩形工具，在舞台适当位置绘制一个红色矩形，如图24-49所示。

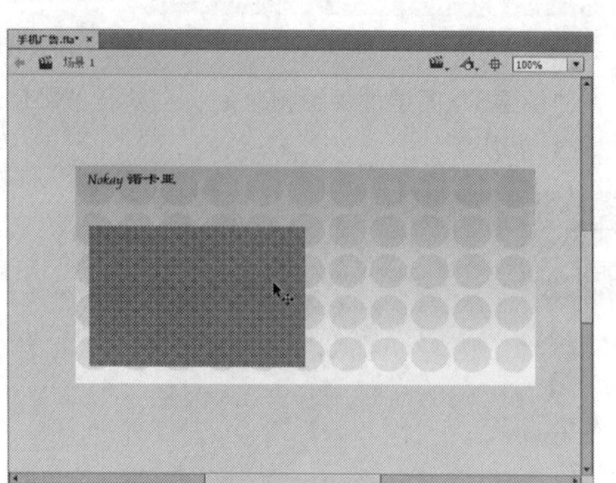

图24-49 绘制一个红色矩形

STEP 04 在“图层6”的第80帧，插入关键帧，将第70帧的实例向下拖曳，如图24-50所示。

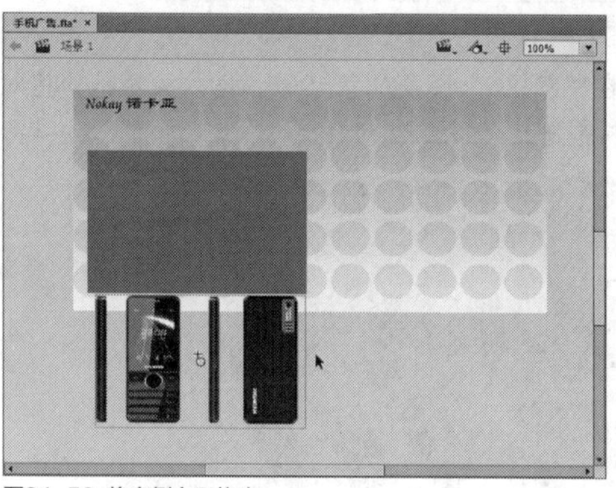

图24-50 将实例向下拖曳

STEP 05 在“图层6”图层的关键帧之间，创建补间动画，如图24-51所示。

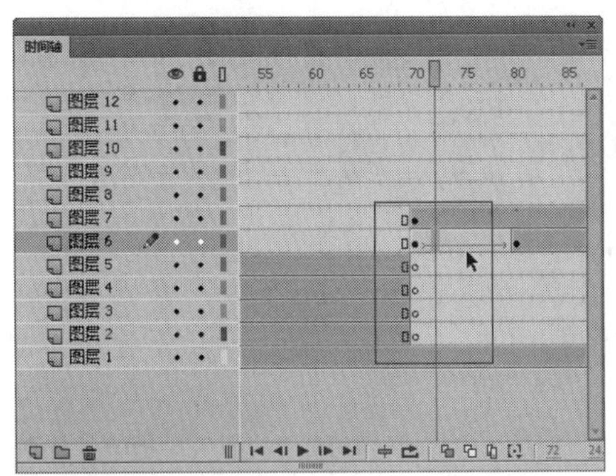

图24-51 创建补间动画

STEP 06 为“图层7”图层添加遮罩动画，如图24-52所示。

图24-52 添加遮罩动画

STEP 07 用与上同样的方法，为“图层8”图层和“图层9”图层添加相应的补间动画和遮罩动画，“时间轴”面板与舞台动画效果如图24-53所示。

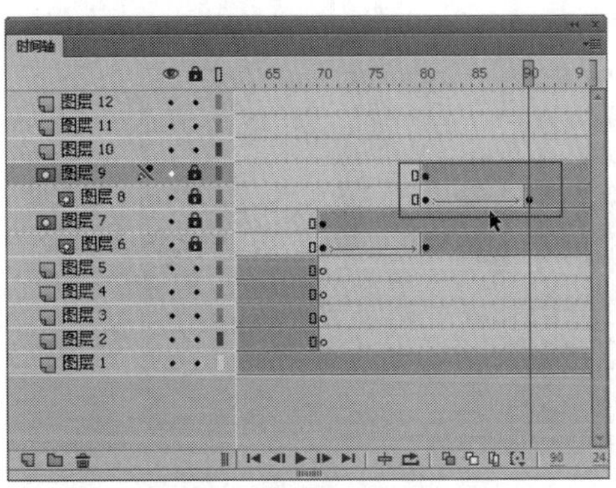

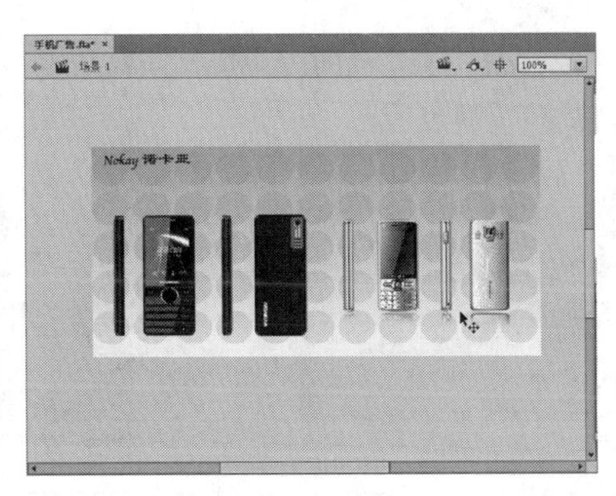

图24-53 “时间轴”面板与舞台动画效果

STEP 08 在“图层10”图层的第90帧插入关键帧，在“库”面板中将“元件7”元件拖曳至舞台中，如图24-54所示。

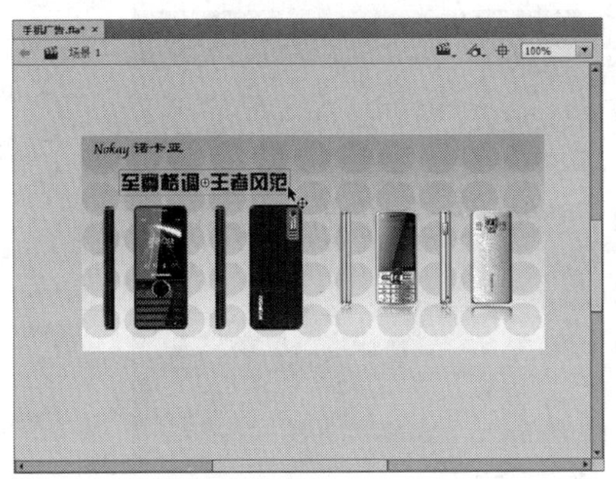

图24-54 将元件拖曳至舞台中

STEP 09 在“图层10”图层的第100帧，插入关键帧，将第90帧的实例水平翻转，如图24-55所示。

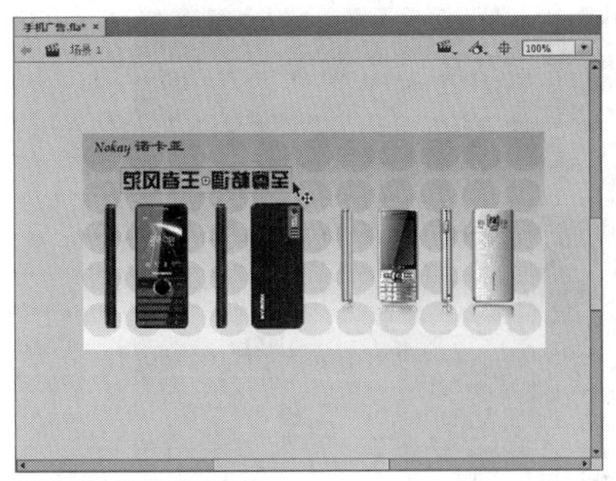

图24-55 将实例水平翻转

STEP 10 在“图层10”的第90帧至第100帧的任意一帧上，创建传统补间，如图24-56所示。

STEP 11 在“图层11”和“图层12”图层的第100帧插入关键帧，选择“图层11”图层的第100帧，将“库”面板中的“元件8”元件拖曳至舞台中适当位置，并添加投影滤镜，如图24-57所示。

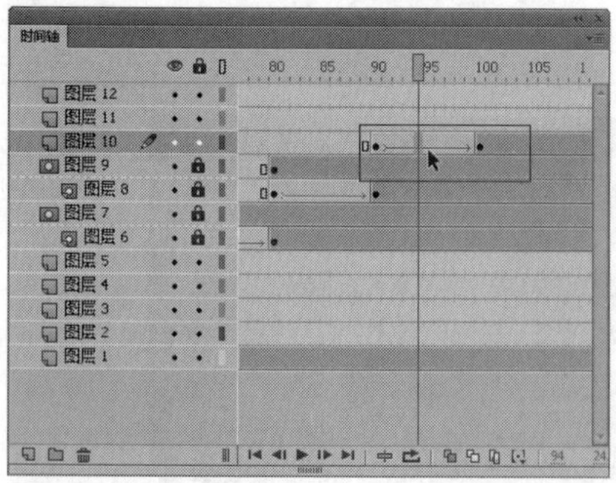

图24-56 创建传统补间动画

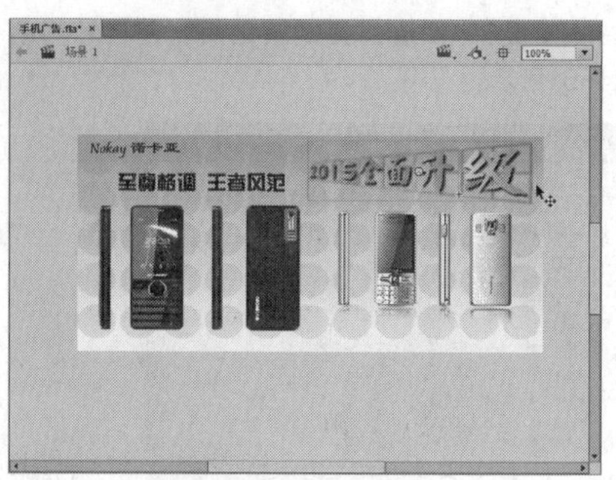

图24-57 拖曳至舞台并添加投影滤镜

STEP 12 选择“图层12”图层的第100帧，选取工具箱中的矩形工具，在舞台中的适当位置绘制一个红色的矩形，如图24-58所示。

STEP 13 在“图层12”图层的第110帧插入关键帧，选取工具箱中的任意变形工具，将舞台中对应的图形对象放大至覆盖实例，如图24-59所示。

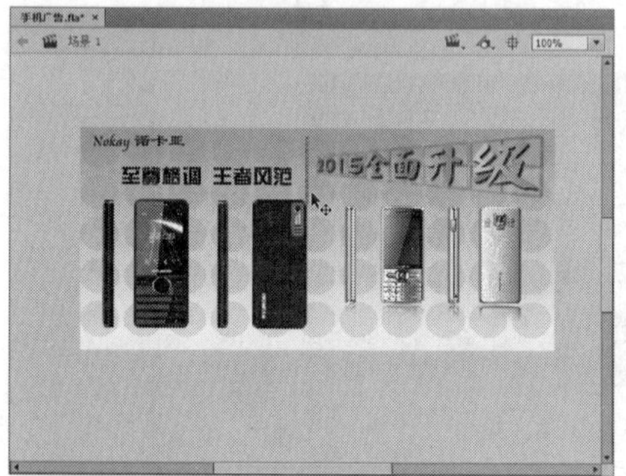

图24-58 绘制一个红色的矩形

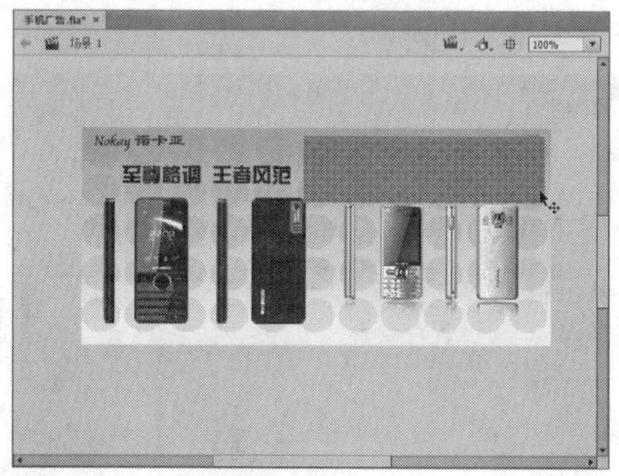

图24-59 将图形放大至覆盖实例

STEP 14 在“图层12”图层的关键帧之间，创建形状补间动画，如图24-60所示。

STEP 15 选择“图层12”图层，单击鼠标右键，在弹出的快捷菜单中选择“遮罩层”选项，即可创建遮罩动画，“时间轴”面板如图24-61所示。

图24-60 创建形状补间动画

图24-61 “时间轴”面板

STEP 16 至此，《手机广告》实例制作完成，按【Ctrl + Enter】组合键，测试动画，效果如图24-62所示。

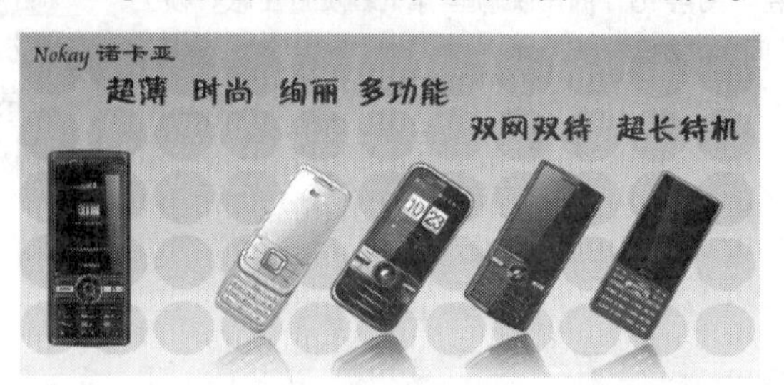

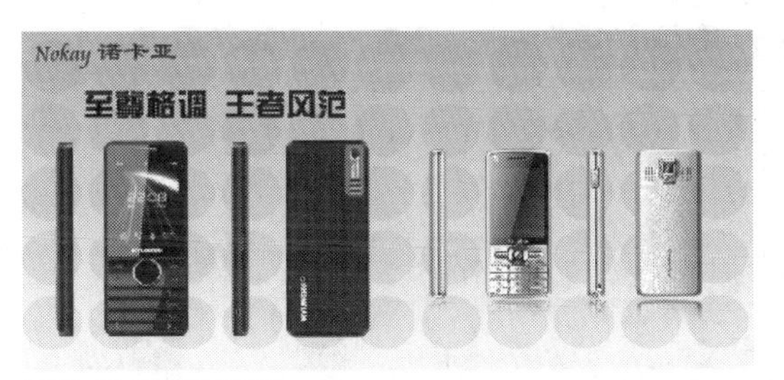

图24-62 测试动画效果

24.3 商业类动画——铃声下载

用户在网站上均可以看到一些商业类的Flash动画，也是对产品的一种宣传，提高产品的销量。本节主要介绍商业类动画——《铃声下载》动画实例的制作方法，效果如图24-63所示。

图24-63 《铃声下载》实例效果

实战584 设置舞台尺寸

▶素材位置：光盘\素材\第24章\铃声下载.fla
▶视频位置：光盘\视频\第24章\实战584.mp4

• 实例介绍 •

在制作《铃声下载》实例动画中，用户首先需要打开一个素材文件，并设置舞台的尺寸大小，为后面的操作做铺垫。下面向读者介绍设置舞台尺寸的操作方法。

• 操作步骤 •

STEP 01 单击“文件”|“打开”命令，打开一个包含素材图像的文件，其“库”面板如图24-64所示。

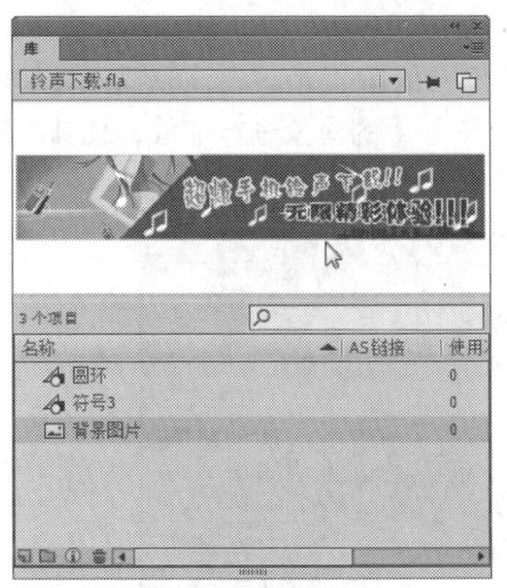

图24-64 “库”面板中的素材

STEP 02 在舞台中的空白位置上，单击鼠标右键，在弹出的快捷菜单中选择“文档”选项，如图24-65所示。

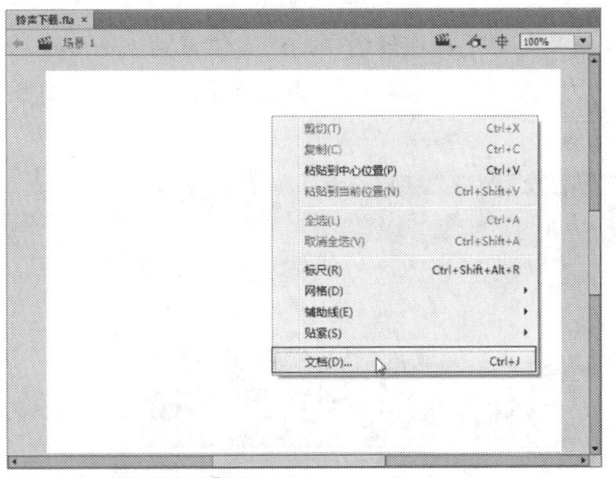

图24-65 选择“文档”选项

STEP 03 弹出“文档设置”对话框，在其中设置“宽”为“600像素”、“高”为“120像素”、“背景颜色”为灰色（#CCCCCC），如图24-66所示。

STEP 04 单击“确定”按钮，即可设置文档中舞台的尺寸属性，如图24-67所示。

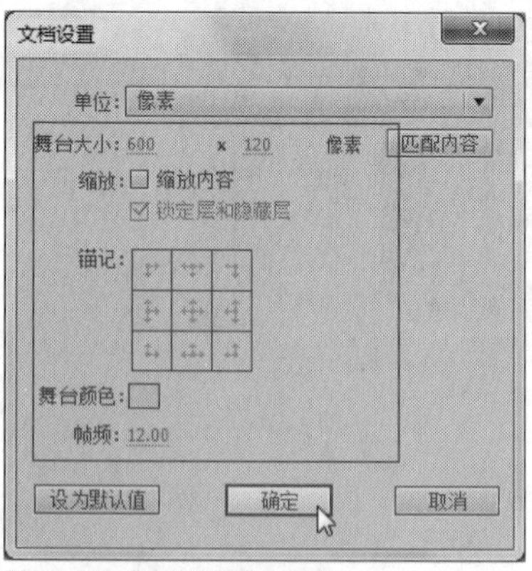

图24-66 “文档设置”对话框

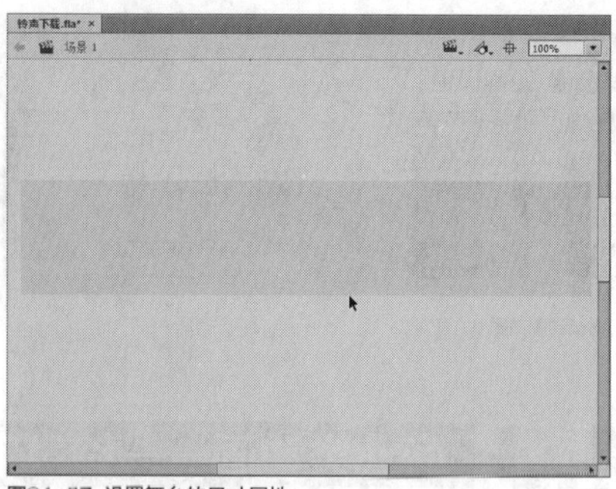
图24-67 设置舞台的尺寸属性

实战585 制作背景动画

▶素材位置：无
▶视频位置：光盘\视频\第24章\实战585.mp4

• 实例介绍 •

在制作《铃声下载》实例动画中，用户通过“遮罩层”功能，可以制作背景的遮罩动画效果。

• 操作步骤 •

STEP 01 将“库”面板中的“背景图片”图像拖曳至舞台中的适当位置，如图24-68所示。

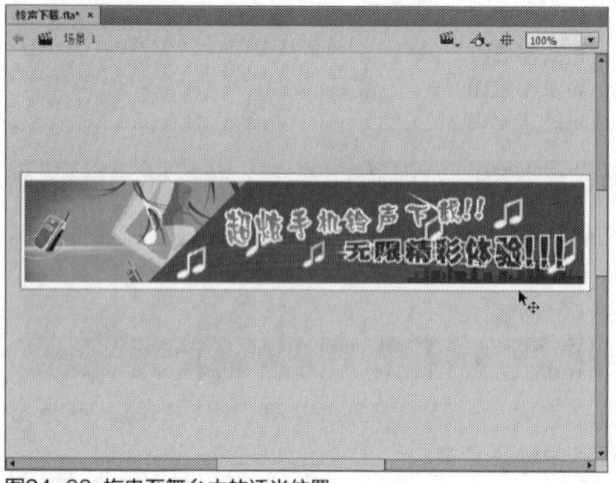
图24-68 拖曳至舞台中的适当位置

STEP 02 选择“图层1”图层的第50帧，在该帧插入帧，新建“图层2”图层，如图24-69所示。

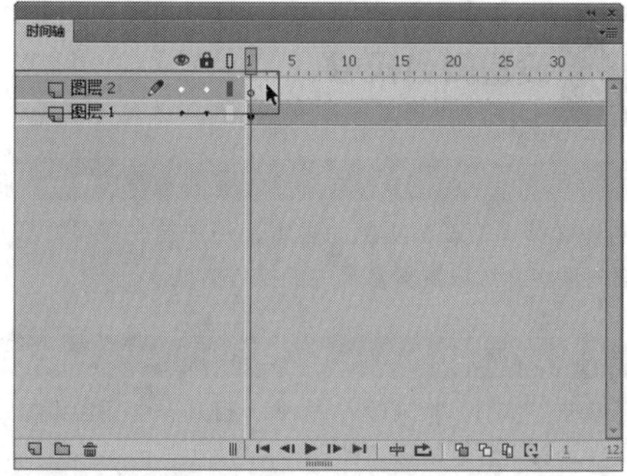

图24-69 新建“图层2”图层

STEP 03 运用矩形工具在舞台中的适当位置绘制一个“笔触颜色”为无、“填充颜色”为任意色的矩形，如图24-70所示。

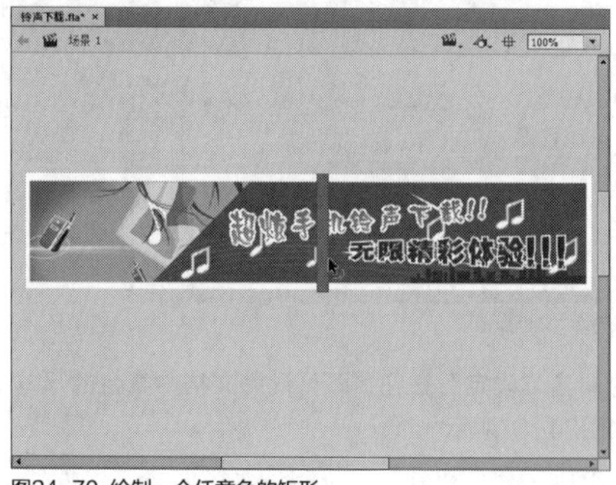
图24-70 绘制一个任意色的矩形

STEP 04 选择“图层2”图层的第10帧，在该帧插入关键帧，运用任意变形工具对该帧中的对象进行缩放，使其覆盖整个舞台，如图24-71所示。

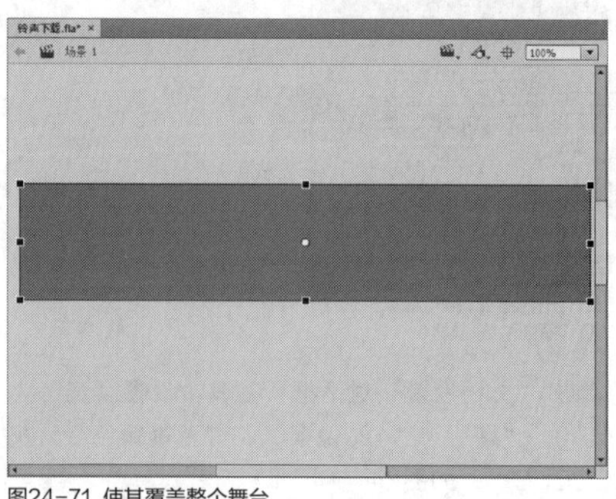
图24-71 使其覆盖整个舞台

STEP 05 在“图层2”图层的第1帧至第10帧之间，单击鼠标右键，在弹出的快捷菜单中选择“创建补间形状”选项，即可创建补间形状动画，如图24-72所示。

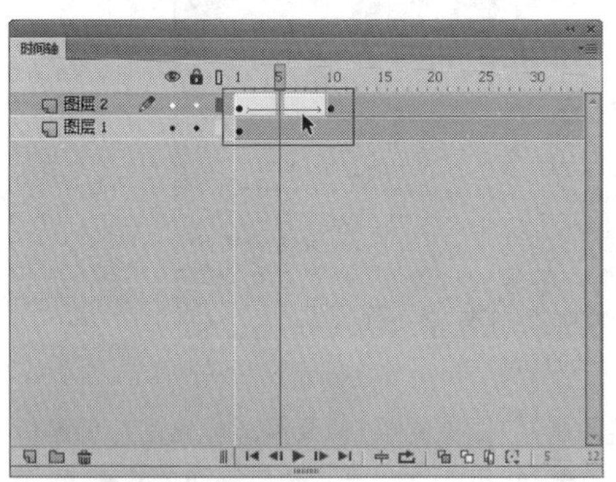

图24-72 创建补间形状动画

STEP 06 在“图层2”图层的图层名称上，单击鼠标右键，在弹出的快捷菜单中选择“遮罩层”选项，即可创建遮罩层，如图24-73所示。

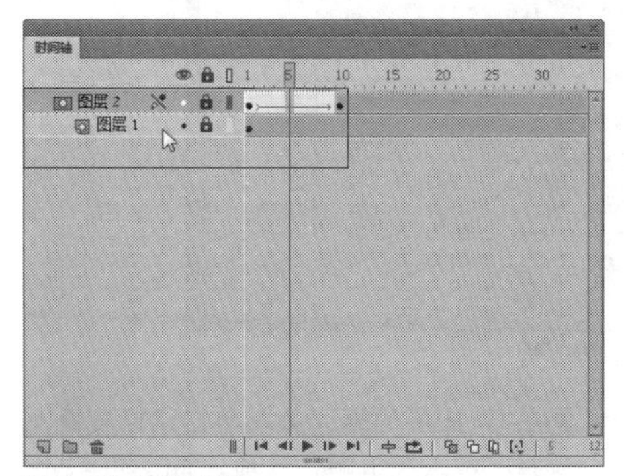

图24-73 创建遮罩层

STEP 07 在“时间轴”面板中，按【Enter】键，预览制作的背景动画，效果如图24-74所示。

图24-74 预览制作的背景动画

实战 586 制作引导动画

▶素材位置：无
▶视频位置：光盘\视频\第24章\实战586.mp4

• 实例介绍 •

在制作《铃声下载》实例动画中，通过制作引导层动画，可以让图形沿路径的位置进行运动。下面向读者介绍制作图形引导动画的操作方法。

• 操作步骤 •

STEP 01 单击“插入”|“新建元件”命令，弹出“创建新元件”对话框，在其中设置“名称”为“音符”、“类型”为“影片剪辑”，如图24-75所示，单击“确定”按钮，进入元件编辑模式。

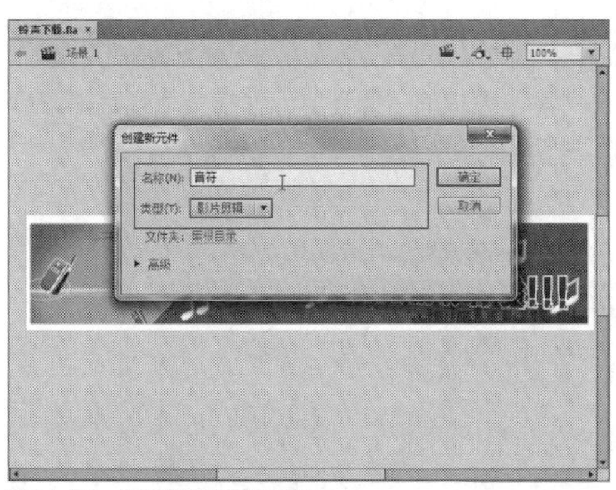

图24-75 “创建新元件”对话框

STEP 02 在“图层1”上，单击鼠标右键，在弹出的快捷菜单中选择“添加传统运动引导层”选项，即可新建引导层，如图24-76所示。

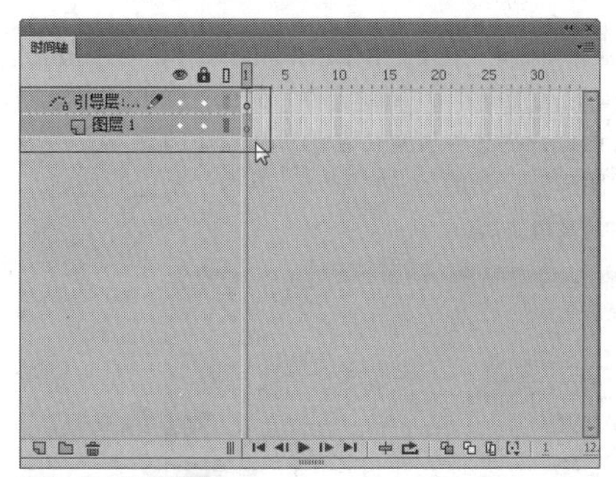

图24-76 新建引导层

STEP 03 运用铅笔工具，在舞台中的适当位置绘制一条“笔触颜色”为任意色的曲线，并在该图层的第30帧插入帧，如图24-77所示。

STEP 04 选择“图层1”图层的第1帧，将“库”面板中的“符号3”元件拖曳至曲线的右侧，如图24-78所示。

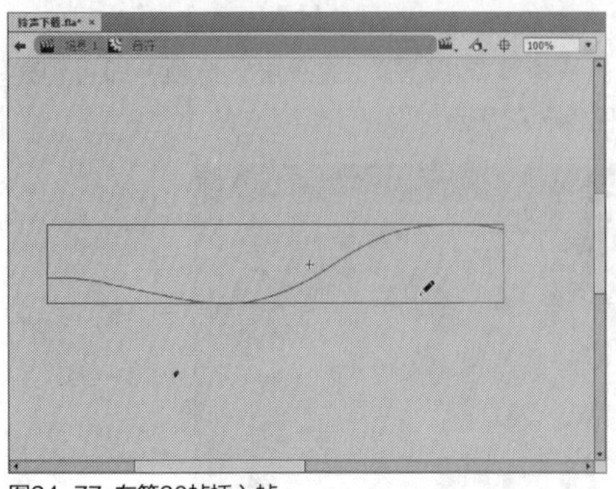

图24-77 在第30帧插入帧

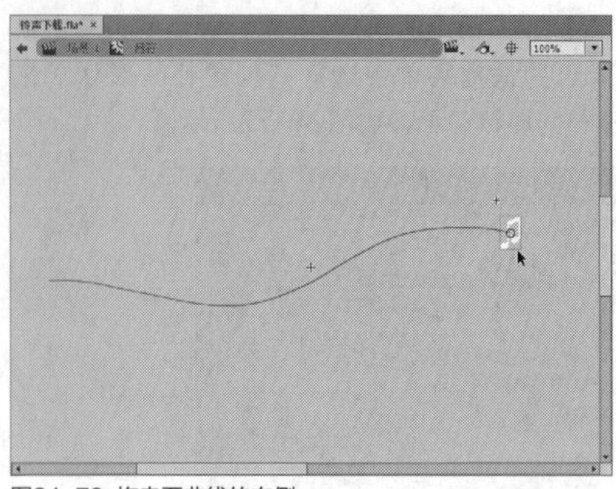

图24-78 拖曳至曲线的右侧

STEP 05 选择“图层1”图层的第30帧，单击鼠标右键，弹出快捷菜单，选择“插入关键帧”选项，将“符号3”元件拖曳至曲线的左侧，如图24-79所示。

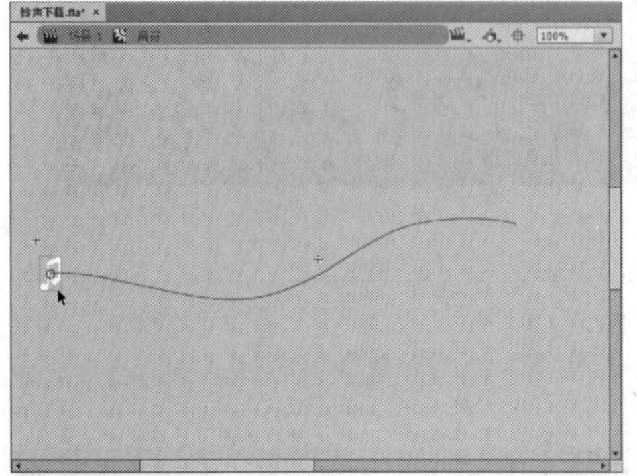

图24-79 拖曳至曲线的左侧

STEP 06 在“图层1”图层的第1帧至第30帧之间，创建传统补间动画，如图24-80所示，完成引导层动画的制作。

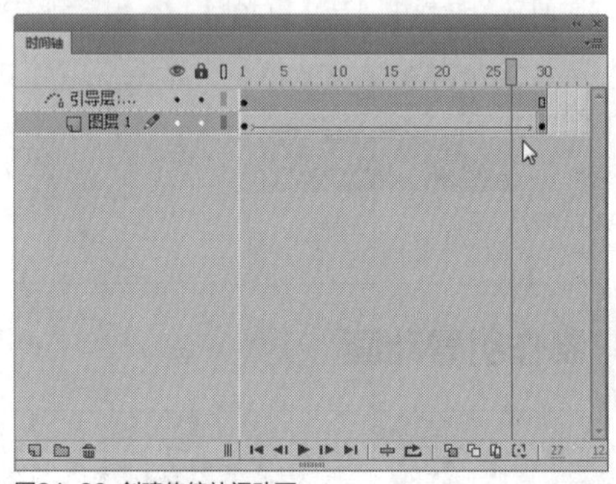

图24-80 创建传统补间动画

实战 587 制作圆环动画

▶素材位置：无
▶视频位置：光盘\视频\第24章\实战587.mp4

• 实例介绍 •

在制作《铃声下载》实例动画中，首先将圆环图形设置为元件，然后通过设置“旋转”为“顺时针”，即可制作出圆环旋转的运动效果。

• 操作步骤 •

STEP 01 单击“插入”|“新建元件”命令，弹出“创建新元件”对话框，在其中设置“名称”为“小圆环”、“类型”为“图形”，如图24-81所示，单击“确定”按钮，进入元件编辑模式。

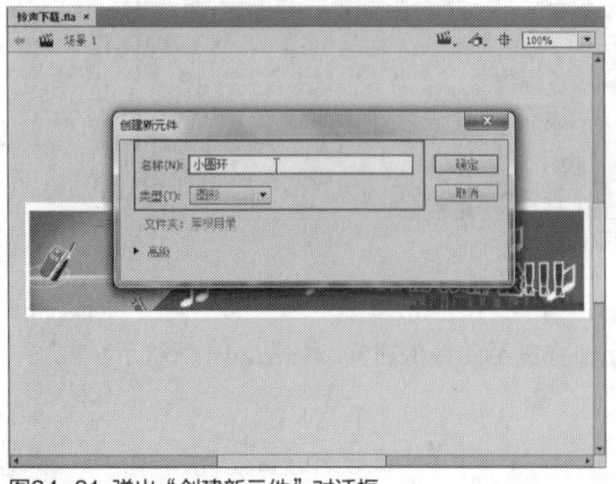

图24-81 弹出“创建新元件”对话框

STEP 02 将“库”面板的“圆环”元件拖曳至舞台中适当位置，如图24-82所示。

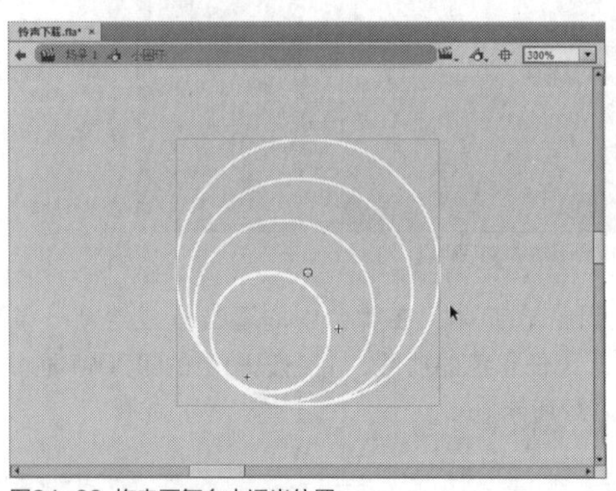

图24-82 拖曳至舞台中适当位置

STEP 03 在“图层1”图层的第20帧插入关键，然后在该图层的第1帧至第20帧之间，创建传统补间动画，如图24-83所示。

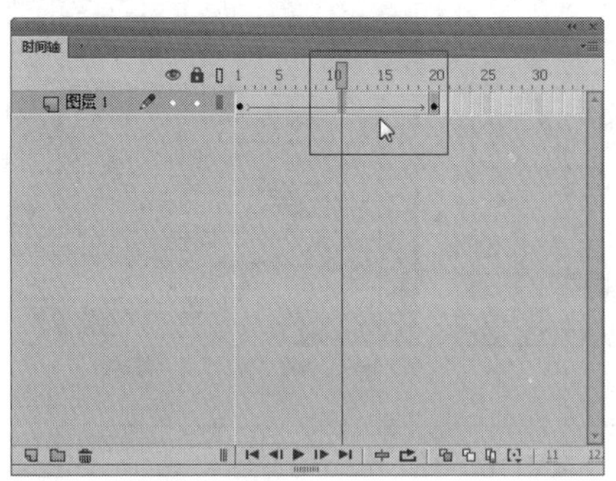

图24-83 创建传统补间动画

STEP 04 选择第1帧，在“属性”面板中设置“旋转”为“顺时针”、“旋转数”为1，如图24-84所示。

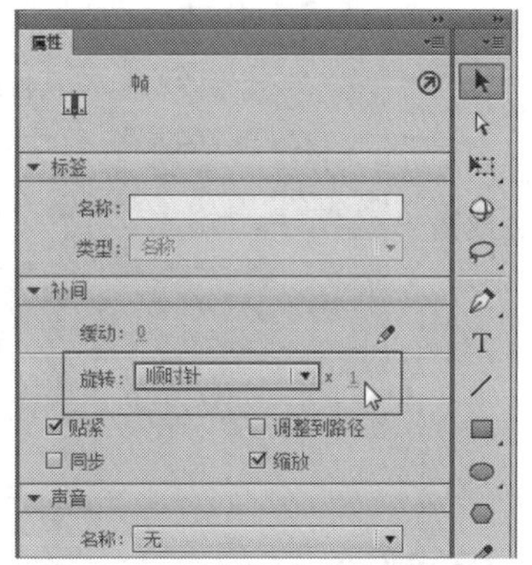

图24-84 设置“旋转”为“顺时针”

STEP 05 用与上同样的方法，新建一个“名称”为“大圆套小圆”的影片剪辑元件，进入该元件的编辑模式，将“库”面板中的“圆环”元件拖曳至舞台中的适当位置，如图24-85所示。

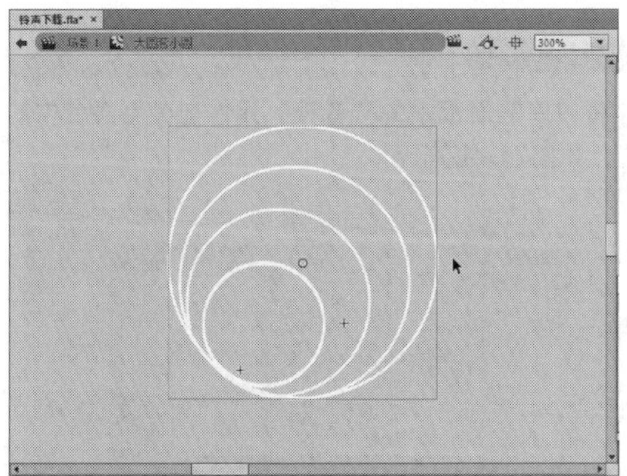

图24-85 拖曳至舞台中的适当位置

STEP 06 新建“图层2”图层，将“小圆环”元件拖曳至舞台中的适当位置，并运用任意变形工具对其进行适当的缩放操作，如图24-86所示。

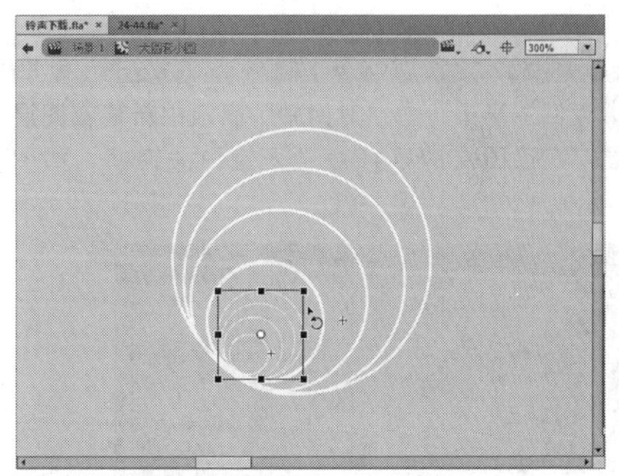

图24-86 进行适当的缩放操作

STEP 07 按住【Ctrl】键的同时，分别选择“图层1”和“图层2”的第20帧，单击鼠标右键，弹出快捷菜单，选择“插入帧”选项，插入普通帧，如图24-87所示。

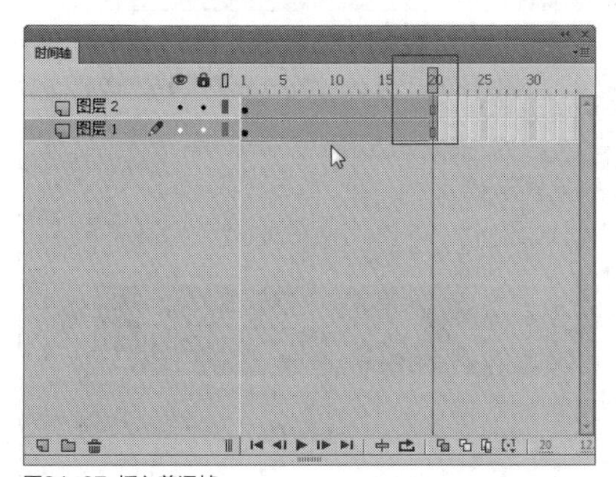

图24-87 插入普通帧

STEP 08 用与上同样的方法，再次新建一个“名称”为“圆环动画”的影片剪辑元件，进入该元件编辑模式，将“库”面板中的“大圆套小圆”元件拖曳至舞台中的适当位置，如图24-88所示。

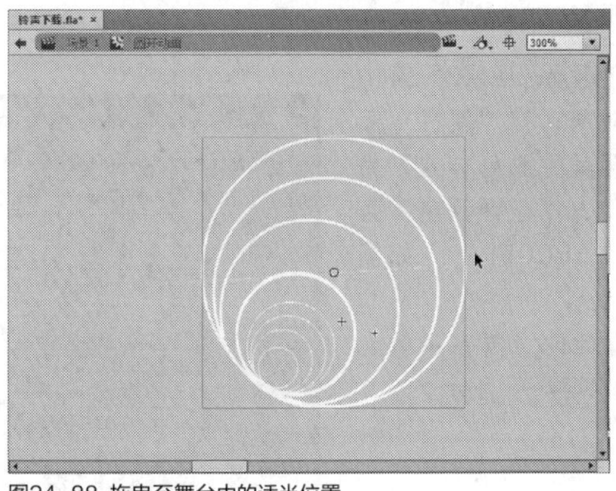

图24-88 拖曳至舞台中的适当位置

STEP 09 在"图层1"的第20帧插入关键帧，并在第1帧至第20帧之间创建补间动画，如图24-89所示。

STEP 10 选择第1帧，在"属性"面板中设置"旋转"为"顺时针"、"旋转数"为1，如图24-90所示，完成圆环动画的制作。

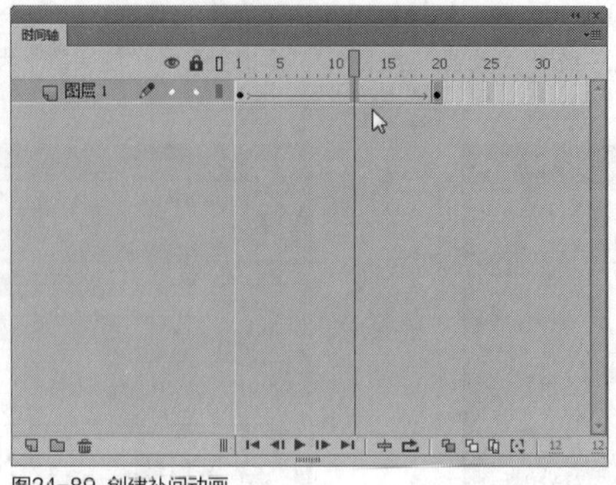
图24-89 创建补间动画

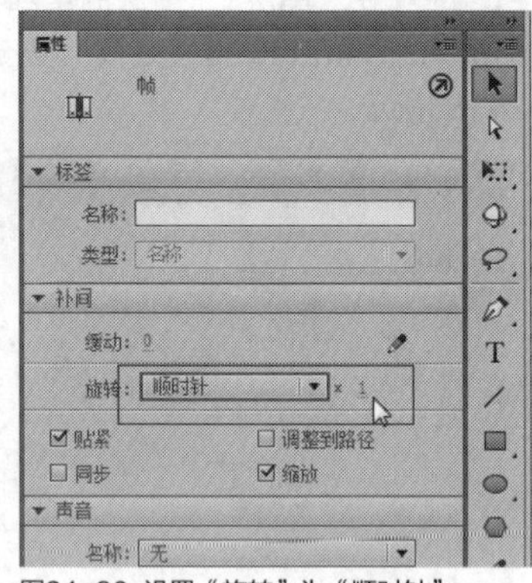
图24-90 设置"旋转"为"顺时针"

实战 588 制作合成动画

▶素材位置：光盘\效果\第24章\铃声下载.fla、铃声下载.swf
▶视频位置：光盘\视频\第24章\实战588.mp4

• 实例介绍 •

在制作《铃声下载》实例动画中，当用户制作好各种引导动画与圆环动画后，按下面需要在场景中将这些制作的元件动画进行合成操作，使其成为一个完整的动画文件。

• 操作步骤 •

STEP 01 返回主场景，在"时间轴"面板中新建"图层3"图层，在该图层的第10帧插入空白关键帧，如图24-91所示。

STEP 02 将"库"面板中的"音符"元件拖曳至舞台中的适当位置，如图24-92所示。

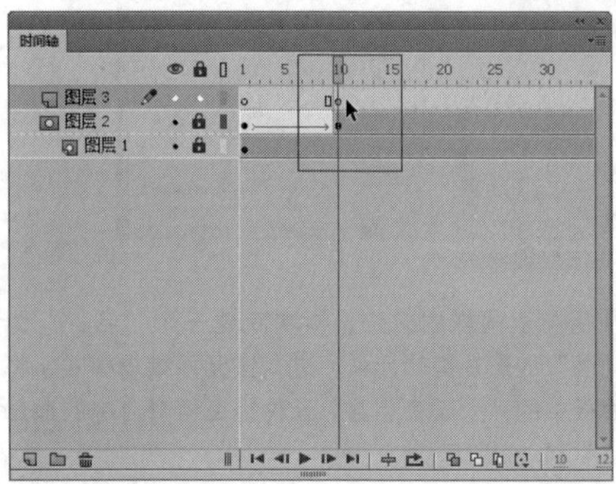
图24-91 插入空白关键帧

图24-92 拖曳至舞台中的适当位置

STEP 03 选择"图层3"第10帧中的对象，在"属性"面板中设置其"颜色样式"为"色调"、"色调颜色"为粉红（#FF00FF），如图24-93所示。

STEP 04 此时，舞台中的元件效果如图24-94所示。

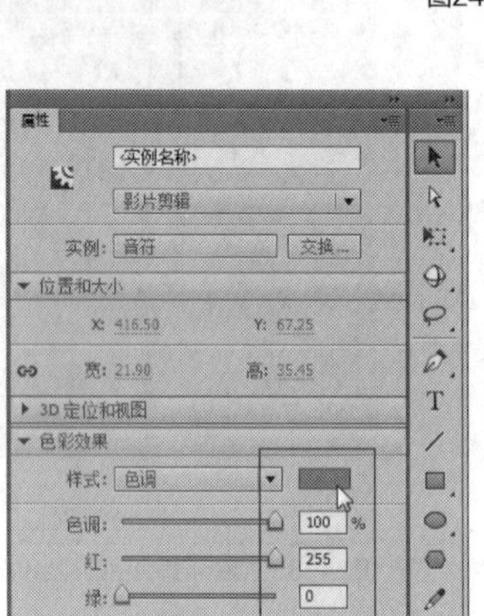
图24-93 设置元件颜色样式

图24-94 舞台中的元件效果

STEP 05 重复上述操作，再拖曳2个“音符”元件至舞台，并进行相应操作（色调颜色可根据用户的喜好进行设置），操作完成后的“时间轴”面板与舞台效果如图24-95所示。

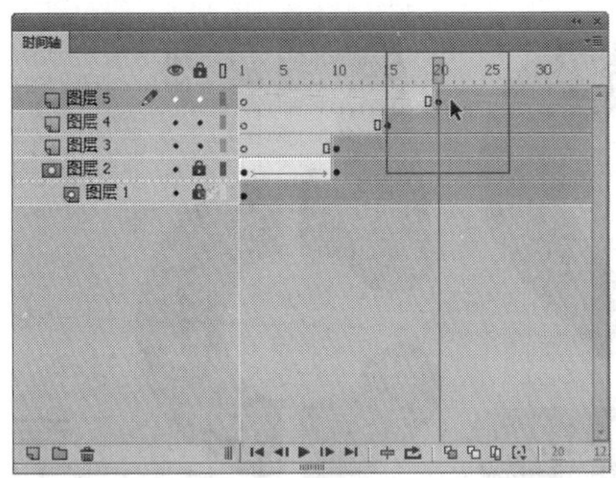
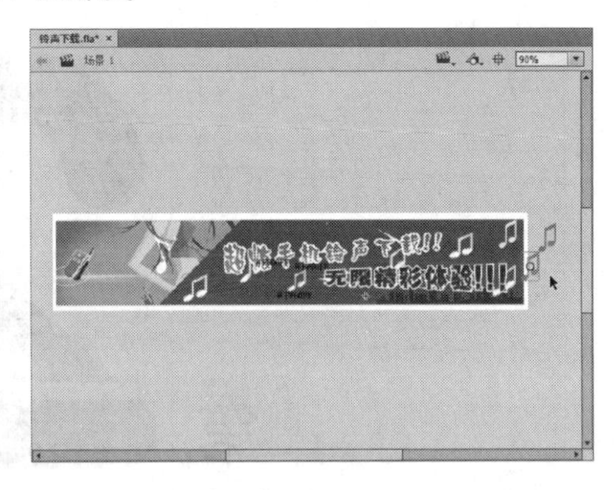

图24-95 “时间轴”面板与舞台效果

STEP 06 新建“图层4”图层，在该图层的第10帧插入空白关键帧，从“库”面板中拖曳两个“圆环动画”元件动画至舞台中的适当位置，并运用任意变形工具对其进行适当的缩放和旋转操作，如图24-96所示。

图24-96 适当的缩放和旋转操作

STEP 07 选择“图层6”图层的第50帧，在该帧插入关键帧，按【F9】键，弹出“动作”面板，在其中输入相应代码，如图24-97所示。

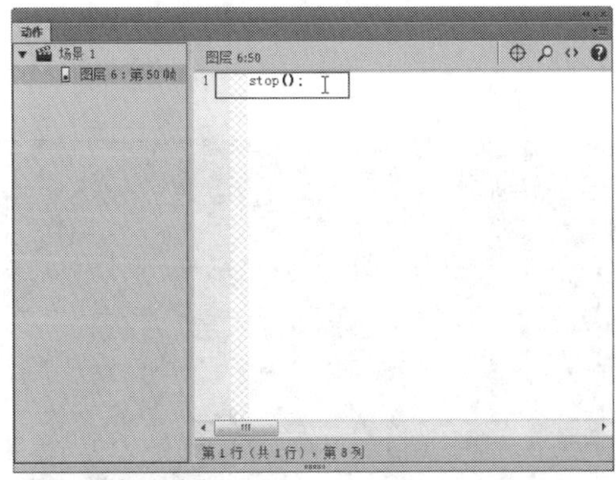

图24-97 输入相应代码

STEP 08 至此，《铃声下载》实例制作完成，按【Ctrl＋Enter】组合键，测试动画，效果如图24-98所示。

图24-98 测试动画效果

第25章 实战案例——商业动画

本章导读

网络商业广告作为一种全新的广告形式，之所以受到各企业的重视，是因为它与电视、广播、报纸、杂志等媒体广告相比，具有交互性、快捷性、多样性以及可重复性强等优点，并且不受时间限制，传播范围广。由于Flash对网页具有良好的兼容性，并且有强大的交互功能，因此成为商业广告制作的首选工具。本章主要向读者介绍制作汽车类广告——《凯瑞汽车》、电子类广告——《数码相机》、珠宝类广告——《宝莱蒂珠宝》实例效果的制作方法。

要点索引

- 汽车类广告——凯瑞汽车
- 电子类广告——数码相机
- 珠宝类广告——宝莱蒂珠宝

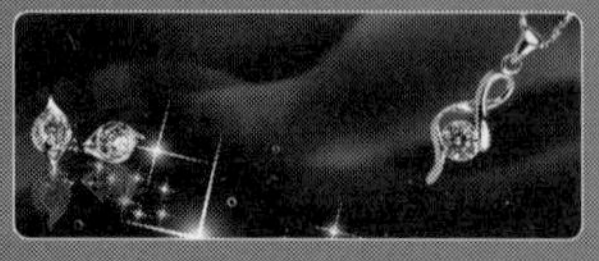

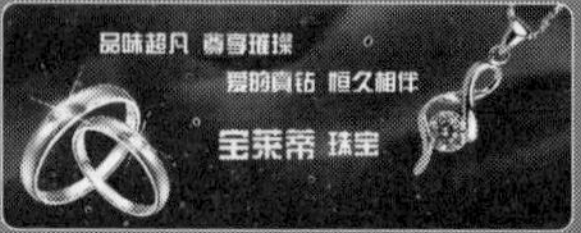

25.1 汽车类广告——凯瑞汽车

随着经济的发展，越来越多的人拥有汽车，汽车成了大多数人出行的工具，方便了人们的生活，用户可以使用Flash CC软件来制作汽车类的广告动画。本节主要介绍《凯瑞汽车》动画实例的制作方法，效果如图25-1所示。

图25-1 《凯瑞汽车》实例效果

实战 589 制作背景效果

▶ **素材位置：** 光盘\素材\第25章\凯瑞汽车.fla
▶ **视频位置：** 光盘\视频\第25章\实战589.mp4

• 实例介绍 •

在制作《凯瑞汽车》实例动画中，制作背景是影片中最重要的一部分，好的背景效果对于观众来说具有一定的吸引力。下面向读者介绍制作背景效果的操作方法。

• 操作步骤 •

STEP 01 单击“文件”|“打开”命令，打开一个素材文件，“库”面板如图25-2所示。

STEP 02 在“库”面板中，选择“背景.png”素材，单击鼠标左键并将其拖曳至舞台中，如图25-3所示。

图25-2 “库”面板中的素材

图25-3 将素材拖曳至舞台中

STEP 03 在图像外任意位置单击鼠标右键，在弹出的快捷菜单中，选择“文档”选项，在弹出的“文档设置”对话框中，单击“匹配内容”按钮，如图25-4所示，单击“确定”按钮。

STEP 04 执行操作后，即可完成对背景的设置，效果如图25-5所示。

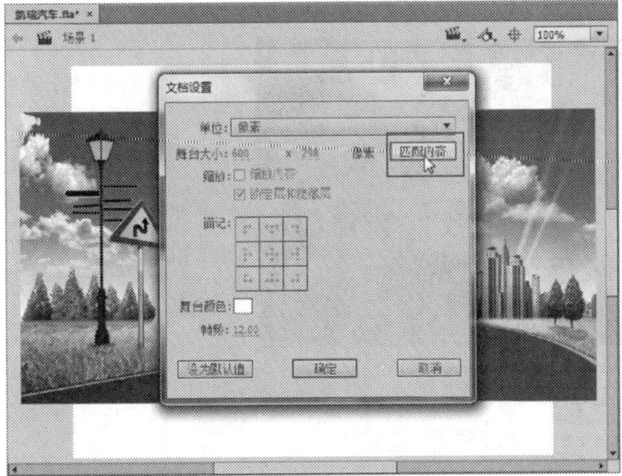

图25-4 单击“匹配内容”按钮

图25-5 完成对背景的设置

实战590 制作汽车标志

▶素材位置：无
▶视频位置：光盘\视频\第25章\实战590.mp4

• 实例介绍 •

在制作《凯瑞汽车》实例动画中，汽车标志是汽车广告中的品牌对象，汽车标志一定要明显，让观众印象深刻。下面向读者介绍制作汽车标志的操作方法。

• 操作步骤 •

STEP 01 在“时间轴”面板中，单击面板底部的“新建图层”按钮，新建4个普通图层，如图25-6所示。

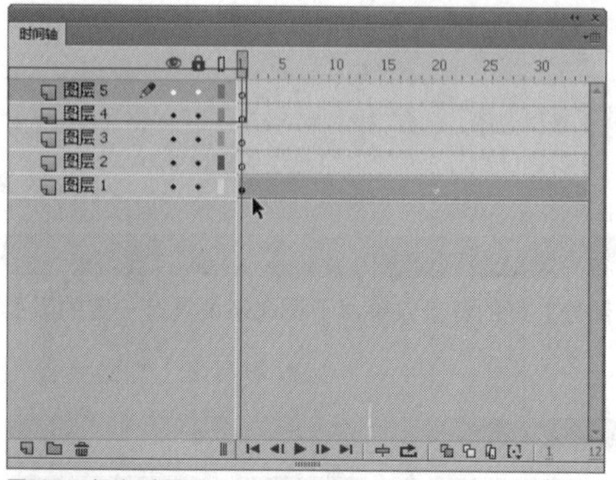

图25-6 新建4个图层

STEP 02 选择“图层2”的第1帧，在“库”面板中将“标志”拖曳至舞台中，选取工具箱中的任意变形工具将其放大，如图25-7所示。

图25-7 使用工具将其放大

STEP 03 在“图层2”的第10帧插入关键帧，将舞台中对应的实例缩小，如图25-8所示。

图25-8 将舞台中对应的实例缩小

STEP 04 在“图层2”的关键帧之间，创建传统补间动画，如图25-9所示。

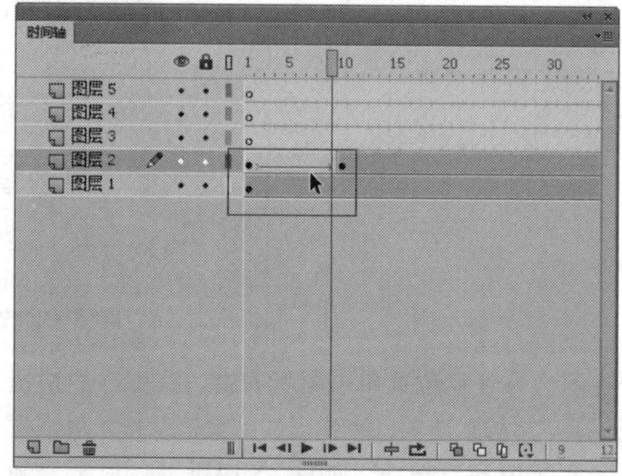

图25-9 创建传统补间动画

STEP 05 在“时间轴”面板中，按【Enter】键，预览制作的标志动画，效果如图25-10所示。

图25-10 预览制作的标志动画

实战 591 制作图形动画

▶素材位置：无
▶视频位置：光盘\视频\第25章\实战591.mp4

• 实例介绍 •

在制作《凯瑞汽车》实例动画中，用户需要制作出汽车图形的开车效果，才能体现出汽车的整体质感。下面向读者介绍制作汽车图形动画效果的操作方法。

• 操作步骤 •

STEP 01 在“图层3”的第12帧插入关键帧，将“库”面板中的“汽车”拖曳至舞台中，适当调整其大小和位置，如图25-11所示。

图25-11 调整其大小和位置

STEP 02 在“图层3”的第20帧、第22帧和第30帧插入关键帧，如图25-12所示。

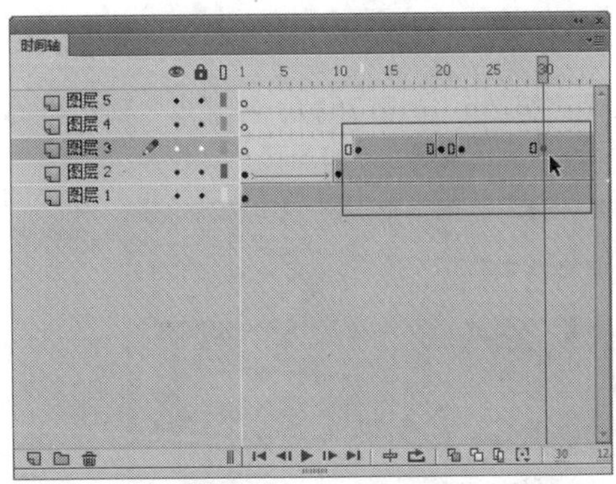

图25-12 插入关键帧

STEP 03 选择“图层3”的第12帧，将舞台中对应实例水平翻转，并适当调整其大小和位置，如图25-13所示。

图25-13 调整其大小和位置1

STEP 04 选择“图层3”的第20帧，将舞台中对应实例水平翻转，并适当调整其大小和位置，如图25-14所示。

图25-14 调整其大小和位置2

STEP 05 选择“图层3”的第22帧，调整舞台中实例的大小和位置，如图25-15所示。

图25-15 调整其大小和位置3

STEP 06 在“图层3”的关键帧之间，创建传统补间动画，如图25-16所示。

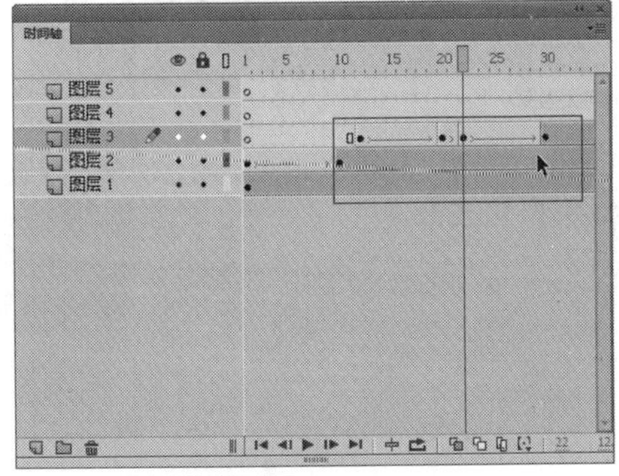

图25-16 创建传统补间动画

STEP 07 在“图层4”和“图层5”的第35帧插入关键帧，如图25-17所示。

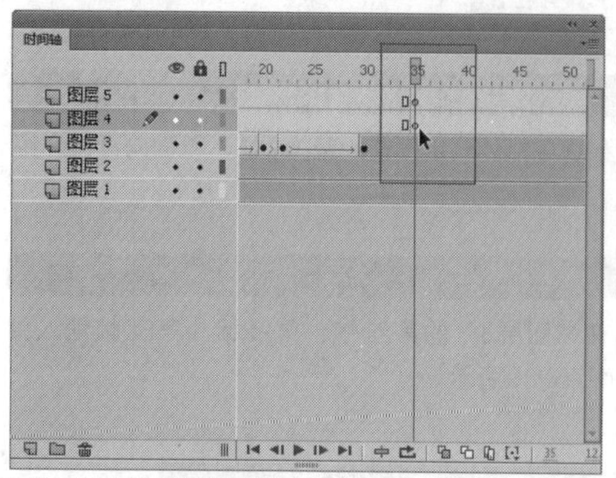

图25-17 在第35帧插入关键帧

STEP 08 选择“图层4”的第35帧，将“库”面板中的“文字”元件拖曳至编辑区，如图25-18所示。

图25-18 将元件拖曳至编辑区

STEP 09 选择“图层5”的第35帧，将“库”面板中的“广告语”元件拖曳至编辑区，如图25-19所示。

图25-19 拖曳至编辑区

STEP 10 在“时间轴”面板中，选择“图层4”和“图层5”的第45帧插入关键帧，如图25-20所示。

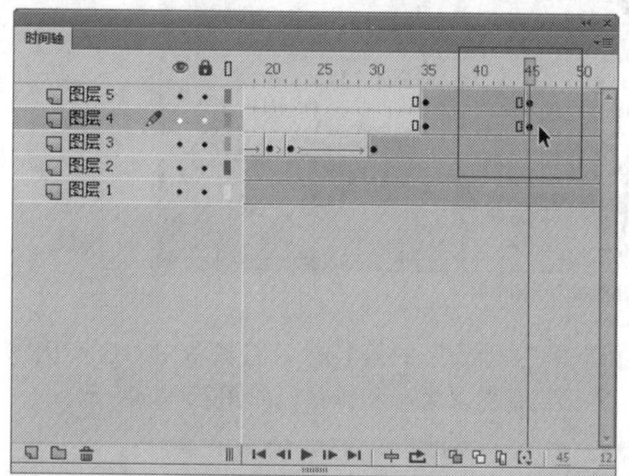

图25-20 插入关键帧

STEP 11 将“图层4”的第35帧对应的实例向上拖曳，如图25-21所示。

图25-21 将实例向上拖曳

STEP 12 将“图层5”的第35帧对应的实例向右拖曳，在“属性”面板中设置Alpha值为0，如图25-22所示。

图25-22 设置Alpha值为0

STEP 13 在“图层4”和“图层5”的关键帧之间创建传统补间动画，如图25-23所示。

STEP 14 在“图层4”和“图层5”的第85帧和第90帧插入关键帧，如图25-24所示。

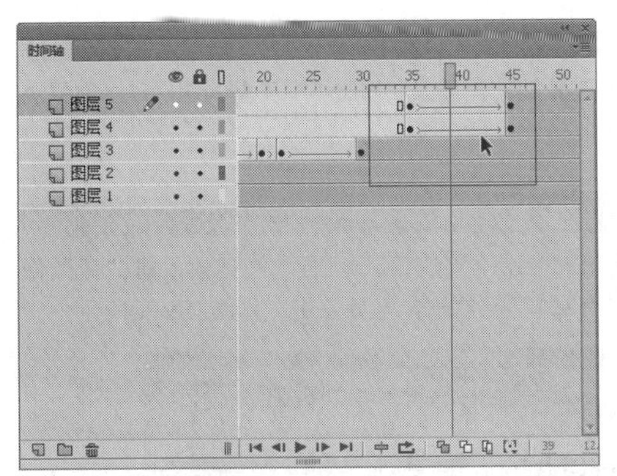

图25-23 创建传统补间动画

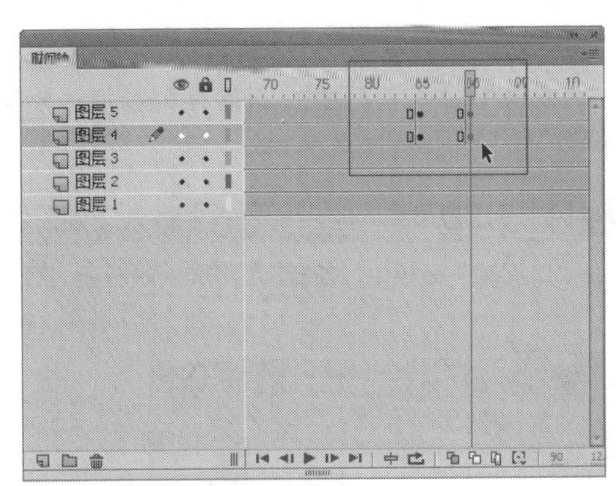

图25-24 插入关键帧

STEP 15 将“图层4”的第90帧对应的实例向左拖曳，并设置其Alpha值为0，如图25-25所示。

图25-25 设置“图层4”实例

STEP 16 将“图层5”的第90帧对应的实例向下拖曳，并设置其Alpha值为0，如图25-26所示。

图25-26 设置“图层5”实例

STEP 17 在“图层4”和“图层5”的第85帧至第90帧之间创建传统补间动画，“时间轴”面板如图25-27所示。

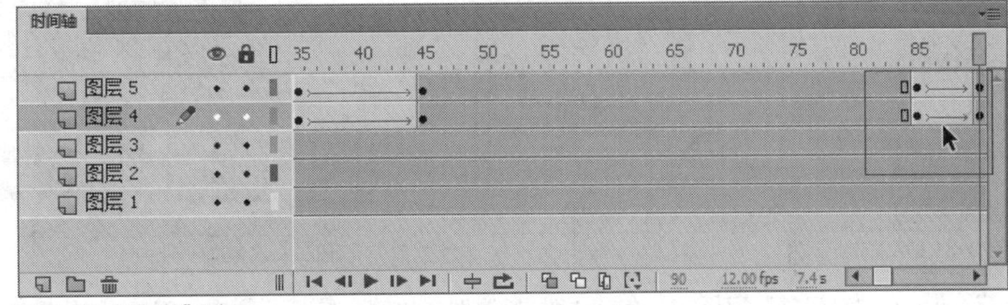

图25-27 “时间轴”面板

STEP 18 在“时间轴”面板中，按【Enter】键，预览制作的图形动画，效果如图25-28所示。

图25-28 预览制作的图形动画

实战 592 制作补间动画

▶ 素材位置：光盘\效果\第25章\凯瑞汽车.fla、凯瑞汽车.swf
▶ 视频位置：光盘\视频\第25章\实战592.mp4

• 实例介绍 •

在制作《凯瑞汽车》实例动画中，补间动画的功能十分强大，用户通过补间动画可以制作出不同类型的图形动画效果。下面向读者介绍制作补间动画的操作方法。

• 操作步骤 •

STEP 01 在“时间轴”面板中，新建3个图层，如图25-29所示。

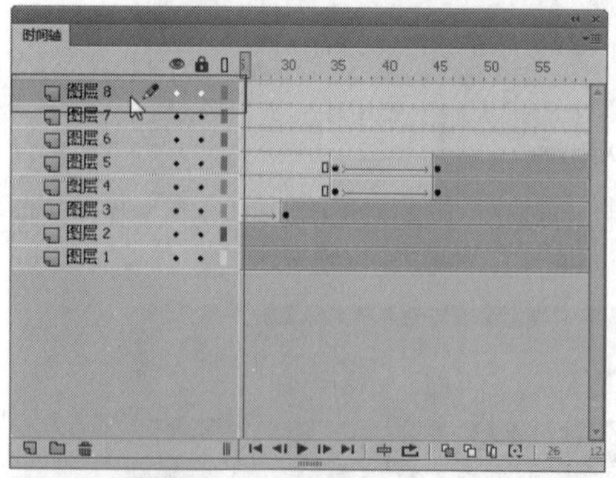

图25-29 新建3个图层

STEP 02 在“图层6”的第60帧插入关键帧，将“库”面板中的“汽车1”元件拖曳至舞台中，如图25-30所示。

图25-30 将元件拖曳至舞台中

STEP 03 在“图层6”的第70帧插入关键帧，如图25-31所示。

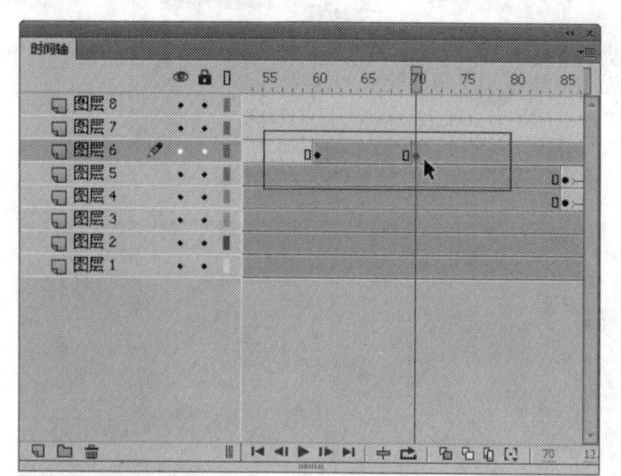

图25-31 插入关键帧

STEP 04 将“图层6”的第60帧对应的实例向上拖曳，如图25-32所示。

图25-32 将实例向上拖曳

STEP 05 在“时间轴”面板中，选择“图层6”图层的第60帧～第70帧创建传统补间动画，如图25-33所示。

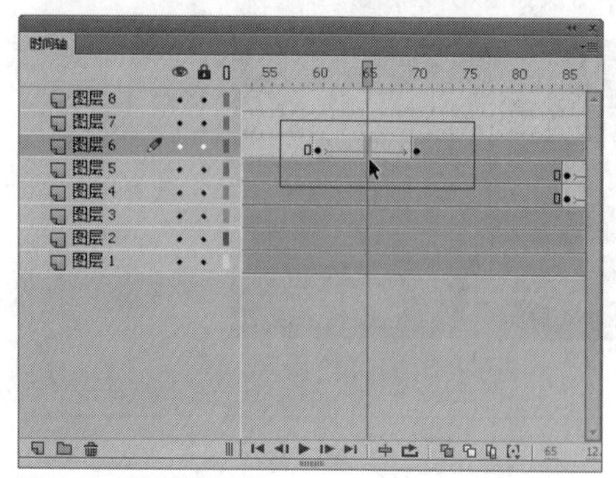

图25-33 创建传统补间动画

STEP 06 在“图层7”的第95帧插入关键帧，将“库”面板中的“广告语1”拖曳至舞台，如图25-34所示。

图25-34 将元件拖曳至舞台

STEP 07 在“属性”面板的“滤镜”选项区中，单击“添加滤镜”按钮，选择“投影”选项，在“投影”选项区中，设置“强度”为150，执行操作后，即可添加投影滤镜效果，如图25-35所示。

图25-35 添加投影滤镜效果

STEP 08 在“图层7”的第100帧插入关键帧，选择第95帧对应的实例，在“属性”面板中为其添加模糊滤镜，并设置“模糊X”和“模糊Y”参数均为130，执行操作后，即可添加模糊滤镜效果，舞台元件如图25-36所示。

图25-36 添加模糊滤镜效果

STEP 09 在“图层7”的关键帧之间创建传统补间动画，如图25-37所示。

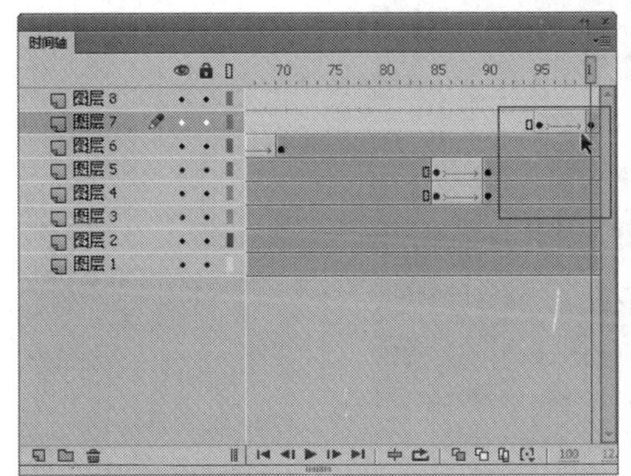

图25-37 创建传统补间动画

STEP 10 在“图层8”的第100帧插入关键帧，如图25-38所示。

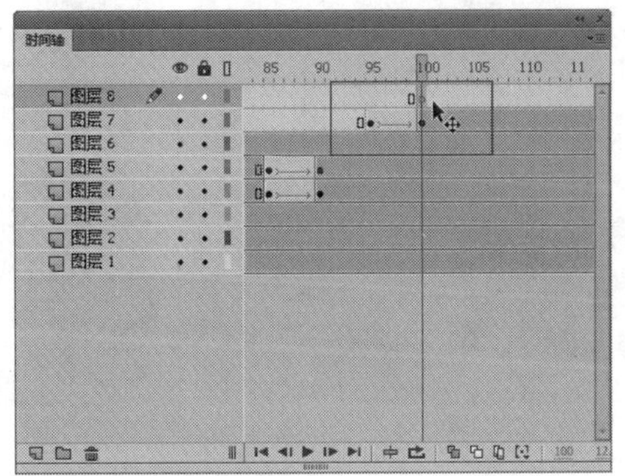

图25-38 在第100帧插入关键帧

STEP 11 将“库”面板中的“说明”元件拖曳至舞台，如图25-39所示。

图25-39 将元件拖曳至舞台

STEP 12 在“图层8”的第110帧插入关键帧，选择第100帧对应的实例，在“属性”面板中设置Alpha值为0，在“图层8”的关键帧之间创建传统补间动画，如图25-40所示。

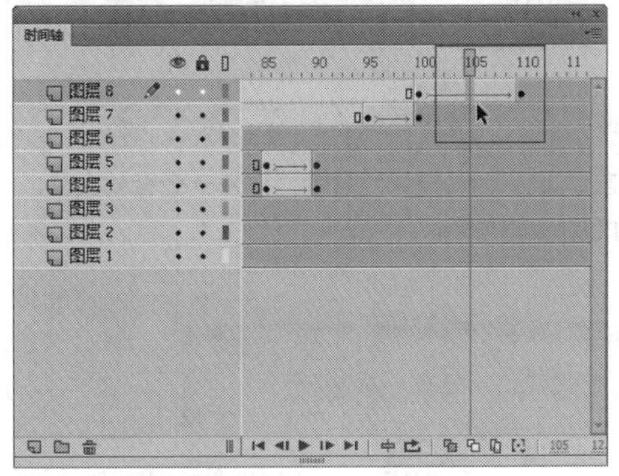

图25-40 创建传统补间动画

STEP 13 至此，《凯瑞汽车》实例制作完成，按【Ctrl+Enter】组合键，测试动画，效果如图25-41所示。

图25-41 测试动画效果

25.2 电子类广告——数码相机

数码相机是一种利用电子传感器把光学影像转换成电子数据的照相机，在很多的电子产品销售类网站中都可以看到多种不同的数码相机广告。本节主要介绍《数码相机》动画实例的制作方法，效果如图25-42所示。

新款上市

限量发售

购相机，尽在京商，拿起电话，赶快订购吧！

图25-42 《数码相机》实例效果

实战593 制作背景效果

▶素材位置：无光盘\素材\第25章\数码相机.fla
▶视频位置：光盘\视频\第25章\实战593.mp4

• 实例介绍 •

在制作《数码相机》实例动画中，用户首先需要制作好广告动画的背景效果。

• 操作步骤 •

STEP 01 单击“文件”|“打开”命令，打开一个素材文件，“库”面板如图25-43所示。

图25-43 “库”面板

STEP 02 在“库”面板中，选择“背景.png”素材，单击鼠标左键并将其拖曳至舞台中，在“属性”面板中设置“宽”为600，舞台图像如图25-44所示。

图25-44 设置“宽”为600

STEP 03 在图像外任意位置单击鼠标右键，在弹出的快捷菜单中，选择“文档”选项，在弹出的“文档设置”对话框中，单击“匹配内容”按钮，如图25-45所示，单击“确定”按钮。

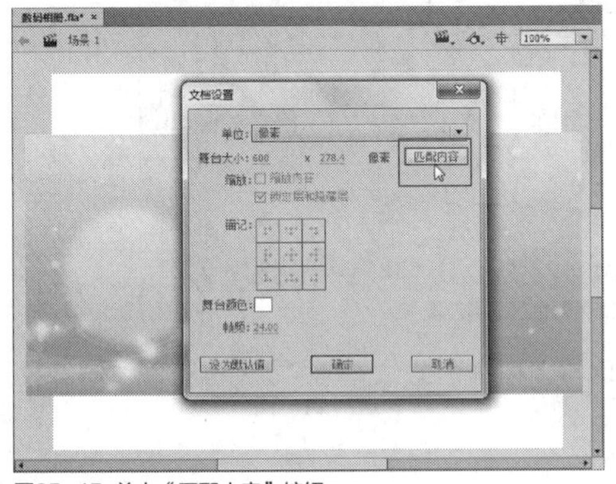

图25-45 单击“匹配内容”按钮

STEP 04 执行操作后，即可完成对背景的设置，效果如图25-46所示。

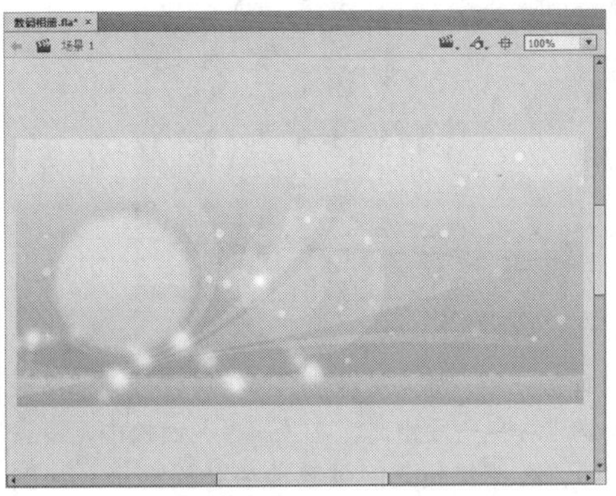

图25-46 完成对背景的设置

实战 594 制作渐变动画

▶素材位置：无
▶视频位置：光盘\视频\第25章\实战594.mp4

• 实例介绍 •

在制作《数码相机》实例动画中，用户通过设置图形对象的Alpha值参数，可以制作图像的渐变显示效果。下面向读者介绍制作渐变动画的操作方法。

• 操作步骤 •

STEP 01 在“时间轴”面板中，选择“图层1”图层的第180帧，按【F5】键，插入帧，新建“图层2”、“图层3”、“图层4”、“图层5”图层，选择“图层2”图层的第1帧，在“库”面板中将“元件2”图形元件拖曳至舞台区适当位置，如图25-47所示。

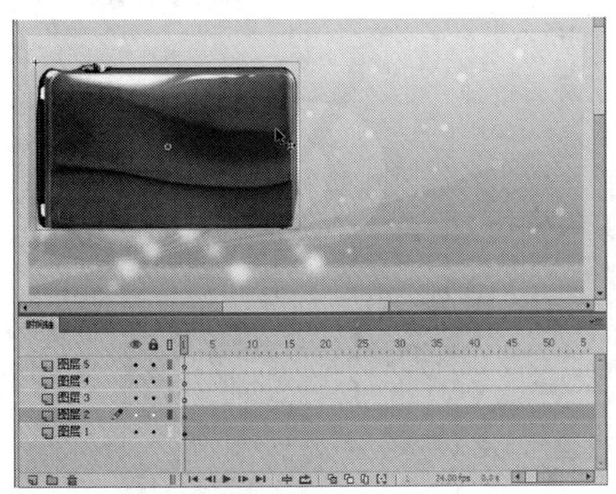

图25-47 拖曳至舞台区适当位置

STEP 02 选择“图层2”图层的第15帧，按【F6】键，插入关键帧，选择第1帧，选择舞台区的实例，向上拖曳一段距离，在“属性”面板中，设置Alpha值为0，如图25-48所示。

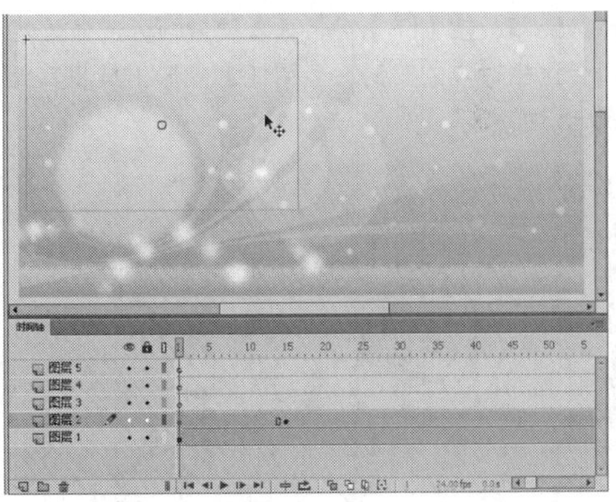

图25-48 设置Alpha值为0

STEP 03 在“图层2”图层的关键帧之间创建传统补间动画，如图25-49所示。

STEP 04 选择“图层3”图层的第10帧，按【F6】键，插入关键帧，在“库”面板中，将“元件3”拖曳至舞台区适当位置，如图25-50所示。

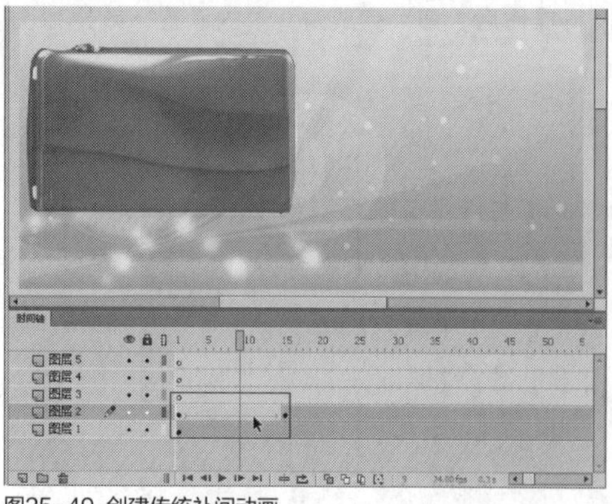

图25-49 创建传统补间动画

图25-50 拖曳至舞台区适当位置

STEP 05 选择第25帧，插入关键帧，选择第10帧，选择舞台区实例，向上拖曳一段距离，在“属性”面板中，设置Alpha值为0，在关键帧之间创建传统补间动画，如图25-51所示。

STEP 06 用与上同样的方法，为“元件4”添加动画效果，如图25-52所示。

图25-51 创建传统补间动画

图25-52 添加动画效果

STEP 07 选择“图层5”图层的第40帧，按【F6】键，插入关键帧，将“库”面板中“元件5”图形元件拖曳至舞台区，选择第55帧，按【F6】键，插入关键帧，选择第40帧，选择舞台区相对应的实例，运用任意变形工具将其缩小，如图25-53所示。

STEP 08 在“图层5”图层的关键帧之间，创建补间动画，在“属性”面板中，设置“旋转”为“顺时针”，效果如图25-54所示。

图25-53 将元件实例缩小

图25-54 创建补间动画

STEP 09 在“时间轴”面板中，新建4个图层，然后选择“图层2”、“图层3”、“图层4”图层的第85帧、第90帧，按【F6】键，插入关键帧，如图25-55所示。

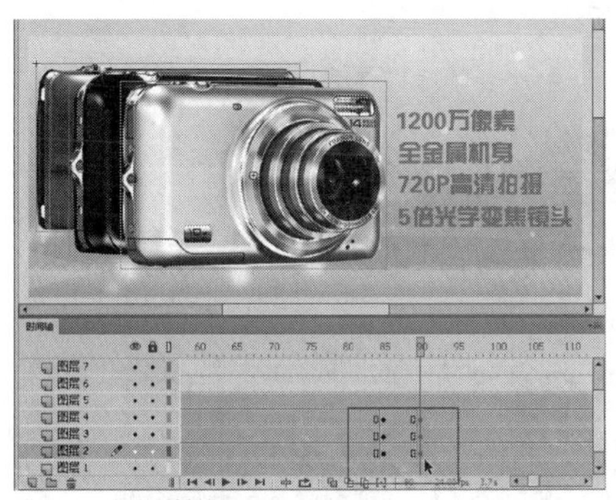

图25-55 插入关键帧

STEP 10 分别选择第90帧对应的实例，在“属性”面板中，设置Alpha值为0，并分别在关键帧中创建传统补间动画，如图25-56所示。

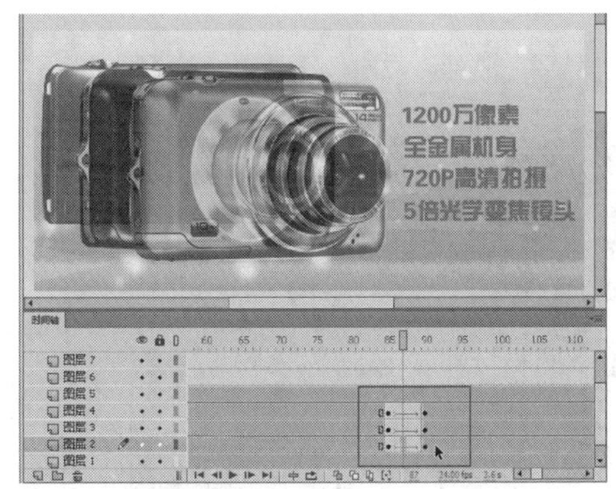

图25-56 创建传统补间动画

STEP 11 在“时间轴”面板中，按【Enter】键，预览制作的图形渐变动画，效果如图25-57所示。

图25-57 预览图形渐变动画

实战 595 制作位移动画

▶素材位置：无

▶视频位置：光盘\视频\第25章\实战595.mp4

• 实例介绍 •

在制作《数码相机》实例动画中，位移动画是指在两个关键帧之间移动图形的位置，创建传统补间动画。下面向读者介绍制作图形位移动画的操作方法。

• 操作步骤 •

STEP 01 选择“图层6”图层的第95帧，按【F6】键，插入关键帧，在“库”面板中，将“元件1”图形元件拖曳至舞台，适当调整其大小，如图25-58所示。

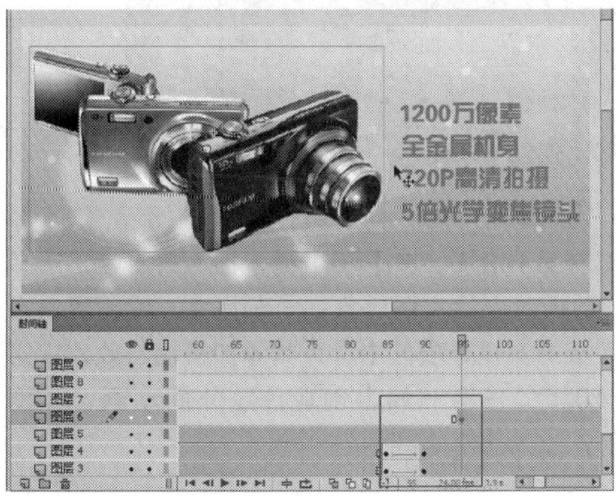

图25-58 适当调整元件大小

STEP 02 选择“图层6”图层的第110帧，按【F6】键，插入关键帧，选择第95帧，运用选择工具将对应的实例拖曳出舞台区，如图25-59所示。

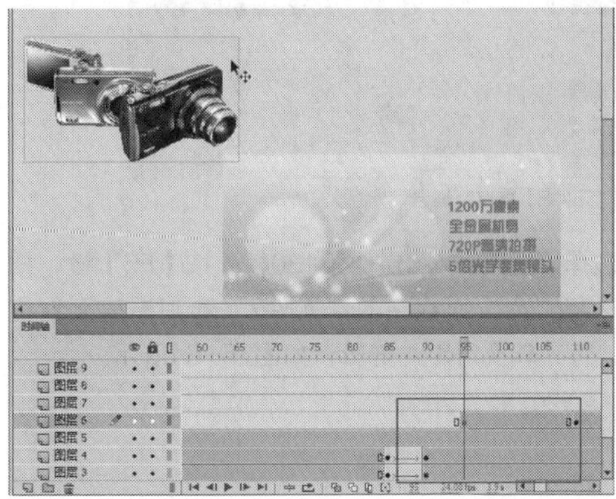

图25-59 将实例拖曳出舞台区

STEP 03 在“图层6”图层的第95帧至第110帧中的任意一帧上，创建传统补间动画，选择“图层5”图层的第115帧、第120帧，按【F6】键，插入关键帧，如图25-60所示。

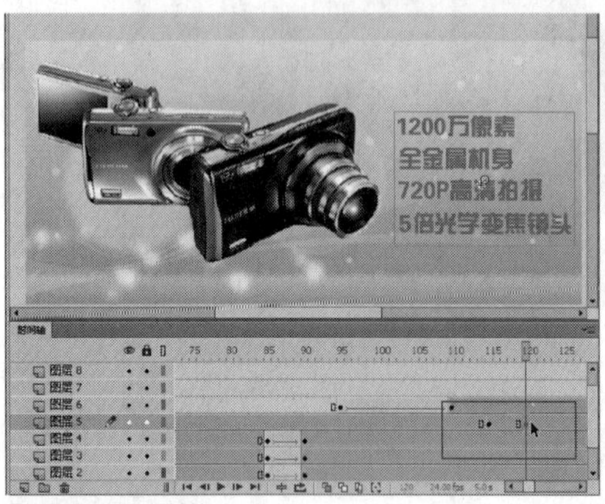

图25-60 插入关键帧

STEP 04 选择第120帧，选择对应的实例对象，向右拖曳一段距离，并在“属性”面板中，设置Alpha值为0，在第115帧至第120帧之间的任意一帧上创建传统补间动画，如图25-61所示。

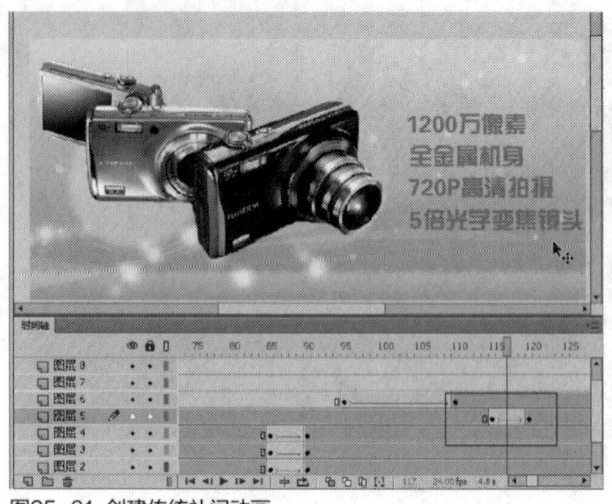

图25-61 创建传统补间动画

实战596 制作文本动画

▶素材位置：光盘\效果\第25章\数码相机.fla、数码相机.swf
▶视频位置：光盘\视频\第25章\实战596.mp4

• 实例介绍 •

在制作《数码相机》实例动画中，文本在实例中起着非常重要的作用，任何广告语都需要通过文本动画展现出来。下面向读者介绍制作文本动画的操作方法。

• 操作步骤 •

STEP 01 选择“图层7”图层的第117帧，按【F6】键，插入关键帧，将“库”面板中的“元件6”拖曳至舞台，将其转换为影片剪辑，如图25-62所示。

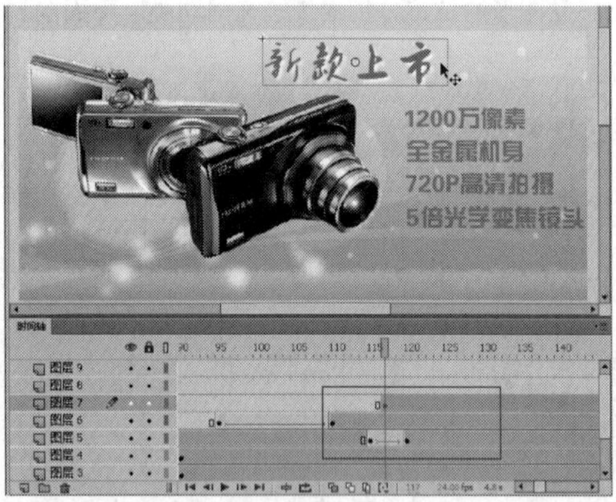

图25-62 将“元件6”拖曳至舞台

STEP 02 选择第125帧，按【F6】键，插入关键帧，选择第117帧，选择对应的实例对象，在“属性”面板的滤镜选项区中，为其添加模糊特效，在第117帧至第125帧之间的任意一帧上创建传统补间动画，如图25-63所示。

图25-63 创建传统补间动画

STEP 03 选择“图层8”图层的第130帧，按【F6】键，插入关键帧，将“库”面板中的“元件7”影片剪辑元件拖曳至舞台，将其转换为影片剪辑，如图25-64所示。

STEP 04 选择第140帧，按【F6】键，插入关键帧，选择第130帧，选择对应的实例对象，向右拖曳一段距离，在“属性”面板的滤镜选项区中，为其添加模糊特效，在第130帧~140帧的任意一帧上创建传统补间动画，如图25-65所示。

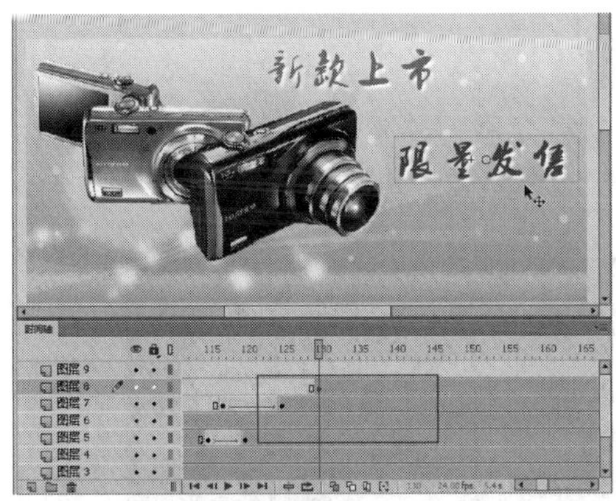

图25-64 将“元件7”拖曳至舞台

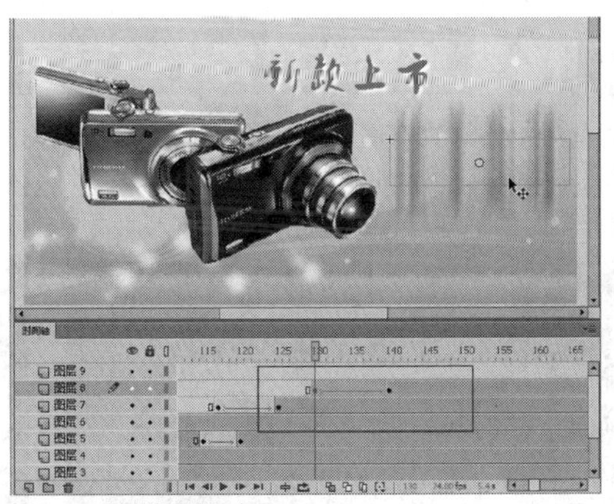

图25-65 创建传统补间动画

STEP 05 选择“图层9”图层的第150帧，按【F6】键，插入关键帧，将“库”面板中的“元件8”图形元件拖曳至舞台，如图25-66所示。

STEP 06 选择第160帧，按【F6】键，插入关键帧，选择第150帧，选择对应的实例对象，向右拖曳一段距离，在“属性”面板中，设置Alpha值为0，在第150帧至第160帧之间的任意一帧上创建传统补间动画，如图25-67所示。

图25-66 将“元件8”拖曳至舞台

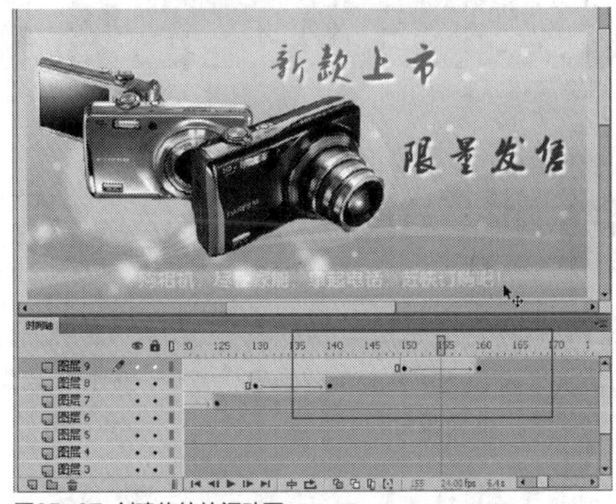

图25-67 创建传统补间动画

STEP 07 至此，《数码相机》实例制作完成，按【Ctrl + Enter】组合键，测试动画，效果如图25-68所示。

图25-68 测试动画效果

25.3 珠宝类广告——宝莱蒂珠宝

珠宝是具有一定价值的首饰、工艺品和其他稀有的珍品，因其艳丽晶莹，光彩夺目，透明而洁净的特点被人们喜爱。目前，各类网站上 、电视上也出现不同的珠宝类广告，本节主要介绍《宝莱蒂珠宝》动画实例的制作方法，效果如图25-69所示。

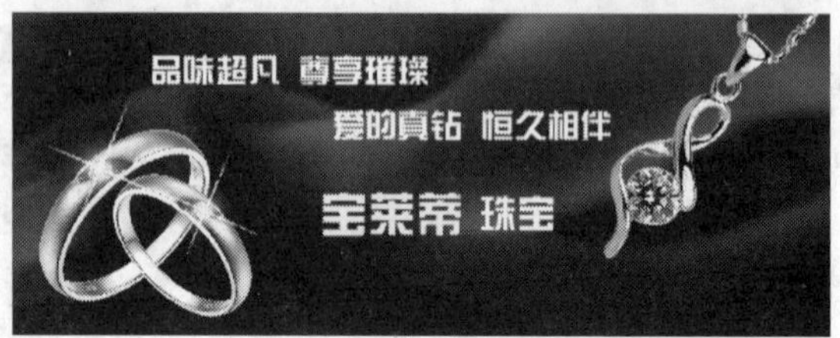

图25-69 《宝莱蒂珠宝》实例效果

实战 597 制作广告背景

▶素材位置：光盘\素材\第25章\宝莱蒂珠宝.fla
▶视频位置：光盘\视频\第25章\实战597.mp4

• 实例介绍 •

在制作《宝莱蒂珠宝》实例动画中，当用户制作广告背景时，背景的整体颜色要与珠宝产品的颜色相配，这样制作出来的广告背景才具有吸引力。

• 操作步骤 •

STEP 01 单击“文件”|“打开”命令，打开一个素材文件，在“库”面板中将“背景.jpg”拖曳至舞台中，如图25-70所示。

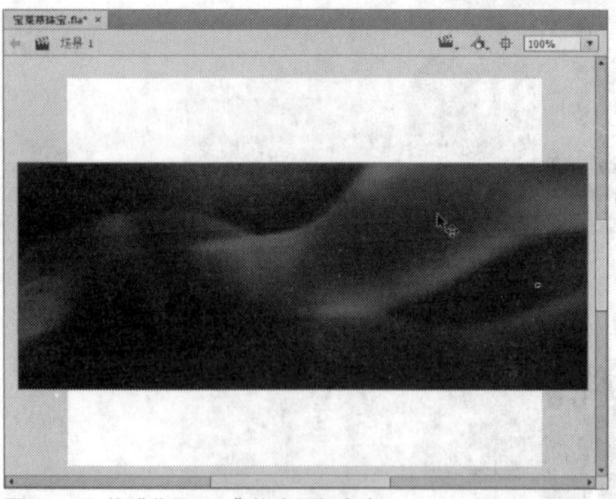

图25-70 将“背景.jpg”拖曳至舞台中

STEP 02 在图像外任意位置单击鼠标右键，在弹出的快捷菜单中，选择“文档”选项，如图25-71所示。

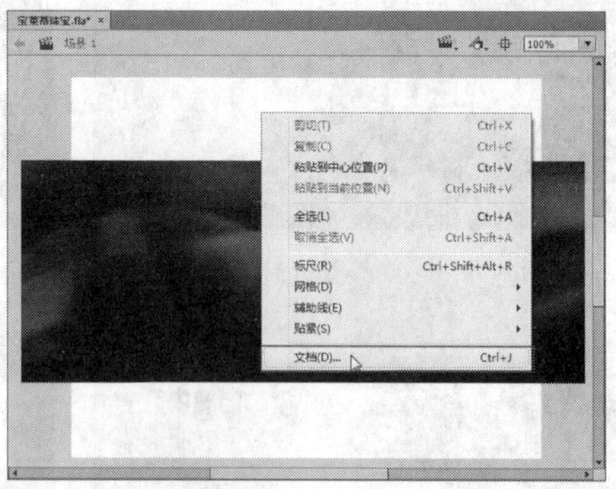

图25-71 选择“文档”选项

STEP 03 在弹出的“文档设置”对话框中，单击“匹配内容”按钮，设置“帧频”为12，如图25-72所示，单击“确定”按钮。

STEP 04 执行操作后，即可完成背景动画的制作，如图25-73所示。

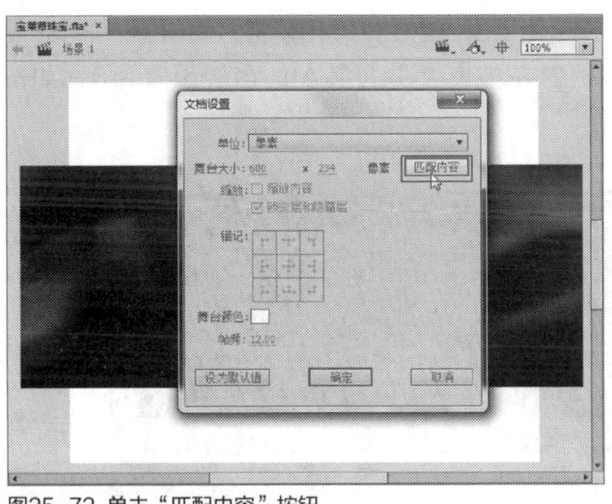
图25-72 单击“匹配内容”按钮

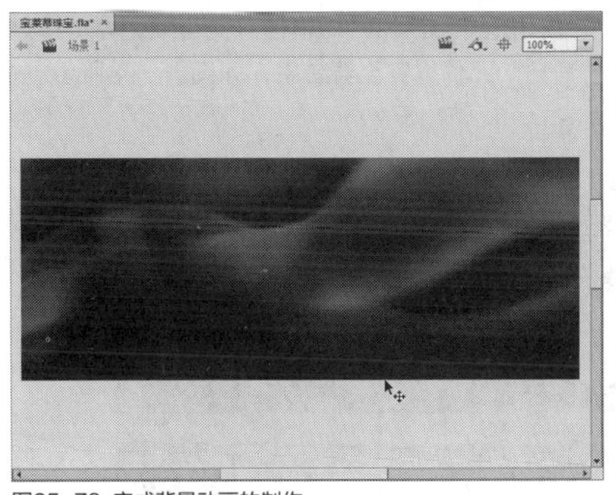
图25-73 完成背景动画的制作

实战 598 制作补间动画

▶ 素材位置：无
▶ 视频位置：光盘\视频\第25章\实战598.mp4

• 实例介绍 •

在制作《宝莱蒂珠宝》实例动画中，“传统补间动画”功能主要用于制作图形间的运动效果。下面向读者介绍制作补间动画的操作方法。

• 操作步骤 •

STEP 01 在“图层1”的第170帧插入帧，新建6个图层，如图25-74所示。

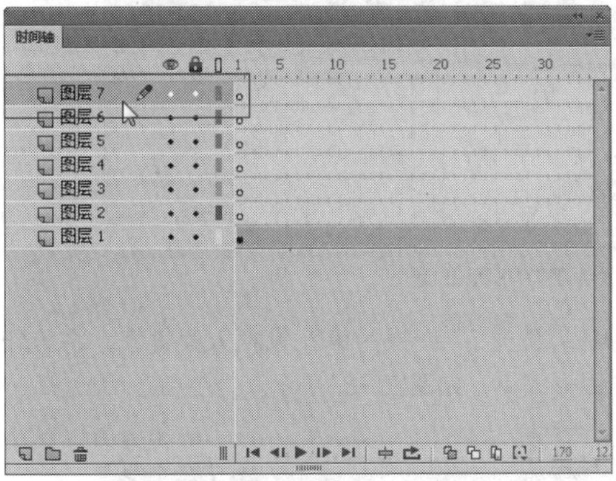

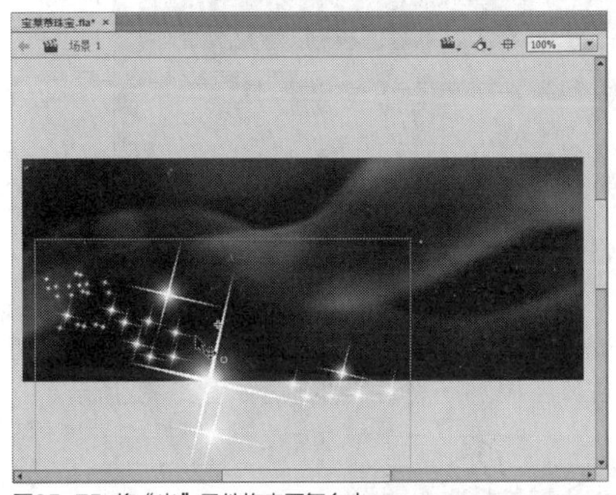
图25-74 新建6个图层

STEP 02 选择“图层2”图层的第1帧，将“库”面板中的“光”元件拖曳至舞台中，如图25-75所示。

图25-75 将“光”元件拖曳至舞台中

STEP 03 在“图层2”图层的第5帧插入关键帧，将第1帧对应实例的Alpha值设置为0，如图25-76所示。

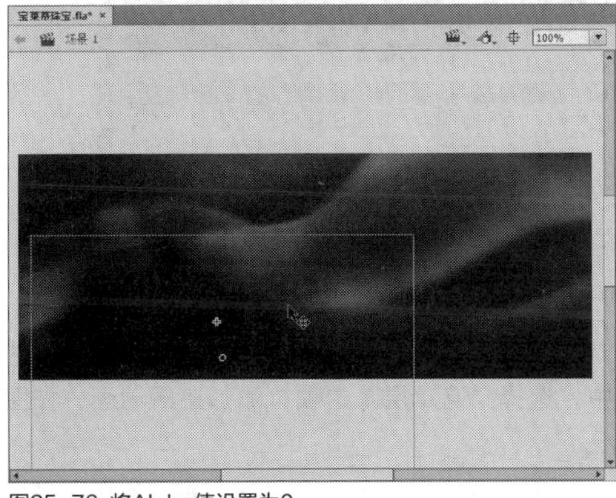
图25-76 将Alpha值设置为0

STEP 04 在“图层2”图层的关键帧之间创建传统补间动画，如图25-77所示。

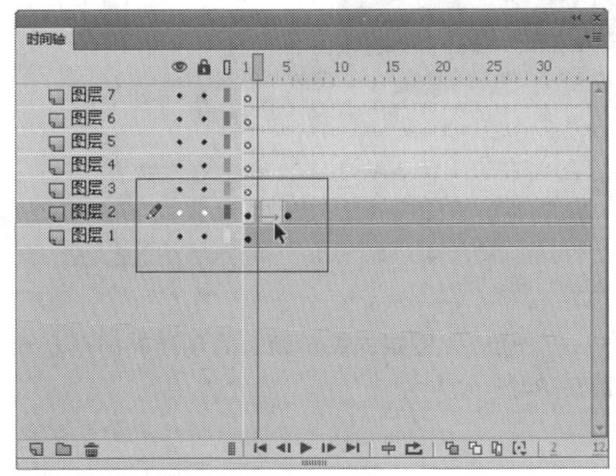
图25-77 创建传统补间动画

STEP 05 在“图层3”图层的第5帧插入关键帧，将“库”面板中的“耳环”元件拖曳至舞台中，如图25-78所示。

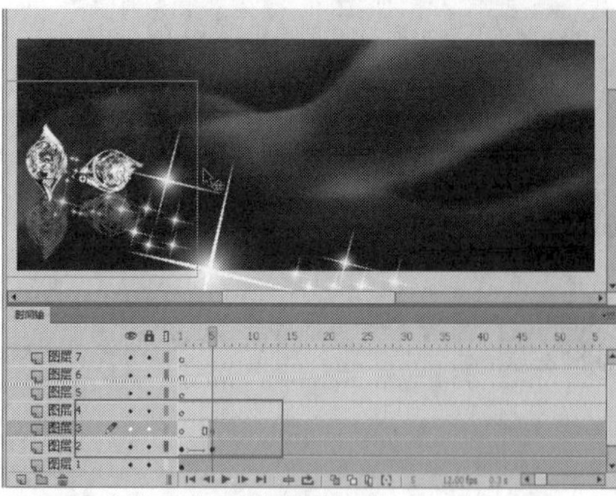

图25-78 将“耳环”元件拖曳至舞台中

STEP 06 在“图层3”图层的第15帧插入关键帧，将第5帧对应的实例向左拖曳，并将其Alpha值设置为0，如图25-79所示。

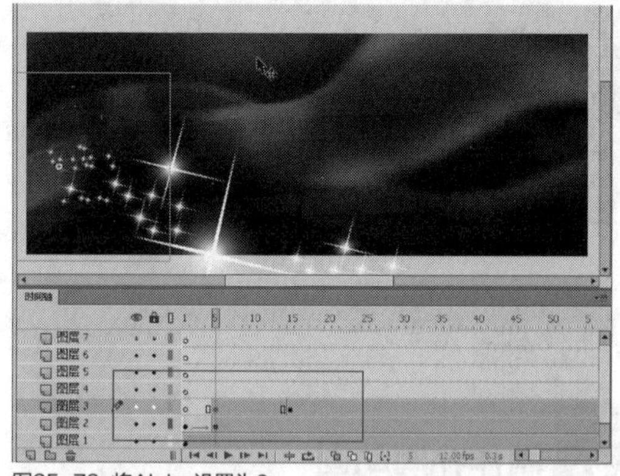

图25-79 将Alpha设置为0

STEP 07 在“图层3”图层的关键帧之间创建传统补间动画，在“图层4”和“图层5”的第15帧插入关键帧，如图25-80所示。

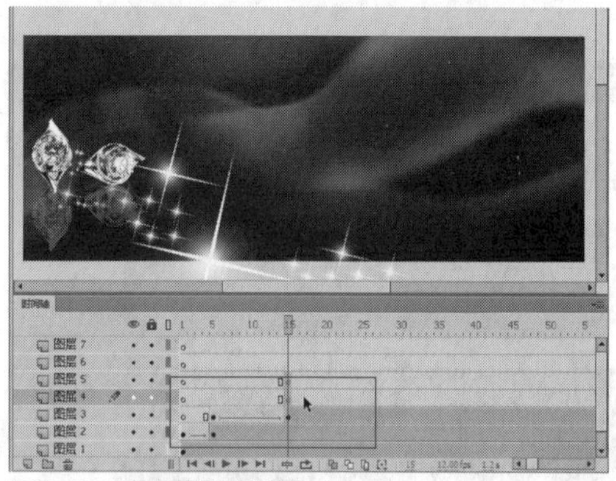

图25-80 在第15帧插入关键帧

STEP 08 选择“图层4”图层的第15帧，在“库”面板中将“项链”拖曳至舞台中，适当调整其形状和位置，如图25-81所示。

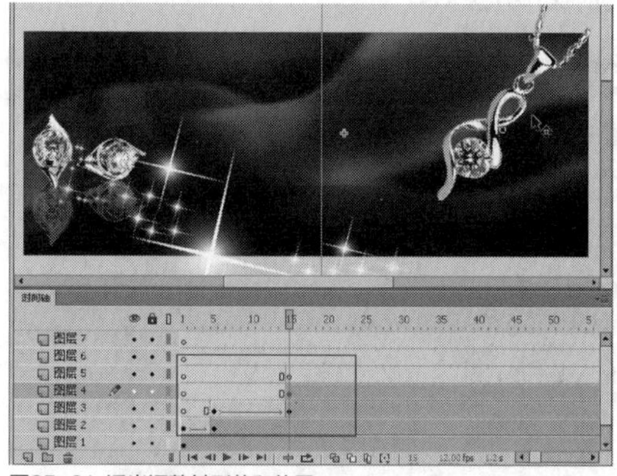

图25-81 适当调整其形状和位置

STEP 09 选择“图层5”图层的第15帧，选取工具箱中的矩形工具，在舞台中绘制一个白色矩形，如图25-82所示。

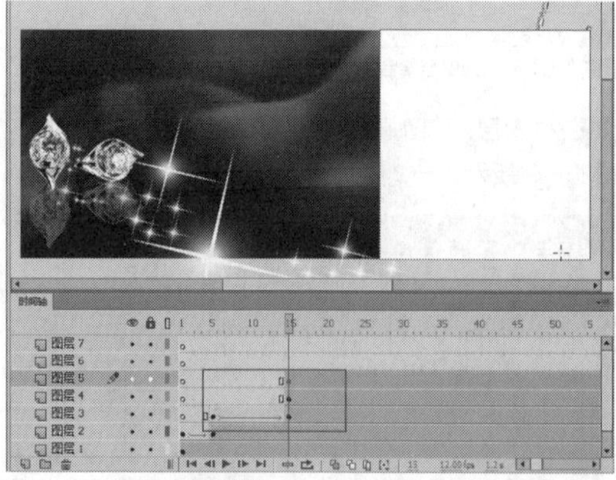

图25-82 绘制一个白色矩形

STEP 10 在“图层5”图层的第25帧插入关键帧，将第15帧对应的图形缩小，如图25-83所示。

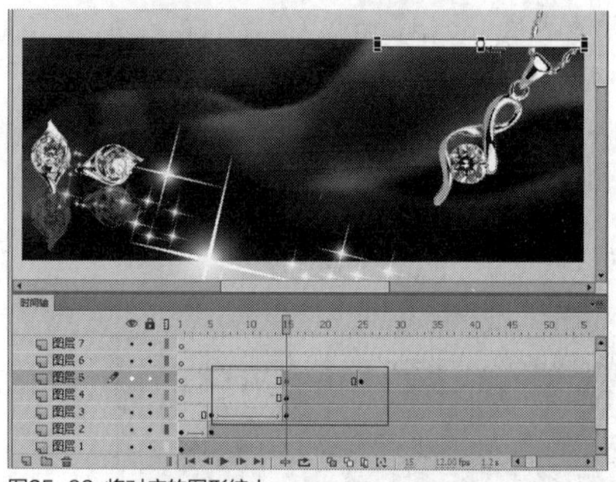

图25-83 将对应的图形缩小

STEP 11 在“图层5”图层的关键帧之间创建补间形状动画，如图25-84所示。

STEP 12 选择“图层5”图层，单击鼠标右键，在弹出的快捷菜单中，选择“遮罩层”选项，添加遮罩动画，如图25-85所示。

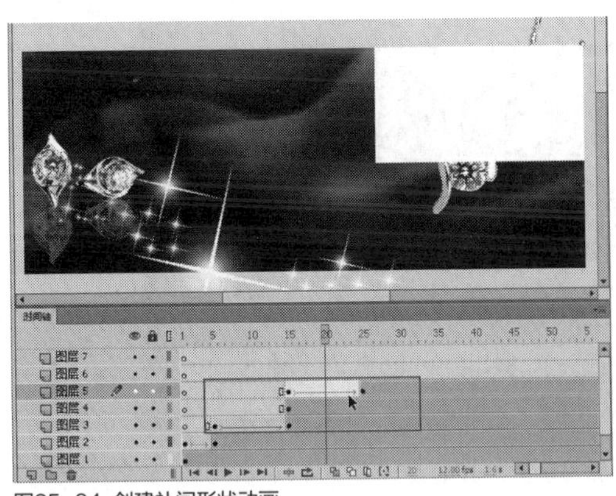

图25-84 创建补间形状动画

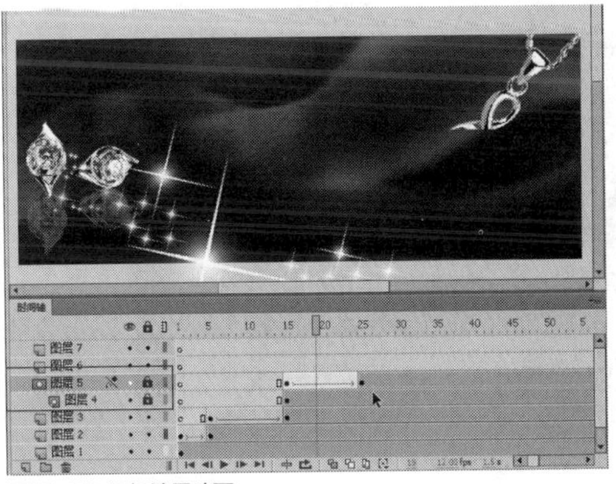

图25-85 添加遮罩动画

STEP 13 在“时间轴”面板中，按【Enter】键，预览制作的补间动画，效果如图25-86所示。

图25-86 预览制作的补间动画

实战 599 制作广告文字

▶素材位置：无

▶视频位置：光盘\视频\第25章\实战599.mp4

• 实例介绍 •

在制作《宝莱蒂珠宝》实例动画中，主要通过Alpha值的属性来制作广告文字的动画效果。

• 操作步骤 •

STEP 01 在“图层6”和“图层7”的第30帧插入关键帧，选择“图层6”的第30帧，将“库”面板中的“文本3”元件拖曳至舞台中，如图25-87所示。

STEP 02 选择“图层7”的第30帧，将“库”面板中的“文本2”元件拖曳至舞台中，如图25-88所示。

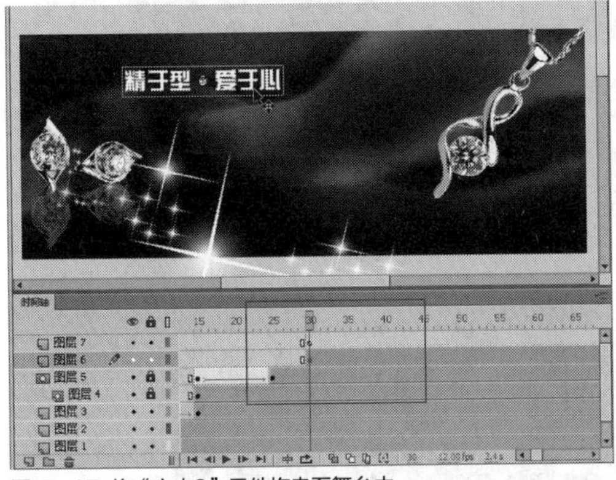

图25-87 将“文本3”元件拖曳至舞台中

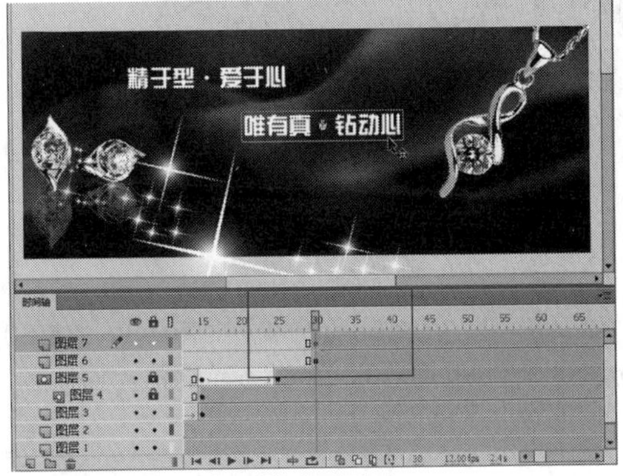

图25-88 将“文本2”元件拖曳至舞台中

STEP 03 在“图层6”和“图层7”的第40帧插入关键帧，将“图层6”的第30帧对应的实例向左拖曳，并设置Alpha值为0，如图25-89所示。

STEP 04 将“图层7”的第30帧对应的实例向右拖曳，并设置Alpha值为0，如图25-90所示。

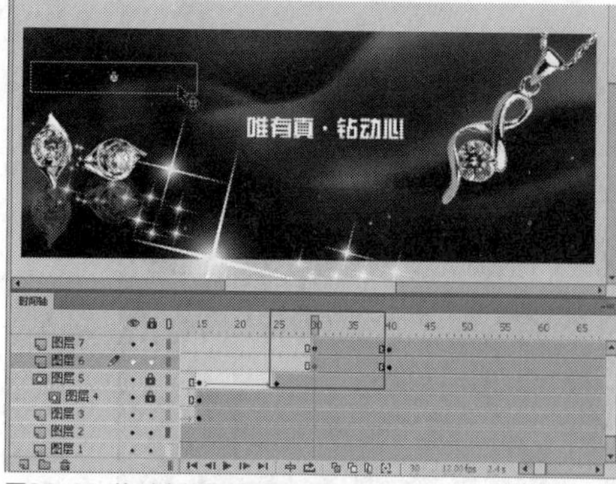

图25-89 将对应的实例向左拖曳

STEP 05 在“图层6”和“图层7”的关键帧之间分别创建传统补间动画，如图25-91所示。

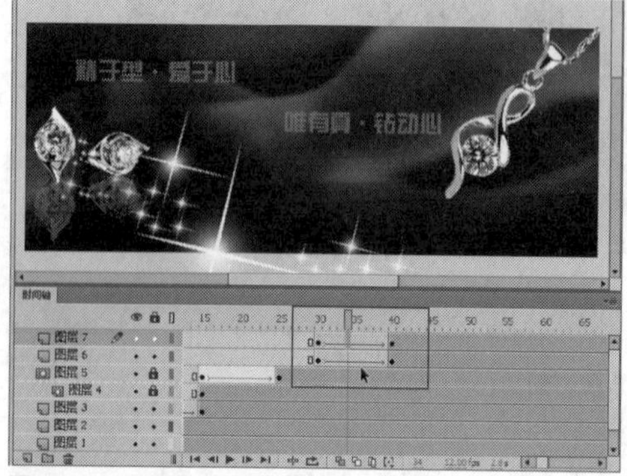

图25-91 创建传统补间动画

STEP 07 将“图层3”的第65帧所对应的实例向下拖曳，设置Alpha值为0，如图25-93所示。

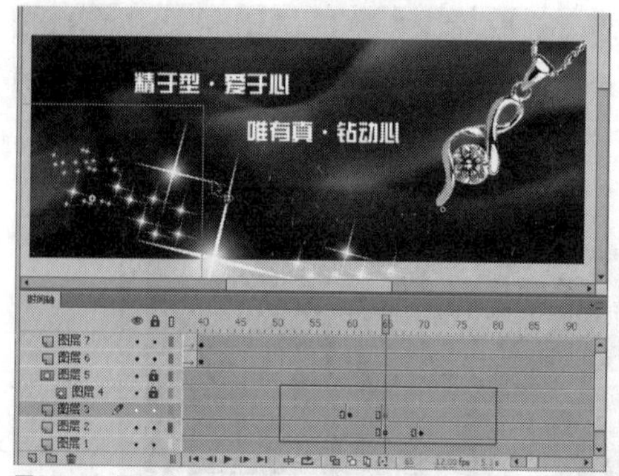

图25-93 设置第65帧的Alpha值

STEP 09 在“图层2”的第65～70帧、“图层3”的第60～65帧分别创建传统补间动画，如图25-95所示。

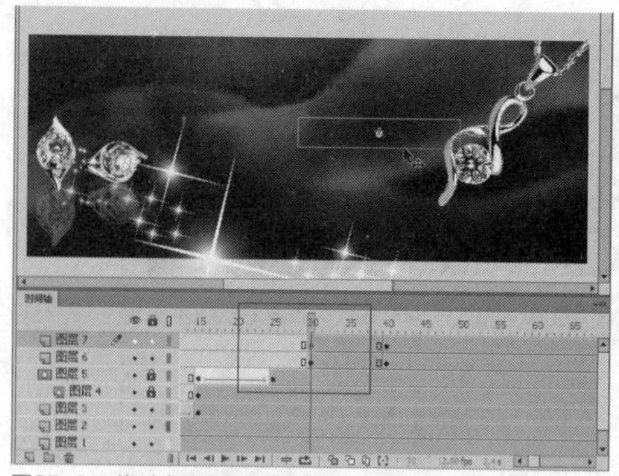
图25-90 将对应的实例向右拖曳

STEP 06 在“图层2”的第65帧和第70帧、“图层3”的第60帧和第65帧分别插入关键帧，如图25-92所示。

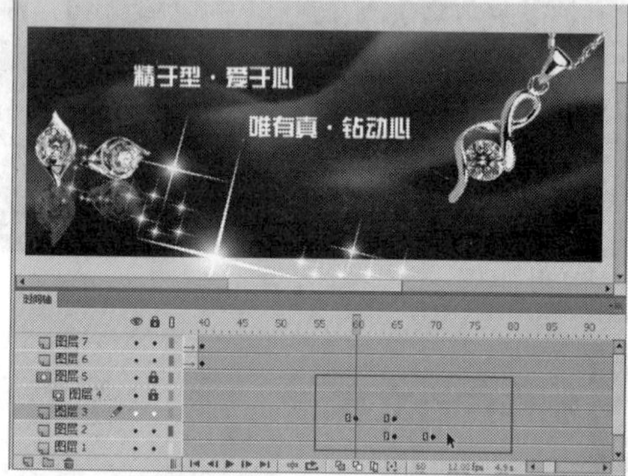

图25-92 分别插入关键帧

STEP 08 选择“图层2”的第70帧所对应的实例，在“属性”面板中设置Alpha值为0，如图25-94所示。

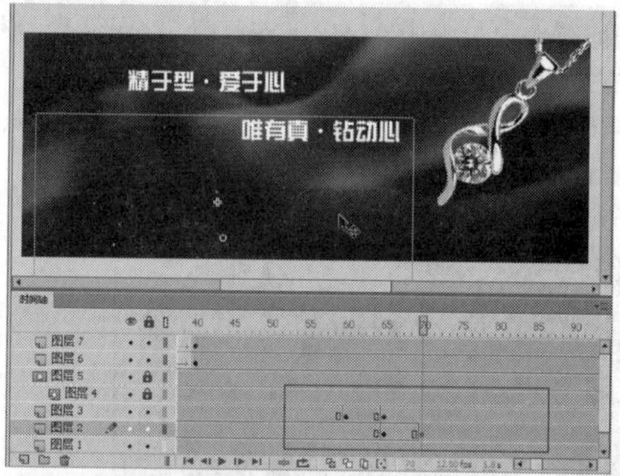

图25-94 设置第70帧的Alpha值

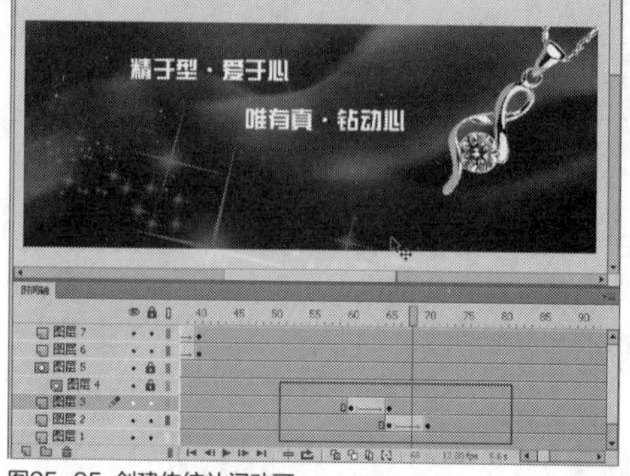

图25-95 创建传统补间动画

STEP 10 在“图层6”和“图层7”图层的第85帧和第90帧分别插入关键帧，如图25-96所示。

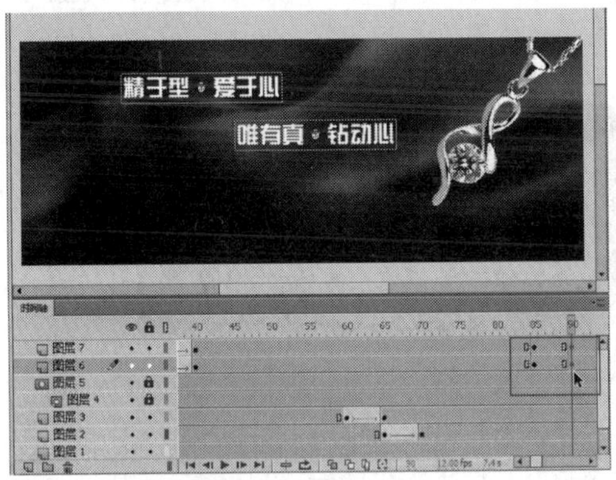

图25-96 分别插入关键帧

STEP 11 将“图层7”第90帧所对应的实例向右拖曳，并设置Alpha值为0，如图25-97所示。

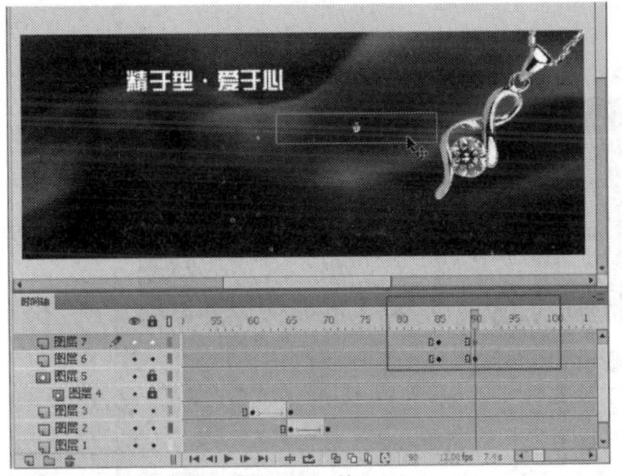

图25-97 设置“图层7”的Alpha值

STEP 12 将“图层6”第90帧所对应的实例向下拖曳，并设置Alpha值为0，如图25-98所示。

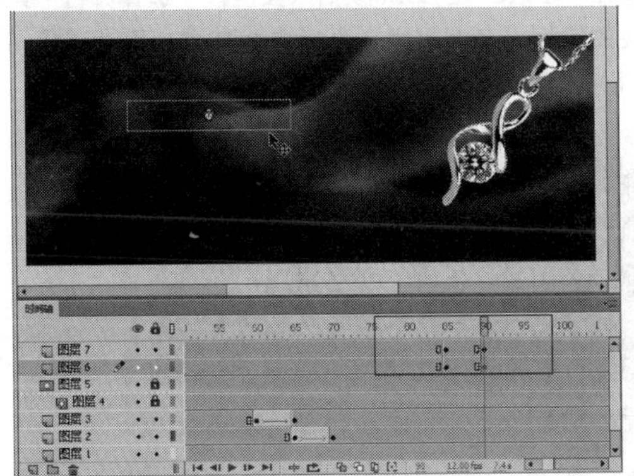

图25-98 设置“图层6”的Alpha值

STEP 13 在“图层6”图层的第85~90帧，创建传统补间动画，如图25-99所示。

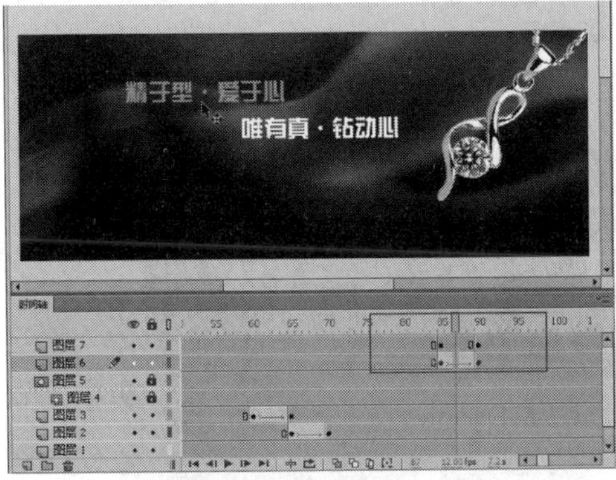

图25-99 创建传统补间动画1

STEP 14 在“图层7”图层的第85~90帧，创建传统补间动画，如图25-100所示。

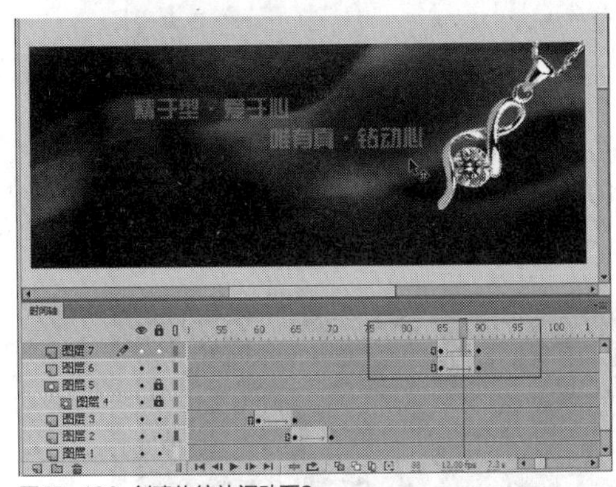

图25-100 创建传统补间动画2

实战 600 制作合成动画

▶实例位置：光盘\效果\第25章\宝莱蒂珠宝.fla、宝莱蒂珠宝.swf
▶视频位置：光盘\视频\第25章\实战600.mp4

• 实例介绍 •

在制作《宝莱蒂珠宝》实例动画中，用户还可以对文字与图形进行合成，制作成一个完整的动画效果。下面向读者介绍制作合成动画的操作方法。

• 操作步骤 •

STEP 01 在“时间轴”面板中，新建5个图层，如图25-101所示。

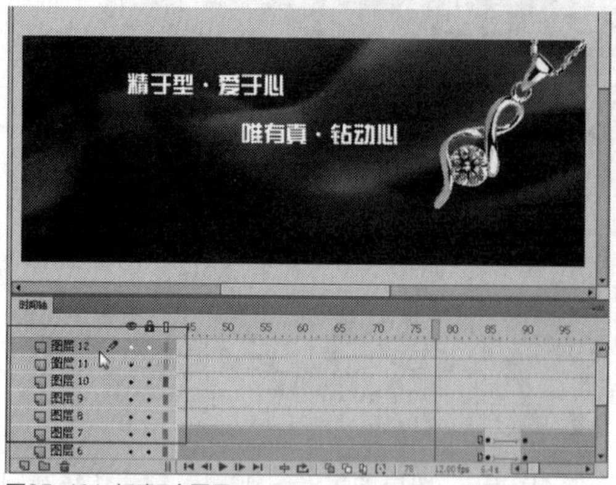

图25-101 新建5个图层

STEP 02 在“图层8”的第70帧，插入关键帧，如图25-102所示。

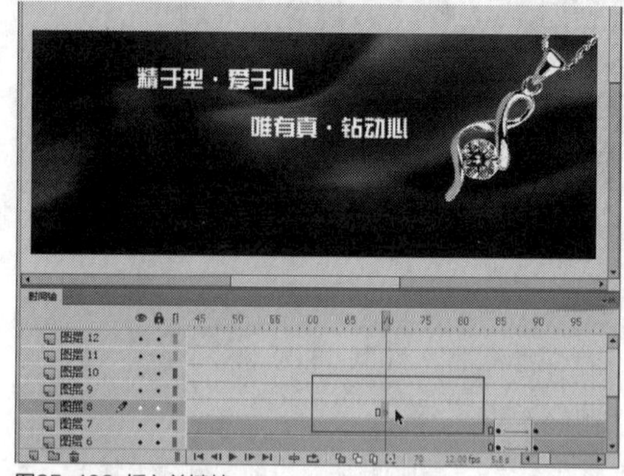

图25-102 插入关键帧

STEP 03 将“库”面板中的“对戒”元件拖曳至舞台中，如图25-103所示。

图25-103 将元件拖曳至舞台中

STEP 04 在“图层8”的第80帧插入关键帧，选择舞台中第70帧对应的实例，在“属性”面板中为其添加模糊滤镜，如图25-104所示。

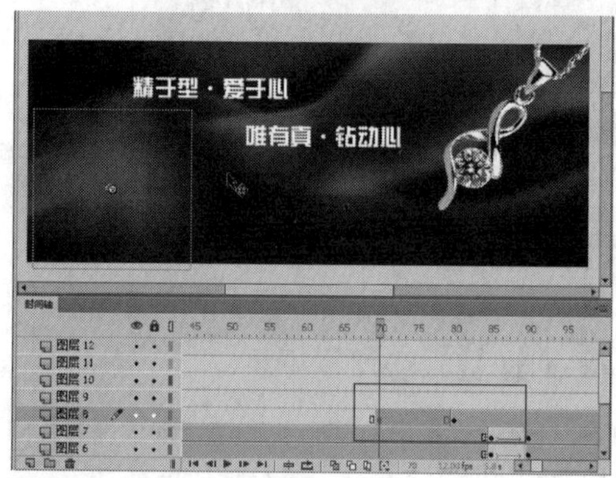

图25-104 为元件添加模糊滤镜

STEP 05 在“图层8”的关键帧之间创建传统补间动画，如图25-105所示。

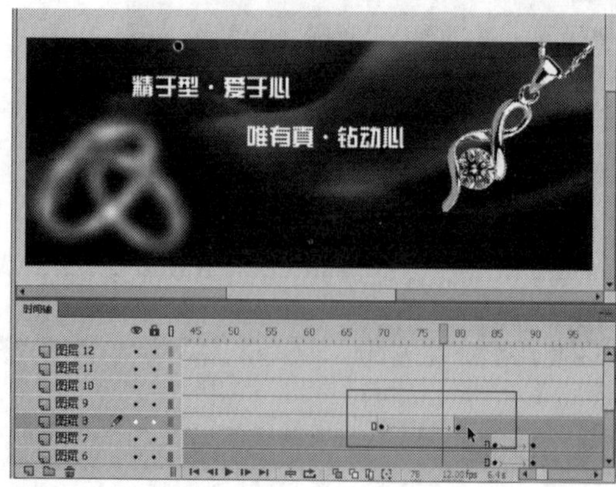

图25-105 创建传统补间动画

STEP 06 在“图层9”的第80帧插入关键帧，将“库”面板中的“光芒”元件拖曳至舞台中，并进行复制，调整至合适的位置和大小，如图25-106所示。

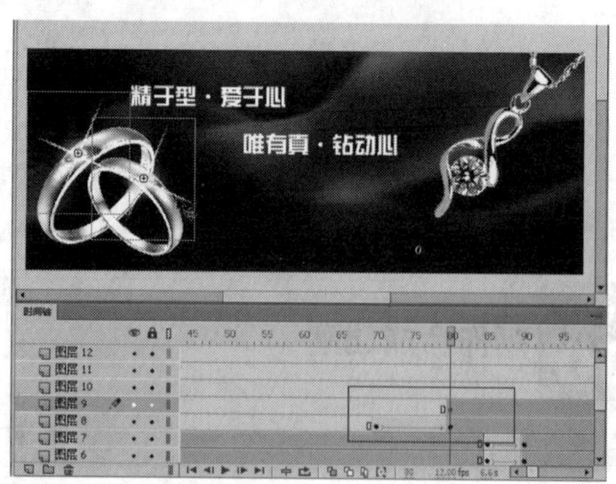

图25-106 调整至合适的位置和大小

STEP 07 在“图层10”的第100帧插入关键帧，在“库”面板中将“文本4”元件拖曳至舞台中，如图25-107所示。

STEP 08 在“图层10”的第110帧插入关键帧，将第100帧对应的实例向左拖曳，并设置Alpha值为0，如图25-108所示。

图25-107 将元件拖曳至舞台中

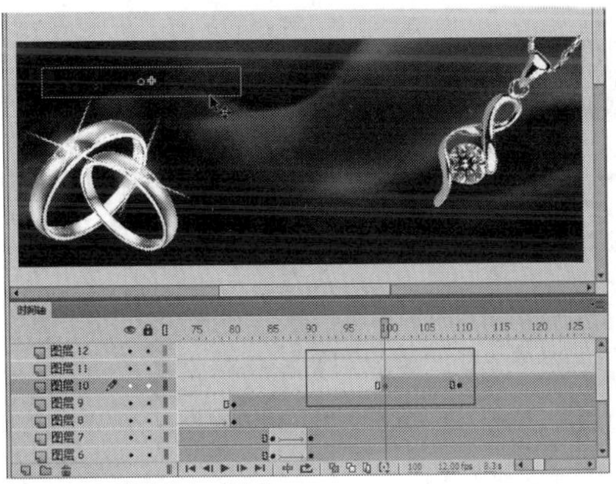
图25-108 设置Alpha值为0

STEP 09 在“图层10”的关键帧之间创建传统补间动画，如图25-109所示。

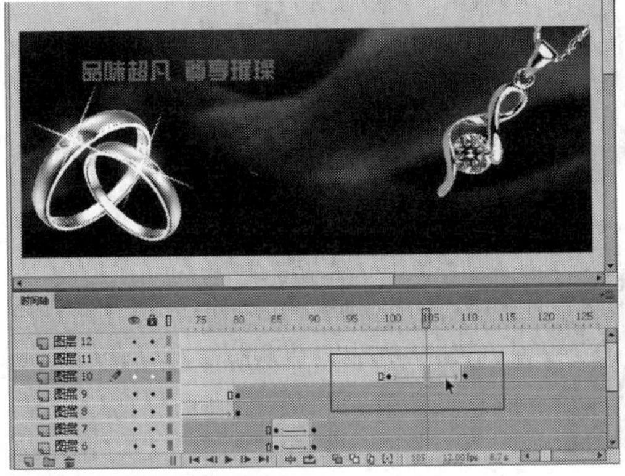

图25-109 创建传统补间动画

STEP 10 在“图层11”的第110帧插入关键帧，将“库”面板中的“文本1”元件拖曳至舞台中，如图25-110所示。

图25-110 将元件拖曳至舞台中

STEP 11 在“图层11”的第120帧插入关键帧，将第110帧对应的实例向右拖曳，并设置Alpha值为0，如图25-111所示。

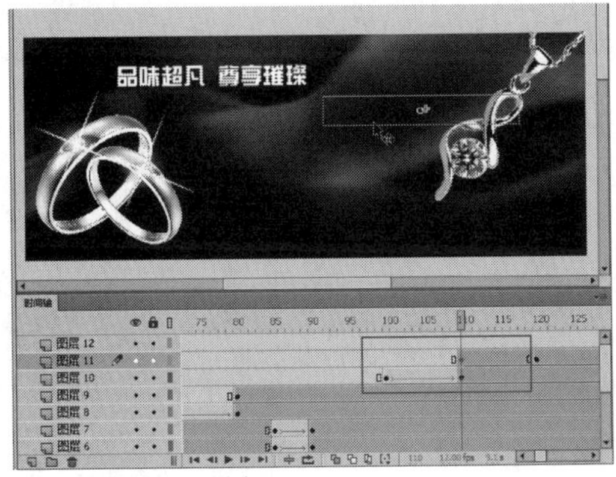

图25-111 设置Alpha值为0

STEP 12 在“图层11”的关键帧之间创建传统补间动画，在“图层12”的第120帧插入关键帧，将“库”面板中的“商标”元件拖曳至舞台中，如图25-112所示。

图25-112 将元件拖曳至舞台中

STEP 13 在第130帧插入关键帧，选取工具箱中的任意变形工具，将第120帧对应的实例放大，如图25-113所示。

STEP 14 在“图层12”的关键帧之间，创建传统补间动画，如图25-114所示。

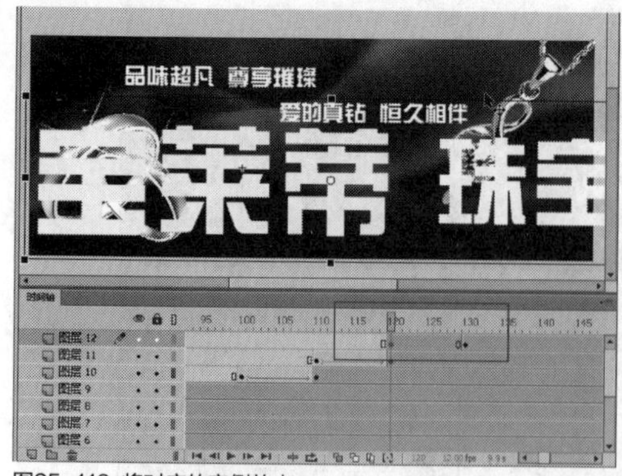

图25-113 将对应的实例放大

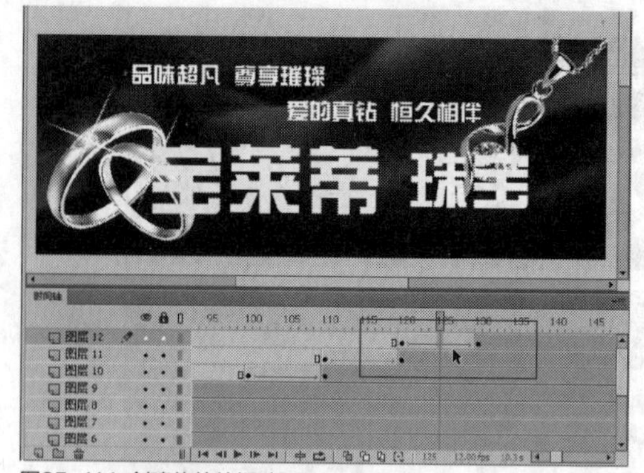

图25-114 创建传统补间动画

STEP 15 至此，《宝莱蒂珠宝》实例制作完成，按【Ctrl+Enter】组合键，测试动画，效果如图25-115所示。

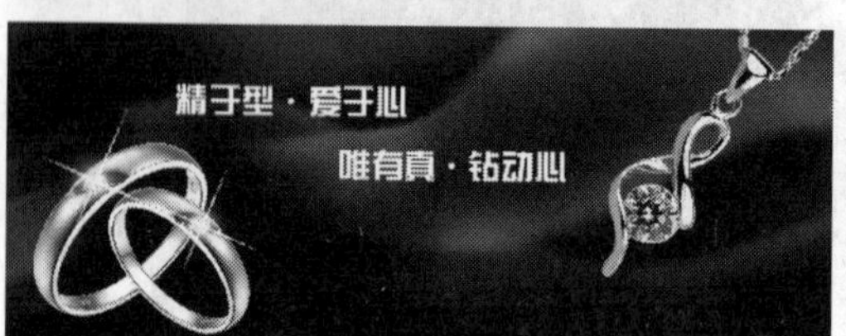

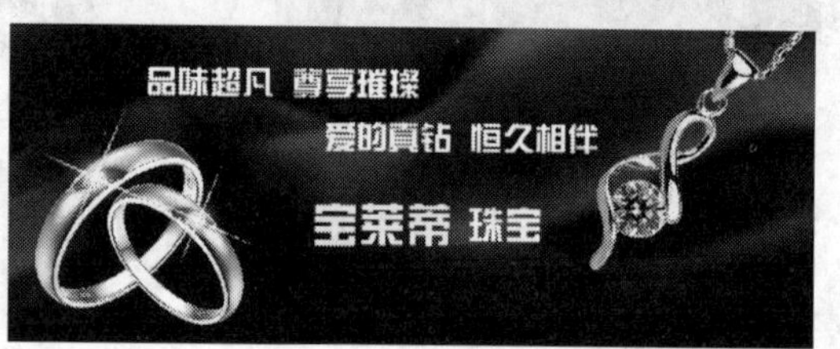

图25-115 测试动画效果